完美互动手册

Excel 2010 函数 · 公式 · 图表
应用完美互动手册

陈志民　编　著

清華大學出版社
北　京

内容简介

本书是一本专门讲解Excel 2010中公式、函数和图表的专业教材。全书通过大量应用实例，深入讲解了Excel 2010中公式、函数和图表的使用方法。熟练地掌握这些公式、函数和图表，能够提高用户在使用Excel 2010解决和处理实际问题的能力。

本书共14章，第1章介绍了Excel 2010的入门操作；第2章介绍了工作簿与工作表的管理和基本操作；第3章介绍了数据的录入与编辑操作；第4章介绍了如何美化工作表；第5章介绍了如何丰富表格内容；第6章介绍了公式与函数的快速入门；第7章介绍了Excel数据的管理与分析；第8章介绍了图表快速入门；第9章介绍了数据透视表和数据透视图快速入门；第10章介绍Excel常见函数在实际生活中的运用；第11章～第14章主要介绍Excel 2010中公式、函数和图表的综合运用，涉及的行业包括人力资源、行政、财务、市场营销等多个领域。通过这些实例的练习，帮助读者实践、检验所学的内容，积累实战经验。

本书所附光盘内容丰富，提供全书所有实例的源文件和素材，读者可以从中学习到更多的方法和技巧。本书既适合初学者阅读，又可作为大中专类院校或者企业的培训教材，同时对有经验的Office使用者也有很高的参考价值。

图书在版编目(CIP)数据

Excel 2010函数·公式·图表应用完美互动手册/陈志民编著. --北京：清华大学出版社，2013
(完美互动手册)
ISBN 978-7-302-34080-5

Ⅰ. ①E… Ⅱ. ①陈… Ⅲ. ①表处理软件—手册 Ⅳ. ①TP391.13-62

中国版本图书馆CIP数据核字(2013)第240400号

责任编辑：汤涌涛
封面设计：李东旭
责任校对：李玉萍
责任印制：刘海龙

出版发行：清华大学出版社
网　　址：http://www.tup.com.cn，http://www.wqbook.com
地　　址：北京清华大学学研大厦A座　　**邮　　编**：100084
社 总 机：010-62770175　　**邮　　购**：010-62786544
投稿与读者服务：010-62776969，c-service@tup.tsinghua.edu.cn
质 量 反 馈：010-62772015，zhiliang@tup.tsinghua.edu.cn
课 件 下 载：http://www.tup.com.cn,010-62791865
印 刷 者：北京鑫丰华彩印有限公司
装 订 者：三河市李旗庄少明印装厂
经　　销：全国新华书店
开　　本：185mm×260mm　　**印　　张**：31　　**字　　数**：747千字
(附光盘1张)
版　　次：2014年1月第1版　　**印　　次**：2014年1月第1次印刷
印　　数：1～3000
定　　价：63.00元

产品编号：055420-01

前　言

Excel 2010 是微软公司发布的 Office 2010 软件家族中的重要组成部分，同样备受青睐，它被广泛地应用于各种办公领域。其以全新的界面、强大的功能吸引了广大计算机用户，成为全球最受欢迎的办公软件之一。它主要用于电子表格处理，可以高效地完成各种表格和图的设计，进行复杂的数据计算和分析，广泛应用于行政、财务、金融、经济、统计和审计等众多领域，大大提高了数据处理的效率。在进行知识点讲解的同时，列举了大量实例，使读者能在实践中掌握 Excel 2010 的应用和技巧。

本书特点

本书具有以下特点。

- 内容翔实，案例丰富：本书章节经过科学编排，由浅入深，用最精练的语言包含最多的知识，结合实际案例，让读者在最短的时间里学会最实用有效的操作技能。
- 全程图解，易于上手：图片演示、重点标注，再以简洁清晰的语言文字对知识内容进行补充说明，加强记忆，巩固知识，一学就会。
- 栏目多样，轻松阅读："操作分析"让分步操作化繁为简；"知识补充"、"老师的话"提醒操作细节，扩充实用知识技能；"电脑小百科"随手翻书随手学。
- 书盘结合，完美互动：配套多媒体光盘，情景教学，学习知识生动有趣；章节互动，边学边练，掌握技能轻松高效。

本书内容

本书共 14 个章节，主要内容如下。

本书章节	主要内容
第 1 章　Excel 2010　快速入门	介绍了 Excel 2010 的入门操作、Excel 2010 的新功能、认识 Excel 2010 工作界面、导出和导入配置等操作。
第 2 章　工作簿与工作表的基本操作与管理	介绍新功能、工作环境、窗口元素的组成以及视图应用，包括新建工作簿、保存工作簿、插入与删除工作表等操作。
第 3 章　数据的录入与编辑	介绍了在 Excel 2010 中如何录入不同类型的数据、快速填充相同的数据、自动填充数据、查找和替换数据等操作。
第 4 章　美化工作表	介绍了在 Excel 2010 中如何调整单元格的行高与列宽、隐藏与显示单元格数据、设置字符和数字格式、设置自动换行和文字方向、自动套用格式等操作。
第 5 章　丰富表格内容	介绍插入图片与剪贴画、插入文本框和批注、插入 SmartArt、插入艺术字对象等操作。

续表

本书章节	主要内容
第 6 章 公式与函数快速入门	介绍了单元格的引用方式、名称的定义与应用、工作表函数、常见函数种类等操作。
第 7 章 Excel 数据的管理与分析	介绍了高级排序显示数据、自定义数据排序、数据的高级筛选、创建分类汇总、隐藏与显示明细数据等操作。
第 8 章 图表快速入门	介绍了创建图表、选择图表类型、图表的基本编辑操作、设置图表标签格式、设置坐标轴等操作。
第 9 章 数据透视表和数据透视图快速入门	介绍了认识与创建数据透视表、数据透视表的布局及样式的快速套用、编辑数据透视表等操作。
第 10 章 Excel 常见函数的实际应用	介绍了数学和三角函数、逻辑函数、文本函数、日期和时间函数、统计函数、财务函数、查找与引用函数等操作。
第 11 章 Excel 在人力资源管理中的应用	介绍了计算员工工龄及年假、计算年假天数、计算加班费用、计算个人所得税、计算应扣款项等操作。
第 12 章 Excel 在行政文秘办公中的应用	介绍了设置数据的有效性、数据的排序和分类汇总、套用表格样式、自定义数据格式、制作数据透视表等操作。
第 13 章 Excel 在财务管理中的应用	介绍了建立固定资产清单、计算固定资产折旧、新建出差费用报销表单、计算员工平均出差费用等操作。
第 14 章 Excel 在市场营销中的应用	介绍了制作客户满意度调查问卷、移动平均与指数平滑、计算产品在市场上的占有率等操作。

联系我们

本书由陈志民编著，具体参加编写和资料整理的有：李红萍、陈运炳、申玉秀、李红艺、李红术、陈云香、陈文香、陈军云、彭斌全、陈志民、林小群、刘清平、钟睦、刘里锋、朱海涛、廖博、喻文明、易盛、陈晶、张绍华、江凡、何凯、黄华、陈文轶、杨少波、杨芳、刘有良、刘珊、赵祖欣、齐慧明、胡莹君等。

由于作者水平有限，书中错误、疏漏之处在所难免。在感谢您选择本书的同时，也希望您能够把对本书的意见和建议告诉我们。

售后服务邮箱：lushanbook@gmail.com。

云海科技

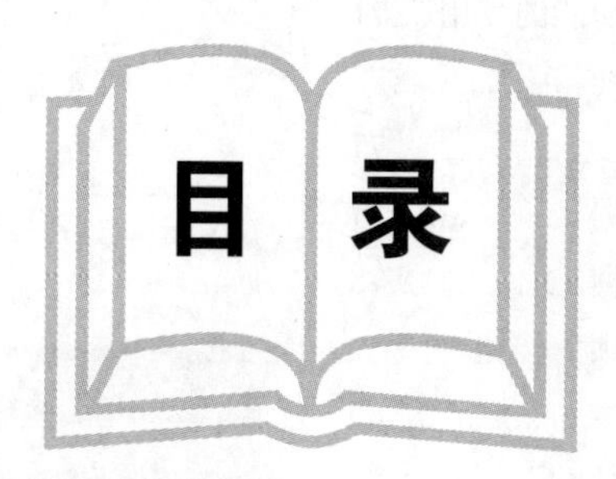

目 录

第 1 章

Excel 2010 快速入门

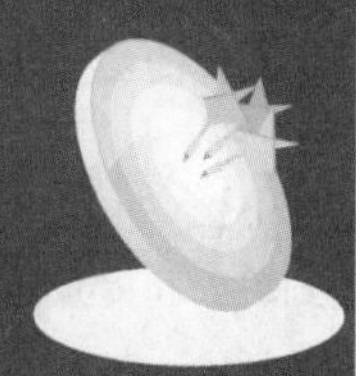

本章导读

Excel 2010 是微软公司推出的 Office 2010 办公系列软件的一个重要组成部分，它主要用于电子表格处理，可以高效地完成各种表格和图的设计，进行复杂的数据计算和分析，广泛应用于行政、财务、金融、经济、统计和审计等众多领域，大大提高了数据处理的效率。

精彩看点

- Excel 2010 的新功能
- 认识 Excel 2010 工作界面
- 如何获取 Excel 2010 的帮助信息
- 显示与隐藏选项卡
- 自定义选项卡
- 导出和导入配置
- 自定义快速访问工具栏

1.1 Excel 2010 的新功能

相较于其他版本 Excel 软件，Excel 2010 无论是在界面上，还是在新功能方面都更胜一筹。本章针对 Excel 2010 中的新功能进行简单的介绍。

书盘互动指导

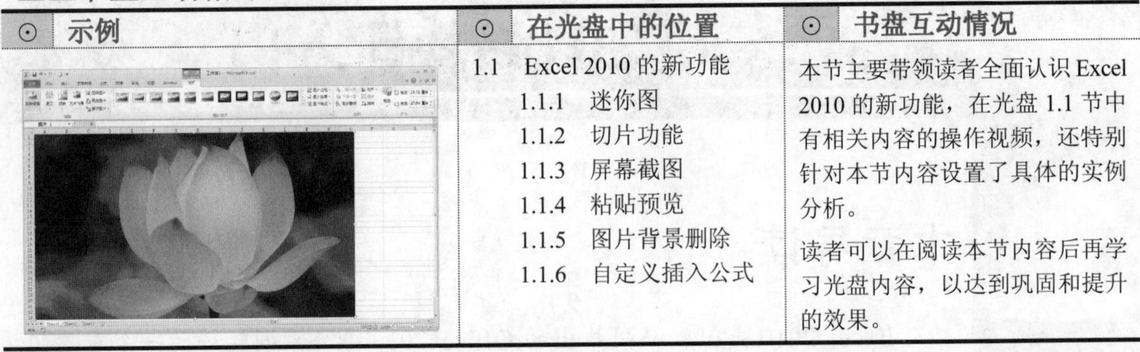

⊙ 示例	⊙ 在光盘中的位置	⊙ 书盘互动情况
	1.1 Excel 2010 的新功能 1.1.1 迷你图 1.1.2 切片功能 1.1.3 屏幕截图 1.1.4 粘贴预览 1.1.5 图片背景删除 1.1.6 自定义插入公式	本节主要带领读者全面认识 Excel 2010 的新功能，在光盘 1.1 节中有相关内容的操作视频，还特别针对本节内容设置了具体的实例分析。 读者可以在阅读本节内容后再学习光盘内容，以达到巩固和提升的效果。

1.1.1 迷你图

迷你图是 Excel 2010 的新功能，可以在一个单元格中创建一个小型图表来快速发现数据变化趋势。这是一种突出显示重要数据变化趋势的快速简便的方法，可以节省大量时间。

进入 Excel 2010 程序窗口后，在“插入”选项卡下可以看到已列出的简单且实用的迷你图图标，如图 1-1 所示。

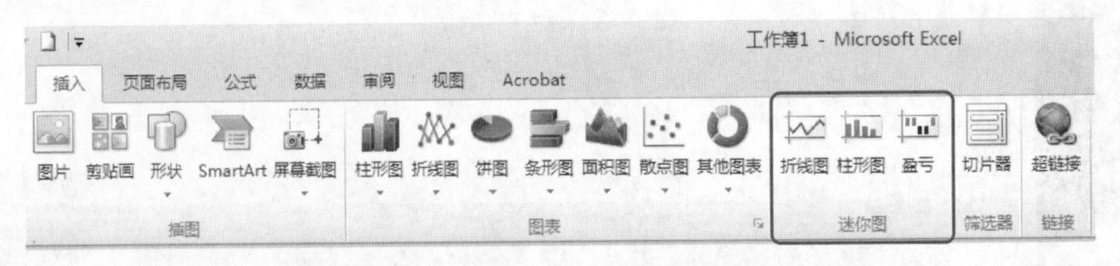

图 1-1 Excel 2010 迷你图图标

1.1.2 切片功能

切片器是 Excel 2010 中的新增功能，它提供了一种可视性极强的筛选方法来筛选数据透视表中的数据，如图 1-2 所示。一旦插入切片器，即可使用按钮对数据进行快速分段和筛选，以仅显示所需数据。此外，对数据透视表应用多个筛选器之后，再无须打开一个列表来查看对数据所应用的筛选器，这些筛选器会显示在屏幕上的切片器中。可以使切片器与工作簿的格式设置相符，并且能够在其他数据透视表、数据透视图和多维数据集函数中轻松地重复使用这些切片器。

电脑小百科

Excel 2010 的每张工作表拥有 1048576 行 × 16384 列，单元格总数量相当于 Excel 2003 的 1024 倍。

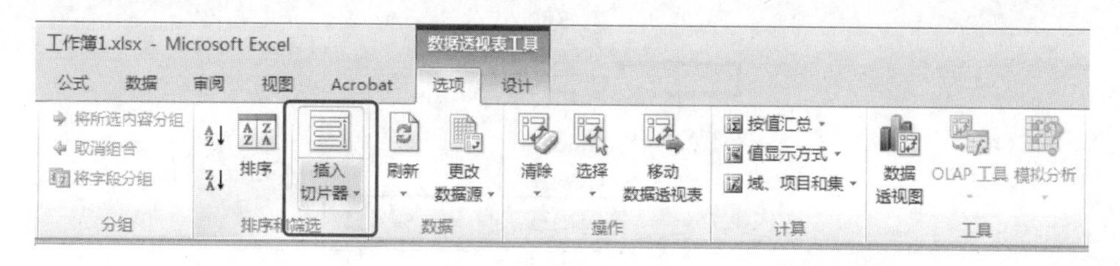

图 1-2　切片功能

1.1.3　屏幕截图

屏幕截图功能适用于捕获可能更改或过期的信息(例如，重大新闻报道或旅行网站上提供的讲求时效的可用航班和费率的列表)的快照。此外，当从网页和其他来源复制内容时，通过任何其他方法都可能无法将它们的格式成功传输到文件中，而屏幕截图可以实现这一点。如果创建了某些内容(例如网页)的屏幕截图，而源中的信息发生了变化，那么屏幕截图是不会更新的。

进入 Excel 2010 程序窗口后，在“插入”选项卡下，单击“屏幕截图”下拉按钮，可以看到所有打开的软件窗口以缩略图的形式在“可用视窗”中显示。将指针悬停在缩略图上时，将弹出提示信息，包含了程序名称和文档标题，如图 1-3 所示。

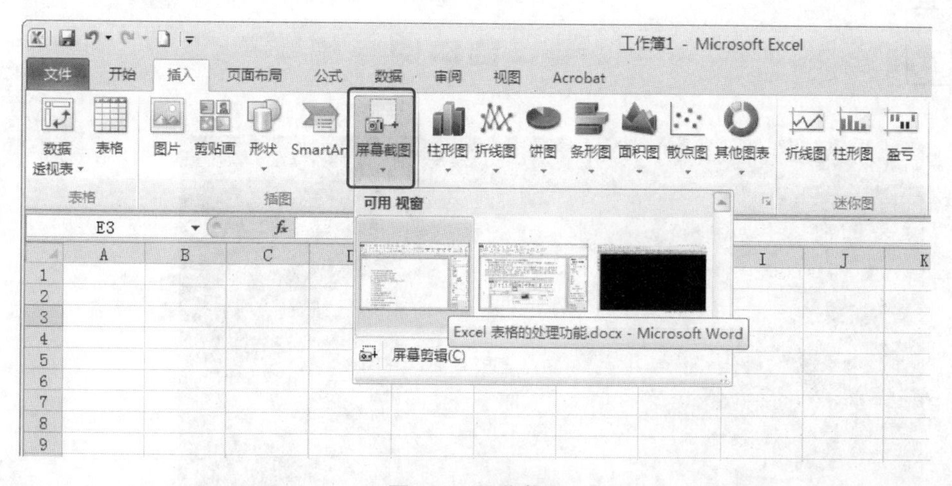

图 1-3　屏幕截图

单击“屏幕截图”按钮时，可以选择插入整个程序窗口，也可以选择使用“屏幕剪辑”来选择窗口的一部分。“屏幕剪辑”功能只能捕获没有最小化到任务栏的窗口。

1.1.4　粘贴预览

Excel 2010 在进行粘贴操作时，还提供了粘贴预览功能。

在电子表格中右击，会弹出快捷菜单，在“粘贴选项”中会显示 6 个选项，分别为粘贴、值、公式、转置、格式和粘贴链接，如图 1-4 所示。当指针停留在相关选项位置上时，会显示粘贴选项的名称，并且还会在表格中出现相应的预览样式。

通过程序文件创建的快捷方式可以修改目标参数，而通过开始菜单所创建的快捷方式无法修改目标参数。

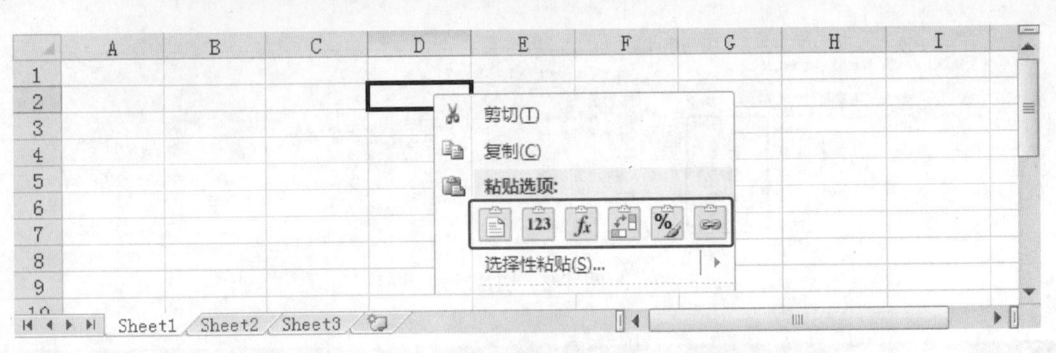

图 1-4　粘贴选项

1.1.5 图片背景删除

在 Excel 2010 窗口中，如果想要删除某个图片背景，现在不用通过其他图形编辑软件也能去除其中的背景。使用 Excel 2010 提供的“删除背景”功能可以很方便地去除一些图片的背景。

在 Excel 2010 中插入一幅图片后，可以单击“格式”选项卡下的“删除背景”按钮来删除图片的背景，如图 1-5 所示。

图 1-5　删除图片背景

1.1.6 自定义插入公式

在 Excel 2010 中，插入公式变得非常的简单。我们可以在“插入”选项卡中的“公式”下拉菜单中选择一种类型的公式，然后 Excel 2010 会新增一个自定义设置公式的“设计”选项卡，我们可以在该选项卡中根据提供的一些复杂数据符号来创建一些复杂的数学公式，如图 1-6 所示。

用计算机专业的术语来说，“文件”就是“存储在磁盘上的信息实体”。

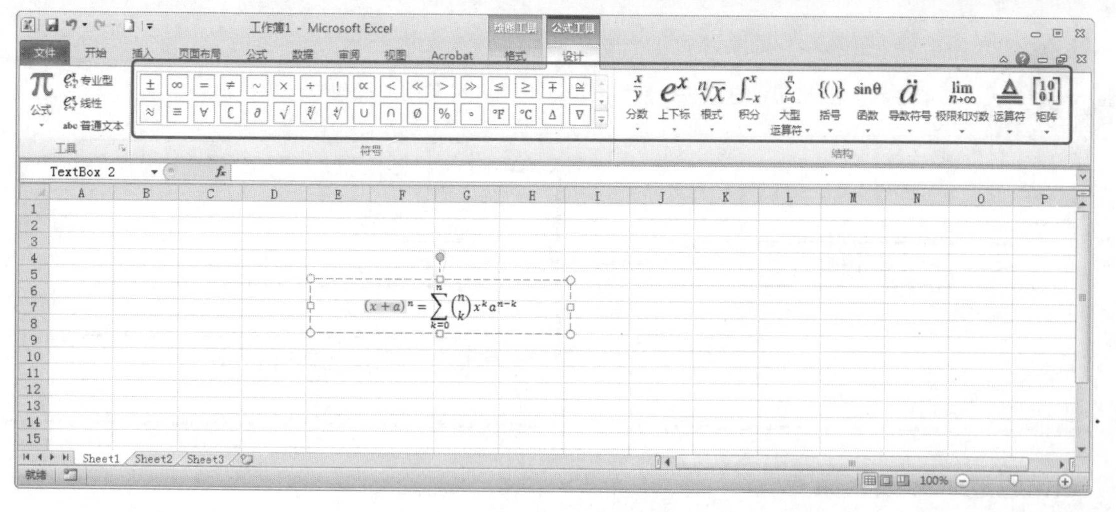

图 1-6　自定义插入公式

1.2　Excel 2010 工作环境

本节主要介绍 Excel 2010 的工作环境，包括 Excel 2010 的启动与退出方式、工作界面等。其界面和以前的版本相比，在颜色上显得更加柔和。Excel 2010 的工作界面主要由菜单栏、工具栏、工作表格区、滚动条、状态栏和任务窗格等元素组成。

书盘互动指导

示例	在光盘中的位置	书盘互动情况
	1.2 Excel 2010 工作环境 1.2.1 启动 Excel 2010 1.2.2 认识 Excel 2010 工作界面 1.2.3 如何获取 Excel 2010 的帮助信息	本节主要带领读者全面认识 Excel 2010 的工作环境，在光盘 1.2 节中有相关内容的操作视频，还特别针对本节内容设置了具体的实例分析。 读者可以在阅读本节内容后再学习光盘内容，以达到巩固和提升的效果。

1.2.1　启动 Excel 2010

在学习 Excel 2010 前，首先应掌握启动 Excel 2010 的方法。用户可以通过“开始”菜单、桌面快捷图标、已存在的 Excel 文件等方法来启动 Excel 2010。

电脑小百科

对话框启动器是一种比较特殊的按钮控件，它位于特定的命令组的右下角，并与此命令组相关联。

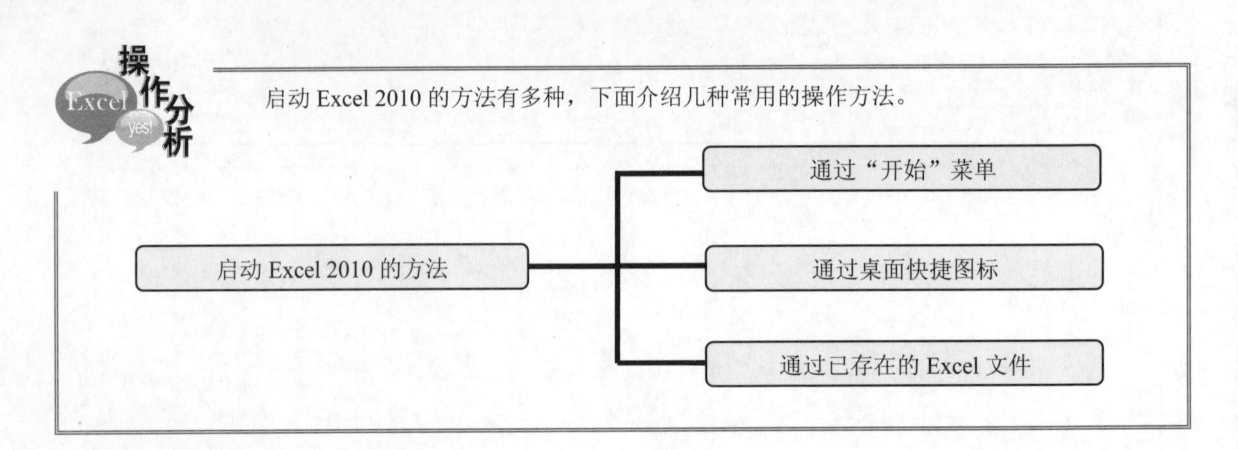

1. 通过“开始”菜单

依次选择“开始”→“所有程序”→Microsoft Office→Microsoft Excel 2010 菜单命令，如图 1-7 所示，即可启动 Excel 2010 程序。

图 1-7　通过“开始”菜单启动 Excel 2010

2. 通过桌面快捷图标

双击桌面上 Microsoft Excel 2010 的快捷方式，如图 1-8 所示，即可启动 Excel 2010 程序。

图 1-8　Excel 2010 的桌面快捷图标

如果安装时没有在桌面上生成快捷图标，那么可以手动创建一个 Excel 2010 程序的快捷图标。操作方法如下。

1. 依次选择“开始”→“所有程序”→Microsoft Office→Microsoft Excel 2010 菜单命令。
2. 在 Microsoft Excel 2010 右击，从弹出的快捷菜单中选择“发送到”→“桌面快捷方式”命令，

电脑小百科

当屏幕宽度小于 300 像素时，功能区不再显示。

即可在桌面上创建一个 Excel 2010 的快捷图标，如图 1-9 所示。

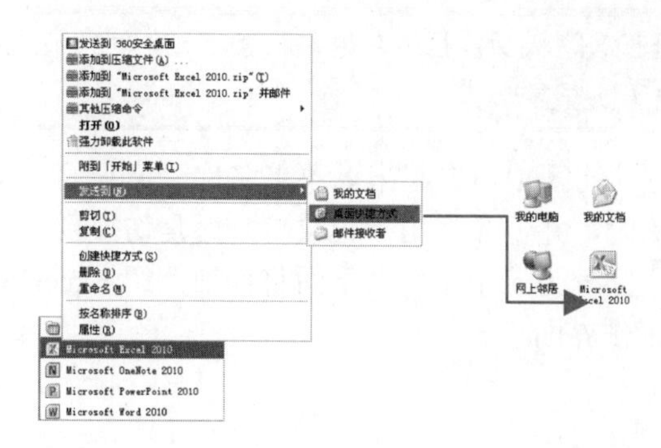

图 1-9　创建 Excel 2010 桌面快捷图标

3. 通过已存在的 Excel 文件

双击已存在的 Excel 文件图标，如图 1-10 所示，即可启动 Excel 2010 程序。

图 1-10　双击已存在的 Excel 文件

1.2.2　认识 Excel 2010 工作界面

Excel 2010 的工作界面仍然采用 Excel 2007 版本的功能区(Ribbon)界面风格，它将 Excel 2003 之前版本的传统风格菜单和工具栏以多页选项卡功能面板代替。Excel 2010 的工作界面还设置了一些便捷的工具栏和按钮，如“快速访问工具栏”、“工作表导航”按钮、“视图切换”按钮和“显示比例”滑块等，如图 1-11 所示。

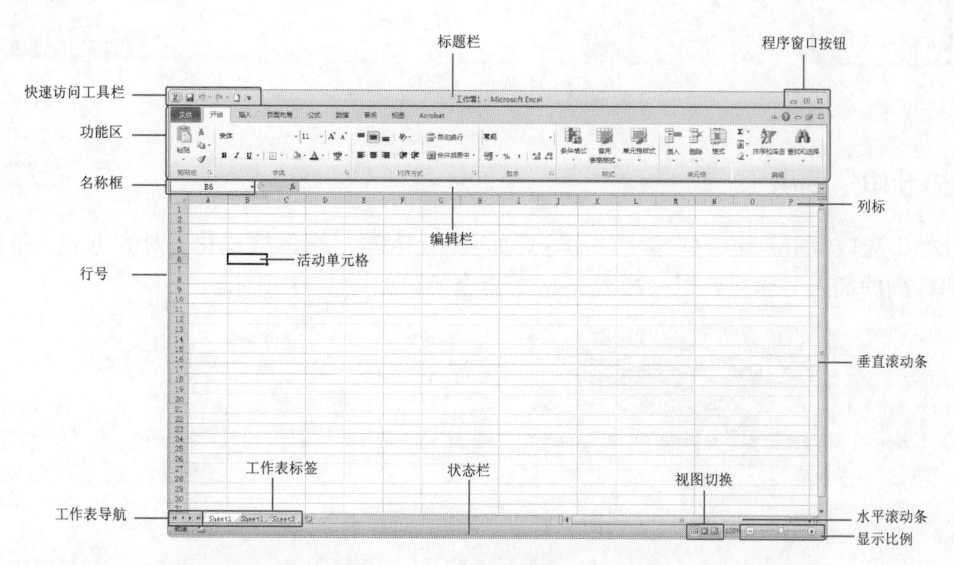

图 1-11　Excel 2010 的工作界面

单元格对象的右键快捷菜单较先前的版本有了很大的改动，最显著的地方，就是在其中增加了选择性粘贴的常用选项。

知识补充

在任意选项卡中双击鼠标可以隐藏功能区，在隐藏状态下，可单击某选项卡来查看功能并选择其中的命令。再次双击鼠标功能区恢复显示。

Excel 2010 工作窗口上方功能区中，看起来像菜单名称，但它们其实是功能区中各选项卡的名称。当单击这些选项卡名称时，并不会弹出下拉菜单，而是切换到与之相应的功能区面板，每个功能区面板根据功能的不同又分为若干个组。下面将详细介绍 Excel 2010 的功能区，从而帮助大家快速熟悉 Excel 2010 的工作界面。

1. “文件”选项卡

“文件”选项卡是一个比较特殊的选项卡，它由一组纵向的菜单列组成，包括了文件的“新建”、“打开”、“保存”、“打印”、“关闭”和“选项”等功能，如图 1-12 所示。

图 1-12 “文件”选项卡

2. “开始”选项卡

“开始”选项卡中包含一些常用的命令，如复制、粘贴、字体格式化、对齐方式、条件格式、单元格和行列的插入与删除，以及单元格格式命令等，如图 1-13 所示。

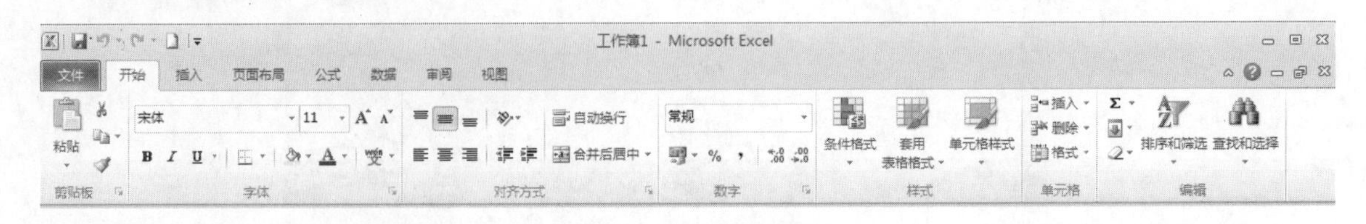

图 1-13 “开始”选项卡

电脑小百科

如果 Excel 2010 中没有显示“浮动工具栏”，可以在“Excel 选项”对话框中“常规”选项卡下，选中“选择时显示浮动工具栏”复选框即可。

3. “插入”选项卡

如果想插入一个对象，则选择功能区中的“插入”选项卡，该选项卡中包括可以在工作表中插入的对象和相关命令。如果继续选择“插入”选项卡中的“图表”组中的某个对象，那么功能区会出现与图表相关的选项卡。也就是说，用户可以很容易找到当前需要使用的命令，而不必像原先那样，一个菜单一个菜单地查找，如图 1-14 所示。

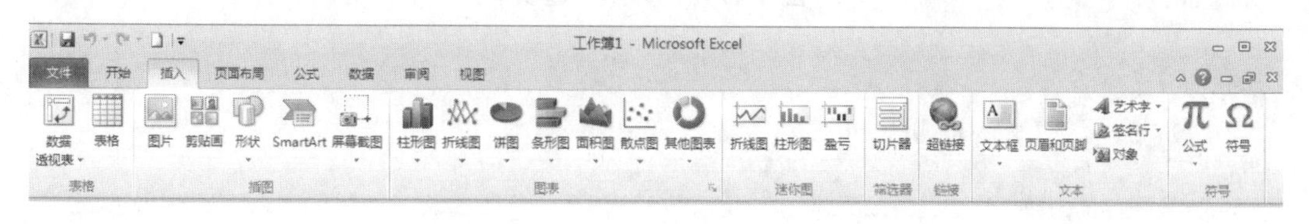

图 1-14　“插入”选项卡

4. “页面布局”选项卡

在“页面布局”选项卡中，用户可以设置工作表的外观，可以对页边距、纸张大小、纸张方向、缩放比例、主题、工作表选项等进行设置，如图 1-15 所示。

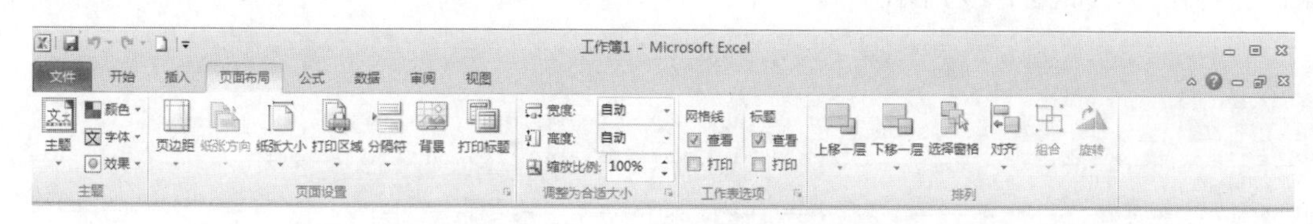

图 1-15　“页面布局”选项卡

5. “公式”选项卡

“公式”选项卡中包含了函数、公式和计算相关的命令，如插入函数、定义名称、公式审核和开始计算等，如图 1-16 所示。

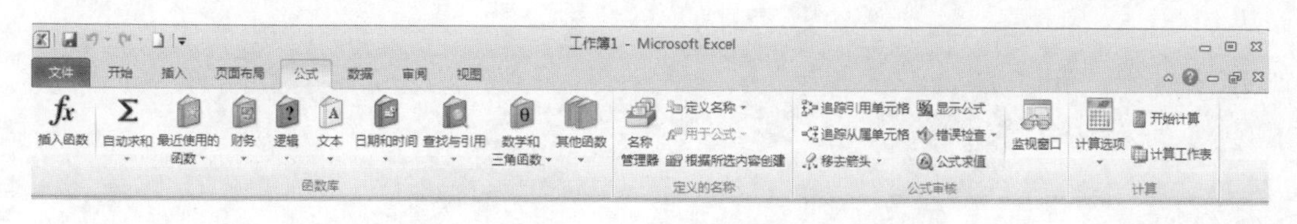

图 1-16　“公式”选项卡

6. “数据”选项卡

“数据”选项卡中包含了在处理数据时需要用到的相关命令，如获取外部数据、排序和筛选、分类汇总、合并计算、模拟分析和数据有效性等，如图 1-17 所示。

7. “审阅”选项卡

在“审阅”选项卡中，可对工作表中的内容进行拼写检查、文字翻译、批注管理，以及对工

电脑小百科

按下 Alt 快捷键时，功能区选项卡上会显示进一步按键显示，只需要按照提示的按键依次操作即可。

作簿和工作表的权限进行管理等，如图 1-18 所示。

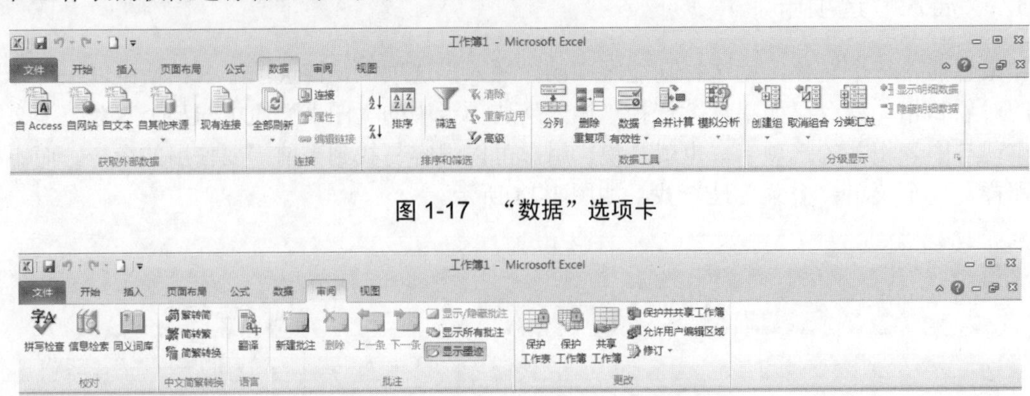

图 1-17 “数据”选项卡

图 1-18 “审阅”选项卡

8. “视图”选项卡

在“视图”选项卡中，可以新建窗口、切换窗口、冻结和拆分窗口、显示网格线和标尺，以及录制宏等操作，如图 1-19 所示。

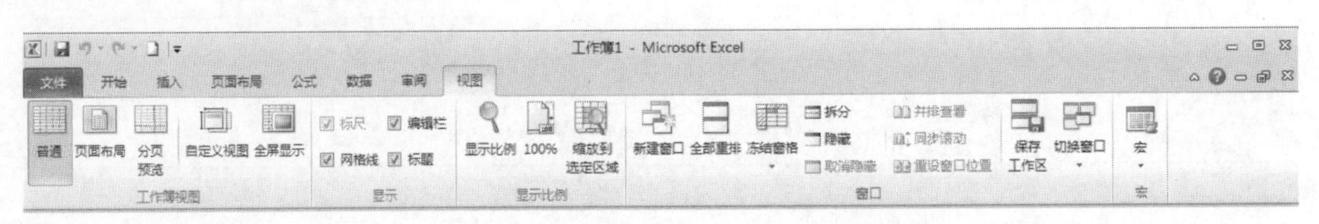

图 1-19 “视图”选项卡

9. “开发工具”选项卡

在默认情况下，“开发工具”选项卡在功能区中是不可见的。它主要包含使用 VBA 进行程序开发时需要用到的命令，如图 1-20 所示。

图 1-20 “开发工具”选项卡

1.2.3 如何获取 Excel 2010 的帮助信息

用户在工作过程中可能会遇到许多的问题，如在 Excel 2010 中如何去除图片背景、如何自定义功能区等，如果身边没有同事可以询问，那么可以使用 Excel 2010 程序提供的帮助信息来解决这些问题。

电脑小百科

快速访问工具栏默认情况下显示在功能区上方，如果有必要，也可以让其显示在功能区下方。

打开“Excel 帮助”窗口有以下 3 种方法。

- 使用键盘快捷方式。在 Excel 2010 程序窗口中，按 F1 快捷键。
- 使用鼠标单击“帮助”按钮。在 Excel 2010 程序窗口中，单击功能区面板右侧的“帮助”按钮。
- 在“文件”选项卡中选择“帮助”命令，然后单击“Microsoft Office 帮助”选项。

下面以删除图片背景为例，介绍在脱机状态下查看其帮助信息。

1. 按 F1 键打开“Excel 帮助”窗口，如图 1-21 所示，状态栏上默认为“脱机”状态，可不更改其状态。窗口中显示了多个帮助主题，用户可以选择需要的主题，这里单击“使用图形”文本链接。
2. 进入到“使用图形”面板，单击“添加图片、形状、艺术字或剪贴画”子类别，如图 1-22 所示。

图 1-21　“Excel 帮助”窗口

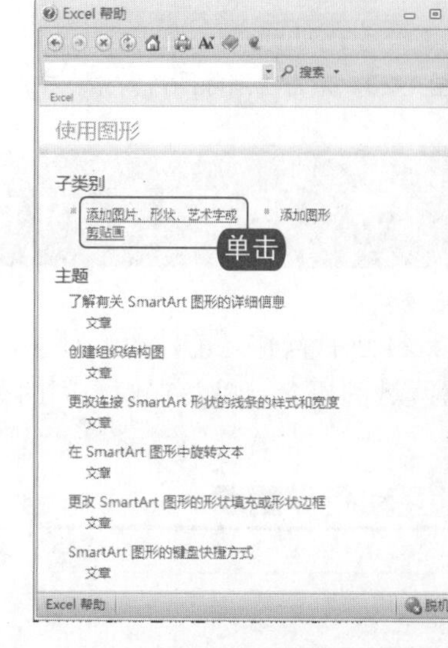

图 1-22　“使用图形”面板

知识补充

在“Excel 帮助”窗口中，用户可以在脱机和联机状态之间进行选择，单击“Excel 帮助”窗口右下角的连接状态图标，在弹出的“连接状态”菜单中，选择“显示来自 Office.com 的内容”或“仅显示来自此计算机的内容”命令。

3. 进入到子类别面板，在“主题”列表中，单击“消除图片背景”主题，如图 1-23 所示。
4. 可打开与该主题有关的帮助信息，如图 1-24 所示，拖动垂直滚动条，可查看帮助信息。

知识补充

如在“连接状态”菜单中看不到“显示来自 Office.com 的内容”选项，那么可能是系统管理员禁用了“Excel 帮助”窗口的联机功能。此时，将不显示“显示来自 Office.com 的内容”选项。有关详细信息，请与系统管理员联系。

电脑小百科

为工作表重命名时不得与工作簿中现有的工作表重名，工作表名不区分英文大小写，并且不能包含下列字符：*、/、:、？、[、\、]。

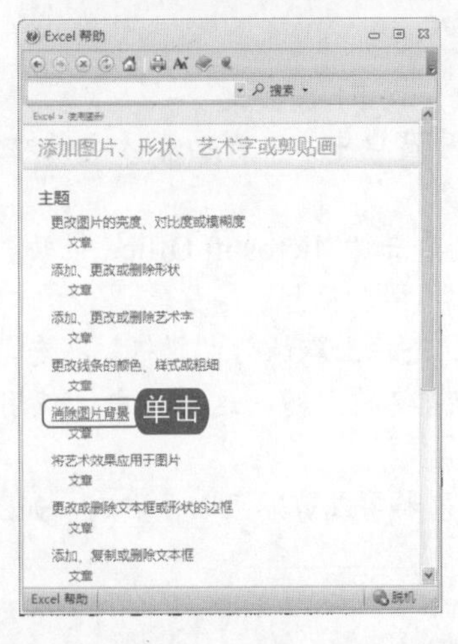

图 1-23　单击“消除图片背景”主题

图 1-24　帮助信息

1.3　理解 Excel 中的基本概念

在对 Excel 进行操作之前，有必要了解一些基本概念。本节主要介绍工作簿、工作表、单元格、单元格区域的概念，以及它们之间的关系。

书盘互动指导

示例	在光盘中的位置	书盘互动情况
	1.3　理解 Excel 中的基本概念 1.3.1　工作簿 1.3.2　工作表 1.3.3　单元格 1.3.4　单元格区域	本节主要带领读者了解 Excel 中的基本概念，在光盘 1.3 节中有相关内容的操作视频，还特别针对本节内容设置了具体的实例分析。 读者可以在阅读本节内容后再学习光盘内容，以达到巩固和提升的效果。

1.3.1　工作簿

工作簿是指在 Excel 程序中用来存储并处理数据的文件。由于每个工作簿中可以包含多个工作表，因此在一个工作簿中可以包含多种类型的相关信息。新建的工作簿默认包含 3 张工作表，它们分别是 Sheet1、Sheet2 和 Sheet3，如图 1-25 所示。

电脑小百科

利用键盘中的快捷键 Ctrl+A，同样可以选取整个工作表。

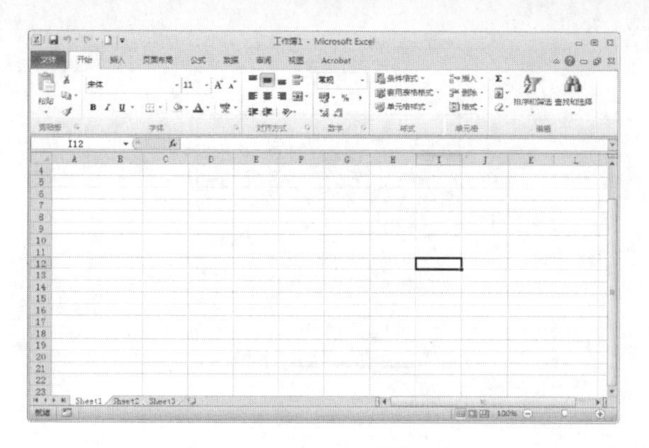

图 1-25　工作簿

1.3.2　工作表

工作表由很多排列整齐的单元格组成，因此，工作表也被称为“电子表格”。若干个工作表组成一个工作簿，它能够存储包含字符串、数字、公式、图片、图表、声音等丰富的信息或数据。用户不仅能对工作表中的信息和数据进行各种操作，而且还能够及时查阅。

工作表具有人机交互功能，可以对数据进行复杂的运算、自动统计等操作，极大地提高了工作效率。

1.3.3　单元格

单元格是指行列交叉的小格子。在水平方向上排列的单元格称为行，在垂直方向上排列的单元格称为列，且每行和每列都有自己对应的名称，即行号(数字)和列标(大写英文字母)，如图 1-26 所示。

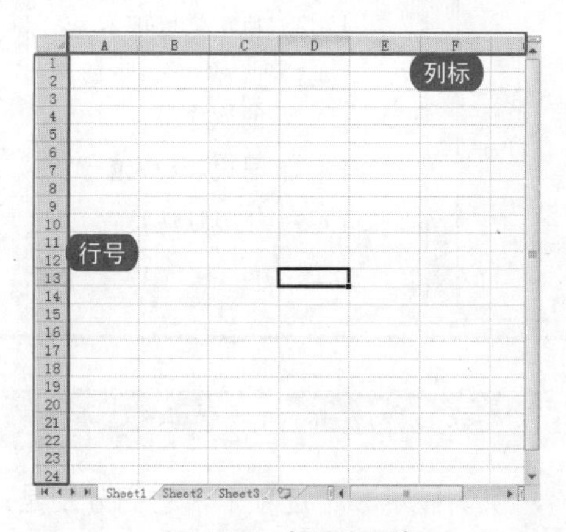

图 1-26　行号和列标

1.3.4　单元格区域

单元格区域由相应单元格的列标和行号标识，中间用冒号(：)隔开，如 B5:E19，表示从 B5 单元格到 E19 单元格之间所有的单元格组成的区域，如图 1-27 所示。

电脑小百科

每个拆分得到的窗格都是独立的，用户可以根据自己的需要让它们显示在同一工作表不同位置的内容。按住鼠标左键拖动水平或垂直方向的拆分条，可以改变窗格的布局。

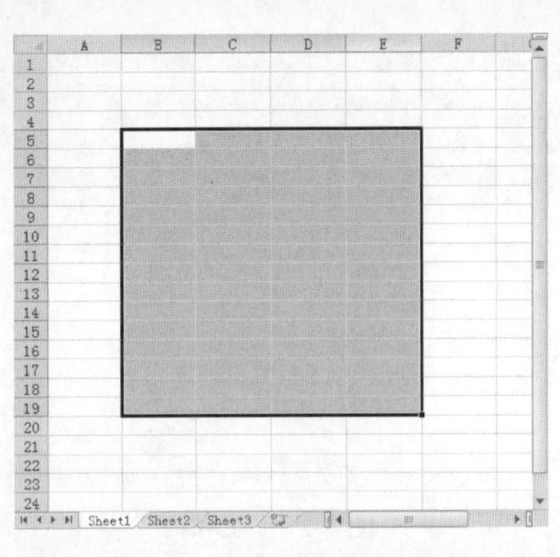

图 1-27　B5:E19 单元格区域

1.4　自定义窗口元素

用户可以根据自己的使用习惯，对 Excel 2010 的工作窗口进行一些调整。本节主要介绍显示和隐藏选项卡、自定义选项卡、重命名选项卡、自定义命令组、定义显示比例等一些窗口元素的调整方法。

书盘互动指导

示例	在光盘中的位置	书盘互动情况
	1.4　自定义窗口元素 1.4.1　显示和隐藏选项卡 1.4.2　自定义选项卡 1.4.3　调整选项卡显示的次序 1.4.4　导出和导入配置 1.4.5　恢复默认设置	本节主要带领读者学习自定义窗口元素的操作方法，在光盘 1.4 节中有相关内容的操作视频，还特别针对本节内容设置了具体的实例分析。 读者可以在阅读本节内容后再学习光盘内容，以达到巩固和提升的效果。

1.4.1　显示和隐藏选项卡

在 Excel 2010 工作窗口中，默认显示 8 个选项卡，它们分别是：文件、开始、插入、页面布局、公式、数据、审阅和视图。选项卡又分为主选项卡和工具选项卡，用户可以通过“Excel 选项”对话框来显示和隐藏这些选项卡，具体操作方法如下。

1. 单击“文件”选项卡，选择“选项”命令，如图 1-28 所示。
2. 弹出“Excel 选项”对话框，选中“自定义功能区”选项卡，在对话框右侧的“自定义功能区”下方，用户可以选中要显示的选项卡的复选框，如图 1-29 所示，选中“开发工具”复选框，然后单击“确定”按钮，即可在功能区显示“开发工具”选项卡。

电脑小百科

在输入数据时希望在屏幕上显示关键字列表，可以在“Excel 选项”对话框中的“公式”选项卡中选中“公式记忆式键入”复选框。

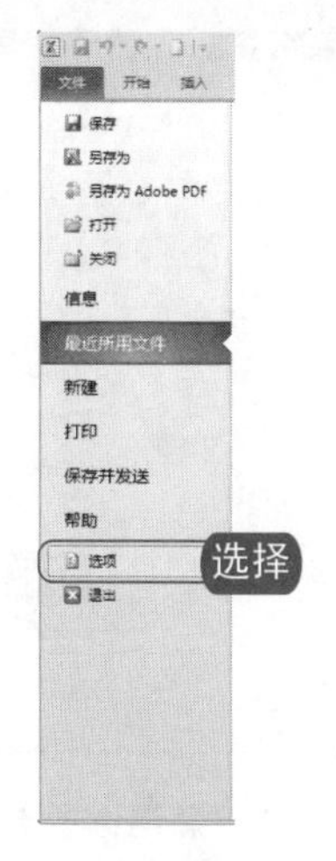

图 1-28　选择“选项”命令

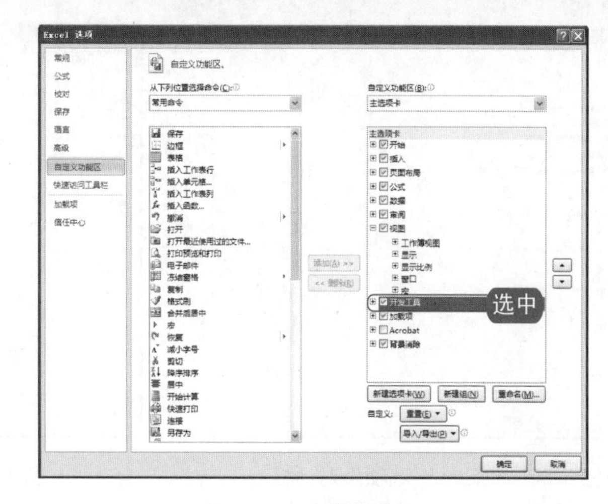

图 1-29　选中复选框

知识补充

如果想要隐藏其他选项卡的显示，同样可以在“Excel 选项”对话框中操作，只要取消选中相应的选项卡复选框即可。

1.4.2　自定义选项卡

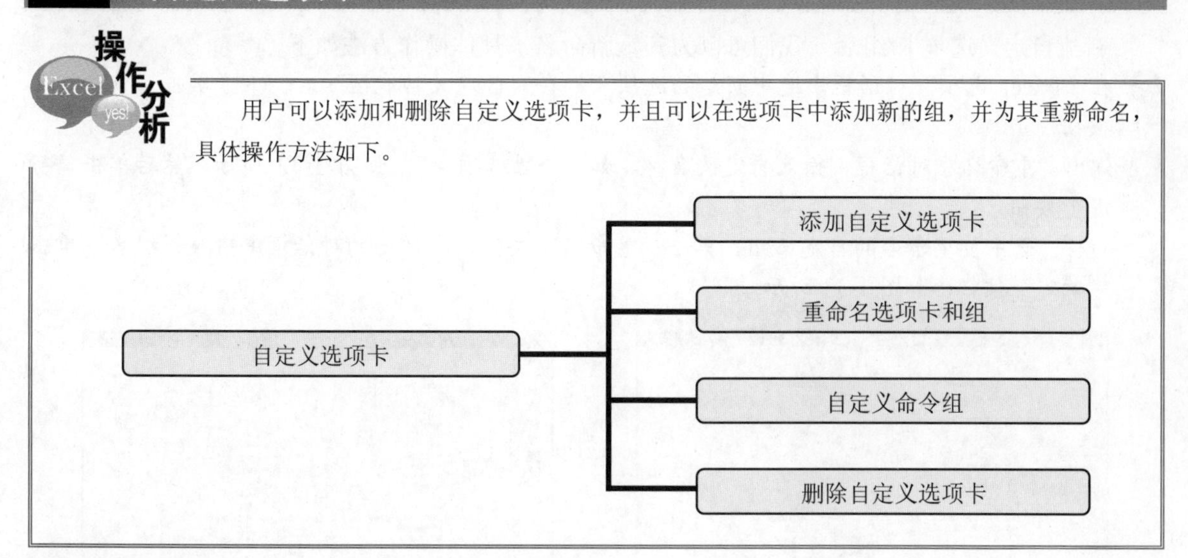

用户可以添加和删除自定义选项卡，并且可以在选项卡中添加新的组，并为其重新命名，具体操作方法如下。

跟着做 1☛　添加自定义选项卡

1. 单击“文件”选项卡，选择“选项”命令，弹出“Excel 选项”对话框，单击“自定义功能区”选项卡，如图 1-30 所示。
2. 在对话框右侧的“自定义功能区”下方，单击“新建选项卡”按钮，即可新建一个名为“新建选项卡(自定义)”的选项卡，同时还自动新建了一个名为“新建组(自定义)”的组，如图 1-31 所示。

电脑小百科

在 Excel 输入数据时，首先要了解输入数据的类型，不同类型的数据输入方法是不同的。

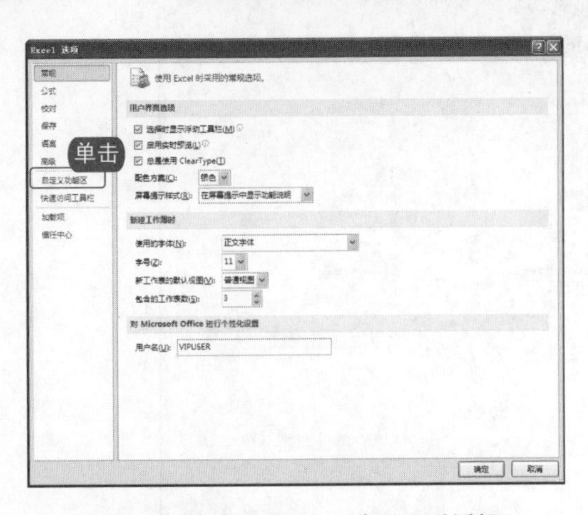

图 1-30 “Excel 选项”对话框

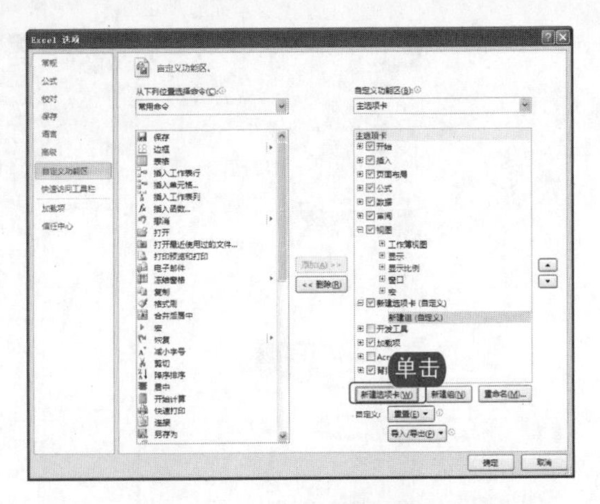

图 1-31 单击“新建选项卡”按钮

知识补充

尽管用户可以向自定义组添加命令，但无法更改 Excel 2010 中内置的默认选项卡。默认组上的命令不可用或处于灰色显示状态，因此无法对其进行编辑。

跟着做 2 重命名自定义选项卡和组

新建自定义选项卡/组后，我们可以为其重新命名，具体操作方法如下。

1. 在“Excel 选项”对话框中选中新建的选项卡，在“自定义功能区”右侧下方单击“重命名”按钮。
2. 弹出“重命名”对话框，输入自定义名称，如“个性选项卡”，如图 1-32 所示，然后单击“确定”按钮。
3. 同样，选中要重命名的自定义组，单击“重命名”按钮，在弹出的对话框中输入新组名，单击“确定”按钮，如图 1-33 所示。

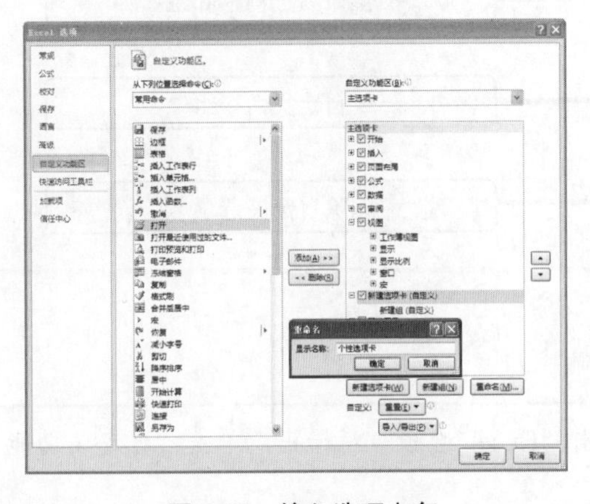

图 1-32 输入选项卡名

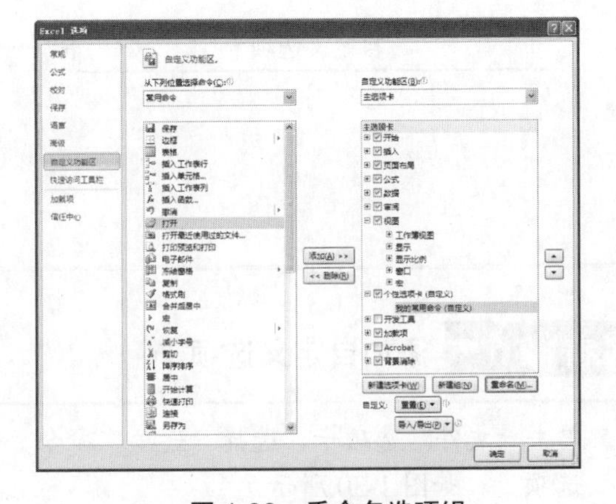

图 1-33 重命名选项组

4. 选中需要添加命令的组，然后在左侧“从下列位置选择命令”下方的列表框中找到并选中要添加的命令，单击对话框中间的“添加”按钮，即可将该命令添加到自定义的命令组中，如图 1-34

电脑小百科

Excel 单元格中的文本包括任何中西文的文字或字母以及数字、空格和非数字字符的组合，每个单元格中最多可容纳 32000 个字符数。

所示。

5. 单击“确定”按钮即可。
6. 若要删除自定义选项卡，则选中要删除的自定义选项卡，单击对话框中间的“删除”按钮即可或者右击选中的自定义选项卡，从弹出的快捷菜单中选择“删除”命令，如图 1-35 所示，也可完成删除操作。

图 1-34　添加命令

图 1-35　选择“删除”命令

1.4.3　调整选项卡显示的次序

在 Excel 2010 程序窗口中，用户可以根据自己的需要，调整选项卡在功能区中的显示次序。

用户可以通过“Excel 选项”对话框来调整选项卡在功能区中的显示次序，有以下两种操作方法。

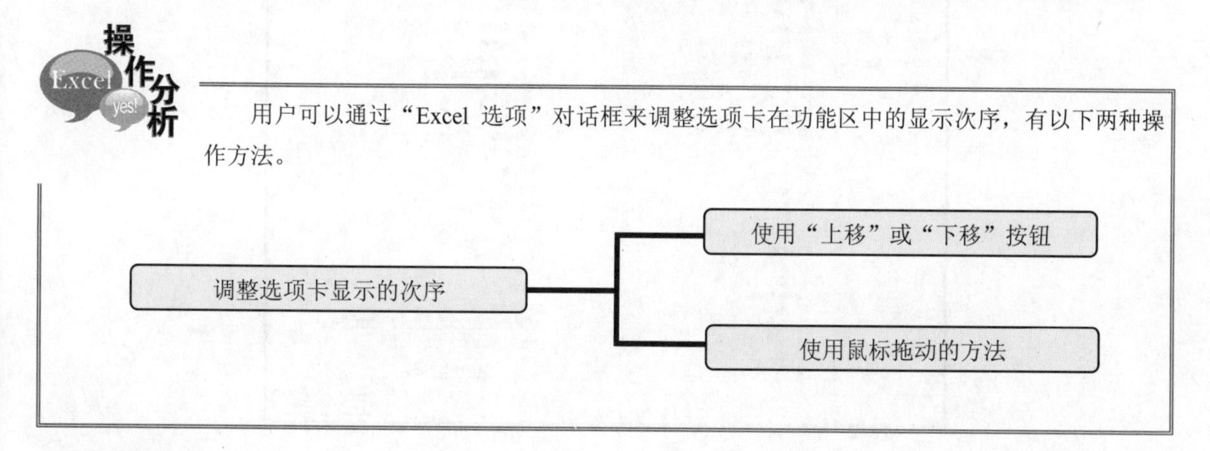

跟着做 1☛　使用“上移”或“下移”按钮

1. 打开“Excel 选项”对话框，单击“自定义功能区”选项卡，在对话框右侧的“自定义功能区”列表下，选中要移动的选项卡或组，如图 1-36 所示。

电脑小百科

文本是指不包括数字的文字内容，输入文本时，可以采用在编辑栏中输入、在单元格中输入以及选择单元格后直接输入三种方法。

图 1-36　选中要移动的选项卡或组

2. 单击对话框右侧的“上移”或“下移”箭头，将选中的选项卡或组向上或向下移动到合适的位置，如图 1-37 所示。

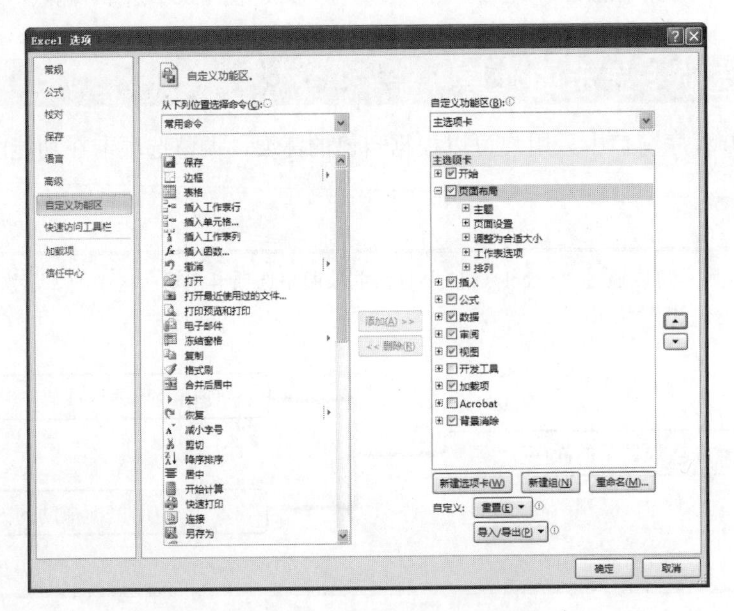

图 1-37　查看移动后的效果

3. 单击“确定”按钮，可查看和保存自定义设置。

跟着做 2 使用鼠标拖动的方法

1. 在对话框右侧的“自定义功能区”列表下，选中要移动的选项卡或组，如图 1-38 所示。
2. 按住鼠标左键不放，将其拖动到合适位置，释放鼠标左键，如图 1-39 所示。
3. 单击“确定”按钮，可查看和保存自定义设置。

电脑小百科

在单元格中，系统默认的文本显示方式是左对齐，而数值显示方式是右对齐。

图 1-38　选中要移动的选项卡或组

图 1-39　查看拖动后的效果

1.4.4 导出和导入配置

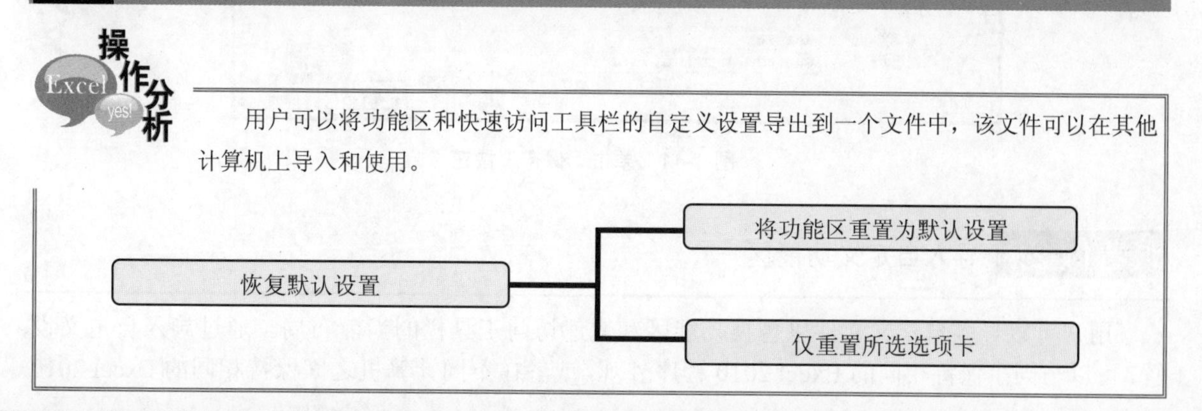

用户可以将功能区和快速访问工具栏的自定义设置导出到一个文件中，该文件可以在其他计算机上导入和使用。

电脑小百科

选择“全部清除”命令可以清除单元格中的所有内容、格式和批注。

跟着做 1☛ 导出自定义功能区

❶ 打开“Excel 选项”对话框，单击“自定义功能区”选项卡。

❷ 在对话框右侧的“自定义功能区”下方，单击“导入/导出”下拉按钮，从弹出的下拉菜单中选择“导出所有自定义设置”命令，如图 1-40 所示。

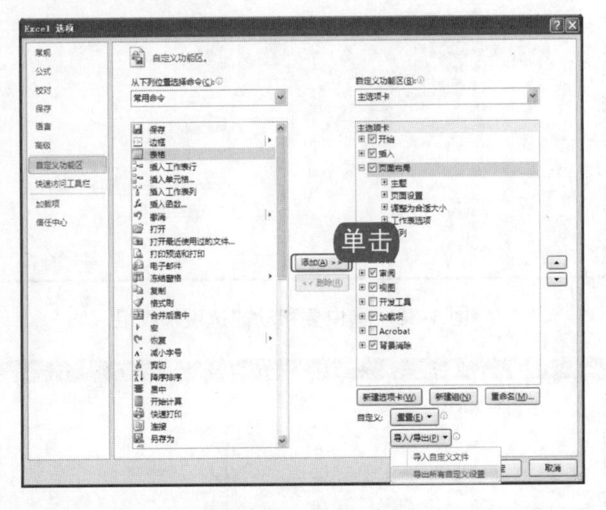

图 1-40　添加命令

❸ 弹出“保存文件”对话框，设置保存路径及文件名，然后单击“保存”按钮，如图 1-41 所示。

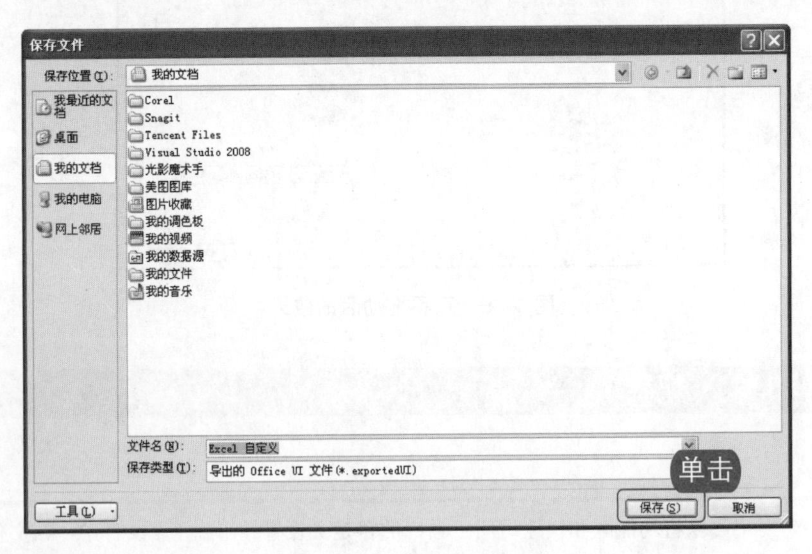

图 1-41　单击“保存”按钮

跟着做 2☛ 导入自定义功能区

用户可以导入自定义文件以替换功能区和快速访问工具栏的当前布局。通过导入自定义设置，可以与同事保持相同的 Excel 2010 程序外观，或者在不同计算机之间保持相同的 Excel 2010

电脑小百科

在编辑栏中输入文本的优点在于在输入文本的过程中，可以方便的查看到所输入的内容。

程序外观。

❶ 在对话框右侧的“自定义功能区”下方，单击“导入/导出”下拉按钮，从弹出的下拉菜单中选择“导入自定义文件”命令。

❷ 弹出“打开”对话框，找到已保存的自定义文件，然后单击“打开”命令即可。

知识补充

如果导入了功能区自定义文件，则之前对功能区和快速访问工具栏所做的所有自定义设置都将丢失。如果可能需要还原到当前使用的自定义设置，则应该先导出这些设置，然后再导入任何新的自定义设置。

1.4.5 恢复默认设置

用户可以选择重置功能区上的所有选项卡，或将所选选项卡重置为其原始状态。如果重置功能区上的所有选项卡，那么快速访问工具栏将会被重置为仅显示默认命令。

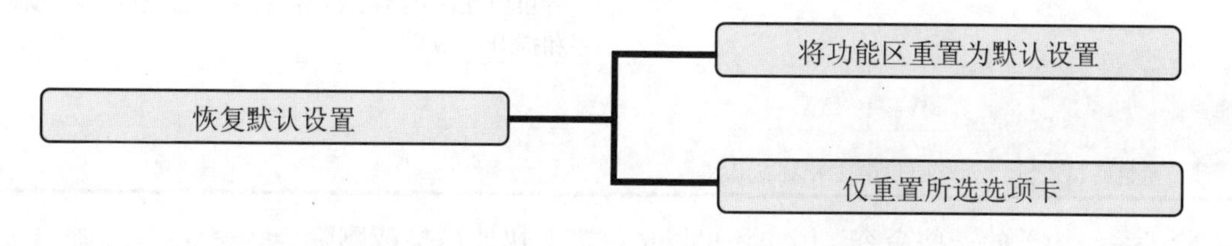

跟着做 1☛ 将功能区重置为默认设置

❶ 打开“Excel 选项”对话框，单击“自定义功能区”选项卡。

❷ 在对话框右侧的“自定义功能区”下方，单击“重置”按钮，从弹出的下拉菜单中选择“重置所有自定义项”命令，即可将功能区中所有选项卡重置为默认设置。

知识补充

如果选择“还原所有功能区选项卡和快速访问工具栏自定义设置”命令，那么会同时将功能区和快速访问工具栏重置为默认设置。

跟着做 2☛ 仅重置所选选项卡

将选中选项卡重置为默认设置的具体操作方法如下。

❶ 在“自定义功能区”窗口中，选择要重置为默认设置的选项卡。

❷ 单击“重置”下拉按钮，从弹出的下拉菜单中选择“仅重置所选功能区选项卡”命令，即可将选中的选项卡恢复到默认设置。

电脑小百科

控制单元格，在选择下一个单元格时，除了使用键盘中的方向的控制键，按下 Enter 键可选中下方的单元格，按下 Tab 键可选中右侧的单元格。

1.5 自定义快速访问工具栏

操作分析

快速访问工具栏通常位于功能区的上方，它是一个可自定义的工具栏，默认情况下包含“保存”、“撤销”、“恢复”3个命令的快捷按钮。单击该工具栏右侧的下拉按钮，在弹出的下拉菜单中显示更多的内置命令，如“新建”、“打开”、“快速打印”等，如果选择这些命令，即可在快速访问工具栏中显示。

书盘互动指导

在光盘中的位置	书盘互动情况
1.5 自定义快速访问工具栏	本节主要带领读者学习自定义快速访问工具栏的操作方法，在光盘 1.5 节中有相关内容的操作视频，还特别针对本节内容设置了具体的实例分析。 读者可以在阅读本节内容后再学习光盘内容，以达到巩固和提升的效果。

原始文件	素材\第 1 章\无
最终文件	源文件\第 1 章\1.5.xlsx

除了系统内置的一些命令，用户还可以根据需要快速添加或删除一些命令按钮。将一些常用的命令添加到快速访问工具栏上，可减少对功能区的操作频率，提高用户的工作效率。

下面以添加“求和”和“照相机”两个命令为例，介绍自定义快速访问工具栏的操作方法。

跟着做 1 添加“求和”命令

① 单击“文件”选项卡，选择“选项”命令，弹出如图 1-42 所示“Excel 选项”对话框，单击“快速访问工具栏”选项卡。

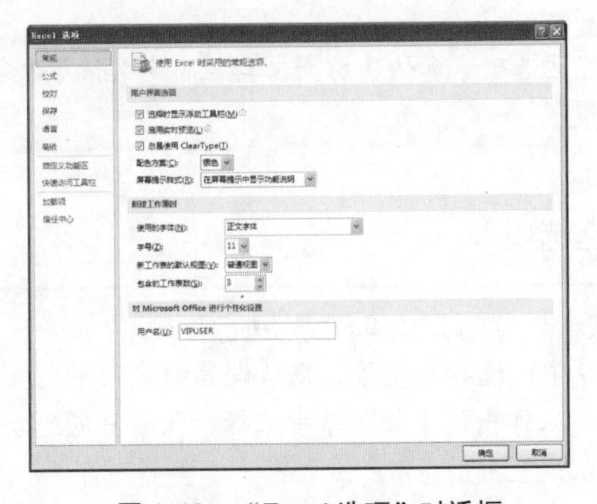

图 1-42 “Excel 选项”对话框

电脑小百科

如果将默认的文件保存类型设置为“Excel 97-2003 工作簿”，则在 Excel 程序中新建工作簿时，将运行在“兼容模式”。

❷ 在“从下列位置选择命令”列表框中选择“求和”命令，然后单击“添加”按钮，将其添加到对话框右侧的列表框中，如图 1-43 所示。

图 1-43　单击“添加”按钮

❸ 单击“确定”按钮，可查看添加后的效果。

跟着做 2　添加“照相机”命令

❶ 单击快速访问工具栏右侧的下拉按钮，从弹出的下拉列表中选择“其他命令”命令，如图 1-44 所示。

❷ 直接打开“Excel 选项”对话框中的“快速访问工具栏”选项卡，如图 1-45 所示。

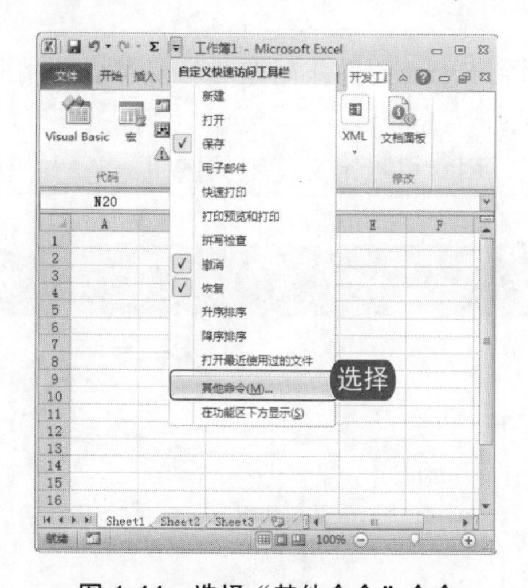

图 1-44　选择“其他命令”命令

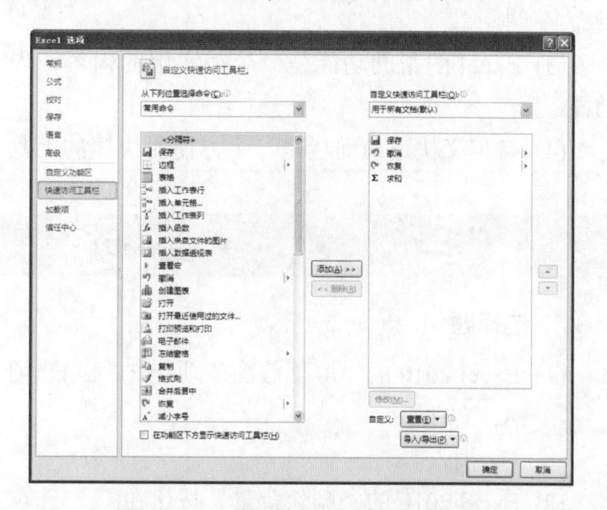

图 1-45　“快速访问工具栏”选项卡

❸ 在“从下列位置选择命令”的下拉列表中选择“不在功能区中的命令”，然后在下面的列表框中选择“照相机”命令，单击“添加”按钮，将其添加到对话框右侧的列表框中，如图 1-46 所示。

❹ 单击“确定”按钮，可查看添加后的效果，如图 1-47 所示。

电脑小百科

备份文件只会在保存时生成，并不会“自动”生成。用户从备份文件中也只能获取前一次保存时的状态，并不能恢复到更久以前的状态。

图 1-46　单击“添加”按钮

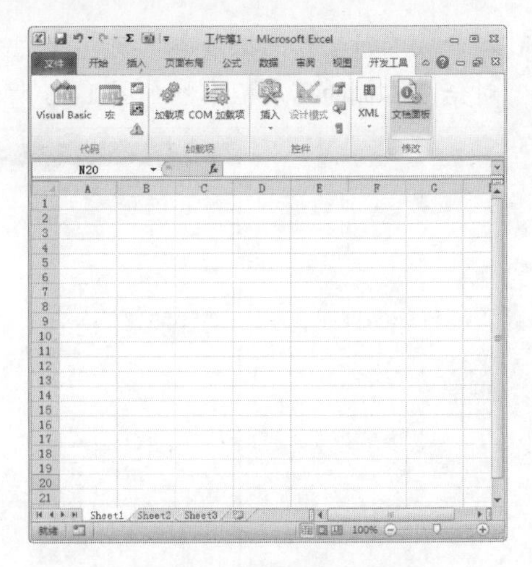

图 1-47　添加后的效果

学 习 小 结

本章主要介绍了 Excel 2010 入门基本知识，如 Excel 2010 的新增功能、工作环境、基本概念、自定义窗口元素的方法等，并通过实战的应用分析巩固和强化理论操作，为后续进一步学习 Excel 的其他操作打下基础。下面对本章进行总结，具体内容如下。

(1) Excel 2010 的新增功能有很多，常用到的有迷你图、切片功能、屏幕截图、图片背景删除等。

(2) Excel 2010 的工作环境相较之前的版本，有很大的改进，值得一提的是其功能区面板，除了程序内置的 8 个选项卡外，用户还可以自定义功能区选项卡，并可对其进行添加、删除、重命名等操作。

(3) Excel 的帮助功能是一个很实用的内容，当遇到 Excel 的操作问题时，要学会使用此功能。

(4) 自定义快速访问栏是一个方便而快捷的工具栏，用户可自定义其工具按钮。

互 动 练 习

1. 选择题

(1) Excel 2010 的“屏幕截图”功能在(　　)选项卡下。

A. 文件　　　　B. 开始

C. 插入　　　　D. 视图

(2) Excel 2010 的“删除背景”按钮在(　　)选项卡下。

A. 开始　　　　B. 格式

C. 开发工具　　　　D. 文件

电脑小百科

在 Excel 2007 和 Excel 2010 中，“常规选项”对话框中已经取消在 Excel 2003 版本中出现的“高级”按钮，用户不能在此处进一步选择加密技术的类型。

(3) 下列说法正确的是(　　)。

A. 用户可删除程序内置的选项卡

B. 自定义的选项卡不可以重命名

C. Excel 2010 的功能区被更改后不可恢复为默认状态

D. 用户可显示或隐藏“开始”选项卡

(4) 为快速访问工具栏添加命令按钮的方法是(　　)。

A. 单击快速访问栏右侧的下拉按钮，选择“其他命令”命令进行设置

B. 在“Excel 选项”对话框中的“高级”选项卡下设置

C. 在“开发工具”选项卡下设置

D. 在“开始”选项卡下设置

2. 思考与上机题

(1) 使用 Excel 的帮助功能，查找关于“屏幕截图”的帮助信息。

制作要求：

a. 在脱机状态下查找帮助信息。

b. 在联机状态下查找帮助信息。

(2) 新建一个自定义选项卡，如下图所示。

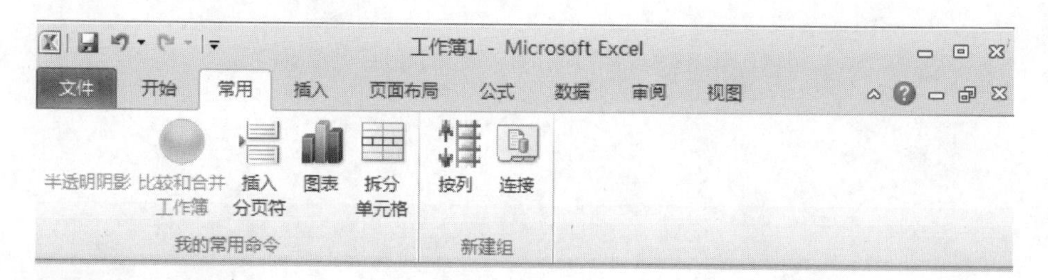

制作要求：

a. 新建一个“常用”选项卡，然后再新建一个组。

b. 将第一个“新建组(自定义)”重命名为“我的常用命令”。

c. 在“我的常用命令”组和“新建组”组中添加几个命令。

d. 将“常用”选项卡移动到“插入”选项卡前。

e. 删除“新建组”中不常用的命令。

电脑小百科

小数型数字是指带有小数点的数值，在输入小数型数字时，需要先对数值保留的小数位数进行设置。

第2章

工作簿与工作表的基本操作与管理

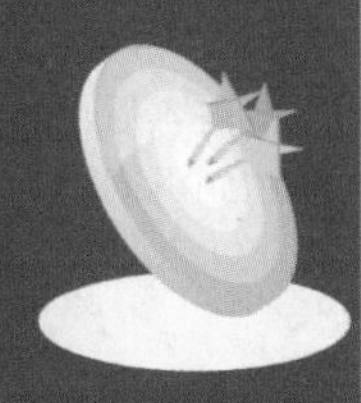

本章导读

学习了 Excel 2010 的新功能、工作环境以及窗口元素的组成之后，就可以进行一些基本操作了。虽然基本操作比较简单，但它是熟练使用 Excel 2010 的前提和基础，所以一样十分重要。

这一章来学习在不同情况与需求下，Excel 文档的不同创建方法、保存方式以及打开与关闭的各种方法和操作技巧。

精彩看点

- 新建工作簿
- 保存工作簿
- 恢复未保存的工作簿
- 打开与关闭工作簿
- 插入与删除工作表
- 移动与复制工作表
- 显示与隐藏工作表
- 更改工作表标签颜色
- 保护工作簿
- 并排比较工作簿
- 拆分与冻结窗口
- 共享工作簿
- 制作公司员工通讯录

2.1 工作簿的基本操作

工作簿的基本操作包括新建、保存、打开、关闭等操作，下面对这些基本操作一一进行介绍。

书盘互动指导

⊙ 示例	⊙ 在光盘中的位置	⊙ 书盘互动情况
	2.1 工作簿的基本操作 2.1.1 新建工作簿 2.1.2 保存工作簿 2.1.3 恢复未保存的工作簿 2.1.4 打开工作簿	本节主要带领读者学习工作簿的基本操作，在光盘 2.1 节中有相关内容的操作视频，还特别针对本节内容设置了具体的实例分析。 读者可以在阅读本节内容后再学习光盘内容，以达到巩固和提升的效果。

2.1.1 新建工作簿

启动 Excel 2010 后，软件将自动新建默认名为“工作簿 1”的工作簿，此后新建的工作簿将自动以“工作簿 2”、“工作簿 3”依次命名。

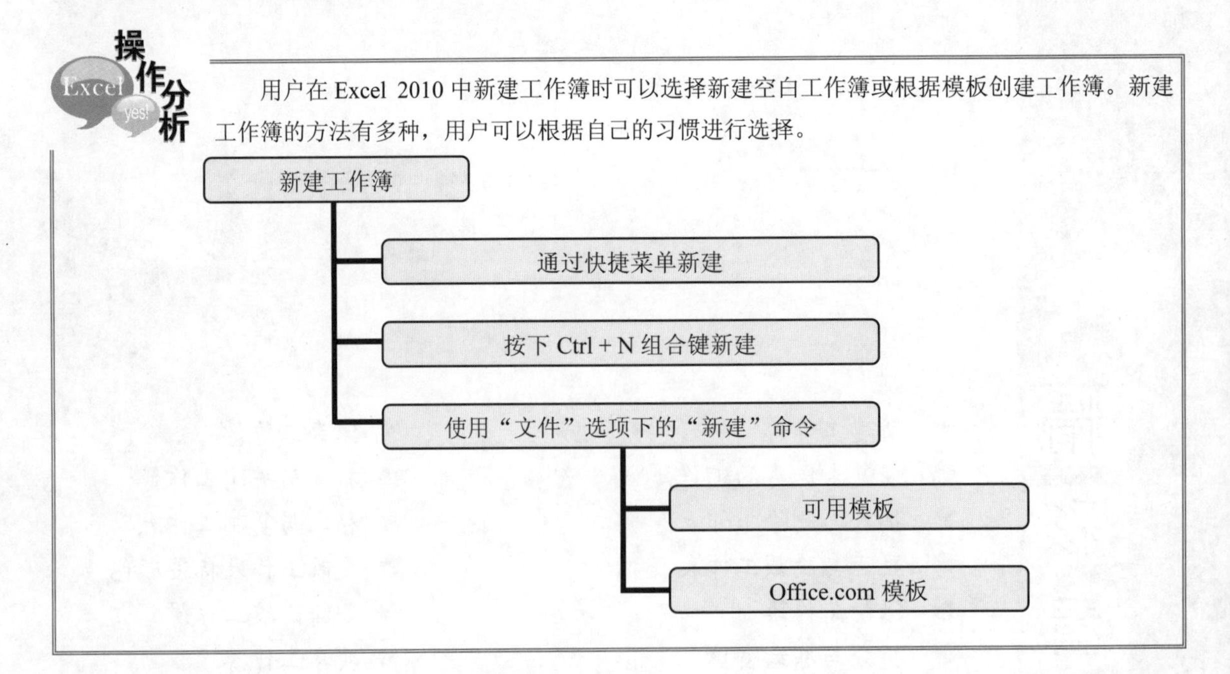

用户在 Excel 2010 中新建工作簿时可以选择新建空白工作簿或根据模板创建工作簿。新建工作簿的方法有多种，用户可以根据自己的习惯进行选择。

电脑小百科

每一个工作簿窗口总是以最大化形式出现在 Excel 工作表窗口中，并在工作窗口标题栏上显示自己的名称。

跟着做 1☛ 新建空白工作簿

通常情况下，启动 Excel 2010 后软件就会自动地创建一个空白工作簿，想要新建其他空白工作簿的具体步骤如下。

❶ 选择“文件”选项卡下的“新建”命令，打开如图 2-1 所示的面板。

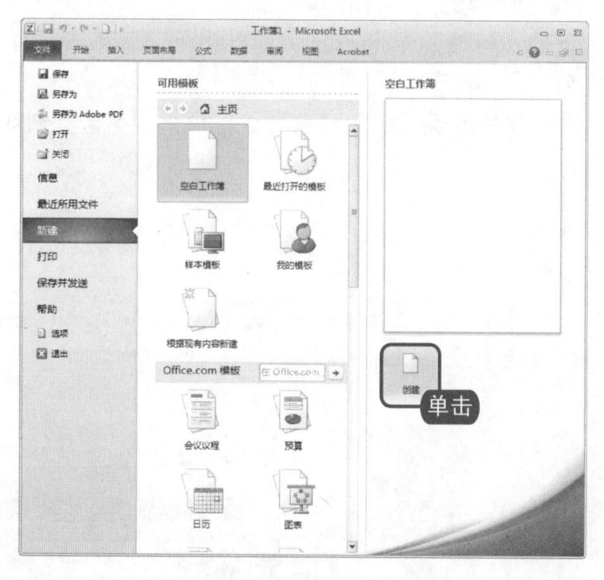

图 2-1　选择“新建”命令

❷ 在“可用模板”下选择“空白工作簿”选项，单击“创建”按钮，新建一个名为“工作簿 2”的工作簿，如图 2-2 所示。

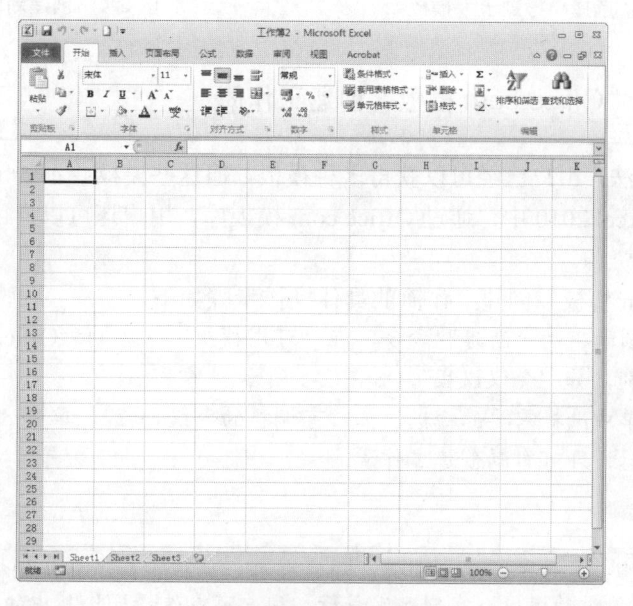

图 2-2　新建工作簿

在浮动窗口的标题栏上双击鼠标左键，可以将浮动窗口重新变为最大化窗口。

知识补充

在“可用模板”下，双击“空白工作簿”按钮，也可新建一个空白工作簿。

跟着做 2 使用“样本模板”创建工作簿

使用“样本模板”创建工作簿的具体操作步骤如下。

1. 选择“文件”选项卡下的“新建”命令，在“可用模板”下单击“样本模板”选项，显示如图 2-3 所示的样本模板。
2. 在“可用模板”下选择一种样本模板，如“考勤卡”模板，单击“创建”按钮，即可创建一个工作簿，如图 2-4 所示。

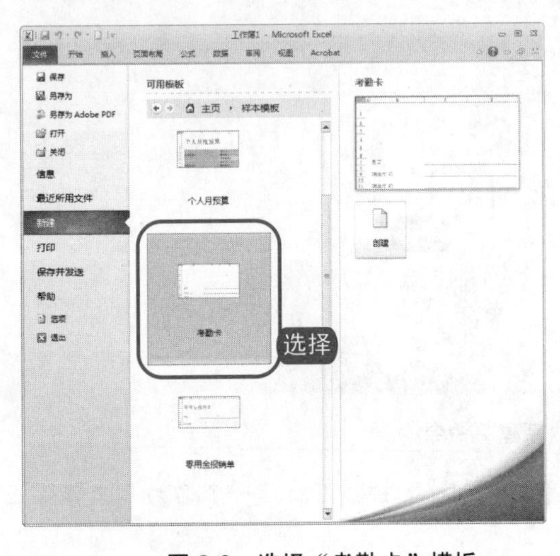

图 2-3 选择“考勤卡”模板

图 2-4 创建新的工作簿

跟着做 3 使用“Office.com 模板”创建工作簿

尽管通过以上方法，用户已经可以获得多种模板，但这些模板并不一定完全满足生活和工作中的种种需求。在 Excel 2010 中，通过 Office.com 模板库，用户还可以自由下载和使用更多、更新颖、更实用的模板资源。

使用“Office.com 模板”创建工作簿的具体操作步骤如下。

1. 选择“文件”选项卡下的“新建”命令，在“可用模板”下方的“Office.com 模板”区域中选择需要的模板类别，如“会议议程”，如图 2-5 所示。
2. 在模板类别子菜单中选择需要的模板，如“可调整的会议日程”，单击“下载”按钮，如图 2-6 所示。下载完成后，即可自动创建工作簿。

知识补充

使用模板可以创建出各种各样的工作簿，用户也可以通过“最近打开的模板”进行创建，Excel 2010 会记录下最近使用过的模板。在创建完成后，用户可以选择删除其中的异同内容，重新输入新的内容。

电脑小百科

通过单击 Windows 系统任务栏上的窗口，来进行工作簿窗口的切换，或者在键盘上按 Alt+Tab 组合键进行程序窗口的切换。

图 2-5　选择“会议议程”模板类别

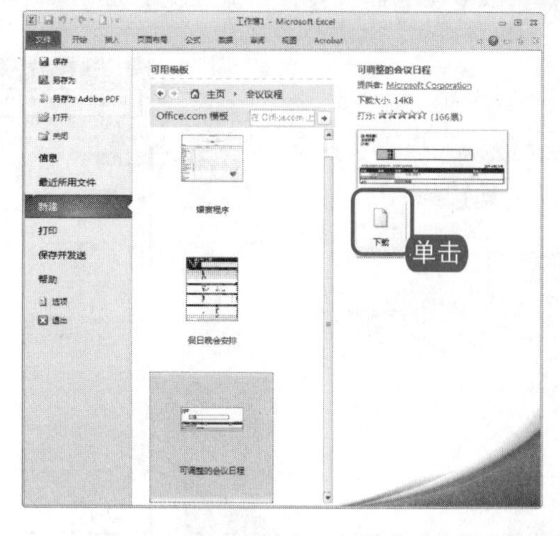

图 2-6　单击“下载”按钮

2.1.2　保存工作簿

为了避免重要数据或信息的丢失，在新建和编辑了工作簿之后都应该及时对其进行保存。Excel 2010 文档的保存方法有多种，最为简单的方法有以下两种。

- 单击 Excel 2010 窗口“快速访问工具栏”中的“保存”按钮保存。
- 直接按下 Ctrl + S 组合键保存。

操作分析

除了以上两种方式，用户还常常通过“文件”选项卡对文档进行保存。选择“文件”选项卡，我们就会发现保存方式又可分为两种，分别为“保存”和“另存为”。在不同的情况下可以采用不同的方法。

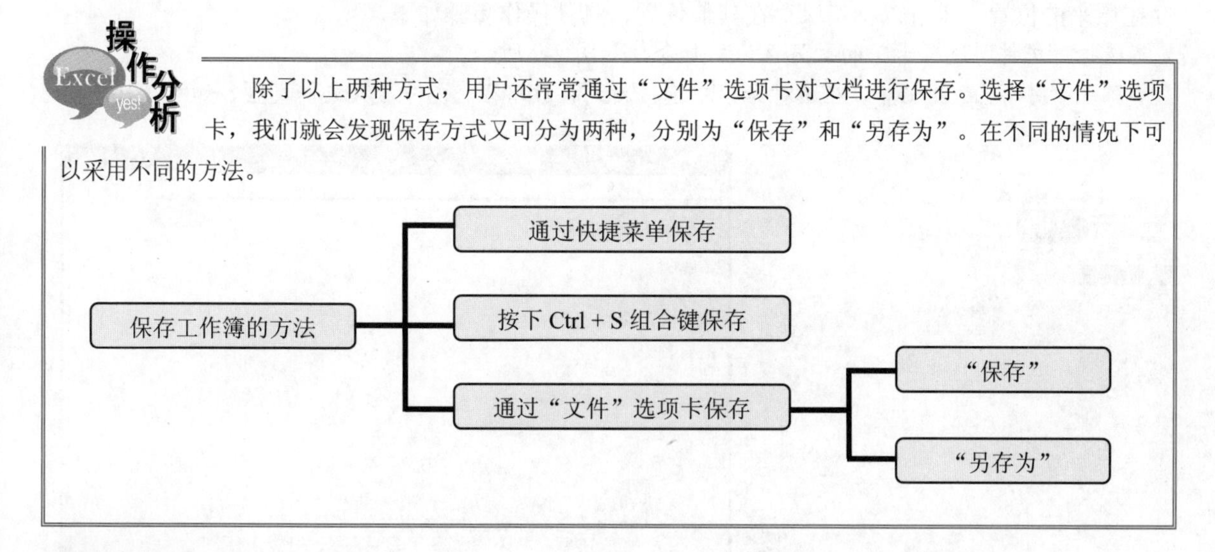

跟着做 1　保存新建的工作簿

编辑完新建工作簿进行第一次保存时，需要对工作簿的保存位置、名称，以及保存类型进行设置，具体操作步骤如下。

1. 选择“文件”选项卡下的“保存”命令，如图 2-7 所示。

电脑小百科

Excel 新版本一般都会兼容旧版本的文件，即新版本的 Excel 程序都可以打开旧版本的 Excel 文件。

2 弹出“另存为”对话框，在“保存位置”下拉列表框中选择具体的存放路径，如图 2-8 所示。

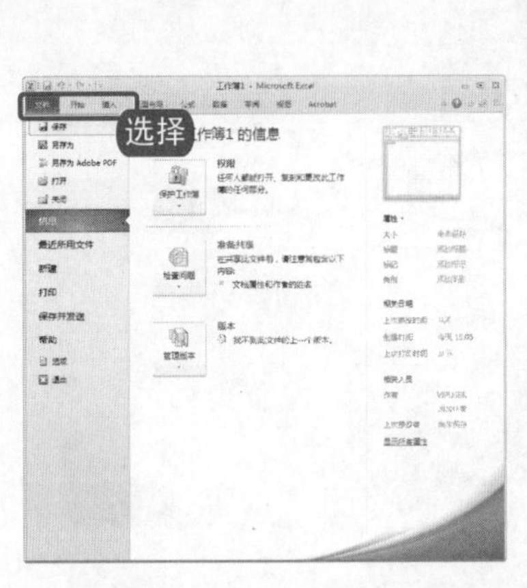

图 2-7 选择“保存”命令

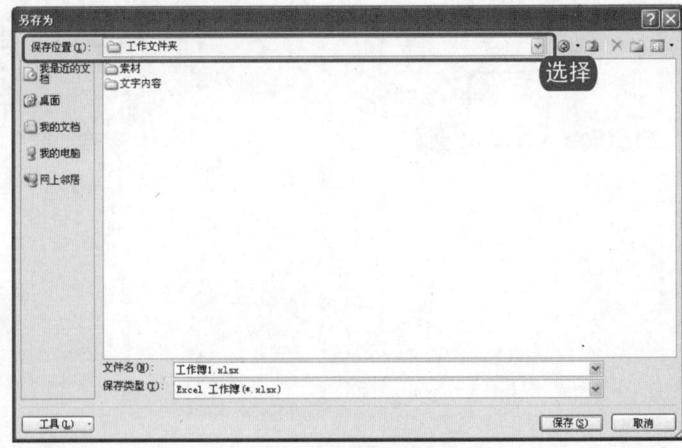

图 2-8 设置存放路径

3 在“文件名”下拉列表框中输入保存名称，在“保存类型”下拉列表框中选择保存类型。

4 单击“保存”按钮，保存新建的工作簿。

跟着做 2 另存工作簿

对已经保存过的工作簿在进行了编辑操作后，也需要对其进行保存操作。用户既可以将其保存在原来的位置，也可以将其保存在其他位置，具体操作步骤如下。

1 选择“文件”选项卡下的“另存为”命令，如图 2-9 所示。

2 弹出“另存为”对话框，在该对话框中选择新的存放路径、文件名及文件类型，如图 2-10 所示。

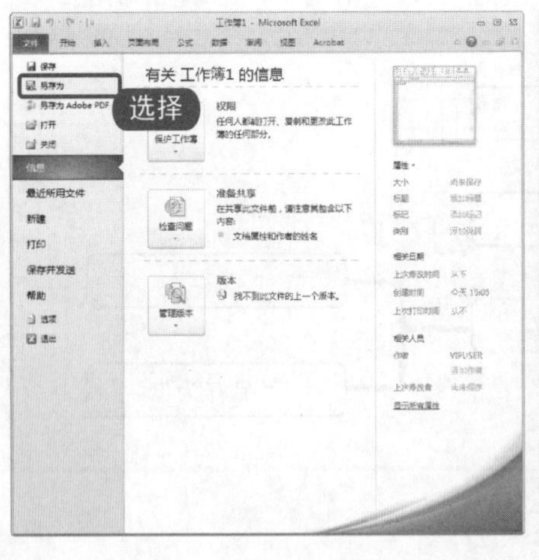

图 2-9 选择“另存为”命令

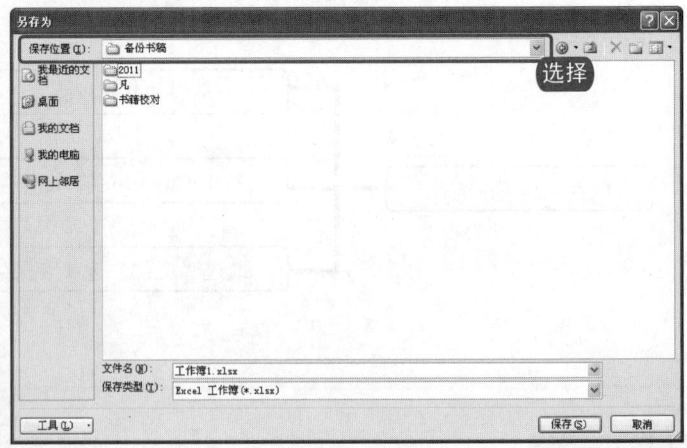

图 2-10 设置新的存放路径

3 单击“保存”按钮，另存一个工作簿。

电脑小百科

Excel 新版本一般都会兼容旧版本的文件，即新版本的 Excel 程序都可以打开旧版本的 Excel 文件。

用户在使用计算机时难免会出现电源故障或系统问题等原因，引起计算机自动关机，这样可能造成当前编辑文档的丢失。使用 Excel 2010 中提供的自动保存功能，可以最大限度地减小损失。

①选择“文件”选项卡下的“选项”命令，打开“Excel 选项”对话框；②在该对话框左侧位置选择“保存”命令，在右侧的“自定义工作簿的保存方法”下方对工作簿的保存格式、间隔时间、保存位置等相关信息进行设置；③最后单击“确定”按钮即可。

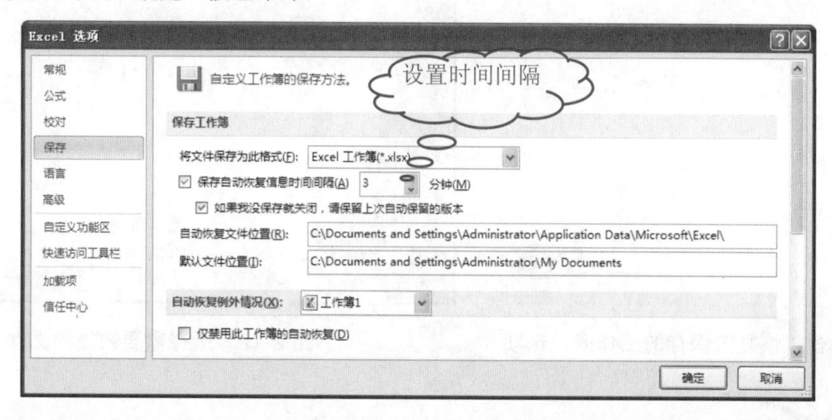

2.1.3 工作簿的类型

工作簿有多种类型，在对新的工作簿进行保存操作时，需要设置其保存类型。在“另存为”对话框中的“保存类型”下拉列表框中列出了多种 Excel 2010 的保存格式，具体如下。

- Excel 工作簿：它是 Excel 2010 默认的工作簿保存格式，其后缀名为.xlsx。
- Excel 启用宏的工作簿：当工作簿中包含宏代码时，Excel 2010 中默认的保存格式.xlsx 文件并不支持宏的运行，只有保存为专门支持宏运行的.xlsm 文档格式文件才能使宏正常运行。
- Excel 97—2003 工作簿：Excel 2010 默认保存的.xlsx 格式文件无法在 Excel 2003 中进行编辑整理，为了使两者兼容，在 Excel 2010 中可以将工作簿保存为 2003 兼容的.xls 文件格式。
- Excel 模板：模板中包含的结构和工具构成了已完成文件的样式和页面布局等元素。如果要将文字或格式再次用于创建的其他工作簿，可将文件保存为 Excel 模板文档。模板文件包括：Excel 模板(.xltx)、启用宏的 Excel 模板(.xltm)和 Excel 97-2003 模板(.xlt)。

2.1.4 恢复未保存的工作簿

Excel 2010 还新增一项恢复未保存的工作簿功能，此项功能与自动保存功能相关，但在对象和方式上与前面所说的自动保存功能有所区别。

在未进行手动保存的情况下关闭工作簿，Excel 程序会弹出信息提示对话框，提示用户保存文件。如果用户误操作单击了“不保存”按钮而关闭了工作簿，那么此时就可以使用恢复未保存的工作簿功能将其恢复到之前的编辑状态，具体操作步骤如下。

❶ 选择“文件”选项卡下的“最近所用文件”命令，在窗口右下方单击“恢复未保存的工作簿”

工作表的隐藏操作不改变工作表的排列顺序。

命令，如图 2-11 所示。

2. 弹出“打开”对话框，选择需要恢复的文件，然后单击“打开”按钮，恢复未保存的工作簿，如图 2-12 所示。

图 2-11　单击“恢复未保存的工作簿”选项

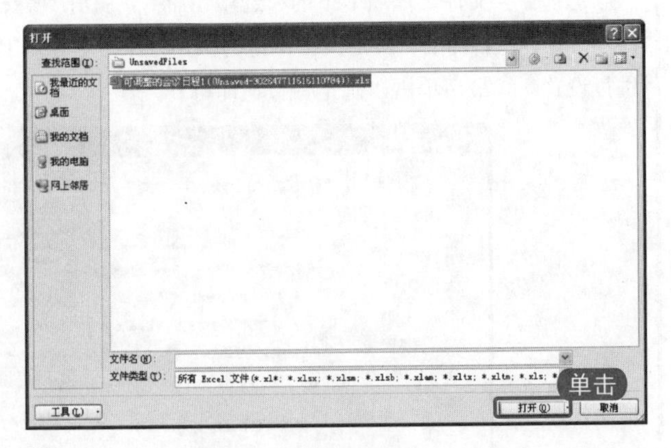

图 2-12　选择需要恢复的文件

知识补充

恢复未保护的工作簿功能仅对从未保存过的新建工作簿或临时文件有效。

2.1.5 打开工作簿

当要对已有的工作簿进行查看或编辑时，首先需要将其打开，通常使用打开文件的方法是：找到文件所在的位置，直接双击文件图标即可打开。

操作分析

除了使用上述方式打开工作簿，用户还可以通过“打开”对话框和最近使用的文件打开工作簿。

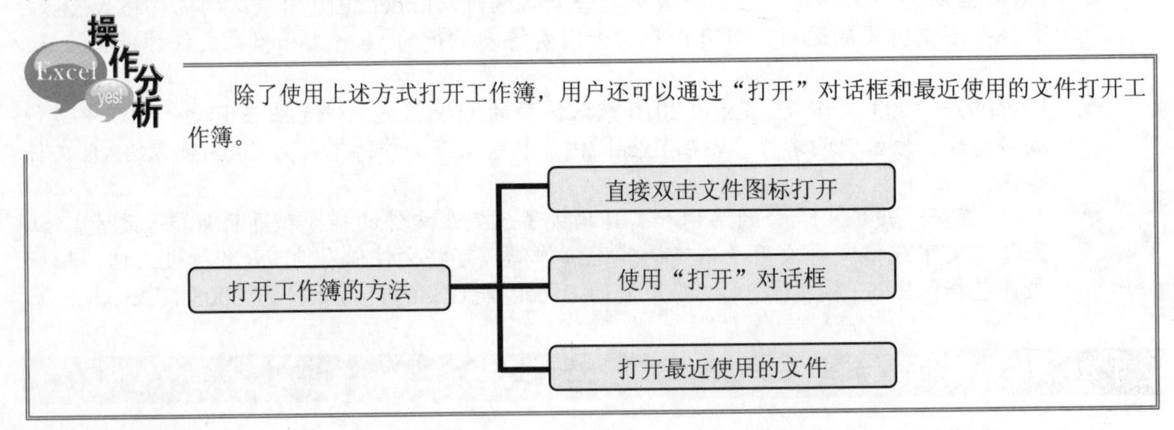

跟着做 1 使用“打开”对话框

使用“打开”对话框打开工作簿的具体操作步骤如下。

1. 选择“文件”选项卡下的“打开”命令，弹出“打开”对话框。
2. 选择要打开的文件，单击“打开”按钮，即可打开工作簿，如图 2-13 所示。

电脑小百科

恢复文档的方式有两种，一是用户手动关闭 Excel 程序之前没有保存文档；二是 Excel 程序因发生断电等情况而意外退出，致使工作窗口非正常关闭。

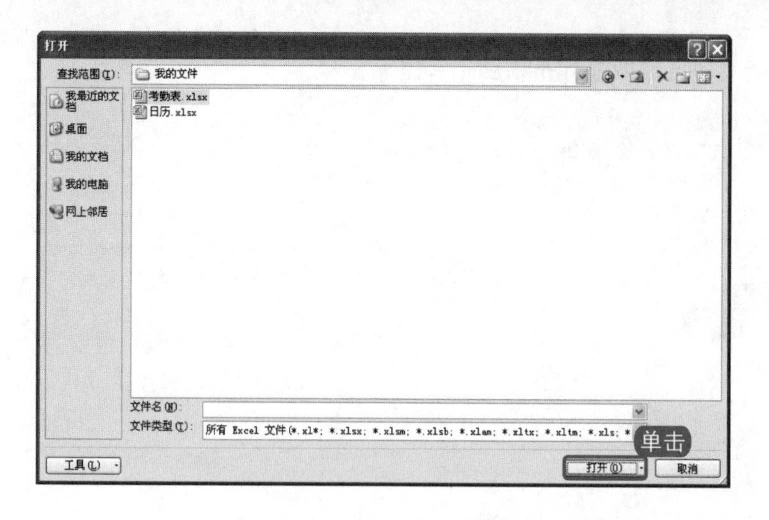

图 2-13　“打开”对话框

在下图所示的“打开”按钮的右侧显示有倒三角按钮，单击它可以打开一个下拉菜单，其中包含了多个打开选项。

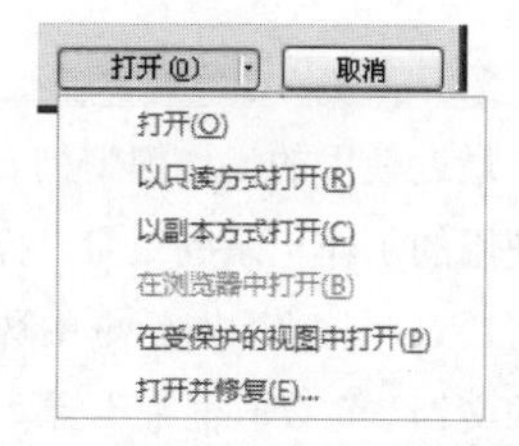

- 打开：正常打开方式。
- 以只读方式打开：以只读方式打开目标文件，不能对文件进行覆盖性保存。
- 以副本方式打开：选择此方式后，Excel 2010 会自动创建出一个以“副本(1)(原文件名)”命名的副本文件，同时打开这个文件。
- 在浏览器中打开：使用 Web 浏览器打开文件，如 IE 浏览器。
- 在受保护的视图中打开：选择此方式后，Excel 2010 会以只读模式打开文件，这是出于对文件安全性方面的考虑。当需要进行编辑操作时，只需单击“启用编辑”按钮即可。
- 打开并修复：由于某些原因(例如程序崩溃等情况)会造成用户的工作簿遭受破坏，无法正常打开，选择该选项可以对损坏文件进行修复并重新打开。但修复还原后的文档并不一定能够和损坏前的文件状态保护一致。

跟着做 2 打开最近使用的文件

用户最近打开过的工作簿文件，通常情况下都会在 Excel 2010 中的“文件”选项卡中留有历史记录。打开最近使用的文件的具体操作步骤如下。

❶ 选择“文件”选项卡下的“最近所用文件”命令，就会在窗口中列出最近使用的工作簿文件，

电脑小百科

在多数情况下，用户的工作簿中并没有包含太多工作表的必要，而且空白的工作表会增加工作簿文件的体积，造成不必要的存储容量占用。

如图 2-14 所示。

❷ 单击要打开的文件名，即可打开相应的工作簿。

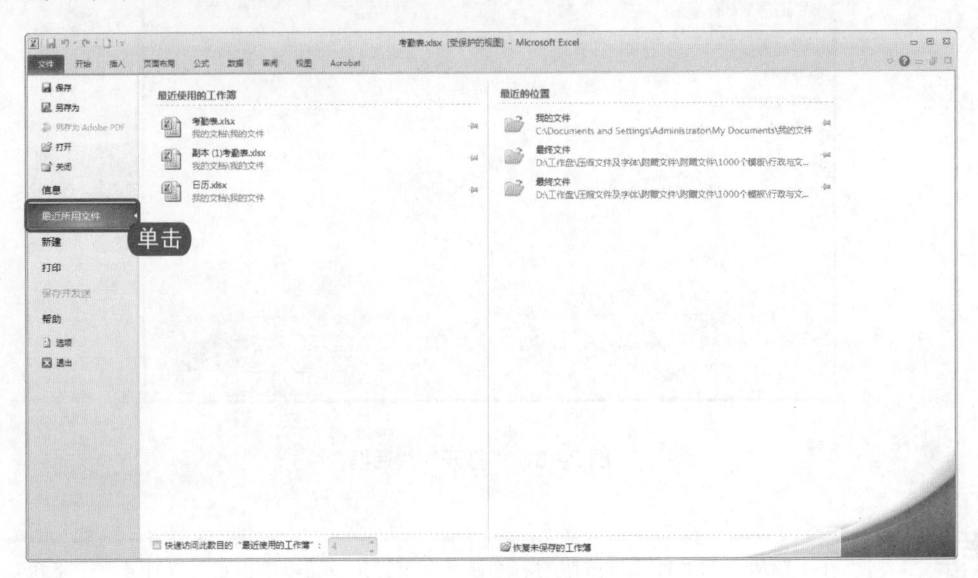

图 2-14 最近所用文件

在“文件”选项卡下的“最近使用的工作簿”列表默认显示 25 条最近使用的工作记录。用户可以自行修改显示最近使用的工作记录的数量。操作方法是：①单击“文件”选项卡下的“选项”命令。②在弹出的“Excel 选项”对话框中选择“高级”选项卡，然后在右侧的“显示”区域中，在“显示此数目的‘最近使用的文档’”数值框来设置“最近所用文件”的个数。③设置完成后，单击“确定”按钮即可。

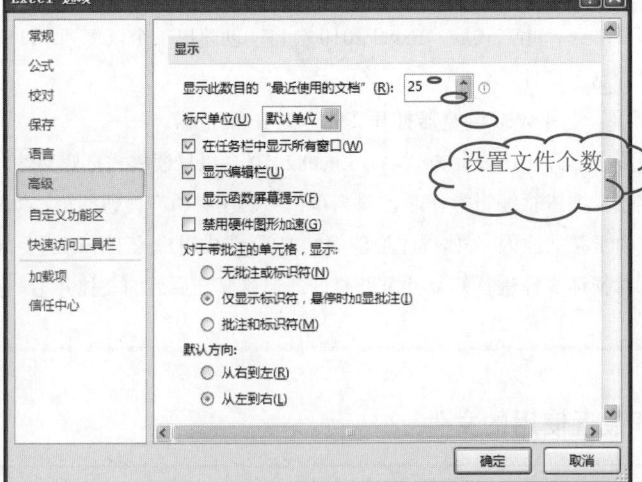

创建新工作表的操作无法通过“撤销”命令进行撤销操作。

2.1.6 关闭工作簿

当完成对工作簿的编辑和保存操作之后，可在不退出 Excel 的情况下关闭工作簿，操作方法有以下 3 种。

- 选择“文件”选项卡下的“关闭”命令。
- 按下 Ctrl + W 组合键。
- 单击工作簿窗口上的“关闭窗口”按钮。

2.2 工作表的基本操作

工作表主要用于处理数据信息，因此常被称作电子表格。其基本操作包括选择、插入、移动、复制、重命名、显示、隐藏和删除等，下面对这些基本操作一一进行介绍。

书盘互动指导

示例	在光盘中的位置	书盘互动情况
	2.2 工作表的基本操作 2.2.1 选定工作表 2.2.2 重命名工作表 2.2.3 插入与删除工作表 2.2.4 移动与复制工作表 2.2.5 显示与隐藏工作表 2.2.6 更改工作表标签颜色	本节主要带领读者学习工作表的基本操作的相关知识，在光盘 2.2 节中有相关内容的操作视频，并还特别针对本节内容设置了具体的实例分析。 读者可以在阅读本节内容后再学习光盘内容，以达到巩固和提升的效果。

2.2.1 选定工作表

默认情况下，新建的工作簿中有 3 张工作表，名称分别为 Sheet1、Sheet2、Sheet3。要对某工作表进行编辑操作，首先必须选定该工作表，选定工作表通常有以下几种情况。

1. 选定单张工作表。如果想要选择当前工作簿中的某张工作表，那么单击该工作表标签即可。
2. 选定多张工作表。如果想要选择当前工作簿中的多张工作表，有以下两种情况。
   - 选定多张不连续的工作表：单击选择一张工作表标签，按住 Ctrl 键不放，再单击选择其他工作表标签即可。
   - 选定多张连续的工作表：单击选择第一张工作表标签，按住 Shift 键不放，再单击选择另一张工作表标签即可。
3. 选定全部工作表。右击某张工作表标签，在弹出的快捷菜单中选择“选定全部工作表”命令即可。

电脑小百科

删除工作表是 Excel 中无法进行撤销的操作，如果用户不慎误删除了工作表，将无法恢复。

知识补充

如果想要在当前工作簿中选定所有工作表，那么还可以在 Excel 2010 窗口的行号与列标左侧的交界处，单击灰色按钮 来选定所有工作表。

2.2.2 重命名工作表

当一个工作簿中有很多工作表时，使用默认的 Sheet1、Sheet2 名称为工作表命名，是很难区别不同内容的工作表，此时就可以为工作表重新命名。

操作分析

选定待修改的工作表后，有以下 3 种方法可以为工作表重命名。

- 通过双击需要重命名的工作表标签进行更改。
- 通过单击“开始”选项卡下“单元格”组中的“格式”下拉按钮，在弹出的下拉列表中选择“重命名工作表”命令进行更改。
- 通过右击工作表标签，在弹出的快捷菜单中选择“重命名”命令。

重命名工作表的具体操作步骤如下。

1. 在工作簿中右击需要重命名的工作表标签，在弹出的快捷菜单中选择“重命名”命令，如图 2-15 所示。
2. 此时工作表标签呈黑色显示，表示该工作表标签为可编辑状态，如图 2-16 所示。输入新的工作表名称，按 Enter 键即可。

图 2-15 选择“重命名”命令

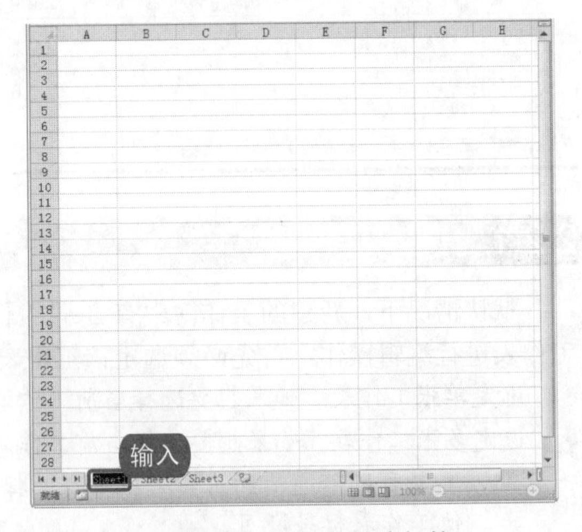

图 2-16 编辑工作表标签

2.2.3 插入与删除工作表

默认情况下，一个工作簿中有 3 张工作表，用户可以根据需要对工作表进行插入与删除操作。

电脑小百科

右击电脑桌面，在弹出的快捷菜单中取消选中“显示桌面图标”选项，可以快速隐藏桌面程序图标，达到保护个人隐私的目的。

操作分析

插入工作表有插入单张工作表和同时插入多张工作表两种情况，并且插入与删除工作表的方法有多种，下面为大家一一介绍。

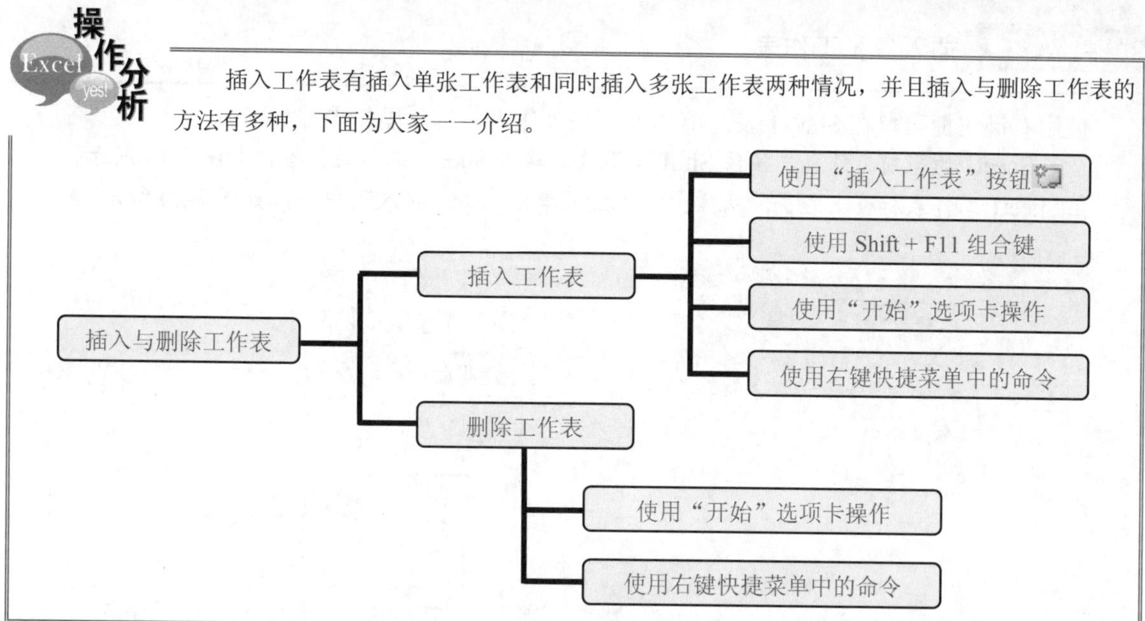

跟着做 1 使用“开始”选项卡插入工作表

使用“开始”选项卡插入工作表的具体操作步骤如下。

1. 选定工作表标签，确定要插入的位置。
2. 在“开始”选项卡的“单元格”组中，单击“插入”下拉按钮，从弹出的下拉列表中选择“插入工作表”命令，如图 2-17 所示。
3. 执行以后，可以看到在 Sheet1 表之前插入了一张名为 Sheet4 的工作表，如图 2-18 所示。

图 2-17　选择“插入工作表”命令

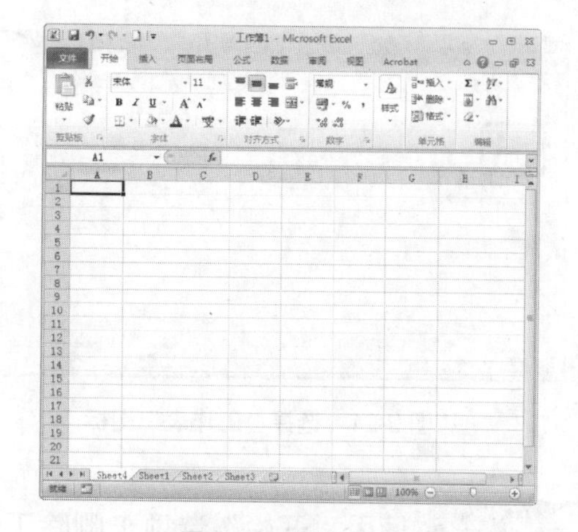

图 2-18　插入 Sheet4

知识补充

在插入工作表之前，需要先确定插入的位置，通常会在选定的工作表之前插入新的工作表。单击工作表标签后的“插入工作表”按钮，一次性只能插入一张工作表。

电脑小百科

隐藏后的工作簿并没有退出或关闭，而是继续驻留在 Excel 程序中，但无法通过正常的窗口切换方式来显示。

跟着做 2 插入多张工作表

使用右键快捷菜单在 Sheet1 表之前插入 3 张工作表，具体操作步骤如下。

1. 选定 Sheet1 为当前工作表，按住 Shift 键不放，单击 Sheet3 工作表标签，如图 2-19 所示。
2. 在 Sheet1 工作表标签上右击，从弹出的快捷菜单中选择“插入”命令，如图 2-20 所示。

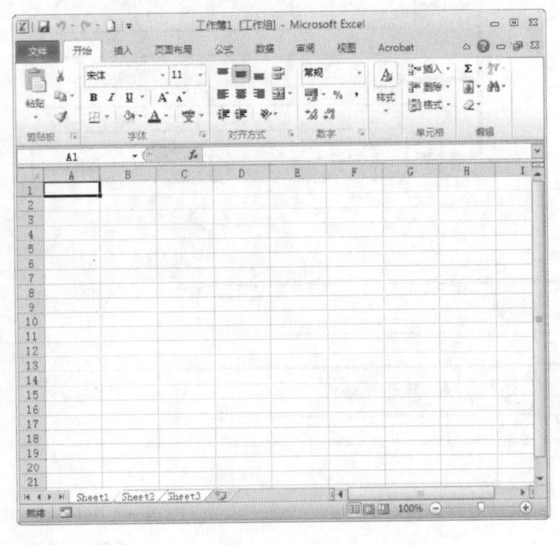

图 2-19　选定工作表

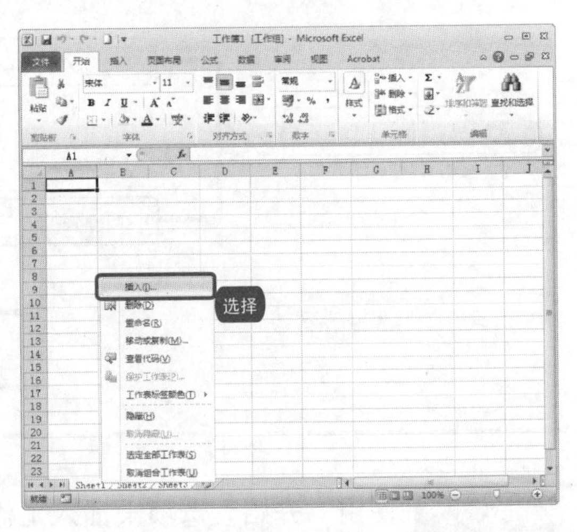

图 2-20　选择“插入”命令

3. 弹出“插入”对话框，在“常用”选项卡下选择“工作表”图标，如图 2-21 所示。
4. 单击“确定”按钮，即可在选定的工作表 Sheet1 之前插入 3 张工作表，如图 2-22 所示。

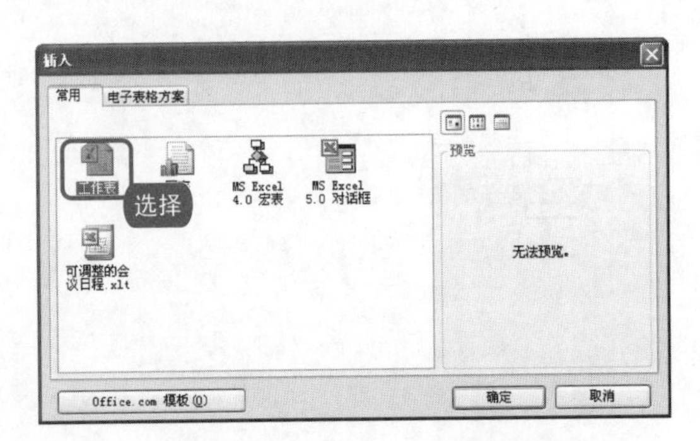

图 2-21　选择“工作表”图标

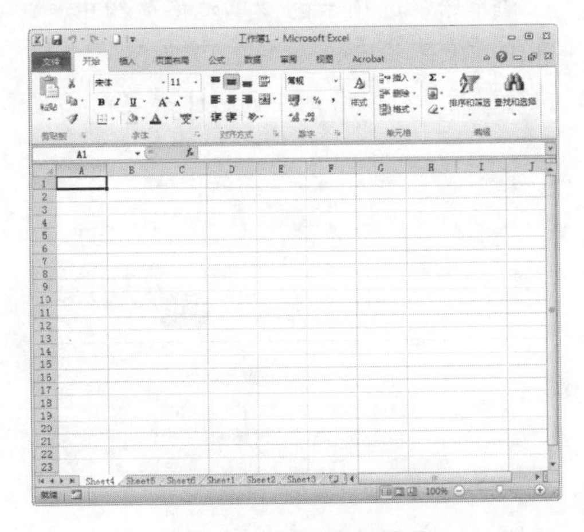

图 2-22　插入后的效果

跟着做 3 使用“开始”选项卡删除工作表

使用“开始”选项卡删除工作表的具体操作步骤如下。

1. 选定要删除的一张或多张工作表。
2. 在“开始”选项卡的“单元格”组中，单击“删除”下拉按钮，从弹出的下拉列表中选择“删除工作表”命令，如图 2-23 所示。

电脑小百科

无论是移动还是复制，都可以同时对多张工作表进行操作。

❸ 如果删除的工作表中包含有内容，那么系统将会弹出如图 2-24 所示的警告框对话框，单击“删除”按钮即可删除选定的工作表。如果该工作表为空，则会直接将其删除。

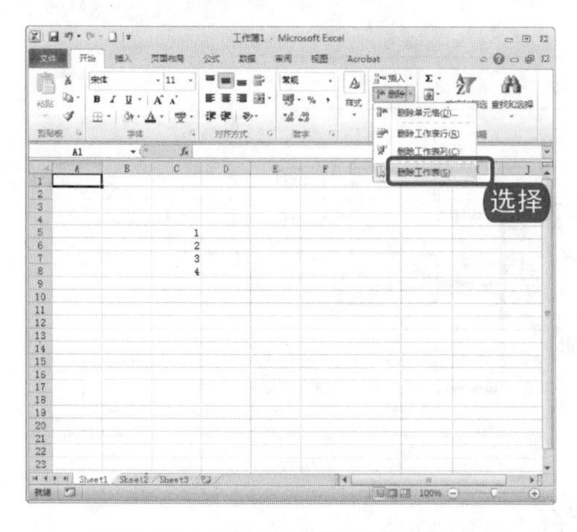

图 2-23 选择“删除工作表”命令

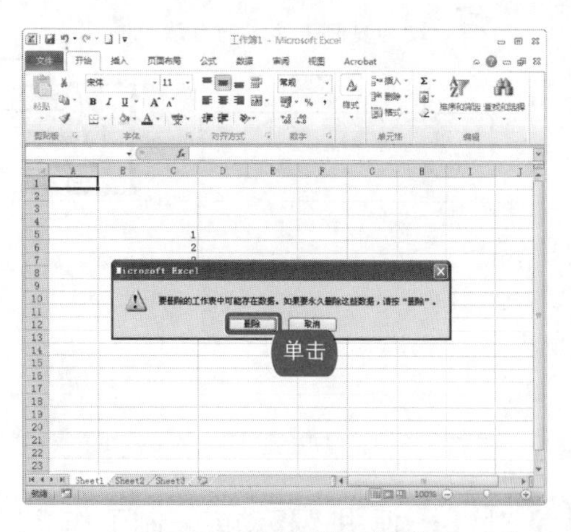

图 2-24 弹出警告对话框

跟着做 4☛ 使用右键快捷菜单中的“删除”命令

使用右键快捷菜单删除工作表的具体操作步骤如下。

❶ 选定要删除的一张或多张工作表。

❷ 在选定的工作表标签上右击，从弹出的快捷菜单中选择“删除”命令，如图 2-25 所示。

❸ 执行命令后，即可删除选定工作表，如图 2-26 所示。

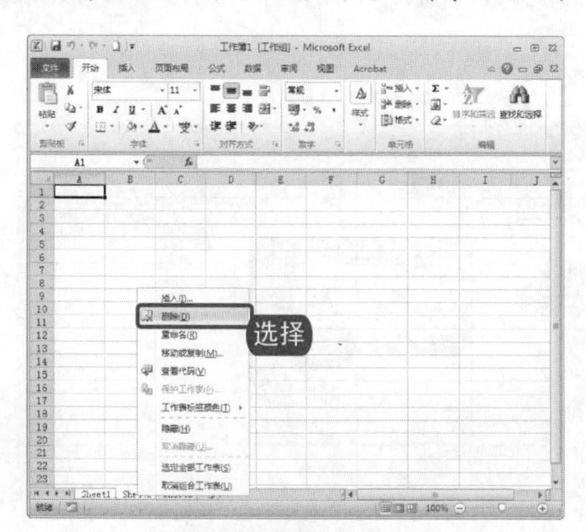

图 2-25 选择“删除”命令

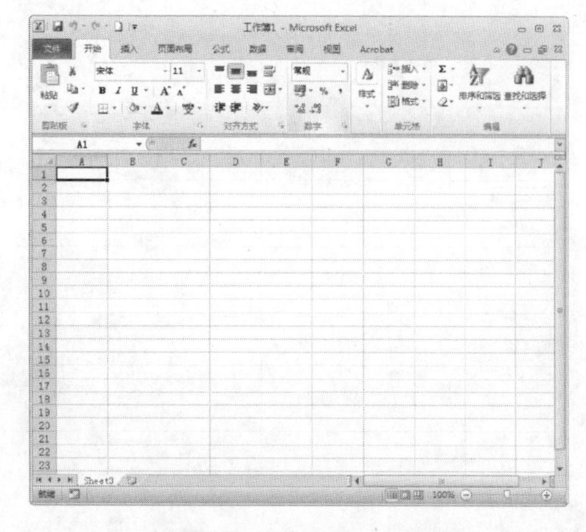

图 2-26 删除后的效果

2.2.4 移动与复制工作表

移动工作表是指改变工作表在工作簿中的排列位置，复制工作表则是在另一个工作簿或者相同工作簿中创建副本。

电脑小百科

“恢复未保存的工作簿”功能仅对从未保存过的新建工作簿或临时文件有效。

操作分析

移动与复制工作表是编辑过程中经常使用的操作，它们的操作方法类似，下面介绍两种移动与复制工作表的方法。

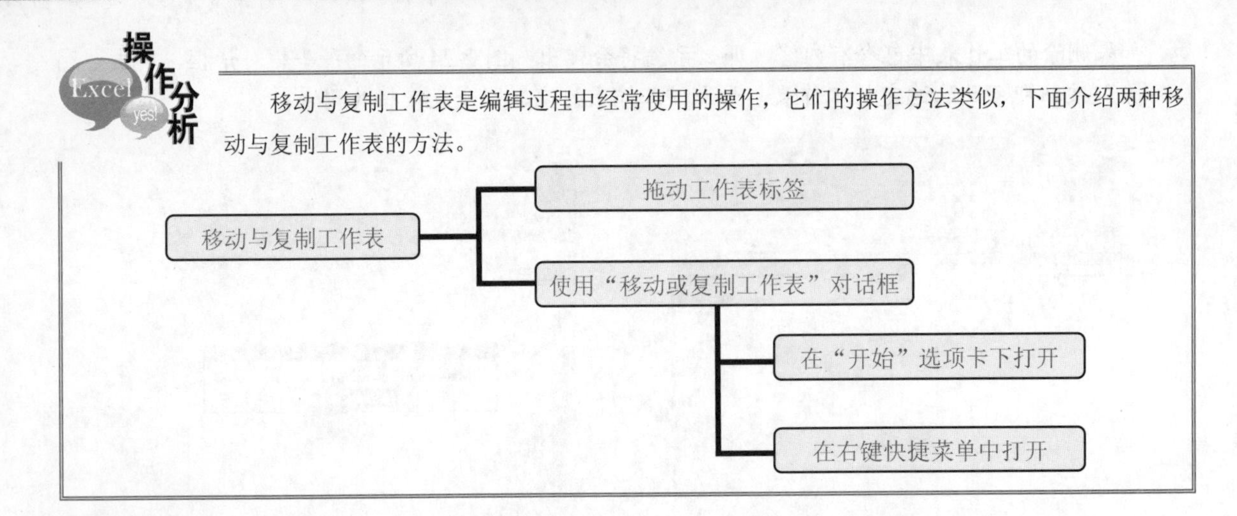

跟着做 1 使用“移动或复制工作表”对话框

使用“移动或复制工作表”对话框移动工作表的具体操作步骤法如下。

1. 选定要移动或复制的工作表，在“开始”选项卡的“单元格”组中，单击“格式”下拉按钮，从弹出的下拉列表中选择“移动或复制工作表”命令，如图 2-27 所示。
2. 弹出“移动或复制工作表”对话框，在“工作簿”下拉列表框中选择要复制或移动到的目标工作簿。
3. 在“下列选定工作表之前”列表框中，选定要移动或复制到的工作表的位置，如图 2-28 所示。在该对话框中如果选中“建立副本”复选框，则为复制工作表；取消选中，则为移动工作表。

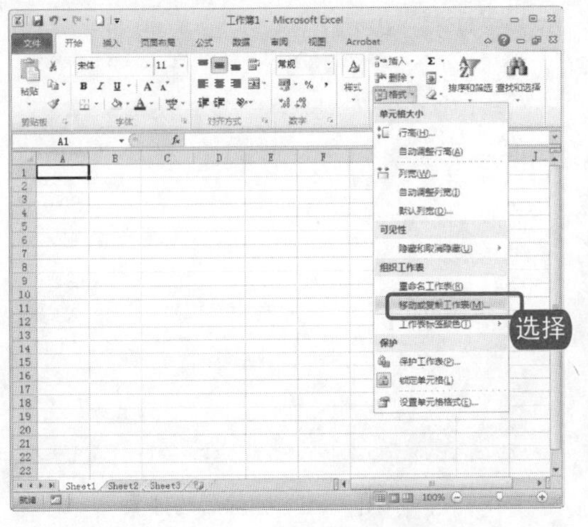

图 2-27 选择“移动或复制工作表”命令

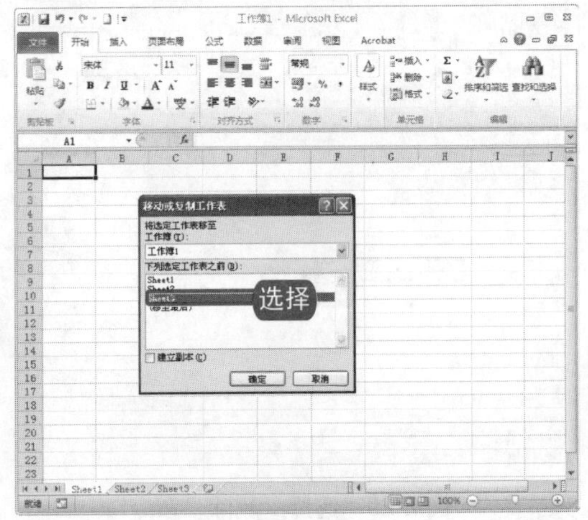

图 2-28 “移动或复制工作表”对话框

4. 单击“确定”按钮，完成移动或复制工作表。

知识补充

在选定工作表上右击，从弹出的快捷菜单中选择“移动或复制”命令，也可以打开“移动或复制工作表”对话框。

电脑小百科

常用于切换工作表的快捷键是 Ctrl+Page Up(切换到上一张工作表)组合键和 Ctrl+Page Down(切换到下一张工作表)组合键。

跟着做 2 拖动工作表标签

通过拖动工作表标签来完成移动或复制工作表的方法更改为直接，其具体操作方法如下。

1. 将光标置于要移动的工作表标签上，按下鼠标左键不放，此时鼠标指针显示为文档的图标，拖动到目标位置，会在工作表标签前出现黑色三角箭头图标，如图 2-29 所示。
2. 松开鼠标，即可将该工作表移动到出现黑色三角箭头图标的位置，如图 2-30 所示。

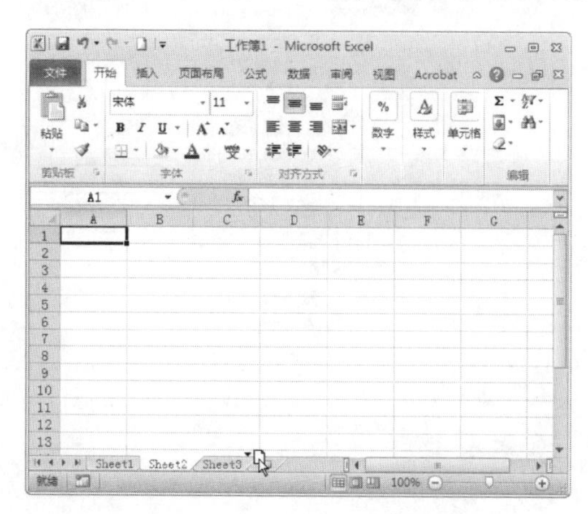

图 2-29　拖动工作表标签

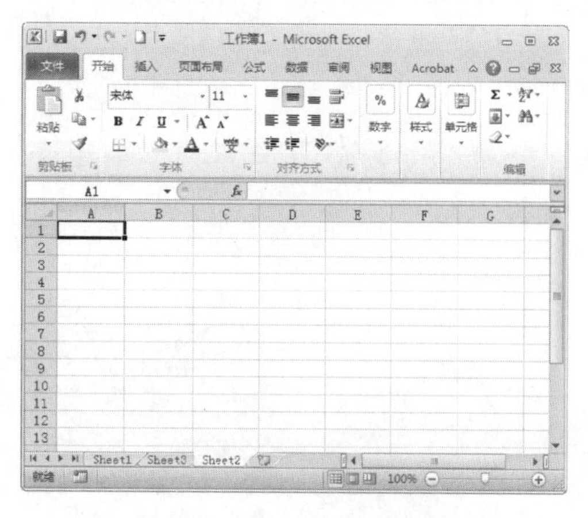

图 2-30　移动后的效果

老师的话

如果在按住鼠标左键的同时，按住 Ctrl 键不放，那么鼠标指针显示为文档图标且带有“+”号，如下图。拖动选定工作表到目标位置，即可完成复制工作表的操作。

知识补充

无论是移动还是复制工作表，都可以同时对多张工作表进行操作。

2.2.5 显示与隐藏工作表

当用户打开的窗口和工作表数量过多时，或者为了其安全方面考虑的原因，用户可以使用工作表的隐藏功能，将暂时不需要使用的工作表隐藏起来，当需要对其进行操作时，再将其显示出来。

跟着做 1 隐藏工作表

隐藏当前工作表的具体操作步骤如下。

1. 在“开始”选项卡的“单元格”组中，单击“格式”按钮，从弹出的下拉列表中选择“隐藏和

电脑小百科

删除行和列不会引起 Excel 工作表中行列总数的变化，删除目标行列的同时，Excel 会在行列的末尾位置自动加入新的空白行列，使得行列的总数保持不变。

取消隐藏”下的“隐藏工作表”命令，如图 2-31 所示。

❷ 执行该命令后，即可将选定的工作表隐藏。

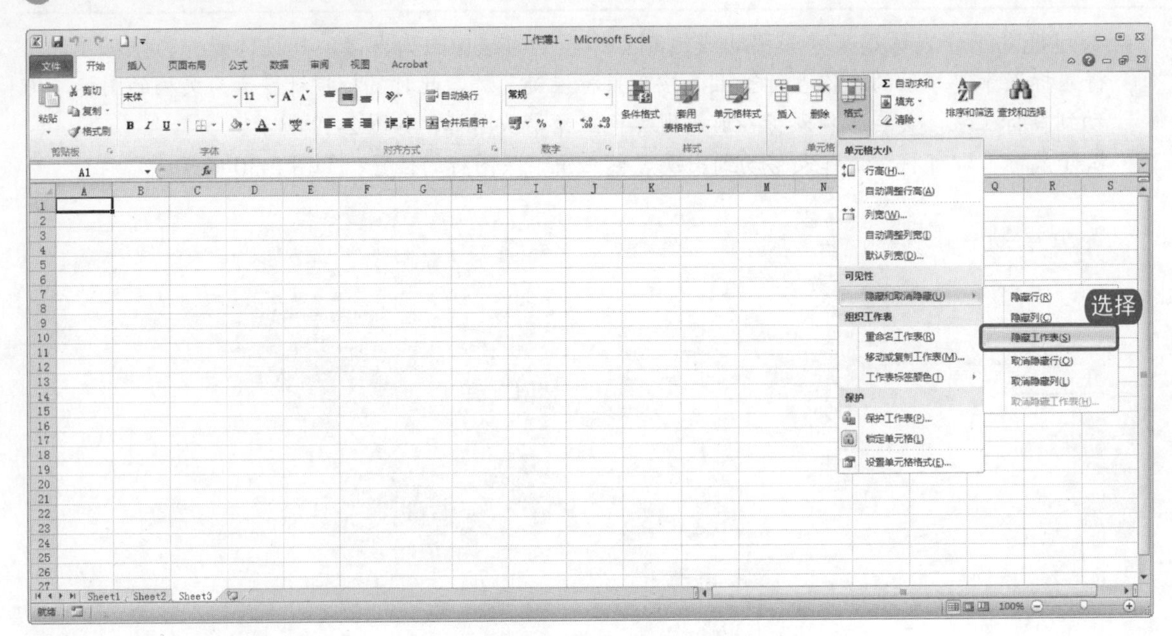

图 2-31 选择“隐藏工作表”命令

知识补充

无法对多张工作表一次性取消隐藏。

工作表的隐藏操作不改变工作表的排列顺序。

在“视图”选项卡的“窗口”组中，单击“隐藏”按钮，即可隐藏当前工作簿。

跟着做 2☛ 显示被隐藏的工作表

显示隐藏的工作表的具体操作步骤如下。

❶ 在工作表标签上右击，从弹出的快捷菜单中选择“取消隐藏”命令，如图 2-32 所示。

❷ 弹出“取消隐藏”对话框，从该对话框中选择要显示的工作表，如图 2-33 所示，然后单击“确定”按钮即可。

知识补充

在“文件”选项卡的“窗口”选项组中，单击“格式”下拉列表中的“取消隐藏工作表”命令，也可以显示被隐藏的工作表。“取消隐藏工作表”命令一般呈灰色显示，只有对工作表进行隐藏操作后，方可使用。

电脑小百科

取消隐藏列的快捷键是 Ctrl+Shift+0 组合键。

图 2-32　选择“取消隐藏”命令

图 2-33　选择要显示的工作表名

2.2.6 更改工作表标签颜色

当工作簿中的工作表过多时，可以为工作表标签设置不同的颜色，方便用户进行辨识。更改工作表标签颜色的具体操作步骤如下。

1. 在工作表标签上右击，从弹出的快捷菜单中选择“工作表标签颜色”命令，如图 2-34 所示。
2. 其级联菜单中列出了各种颜色，单击某个颜色按钮即可，效果如图 2-35 所示。

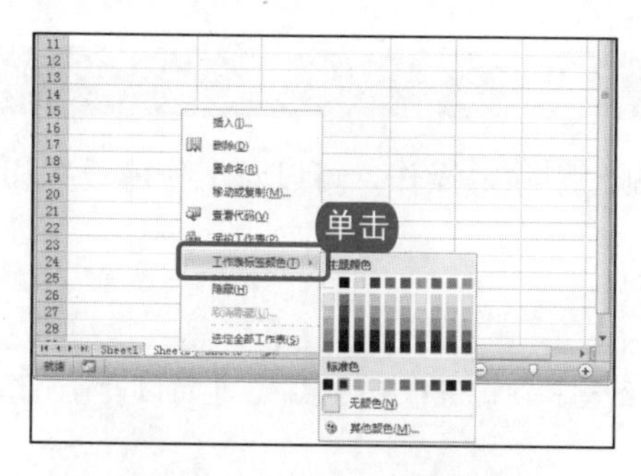

图 2-34　选择某个颜色按钮

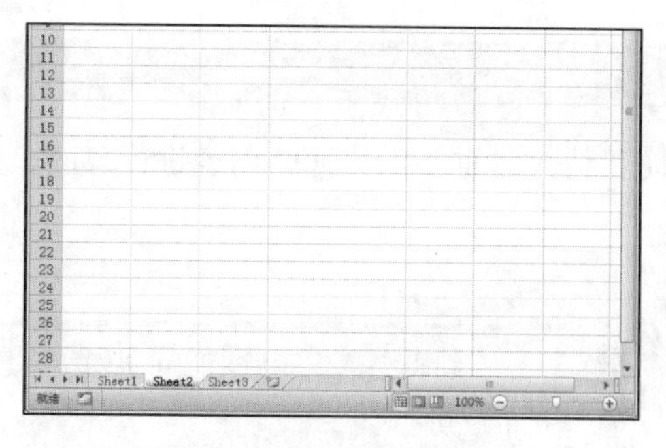

图 2-35　设置后的效果

3. 如果用户对列表中的颜色不满意，那么可以单击“其他颜色”选项，弹出“颜色”对话框，如图 2-36 所示。
4. 单击“自定义”选项卡，从“颜色”区域中选择自己喜欢的颜色，如图 2-37 所示。设置完成后，单击“确定”按钮即可。

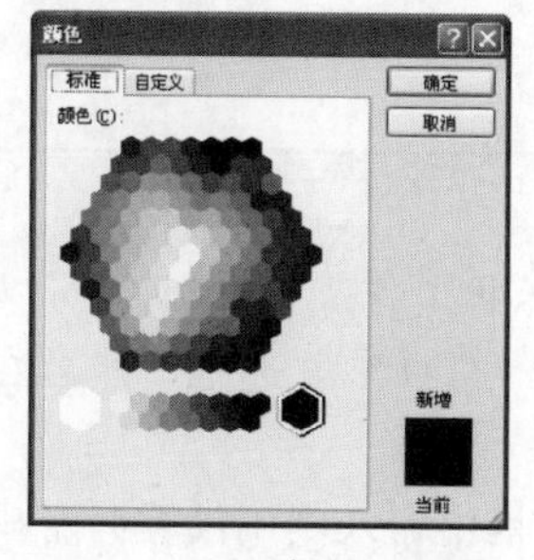

图 2-36　“颜色”对话框

图 2-37　自定义颜色

电脑小百科

通过设置行高或列宽值的方法，达到取消行列的隐藏，会改变原有行列的行高或列宽，而通过菜单取消隐藏的方法，则保持原有的行高和列宽。

2.3 工作簿与工作表管理

在编辑工作簿时，为了能在有限的屏幕区域中显示更多的有用的信息，可以对工作簿窗口进行拆分、冻结、共享等操作。

书盘互动指导

示例	在光盘中的位置	书盘互动情况
公司员工信息采集表	2.3 工作簿与工作表管理 2.3.1 保护工作簿 2.3.2 并排比较工作簿 2.3.3 拆分窗口 2.3.4 冻结窗格 2.3.5 共享工作簿	本节主要带领读者学习工作簿与工作表管理，在光盘 2.3 节中有相关内容的操作视频，还特别针对本节内容设置了具体的实例分析。 读者可以在阅读本节内容后再学习光盘内容，以达到巩固和提升的效果。

2.3.1 保护工作簿

为防止他人对重要工作簿的内容进行篡改、复制、删除等操作，可以对工作簿设置相应的密码保护。

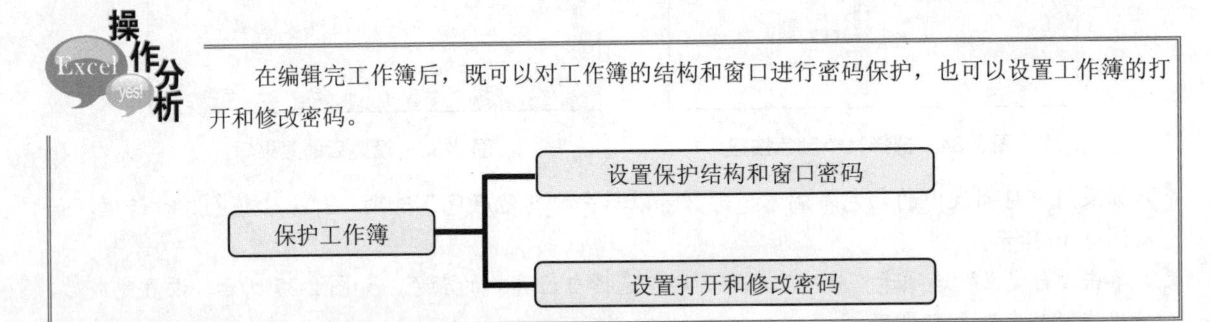

在编辑完工作簿后，既可以对工作簿的结构和窗口进行密码保护，也可以设置工作簿的打开和修改密码。

跟着做 1 设置保护结构和窗口密码

保护结构和窗口密码的具体操作步骤如下。

1. 单击“审阅”选项卡，在“更改”步骤组中单击“保护工作簿”按钮。
2. 弹出“保护结构和窗口”对话框，选中“结构”和“窗口”复选框，然后在“密码(可选)”文本框中输入密码，单击“确定”按钮，如图 2-38 所示。
3. 弹出“确认密码”对话框，在“重新输入密码”文本框中输入刚刚设置的密码，如图 2-39 所示，最后单击“确定”按钮即可。

电脑小百科

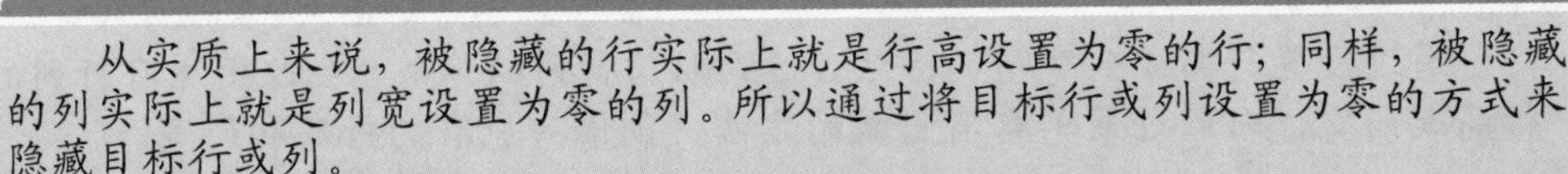

从实质上来说，被隐藏的行实际上就是行高设置为零的行；同样，被隐藏的列实际上就是列宽设置为零的列。所以通过将目标行或列设置为零的方式来隐藏目标行或列。

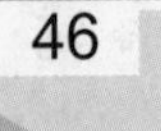

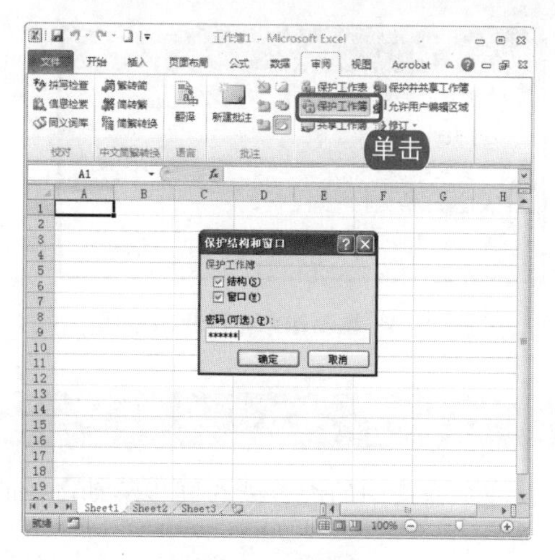

图 2-38　设置密码

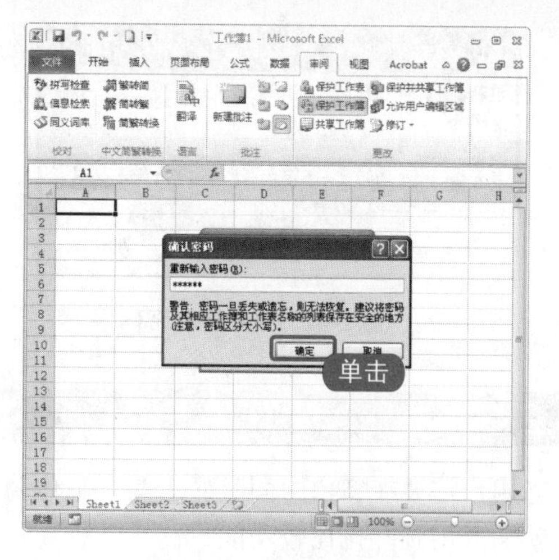

图 2-39　重新输入密码

跟着做 2　设置打开和修改密码

设置打开和修改密码的具体操作步骤如下。

1. 在“文件”选项卡下单击“另存为”命令，弹出“另存为”对话框，单击该对话框左下方的“工具”按钮，从弹出的下拉列表中选择“常规选项”命令，如图 2-40 所示。
2. 弹出“常规选项”对话框，分别在“打开权限密码”和“修改权限密码”文本框中输入要设置的密码，选中“建议只读”复选框，如图 2-41 所示。

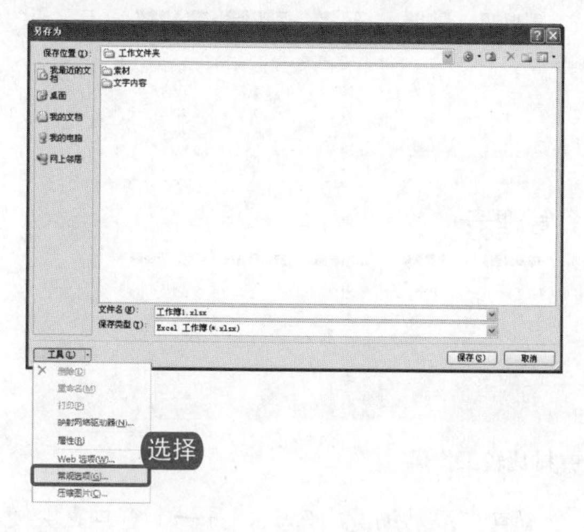

图 2-40　选择“常规选项”命令

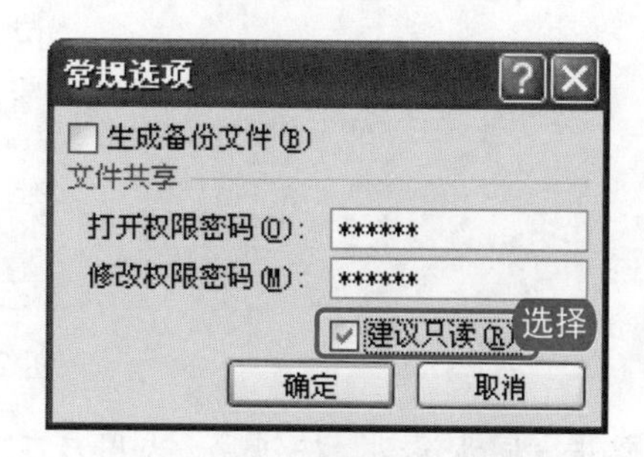

图 2-41　“常规选项”对话框

3. 弹出“确认密码”对话框，在“重新输入密码”文本框中输入刚刚设置的密码，如图 2-42 所示，然后单击“确定”按钮。
4. 弹出“确认密码”对话框，在“重新输入修改权限密码”文本框中输入刚刚设置的密码，如图 2-43 所示。

电脑小百科

撤销的作用是取消用户之前所做的动作，而恢复则是取消撤销的动作，使其恢复为用户之前所做的动作。

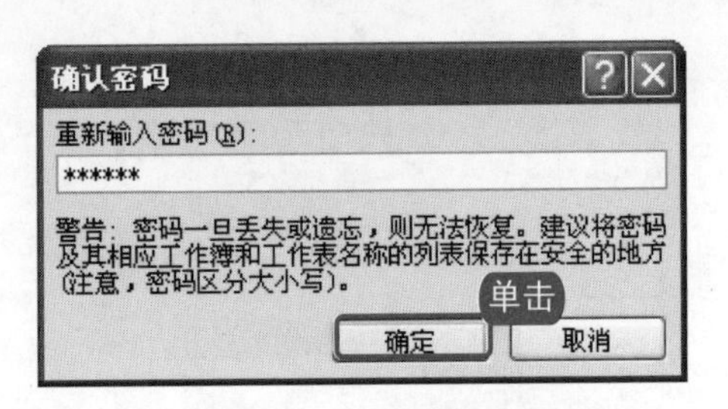

图 2-42　重新输入密码

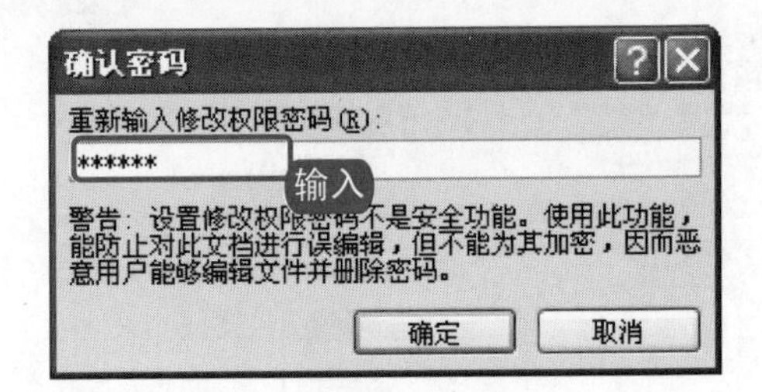

图 2-43　重新输入修改权限密码

2.3.2　并排比较工作簿

当用户需要在窗口中同时显示两个工作簿，并要求两个窗口中的内容能够同步滚动浏览时，那么就需要用到并排比较功能。

使用并排比较功能的具体步骤如下。

❶ 打开两个需要对比的工作簿，选定需要对比的工作簿窗口，单击“视图”选项卡，在“窗口”组中单击“并排查看”按钮，如图 2-44 所示。

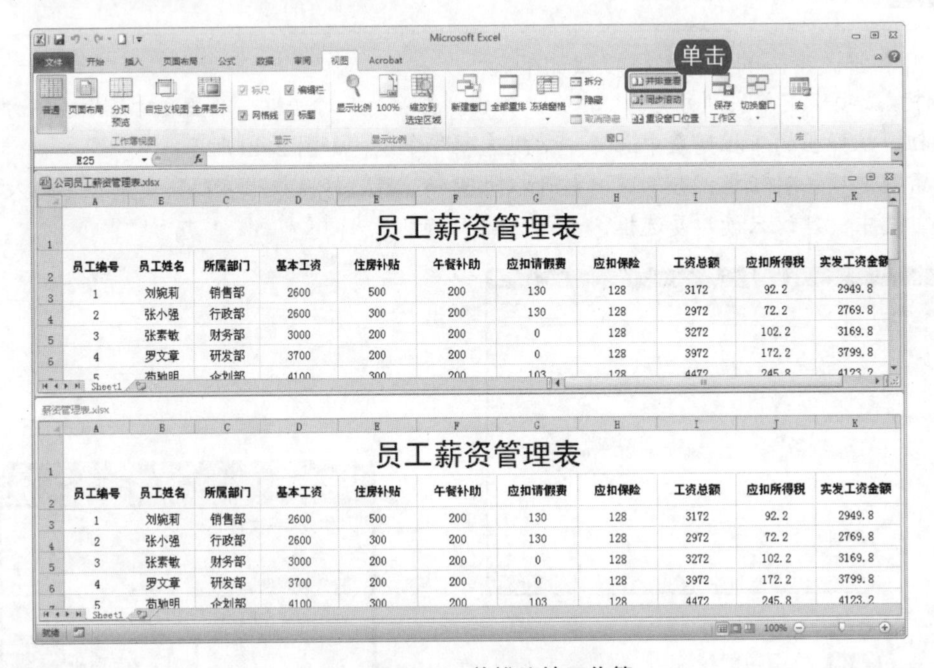

图 2-44　并排比较工作簿

❷ 单击“同步滚动”按钮后，当用户在其中一个窗口中滚动浏览内容时，另一个窗口也会随之同步滚动。

❸ 如果要关闭并排比较工作模式，那么可以单击“并排查看”按钮，取消此功能。

知识补充

在进行并排比较操作时，如果想要将某个窗口置于上方位置，那么可以将光标置于该窗口上，然后再单击“视图”选项卡中“窗口”选项组中的“重设窗口位置”按钮即可。

电脑小百科

替换用于对单元格中的数据进行更改，替换的过程其实是查找后再进行替换的过程。

2.3.3 拆分窗口

对于单个工作表，除了可以通过新建窗口的方法来显示工作表的不同位置之外，还可以通过拆分窗口的方法在现有的工作表窗口中同时显示多个位置。

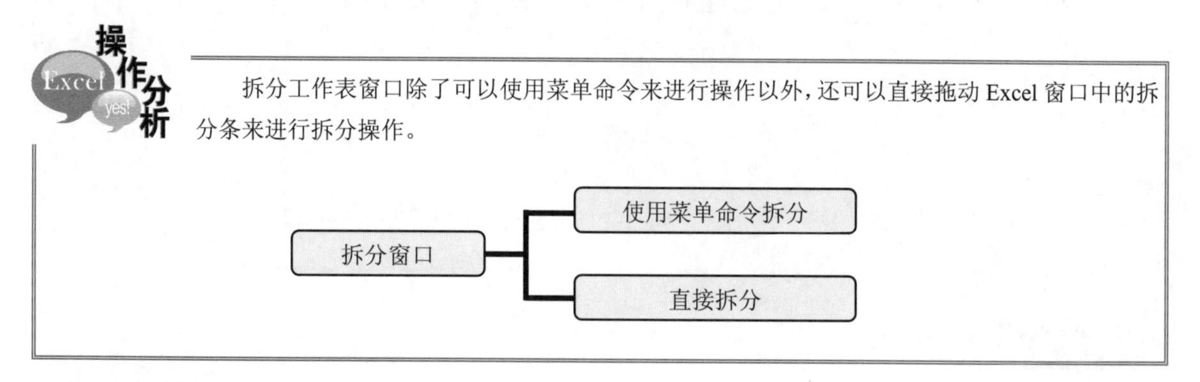

拆分工作表窗口除了可以使用菜单命令来进行操作以外，还可以直接拖动 Excel 窗口中的拆分条来进行拆分操作。

跟着做 1 使用菜单命令拆分

使用菜单命令拆分窗口的具体操作方法如下。

1. 选定要拆分的工作表中的某一单元格，该单元格的左上角就是拆分的分隔点。
2. 单击“视图”选项卡下“窗口”组中的“拆分”按钮，如图 2-45 所示，可以看到水平方向和垂直方向的两条拆分条将整个工作表窗口拆分成了 4 个窗格。

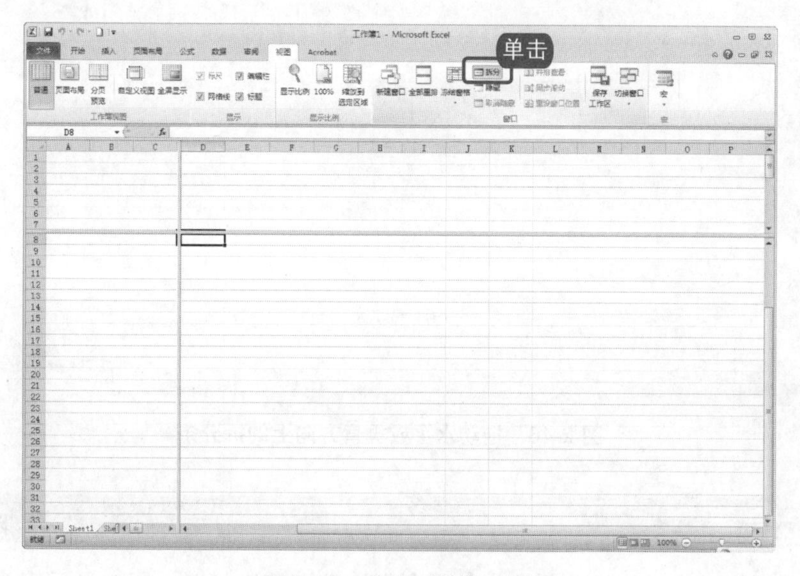

图 2-45　单击“拆分”按钮

如果想取消窗口拆分，那么有以下两种方法。

- 在“视图”选项卡下的“窗口”选项组中，再次单击“拆分”按钮，即可取消拆分。
- 将光标置于水平与垂直拆分条的交界处，双击鼠标左键即可取消水平与垂直的拆分条。

电脑小百科

在替换数据的过程中，除了替换数据内容，也可以只对数据的格式进行替换，而不更改数据的内容。

如果只想取消一条拆分条，则将光标置于该拆分条上，双击鼠标左键即可。下图为双击水平拆分条后的效果。

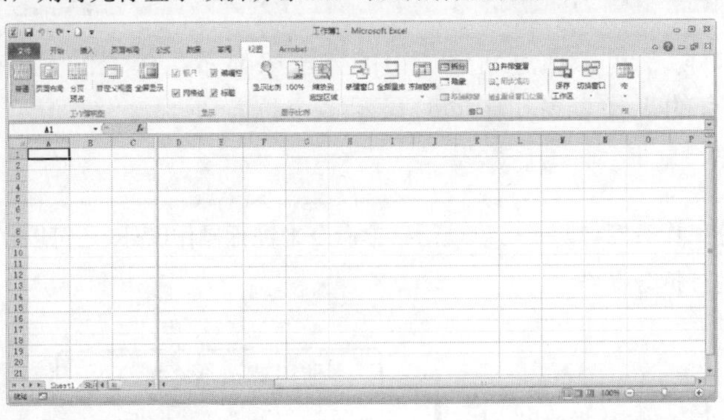

跟着做 2 直接拆分

直接拆分窗口的具体操作步骤如下。

1. 将鼠标指针移动到垂直滚动条的上端或水平滚动条的右端位置，如图 2-46 所示。
2. 按住鼠标左键向下或者向左拖动，即可对窗口进行水平或者垂直拆分。

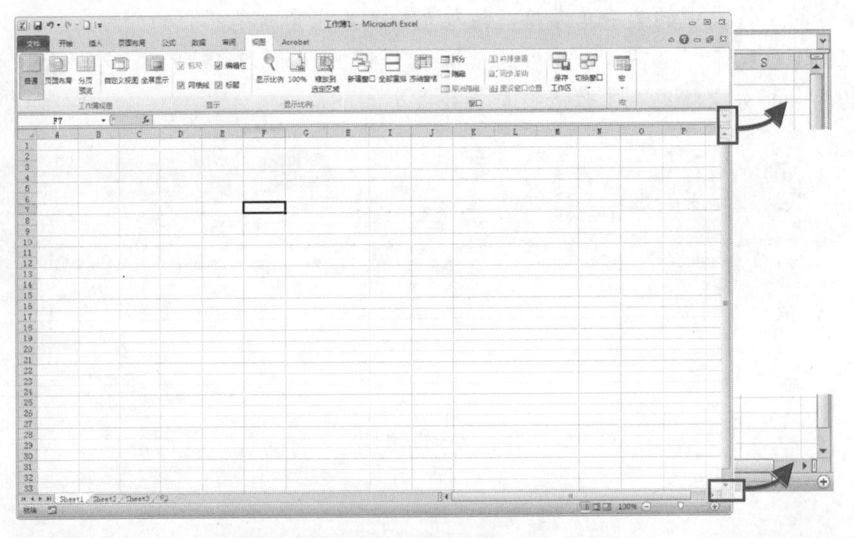

图 2-46　拖动水平或垂直方向上的拆分条

2.3.4 冻结窗格

在对多行多列的表格进行操作时，常常需要在滚动浏览表格时，固定显示表头标题行或标题列，这时使用 Excel 2010 程序提供的冻结窗格功能可以很方便地实现这种效果。

冻结的对象可以是一行、一列或者一个单元格。用户也可以对工作表中的特定行或列进行冻结操作，这样被冻结的行或列就会在浏览表格时始终显示在屏幕中。

在工作表中按 Ctrl+Home 组合键可以将单元格位置移动到第 A1 单元格。

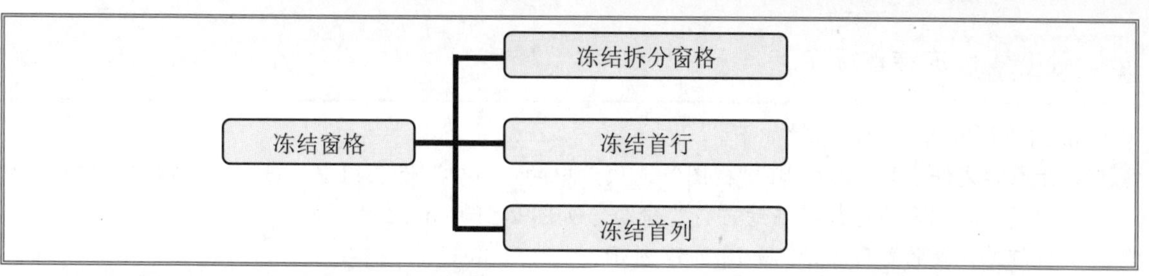

跟着做 1☛ 冻结拆分窗格

冻结拆分窗格的具体操作步骤如下。

❶ 打开原始文件 2.3.4. xlsx，选定 B3 单元格，如图 2-47 所示。

❷ 在“视图”选项卡中的“窗口”选项组中单击“拆分”按钮，如图 2-48 所示。

图 2-47　选定单元格

图 2-48　单击“拆分”按钮

❸ 单击“冻结窗格”按钮，从弹出的下拉列表中选择“冻结拆分窗格”命令，如图 2-49 所示。

❹ 拖动水平或垂直滚动条，查看冻结拆分窗格后的效果，如图 2-50 所示。

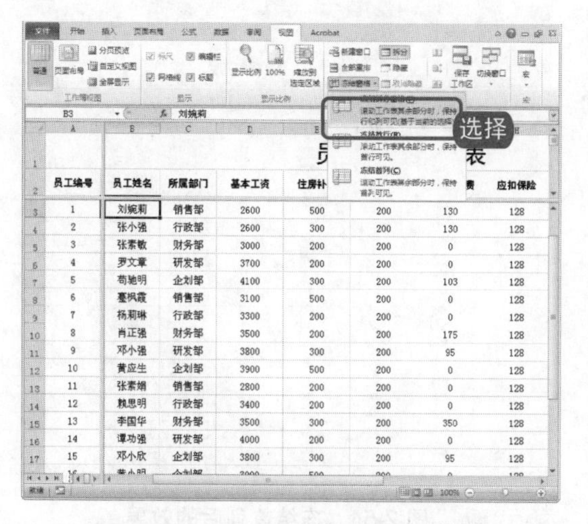

图 2-49　选择“冻结拆分窗格”命令

图 2-50　冻结拆分窗格后的效果

电脑小百科

当工作表设置冻结窗格时，再按 Ctrl+Home 组合键时到达的位置为设置单元格冻结窗格所在的单元格位置，就不一定是 A1 单元格了。

跟着做 2☛ 冻结首行

冻结首行的具体操作步骤如下。

① 打开原始文件 2.3.4. xlsx，在“视图”选项卡中的“窗口”选项组中单击“冻结窗格”按钮，从弹出的下拉列表中选择“冻结首行”命令，如图 2-51 所示。

② 将当前工作表的首行冻结，如图 2-52 所示。

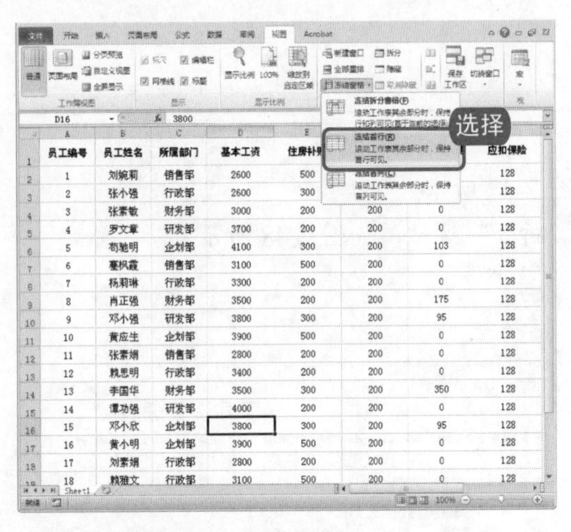

图 2-51　选择“冻结首行”命令

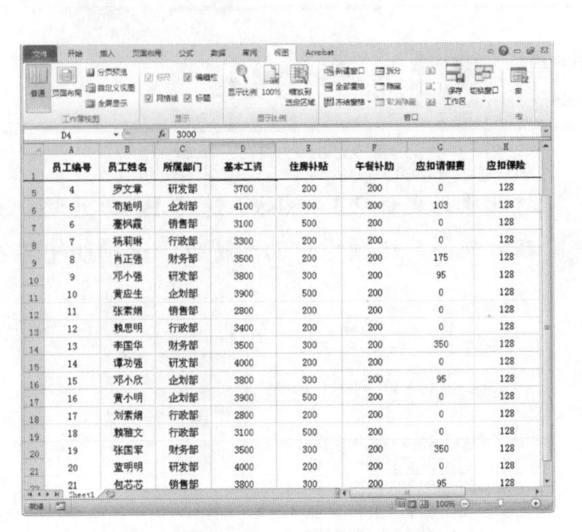

图 2-52　冻结首行后的效果

跟着做 3☛ 冻结首列

冻结首列的具体操作方法如下。

① 打开原始文件 2.3.4.xlsx，在“视图”选项卡中的“窗口”选项组中单击“冻结窗格”按钮，从弹出的下拉列表中选择“冻结首列”命令，如图 2-53 所示。

② 将当前工作表的首列冻结，如图 2-54 所示。

图 2-53　选择“冻结首列”命令

图 2-54　冻结首列后的效果

电脑小百科

网络线的选项设置只对设置的目标工作表有效。

知识补充

如果用户要取消冻结的窗口，那么可以在“视图”选项卡中的“窗口”选项组中单击“冻结窗格”按钮，从弹出的下拉列表中选择“取消冻结窗格”命令即可。

2.3.5 共享工作簿

当工作簿的信息量比较大时，用户可以通过共享工作簿的方法来实现信息的同步录入，具体操作步骤如下。

1. 打开原始文件 2.3.5.xlsx，在“审阅”选项卡中单击“更改”组中的“共享工作簿”按钮，如图 2-55 所示。
2. 弹出“共享工作簿”对话框，在“编辑”选项卡下选中“允许多用户同时编辑，同时允许工作簿合并”复选框，然后单击“确定”按钮，如图 2-56 所示。

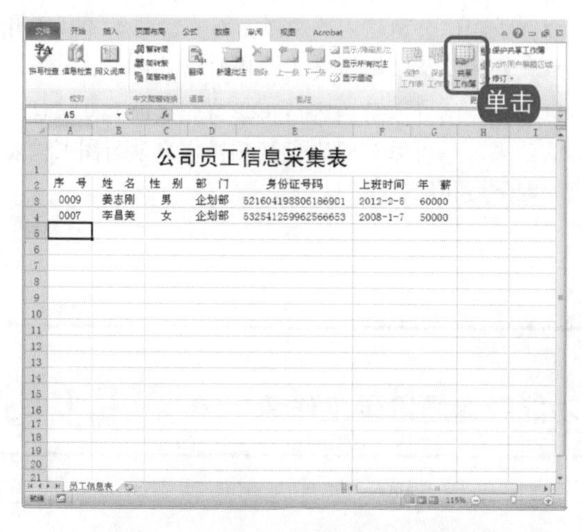

图 2-55　单击“共享工作簿”按钮

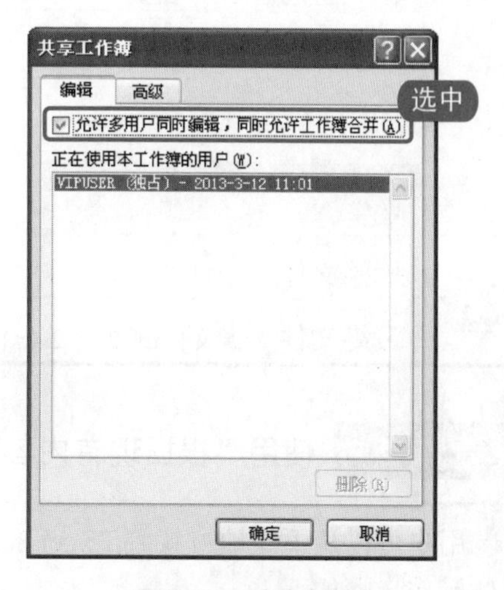

图 2-56　选中复选框

3. 弹出 Microsoft Excel 信息提示框，直接单击“确定”按钮即可，如图 2-57 所示。

图 2-57　单击“确定”按钮

4. 如果想要取消共享，那么只要再次打开“共享工作簿”对话框，取消选中“允许多用户同时编辑，同时允许工作簿合并”复选框，单击“确定”按钮后，在弹出的信息提示框中单击“是”按钮即可，如图 2-58 所示。

图 2-58　单击“是”按钮

电脑小百科

按 Ctrl+End 组合键可以到达表格定义的右下角单元格。

2.4 制作公司员工通讯录

实例解析

为方便联络，一般每个公司甚至各个部门都有自己的员工通讯录。员工通讯录一般包含员工姓名、性别、电话号码、部门、职位、通讯地址等内容。如果要制作该通讯录，那么用户可以从网上下载模板或根据已有的模板等进行操作。

书盘互动指导

在光盘中的位置	书盘互动情况
2.4 制作公司员工通讯录	本节主要介绍制作公司员工通讯录，在光盘 2.4 节中有相关操作的视频文件，以及原始素材文件和处理后的效果文件。 读者可以选择在阅读本节内容后再学习光盘内容，以达到巩固和提升的效果，也可以对照光盘视频操作来学习图书内容，以便更直观地学习和理解。

原始文件	素材\第 2 章\无
最终文件	源文件\第 2 章\2.4.xlsx

跟着做 1 使用“根据现有内容新建”功能新建通讯录工作簿

用户可以从不同地方找到 Excel 2010 模板，这里使用“根据现有内容新建”功能新建通讯录，具体操作步骤如下。

1. 在“文件”选项卡下单击“新建”命令，从“可用模板”中选择“根据现有内容新建”选项，如图 2-59 所示。

图 2-59　选择“根据现有内容新建”选项

电脑小百科

“视图管理器”操作与“列表”操作不可以同时进行，如果当前工作簿的任何工作表中存在“列表”，则“视图管理器”命令会变成灰色不可用。

❷ 弹出“根据现有工作簿新建”对话框，在“查找范围”下拉列表框中找到模板所在的位置，选择“通讯录.xlts”模板，如图 2-60 所示。

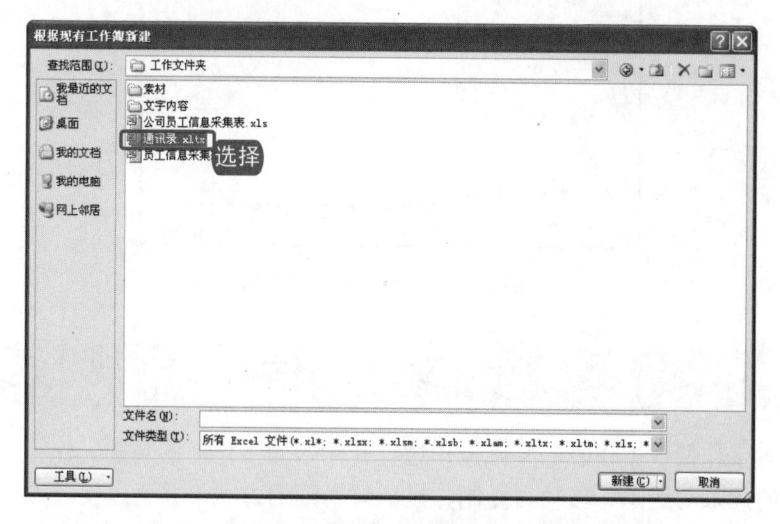

图 2-60　选择“通讯录.xltx”模板

❸ 单击“新建”按钮，打开一个根据模板创建的工作簿，如图 2-61 所示。

图 2-61　新建的通讯录

❹ 创建完成后用户可以在该通讯录工作簿中录入员工信息。

跟着做 2☛ 将通讯录工作簿保存为兼容模式

因为很多用户仍然在使用 Excel 的旧版本，而使用 Excel 2010 保存的工作簿无法在旧版本中打开编辑，所以建议在通讯录内容输入完成之后将其保存为 2003 兼容的旧工作簿格式。

❶ 单击“文件”选项卡下的“另存为”命令。

❷ 弹出的“另存为”对话框，在“保存类型”下拉列表框中选择“Excel 97-2003 工作簿(*.xls)”选项，并且设置工作簿的名称及保存位置，如图 2-62 所示。

电脑小百科

如果用户使用的鼠标带滚轮，可以在按住 Ctrl 键的同时滚动滚轮，也可以方便地调整显示比例。

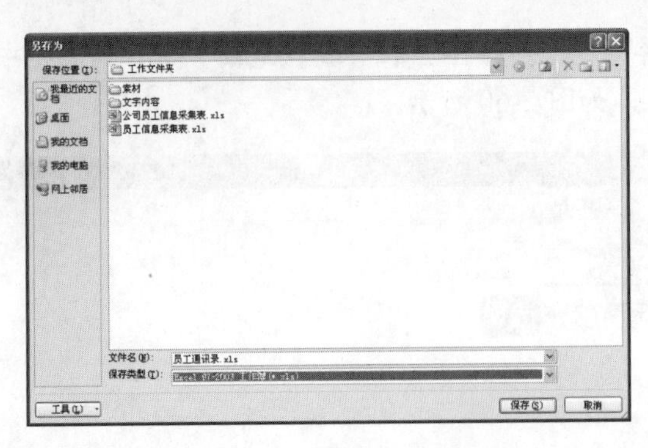

图 2-62　“另存为”对话框

学 习 小 结

本章主要对工作簿、工作表的基础操作进行介绍，如工作簿的新建、保存、打开与关闭的方法，工作表的插入与删除、移动与复制、显示与隐藏的方法，并通过实战的应用分析巩固和强化理论操作，为后续进一步学习 Excel 的其他操作打下基础。下面对本章进行总结，具体内容如下。

(1) 根据不同的需要，在 Excel 2010 中新建工作簿的方式有多种，主要包括创建空白工作簿、根据模板创建工作簿。其中，模板主要包括系统提供的“样本模板”、自己创建的“我的模板”、“Office.com 模板”等。

(2) 保存方法可分为保存和另存为两种，在“另存为”对话框中可以设置工作簿保存的位置、名称和类型等。工作簿的保存类型常用的有 Excel 工作簿、启用宏的 Excel 工作簿、Excel 97-2003 工作簿以及 Excel 不同的模板。

(3) 打开 Excel 工作簿的方法除了双击桌面图标和直接按下 Ctrl+O 组合键外，还可以通过“文件”选项卡，根据不同的具体需要打开工作簿，如以只读方式打开工作簿，打开最近使用的文件等。

(4) 插入工作表的方法有多种，最常用的是单击工作表标签后的“插入工作表”按钮(该按钮一次只能插入一张工作表)或在工作表标签上单击鼠标右键，从弹出的快捷菜单中选择“插入”命令。

(5) 对工作表进行移动与复制、显示与隐藏、更改工作表标签颜色等操作都可以通过选项卡或右键快捷菜单中的相应命令来完成。

(6) 使用并排查看功能的前提是需要有两个或两个以上的工作簿处于打开状态。拆分窗口与冻结窗格的操作类似，都可以通过“视图”选项卡下的相应命令来完成。

互 动 练 习

1. 选择题

(1) Excel 2010 首次启动后，系统一般会自动创建一个(　　)工作簿。

电脑小百科

要快速地将缩放比例恢复到 100%显示状态，可以在 Excel 2010 功能区上单击“视图”选项卡中的“100%”按钮。

A．模板　　B．表格
C．空白　　D．图表

(2) 保存文件时，Excel 2010 工作簿文件的扩展名是(　　)。

A．.doc　　B．.xls
C．.txt　　D．.xlsx

(3) 选定多张不连续的工作表时，需要按住键盘上的(　　)键。

A．Ctrl　　B．Alt
C．Shift　　D．Ctrl

(4) 重命名工作表，可以通过双击(　　)将其变为编辑状态，输入新名称后，按 Enter 键即可。

A．工作表　　B．工作表标签
C．工作簿　　D．工作簿名称

(5) 移动一个工作表，可以在“开始”选项卡中“(　　)”下拉列表中选择“移动或复制工作表”命令。

A．插入　　B．格式
C．文件　　D．删除

2．思考与上机题

(1) 新建一个空白工作簿。

制作要求：

a. 保存在“我的文档”文件夹中，名为“员工基本信息”工作簿。

b. 将工作簿保存为兼容模式。

(2) 新建一个“考勤卡”工作簿，如下图所示。

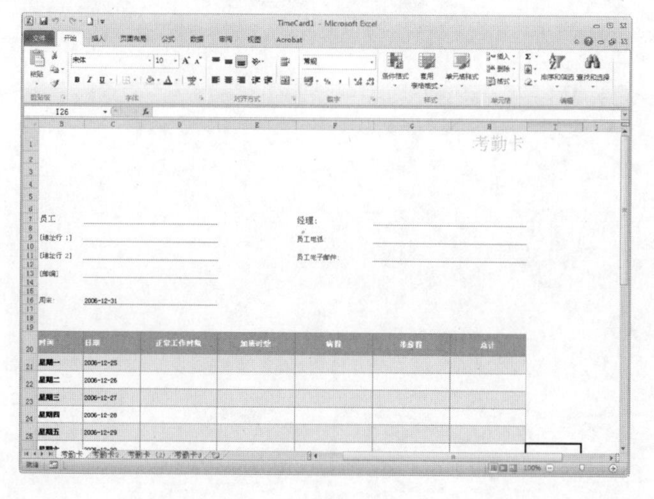

制作要求：

a. 使用“Office.com”模板创建工作簿。

b. 新建两张工作表，分别重命名为“考勤卡 2”及“考勤卡 3”。

c. 复制工作表。使用 Ctrl 键复制“考勤卡”工作表，置于“考勤卡 3”工作表之前。

d. 删除工作表。将复制的“考勤卡(2)”工作表删除。

电脑小百科

窗口缩放比例设置只对当前工作窗口有效，可以对不同的工作表或者同一工作表的不同窗口设置不同的缩放显示比例。

第3章

数据的录入与编辑

本章导读

在 Excel 工作表中，用户可以录入各种不同类型的数据，使用填充的方式批量录入数据可以有效地提高录入数据的速度。熟练地运用自动填充与自定义填充数据，对 Excel 中的编辑数据、统计数据影响尤为重要。Excel 提供了可创建复杂公式的基础环境，在录入数据时结合批量填充数据的方式，可以给予用户非常大的帮助。

精彩看点

- 录入不同类型的数据
- 快速填充相同的数据
- 填充有规律的数据
- 自动填充数据
- 修改数据及设置数据格式
- 查找和替换数据

3.1 录入各种不同类型的数据

一般来说，用户在创建工作表后的第一步就是向工作表输入数据。在工作表中可以输入和保存的数据有很多种类型，包括文本型、数值型、货币型、日期和时间型等。

书盘互动指导

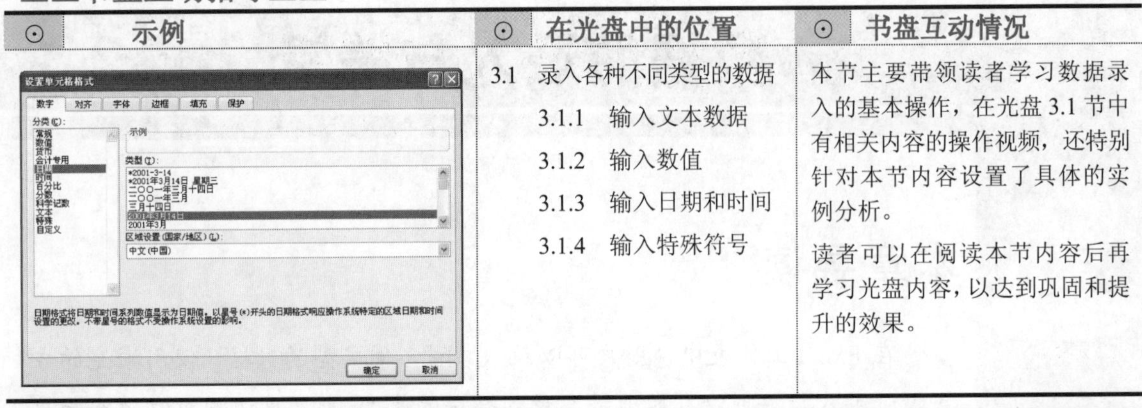

示例	在光盘中的位置	书盘互动情况
	3.1 录入各种不同类型的数据 3.1.1 输入文本数据 3.1.2 输入数值 3.1.3 输入日期和时间 3.1.4 输入特殊符号	本节主要带领读者学习数据录入的基本操作，在光盘 3.1 节中有相关内容的操作视频，还特别针对本节内容设置了具体的实例分析。 读者可以在阅读本节内容后再学习光盘内容，以达到巩固和提升的效果。

3.1.1 输入文本数据

文本数据，是指字符或者数字和字符的组合，如员工姓名、公司名称等。在工作表中输入文本数据的方法如下。

1. 输入一般文本数据。新建 Excel 工作簿，将其保存为 3.1.1.xlsx，如图 3-1 所示。
2. 单击需要输入文本数据的单元格，输入需要的内容，比如在 A1 单元格中输入“员工编号”，输入完成后按 Enter 键即可，如图 3-2 所示。

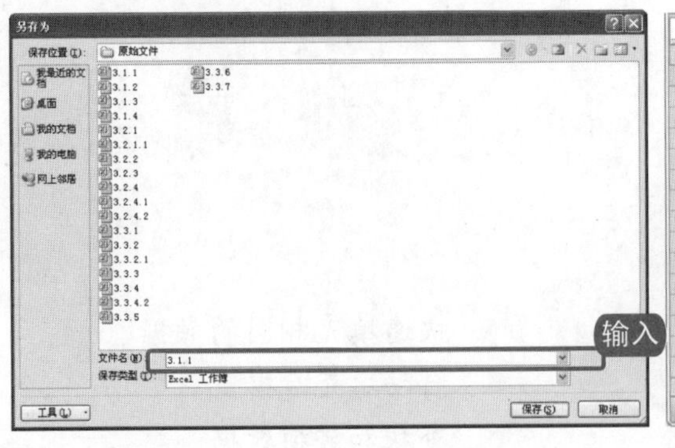

图 3-1 “另存为”对话框

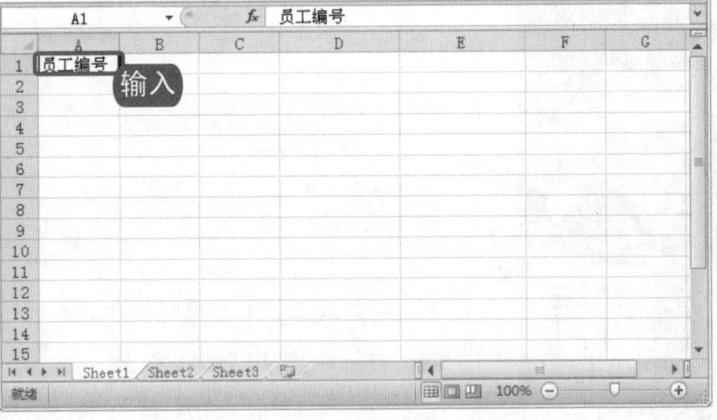

图 3-2 输入一般文本数据

3. 输入较长的文本内容。单击 A1 单元格，输入“员工基本信息表”，可以看到该单元格中的文本已经占用了 B1 单元格，如图 3-3 所示。
4. 按照同样的方法输入其他的文本型数据，如图 3-4 所示。

电脑小百科

Excel 几乎支持所有的货币值，如人民币(￥)、英镑(￡)等。欧元出台以后，Excel 完全支持显示、输入和打印欧元货币符号。

图 3-3　输入较长文本数据

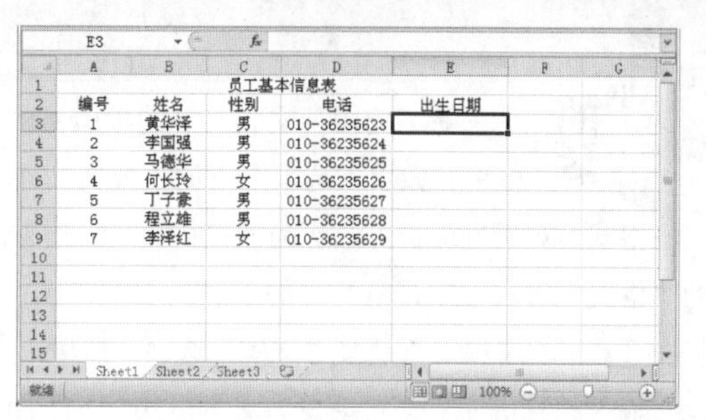

图 3-4　输入其他信息

知识补充

除了使用上述方法录入数据外，还可以通过编辑栏为单元格输入数据。

3.1.2　输入数值

数值数据，是指所有代表数量的数字形式，例如，企业的产值和利润、学生的成绩、个人的身高体重等。数值可以是正数，也可以是负数，但是都可以用于数值计算，例如，加、减、求和、求平均值等。除了普通的数字以外，一些带有特殊符号的数字也被 Excel 理解为数值，例如，百分号(%)、货币符号(如￥)、千分间隔符(，)，以及科学计算符号(E)。

在自然界中，数字的大小可以是无穷无尽，但是在 Excel 2010 中，由于软件自身的限制，对于所使用的数值存在着一些规范和限制。

Excel 2010 可以表示和存储的最大精确数字有 15 位有效数字。对于超过 15 位的整数数字，例如，123 456 789 123 456 789(18 位)，Excel 2010 会自动将 15 位以后的数字变为零，如 123 456 789 123 456 000。对于大于 15 位有效数字的小数，则会将超出的部分截去。

因此，对于超出 15 位有效数字的数值，Excel 2010 无法进行精确地计算或处理，例如，无法比较两个相差无几的 20 位数字的大小，无法用数值形式存储 18 位的身份证号码等。用户可以通过使用文本形式来保存位数过多的数字，从而处理上面这些情况，例如，在单元格中输入 18 位身份证号的首位之前加上单引号“’”，或者先将单元格格式设置为文本后，再输入身份证号码。

下面以输入身份证号为例，介绍具体的操作方法。

1. 打开原始文件 3.1.2.xlsx，选中目标单元格 E2。
2. 在单元格 E2 中输入数据“’430 703 199 210 206 424”，如图 3-5 所示。
3. 输入完成后，按 Enter 键，如图 3-6 所示。

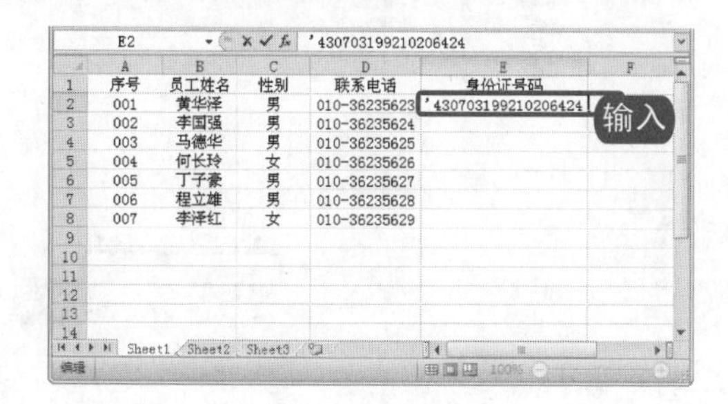

图 3-5　输入数据

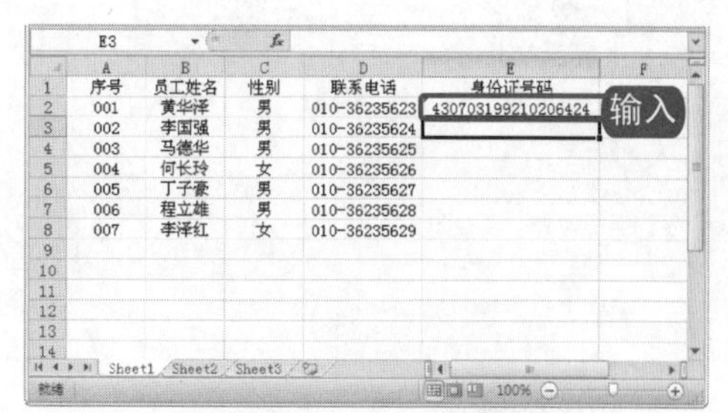

图 3-6　完成后的效果

电脑小百科

货币型数字是指数字前添加一个货币符号，设置货币型数字的格式时，用户可根据需要先对货币符号进行设置。

老师的话

除了使用英文状态下的单引号“'”来输入身份证号外，还可以在“设置单元格格式”对话框中“数字”选项卡下的“分类”列表框中选择“文本”选项来设置。相对来说，利用“设置单元格格式”对话框这种方法更为简单快捷。操作方法是：①选中要设置的单元格区域，单击“开始”选项卡下的“格式”下拉按钮，从弹出的下拉列表中选择“设置单元格格式”命令，打开“设置单元格格式”对话框；②在“数字”选项卡下选择“文本”选项，然后单击“确定”按钮；③在单元格中输入身份证号，按 Enter 键，此时输入的身份证号会自动变为文本格式，如下图所示。

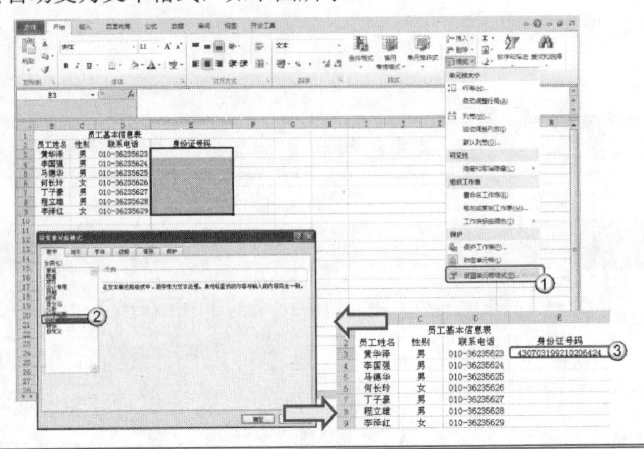

对于一些很大或者很小的数值，Excel 2010 会自动以科学计数法来表示(用户也可以通过设置将所有数值以科学计数法表示)，例如，123 456 789 123 456 会以科学记数法表示为 1.23457E+14，即为 $1.234\ 57\times10^{14}$ 之意，其中代表 10 的乘方大写字母 E 不可以省略。

3.1.3 输入日期和时间

日期和时间，是工作表中经常使用的一种数据类型。在工作表中可以输入各种格式的日期和时间，在“设置单元格格式”对话框中可以设置日期和时间的格式。

下面将介绍输入日期和时间数据的方法，具体操作步骤如下。

1. 打开原始文件 3.1.3.xlsx，如图 3-7 所示。
2. 右击 E3 单元格，从弹出的快捷菜单中选择“设置单元格格式”命令，如图 3-8 所示。

图 3-7 打开原始文件

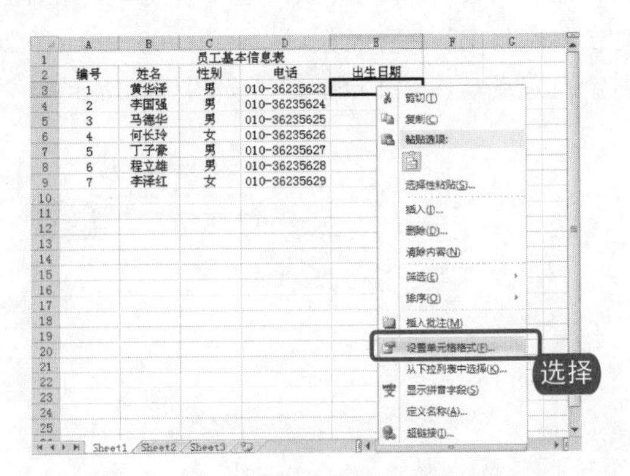

图 3-8 选择“设置单元格格式”命令

电脑小百科

在单元格中输入负数时，可在负数前输入“-”作标识，也可将数字置在()括号内来标识，比如在单元格中输入“(88)”，按一下 Enter 键，则会自动显示为“-88”。

❸ 弹出“设置单元格格式”对话框，在“数字”选项卡下的“分类”列表框中选择“日期”选项，在右侧的“类型”列表框中选择一种日期格式，如图 3-9 所示。

❹ 设置完毕后单击“确定”按钮，返回工作表中，在目标单元格中输入 1969-3-7，如图 3-10 所示。

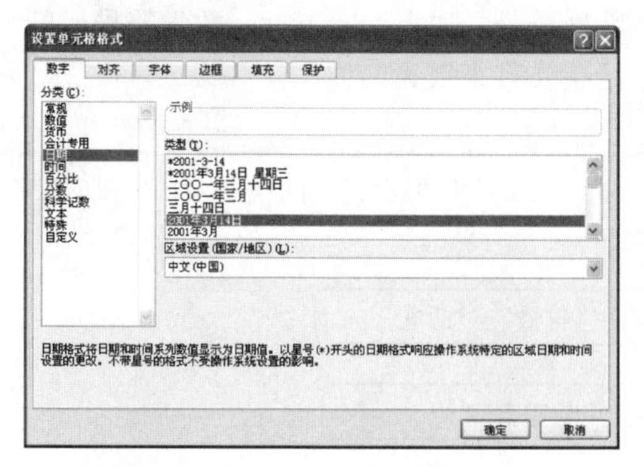

图 3-9　“设置单元格格式”对话框

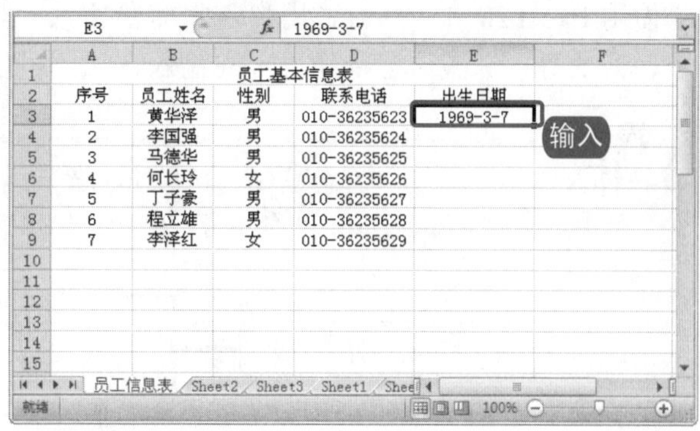

图 3-10　输入日期数据

❺ 按 Enter 键，可以看到在目标单元格中输入的日期变成了所选择的日期格式，如图 3-11 所示。

❻ 选中需要输入时间的单元格，使用上述方法打开“设置单元格格式”对话框。

❼ 在“分类”列表框中选择“时间”选项，在右侧的“类型”列表框中选择一种时间类型，如图 3-12 所示。

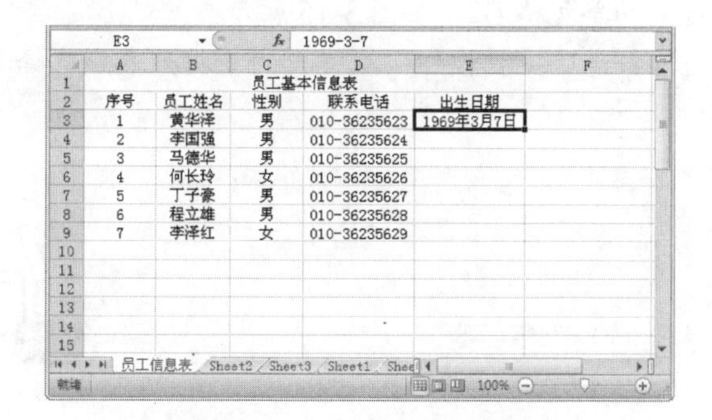

图 3-11　显示日期数据结果

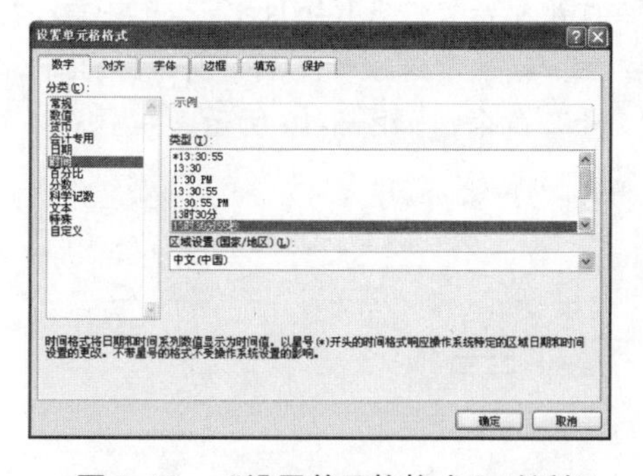

图 3-12　“设置单元格格式”对话框

❽ 单击“确定”按钮，在目标单元格中输入时间 9:38:40，如图 3-13 所示。

❾ 按 Enter 键，此时可以看到输入的时间数据应用了所选择的时间类型，如图 3-14 所示。

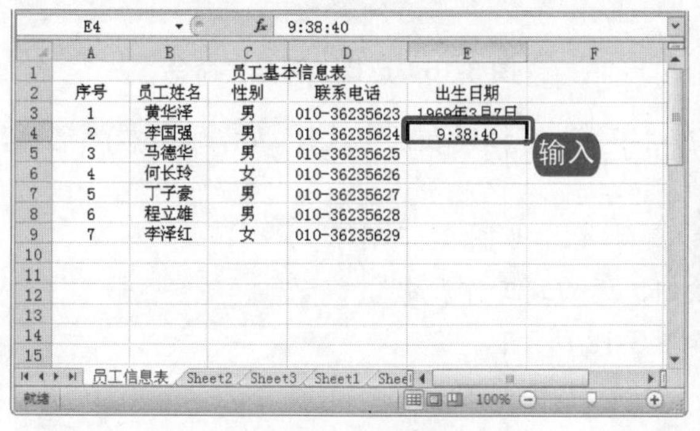

图 3-13　输入时间数据

图 3-14　显示时间数据结果

电脑小百科

在单元格中输入数据后，需要对数据重新进行编辑时，可根据需要对数据进行修改、复制、移动等操作。

3.1.4 输入特殊符号

使用 Excel 2010 工作时，用户常常需要插入一些特殊符号，如上标、下标、数学符号、单位符号、公数等。掌握这些特殊符号的输入方法，可以给工作带来很大的便利。

大多数用户在输入特殊符号时，常用的一种方法是使用“符号”对话框来插入需要的特殊符号，另外，还可以使用另一种方法输入特殊符号。

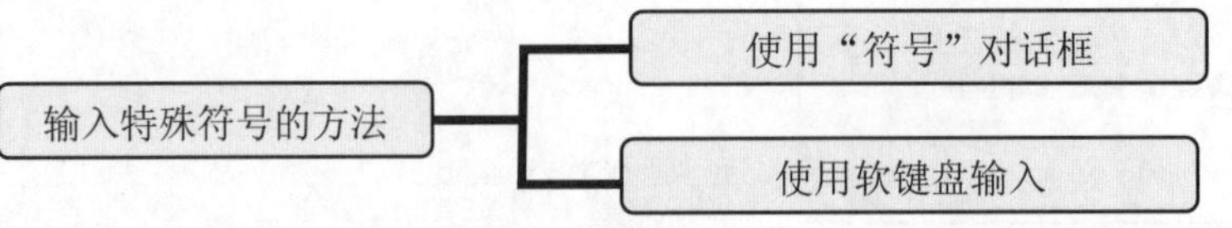

跟着做 1☛ 使用“符号”对话框

下面以插入Ω符号为例，介绍使用“符号”对话框插入特殊符号的方法，具体操作方法如下。

1. 打开原始文件 3.1.4.xlsx，选中要插入特殊符号的单元格 B2，如图 3-15 所示。
2. 在“插入”选项卡下的“符号”组中，单击“符号”下拉按钮，从弹出的下拉列表中选择“符号”命令，如图 3-16 所示。

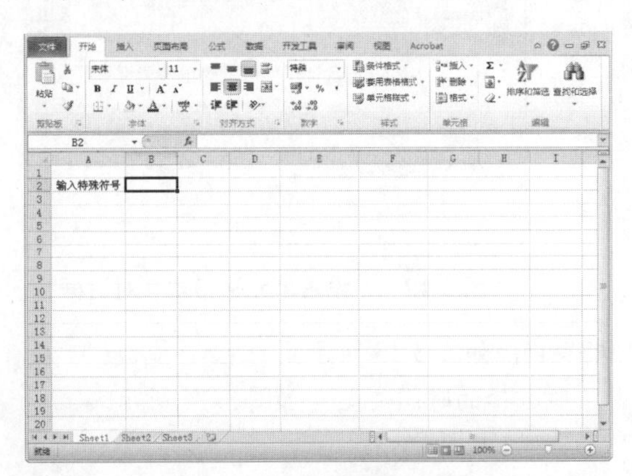

图 3-15 选中 B2 单元格

图 3-16 选择“符号”命令

3. 弹出“符号”对话框，单击“符号”选项卡，在“字体”下拉列表框中选择“(普通文本)”选项，在“子集”下拉列表框中选择“希腊语”选项。
4. 在下方的列表框中选择Ω符号，然后单击“插入”按钮，如图 3-17 所示。
5. 设置完成后，单击对话框右上角的“关闭”按钮，返回到工作表中。
6. 此时，该符号已经插入到选择的单元格中，如图 3-18 所示。

电脑小百科

修改单元格中的数据时，修改整个单元格的数据与修改单元格中某个数据的方法是不同的。

图 3-17 “符号”对话框

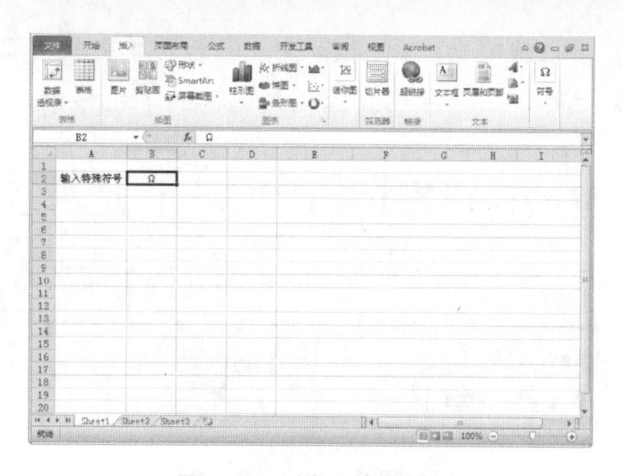

图 3-18 插入特殊符号

在“符号”对话框中的“字体”下拉列表框中，几乎可以找到任何在计算机上使用的字符，如果用户选择 Wingdings 系列字体(一共有 3 个)，那么可以从中找到很多可爱的图形字符，如下图所示。

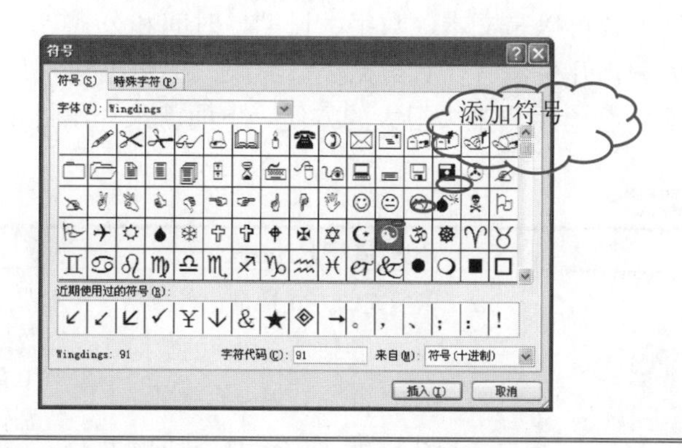

跟着做 2 使用软键盘输入

要插入Ω符号，也可以使用软键盘来插入，具体操作方法如下。

1. 打开上一节保存的文件，选中要插入特殊符号的单元格 B2。
2. 右击输入法状态条，从弹出的快捷菜单中选择“希腊字母”，如图 3-19 所示。
3. 弹出希腊字母软键盘界面，如图 3-20 所示。

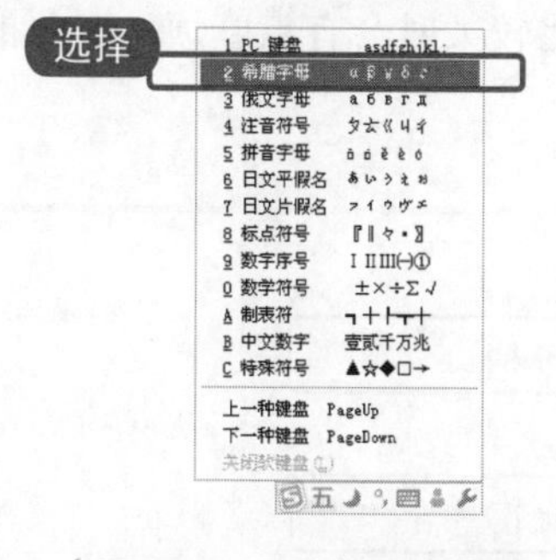

图 3-19 软键盘快捷菜单

图 3-20 希腊字母软键盘界面

电脑小百科

修改整个单元格的方法非常简单，只要在选中要修改的单元格后，重新输入需要的内容即可。

❹ 单击软键盘上的 Shift 键，然后再单击软键盘上的ω键，如图 3-21 所示。

❺ 此时，该符号已经插入到选择的单元格中，如图 3-22 所示。

图 3-21　单击软键盘

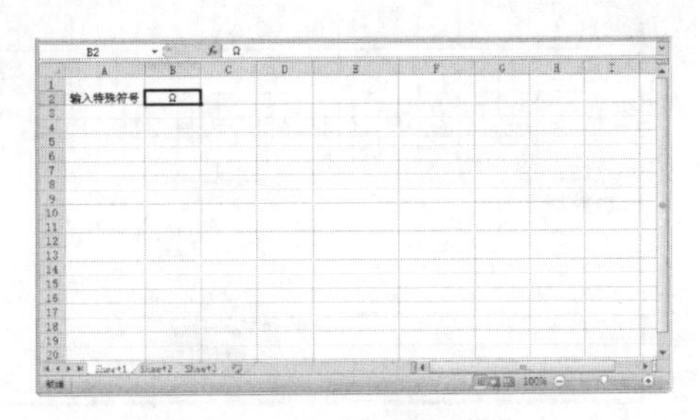

图 3-22　插入特殊符号

3.2　以填充的方式批量输入数据

Excel 2010 中的数据形式可以是文本、数字、日期、时间和公式等。数据一旦被输入其中，Excel 2010 就可以统一处理，几乎没有什么数据类型界限。但数据输入是一项非常烦琐的工作，如果有简单的方法，那么将会给用户带来很大的方便。下面就来介绍批量输入数据的几种方法。

书盘互动指导

⊙ 示例	⊙ 在光盘中的位置	⊙ 书盘互动情况
	3.2　以填充的方式批量输入数据 3.2.1　快速填充相同的数据 3.2.2　填充有规律的数据 3.2.3　自动填充选项功能的使用 3.2.4　自定义填充序列	本节主要带领读者学习批量填充数据的基本操作，在光盘 3.2 节中有相关内容的操作视频，还特别针对本节内容设置了具体的实例分析。 读者可以在阅读本节内容后再学习光盘内容，以达到巩固和提升的效果。

3.2.1　快速填充相同的数据

在电子表格中输入文本或数据时，经常需要向不同单元格中输入相同的文本或数据，因此，我们首先想到的是使用复制和粘贴方法来完成工作，但当数据量比较大时会有点麻烦。下面推荐两种快速输入相同数据的方法。

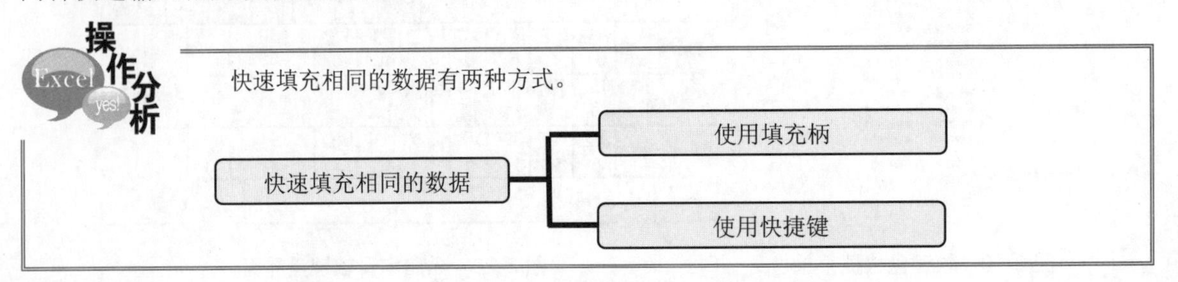

电脑小百科

修改单元格中某个数据时，需要先选中要修改的相应数据，然后才能进行修改。

跟着做 1☛ 使用填充柄填充相同数据

下面使用填充柄在 A 列单元格中填充相同的数据，具体操作方法如下。

1. 打开原始文件 3.2.1.xlsx，在 D3 单元格中输入数据，如图 3-23 所示。
2. 将鼠标指针放置于单元格右下角的填充柄处，待指针变为黑色加号，如图 3-24 所示。

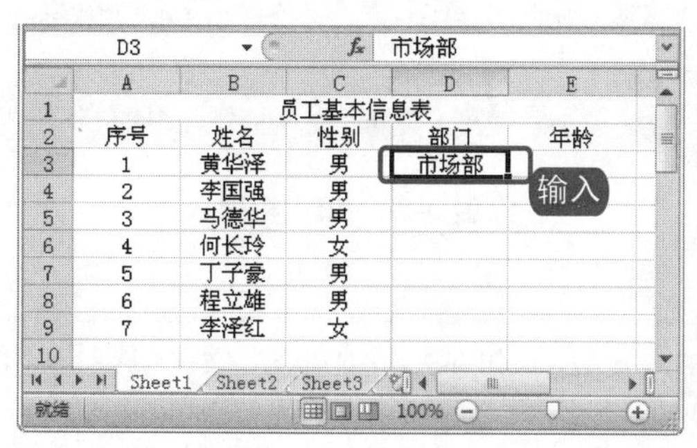

图 3-23　输入数据

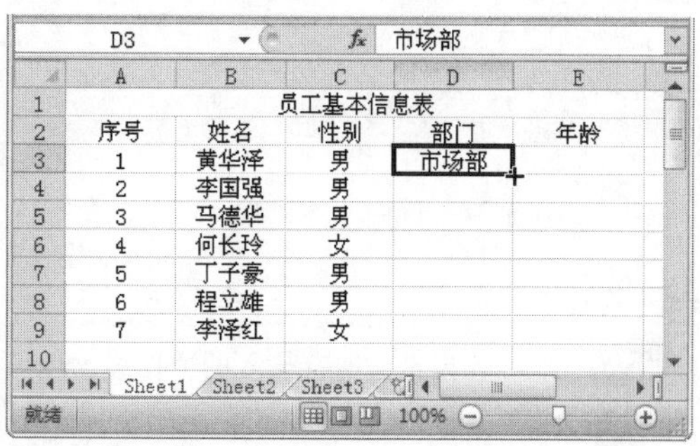

图 3-24　将鼠标指针放置于单元格右下角

3. 按住鼠标左键向下或向右拖动填充柄，如图 3-25 所示。
4. 此时在单元格 D3:D9 中可以看到填充的数据内容，如图 3-26 所示。

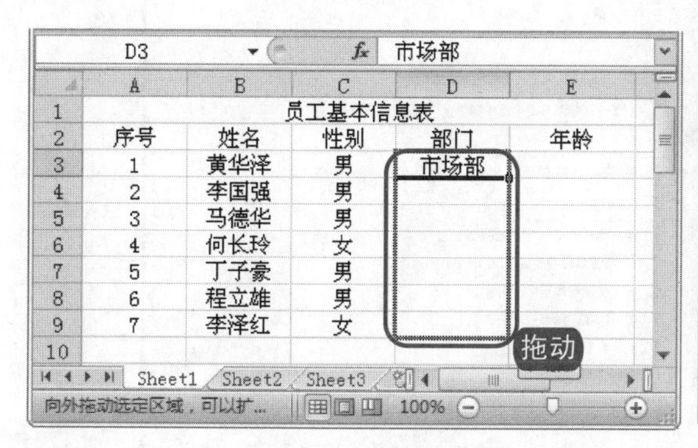

图 3-25　拖动填充柄

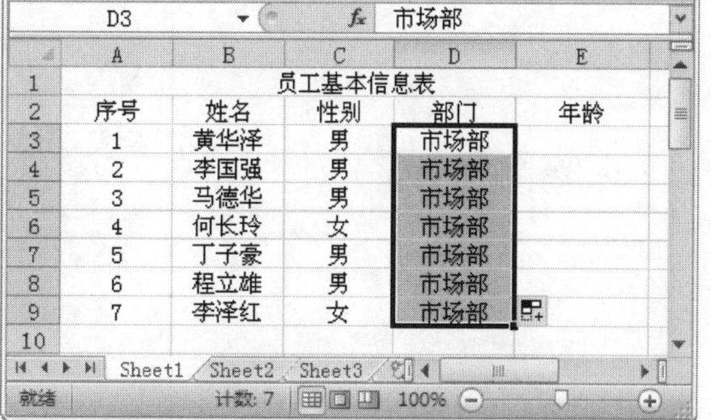

图 3-26　将鼠标指针填充相同数据

跟着做 2☛ 使用快捷键填充相同数据

1. 打开上一小节保存的文件，如果待输入的数据位于不连续的多个单元格中，那么可在按住 Ctrl 键的同时，单击选中需要输入相同数据的单元格，如图 3-27 所示。
2. 在活动单元格中输入 20，然后按 Ctrl + Enter 键，原有的数据内容均变为相同的内容 20，如图 3-28 所示。

移动数据是指将某些单元格或单元格区域中的数据移至其他单元格中，原单元格中的数据将被清除。

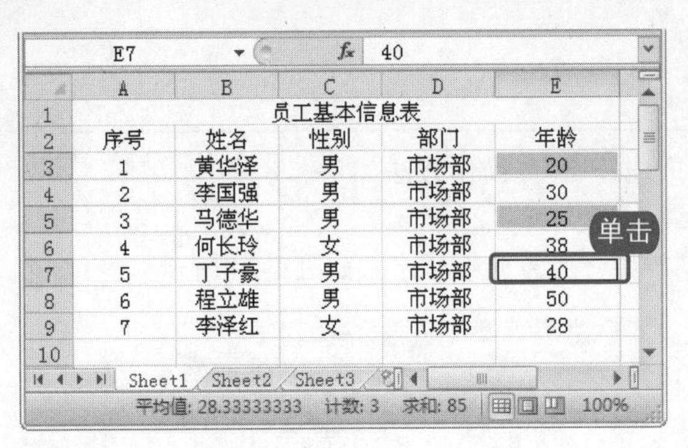

图 3-27　选中不连续单元格　　　　图 3-28　填充相同数据

如果希望所有输入的数据最大保留 3 位小数，操作方法是：①单击“文件”选项卡下的“选项”命令，打开“Excel 选项”对话框；②在“高级”选项卡的“编辑选项”区域中，选中“自动插入小数点”复选框，如下图所示，并在下方的“位数”微调框内调整需要保留的小数位数，如设置为 3；③单击“确定”按钮完成操作。

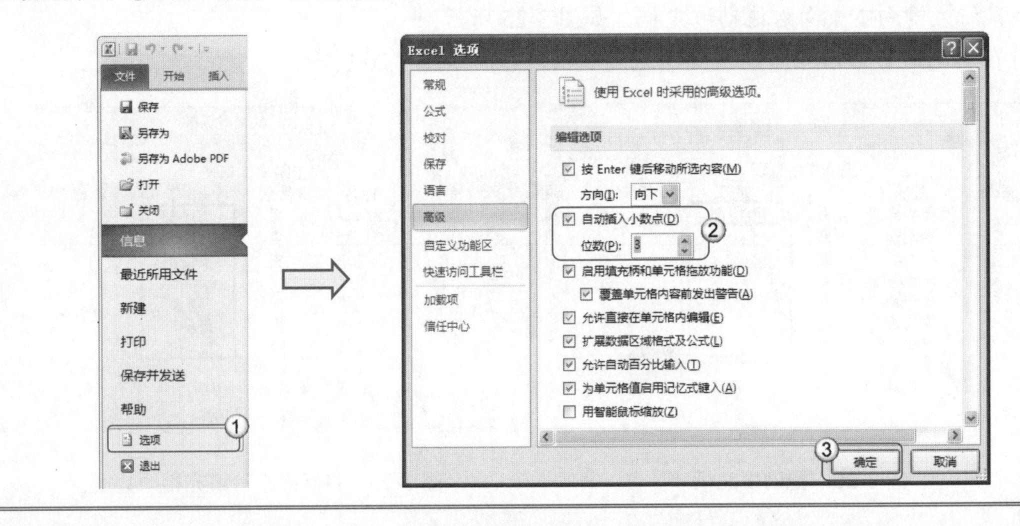

3.2.2 填充有规律的数据

在 Excel 表格的制作过程中，经常需要输入一些有规律的数据内容，同样用户可以使用自动填充功能来输入这些内容，掌握此种操作方法将给工作带来很大的便利。

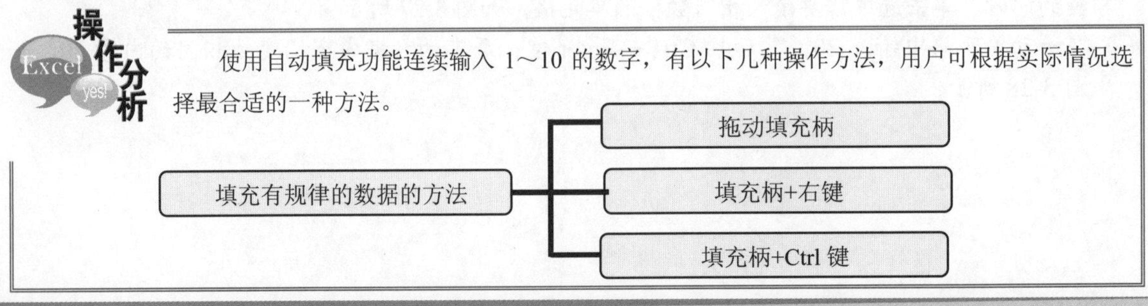

使用自动填充功能连续输入 1～10 的数字，有以下几种操作方法，用户可根据实际情况选择最合适的一种方法。

电脑小百科

移动数据是指将某些单元格或单元格区域中的数据移至其他单元格中，原单元格中的数据将被清除。

跟着做 1☛ 拖动填充柄填充

1. 打开原始文件 3.2.2.xlsx，如图 3-29 所示。
2. 在单元格 A2 中输入序列的起始值 1，在 A3 单元格中输入“2”，然后同时选中 A2 和 A3 单元格，如图 3-30 所示。

图 3-29　打开原始文件

图 3-30　选中 A2 和 A3 单元格

3. 将鼠标指针置于选中区域右下角处，待鼠标指针变为黑色加号(即填充柄)，如图 3-31 所示。
4. 按住鼠标左键不放向下拖动到目标单元格 A10，即可得到一串有规律的数字，如图 3-32 所示。

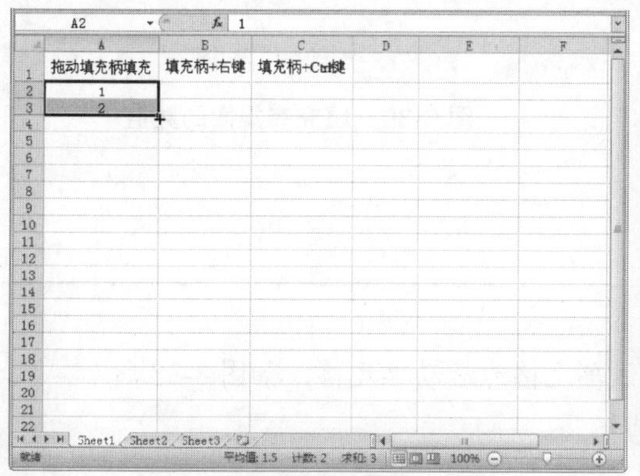

图 3-31　指针变为黑色加号

图 3-32　填充有规律的数值

跟着做 2☛ 填充柄+右键

1. 打开上一小节保存的文件，如图 3-33 所示。
2. 在活动单元格 B2 中输入序列的起始值 1，将鼠标指针置于该单元格右下角位置，待鼠标指针变为黑色加号(即填充柄)，如图 3-34 所示。
3. 使用鼠标右键向下拖动至目标单元格 B10，然后释放鼠标，从弹出的快捷菜单中选择“填充序列”命令，如图 3-35 所示。

电脑小百科

移动数据是指将某些单元格或单元格区域中的数据移至其他单元格中，原单元格中的数据将被清除。

4. 执行命令后，即可看到B2～B10单元格中填充了1～10的数据内容，如图3-36所示。

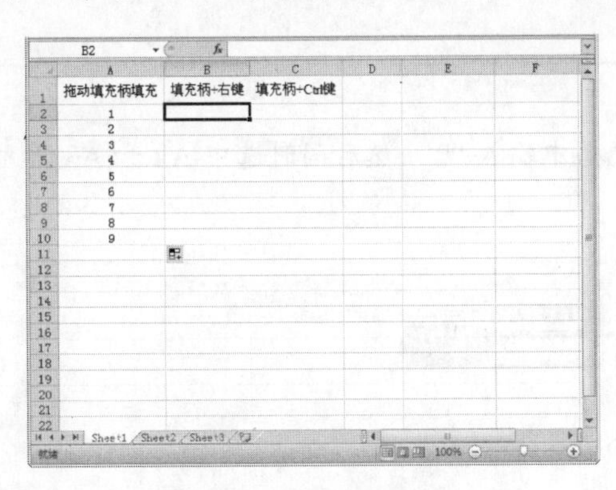

图 3-33　打开原始文件

图 3-34　待指针变为黑色加号

图 3-35　选择“填充序列”命令

图 3-36　填充有规律的数值

跟着做 3 填充柄+Ctrl 键

1. 打开上一小节保存的文件，如图3-37所示。
2. 在单元格C2中输入序列的起始值1，并保持该单元格为活动单元格，如图3-38所示。

图 3-37　打开原始文件

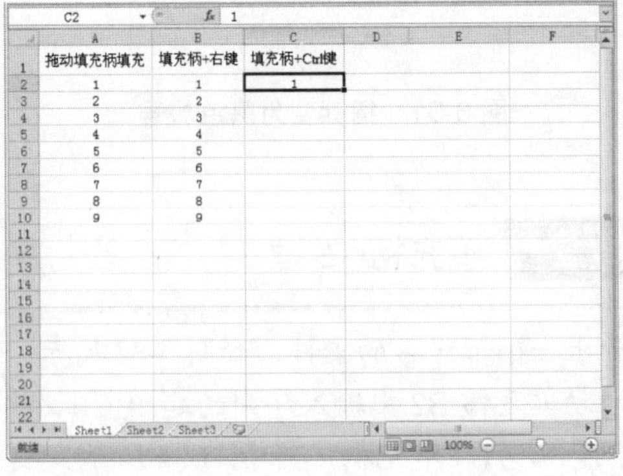

图 3-38　输入起始值

电脑小百科

对数据进行复制或剪切时，可以使用快捷键组合来完成操作，其中“复制”的快捷键为Ctrl+C，“剪切”的快捷键为Ctrl+X，而“粘贴”的快捷键为Ctrl+V，使用快捷键进行操作，将会在很大程度上提高工作效率。

3. 将鼠标指针置于该单元格右下角处，并按住 Ctrl 键，当鼠标指针变为黑色加号时(即填充柄)，保持鼠标指针的状态，如图 3-39 所示。
4. 按住鼠标左键向下拖动至目标单元格 C10，然后释放鼠标，可以填充有规律的数据内容，如图 3-40 所示。

知识补充

使用填充柄填充数据内容，同样适用于“行”的方向，并且可以选中多行或多列同时填充。

图 3-39　选中单元格

图 3-40　填充有规律的数值

3.2.3　自动填充选项功能的使用

除了常用的数据输入方式以外，如果数据本身包括某些顺序上的关联特性，那么还可以使用 Excel 2010 所提供的自动填充功能进行快速的批量录入数据，使用自动填充选项功能更改选定内容的步骤如下。

1. 打开原始文件 3.2.3.xlsx，在单元格 31 中输入序列的起始数据 2010-8-1，并保持该单元格为活动单元格，将鼠标指针置于该单元格右下角位置，使用鼠标右键向下拖动填充柄，至目标单元格 E9，然后释放鼠标，从弹出的快捷菜单中选择“以月填充”命令，如图 3-41 所示。
2. 执行命令后，即可看到 E3～E9 单元格中填充了以月填充的数据内容，如图 3-42 所示。

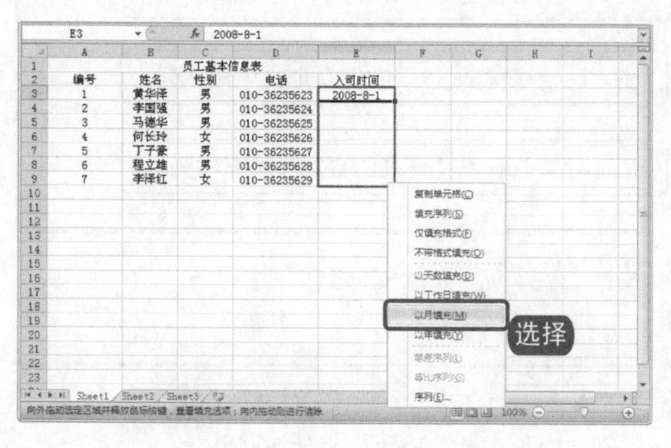

图 3-41　选择“以月填充”命令

图 3-42　填充数据

电脑小百科

通常我们在输入数据时，按 Enter 键，光标就会转到其他的单元格中去，所以必须按下 Alt+Enter 组合键，则会形成单元格分行效果。

老师的话

要使用自动填充功能，需要确保单元格拖放功能已经被启用。默认情况下该功能处于启用状态，如果未被启用，那么可通过如下操作方法启用该功能：①选择“文件”选项下的“选项”命令，打开“Excel 选项”对话框；②在“高级”选项卡下的“编辑选项”区域中，选中“启用填充柄和单元格拖放功能”复选框，如下图所示；③单击“确定”按钮完成设置。此时，自动填充功能才可以通过拖放单元格来实现。

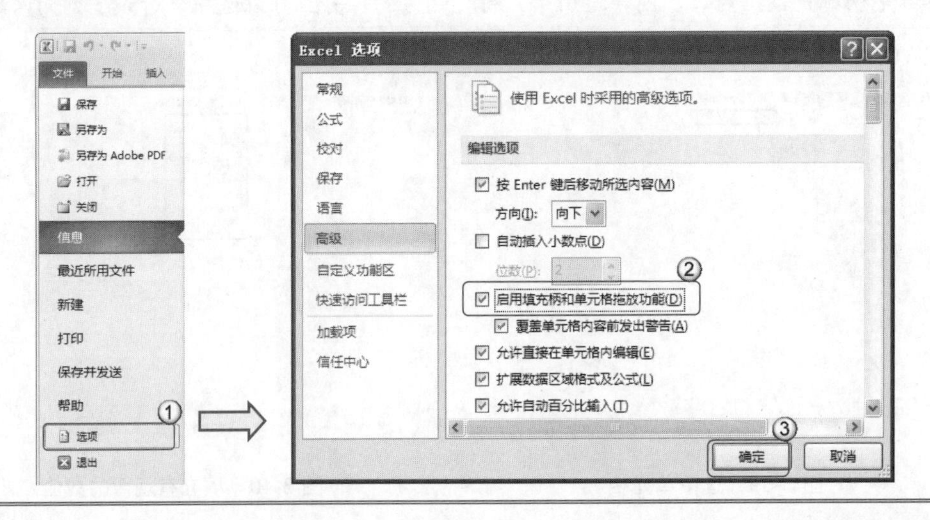

3.2.4 自定义填充序列

使用自定义填充序列填充数据，能简化特定数据序列(例如姓名或销售区域的列表)的输入操作，可以基于工作表上的现有项目列表来创建自定义填充序列。虽然用户不能编辑或删除内置的填充序列，但是可以编辑或删除自定义填充序列。

操作分析

在工作表中修改数据的方法有以下两种。

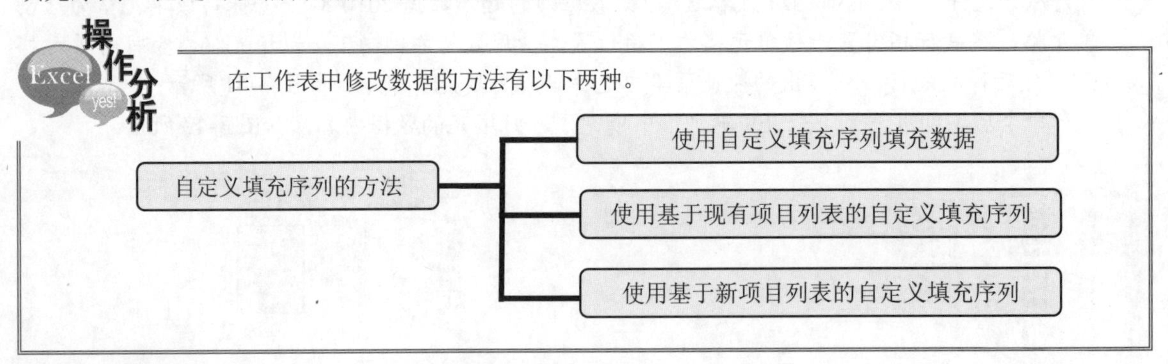

跟着做 1 使用自定义填充序列填充数据

自定义填充序列只能包含文本或与数字混合的文本。对于仅包含数字(如 0～100)的自定义序列，用户必须首先创建格式，将其设置为文本的数字序列，具体操作方法如下。

❶ 打开原始文件 3.2.4.xlsx，在 A1 和 A2 单元格中分别输入 10、15，再选中 A1:A10 单元格区域，

电脑小百科

Excel 只将选定区域左上角的数据放入合并所得到的合并单元格中。

如图 3-43 所示。

2. 单击“开始”选项卡下的“编辑”组中的“填充”下拉按钮，从弹出的下拉列表中选择“系列”命令，如图 3-44 所示。

图 3-43　选中需要设置的目标单元格区域

图 3-44　选择“系列”命令

3. 弹出“序列”对话框，在该对话框中设置序列产生的位置以及类型，在此默认“步长值”为 5，如图 3-45 所示。
4. 设置完成后，单击“确定”按钮，返回到工作表中，系统已经自动填充完序列数据，如图 3-46 所示。

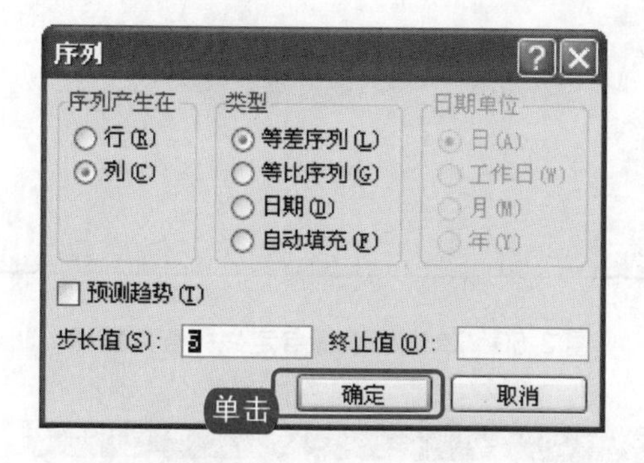

图 3-45　“序列”对话框

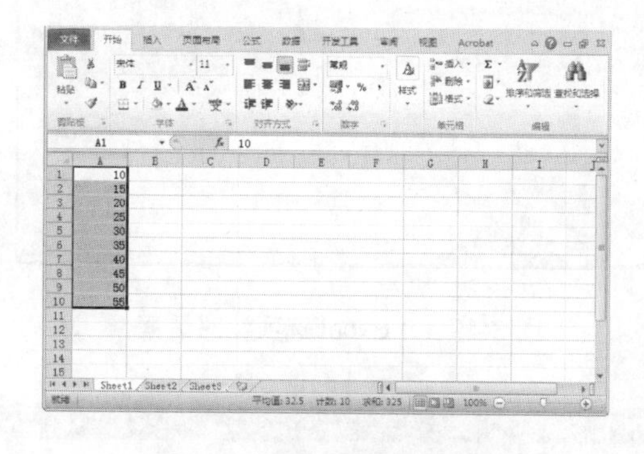

图 3-46　设置完成后的效果

跟着做 2　使用基于现有项目列表的自定义填充序列

1. 打开原始文件 3.2.4.1.xlsx，如图 3-47 所示。
2. 单击“文件”选项卡，在下拉列表中单击“选项”命令，如图 3-48 所示。
3. 弹出“Excel 选项”对话框，如图 3-49 所示。
4. 选择“高级”选项卡，然后在“常规”区域中单击“编辑自定义列表”按钮，如图 3-50 所示。
5. 弹出“自定义序列”对话框，在“从单元格中导入序列”文本框中输入单元格地址$A$1:$F$1，如图 3-51 所示。
6. 单击“导入”按钮，则所选区域中的字段项将添加到“输入序列”列表框中，如图 3-52 所示。

要将区域中的所有数据都包括到合并后的单元格中，就必须将它们复制到区域内的左上角单元格中。

7 单击“确定”按钮，返回到“Excel选项”对话框，再次单击“确定”按钮，返回到工作表中。

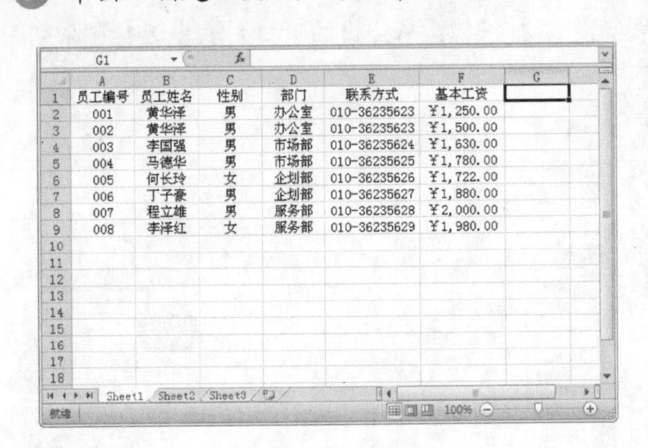

员工编号	员工姓名	性别	部门	联系方式	基本工资
001	黄华泽	男	办公室	010-36235623	¥1,250.00
002	黄华泽	男	办公室	010-36235623	¥1,500.00
003	李国强	男	市场部	010-36235624	¥1,630.00
004	马德华	男	市场部	010-36235625	¥1,780.00
005	何长玲	女	企划部	010-36235626	¥1,722.00
006	丁子豪	男	企划部	010-36235627	¥1,880.00
007	程立雄	男	服务部	010-36235628	¥2,000.00
008	李泽红	女	服务部	010-36235629	¥1,980.00

图 3-47 打开工作表

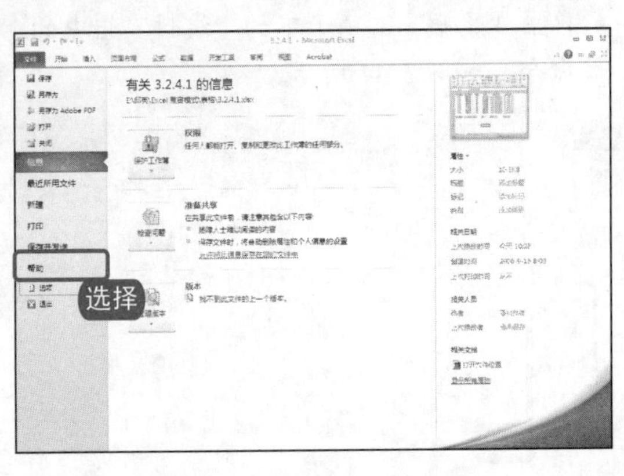

图 3-48 选择“选项”命令

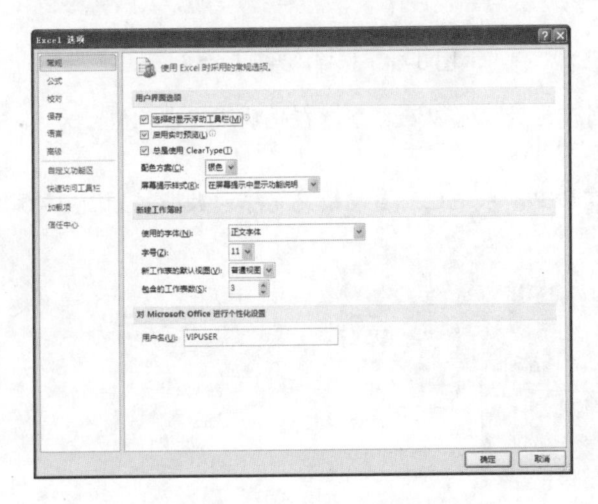

图 3-49 “Excel 选项”对话框

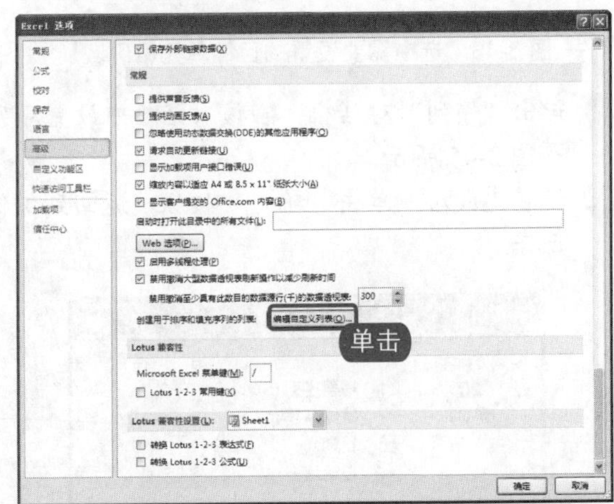

图 3-50 单击“编辑自定义列表”按钮

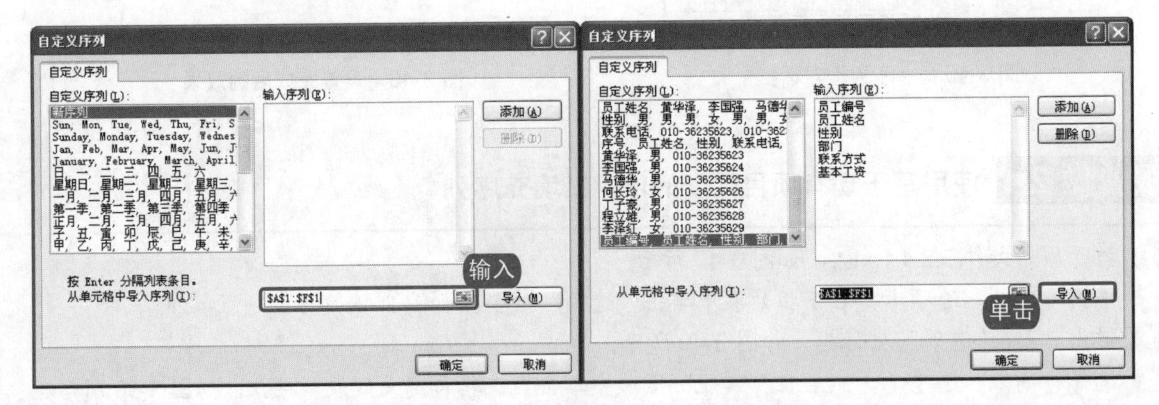

图 3-51 输入单元格地址

图 3-52 单击“导入”按钮

8 选中任意单元格，然后输入自定义填充序列中要在列表开头使用的项目，如图 3-53 所示。

9 拖动填充柄，使其经过要填充的单元格，即可填充刚才自定义的序列，如图 3-54 所示。

电脑小百科

只有单元格中的值满足条件或是公式返回逻辑值为真时，Excel 才应用选定格式。

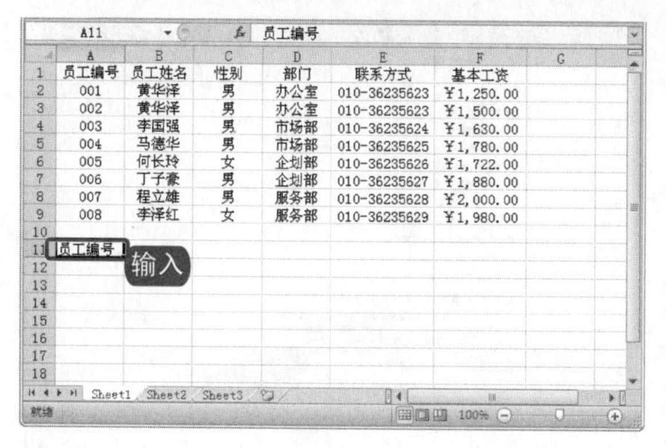

图 3-53 输入新定义的序列

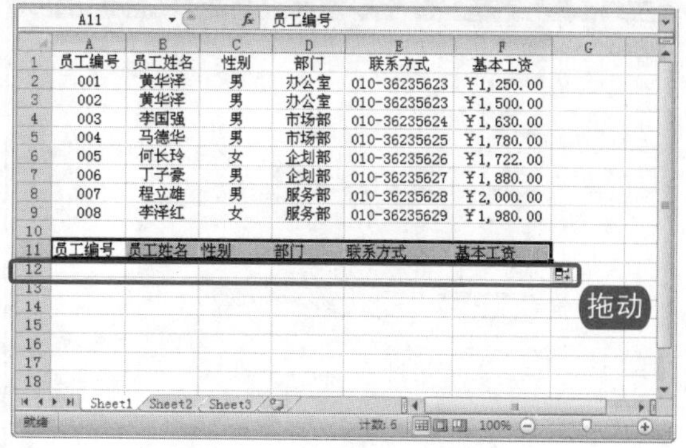

图 3-54 填充序列效果

跟着做 3☛ 使用基于新项目列表的自定义填充序列

❶ 打开原始文件 3.2.4.2.xlsx，如图 3-55 所示。

❷ 单击“文件”选项卡，在下拉列表中选择“选项”命令，如图 3-56 所示。

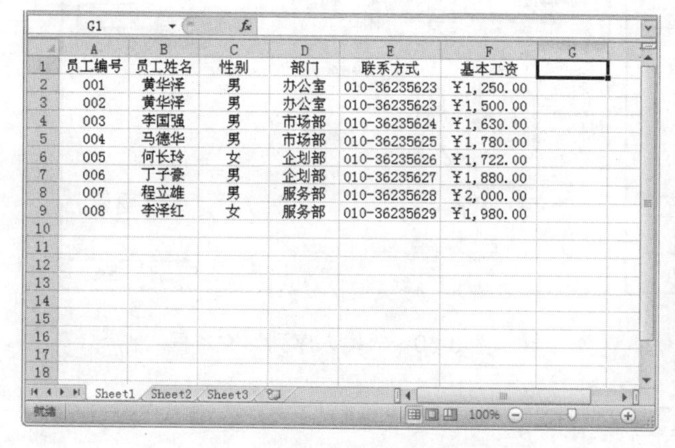

图 3-55 打开工作表

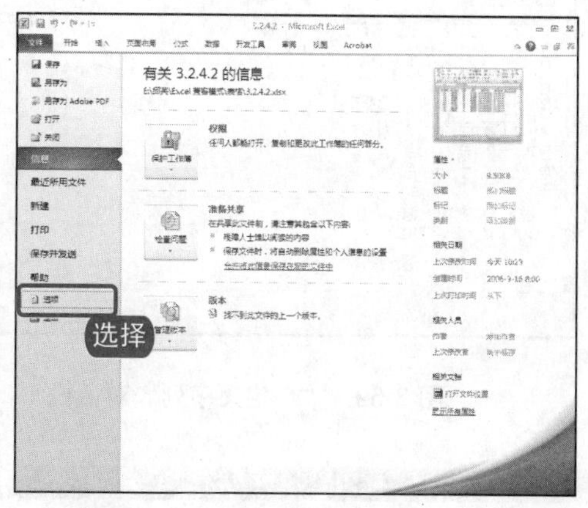

图 3-56 选择“选项”命令

❸ 弹出“Excel 选项”对话框，如图 3-57 所示。

❹ 选择“高级”选项卡，然后在“常规”区域中单击“编辑自定义列表”按钮，如图 3-58 所示。

❺ 弹出“自定义序列”对话框，在“自定义序列”列表框中选择“新序列”选项，然后在“输入序列”文本框中按顺序依次键入各个条目，在输入每个条目后按 Enter 键确认，可换行输入下一条目，如图 3-59 所示。

❻ 输入完成后，单击“添加”按钮，如图 3-60 所示。

❼ 此时，所输入的字段项将添加到“自定义序列”列表框中，如图 3-61 所示。

❽ 单击“确定”按钮，再次单击“确定”按钮，返回工作表。

❾ 单击 A12 单元格，然后输入自定义填充序列中要在列表开头使用的项目，如图 3-62 所示。

电脑小百科

空值即单元格不包含任何数据，与包含一个或多个空格(空格为文本)的单元格是不同的。

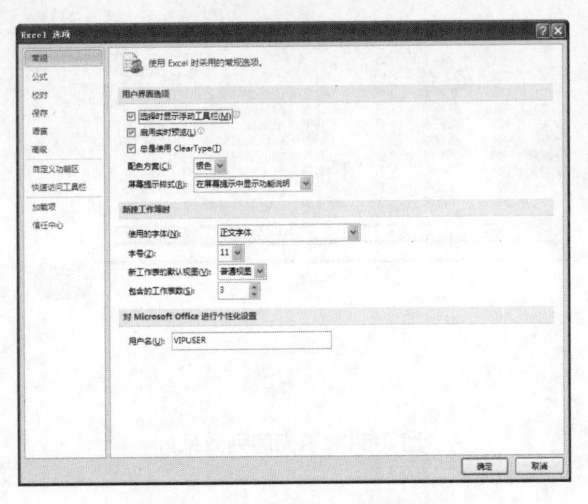

图 3-57 “Excel 选项”对话框

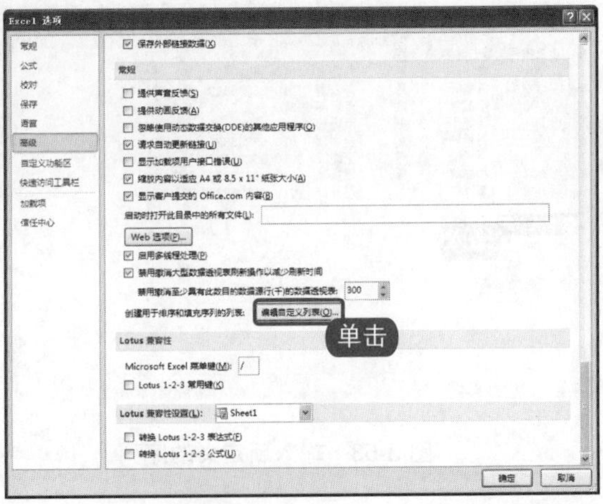

图 3-58 单击“编辑自定义列表”按钮

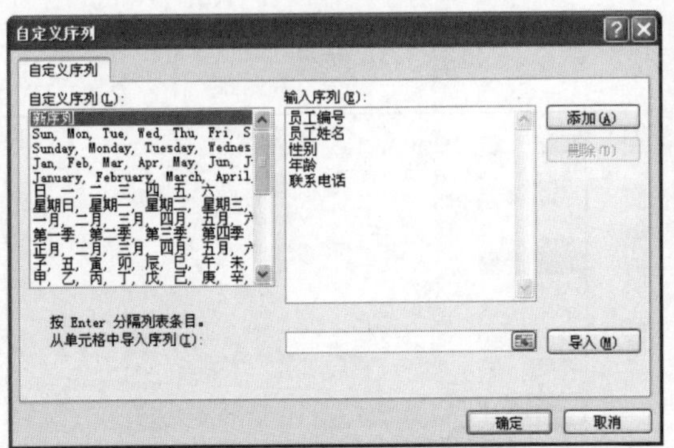

图 3-59 “自定义序列”对话框

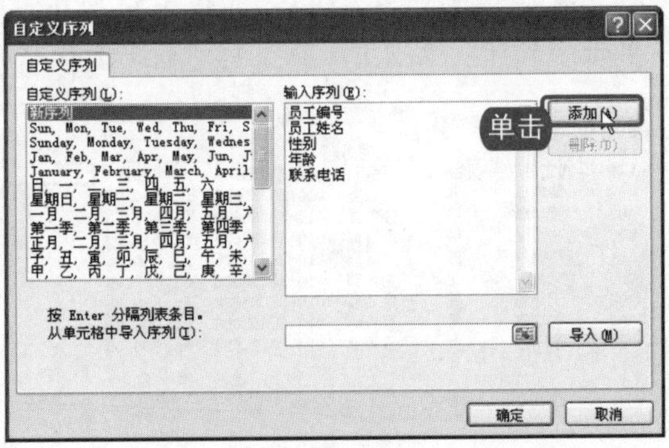

图 3-60 “输入序列”文本框

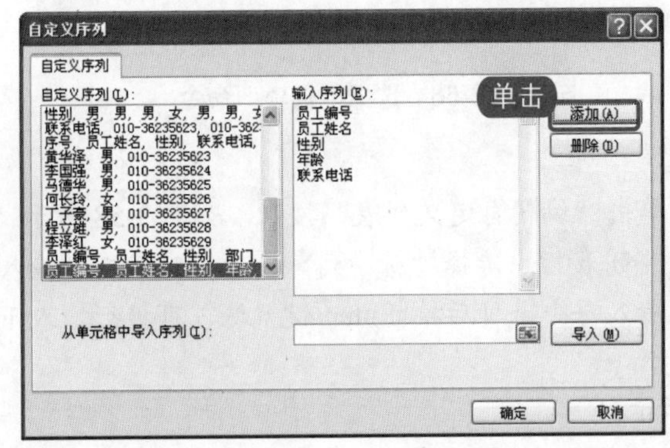

图 3-61 添加到“自定义序列”列表框

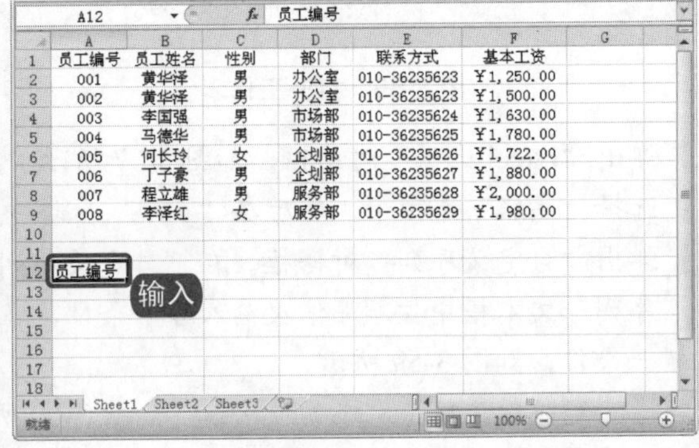

	A	B	C	D	E	F	G
1	员工编号	员工姓名	性别	部门	联系方式	基本工资	
2	001	黄华泽	男	办公室	010-36235623	￥1,250.00	
3	002	黄华泽	男	办公室	010-36235623	￥1,500.00	
4	003	李国强	男	市场部	010-36235624	￥1,630.00	
5	004	马德华	男	市场部	010-36235625	￥1,780.00	
6	005	何长玲	女	企划部	010-36235626	￥1,722.00	
7	006	丁子豪	男	企划部	010-36235627	￥1,880.00	
8	007	程立雄	男	服务部	010-36235628	￥2,000.00	
9	008	李泽红	女	服务部	010-36235629	￥1,980.00	
12	员工编号						

图 3-62 输入数据

10 拖动填充柄使其经过要填充的单元格，如图 3-63 所示。

最常见的求和函数，可直接利用工具栏上的 Σ 图标直接交互式输入。

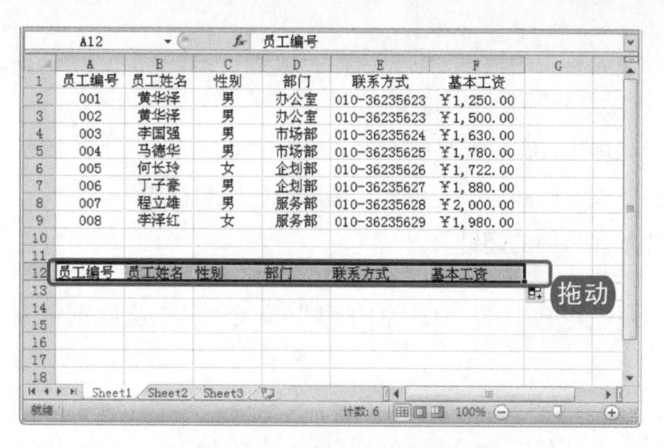

	A	B	C	D	E	F
1	员工编号	员工姓名	性别	部门	联系方式	基本工资
2	001	黄华泽	男	办公室	010-36235623	￥1,250.00
3	002	黄华泽	男	办公室	010-36235623	￥1,500.00
4	003	李国强	男	市场部	010-36235624	￥1,630.00
5	004	马德华	男	市场部	010-36235625	￥1,780.00
6	005	何长玲	女	企划部	010-36235626	￥1,722.00
7	006	丁子豪	男	企划部	010-36235627	￥1,880.00
8	007	程立雄	男	服务部	010-36235628	￥2,000.00
9	008	李泽红	女	服务部	010-36235629	￥1,980.00
12	员工编号	员工姓名	性别	部门	联系方式	基本工资

图 3-63　设置完成后的效果

3.3　编辑数据

Excel 中的数据可分为两大类，即文本型数据和数值型数据。对工作表中数据的编辑主要包括修改和删除数据、移动和复制数据、查找和替换数据等。

书盘互动指导

示例	在光盘中的位置	书盘互动情况
	3.3　编辑数据 3.3.1　修改与删除数据 3.3.2　移动与复制数据 3.3.3　使用“粘贴选项”按钮粘贴内容 3.3.4　使用“选择性粘贴”对话框粘贴内容 3.3.5　为数据应用数字格式 3.3.6　查找和替换数据 3.3.7　设置数据的有效性	本节主要带领读者学习编辑数据的基本操作，在光盘 3.3 节中有相关内容的操作视频，还特别针对本节内容设置了具体的实例分析。 读者可以在阅读本节内容后再学习光盘内容，以达到巩固和提升的效果。

3.3.1　修改与删除数据

修改单元格中数据的方法很简单，直接选中要修改数据的单元格对其进行修改即可，对于某些不需要的数据，如果用户想要将其删除，那么可以在选中单元格后按 Delete 键将其删除。

操作分析

使用 Delete 键删除单元格中的内容，只能将单元格中包含的数据删除，如果用户想要删除单元格中的格式、批注等内容，那么就需要在选定目标单元格后，单击“开始”选项卡下“编辑”组中的“清除”下拉按钮，从弹出的下拉菜单中选择相应的命令选项，其中列出了 6 个选项，用户可以根据自己的需要选择任意一种清除方式，它们各自的含义如下。

- 全部清除：清除单元格中的所有内容，包括数据、格式、批注等。
- 清除格式：只清除格式，保留其他内容。

电脑小百科

对于其他函数，可利用工具栏上的 *fx* 图标，在 Excel 引导下，进行交互式输入，实现函数粘贴。

- 清除内容：只清除单元格中的数据，包括文本、数值、公式等，保留其他。
- 清除批注：只清除单元格中附加的批注。
- 清除超链接：选择该选项，在单元格中弹出“清除超链接选项”下拉按钮，单击下拉按钮，用户在下拉列表中可以选择“仅清除超链接”或者“清除超链接和格式”。
- 删除超链接：清除单元格中的超链接。

下面使用“清除”下拉菜单中的“清除内容”命令来完成数据的删除操作，具体操作方法如下。

1. 打开原始文件 3.3.1.xlsx，选中需要删除数据的单元格，如图 3-64 所示。
2. 在“开始”选项卡下的“编辑”组中，单击 “清除”按钮，从弹出的下拉列表中选择“清除内容”命令，如图 3-65 所示。

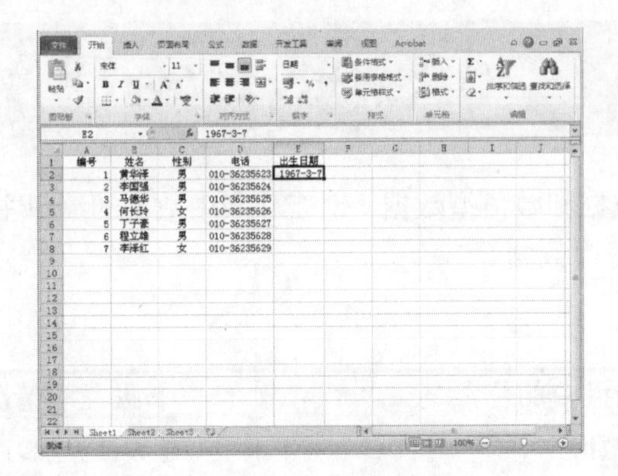

图 3-64　选择需要删除数据的单元格

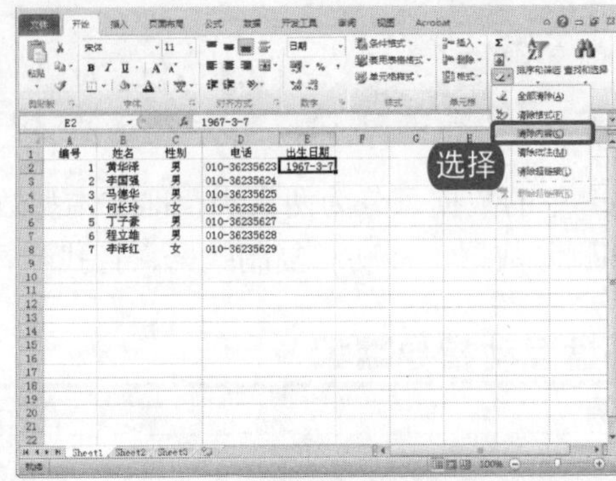

图 3-65　选择“清除内容”命令

3. 此时目标单元格中的数据已经删除，如图 3-66 所示。

知识补充

选择鼠标右键菜单中的“清除内容”并不等同于“删除单元格”操作。删除单元格后虽然也能彻底清除单元格或者区域中所包含的一切内容，但是它的操作会引起整个表格结构的变化。

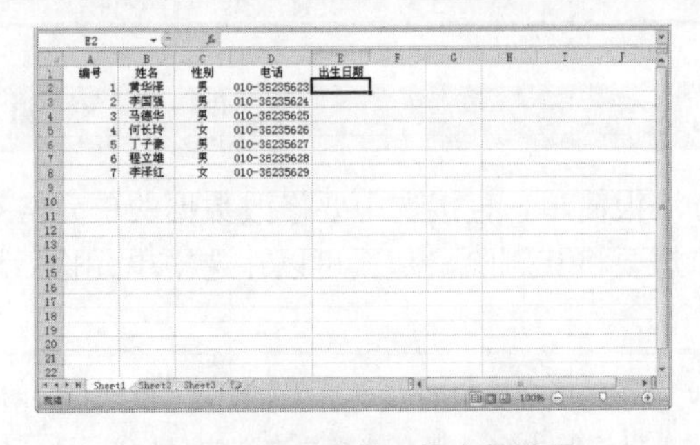

图 3-66　删除单元格中的数据

3.3.2 移动与复制数据

移动、复制和粘贴数据是在编辑工作表的过程中经常用到的操作。移动操作可以将数据从一

电脑小百科

常量是指在运算过程中自身不会改变的值。

个位置移动到另一个位置，复制粘贴操作可以帮助用户快速地在多个单元格中输入相同的内容。

在工作表中对数据进行移动与复制是很常用的操作，通常用户会使用功能区的相应命令进行操作，如果想提高工作效率，那么可以使用相应的快捷键来操作。

选择需要移动或复制的单元格后，有以下 3 种方法可以进行移动与复制操作。

- 在“开始”选项卡下的“剪贴板”组中，单击“剪切”或“复制”按钮。
- 右击选中的单元格，从弹出的快捷菜单中选择“剪切”或“复制”命令。
- 使用 Ctrl + X 快捷键剪切数据，按 Ctrl + C 快捷键复制数据。

跟着做 1☛　通过“剪切”命令完成数据的移动

1. 打开原始文件 3.3.2.xlsx，选中需要移动的单元格，如图 3-67 所示。
2. 在“开始”选项卡下的“剪贴板”组中单击“剪切”按钮，如图 3-68 所示。

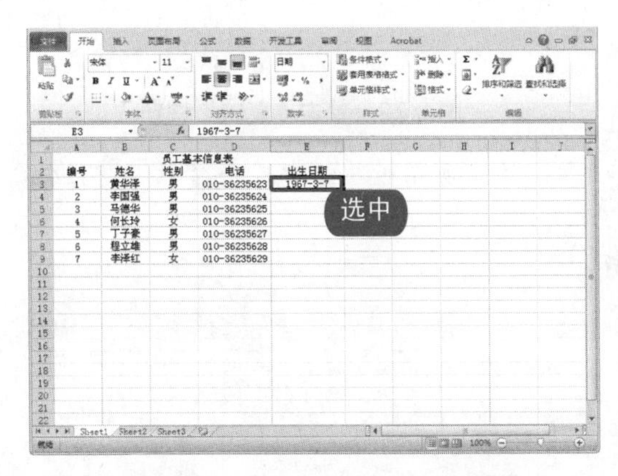

图 3-67　选择需移动的数据单元格

图 3-68　单击“剪切”按钮

3. 选中数据需要移动到的目标单元格，在“开始”选项卡下的“剪贴板”组中单击“粘贴”按钮，如图 3-69 所示。
4. 即可将数据移动到目标单元格，如图 3-70 所示。

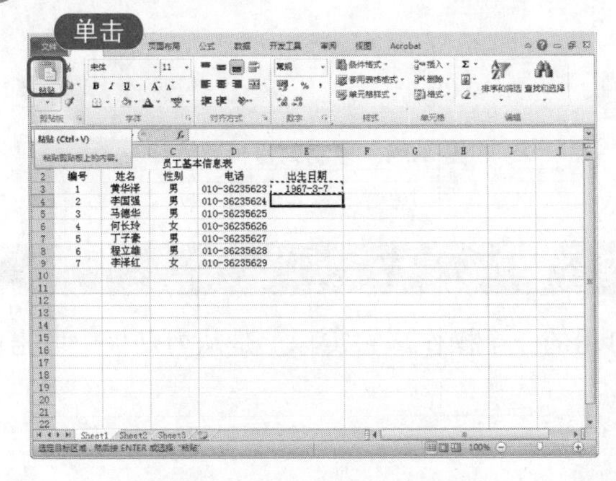

图 3-69　单击“粘贴”按钮

图 3-70　移动到目标单元格

电脑小百科

在 Excel 公式中，当直接输入成对的“半角双引号”时，称为“空文本”，表示文本里什么也没有，其字符长度为 0。

跟着做 2☛ 通过“复制”命令完成数据的复制

1. 打开上一小节保存的文件，单击需要复制的数据单元格，如图 3-71 所示。
2. 单击“开始”选项卡下的“剪贴板”组中的“复制”按钮，如图 3-72 所示。

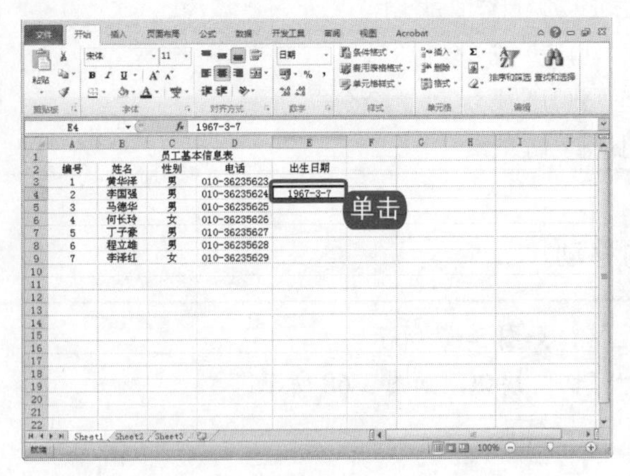

图 3-71 选择需要复制的数据单元格

图 3-72 单击“复制”按钮

3. 选择数据要粘贴到的单元格，在“开始”选项卡下的“剪贴板”组中单击“粘贴”按钮，如图 3-73 所示。
4. 即可将数据复制到目标单元格，如图 3-74 所示。

图 3-73 单击“粘贴”按钮

图 3-74 复制到目标单元格

3.3.3 使用“粘贴选项”按钮粘贴内容

粘贴操作是在执行剪切或复制命令之后才可用的一个操作。它实际上是从剪贴板中取出内容，并将其放到目标区域中。

电脑小百科

当单元格中未曾输入任何数据或公式，或者单元格内容被清空时，则称该单元格为“空单元格”。

操作分析

当用户进行复制操作之后，在目标单元格上右击，会弹出快捷菜单，在“粘贴选项”中会显示 6 个粘贴选项(粘贴、值、公式、转置、格式、粘贴链接)，当指针停留在相关选项位置上时，会显示粘贴选项的名称，还会在表格中出现相应的预览样式。该粘贴选项与“选择性粘贴”对话框中的选项相同，其含义请参阅 3.3.4 小节。

下面以粘贴数据“值”为例进行讲解，具体操作步骤如下。

1. 打开原始文件 3.3.3.xlsx，选中需要复制的数据单元格，如图 3-75 所示。
2. 单击“开始”选项卡下的“剪贴板”组中的“复制”下拉按钮，如图 3-76 所示。

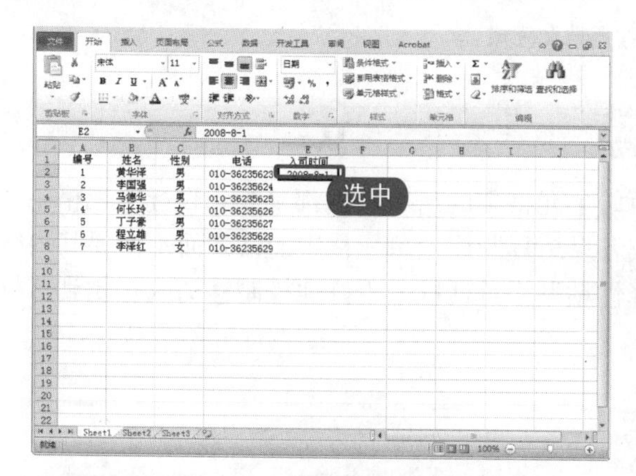

图 3-75　选择需要复制的数据单元格

图 3-76　单击“复制”按钮

3. 选择需要粘贴的目标单元格 E3，如图 3-77 所示。
4. 单击“开始”选项卡下的“剪贴板”组中的“粘贴”下拉按钮，在弹出的下拉列表中选择“值”命令，如图 3-78 所示。

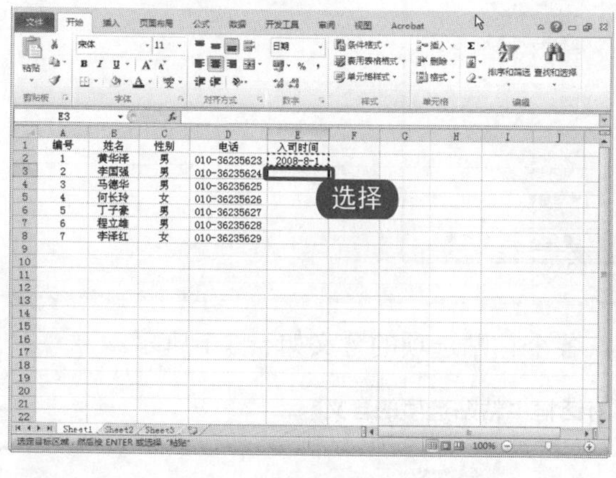

图 3-77　选择目标单元格

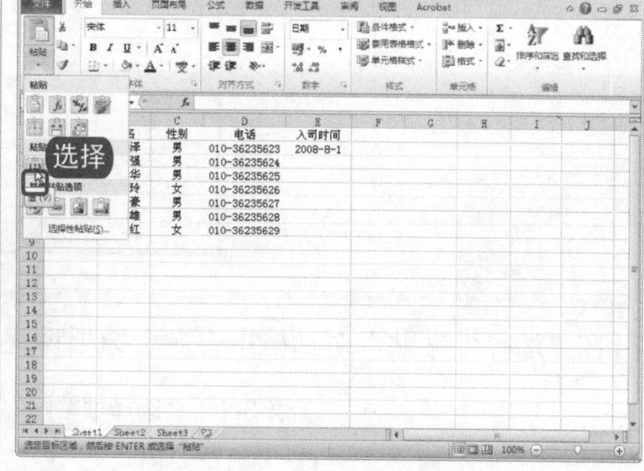

图 3-78　选择“值”命令

5. 即可将数据粘贴到目标单元格，如图 3-79 所示。

电脑小百科

COUNTIF 函数和 COUNTIFS 函数都是按一定的条件进行统计计算的函数，这两个函数中均可以使用通配符和各种运算符进行条件判断和运算，且使用效果相同。

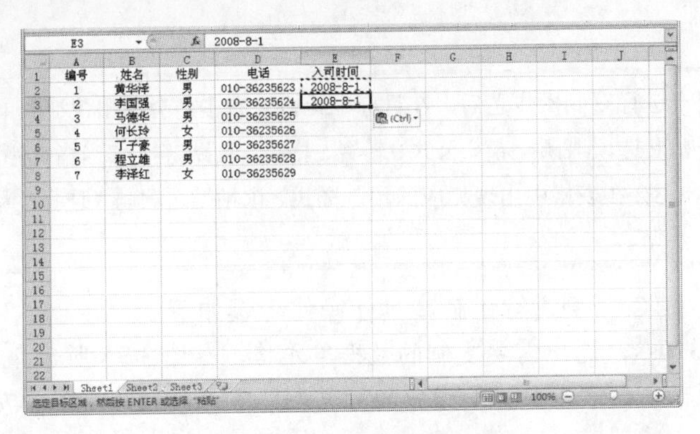

图 3-79　数据粘贴完成

3.3.4　使用“选择性粘贴”对话框粘贴内容

在进行粘贴操作时，用户有时并不希望将原始单元格中的所有数据都复制到目标单元格中，如只要复制原始单元格中的数值而不是公式，或者只想复制原始单元格中的格式而不需要其内容等，那么用户可以使用 Excel 2010 提供的“选择性粘贴”对话框来更好地控制移动或复制到目标单元格中的内容。

操作分析

打开如下图所示的“选择性粘贴”对话框。如果用户复制的内容来源于其他程序，如网页、Word 等，则会打开另一种样式的“选择性粘贴”对话框，根据用户复制的不同内容，对话框中的“方式”列表框中显示的粘贴方式也会不同。

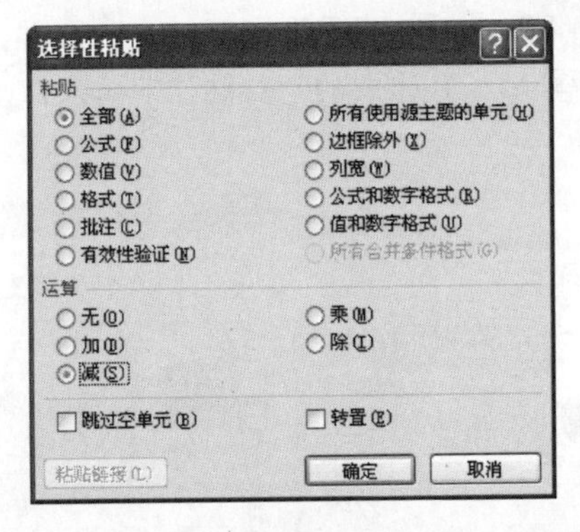

在“选择性粘贴”对话框中有多个选项设置，各个粘贴选项的含义如表 3-1 所示。

表 3-1　“选择性粘贴”对话框中粘贴选项的含义

粘贴选项	含　义
全部	粘贴源单元格或区域中的全部复制内容，包括数据(包括公式)、单元格中的所有格式(包括条件格式)、数据有效性以及单元格的批注。此选项为默认的常规粘贴方式

电脑小百科

自动填充功能是 Excel 的一项特殊功能，利用该功能可以将一些在规律的数据或公式方便快速地填充到需要的单元格中，从而减少重复操作，提高工作效率。

续表

粘贴选项	含　义
公式	粘贴所有数据(包括公式)，不保留格式、批注等内容
数值	粘贴数值、文本及公式运算结果，不保留公式、格式、批注、数据等内容
格式	只粘贴所有格式(包括条件格式)，而不在粘贴目标区域中粘贴任何数值、文本和公式，也不保留批注、数据有效性等内容
批注	只粘贴批注，不保留其他任何数据内容和格式
有效性验证	只粘贴数据有效性的设置内容，不保留其他任何数据内容和格式
所有使用源主题的单元	粘贴所有内容，并且使用源区域的主题。一般在跨工作簿复制数据时，如果两个工作簿使用的主题不同，那么可以使用此项
边框除外	保留粘贴内容的所有数据(包括公式)、格式(包括条件格式)、数据有效性以及单元格的批注，但不包含单元格边框的格式设置
列宽	仅将粘贴目标单元格区域的列宽设置成与源单元格列宽相同，但不保留任何其他内容(注意此选项与“粘贴”下拉按钮中的下拉列表中的“保留源列宽”选项的功能有所不同)
公式和数字格式	粘贴时保留数据内容(包括公式)以及原有的数字格式，而去除原来所包含的文本格式(如字体、边框、底色填充等格式设置)
值和数字格式	粘贴时保留数值、文本、公式运算结果以及原有的数字格式，而去除原来所包含的文本格式(如字体、边框、底色填充等格式设置)，也不保留公式本身
所有合并条件格式	合并源区域与目标区域中的所有条件格式

跟着做 1　粘贴网页中的内容

❶ 打开原始文件 3.3.4.xlsx，然后打开“粘贴网页中的内容”工作表，如图 3-80 所示。

❷ 切换到网络页面中，选择需要复制的文字，按组合键 Ctrl + C，复制文字，如图 3-81 所示。

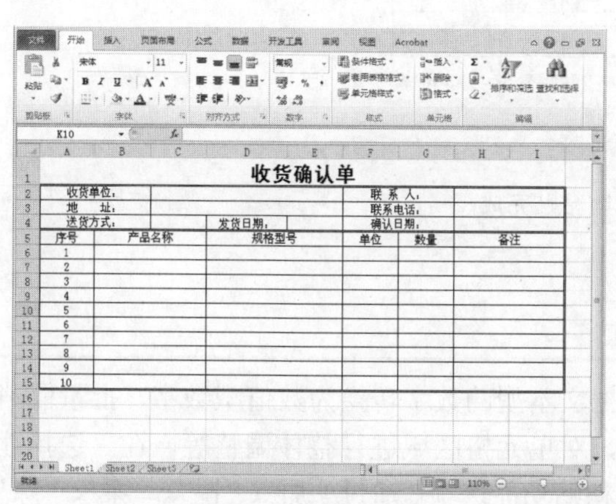

图 3-80　打开“粘贴网页中的内容”工作表

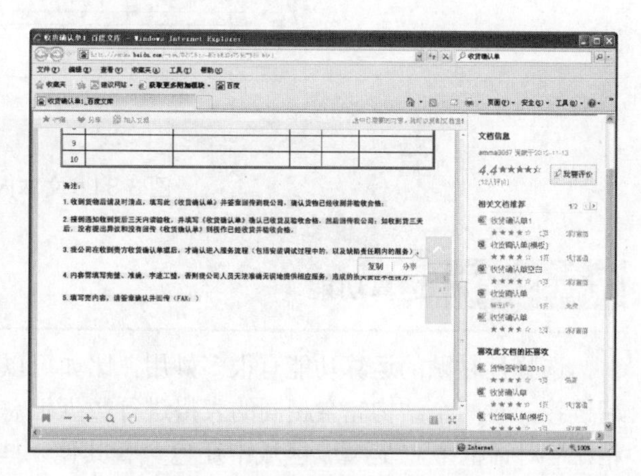

图 3-81　选择需要复制的文字

❸ 切换到“粘贴网页中的内容”工作表，选择一个空白单元格 A17，单击“开始”选项卡下的“剪贴板”组中的“粘贴”下拉按钮，在弹出的下拉列表中选择“选择性粘贴”命令，如图 3-82

纵向填充序列和横向填充序列方法一样，选中目标单元格，向下拖动填充句柄即可。

所示。

4 弹出“选择性粘贴”对话框，在“方式”列表框中用户可自行选择粘贴时的方式。这里选择“Unicode 文本”，单击“确定”按钮，如图 3-83 所示。

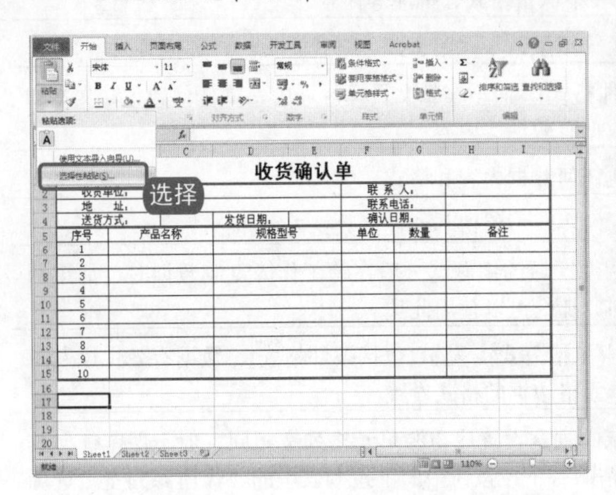

图 3-82 选择“选择性粘贴”命令

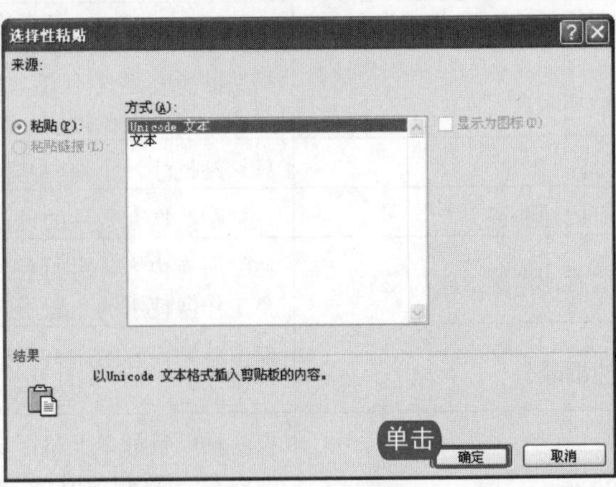

图 3-83 “选择性粘贴”对话框

5 返回到工作表中，此时，在单元格 A17 中，已经粘贴了从网页中复制的文字内容，如图 3-84 所示。

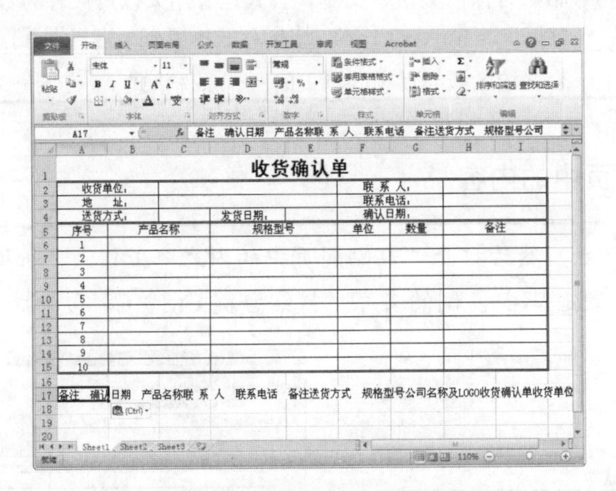

图 3-84 文本内容粘贴完成

跟着做 2 运算功能

选择性粘贴的运算功能有很多妙用，比如可以把文本型的数字转换为数值型数字，批量取消超链接，对两个结构完全相同的表格进行数据汇总，对单元格区域进行整体调整等。在“选择性粘贴”对话框中，“运算”区域中还包含着其他一些粘贴功能选项。通过“加”、“减”、“乘”、“除”4 个选项按钮，用户可以在粘贴的同时完成一次数学运算。

1 打开原始文件 3.3.4.xlsx，然后打开“运算功能”工作表，选择数据单元格 E1，按快捷键 Ctrl + C 复制，如图 3-85 所示。

2 选中 A1:D10 单元格区域，单击“开始”选项卡下的“剪贴板”组中的“粘贴”下拉按钮，在

电脑小百科

如果数值的在效性是基于已命名的单元格区域，并且在该区域中有空白单元格，则设置“忽略空值”复选框将使有效单元格中输入的值都有效。

弹出的下拉列表中选择“选择性粘贴”命令，如图 3-86 所示。

图 3-85　打开“运算功能”工作表

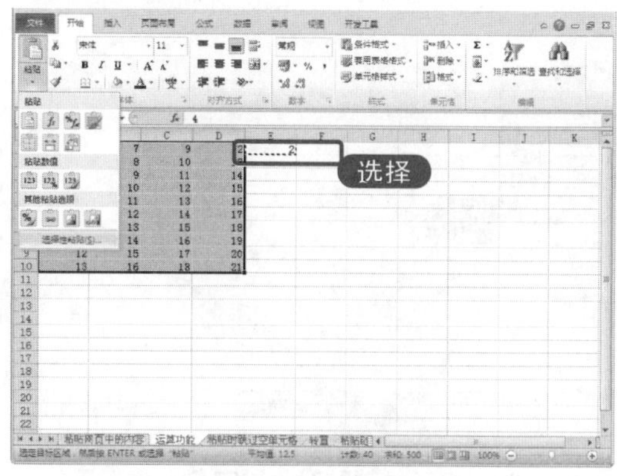

图 3-86　选择“选择性粘贴”命令

3. 弹出“选择性粘贴”对话框，选中“运算”区域中的“减”单选按钮，单击“确定”按钮，如图 3-87 所示。
4. 返回到工作表，此时，工作表中 A1:D10 单元格区域已经进行了“选择性粘贴-减”运算，如图 3-88 所示。

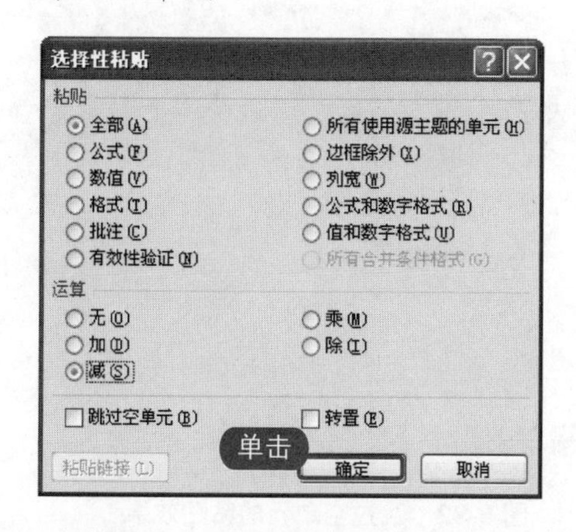

图 3-87　“选择性粘贴”对话框

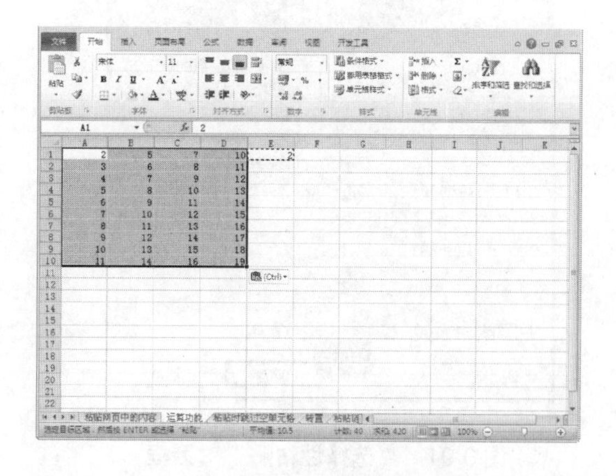

图 3-88　运算粘贴完成

跟着做 3☛　粘贴时跳过空单元格

选中“选择性粘贴”对话框中的“跳过空单元”复选框，可以防止用户将包含空单元格的源数据区域粘贴覆盖目标区域中的单元格内容。例如，当用户选定并复制的当前区域的第一行为空行时，则粘贴到目标区域时会自动跳过第一行，不会覆盖目标第一行中的数据。

1. 打开原始文件 3.3.4.xlsx，然后打开“粘贴时跳过空单元格”工作表，选择需要的单元格区域 A1:B10，按快捷键 Ctrl + C 复制，如图 3-89 所示。
2. 选择 D1:E10 单元格区域，单击“开始”选项卡下的“剪贴板”组中的“粘贴”下拉按钮，在弹出的下拉列表中选择“选择性粘贴”命令，如图 3-90 所示。

函数的返回值，即显示在单元格中的内容，也可以作为其他函的参数。

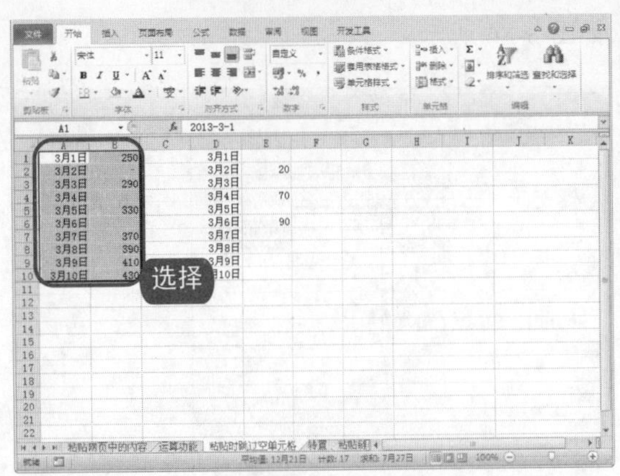

图 3-89　打开“粘贴时跳过空单元格”工作表

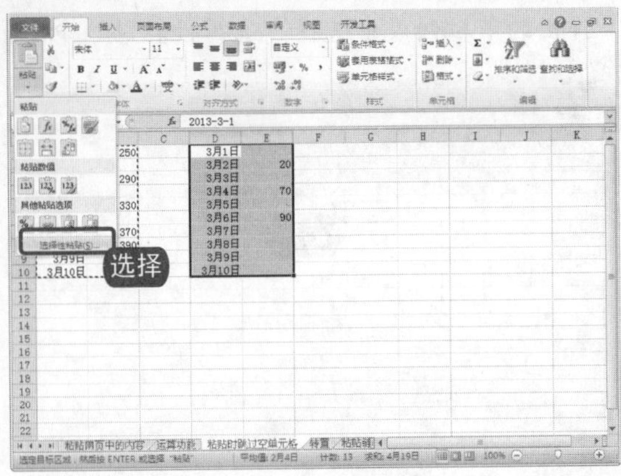

图 3-90　选择“选择性粘贴”命令

3. 弹出“选择性粘贴”对话框，选中“跳过空单元”复选框，单击“确定”按钮，如图 3-91 所示。
4. 返回到工作表中，此时，E2、E4 和 E6 单元格中原有的数字在粘贴后仍保留了下来，如图 3-92 所示。

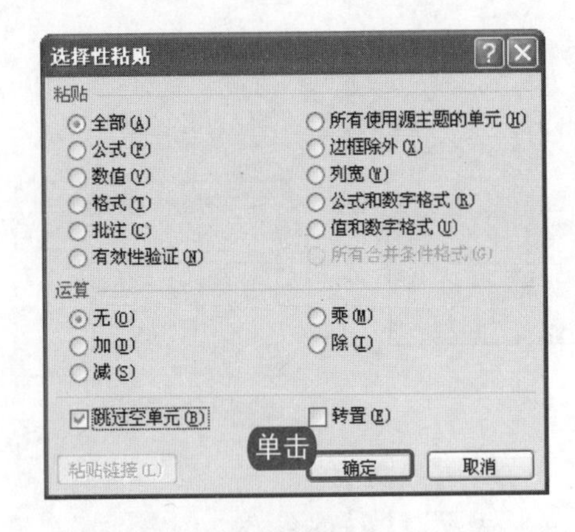

图 3-91　“选择性粘贴”对话框

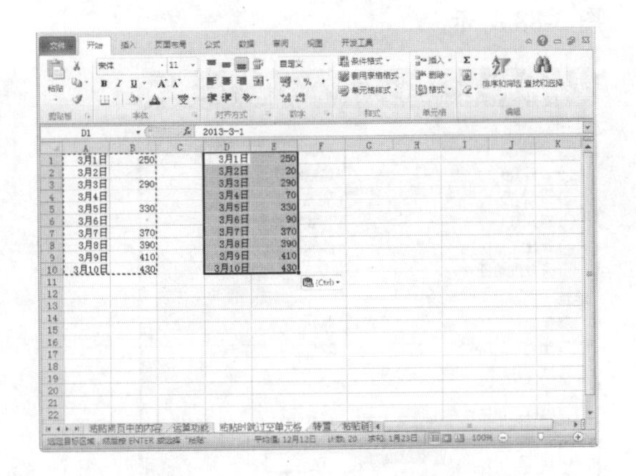

图 3-92　跳过空单元的粘贴效果

跟着做 4 转置

粘贴时选中“选择性粘贴”对话框中的“转置”复选框，可以将源数据区域的行列相对位置顺序互换后粘贴到目标区域，类似于二维坐标系统中 X 坐标与 Y 坐标的互换转置。

1. 打开原始文件 3.3.4.xlsx，然后打开“转置”工作表，选择数据单元格区域 A1:E10，按组合键 Ctrl + C 复制数据，如图 3-93 所示。
2. 选择一个空白单元格，单击“开始”选项卡下的“剪贴板”组中的“粘贴”下拉按钮，在弹出的下拉列表中选择“选择性粘贴”命令，如图 3-94 所示。
3. 弹出“选择性粘贴”对话框，选中“转置”复选框，单击“确定”按钮，如图 3-95 所示。
4. 返回到工作表中，此时，在进行行列转置粘贴后，目标区域转变为 5 行 10 列的单元格区域，其对应数据的单元格位置也发生了变化，行列的相应位置进行了互换，如图 3-96 所示。

公式中的引号，逗号，冒号等符号必须是半角下的输入字符才起作用否则可能会出现错误。

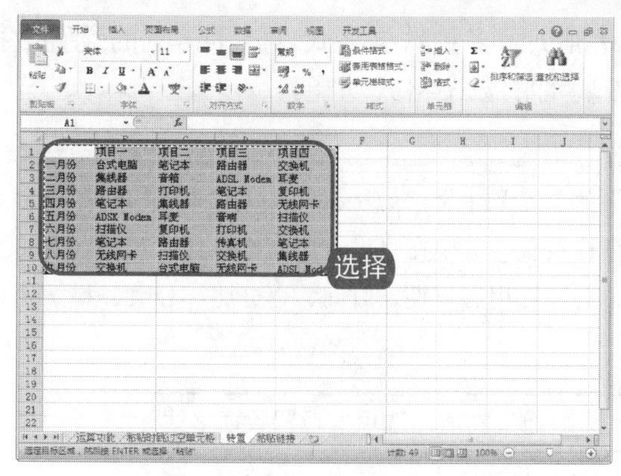

图 3-93　打开“转置”工作表

图 3-94　选择“选择性粘贴”命令

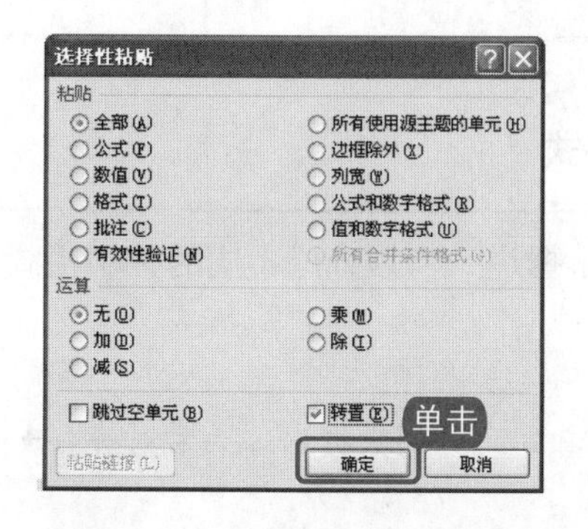

图 3-95　“选择性粘贴”对话框

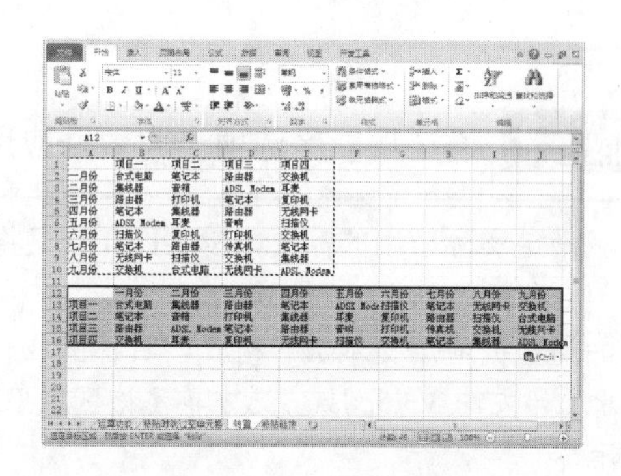

图 3-96　完成转置粘贴

老师的话

在 Excel 2010 中执行复制操作时，Excel 2010 会将数据保存在 Office 剪贴板上，并且可以通过“剪贴板”窗格将其中存储的内容显现出来。操作步骤是：①单击“开始”选项卡中的“剪贴板”组中的“对话框启动器”按钮，打开“剪贴板”窗格，如右图所示。②在“剪贴板”窗格的标题栏上，显示了当前剪贴板上所保存的内容数量。③在窗格中选中任意一项内容并单击，可以将其进行粘贴。④如果单击窗格上方的“全部粘贴”按钮，那么可将窗格中的所有内容一起粘贴到当前选定位置。⑤如果单击窗格上方的“全部清空”按钮，那么可将窗格中的所有内容清除。⑥如果用户要清除剪贴板中某个的内容，那么可以单击某项内容后的下拉箭头，在下拉列表中选择“删除”选项。

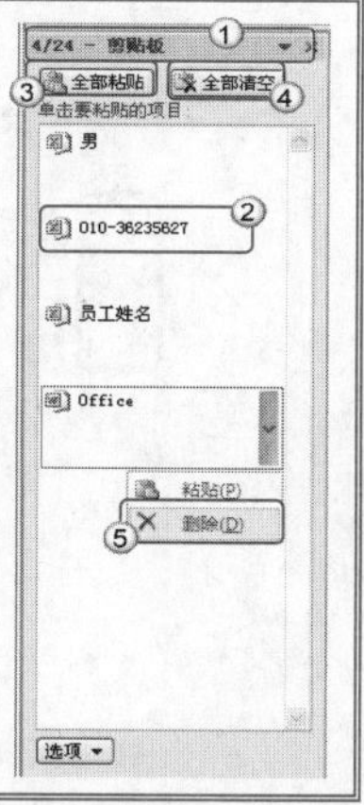

3.3.5　为数据应用数字格式

在大多数情况下，用户输入的数据是没有格式的，这样的数据内容就无法直观地展现它是一串电话号码、一个日期，还是一笔金额等。

在数组常量中，不同列的数值用逗号(,)隔开，不同行的值用分号(;)隔开。

为了帮助用户提高数据的可读性，Excel 2010 提供了多种数据格式。除了常见的设置数据格式功能外(如字体、字号)，更重要的是 Excel 2010 特有的数字格式功能。

为数据应用数字格式，可以通过“开始”选项卡下“数字格式”下拉列表中的相关命令和“设置单元格格式”对话框这两种方法进行设置，其中在“设置单元格格式”对话框中的“数字”选项卡下包括了常规、数值、货币、会计专用、日期、时间、百分比、分数、科学计数、文本、特殊和自定义 12 类数据格式。

设置数据格式方法
- 通过功能区选项卡设置数据格式
- 通过“设置单元格格式”对话框来设置

跟着做 1☛ 通过功能区选项卡为数据应用数据格式

为了满足实际应用的需要，Excel 2010 又将数值型数据进一步划分成不同的数字格式，如常规、数值、货币、日期、时间等。

下面为数据应用文本数字格式，具体的操作方法如下。

1. 打开原始文件 3.3.5.xlsx，选中单元格区域 B3:B9，可看到此时的数据内容为右对齐，如图 3-97 所示。
2. 在“开始”选项卡下的“数字”组中，单击“数字格式”下拉按钮。
3. 从弹出的下拉列表中选择“文本”命令，如图 3-98 所示。

图 3-97 选中需要设置格式的单元格区域

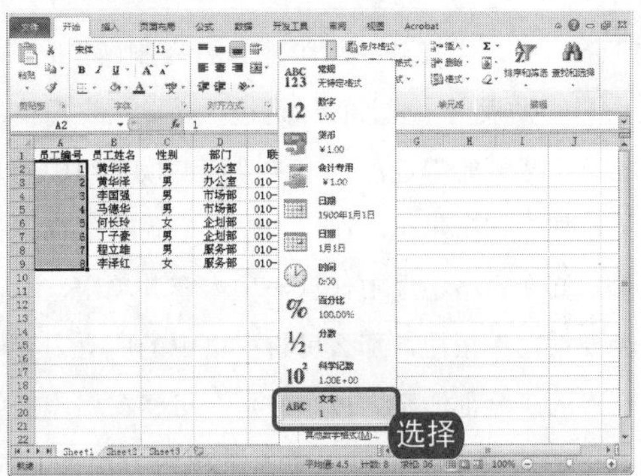

图 3-98 选择“文本”命令

4. 即可将选中区域中的数据格式更改为文本，可看到数据以左对齐方式显示，如图 3-99 所示。

知识补充

当单元格中的数据格式是数值型时，单元格数据会向右对齐，当单元格中的数据格式是文本型时，单元格数据会向左对齐。

电脑小百科

函数的语法以函数的名称开始，后面是左括号以及逗号隔开的参数和右括号。

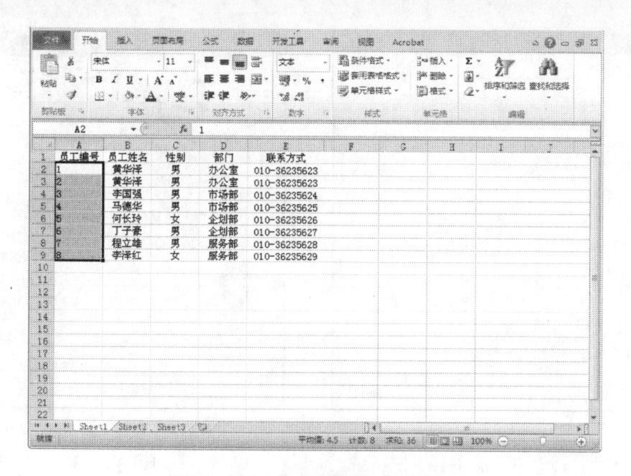

图 3-99　设置后的效果

跟着做 2☛　通过“设置单元格格式”对话框设置数据格式

下面将“员工编号”字段中的数据格式设置为“自定义”格式，具体操作方法如下。

1. 打开上一小节保存的文件，选中需要设置数据格式的单元格，A2:A9，如图 3-100 所示。
2. 在“开始”选项卡下的“单元格”组中，单击“格式”按钮。
3. 从弹出的下拉列表中选择“设置单元格格式”命令，如图 3-101 所示。

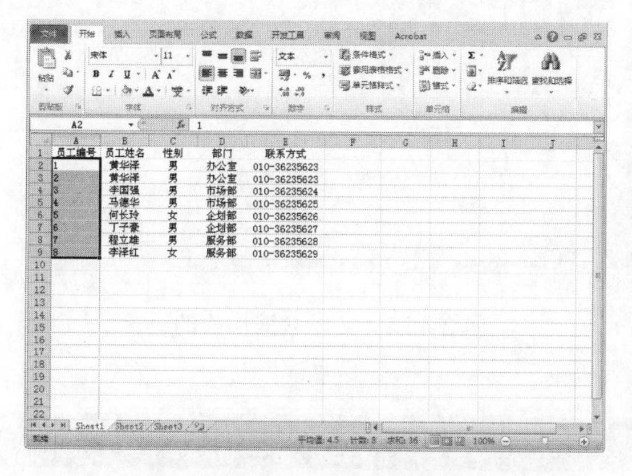

图 3-100　选中需要设置格式的数据单元格

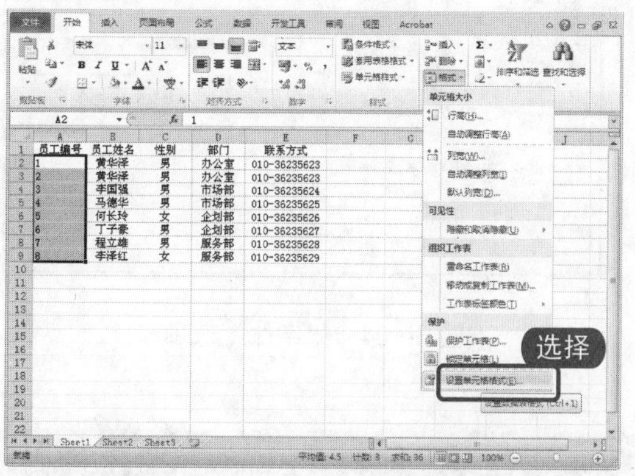

图 3-101　选择“设置单元格格式”命令

4. 弹出“设置单元格格式”对话框，在“数字”选项卡下的“分类”选项框中，选择“自定义”选项。
5. 在右侧的“类型”文本框中输入 000，在上方的“示例”中可以看到显示的是 001，如图 3-102 所示。
6. 单击“对齐”选项卡，在“文本对齐方式”区域中的“水平对齐”的下拉列表框中选择“居中”，“垂直对齐”下拉列表框中选择“居中”，另外，也可以在“文本控制”区域内设置“自动换行”、“缩小字体填充”、“合并单元格”，如图 3-103 所示。

如果函数要以公式的形式出现，必须在函数名前面输入等号。

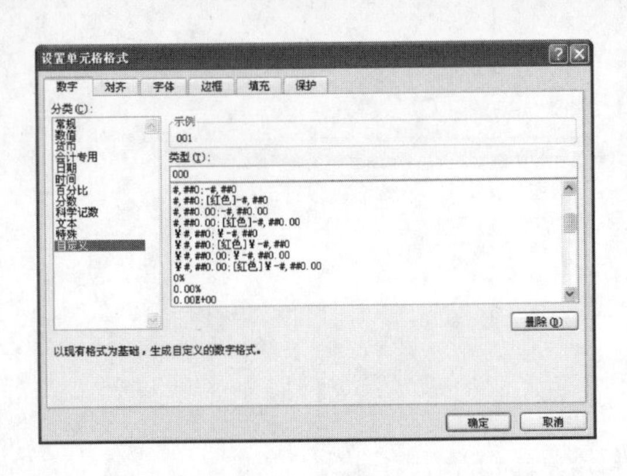

图 3-102 “数字”选项卡

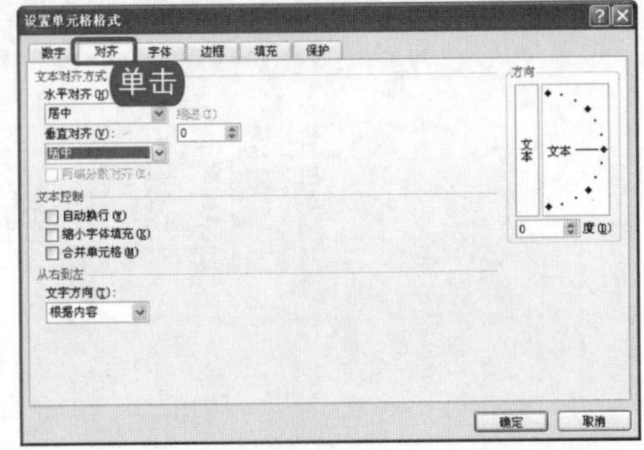

图 3-103 “对齐”选项卡

7. 单击“字体”选项卡，在这里可以设置数据的“字体”、“字号”、“下划线”、“颜色”、“特殊效果”等，此处保持默认设置，如图 3-104 所示。
8. 设置完成后，单击“确定”按钮，返回到工作表中。
9. 此时可以看到“员工编号”字段中 A2:A9 的数据格式已更改，如图 3-105 所示。

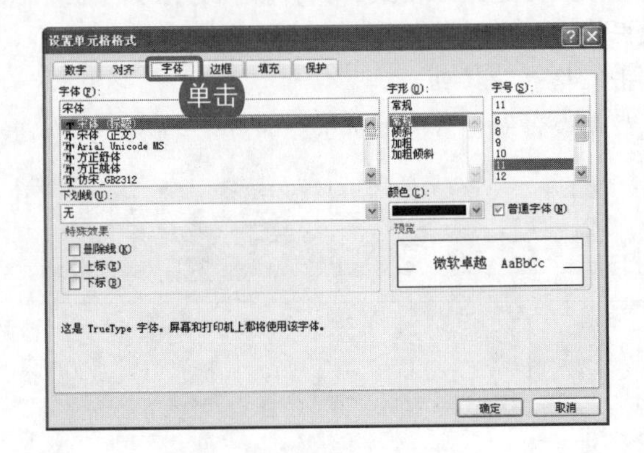

图 3-104 “字体”选项卡

图 3-105 完成数据格式的设置

3.3.6 查找和替换数据

查找和替换是 Excel 2010 中经常用到的功能，通过查找功能可以在大量的数据中快速地找到自己需要的信息，使用替换功能则可以对工作表中大量相同的数据同时替换，从而节省时间。

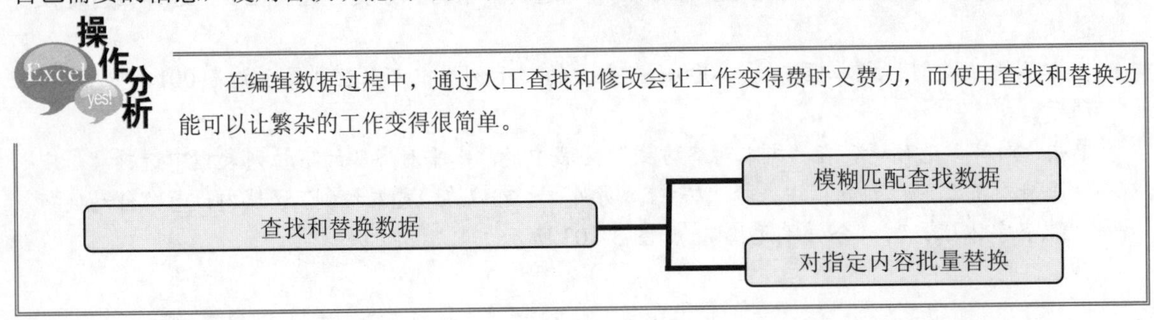

电脑小百科

当函数作为另一个函数的参数使用时，则称为函数的嵌套。

跟着做 1☛ 模糊匹配查找数据

用户常需要查找某一类有规律的数据，如以“李”开头的姓名等，具体操作方法如下。

1. 打开原始文件 3.3.6.xlsx，选中 A1:F9 单元格，单击“开始”选项卡中“编辑”组中的“查找和选择”按钮，从弹出的下拉列表中选择“查找”命令，如图 3-106 所示。
2. 弹出“查找和替换”对话框，切换到“查找”选项卡，在“查找内容”下拉列表框中输入要查找的内容“李”，如图 3-107 所示。

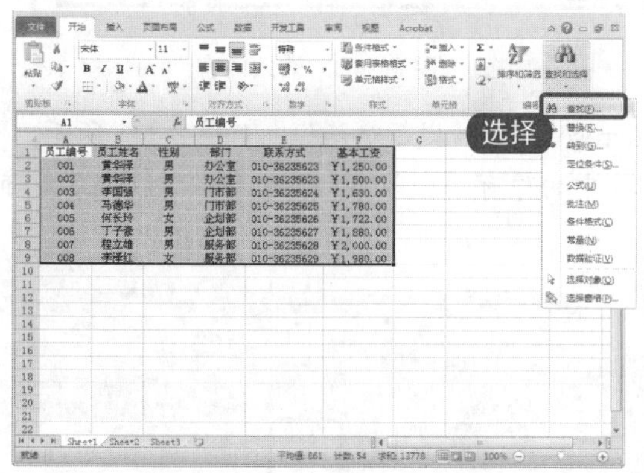

图 3-106　选择“查找”命令

图 3-107　“查找和替换”对话框

3. 设置完成后，单击“查找全部”按钮即可，如图 3-108 所示。

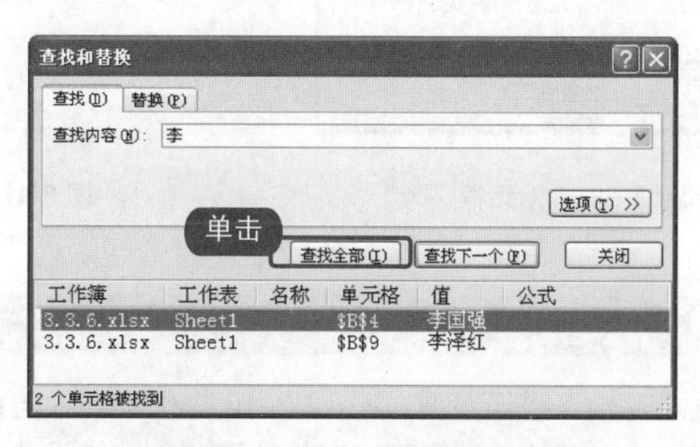

图 3-108　单击“查找全部”按钮

跟着做 2☛ 对指定内容批量替换

以“3.3.1.1 工作表”为例，将“部门”字段中的“门市部”替换成“市场部”，具体操作步骤如下。

1. 打开上一小节保存的文件，选中 C1:C9 单元格，在“开始”选项卡下的“编辑”组中，单击“查找和选择”按钮，从弹出的下拉列表中选择“替换”命令，如图 3-109 所示。
2. 弹出“查找和替换”对话框，单击“替换”选项卡，分别在“查找内容”和“替换为”下拉列表框中输入“门市部”和“市场部”，如图 3-110 所示。

电脑小百科

IF 函数也称为条件函数，用于根据参数条件的真假，返回不同的结果，也可以对数据和公式进行条件的检测。

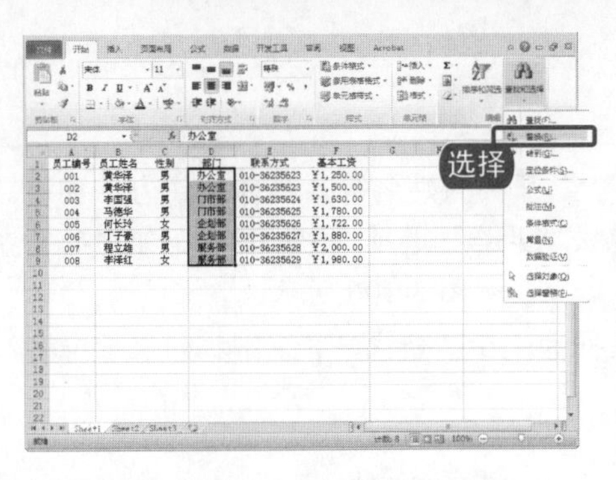

图 3-109 选择“替换”命令

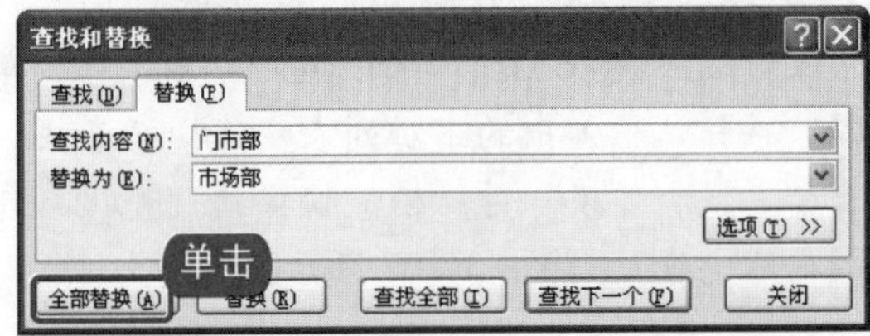

图 3-110 输入内容

3. 设置完成后，单击“全部替换”按钮，弹出 Microsoft Excel 提示对话框，如图 3-111 所示。
4. 单击“确定”按钮，即可完成替换操作，工作表中的原有的“门市部”全部被替换成了“市场部”，如图 3-112 所示。

图 3-111 Microsoft Excel 对话框

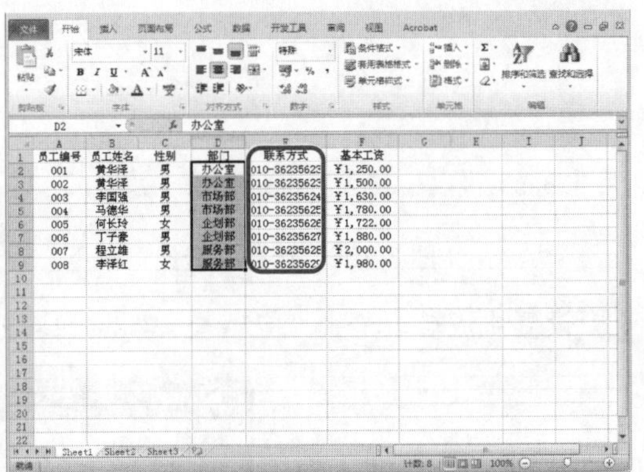

图 3-112 替换完成

3.3.7 设置数据的有效性

在输入数据时，应该避免输入错误数据。Excel 2010 提供了一种防止输入错误数据的功能，这就是数据的有效性设置。数据有效性设置可以有效地避免一些错误的发生，但要注意此项功能不能完全避免输入错误，只能降低错误率。

例如，将公司的员工年龄规定在 20～50 岁之间，所有被录用员工的年龄均在此范围内，如果超出这个范围，那么就会提示输入错误信息，具体操作步骤如下。

1. 打开原始文件 3.3.7.xlsx，选中 E 列，在“数据”选项卡下的“数据工具”组中，单击“数据有效性”下拉按钮，从弹出的下拉列表中选择“数据有效性”命令，如图 3-113 所示。
2. 弹出“数据有效性”对话框，在“设置”选项卡下单击“允许”下拉按钮，选择“整数”选项，在“数据”下拉列表中选择“介于”选项，然后分别在“最小值”和“最大值”文本框中输入 20 和 50，将数字的有效性限定在 20～50 之间，并选中“忽略空值”复选框，如图 3-114 所示。

电脑小百科

当比较值位于要查找的数据左边的一列时，台以使用函数 VLOOKUP。

图 3-113　选择需要设置数据有效性的单元格

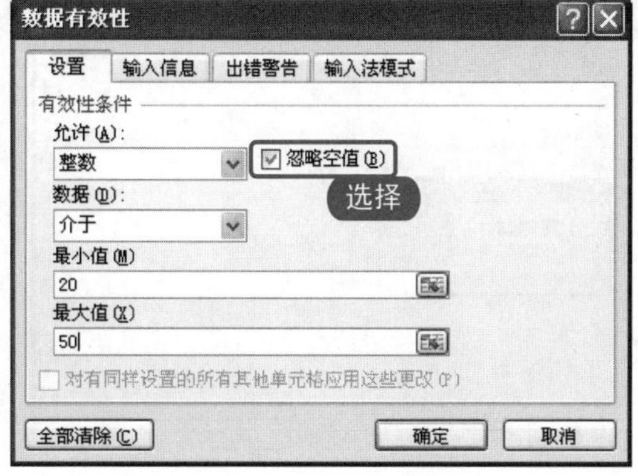

图 3-114　“设置”选项卡

知识补充

在“允许”下拉列表中，可以看到“任何值”、“整数”、“小数”、“序列”、“日期”、“时间”、“文本长度”和“自定义”8 个选项。

3. 单击“输入信息”选项卡，选中“选定单元格时显示输入信息”复选框，并在“标题”文本框中输入“年龄限制”，在“输入信息”列表框中输入“输入的年龄是在 20 岁到 50 岁之间的值!”如图 3-115 所示。
4. 单击“出错警告”选项卡，选中“输入无效数据时显示出错警告”复选框，然后在“样式”下拉列表中选择“警告”选项，并在“标题”文本框和“错误信息”文本框中分别输入“输入错误”和“你输入的年龄错误，应该在 20 岁至 50 岁之间!”，如图 3-116 所示。

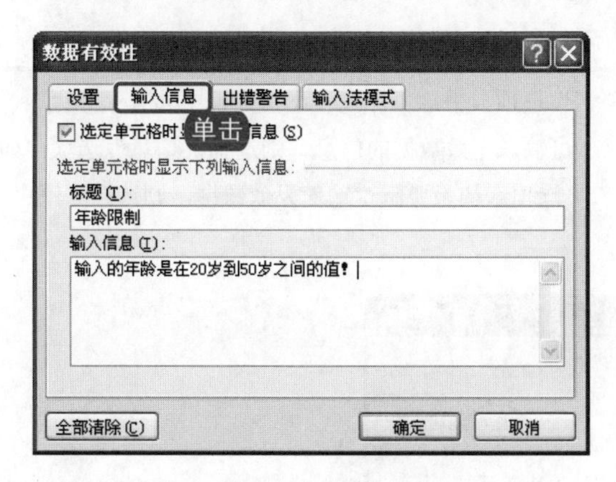

图 3-115　“输入信息”选项卡

图 3-116　“出错警告”选项卡

5. 单击“输入法模式”选项卡，在“模式”下拉列表中选择“随意”模式，如图 3-117 所示。
6. 单击“确定”按钮，确定其所进行的设置，返回到工作表中，选定 E 列的任意单元格，会显示提示信息，如图 3-118 所示。

知识补充

如果想对刚才的参数进行重新设置，则可以单击“全部清除”按钮，使其设置不生效。

电脑小百科

当比较值位于数据表的首行，并且要查找下面给定行中的数据时，可以使用函数 HLOOKUP。

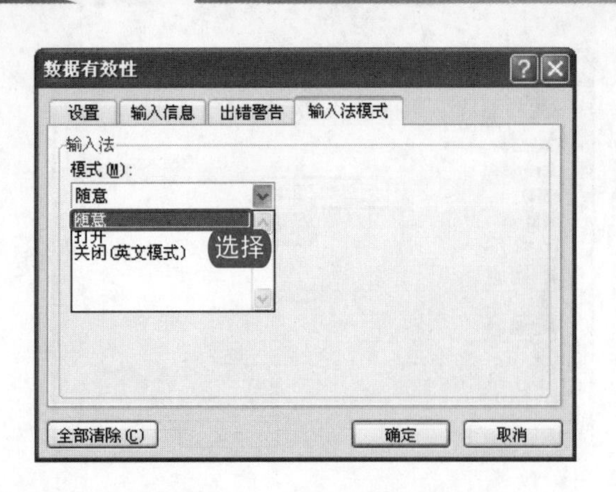

图 3-117 “输入法模式”选项卡

图 3-118 弹出提示信息

7 此时如果用户输入 18，按 Enter 键确定输入，会弹出如图 3-119 所示的提示输入错误的对话框，单击“否”按钮则返回单元格重新输入，单击“是”按钮，则表示确定 18 岁，因为公司也可能会有年龄特殊的少数员工。

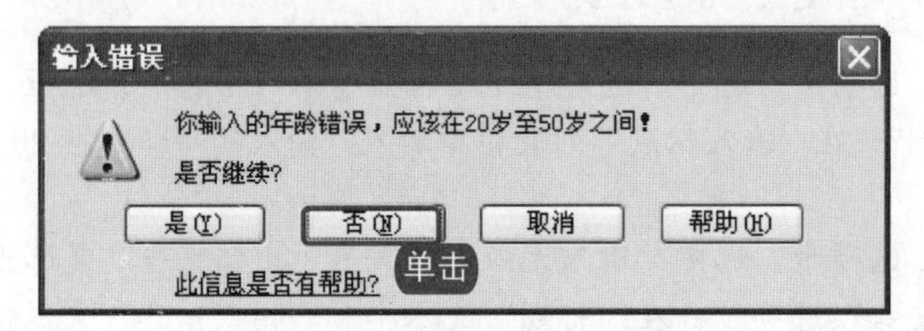

图 3-119 “输入错误”提示框

老师的话

在“数据有效性”对话框的“出错警告”选项卡中，“样式”下拉列表中共有“停止”、“警告”和“信息”3 个选项，如果要显示可输入无效数据的信息，则选择“信息”选项；如果要显示警告信息，但仍可输入无效数据，则选择“警告”选项；如果要阻止输入无效数据，则选择“停止”选项。

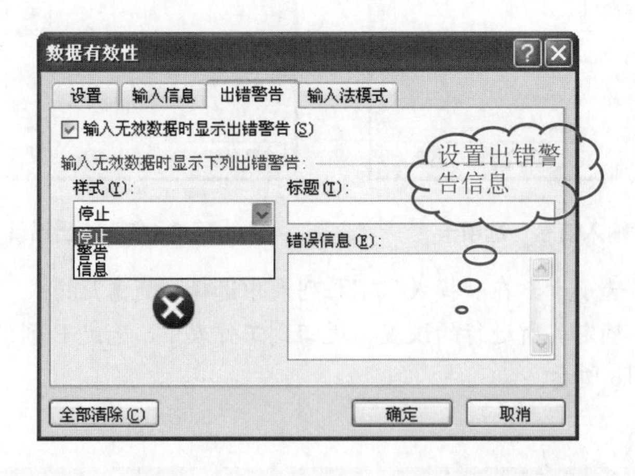

若要更改求值的顺序，请将公式中要先计算的部分用括号括起来。

3.4　制作员工基本工资表

实例解析：本实例主要向用户介绍以不同的方式录入各种不同类型的数据以及修改数据等。其中，录入的数据类型主要包括文本、数值、日期和时间以及特殊符号等。在编辑数据时，设置数据的有效性可以降低数据录入的错误率。

书盘互动指导

在光盘中的位置	书盘互动情况
3.4 制作员工基本工资表	本节主要带领读者制作员工基本工资表，在光盘 3.4 节中有相关内容的操作视频，还特别针对本节内容设置了具体的实例分析。 读者可以选择在阅读本节内容后再学习光盘，以达到巩固和提升的效果，也可以对照光盘视频操作来学习，以便更直观地学习和理解。

原始文件	素材\第 3 章\无内容
最终文件	源文件\第 3 章\3.4.xlsx

下面以制作员工基本工资表为例，向用户讲解如何运用填充方式批量录入数据及设置数据的有效性。

跟着做 1☛ 录入各种不同类型的数据

1. 新建一个 Excel 工作簿，将 Sheet1 工作表命名为“员工基本工资表”，在表中录入文本数据、数值数据以及日期数据等，如图 3-120 所示。
2. 在活动单元格 A3 中输入序列的起始值 1，在 A4 单元格中输入 2，然后同时选中 A3 和 A4 单元格，单击单元格区域右下角的填充柄不放，向下拖动到目标单元格 A10，可以看到 A3～A10 单元格中的编号数据是按顺序排列下来的，如图 3-121 所示。

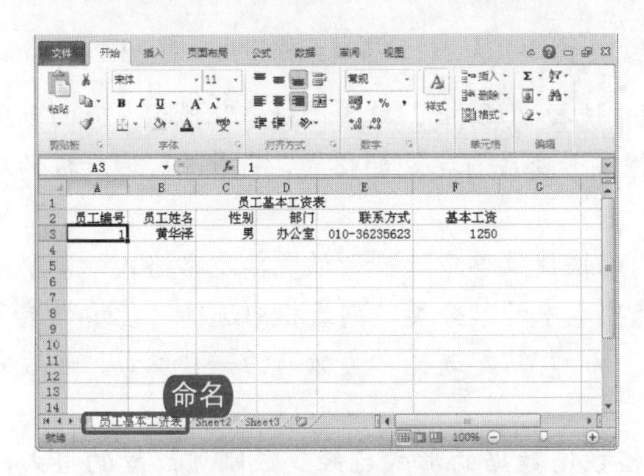

图 3-120　录入各种不同类型的数据

图 3-121　批量录入编号数据

3. 继续录入其他数据，并选中 A2～F10 单元格，如图 3-122 所示。

电脑小百科

函数是 Excel 中已经编辑好的实现特定功能的固定模式的公式，也可以使用自己编写的 VBA 函数。

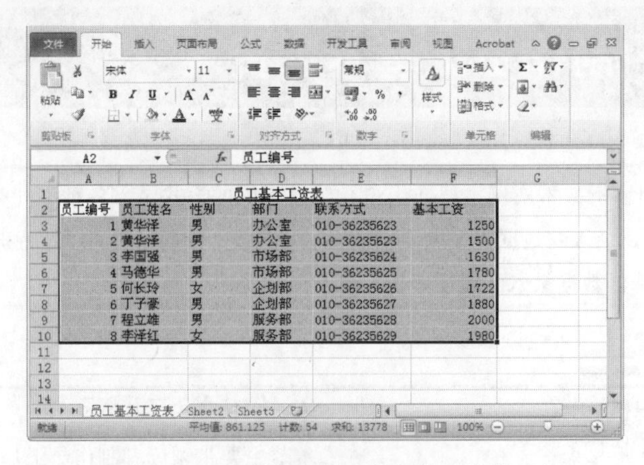

图 3-122　选中需要设置数据格式的单元格

跟着做 2☛ 设置数字格式

1. 在“开始”选项卡下的“单元格”组中，单击“格式”按钮，从弹出的下拉列表中选择“设置单元格格式”命令，如图 3-123 所示。
2. 弹出“设置单元格格式”对话框，在“数字”选项卡中的“分类”列表框中选择“自定义”选项，在右侧的“类型”文本框中输入 000，如图 3-124 所示。

图 3-123　选择“设置单元格格式”命令

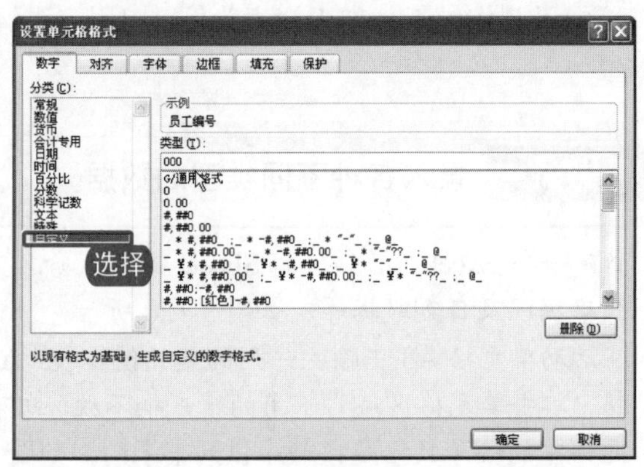

图 3-124　“设置单元格格式”对话框

3. 单击“对齐”选项卡，在“水平对齐”列表框中选择“居中”，单击“确定”按钮，返回到工作表中，此时选中的单元格区域 A3～A10 的数据编号变成自定义的格式，而所选区域数据的对齐方式为居中，如图 3-125 所示。
4. 选中 F 列，右击选中列的任意单元格，从弹出的快捷菜单中选择“设置单元格格式”命令，弹出“设置单元格格式”对话框，在“数字”选项卡中的“分类”列表框中选择“货币”选项，将右侧的“小数位数”设置为 2，“货币符号”为“￥”，选择“负数”的一种形式，设置完成后，单击“确定”按钮，如图 3-126 所示。
5. 返回到工作表中，此时可以看到 F 列中单元格数值数据的形式已经变成刚才设置的格式，如图 3-127 所示。

电脑小百科

如果使用数字输入日期，必须使用“年/月/日”或“年-月-日”格式。年份可以只输入后两位，系统自动添加前两位。月份不得超过 12，日不超过 31，否则系统默认为文字型数据。

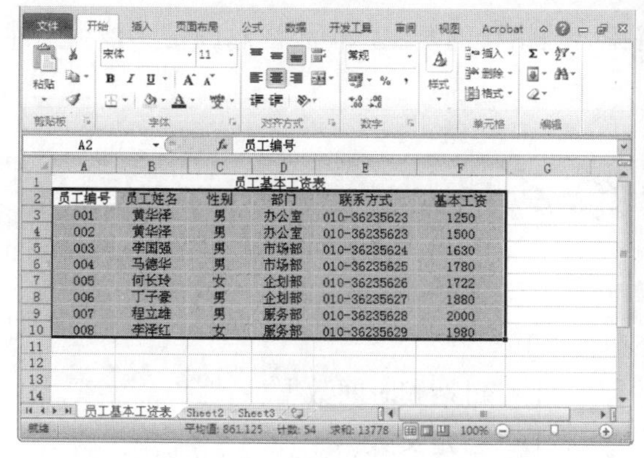

	A	B	C	D	E	F
1	员工基本工资表					
2	员工编号	员工姓名	性别	部门	联系方式	基本工资
3	001	黄华泽	男	办公室	010-36235623	1250
4	002	黄华泽	男	办公室	010-36235623	1500
5	003	李国强	男	市场部	010-36235624	1630
6	004	马德华	男	市场部	010-36235625	1780
7	005	何长玲	女	企划部	010-36235626	1722
8	006	丁子豪	男	企划部	010-36235627	1880
9	007	程立雄	男	服务部	010-36235628	2000
10	008	李泽红	女	服务部	010-36235629	1980

图 3-125　设置数据的对齐方式居中

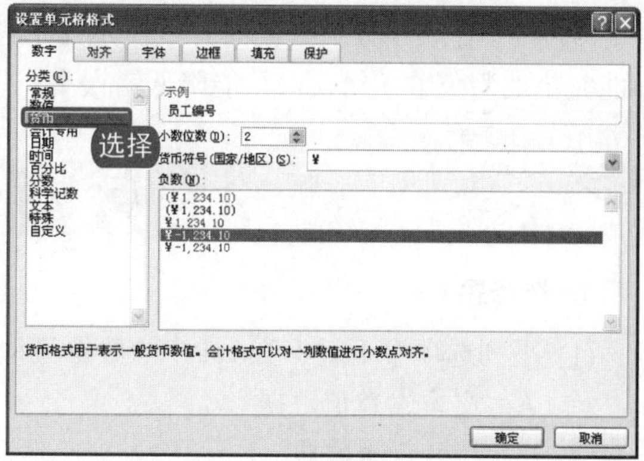

图 3-126　“数字”选项卡

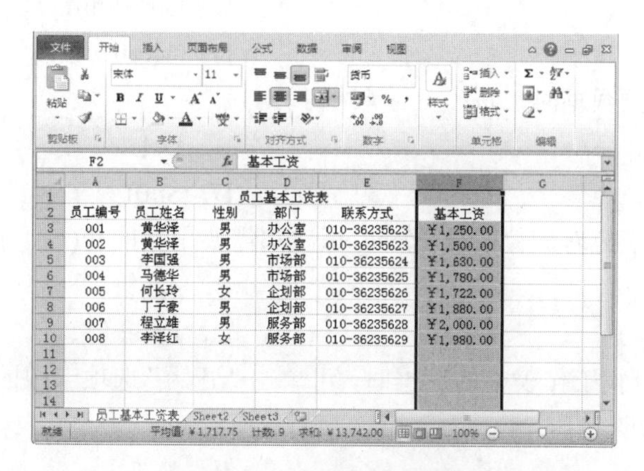

	A	B	C	D	E	F
1	员工基本工资表					
2	员工编号	员工姓名	性别	部门	联系方式	基本工资
3	001	黄华泽	男	办公室	010-36235623	¥1,250.00
4	002	黄华泽	男	办公室	010-36235623	¥1,500.00
5	003	李国强	男	市场部	010-36235624	¥1,630.00
6	004	马德华	男	市场部	010-36235625	¥1,780.00
7	005	何长玲	女	企划部	010-36235626	¥1,722.00
8	006	丁子豪	男	企划部	010-36235627	¥1,880.00
9	007	程立雄	男	服务部	010-36235628	¥2,000.00
10	008	李泽红	女	服务部	010-36235629	¥1,980.00

图 3-127　设置完成后的效果

学 习 小 结

本章主要对数据的录入、数据填充的基础操作进行介绍，如录入各种不同类型的数据、以填充的方式批量录入数据的方法、修改数据以及设置数字格式的方法，并通过实战的应用分析巩固和强化理论操作，为后续进一步学习 Excel 的其他操作打下基础。下面对本章进行总结，具体内容如下。

(1) 在工作表中录入各种不同类型数据的方法根据不同的需要有多种，主要包括录入文本数据、录入数值数据、录入日期和时间数据、录入特殊符号数据等。

(2) 在工作表中，以填充的方式批量录入数据的方法也有多种，主要包括快速填充相同的数据、填充有规律的数据、自动填充数据和自定义填充数据等。其中，最常用的是快速填充相同的数据、填充有规律的数据这两种方法。

(3) 在“设置单元格格式”对话框的“数字”选项卡中，可以设置单元格数据的分类，主要包括常规、数值、货币、会计专用、日期、时间、百分比、分数、科学记数、文本、特殊、自定义 12 个选项，用户可以根据需要来进行设置。

(4) 修改数据的方法有很多种，比如移动、复制、粘贴、删除等，每个操作都有其对应的快捷键，用户可以根据自己的使用习惯进行选择。

在制作工作表时，需要在相应的单元格中输入数据。

(5) 在工作表中设置数据的有效性是为了避免一些错误的发生，但要注意的是，该项功能不能完全地避免输入错误，只能降低错误率。

互 动 练 习

1. 选择题

(1) 下列选项中不属于 Excel 中的数据类型是(　　)。

A．文本、数值数据　　B．日期和时间数据
C．特殊符号数据　　D．自定义数据

(2) 输入特殊符号“©”时，按组合键(　　)。

A．Ctrl+Alt　　B．Ctrl+Shift
C．Ctrl+F3　　D．Alt+0169

(3) 删除单元格中的数据时，按(　　)键即可。

A．Enter　　B．Delete
C．Ctrl　　D．Shift

(4) 在工作表中，填充有规律的数据时，每次都需要用到的是(　　)。

A．填充柄　　B．Alt 键
C．Ctrl 键　　D．Enter 键

(5) 在 Excel 中，查找工作表中的数据时，可单击“开始”选项卡中的(　　)命令，打开“查找和替换”对话框进行查找。

A．查找　　B．替换
C．查找和替换　　D．查找和选择

2. 思考与上机题

(1) 制作人事档案簿，表中需包括编号、姓名、入司时间、入司公司年限、学历、联系方式等字段。

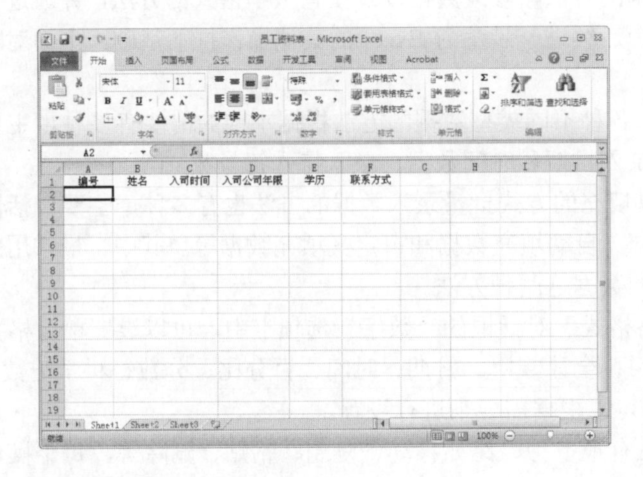

电脑小百科

在 Excel 中不仅可以输入一般数据，还可以输入一些特殊的数据，在输入时还可以在多个单元格中同时输入相同的数据。

制作要求：

a. 保存在“我的文档”文件夹中，名为“员工资料表”。

b. 保存工作簿为兼容模式。

(2) 新建一个“人事部档案”工作簿，如下图所示。

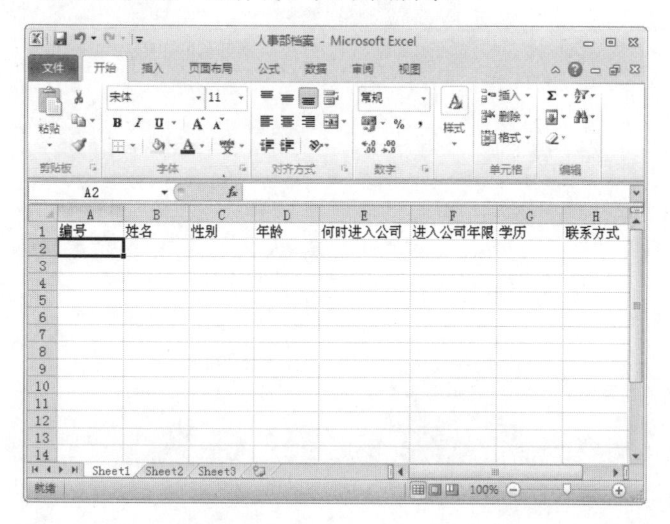

制作要求：

a. 新建两张工作表，分别命名为“员工工资表”、“员工缺勤表”。

b. 将“人事部档案”工作簿中的“编号”字段全部替换为“员工编号”。

c. 设置工作表“年龄”字段单元格的数据有效性(年龄在 22～55 之间的值才可录入，否则出现提示信息)。

d. 在员工工资表、员工考勤表中录入常用数据字段，使之完善。

电脑小百科

在 Excel 2010 中，文本通常是指字符或者任何数字和字符的组合。

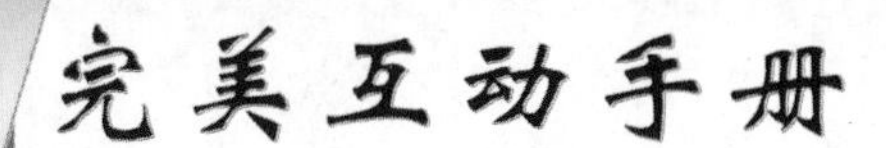

第4章

美化工作表

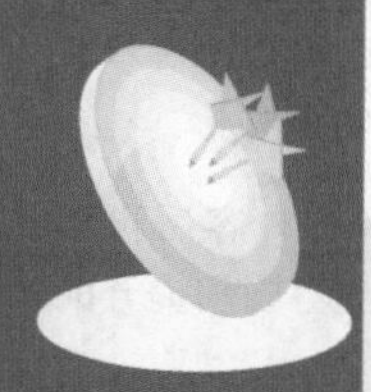

本章导读

在工作表创建完成后，需要对其整体进行调整，如设置单元格格式，设置表格边框和底纹，在表格中插入图形、图片和艺术字，利用条件格式突出显示某些单元格等一些基本的格式化工作表操作，这样可以使工作表更为清晰、美观，并且便于阅读。

本章将介绍设置单元格格式、添加条件格式、自动套用格式等美化工作表的相关操作。

精彩看点

- 调整单元格的行高与列宽
- 插入和删除单元格、行和列
- 隐藏与显示单元格数据
- 设置字符和数字格式
- 设置单元格的边框和底纹
- 设置自动换行和文字方向
- 添加条件格式
- 自动套用格式

4.1 单元格的基本操作

通常，我们在使用 Excel 处理数据时，需要引用单元格，这就需要我们在向工作表中输入数据之前，应先对单元格或单元格区域进行选定，当学会了选定不同类型的单元格后，即可大大提高工作效率。本节将向用户介绍设置单元格的基本格式的操作方法及实用技巧。

书盘互动指导

⊙ 示例	⊙ 在光盘中的位置	⊙ 书盘互动情况
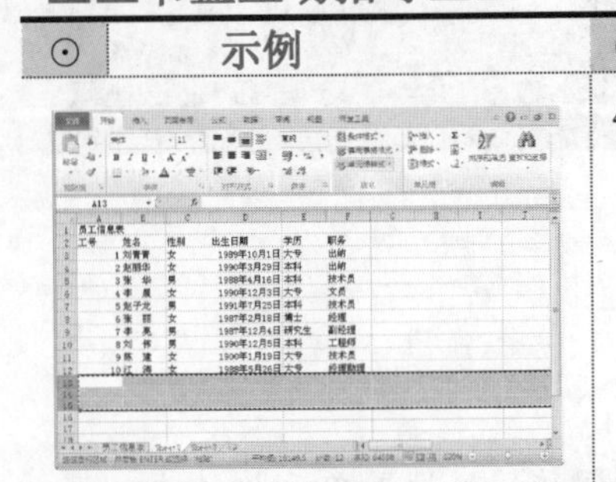	4.1 单元格的基本操作 4.1.1 调整单元格的行高与列宽 4.1.2 插入单元格、行和列 4.1.3 删除出单元格、行和列 4.1.4 合并与拆分单元格 4.1.5 隐藏与显示单元格数据	本节主要带领读者学习单元格的基本操作，在光盘 4.1 节中有相关内容的操作视频，还特别针对本节内容设置了具体的实例分析。 读者可以在阅读本节内容后再学习光盘内容，以达到巩固和提升的效果。

4.1.1 调整单元格的行高与列宽

在默认的情况下，工作表中的行高和列宽是固定的。为了适应不同的表格内容，用户需要随时调整单元格的行高与列宽，使其内容可以完全地显示出来，下面将介绍如何调整单元格的行高与列宽。

为了将工作表修饰得更加美观，我们常常需要为数据列/数据行设置最合适的列宽/行高。而设置行高与列宽的方法也有多种，下面将介绍几种方法，用户可以根据情况选择合适的操作方法。

- 调整单元格的行高与列宽
  - 通过鼠标快速调整
  - 通过“文件”选项卡调整
    - “格式”→“行高”
    - “自动调整行高”
    - “格式”→“列宽”
    - “自动调整列宽”

电脑小百科

如果要恢复默认的对齐方式，只要在“设置单元格格式”对话框中，在“水平对齐”框中选择“常规”即可。

跟着做 1☛ 调整单元格的行高

1. 打开原始文件 4.1.1.xlsx，选中要设置行高的一行或多行单元格。
2. 在“开始”选项卡中单击“格式”按钮，从弹出的下拉列表中选择“行高”命令，如图 4-1 所示。
3. 弹出“行高”对话框，在该对话框中设置用户所选单元格的行高，如图 4-2 所示。

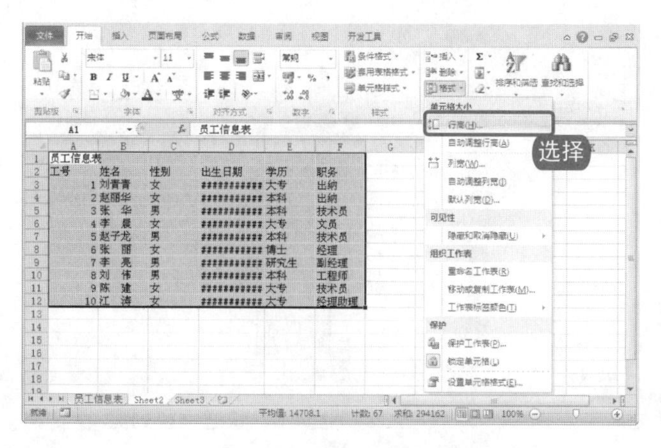

图 4-1　选择“行高”命令

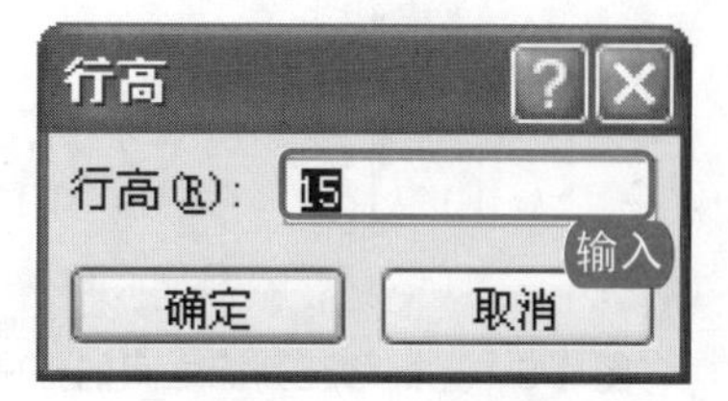

图 4-2　设置行高

跟着做 2☛ 调整单元格的列宽

1. 选中要设置列宽的一列或多列单元格。
2. 在“开始”选项卡中单击“格式”按钮，从弹出的下拉列表中选择“列宽”命令，如图 4-3 所示。
3. 弹出“列宽”对话框，在该对话框中设置用户所选单元格的列宽，如图 4-4 所示。

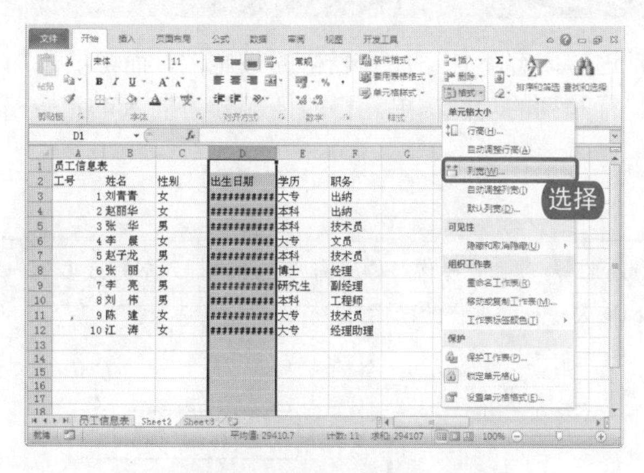

图 4-3　选择“列宽”命令

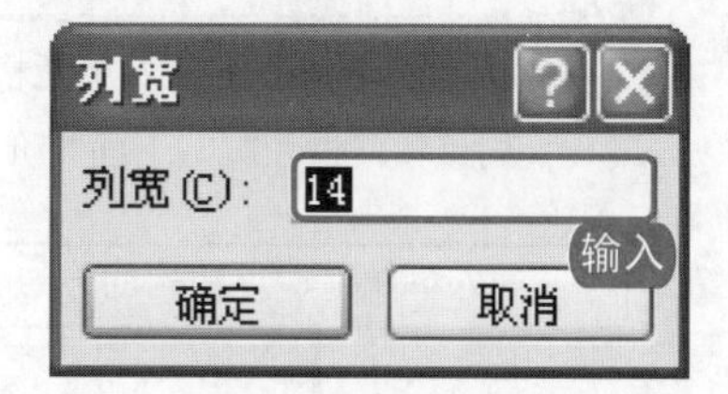

图 4-4　设置列宽

知识补充

另一种更加简捷快速的方法是在选定行或者列之后，右击，在弹出的快捷菜单下选择“行高”或者“列宽”命令，然后进行相应的操作即可。

电脑小百科

条件格式是将工作表中所有满足特定条件的单元格的数据按照指定格式突出显示。

跟着做 3☛ 快速调整为最合适的列宽

1. 选中要设置列宽的一列或多列单元格。
2. 把光标移动到列标之间的间隔处，当光标变成双向箭头时双击，如图 4-5 所示。
3. 软件即根据工作表中数据的宽度快速调整为最合适的列宽，如图 4-6 所示。

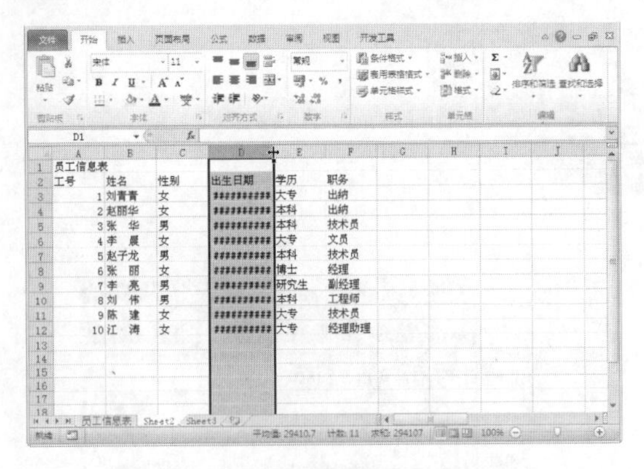

图 4-5　光标移至列标之间的间隔处

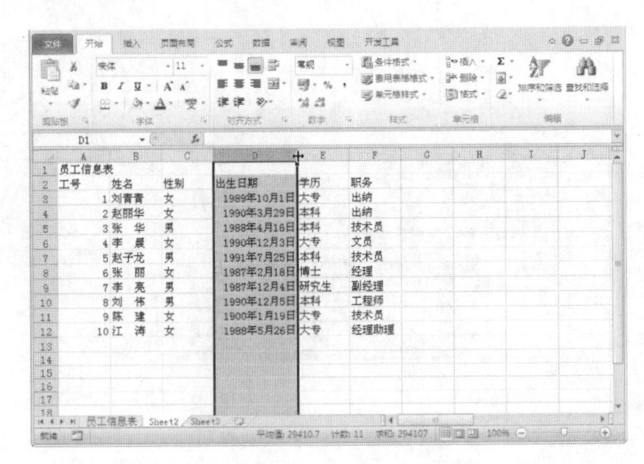

图 4-6　快速调整列宽

该方法同样适用于调整行高。

知识补充

通过在“开始”选项卡中单击“格式”按钮，从弹出的快捷菜单中选择“自动调整列宽”或“自动调整行高”命令，同样可以自动调整为最合适的列宽或行高。

4.1.2 插入单元格、行和列

用户有时需要添加一些新的内容，而且这些内容不是添加到表格的最尾端，而是要添加到表格的中间，此时就需要使用到插入单元格、行和列的功能。单元格的插入分为插入单元格、插入整行和插入整列 3 种。

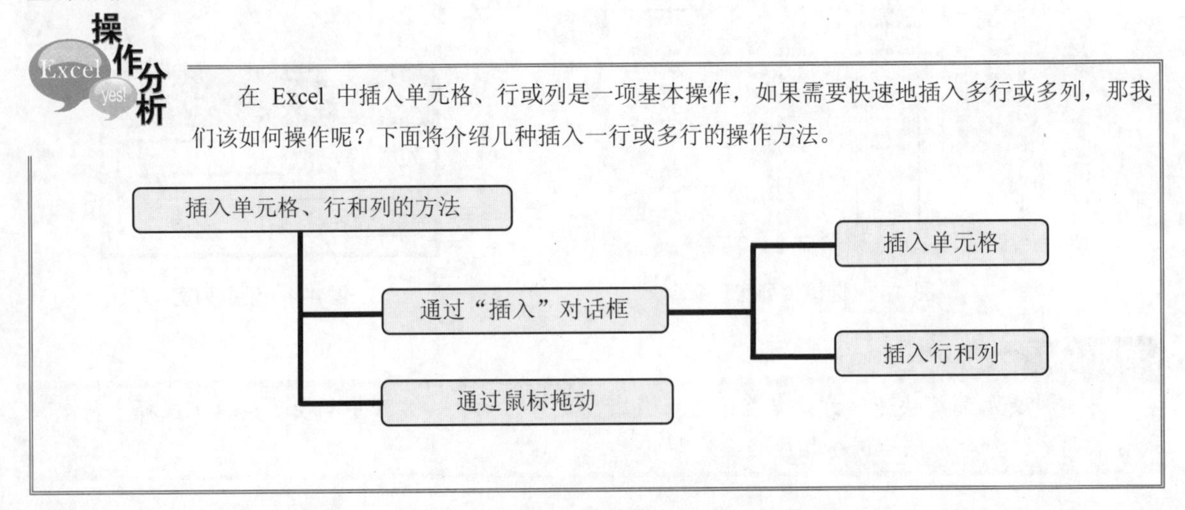

在 Excel 中插入单元格、行或列是一项基本操作，如果需要快速地插入多行或多列，那我们该如何操作呢？下面将介绍几种插入一行或多行的操作方法。

电脑小百科

突出显示符合指定条件的单元格可以指定最多三个条件。如果指定条件中没有一个为真，则单元格将保持已有的格式。

跟着做 1☛ 插入单元格

1. 打开原始文件 4.1.2.xlsx，选中要设置的单元格或单元格区域。
2. 在“开始”选项卡中单击“插入”按钮，从弹出的下拉列表中选择“插入单元格”命令，如图 4-7 所示。
3. 弹出“插入”对话框，可以按需要选择单元格插入的位置，即“活动单元格右移”或者“活动单元格下移”，如图 4-8 所示。

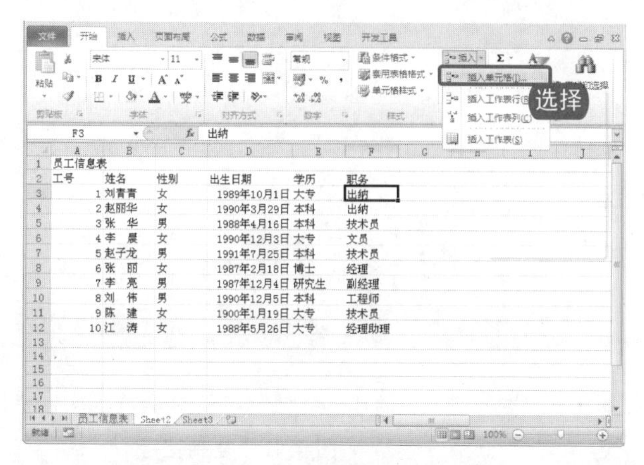

图 4-7　选择“插入单元格”命令

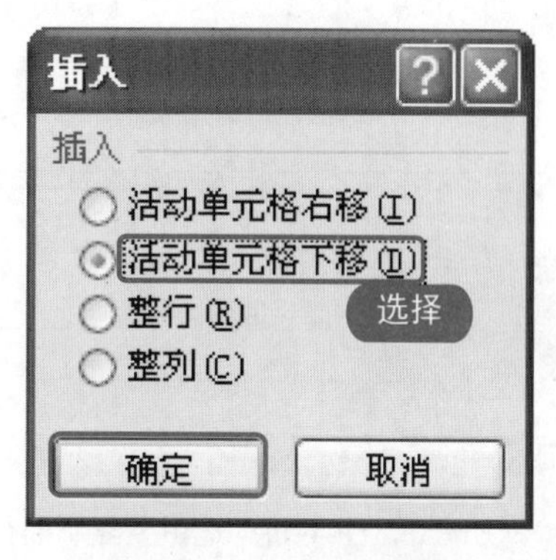

图 4-8　“插入”对话框

4. 单击“确定”按钮完成设置。

知识补充

用户可以通过 Ctrl + Shift + = 组合键快速打开“插入”对话框。

跟着做 2☛ 插入行和列

1. 选中一行或一列单元格，如图 4-9 所示。
2. 在“开始”选项卡中单击的“插入”按钮，从弹出的下拉列表中选择“插入单元格”命令，弹出“插入”对话框。
3. 选择插入“整行”(或“整列”)选项，单击“确定”按钮完成设置，如图 4-10 所示。

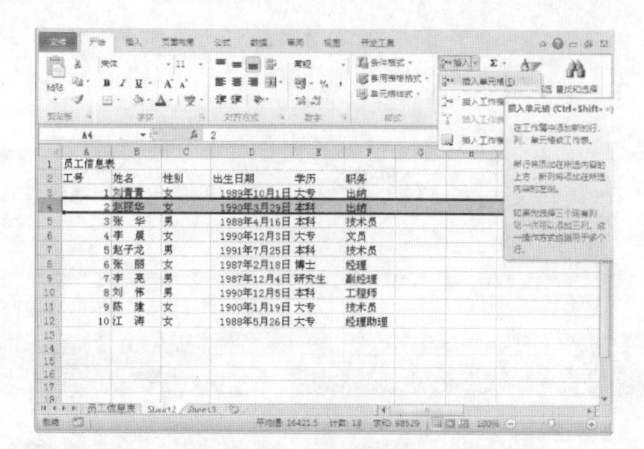

图 4-9　选定单元格

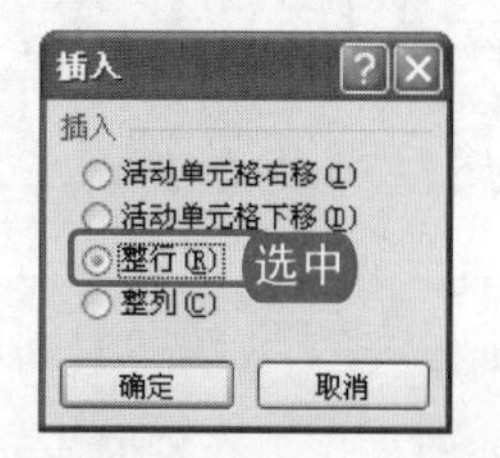

图 4-10　“插入”对话框

电脑小百科

如果需要更复杂的条件格式，可以使用逻辑公式来指定格式设置条件，此时需要将值与函数返回的结果进行比较，或计算所选区域之外的单元格中的数据。

知识补充

选中一行或一列，右击，从弹出的快捷菜单中选择“插入”命令。

跟着做 3 通过鼠标操作完成插入多行或多列

1. 选定要复制的一行或多行空行，如图 4-11 所示。
2. 按下 Ctrl + C 组合键复制选中的空行，如图 4-12 所示。

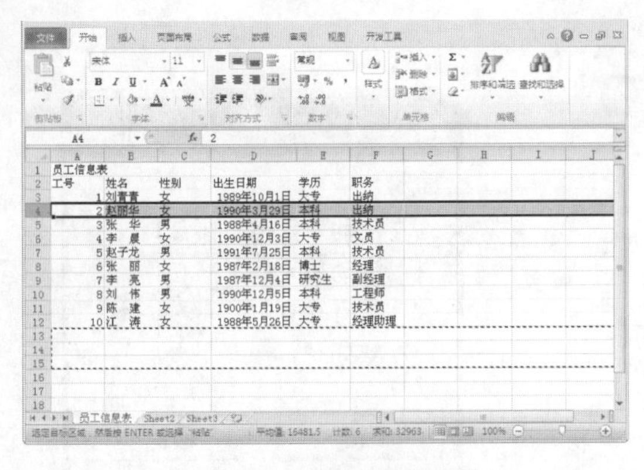

图 4-11　选中要复制的行

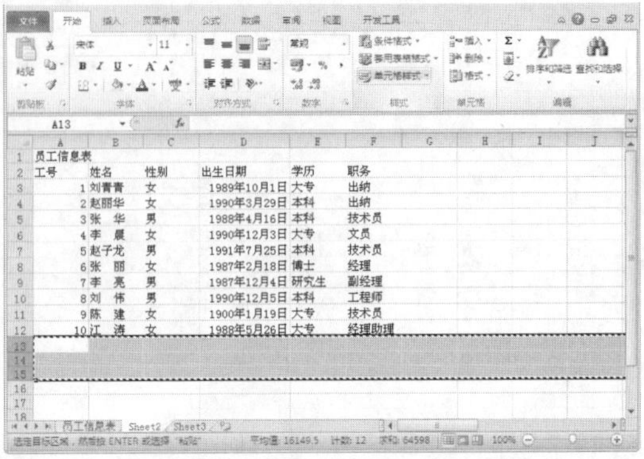

图 4-12　复制空行

3. 单击需要插入的行号选中该行，如图 4-13 所示。
4. 按下 Ctrl + Shift + = 组合键可在选中行的上面插入复制的一行或多行空行，如图 4-14 所示。

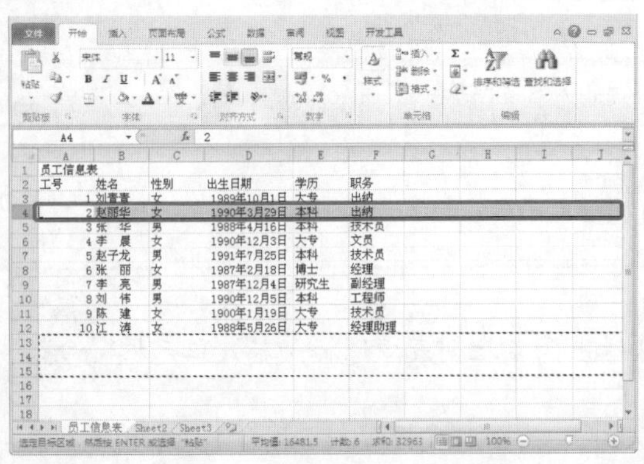

图 4-13　选定要插入的位置

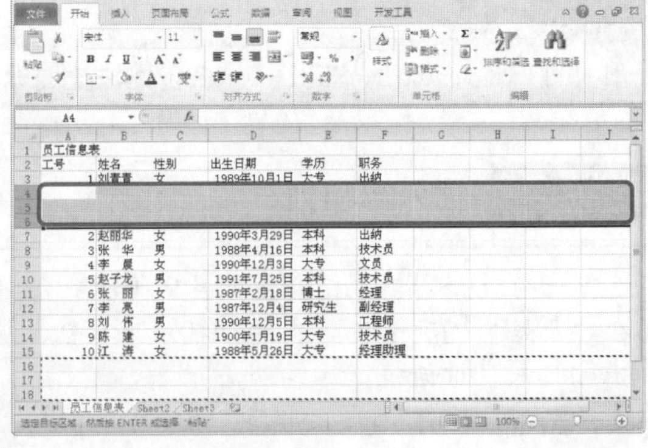

图 4-14　插入多行

知识补充

单击选中需要插入的行号(或列号)并向下拖拉选中多行(或多列)，然后按 Ctrl+Shift+=组合键即可插入与选中行数相同的行(或列)。

4.1.3 删除单元格、行和列

用户在处理工作表数据时有可能需要对一些不需要的单元格、行和列进行删除，可以选择对

电脑小百科

如果要删除条件格式，仅在含有条件格式的单元格中按 Delete 键，不会删除条件格式。

单元格进行右移与左移、删除整行或整列来进行清除。

在 Excel 中删除单元格、行或列也是一项基本操作。如何删除不需要的行和列呢？下面为大家介绍几种删除一行或多行的操作方法。

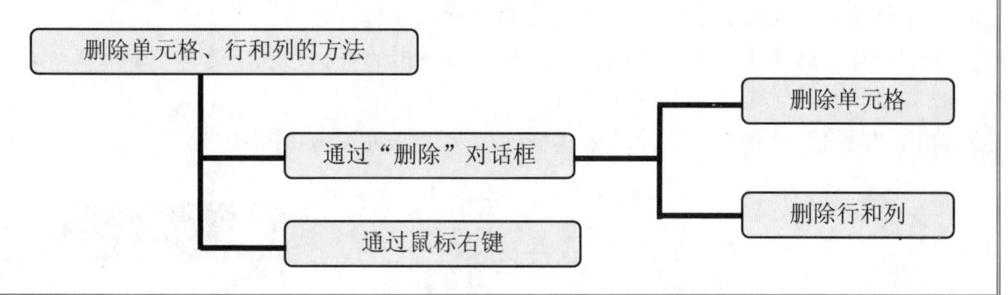

跟着做 1☛ 删除单元格

1. 打开原始文件 4.1.3.xlsx，选中要删除的一个或多个单元格，如图 4-15 所示。
2. 在"开始"选项卡中单击"删除"按钮，在弹出的下拉列表中选择"删除单元格"命令，如图 4-16 所示。

图 4-15　选中单元格

图 4-16　选择"删除单元格"命令

3. 弹出"删除"对话框，可以按需要选择删除单元格的方式，即"右侧单元格左移"、"下方单元格上移"、"整行"或"整列"，如图 4-17 所示。

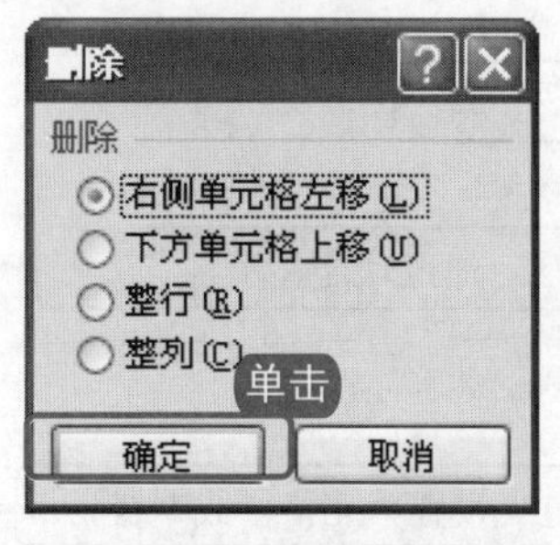

图 4-17　"删除"对话框

电脑小百科

为单元格设置数字格式，一般情况下只影响单元格的显示效果，而不会改变单元格存储的真正内容。

❹ 单击"确定"按钮完成设置。

跟着做 2☛ 删除行和列

❶ 打开原始文件 4.1.3.xlsx，选中要删除的一行或一列。

❷ 在"开始"选项卡中单击"删除"按钮，在弹出的下拉列表中选择"删除工作表行"命令，如图 4-18 所示。

❸ 弹出"删除"对话框，选择删除"整行"或"整列"，如图 4-19 所示。

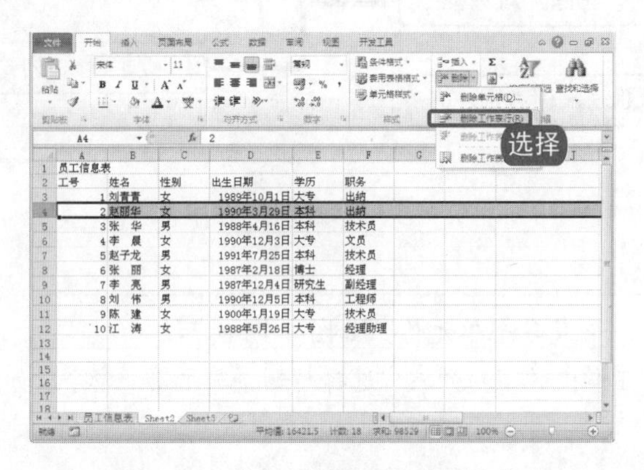

图 4-18 选择"删除工作表行"命令

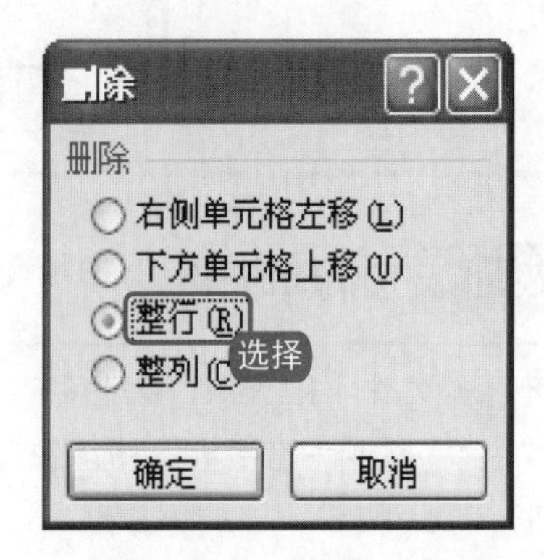

图 4-19 "删除"对话框

❹ 单击"确定"按钮完成设置。

知识补充

选中一行或一列，右击，从弹出的快捷菜单中选择"删除"命令。

4.1.4 合并与拆分单元格

通常，用户在处理工作表时，合理地合并单元格可以让表格的逻辑层次更加清晰。

为了使表格层次更加分明，在 Excel 中合并与拆分单元格也是一种常用的操作。如何合并与拆分单元格呢？下面将为大家介绍几种合并与拆分单元格的操作方法。

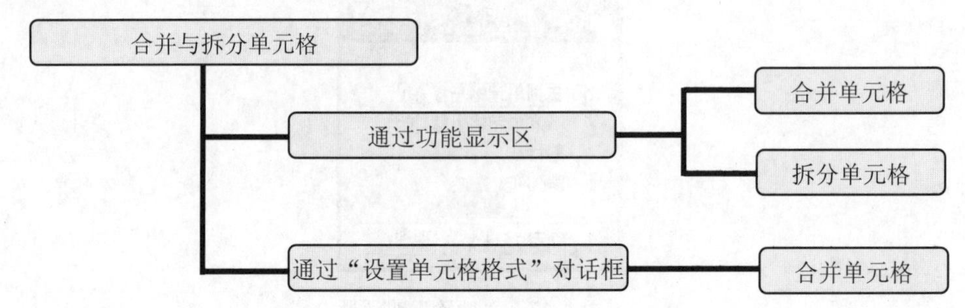

电脑小百科

当长文本内容的单元格右侧包含非空单元格时，为了能在宽度有限的单元格中显示多有的内容，可以采取单元格内换行的方式来显示。

跟着做 1☛ 合并单元格

1. 打开原始文件 4.1.4.xlsx，选中要合并的单元格区域 A1:F1，如图 4-20 所示。
2. 在“开始”选项卡下的“对齐方式”组中，单击“对话框启动器”按钮。
3. 弹出“设置单元格格式”对话框，选择“对齐”选项卡。
4. 在“文本控制”区域选中“合并单元格”复选框，如图 4-21 所示。
5. 单击“确定”按钮，选中的单元格 A1:F1 区域即合并成一个单元格。合并后的单元格仅保留左上角单元格中的数据。

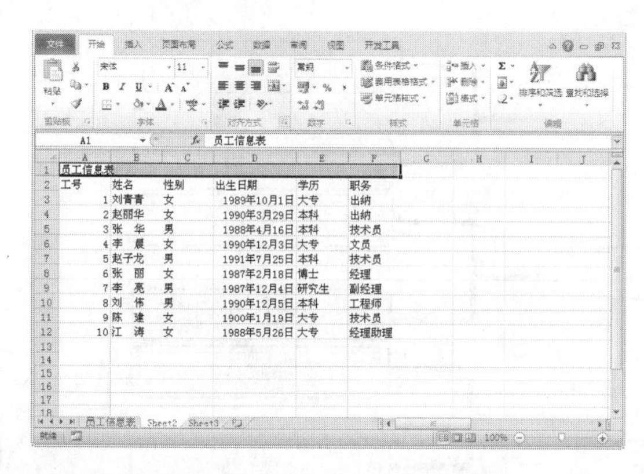
图 4-20　选定单元格区域

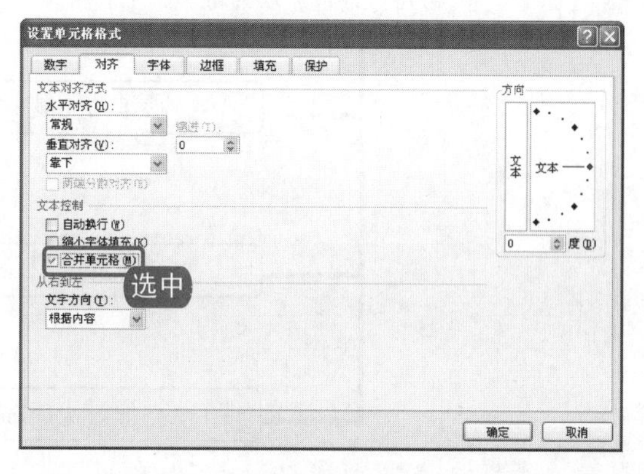

图 4-21　“设置单元格格式”对话框

跟着做 2☛ 拆分单元格

1. 打开原始文件 4.1.4.xlsx，选择需要合并单元格区域 A1:F1。
2. 在“开始”选项卡下的“对齐方式”组中，单击“合并后居中”按钮。
3. 在弹出的下拉列表中选择“取消单元格合并”命令，如图 4-22 所示。
4. 将 A1:F1 单元格区域拆分成多个单元格，如图 4-23 所示。

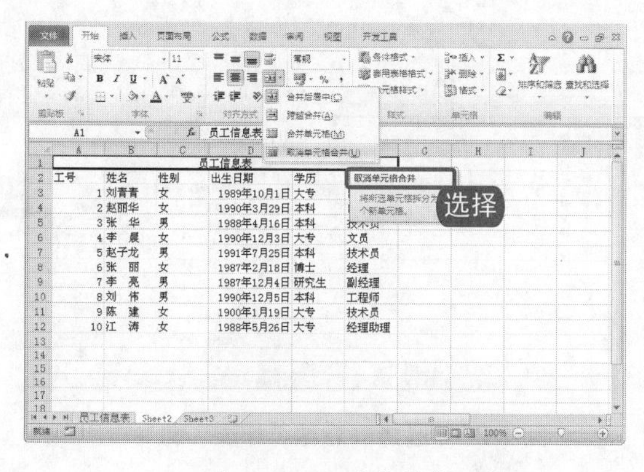

图 4-22　取消合并单元格

图 4-23　拆分多个单元格

电脑小百科

如果在插入操作之前选定的是非连续的多行或者多列，也可以同时执行插入行或者列的操作，并且新插入的空白行或者列，也是非连续的，数目与选定的行列数目相同。

4.1.5 隐藏与显示单元格数据

一个工作簿包含多个工作表，如果需要与别人共享一些工作表，又希望其他的工作表不显示在工作簿中，或者不希望显示某些行或者列时，可以用隐藏工作表、行和列。

隐藏工作表与隐藏行和列的操作方法相似，下面介绍几种隐藏工作表、隐藏行和列的操作方法。

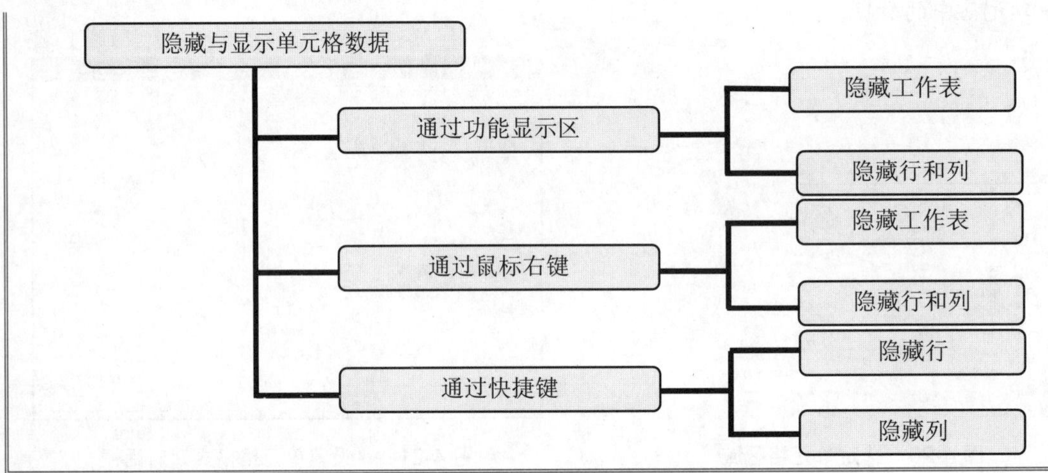

跟着做 1☛ 隐藏与显示工作表

1. 打开原始文件 4.1.5.xlsx，选中要隐藏的工作表标签“员工信息表”，如图 4-24 所示。
2. 在“开始”选项卡下的“单元格”组中，单击“格式”按钮。
3. 从弹出的下拉列表中选择“隐藏和取消隐藏”→“隐藏工作表”命令，如图 4-25 所示。

图 4-24　选定工作表标签

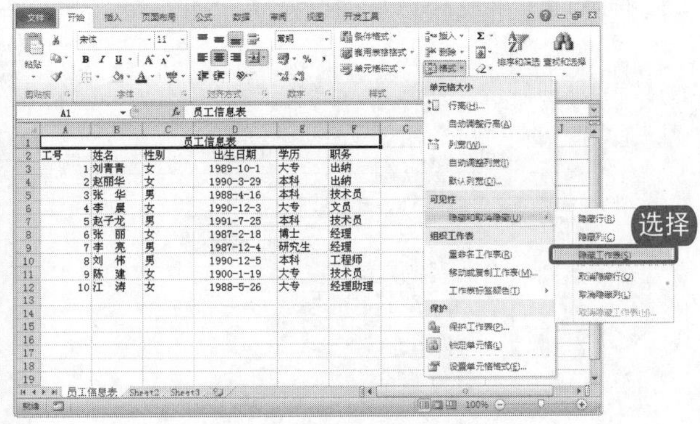

图 4-25　选择“隐藏工作表”命令

4. 将选中的工作表标签“员工信息表”隐藏，如图 4-26 所示。
5. 如要显示工作表，可从上述的下拉列表中选择“取消隐藏工作表”命令，如图 4-27 所示。

电脑小百科

事实上，排序命令将随着排序的数据而变化：如果单元格包含的是文本，则可以选择升序和降序；如果是日期，则可以是从最老的日期到最新的日期或相反；如果是数字，则可以是从大到小或从小到大。

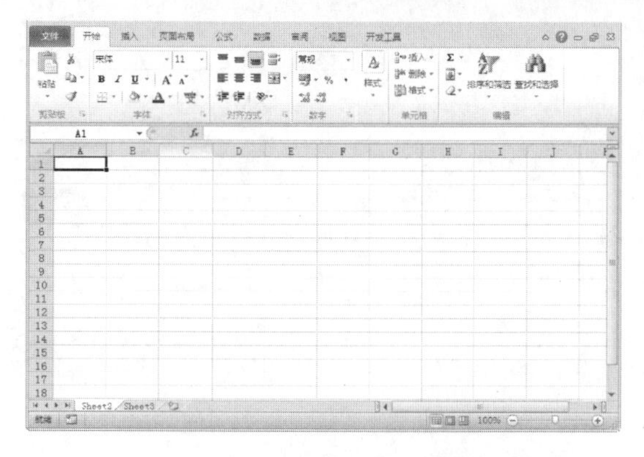

图 4-26　隐藏工作表标签效果

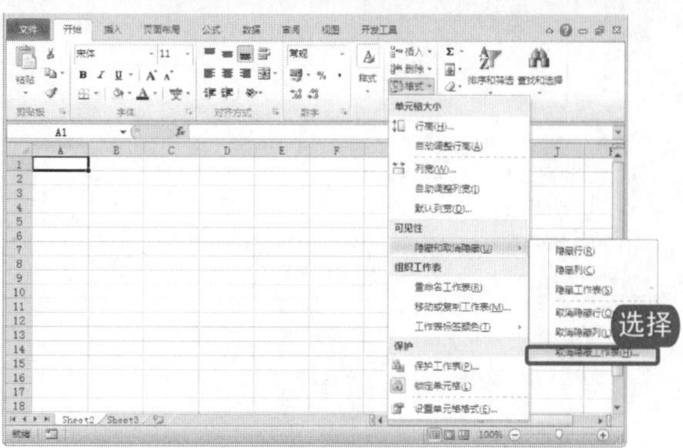

图 4-27　选择“取消隐藏工作表”命令

6 弹出“取消隐藏”对话框，如图 4-28 所示。

7 单击“确定”按钮即可取消隐藏工作表。

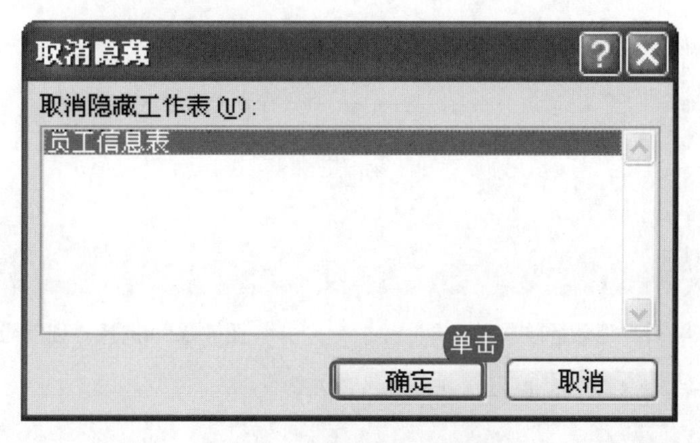

图 4-28　“取消隐藏”对话框

知识补充

右击要隐藏的工作表标签，在弹出的快捷菜单中选择“隐藏”命令。工作表以这样的方式隐藏之后，也可以通过相同的方法取消隐藏。

跟着做 2　隐藏与显示行和列

1 打开原始文件 4.1.5.xlsx，在“员工信息表工作表”标签中选中要隐藏的一行或多行，如图 4-29 所示。

2 在“开始”选项卡下的“单元格”组中，单击“格式”按钮。

3 从弹出下拉列表中选择“隐藏和取消隐藏”→“隐藏行”命令，如图 4-30 所示。

4 将选中的一行或多行隐藏，如图 4-31 所示。

5 如要显示已隐藏的行，可在上述的下拉列表中选择“取消隐藏行”命令，如图 4-32 所示。

电脑小百科

通过单元格格式中的“数字”选项卡能完成很多设置，如在货币单位前加￥、$等货币单位，还可以对百分数进行格式调整以科学记数法等一系列格式的设置。

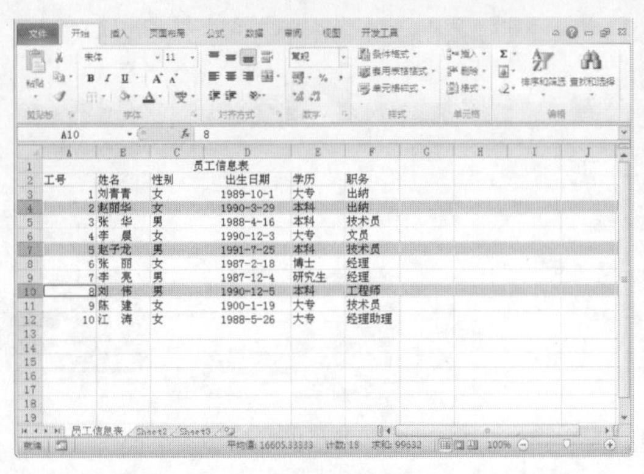

图 4-29　选定行

图 4-30　选择“隐藏行”命令

图 4-31　隐藏行效果

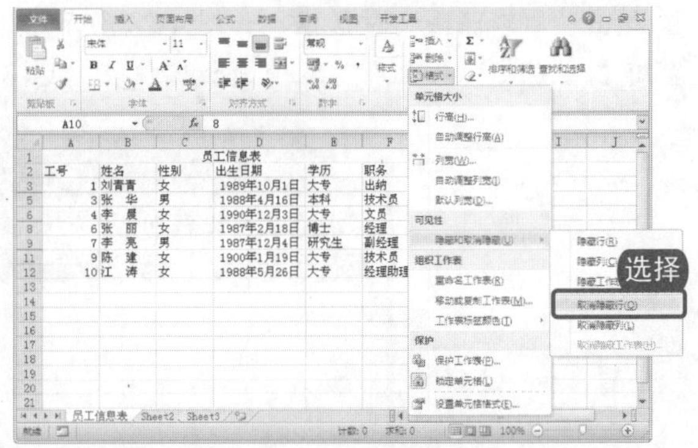

图 4-32　选择“取消隐藏行”命令

该方法同样适用于隐藏一列或多列。

知识补充

选定一行(多行)或者一列(多列)，右击，从弹出的快捷菜单中选择“隐藏”命令，即可隐藏行(或列)。行或列以这样的方式隐藏之后，也可以通过相同的方式取消隐藏。

还可以通过快捷键快速隐藏和显示行。

- Ctrl+9 组合键可以隐藏选中单元格或区域所在的行。
- Ctrl+0 组合键可以隐藏选中单元格或区域所在的列。
- Ctrl+Shift+9 组合键可以取消隐藏行。
- Ctrl+Shift+0 组合键可以取消隐藏列。

4.2　设置单元格格式

单元格格式主要包括字符格式、单元格对齐方式、文字方向、自动换行、数字格式、单元格边框和底纹。下面将介绍单元格格式的设置方法。

电脑小百科

在自定义单元格格式时，用户可以在“数字”组中选择“数字格式”下拉列表中的“其他数字格式”选项，打开“设置单元格格式”对话框。

书盘互动指导

示例	在光盘中的位置	书盘互动情况
	4.2　设置单元格格式 4.2.1　设置字符格式 4.2.2　设置单元格对齐方式 4.2.3　设置文本方向 4.2.4　设置自动换行 4.2.5　设置数字格式 4.2.6　设置单元格边框 4.2.7　设置单元格底纹	本节主要带领读者学习设置单元格格式，在光盘 4.2 节中有相关内容的操作视频，还特别针对本节内容设置了具体的实例分析。 读者可以在阅读本节内容后再学习光盘内容，以达到巩固和提升的效果。

4.2.1 设置字符格式

在 Excel 工作表中，我们需要对字符进行美化加以强调，例如更改字体、更改字体大小、字体颜色等，我们称这一系列的动作为 Excel 字符格式设置。

1. 打开原始文件 4.2.1.xlsx，选中整个表格。
2. 在“开始”选项卡下的“单元格”组中，单击“格式”按钮。
3. 从弹出下拉列表中选择“设置单元格格式”命令，如图 4-33 所示。
4. 弹出“设置单元格格式”对话框，如图 4-34 所示。

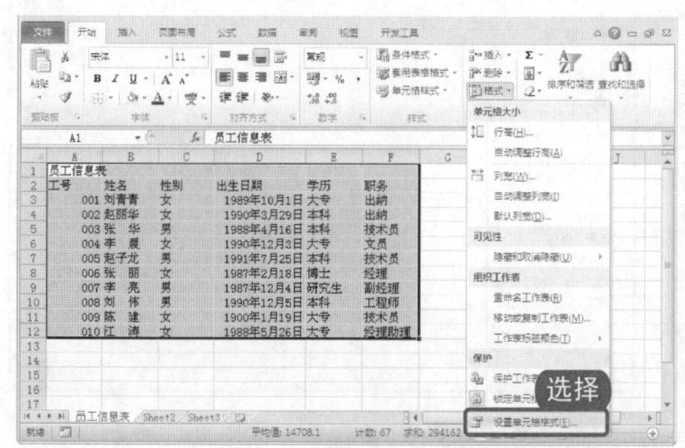

图 4-33　选择“设置单元格格式”命令

图 4-34　“设置单元格格式”对话框

5. 选择“字体”选项卡，在其中可以设置字体、字形、字号、颜色、特殊效果、下划线等，如图 4-35 所示。
6. 设置完成后，单击“确定”按钮，如图 4-36 所示。

知识补充

右击要设置字符格式的单元格，在快捷菜单中选择“设置单元格格式”命令，同样可以打开“设置单元格格式”对话框，选择“字体”选项卡，选择所需选项即可，这样既简单又快捷。

电脑小百科

如果我们现在有多个单元格的数据要和一个数据进行加减乘除运算，那么一个一个运算显然比较麻烦，其实利用“选择性粘贴”功能就可以实现同时运算。

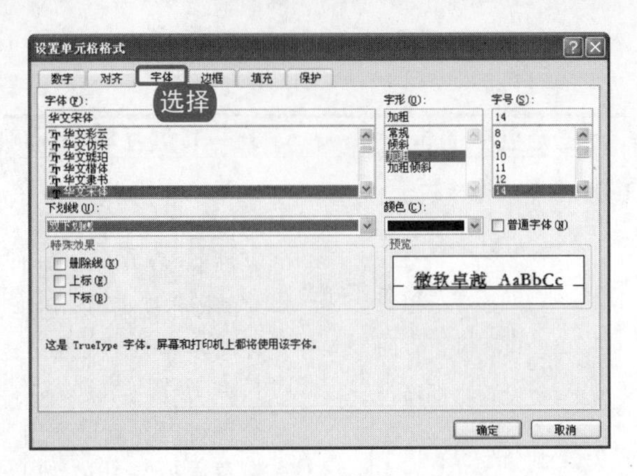

图 4-35 “字体”选项卡

图 4-36 字符格式效果

4.2.2 设置单元格对齐方式

单元格对齐方式包括左对齐、右对齐、居中、顶端对齐、垂直居中、底端对齐等。通过设置单元格对齐方式可以使表格更加美观。具体操作步骤如下。

1. 打开原始文件 4.1.2.xlsx，选中单元格区域。
2. 在“开始”选项卡下的“对齐方式”组中，单击“对话框启动器”按钮，如图 4-37 所示。
3. 弹出“设置单元格格式”对话框，如图 4-38 所示。

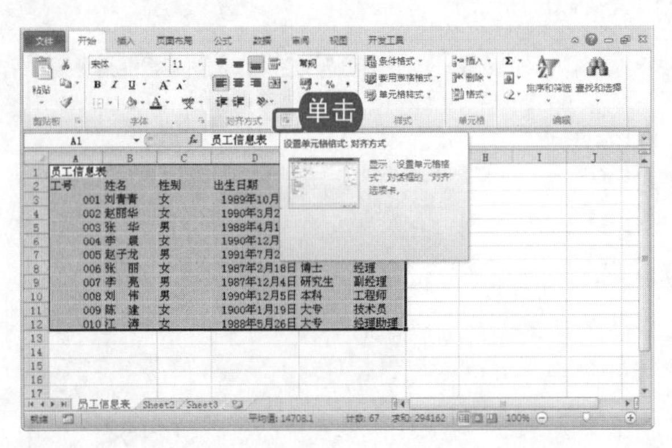

图 4-37 单击“对话框启动器”按钮

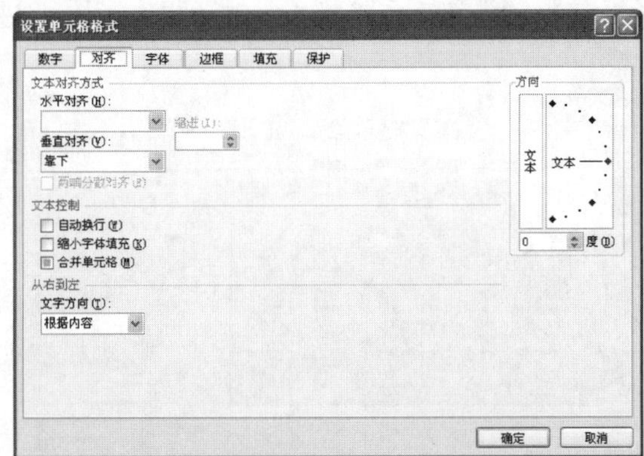

图 4-38 “设置单元格格式”对话框

4. 选择“对齐”选项卡，在该选项卡下可以设置文本对齐方式、文本控制、文字方向等，如图 4-39 所示。
5. 设置完成后，单击“确定”按钮，效果如图 4-40 所示。

电脑小百科

对一些特定的字段设置数据输入有效性，不公可以大大提高数据录入的效率，还可以减少输入的错误几率。

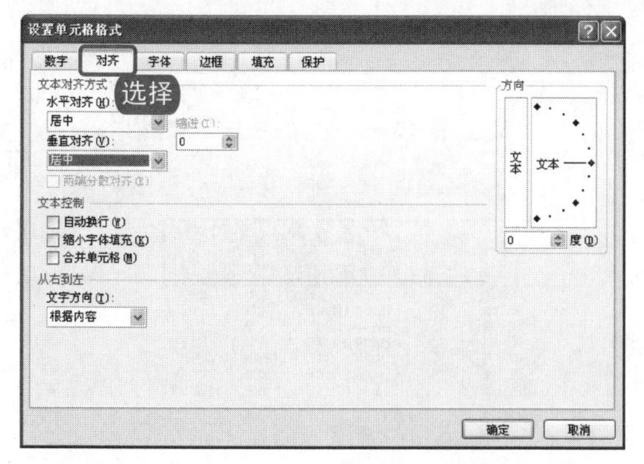

图 4-39　“对齐”选项卡

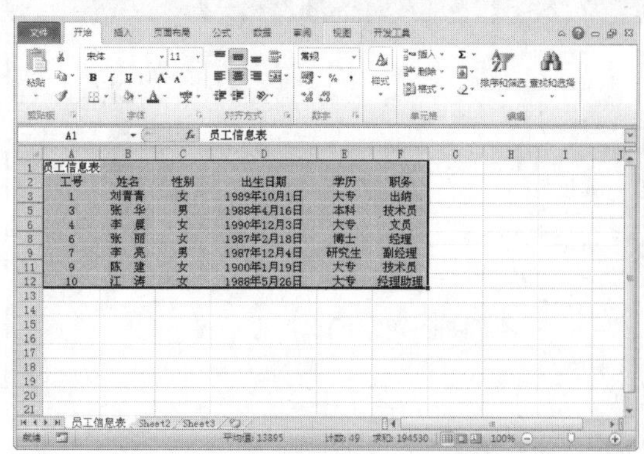

图 4-40　设置对齐方式效果图

使用右键快捷菜单中的“设置单元格格式”命令，同样可以打开“设置单元格格式”对话框，在“对齐”选项卡下设置各参数。另外，在功能区的“开始”选项卡下的“对齐方式”组中，有很多对齐方式按钮(如“顶端对齐”按钮、“垂直居中对齐”按钮、“底端对齐”按钮、“文本左对齐”按钮、“居中”按钮、“文本右对齐”按钮等)也可以用来设置单元格的对齐方式，如下图所示。

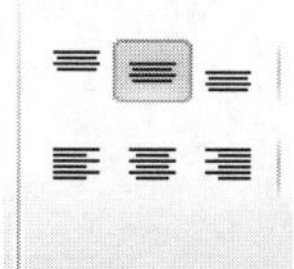

4.2.3　设置文本方向

在对数据表进行操作时，有时需要将其中的某些文本内容以一定的倾斜角度进行显示，用户可以通过“对齐”选项卡中的“方向”文本格式来设置。

操作分析

在 Excel 中设置文本方向是指将文本以一定的倾斜角度进行显示，可分为“倾斜文本角度”、“竖排文本方向”和“垂直角度”文本。用户可根据自己的需要进行相应设置。

“倾斜文本角度”是指将文本在“东”、“南”、“西”方向上分别倾斜了 90°、180°、-90°。

“竖排文本方向”是指将文本由水平排列状态转为竖直排列状态，文本中的每一个字符仍然保持水平显示。

“垂直角度”文本是指将文本按照字符的直线方向垂直旋转 90°或-90°后所形成的垂直显示文本，文本中的每一个字符均相应地旋转 90°。

设置文本方向的具体操作步骤如下。

1. 打开原始文件 4.1.2.xlsx，选中 A2:F2 单元格。
2. 在“开始”选项卡下的“对齐方式”组中，单击“对话框启动器”按钮，弹出“设置单元格格式”对话框。
3. 选择“对齐”选项卡，在“方向”区域中单击“竖排文本方向”，如图 4-41 所示。
4. 完成设置后，单击“确定”按钮即可设置文本为竖排显示，如图 4-42 所示。

电脑小百科

如需要删除数据有效性，则打开“数据有效性”对话框，单击“全部清除”按钮，然后单击“确定”按钮即可。

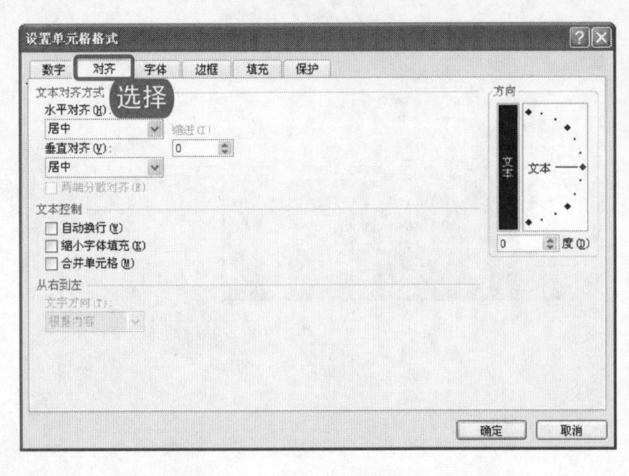

图 4-41 单击“竖排文本方向”

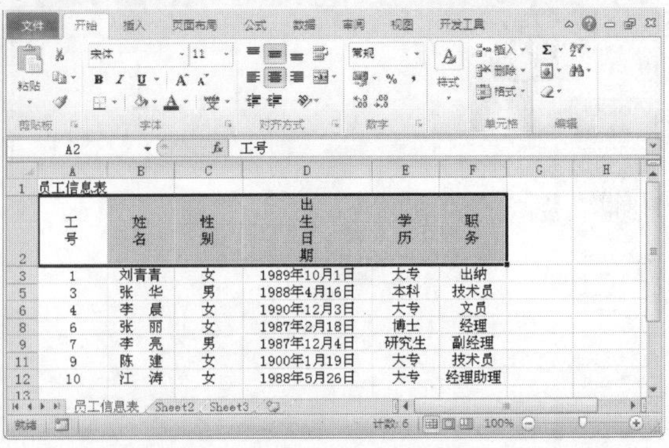

图 4-42 设置“竖排文本方向”后的效果

老师的话

另外还可以设置“垂直角度文本”，选定 B2 单元格，在“开始”选项卡下的“对齐方式”组中，单击“方向”按钮，从弹出的下拉列表中选择“向上旋转文字”命令，所选定的单元格呈 90° 垂直显示，如下图所示。

“文字方向”和“文本方向”是两个不同的概念。“文字方向”指的是文字从左到右或从右到左的书写和阅读方向。现在大多数的语言都是从左向右书写和阅读的，但也有少数语言是从右向左书写和阅读的，如阿拉伯语等。在使用相应的语言支持的 Office 版本后，可以在单元格格式中将文字方向设置为“总是从右到左”，以便输入和阅读这些语言。将文字方向设置为“总是从左到右”，对于通常的中英文文本并不起作用，但是对于符号(@、#、%等)，可以通过设置“总是从右到左”改变字符排列方向。

4.2.4 设置自动换行

在 Excel 单元格中输入文字的时候，如果不手动换行的话，输入的文字就会超出单元格的宽度，也许会占据其他的单元格。本节主要是告诉用户如何在 Excel 中设置“自动换行”，这样一来，我们就省去了手动换行的麻烦。

1. 打开原始文件 4.2.4.xlsx，选中包含长文本内容的单元格。
2. 在“开始”选项卡下的“对齐方式”组中，单击“对话框启动器”按钮，如图 4-43 所示。
3. 弹出“设置单元格格式”对话框，选择“对齐”选项卡，在“文本控制”区域下选中“自动换行”复选框，如图 4-44 所示。

电脑小百科

Excel 除了可以对单元格或单元格区域设置数据有效性条件并进行检查外，还可以在用户选择单元格或单元格区域时显示帮助性“输入信息”，也可以在用户输入了非法数据时提示“错误警告”。

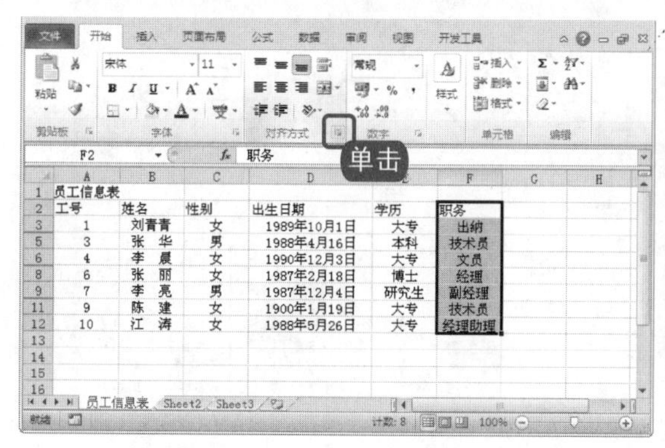

图 4-43　单击“对话框启动器”按钮

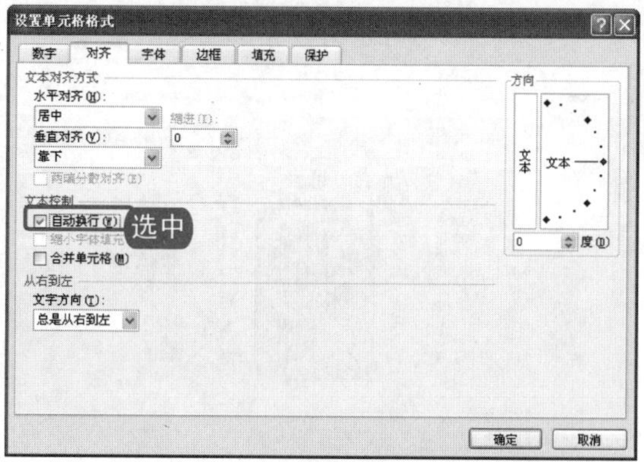

图 4-44　“设置单元格格式”对话框

4 设置完成后，单击“确定”按钮。

知识补充

还有更加简捷的设置自动换行的方法。在“开始”选项卡下单击“对齐方式”组中的“自动换行”按钮，Excel 会自动调整换行位置以保证文本适合单元格宽度。

4.2.5 设置数字格式

用户设置数字格式，目的是减少设置数据格式的工作量，可以先输入数据，再将数字变成希望的格式。设置数字格式时，有几种常用的数据类型(常规、数值、货币、会计专用、时间、日期、百分比等)及相应的格式供用户选择。

操作分析

数字格式是单元格格式中最有用的属性之一，用于对单元格数值格式化。下面将介绍几种设置数字格式的操作方法。

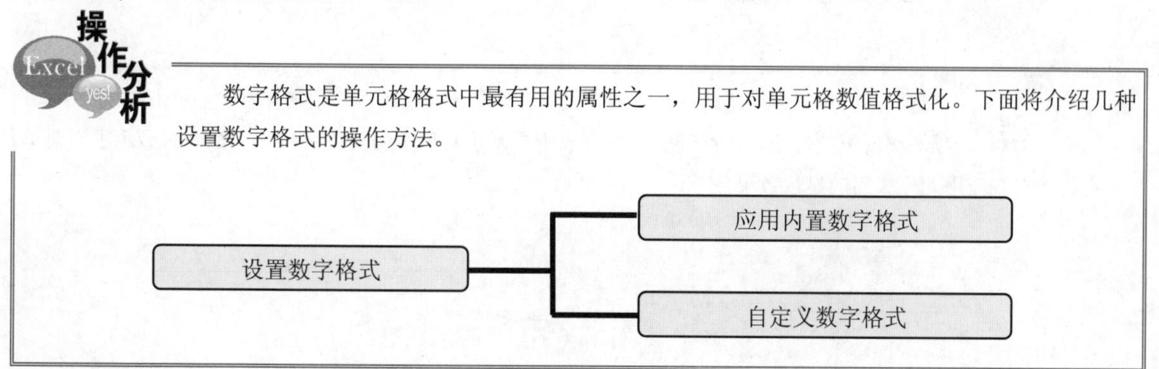

跟着做 1 应用内置数字格式

1 打开原始文件 4.2.5.xlsx，选择“员工信息表”工作表标签，选中 D3:D12 单元格，如图 4-45 所示。

2 在“开始”选项卡下的“对齐方式”组中，单击“对话框启动器”按钮，如图 4-46 所示。

3 弹出“设置单元格格式”对话框，选择“数字”选项卡。

4 在“分类”列表框中选择所需的数据类型，如图 4-47 所示。

5 设置完成后，单击“确定”按钮，效果如图 4-48 所示。

数据有效性应用于单元格并不影响单元格的格式。

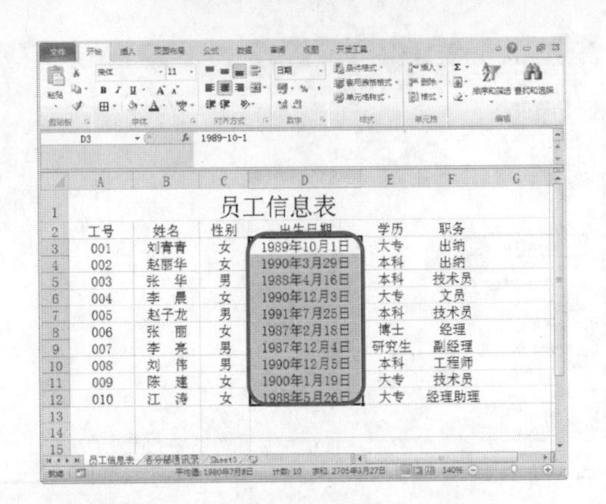
图 4-45 选中 D3:D12 单元格

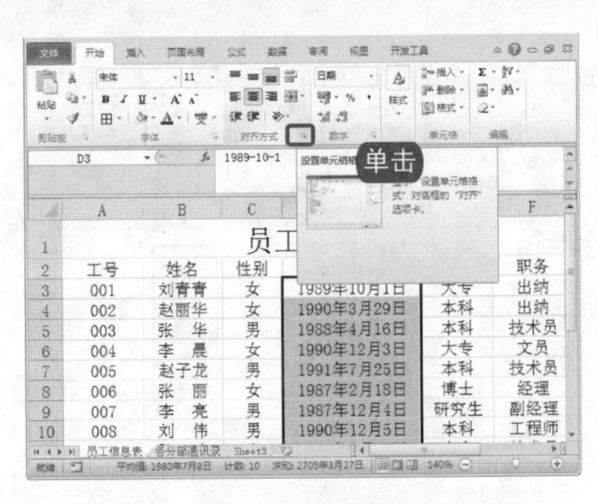

图 4-46 单击“对话框启动器”按钮

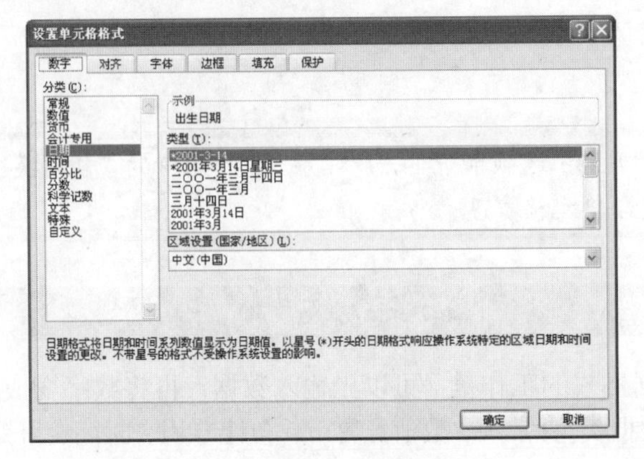
图 4-47 选择数据类型

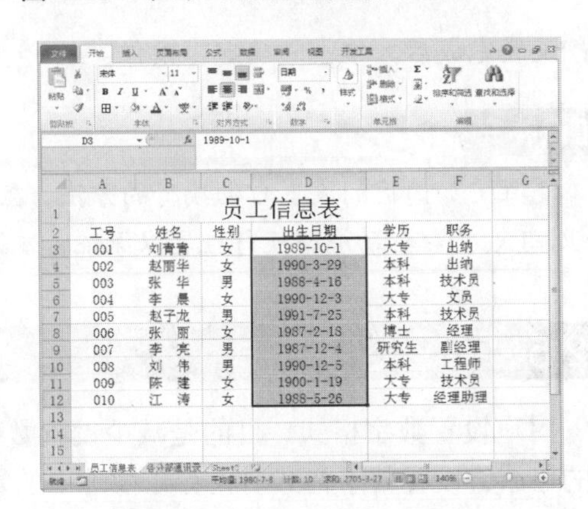
图 4-48 设置日期格式后的效果

老师的话

选中需要设置数字格式的单元格，在“开始”选项卡下的“数字”组中，单击“数字格式”选项右侧的下拉按钮，在展开的下拉列表中显示了几种常用的数字格式，都同时显示了当前单元格的数据在应用此格式后的显示效果。

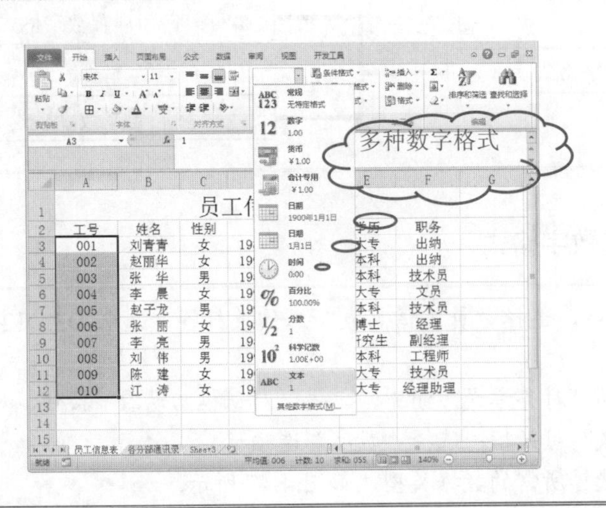

电脑小百科

当使用单元格引用作为函数参数且超过个数限制时，可使用逗号将多个引用区域间隔后用一对括号包含，形成合并区域，整体作为一个参数使用，从而解决参数个数限制问题。

知识补充

按 Ctrl+1 组合键或者单击“开始”选项卡中的“数字格式”选项右侧的下拉按钮，在展开的下拉列表中选择“其他数字格式”命令，都可以打开“设置单元格格式”对话框。为单元格设置数字格式，一般情况下只影响单元格中数据的显示效果，而不会改变单元格中的数据。

跟着做 2 自定义数字格式

除了可以使用系统内置的数字格式外，用户还可以自定义数字格式。具体操作步骤如下。

1. 打开原始文件 4.2.5.xlsx，选择“各分部通讯录”工作表标签，选中 C3:C8 单元格。
2. 在“开始”选项卡下的“数字”组中，单击“对话框启动器”按钮，如图 4-49 所示。
3. 弹出“设置单元格格式”对话框，在“数字”选项卡下的“分类”列表框中选择“自定义”选项，如图 4-50 所示。

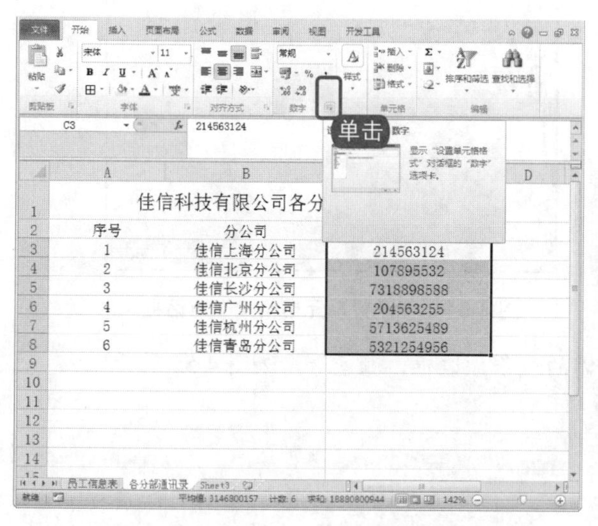

图 4-49　单击“对话框启动器”按钮

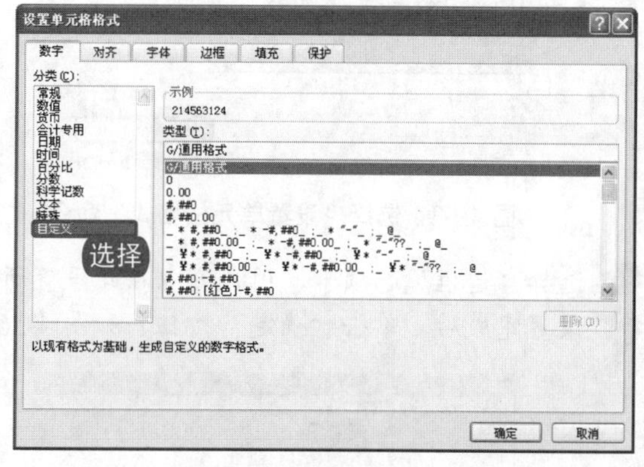

图 4-50　设置自定义数据格式

4. 在“类型”文本框中输入自定义的数字格式“"Tel:"000-000-0000”，如图 4-51 所示。
5. 设置完成后，单击“确定”按钮，如图 4-52 所示。

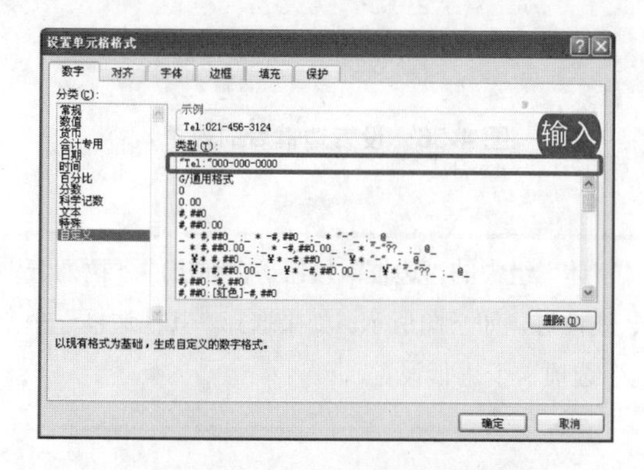

图 4-51　输入自定义数字格式

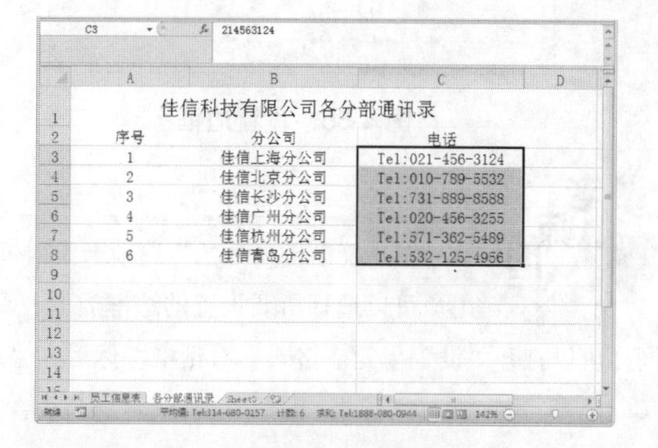

图 4-52　设置自定义数据格式后的效果

电脑小百科

数据有效性功能可以在尚未输入数据时，预先设置，以保证输入数据的正确性。

知识补充

在“类型”列表框中有许多 Excel 内置的数字格式，以及由用户创建的自定义数字格式。

4.2.6 设置单元格边框

为了使表格更加美观，常常需要为单元格添加边框，本节将介绍如何设置单元格的边框，具体操作步骤如下。

1. 打开原始文件 4.2.6.xlsx，选中整个工作表。
2. 在“开始”选项卡下的“单元格”组中，单击“格式”按钮。
3. 从弹出的下拉列表中选择“设置单元格格式”命令，如图 4-53 所示。
4. 弹出“设置单元格格式”对话框，如图 4-54 所示。

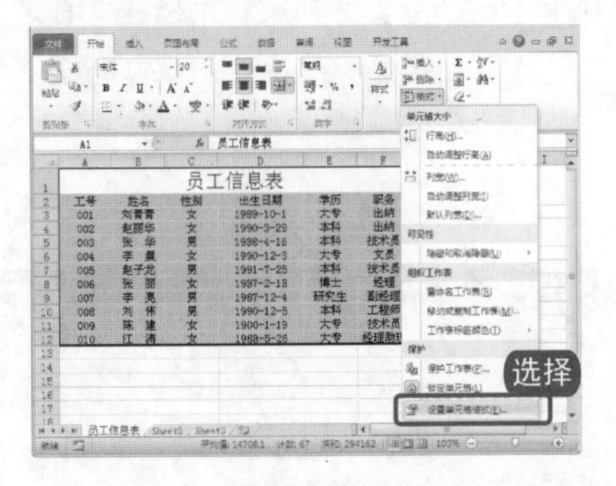

图 4-53 选择“设置单元格格式”命令

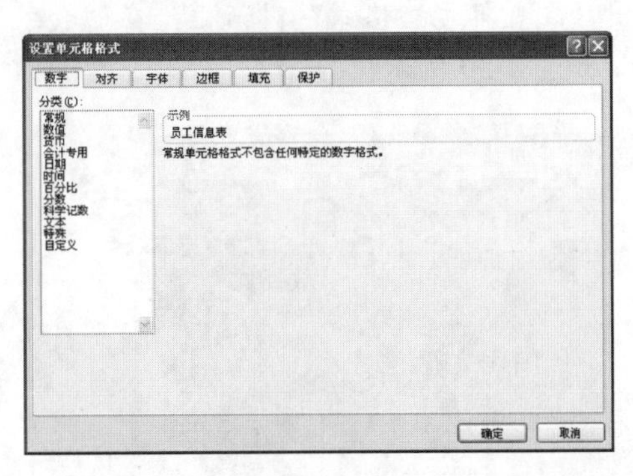

图 4-54 “设置单元格格式”对话框

5. 选择“边框”选项卡，用户可以在此设置所需的线条、边框、颜色等，如图 4-55 所示。
6. 设置完成后，单击“确定”按钮，如图 4-56 所示。

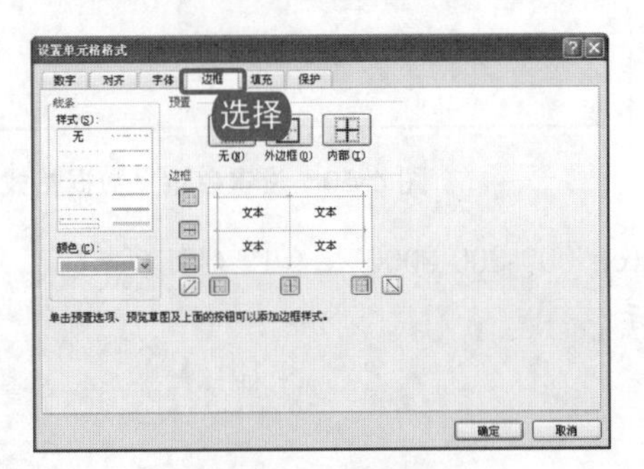

图 4-55 设置边框

图 4-56 设置边框后的效果

老师的话

在功能区的“开始”选项卡中，单击“字体”组中的“边框”按钮，在弹出的下拉列表中，用户可以选择所要设置的边框类型、颜色、线性等，如下图所示。如果选择“其他边框”命令，同样可以打开“设置单元格格式”对话框，然后在“边框”选项卡下进行设置。

电脑小百科

输入信息提示与“数据有效性”的条件设置没有关系。无论条件如何设置，包括允许任何值，都不影响输入信息提示的设置。

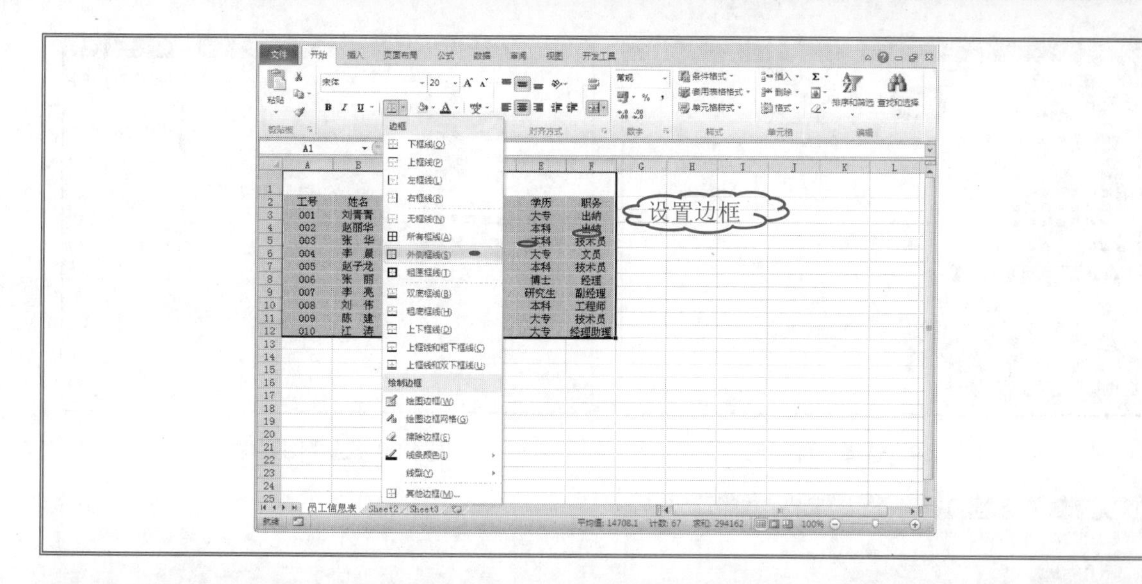

4.2.7 设置单元格底纹

如果用户想要使表格中的某些数据更加突出，就可以给表格中的某些单元格设置底纹。具体的操作步骤如下。

1. 打开原始文件 4.2.7.xlsx，选中 E3:E12 单元格，如图 4-57 所示。
2. 右击选中区域，从弹出的快捷菜单中选择“设置单元格格式”命令，如图 4-58 所示。

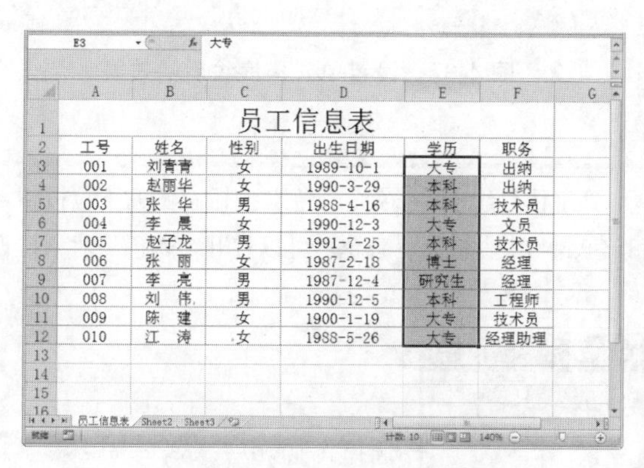

图 4-57 选中 E3:E12 单元格

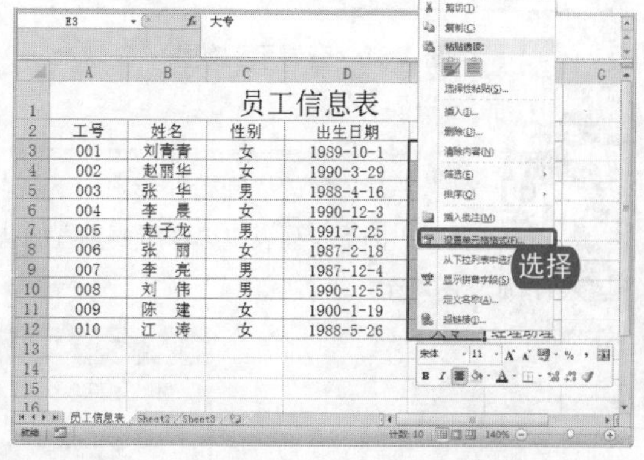

图 4-58 选择“设置单元格格式”命令

3. 弹出“设置单元格格式”对话框，选择“填充”选项卡，用户可以在“背景色”区域中选择一种底纹颜色，如图 4-59 所示。
4. 或是在“图案颜色”下拉列表框中选择一种颜色，然后在“图案样式”下拉列表框中选择一种合适的图案，如图 4-60 所示。
5. 选择完成后，可以在“示例”区域中查看设置的底纹效果，如图 4-61 所示。
6. 确认效果满意后，单击“确定”按钮，效果如图 4-62 所示。

电脑小百科

如果要在单元格中输入文本格式的数字，除了事先将单元格设置为文本格式外，只需在数字前加上单引号即可。

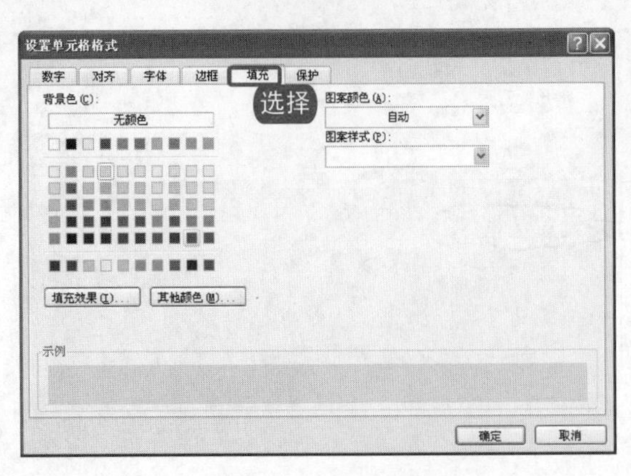

图 4-59　选择一种颜色

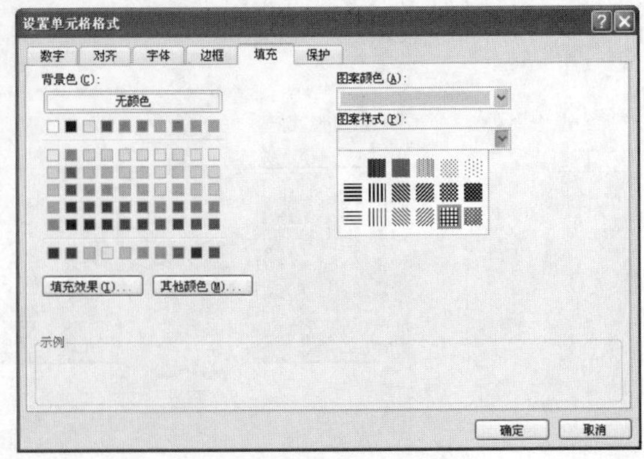

图 4-60　选择图案样式

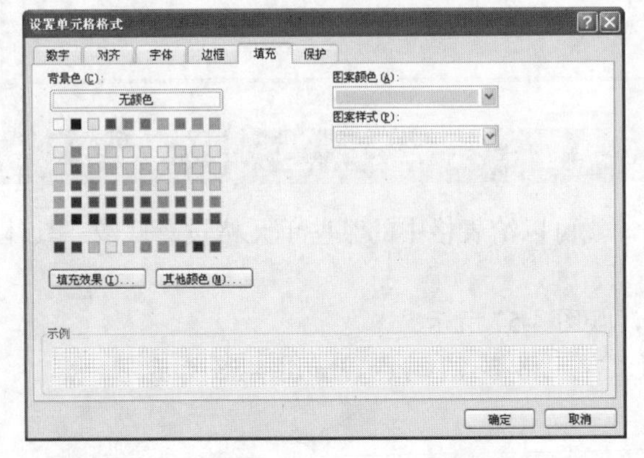

图 4-61　查看示例效果

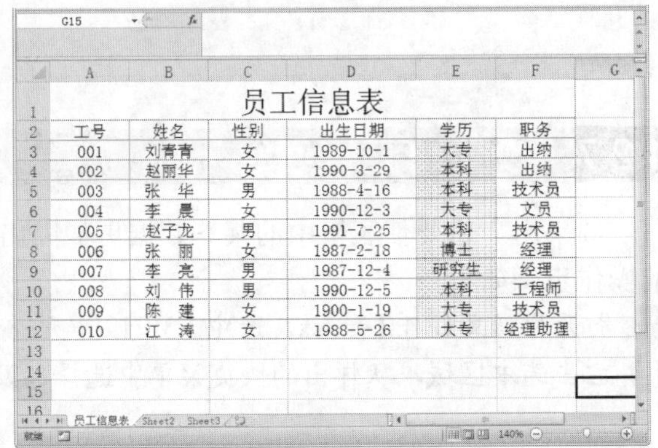

员工信息表

工号	姓名	性别	出生日期	学历	职务
001	刘青青	女	1989-10-1	大专	出纳
002	赵丽华	女	1990-3-29	本科	出纳
003	张　华	男	1988-4-16	本科	技术员
004	李　晨	女	1990-12-3	大专	文员
005	赵子龙	男	1991-7-25	本科	技术员
006	张　丽	女	1987-2-18	博士	经理
007	李　亮	男	1987-12-4	研究生	经理
008	刘　伟	男	1990-12-5	本科	工程师
009	陈　建	女	1900-1-19	大专	技术员
010	江　涛	女	1988-5-26	大专	经理助理

图 4-62　设置单元格底纹后的效果

在功能区的“开始”选项卡下，单击“字体”组中“填充颜色”按钮右侧的下拉按钮，从弹出的下拉列表中选择所要设置的背景色、“其他颜色”命令，可以打开“颜色”对话框设置其参数，如下图所示。

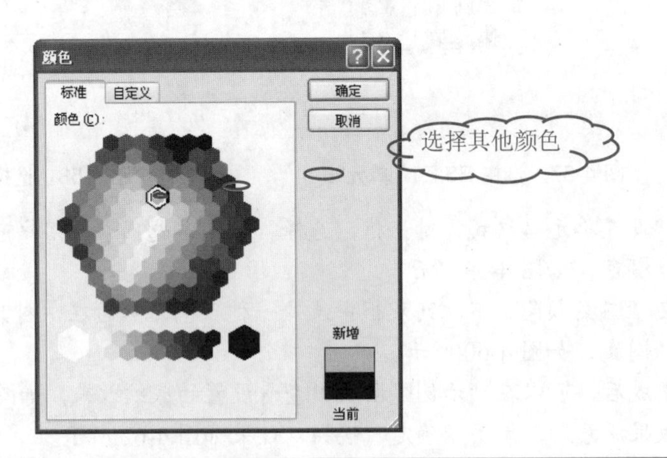

如果要删除数据有效性，则打开“数据有效性”对话框，单击“全部清除”按钮即可。

4.3　添加条件格式

条件格式是指当单元格内容满足条件是才会自动应用于单元格的格式。总的来说，如果用户想为某些符合条件的单元格应用某种特殊格式，使用条件格式功能就可以轻松实现。

书盘互动指导

示例	在光盘中的位置	书盘互动情况
（见下表）	4.3　添加条件格式 4.3.1　突出显示单元格规则 4.3.2　项目选取规则 4.3.3　数据条 4.3.4　色阶 4.3.5　图标集	本节主要带领读者学习如何添加条件格式，在光盘 4.3 节中有相关内容的操作视频，还特别针对本节内容设置了具体的实例分析。 读者可以在阅读本节内容后再学习光盘内容，以达到巩固和提升的效果。

公司进货单

序号	产品名	进价	销售价	销出数量	总销售额
1	特步	155	258	5	1290
2	李宁	195	389	7	达标2723
3	安踏	215	458	6	达标2748
4	鸿星尔克	210	599	2	1198
5	贵人鸟	155	218	4	872
6	阿迪达斯	310	689	2	1378

4.3.1　突出显示单元格规则

Excel 中的条件格式引入了一些新颖的功能，这样可以使用户以一种更容易理解的方式可视化分析的数据。同时也提供了不同类型的通用规则，使之更容易创建条件格式。

用户在处理数据时，为了能够直观显示数据情况，可以利用“突出显示单元格规则”来使数据分析更具表现力。在“条件格式”下拉列表中的“突出显示单元格规则”选项下，有多个显示规则命令，用户可根据实际需要进行相应的设置。

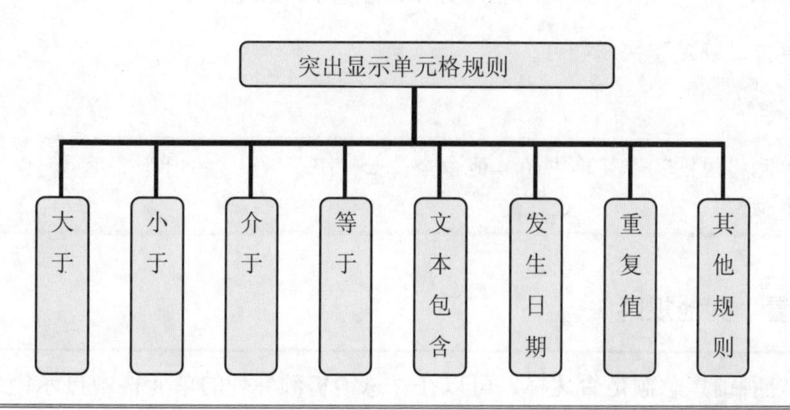

跟着做 1　设置“大于”规则

以“公司进货单”为例，将“销出数量”字段中大于“5”的单元格设置为“浅色填充色深

电脑小百科

起始页码的默认设置为自动，即以数字 1 开始为页码标号，单如果用户需要页码起始于其他数字，则可在此文本框内填入相应的数字。

红色文本”效果，具体操作步骤如下。

1. 打开原始文件 4.3.1.xlsx，选中 F3:F8 单元格区域。
2. 在“开始”选项卡的“样式”组中，单击“条件格式”按钮。
3. 从弹出的下拉列表中选择“突出显示单元格规则”→“大于”命令，如图 4-63 所示。

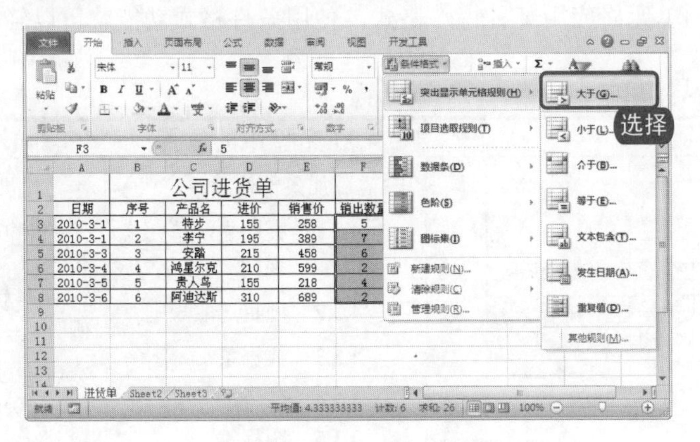

图 4-63 选择“大于”命令

4. 弹出“大于”对话框，在“为大于以下值的单元格设置格式”框中输入需要设置的值 5，在“设置为”下拉列表框中选择要设置的效果，如图 4-64 所示。

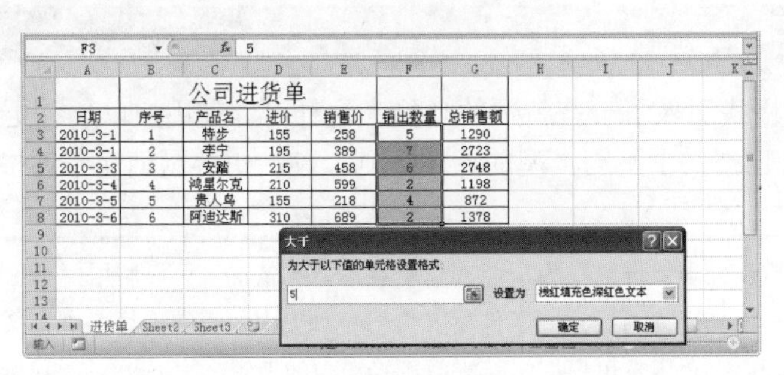

图 4-64 “突出显示单元格规则”效果图

5. 设置完成后，单击“确定”按钮即可。

知识补充

在“突出显示单元格规则”子菜单中的其他命令，如“小于”、“介于”、“等于”等命令均与上述“大于”命令类似。

跟着做 2 设置“其他规则”

为了更直观地查看销售总额是否达标，可以在“总销售额”列的单元格中显示销售额及达标标准。

下面以“公司进货单”为例，将“总销售额”字段中大于或等于 2000 的值设置为达标，小于 2000 的设置为未达标，具体操作步骤如下。

1. 打开上一节保存的文件，选中 G3:G8 单元格区域，如图 4-65 所示。

电脑小百科

Excel 2010 数据有效性的“序列”条件，除了允许手动设置，还允许直接应用单元格区域，包括当前工作表或其他工作表中的区域。

❷ 在“开始”选项卡的“样式”组中，单击“条件格式”按钮。

❸ 从弹出的下拉列表中选择“突出显示单元格规则”→“其他规则”命令，如图 4-66 所示。

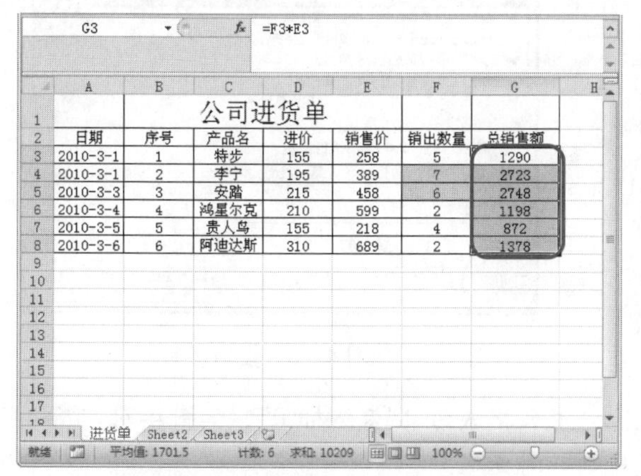

图 4-65　选中 G3:G8 单元格区域

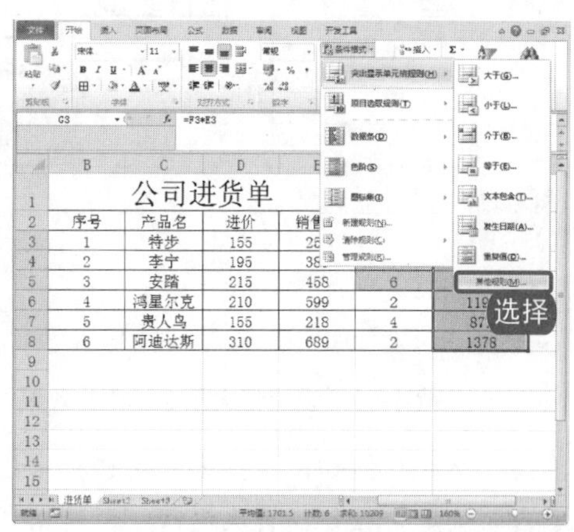

图 4-66　选择“其他规则”命令

❹ 弹出“新建格式规则”对话框，在“选择规则类型”区域下选择“只为包含以下内容的单元格设置格式”，在“编辑规则说明”区域中依次设置参数为“单元格值”、“大于或等于”、2000，如图 4-67 所示。

❺ 单击“格式”按钮，弹出“设置单元格格式”对话框，在“数字”选项卡下的“分类”列表框中选择“自定义”选项，在“类型”文本框中输入“"达标"0”(输入的内容包含英文双引号)，如图 4-68 所示。

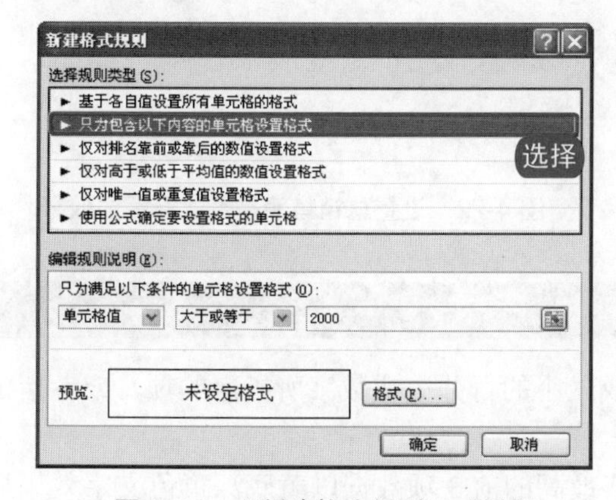

图 4-67　“新建格式规则”对话框

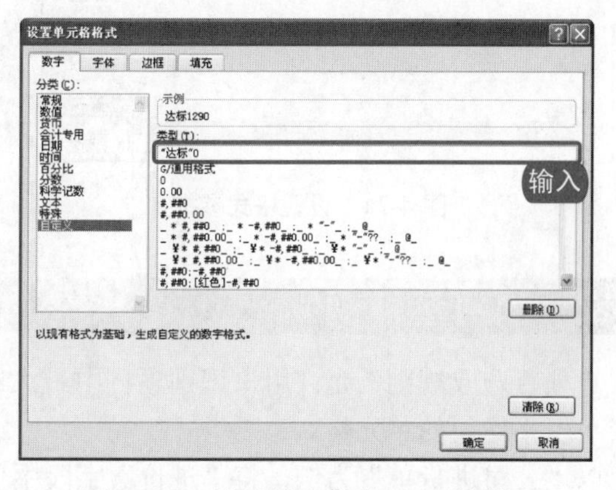

图 4-68　“设置单元格格式”对话框

❻ 单击“确定”按钮，返回到“新建格式规则”对话框，单击“确定”按钮，设置总销售额达标后的效果如图 4-69 所示。

❼ 按上述操作方法，打开“新建格式规则”对话框，在“编辑规则说明”区域中再依次设置参数为“单元格值”、“小于”、2000，如图 4-70 所示。

电脑小百科

当对数据列表进行排序时，要注意含有公式的单元格。

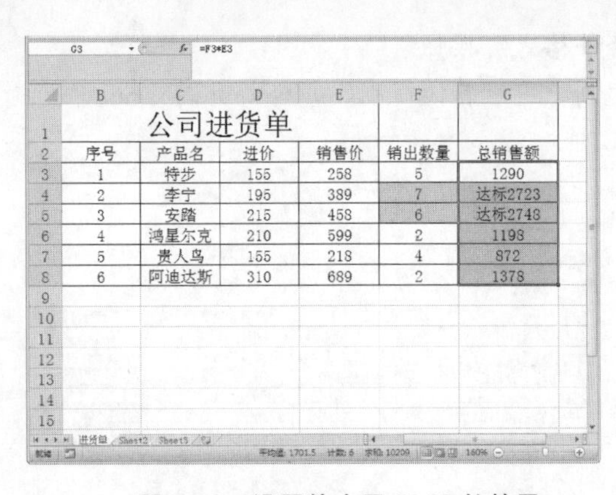

G3
=F3*E3
公司进货单
序号 产品名 进价 销售价 销出数量 总销售额
1 特步 155 258 5 1290
2 李宁 195 389 7 达标2723
3 安踏 215 458 6 达标2748
4 鸿星尔克 210 599 2 1198
5 贵人鸟 155 218 4 872
6 阿迪达斯 310 689 2 1378

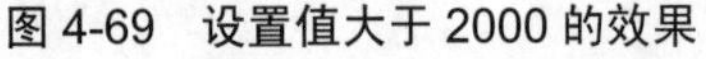

图 4-69　设置值大于 2000 的效果

新建格式规则
选择规则类型(S):
► 基于各自值设置所有单元格的格式
► 只为包含以下内容的单元格设置格式
► 仅对排名靠前或靠后的数值设置格式
► 仅对高于或低于平均值的数值设置格式
► 仅对唯一值或重复值设置格式
► 使用公式确定要设置格式的单元格
设置
编辑规则说明(E):
只为满足以下条件的单元格设置格式(O):
单元格值
小于
2000
预览:
达标38718
格式(F)...
确定
取消

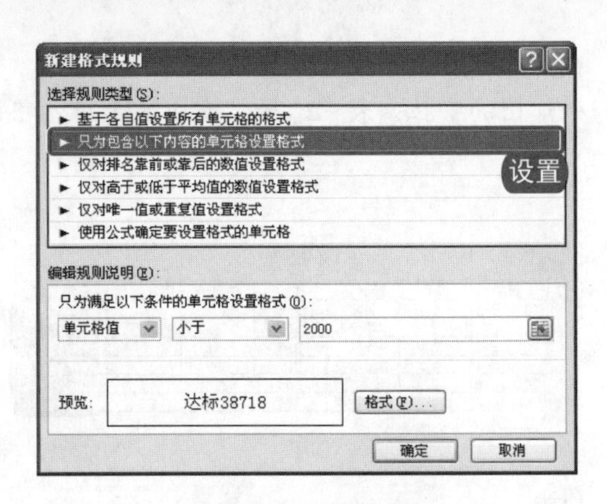

图 4-70　设置参数

8. 单击“格式”按钮，在弹出的对话框中设置自定义格式为“"未达标"0”，如图 4-71 所示。
9. 单击“确定”按钮，再次返回“新建格式规则”对话框。
10. 单击“确定”按钮，完成设置，设置总销售额是否达标后的效果如图 4-72 所示。

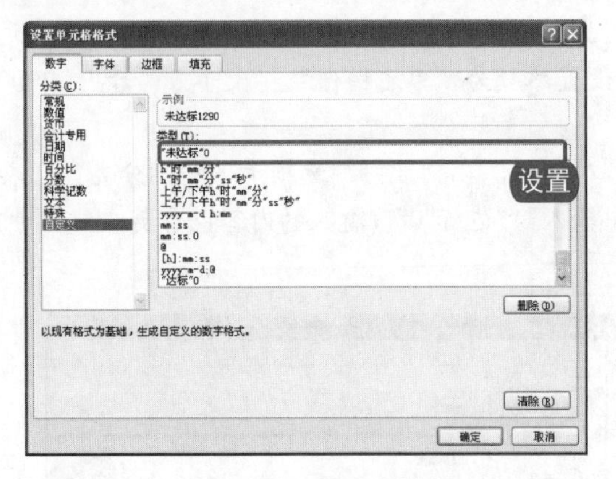

设置单元格格式
数字 字体 边框 填充
分类(C):
常规
数值
货币
会计专用
日期
时间
百分比
分数
科学记数
文本
特殊
自定义
示例
未达标1290
类型(T):
"未达标"0
设置
删除(D)
以现有格式为基础，生成自定义的数字格式。
清除(R)
确定
取消

图 4-71　设置格式参数

G3
=F3*E3
公司进货单
序号 产品名 进价 销售价 销出数量 总销售额
1 特步 155 258 5 未达标1290
2 李宁 195 389 7 达标2723
3 安踏 215 458 6 达标2748
4 鸿星尔克 210 599 2 未达标1198
5 贵人鸟 155 218 4 未达标872
6 阿迪达斯 310 689 2 未达标1378

图 4-72　设置总销售额是否达标后的效果

4.3.2　项目选取规则

“项目选取规则”允许用户识别项目中最大或最小的百分数或数字所指定的项，或者指定大于或小于平均值的单元格。

以“公司进货单”为例，将“进价”字段中值最高的前 3 项数据以黄底深黄色文字效果显示出来，具体操作步骤如下。

1. 打开原始文件 4.3.2.xlsx，选中 D3:D8 单元格区域。
2. 在“开始”选项卡下的“样式”组中，单击“条件格式”按钮。
3. 从弹出的下拉列表中选择“项目选取规则”→“值最大的 10 项”命令，如图 4-73 所示。
4. 弹出“10 个最大的项”对话框，在“为值最大的那些单元格设置格式”框中输入需设置的值 3，在“设置为”框中选择要设置的效果“黄填充色深黄色文本”，如图 4-74 所示。
5. 设置完成后，单击“确定”按钮。

电脑小百科

如果是对行进行排序，则在排序之后，数据列表中对同一行的其他单元格的引用可能是正确的，但对不同行的单元格的引用却不再是正确的。

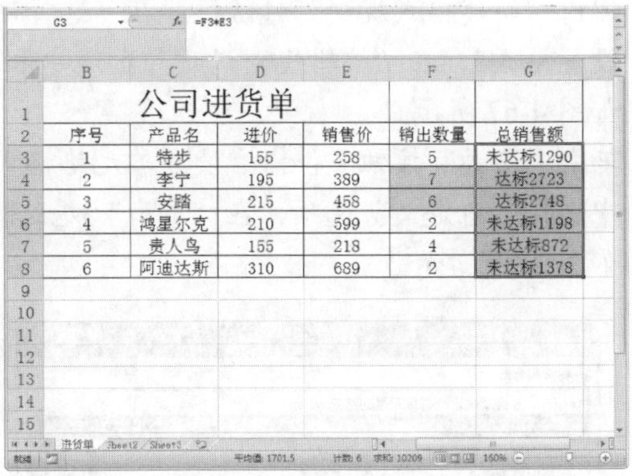

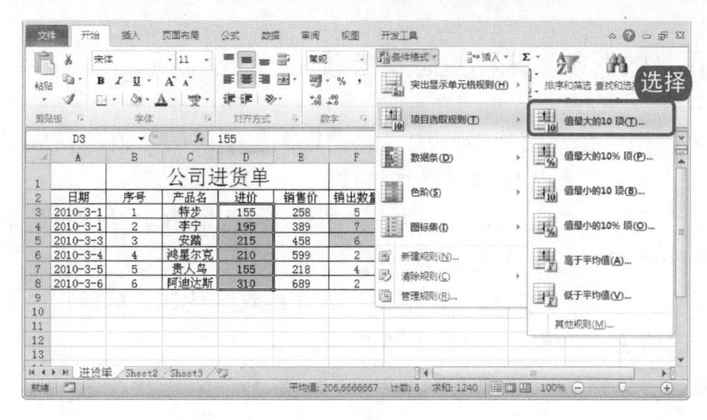

图 4-73　选择“值最大的 10 项”命令

图 4-74　设置“10 个最大的项”对话框

知识补充

在“项目选取规则”命令下选择“其他规则”，弹出“新建格式规则”对话框，在“选择规则类型”区域下选择“仅对排名靠前或靠后的数值设置格式”，在“编辑规则说明”区域中设置所需要的值，单击“格式”按钮，设置单元格内容的格式(如数字、字体、边框、填充)，单击“确定”按钮即可。

4.3.3 数据条

用户在处理数据时，需要了解单元格中数值的大小，也就是说把数字的大小形象化。通过添加数据标识，数据条的长短真实反映了数据值的大小，使得数据显示更加直观。

操作分析

为了更直观地显示每种产品的总销售额，可以使用条件格式中的“数据条”对其进行标识，并可以使其中的数值隐藏起来，产生类似图表的效果。

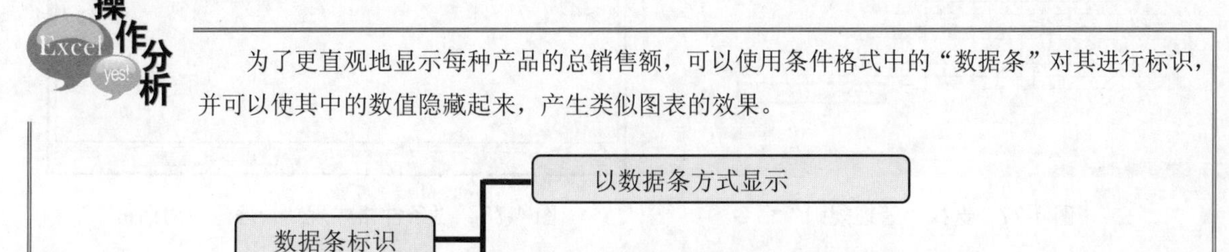

在默认格式单元格中，文本是左对齐的，而数字、日期和时间是右对齐的，更改对齐方式并不会改变数据的类型。

跟着做 1☛ 使用“数据条”来标识总销售额

以“数据条”来标识“公司进货单”中“总销售额”字段的数值，具体操作步骤如下。

1. 打开原始文件 4.3.3.xlsx，选中 G3:G8 单元格区域。
2. 在“开始”选项卡下的“样式”组中，单击“条件格式”按钮，从弹出的下拉列表中选择“清除规则”→“清除所选单元格的规则”命令。
3. 在“开始”选项卡下的“样式”组中，单击“条件格式”按钮，从弹出的下拉列表中选择一种数据条类型，如“绿色数据条”，如图 4-75 所示。
4. 可以看到添加数据条标识后，数据显示更加直观，效果如图 4-76 所示。

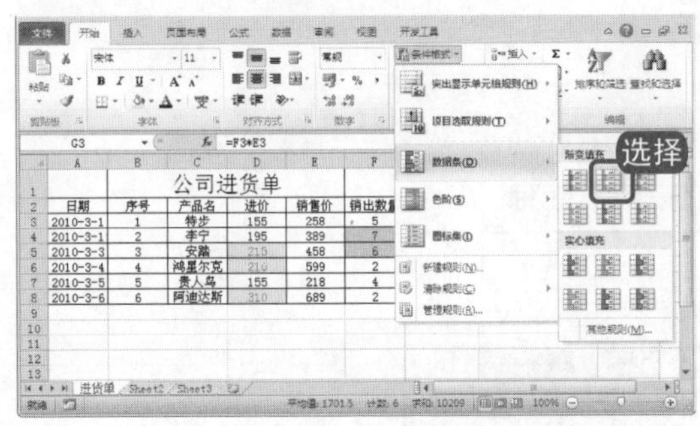

图 4-75　选择“绿色数据条”命令

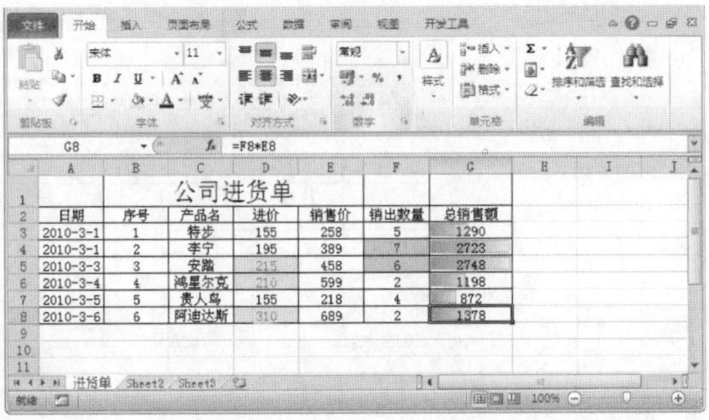

图 4-76　设置数据条效果图

跟着做 2☛ 隐藏“总销售额”的数据值

1. 打开上一小节保存的文件，选中 G3:G8 单元格区域中的任一单元格。
2. 在“开始”选项卡中单击“条件格式”按钮，从弹出的下拉列表中选择“管理规则”命令，如图 4-77 所示。
3. 弹出“条件格式规则管理器”对话框，在“显示其格式规则”下拉列表框中选择“当前选择”选项，如图 4-78 所示。

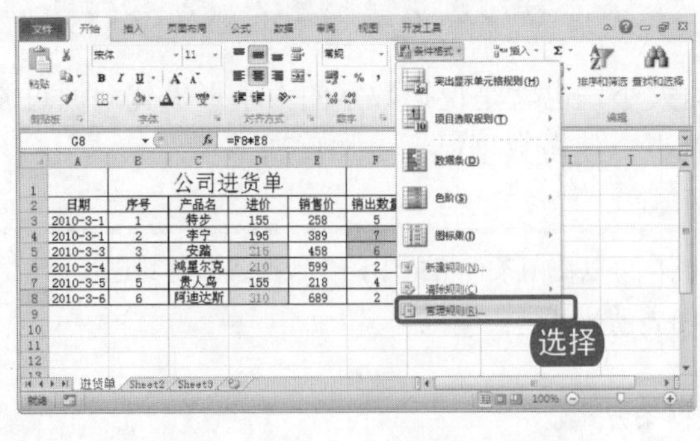

图 4-77　选择“管理规则”命令

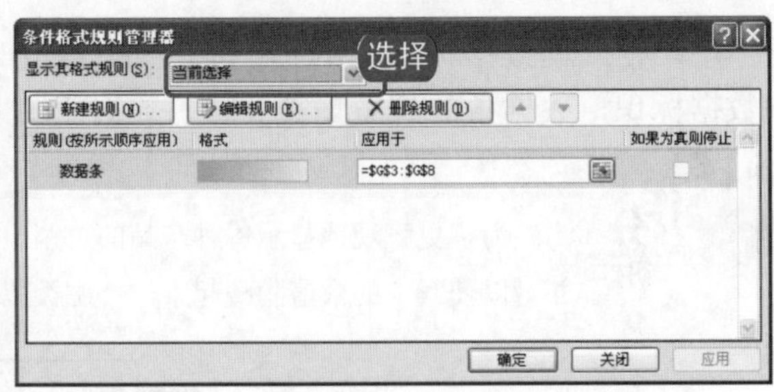

图 4-78　“条件格式规则管理器”对话框

4. 选中“数据条”规则，单击“编辑规则”按钮。
5. 弹出“编辑格式规则”对话框，在下方的“编辑规则说明”区域中选中“仅显示数据条”复选框，如图 4-79 所示。

电脑小百科

在 Excel 中，可以使用数字格式更改数字(包括日期和时间)的显示，而不是更改数字本身的值，所应用的数字格式并不会影响单元格中的实际数值。

❻ 单击“确定”按钮，返回“条件格式规则管理器”对话框，再单击“确定”按钮即可，效果如图 4-80 所示。

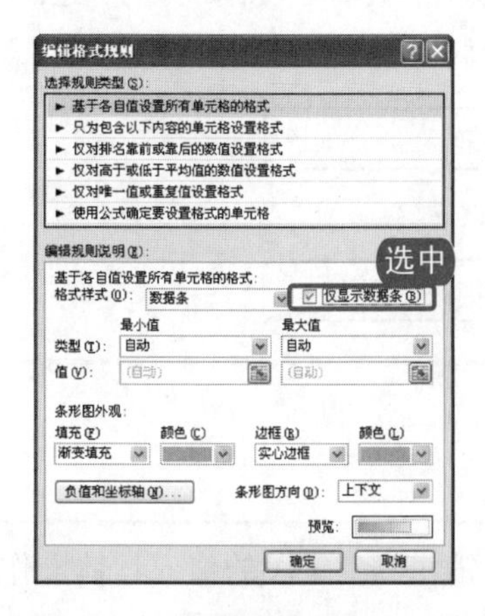

图 4-79　“编辑格式规则”对话框

图 4-80　设置隐藏数据值效果图

4.3.4　色阶

色阶相当于单元格的条件格式，工作表中的单元格数据是按底纹色阶排序的，当用户想要看表格中数据的进程指示，可以使用色阶来表示。

以“公式进货单”为例，利用“色阶”来标识“销售价”字段的数值，具体操作步骤如下。

❶ 打开原始文件 4.3.4.xlsx，选中 E3:E8 单元格。

❷ 在“开始”选项卡下的“样式”组中，单击“条件格式”按钮，如图 4-81 所示。

❸ 在下拉列表中选择一种色阶类型，如“绿-白色阶”，效果如图 4-82 所示。

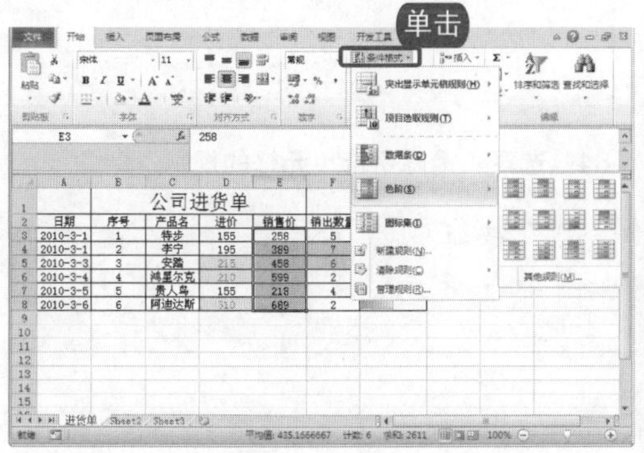

图 4-81　单击“条件格式”按钮

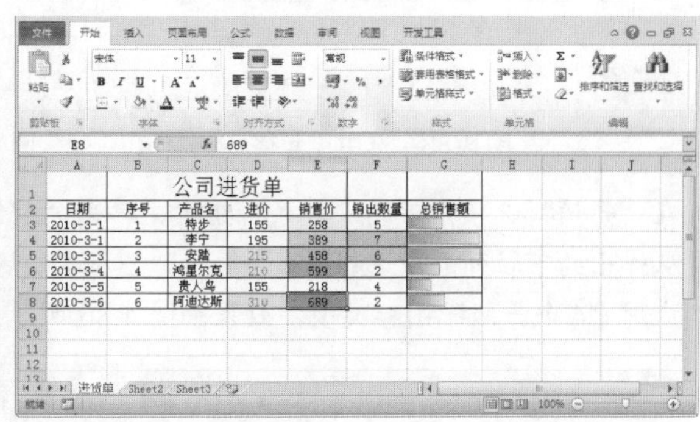

图 4-82　设置“绿-白色阶”后的效果

4.3.5　图标集

有时，文字描述显得不够直观，当用户想要使单元格数据看上去非常醒目，就可以使用 Excel 2010 中的图标集，它的功能是在符合条件的单元格中显示指定的图标。

电脑小百科

如果该文本被设置了字符格式，当选定该文本时，对应的格式按钮处于按下状态，再单击该格式按钮将删除该格式。

为了更直观地显示每种产品的总销售额，可以使用条件格式中的“图标集”对其进行标识，并可以按阈值将数据分为三到五个类别，且其中每个图标代表一个值的范围。

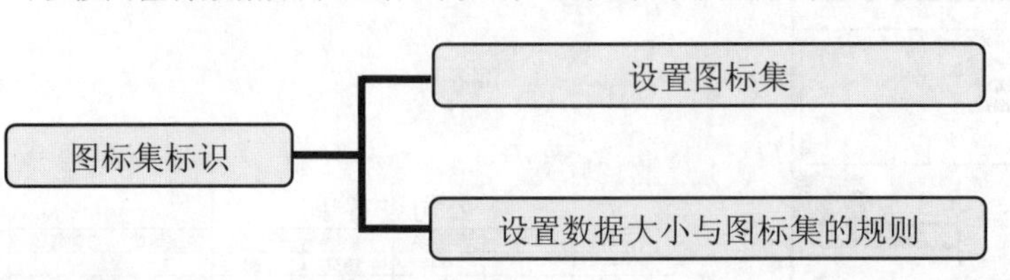

跟着做 1☛ 设置图标集

下面以“公司进货单”为例，使用“图标集”来标识“总销售额”字段的值，具体操作步骤如下。

1. 打开原始文件 4.3.5.xlsx，选中 G3:G8 单元格，如图 4-83 所示。
2. 在“开始”选项卡下的“样式”组中，单击“条件格式”按钮。
3. 从弹出的下拉列表中选择“清除规则”→“清除所选单元格的规则”命令，如图 4-84 所示。

图 4-83 选中单元格

图 4-84 选择“清除所选单元格的规则”命令

4. 在“开始”选项卡下的“样式”组中，单击“条件格式”按钮。
5. 从弹出的下拉列表中选择“4 个等级”图标类型，如图 4-85 所示。
6. 应用“4 个等级”图标类型，效果如图 4-86 所示。

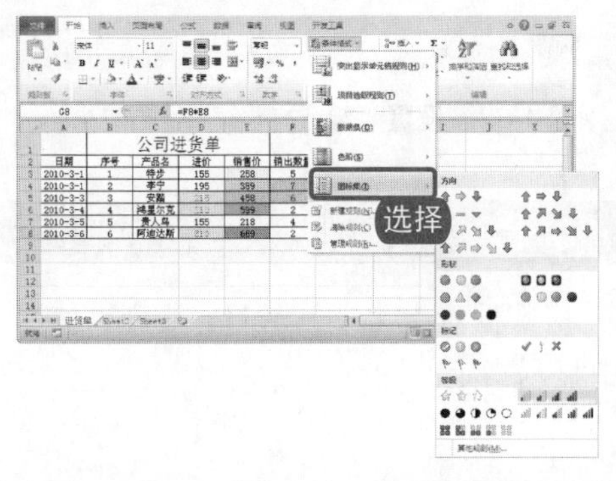

图 4-85 选择“4 个等级”图标

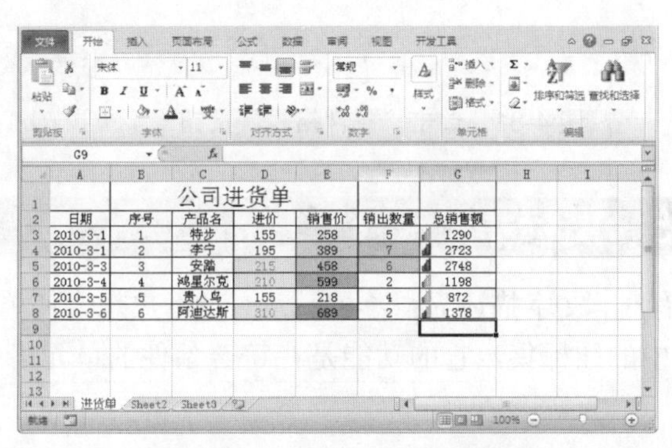

图 4-86 设置图标集后的效果

使用图标集可以对数据进行注释，每个图标集代表一个值的范围。

跟着做 2☛ 设置数据与图标集的对应规则

1. 打开上一小节保存的文件，选中设有图标集的任意一个单元格。
2. 在“开始”选项卡中，单击“条件格式”按钮，从弹出的下拉列表中选择“管理规则”命令，如图 4-87 所示。
3. 弹出“条件格式规则管理器”对话框，如图 4-88 所示。

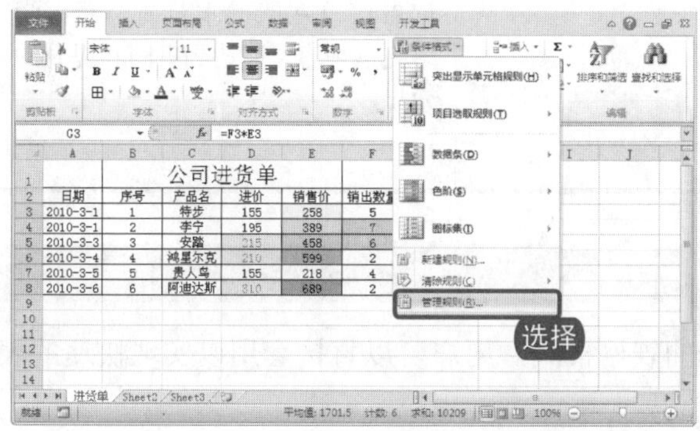

图 4-87　选择“管理规则”命令

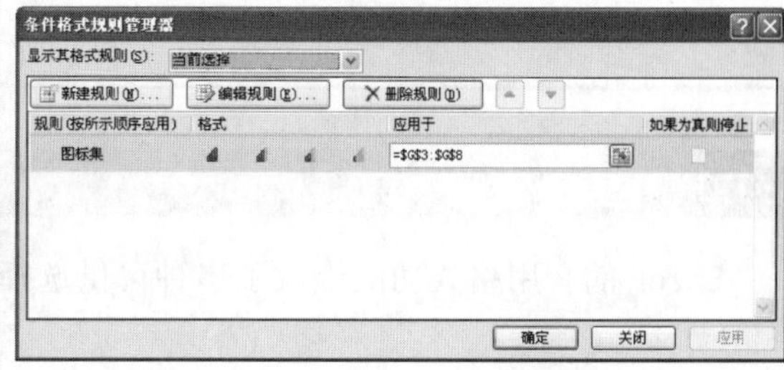

图 4-88　“条件格式规则管理器”对话框

4. 单击“编辑规则”按钮，弹出“编辑格式规则”对话框。
5. 在该对话框中先把“类型”从“百分比”改为“数字”，再把“值”分别改为 2700、1200 和 1000，如图 4-89 所示。
6. 设置完成后，单击“确定”按钮，效果如图 4-90 所示。

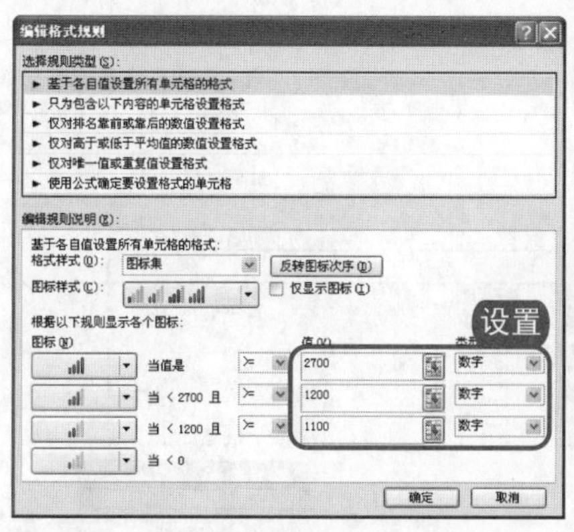

图 4-89　“编辑格式规则”对话框

图 4-90　设置数据与图标集的对应规则效果

4.4 自动套用格式

Excel 提供了自动格式化的功能，它可以根据预设的格式将我们制作的报表格式化，产生美观的报表，也就是表格的自动套用格式。这种自动格式化的功能，可以省去许多将报表格式化的时间，而制作出的报表却很美观。

电脑小百科

自动套用格式可以自动识别 Excel 工作表中的汇总层次以及明细数据的具体情况，然后统一对它们的格式进行修改。

书盘互动指导

示例	在光盘中的位置	书盘互动情况
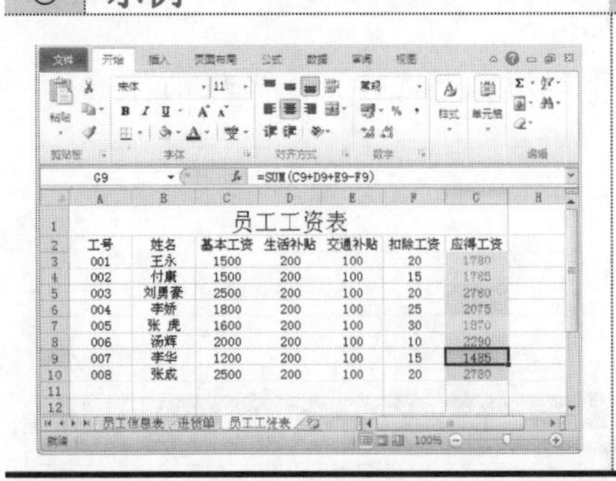	4.4 自动套用格式 4.4.1 套用表格格式 4.4.2 套用单元格样式	本节主要带领读者学习自动套用格式，在光盘 4.4 节中有相关内容的操作视频，还特别针对本节内容设置了具体的实例分析。 读者可以在阅读本节内容后再学习光盘内容，以达到巩固和提升的效果。

4.4.1 套用表格格式

Excel 的套用格式功能提供了多种可供选择的表格样式，用户可以直接套用以实现快速的表格格式设置。

1. 打开原始文件 4.4.1.xlsx，选中任意数据单元格。
2. 在“开始”选项卡下的“样式”组中，单击“套用表格格式”按钮。
3. 在展开的库中选择需要的表格样式，例如在此选择“中等深浅”组中的“表样式中等深浅 2”，如图 4-91 所示。
4. 弹出“套用表格式”对话框，在“数据来源”文本框中单击折叠按钮，选择需要套用表格样式的区域，例如在此选择 A2:G10 区域，就可以看到对话框中显示了引用的位置，然后再单击折叠按钮，如图 4-92 所示。

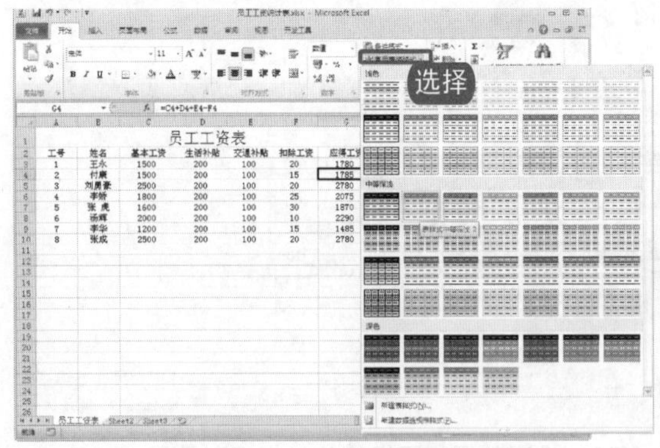

图 4-91　选择表格样式

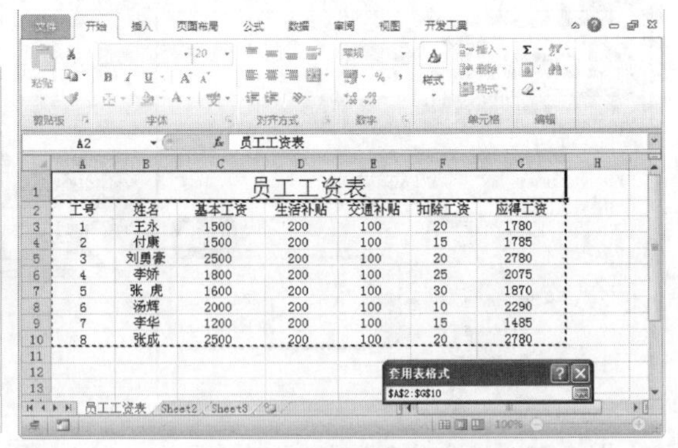

图 4-92　设置数据表的来源

5. 选中“表包含标题”复选框，如图 4-93 所示。
6. 设置完成后，单击“确定”按钮，效果如图 4-94 所示。
7. 如果用户想要让用了格式的表格转换为普通区域，则单击“表格工具-设计”，在“工具”组中单击“转换为区域”按钮。
8. 弹出 Microsoft Excel 对话框，单击“是”按钮，如图 4-95 所示。
9. 将表转换为普通区域，如图 4-96 所示。

电脑小百科

在使用条件格式时，可以在输入框中输入公式或者选择含有公式的单元格。

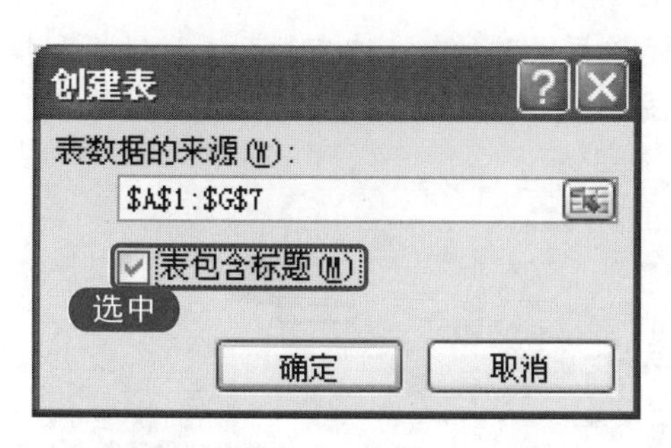

图 4-93　选中“表包含标题”复选框

图 4-94　效果图

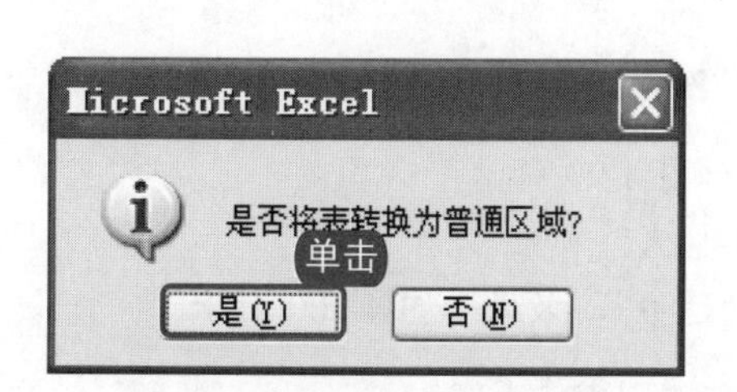

图 4-95　单击“是”按钮

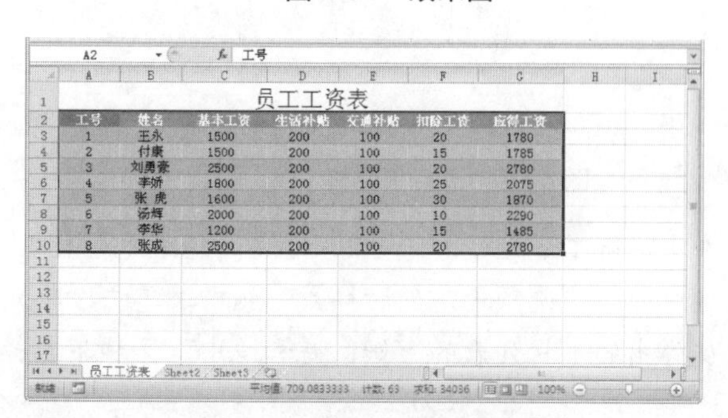

图 4-96　将表转换为普通区域

4.4.2　套用单元格样式

单元格样式指的是一组预定义的单元格格式特征组合，使用单元格样式功能可以在不同的单元格之间快速地复制格式属性。单元格样式包括文本样式(数据和模型)、背景样式(好、差和适中/主题单元格样式)、标题样式(标题)、数字格式等。

操作分析

在实际工作中常常要为单元格设置特定的单元格样式，以增强可读性和规范性并方便后期进行数据处理。下面将介绍几种套用单元格样式的操作方法。

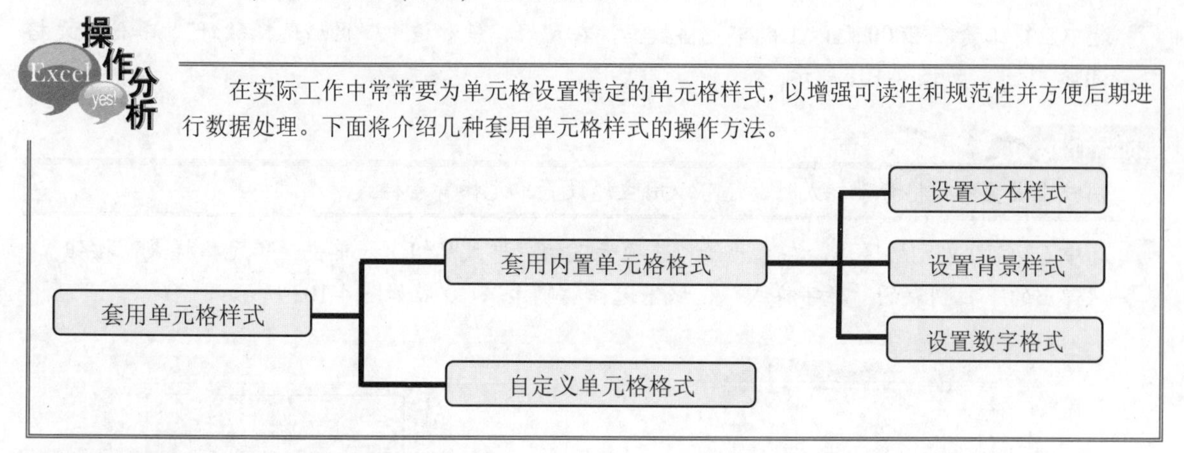

跟着做 1　应用内置套用单元格格式

以“员工工资表”为例，套用单元格格式，包括设置文本样式、背景样式、数字格式样式等，

电脑小百科

注意，公式的值必须返回 True 或 False。当公式返回 True 时，将应用条件格式；否则，不会应用设定的格式。

具体操作步骤如下。

1. 打开原始文件 4.4.2.xlsx，选中 A1:G1 单元格，如图 4-97 所示。
2. 在“开始”选项卡下的“样式”组中，单击“单元格样式”按钮。在下拉列表“数据和模型”区域下选择“检查单元格”或者其他的样式，如图 4-98 所示。

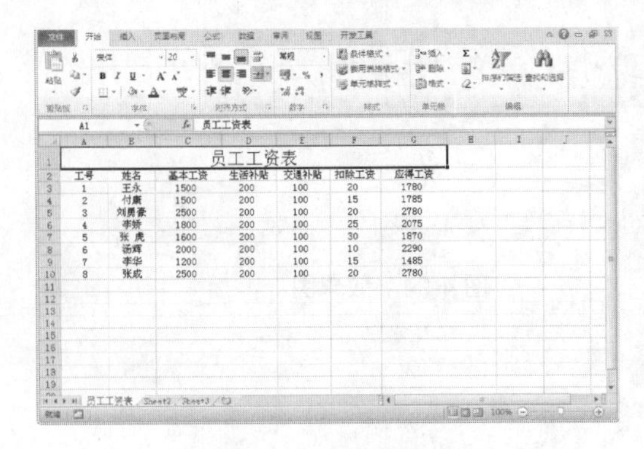

图 4-97　选定单元格

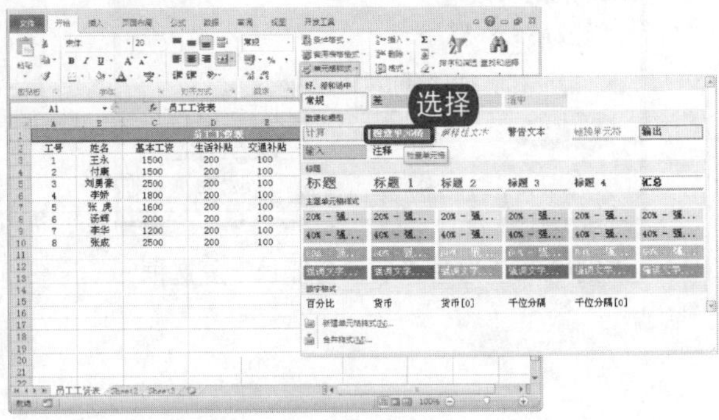

图 4-98　检查单元格样式效果图

3. 选中应得工资在 1500～2000 元之间的单元格数据，如图 4-99 所示。
4. 在“开始”选项卡下的“样式”组中，单击“单元格样式”按钮。
5. 从弹出的下拉列表的“好、差和适中”区域下选择“适中”，效果如图 4-100 所示。

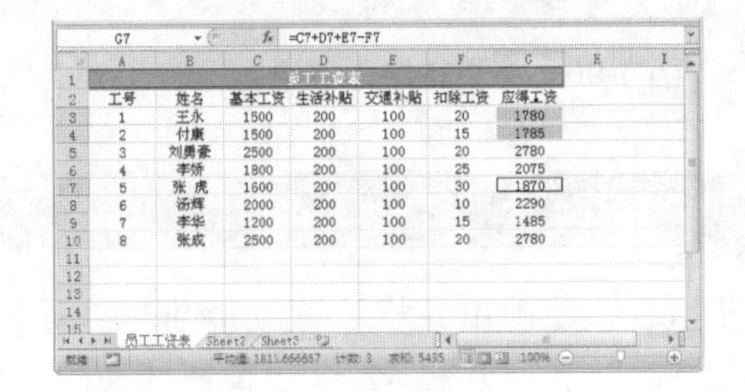

图 4-99　选定数据

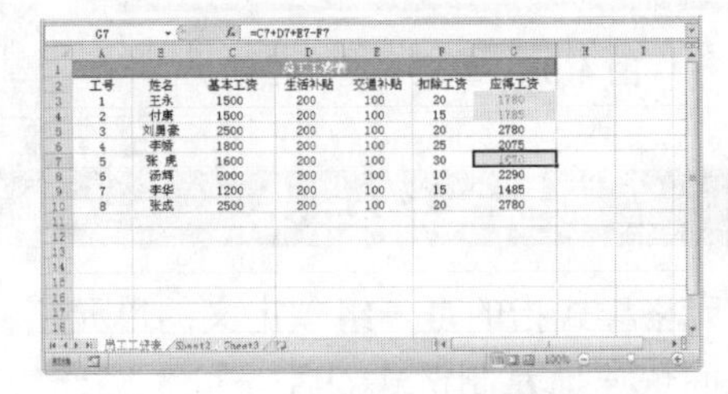

图 4-100　适中单元格样式效果

6. 选中应得工资在 2000 元以上的单元格数据，在“好、差和适中”区域选择“好”，其他单元格选择“差”，如图 4-101 所示。

知识补充

用户在设置单元格背景样式时，还可以用主题设置单元格背景样式。

7. 选中 C3:G10 单元格区域，在“开始”选项卡下的“样式”组中，单击“单元格样式”按钮。
8. 从弹出的下拉列表的“数字样式”区域下选择“货币”，效果如图 4-102 所示。

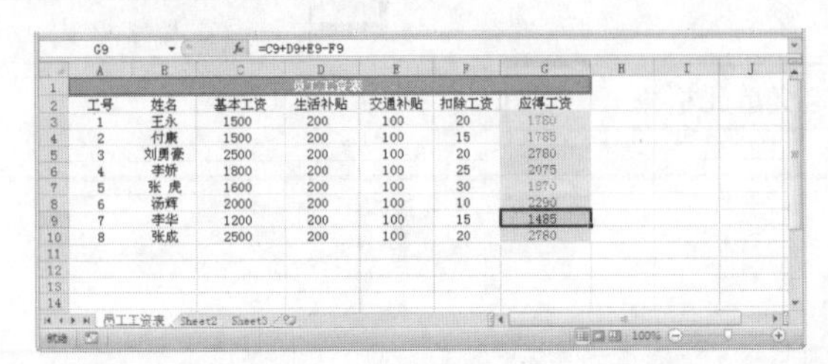

图 4-101　设置“好”和“差”

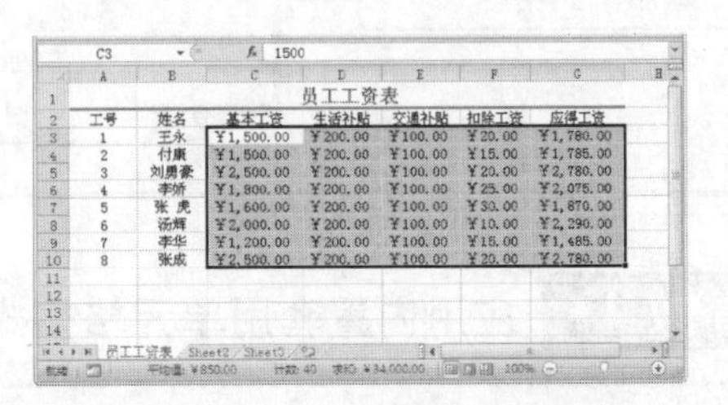

图 4-102　货币数字样式效果图

电脑小百科

当复制一个包含条件格式的单元格时，将同时复制该单元格的条件格式。

知识补充

在套用单元格数字样式时，还有一种比较快捷的方式，在“开始”选项卡下的“数字”组中，单击“数字格式”下拉列表框右侧的下拉按钮，弹出下拉列表，在此同样可以套用数字格式样式。或者单击“数字”组右下角的“对话框启动器”按钮，打开“设置单元格格式”对话框，选择“数字”选项卡，在此同样可以套用数字样式。如果现有的这些样式满足不了用户，用户可以根据需要新建单元格样式。

跟着做 2 自定义单元格格式

下面以“员工工资表”为例，设置“姓名”和“工号”字段采用“数字常规”，字体为“黑体”，字号为 10 号，水平对齐方式和垂直对齐方式均为居中；设置“基本工资”、“生活补贴”、“交通补贴”、“扣除工资”、“应得工资”数据采用字体为“华文仿宋”，字号为 10 号，水平对齐和垂直对齐均为居中，使用千位分隔符、货币符号，并应用“灰色”底纹，具体操作步骤如下。

1. 打开原始文件 4.4.2.xlsx，选中 A2:B10 单元格。
2. 在“开始”选项卡下的“样式”组中，单击“单元格样式”按钮，从弹出的下拉列表中选择“新建单元格格式”命令，如图 4-103 所示。
3. 弹出“样式”对话框，从“样式名”文本框中输入样式的名称，如“工号和姓名”，然后单击“格式”按钮，如图 4-104 所示。

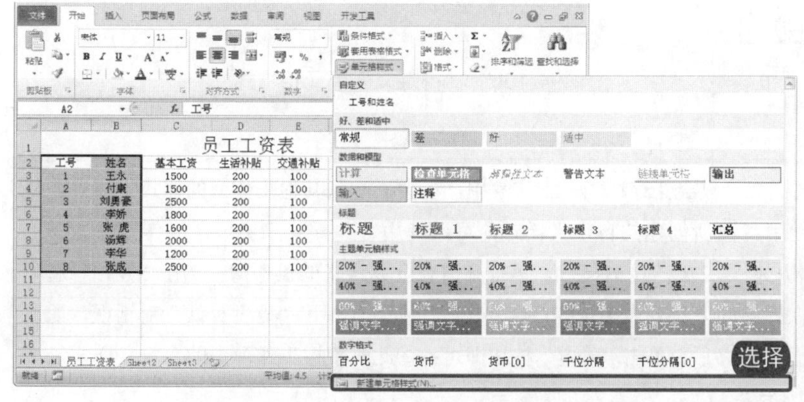

图 4-103　选择“新建单元格格式”命令

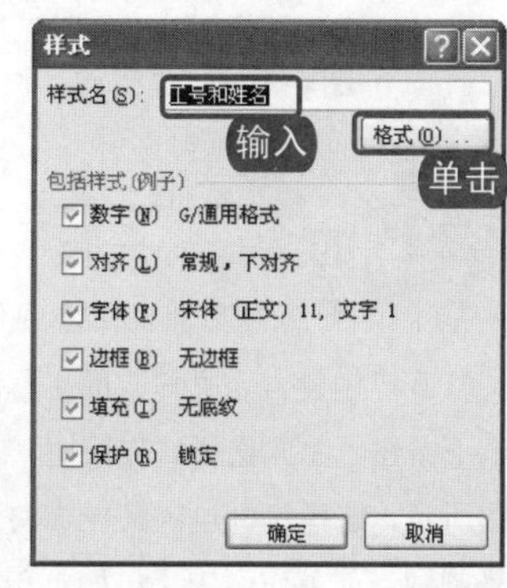

图 4-104　“样式”对话框

4. 弹出“设置单元格格式”对话框，选择“对齐”选项卡，设置“水平对齐”和“垂直对齐”均为“居中”，如图 4-105 所示。
5. 选择“字体”选项卡，设置字体为“黑体”，字号为 10 号，如图 4-106 所示。
6. 单击“确定”按钮，弹出“样式”对话框，在该对话框中显示设置好的单元格格式，如图 4-107 所示。
7. 完成设置后，单击“确定”按钮。
8. 根据上述的操作步骤设置其他字段的单元格格式，在“开始”选项卡下的“样式”组中，单击“单元格样式”按钮，在弹出的下拉列表中可以看到一个自定义的单元格格式，如图 4-108 所示。

电脑小百科

在包含条件格式的单元格区域中插入行 或者列时，在新的单元格中将有相同的条件格式。

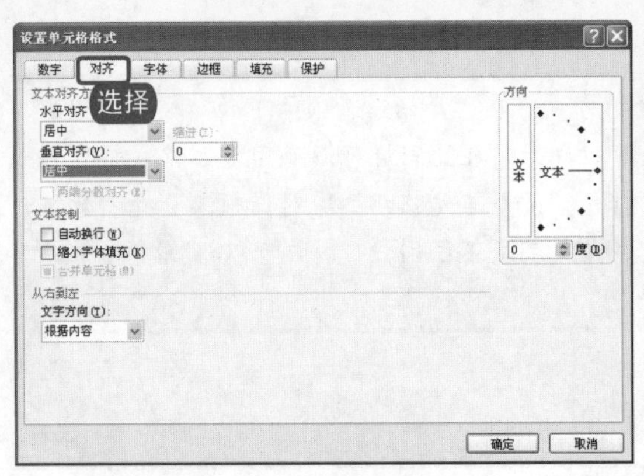

图 4-105　设置对齐方式

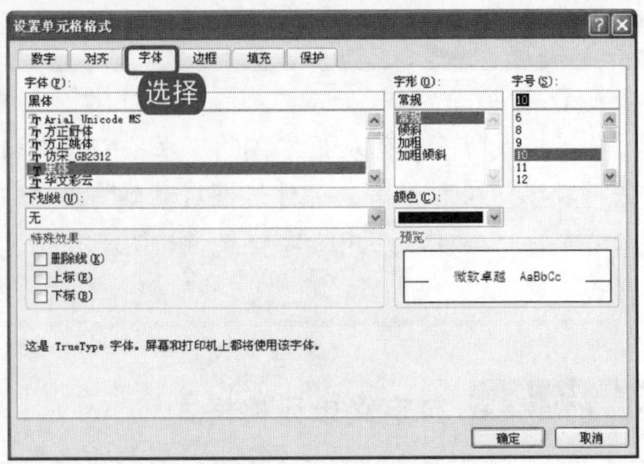

图 4-106　设置字体、字号

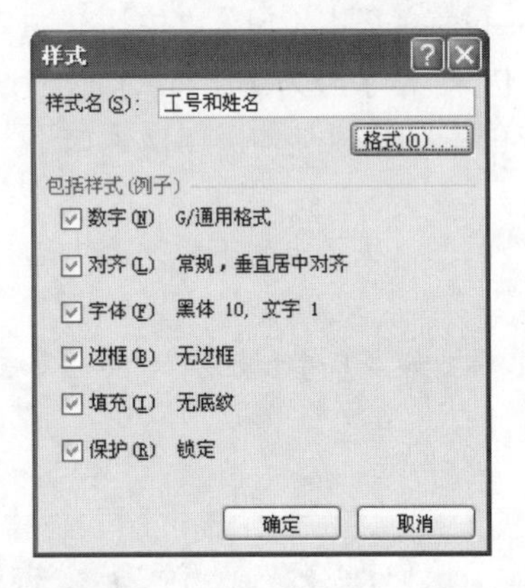

图 4-107　“样式”对话框

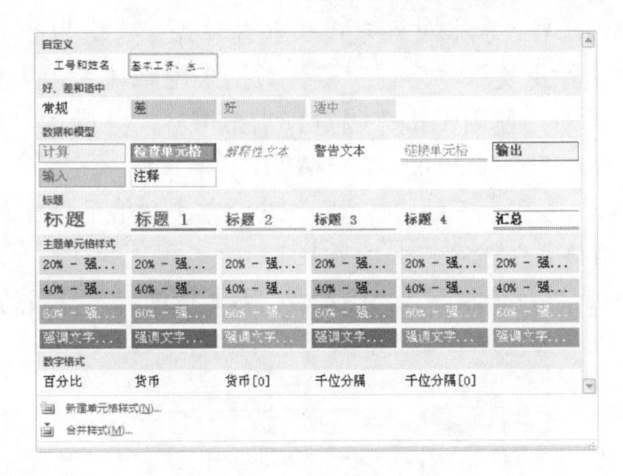

图 4-108　“自定义”单元格样式

老师的话

创建的自定义样式，只会保存在当前工作簿中，不会影响到其他工作簿的样式。如果需要在其他工作簿中使用当前新创建的自定义样式，可以使用合并样式来实现，操作方法如下：①打开已创建自定义样式的工作簿(如“4.2.2 样式.xlsx”)，再打开需要合并样式的工作簿；②在“开始”选项卡下单击“单元格样式”按钮，在弹出的下拉列表中选择“合并样式”命令，弹出“合并样式”对话框，如下图所示，选择包含自定义样式的工作簿名后，单击“确定”按钮即可；③此时模板工作簿中的自定义样式已被复制到当前工作簿中了，如下图所示。

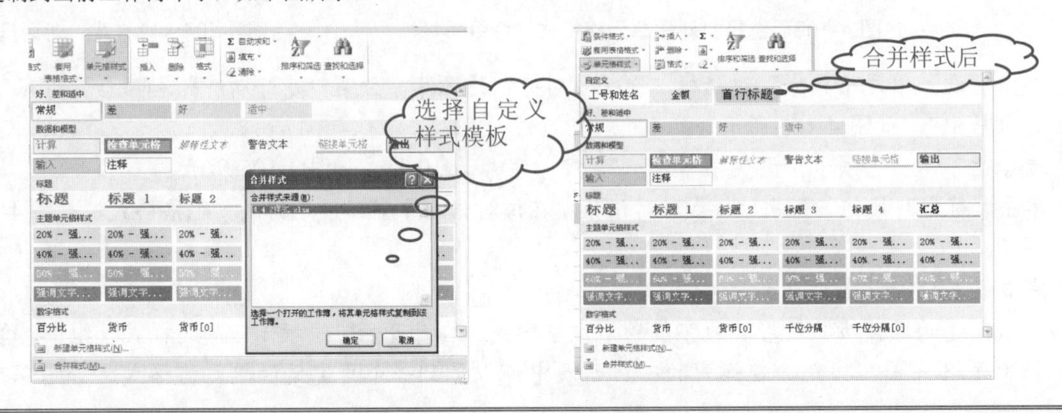

电脑小百科

对于时间序列这样的有序数据，使用数据条可以达到图表中“二维条形图”的直观效果。

4.5　制作员工社会保险费统计表并套用格式

本例主要介绍设置单元格的各种格式、给单元格添加条件格式等，并在制作工作表的过程中，使用套用格式。下面以制作员工社会保险费统计表为例，进一步为读者讲解自动套用格式的应用。

书盘互动指导

在光盘中的位置	书盘互动情况
4.5　制作员工社会保险费统计表并套用格式	本节主要介绍制作员工社会保险费统计表并套用格式，在光盘 4.5 节中有相关操作的步骤视频文件，以及原始素材文件和处理后的效果文件。 读者可以在阅读本节内容后再学习光盘内容，以达到巩固和提升的效果，也可以对照光盘视频操作来学习图书内容，以便更直观地学习和理解本节内容。

原始文件	素材\第 4 章\4.5.xlsx
最终文件	源文件\第 4 章\4.5.xlsx

跟着做 1　设置单元格格式

1. 打开原始文件 4.5.xlsx，选定 A1:K1 区域。
2. 在“开始”选项卡中，单击“对齐方式”组的“合并后居中”按钮，并在弹出的下拉列表中选择“合并后居中”命令，如图 4-109 所示，A1:K1 区域即合并成一个单元格。将 A2:E2、F2:K2 按同样的方法合并单元格。
3. 选中 F4:K13 区域并右击，从弹出的快捷菜单中选择“设置单元格格式”命令，弹出“设置单元格格式”对话框，单击“数字”选项卡，在“分类”列表框中选择“货币”选项，“小数位数”为 1 位，如图 4-110 所示。

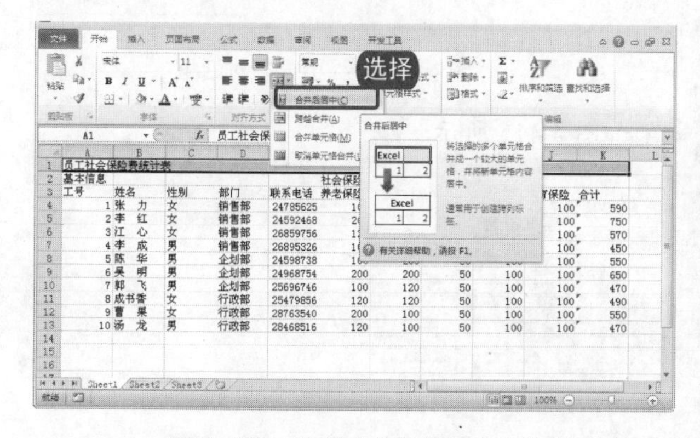

图 4-109　选择“合并后居中”命令

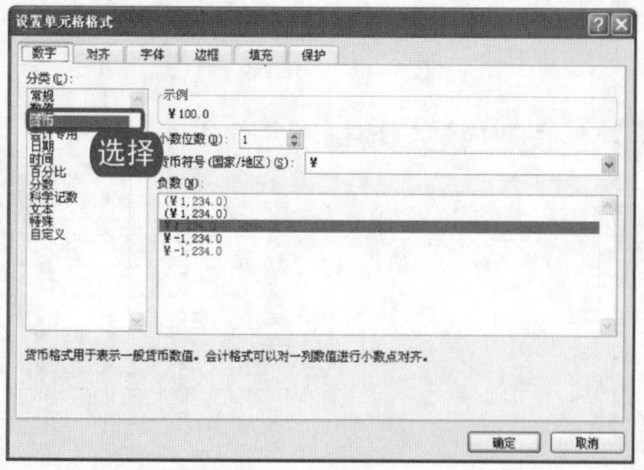

图 4-110　设置数字格式

电脑小百科

单元格样式保存于工作簿中，即每个工作簿都可以拥有不同的单元格样式。

④ 在“对齐”选项卡下设置“水平对齐”为“居中”，如图 4-111 所示。

⑤ 在“字体”选项卡下设置字体颜色为“红色”，设置完成后单击“确定”按钮，效果如图 4-112 所示。

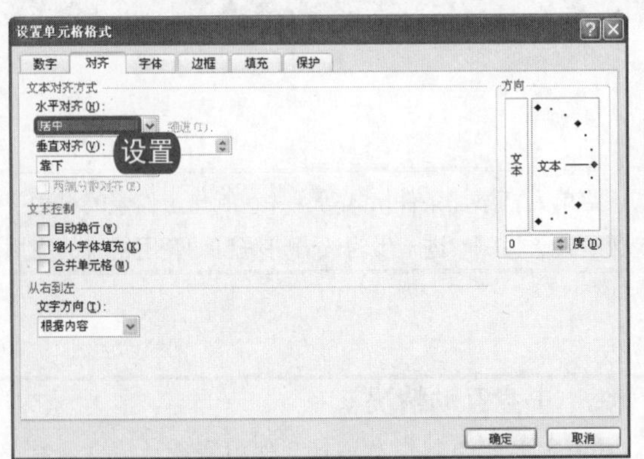

图 4-111　设置水平对齐

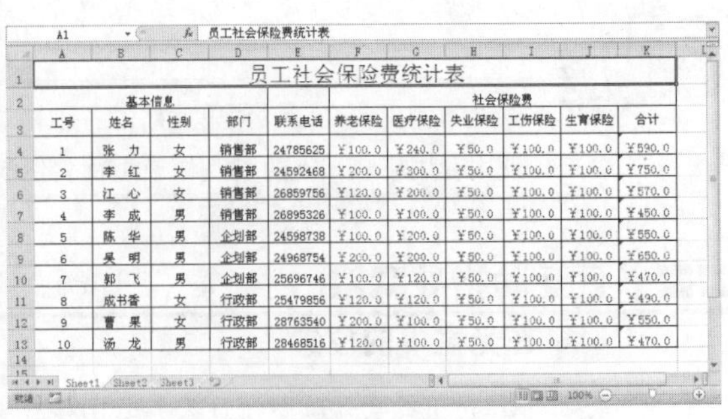

员工社会保险费统计表										
基本信息					社会保险费					
工号	姓名	性别	部门	联系电话	养老保险	医疗保险	失业保险	工伤保险	生育保险	合计
1	张　力	女	销售部	24785625	¥100.0	¥240.0	¥50.0	¥100.0	¥100.0	¥590.0
2	李　红	女	销售部	24592468	¥200.0	¥300.0	¥50.0	¥100.0	¥100.0	¥750.0
3	江　心	女	销售部	26859756	¥120.0	¥200.0	¥50.0	¥100.0	¥100.0	¥570.0
4	李　成	男	销售部	26895326	¥100.0	¥100.0	¥50.0	¥100.0	¥100.0	¥450.0
5	陈　华	男	企划部	24598738	¥100.0	¥200.0	¥50.0	¥100.0	¥100.0	¥550.0
6	吴　明	男	企划部	24968754	¥200.0	¥200.0	¥50.0	¥100.0	¥100.0	¥650.0
7	郭　飞	男	企划部	25696746	¥100.0	¥120.0	¥50.0	¥100.0	¥100.0	¥470.0
8	成书香	女	行政部	25479856	¥120.0	¥120.0	¥50.0	¥100.0	¥100.0	¥490.0
9	曹　果	女	行政部	28763540	¥200.0	¥100.0	¥50.0	¥100.0	¥100.0	¥550.0
10	汤　龙	男	行政部	28468516	¥120.0	¥100.0	¥50.0	¥100.0	¥100.0	¥470.0

图 4-112　设置单元格格式后的效果

跟着做 2☛ 设置条件格式

① 选中 K4:K13 区域，在“开始”选项卡下，单击“样式”组中的“条件格式”按钮，从弹出的下拉列表中选择“突出显示单元格规则”→“小于”命令，如图 4-113 所示。

② 弹出“小于”对话框，在“为小于以下值的单元格设置格式”设置参数为 500，在“设置为”下拉列表框中选择“绿填充色深绿色文本”选项，如图 4-114 所示。

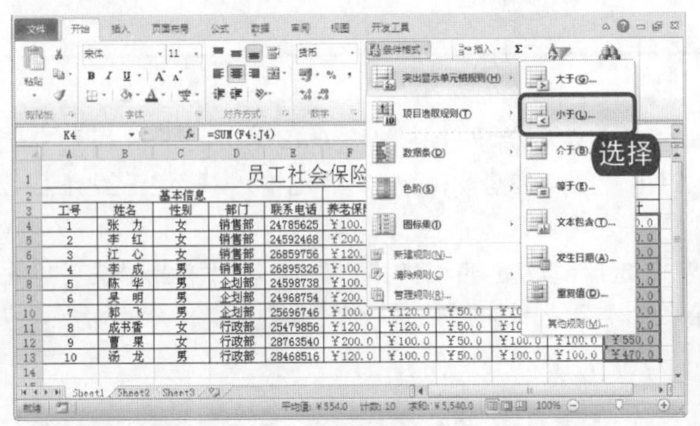

图 4-113　选择“小于”命令　　　　图 4-114　“小于”对话框

③ 单击“确定”按钮，完成条件格式设置，效果如图 4-115 所示。

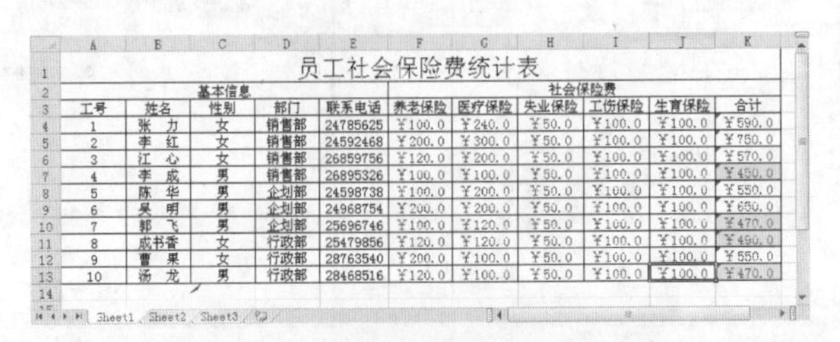

员工社会保险费统计表										
基本信息					社会保险费					
工号	姓名	性别	部门	联系电话	养老保险	医疗保险	失业保险	工伤保险	生育保险	合计
1	张　力	女	销售部	24785625	¥100.0	¥240.0	¥50.0	¥100.0	¥100.0	¥590.0
2	李　红	女	销售部	24592468	¥200.0	¥300.0	¥50.0	¥100.0	¥100.0	¥750.0
3	江　心	女	销售部	26859756	¥120.0	¥200.0	¥50.0	¥100.0	¥100.0	¥570.0
4	李　成	男	销售部	26895326	¥100.0	¥100.0	¥50.0	¥100.0	¥100.0	¥450.0
5	陈　华	男	企划部	24598738	¥100.0	¥200.0	¥50.0	¥100.0	¥100.0	¥550.0
6	吴　明	男	企划部	24968754	¥200.0	¥200.0	¥50.0	¥100.0	¥100.0	¥650.0
7	郭　飞	男	企划部	25696746	¥100.0	¥120.0	¥50.0	¥100.0	¥100.0	¥470.0
8	成书香	女	行政部	25479856	¥120.0	¥120.0	¥50.0	¥100.0	¥100.0	¥490.0
9	曹　果	女	行政部	28763540	¥200.0	¥100.0	¥50.0	¥100.0	¥100.0	¥550.0
10	汤　龙	男	行政部	28468516	¥120.0	¥100.0	¥50.0	¥100.0	¥100.0	¥470.0

图 4-115　设置条件格式后的效果图

电脑小百科

对单元格样式的修改只影响当前工作簿，而不会对其他工作簿起作用。

跟着做 3 设置套用表格格式

1. 在“开始”选项卡下，单击“样式”组中的“套用表格格式”按钮，在展开的库中选择需要的表格样式“表样式中等深浅 5”，如图 4-116 所示。
2. 弹出“套用表格式”对话框，在“表数据的来源”文本框中单击折叠按钮，选择需要套用表格样式的区域 A2:K13，如图 4-117 所示。

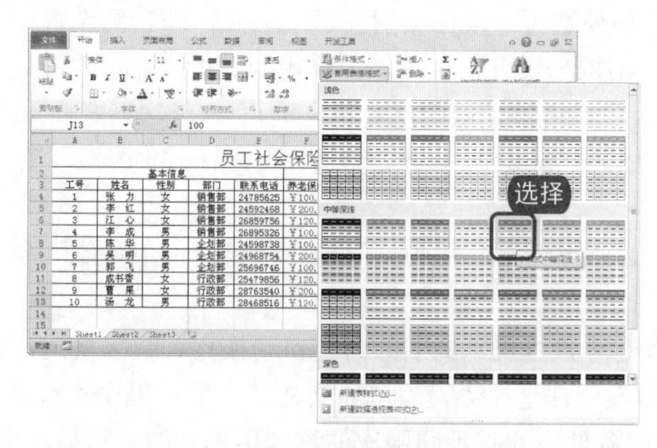

图 4-116　选择表格样式

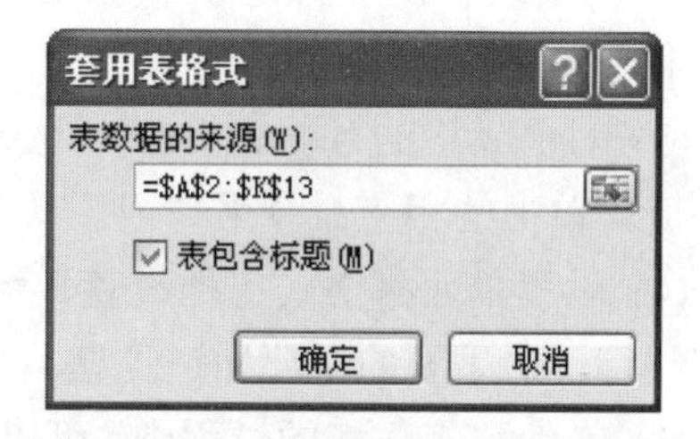

图 4-117　“套用表格式”对话框

3. 单击折叠按钮返回“套用表格式”对话框，然后单击“确定”按钮，即套用已选表格格式，效果如图 4-118 所示。
4. 选择 A1:K1 区域，在“开始”选项卡下，单击“样式”组中的“单元格样式”按钮。从弹出的下拉列表中选择“标题”区域下的“标题”命令，如图 4-119 所示。

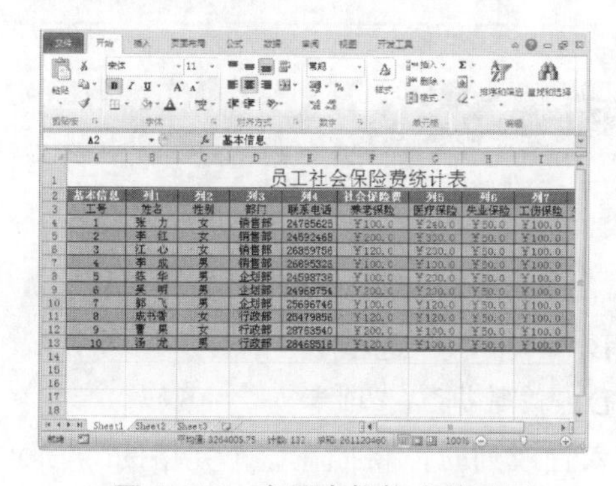

图 4-118　套用表格格式效果图

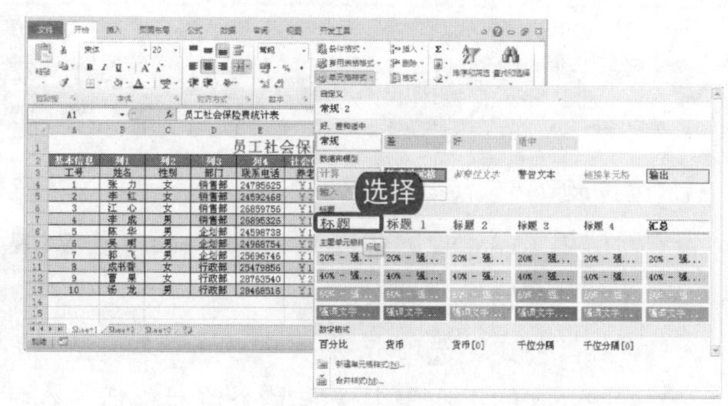

图 4-119　选择“标题”命令

5. 执行该命令后，即可应用标题格式，效果如图 4-120 所示。

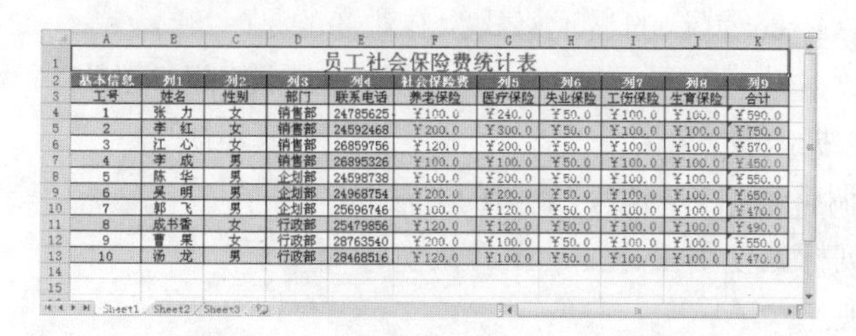

图 4-120　应用标题格式后的效果图

电脑小百科

设置条件格式的单元格必须是只输入了数字，而不能有其他文字，否则是不能被设置成功的。

学习小结

本章主要对单元格的基础操作进行介绍，如调整单元格的行高与列宽，插入、删除、合并、拆分单元格，隐藏与显示单元格、行和列，还涉及设置单元格的格式、添加条件格式、自动套用格式等。学会美化工作表，在充分实践的基础上，掌握美化工作表的一般方法，并培养熟练的操作技能，提高处理信息的能力。下面对本章中的一些重点进行总结。

(1) 在 Excel 2010 中，单元格的行高与列宽可以根据我们要求来调整，即精确设置行高和列宽、直接改变行高和列宽。可以使用对话框来设置，也可以用简单快捷的方式来设置。

(2) 插入和删除单元格的方式有多种，我们通常使用的是对话框的形式(一次只能插入/删除一行或一列)或者使用快捷方法(选定几行插入几行)，或者选定多行(列)，右击并选择“插入/删除”命令。

(3) 对单元格的合并、拆分，隐藏与显示单元格、行和列等操作都可以使用功能区命令或者快捷菜单中的相应命令来完成。

(4) 设置单元格格式包括设置单元格的对齐方式、文字方向、自动换行、数字格式、边框和底纹等。最主要的是要知道这些格式的设置都是在“设置单元格格式”对话框中实现的。

(5) 在编辑工作表的过程中，可以利用条件格式将不同层次的数据用不同的标识显示出来。在条件格式下有非常多的选项，如果想为某些符合条件的单元格应用某种特殊格式，使用条件格式可以很轻松地实现。

(6) Excel 2010 提供了多种内置的格式，在编辑工作表时，可以直接使用这些内置格式对工作表进行格式设置。这种自动格式化的功能，可以省去许多将报表格式化的时间，并使制作出的报表却十分美观。

互动练习

1. 选择题

(1) 在编辑 Excel 时，要插入一行，应在(　　)下。

A. “开始”选项卡　　B. “插入”选项卡

C. “公式”选项卡　　D. “数据”选项卡

(2) 在 Excel 的工作表中选定某个单元格后，在插入行或列时，将插在该单元格的(　　)。

A. 下方或左方　　B. 上方或左方

C. 下方或右方　　D. 上方或右方

(3) 一般情况下，Excel 默认的显示格式为右对齐的是(　　)。

A. 字符型数据　　B. 逻辑型数据

C. 数值型数据　　D. 不确定

(4) 所选多列要调整为相等列宽，最快的方法是(　　)。

A. 直接在列标处使用鼠标拖动至等列宽

B. 无法实现

C. 选择“开始”→“格式”→“自动调整列宽”命令

电脑小百科

Excel 中的数据一般中以分为文本、数值、日期、逻辑值、错误值等几种类型。

D．选择“开始”→“格式”→“列宽”命令，在弹出的对话框中输入列宽值

(5) 删除单元格与清除单元格的操作(　　)。

A．不一样　　　　B．一样

C．确定　　　　D．不确定

2. 思考与上机题

(1) 对“员工工资表.xlsx”进行基本操作。

制作要求：

a. 根据下图表格格式，进行单元格的基本操作。

b. 将应得工资在 2000 元以上的单元格突出显示。

	A	B	C	D	E	F	G
1	员工工资表						
2	工号	姓名	基本工资	生活补贴	交通补贴	扣除工资	应得工资
3	001	王永	1500	200	100	20	1780
4	002	付康	1500	200	100	15	1785
5	003	刘勇豪	2500	200	100	20	2780
6	004	李娇	1800	200	100	25	2075
7	005	张 虎	1600	200	100	30	1870
8	006	汤辉	2000	200	100	10	2290
9	007	李华	1200	200	100	15	1485
10	008	张成	2500	200	100	20	2780

员工信息表　进货单　学员成绩统计表

(2) 新建一个“员工培训考试成绩统计表.xlsx”，如下图所示。

	A	B	C	D	E	F
7	员工培训考试成绩统计表					
8	编号	姓名	办公软件	行政办公	计算机应用	商务英语
9	001	杨磊	85	90	85	89
10	002	张成	96	86	89	86
11	030	夏武	68	76	87	89
12	004	张好	98	85	90	78
13	005	周斌	100	98	90	86
14	006	张晓丽	78	80	87	85
15	007	刘珊珊	89	98	79	89
16	008	李龙	80	90	85	78
17	009	刘小洁	90	100	85	89
18	010	姜平	85	90	78	70

员工信息表　进货单　学员成绩统计表

制作要求：

a. 设置单元格的数字格式。

b. 设置表格的边框和底纹。边框颜色设为红色，样式设为虚线，表格底纹设为橙色。

c. 插入一行。编号为 011，姓名为林斌，办公软件为 78，行政办公为 89，计算机应用为 78，商务英语为 90。

d. 自动套用表格样式。

电脑小百科

数字与数值是两个不同的概念。数字可以以文本型数字和数值型数字两种形式存在。

第5章

丰富表格内容

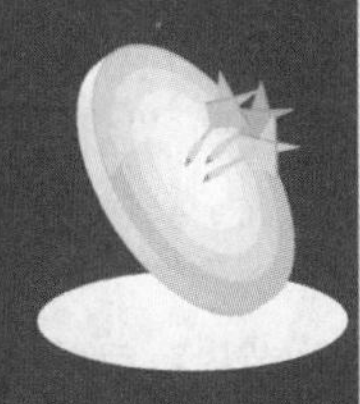

本章导读

在工作表中使用图形和图片，能够增强工作表的视觉效果。本章主要介绍在 Excel 2010 中应用图片、图形、艺术字、剪贴画、文本框、SmartArt 等对象丰富工作表内容。

精彩看点

- 插入图片与剪贴画
- 插入 SmartArt
- 插入艺术字对象
- 插入文本框和批注
- 插入公式
- 插入文件对象

5.1 插入图片与剪贴画

Excel 2010 中的图片和剪贴画是日常工作表中的重要元素之一。在制作工作表时，常常需要插入相应的图片文件来具体说明一些相关的内容信息。用户可以在工作表中插入需要的图片，并对其进行编辑操作。

书盘互动指导

示例	在光盘中的位置	书盘互动情况
	5.1 插入图片与剪贴画 5.1.1 插入图片 5.1.2 插入剪贴画 5.1.3 设置图片格式	本节主要带领读者学习插入图片和剪贴画，在光盘 5.1 节中有相关内容的操作视频，还特别针对本节内容设置了具体的实例分析。 读者可以在阅读本节内容后再学习光盘内容，以达到巩固和提升的效果。

5.1.1 插入图片

除了使用系统自带的剪贴画之外，用户还可以将自己喜欢的图片插入到工作表中，具体操作步骤如下。

1. 打开原始文件 5.1.1.xlsx，单击“插入”选项卡中的“图片”按钮，如图 5-1 所示。
2. 弹出“插入图片”对话框，从中选择要插入到工作表中的图片文件，单击“插入”按钮，如图 5-2 所示。

图 5-1 单击“图片”按钮

图 5-2 “插入图片”对话框

3. 即可将图片插入到工作表中，效果如图 5-3 所示。

电脑小百科

在工作表中插入图形对象，可以丰富工作表的内容和提高工作表的可读性。图形对象包括剪贴画、图片、图形文件等。

楼层	门牌号码	名称	所属部门	职能	公司图片
一楼	101-103	保卫科	行政部	负责公司人员和财产的安全	
	104-105	档案室	行政部	负责档案/文件借阅和管理	
	106-106	文印室	行政部	负责打印/复印公司内部资料	
	107-110	客户科	行政部	负责客户来访和售后服务等事务	
二楼	201-204	企划部	企划部	负责公司活动/发展策划方案	
	205-205	会议室	行政部	容纳30人以内的多功能会议室	
	206-210	行政部	行政部	负责公司所有综合行政事务	
三楼	301-304	采购部	采购部	负责公司所有设备的采购事务	
	305-305	会议室	行政部	容纳30人以内的多功能会议室	
	306-310	技术科	工程部	负责公司所有设施的技术管理	
四楼	401-404	研发部	研发部	负责公司新产品的设计与研发	
	405-405	会议室	行政部	容纳30人以内的多功能会议室	
	406-410	人事科	人力资源部	负责公司员工的招聘/培训/薪酬管理	
五楼	501-504	销售部	销售部	负责公司产品的销售事务	
	505-505	会议室	行政部	容纳120人以内的多功能会议室	
	506-510	财务部	财务部	负责公司财务的综合管理	

图 5-3　插入图片后的效果图

> **提示**：插入图片有两种方法，除了用对话框的形式插入图片，还可以直接在图片浏览软件中复制，然后粘贴到工作表中。

5.1.2　插入剪贴画

Excel 2010 中自带了大量的剪贴画文件，用户可以根据自己的需求选择合适的剪贴画插入到工作表中，具体操作如下。

1. 打开原始文件 5.1.2.xlsx，单击“插入”选项卡中的“剪贴画”按钮，如图 5-4 所示。
2. 弹出“剪贴画”任务窗格，在该任务窗格的“搜索文字”文本框中，输入剪贴画的关键字“计算机”，也可以不输入任何文字，如图 5-5 所示。

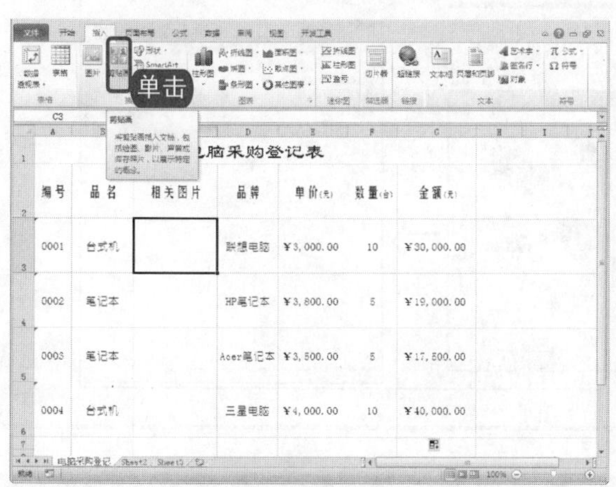

图 5-4　单击“剪贴画”按钮

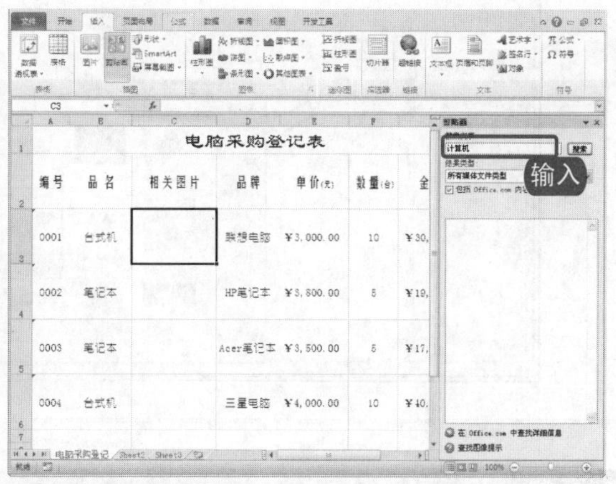

图 5-5　“剪贴画”任务窗格

3. 单击“搜索”按钮，在下面的列表框中将显示搜索到剪贴画，单击需要的剪贴画即可将其插入

电脑小百科

默认的数据条的条形图显示方向为“上下文”，即整数位“从左向右”，负数为“从右向左”。

当前工作表中，如图 5-6 所示。

4 在联网状态下选中"包括 Office.com 内容"复选框，然后单击"搜索"按钮，即可在列表框中显示更多包含关键字"计算机"的搜索结果(包含本机上的和网络上的)，如图 5-7 所示。

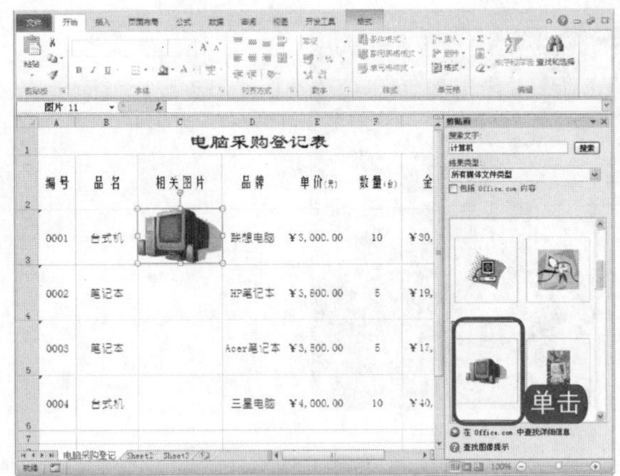

图 5-6　插入剪贴画

图 5-7　选中"包括 Office.com"复选框

老师的话

用户可将自己喜欢的图片创建成剪贴画，操作方法是：①依次单击"开始"→"所有程序"→Microsoft Office→"Microsoft Office 2010 工具"→"Microsoft 剪辑管理器"命令，打开"收藏夹 Microsoft 剪辑管理器"程序窗口；②在窗口中依次单击"文件"→"将剪辑添加到管理器"→"在我自己的目录"命令，打开"收藏夹—将剪辑添加到管理"对话框；③选择一张图片，单击"添加"按钮；④即可在收藏夹中创建一个剪贴画，如下图所示。

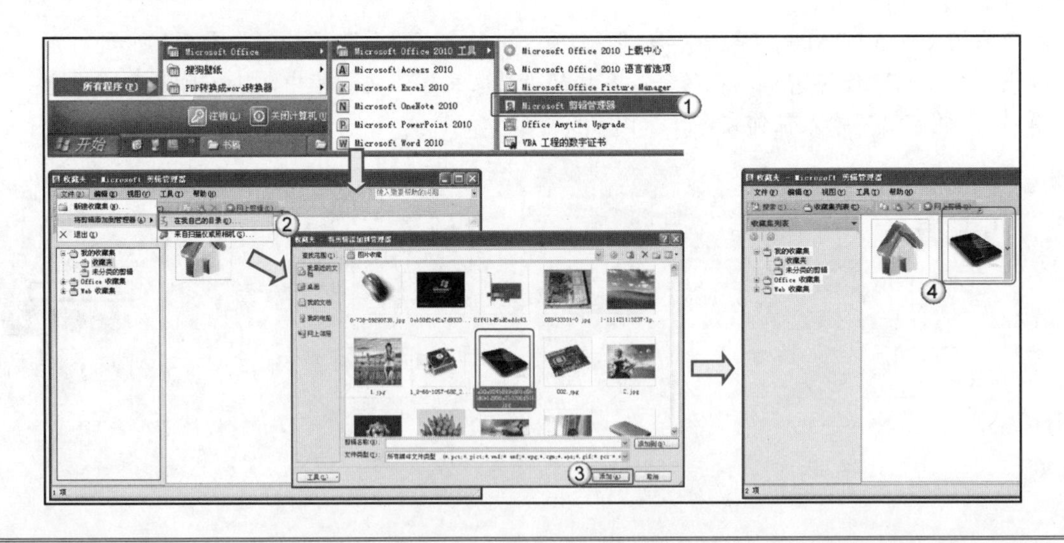

5.1.3 设置图片格式

在 Excel 2010 中为了使插入的图片文件看起来更加醒目、美观，用户可以设置图片的格式，其中包括设置图片的大小、位置、亮度、对比度、样式以及去除背景等。

电脑小百科

为了能够随单元格一起看到批注，您可以选择包含批注的单元格，然后单击"审阅"选项卡上"批注"组中的"显示/隐藏批注"。

操作分析

在 Excel 2010 中插入图片后，要对其进行格式设置，可通过如下两种方法操作，用户可按不同的情况进行选择。本小节主要介绍使用“格式”选项卡中的相关命令，对图片进行格式设置的方法。

- 设置图片格式的方法
  - 在“设置图片格式”对话框中设置
  - 在“格式”选项卡下设置
    - 删除图片背景
    - 调整图片颜色
    - 添加艺术效果
    - 压缩图片
    - 设置图片样式
    - 裁剪图片

跟着做 1 调整图片亮度和颜色

1. 打开原始文件 5.1.3. xlsx，选中图片，单击“格式”选项卡中的“更正”按钮。
2. 在弹出的更改样式列表中，用户可以将鼠标指针移至任何缩略图上，并使用实时预览查看图片所呈现的外观。
3. 再单击所需的效果，选择合适的亮度和对比度，如选择“亮度: 0%(正常)对比度: +40%”样式，将图片的对比度调高，如图 5-8 所示。
4. 保持图片的选中状态，单击“格式”选项卡中的“颜色”按钮。
5. 在弹出的颜色样式列表中，用户可以设置图片的饱和度、色调以及重新着色等。如选择“红色，强调文字颜色 2 深色”样式，将图片设置为红色，如图 5-9 所示。

图 5-8　选择合适的亮度和对比度

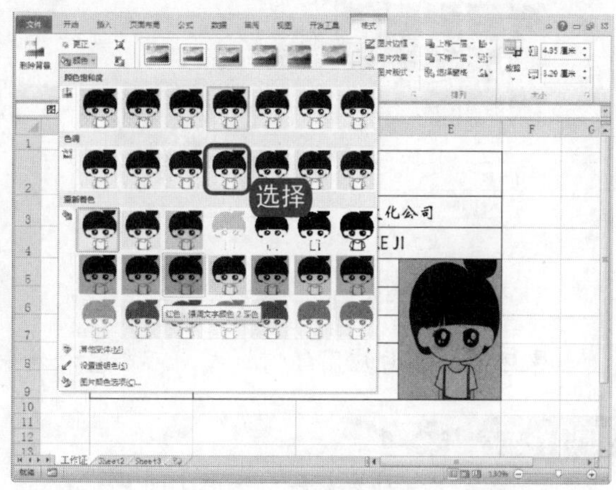

图 5-9　重新着色

电脑小百科

要在工作表上与批注的单元格一起显示所有批注，请单击“显示所有批注”。

6 设置完成后，效果如图 5-10 所示。

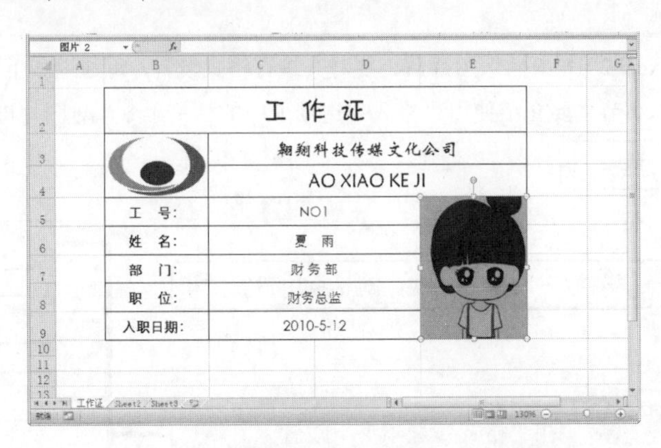

图 5-10 设置图片亮度和颜色后的效果图

知识补充

选中图片，单击“格式”选项卡中的“重设图片”按钮，放弃对此图片所做的全部格式更改，恢复到图片插入时的状态。

跟着做 2 添加艺术效果

1 打开上一小节保存的文件，选中图片，单击“格式”选项卡中的“艺术效果”按钮。

2 在弹出的艺术效果样式列表中，用户可以将鼠标指针移至任何缩略图上，并使用实时预览查看图片所呈现的外观，如将鼠标指针移至“玻璃”缩略图上，图片效果如图 5-11 所示。

3 选择一种需要的艺术效果样式，如“塑封”样式，将图片设置为雕塑效果，如图 5-12 所示。

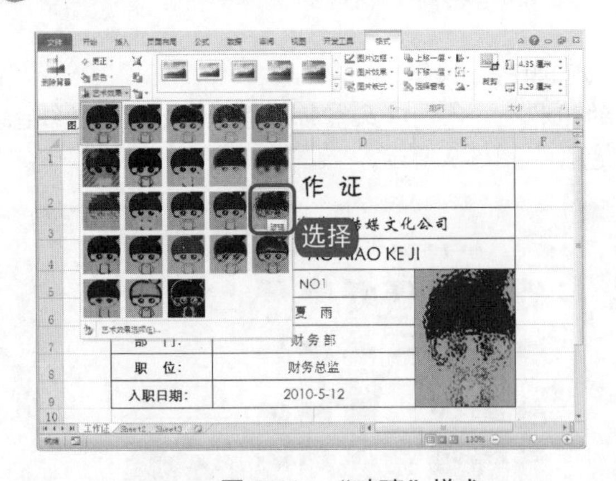

图 5-11 “玻璃”样式

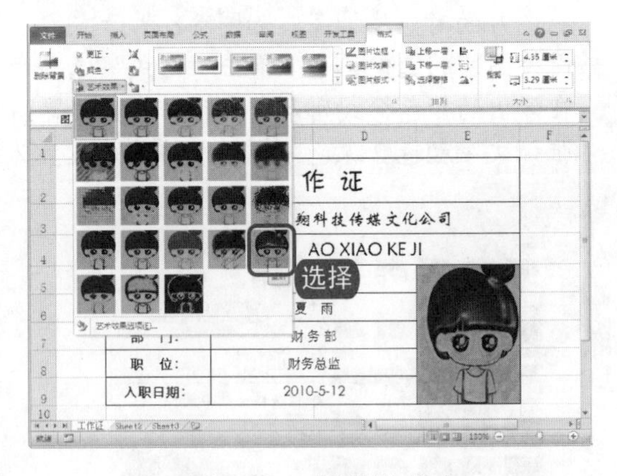

图 5-12 “塑封”样式

4 如果不想给图片应用任何样式，可在艺术效果样式列表中选择第一个样式效果“无”即可。

知识补充

一次只能将一种艺术效果应用于图片，因此，应用不同的艺术效果会删除以前应用的艺术效果。

电脑小百科

在排序时，批注与数据一起进行排序，但是在数据透视表中，当更改透视表布局时，批注不会随着单元格一起移动。

跟着做 3☛ 压缩图片

1. 打开上一小节保存的文件，选中图片，单击“格式”选项卡中的“压缩图片”按钮，如图 5-13 所示。
2. 弹出“压缩图片”对话框，选中“电子邮件(96 ppi)：尽可能缩小文档以便共享”单选按钮，如图 5-14 所示。

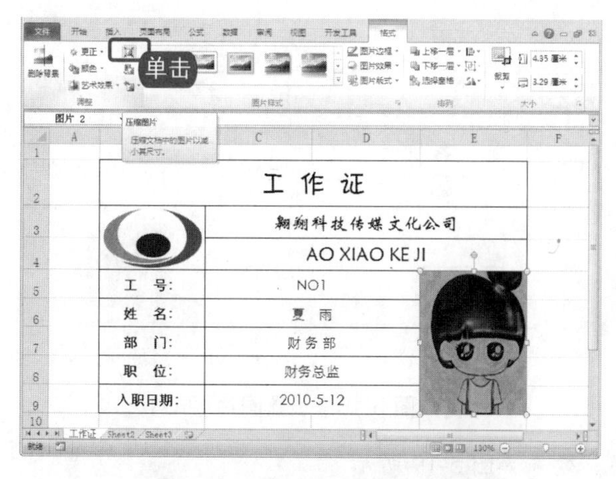

图 5-13　单击“压缩图片”按钮

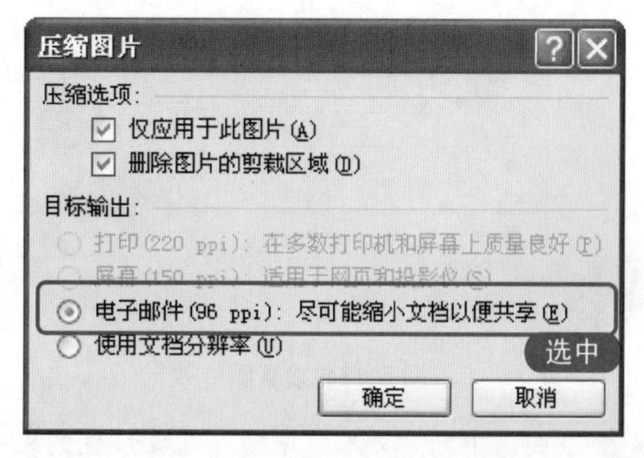

图 5-14　“压缩图片”对话框

3. 单击“确定”按钮后，即可对所选图片进行压缩处理，另外，取消选中“仅应用于此图片”复选框，即可压缩工作簿中所有的图片。

跟着做 4☛ 设置图片样式

1. 打开上一小节保存的文件，选中图片，单击“格式”选项卡中的“图片样式”下拉按钮。
2. 在弹出的图片样式列表中单击“金属椭圆”样式，将所选图片设置为椭圆样式，如图 5-15 所示。
3. 如果对列表中的样式不满意，那么用户可单击右侧“图片边框”按钮。
4. 从弹出的图片边框下拉列表中选择合适的线型、边框颜色等，如选择“橙色，强调文字颜色 6，淡色，60%”样式，效果如图 5-16 所示。

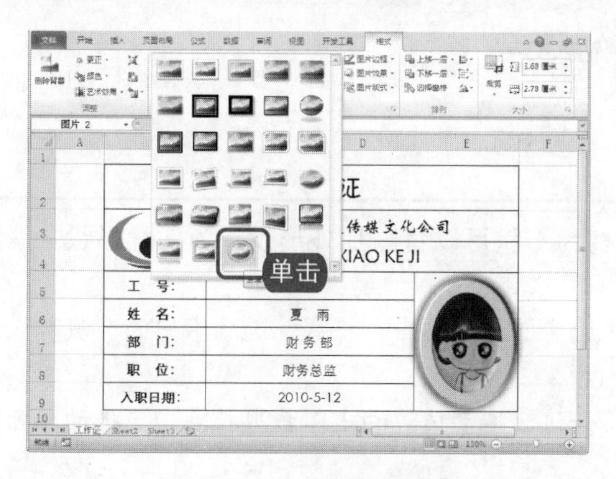

图 5-15　设置图片样式

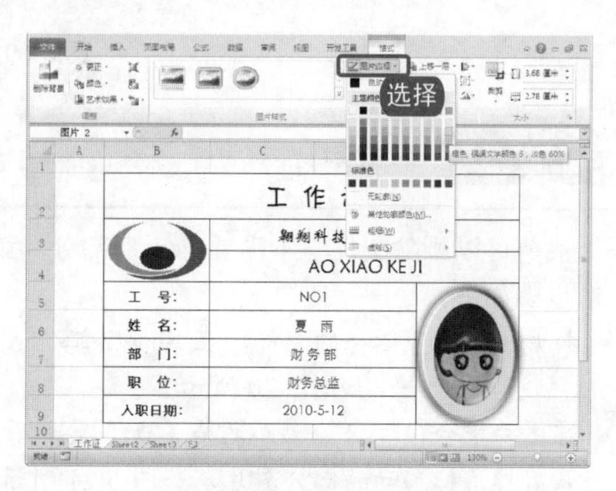

图 5-16　设置边框颜色

电脑小百科

“字体”组中的“填充颜色”和“字体颜色”选项不能用于批注文字。要更改文字的颜色，请右击批注，然后选择“设置批注格式”命令。

5 单击“图片效果”按钮，从弹出的图片效果下拉列表中选择一种图片效果，如选择“预设”→“预设 10”命令，效果如图 5-17 所示。

6 单击“图片版式”按钮，从弹出的图片版式下拉列表中选择用户需要的版式效果，这里选择“重音图片”版式，如图 5-18 所示。

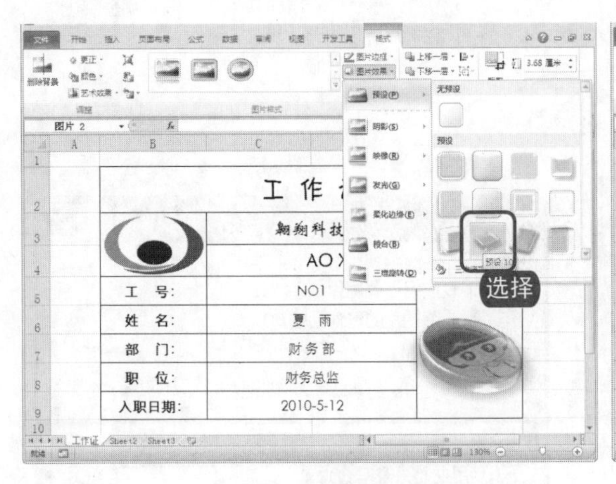

图 5-17 设置图片效果

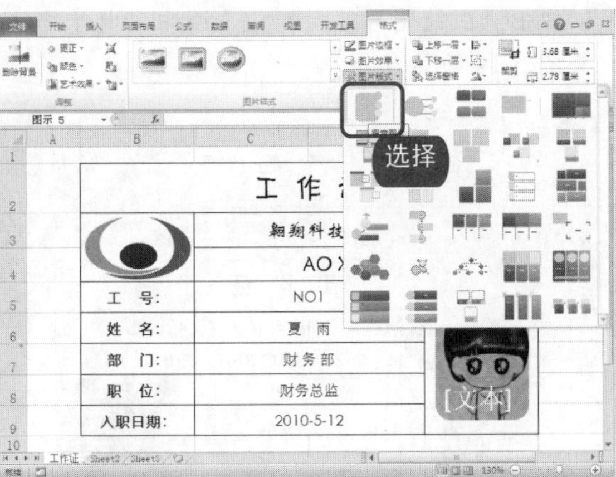

图 5-18 设置图片版式

7 在图像中的“文本”中输入需要设置的文字，效果如图 5-19 所示。

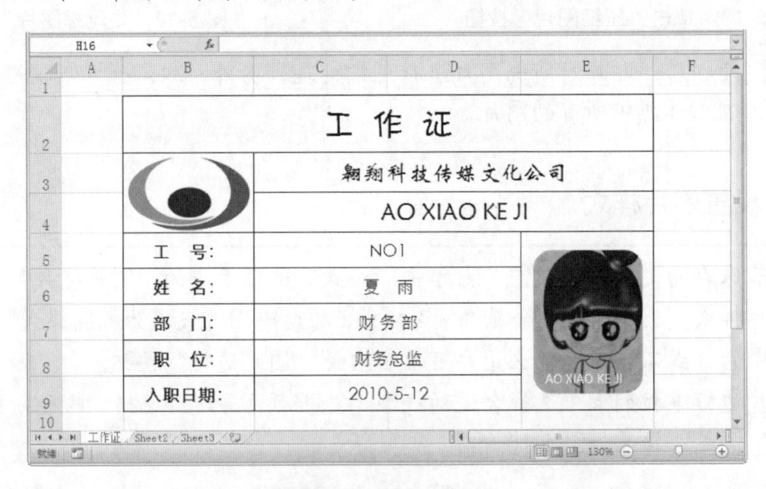

图 5-19 输入文字

跟着做 5☛ 裁剪图片

裁剪可以删除图片中不需要的矩形部分。裁剪为形状可以将图片外形设置为任意形状。具体操作步骤如下。

1 打开上一小节保存的文件，在 Sheet2 工作表中选中图片，单击“格式”选项卡中的“裁剪”→“裁剪”命令，如图 5-20 所示。

2 在图片上会出现 8 个裁剪控点，如果要裁剪某一边，拖动该边的中心裁剪控点向里拖动，可以裁剪掉鼠标移动的部分图片，如图 5-21 所示。

电脑小百科

Excel 插入文本框时，按住 Alt 键不放，然后拖动绘制出的文本框，可以实现文本框与单元格边线完全重合。

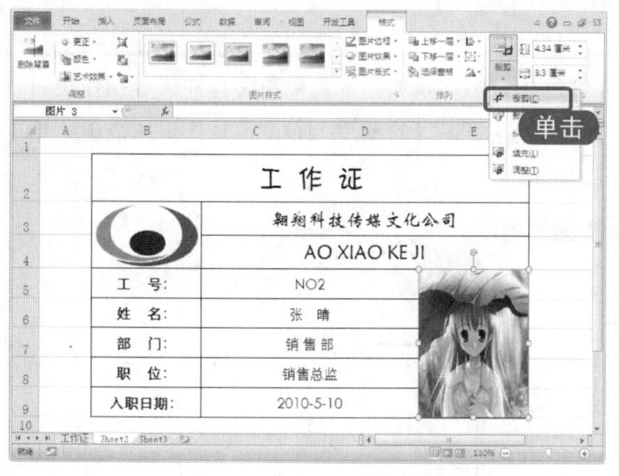

图 5-20　选择“裁剪”命令

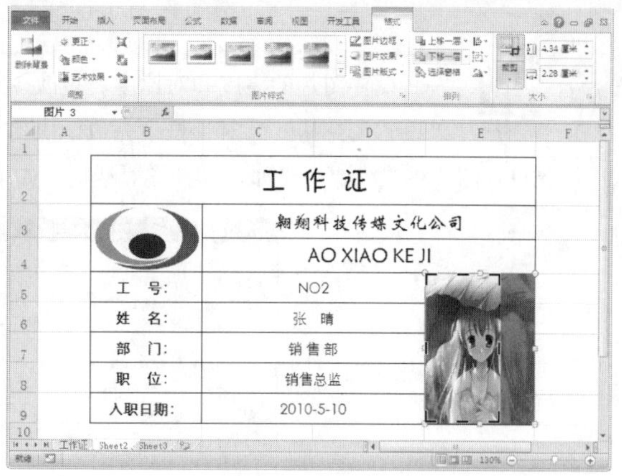

图 5-21　裁剪图片某一边

3. 如果要同时均匀地裁剪两边，那么就需要在按住 Ctrl 键的同时将任何一边的中心裁剪控点向里拖动，如图 5-22 所示。
4. 如果要同时均匀地裁剪四边，那么就需要在按住 Ctrl 键的同时将一个边角的裁剪控点向里拖动，如图 5-23 所示。

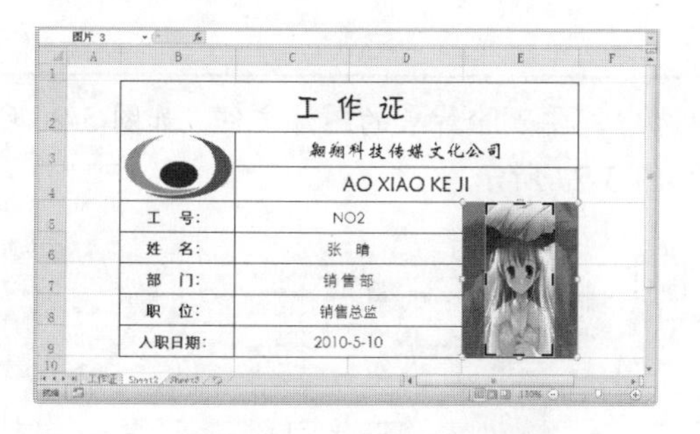

图 5-22　均匀地裁剪两边

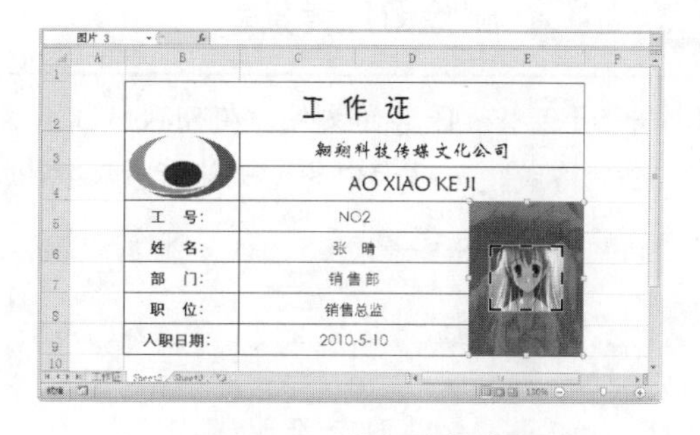

图 5-23　均匀地裁剪四边

5. 如果想将图片裁剪为某个形状，那么可以单击“格式”选项卡中的“裁剪”→“裁剪为形状”命令，在弹出的形状下拉列表中选择需要的形状，如图 5-24 所示。
6. 选择“心形”样式，将所选图片裁剪为心形样式，如图 5-25 所示。

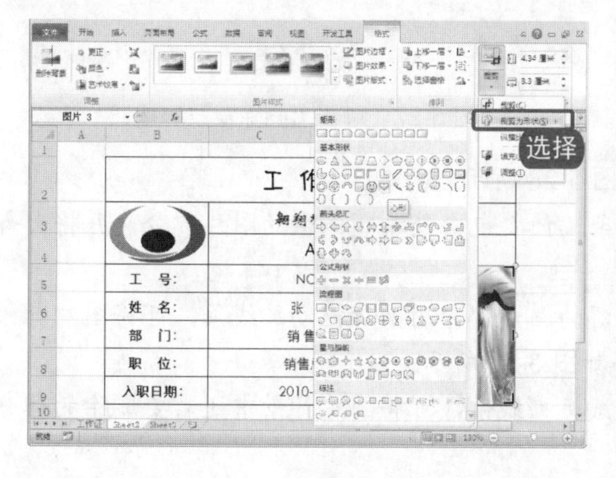

图 5-24　裁剪形状列表

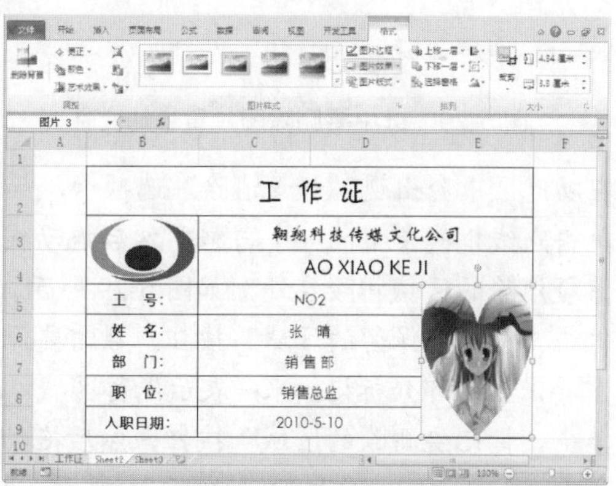

图 5-25　心形效果图

电脑小百科

在应用艺术字样式后，您无法删除艺术字格式。

老师的话

设置图片的亮度和对比度、更改图片颜色、为图片添加艺术效果和图片样式等操作也可在“设置图片格式”对话框中完成，操作方法是：在要编辑的图片上右击，从弹出的快捷菜单中选择“设置图片格式”命令，即可打开该对话框，如下图所示。

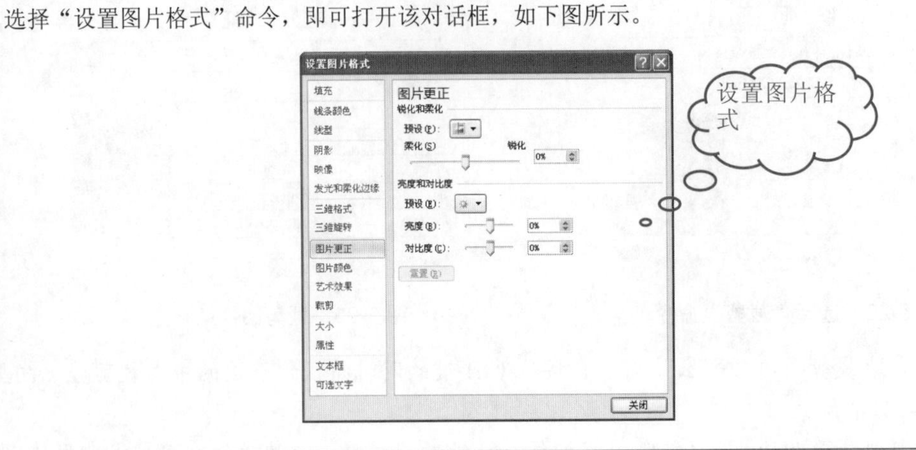

跟着做 6 删除图片背景

1. 打开 5.1.2 小节保存的文件，在 Sheet3 工作表中选中需要删除背景的图片文件，如图 5-26 所示。
2. 单击“格式”选项卡中的“删除背景”按钮，如图 5-27 所示。

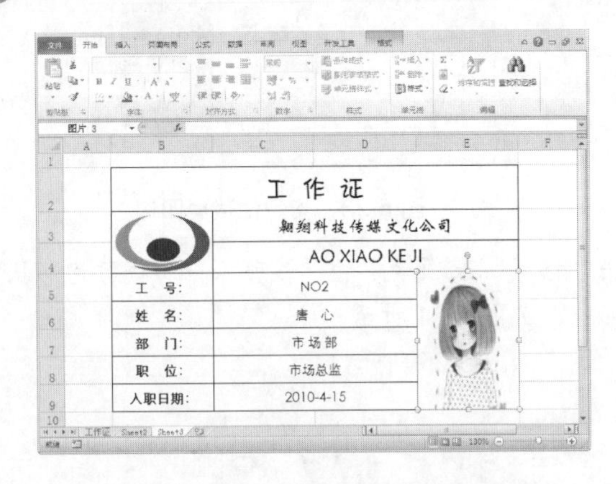

图 5-26 选中要删除图片背景的文件

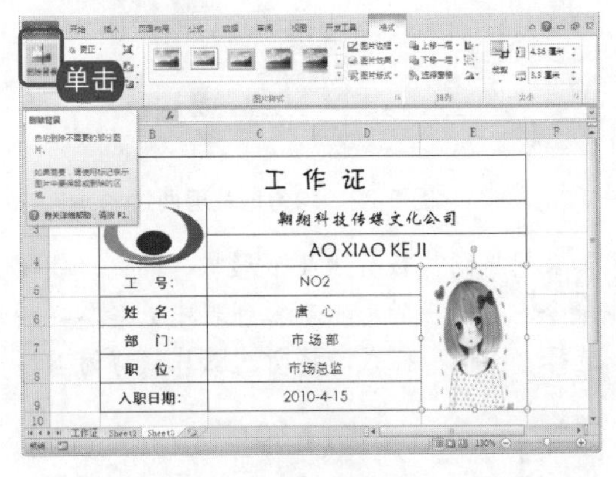

图 5-27 单击“删除背景”按钮

3. 在功能区中会出现“背景消除”选项卡，如图 5-28 所示。
4. 单击点线框线条上的一个句柄，然后拖动线条，使之包含您希望保留的图片部分，并将大部分希望消除的区域排除在外，如图 5-29 所示。
5. 单击“标记要保留的区域”按钮，在需要保留的图片部分用鼠标拖动画线条，可将图片背景中需要保留的部分标记出来(+表示保留区域)，如图 5-30 所示。
6. 单击“标记要删除的区域”按钮，然后拖动鼠标画线条，可将图片背景中还需要删除的部分标记出来(-表示删除区域)，如图 5-31 所示。

电脑小百科

如果您不需要已经应用的艺术字样式，可以选择另一种艺术字样式，也可以单击“快速访问工具栏”上的“撤销”以恢复原来的格式。

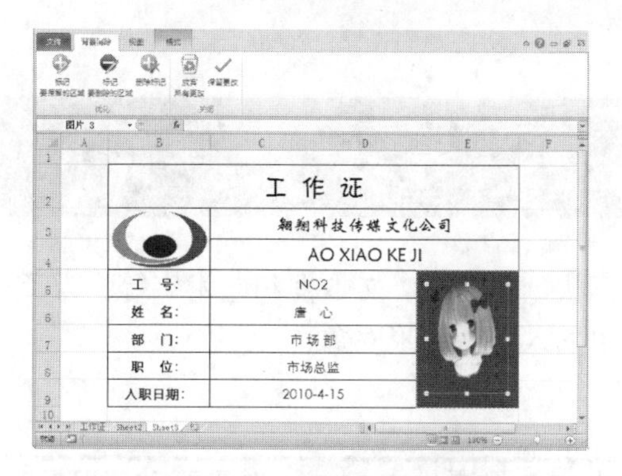

图 5-28　"背景消除"选项卡

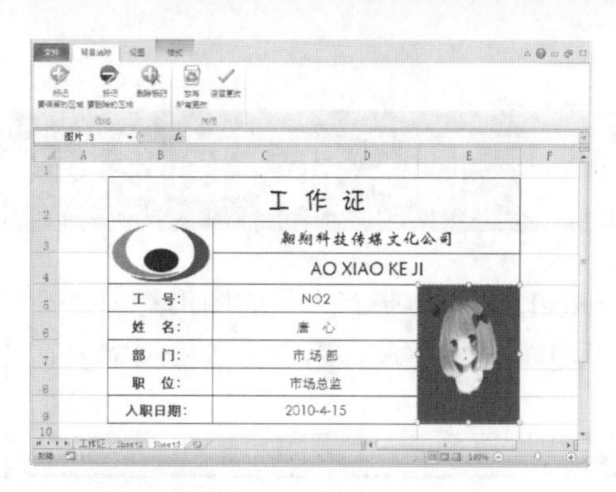

图 5-29　调动控制句柄

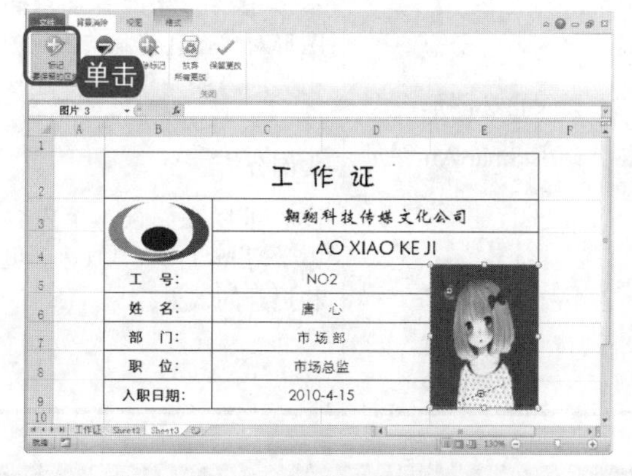

图 5-30　标记保留区域

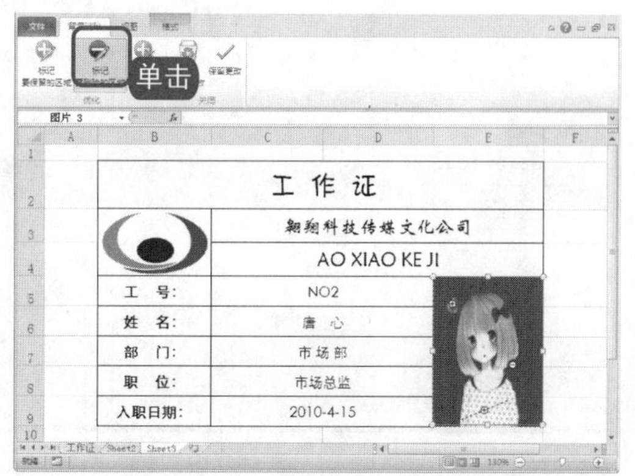

图 5-31　标记删除区域

7 标记好后，单击"保留更改"按钮或在工作表空白处单击，即可去除图片背景，如图 5-32 所示。

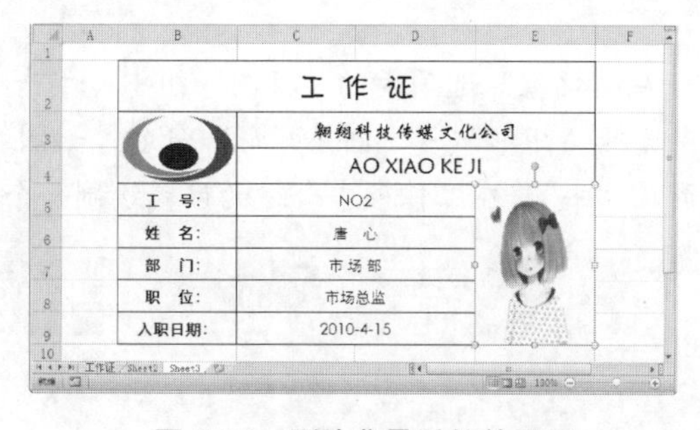

图 5-32　删除背景后的效果图

知识补充

如果用户对线条标出的要保留或删除的区域不满意，还想要更改它，那么可单击"删除标记"按钮，然后再单击线条进行更改。

知识补充

将图片压缩以减小文件的大小会改变源图片中保留的细节量。这意味着在压缩后，图片的外观可能会与压缩之前不一样。因此，应先压缩图片和保存文件，然后再消除背景。即使在保存文件后，如果您对消除了背景的压缩图片感到不甚满意，则只要尚未关闭所使用的程序，就可以撤销压缩。

电脑小百科

在"选择要添加到报表的字段"列表框中，用鼠标右键单击需要删除的字段，然后在弹出的快捷菜单中选择"删除"命令，即可删除字段。

5.2 插入图形对象

Excel 2010 自带有大量的图形对象，主要包括形状、剪贴画、文本框和艺术字等。为了使工作表看起来图文并茂，用户可以根据需要在工作表中插入这些图形对象。

书盘互动指导

示例	在光盘中的位置	书盘互动情况
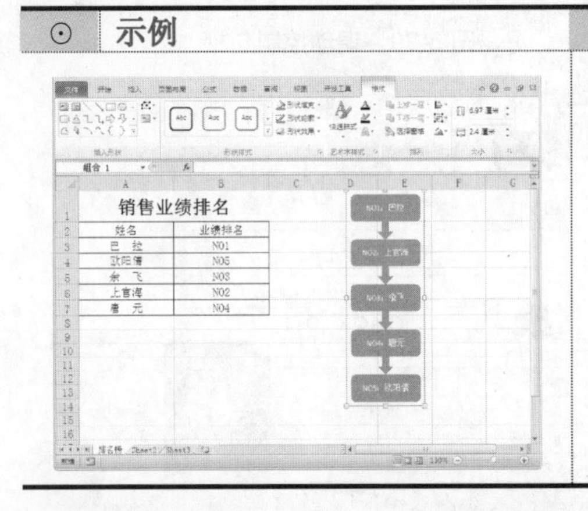	5.2 插入图形对象 5.2.1 插入自选图形 5.2.2 设置自选图形格式 5.2.3 调用 SmartArt 图形	本节主要带领读者学习插入图形对象，在光盘 5.2 节中有相关内容的操作视频，还特别针对本节内容设置了具体的实例分析。 读者可以在阅读本节内容后再学习光盘内容，以达到巩固和提升的效果。

5.2.1 插入自选图形

在 Excel 2010 中，系统自带有各种形状，用户只需要选择合适的形状进行绘制即可。具体操作步骤如下。

1. 打开原始文件 5.2.1.xlsx，在“插入”选项卡的“插图”组中，单击“形状”按钮。
2. 从弹出的形状下拉列表中选择“矩形”→“圆角矩形”命令，如图 5-33 所示。
3. 此时鼠标指针变成十字形状“十”，在工作表中合适的位置绘制一个形状图形，如图 5-34 所示。

图 5-33 自选图形列表

图 5-34 绘制圆角矩形

4. 单击“形状”按钮，从弹出的形状下拉列表中选择“箭头总汇”→“下箭头”命令，如图 5-35

电脑小百科

自选图形可以调整大小、旋转、翻转、着色以及组合以生成更复杂的图形。

所示。

5 按照上面的操作，将图形绘制完成，效果如图 5-36 所示。

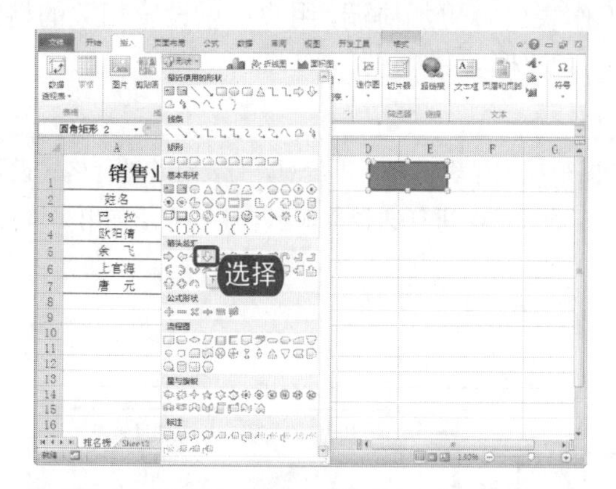

图 5-35　选择“下箭头”命令

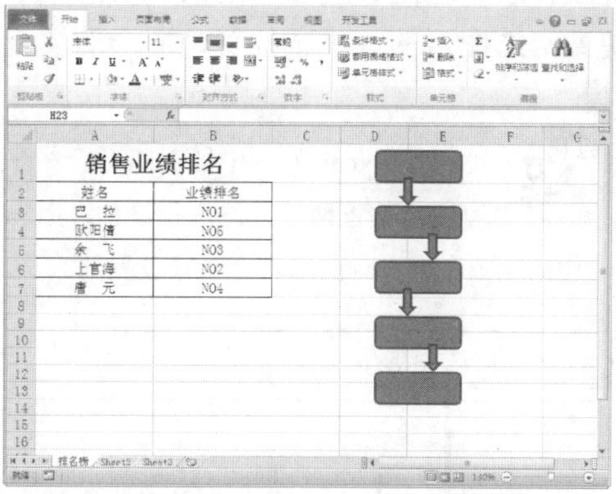

图 5-36　绘制完成的自选图形

6 在圆角矩形上单击鼠标右键，从弹出的快捷菜单中选择“编辑文字”命令，如图 5-37 所示。

7 为圆角矩形添加文字内容，如图 5-38 所示。

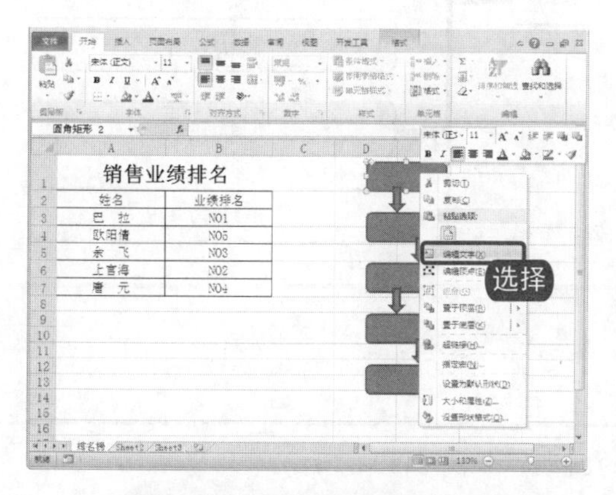

图 5-37　选择“编辑文字”命令

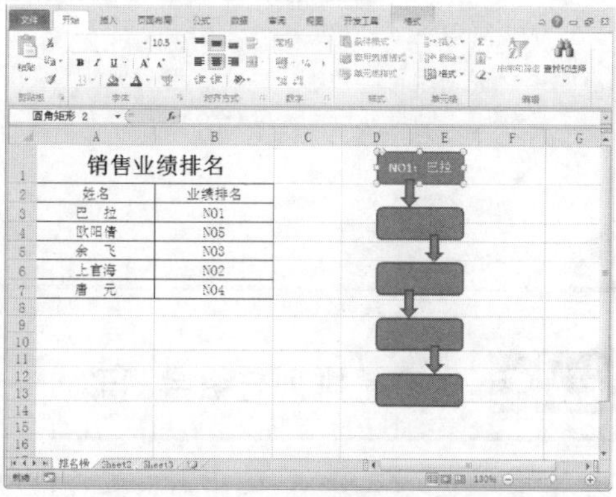

图 5-38　为圆角矩形添加文字

8 按照上面同样的方法为其余的圆角矩形添加文字，效果如图 5-39 所示。

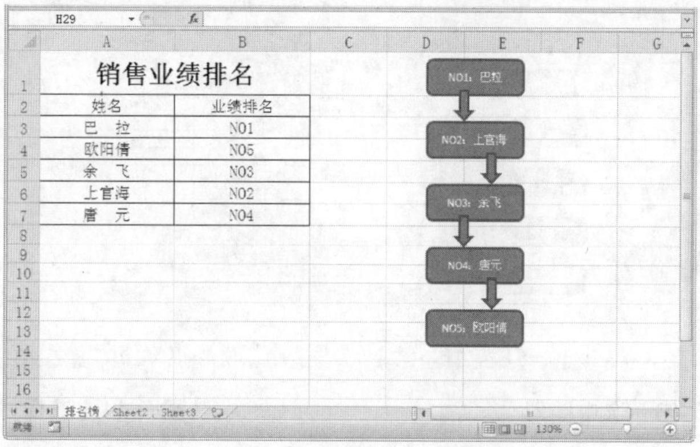

图 5-39　为全部圆角矩形添加文字

电脑小百科

许多图形都有调整空点，可以用来更改图形的大多数重要特性。

5.2.2 设置自选图形格式

在工作表中绘制自选图形之后，为了使其与工作表内容更加协调，用户可以设置相关的格式，比如更改自选图形的大小、位置、图形的填充颜色、边框等。

操作分析

在 Excel 2010 中插入图形后，为了使图形在工作表中显示更美观，需要对其进行格式设置，可通过如下两种方法进行操作，用户可按不同的情况进行选择。本小节主要介绍使用“格式”选项卡中的相关命令，对图形进行格式设置的方法。

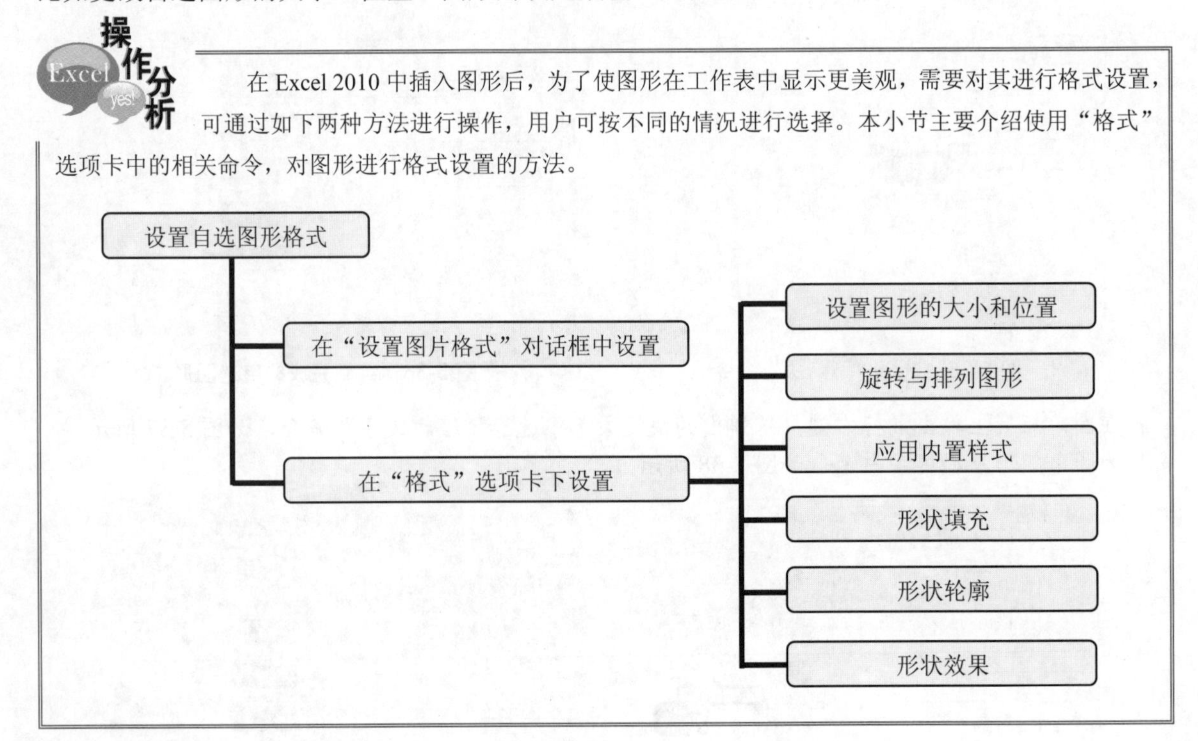

跟着做 1 对齐、排列与组合图形

① 打开原始文件 5.2.2.xlsx，选中需要进行排列的图形，如图 5-40 所示。

② 单击“格式”选项卡下“排列”组中的“上移一层”或“置于顶层”按钮，如图 5-41 所示。

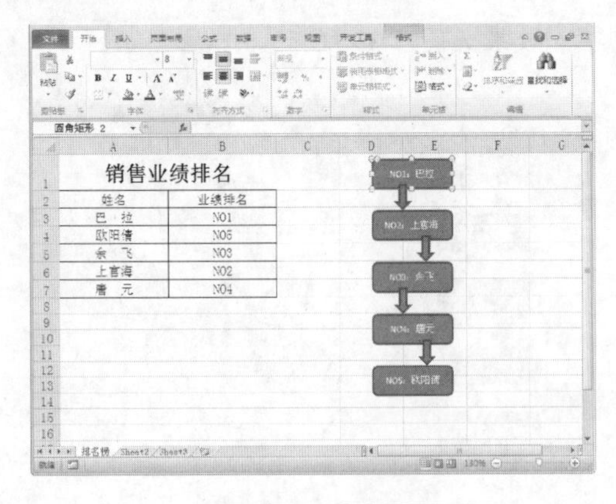

图 5-40 选中图形

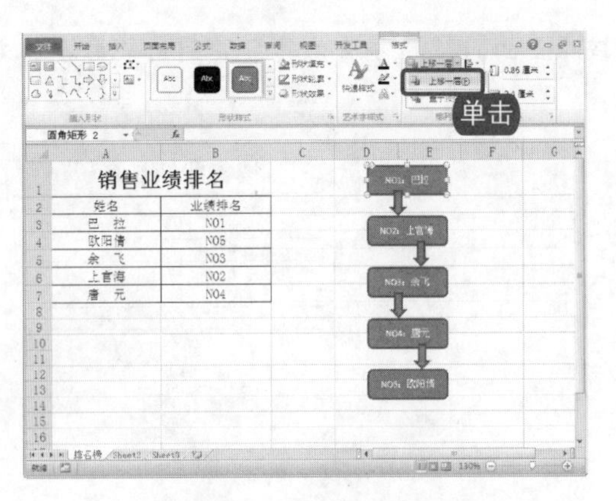

图 5-41 选择排列方式

电脑小百科

剪贴画就是常用的小尺寸图片，主要有 3 个渠道可以获得剪贴画：一是 Office 自带的剪贴画；二是微软网站提供的剪贴画；三是自己将常用的图片加为剪贴画。

知识补充

如果要对某个图形进行旋转，那么可单击“排列”组中的“旋转”按钮，从弹出的下拉列表中选择一种旋转方式。

3. 将所有图形都使用“排列”组中的“下移一层”或“置于底层”按钮，效果如图 5-42 所示。
4. 设置好图形叠放次序后，选中要对齐的图形。
5. 在“格式”选项卡下的“排列”组中，单击“对齐”按钮，从弹出的下拉列表中选择一种对齐方式“水平居中”，如图 5-43 所示。

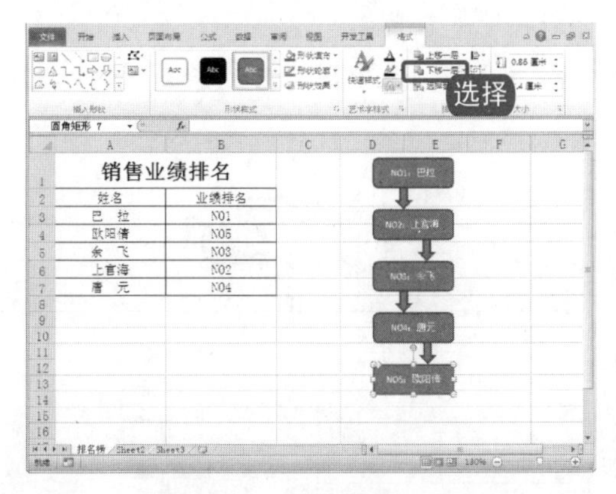

图 5-42　对所有图形进行排列

图 5-43　选择对齐方式

知识补充

当需要选中多个自选图形时，可按住 Shift 键不放，用鼠标逐个单击。

6. 对齐所有图形后，选中要组合的图形。
7. 在“格式”选项卡下的“排列”组中，单击“组合”按钮，从弹出的下拉列表中选项“组合”命令，将其组合为一个整体，如图 5-44 所示。
8. 对图形设置好排列、对齐和组合后，效果如图 5-45 所示。

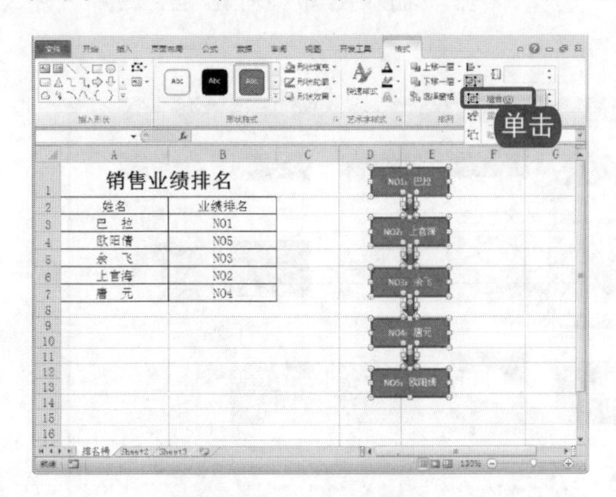

图 5-44　对图形进行组合

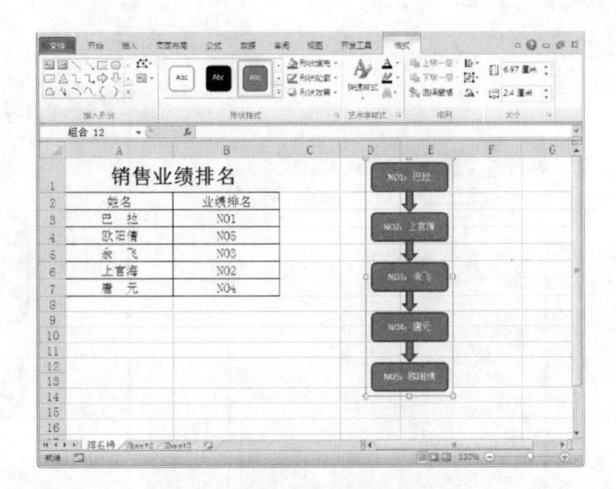

图 5-45　对图形设置排列、对齐和组合后的效果图

电脑小百科

SmartArt 图形是信息和观点的视觉表示形式，包括列表、流程、循环、层次结构、关系、矩阵和棱锥图等多种用途样式。

知识补充

如果想要编辑其中的某个图形，那么可单击“组合”按钮，从下拉列表中选择“取消组合”命令，将其拆分为单独的个体，然后对其进行编辑。

跟着做 2 为图形设置填充和轮廓效果

1. 打开上一小节保存的文件，选中要设置填充效果的图形，如图 5-46 所示。
2. 在“格式”选项卡的“形状样式”组中，单击“形状填充”按钮。
3. 弹出形状填充的下拉列表，在“主题颜色”和“标准色”列表中用户可选择图形的填充颜色，如图 5-47 所示。

图 5-46　选中图形

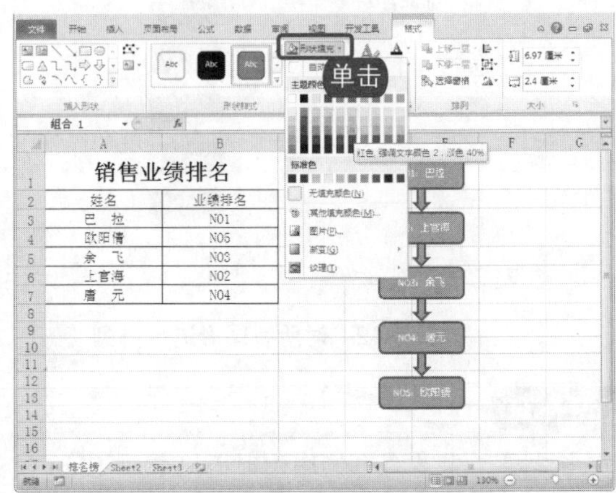

图 5-47　设置形状填充颜色

4. 如果用户对列表中的颜色不满意，那么可单击“其他填充颜色”命令，从弹出的“颜色”对话框中选择自己喜欢的颜色，单击“确定”按钮，如图 5-48 所示。
5. 如果要为图形填充图片，那么可单击“图片”命令，弹出“插入图片”对话框，选择一张合适的图片作为填充效果，如图 5-49 所示。

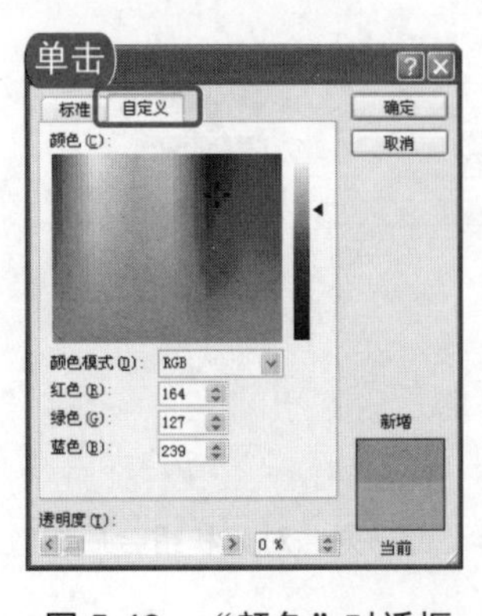

图 5-48　“颜色”对话框

图 5-49　“插入图片”对话框

电脑小百科

签名行是 Excel 2010 新增的功能之一。签名行是在工作簿中模拟纸质文件上的签名。

知识补充

如果用户不想对图形填充任何颜色，那么可以在形状填充的下拉列表中，单击“无填充颜色”命令。如果用户想为图形填充渐变或纹理效果，那么可在形状填充下拉列表中的“渐变”或“纹理”下拉列表中，选择一种合适的渐变样式或纹理样式来填充图形。

6. 保持图形的选中状态，在“格式”选项卡的“形状样式”组中，单击“形状轮廓”按钮。
7. 弹出形状轮廓的下拉列表，用户可以选择一种合适的轮廓颜色，如图 5-50 所示。
8. 在“粗细”下拉列表中，选择轮廓的粗细为“1 磅”，如图 5-51 所示。

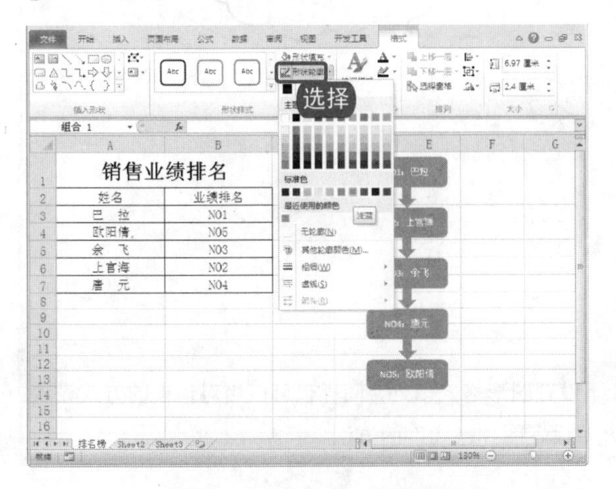

图 5-50　设置形状轮廓颜色

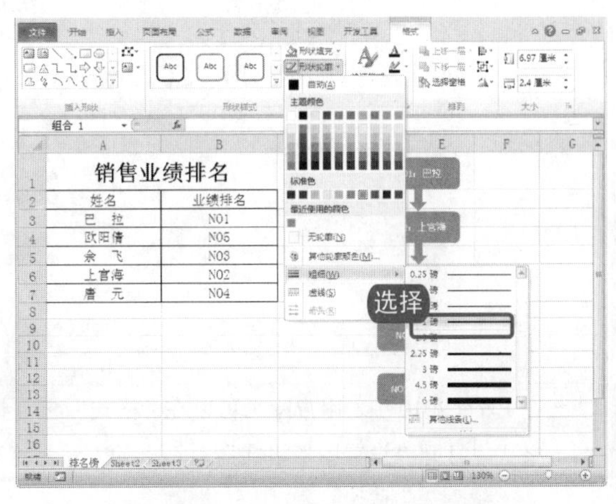

图 5-51　设置形状轮廓的线条粗细

9. 设置完成后，效果如图 5-52 所示。在“插入形状组”中，用户还可根据需要选择合适的虚线效果和箭头效果。

图 5-52　对图形设置填充和轮廓后的效果图

电脑小百科

在工作簿中插入签名行并签署之后，工作簿将变成只读，可以防止修改其内容。

老师的话

如果用户想为图形设置阴影和三维立体等效果，那么可在“格式”选项卡的“形状样式”组中，单击“形状效果”按钮，会弹出的形状效果下拉列表，该列表中列出了多种形状效果，用户可根据需要选择不同的立体效果，如下图所示。

在 Excel 2010 中，用户除了可以在“格式”选项卡下设置图形格式以外，同样也可以用对话框的方式设置图形格式。打开“设置图形格式”对话框的方法与打开“设置图片格式”的方法一样。

跟着做 3 设置图形的大小和位置

1. 打开上一小节保存的文件，选中要改变形状大小和位置的图形，如图 5-53 所示。
2. 在“格式”选项卡下的“大小”组中，输入“高度”和“宽度”的数值，如图 5-54 所示。

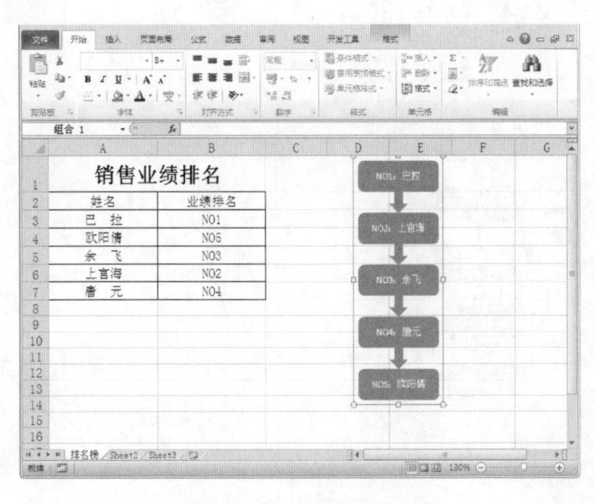

图 5-53　选中形状图形

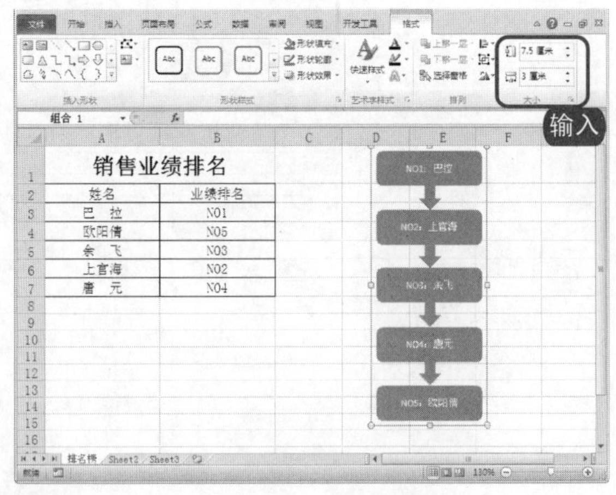

图 5-54　调整图形大小

3. 输入完成后，按 Enter 键确认，即可改变图形的大小。
4. 要移动图形在工作表中的位置，可直接将其拖动到目标位置即可，如图 5-55 所示。

电脑小百科

绘制直线或箭头时，如果按住键盘中的 Shift 键，则可绘制呈水平或者垂直方向以及 15° 角或者 15° 角倍数方向的直线或箭头。

❺ 如果要在同一工作表中复制该图形，那么只需要在拖动的同时按住 Ctrl 键即可，如图 5-56 所示。

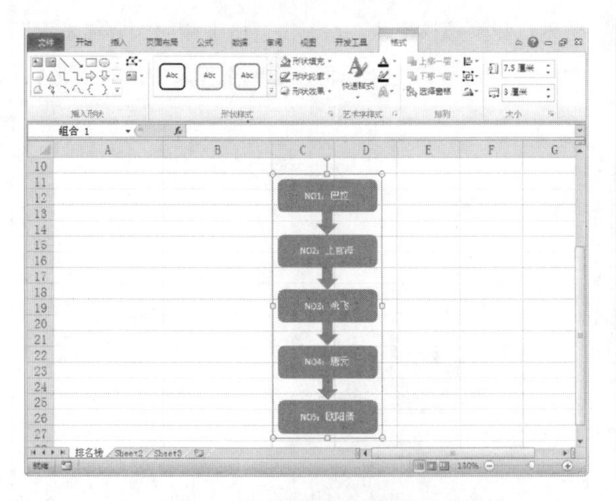

图 5-55　使用鼠标移动图形位置

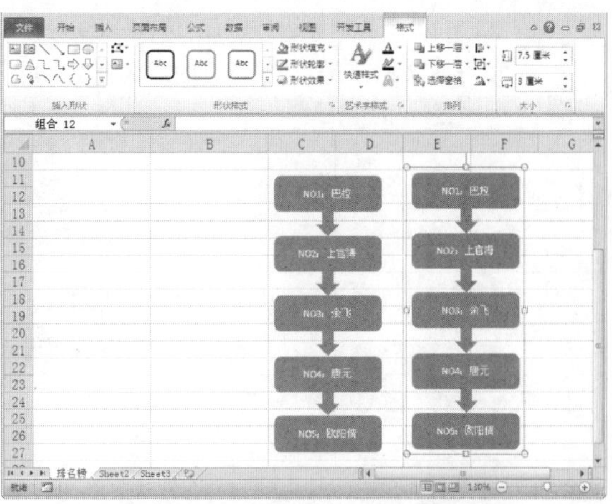

图 5-56　在当前工作表中复制图形

❻ 如果想要将图形移动或复制到其他工作表，那么可使用“开始”选项卡下的“剪切”或“复制”命令，然后在目标工作表中使用“粘贴”命令即可，如图 5-57 所示。

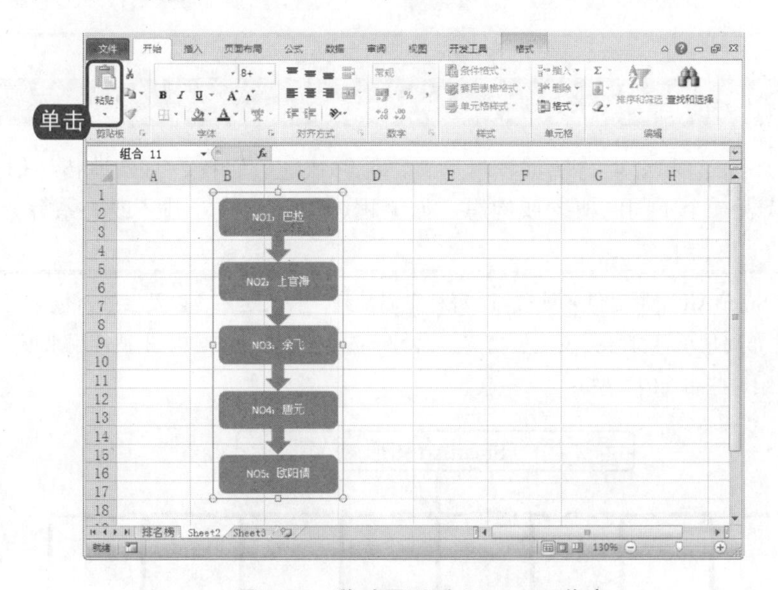

图 5-57　移动图形到 Sheet2 工作表

选择图形有如下 4 种方法。

- 直接用鼠标单击目标形状可以选择一个图形。
- 按住 Shift 键的同时，再逐个单击图形，将选择多个图形。
- 单击“开始”选项卡下的“编辑”选项组中的“查找和选择”按钮，从弹出的下拉列表中选择“选择对象”命令，然后再单击多个图形。
- 在上述 3 种方法都不好用的情况下，可以使用选择窗格功能选择图形并控制其可见性。操作方法是：①单击“页面布局”选项卡下的“选择窗格”按钮，打开“选择和可见性”窗格，如下图所示；②在

电脑小百科

在工作表中的某些数据不再需要时，可以，按 Delete 键将它们删除，但该操作仅删除单元格内容，其空白单元格仍保留在工作表中。

"工作表中的图形"列表中显示了已有的形状名称，单击某个形状名称，即可选中工作表中对应的形状；③单击某个形状名称右侧眼睛图标，可以切换显示和隐藏该形状；④单击窗格下侧的"全部显示"按钮可以显示工作表中所有的形状对象，单击下侧的"全部隐藏"按钮可以隐藏工作表中所有的形状对象，如下图所示。

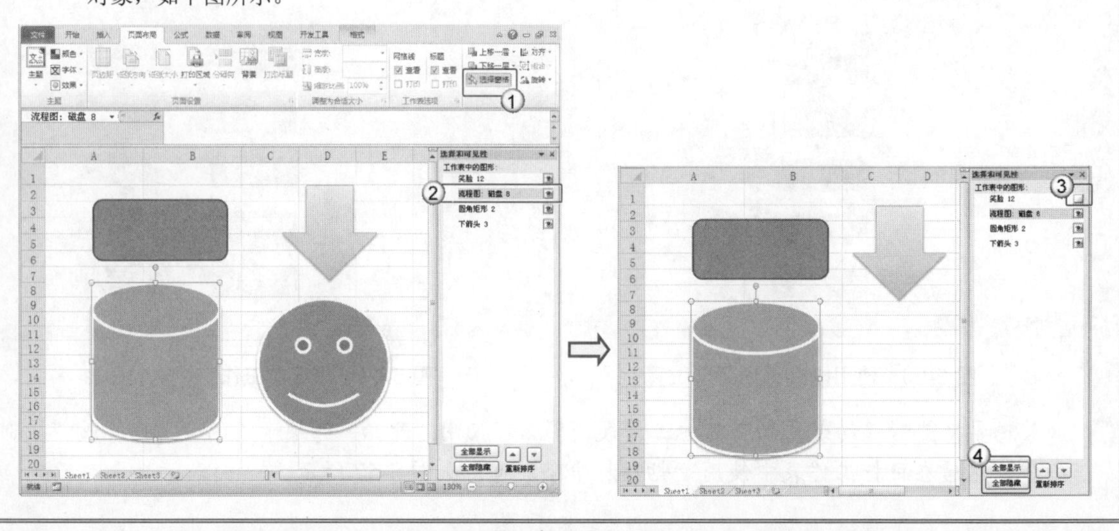

5.2.3 调用 SmartArt 图形

SmartArt 图形是信息和观点的视觉表示形式，能够快速、轻松、有效地传达信息。每个图形都代表一个不同的概念或构思，如流程、层次结构、循环或关系等。

操作分析

SmartArt 图形提供多种布局，每种布局都是一种表达内容以及增强所传递信息的不同方法。一些布局使项目符号列表更加精美，而另一些布局(如组织结构图)适合用来展现特定种类的信息。下面就简单介绍这些布局的类型。

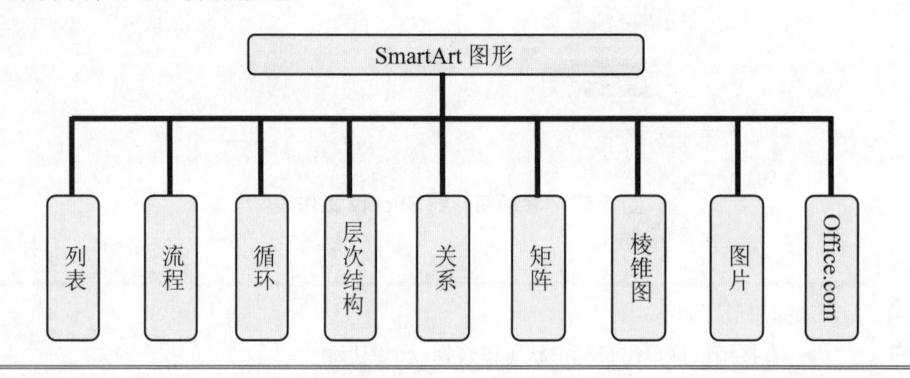

跟着做 1 插入 SmartArt 图形并添加文本

1. 打开原始文件 5.2.3.xlsx，单击"插入"选项卡中"插图"组中的 SmartArt 按钮，如图 5-58 所示。
2. 弹出"选择 SmartArt 图形"对话框，如图 5-59 所示。

电脑小百科

在工作表中想要删除行、列和单元格，其内容将一起从工作表中消失，空的单元格位置由周围的单元格补充。

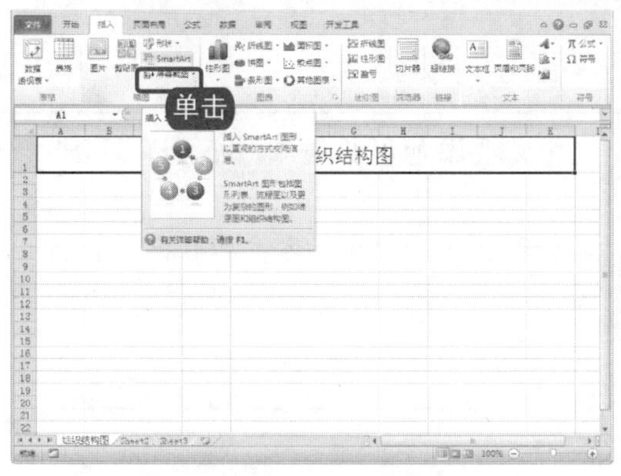

图 5-58　单击 SmartArt 按钮

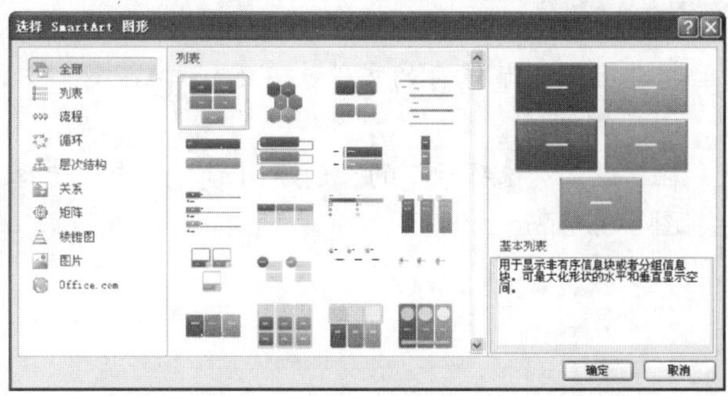

图 5-59　“选择 SmartArt 图形”对话框

❸ 在该图形对话框中包括多种类型，用户可以根据需求选择一种类型，这里选择“层次结构”。

❹ 各类型列表中又包含多种样式，用户可以选择一种合适的图示样式，这里选择“组织结构图”，如图 5-60 所示。

❺ 单击“确定”按钮，即可在工作表中插入一个层次结构图形，如图 5-61 所示。

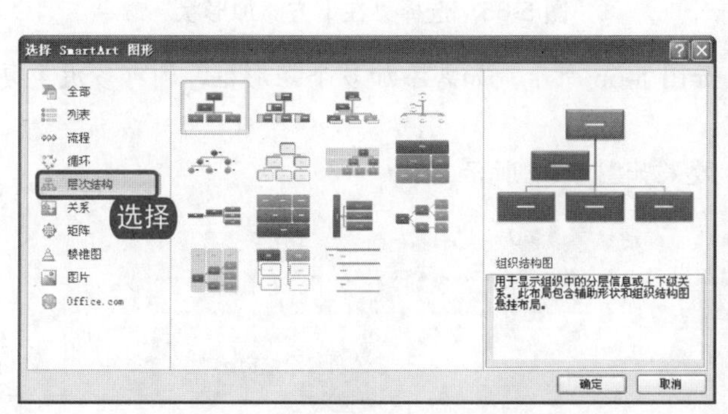

图 5-60　选择 SmartArt 图形

图 5-61　插入 SmartArt 图形

❻ 选中刚插入的 SmartArt 图形，在“设计”选项卡下的“创建图形”组中，单击“文本窗格”按钮，弹出“在此处键入文字”窗格，如图 5-62 所示。

❼ 在该窗格中逐行输入文本，如图 5-63 所示，不需要输入文字的地方可以输入空格。

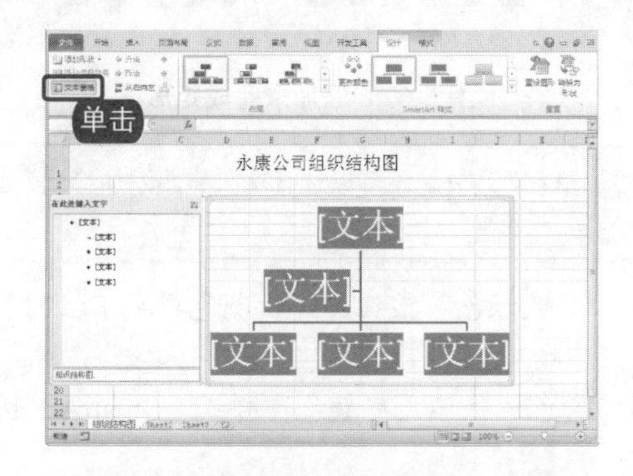

图 5-62　弹出“在此处键入文字”窗格

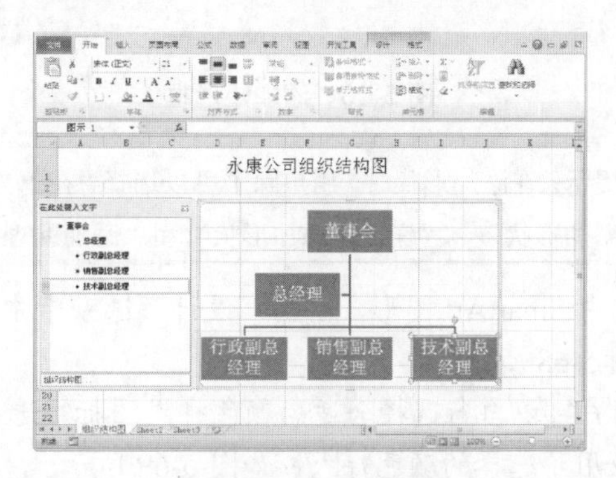

图 5-63　输入文本

在 Excel 中，数据的类型不单纯是数值型，Excel 提供了多种数据类型，如货币、会计专用、日期格式以及科学计数等。

跟着做 2☛ 编辑 SmartArt 形状

1. 打开上一小节保存的文件，在 SmartArt 图形中，选中需要添加形状的矩形框“董事会”，如图 5-64 所示。
2. 在“设计”选项卡下的“创建图形”组中，选择“添加形状”→“在下方添加形状”命令，如图 5-65 所示。

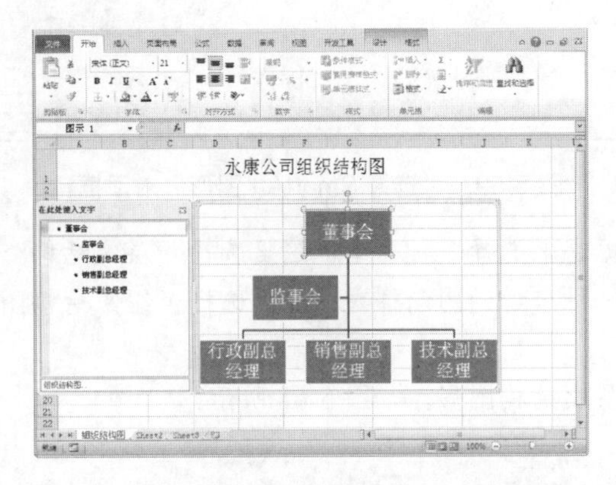

图 5-64　选中“董事会”矩形框

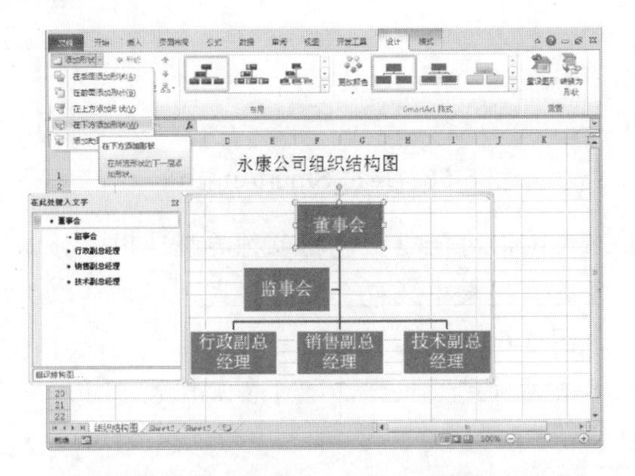

图 5-65　选择“在下方添加形状”命令

3. 在下侧添加一个矩形框，输入文字内容，如图 5-66 所示。如需添加多个矩形框，即可多次重复上一步操作。
4. 继续添加未完成的矩形框，添加完成后，效果如图 5-67 所示。

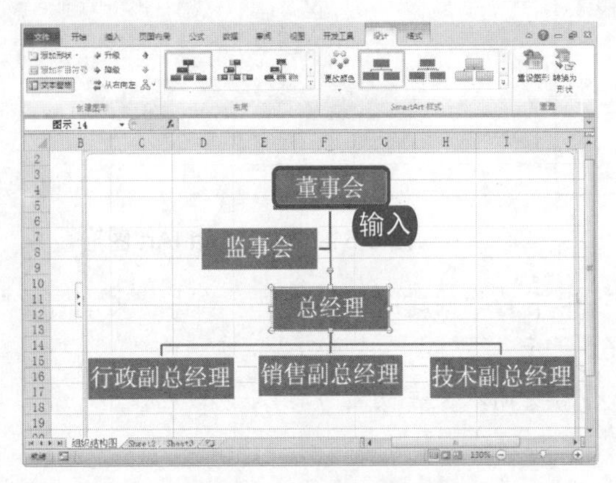

图 5-66　添加矩形框

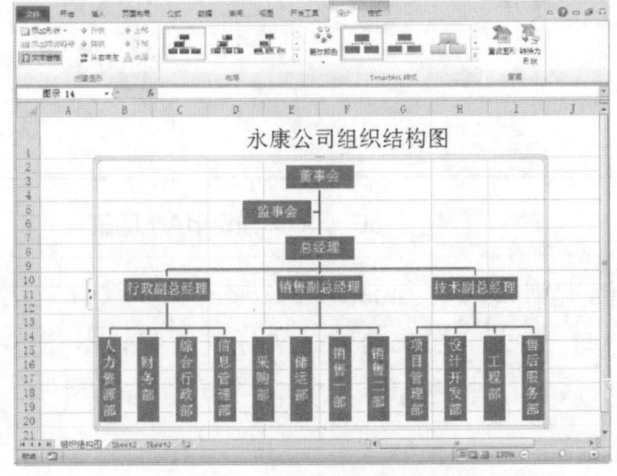

图 5-67　添加未完成矩形框

> **提示：**在添加形状时，用户除了可以选择“在下方添加形状”之外，还可以选择“在前面添加形状”、“在后面添加形状”、“在上方添加形状”和“添加助理”命令。

5. 选中 SmartArt 图形，单击“设计”选项卡中的“更改颜色”按钮，弹出颜色样式下拉列表，如图 5-68 所示。
6. 用户可以自行选择合适的颜色样式图标，选择“彩色—强调文字颜色”样式，SmartArt 图形即应用了选择的颜色样式，如图 5-69 所示。

电脑小百科

当用户希望使用宏功能或插入其他对象时，可在“开发工具”选项卡下选择相应命令。

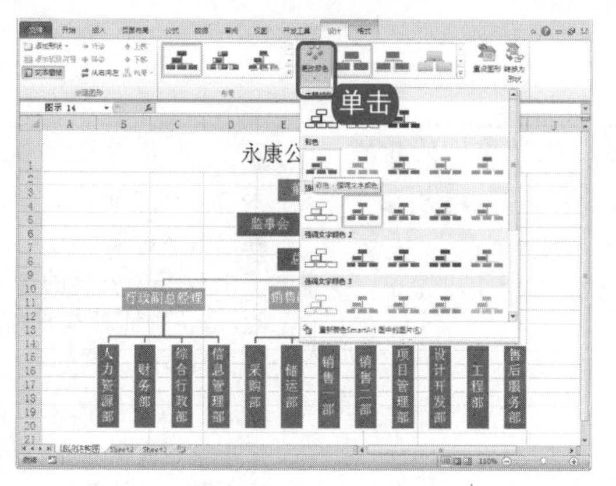

图 5-68　弹出 SmartArt 图形颜色样式下拉列表

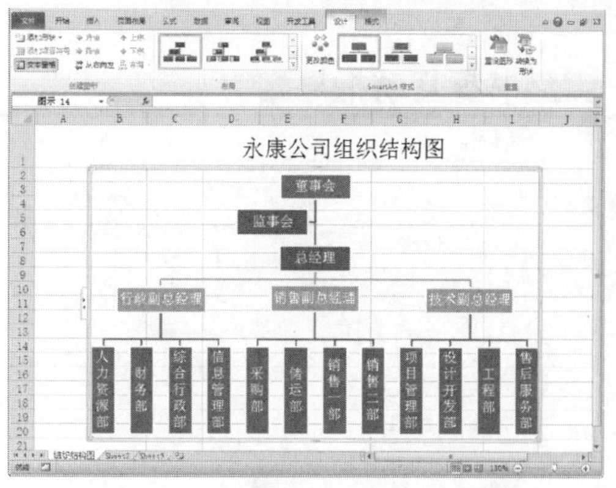

图 5-69　应用 SmartArt 图形颜色样式

7. 继续选中 SmartArt 图形，在“设计”选项卡的“SmartArt 样式”组中，单击右侧的下拉按钮，弹出 SmartArt 样式下拉列表，如图 5-70 所示。
8. 选择一种合适的样式“嵌入”，即可将组织结构图设置为有立体效果的 SmartArt 样式，如图 5-71 所示。

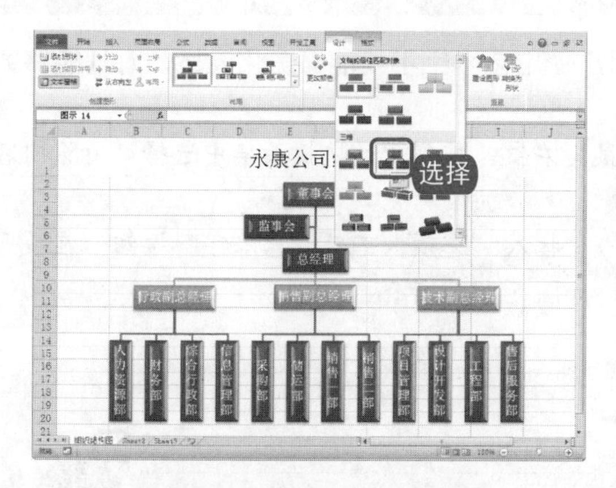

图 5-70　选择 SmartArt 样式

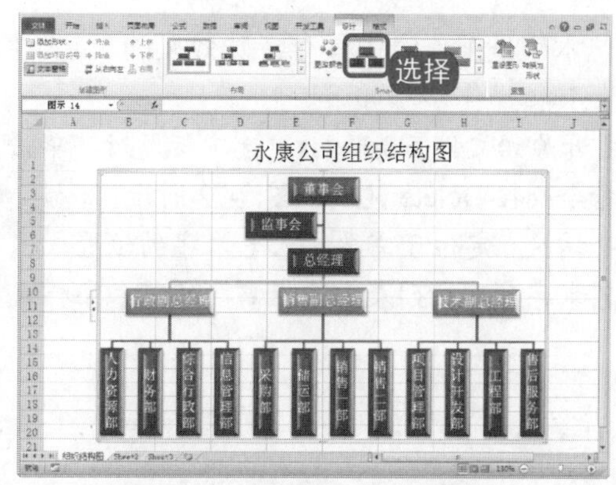

图 5-71　应用 SmartArt 样式

5.3　插入艺术字对象

艺术字和文本框一样，是浮于工作表之上的一种形状对象。艺术字通过形状、空心、阴影、镜像等效果，起到装饰报表的作用。灵活运用 Excel 2010 插入艺术字的功能，可以为工作表添加生动且具有特殊视觉效果的文字。在 Excel 2010 中插入的艺术字会被作为图形对象处理，因此在设置艺术字时或对艺术字样式、位置、大小进行设置时，操作方法都比较简便。

电脑小百科

在默认情况下，功能区中部显示“开发工具”选项卡，需要用户自行设置。需要在“Excel 选项”对话框的“自定义功能区”选项卡下选中“开发工具”前的复选框才可以将其显示。

书盘互动指导

示例	在光盘中的位置	书盘互动情况
	5.3 插入艺术字对象 5.3.1 插入艺术字 5.3.2 设置艺术字样式 5.3.3 设置艺术字形状 5.3.4 设置艺术字版式	本节主要带领读者学习插入艺术字对象，在光盘 5.3 节中有相关内容的操作视频，还特别针对本节内容设置了具体的实例分析。 读者可以在阅读本节内容后再学习光盘内容，以达到巩固和提升的效果。

5.3.1 插入艺术字

艺术字是工作表中具有特殊效果的文字，用户使用艺术字不仅能够美化表格，而且能够突出主题，具体操作步骤如下。

1. 打开原始文件 5.3.1.xlsx，选中标题行，单击鼠标右键，从弹出的快捷菜单中选择“清除内容”命令或按 Delete 键，如图 5-72 所示。
2. 将插入点定位于需要插入艺术字的位置，单击“插入”选项卡下的“艺术字”按钮，在展开的艺术字库下拉列表中选择需要的艺术字样式，如图 5-73 所示。

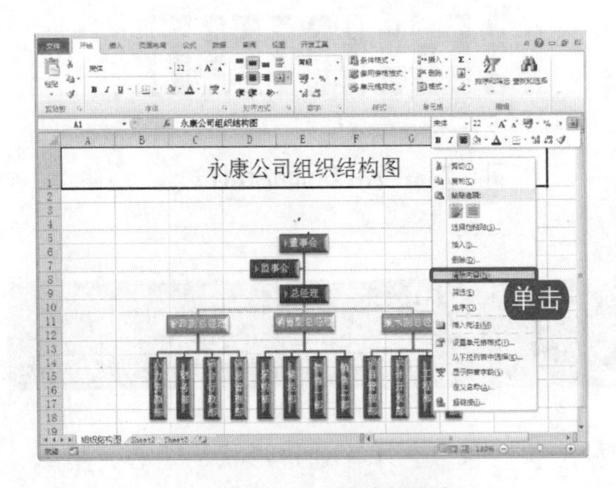

图 5-72　删除标题行

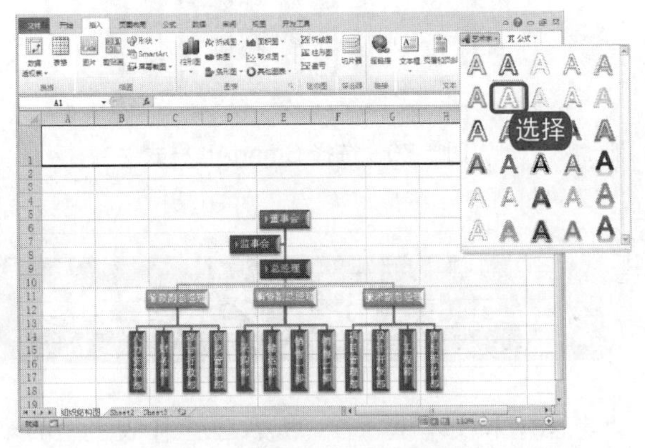

图 5-73　艺术字库下拉列表

3. 在工作表中显示一个矩形框，矩形框中显示“请在此放置您的文字”，如图 5-74 所示。
4. 直接在框中输入文本内容“永康公司组织结构图”，单击任意单元格，完成插入艺术字，如图 5-75 所示。

电脑小百科

利用 Excel“边框”选项卡的两个斜线按钮，可以在单元格中画左、右斜线。

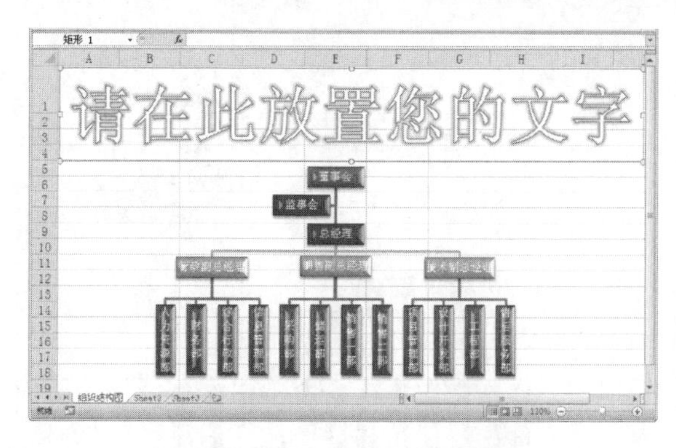

图 5-74　显示一个矩形框

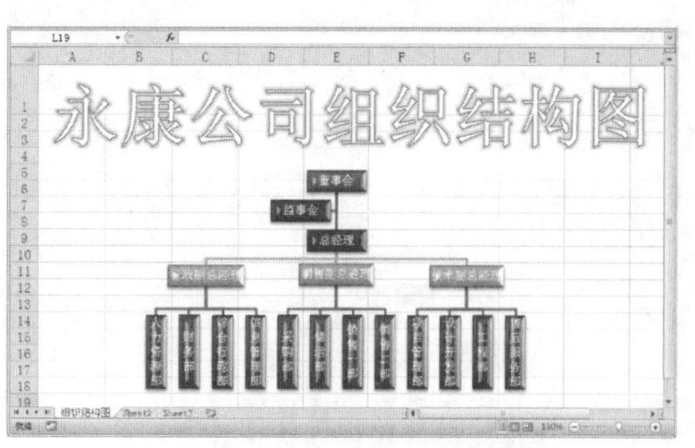

图 5-75　输入文字内容

5.3.2　设置艺术字样式

当用户对 Excel 2010 提供的 30 种内置艺术字样式不满意时，用户也可以自定义喜欢的艺术字样式，包括设置字体、阴影、映像、发光、棱台、三维旋转和转换等样式选项。具体操作步骤如下。

1. 打开原始文件 5.3.2.xlsx，选中需要设置艺术字样式的文本，如图 5-76 所示。
2. 在“格式”选项卡下的“艺术字样式”组中，单击其后的下拉按钮，如图 5-77 所示。

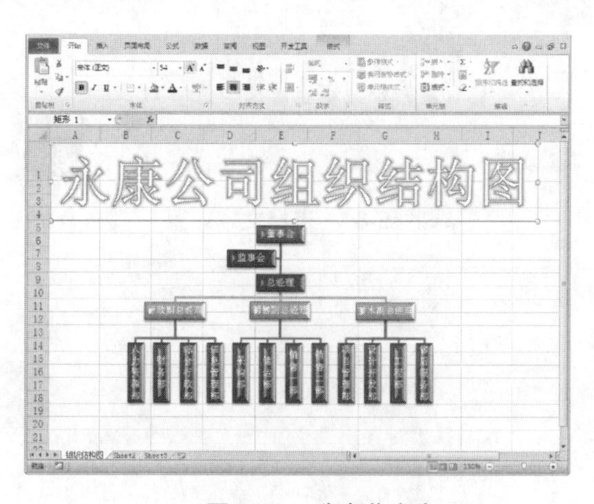

图 5-76　选中艺术字

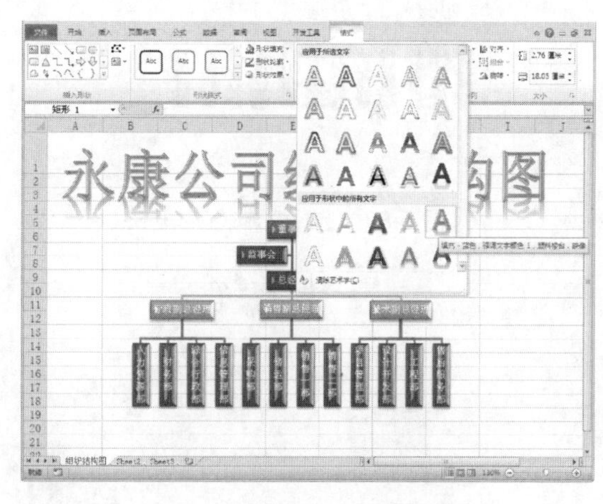

图 5-77　选择“艺术字样式”

3. 从弹出的艺术字样式下拉列表中，选择一种内置的艺术字样式，如图 5-78 所示。
4. 如果用户对内置的样式不满意，那么可以单击“文本填充”按钮，从弹出的下拉列表中选择一种合适的文本填充效果，如图 5-79 所示。
5. 单击“文本轮廓”按钮，从弹出的下拉列表中选择一种合适的文本轮廓效果，如图 5-80 所示。
6. 单击“文本效果”按钮，从弹出的下拉列表中选择一种合适的文本效果，这里选择“转换”→“桥型”，如图 5-81 所示。
7. 即可将所选样式应用到所选艺术字，效果如图 5-82 所示。

电脑小百科

选择要插入“√”的单元格，在字体下拉列表中选择“Marlett”字体，输入 A 或 B，即在单元格中插入了“√”。

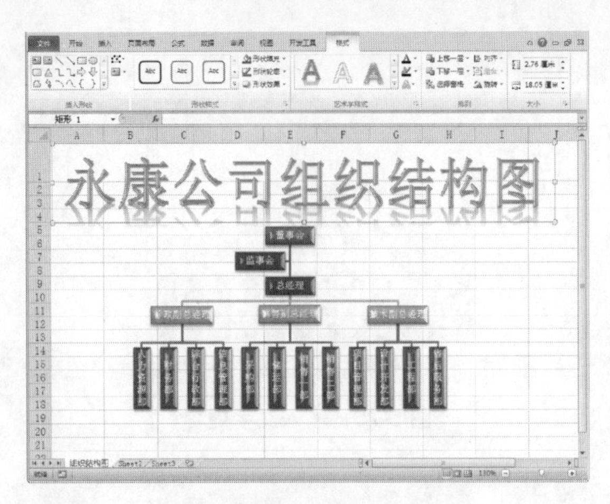

图 5-78　应用艺术字样式

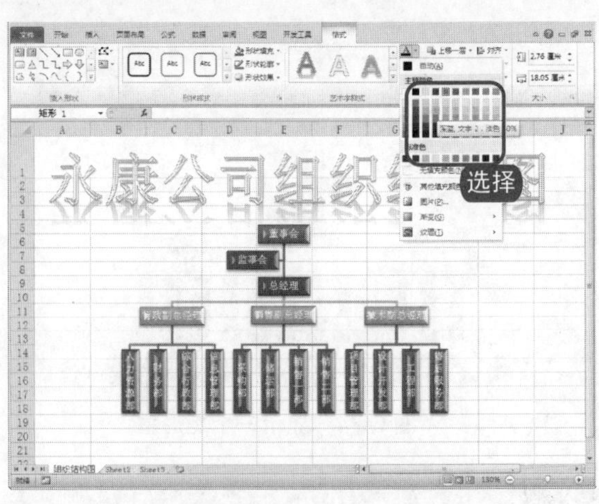

图 5-79　选择文本填充效果

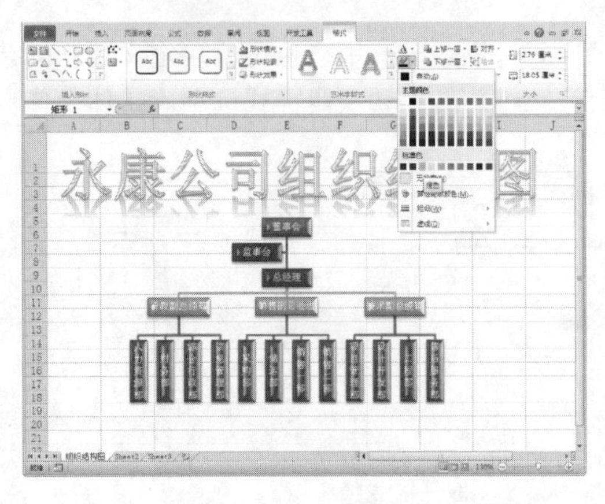

图 5-80　选择文本轮廓填充效果

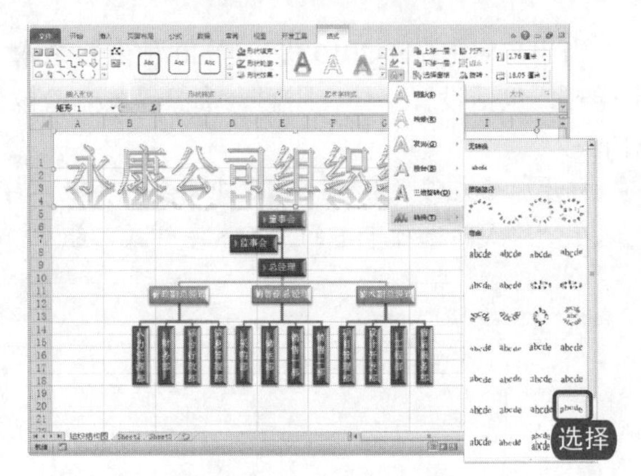

图 5-81　选择文本效果

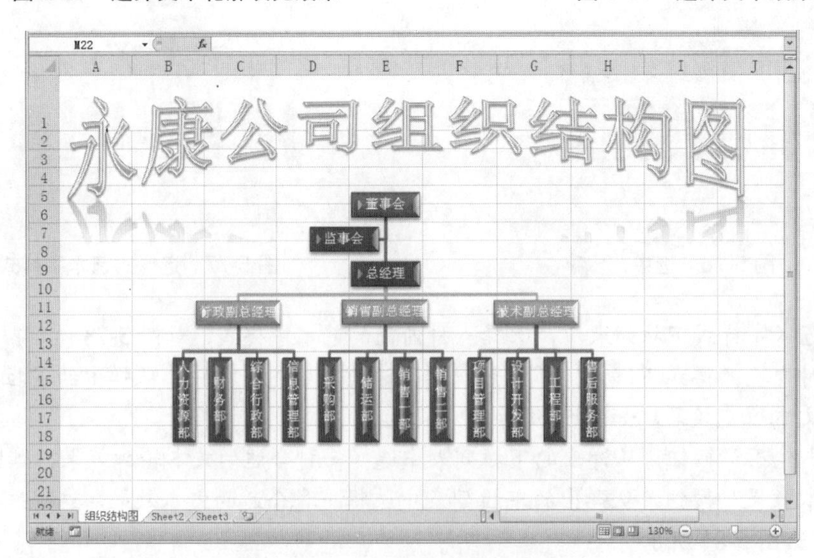

图 5-82　应用艺术字样式后的效果图

电脑小百科

如果某一单元格中的少量数据不可见，那么可减小这些数据字体的大小，而不用调整列的宽度，以显示单元格中所有数据。

5.3.3 设置艺术字形状

艺术字可以使用各种形状作为其背景，还可以通过设置形状样式来获得不同的显示效果。Excel 2010 提供了 42 种内置形状样式，并可以设置阴影、映像、发光、柔和边缘、棱台和三维旋转等样式选项。具体操作步骤如下。

1. 打开原始文件 5.3.3.xlsx，选择需要设置艺术字形状的文本。
2. 在“格式”选项卡的“插入形状”组中单击“编辑形状”按钮，从弹出的下拉列表中选择“更改形状”→“波形”，如图 5-83 所示。
3. 单击“形状样式”组中的“形状填充”按钮，从弹出的下拉列表中选择一种颜色作为背景色，如图 5-84 所示。

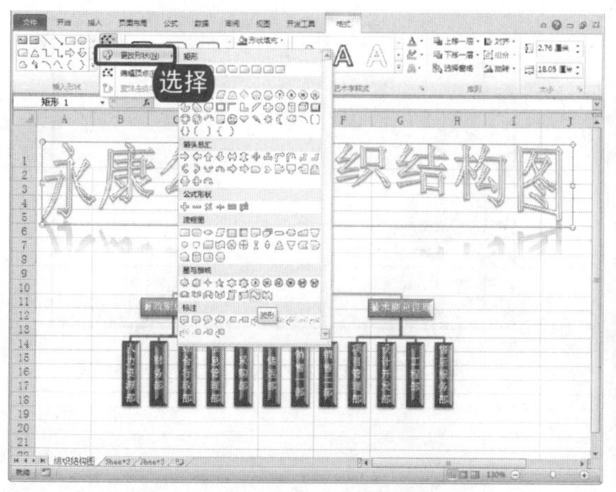

图 5-83　更改艺术字形状

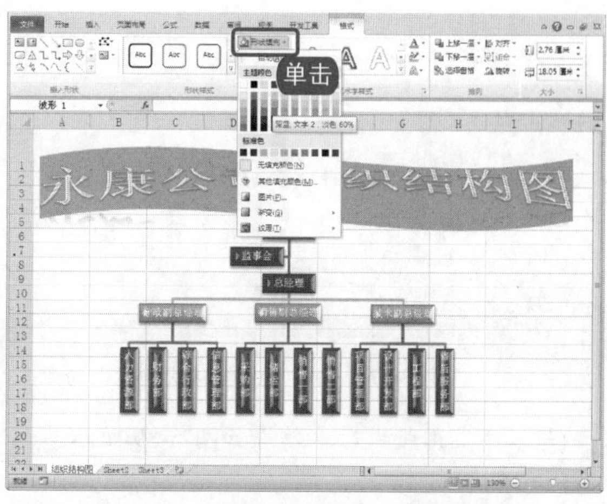

图 5-84　设置形状填充颜色

4. 选中艺术字，在“格式”选项卡中单击“形状样式”组中的“形状效果”按钮，从弹出的下拉列表中选择“棱台”→“十字形”，如图 5-85 所示。
5. 设置完成后，即可将预设的三维样式应用到所选艺术字，效果如图 5-86 所示。

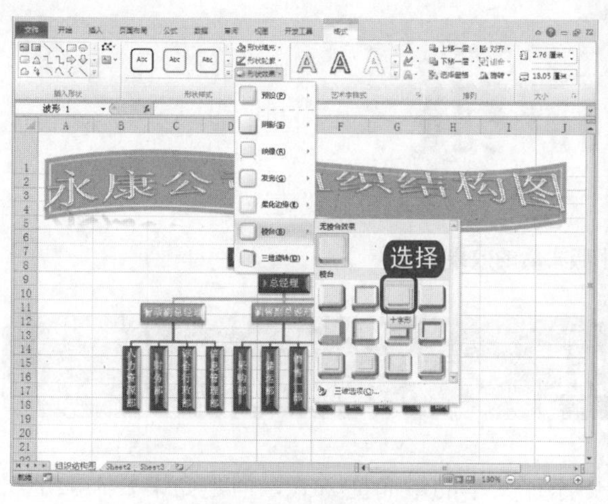

图 5-85　设置艺术字形状样式

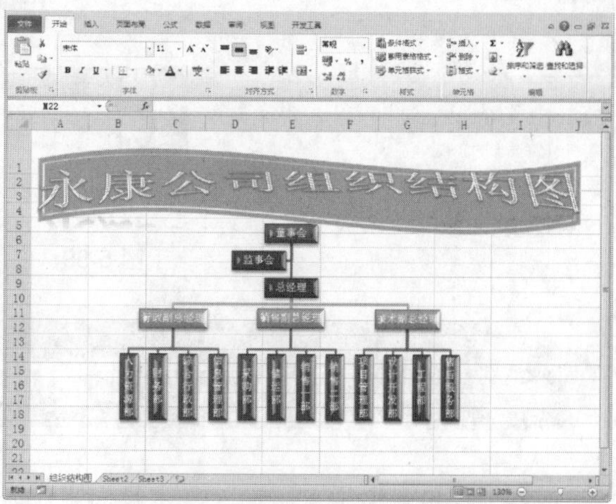

图 5-86　设置艺术字后的立体效果

电脑小百科

使用“格式”选项卡下的“重设图片”命令，可将对此图片所做的全部格式更改，恢复到图片插入时的状态。

5.3.4 设置艺术字版式

设置艺术字版式是指设置艺术字的排列和艺术字与背景的相对位置等。具体操作步骤如下。

1. 打开原始文件 5.3.4.xlsx，选中需要设置艺术字版式的文本。
2. 在艺术字上右击，从弹出的快捷菜单中选择“设置形状格式”命令，如图 5-87 所示。
3. 弹出“设置形状格式”对话框，在“大小”选项卡中将“尺寸和旋转”区域中的“高度”设为“3 厘米”，“宽度”设为“10 厘米”，如图 5-88 所示。

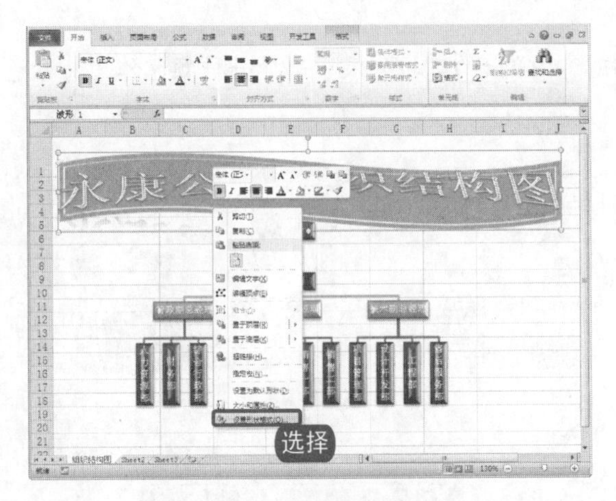

图 5-87 选择“设置形状格式”命令

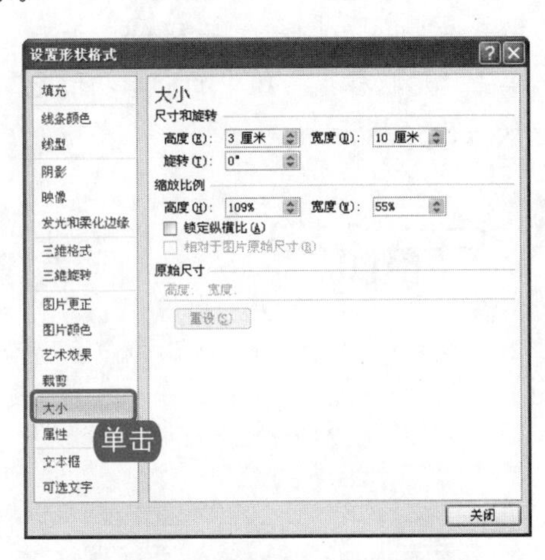

图 5-88 设置艺术字框的大小版式

4. 艺术字应用版式后，效果如图 5-89 所示。

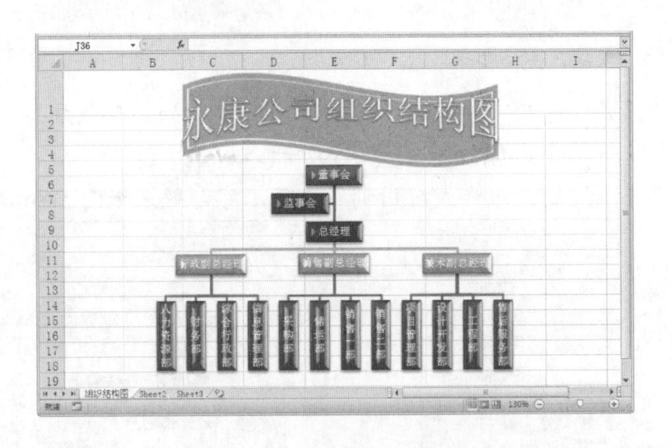

图 5-89 应用版式后的效果

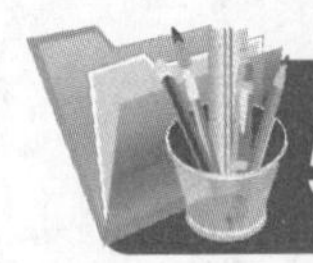

5.4 插入文本框和批注

通常，在单元格中直接输入文本是向工作表中添加文本的最简捷方式，但是如果要添加不属于单元格的“浮动”文本，则要通过添加“文本框”来实现。为了对单元格中的数据进行说明，用户可以为其添加批注，这样可以更加轻松地了解单元格所要表达的信息。在 Microsoft Office

电脑小百科

在工作表中插入自选图形后，还可以为自选图片添加文字。

Excel 2010 中，可以通过插入批注来对单元格添加注释。不仅可以编辑批注中的文字，而且可以删除不再需要的批注。

书盘互动指导

示例	在光盘中的位置	书盘互动情况
比预定数量多收一台	5.4 插入文本框和批注 5.4.1 插入文本框 5.4.2 编辑文本框内容 5.4.3 设置文本框格式 5.4.4 在单元格中新建批注 5.4.6 设置批注格式 5.4.7 隐藏与显示插入的批注	本节主要带领读者插入文本框和批注，在光盘 5.4 节中有相关内容的操作视频，还特别针对本节内容设置了具体的实例分析。 读者可以在阅读本节内容后再学习光盘内容，以达到巩固和提升的效果。

5.4.1 插入文本框

除了直接在工作表中输入文字之外，用户还可以利用文本框在工作表中输入文字。作为存放文字的容器，文本框可以被放置在工作表的任何位置，并且可以随意地调整其大小。文本框有横排文本框和垂直文本框两种。插入横排文本框的具体操作步骤如下。

1. 打开原始文件 5.4.1.xlsx，将光标定位于工作表中的任意单元格内，如图 5-90 所示。
2. 在“插入”选项卡下的“文本”组中，单击“文本框”下拉按钮，从弹出的下拉列表中选择“横排文本框”命令，如图 5-91 所示。

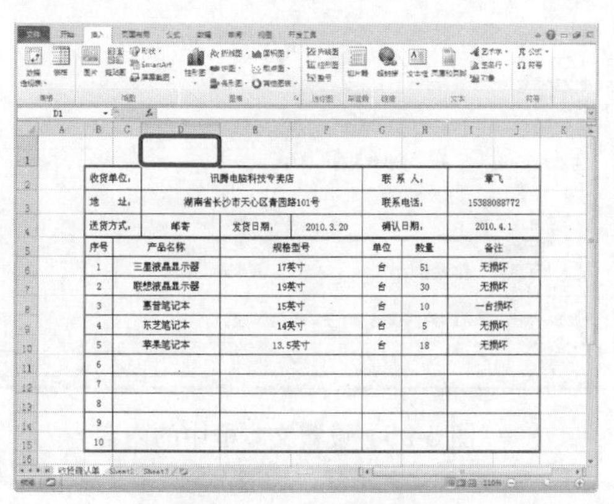

图 5-90　打开原始文件

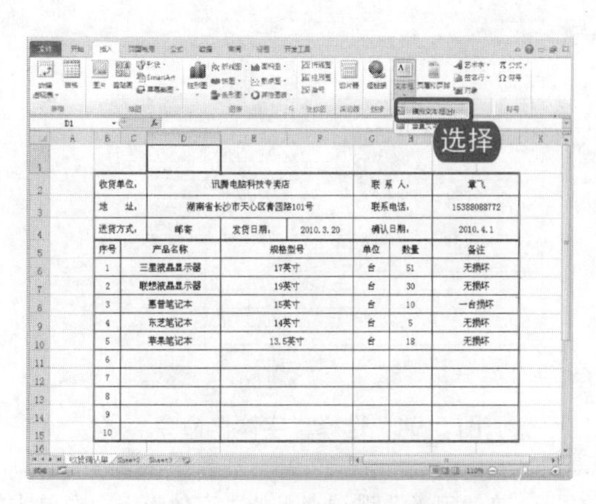

图 5-91　选择插入文本框命令

3. 此时鼠标指针变成“十”形状，按下鼠标左键拖动，在工作表中绘制一个横排文本框，如图 5-92 所示。
4. 在文本框中输入文本内容“确认收货单”，然后在空白处单击鼠标即可，如图 5-93 所示。

在运用“对齐形状”命令的情况下，按住 Alt 键的同时移动形状，则不会对齐网格或者对齐形状。

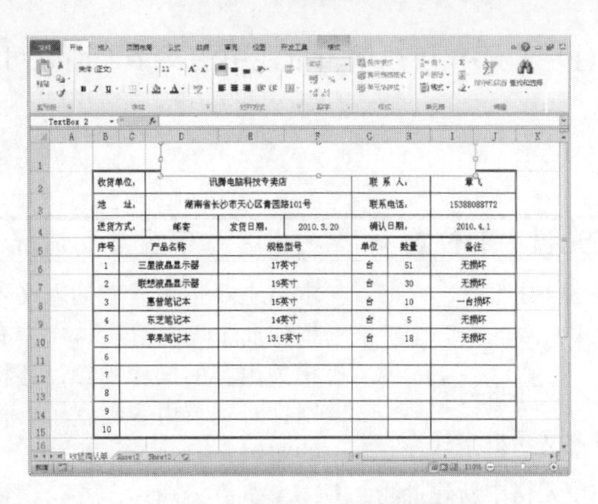

图 5-92　绘制文本框

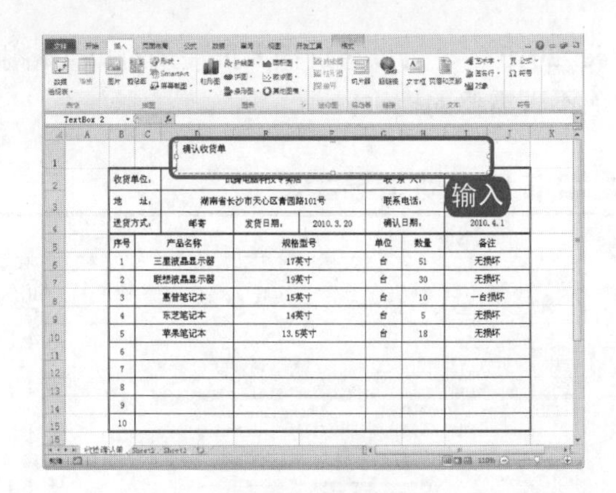

图 5-93　输入文本

5.4.2 编辑文本框内容

插入文本框之后，为了美化文本框在工作表中的视觉效果，用户可以自行编辑文本框中的内容。具体操作步骤如下。

1. 打开原始文件 5.4.2.xlsx，选中文本框中的文本内容，单击鼠标右键，从弹出的快捷菜单中选择“字体”命令，如图 5-94 所示。
2. 弹出“字体”对话框，在“字体”选项卡中的“中文字体”下拉列表框中选择“黑体”，在“大小”微调框中输入 20，在“字体颜色”拾色器中选择合适的字体颜色“深蓝，文字 2，40%”，如图 5-95 所示。

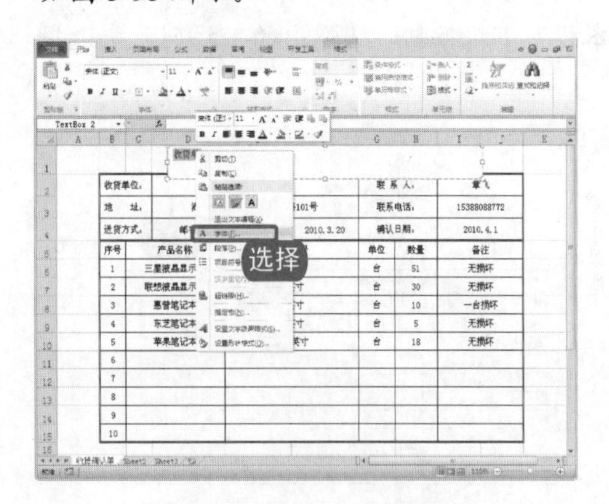

图 5-94　选择“字体”命令

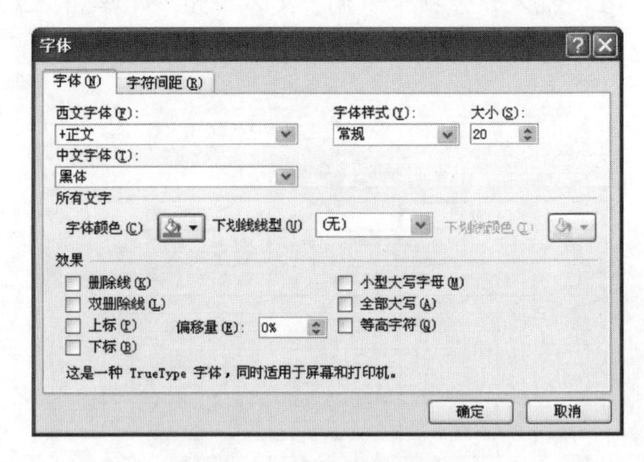

图 5-95　设置文本框中的内容

> **提示**：在“开始”选项卡下的“字体”组中，单击右下角的“对话框启动器”按钮，同样可以打开“字体”对话框。

3. 设置完成后，单击“确定”按钮，效果如图 5-96 所示。
4. 将标题行 B1:J1 单元格合并，并调整文本框位置，效果如图 5-97 所示。

电脑小百科

按住 Shift 键后，逐个单击形状，可以选择多个形状。

图 5-96　设置字体后的效果　　　　图 5-97　调整文本框位置

5.4.3　设置文本框格式

插入文本框之后，用户常常需要设置文本框格式，进行美化之后才能增强文本框在工作表中所起到的作用。具体操作步骤如下。

1. 打开原始文件 5.4.3.xlsx，选中文本框，如图 5-98 所示。
2. 在“格式”选项卡下单击“形状样式”组中下拉按钮，在形状样式库中选择一种内置的形状样式“细微效果-蓝色，强调颜色 1”，如图 5-99 所示。

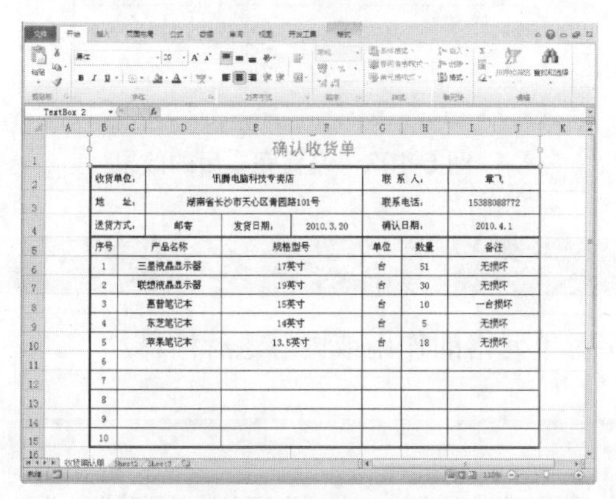

图 5-98　打开原始文件

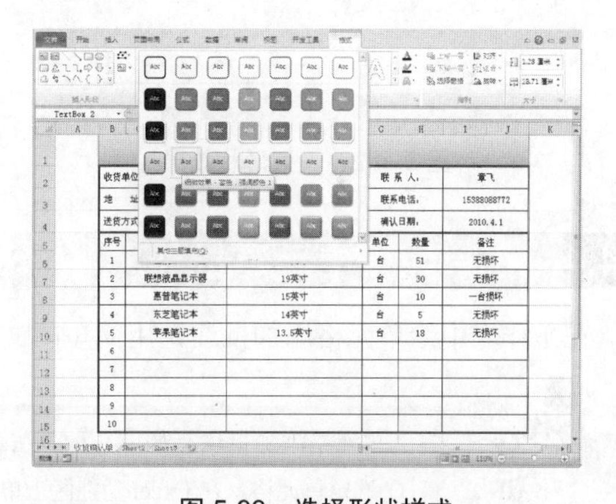

图 5-99　选择形状样式

3. 如果用户对内置样式不满意，那么可自定义喜欢的样式。在“形状样式”组中单击“形状填充”按钮，从弹出的下拉列表中选择自己喜欢的填充颜色、图片、渐变或纹理效果，如图 5-100 所示。
4. 在“形状样式”组中单击“形状轮廓”按钮，从弹出的下拉列表中用户可选择喜欢的轮廓颜色、线型粗细、虚线等效果，如图 5-101 所示。
5. 在“形状样式”组中单击“形状效果”按钮，从弹出的下拉列表中用户可为文本框设置合适的形状效果，如“发光”→“蓝色，8pt 发光，强调文字颜色 1”效果，如图 5-102 所示。
6. 设置完成后，单击工作表空白处即可，效果如图 5-103 所示。

电脑小百科

如果在工作表中已存在超级链接，右击单元格，在快捷菜单中选择“取消超链接”命令即可。

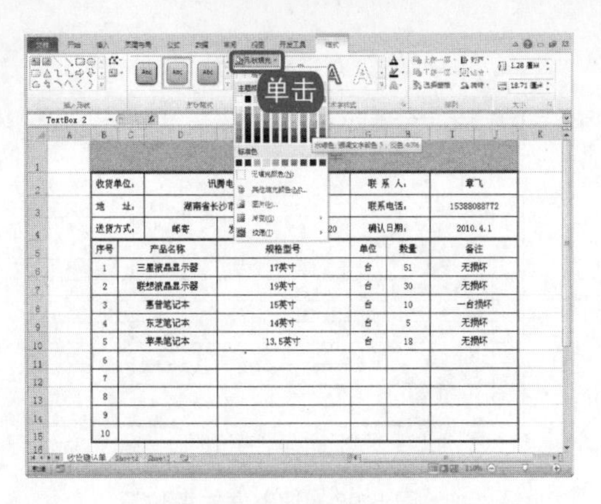

图 5-100　设置形状填充

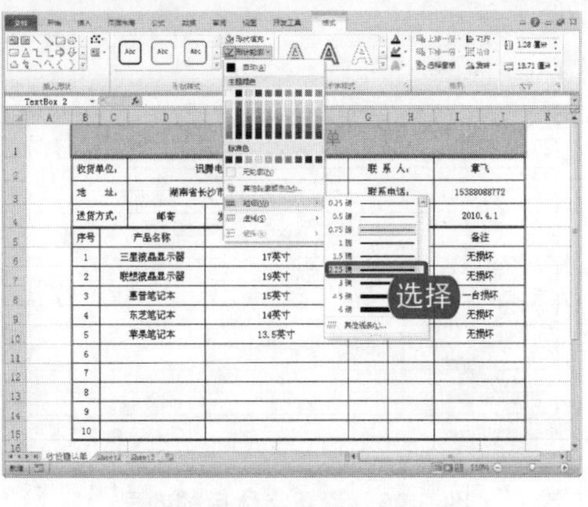

图 5-101　设置形状轮廓

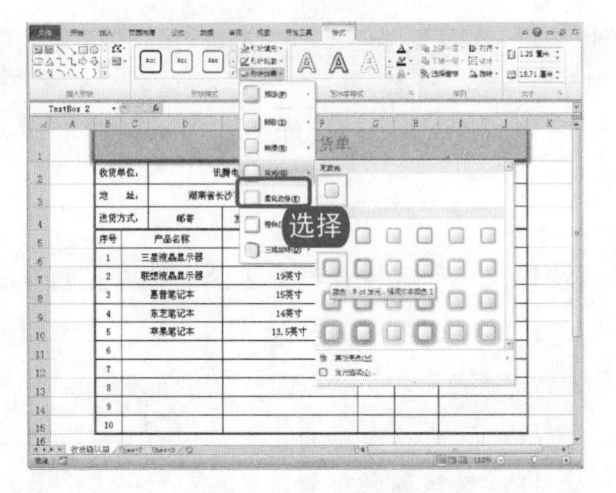

图 5-102　设置形状效果

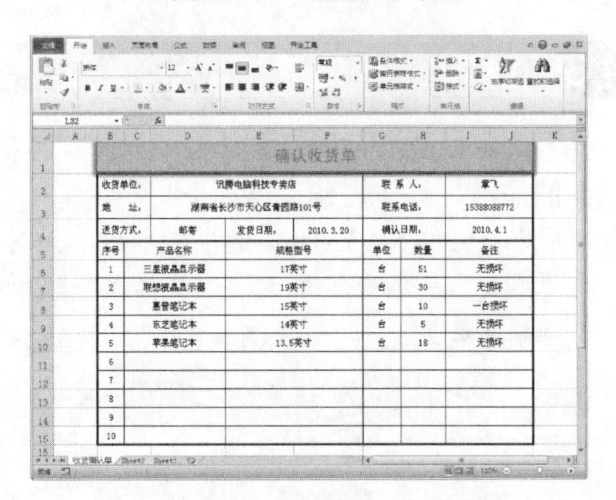

图 5-103　设置完成后的效果

5.4.4　在单元格中新建批注

在工作表中给单元格添加批注，用简短的文字对单元格的作用或内容进行注释。

为单元格添加批注有如下几种方法。

① 选定单元格，在 Excel 功能区上单击“审阅”选项卡上“批注”组中的“新建批注”按钮。

② 选定单元格，单击鼠标右键，从弹出的快捷菜单中选择“插入批注”命令。

③ 选定单元格，按 Shift+F2 组合键。

下面使用功能区中的相关命令添加批注，具体操作方法如下。

1. 打开原始文件 5.4.4xlsx，选中添加批注的单元格 H6，如图 5-104 所示。
2. 在“审阅”选项卡下的“批注”组中，单击“新建批注”按钮，如图 5-105 所示。
3. 弹出批注编辑框，在批注编辑框中输入批注文字，如图 5-106 所示。
4. 输入完成后，单击工作表的其他位置即可退出编辑框，此时 H6 单元格的右上角会出现一个红色的批注标识符，如图 5-107 所示。

电脑小百科

Excel 的重要功能之一就是能快速方便地将工作表数据生成柱状、圆饼、折线等分析图形。

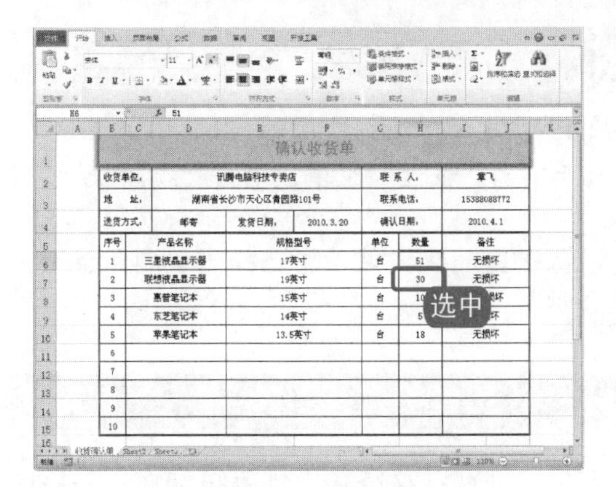

确认收货单						
收货单位：	讯腾电脑科技专卖店			联 系 人：		章飞
地　址：	湖南省长沙市天心区青园路101号			联系电话：		15388088772
送货方式：	邮寄	发货日期：	2010.3.20	确认日期：		2010.4.1
序号	产品名称	规格型号		单位	数量	备注
1	三星液晶显示器	17英寸		台	51	无损坏
2	联想液晶显示器	19英寸		台	30	无损坏
3	惠普笔记本	15英寸		台	10	坏
4	东芝笔记本	14英寸		台	5	坏
5	苹果笔记本	13.5英寸		台	18	无损坏
6						
7						
8						
9						
10						

图 5-104　选中 H6 单元格

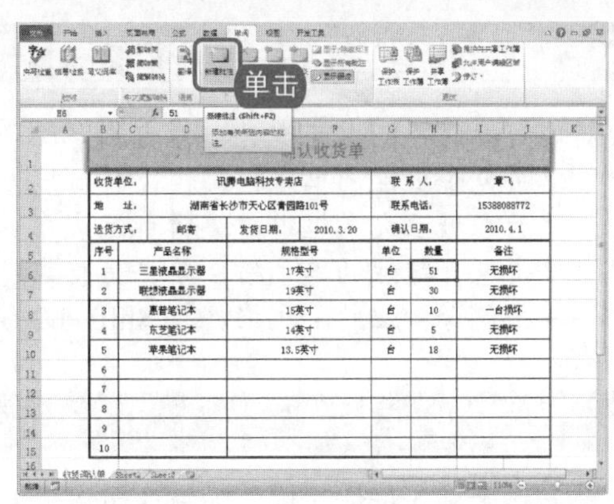

确认收货单						
收货单位：	讯腾电脑科技专卖店			联 系 人：		章飞
地　址：	湖南省长沙市天心区青园路101号			联系电话：		15388088772
送货方式：	邮寄	发货日期：	2010.3.20	确认日期：		2010.4.1
序号	产品名称	规格型号		单位	数量	备注
1	三星液晶显示器	17英寸		台	51	无损坏
2	联想液晶显示器	19英寸		台	30	无损坏
3	惠普笔记本	15英寸		台	10	一台损坏
4	东芝笔记本	14英寸		台	5	无损坏
5	苹果笔记本	13.5英寸		台	18	无损坏
6						
7						
8						
9						
10						

图 5-105　单击“新建批注”按钮

确认收货单						
收货单位：	讯腾电脑科技专卖店			联 系 人：		章飞
地　址：	湖南省长沙市天心区青园路101号			联系电话：		15388088772
送货方式：	邮寄	发货日期：	2010.3.20	确认日期：		2010.4.1
序号	产品名称	规格型号		单位	数量	备注
1	三星液晶显示器	17英寸		台	51	
2	联想液晶显示器	19英寸		台	30	
3	惠普笔记本	15英寸		台	10	
4	东芝笔记本	14英寸		台	5	无损坏
5	苹果笔记本	13.5英寸		台	18	无损坏
6						
7						
8						
9						
10						

输入

图 5-106　输入批注文本

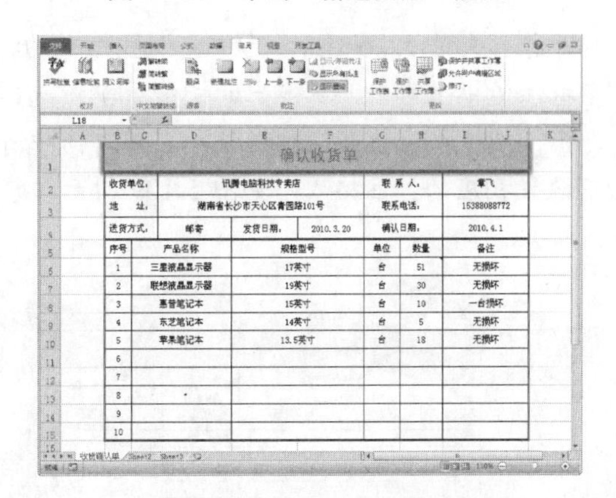

确认收货单						
收货单位：	讯腾电脑科技专卖店			联 系 人：		章飞
地　址：	湖南省长沙市天心区青园路101号			联系电话：		15388088772
送货方式：	邮寄	发货日期：	2010.3.20	确认日期：		2010.4.1
序号	产品名称	规格型号		单位	数量	备注
1	三星液晶显示器	17英寸		台	51	无损坏
2	联想液晶显示器	19英寸		台	30	无损坏
3	惠普笔记本	15英寸		台	10	一台损坏
4	东芝笔记本	14英寸		台	5	无损坏
5	苹果笔记本	13.5英寸		台	18	无损坏
6						
7						
8						
9						
10						

图 5-107　红色的批注标识符

单元格右上角会有一个红色的小三角形，表示单元格附有批注。将指针放在红色三角形上会显示批注内容。批注内容默认以加粗字体的用户名开头，标识添加此批注的作者。此用户名默认为当前 Excel 的用户名，实际使用时，用户名也可以根据自己的需要更改为更方便识别的名称。

用户可以右击需要添加批注的单元格，从弹出的快捷菜单中选择“插入批注”命令，如下图所示。

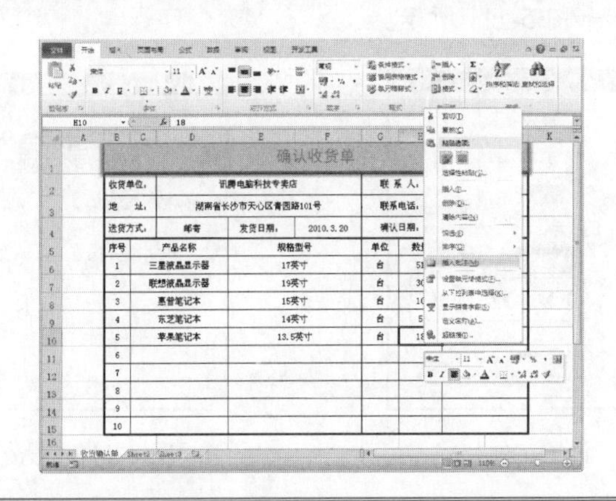

确认收货单					
收货单位：	讯腾电脑科技专卖店			联 系 人：	
地　址：	湖南省长沙市天心区青园路101号			联系电话：	
送货方式：	邮寄	发货日期：	2010.3.20	确认日期：	
序号	产品名称	规格型号		单位	数
1	三星液晶显示器	17英寸		台	51
2	联想液晶显示器	19英寸		台	30
3	惠普笔记本	15英寸		台	10
4	东芝笔记本	14英寸		台	5
5	苹果笔记本	13.5英寸		台	18
6					
7					
8					
9					
10					

电脑小百科

如果想要让自选图形更加醒目的话，用户可以用鼠标双击图形，打开“设置自选图形格式”对话框进行设置。

5.4.5 编辑批注内容

要对现有单元格的批注内容进行编辑修改，可以用以下 3 种方法实现。

- 单击包含批注的单元格，在"审阅"选项卡下的"批注"组中，单击"编辑批注"按钮，然后在批注文本框中，编辑批注文本。
- 单击包含批注的单元格，单击鼠标右键，从弹出的快捷菜单中选择"编辑批注"命令。
- 单击包含批注的单元格，按 Shift+F2 组合键。

5.4.6 设置批注格式

在单元格中插入批注之后，用户还可以对其大小、位置以及格式进行编辑操作。具体操作步骤如下。

1. 打开原始文件 5.4.6 xlsx，选中要设置格式的批注。
2. 在批注边框上右击，从弹出的快捷菜单中选择"设置批注格式"命令，如图 5-108 所示。
3. 弹出"设置批注格式"对话框，在该对话中有 8 个选项卡，用户可以根据需要在不同的选项卡下设置相应的批注格式，如图 5-109 所示。

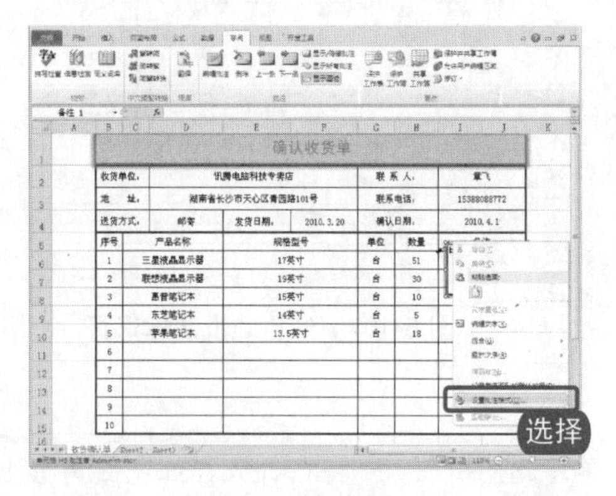

图 5-108 选择"设置批注格式"命令

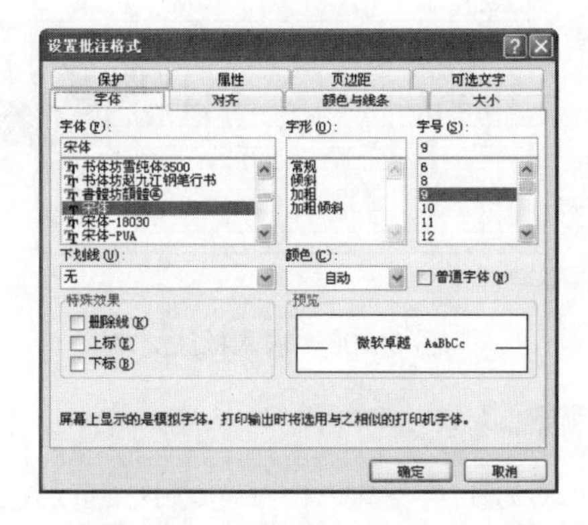

图 5-109 "设置批注格式"对话框

4. 在"字体"选项卡下，将"字体"设为"宋体"，"字形"设为"加粗"，"字号"设为"20"，"颜色"设为"红色"，如图 5-110 所示。
5. 在"对齐"选项卡下，将"文本对齐方式"中的"水平"和"垂直"均设为"居中"，选中"自动调整大小"复选框，如图 5-111 所示。

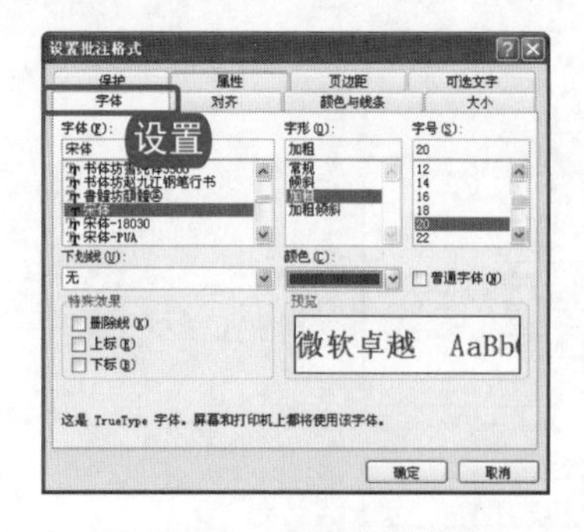

图 5-110 设置字体格式

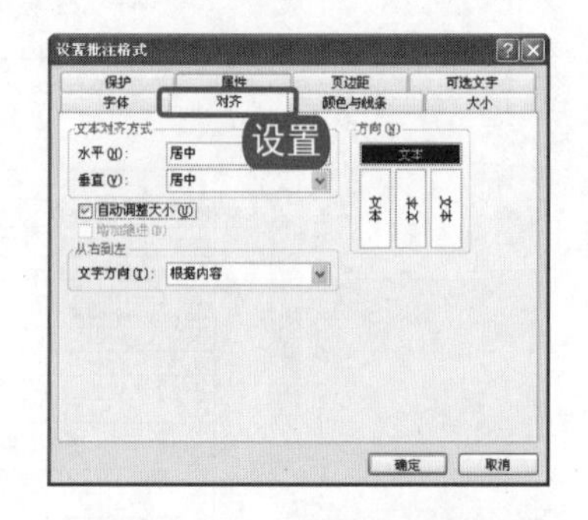

图 5-111 设置对齐方式

电脑小百科

按住 Alt 键插入一文本框，就能保证文本框的边界与工作表网格线重合。

❻ 在“大小”选项卡下，设置批注的大小，选中“锁定纵横比”复选框，如图 5-112 所示。

❼ 批注格式设置完成后，单击“确定”按钮，效果如图 5-113 所示。

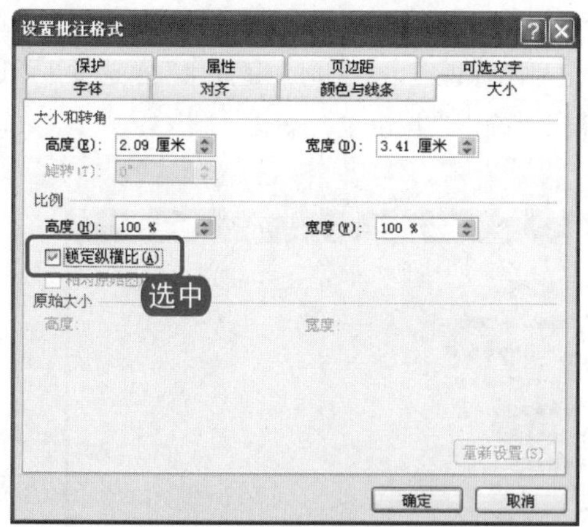

图 5-112　设置批注大小

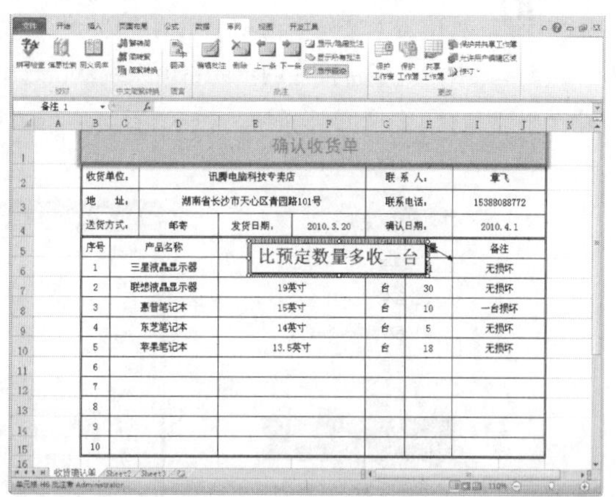

图 5-113　设置批注后的效果图

5.4.7 隐藏与显示插入的批注

在 Excel 2010 工作表中，如果为单元格添加了批注，则当鼠标指针指向该单元格时会显示批注内容。当鼠标指针离开该单元格时，批注内容会自动隐藏。具体操作步骤如下。

❶ 打开原始文件 5.4.6 xlsx，右击含有批注的单元格。

❷ 在弹出的快捷菜单中选择“显示/隐藏批注”命令，则该单元格的批注将永久显示，如图 5-114 所示。

❸ 如果用户希望该单元格的批注内容在鼠标指针离开后保持隐藏状态，则可以再次右击该单元格，从弹出的快捷菜单中选择“隐藏批注”命令，如图 5-115 所示。

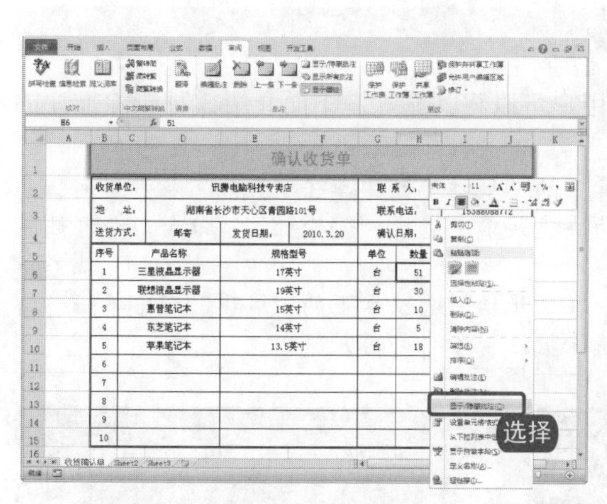

图 5-114　显示批注

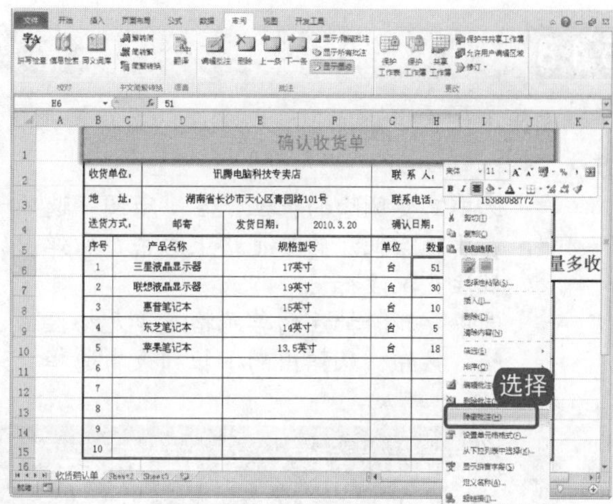

图 5-115　隐藏批注

应用直线绘制工具时，只要按下 Shift 键，则绘制出来的直线就是平直的。

老师的话

如果想将当前所有单元格的批注内容取消隐藏状态，全部显示出来，那么操作方法是：①单击“文件”选项卡下的“选项”命令，打开“Excel 选项”对话框；②选择“高级”选项卡，对于带批注的单元格，系统默认选中“仅显示标识符，悬停时加显批注”单选按钮，这里可选中“批注和标识符”单选按钮，如下图所示；③最后单击“确定”按钮完成操作。

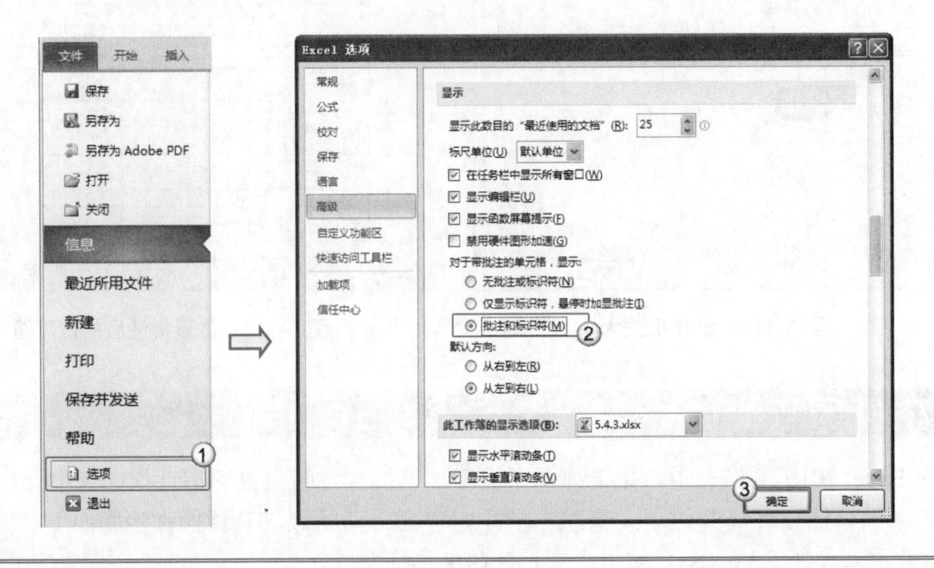

知识补充

为了能够随单元格一起看到批注，还可以选择包含批注的单元格，单击“审阅”选项卡下“批注”组中的“显示/隐藏批注”按钮。要在工作表上显示所有批注，请单击“显示所有批注”按钮。

5.4.8 删除多余的批注

如果工作表中添加了一些多余的批注，那么用户可以将其删除。下面介绍 3 种删除批注的方法。

- 选中需要删除的批注，在“审阅”选项卡下的“批注”组中单击“删除”按钮即可。
- 在要删除批注的单元格上右击，从弹出的快捷菜单中选择“删除批注”命令，即可删除批注及批注标记。
- 选中要删除批注的单元格或单元格区域，在“开始”选项卡下的“编辑”组中单击“清除”按钮，从弹出的下拉列表中选择“清除批注”命令即可。

5.5 插入其他对象

在 Excel 2010 中，除了可以插入文本和图形对象之外，还可以插入其他对象，例如，签名行、条形码、公式和文件对象等。

电脑小百科

按下 Shift 键绘制矩形即变为正方形、绘制椭圆形即变为圆形。

书盘互动指导

示例

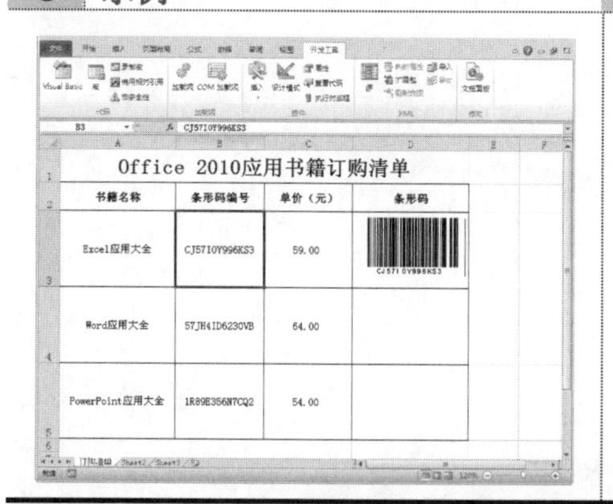

Office 2010应用书籍订购清单

书籍名称	条形码编号	单价（元）	条形码
Excel应用大全	CJ57I0Y996KS3	59.00	CJ57I0Y996KS3
Word应用大全	S7JH4ID6230VB	64.00	
PowerPoint应用大全	1R89E356N7CQ2	54.00	

在光盘中的位置

书盘互动情况

本节主要带领读者学习插入其他对象，在光盘 5.5 节中有相关内容的操作视频，还特别针对本节内容设置了具体的实例分析。

读者可以在阅读本节内容后再学习光盘内容，以达到巩固和提升的效果。

5.5.1　签名行

签名行是在工作簿中模拟纸质文件上的签名。在工作簿中插入签名行并签署之后，工作簿将变成只读，以防止修改其内容。具体操作步骤如下。

1. 打开原始文件 5.5.1 xlsx，在“插入”选项卡下的“文本”组中，单击“签名行”按钮。
2. 从弹出的下拉列表中选择“Microsoft Office 签名行”命令，如图 5-116 所示。

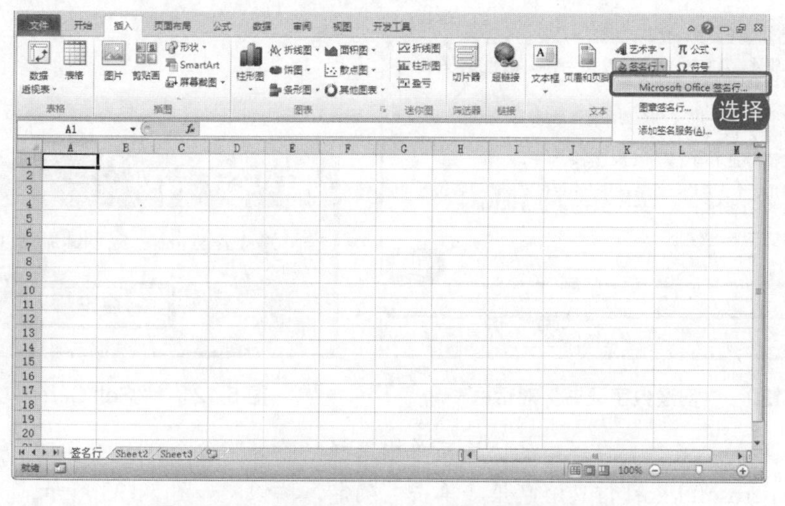

图 5-116　选择“Microsoft Office 签名行”命令

3. 弹出一个 Microsoft Excel 信息提示框，单击“确定”按钮，如图 5-117 所示。

图 5-117　信息提示框

4. 弹出“签名设置”对话框，在“建议的签名人”中输入姓名“王菲”，“建议的签名人职务”中

电脑小百科

自选图形绘制的操作基本上是一样的，只是在选择具体的图形时要选择用户当时所需要的基本图表即可。

输入职务名称“经理”，“建议的签名人电子邮箱地址”中输入邮箱地址“abc@excelhome.net”，并选中“在签名行中显示签署日期”复选框，如图 5-118 所示。

5 单击“确定”按钮，即可在工作表中插入一个未署名的签名行，如图 5-119 所示。

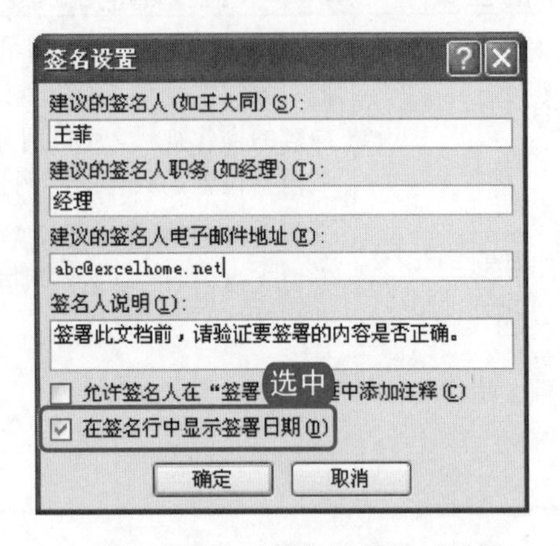

图 5-118 “签名设置”对话框

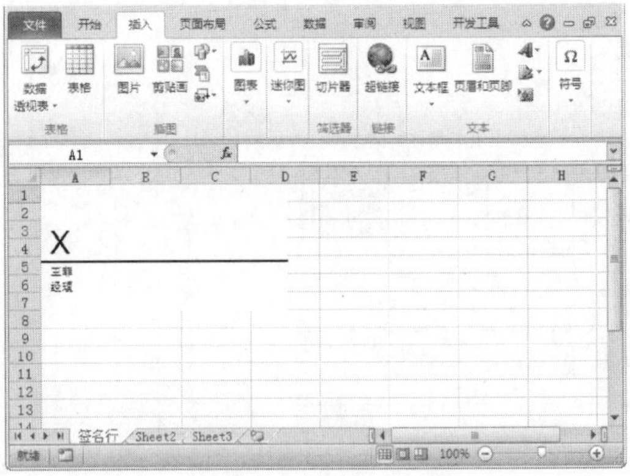

图 5-119 插入未署名的签名行

6 依次选择“开始”→“所有程序”→Microsoft Office→“Microsoft 2010 工具”→“VBA 工程的数字证书”命令，弹出“创建数字证书”对话框，输入“您的证书名称”为 Excelhome，如图 5-120 所示。

7 单击“确定”按钮，弹出创建数字证书成功的对话框，如图 5-121 所示，单击“确定”按钮即可。

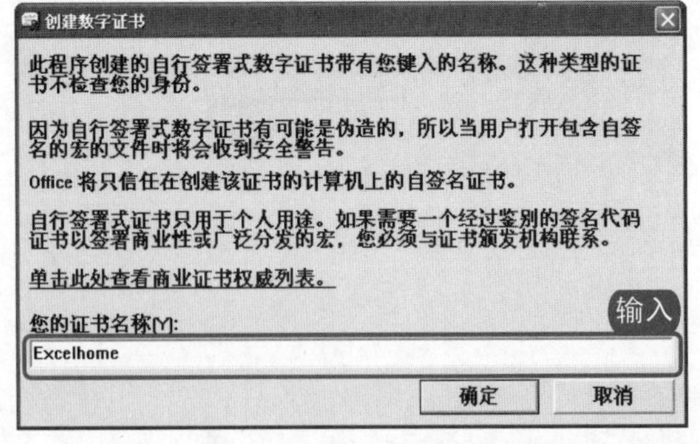

图 5-120 “创建数字证书”对话框

图 5-121 “Self Cert 成功”对话框

8 右击工作表中的签名行，在弹出的快捷菜单中选择“签署”命令，如图 5-122 所示。

9 弹出一个 Microsoft Excel 信息消息框，单击“确定”按钮，如图 5-123 所示。

10 弹出“签名”对话框，输入姓名“王菲”，如图 5-124 所示。

11 单击“更改”按钮，弹出“选择证书”对话框，选择刚才创建的数字证书 Excelhome，单击“确认”按钮，如图 5-125 所示。

12 返回到“签名”对话框，单击“签名”按钮，弹出“签名确认”提示框，如图 5-126 所示。

13 单击“确定”按钮完成签名，但在签名行中会显示红色的“无效签名”字样，如图 5-127 所示。

电脑小百科

在相应软件中选择需要的图片，按 Ctrl+C 组合键复制，然后切换至工作簿中，按 Ctrl+V 组合键粘贴，即可快速插入图片。

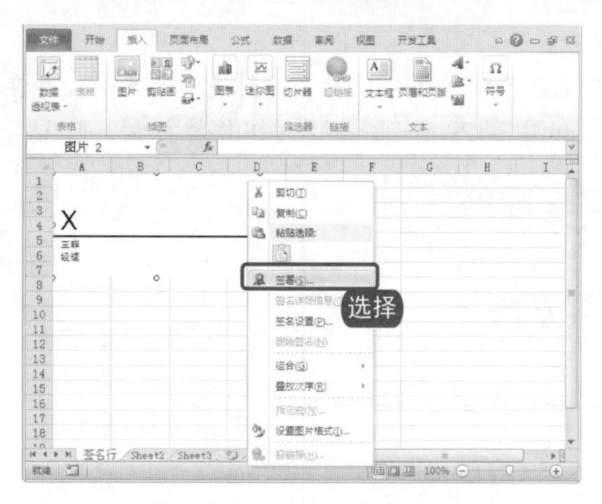

图 5-122　选择“签署”命令

图 5-123　信息提示框

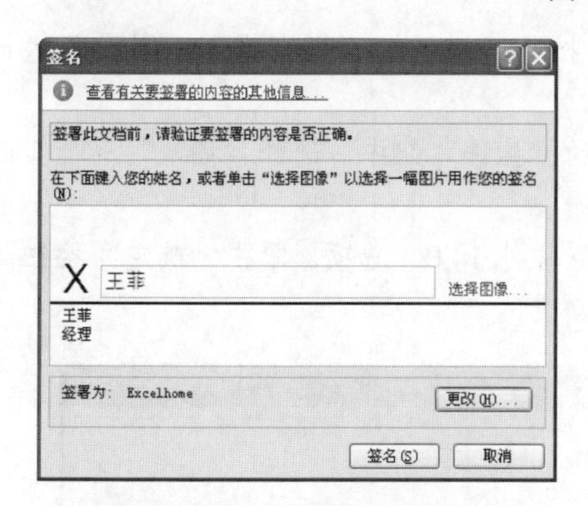

图 5-124　“签名”对话框

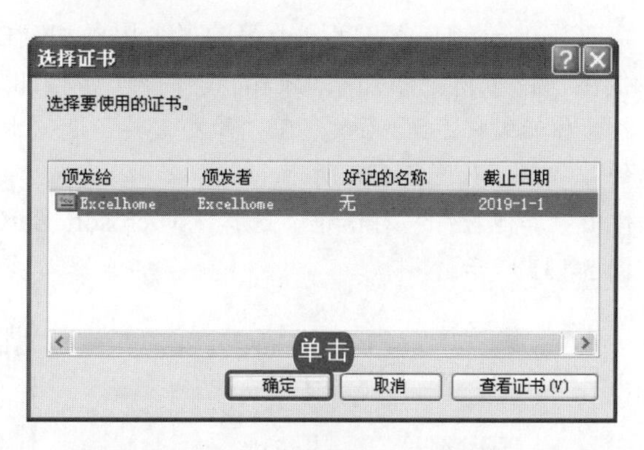

图 5-125　“选择证书”对话框

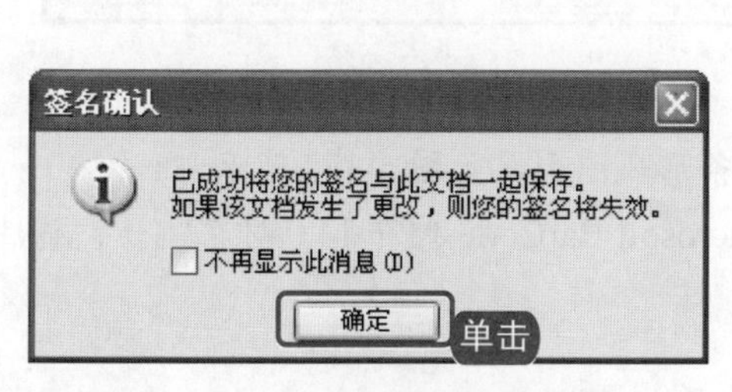

图 5-126　“签名确认”对话框

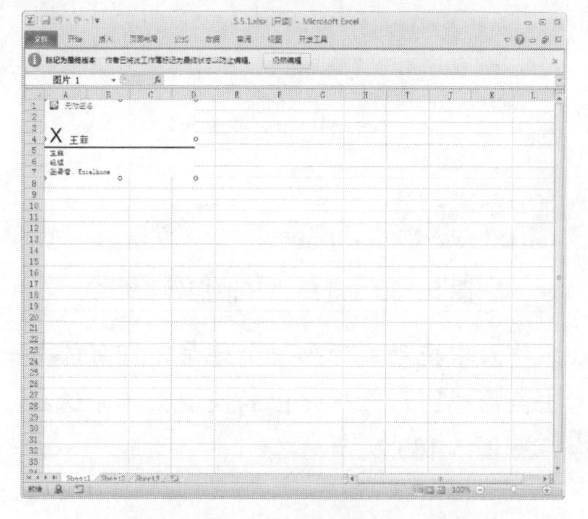

图 5-127　“无效签名”字样

14 双击签名行，会弹出“签名详细信息”对话框，单击“若要信任此用户的身份，请单击此处”

电脑小百科

如果要取消单元格的合并，只要选定合并的单元格，单击功能区面板上的“合并后居中”按钮即可。

文本链接，如图 5-128 所示。

⑮ 单击“关闭”按钮，完成签名行签署，同时工作簿设置为只读，并在状态栏显示“此文档包含签名”的红色小图标，如图 5-129 所示。如果该工作簿发生了更改，则签名失效。

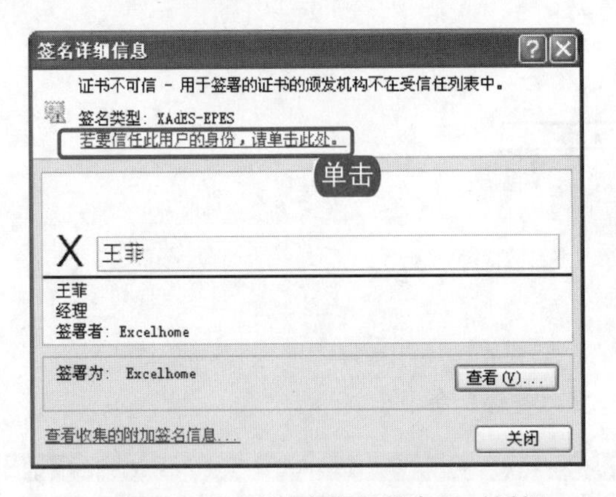

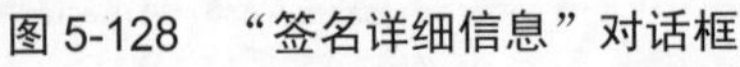

图 5-128 “签名详细信息”对话框

图 5-129 有效签名行

5.5.2 条形码

条形码(barcode)是将宽度不等的多个黑条和空白，按照一定的编码规则排列，用以表达一组信息的图形标示符。添加条形码的具体操作步骤如下。

① 打开原始文件 5.5.2 xlsx，在“开发工具”选项卡下的“控件”组中，选择“插入”→“其他控件”命令，如图 5-130 所示。

② 弹出“其他控件”对话框，选择“Microsoft BarCode 控件 14.0”选项，单击“确定”按钮，如图 5-131 所示。

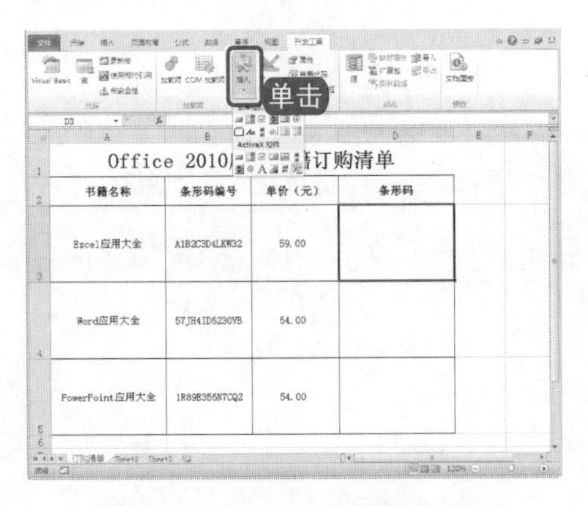

图 5-130 选择“其他控件”命令

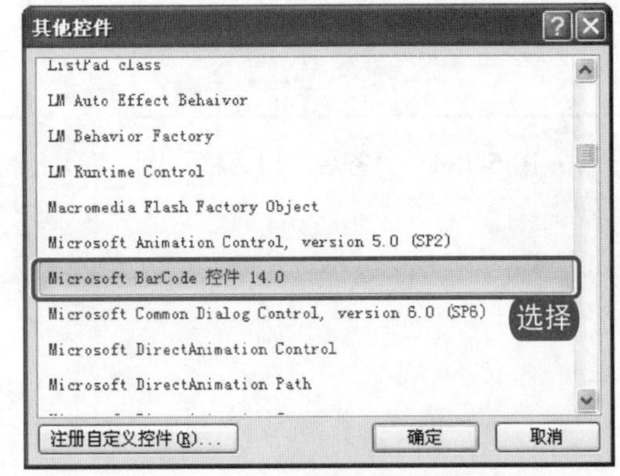

图 5-131 “其他控件”对话框

③ 在工作表中拖动鼠标画一个矩形，即可添加一个条形码图形，如图 5-132 所示。

④ 右击条形码图形，从弹出的快捷菜单中选择“Microsoft BarCode 控件 14.0 对象”→“属性”命令，如图 5-133 所示。

电脑小百科

文本框是一种嵌入工作表中的文本输入框，可以浮于图表图片的表面，并组合在一起应用。

图 5-132　插入条形码

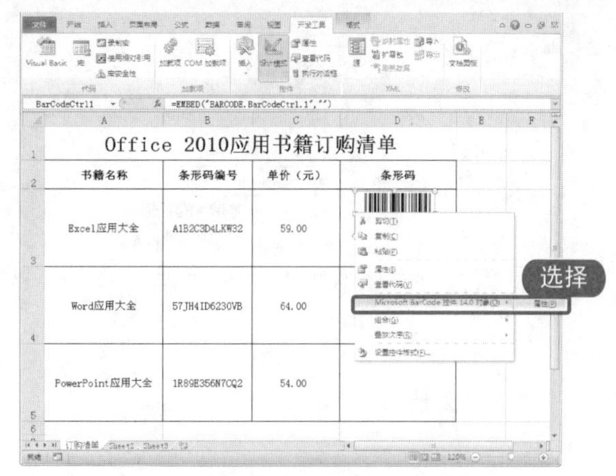

图 5-133　选择“属性”命令

5. 弹出“Microsoft BarCode 控件 14.0 属性”对话框，设置“样式”为 7-Code-128，单击“确定”按钮，如图 5-134 所示。
6. 在“开发工具”选项卡下，单击“属性”命令，弹出“属性”窗格，设置 LinkedCell 属性为 B3，如图 5-135 所示。

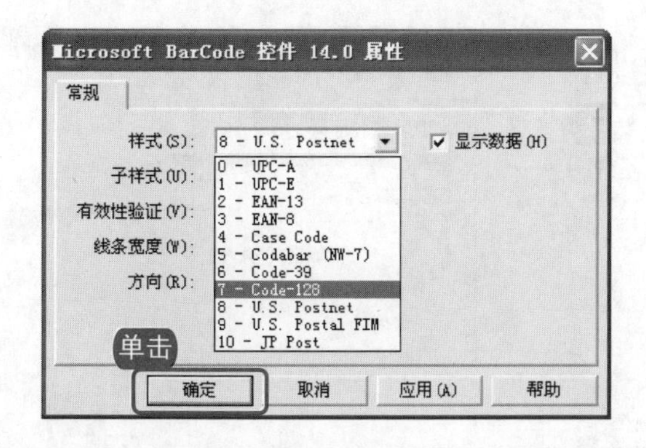

图 5-134　“Microsoft BarCode 控件 14.0 属性”对话框

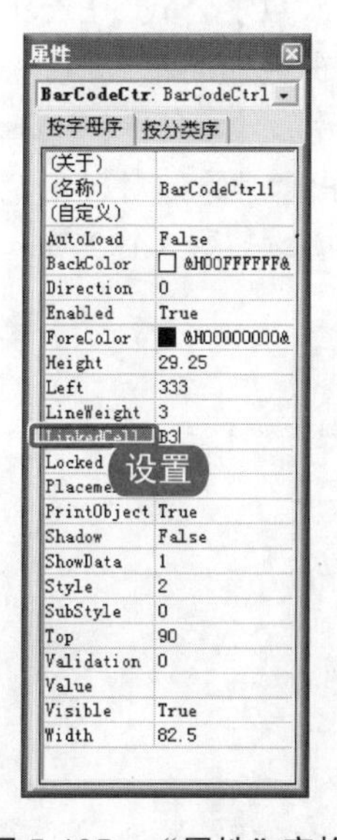

图 5-135　“属性”窗格

7. 在“开发工具”选项卡下，单击“设计模式”命令，退出设计模式，条形码自动与 B3 单元格建立链接，显示 B3 单元格中的文本和数字，如图 5-136 所示。
8. 修改 B3 单元格中的内容，条形码可以自动实现更新，如图 5-137 所示。

知识补充

想要在 Excel 2010 中使用条件码，需要在计算机中安装 Microsoft Office 2010 中的 Access 组件。

电脑小百科

如果要删除工作表背景，在“页面布局”选项卡下的“页面设置”组中，单击“删除背景”按钮即可。

图 5-136　条形码

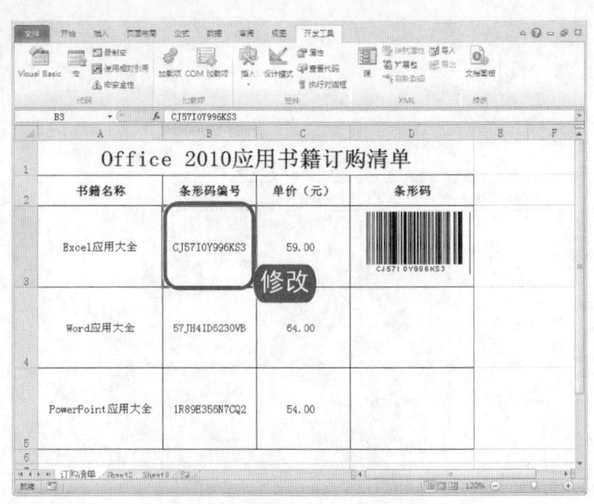

图 5-137　更新条形码

5.5.3　公式

数学公式的行列较为复杂，而且有很多特殊的数学符号。使用 Microsoft 公式编辑器可以轻松地插入数学公式。Excel 2010 不仅提供 Microsoft 公式 3.0，而且还提供全新的文本框公式，使公式编辑更加简单方便。添加公式的具体操作步骤如下。

1. 打开原始文件 5.5.3. xlsx，单击“插入”选项卡中的“对象”按钮，如图 5-138 所示。
2. 弹出“对象”对话框，在“新建”选项卡的“对象类型”列表框中选择“Microsoft 公式 3.0”选项，如图 5-139 所示，单击“确定”按钮，关闭对话框。

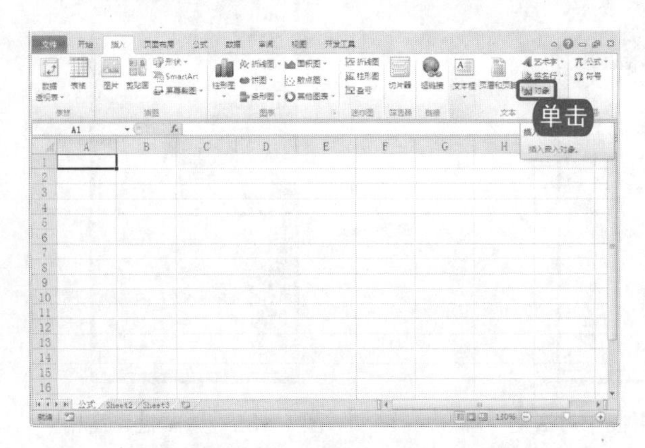

图 5-138　单击“对象”按钮

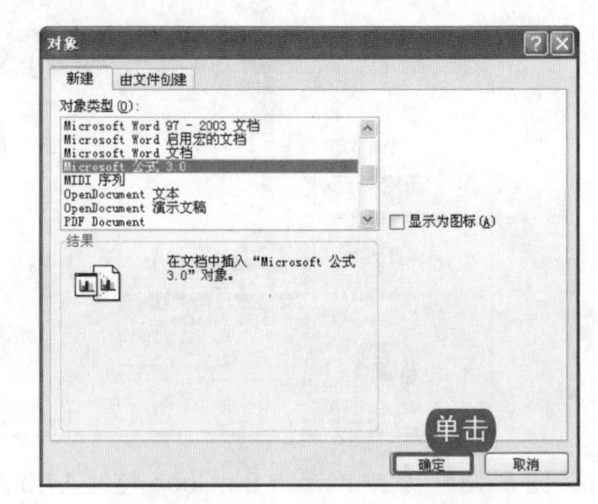

图 5-139　“对象”对话框

3. 在弹出的公式编辑器 Microsoft Excel-Equation 窗口中，利用“公式”工具栏中的符号样式，可以直接输入公式，如图 5-140 所示。
4. 关闭公式编辑器，返回到 Excel 窗口。在“插入”选项卡中单击“符号”组中的“公式”按钮，弹出常用公式下拉列表，如图 5-141 所示。
5. 从常用公式的列表中，选择“二项式定理”公式，在工作表中插入二项式公式，如图 5-142 所示。
6. 选择公式中等号右侧的内容，在“公式工具—设计”选项卡下的“结构”组中，单击“根式”按钮，弹出根式下拉列表，如图 5-143 所示。

电脑小百科

在页眉中插入当前日期的代码“&[日期]”，显示打印时的实际日期。

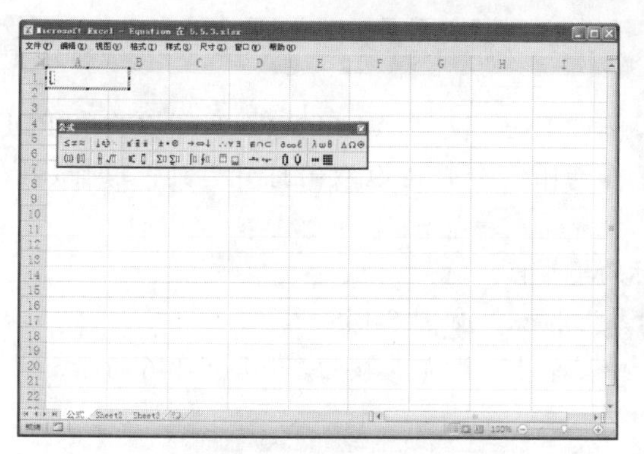

图 5-140　公式编辑器窗口

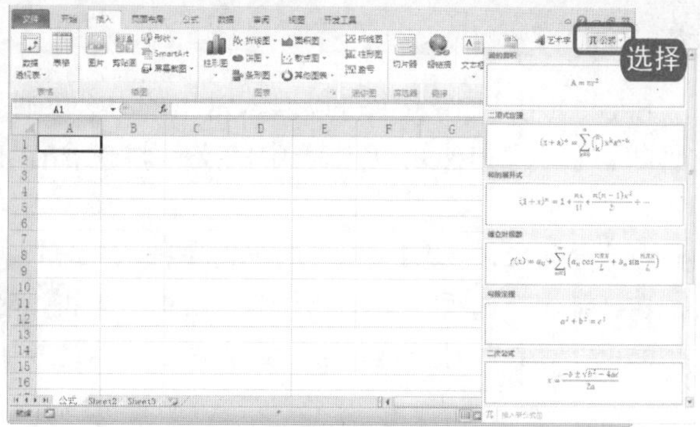

图 5-141　常用公式下拉列表

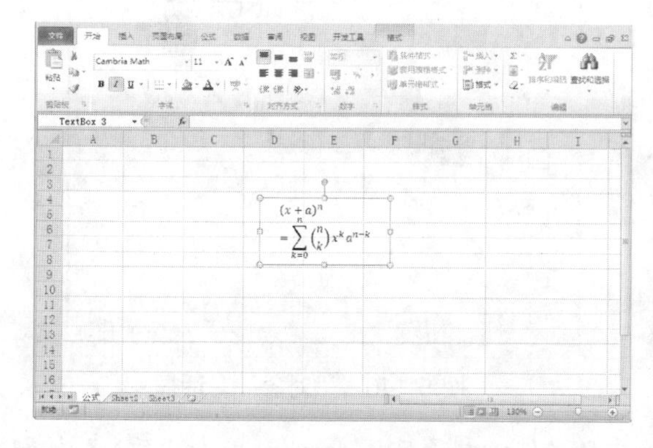

图 5-142　插入公式

单击

图 5-143　单击“根式”按钮

7 用户可以在常用公式下拉列表中选择合适的公式，然后根据需求将选取部分公式修改为新的根式，如图 5-144 所示。

8 公式输入完成后，单击工作表空白处即可。

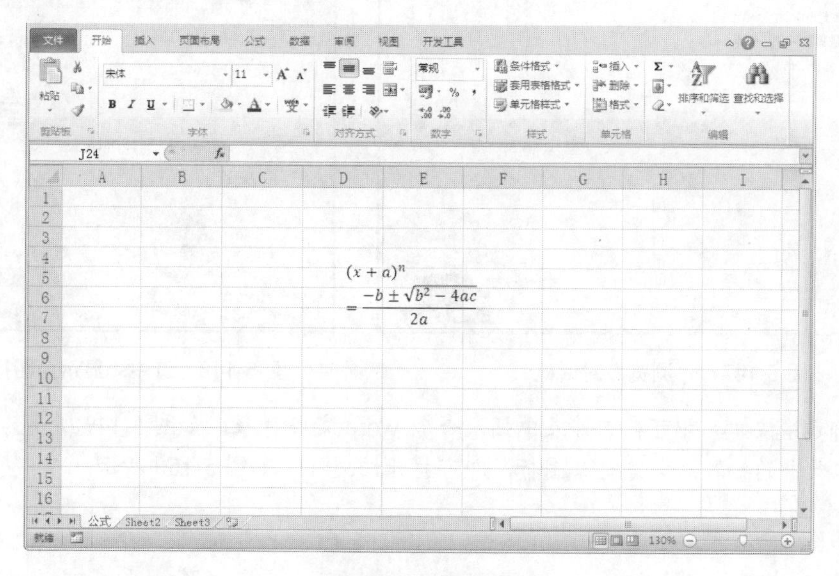

图 5-144　修改根式

在页眉中插入当前时间的代码“&[时间]”，显示打印时的实际时间。

5.5.4 文件对象

Excel 2010 工作表中可以嵌入常用的办公文件，例如 Excel 文件、Word 文件、PPT 文件和 PDF 文件等。嵌入到 Excel 工作表中的文件将包含在工作簿中，并且可以双击打开。具体操作步骤如下。

1. 打开原始文件 5.5.4 xlsx，选中需要插入文件图标的单元格。
2. 在“插入”选项卡下的“文本”组中，单击“对象”按钮，如图 5-145 所示。
3. 弹出“对象”对话框，在“由文件创建”选项卡中，单击“浏览”按钮，如图 5-146 所示。

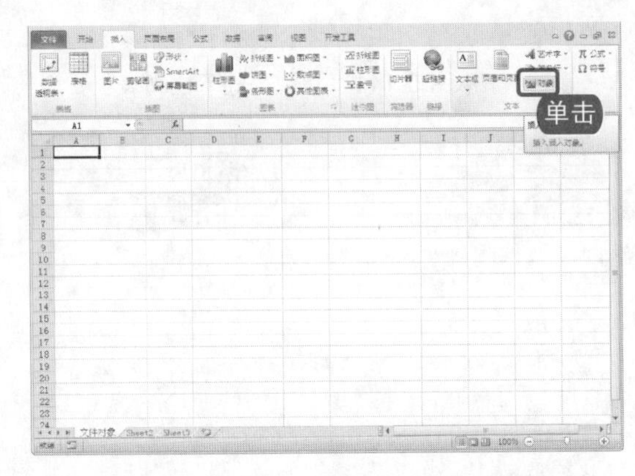

图 5-145 单击“对象”按钮

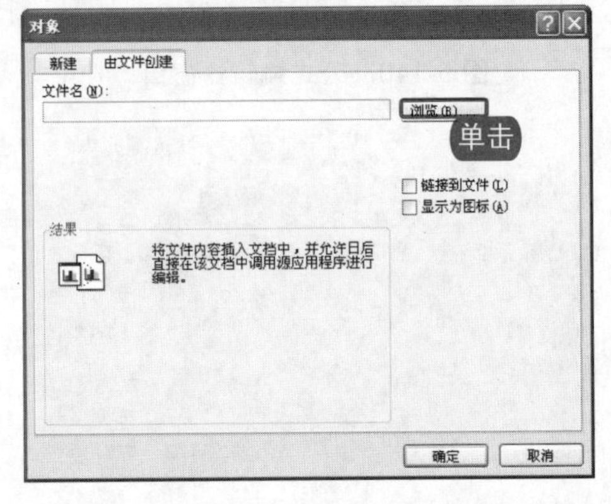

图 5-146 “对象”对话框

4. 打开“浏览”对话框，选中需要插入到工作表中的文件“电子日历.docx”，单击“插入”按钮，如图 5-147 所示。
5. 返回到“对象”对话，选中“显示为图标”复选框，如图 5-148 所示。

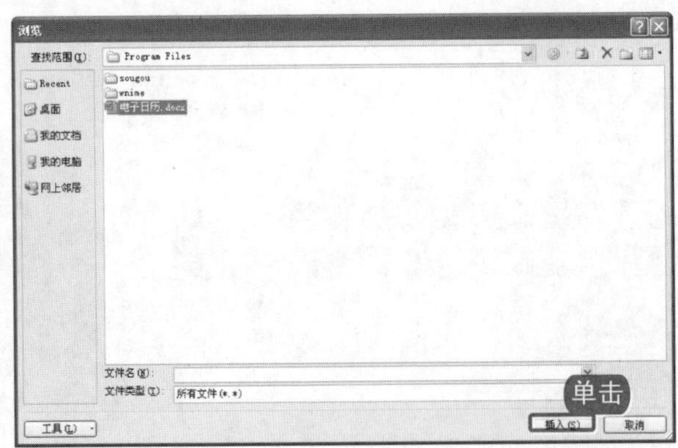

图 5-147 “浏览”对话框

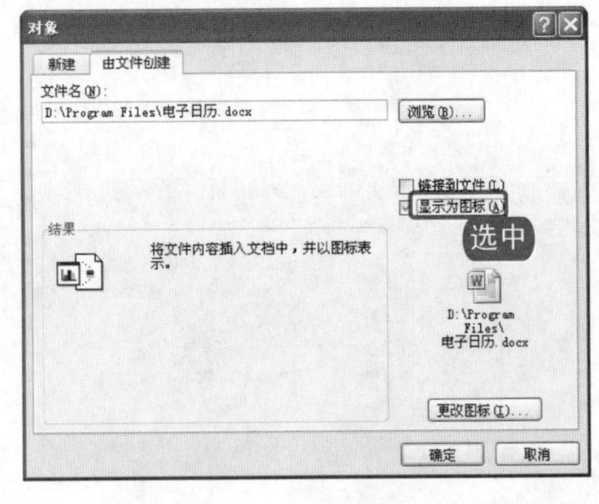

图 5-148 选中“显示为图标”复选框

6. 单击“确定”按钮，即可在工作表中插入一个 Word 文件对象，如图 5-149 所示。
7. 双击工作表中的插入的文件对象图标，即可打开该文件，如图 5-150 所示。

电脑小百科

网格线可以添加到图表中易于查看和计算数据的线条，它是坐标轴上刻度线的延伸，并穿过绘图区。即在编辑区显示的用来对齐图像或文本的辅助线条。

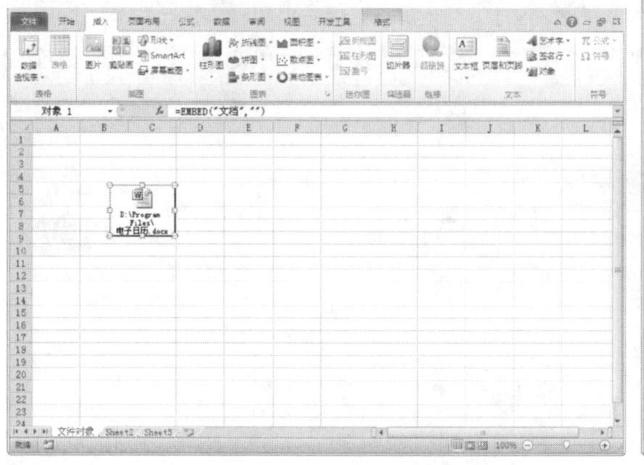

图 5-149　插入文件

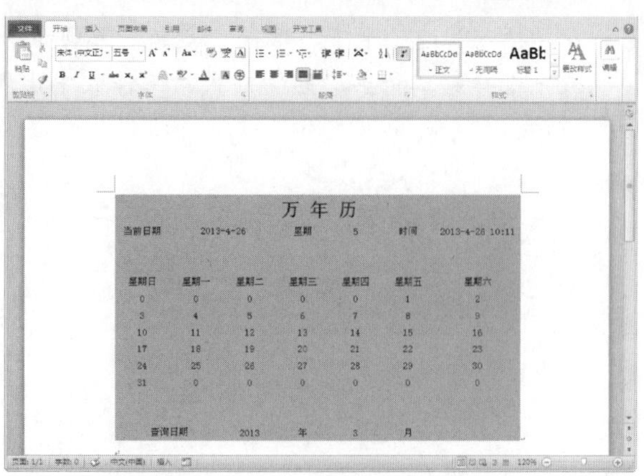

图 5-150　打开 Excel 中的 Word 文件

5.6　设计人力资源招聘流程图

实例解析

招聘作为一个公司的重要管理任务，在人力资源管理中占据及其重要的地位，与其他人力资源管理职能也有着密切的关系。本节将主要介绍人力资源招聘流程图的制作。

书盘互动指导

在光盘中的位置	书盘互动情况
5.6 设计人力资源招聘流程图	本节主要介绍人力资源招聘流程图的制作，在光盘 5.6 节中有相关操作的步骤视频文件，以及原始素材文件和处理后的效果文件。 读者可以选择在阅读本节内容后再学习光盘内容，以达到巩固和提升的效果，也可以对照光盘视频操作来学习图书内容，以便更直观地学习和理解本节内容。

原始文件	素材\第 5 章\无
最终文件	源文件\第 5 章\5.6.xlsx

跟着做 1　插入艺术字

为了美化工作表，标题可以使用艺术字，在工作表中插入艺术字的操作步骤如下。

1. 在 Excel 2010 中，新建一个空白工作簿，如图 5-151 所示。

电脑小百科

Excel 2010 提供了 3 中页边距预设方案，分别为“普通”、“宽”与“窄”，系统默认使用“普通”页边距方案。

❷ 在“插入”选项卡下，单击“文本”选项组中的“艺术字”按钮，在弹出的艺术字样式下拉列表中选择第二行第二列的样式，工作表中出现艺术字体“请在此放置您的文字”，如图 5-152 所示。

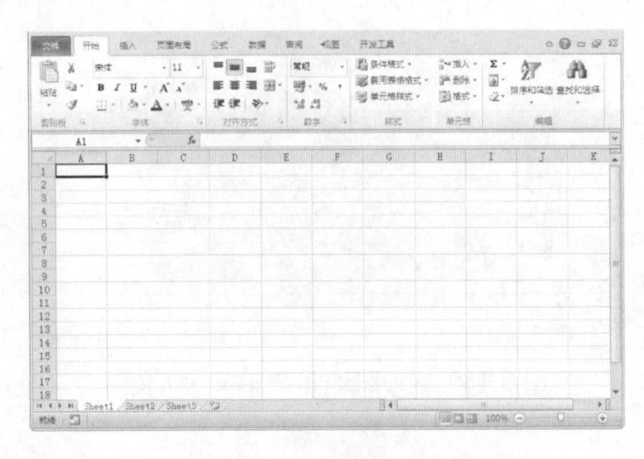

图 5-151　新建工作簿

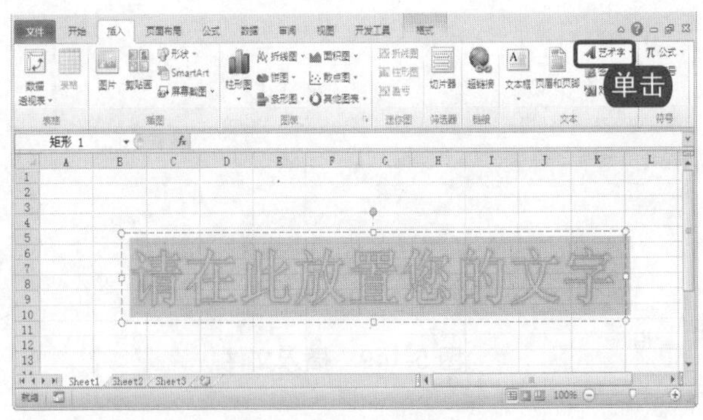

图 5-152　插入艺术字

❸ 将光标定位在艺术字框中，输入“人力资源招聘流程图”，如图 5-153 所示。

❹ 选中“人力资源招聘流程图”文字，在“开始”选项卡下的“字体”组中的“字号”文本框内输入 40，如图 5-154 所示。

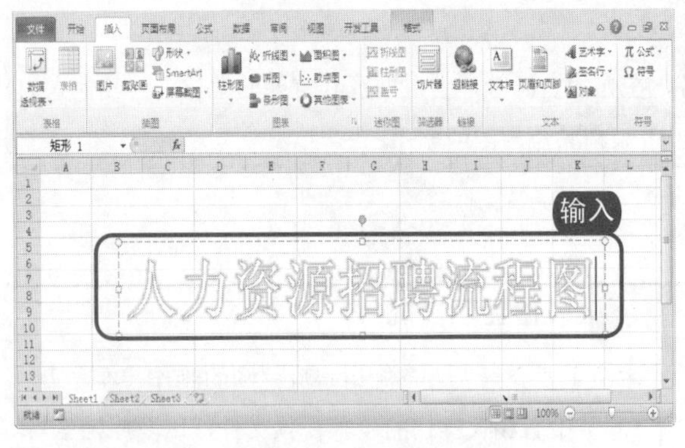

图 5-153　输入文字

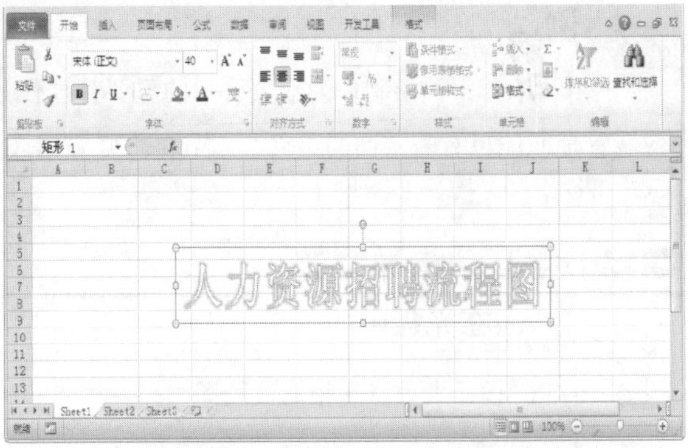

图 5-154　设置字体大小

跟着做 2 制作流程图

制作流程图的具体操作步骤如下。

❶ 选中单元格 A5，在“插入”选项卡下的“插图”组中，单击 Smart Art 按钮，弹出“选择 SmartArt 图形”对话框，在“流程”选项卡列表框中选中“垂直流程”，如图 5-155 所示。

❷ 单击“确定”按钮，效果如图 5-156 所示。

❸ 选中 SmartArt 图形，单击“设计”选项卡中的“文本窗格”按钮，打开“在此处输入文字”窗格，逐行输入文本，如图 5-157 所示。

❹ 选中 SmartArt 图形中的“选中招聘渠道”矩形框，选择“设计”选项卡中的“添加形状”→“在后面添加图形”命令，在后面添加一个矩形框，重复以上动作添加 4 个矩形框，如图 5-158 所示。

电脑小百科

嵌入 Excel 工作表中的文件将包含在工作簿中，并且可以双击打开。

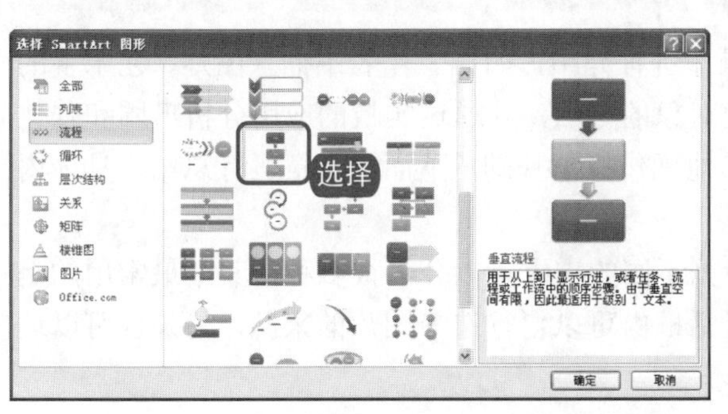

图 5-155　“选择 SmartArt 图形”对话框

图 5-156　插入垂直流程图

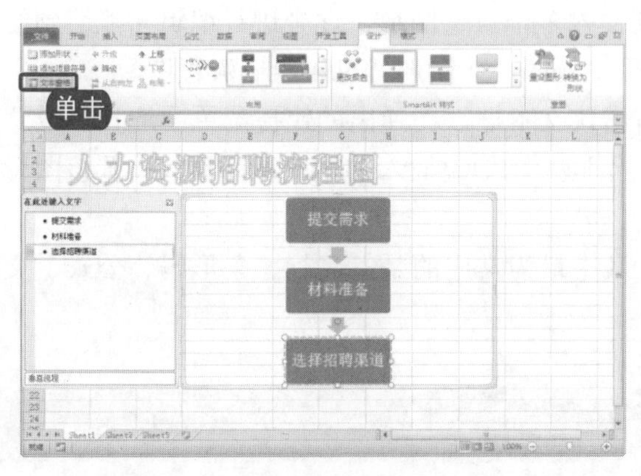

图 5-157　弹出“在此处输入文字”窗格

图 5-158　添加矩形框

5 选中 SmartArt 图形，单击“设计”选项卡中的“更改颜色”按钮，弹出颜色样式下拉列表，单击“透明渐变范围—强调文字颜色 6”样式图标，如图 5-159 所示。

6 制作完成后，单击工作表空白处即可，效果如图 5-160 所示。

图 5-159　更改颜色

图 5-160　人力资源招聘流程图

电脑小百科

默认情况下创建的图表是没有标题的，用户可以单击“图表工具-布局”选项卡下“标签”组中的“图表标题”按钮为图表添加标题。

学习小结

本章主要对插入图形对象和其他对象的操作进行介绍，如在工作表中插入图片、艺术字的方法，还有在工作表插入文本框、批注及其他对象的方法，并通过实战的应用分析巩固和强化理论操作，为后续进一步学习图形和图片的其他操作打下基础。下面对本章进行总结，具体内容如下。

(1) 在 Excel 2010 中，插入图片的方法根据不同的需求可以分为很多种，其中最常用的是使用“插入图片”对话框来插入图片，在该对话框内可以自行选择图片的来源，另外也可以运用系统自带的剪贴画图片来实现插入图片功能。

(2) 在 Excel 2010 中，插入的对象可以根据需求分为很多种，除了图片外，还可以插入艺术字、自选图形、SmartArt 图形、表格、图表以及文本框和批注等。

(3) 在 Excel 的老版本中，绘制流程图需要插入多个自选图形，逐个进行编辑才能达到绘制流程图的效果，但在 Excel 2010 中，只需要插入 SmartArt 图形就可以绘制流程图。

(4) 将文本框插入到工作表后，可以通过右击该文本框，在弹出的快捷菜单中选择“设置形状格式”命令，不同的图形图像，命令也有所不同，比如说插入的是图片，那么设置该图片格式的命令就是”设置图片格式”命令。

(5) 在插入其他对象时，同样有多种类型，其中最为常用的是签名行、条形码、公式、文件对象等。

互动练习

1. 选择题

(1) 在 Excel 2010 中，创建流程图最简单的方式是(　　)。

A．插入流程图　　B．插入形状
C．插入 SmartArt 图形　　D．插入图表

(2) “选择 SmartArt”对话框中不包括(　　)。

A．层次结构　　B．流程
C．循环　　D．选择

(3) Microsoft 剪辑管理器中不包含哪些基本媒体文件(　　)。

A．插图　　B．视频
C．照片　　D．Excel 2010

(4) 调用“开发工具”选项卡的正确方法是(　　)。

A．“文件”→“选项”→“自定义功能区”→“开发工具”
B．“文件”→“选项”→“常规”→“开发工具”
C．“文件”→“选项”→“高级”→“开发工具”
D．以上三项都不可以

(5) 文本框的垂直对齐方式有哪几种(　　)。

电脑小百科

Excel 提供了“定义名称”的功能，利用该功能可以将需要引用的区域定义为某个区域名称，再运用该区域名称来指定工作表的数据区域及单元格区域。

A．顶端对齐、顶部居中　　　　B．底端对齐、底部居中

C．中部对齐、中部居中　　　　D．以上三项都可以

2. 思考与上机题

(1) 插入艺术字，效果如下图所示。

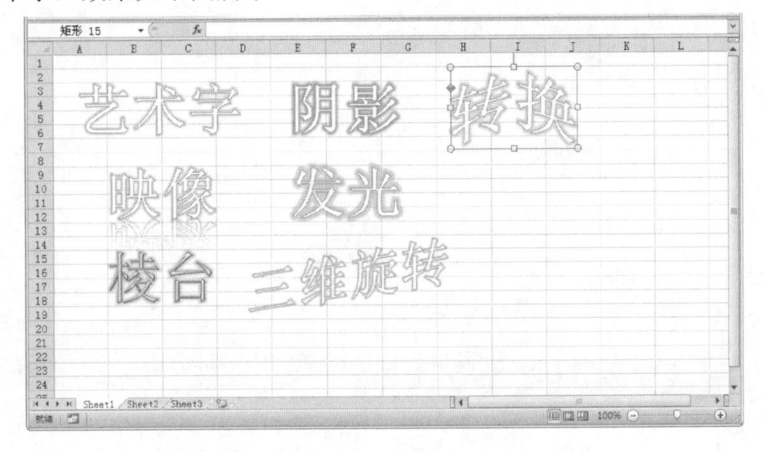

制作要求：

a. 设置艺术效果如上图所示。

b. 保存在以自己名字命名的文件夹中，名为“艺术字效果”工作簿。

(2) 新建一个工作表，如下图所示。

员工信息表

工号	姓名	性别	出生日期	学历	职务
001	刘青青	女	1989年10月1日	大专	出纳
002	赵丽华	女	1990年3月29日	本科	出纳
003	张　华	男	1988年4月16日	本科	技术员
004	李　晨	女	1990年12月3日	大专	文员
005	赵子龙	男	1991年7月25日	本科	技术员
006	张　丽	女	1987年2月18日	博士	经理
007	李　亮	男	1987年12月4日	研究生	副经理
008	刘　伟	男	1990年12月5日	本科	工程师
009	陈　建	女	1900年1月19日	大专	技术员
010	江　涛	女	1988年5月26日	大专	经理助理

制作要求：

a. 输入表中数据。

b. 插入文本框。将表头“员工信息表”设为横排文本框，大小为 24。

c. 插入批注。在职务为“经理助理”的“姓名”上插入批注，内容为“2010 年成为经理助理”。

d. 插入签名行。在职务为“经理”的“姓名”上插入签名行。

电脑小百科

先按下 Alt 键，然后利用右面的数字键盘(俗称小键盘)输入 0128 这 4 个数字，松开 Alt 键，就可以输入欧元符号。

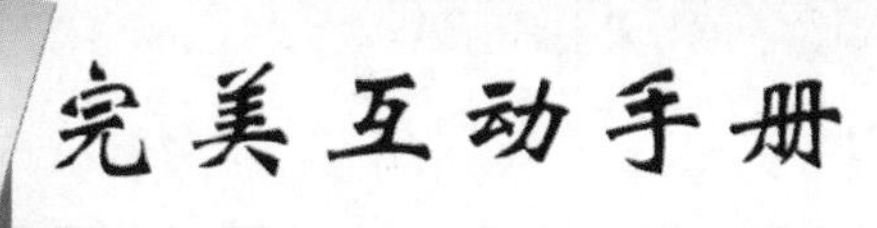

第 6 章

公式与函数快速入门

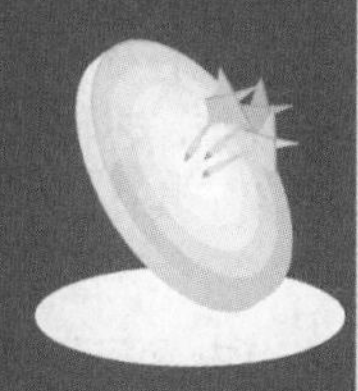

本章导读

在 Excel 中，用户可以使用公式计算电子表格中的各类数据，其中，函数是最常用的一种工具。熟练运用公式与函数，对数据计算与统计尤为重要。Excel 提供了可创建复杂公式的基础环境，在公式中结合运算符并套用函数，就可以将 Excel 变为功能强大的数据分析与处理工具。

精彩看点

- 单元格的引用方式
- 名称的定义与应用
- 运算符的类型
- 在公式中使用函数
- 名称的定义与应用
- 工作表函数
- 公式的组成
- 常见函数种类

6.1 单元格引用方式

一般情况下，用户在使用公式的过程中经常会遇到单元格的引用问题。引用可以表示工作表中的单元格或者单元格区域的位置，了解各种不同单元格或单元格区域的引用和设置方式是非常重要的，这有助于改善我们的操作习惯或编程方式，从而提高工作效率。Excel 2010 中单元格的引用有相对引用、绝对引用、混合引用和三维引用 4 种类型。

书盘互动指导

示例	在光盘中的位置	书盘互动情况
	6.1 单元格引用方式 6.1.1 相对引用 6.1.2 绝对引用 6.1.3 混合引用 6.1.4 三维引用	本节主要带领读者学习单元格的引用方式，在光盘 6.1 节中有相关内容的操作视频，还特别针对本节内容设置了具体的实例分析。 读者可以在阅读本节内容后再学习光盘内容，以达到巩固和提升的效果。

6.1.1 相对引用

所谓相对引用，是指公式在单元格与公式中引用的单元格之间建立了相对的关系。运用相对引用后，当公式所在单元格的位置发生改变时，引用也会随之发生改变。下面将介绍相对引用的基本方法，具体操作步骤如下。

1. 打开原始文件 6.1.1.xlsx，选择“销售汇总表”。
2. 将鼠标指针置于 D3 单元格中，在单元格内输入计算总金额的公式“=B3*C3”，表示单价乘以数量，如图 6-1 所示。
3. 输入完成后按 Enter 键，即可得到计算后的结果。
4. 再次选中结果单元格 D3 时，可以在编辑栏中查看到计算总金额的计算公式，如图 6-2 所示。。

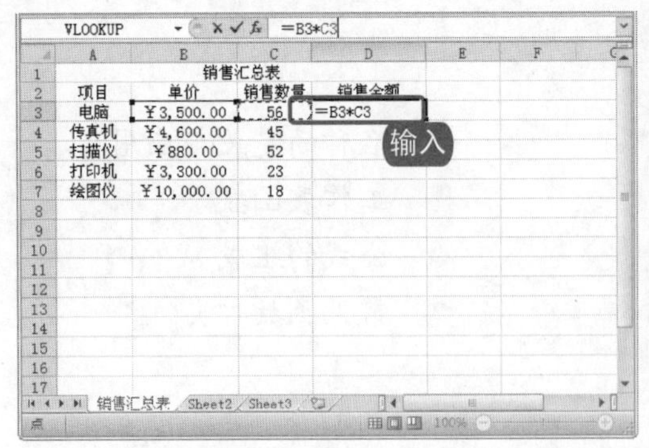

图 6-1 输入公式

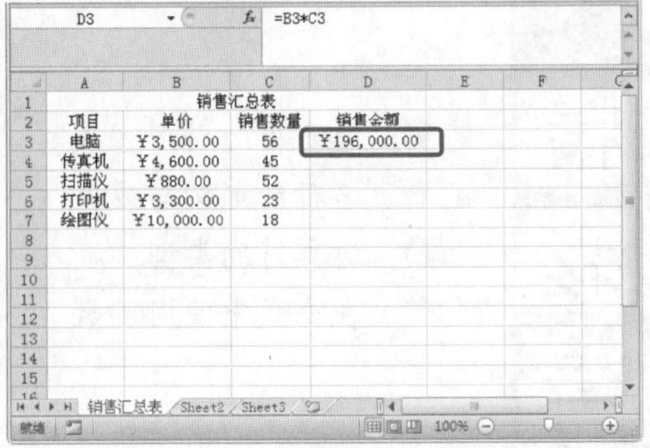

图 6-2 编辑栏中的计算公式

电脑小百科

绝对引用、相对引用的区别是引用地址里是否有$，如果有就表示是绝对引用，没有就表示是相对引用。

5. 选中 D3 单元格，并将鼠标指针移到该单元格的右下角处，当鼠标指针变成黑色实心十字形状时，按住鼠标左键向下拖曳，如图 6-3 所示。
6. 拖至 D7 单元格位置处释放鼠标，可以看到已经将 D3 单元格中的公式复制到 D4～D7 单元格中，引用的位置也随之改变，结果如图 6-4 所示。

图 6-3 复制公式

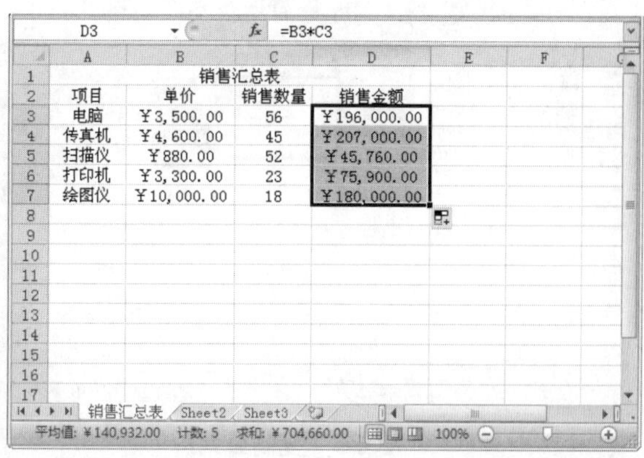

图 6-4 相对引用计算结果

6.1.2 绝对引用

所谓绝对引用，是指单元格中的绝对单元格引用(例如，$F$3 总是在指定位置引用单元格 F3)。如果公式所在单元格的位置改变，绝对引用的单元格始终保持不变。如果多行或多列的复制公式，绝对引用将不作调整。默认情况下，新公式使用相对引用，需要将它们转换为绝对引用。

1. 打开原始文件 6.1.1.xlsx，选择“销售汇总表”。
2. 将鼠标指针置于 D3 单元格中，在单元格内输入计算总金额的公式“=$B$3*$C$3”，表示单价乘以数量，如图 6-5 所示。
3. 输入完成后按 Enter 键，即可得到计算后的结果。
4. 再次选中结果单元格 D3 时，可以在编辑栏中查看到计算总金额的计算公式，如图 6-6 所示。

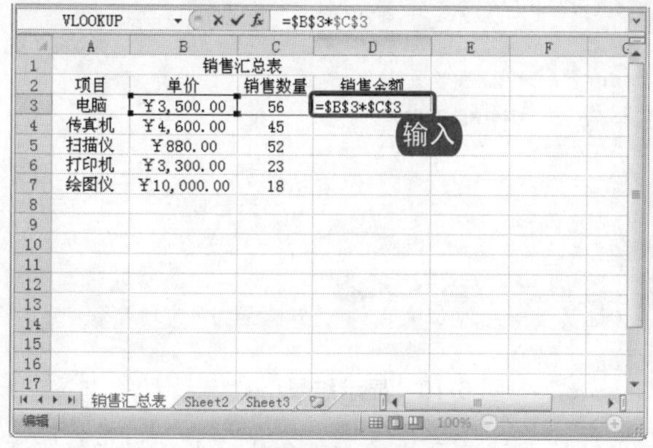

图 6-5 输入公式

D3 =$B$3*$C$3

项目	单价	销售数量	销售金额
电脑	¥3,500.00	56	¥196,000.00
传真机	¥4,600.00	45	
扫描仪	¥880.00	52	
打印机	¥3,300.00	23	
绘图仪	¥10,000.00	18	

图 6-6 编辑栏中的计算公式

5. 选中 D3 单元格，并将鼠标指针移至该单元格的右下角处，当鼠标指针变成黑色实心十字形状

使用单元格的相对引用复制粘贴公式时，粘贴后公式的引用将被更新。

时按住鼠标左键向下拖曳，如图 6-7 所示。

6 拖至 D7 单元格位置处释放鼠标，可以看到已经将 D3 单元格中的公式复制到 D4～D7 单元格中，引用的位置也没有发生改变，即绝对引用了“=$B$3*$C$3”，结果如图 6-8 所示。

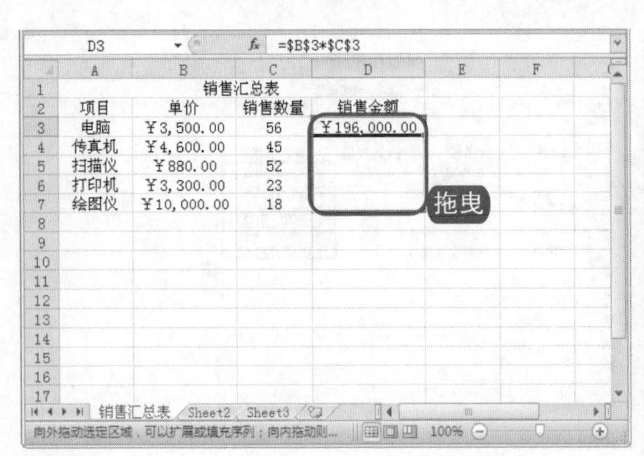

图 6-7　复制公式

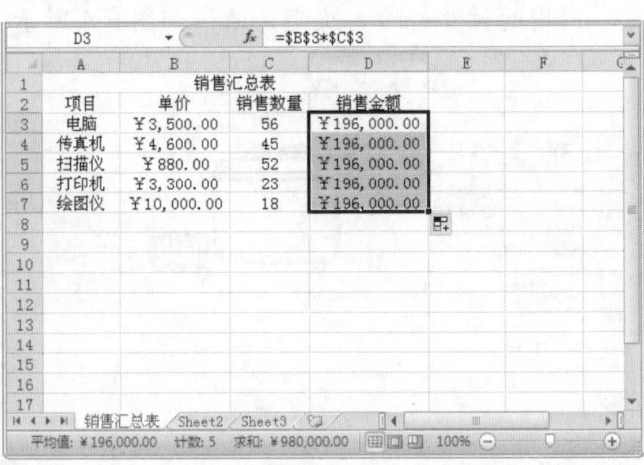

图 6-8　绝对引用计算结果

6.1.3 混合引用

所谓混合引用，是指具有绝对列和相对行，或是绝对行和相对列。绝对引用采用的是$F3、$B3 等形式。如果公式所在的单元格的位置发生改变，则相对引用改变，绝对引用不变。如果多行或多列的复制公式，相对引用将会自动调整，而绝对引用不作调整。

1 打开原始文件 6.1.3.xlsx，选择“销售汇总表”。

2 在 D3 单元格中输入公式“=(B3-$C$9)*C3”，表示单价减去单价销售费用的差乘以销售数量，C9 为绝对引用，表示所有销售金额均需要减去该值，如图 6-9 所示。

3 输入公式后按 Enter 键，此时可以看到在 D3 单元格中显示了计算的结果，如图 6-10 所示。

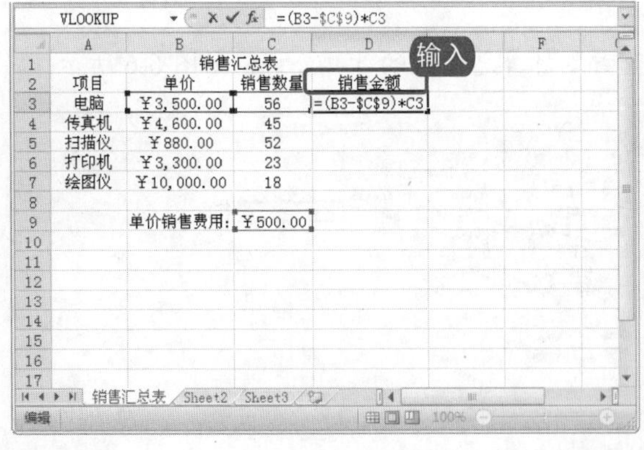

图 6-9　输入公式

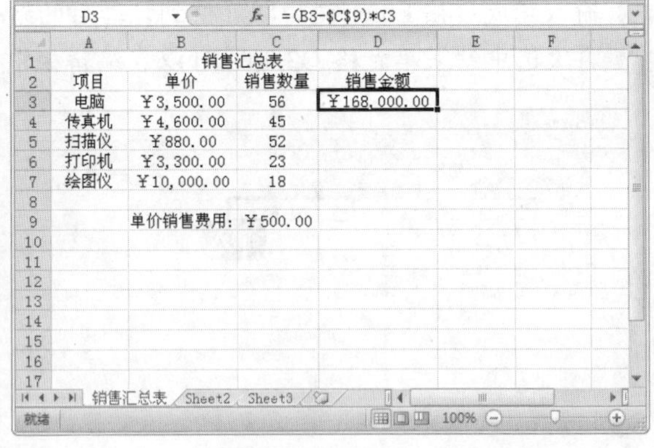

图 6-10　显示结果

4 选中已经计算出结果的 D3 单元格，并将鼠标指针移至该单元格的右下角处，当鼠标指针变成黑色实心十字形状时按住鼠标左键向下拖曳，如图 6-11 所示。

5 拖至 D7 单元格位置处释放鼠标，此时可以看到，D4～D7 单元格中已经计算出了各产品的销售

电脑小百科

使用单元格的绝对引用复制粘贴公式时，粘贴后公式的引用不会发生改变。

金额，计算结果如图 6-12 所示。

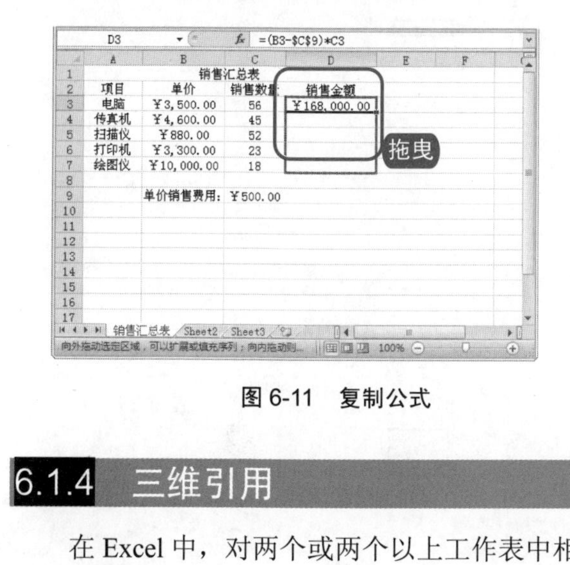

图 6-11　复制公式

图 6-12　复制公式后的结果

6.1.4　三维引用

在 Excel 中，对两个或两个以上工作表中相同单元格或单元格区域的引用称为三维引用。

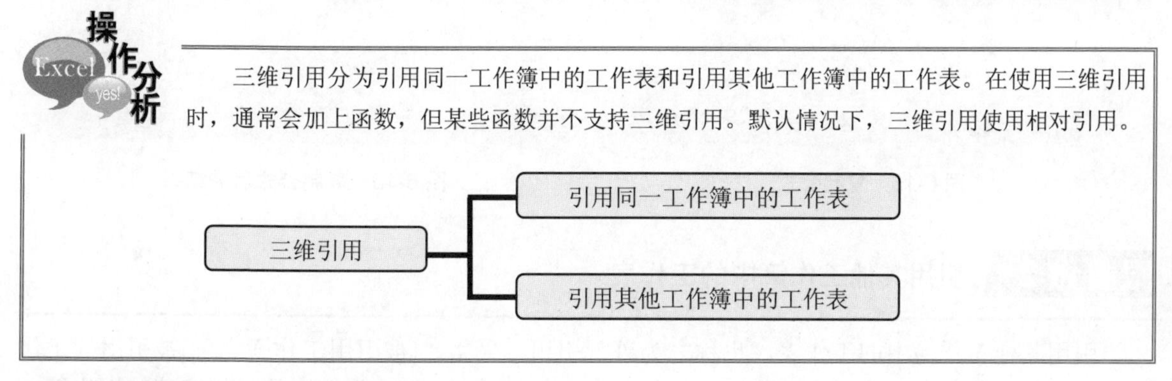

三维引用分为引用同一工作簿中的工作表和引用其他工作簿中的工作表。在使用三维引用时，通常会加上函数，但某些函数并不支持三维引用。默认情况下，三维引用使用相对引用。

跟着做 1☛　引用同一工作簿中的工作表

在同一工作簿中引用单个或多个工作表的单元格，公式采用“引用的工作表！被引用的单元格”的形式。引用时必须按工作表在工作簿中的排列顺序将单元格名称输入引用公式中，具体操作方法如下。

1. 打开原始文件 6.1.4.xlsx，选择“相对引用”工作表。
2. 在单元格 B2 中输入公式“=SUM(相对引用：三维引用！A2)”，表示 B2 单元格中显示出被引用工作表中 A2 单元格的数值的和，如图 6-13 所示。
3. 输入公式后按 Enter 键，此时可以看到在 B2 单元格中显示了计算的结果，如图 6-14 所示。
4. 选中已经计算出结果的 B2 单元格，并将鼠标指针移至该单元格的右下角处，当鼠标指针变成黑色实心十字形状时按住鼠标左键向下拖曳，如图 6-15 所示。
5. 拖至 B4 单元格位置处释放鼠标，此时可以看到计算结果如图 6-16 所示。

电脑小百科

在地址输入时，相对地址和绝对地址间可以用 F4 键进行循环转换。

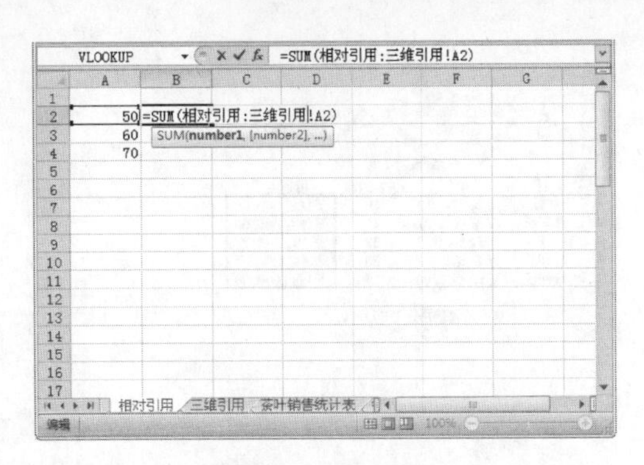

图 6-13　显示公式

图 6-14　计算结果

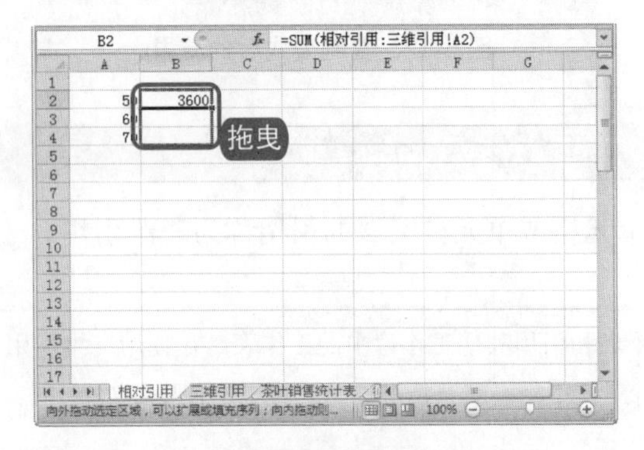

图 6-15　复制公式

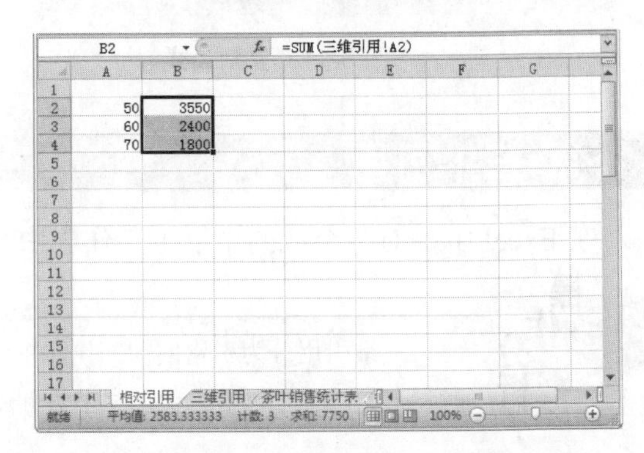

图 6-16　复制公式后的结果

跟着做 2☛　引用其他工作簿中的工作表

引用其他工作簿中的工作表，也称之为外部引用，采用“[被引用工作簿名称]被引用的工作表！被引用的单元格”的形式。例如，要在“单元格引用方式”工作簿中的“年度茶叶销售汇总表”工作表中，汇总“茶叶销售统计表”工作簿中的“Sheet1:Sheet3”中的“数量”的数据列，并由此完成销售额的统计，以及复制公式后的引用效果，具体操作步骤如下。

1. 打开原始文件 6.1.4.xlsx，选择“茶叶销售统计表”，如图 6-17 所示。
2. 单击工作表标签后的“插入工作表”按钮，即可插入一张新的工作表，如图 6-18 所示。

茶叶销售统计表

品名	数量（斤）	单价（元）	销售额
竹叶青	40	250.00	10000.00
铁观音	55	360.00	19800.00
花毛峰	86	150.00	12900.00
碧螺春	102	278.00	28356.00
绿茶	98	225.00	22050.00

图 6-17　打开“茶叶销售统计表”

图 6-18　插入新的工作表

3. 双击新插入的工作表，重命名为“年度茶叶销售汇总表”，如图 6-19 所示。

电脑小百科

当剪切粘贴(即移动)公式时，公式中的单元格无论是绝对引用还是相对引用，移动后公式的内容均不改变。

❹ 在新工作表中输入汇总表的标题、品名、数量、单价等信息，“品名”的顺序应与“茶叶销售统计表”工作簿中的“品名”顺序保持一致，如图 6-20 所示。

图 6-19　重命名工作表

图 6-20　输入数据

❺ 选中单元格 B3，在编辑栏中输入公式“=SUM([茶叶销售统计表.xlsx]Sheet1:Sheet3!B3)”，单击“输入”按钮，如图 6-21 所示。

❻ 选中单元格 B3，拖动单元格右下角的自动填充柄向下复制到单元格 B7，完成所有品名“数量(斤)”的汇总，如图 6-22 所示。

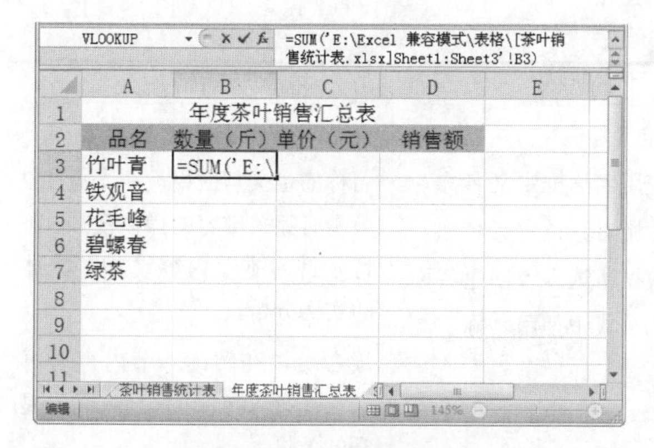

图 6-21　输入公式

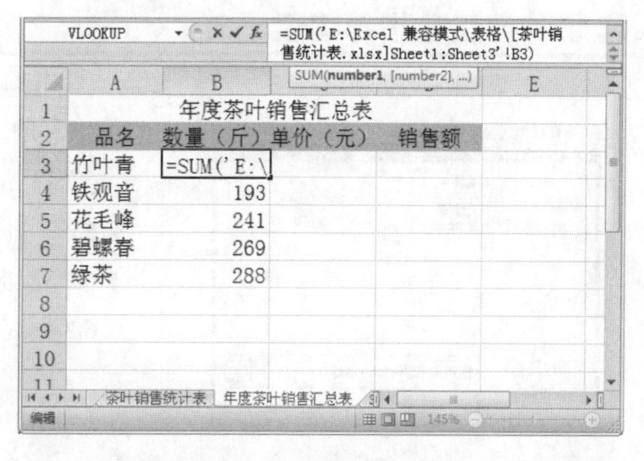

图 6-22　复制公式

知识补充

公式“=SUM([茶叶销售统计表.xlsx]Sheet1:Sheet3!B3)”是引用了外部工作簿“茶叶销售统计表”内的 Sheet1～Sheet3 工作表 B3 单元格内的数据。

老师的话

三维引用是对多张工作表上相同单元格或单元格区域的引用，其要点是“跨越两个或多个连续工作表”、“相同单元格区域”。在实际使用中，支持这种连续多表同区域三维引用常见的函数有 SUM、AVERAGE、AVERAGEA、COUNT、COUNTA、MIN、MAX、RANK、VAR 等，主要适用于多个工作表具有相同的数据库结构的统计计算。如下图所示的三维引用中就用到了 SUM 函数。

电脑小百科

名称可以是任意字符与数字组合在一起，但不能以数字开头，更不能以单纯的数字作为名称。

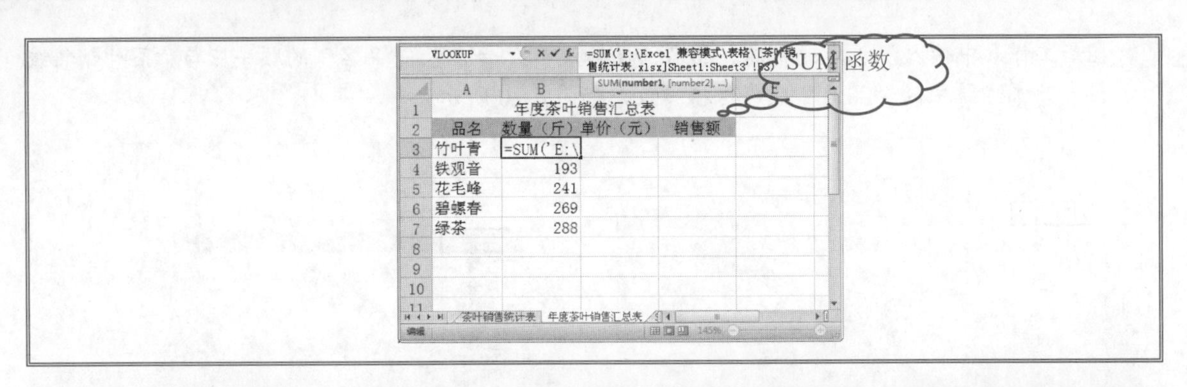

6.2 名称的定义与应用

在 Excel 公式中定义名称是为了让单元格区域不显示原来的行列标号，而显示用户为其设定的名称，用户可以为单元格或区域定义名称，这不但有利于公式的理解，还能解决超出某些函数嵌套数量的问题，并可以在同一工作簿或其他工作簿中的多个工作表中应用同一名称，给工作带来极大的方便。

书盘互动指导

示例	在光盘中的位置	书盘互动情况
新建名称 名称(N)：项目 范围(S)：工作簿 备注(O)： 引用位置(R)：=销售汇总表!$A$3:$A$7 确定 取消	6.2 名称的定义与应用 6.2.1 使用名称框定义名称 6.2.2 使用对话框定义名称 6.2.3 根据所选内容创建名称 6.2.4 在公式中使用名称	本节主要带领读者学习工作表名称的定义与应用，在光盘 6.2 节中有相关内容的操作视频，还特别针对本节内容设置了具体的实例分析。 读者可以在阅读本节内容后再学习光盘内容，以达到巩固和提升的效果。

6.2.1 使用名称框定义名称

用户可以在名称框中为单元格或是单元格区域定义名称，其操作方法十分简单，直接选中要定义名称的单元格或单元格区域，然后在名称框中输入要定义的名称，按下 Enter 键即可完成名称的定义，具体操作步骤如下。

1. 打开原始文件 6.2.1.xlsx，在销售汇总表中选中 A1 单元格。
2. 双击编辑栏左侧的“名称框”，如图 6-23 所示。
3. 当名称框内的文本变成蓝色底纹时，可直接输入所需更改的名称“销售”，如图 6-24 所示。
4. 输入完成后，按下 Enter 键即可。

电脑小百科

作为一种特殊的公式，名称也是以“=”号开始，可以由常量数据、常量数组、单元格引用、函数与公式等元素组成，并且每个名称都具有一个唯一的标识，可以方便在其他名称或公式中调用。

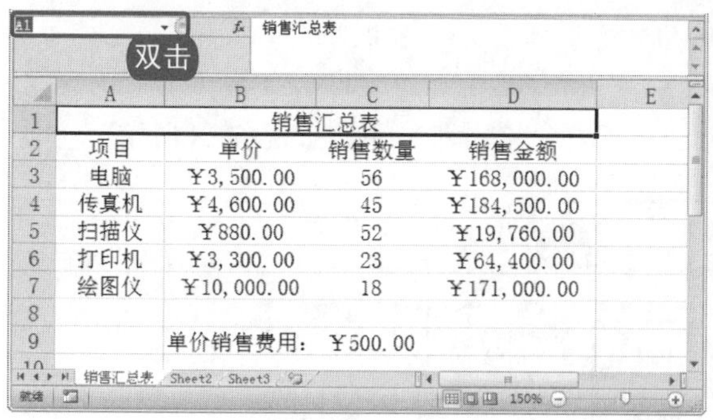

图 6-23　选中 A1 单元格

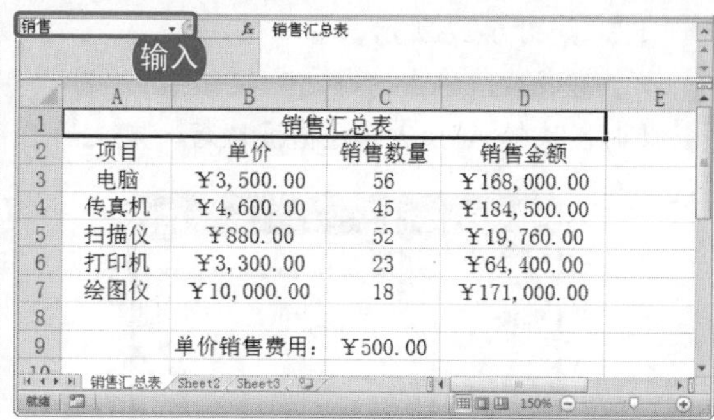

图 6-24　输入定义名称

6.2.2 使用对话框定义名称

用户还可以通过“公式”选项卡下“定义的名称”组中的“定义名称”按钮来为单元格或单元格区域定义名称。

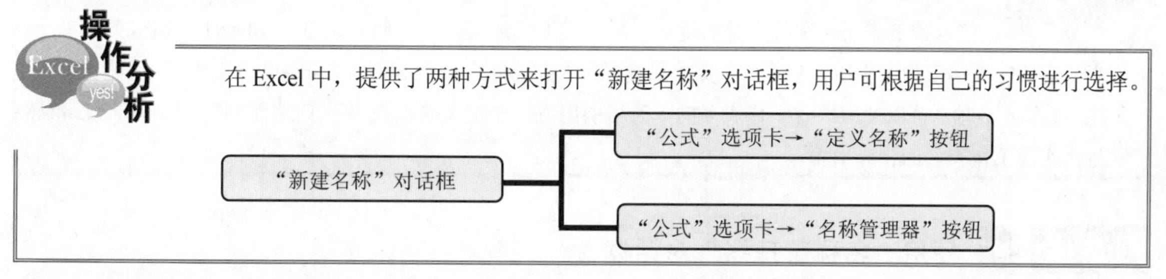

跟着做 1 使用“新建名称”对话框

下面为工作表中单元格区域 A3:A7 定义名称为“项目”，具体操作步骤如下。

1. 打开原始文件 6.2.2.xlsx，选择销售汇总表。
2. 在“公式”选项卡中单击“定义名称”按钮，弹出“新建名称”对话框，如图 6-25 所示。
3. 单击“引用位置”文本框右边的折叠按钮，在工作表中选择 A3:A7 单元格区域，如图 6-26 所示。

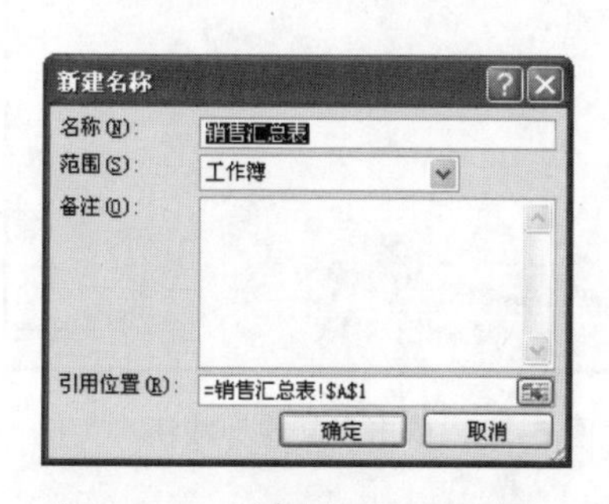

图 6-25　“新建名称”对话框

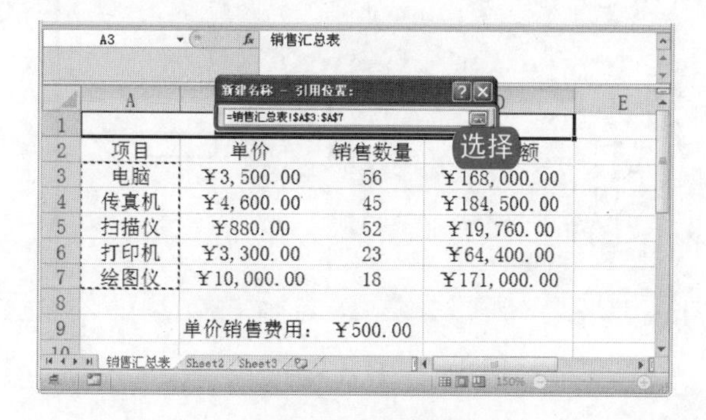

图 6-26　选择单元格区域

4. 单击折叠按钮，返回“新建名称”对话框，然后在“名称”文本框内输入要定义的名称“项

电脑小百科

与一般的公式所不同的是，普通公式存在于单元格中，名称保存在工作簿中，并在程序运进时存在于 Excel 的内存中，并通过其唯一标识(即名称的命名)进行调用。

目”，如图 6-27 所示。

5 设置完成后，单击“确定”按钮。

6 此时，选择 A3:A7 单元格区域后，定义的名称会出现在“名称框”中，如图 6-28 所示。

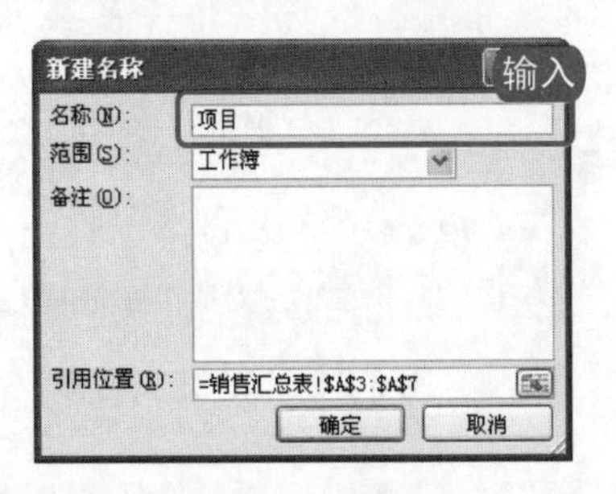

图 6-27 输入名称

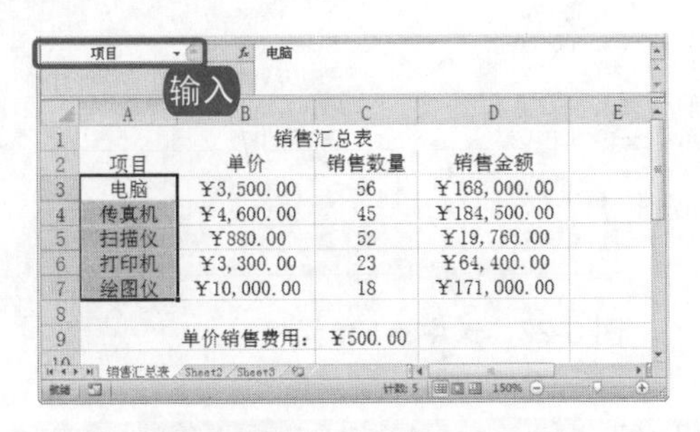

图 6-28 定义名称后的效果

在“新建名称”对话框中，默认情况下，在设置“引用位置”时使用鼠标指定单元格引用，将以带工作表名称的完整的绝对引用方式生成定义公式，如公式为“=Sheet1！$A$1”。

当需要在不同工作表引用各自表中的某个特定单元格区域时，如在 Sheet1、Sheet2 等工作表中引用各自表中的 A1 单元格时，可以使用缺省工作表名的单元格引用方式来定义名称，即手工删除工作表名，但是保留感叹号，实现工作表名的相对引用。

跟着做 2 使用“名称管理器”对话框

下面为工作表中的 C2:C7 单元格区域定义名称为“销售数量”，具体操作步骤如下。

1 打开上一节保存的文件，在“公式”选项卡下的“定义的名称”组中，单击的“名称管理器”按钮，如图 6-29 所示。

2 弹出“名称管理器”对话框，单击“新建”按钮，如图 6-30 所示。

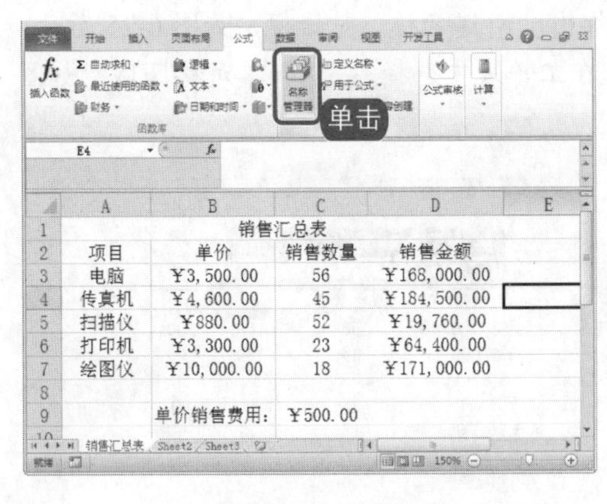

图 6-29 打开文件

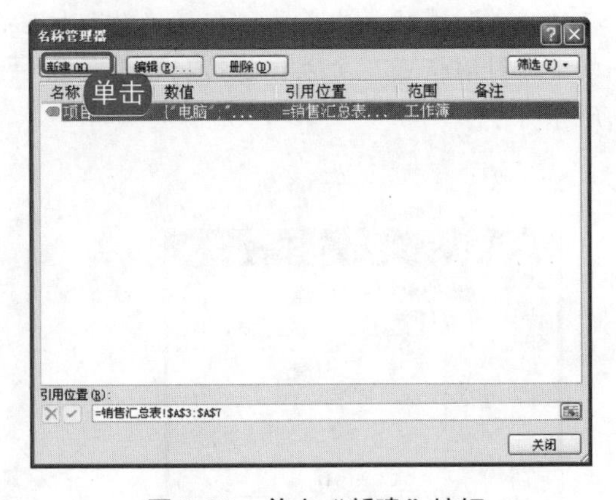

图 6-30 单击“新建”按钮

3 弹出“新建名称”对话框，如图 6-31 所示。

4 在“引用位置”文本框中输入“=销售汇总表!$C$2:$C$7”，在“名称”文本框中输入“销售数量”，如图 6-32 所示。

电脑小百科

Excel 的名称与普通公式类似，是一种由用户自行设计并能够进行数据处理的算式，其特别之处在于：普通公式存在于单元格中，而名称则存在于 Excel 的内存中。

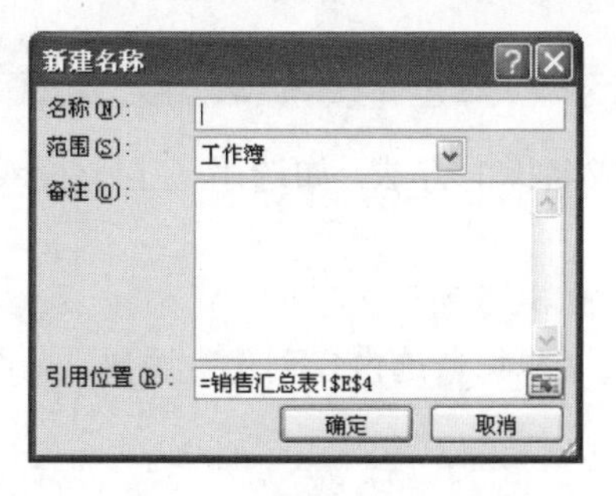

图 6-31　“新建名称”对话框

图 6-32　设置“引用位置”和“名称”

5. 输入完成后，单击“确定”按钮，返回到名称管理器，如图 6-33 所示。
6. 单击“关闭”按钮，返回到工作表中。
7. 此时，当用户选择 C2:C7 单元格区域时，“名称框”中会显示刚定义的名称，如图 6-34 所示。

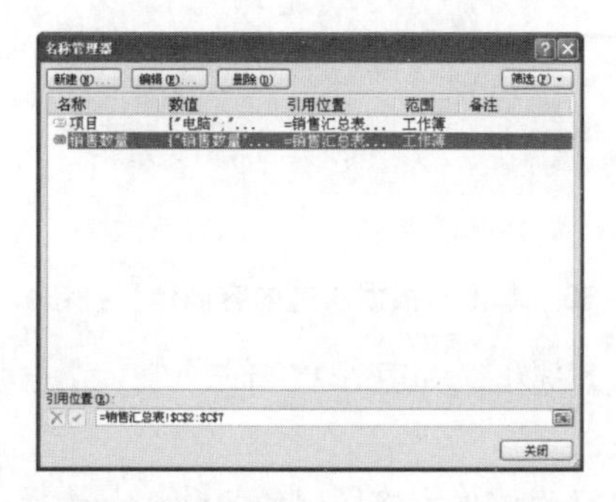

图 6-33　“名称管理器”对话框

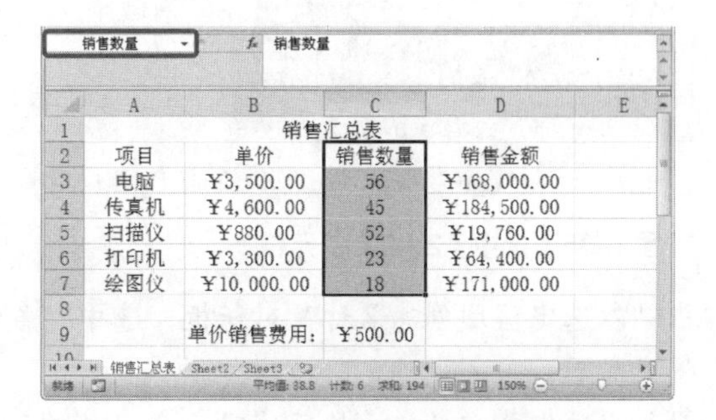

图 6-34　定义名称后的效果

知识补充

按 Ctrl+F3 组合键可以打开“名称管理器”对话框，单击“新建”按钮也可为单元格和区域定义名称。

老师的话

当不需要使用名称或名称出现错误无法正常使用时，可以在“名称管理器”对话框中进行删除操作。例如，名称中所引用的单元格内容被删除了，数值内容为空了，需要进行清理，操作方法是：选中要删除的名称，单击“删除”按钮即可。

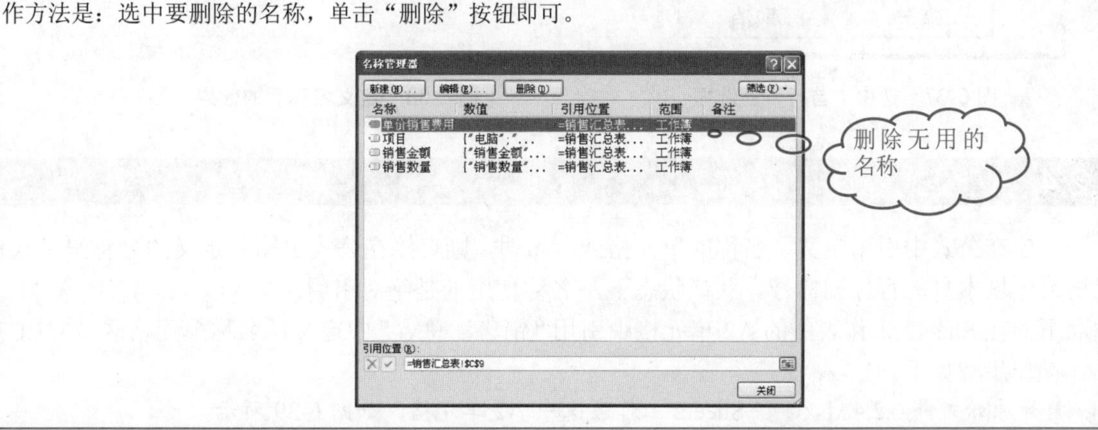

电脑小百科

有些名称在一个工作簿的所有工作表中都可以直接调用，但有的名称只能在某一工作表中直接调用。这是由于名称的级别不同，其作用的范围也不同。

6.2.3 根据所选内容创建名称

根据所选内容创建名称是根据所选内容自动生成名称的方法，如选用最上一行或最左一列中的文字作为名称，此方法可同时创建多个名称。

1 打开原始文件 6.2.3.xlsx，选择 B2:D7 单元格，如图 6-35 所示。

2 在“公式”选项卡下的“定义的名称”组中，单击“根据所选内容创建”按钮，如图 6-36 所示。

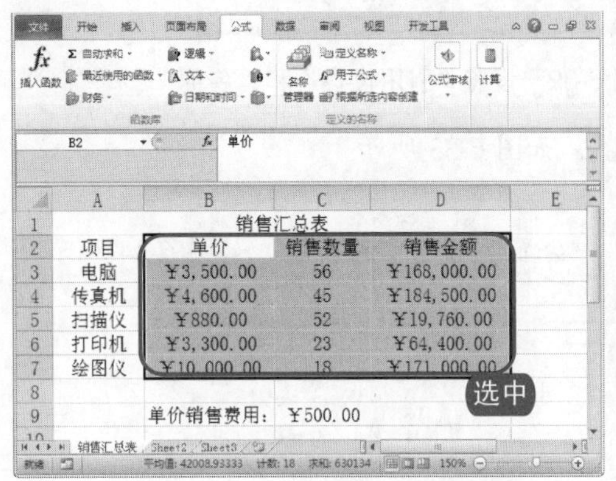

图 6-35 选中 A2～D7 单元格

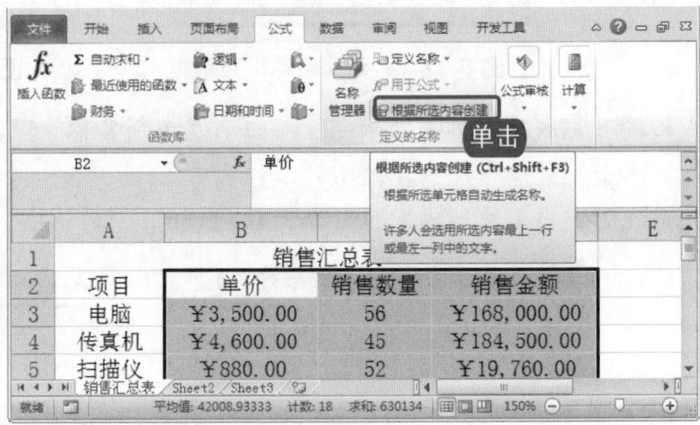

图 6-36 单击“根据所选内容创建”按钮

3 弹出“以选定区域创建名称”对话框，选中“首行”复选框，如图 6-37 所示。

4 设置完成后，单击“确定”按钮。

5 此时，当选定相应的单元格区域时，会以最首行的内容为该单元格区域的名称，如选择 B3:B7 单元格区域，如图 6-38 所示。

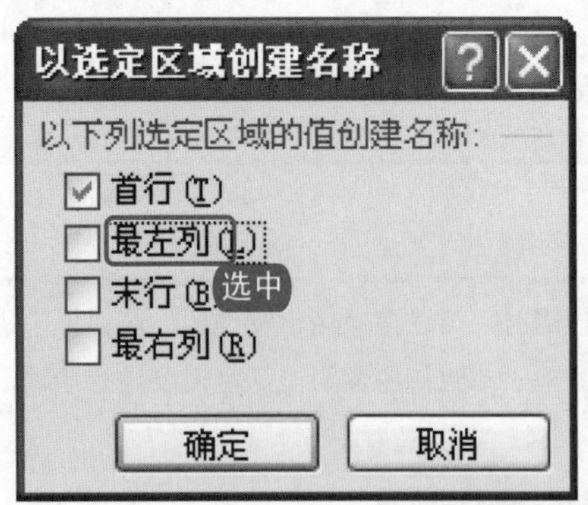

图 6-37 选中“首行”复选框

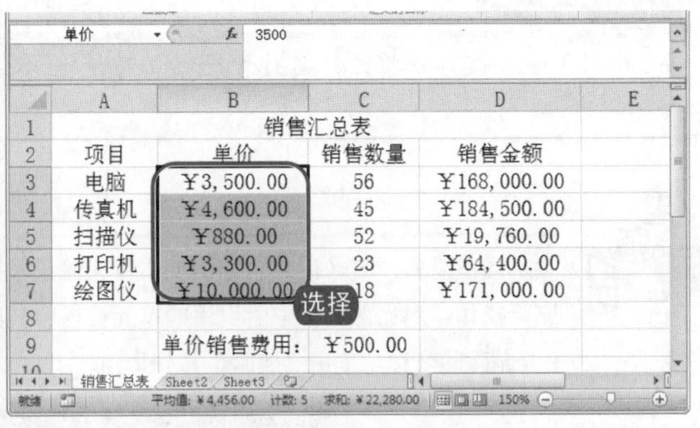

图 6-38 定义名称后的效果

6.2.4 在公式中使用名称

当要在公式中引用定义了名称的单元格或区域时，则直接在公式中输入定义的名称来替代单元格或区域本身的行标列标号。默认状态下，名称使用的是绝对引用。

下面在 Sheet2 工作表中的 A2 单元格中引用“销售汇总表”中定义了名称单元格区域 C2:C7，具体操作步骤如下。

1 打开原始文件 6.2.4.xlsx，在 Sheet2 工作表选中 A2 单元格，如图 6-39 所示。

电脑小百科

名称不能与单元格引用相同。

❷ 在“公式”选项卡下的“定义的名称”组中，单击“用于公式”下拉按钮，从弹出的下拉列表中选择定义的名称“销售数量”，如图 6-40 所示。

图 6-39　选中 A2 单元格

图 6-40　选择“销售数量”选项

❸ 此时，A2 单元格中显示引用单元格的公式，如图 6-41 所示。

❹ 按下 Enter 键确认引用，则会出现引用的单元格信息，如图 6-42 所示。

图 6-41　引用单元格的公式

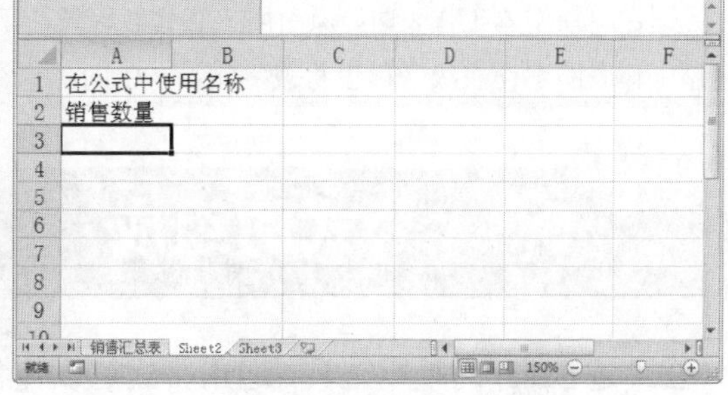

图 6-42　引用的单元格信息

❺ 将鼠标置于 A2 单元格右下角位置，当鼠标变为黑色十字形时，向下拖动填充柄，如图 6-43 所示。

❻ 释放鼠标左键后，得到填充的结果，如图 6-44 所示。

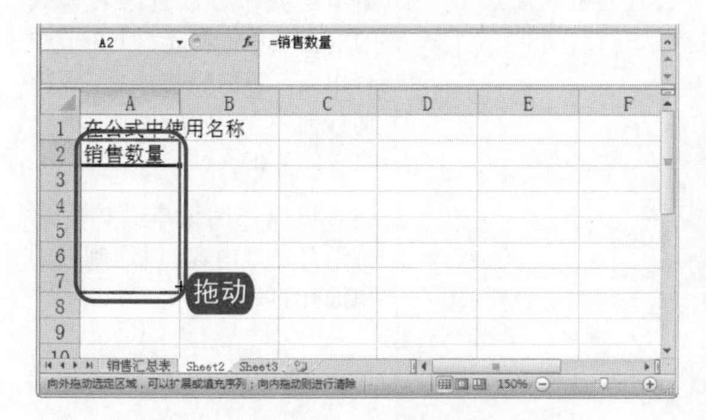

图 6-43　向下拖动填充柄

图 6-44　填充公式的引用结果

电脑小百科

名称的引用位置中的字符最大允许量也是有限制的，你可以分割为两个或多个名称。

知识补充

也可以在公式编辑状态下手工输入，名称也将会出现在“公式记忆式输入”列表中。

老师的话

如下左图所示，在该工作表的名称管理器中定义了多个名称，如要对 Sheet1 表进行复制，右击 Sheet1 工作表标签，从弹出的快捷菜单中选择“移动或复制工作表”命令，弹出“移动或复制工作表”对话框，在列表中选择 Sheet2 工作表，并选中“建立副本”复选框，然后单击“确定”按钮完成复制。这就建立了 Sheet1(2)工作表，此时在复制的表中打开“名称管理器”，查看其中的名称如下右图所示。

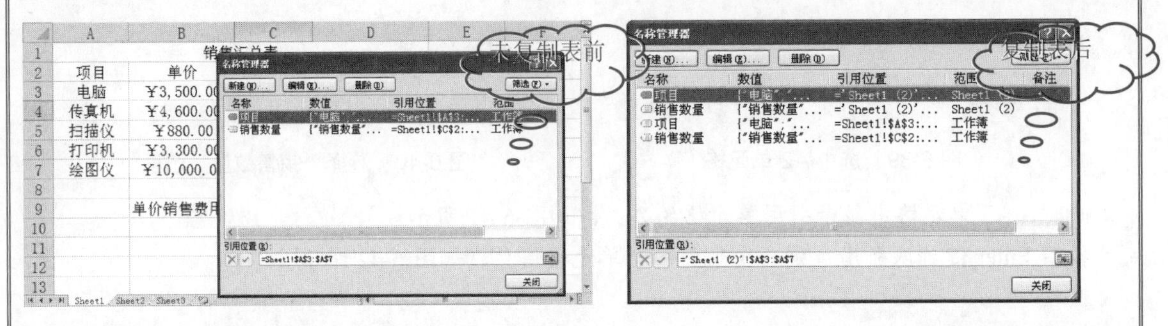

即在建立副本工作表时，原引用该工作表区域的工作簿组名称将被复制，产生同名的工作簿级名称；原引用该工作表的工作表级名称也将被复制，产生同名工作表级名称；使用常量定义的名称不会发生改变。

6.3 公式的组成

公式是 Excel 的重要工具，运用公式可以使各类数据处理工作变得更加方便。Excel 提供了强大的公式功能，运用公式可以对工作表中的数据进行各类计算与分析。

书盘互动指导

示例	在光盘中的位置	书盘互动情况
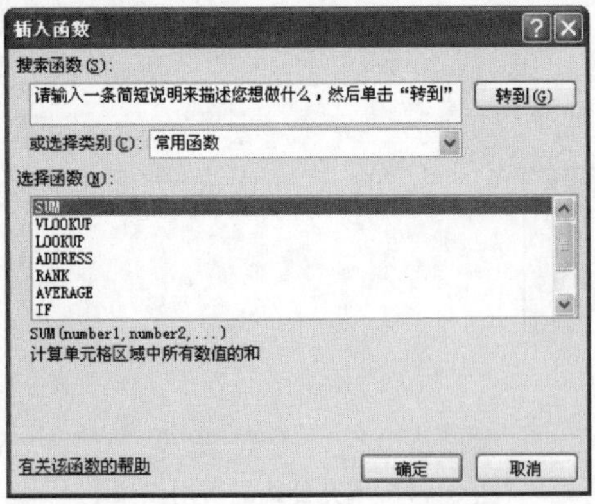 插入函数	6.3　公式的组成	本节主要带领读者学习公式的基本运算，在光盘 6.3 节中有相关内容的操作视频，还特别针对本节内容设置了具体的实例分析。 读者可以在阅读本节内容后再学习光盘内容，以达到巩固和提升的效果。

电脑小百科

按下 Ctrl+F3 组合键，可以直接打开定义名称的对话框。

6.3.1　“=”等号

在 Excel 中，公式是以“=”号为引导，通过运算符按照一定的顺序组合进行数据运算处理的等式，函数则是按特定算法执行计算的产生一个或一组结果的预定义的特殊公式。公式必须以“=”开头，换句话说，凡是以“=”开头的输入数据都被认为是公式。

使用公式是为了有目的计算结果，或根据计算结果改变其所作用单元格的条件格式、设置规划求解模型等。

6.3.2　运算符

在 Excel 中，运算符是构成公式的基本元素之一。运算符用于指定要对公式中的元素执行的计算类型。计算时有一个默认的次序，但可以使用括号更改计算次序。Excel 包含 4 种类型的运算符：算术运算符、比较运算符、文本运算符和引用运算符。

1. 算术运算符

算术运算符用于完成基本的数学运算，如加、减、乘、除等。算术运算符的含义及示例如表 6-1 所示。

表 6-1　算术运算符

算术运算符	功　能	示　例
+	加	10+5
–	减	10−5
–	负数	−5
*	乘	10*5
/	除	10/5
%	百分号	5%
^	乘方	5^2

2. 比较运算符

比较运算符用于比较数据的大小，包括对文本或数值的比较。常用于比较两个值，结果是一个逻辑值，为 TRUE(真)或 FALSE(假)，其含义及示例如表 6-2 所示。

表 6-2　比较运算符

比较运算符	功　能	示　例
=	等于	A1=A2
<	小于	A1<A2
>	大于	A1>A2
<>	不等于	A1<>A2
<=	小于等于	A1<=A2
>=	大于等于	A1>=A2

电脑小百科

Excel 中的公式通常都是以“=”开头的一个运算式或函数式，可以将“=”引导符看成是 Excel 公式的标志。

3. 文本运算符

文本运算符主要用于将文本字符或字符串进行连接和合并。使用“&”将一个或更多字符串连接，以产生更大的文本，如要在单元格 D4 中显示单元格 A1 和 B5 的连接文本，则在单元格 D4 中输入公式“=A1&B5”，其功能及示例如表 6-3 所示。

表 6-3　文本运算符

引用运算符	功 能	示 例
&	连接和合并	=A1&B5

4. 引用运算符

引用运算符是 Excel 特有的运算符，主要用于在工作表中产生单元格引用。用于表明工作表中的单元格或单元格区域，如要在公式中表述单元格 A1:A10 的区域，其表达式为“A1:A10”，其含义及示例如表 6-4 所示。

表 6-4　引用运算符

引用运算符	含 义	示 例
:	区域运算符，对两个引用之间(包括两个引用在内的矩形区域所有单元格)进行引用	B5:B15
空格运算符	交叉运算符，表示各单元格区域之间互相重叠的部分。如示例中的结果实际上为“B1+ C1”	SUM(A1:C1 B1:D1)
,	联合操作符将多个引用合并为一个引用	SUM(B5:B15,D5:D15)

6.3.3 单元格引用

在 Excel 2010 版中，一张工作表由 1 048 576 行×16 384 列个单元格组成，即 2^{20} 行×2^{14} 列。单元格是工作表的最小组成元素，以左上角第一个单元格为原点，向下向右分别为行、列坐标的正方向，由其构成单元格在工作表上所处位置的坐标集合。在公式中使用坐标方式表示单元格在工作中的“地址”，实现对存储于单元格中的数据的调用，这种方法称之为单元格引用。

6.3.4 常量

在 Excel 2010 的公式中，可以使用常量进行运算。所谓常量，是指在运算过程中自身不会改变的值，但是公式以及公式产生的结果都不是常量。

- 数值常量，如=(5+5)*5/2。
- 日期常量，如=DATEDIF(“2010-3-3”，NOW()，“m”)。
- 文本常量，如= “I Like” & “ExcelHow”。
- 逻辑值常量，如=VLOOKUP(“张三”，A:B,2,FALSE)。
- 错误值常量，如=COUNTIF(A:A,#DIV/0!)。

电脑小百科

在使用函数时，将函数的某一参数连同其前面的逗号去除，称为省略该参数。

6.3.5 工作表函数

在 Excel 中，函数又可以分为两种类型，分别是适用于“工作表”的工作函数和宏函数。工作表函数，可以适用于工作表和宏，但宏函数就只能适用于宏，而在宏中可以使用的函数却比工作表函数多。在工作表中建立函数的方式有两种：一种是直接在单元格中自行输入函数；另外一种是利用函数向导。

6.3.6 “()”括号

一般来说，在 Excel 公式中，使用了括号就能保证计算按需要的顺序进行。括号的运算级别最高，在 Excel 的公式中只能使用小括号，无中括号和大括号。小括号可以嵌套使用，当有多重小括号时，最内层的表达式优先运算，同等级别的运算符从左到右依次进行。整个参数用括号括住，即使无效参数的函数也不能省略括号。

通常情况下，Excel 按照从左至右的顺序进行公式运算，当公式中使用多个运算时，Excel 将根据各个运算符的优先级进行运算，对于同一级次的运算符，则按照从左至右的顺序运算，运算符的优先顺序如下图所示。

6.4 常见 Excel 函数介绍

Excel 的工作表函数通常简称为 Excel 函数，它是由 Excel 内部预先定义并按照特定的顺序、结构来执行计算、分析等数据处理任务的功能模块。因此，Excel 函数也常被称为“特殊公式”。与公式一样，Excel 函数的最终返回结果为值。Excel 中所提的函数其实是一些预定义的公式，它们使用一些称为参数的特定数值按特定的顺序或结构进行计算。用户可以直接用它们对某个区域内的数值进行一系列运算，如分析和处理日期值和时间值、确定贷款的支付额、确定单元格中的数据类型、计算平均值、排序显示和运算文本数据等。

书盘互动指导

⊙ 示例	⊙ 在光盘中的位置	⊙ 书盘互动情况
	6.4 常见 Excel 函数介绍 6.4.1 插入函数 6.4.2 快速搜索函数	本节主要带领读者学习 Excel 函数的基本运用，在光盘 6.4 节中有相关内容的操作视频，还特别针对本节内容设置了具体的实例分析。 读者可以在阅读本节内容后再学习光盘内容，以达到巩固和提升的效果。

电脑小百科

在 Excel 函数“帮助”文件的语法介绍中，这些可省略参数描述一般包含“忽略”、“省略”、“默认”等词，并且注明活力参数后的默认情况。

6.4.1 插入函数

一般来说，大部分用户都是从自动求和功能开始接触 Excel 公式计算。在“公式”选项卡中有一个显示Σ字样的“自动求和”按钮(“开始”选项卡“编辑”组中也有此按钮)，单击下方的下拉按钮，其下拉列表中包括求和、平均值、计数、最大值、最小值和其他函数 6 个选项，默认情况下单击该按钮或者按“Alt + =”组合键将插入“求和”函数。

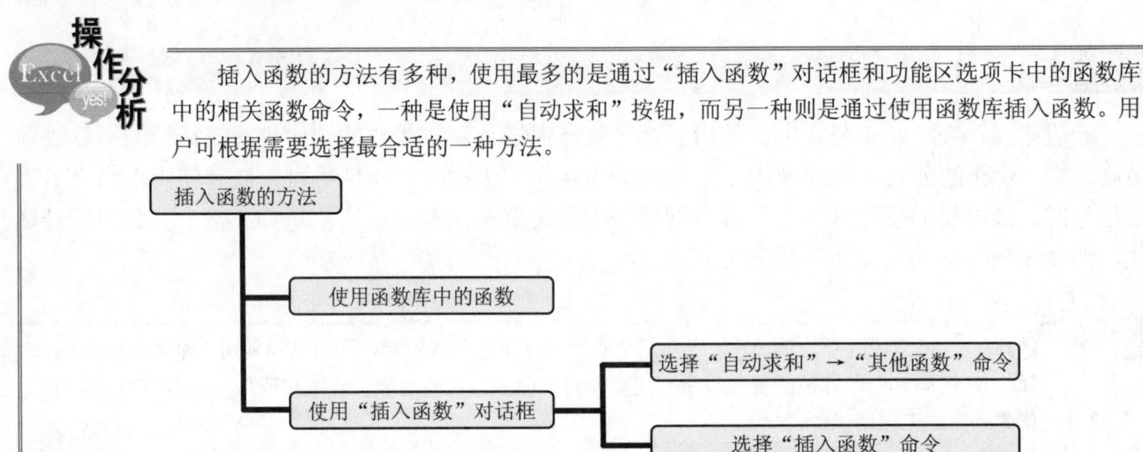

跟着做 1 使用“插入函数”对话框

当用户需要进行简单的公式计算时，可在“公式”选项卡下，单击“自动求和”下拉按钮，弹出下拉列表，在该列表中列出了一些常用的函数。如果用户对函数名不太熟悉，那么可以通过“插入函数”对话框来插入需要的函数。

下面使用类别为“统计”函数的最大值函数 MAX 来求销售金额中最大的值，具体操作步骤如下。

1. 打开原始文件 6.4.1.xlsx，选择 D13 单元格，在“公式”选项卡的“函数库”组中，单击“插入函数”按钮，如图 6-45 所示，
2. 弹出“插入函数”对话框，在“或选择类别”下拉列表框中选择函数的类别为“统计”，然后在“选择函数”列表框中，选择所需函数 MAX，如图 6-46 所示。

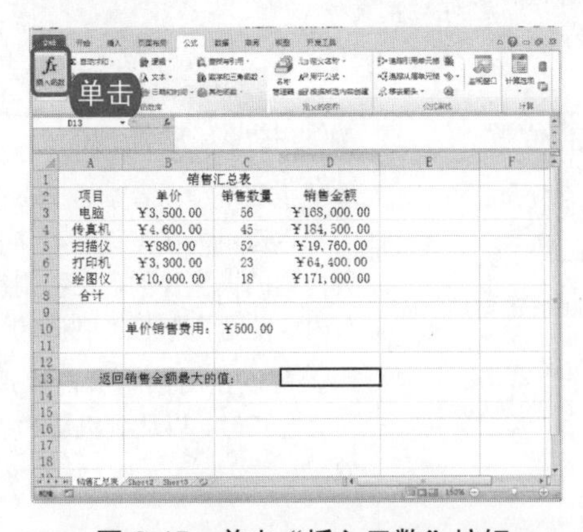

图 6-45　单击“插入函数”按钮

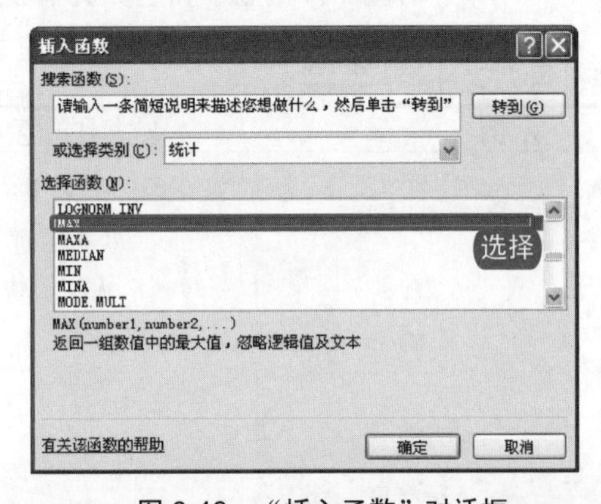

图 6-46　“插入函数”对话框

电脑小百科

公式是单个或多个函数的结合运用，是工作表中对数据进行分析的等式。

❸ 单击“确定”按钮，弹出“函数参数”对话框，如图 6-47 所示。
❹ 单击折叠按钮，在工作表中选择单元格区域为 D3:D7，如图 6-48 所示。

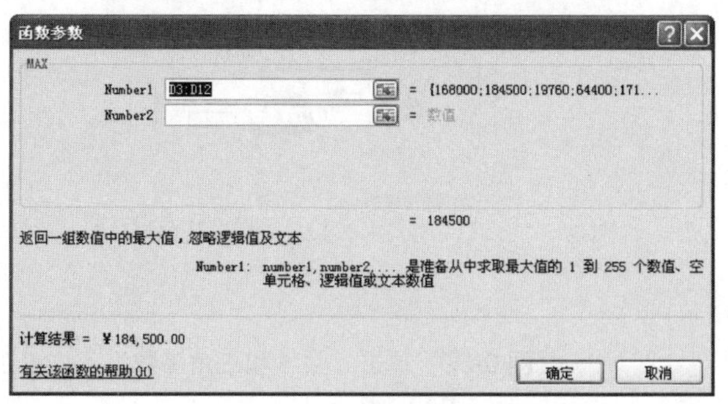

图 6-47　“函数参数”对话框

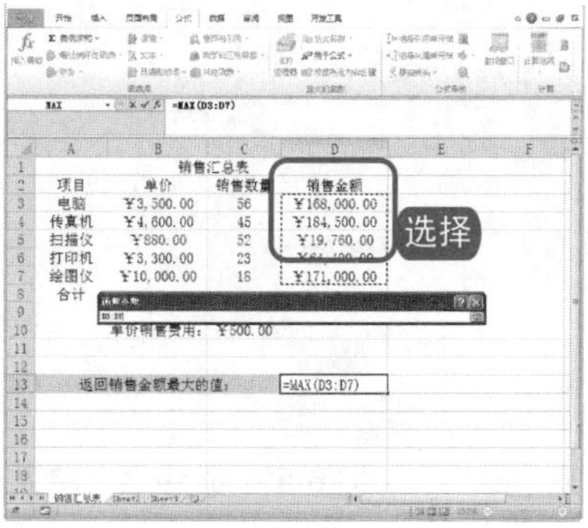

图 6-48　选择单元格区域

❺ 单击折叠按钮，返回“函数参数”对话框，如图 6-49 所示。
❻ 单击“确定”按钮，即可在选定单元格中显示插入函数的结果，如图 6-50 所示。

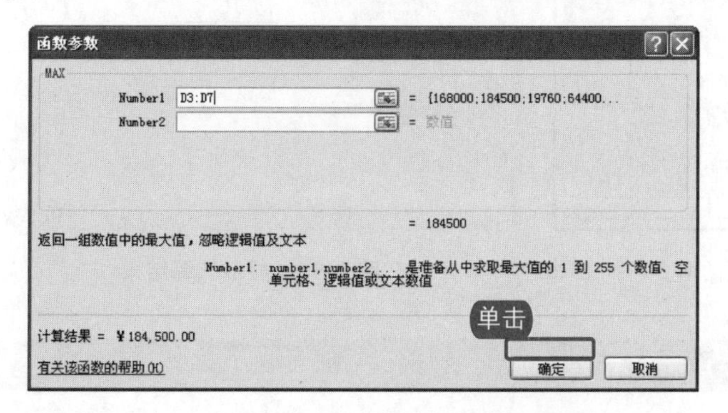

图 6-49　返回“函数参数”对话框

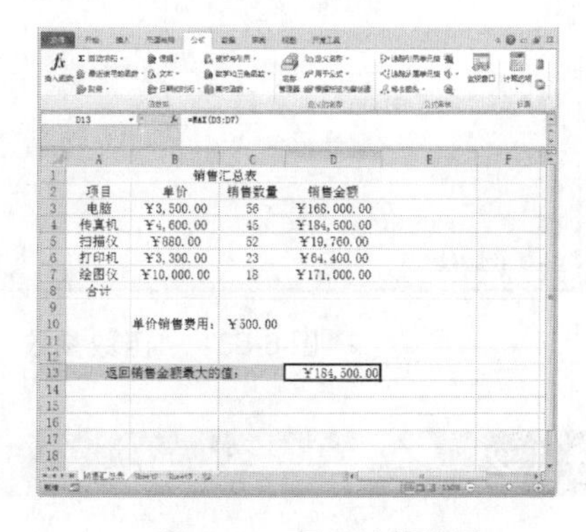

图 6-50　显示计算结果

跟着做 2☛ 使用函数库插入已知类别的函数

在“函数库”组中，提供了多个函数按钮，如财务、逻辑、文本、日期和时间、查找与引用、数学和三角函数、其他函数等，用户可根据需要选择相关类别的函数。

下面使用 SUM 函数求所有项目的销售金额，具体操作步骤如下。

❶ 打开上一小节保存的文件，在销售汇总表中选中 D8 单元格，如图 6-51 所示。
❷ 在“公式”选项卡的“函数库”组中，单击“数学和三角函数”下拉按钮，从弹出的下拉列表中选择 SUM 函数，如图 6-52 所示。
❸ 弹出“函数参数”对话框，在 Number1 文本框中输入或选择所需要求和的单元格，如图 6-53 所示。
❹ 设置完成后，单击“确定”按钮。
❺ 此时，在 D8 单元格中已显示了函数的计算结果，如图 6-54 所示。

知识补充

在“公式”选项卡下的“其他函数”下拉列表中提供了统计、工程、多维数据集、信息、兼容性函数等多个下拉列表。

电脑小百科

有时在文本格式的单元格中输入公式会认为是文本型的文字。

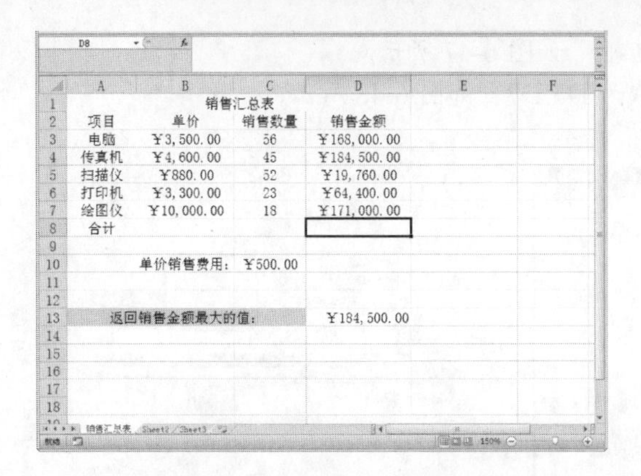

图 6-51 选中合计单元格

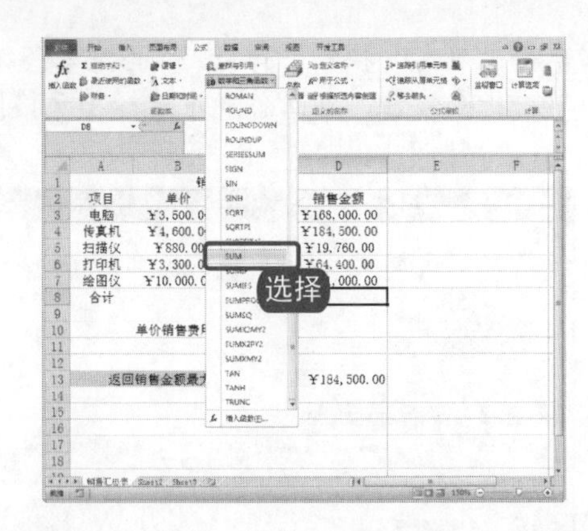

图 6-52 单击“数学和三角函数”下拉按钮

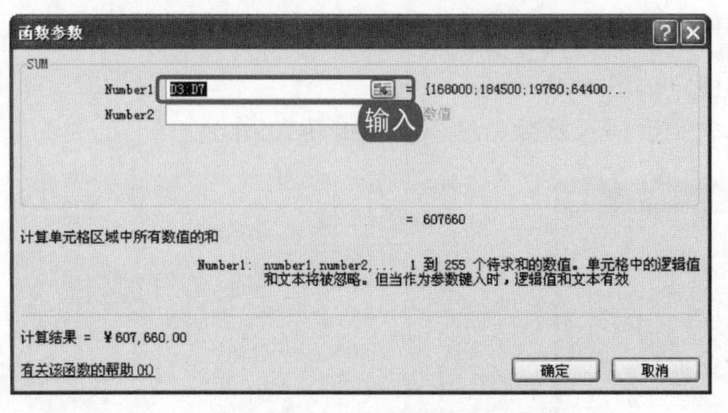

图 6-53 “函数参数”对话框

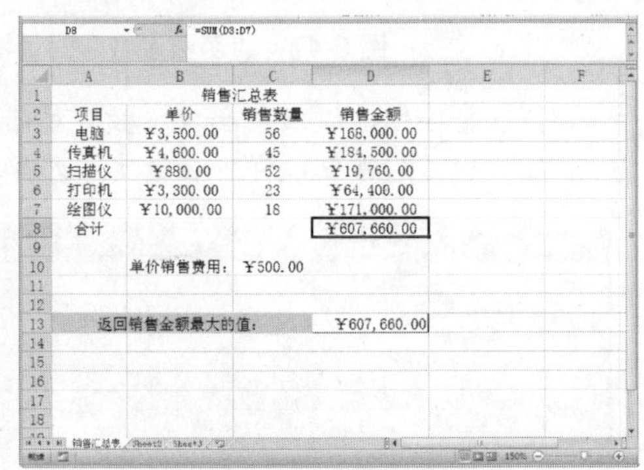

图 6-54 显示计算结果

6.4.2 快速搜索函数

如果对函数所归属的类别不太熟悉，那么可以使用“插入函数”向导选择或搜索所需函数。

操作分析

快速搜索函数可通过“插入函数”对话框来完成，下面介绍 4 种可以打开“插入函数”对话框的方法，用户可根据不同情况来选择。

- 单击“公式”选项卡上的“插入函数”按钮。
- 在“公式”选项卡的“函数库”组中各个下拉按钮的下拉列表中，单击“插入函数”；或单击“自动求和”下拉按钮，在下拉列表中单击“其他函数”。
- 单击编辑栏左侧的“插入函数”按钮。
- 按 Shift+F3 组合键。

打开“插入函数”对话框的方法有多种，下面使用编辑栏左侧的“插入函数”按钮打开该对话框来求平均值，具体操作步骤如下。

1. 打开原始文件 6.4.2.xlsx，选中 C13 单元格，单击编辑栏左侧的“插入函数”按钮，如图 6-55 所示。
2. 弹出“插入函数”对话框。在“搜索函数”文本框中输入“平均”，单击“转到”按钮，“选择函数”列表框中将显示推荐的函数列表，选择所需要的函数 AVERAGE，如图 6-56 所示。

电脑小百科

公式中使用某些常数来参与运算，或由常数指明公式的运算方式。

❸ 单击“确定”按钮，弹出“函数参数”对话框，选择要计算的单元格区域 C3:C12，如图 6-57 所示。

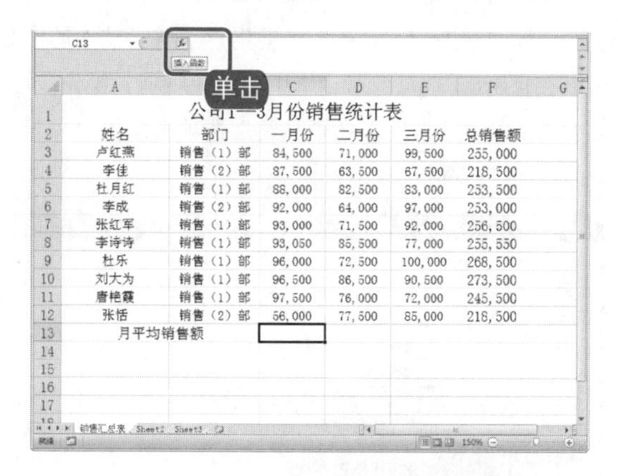

公司1—3月份销售统计表					
姓名	部门	一月份	二月份	三月份	总销售额
卢红燕	销售（1）部	84,500	71,000	99,500	255,000
李佳	销售（2）部	87,500	63,500	67,500	218,500
杜月红	销售（1）部	88,000	82,500	83,000	253,500
李成	销售（2）部	92,000	64,000	97,000	253,000
张红军	销售（1）部	93,000	71,500	92,000	256,500
李诗诗	销售（1）部	93,050	85,500	77,000	255,550
杜乐	销售（1）部	96,000	72,500	100,000	268,500
刘大为	销售（1）部	96,500	86,500	90,500	273,500
唐艳霞	销售（1）部	97,500	76,000	72,000	245,500
张恬	销售（2）部	56,000	77,500	85,000	218,500
月平均销售额					

图 6-55　单击“插入函数”按钮

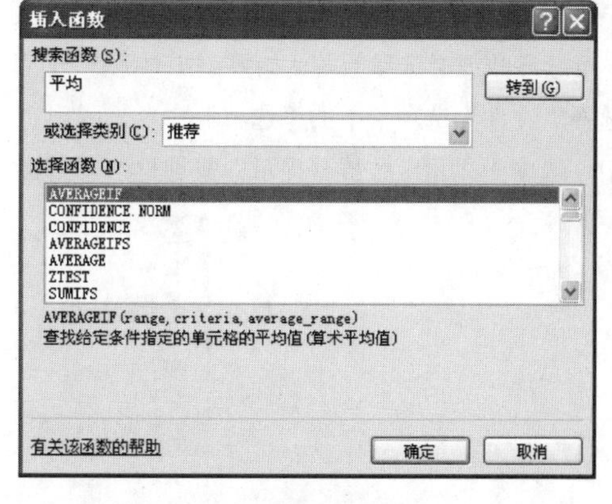

图 6-56　“插入函数”对话框

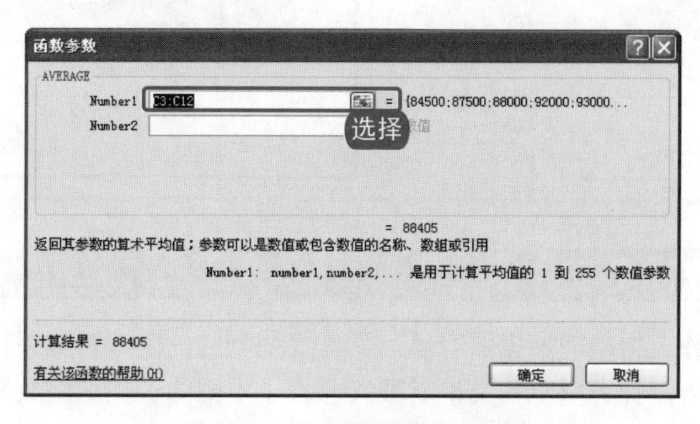

图 6-57　“函数参数”对话框

❹ 单击“确定”按钮，可看到在一月份的平均销售结果，如图 6-58 所示。

❺ 将鼠标指针置于 C13 单元格的右下角位置，向下拖动填充柄复制公式到 E13 单元格，如图 6-59 所示。

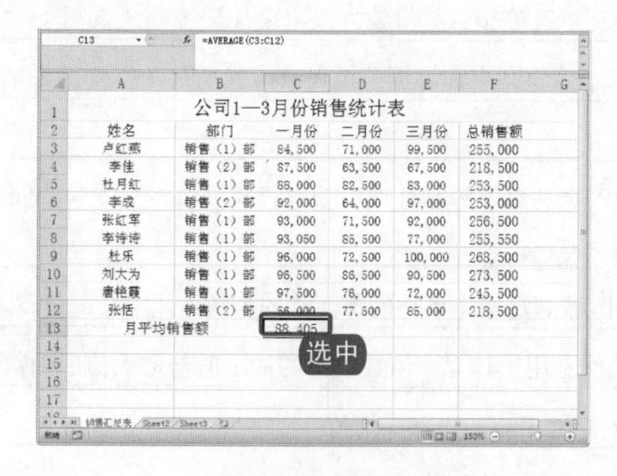

公司1—3月份销售统计表					
姓名	部门	一月份	二月份	三月份	总销售额
卢红燕	销售（1）部	84,500	71,000	99,500	255,000
李佳	销售（2）部	87,500	63,500	67,500	218,500
杜月红	销售（1）部	88,000	82,500	83,000	253,500
李成	销售（2）部	92,000	64,000	97,000	253,000
张红军	销售（1）部	93,000	71,500	92,000	256,500
李诗诗	销售（1）部	93,050	85,500	77,000	255,550
杜乐	销售（1）部	96,000	72,500	100,000	268,500
刘大为	销售（1）部	96,500	86,500	90,500	273,500
唐艳霞	销售（1）部	97,500	76,000	72,000	245,500
张恬	销售（2）部	56,000	77,500	85,000	218,500
月平均销售额		88,405			

图 6-58　显示结果

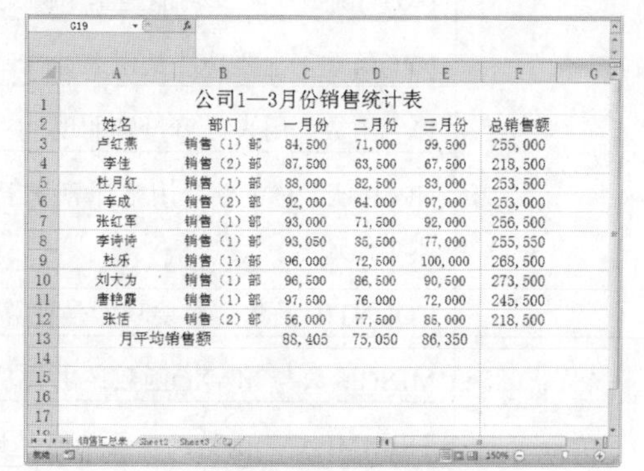

公司1—3月份销售统计表					
姓名	部门	一月份	二月份	三月份	总销售额
卢红燕	销售（1）部	84,500	71,000	99,500	255,000
李佳	销售（2）部	87,500	63,500	67,500	218,500
杜月红	销售（1）部	88,000	82,500	83,000	253,500
李成	销售（2）部	92,000	64,000	97,000	253,000
张红军	销售（1）部	93,000	71,500	92,000	256,500
李诗诗	销售（1）部	93,050	85,500	77,000	255,550
杜乐	销售（1）部	96,000	72,500	100,000	268,500
刘大为	销售（1）部	96,500	86,500	90,500	273,500
唐艳霞	销售（1）部	97,500	76,000	72,000	245,500
张恬	销售（2）部	56,000	77,500	85,000	218,500
月平均销售额		88,405	75,050	86,350	

图 6-59　复制公式

电脑小百科

公式的某些变量来源于计算机系统的自身参数，如机器时间等。

老师的话

在单元格中或编辑栏中编辑公式的时候，当输入函数名称及紧跟其后的左括号时，如下图所示，在编辑位置附近会自动出现悬浮的函数屏幕提示工具条，帮助用户了解语法中的参数名称、可选参数或必选参数等。如果该工具条未出现，可以在“Excel 选项”对话框中启用该功能，操作方法是：①选择“文件”选项卡下的“选项”命令，弹出“Excel 选项”对话框；②在“高级”选项卡下的“显示”区域中，选中“显示函数屏幕提示”复选框；③单击“确定”按钮完成设置。

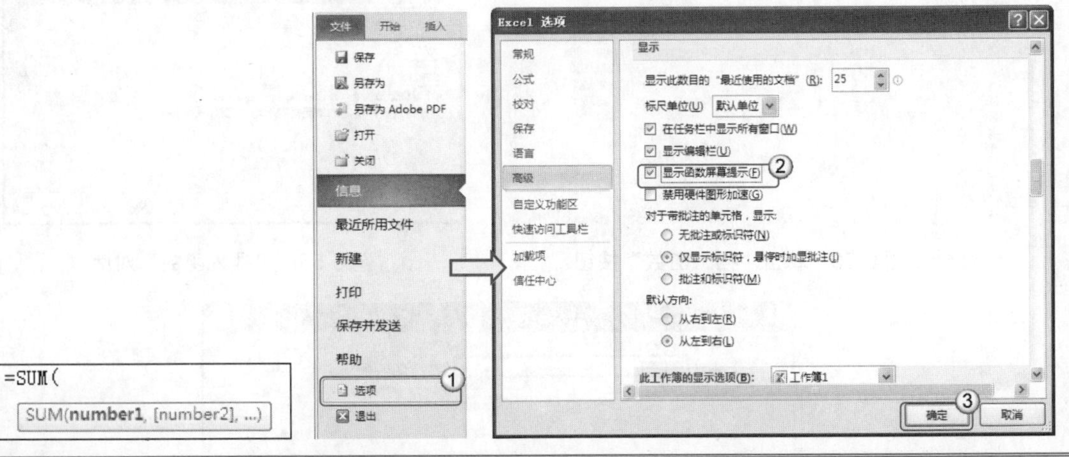

6.4.3 常见函数种类及介绍

在使用 Excel 制作表格整理数据的时候，常常要用到它的函数功能来自动统计处理表格中的数据。Excel 函数分为多种类型，各类型函数又包含了不同的子类别函数，例如财务函数、统计函数、查找和引用函数等，具体如表 6-5 所示。

表 6-5　常用函数的分类

函数类型	函数名称及功能
财务函数	PMT()函数：主要功能是基于固定利率及等额分歧付款方式用来计算每期还款额
	FV()函数：主要功能是用来计算基于固定利率和等额分期付款方式的某项投资的未来值
	PV()函数：用来计算投资的现值
	NPER 函数：主要是用来计算基于固定利率及等额分期付款方式的投资在某一定期间内的本金偿还额
	COUNTIF 函数：主要功能是计算区域满足给定条件的单元格的个数
统计函数	MIN()函数与 MAX()函数：主要功能是用于计算一组数值中的最小值与最大值的函数
	TRIMMEAN()函数：主要功能是返回数据集的内部平均值
	AVERAGE()函数：主要功能是返回参数的平均值
	RANK 函数：主要功能是返回一个数值在数值列表中的排序

电脑小百科

在 Excel 中可以创建许多种公式，其中既有进行简单代数运算的公式，也有分析复杂数学模型的公式。

续表

函数类型	函数名称及功能
查找和引用函数	INDIRECT()函数：主要功能是返回文本字符串指定的引用
	LOOKUP()函数：有两种形式，向量和数组形式，功能是当要查询的值列表较大(小)或者可能会随时间而改变(不变)时使用
	VLOOKUP()函数：返回表格或数据当前行中的指定列的数据
日期和时间函数	DATE 函数：主要功能是返回代表某一日期的序列
	TODAY 函数：主要功能是返回当前系统日期
	YEAR 函数和 MONTH 函数：YEAR 函数的主要功能是返回日期序列中的年份。MONTH 函数的主要功能是返回日期序列中的月份
	HOUR 和 MINUTE 函数：HOUR 函数的功能是返回时间序列中的小时数。MINUTE 函数的功能是返回时间序列中的分钟数
	NOW 函数：主要功能是返回当前日期和时间所对应的序列
数学和三角函数	ROUND 函数：主要功能是根据用户指定的位数对其数值进行四舍五入运算
	TRUNC 函数：主要功能是根据用户指定的位数截取小数部分

6.5　制作公司年度考核表

本实例主要向用户介绍如何制作公司年度考核表，该表的主要作用是用于统计公司员工个人的年度业绩。运用公式与函数对工作表中的数据进行计算，以求得需要的值。

书盘互动指导

在光盘中的位置	书盘互动情况
6.5　制作公司年度考核表	本节主要带领读者学习制作公司年度考核表，在光盘 6.5 节中有相关内容的操作视频，还特别针对本节内容设置了具体的实例分析。 读者可以选择在阅读本节内容后再学习光盘，以达到巩固和提升的效果，也可以对照光盘视频操作来学习，以便更直观地学习和理解。

原始文件	素材\第 6 章\6.5.xlsx
最终文件	源文件\第 6 章\6.5.xlsx

下面以制作公司年度考核表为例，向用户讲解如何运用公式来计算数据。

1. 打开原始文件 6.5.xlsx，在考核表工作表中选中 G4 单元格，如图 6-60 所示。

电脑小百科

输入公式的方法有两种：一是直接输入，二是在编辑栏内输入。

❷ 在编辑栏中输入计算的公式“=RANK(G4, $G$4: $G$18)”，表示 G4 单元格在与 G4～G18 单元格中所有的数据进行比较后排名，如图 6-61 所示。

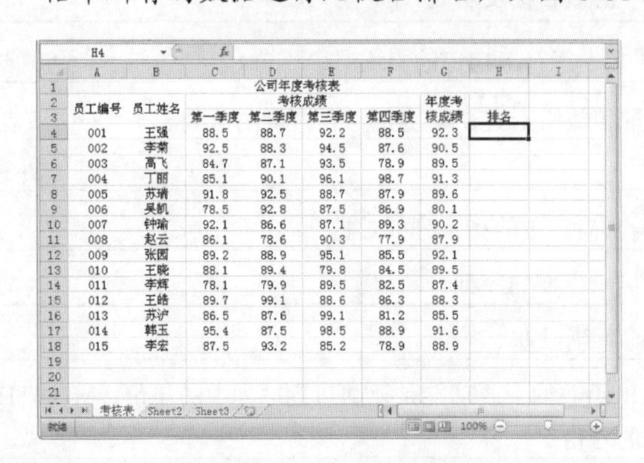

图 6-60　选中单元格

图 6-61　输入公式

❸ 输入之后按下 Enter 键，即可得到数据区域计算的结果，如图 6-62 所示。

❹ 选中 H4 单元格，并将鼠标指针移至该单元格的右下角处，当鼠标指针变成黑色实心十字形状时按住鼠标右键向下拖曳，此时可以看到计算的结果，如图 6-63 所示。

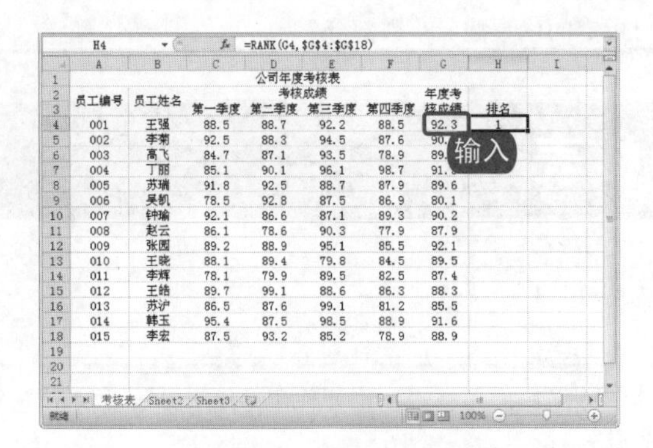

图 6-62　显示结果单元格

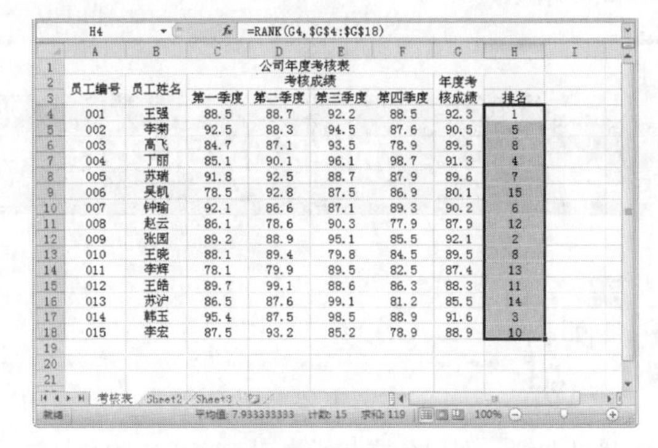

图 6-63　复制公式

学 习 小 结

本章主要对单元格、公式及函数的基础操作进行介绍，如单元格的几种不同方式的引用方法、工作表名称的多种方法的定义与应用、公式的基本组成及常用函数的类型，并通过实战的应用分析巩固和强化理论操作，为后续进一步学习 Excel 的其他操作打下基础，下面对本章进行总结，具体内容如下。

(1) 在 Excel 2010 中，单元格的应用方式根据不同的需要有多种，主要包括相对引用、绝对引用、混合引用及三维引用等。

(2) 工作表名称的定义与应用方法可分为使用名称框定义名称、使用对话框定义名称、根据所选名称创建名称和在公式中使用名称 4 种，在使用对话框定义名称方法中有两种方式打开“新建名称”对话框，在该对话框中可以设置工作表的名称、范围、备注及引用位置等。

在应用软件未正常结束时，别关闭电源，否则会造成系统文件损坏或丢失，引起自动启动或者运行中死机。

(3) 给工作表定义名称的方法除了以上4种，还可以通过按Ctrl+F3组合键打开“管理器名称”对话框，在该对话框中根据需要进行设置。

(4) 在使用公式时，应当注意始终以“=”开头，插入公式的方法有多种，最常用的是直接在单元格中输入。输入计算表达式时，字符间不能够输入空格。

(5) 插入函数的方法有多种，最常用的是单击工作表编辑栏后的“插入函数”按钮(该按钮一次性只能插入一个函数)，或单击“公式”选项卡面板上的“插入函数”按钮，也可按Ctrl+F3组合键。

(6) 使用快速搜索函数功能的实现也是在“插入函数”对话框里面进行操作，前提是需要在“搜索函数”文本框内输入需要描述你想做什么，如“财务”，输入完成后直接单击“转到”按钮，在“选择函数”区域内选择所需要的财务函数，单击“确定”按钮，即可完成快速搜索函数功能。在“插入函数”对话框内，既可以实现插入函数功能，又可以实现快速搜索函数的功能。

互动练习

1. 选择题

(1) 在Excel 2010中，单元格中的公式所在单元格的位置发生改变，(　　)的单元格始终保持不变。

A．相对引用　　B．绝对应用

C．混合应用　　D．三维引用

(2) Excel 2010工作表使用对话框定义名称的选项卡是(　　)。

A．“开始”选项卡　　B．“插入”选项卡

C．“公式”选项卡　　D．“数据”选项卡

(3) 在使用公式计算单元格中的数据时，必须以(　　)符号开头。

A．“=”　　B．“>”

C．“<”　　D．“+”

(4) 重命名工作表，可以通过双击(　　)将其变为编辑状态，输入新名称后，按Enter键即可。

A．工作表　　B．工作表标签

C．工作簿　　D．工作簿名称

(5) 在工作表中插入函数，可直接按(　　)组合键，打开“插入函数”对话框进行插入函数操作。

A．Ctrl+F3　　B．Shift+F3

C．Ctrl+Shift　　D．Alt+Shift

2. 思考与上机题

(1) 新建一个工作表，将其命名为“数据统计表”。

电脑小百科

数据的复制操作方法有菜单操作、工具栏按钮操作和鼠标拖动等多种方法。不管用哪一种方法，都是首先选定需要复制的单元格区域。

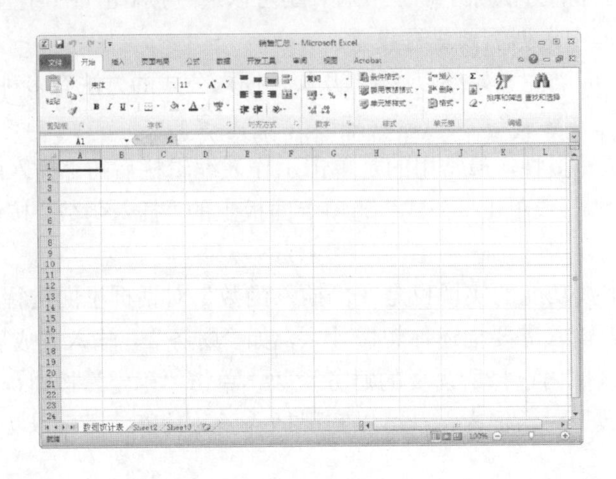

制作要求：

a. 保存在“我的文档”文件夹中，名为“销售汇总”工作簿。

b. 保存工作簿为兼容模式。

(2) 新建一个“员工通讯录”工作表，并在该工作表内输入数据，如下图所示。

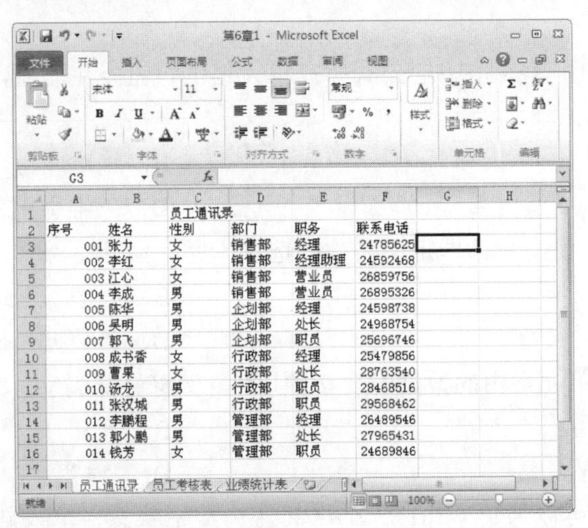

员工通讯录					
序号	姓名	性别	部门	职务	联系电话
001	张力	女	销售部	经理	24785625
002	李红	女	销售部	经理助理	24592468
003	江心	女	销售部	营业员	26859756
004	李成	男	销售部	营业员	26895326
005	陈华	男	企划部	经理	24598738
006	吴明	男	企划部	处长	24968754
007	郭飞	男	企划部	职员	25696746
008	成书香	女	行政部	经理	25479856
009	曹果	女	行政部	处长	28763540
010	汤龙	男	行政部	职员	28468516
011	张汉城	男	行政部	职员	29568462
012	李鹏程	男	管理部	经理	26489546
013	郭小鹏	男	管理部	处长	27965431
014	钱芳	女	管理部	职员	24689846

制作要求：

a. 使用 Excel 2010 创建工作簿。

b. 新建两张工作表，分别命名为“员工考勤表”、“业绩统计表”。

c. 在“员工考勤表”内制作一个数据表格，主要用来计算公式员工个人的总业绩及奖金。

d. 把整个数据汇总后，用总业绩来进行排名。

电脑小百科

有时数据复制后，可能复制的位置不合适，此时就可能使用移动的来操作。

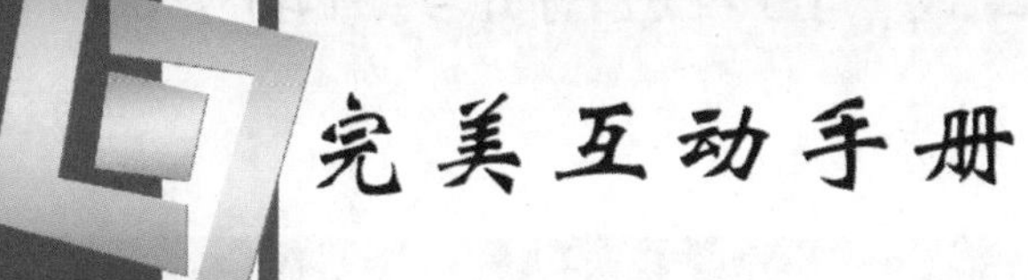

第7章

Excel 数据的管理与分析

本章导读

Excel 2010 提供了强大的数据管理功能，大大简化分析与处理复杂数据工作的烦琐性，有效提高工作效率。本章将主要介绍在 Excel 中进行数据分析的多种技巧，重点介绍了排序、筛选、分类汇总的运用技巧。

精彩看点

- 高级排序显示数据
- 自定义数据排序
- 数据的高级筛选
- 自定义筛选数据
- 创建分类汇总
- 隐藏与显示明细数据

7.1 数据排序

数据排序是指按一定规则对数据进行整理、排列，为数据的进一步操作分析做好准备。数据排序主要分为简单排序、高级排序、自定义数据排序 3 种，用户可以根据自己的需要选择。

书盘互动指导

示例

资料销毁申请表					
序号	文件编号	文件名称	存档时间	到期时间	存档人姓名
0001	SH[1998]56号	1998年员工薪资调整方案	1998.05.09	2007.05.09	王安娜
0002	SH[1999]59号	1999年上半年销售报告	1999.04.16	2007.04.16	李小燕
0003	HH[1999]86号	1999年上半年工作总结	1999.06.19	2007.06.19	李小燕
0004	SH[1999]96号	1999年下半年工作计划	1999.08.20	2007.08.20	王安娜
0005	SH[1995]60号	子公司上市可行性方案	1995.06.09	2007.06.09	李小燕
0006	SH[1995]26号	1995年公司产品销售报表	1995.04.03	2007.04.03	李小燕
0007	SH[1996]62号	关于召开产品开发研讨会的通知	1996.04.12	2007.04.12	王安娜
0008	AH[1996]83号	子公司召开新闻发布会的通知	1996.08.16	2007.08.16	王安娜
0009	SH[1997]58号	集团年度报告——销售报告	1997.08.17	2007.08.17	李小燕
0010	SH[1995]27号	集团年度计划——销售计划	1995.04.08	2007.04.08	李小燕
0011	SH[1996]63号	关于对新产品研发的分析报告	1996.04.15	2007.04.15	王安娜
0012	AH[1996]84号	1996年年度财务总报表	1996.08.16	2007.08.16	李小燕
0013	SH[1997]59号	新产品销售的可行性方案	1997.08.14	2007.08.14	王安娜
0014	SH[1995]28号	关于王鑫同志的任免通知	1995.04.08	2007.04.08	李小燕

在光盘中的位置

7.1 数据排序

- 7.1.1 数据的简单排序
- 7.1.2 利用高级排序显示数据
- 7.1.3 自定义数据排序

书盘互动情况

本节主要带领读者学习数据的多种排序方法，在光盘 7.1 节中有相关内容的操作视频，还特别针对本节所学内容设置了具体的实例分析。

读者可以在阅读本节内容后再学习光盘，以达到巩固和提升的效果。

7.1.1 数据的简单排序

所谓数据的简单排序就是指对单一的条件进行排序。

操作分析

在使用 Excel 表格处理数据时，常常要对表格中的记录进行排序操作。最常用的方法是使用功能区面板上的“升序”和“降序”按钮来完成，当然也可以使用“排序”对话框来完成排序操作。

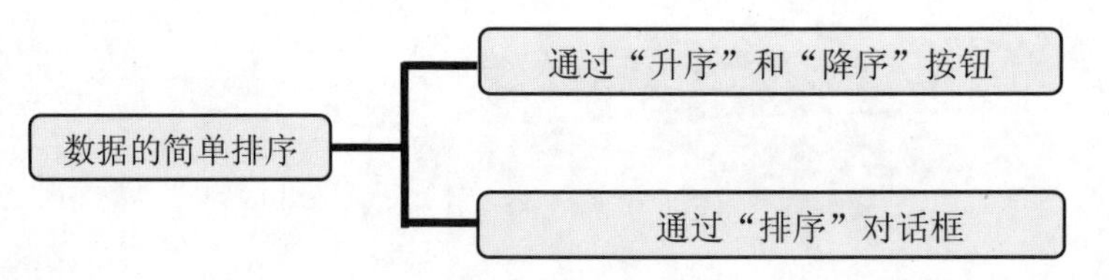

跟着做 1 使用“升序”和“降序”按钮排序

将工作表中的“序号”字段按升序进行排列，具体操作步骤如下。

1. 打开原始文件 7.1.1.xlsx，选中“序号”字段列中的任意一个单元格，如图 7-1 所示。
2. 在“数据”选项卡的“排序和筛选”组中，单击“升序”按钮，可以实现数据的简单排序，如图 7-2 所示。

电脑小百科

如果 Excel 没有按照正确的方式进行排序，可能是因为它没有正确地获得排序区域。

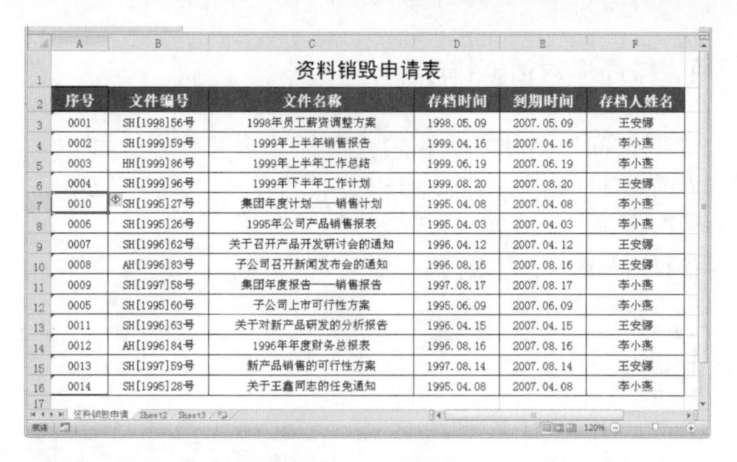

资料销毁申请表

序号	文件编号	文件名称	存档时间	到期时间	存档人姓名
0001	SH[1998]56号	1998年员工薪资调整方案	1998.05.09	2007.05.09	王安娜
0002	SH[1999]59号	1999年上半年销售报告	1999.04.16	2007.04.16	李小燕
0003	HH[1999]86号	1999年上半年工作总结	1999.06.19	2007.06.19	李小燕
0004	SH[1999]96号	1999年下半年工作计划	1999.08.20	2007.08.20	王安娜
0010	SH[1995]27号	集团年度计划——销售计划	1995.04.08	2007.04.08	李小燕
0006	SH[1995]26号	1995年公司产品销售报表	1995.04.03	2007.04.03	李小燕
0007	SH[1996]62号	关于召开产品开发研讨会的通知	1996.04.12	2007.04.12	王安娜
0008	AH[1996]83号	子公司召开新闻发布会的通知	1996.08.16	2007.08.16	王安娜
0009	SH[1997]58号	集团年度报告——销售报告	1997.08.17	2007.08.17	李小燕
0005	SH[1995]60号	子公司上市可行性方案	1995.06.09	2007.06.09	李小燕
0011	SH[1996]63号	关于对新产品研发的分析报告	1996.04.15	2007.04.15	王安娜
0012	AH[1996]84号	1996年年度财务总报表	1996.08.16	2007.08.16	李小燕
0013	SH[1997]59号	新产品销售的可行性方案	1997.08.14	2007.08.14	王安娜
0014	SH[1995]28号	关于王鑫同志的任免通知	1995.04.08	2007.04.08	李小燕

图 7-1　打开原始文件

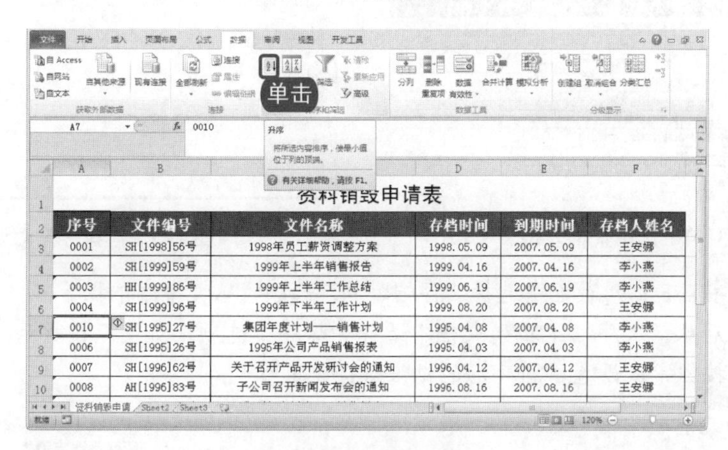

资料销毁申请表

序号	文件编号	文件名称	存档时间	到期时间	存档人姓名
0001	SH[1998]56号	1998年员工薪资调整方案	1998.05.09	2007.05.09	王安娜
0002	SH[1999]59号	1999年上半年销售报告	1999.04.16	2007.04.16	李小燕
0003	HH[1999]86号	1999年上半年工作总结	1999.06.19	2007.06.19	李小燕
0004	SH[1999]96号	1999年下半年工作计划	1999.08.20	2007.08.20	王安娜
0010	SH[1995]27号	集团年度计划——销售计划	1995.04.08	2007.04.08	李小燕
0006	SH[1995]26号	1995年公司产品销售报表	1995.04.03	2007.04.03	李小燕
0007	SH[1996]62号	关于召开产品开发研讨会的通知	1996.04.12	2007.04.12	王安娜
0008	AH[1996]83号	子公司召开新闻发布会的通知	1996.08.16	2007.08.16	王安娜

图 7-2　排序对话框

❸ 排序后的结果如图 7-3 所示。

资料销毁申请表

序号	文件编号	文件名称	存档时间	到期时间	存档人姓名
0001	SH[1998]56号	1998年员工薪资调整方案	1998.05.09	2007.05.09	王安娜
0002	SH[1999]59号	1999年上半年销售报告	1999.04.16	2007.04.16	李小燕
0003	HH[1999]86号	1999年上半年工作总结	1999.06.19	2007.06.19	李小燕
0004	SH[1999]96号	1999年下半年工作计划	1999.08.20	2007.08.20	王安娜
0005	SH[1995]60号	子公司上市可行性方案	1995.06.09	2007.06.09	李小燕
0006	SH[1995]26号	1995年公司产品销售报表	1995.04.03	2007.04.03	李小燕
0007	SH[1996]62号	关于召开产品开发研讨会的通知	1996.04.12	2007.04.12	王安娜
0008	AH[1996]83号	子公司召开新闻发布会的通知	1996.08.16	2007.08.16	王安娜
0009	SH[1997]58号	集团年度报告——销售报告	1997.08.17	2007.08.17	李小燕
0010	SH[1995]27号	集团年度计划——销售计划	1995.04.08	2007.04.08	李小燕
0011	SH[1996]63号	关于对新产品研发的分析报告	1996.04.15	2007.04.15	王安娜
0012	AH[1996]84号	1996年年度财务总报表	1996.08.16	2007.08.16	李小燕
0013	SH[1997]59号	新产品销售的可行性方案	1997.08.14	2007.08.14	王安娜
0014	SH[1995]28号	关于王鑫同志的任免通知	1995.04.08	2007.04.08	李小燕

图 7-3　排序后的结果

提示：选中数据源，在“开始”选项卡下的“编辑”组中，单击“排序和筛选”下拉按钮，从弹出的下拉列表中选择“升序”或“降序”命令，同样可以实现数据的简单排序。

电脑小百科

特别应该注意的是，排序区域中不能包含已合并的单元格。

跟着做 2 使用“排序”对话框排序

将工作表中的“存档时间”字段按降序进行排列，具体操作步骤如下。

1. 打开上一小节保存的文件，选中工作表的任意单元格，在“数据”选项卡下的“排序和筛选”组中，单击“排序”按钮，如图 7-4 所示。
2. 弹出“排序”对话框，如图 7-5 所示。

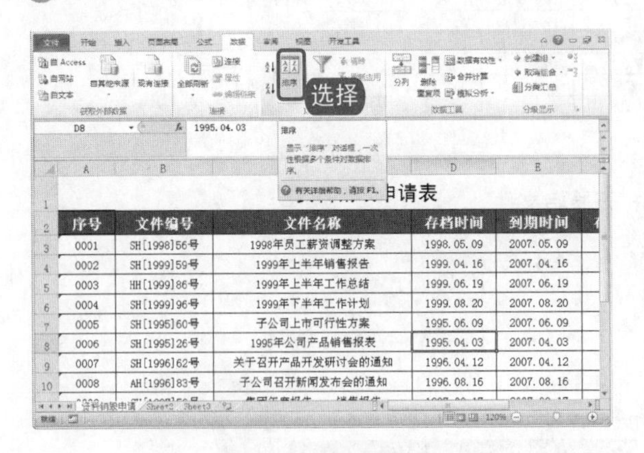

图 7-4 选中整个表格

排序
添加条件(A) 删除条件(D) 复制条件(C) 选项(O)... 数据包含标题(H)
列 排序依据 次序
主要关键字 序号 数值 升序
确定 取消

图 7-5 “排序”对话框

3. 在“主要关键字”下拉列表框中选择“存档时间”选项，从“排序依据”下拉列表框中选择“数值”选项，然后从“次序”下拉列表框中选择“降序”选项，如图 7-6 所示。
4. 单击“确定”按钮完成设置，排序后的结果如图 7-7 所示。

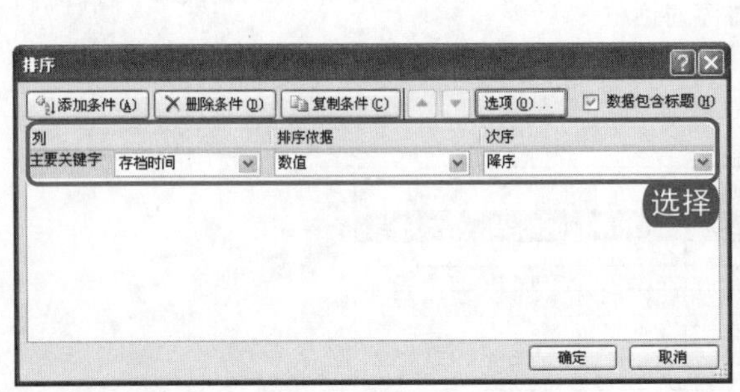

图 7-6 选择排序关键字

资料销毁申请表

序号	文件编号	文件名称	存档时间	到期时间	存档人姓名
0004	SH[1999]96号	1999年下半年工作计划	1999.08.20	2007.08.20	王安娜
0003	HH[1999]86号	1999年上半年工作总结	1999.06.19	2007.06.19	李小燕
0002	SH[1999]59号	1999年上半年销售报告	1999.04.16	2007.04.16	李小燕
0001	SH[1998]56号	1998年员工薪资调整方案	1998.05.09	2007.05.09	王安娜
0009	SH[1997]58号	集团年度报告——销售报告	1997.08.17	2007.08.17	李小燕
0013	SH[1997]59号	新产品销售的可行性方案	1997.08.14	2007.08.14	王安娜
0008	AH[1996]83号	子公司召开新闻发布会的通知	1996.08.15	2007.08.16	王安娜
0012	AH[1996]84号	1996年年度财务总报表	1996.08.16	2007.08.16	李小燕
0011	SH[1996]63号	关于对新产品研发的分析报告	1996.04.15	2007.04.15	王安娜
0007	SH[1996]62号	关于召开产品开发研讨会的通知	1996.04.12	2007.04.12	王安娜
0005	SH[1995]60号	子公司上市可行性方案	1995.06.09	2007.06.09	李小燕
0010	SH[1995]27号	集团年度计划——销售计划	1995.04.08	2007.04.08	李小燕
0014	SH[1995]28号	关于王鑫同志的任免通知	1995.04.08	2007.04.08	李小燕
0006	SH[1995]26号	1995年公司产品销售报表	1995.04.03	2007.04.03	李小燕

图 7-7 排序后的结果

> **提示**：选中数据源，右击，从弹出的快捷菜单中选择“排序”→“升序”或“降序”命令，同样也可以实现数据的简单排序。

7.1.2 利用高级排序显示数据

如果用户想以多个条件对数据进行排序，那么需要利用高级排序来实现。

电脑小百科

自动筛选的缺点是查询条件不能保存下来，条件写起来也比较复杂，查询结果与原始数据混在一起。

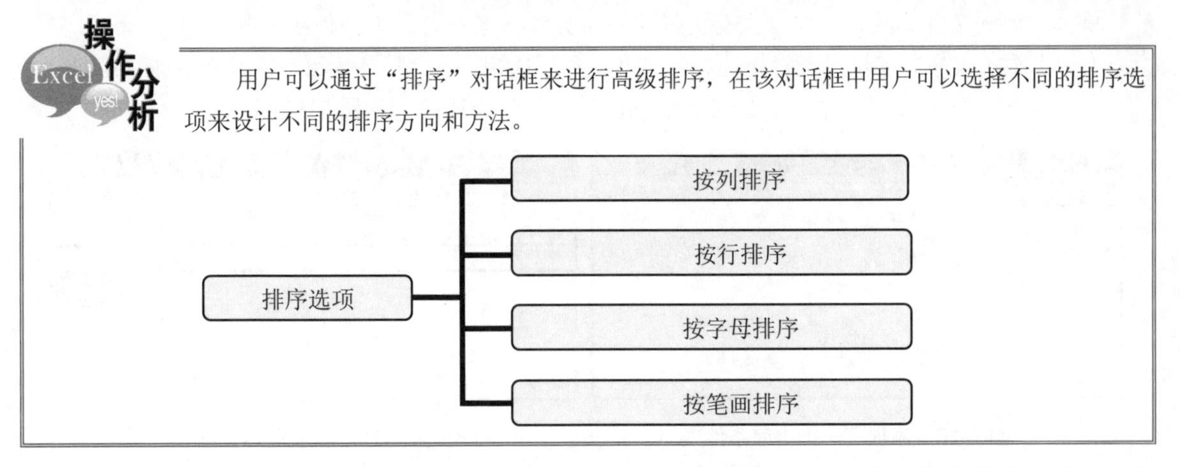

用户可以通过“排序”对话框来进行高级排序，在该对话框中用户可以选择不同的排序选项来设计不同的排序方向和方法。

下面在工作表中对“存档人姓名”字段以升序，对“文件编号”字段以降序进行排序，具体操作步骤如下。

1. 打开原始文件 7.1.2.xlsx，选中数据单元格中的任意一个单元格。
2. 在“数据”选项卡下的“排序和筛选”组中，单击“排序”按钮，如图 7-8 所示。

图 7-8　单击“排序”按钮

3. 弹出“排序”对话框，在“主要关键字”下拉列表框中选择“存档人姓名”选项，在“排序依据”下拉列表框中选择“数值”选项，然后在“次序”下拉列表框中选择“升序”选项，如图 7-9 所示。

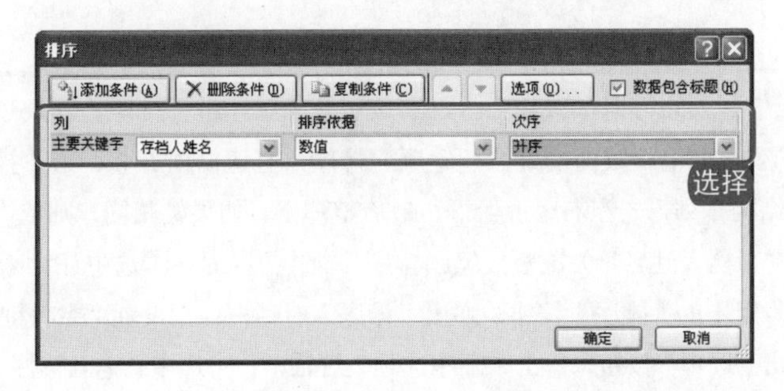

图 7-9　“排序”对话框

电脑小百科

对于高级筛选，条件行在同一行的为逻辑“与”的关系，需同时成立；不同行为逻辑“或”的关系不必同时成立。

❹ 单击“添加条件”按钮，在“主要关键字”下方添加了一行排序条件项，如图 7-10 所示。

❺ 在“次要关键字”下拉列表框中选择“文件编号”选项，在“排序依据”下拉列表框中选择“数值”选项，然后在“次序”下拉列表框中选择“降序”选项，如图 7-11 所示。

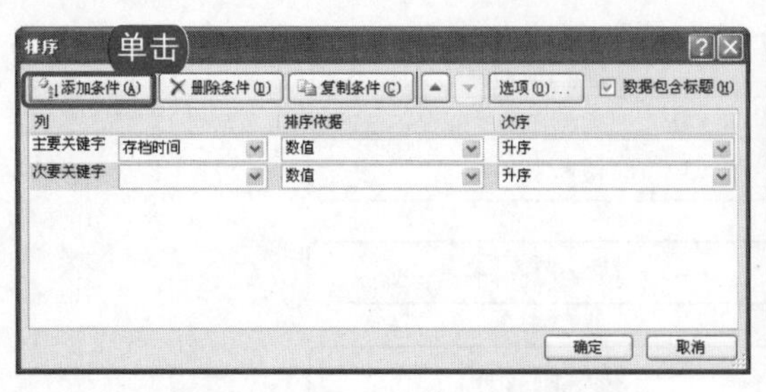

图 7-10　添加了一行排序条件项

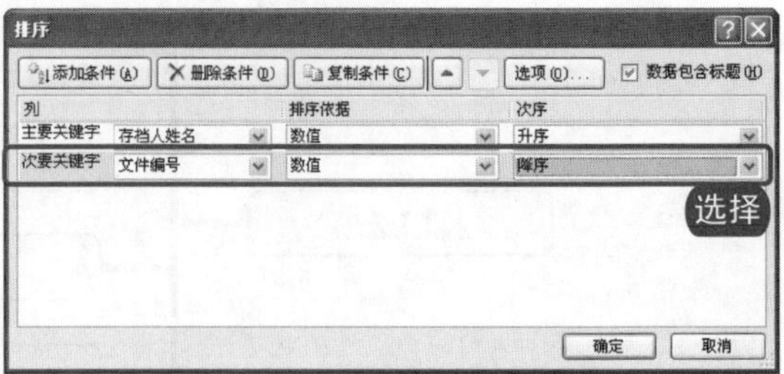

图 7-11　添加次要关键字

❻ 单击“确定”按钮完成设置，排序结果如图 7-12 所示。

资料销毁申请表

序号	文件编号	文件名称	存档时间	到期时间	存档人姓名
0002	SH[1999]59号	1999年上半年销售报告	1999.04.16	2007.04.16	李小燕
0009	SH[1997]58号	集团年度报告——销售报告	1997.08.17	2007.08.17	李小燕
0005	SH[1995]60号	子公司上市可行性方案	1995.06.09	2007.06.09	李小燕
0014	SH[1995]28号	关于王鑫同志的任免通知	1995.04.08	2007.04.08	李小燕
0010	SH[1995]27号	集团年度计划——销售计划	1995.04.08	2007.04.08	李小燕
0006	SH[1995]26号	1995年公司产品销售报表	1995.04.03	2007.04.03	李小燕
0003	HH[1999]86号	1999年上半年工作总结	1999.06.19	2007.06.19	李小燕
0012	AH[1996]84号	1996年年度财务总报表	1996.08.16	2007.08.16	李小燕
0004	SH[1999]96号	1999年下半年工作计划	1999.08.20	2007.08.20	王安娜
0001	SH[1998]56号	1998年员工薪资调整方案	1998.05.09	2007.05.09	王安娜
0013	SH[1997]59号	新产品销售的可行性方案	1997.08.14	2007.08.14	王安娜
0011	SH[1996]63号	关于对新产品研发的分析报告	1996.04.15	2007.04.15	王安娜
0007	SH[1996]62号	关于召开产品开发研讨会的通知	1996.04.12	2007.04.12	王安娜
0008	AH[1996]83号	子公司召开新闻发布会的通知	1996.08.16	2007.08.16	王安娜

资料销毁申请 / Sheet2 / Sheet3　就绪　120%

图 7-12　排序结果

提示：在 Excel 2010 的“排序”对话框中，最多允许同时设置 64 个关键字进行排序。

老师的话

按照中国人的习惯，常常会将姓名按照笔画顺序进行排序，其规划大致是：按姓的笔画多少进行排列，同笔画数内的姓按起笔顺序排序，且遵循横、竖、撇、捺、折原则，笔画数和笔形都相同的字，按字形结构排列，先左右、再上下、最后整体字。如果姓相同，则依次看姓名的第二个、第三个字。如需要对上表中“存档人姓名”关键字按笔画排序，操作方法是：①选中任意一个单元格，单击“数据”选项卡下“排序和筛选”组中的“排序”按钮，弹出“排序”对话框；②设置“主关键字”为“存档人姓名”，排序方式为升序；③单击“选项”按钮，弹出“排序选项”对话框；④选中“笔画排序”单选按钮；⑤单击“确定”按钮，完成设置；⑥最后的排序结果如下图所示。

电脑小百科

如果查询结果与原数据区域是分开存放的，取消的方法是选中结果区域，再按 Delete 键。

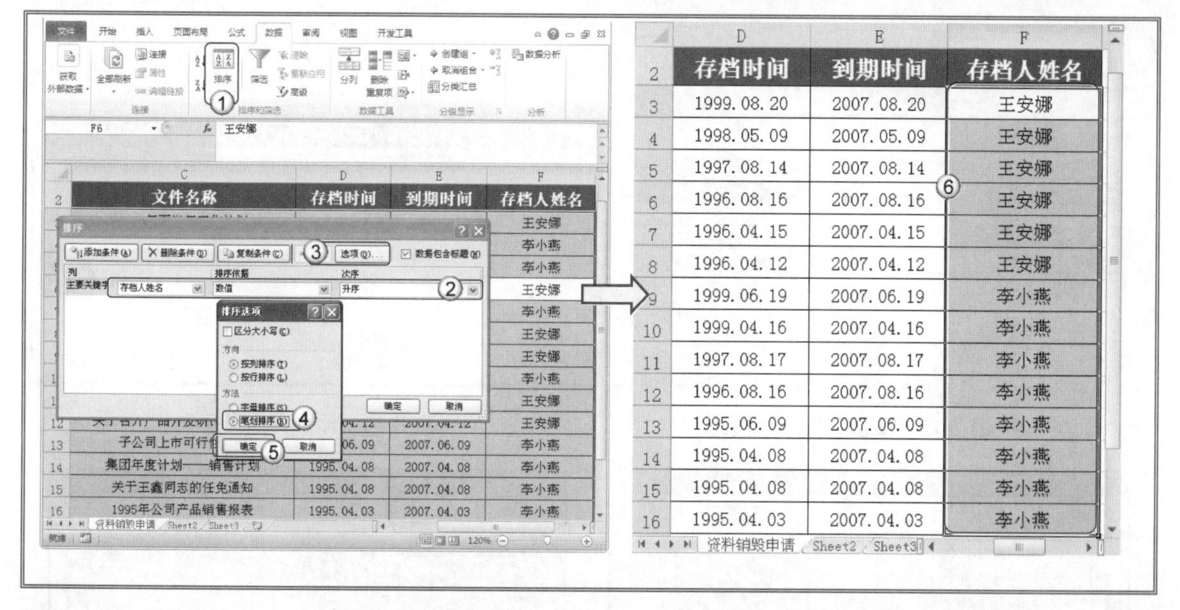

7.1.3 自定义数据排序

在 Excel 2010 中，用户除了对数据进行简单排序、高级排序来显示数据外，还可以用特殊的序列进行排序，即使用自定义序列的方法。

通常在给数据进行排序时，如果用户想用自己的方式进行排序，那么这时就需要对数据进行自定义排序。怎样进行数据的自定义排序呢？下面介绍一下自定义排序的操作方法。

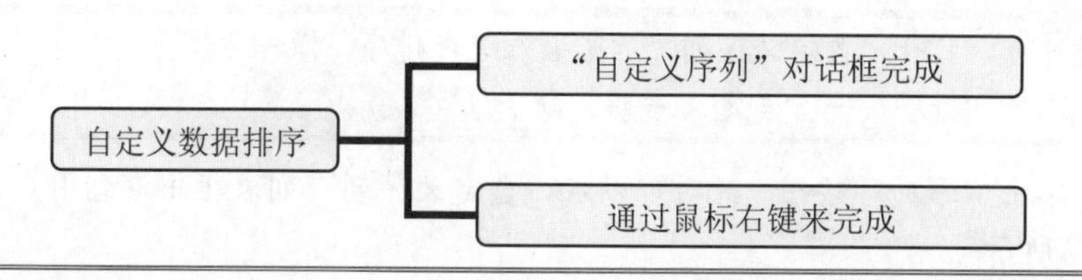

下面使用“数据”选项卡下的“排序”按钮，来打开“自定义序列”对话框，完成对“姓名”字段的自定义排序，具体操作步骤如下。

1. 打开 7.1.3.xlsx，选中工作表中的任意单元格。
2. 在“数据”选项卡下，单击“排序和筛选”组中的“排序”按钮，如图 7-13 所示。
3. 弹出“排序”对话框，在“主要关键字”下拉列表框中选择“姓名”选项，在“排序依据”下拉列表框中选择“数值”选项，然后在“次序”下拉列表框中选择“自定义序列”选项，如图 7-14 所示。
4. 弹出“自定义序列”对话框，如图 7-15 所示。
5. 在“输入序列”列表框中输入姓名序列的第一个名字“刘勇豪”，然后按 Enter 键，依次输入其他姓名，如图 7-16 所示。

在实践中，有时数据处理需要进行的排序工作可能要求非常的特殊，既不是按照数值的大小，也不是按照汉字的字母或笔画顺序排序，而是按一种特殊次序排序。

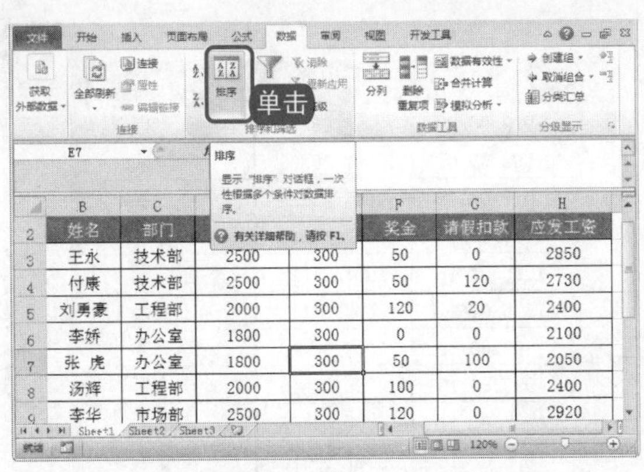

图 7-13　单击“排序”按钮

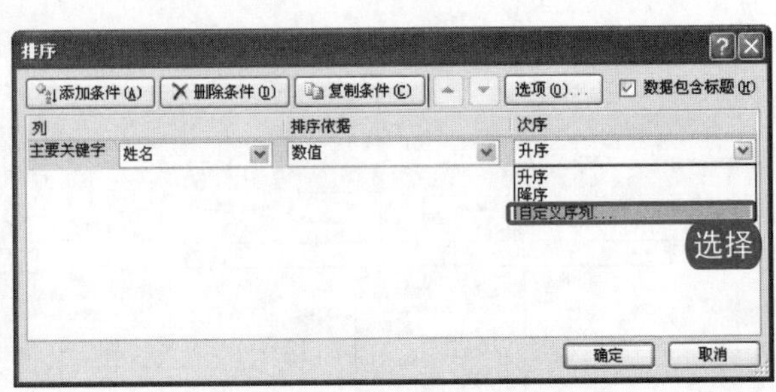

图 7-14　添加自定义序列

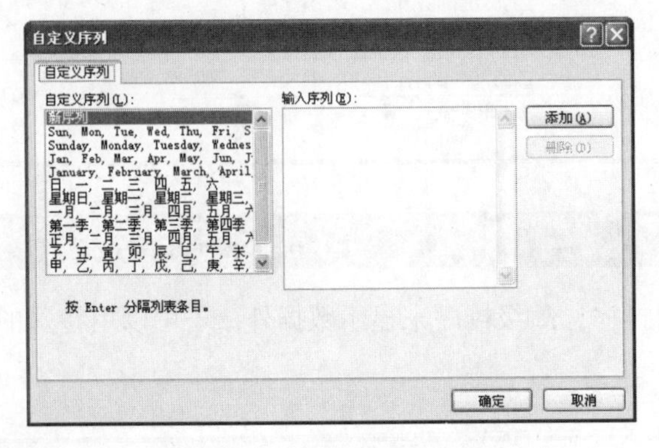

图 7-15　“自定义序列”对话框

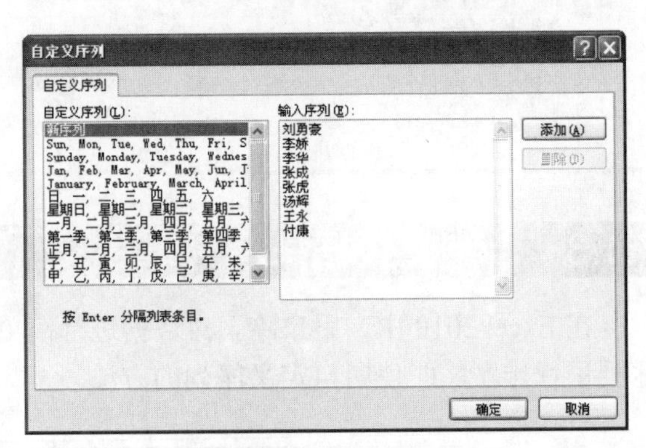

图 7-16　输入自定义序列

知识补充

使用鼠标右键也可以打开“自定义序列”对话框来进行排序，操作方法是：在工作表上右击，从弹出的快捷菜单中选择“排序”→“自定义序列”命令。

6. 输入完成后，单击“添加”按钮，此时可以在“自定义序列”列表框中看到用户自己定义的序列，如图 7-17 所示。
7. 单击“确定”按钮，返回到排序对话框，再单击“确定”按钮完成设置。
8. 此时工作表中的数据已经根据姓名按照自定义的序列顺序排列，结果如图 7-18 所示。

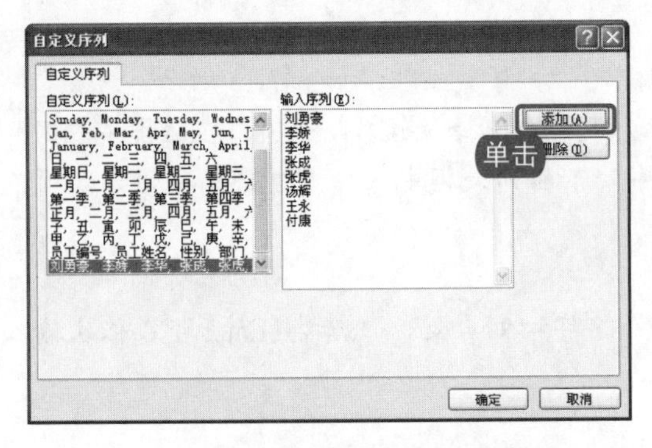

图 7-17　添加自定义序列

员工工资表

工号	姓名	部门	基本工资	住房补贴	奖金	请假扣款	应发工资
3	刘勇豪	工程部	2000	300	120	20	2400
4	李娇	办公室	1800	300	0	0	2100
7	李华	市场部	2500	300	120	0	2920
8	张成	市场部	2500	300	100	100	2800
6	汤辉	工程部	2000	300	100	0	2400
1	王永	技术部	2500	300	50	0	2850
2	付康	技术部	2500	300	50	120	2730
5	张 虎	办公室	1800	300	50	100	2050

图 7-18　自定义序列结果

电脑小百科

在高级筛选条件区域中够可以使用通配符“*”(代表 0 到任意多个连续字符)和“？”(代表一个切仅有一个字符)。

老师的话

如果用户只希望对工作表中的某一部分内容进行排序，如需要对下图中 A9:H14 的单元格区域按“基本工资”升序排序，操作方法是：①选中 A9:H14 的单元格区域，在“数据”选项卡下单击“排序”按钮，弹出“排序”对话框；②取消选中“数据包含标题”复选框；③设置“主要关键字”为“列 D”，次序为“升序”；④单击“确定”按钮完成设置；⑤排序后的效果如下右图所示。

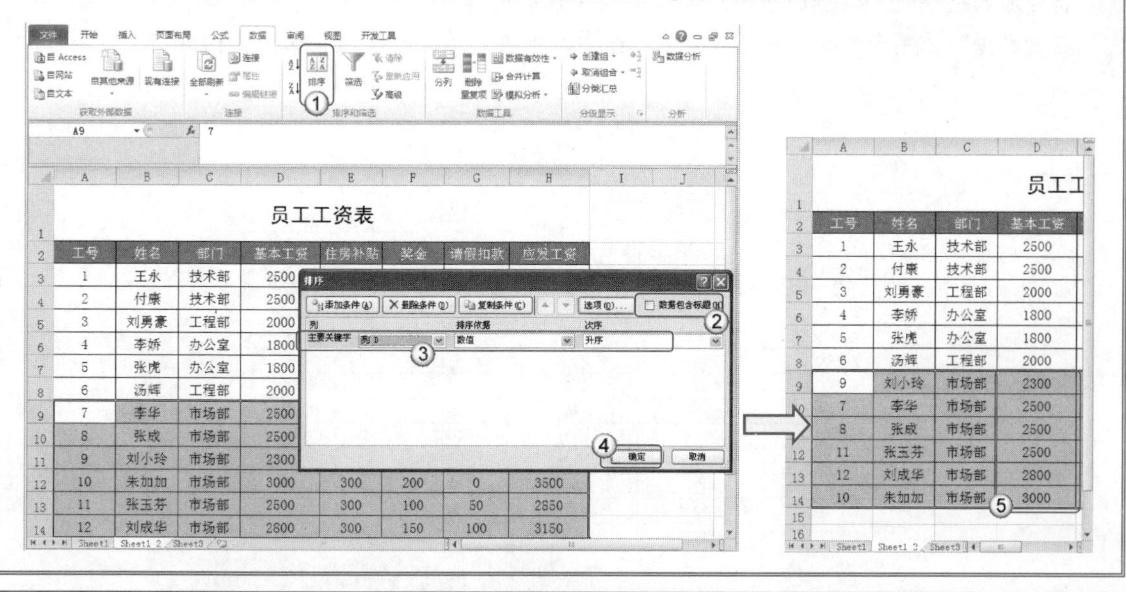

提示：在对数据进行排序时，默认的“排序依据”是“数值”排序。单击“选项”按钮，则弹出“排序选项”对话框，在此对话框中进行选择排序的方法。

7.2 数据筛选

数据筛选是查找和处理工作表中数据子集的快捷方法。在管理数据列表时，根据某种条件筛选出匹配的数据。它仅显示满足条件的行，该条件则由用户针对某数据进行指定。数据筛选分为自动筛选、高级筛选、自定义筛选、使用搜索框进行筛选。

书盘互动指导

示例	在光盘中的位置	书盘互动情况
	7.2 数据筛选 7.2.1 自动对数据进行筛选操作 7.2.2 数据的高级筛选 7.2.3 自定义筛选数据 7.2.4 使用搜索框筛选数据	本节主要带领读者学习数据的几种筛选方法，在光盘 7.2 节中有相关内容的操作视频，还特别针对本节内容设置了具体的实例分析。 读者可以在阅读本节内容后再学习光盘内容，以达到巩固和提升的效果。

电脑小百科

在将公示结果作为条件进行高级筛选时，用作条件的公式必须使用相对引用；公式中的其他引用必须是绝对引用。

7.2.1 自动对数据进行筛选操作

自动筛选是指在工作表中自动显示满足给定条件的数据。自动筛选中的多个字段之间是“与”的关系，不能是“或”的关系。

在工作表中筛选出“所属部门”字段是“人事部”的员工记录，具体操作步骤如下。

1. 打开原始文件 7.2.1.xlsx，选中工作表中的任意单元格。
2. 在“数据”选项卡下的“排序和筛选”组中，单击“筛选”按钮，如图 7-19 所示。

图 7-19　单击“筛选”按钮

3. 这时在每个字段名的右侧添加了倒三角按钮，单击“所属部门”字段右侧的倒三角按钮，从弹出的下拉列表中选择“文本筛选”→“等于”命令，如图 7-20 所示。

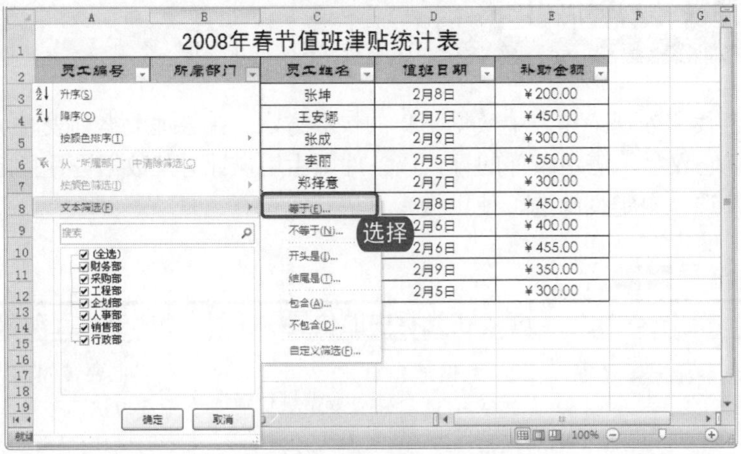

图 7-20　选择“等于”命令

4. 弹出“自定义自动筛选方式”对话框，在“所属部门”区域单击右侧的下拉列表框按钮，从下拉列表中选择“人事部”，如图 7-21 所示。
5. 单击“确定”按钮完成设置。此时工作表只显示出了符合条件的数据，筛选后的结果如图 7-22

数据筛选是指从数据清单中，提取那些满足某种条件的记录，那些不满足条件的记录则被暂时隐藏，并不是真正删除这些记录。

所示。

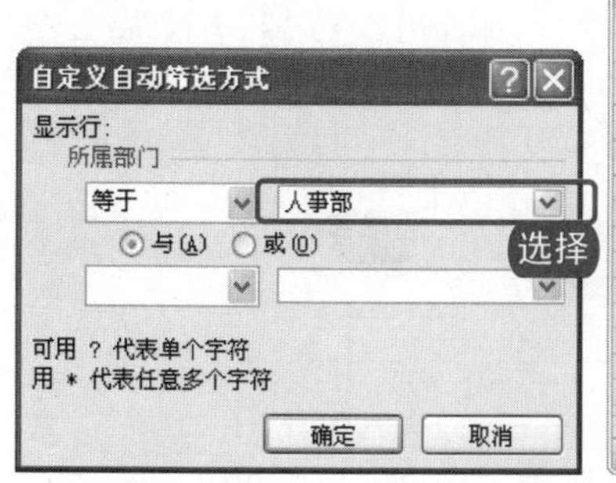

图 7-21　设置自定义自动筛选方式

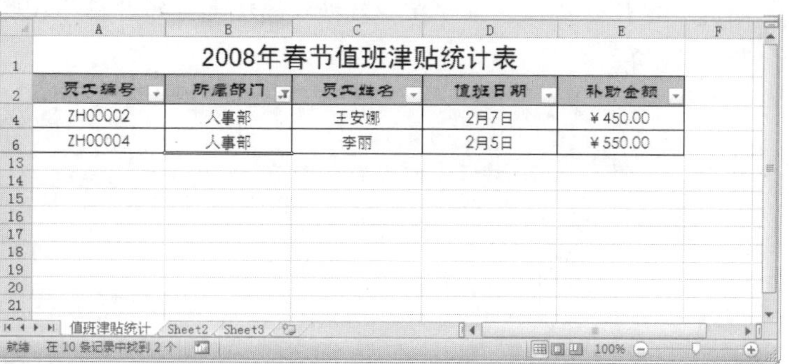

图 7-22　筛选后的结果

老师的话

工作表处于筛选状态时，单击每个字段单元格后的倒三角按钮，都会弹出下拉列表，列出了有关排序和筛选的不同选项。如单击 E2 单元格中的倒三角按钮，弹出的下拉列表如下图所示，不同数据类型的字段所列出的筛选选项也不同。完成筛选操作后，被筛选字段的倒三角按钮的形状会发生改变，同时工作表中的行号颜色也会改变，如下图所示。

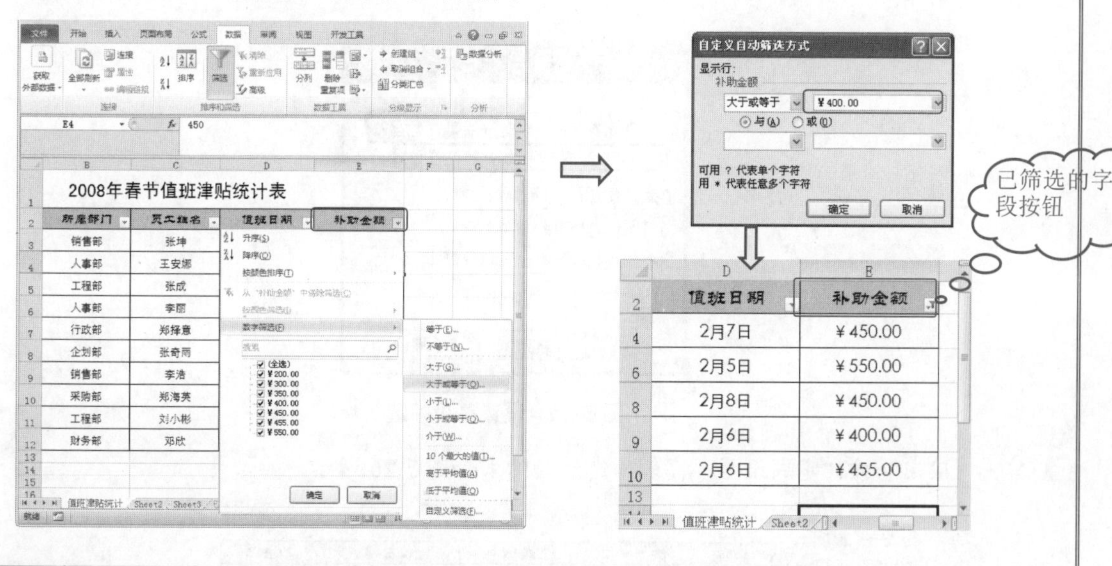

知识补充

用户如果要取消数据的筛选，那么可以在“排序和筛选”组中再次单击“筛选”按钮即可。

7.2.2 数据的高级筛选

高级筛选是按用户设定的条件对数据进行筛选。高级筛选不仅可以在指定的字段中设置一个或多个条件，而且条件之间可以是“与”的关系，也可以是“或”的关系。

在工作表中筛选出“补助金额”大于等于 400 的记录，具体操作步骤如下。

❶ 打开原始文件 7.2.2.xlsx，在 A14:E15 单元格中输入所需要的筛选条件，这里输入>=400，如

图 7-23 所示。

❷ 将光标定位到工作表中，在“数据”选项卡下的“排序和筛选”组中，单击“高级”按钮，如图 7-24 所示。

	A	B	C	D	E
1	2008年春节值班津贴统计表				
2	员工编号	所属部门	员工姓名	值班日期	补助金额
3	ZH00001	销售部	张坤	2月8日	¥200.00
4	ZH00002	人事部	王安娜	2月7日	¥450.00
5	ZH00003	工程部	张成	2月9日	¥300.00
6	ZH00004	人事部	李丽	2月5日	¥550.00
7	ZH00005	行政部	郑择意	2月7日	¥300.00
8	ZH00006	企划部	张奇雨	2月8日	¥450.00
9	ZH00007	销售部	李浩	2月6日	¥400.00
10	ZH00008	采购部	郑海英	2月6日	¥455.00
11	ZH00009	工程部	刘小彬	2月9日	¥350.00
12	ZH00010	财务部	邓欣	2月5日	¥300.00
13					
14	员工编号	所属部门	员工姓名	值班日期	补助金额
15					>=400

图 7-23　输入筛选条件

图 7-24　单击“高级”按钮

❸ 弹出“高级筛选”对话框，在“方式”区域中选中“将筛选结果复制到其他位置”单选按钮，然后设置“列表区域”即工作表区域，在“条件区域”文本框中选择输入的筛选条件位置，如图 7-25 所示。

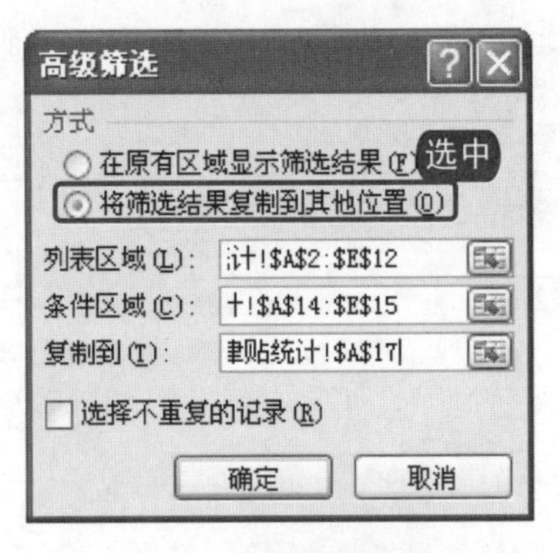

图 7-25　设置高级筛选

❹ 单击“确定”按钮完成设置，高级筛选后的结果如图 7-26 所示。

	A	B	C	D	E
13					
14	员工编号	所属部门	员工姓名	值班日期	补助金额
15					>=400
16					
17	员工编号	所属部门	员工姓名	值班日期	补助金额
18	ZH00002	人事部	王安娜	2月7日	¥450.00
19	ZH00004	人事部	李丽	2月5日	¥550.00
20	ZH00006	企划部	张奇雨	2月8日	¥450.00
21	ZH00007	销售部	李浩	2月6日	¥400.00
22	ZH00008	采购部	郑海英	2月6日	¥455.00

图 7-26　高级筛选后的结果

电脑小百科

分级显示既可以单独建行或列的分级显示，但在一个数据列表中只能创建一个分级显示，一个分级显示最多只允许 8 层嵌套的数据。

老师的话

面对数据量较大的重复数据时，选中“高级筛选”对话框中的“选择不重复的记录”复选框，可对已经指定的筛选区域又添加一个新的筛选条件，它将删除重复的行。如下图所示的表中存在大量的重复数据，如果用户希望将表中不重复的数据筛选出来并复制到其他位置，那么操作方法是：①选中工作表中的任一单元格，单击“数据”选项卡下的“高级”按钮，弹出“高级筛选”对话框；②选中“将筛选结果复制到其他位置”单选按钮，在“列表区域”和“复制到”文本框中进行设置，如下左图所示；③选中“选择不重复的记录”复选框，然后单击“确定”按钮；④选择不重复记录后的数据列表如下右图所示。

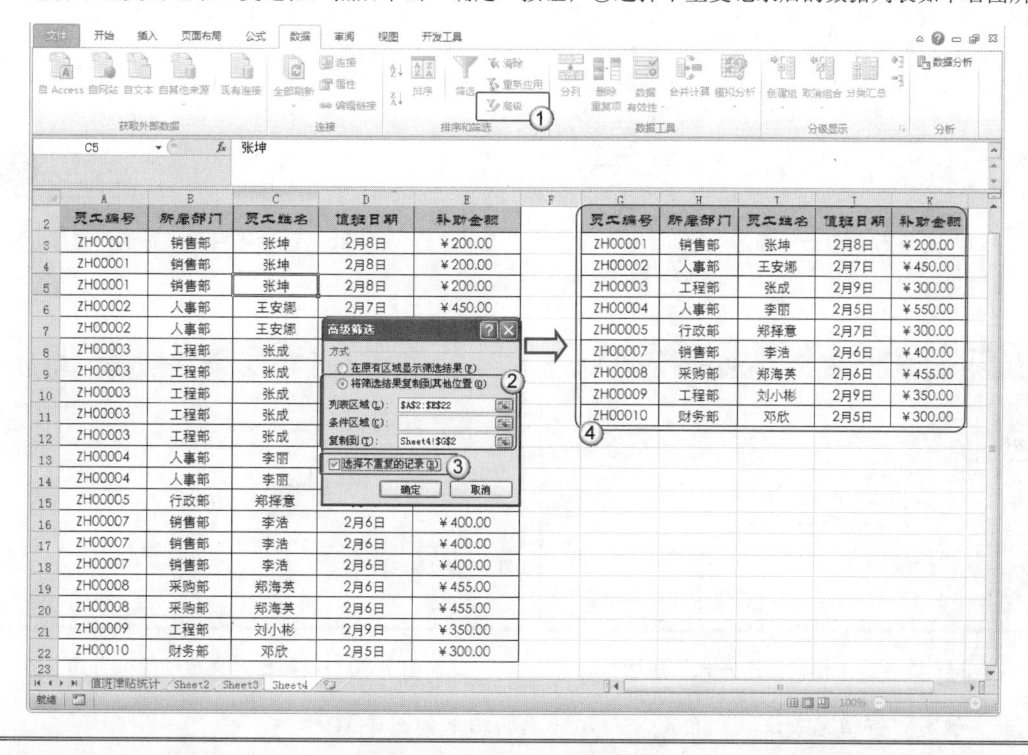

7.2.3 自定义筛选数据

自定义筛选是指自定义要筛选的条件，此条件一般不是单一的文本条件，而且用户可以设置多个筛选条件。自定义筛选在筛选数据时有很大的灵活性，可以进行比较复杂的筛选。

在工作表中筛选出“值班日期”是“2 月 5 日”或者“2 月 6 日”的员工值班记录，具体操作步骤如下。

1. 打开原始文件 7.2.3.xlsx，选中整个表格，在“数据”选项卡下的“排序和筛选”组中，单击“筛选”按钮，如图 7-27 所示。
2. 这时在每个字段名的右侧添加了倒三角按钮，单击“值班日期”字段右侧的倒三角按钮，从弹出的下拉列表中选择“日期筛选”→“自定义筛选”命令，如图 7-28 所示。
3. 弹出“自定义自动筛选方式”对话框。事实上，无论选择其中的哪一个选项，最终都将进入“自定义自动筛选方式”对话框，如图 7-29 所示。
4. 在“值班日期”区域中单击第一行第一个下拉列表框，从下拉列表中选择“等于”选项，在其右侧的下拉列表框中选择“2 月 5 日”，单击第二行第一个下拉列表框，从下拉列表中选择“等

电脑小百科

使用分类汇总功能前，必须要对数据列表中需要分类汇总的字段进行排序。

于”选项，在其右侧的下拉列表框中选择“2 月 6 日”，然后选中“或”单选按钮，如图 7-30 所示。

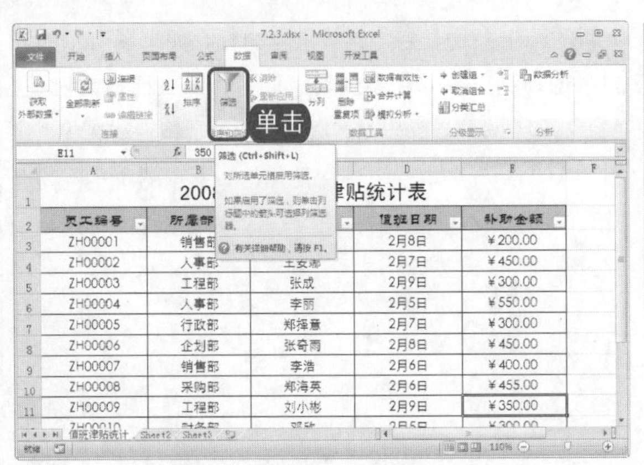

图 7-27　单击“筛选”按钮

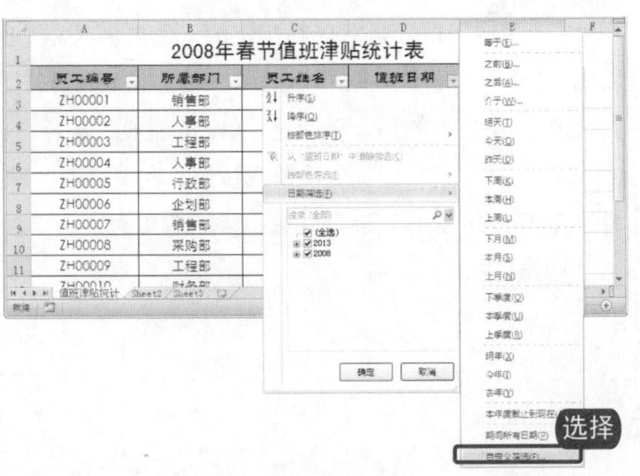

图 7-28　选择“自定义筛选”选项

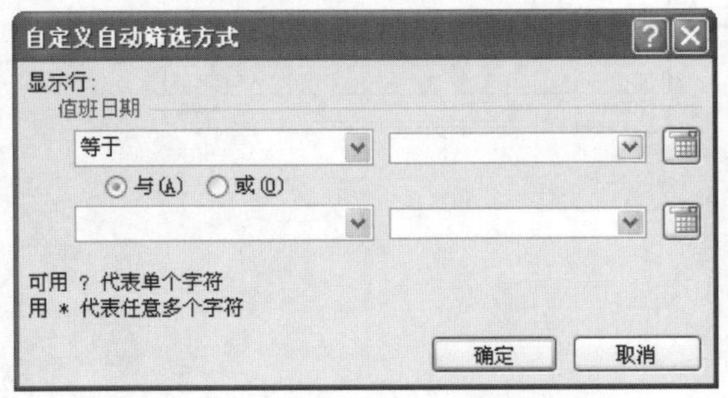

图 7-29　“自定义自动筛选方式”对话框

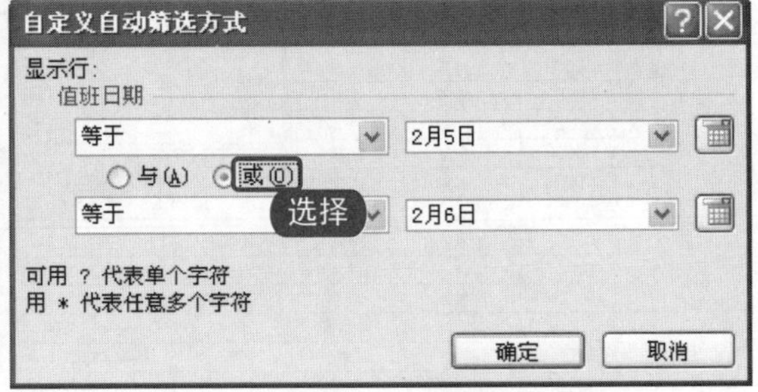

图 7-30　设置自定义自动筛选方式

5 单击“确定”按钮完成设置，自定义自动筛选的结果如图 7-31 所示。

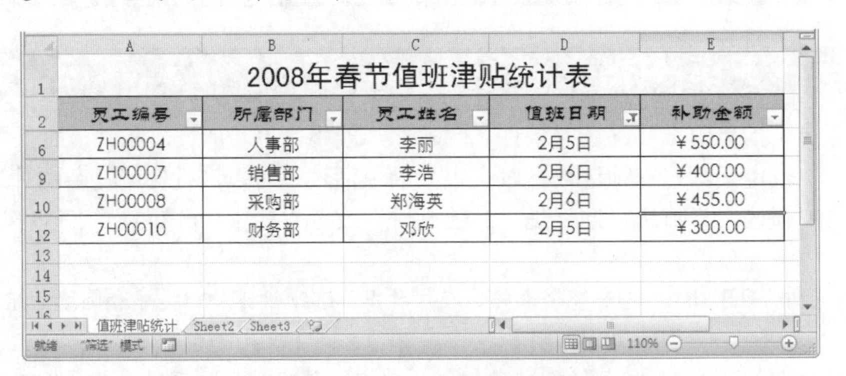

2008年春节值班津贴统计表

员工编号	所属部门	员工姓名	值班日期	补助金额
ZH00004	人事部	李丽	2月5日	¥550.00
ZH00007	销售部	李浩	2月6日	¥400.00
ZH00008	采购部	郑海英	2月6日	¥455.00
ZH00010	财务部	邓欣	2月5日	¥300.00

图 7-31　自定义自动筛选的结果

提示：“自定义自动筛选方式”对话框是筛选功能的公共对话框，其显示的逻辑运算符并非适用于每一种数据类型的字段，如“包含”运算符就不适用于数值型数据字段。

电脑小百科

在 Excel 2010 中，分级显示要求数据同一组中的行或列均方在一起，汇总行均在本组数据的上方或下方，汇总列均在本组数据的左侧或右侧。

7.2.4　使用搜索框筛选数据

在 Excel 2010 中新增了一个功能，即使用搜索框筛选数据功能。这种集成的搜索功能可以帮助用户准确快捷地找出自己所需的信息。

在工作表中筛选出“所属部门”等于“销售部”的员工记录，具体操作步骤如下。

1. 打开原始文件 7.2.4.xlsx，选中“所属部门”字段列中的任意单元格。
2. 在“数据”选项卡下的“排序和筛选”组中，单击“筛选”按钮，如图 7-32 所示。
3. 这时在每个字段名的右侧添加了倒三角按钮，单击“所属部门”字段名右侧的倒三角按钮，从弹出的下拉列表中可以看到搜索框，如图 7-33 所示。

图 7-32　单击“筛选”按钮

图 7-33　单击倒三角按钮

4. 在搜索框中输入要筛选的部门“销售部”，如图 7-34 所示。
5. 单击“确定”按钮完成设置，即可查看筛选后的结果，如图 7-35 所示。

图 7-34　使用搜索框

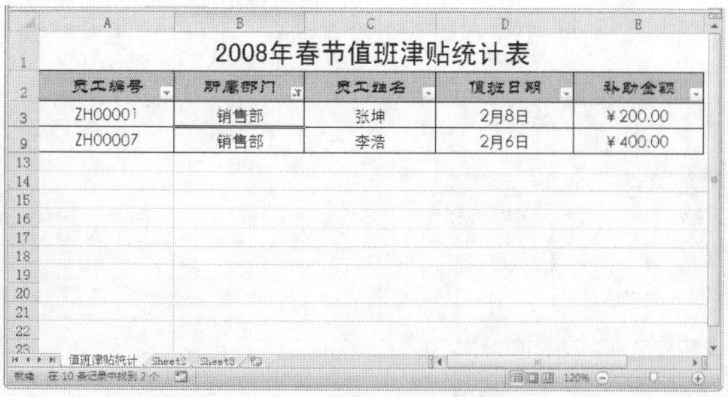

图 7-35　筛选后的结果

7.3　数据分类汇总

分类汇总是一种常用的简单分析工具，能够快速针对工作表中指定的分类项进行关键指标的汇总计算。当用户在对数据进行统计分析时，如果需要将某个字段以分类的形式显示，对其进行求和、求平均、计个数等，则可以使用分类汇总的方式来完成。

电脑小百科

按多个关键字进行排序所要遵循的原则是：先排较次要的列，后排较重要的列。

书盘互动指导

⊙ 示例	⊙ 在光盘中的位置	⊙ 书盘互动情况
	7.3 数据分类汇总 7.3.1 创建分类汇总 7.3.2 隐藏与显示明细数据 7.3.3 取消分级显示 7.3.4 删除分类汇总	本节主要带领读者学习数据的分类汇总，在光盘 7.3 节中有相关内容的操作视频，还特别针对本节内容设置了具体的实例分析。 读者可以在阅读本节内容后再学习光盘内容，以达到巩固和提升的效果。

7.3.1 创建分类汇总

在创建分类汇总之前需要对数据进行排序。因此，先对“部门”字段进行升序排序，然后设置“分类字段”为“部门”，“汇总方式”为“求和”，“选定汇总项”为“费用预支”，具体操作步骤如下。

1. 打开原始文件 7.3.1.xlsx.，选中工作表中的任意一个单元格。
2. 在“数据”选项卡下的“排序和筛选”组中，单击“排序”按钮，如图 7-36 所示。
3. 弹出“排序”对话框，选择“主要关键字”为“部门”，其他设置不变，如图 7-37 所示。

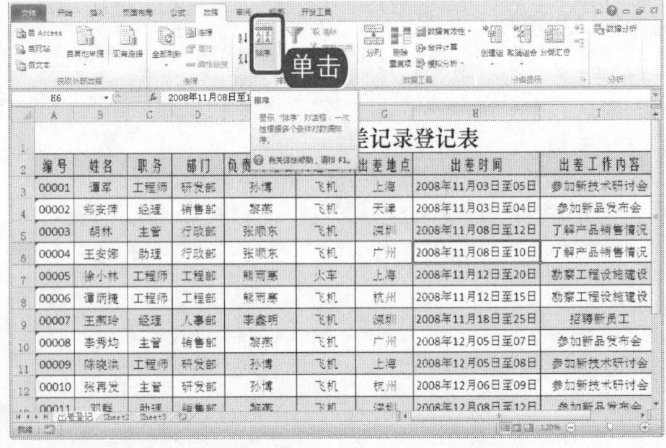

图 7-36 单击“排序”按钮

图 7-37 “排序”对话框

4. 单击“确定”按钮完成设置，排序后的效果如图 7-38 所示。
5. 在“数据”选项卡下的“分级显示”组中，单击“分类汇总”按钮，如图 7-39 所示。
6. 弹出“分类汇总”对话框，选择“分类字段”下拉列表框中的“部门”选项，选择“汇总方式”下拉列表框中的“求和”选项，如图 7-40 所示。
7. 在“选定汇总项”列表框中选择需要汇总的字段，这里选中“费用预支”复选框，然后分别选中“替换当前分类汇总”和“汇总结果显示在数据下方”复选框，如图 7-41 所示。
8. 单击“确定”按钮完成设置，效果如图 7-42 所示。

电脑小百科

在 Excel 2010 中允许同时对多个字段使用不同的自定义次序进行排序。

员工出差记录登记表

编号	姓名	职务	部门	负责人姓名	交通工具	出差地点	出差时间	出差工作内容	费用预支
00005	徐小林	工程师	工程部	熊雨寒	火车	上海	2008年11月12日至20日	勘察工程设施建设	￥3,000.00
00006	谭炳捷	工程师	工程部	熊雨寒	飞机	杭州	2008年11月12日至15日	勘察工程设施建设	￥3,000.00
00007	王燕玲	经理	人事部	李鑫明	飞机	深圳	2008年11月18日至25日	招聘新员工	￥3,600.00
00014	安蓝	助理	人事部	李鑫明	飞机	杭州	2008年12月13日至20日	招聘新员工	￥3,600.00
00002	郑安萍	经理	销售部	黎燕	飞机	天津	2008年11月03日至04日	参加新品发布会	￥1,000.00
00008	李秀均	主管	销售部	黎燕	飞机	广州	2008年12月05日至07日	参加新品发布会	￥2,200.00
00011	邓群	助理	销售部	黎燕	飞机	深圳	2008年12月08日至12日	参加新品发布会	￥2,200.00
00003	胡林	主管	行政部	张顺东	飞机	深圳	2008年11月08日至12日	了解产品销售情况	￥2,800.00
00004	王安娜	助理	行政部	张顺东	飞机	广州	2008年11月08日至10日	了解产品销售情况	￥2,800.00
00013	廖兵	主管	行政部	张顺东	飞机	上海	2008年12月12日至15日	了解产品销售情况	￥2,800.00
00001	谭军	工程师	研发部	孙博	飞机	上海	2008年11月03日至05日	参加新技术研讨会	￥3,200.00
00009	陈晓洪	工程师	研发部	孙博	飞机	上海	2008年12月05日至08日	参加新技术研讨会	￥1,000.00
00010	张再发	主管	研发部	孙博	飞机	杭州	2008年12月06日至09日	参加新技术研讨会	￥3,000.00
00012	李小强	工程师	研发部	孙博	飞机	广州	2008年12月10日至18日	参加新技术研讨会	￥3,200.00

图 7-38　排序后的效果

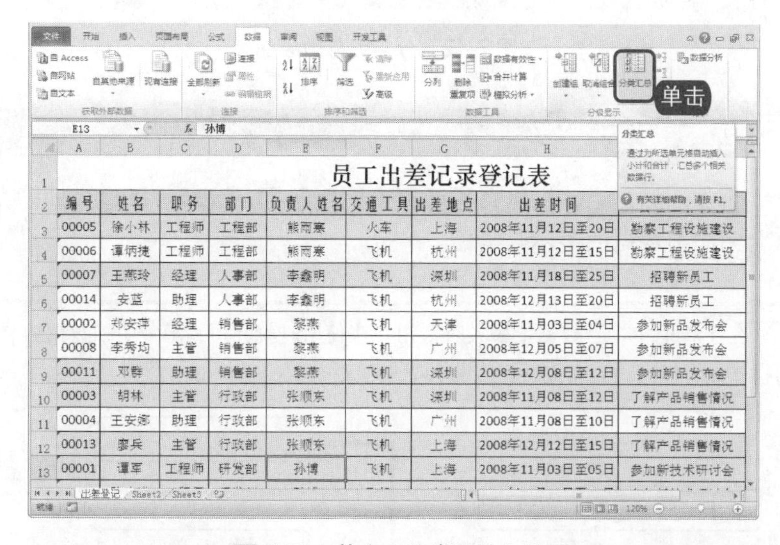

图 7-39　单击“分类汇总”按钮

分类汇总

选择

分类字段(A):

部门

汇总方式(U):

求和

选定汇总项(D):

- 编号
- 姓名
- 职务
- 部门
- 负责人姓名
- 交通工具

- 替换当前分类汇总(C)
- 每组数据分页(P)
- 汇总结果显示在数据下方(S)

全部删除(R)　确定　取消

图 7-40　“分类汇总”对话框

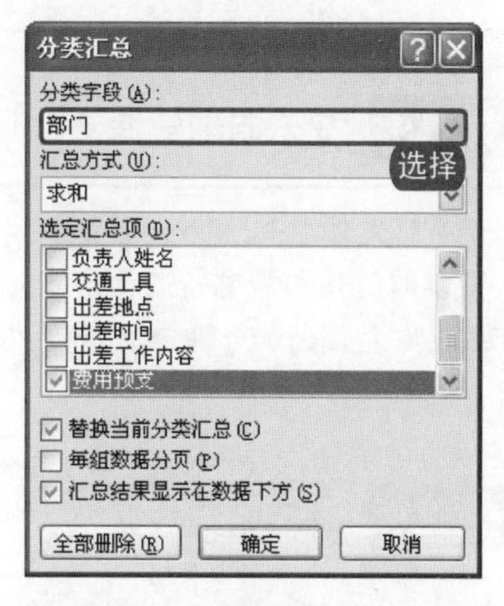

图 7-41　“分类汇总”对话框

电脑小百科

“自定义自动筛选方式”对话框是筛选功能的公共对话框，其列表框中显示的逻辑运算符并非适用于每种数据类型的字段。比如“包含”运算符就不能适用于数值型数据字段。

员工出差记录登记表

编号	姓名	职务	部门	负责人姓名	交通工具	出差地点	出差时间	出差工作内容	费用预支
00005	徐小林	工程师	工程部	熊雨寒	火车	上海	2008年11月12日至20日	勘察工程设施建设	¥3,000.00
00006	谭炳捷	工程师	工程部	熊雨寒	飞机	杭州	2008年11月12日至15日	勘察工程设施建设	¥3,000.00
			工程部 汇总						¥6,000.00
00007	王燕玲	经理	人事部	李鑫明	飞机	深圳	2008年11月18日至25日	招聘新员工	¥3,600.00
00014	安蓝	助理	人事部	李鑫明	飞机	杭州	2008年12月13日至20日	招聘新员工	¥3,600.00
			人事部 汇总						¥7,200.00
00002	郑安萍	经理	销售部	黎燕	飞机	天津	2008年11月03日至04日	参加新品发布会	¥1,000.00
00008	李秀均	主管	销售部	黎燕	飞机	广州	2008年12月05日至07日	参加新品发布会	¥2,200.00
00011	邓群	助理	销售部	黎燕	飞机	深圳	2008年12月08日至12日	参加新品发布会	¥2,200.00
			销售部 汇总						¥5,400.00
00003	胡林	主管	行政部	张顺东	飞机	深圳	2008年11月08日至12日	了解产品销售情况	¥2,800.00
00004	王安娜	助理	行政部	张顺东	飞机	广州	2008年11月08日至10日	了解产品销售情况	¥2,800.00
00013	廖兵	主管	行政部	张顺东	飞机	上海	2008年12月12日至15日	了解产品销售情况	¥2,800.00
			行政部 汇总						¥8,400.00
00001	谭军	工程师	研发部	孙博	飞机	上海	2008年11月03日至05日	参加新技术研讨会	¥3,200.00
00009	陈晓洪	工程师	研发部	孙博	飞机	上海	2008年12月05日至08日	参加新技术研讨会	¥1,000.00
00010	张再发	主管	研发部	孙博	飞机	杭州	2008年12月06日至09日	参加新技术研讨会	¥3,000.00
00012	李小强	工程师	研发部	孙博	飞机	广州	2008年12月10日至18日	参加新技术研讨会	¥3,200.00
			研发部 汇总						¥10,400.00
			总计						¥37,400.00

图 7-42　分类汇总效果图

7.3.2　隐藏与显示明细数据

当用户创建完分类汇总之后，仍然会显示很多明细数据，这时可以适当地隐藏一些不需要的数据。下面就将介绍明细数据的显示与隐藏。

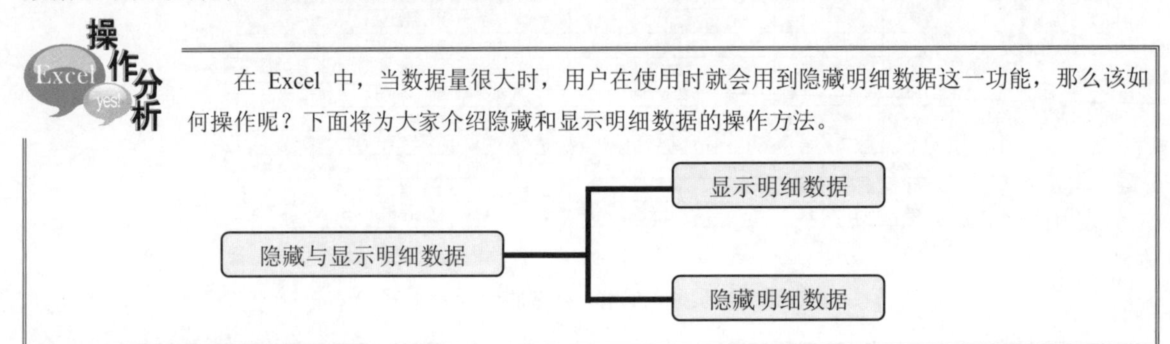

在 Excel 中，当数据量很大时，用户在使用时就会用到隐藏明细数据这一功能，那么该如何操作呢？下面将为大家介绍隐藏和显示明细数据的操作方法。

跟着做 1☛　显示明细数据

1. 打开原始文件 7.3.2.xlsx，首先创建分类汇总，用户可以看到工作表中的数据以二级显示，即显示了各部门预支费用的汇总结果。
2. 单击数据左侧的加号即可显示该组数据的明细数据，并且展开按钮将变成折叠按钮，如图 7-43 所示。

跟着做 2☛　隐藏明细数据

1. 在显示明细数据操作中已经将明细数据全部显示，接下来将进行隐藏明细数据操作，选中整个工作表。
2. 在“数据”选项卡下的“分级显示”组中，单击“隐藏明细数据”按钮，如图 7-44 所示。

电脑小百科

自定义方式分级显示创建完毕之后，用户可以分别单击加号、减号和数字 1、2 或 3 显示或隐藏明细数据。

			员工出差记录登记表						
编号	姓名	职务	部门	负责人姓名	交通工具	出差地点	出差时间	出差工作内容	费用预支
00005	徐小林	工程师	工程部	熊雨寒	火车	上海	2008年11月12日至20日	勘察工程设施建设	￥3,000.00
00006	谭炳捷	工程师	工程部	熊雨寒	飞机	杭州	2008年11月12日至15日	勘察工程设施建设	￥3,000.00
			工程部 汇总						￥6,000.00
00007	王燕玲	经理	人事部	李鑫明	飞机	深圳	2008年11月18日至25日	招聘新员工	￥3,600.00
00014	安蓝	助理	人事部	李鑫明	飞机	杭州	2008年12月13日至20日	招聘新员工	￥3,600.00
			人事部 汇总						￥7,200.00
			销售部 汇总						￥5,400.00
			行政部 汇总						￥8,400.00
			研发部 汇总						￥10,400.00
			总计						￥37,400.00

图 7-43　显示明细数据

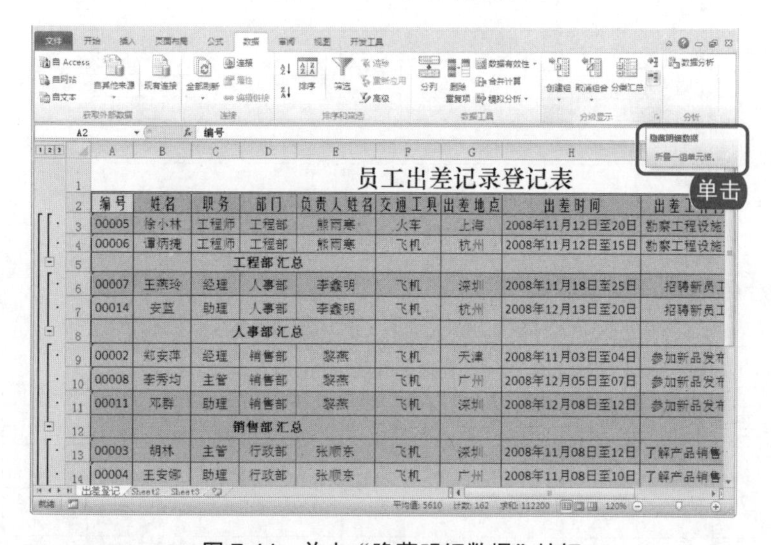

图 7-44　单击“隐藏明细数据”按钮

❸ 隐藏明细数据后的效果如图 7-45 所示。

编号	姓名	职务	部门	负责人姓名	交通工具	出差地点	出差时间	出差工作内容	费用预支
			工程部 汇总						￥6,000.00
			人事部 汇总						￥7,200.00
			销售部 汇总						￥5,400.00
			行政部 汇总						￥8,400.00
			研发部 汇总						￥10,400.00
			总计						￥37,400.00

图 7-45　隐藏明细数据后的效果

7.3.3　取消分级显示

在创建分类汇总之后，系统就会自动创建分级显示，用户可以单击数字按钮以相应的级别显示数据。下面将介绍如何取消分级显示，具体操作步骤如下。

电脑小百科

分类汇总能够快速的以某一个字段为分类项，对数据列表中的其它字段的数值进行各种统计计算，比如求和、计数、平均值、最大值和最小值等。

1 打开原始文件 7.3.3.xlsx，首先创建分类汇总，用户可以看到工作表中的数据以二级显示，即显示了各部门预支费用的汇总结果。

2 在“数据”选项卡下，单击“分级显示”组中的“取消组合”按钮，从弹出的下拉列表中选择“消除分级显示”命令，如图 7-46 所示。

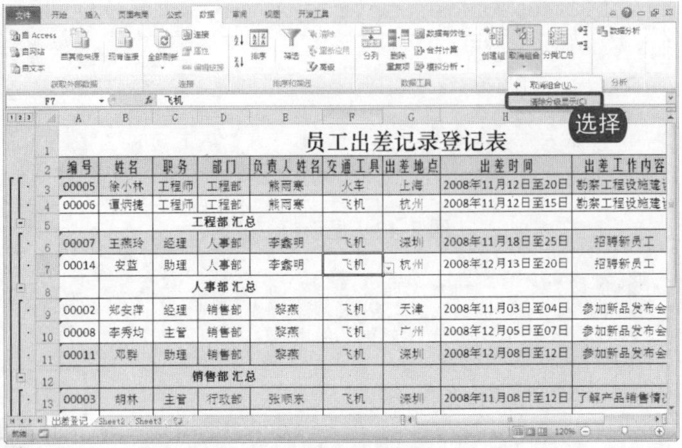

编号	姓名	职务	部门	负责人姓名	交通工具	出差地点	出差时间	出差工作内容
00005	徐小林	工程师	工程部	熊雨寒	火车	上海	2008年11月12日至20日	勘察工程设施建设
00006	谭炳捷	工程师	工程部	熊雨寒	飞机	杭州	2008年11月12日至15日	勘察工程设施建设
			工程部 汇总					
00007	王燕玲	经理	人事部	李鑫明	飞机	深圳	2008年11月18日至25日	招聘新员工
00014	安蓝	助理	人事部	李鑫明	飞机	杭州	2008年12月13日至20日	招聘新员工
			人事部 汇总					
00002	郑安萍	经理	销售部	黎燕	飞机	天津	2008年11月03日至04日	参加新品发布会
00008	李秀均	主管	销售部	黎燕	飞机	广州	2008年12月05日至07日	参加新品发布会
00011	邓群	助理	销售部	黎燕	飞机	深圳	2008年12月08日至12日	参加新品发布会
			销售部 汇总					
00003	胡林	主管	行政部	张顺东	飞机	深圳	2008年11月08日至12日	了解产品销售情况

选择

图 7-46　选择“消除分级显示”命令

3 执行该命令后的结果如图 7-47 所示。

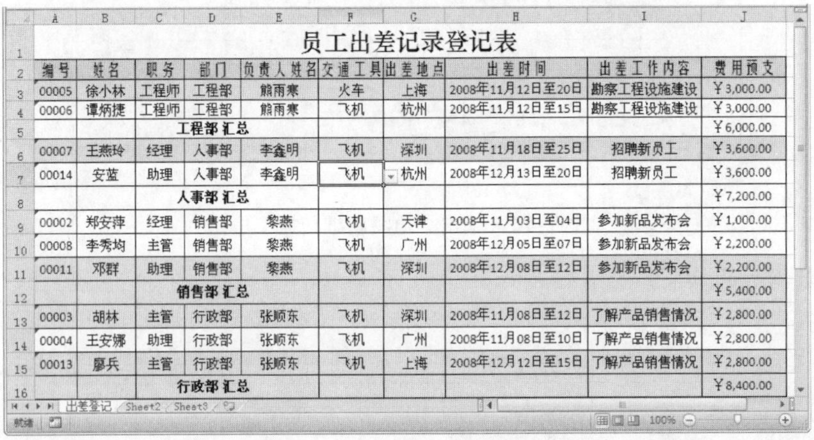

员工出差记录登记表

编号	姓名	职务	部门	负责人姓名	交通工具	出差地点	出差时间	出差工作内容	费用预支
00005	徐小林	工程师	工程部	熊雨寒	火车	上海	2008年11月12日至20日	勘察工程设施建设	￥3,000.00
00006	谭炳捷	工程师	工程部	熊雨寒	飞机	杭州	2008年11月12日至15日	勘察工程设施建设	￥3,000.00
			工程部 汇总						￥6,000.00
00007	王燕玲	经理	人事部	李鑫明	飞机	深圳	2008年11月18日至25日	招聘新员工	￥3,600.00
00014	安蓝	助理	人事部	李鑫明	飞机	杭州	2008年12月13日至20日	招聘新员工	￥3,600.00
			人事部 汇总						￥7,200.00
00002	郑安萍	经理	销售部	黎燕	飞机	天津	2008年11月03日至04日	参加新品发布会	￥1,000.00
00008	李秀均	主管	销售部	黎燕	飞机	广州	2008年12月05日至07日	参加新品发布会	￥2,200.00
00011	邓群	助理	销售部	黎燕	飞机	深圳	2008年12月08日至12日	参加新品发布会	￥2,200.00
			销售部 汇总						￥5,400.00
00003	胡林	主管	行政部	张顺东	飞机	深圳	2008年11月08日至12日	了解产品销售情况	￥2,800.00
00004	王安娜	助理	行政部	张顺东	飞机	广州	2008年11月08日至10日	了解产品销售情况	￥2,800.00
00013	廖兵	主管	行政部	张顺东	飞机	上海	2008年12月12日至15日	了解产品销售情况	￥2,800.00
			行政部 汇总						￥8,400.00

图 7-47　消除分级显示后的结果

7.3.4　删除分类汇总

如果不再需要将工作表中的数据以分类汇总的形式显示出来，则可以将创建好的分类汇总删除，具体操作步骤如下。

1 打开原始文件“员工工资统计表.xlsx”，选中工作表。

2 在“数据”选项卡下的“分级显示”组中，单击“分类汇总”按钮，如图 7-48 所示。

3 弹出“分类汇总”对话框，直接单击“全部删除”按钮，此时可将所创建的分类汇总全部删除，工作表恢复到分类汇总之前的状态，如图 7-49 所示。

电脑小百科

高级筛选是通过已经设置好的条件来对工作表中的数据进行筛选。

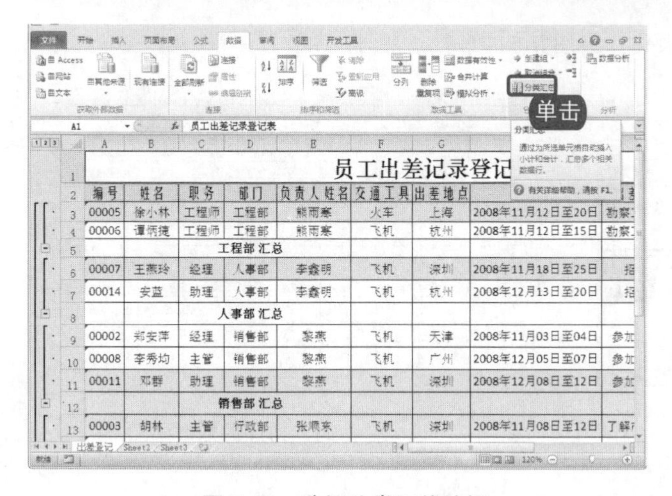

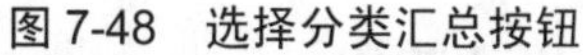

图 7-48 选择分类汇总按钮

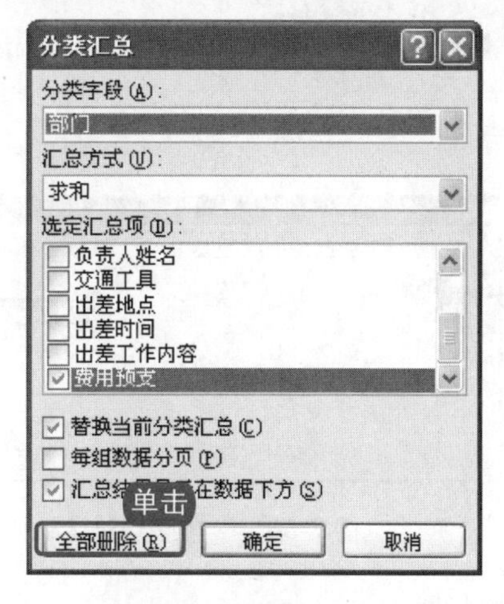

图 7-49 删除分类汇总

7.4 制作汽车销售统计报表

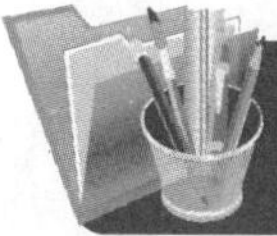

操作分析

本节以制作汽车销售统计报表为例，涉及数据的排序、筛选、分类汇总、隐藏与显示明细数据、取消分级显示等，进一步为用户讲解 Excel 强大的数据处理能力。

书盘互动指导

在光盘中的位置	书盘互动情况
7.4 制作汽车销售统计报表	本节主要介绍制作汽车销售统计报表，在光盘 7.4 节中有相关操作的步骤视频文件，以及原始素材文件和处理后的效果文件。 读者可以选择在阅读本节内容后再学习光盘内容，以达到巩固和提升的效果，也可以对照光盘视频操作来学习，以便更直观地学习和理解。

原始文件	素材\第 7 章\7.4.xlsx
最终文件	源文件\第 7 章\7.4.xlsx

跟着做 1 对“总销售额”字段进行升序排序

1. 打开原始文件 7.4.xlsx，选中工作表。
2. 在“数据”选项卡下的“排序和筛选”组中，单击“排序”按钮。
3. 弹出“排序”对话框，在“主要关键字”下拉列表框中选择“总销售额”选项，在“排序依据”下拉列表框中选择“数值”选项，然后在“次序”下拉列表框中选择“升序”选项，如图 7-50 所示。

电脑小百科

高级筛选需要在工作表中无数据的地方指定一个区域用于存放筛选条件，即条件区域。

❹ 单击“确定”按钮，完成排序操作，如图 7-51 所示。

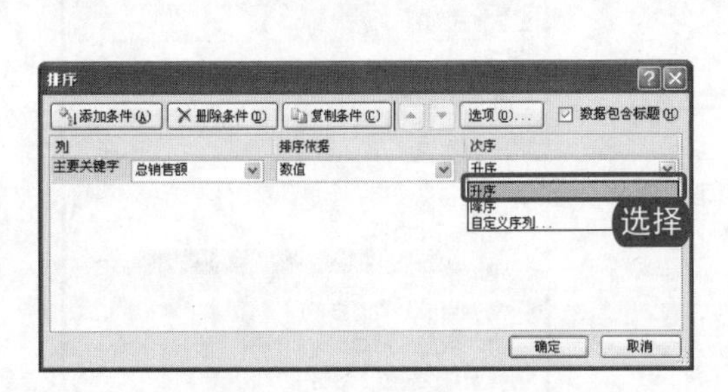

图 7-50　“排序”对话框

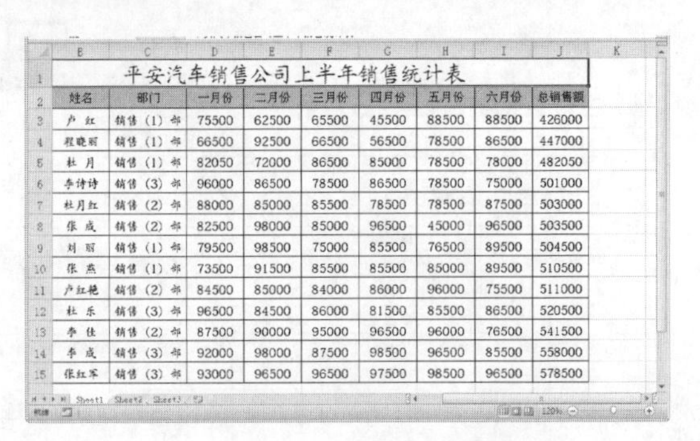

图 7-51　排序后的效果图

跟着做 2 筛选“总销售额”大于或等于 550 000 的记录

❶ 选中“总销售额”字段列中的任意单元格。

❷ 在“数据”选项卡下的“排序和筛选”组中，单击“筛选”按钮，如图 7-52 所示。

图 7-52　单击“筛选”按钮

❸ 这时在每个字段名的右侧添加一个倒三角按钮，单击“总销售额”字段名右侧的倒三角按钮，从弹出的下拉列表中选择“数字筛选”→“大于或等于”命令，如图 7-53 所示。

图 7-53　选择“大于或等于”命令

电脑小百科

Excel 2010 中允许同时对多个字段使用不同的自定义次序进行排序。

4. 弹出“自定义自动筛选方式”对话框，在“总销售额”区域单击右侧的下拉列表框按钮，然后选择 550 000，如图 7-54 所示。
5. 单击“确定”按钮完成设置。此时只显示符合条件的数据，如图 7-55 所示。
6. 取消数据的筛选，在“排序和筛选”组中再次单击“筛选”按钮完成设置。

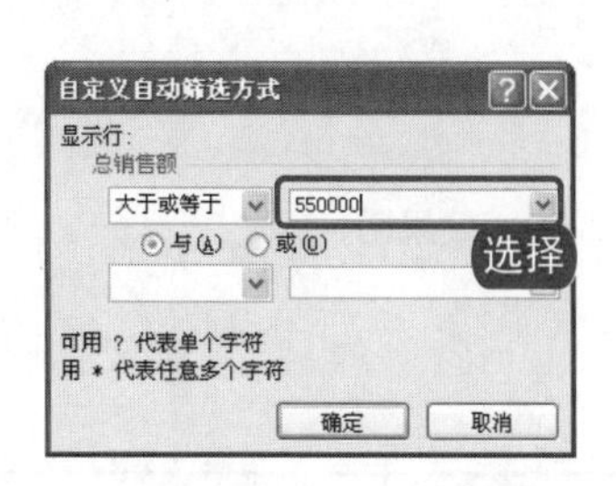

图 7-54　“自定义自动筛选方式”对话框

平安汽车销售公司上半年销售统计表

姓名	部门	一月份	二月份	三月份	四月份	五月份	六月份	总销售额
李成	销售（3）部	92000	98000	87500	98500	96500	85500	558000
张红军	销售（3）部	93000	96500	96500	97500	98500	96500	578500

图 7-55　自定义自动筛选后的结果

跟着做 3☛　分类汇总

1. 选中“部门”字段列的任意单元格。
2. 在“数据”选项卡下的“排序和筛选”组中，单击“排序”按钮。
3. 弹出“排序”对话框，在“主要关键字”下拉列表框中选择“部门”选项，其他参数不变，如图 7-56 所示。单击“确定”按钮完成设置。
4. 在“数据”选项卡下的“分级显示”组中，单击“分类汇总”按钮，如图 7-57 所示。

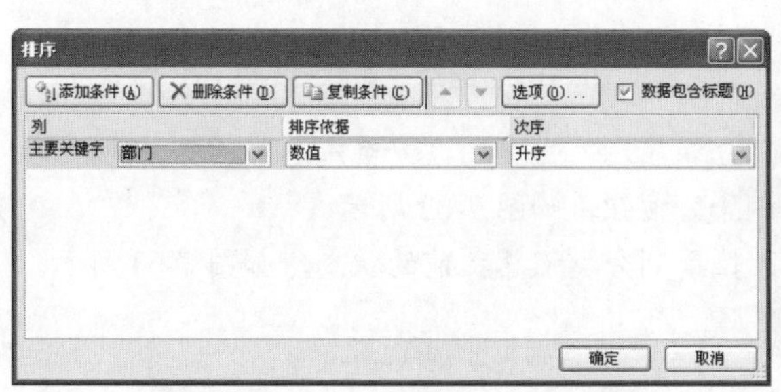

图 7-56　“排序”对话框

平安汽车销售公司上半年销售统计表

编号	姓名	部门	一月份	二月份	三月份	四月份	五月份	六月份	
X103	卢红	销售（1）部	75500	62500	65500	45500	88500	88500	426000
X101	[illegible]	销售（1）部	66500	92500	66500	56500	78500	86500	447000
X105	杜月	销售（1）部	82050	72000	86500	85000	78500	78000	482050
X104	[illegible]	销售（1）部	79500	98500	75000	85500	76500	89500	504500
X102	张燕	销售（1）部	73500	91500	85500	85500	85000	89500	510500
X209	杜月红	销售（2）部	88000	85000	85500	78500	78500	87500	503000
X206	张成	销售（2）部	82500	98000	85000	96500	45000	96500	503500
X207	卢红艳	销售（2）部	84500	85000	84000	86000	96000	75500	511000
X208	李佳	销售（2）部	87500	90000	95000	96500	96000	76500	541500
X312	李诗诗	销售（3）部	96000	86500	78500	86500	78500	75000	501000
X313	杜乐	销售（3）部	96500	84500	86000	81500	85500	86500	520500
X310	李成	销售（3）部	92000	98000	87500	98500	96500	85500	558000
X311	张红军	销售（3）部	93000	96500	96500	97500	98500	96500	578500

图 7-57　单击“分类汇总”按钮

5. 弹出“分类汇总”对话框，选择“分类字段”下拉列表框中的“部门”选项，选择“汇总方式”下拉列表框中的“求和”选项。
6. 在“选定汇总项”列表框中选择需要汇总的字段，在此选中“总销售额”复选框，然后分别选中“替换当前分类汇总”和“汇总结果显示在数据下方”复选框，如图 7-58 所示。
7. 单击“确定”按钮完成设置，效果如图 7-59 所示。

电脑小百科

如果用户想将分类汇总后的数据列表按汇总项打印出来，使用“分类汇总”对话框中的“每组数据分页”选项，会使这一过程变得非常容易。

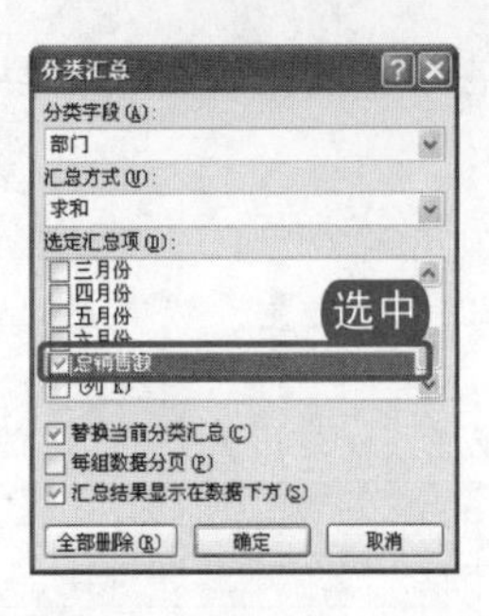

图 7-58　“分类汇总”对话框

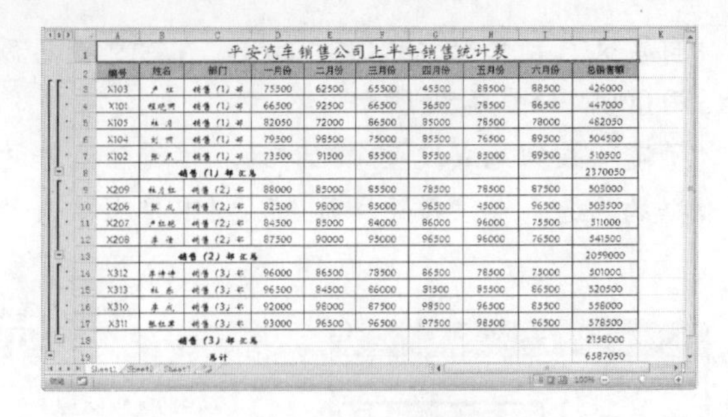

图 7-59　效果图

跟着做 4　取消分级显示

1. 创建分类汇总之后，工作表中的数据以二级显示，即显示了各部门总销售额的汇总结果，如图 7-60 所示。
2. 在“数据”选项卡下，单击“分级显示”组中的“取消组合”按钮，弹出下拉列表，选择“消除分级显示”命令即可，如图 7-61 所示。

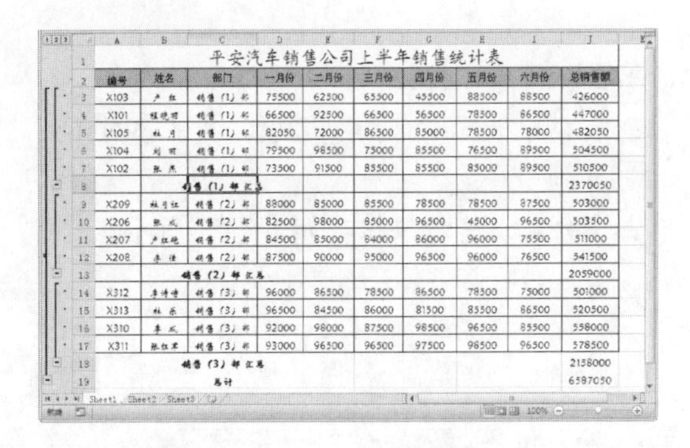

图 7-60　分级显示

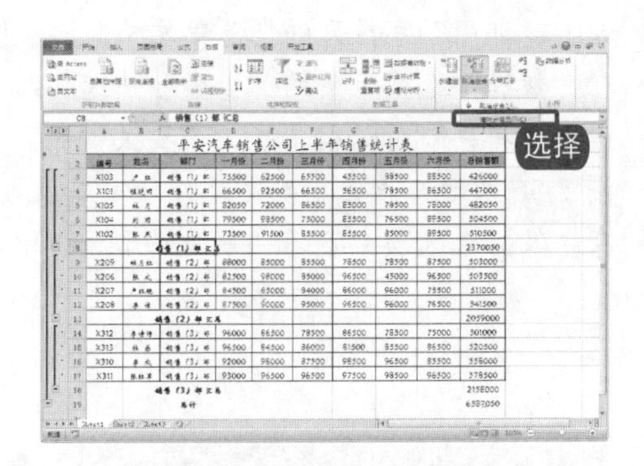

图 7-61　选择“消除分级显示”命令

3. 删除分类汇总，在“数据”选项卡下，单击“分级显示”组中的“分类汇总”按钮。
4. 弹出“分类汇总”对话框，直接单击“全部删除”按钮，如图 7-62 所示。
5. 此时可将所创建的分类汇总全部删除，工作表恢复到分类汇总之前的状态，如图 7-63 所示。

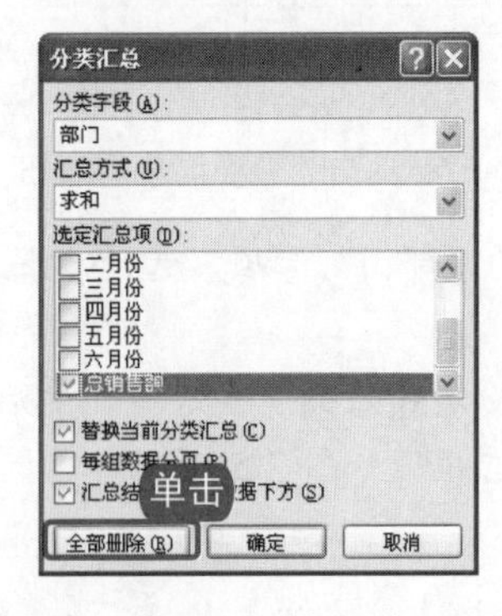

图 7-62　单击“全部删除”按钮

图 7-63　删除分类汇总后的效果

电脑小百科

在“分类汇总”对话框中，选中了“每组数据分页”复选框后，Excel 就可以将每组数据单独打印在一页上。

学习小结

Excel 2010 的数据分析功能简单实用且功能强大，本章介绍了在 Excel 中进行数据分析的多种技巧，主要有对工作表中的数据进行数据的简单排序、利用高级排序显示数据、自定义数据排序的操作，此外，还涉及对数据进行简单筛选、高级筛选、自定义筛选和数据的分类汇总等。下面对本章进行总结，具体内容如下。

(1) 在对 Excel 表格中的记录进行排序时，通常会根据数据的复杂性进行排序。进行排序时都会使用到“数据”选项卡下“排序和筛选”组中的“排序”按钮，另外，还可以使用鼠标右键来打开“排序”对话框。简单的升序和降序排序可以通过功能区的选项按钮来完成。

(2) 在管理工作表时，根据某种条件筛选出匹配的数据是一项常见的需求。对数据的筛选一般是通过“数据”选项卡中的“筛选”按钮，即可启动筛选功能，功能区中的“筛选”按钮将呈现高亮显示状态，工作表中所有字段的标题单元格中则会出现倒三角按钮。可以使用鼠标右键清除筛选。数据的筛选分为自动筛选、高级筛选、自定义筛选和使用搜索框筛选。

(3) 分类汇总是通过“数据”选项卡中的“分类汇总”按钮，单击该按钮弹出“分类汇总”对话框。在该对话框中设置“分类字段”、“汇总方式”、“指定汇总项”等。

(4) 如果想要正确地对工作表进行分类汇总，那么有两个必需的步骤。首先对分类字段进行排序，升序或降序都可以，然后再执行分类汇总命令，设置相关参数。当不再需要用分类汇总显示数据时，可以通过“分类汇总”对话框中的“全部删除”按钮来删除分类汇总。

(5) 隐藏与显示明细数据是在处理大量数据时常用的一种操作。可以通过功能选项区来设置，通过单击工作表左侧的分级显示进行展开、折叠。前提是要先创建分类汇总。

(6) 在创建分类汇总之后，系统将自动创建分级显示。可以在“数据”选项卡下，单击“分级显示”组中的“取消组合”按钮，弹出下拉列表，选择“消除分级显示”命令取消分级显示。

互动练习

1. 选择题

(1) 在 Excel 2010 中，最多允许同时设置(　　)关键字进行排序。

A．64　　B．32

C．16　　D．8

(2) 在工作表中，只显示员工工资的记录，应选择“数据”选项卡下的(　　)。

A．排序　　B．筛选

C．分类汇总　　D．分列

(3) 使用(　　)选项卡下的分类汇总命令来对其进行统计分析。

A．插入　　B．编辑

C．格式　　D．数据

(4) 列标的表示应该为(　　)。

A．英文字母　　B．汉字

C．数字　　D．英文字母和数字

电脑小百科

在“自定义自动筛选方式”对话框中设置的条件，Excel 不区分字母大小写。

(5) Excel 2010 中(　　)同时对多个字段使用不同的自定义序列进行排序。

A. 允许　　B. 不允许

C. 不确定　　D. 以上全不是

2. 思考与上机题

(1) 对“上半年销售记录表”进行数据的排序和筛选。

制作要求：

a. 按照小计，升序排序(注：先算出数值，然后撤销该操作)。

b. 对商品名进行自定义排序。

c. 利用自定义自动筛选方式筛选数据。

	A	B	C	D	E	F	G	H
1	上半年销售记录表							
2	商品名	一月份	二月份	三月份	四月份	五月份	六月份	小计
3	手机1	28900	45000	32000	56300	45600	54650	
4	手机2	25000	11000	50000	45600	65210	47400	
5	台式电脑1	320000	215500	542000	540000	12000	445000	
6	台式电脑2	105000	115000	350000	456350	89520	455500	
7	笔记本1	320000	240000	89630	546500	452100	123200	
8	笔记本2	450000	123000	456540	456000	464500	454000	
9	电话机	12000	2000	5300	5640	9600	2000	
10	传真机	35000	2500	4500	1200	5300	1220	
11								

员工工资表　Sheet2　Sheet3

(2) 对“上半年销售记录表”进行分类汇总。

制作要求：

a. 创建以商品名为分类字段的分类汇总。

b. 隐藏小计列的明细数据。

c. 删除分类汇总。

电脑小百科

Excel 2010 中的排序和筛选已增强了一些有用的功能。现在，可以通过多达 64 层级来排序数据，也能够通过单元格颜色、字体颜色、单元格图标、单元格值等来排序。

第8章

图表快速入门

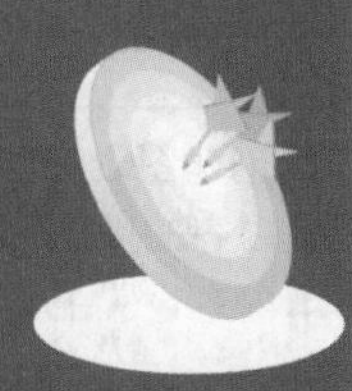

本章导读

Excel 2010 在提供强大的数据处理功能的同时，也提供了丰富实用的图表功能。Excel 2010 图表以其丰富的图表类型、色彩样式和三维格式，成为最常用的图表工具之一。本章主要介绍 Excel 2010 图表的基础知识，以及创建、编辑和修饰图表，并详细讲解各种图表类型的应用场合。

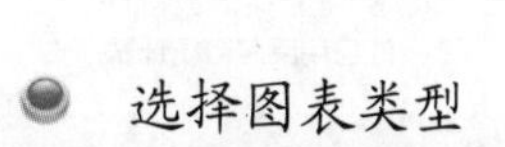

精彩看点

- 创建图表
- 图表的基本编辑操作
- Excel 中常见图表类型
- 选择图表类型
- 设置图表标签格式
- 设置坐标轴

8.1 创建图表

图表是图形化的数据，由点、线、面与数据匹配组合而成。一般情况下，用户使用 Excel 2010 工作簿内的数据制作图表，生成的图表也存放在工作簿中。数据是图表的基础，若要创建图表，首先需在工作表中为图表准备数据。Excel 2010 提供了两种创建图表的方法。

(1) 选中目标数据区域，单击“插入”选项卡中“图表”组中的相应图表类型图标，创建所选图表类型的图表。

(2) 选中目标数据区域，按 F11 快捷键，在新建的图表工作表中创建图表。

书盘互动指导

示例	在光盘中的位置	书盘互动情况
人数 ■行政部 ■企划部 ■人事部 ■销售部 ■生产部	8.1 创建图表 8.1.1 选择数据 8.1.2 选择图表类型	本节主要带领读者学习创建图表，在光盘 8.1 节中有相关内容的操作视频，还特别针对本节内容设置了具体的实例分析。 读者可以在阅读本节内容后再学习光盘内容，以达到巩固和提升的效果。

8.1.1 选择数据

在 Excel 2010 中创建图表就必须先选择数据，选择数据的具体操作步骤如下。

1. 打开原始文件 8.1.1.xlsx，在“办公用品库存统计表”工作表中选中 C4:F12 单元格区域，如图 8-1 所示。
2. 在“插入”选项卡下的“图表”组中，单击“柱形图”按钮，从弹出的下拉列表中选择“簇状柱形图”命令，如图 8-2 所示。

图 8-1 选中 C4:F12 单元格区域

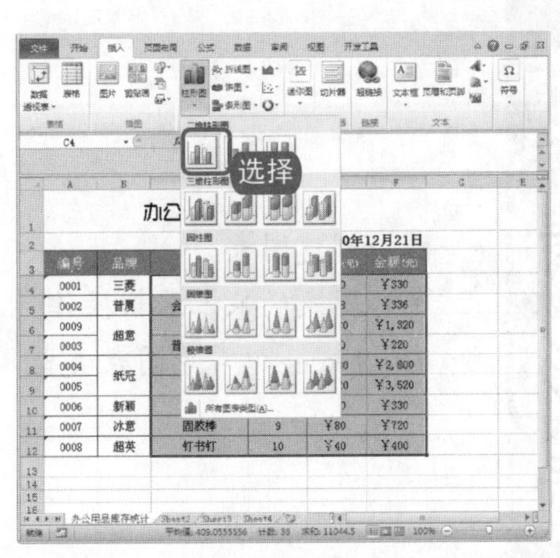

图 8-2 选择“簇状柱形图”命令

电脑小百科

用图表可直观地表现抽象的数据，将表格的数据与图形联系起来，图表中的图形不仅可以表现表格中的数据，还便于用户了解数据的大小和变化情况，以便分析数据。

3 即可根据选定区域的数据在工作表中插入一个簇状柱形图表，如图 8-3 所示。

4 如果对图表中显示的数据不满意，那么用户可以单击“设计”选项卡中“数据”组中的“选择数据”按钮，如图 8-4 所示。

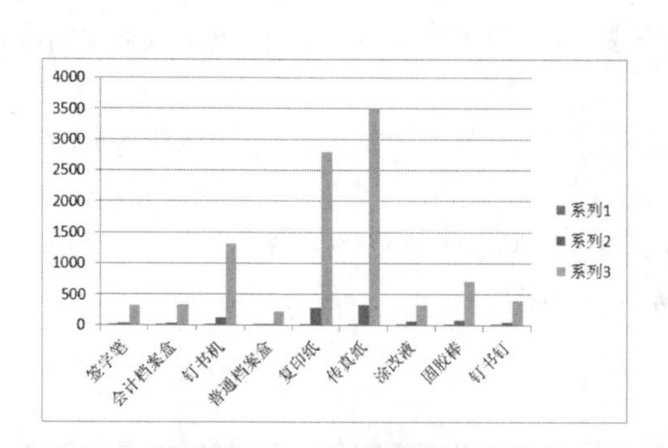

图 8-3　簇状柱形图表

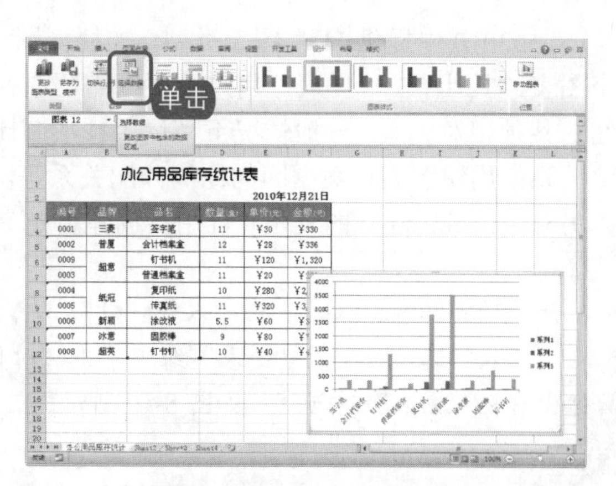

图 8-4　单击“选择数据”按钮

5 弹出“选择数据源”对话框，单击对话框右侧“水平(分类)轴标签”下的“编辑”按钮，如图 8-5 所示。

6 弹出“轴标签”对话框，单击折叠按钮，在工作表中选择新的数据 B4:C12 单元格区域，如图 8-6 所示。

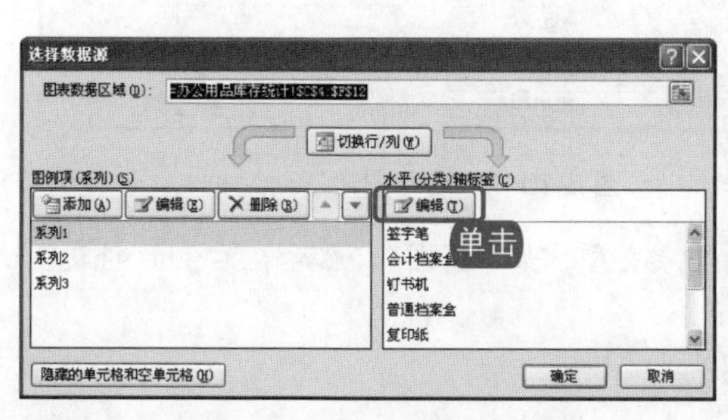

图 8-5　单击“编辑”按钮

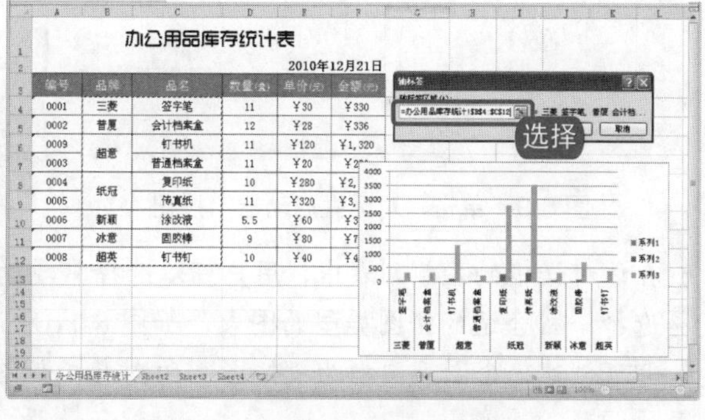

图 8-6　选择数据区域

7 单击“确定”按钮，返回到“选择数据源”对话框，如图 8-7 所示。

8 单击“确定”按钮关闭该对话框，为横坐标设置文字标签，如图 8-8 所示。

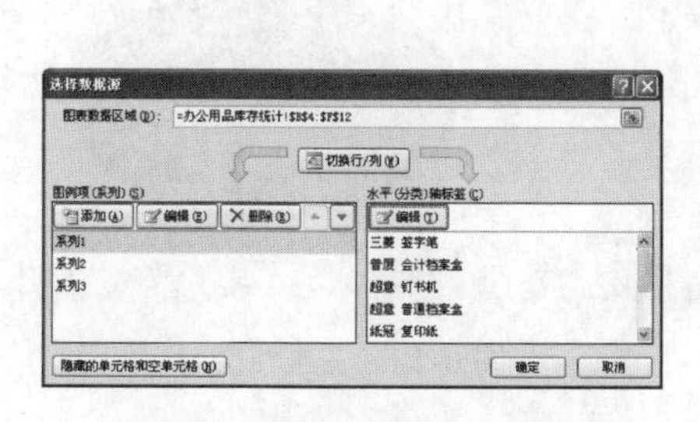

图 8-7　“选择数据源”对话框

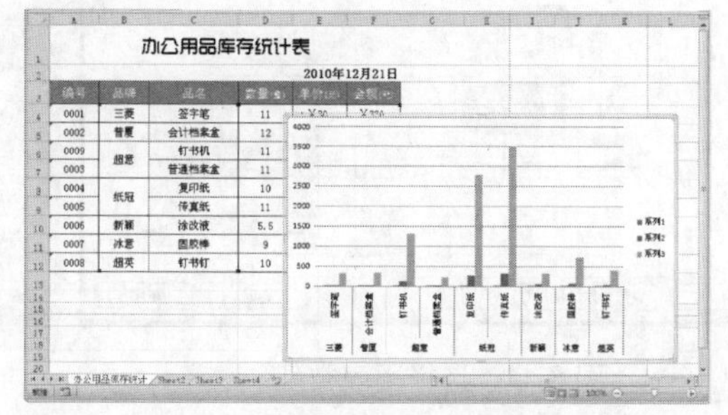

图 8-8　设置横坐标标签后的效果

电脑小百科

双击图表元素，将会调出图表元素的格式对话框。根据选择的图表元素不同，此对话框会有所不同。

8.1.2 选择图表类型

Excel 2010 中提供 11 种图表类型，如柱形图、条形图、折线图等，每一种图表类型又包括若干个图表，共计 73 个图表。用户可根据需要选择合适的图表来表述数据。图表可以用来表现数据间的某种相对关系，一般情况下都运用柱形图比较数据间的多少关系；用折线图反映数据间的趋势关系；用饼图表现数据间的比例分配关系等。

另外，Excel 2010 图表还允许用户创建自定义图表类型为图表模板，以方便调用常用的图表格式。

1. 打开原始文件 8.1.2.xlsx，在“人数统计”工作表中选中 A2:D7 单元格区域。
2. 在“插入”选项卡下的“图表”组中单击“对话框启动器”按钮，如图 8-9 所示。
3. 弹出“插入图表”对话框，如图 8-10 所示。

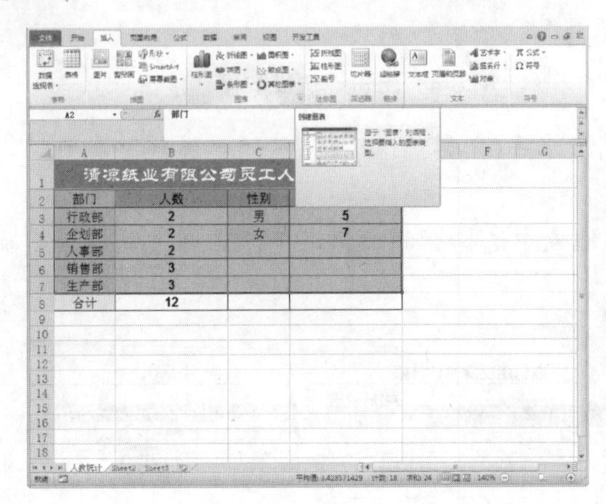

图 8-9　单击“对话框启动器”按钮

图 8-10　“插入图表”对话框

4. 在该对话框的左侧列表中，用户可以选择需要的图表类型，如“饼图”，然后在右侧的列表区域选择一种合适的饼图类型的图表，如图 8-11 所示。
5. 即可创建一个图表类型为“饼图”的图表，如图 8-12 所示。

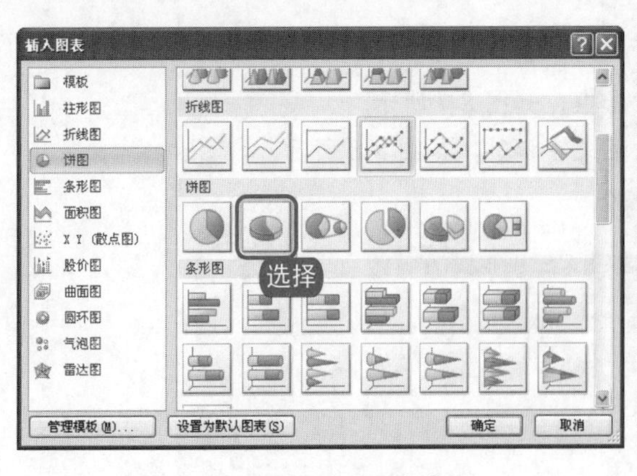

图 8-11　选择图表类型

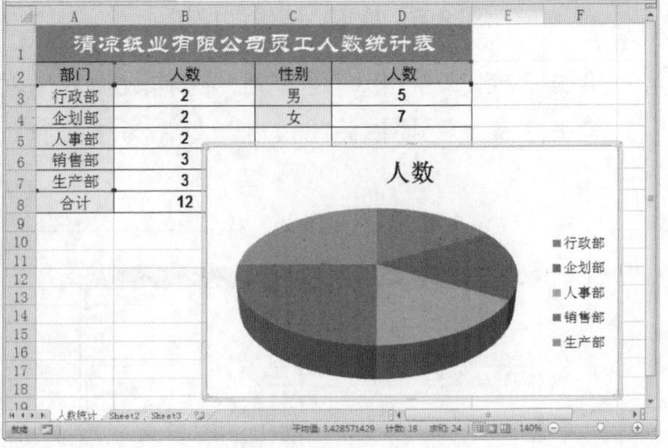

图 8-12　三维饼图

电脑小百科

使用“图表工具-布局”选项卡或者选定图表元素后右击，从弹出的快捷菜单中选择“设置图表区域格式”命令来对图表元素进行格式化。

如果希望图表随数据的变化而自动更新，那么就需要开启图表的实时更新功能。图表实时更新的前提是已经选中 Excel“计算选项”区域中的“自动重算”单选按钮。操作方法是：①选择“文件”选项卡中的“选项”命令，打开“Excel 选项”对话框；②在“公式”选项卡中选中“自动重算”单选按钮；③最后单击“确定”按钮即可，如下图所示。

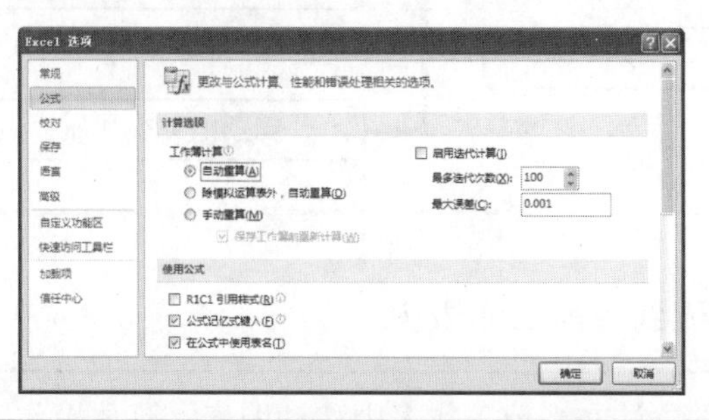

8.2　图表的基本编辑操作

通过选择数据区域，并选择图表类型自动生成的图表并不完善和美观，还需要对图表进行进一步的编辑，如调整图表大小、修改图表字体、更改图表类型等，才能达到更直观地表述数据的作用。

书盘互动指导

⊙ 示例	⊙ 在光盘中的位置	⊙ 书盘互动情况
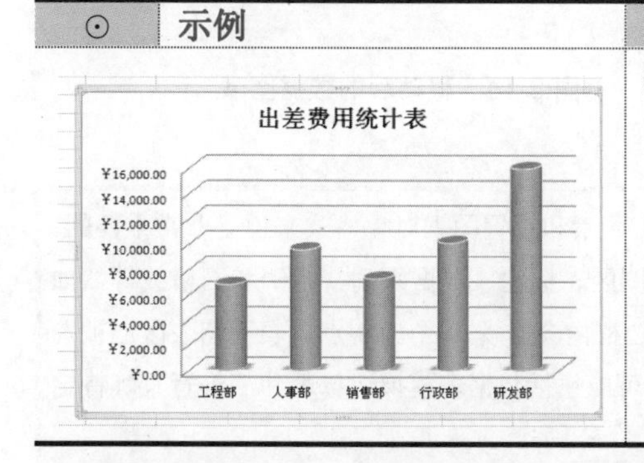	8.2　图表的基本编辑操作 8.2.1　移动图表 8.2.2　调整图表大小 8.2.3　修改图表字体 8.2.4　添加或删除数据 8.2.5　更改图表类型	本节主要带领读者学习图表的基本编辑操作，在光盘 8.2 节中有相关内容的操作视频，还特别针对本节内容设置了具体的实例分析。 读者可以在阅读本节内容后再学习光盘内容，以达到巩固和提升的效果。

8.2.1　移动图表

移动图表是指改变图表的当前位置。一般情况下，图表是以对象方式嵌入在工作表中的。移动图表有以下 3 种操作方法。

- 使用鼠标拖放可以在工作表中移动图表。
- 使用“剪切”和“粘贴”命令可以在不同工作表之间移动图表。
- 使用对话框将图表移动到图表工作表中。

电脑小百科

图表立面的任何元素都是可以修改的，双击任何部分，就可以将该部分激活，然后进行设置。

操作分析

可以在当前工作表中移动图表，也可以将图表移动到当前工作簿中的其他工作表中，以便满足用户的实际需求，从而更好地将数据表示出来。

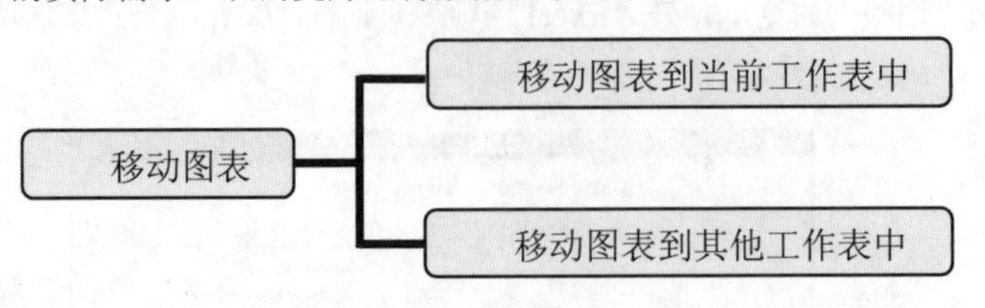

跟着做 1 移动图表到当前工作表中

下面使用鼠标拖动的方法在当前工作表中移动图表，具体操作方法如下。

1. 打开原始文件 8.2.1.xlsx，在"费用统计"工作表中选中图表，如图 8-13 所示。
2. 将鼠标指针指向选中的图表，并拖动鼠标，将图表移动到新的位置，松开鼠标即可，如图 8-14 所示。

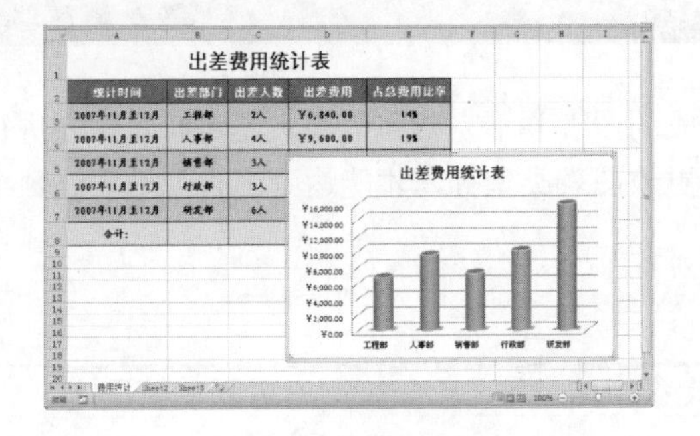

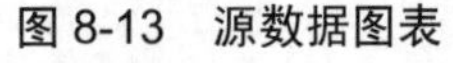
图 8-13　源数据图表

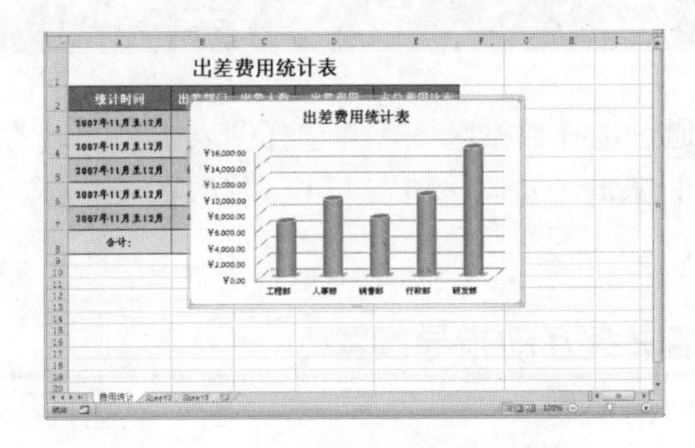

图 8-14　移动后的数据图表

老师的话

认识图表的各个组合部分，对于正确选择图表元素和设置图表对象格式来说是非常重要的。一个图表由多个独立的部分组成，如图表区、绘图区、标题、数据系列、图例和网格线等，如下图所示。单击图表区中的空白区域，在图表的边框内会出现 8 个控制点，表明图表区已被选定。选定图表区后，拖动鼠标可以移动整个图表。此外，图表还可能包括数据表模拟运算表和三维背景等特定图表中显示的元素。

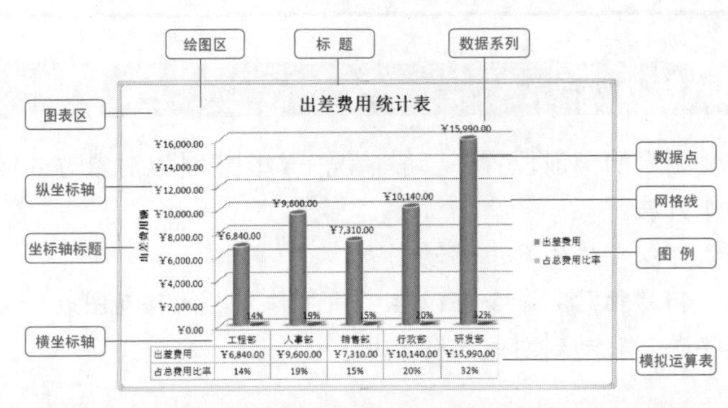

电脑小百科

曲面图与地形图类似，颜色和图案指示处于相同数值范围中的面积。

跟着做 2 移动图表到其他工作表中

下面使用“移动图表”对话框将图表移动到 Sheet 2 工作表中，具体操作步骤如下。

1. 在“费用统计”工作表中选中图表，单击“设计”选项卡中的“移动图表”按钮，如图 8-15 所示。
2. 弹出“移动图表”对话框，如图 8-16 所示。

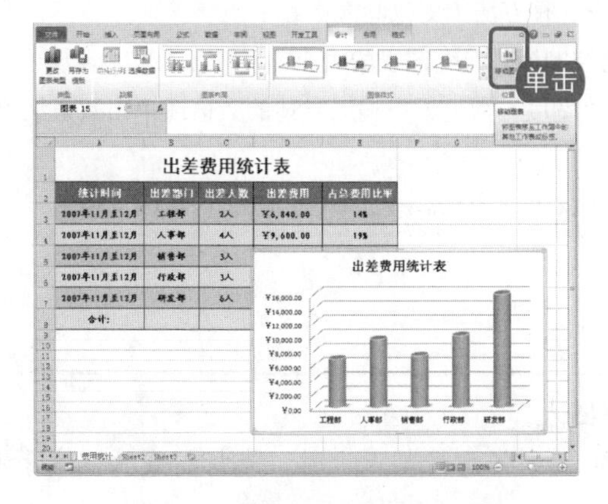

图 8-15　单击“移动图表”按钮

图 8-16　“移动图表”对话框

3. 选中“对象位于”单选按钮，在其后的下拉列表框中选择 Sheet 2 选项，如图 8-17 所示。
4. 单击“确定”按钮，即可将“费用统计”工作表中的图表移动到 Sheet 2 中，如图 8-18 所示。

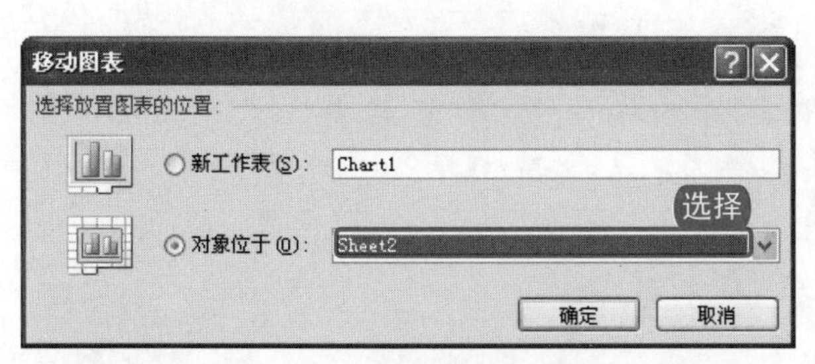

图 8-17　选择 Sheet 2 选项

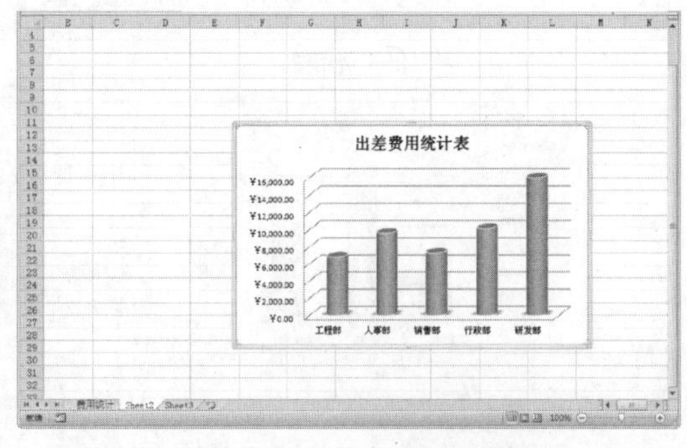

图 8-18　移动后的效果

在“移动图表”对话框中，如果选中“新工作表”单选按钮，那么在其后的文本框中可以输入图表要移动到新工作表的标签，或是使用默认的 Chart1 工作表标签，如下图所示。

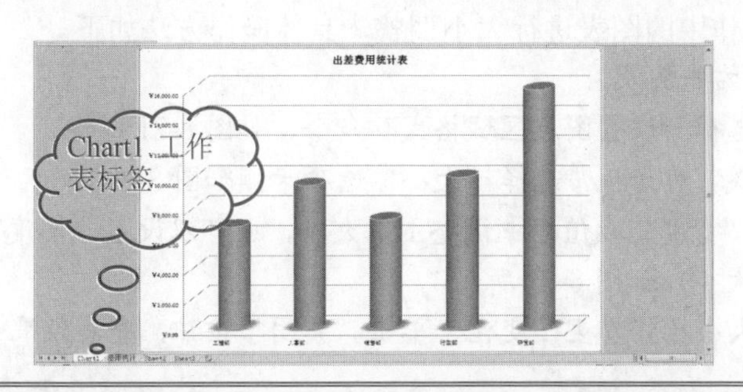

电脑小百科

一般来说，Excel 中有两类图表。如果建立的图表和数据是放在一起的，这样图和表结合就比较紧致、清晰、明确，更便于对数据的分析和预测，称为内嵌图表。

8.2.2 调整图表大小

在实际应用中，为了使创建的图表显示在工作表中的合适位置，从而满足打印或显示的需要，这就需要调整图表的大小。

选中要改变大小的图表后，可以通过如下 3 种方法来更改其大小。

- 将光标定位到任意控制点上时，拖动控制柄来改变图表的大小。
- 在“格式”选项卡下的“大小”组中的“高度”和“宽度”数值框中输入具体的数值或单击数值调整按钮。
- 在图表上右击，从弹出的快捷菜单中选择“设置图表区域格式”命令，在弹出的对话框中来设置。

跟着做 1☛ 通过控制柄调整图表大小

1. 打开原始文件 8.2.2.xlsx，在 Sheet 2 工作表中选中图表。
2. 此时，图表的边框上会显示 8 个控制点，将光标定位到任意控制点上时，光标将变为双向箭头形状，如图 8-19 所示。
3. 拖动鼠标即可调整图表大小，如果在拖动时按住 Shift 键，那么可等比缩放或放大图表，如图 8-20 所示。

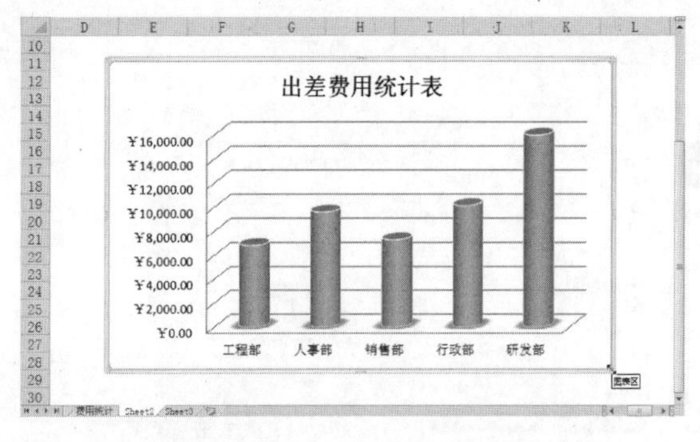

图 8-19 光标变为双向箭头形状

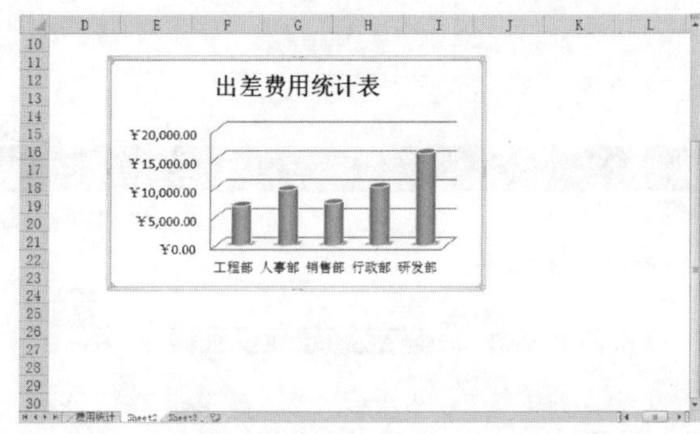

图 8-20 按住 Shift 键缩放图表后的效果

跟着做 2☛ 通过“设置图表区格式”对话框调整图表大小

除了拖动图表上的控制柄来改变图表大小，还可以使用“设置图表区格式”对话框来改变图表大小，如继续对上一操作中的图表进行大小调整，具体操作方法如下。

1. 在 Sheet 2 工作表中，右击图表。
2. 从弹出的快捷菜单中选择“设置图表区域格式”命令，如图 8-21 所示。
3. 弹出“设置图标区格式”对话框，选择“大小”选项卡，如图 8-22 所示。
4. 既可以在“高度”和“宽度”数值框中调整图片大小，也可以设置“高度”和“宽度”的缩放比例和选项调整图表大小，如图 8-23 所示。
5. 此时工作表中的图表大小已经发生了变化，单击“关闭”按钮，查看效果如图 8-24 所示。

电脑小百科

如果要建立的工作表不和数据放在一起，而是单独占用一个工作表，称为图表工作表，也叫独立工作表。

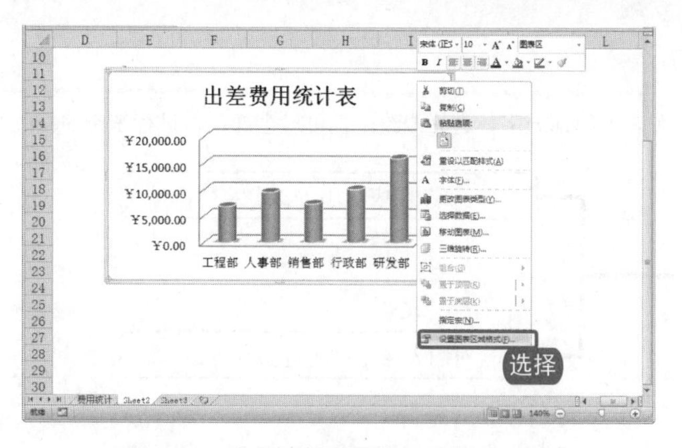

图 8-21　选择"设置图表区域格式"命令

图 8-22　选择"大小"选项卡

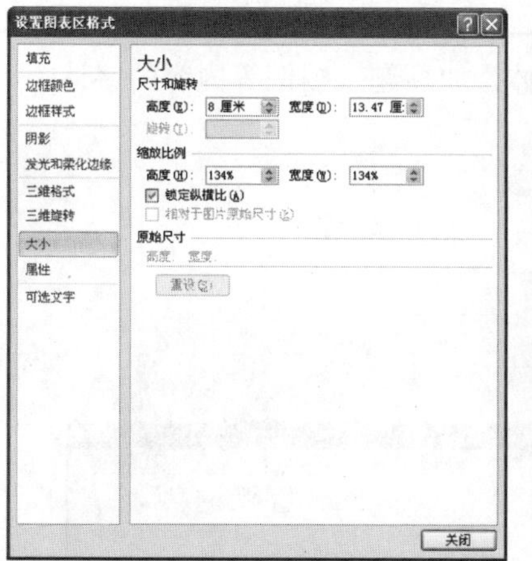

图 8-23　调整大小

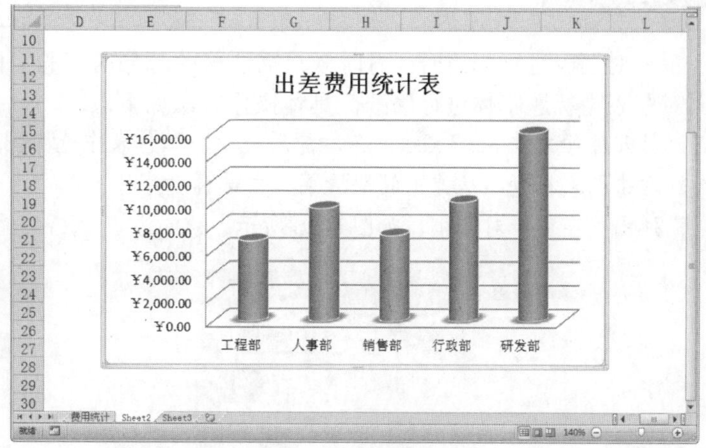

图 8-24　查看效果

选中要调整大小的图表，在"布局"选项卡下的"当前所选内容"组中，单击"设置所选内容格式"按钮，如下图所示，同样可以打开"设置图表区格式"对话框。

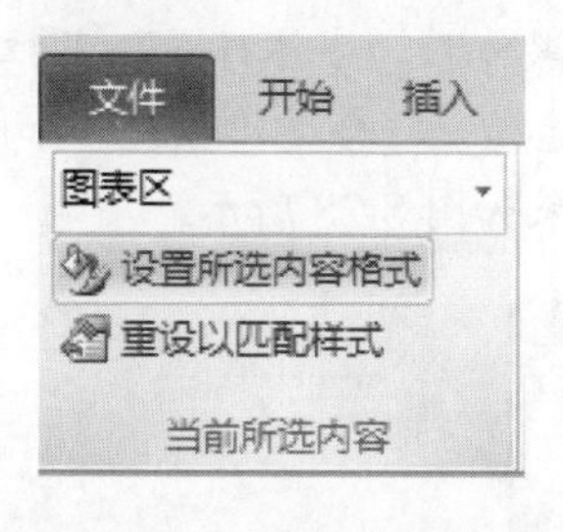

8.2.3　修改图表字体

为了使图表设计得更加美观，常常需要对其中的字体进行修改。图表字体的修改包括更改字体、字号、字体颜色及样式等。

电脑小百科

在柱形图中，类别一般沿水平坐标轴组织，数值沿垂直轴组织，适于显示数据随时间的变化或显示项的比较。

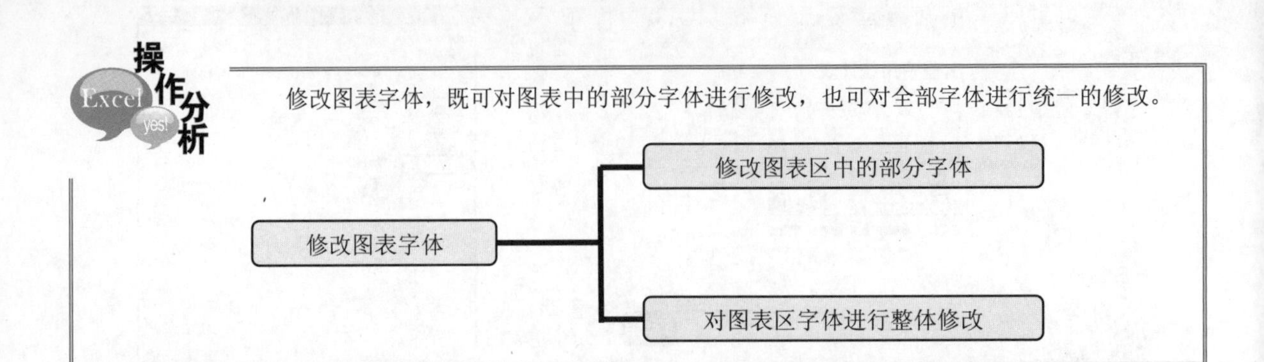

跟着做 1 修改图表区中的部分字体

在对图表进行修改时，有时候只需要修改部分内容的字体，如标题、图例等内容的字体。下面对图表中标题字体进行修改，具体操作方法如下。

1. 打开原始文件 8.2.3.xlsx，在“费用统计”工作表中选中图表。
2. 右击图表标题，从弹出的快捷菜单中选择“字体”命令，如图 8-25 所示。
3. 弹出“字体”对话框，如图 8-26 所示。

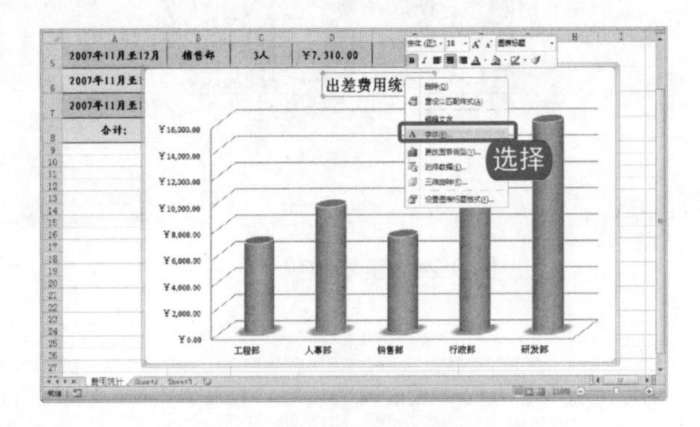

图 8-25　选择“字体”命令

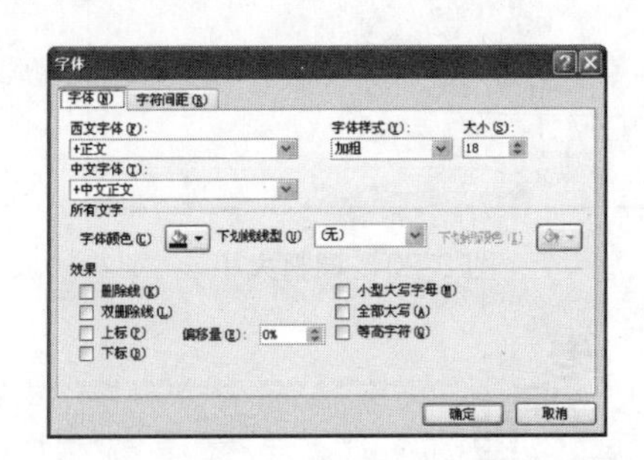

图 8-26　“字体”对话框

4. 在“中文字体”下拉列表框中选择“黑体”，“字体样式”下拉列表框中选择“加粗”，“大小”设为 25，“字体颜色”下拉调色板中选择一种合适的颜色，如图 8-27 所示。
5. 设置完成后，单击“确定”按钮，效果如图 8-28 所示。

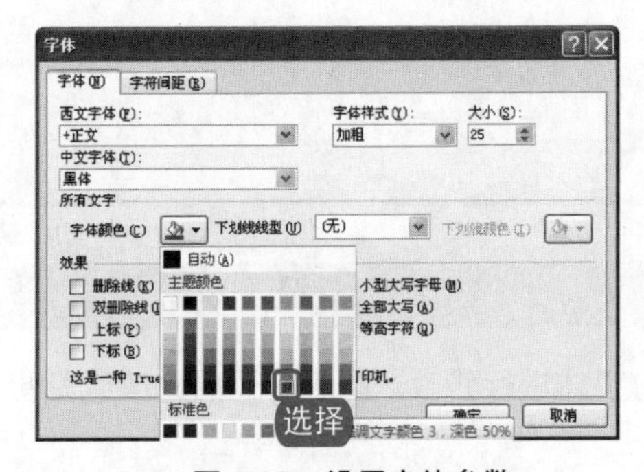

图 8-27　设置字体参数

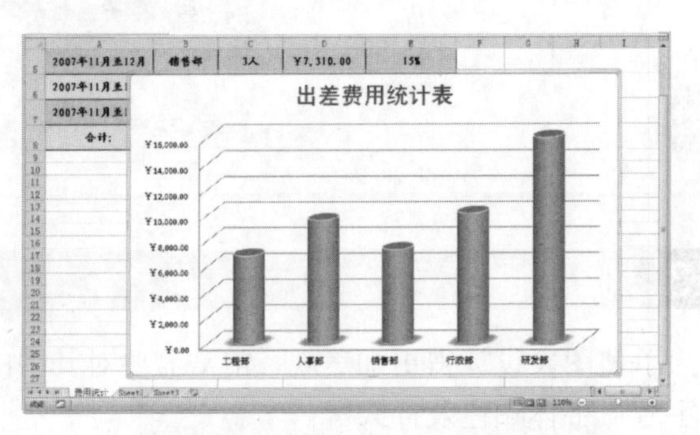

图 8-28　设置标题字体后的效果

电脑小百科

折线图可以显示随时间变化的连续数据，它根据常规刻度设置，因此适于显示相等时间间隔的数据趋势。

跟着做 2☛ 对图表区字体进行整体修改

对图表区字体进行整体修改，是将图表区中的所有文字格式设置成统一的风格。如将上一小节中图表区的标题、图例、系列值等内容的字体设置成统一的字体格式，具体操作方法如下。

1. 右击图表区，从弹出的快捷菜单中选择“字体”命令，如图 8-29 所示。
2. 弹出“字体”对话框，在“字体”选项卡下将“中文字体”设置为“华文中宋”，“字体样式”设置为“常规”，“大小”设置为 12，“字体颜色”设置为“橄榄绿”，如图 8-30 所示。

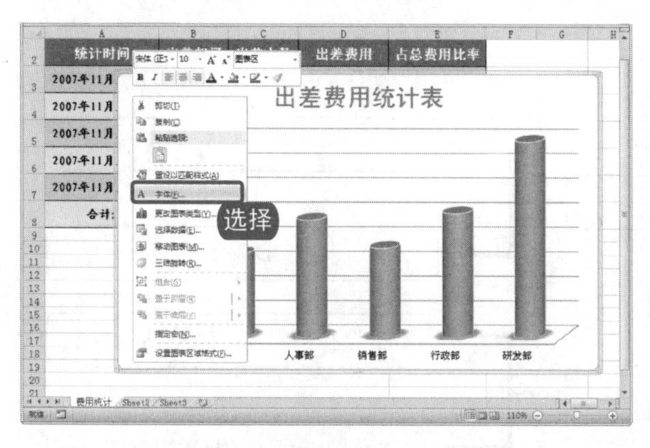

图 8-29 选择“字体”命令

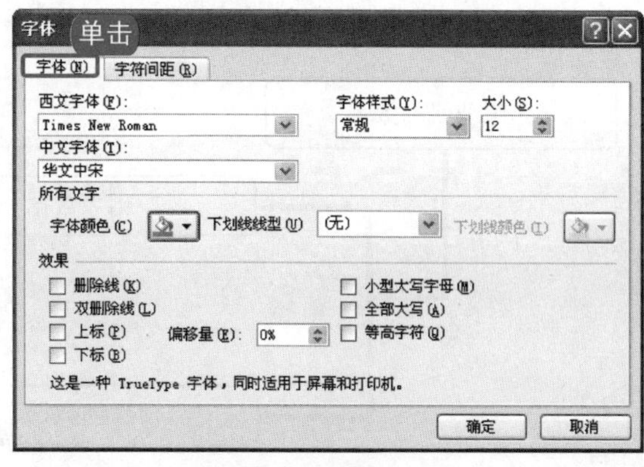

图 8-30 设置字体

3. 选择“字符间距”选项卡，在“间距”下拉列表框中选择“加宽”选项，将“度量值”设置为 1，如图 8-31 所示。
4. 设置完成后，单击“确定”按钮，此时图表区的所有文字均以统一的格式显示，如图 8-32 所示。

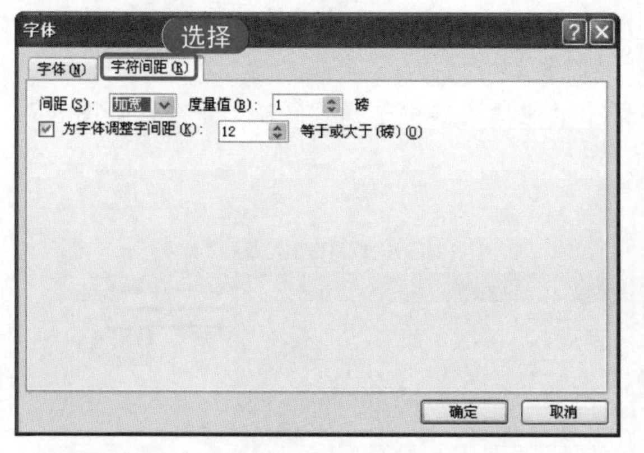

图 8-31 选择“字符间距”选项卡

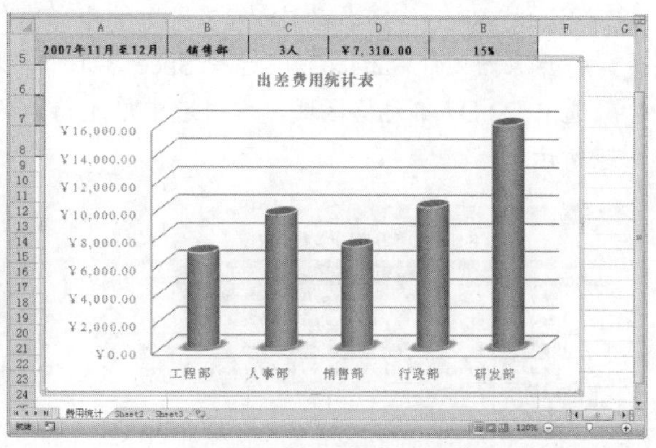

图 8-32 修改字体后的图表

知识补充

用户还可根据自己的需要，在“字体”对话框的“字体”选项卡下设置其他字体效果，如添加下划线、删除线、上标、下标等；在“字符间距”选项卡下可以设置字体的间距值。

电脑小百科

如果切换到不支持坐标轴标题的其他图表类型(如饼图)，则不再显示坐标轴标题。在切换回支持坐标轴标题的图表类型时将重新显示标题。

8.2.4 添加或删除数据

用户可以将工作表中的数据添加到已经创建完成的图表中，或是对创建完成的图表中的数据进行删除操作。

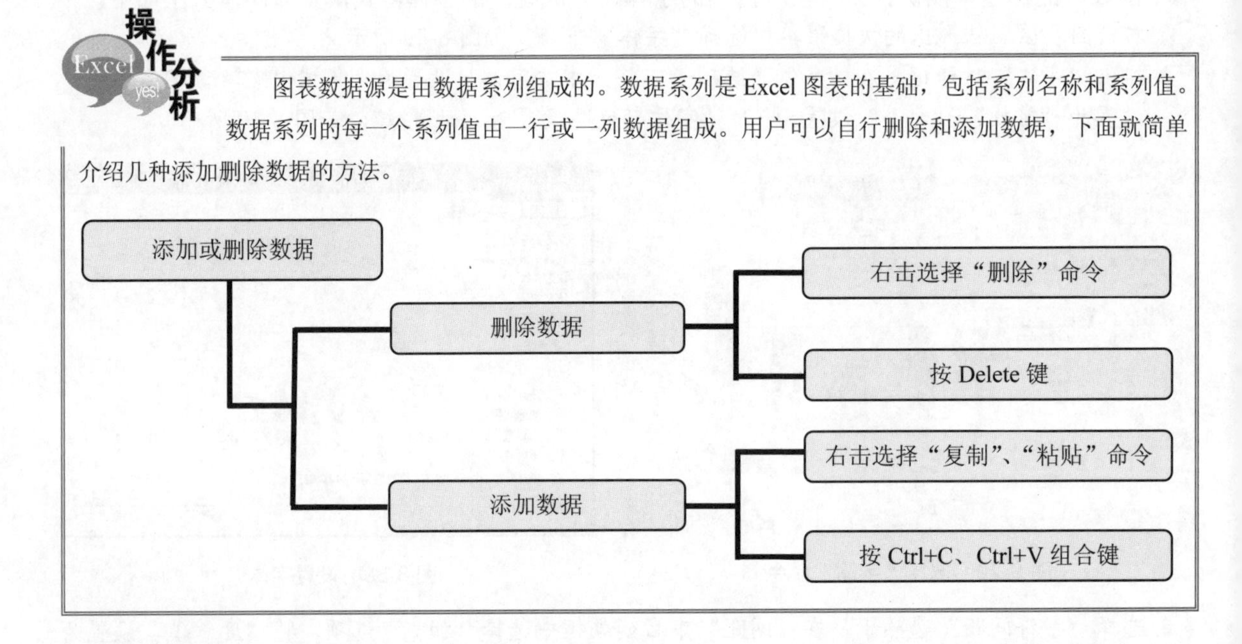

操作分析

图表数据源是由数据系列组成的。数据系列是 Excel 图表的基础，包括系列名称和系列值。数据系列的每一个系列值由一行或一列数据组成。用户可以自行删除和添加数据，下面就简单介绍几种添加删除数据的方法。

跟着做 1 添加数据

下面将 Sheet 3 工作表中“12 月”的出差费用添加到图表区中，具体方法如下。

1. 打开原始文件 8.2.4.xlsx，选择 Sheet 3 工作表，如图 8-33 所示。
2. 选中 D2:D7 单元格区域，右击选中单元格，从弹出的快捷菜单中选择“复制”命令，如图 8-34 所示。

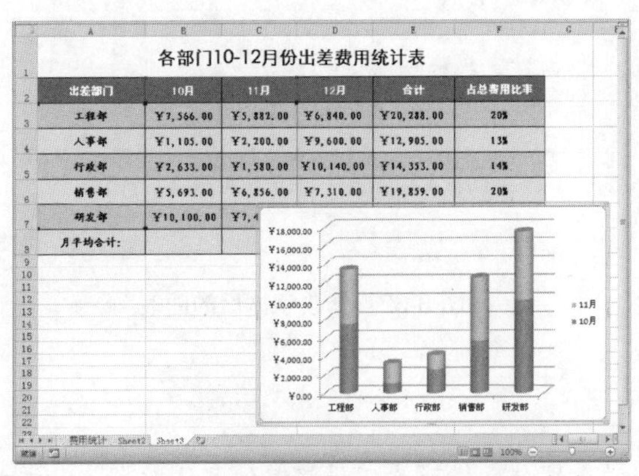

图 8-33 选择 Sheet 3 工作表

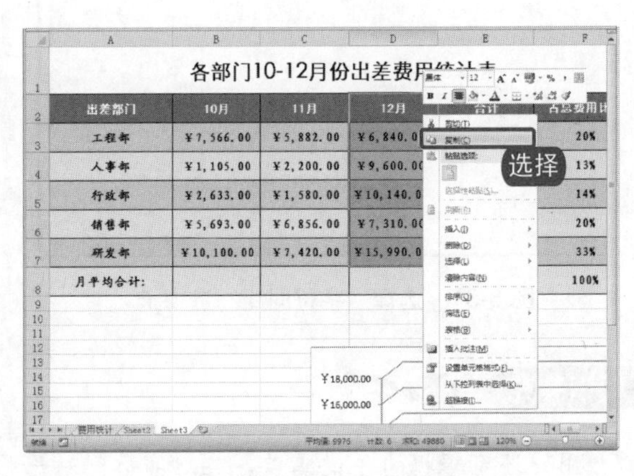

图 8-34 选择“复制”命令

3. 在圆柱形图表区右击，从弹出的快捷菜单中选择“粘贴”命令，如图 8-35 所示。
4. 此时，图表中显示出了添加的“12 月”系列数据，如图 8-36 所示。

电脑小百科

如果当前工作表中包含分级符号，按 Ctrl+8 组合键即可隐藏分级显示符号，再次按 Ctrl+8 组合键又可将分级显示符号显示出来。

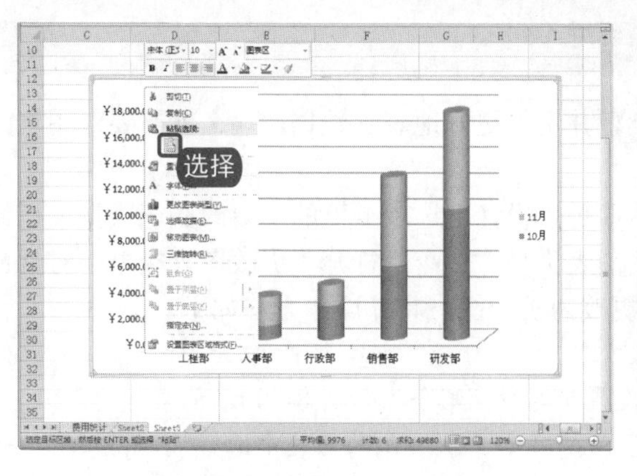

图 8-35　选择“粘贴”命令

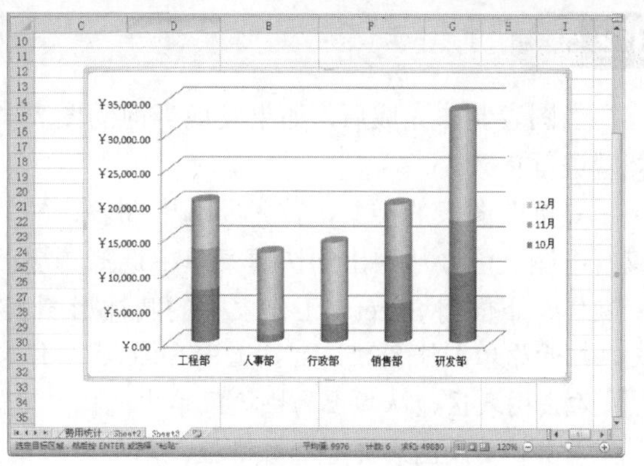

图 8-36　添加数据后的图表

跟着做 2☛ 删除数据

上一步操作为图表添加了新的数据，下面继续使用上一步中的文件，将圆柱形图表中“10月”系列的数据删除，具体操作方法如下。

❶ 选中图表区中“10 月”系列的数据，如图 8-37 所示。

❷ 在选中的数据系列上右击，从弹出的快捷菜单中选择“删除”命令，如图 8-38 所示。

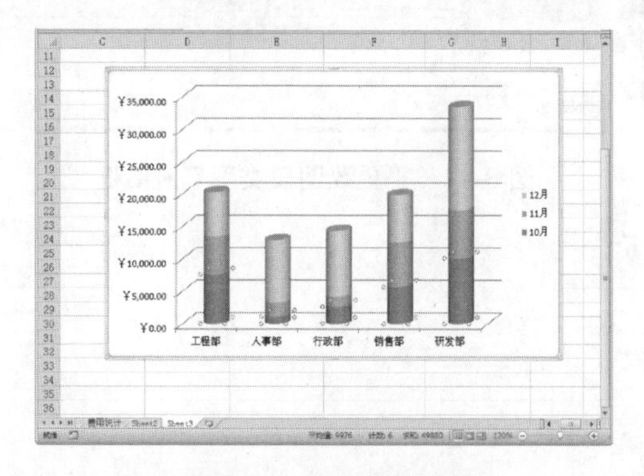

图 8-37　选中数据系列

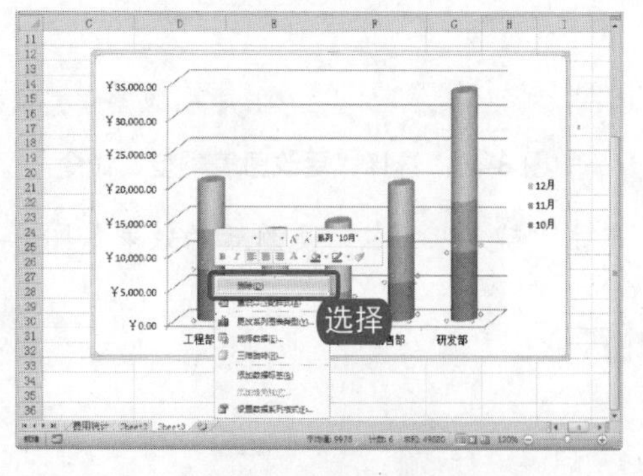

图 8-38　选择“删除”命令

❸ 此时，图表区就不再显示“10 月”系列的数据，如图 8-39 所示。

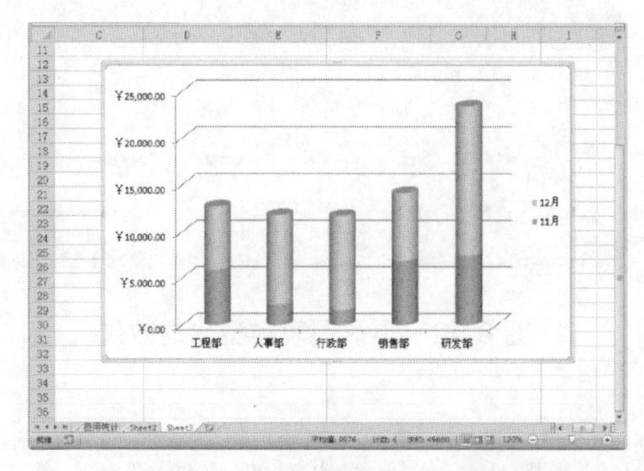

图 8-39　删除数据后的图表

散点图显示若干数值数据系列中数值之间的关系，或者将两组数绘制为 XY 坐标的一个系列。

8.2.5 更改图表类型

当图表制作完成后，如果发现当前的图表类型并不能更好地表示数据，那么就需要对图表的类型进行更改。

要更改图表的类型，首先要选中图表，然后通过“设计”选项卡下的“更改图表类型”按钮或右击图表区，从弹出的快捷菜单中选择“更改图表类型”命令，打开“更改图表类型”对话框来操作，下面将 Sheet 3 工作表中的圆柱形图表更改为折线图，具体操作方法如下。

1. 打开原始文件 8.2.5.xlsx，选中 Sheet 3 工作表。
2. 右击图表区，从弹出的快捷菜单中选择“更改图表类型”命令，如图 8-40 所示。
3. 弹出“更改图表类型”对话框，单击“折线图”选项卡，从右侧的列表中选择 “折线图”，如图 8-41 所示。

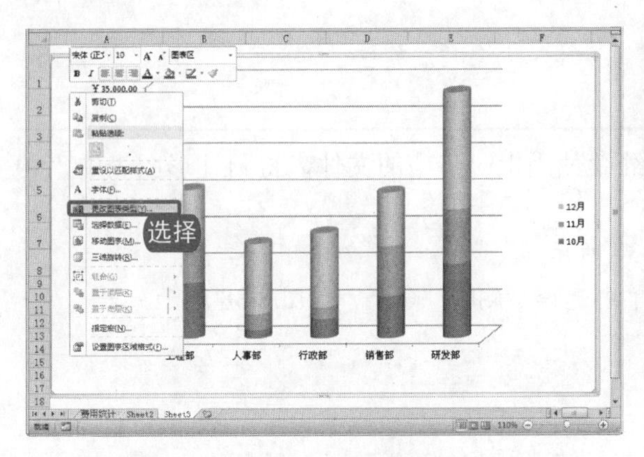

图 8-40　选择“更改图表类型”命令

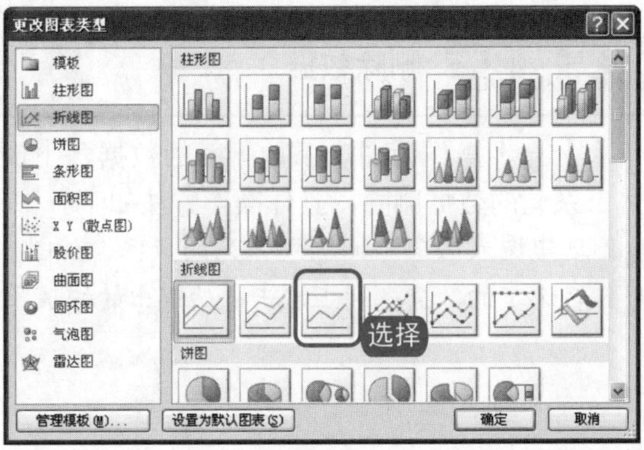

图 8-41　“更改图表类型”对话框

4. 单击“确定”按钮，更改后的效果如图 8-42 所示。

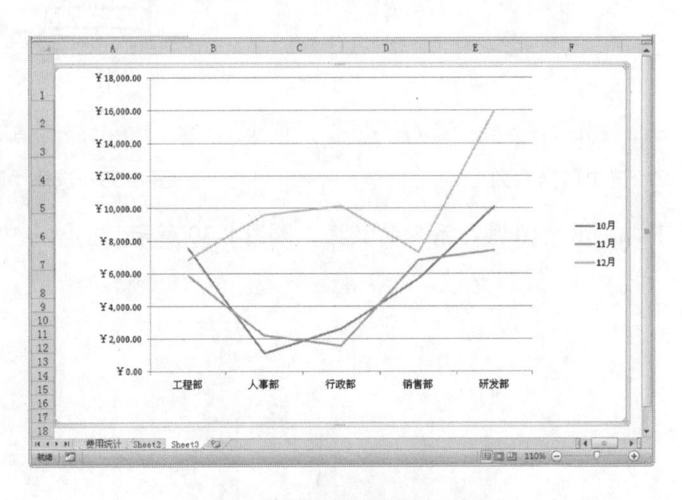

图 8-42　更改图表类型后的效果

知识补充

除了上述方法可以更改图表类型外，用户可直接在“插入”选项卡中，单击“折线图”下拉按钮，从弹出的下拉菜单中选择一种折线图类型。

电脑小百科

气泡图与散点图相似，但气泡图不常用且通常不易理解。气泡图是一种特殊的 X Y 散点图，可显示 3 个变量的关系。

8.3　Excel 中常用图表类型及适用场合

Excel 2010 提供了 11 种图表类型，分别为柱形图、折线图、饼图、条形图、面积图、XY 散点图、股价图、曲面图、圆环图、气泡图和雷达图，每种图表类型又包括若干个图表，总计 73 个图表。

书盘互动指导

示例	在光盘中的位置	书盘互动情况
3月份笔记本销量	8.3　Excel 中常用图表类型及使用场合	本节主要带领读者学习 Excel 常见图表类型的适用场合，在光盘 8.3 节中有相关内容的操作视频，还特别针对本节内容设置了具体的实例分析。 读者可以在阅读本节内容后再学习光盘内容，以达到巩固和提升的效果。

8.3.1　柱形图

在柱形图中，通常情况下水平轴表示类别，垂直轴表示数值，用于显示一段时间内数据的变化或者显示各项之间的比较情况，它是实际工作中使用比较多的图表类型之一，也是包含图表最多的一种图表类型，如二维柱形图、三维柱形图、圆柱图等。

柱形图包括 19 个图表，如图 8-43 所示。

图 8-44 为簇状柱形图，显示了销售人员在六个月中各月之间的比较结果。

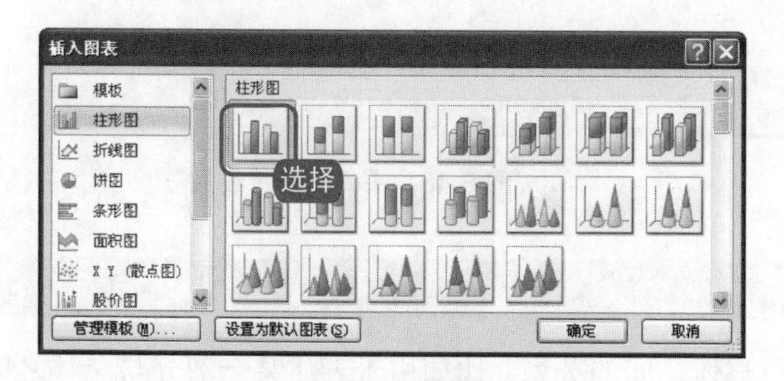

图 8-43　柱形图

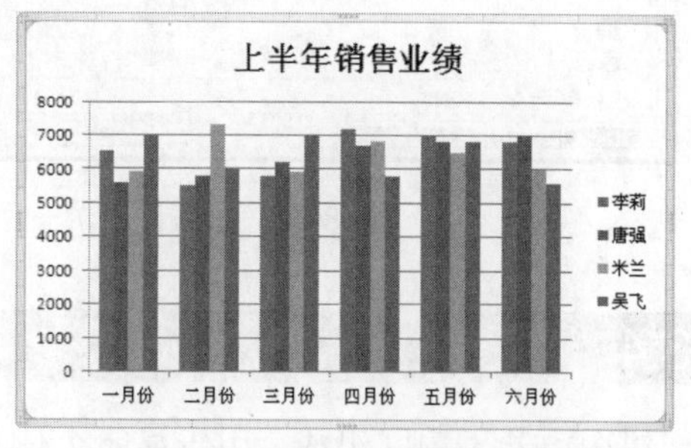

图 8-44　销售业绩簇状柱形图

8.3.2　条形图

条形图是用水平条的形式来显示数据，它的特点是数据轴标签较长并且能持续显示数据。条形图有些类似于水平的柱形图，它使用水平的横条来表示数据值的大小。条形图主要用来比较不同类别数据之间的差异情况。当类别的文字特长，或是要持续显示数值时，则应选用条形图。

电脑小百科

股价图常用于显示股票价格的波动，可使用它显示特定股票的最高价/最低价与收盘价。

条形图包含 15 个图表，如图 8-45 所示。

如图 8-46 所示为簇状条形图，显示了 3 月份的周平均编书页数和修改页数。

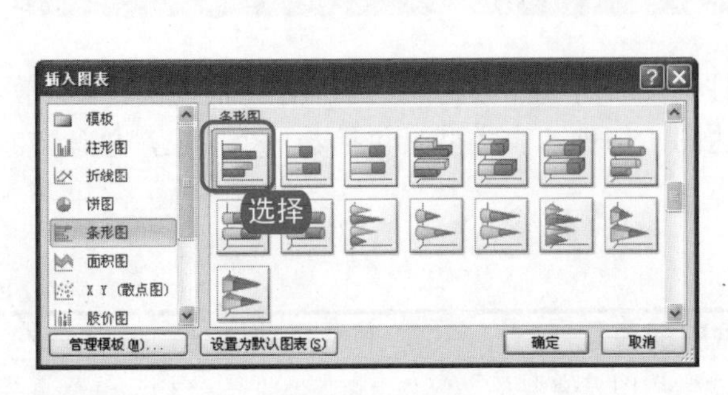

图 8-45 条形图

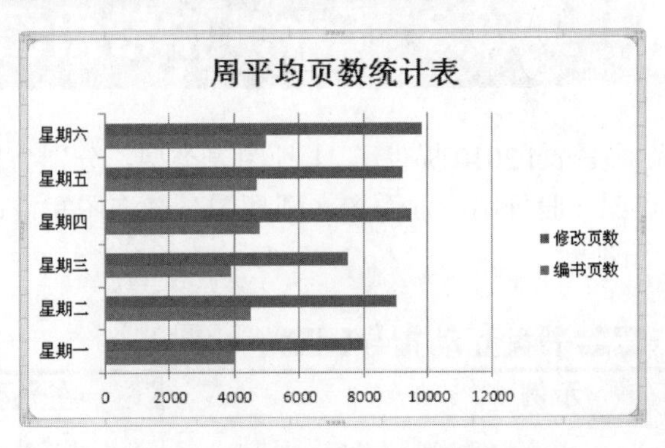

图 8-46 周平均页数统计簇状条形图

8.3.3 折线图

折线图用于显示一段时间内一组数据的变化趋势，通常用于比较相同时间间隔内数据的变化趋势，它可以显示数据标记也可以不显示数据标记。

折线图包含 7 个图表，如图 8-47 所示。

如图 8-48 所示为折线图，显示了一车间和二车间上半年的产量趋势，体现两个车间的生产产量差异。

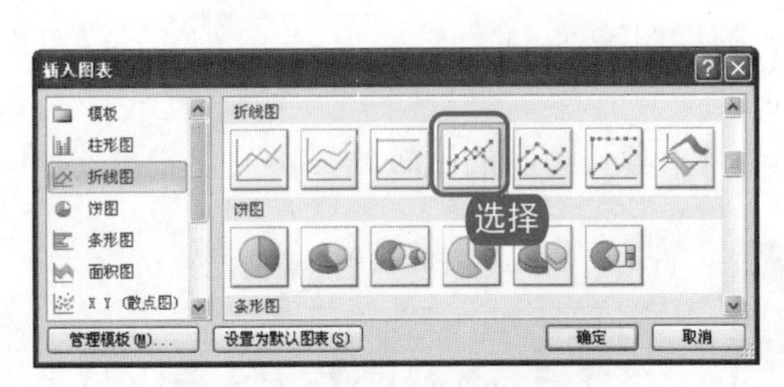

图 8-47 折线图

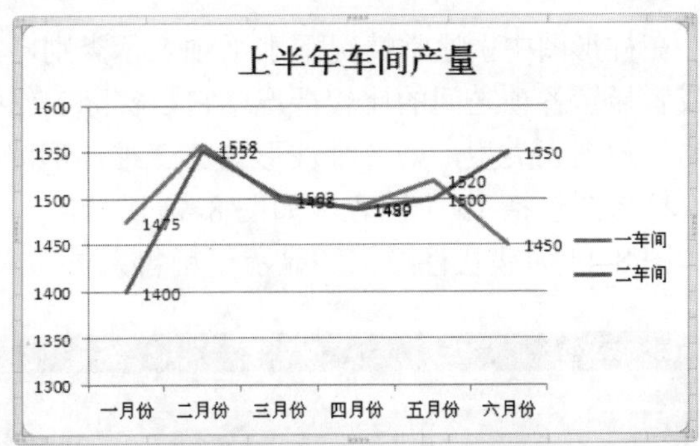

图 8-48 车间产量折线图

8.3.4 饼图

饼图由若干扇区组成，用于显示个体与整体之间的关系，比如用于表述某一部分与总体之间的比例情况，或是要重点突出某一个体时，适用于一个数据系列的表述。

饼图包含 6 个图表，如图 8-49 所示。

如图 8-50 所示为饼图，显示了电脑城 3 月份的笔记本销售量，体现各品牌的销售比例。

电脑小百科

圆环图与饼图类似，圆环图显示各部分与整体的关系。不过，它可以包含多个数据系列。圆环图的每个圆环表示一个数据系列。

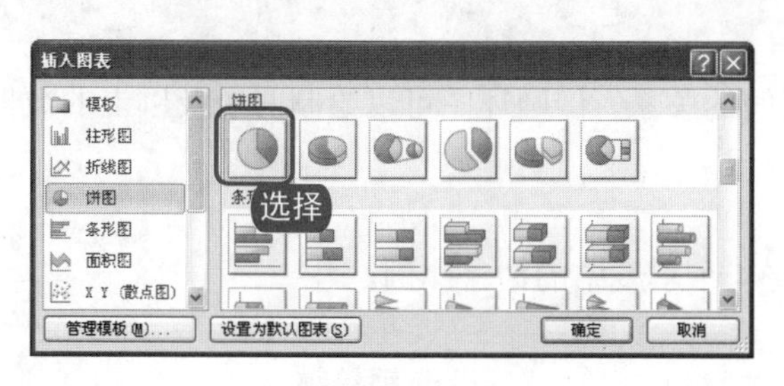

图 8-49　饼图

图 8-50　笔记本销量饼图

8.3.5　XY 散点图

XY 散点图用于显示成对数据中各数值之间的关系，其 X 轴和 Y 轴均显示为数值，在 X 值和 Y 值垂直交汇处形成数据标记，常用于统计与科学数据的显示。

XY 散点图包含 5 个图表，如图 8-51 所示。

如图 8-51 所示为 XY 散点图，显示周一～周五中餐和晚餐的统计数据。

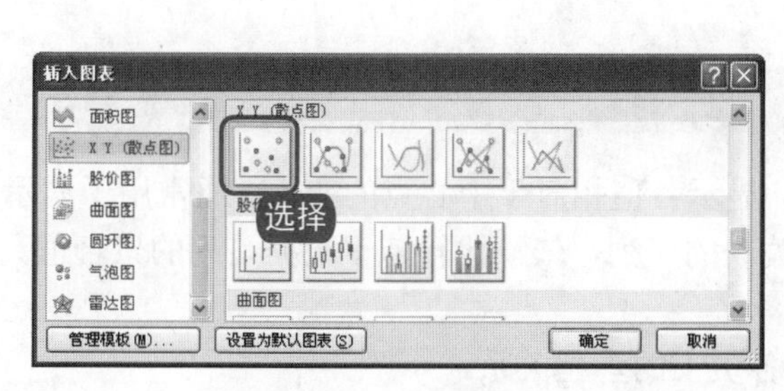

图 8-51　XY 散点图

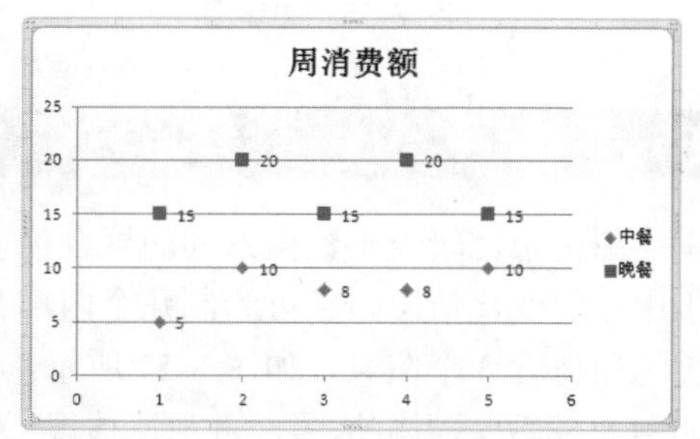

图 8-52　XY 散点图

8.3.6　面积图

面积图是一种以阴影或颜色填充折线下方区域的折线图，用于显示一段时间内数据变动的幅值。在面积图中，能在看见单独部分变动的同时也能看到总体的变化，它在显示随时间改变的量时很有用。

面积图包含 6 个图表，如图 8-53 所示。

如图 8-54 所示为面积图，该图体现了三个矿区的产量。

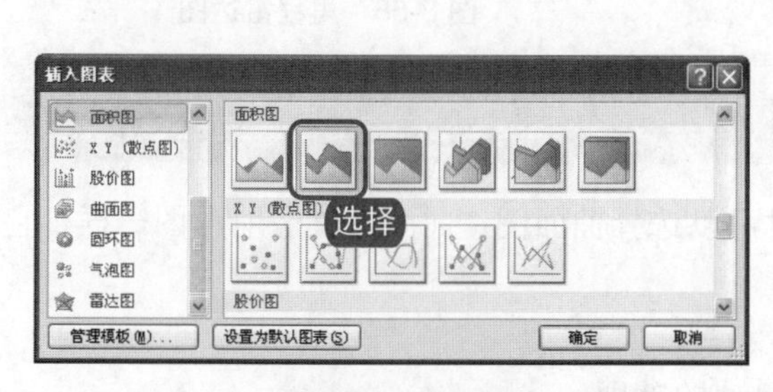

图 8-53　面积图

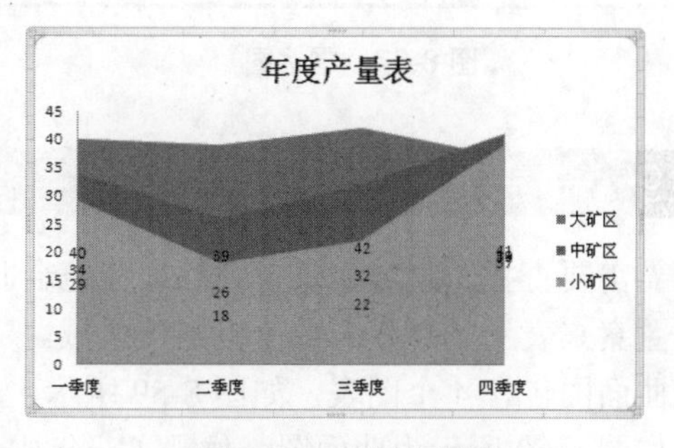

图 8-54　矿区产量图

电脑小百科

图表还可能包括数据表模拟运算表和三维背景等在特定图表中显示的元素。

8.3.7 圆环图

圆环图类似于饼图，用于显示个体与整体之间的关系，但圆环图可以绘制两个及以上的数据系列。

圆环图包含 2 个图表，如图 8-55 所示。

如图 8-56 所示为圆环图，显示红茶和绿茶在 4 个季度中的销售比例。

图 8-55　圆环图

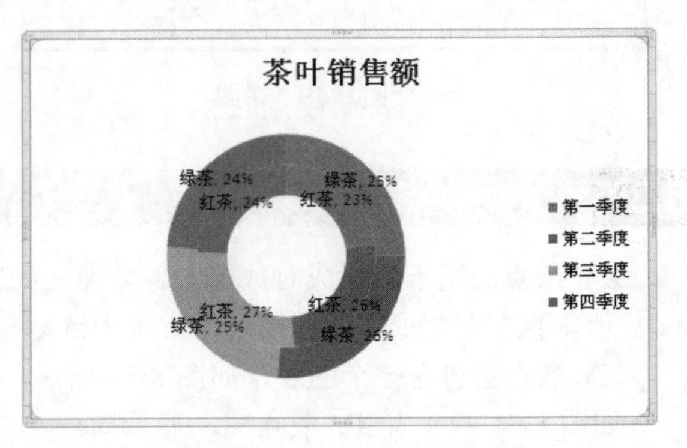

图 8-56　茶叶销售额圆环图

8.3.8 雷达图

雷达图用于比较若干数据系列的聚合值，显示各值相对于中心点的变化，通常用于显示数据相对于中心的变化情况，它可绘制几个内部关联的序列，依次比较若干数据系列的聚合值。

雷达图包含 3 个图表，如图 8-57 所示。

如图 8-58 所示为雷达图，直观地体现了各员工的里程关系。

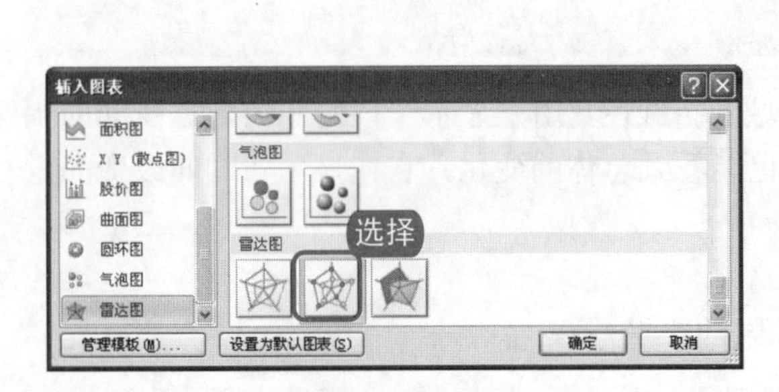

图 8-57　雷达图

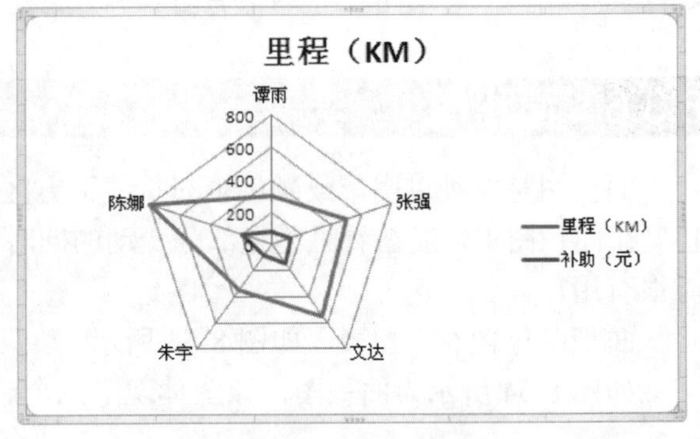

图 8-58　里程雷达图

8.3.9 曲面图

当需要查找两组数据或自荐的最佳组合时可以选择曲面图。曲面图就像地形图一样，它用颜色和图案来表示具有相同数值范围的区域。

曲面图包含 4 个图表，如图 8-59 所示。

如图 8-60 所示为曲面图，体现了一年中风速的差别。

电脑小百科

在雷达图中，每个类别本身都有从中心点辐射的数值轴。各个线条连接同一系列中的所有数值。

图 8-59　曲面图

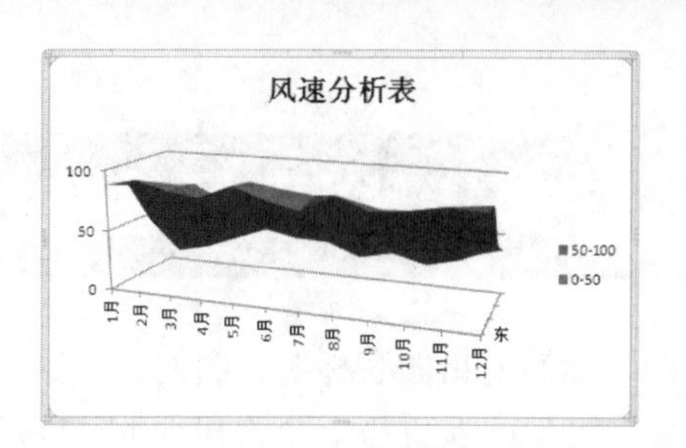

图 8-60　风速曲面图

8.3.10　气泡图

气泡图实际上是一种特殊的散点图，可用于显示 3 个变量之间的关系，它用气泡的大小来表述其中的一个变量。气泡图适用于较少而且较小的数据。如果数据太多太大，则绘制的气泡图不易阅读。

气泡图包含 2 个图表，如图 8-61 所示。

如图 8-62 所示为气象气泡图，比较春季和秋季两个季节的温度和湿度。

图 8-61　气泡图

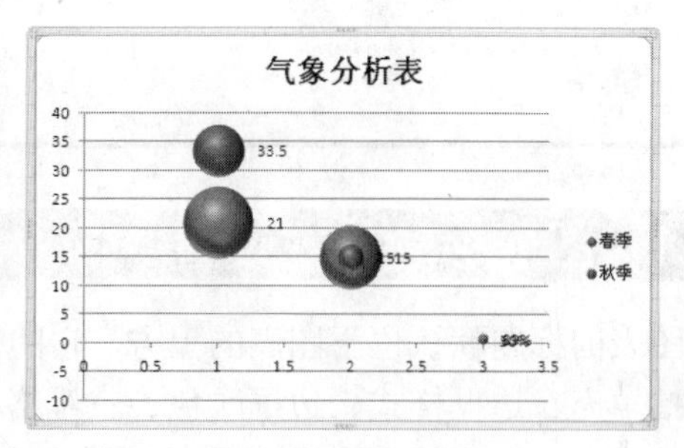

图 8-62　气象气泡图

8.3.11　股价图

股价图常用于显示股票的走势，可用于表示股票的盘高价、盘低价、收盘价的走势，也可表示成交量、盘高价、盘低价、收盘价的走势。根据要表示的股价走势，提供相应的数据，并按指定的顺序输入到工作表中。

股价图包含 4 个图表，如图 8-63 所示。

如图 8-64 所示为指数-开盘-盘高-盘低-收盘股价图，显示了股票价格变化。

图 8-63　股价图

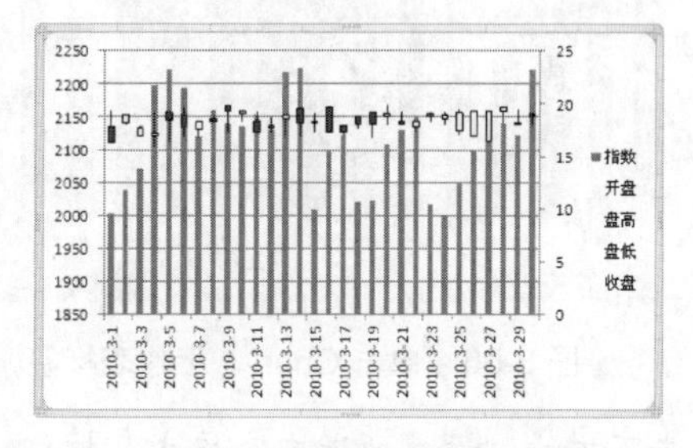

图 8-64　指数-开盘-盘高-盘低-收盘股价图

Excel 图表由图表区、绘图区、标题、数据系列、图例和网格线等基本组成部分构成。

8.4 图表标签格式设置

图表标签是指图表标题、图例、数据标签，以及模拟运算表。通过对这些图表标签的格式进行设置，可使图表更易于阅读和理解，以及更加协调和美观。图表标签的格式有很多种，用户可以根据实际需要来进行设置。

书盘互动指导

示例	在光盘中的位置	书盘互动情况
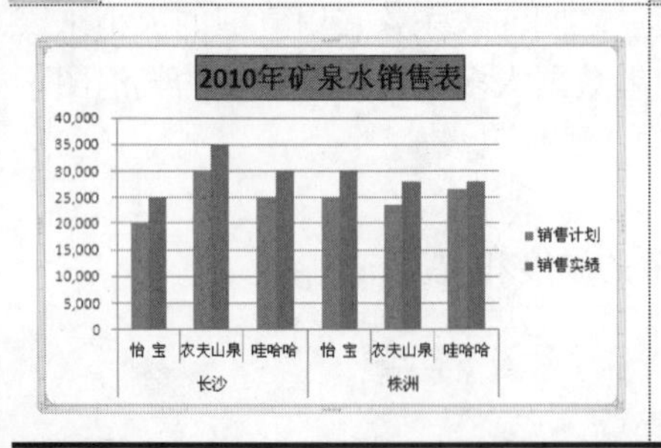	8.4 图表标签格式设置 8.4.1 图表标题格式设置 8.4.2 图例格式设置 8.4.3 数据标签格式设置 8.4.4 模拟运算表格式设置	本节主要带领读者学习图表标签格式的设置，在光盘8.4节中有相关内容的操作视频，还特别针对本节内容设置了具体的实例分析。 读者可以在阅读本节内容后再学习光盘内容，以达到巩固和提升的效果。

8.4.1 图表标题格式设置

图表的标题默认位于图表的上方，它的作用是表达该图表的主题和意图。图表标题的格式设置包括填充、边框样式、边框颜色、三维格式、对齐方式等。

下面对“12月员工加班费用统计表”中的标题进行格式设置，具体操作步骤如下。

1. 打开原始文件8.4.1.xlsx，单击Chart 1工作表标签，如图8-65所示。
2. 选中图表，在“布局”选项卡下的“当前所选内容”组中，单击“图表元素”下拉按钮，从弹出的下拉列表中选择“图表标题”选项，如图8-66所示。

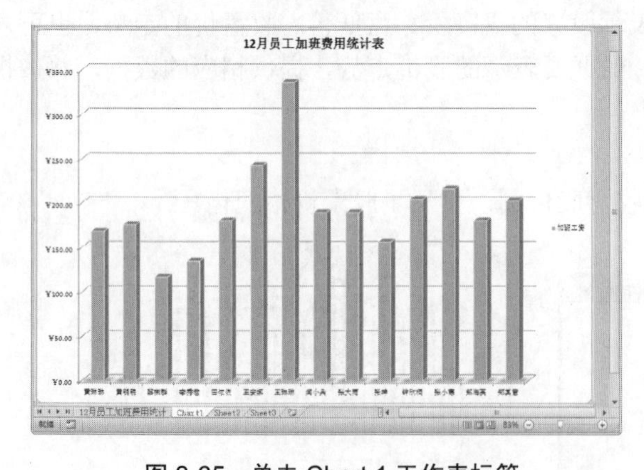

图8-65 单击Chart 1工作表标签

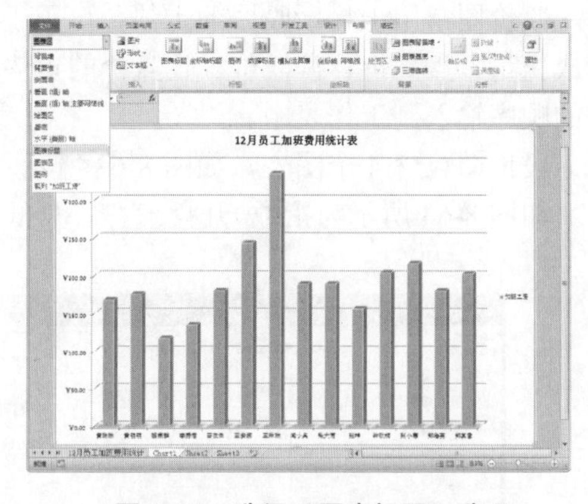

图8-66 选择“图表标题”选项

3. 单击下方的“设置所选内容格式”按钮，弹出“设置图表标题格式”对话框，如图8-67所示。
4. 在“填充”选项卡下对图表标题进行填充方式的设置，如选中“纯色填充”单选按钮，设置“颜

电脑小百科

坐标轴按引用数据不同可分为数值轴、分类轴、时间轴和序列轴4种。

色”为“橄榄色”，“透明度”为 80%，如图 8-68 所示。

图 8-67　“设置图表标题格式”对话框

图 8-68　设置填充方式

❺ 在“边框颜色”选项卡下，可设置边框的颜色及线型，如选中“实线”单选按钮，在“颜色”调色板中单击“黑色，文字 1”，如图 8-69 所示。

❻ 在“边框样式”选项卡下，可设置边框样式的宽度、复合类型等，如单击“宽度”的微调按钮，设置边框宽度为“1 磅”，设置“复合类型”为“由粗到细”，如图 8-70 所示。

图 8-69　设置边框颜色

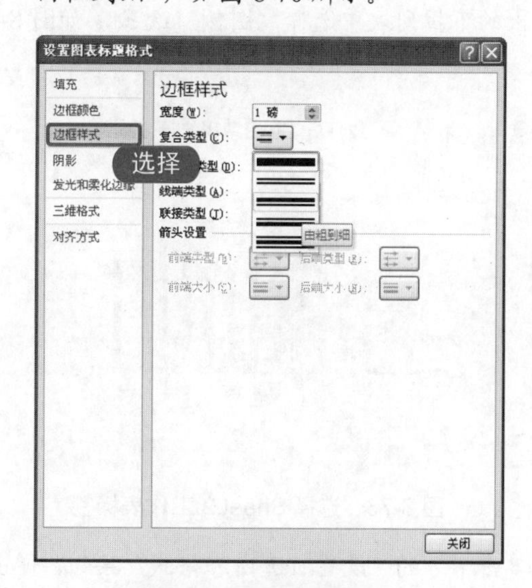

图 8-70　设置边框样式

❼ 在“阴影”选项卡下，可以设置标题的阴影效果，如在“预设”下拉列表中选择一种合适的阴影效果，其他参数为默认，如图 8-71 所示。

❽ 标题格式设置完成后，单击“关闭”按钮，效果如图 8-72 所示。

电脑小百科

图例由图例项和图例项标示组成，在默认设置中，包含图例的无边框矩形区域显示在绘图区右侧。

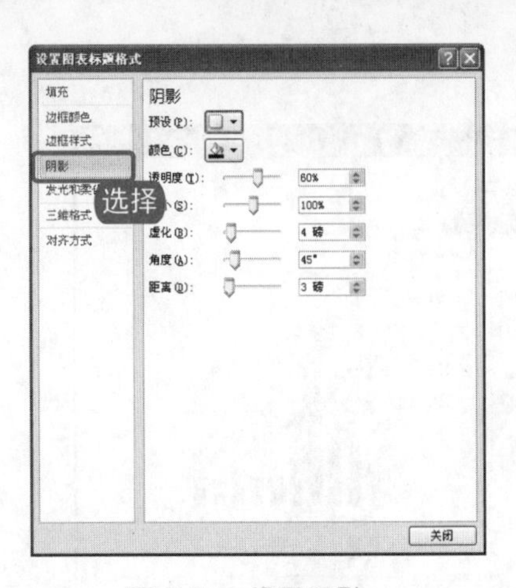

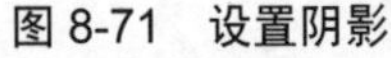
图 8-71　设置阴影

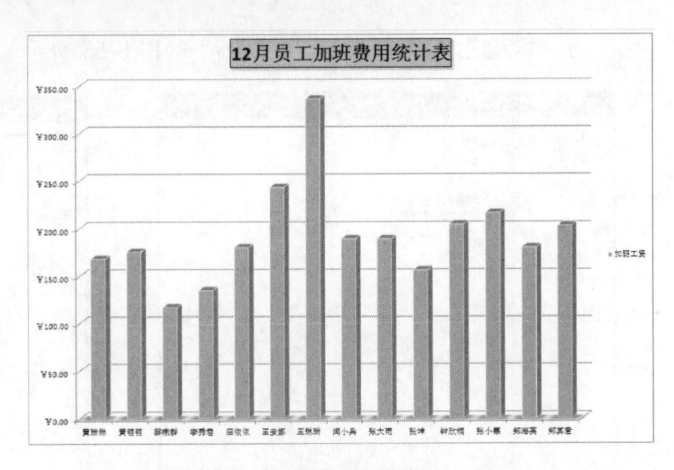

图 8-72　设置格式后的标题

8.4.2 图例格式设置

一般在图表创建时图例会默认显示，其格式设置包含图例选项、填充、边框颜色、边框样式、阴影、发光和柔化边缘。

下面对“12 月员工加班费用统计表”中的图例选项和填充格式进行设置，具体操作步骤如下。

1. 打开原始文件 8.4.1.xlsx，单击 Sheet 2 工作表标签，如图 8-73 所示。
2. 选中图表，在“布局”选项卡下的“当前所选内容”组中，单击“图表元素”下拉按钮，从弹出的下拉列表中选择“图例”选项，如图 8-74 所示。

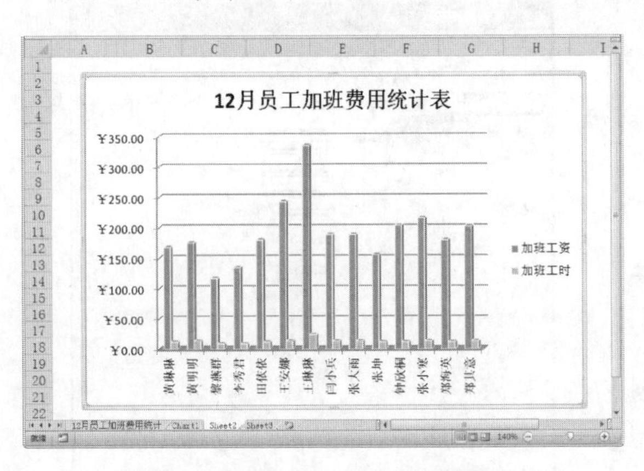

图 8-73　选择 Sheet 2 工作表标签

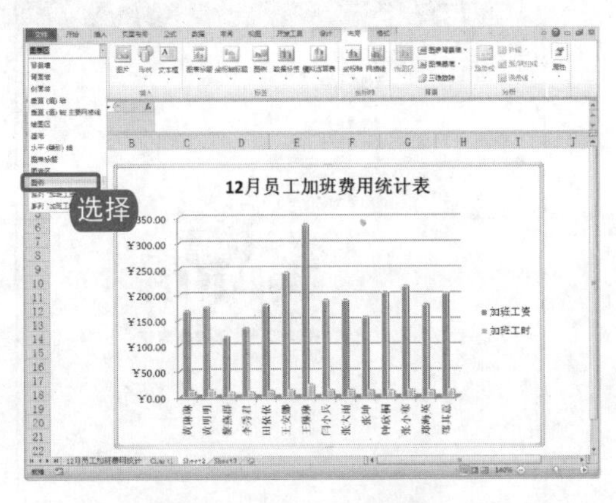

图 8-74　选择“图例”选项

3. 单击下方的“设置所选内容格式”按钮，弹出“设置图例格式”对话框，如图 8-75 所示。在“图例选项”选项卡中可以设置图例的显示位置，如选中“靠右”单选按钮。
4. 在“填充”选项卡中，选中“图案填充”单选按钮，单击“预设颜色”下拉按钮，从弹出的下拉列表中选择一种填充图案，如图 8-76 所示。
5. 在“发光和柔化边缘”选项卡中可以设置边框的发光效果和边缘的柔化效果，如在“预设”下拉列表中选择“灰色-50%，8pt 发光，强调文字颜色了”，如图 8-77 所示。
6. 图例格式设置完成后，单击“关闭”按钮，效果如图 8-78 所示。

电脑小百科

图表区是图表的整个区域，图表区格式的设置相当于设置图表的背景。

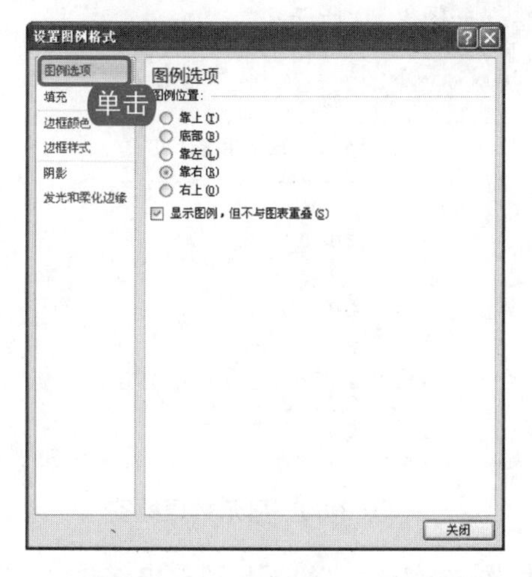

图 8-75　“图例选项”选项卡

图 8-76　“填充”选项卡

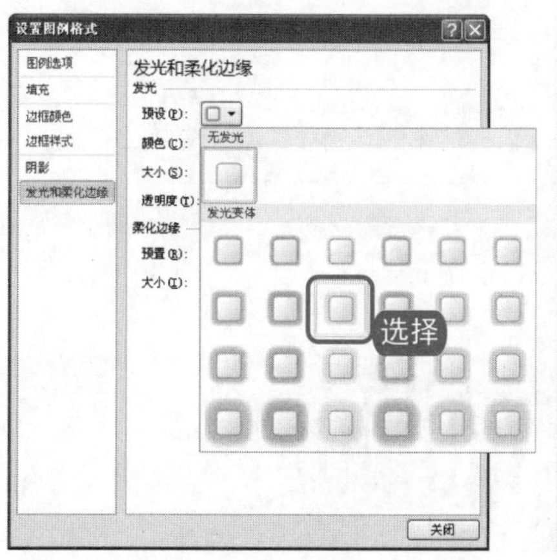

图 8-77　“发光和柔化边缘”选项卡

图 8-78　设置图例后的效果

知识补充

如果对上述图表标题、图例等格式设置不满意，或想删除其格式，那么可单击“布局”选项卡下的“重设以匹配样式”按钮即可。

8.4.3　数据标签格式设置

数据标签的格式包含标签选项、数字、填充、边框颜色、边框样式、阴影、发光和柔和边缘、三维格式及对齐方式。在创建图表时，通常情况下不会显示数据标签，如果需要则对图表添加数据标签。

下面在“12 月员工加班费用统计表”中，显示数据标签并对其进行格式设置，具体操作步骤如下。

1. 打开原始文件 8.4.3.xlsx，选择 Sheet 2 工作表中的图表。
2. 在“布局”选项卡下的“标签”组中，单击“数据标签”下拉按钮，从弹出的下拉列表中选择“显示”命令，如图 8-79 所示。

电脑小百科

如果图表中已经显示了数据表，则一般不再同时显示图例。

3 此时，图表中已显示了所有数据系列的数据标签，如图 8-80 所示。

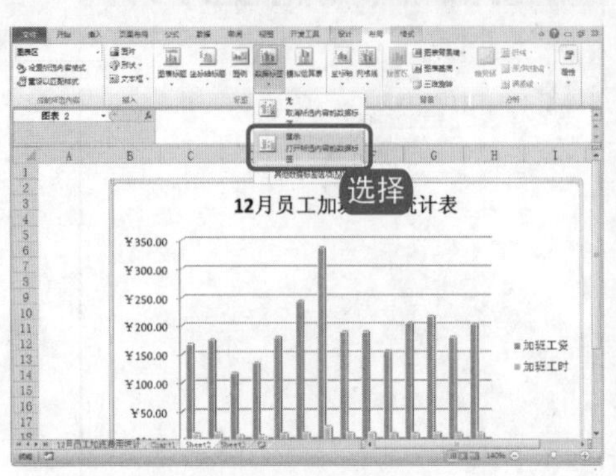

图 8-79 选择“显示”命令

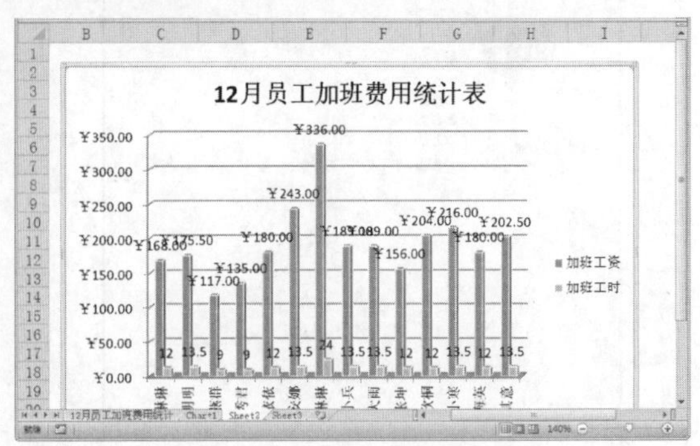

图 8-80 显示数据标签

4 在“当前所选内容”组中单击“图表元素”下拉按钮，从弹出的下拉列表中选择“系列‘加班工资’数据标签”命令，如图 8-81 所示。

5 单击下方的“设置所选内容格式”按钮，如图 8-82 所示。

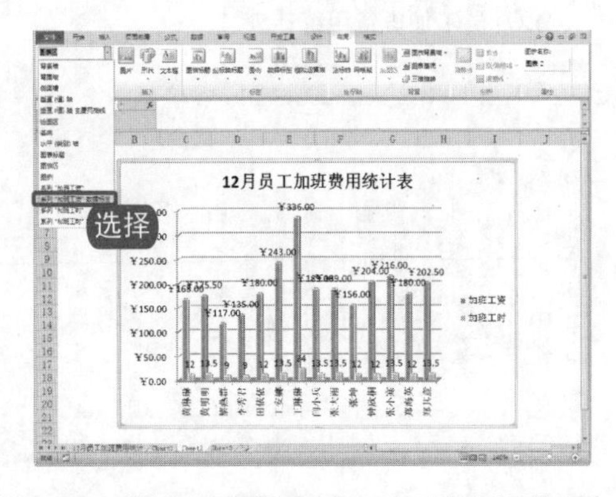

图 8-81 选择“系列”加班工资“数据标签”命令

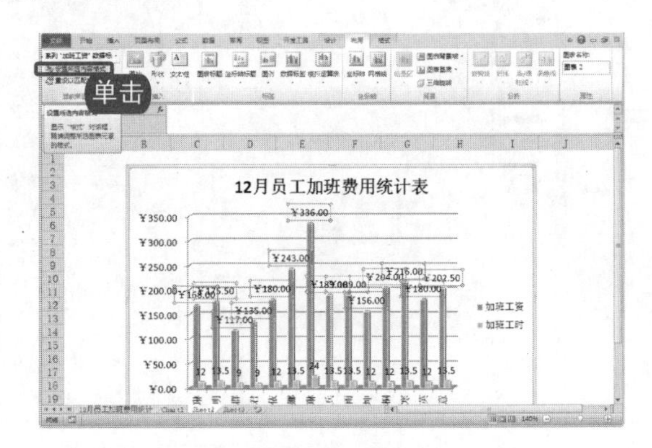

图 8-82 单击“设置所选内容格式”按钮

6 弹出“设置数据标签格式”对话框，如图 8-83 所示。

7 在“标签选项”选项卡下，默认选中“值”复选框，数据标签可显示多项标签内容，这里继续选中“类别名称”复选框，如图 8-84 所示。

图 8-83 “设置数据标签格式”对话框

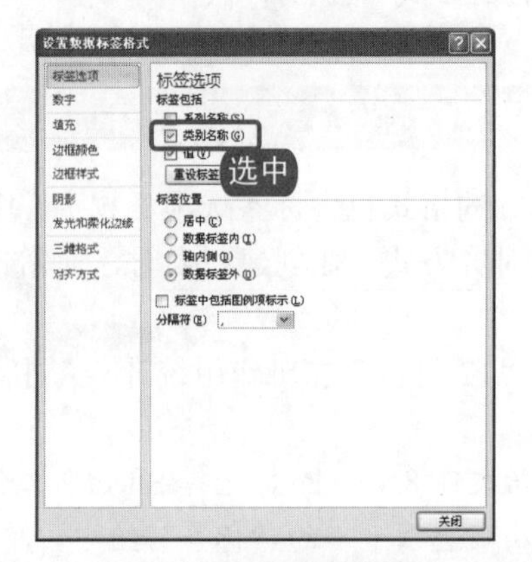

图 8-84 设置标签选项

电脑小百科

折线图意在描绘趋势，但是当分类轴的时间跨度较大时，图表很可能会带有一定的欺骗性，因此用户应该在折线图与柱形图之间谨慎进行选择。

8. 在“数字”选项卡中，默认的数字类别为“常规”，这里选择“类别”列表框中的“数字”选项，“小数位数”为 2，并选中“使用千位分隔符”复选框，其他使用默认的设置，如图 8-85 所示。
9. 单击“关闭”按钮，设置后的数据标签效果如图 8-86 所示。

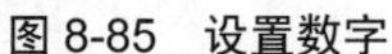
图 8-85　设置数字

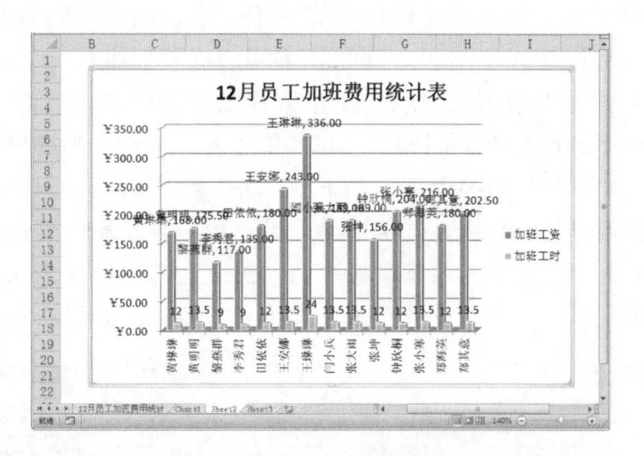

图 8-86　设置后的数据标签效果

数据点格式与数据系列格式的设置方法类似，相同的选项设置不再赘述。以如下图所示的柱形图为例，介绍单个数据点的格式设置。操作方法是：①选中数据点，单击“格式”选项卡下的“设置所选内容格式”按钮或者在选中数据点上右击；②从弹出的快捷菜单中选择“设置数据点格式”命令，打开“设置数据点格式”对话框；③在“系列选项”选项卡下有“系列间距”和“分类间距”两个选项，如下左图所示。

① 系列间距：两个系列的柱形间距的比例，比例范围为 0～500%。

② 分类间距：一个系列的不同柱形之间的间距，间距范围为 0～500%。

如果要设置某个数据点柱形的填充色，那么可以在“填充”选项卡下设置该柱形不同的填充颜色或图形，如下右图所示。

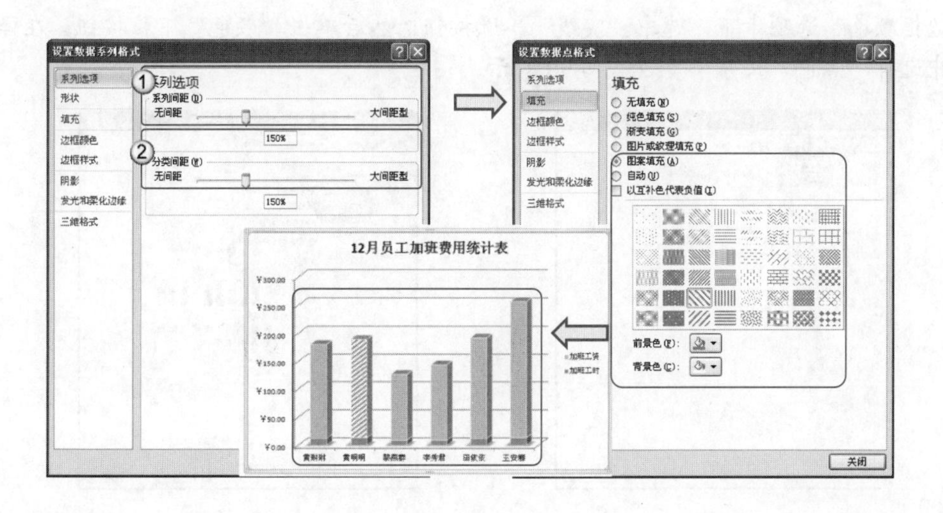

电脑小百科

由于圆环图中内环与外环在直径大小上有区别，因此很可能误导图表的阅读者，因此要谨慎使用。

8.4.4 模拟运算表格式设置

模拟运算表一般位于图表的下方，也是需要添加才会显示在图表中。通过添加模拟运算表，可以将图表数据显示在模拟运算表中。模拟运算表的格式设置包含模拟运算表选项、填充、边框颜色、边框样式、阴影、发光和柔和边缘和三维格式。

下面为“销售表”添加模拟运算表并设置其格式，具体操作步骤如下。

1. 打开原始文件 8.4.4.xlsx，在“销售表”工作表中选中图表。
2. 在“布局”选项卡下，单击“标签”组中的“模拟运算表”按钮，从弹出的下拉列表中选择模拟运算表的样式，这里选择“显示模拟运算表和图例项标示”命令，如图 8-87 所示。
3. 单击“当前所选内容”组中的“图表元素”按钮，从弹出的下拉列表中选择“模拟运算表”选项，然后单击“设置所选内容格式”按钮，如图 8-88 所示。

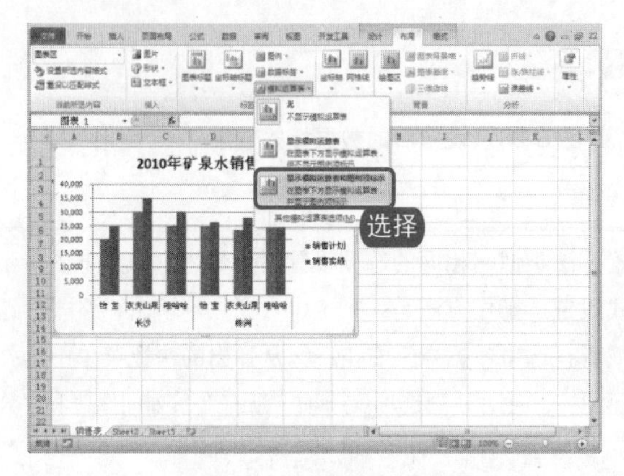

图 8-87　添加模拟运算表

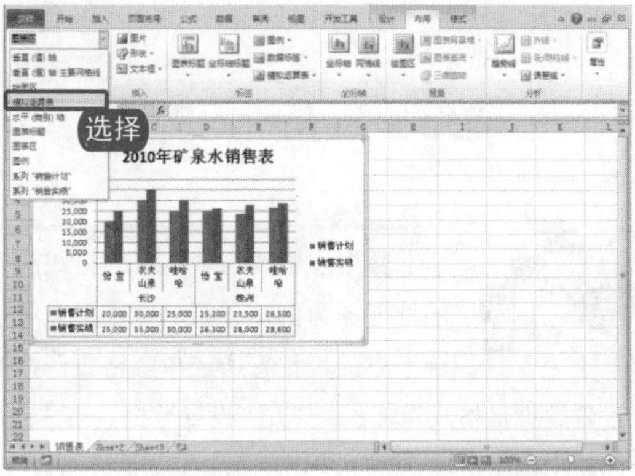

图 8-88　选择“模拟运算表”图表元素

4. 弹出“设置模拟运算表格式”对话框，在“模拟运算表选项”选项卡中，可以设置运算表的边框。默认状态下，其水平、垂直和分级显示均显示表边框，可以根据需要取消部分或全部的边框显示，如果要取消垂直边框的显示，则取消选中“垂直”复选框，如图 8-89 所示。
5. 在“边框颜色”选项卡下，选中“实线”单选按钮，然后单击“颜色”下拉按钮，在弹出的调色板中选择“黑色，文字 1”，如图 8-90 所示。

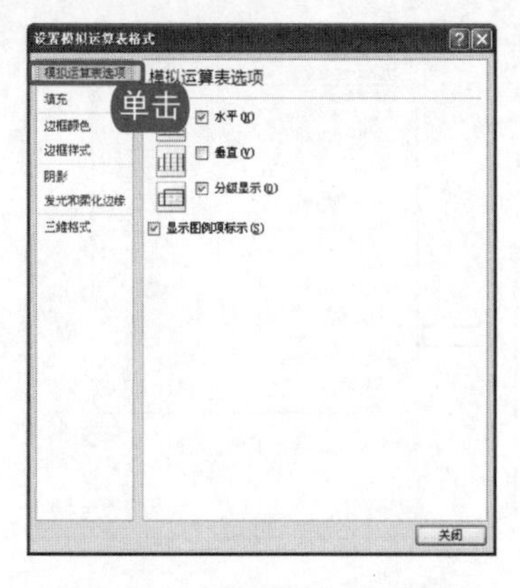

图 8-89　设置模拟运算表选项

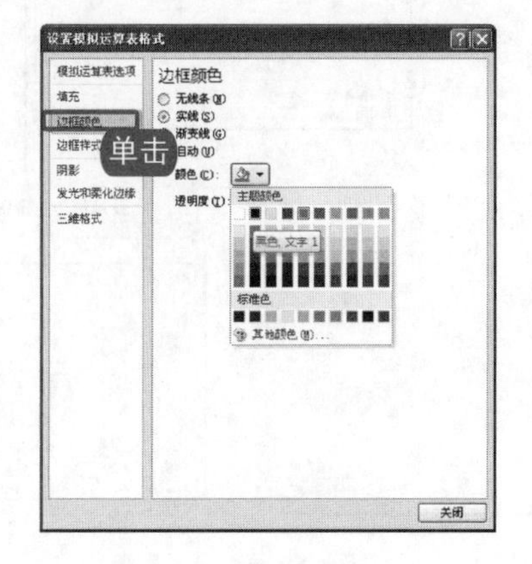

图 8-90　设置边框颜色

6. 在“边框样式”选项卡下，设置边框宽度为“1 磅”，在“短划线类型”下拉列表中选择“短划

坐标轴时组成绘图区边界的直线，次坐标轴必须要在两个(含)以上数据系列的图表中，并设置了使用次坐标轴后才会显示。

线”选项，如图 8-91 所示。

7. 设置完成后，单击“关闭”按钮，效果如图 8-92 所示。

图 8-91　设置边框样式

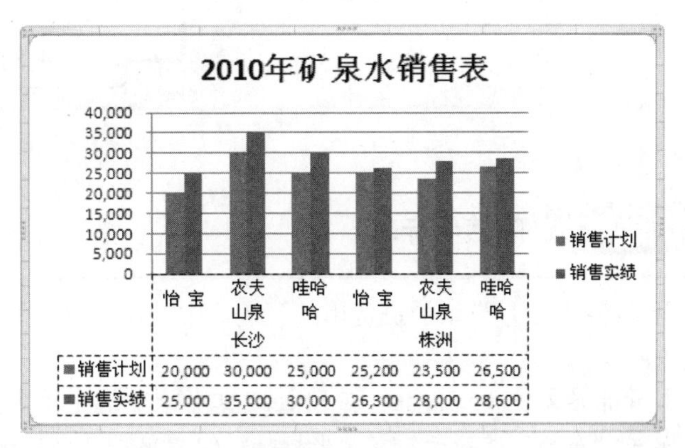

图 8-92　设置格式后的模拟运算表

8.5　坐标轴设置

在 Excel 图表中，只有少数的图表类型不含坐标轴，如饼图和圆环图。坐标轴分为横坐标和纵坐标轴，在三维图表中，还包含竖坐标轴。在创建图表时会根据图表的类型自动生成坐标轴，当然也可以对坐标轴进行相关设置，如让其显示或隐藏、更改坐标轴的刻度值等。

书盘互动指导

示例	在光盘中的位置	书盘互动情况
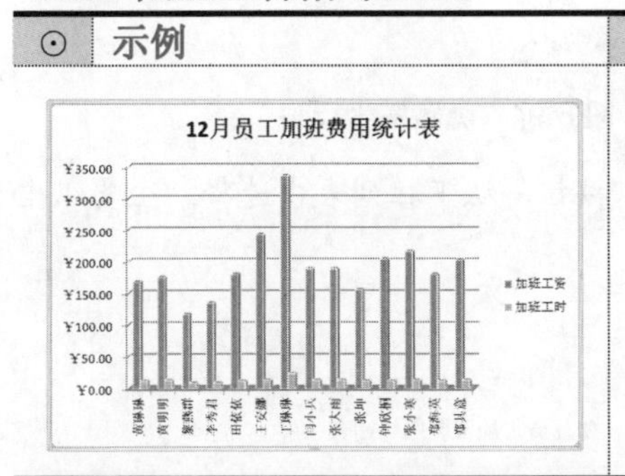	8.5　坐标轴设置 8.5.1　显示与隐藏坐标轴 8.5.2　更改坐标轴刻度值	本节主要带领读者学习坐标轴的设置，在光盘 8.5 节中有相关内容的操作视频，还特别针对本节内容设置了具体的实例分析。 读者可以在阅读本节内容后再学习光盘内容，以达到巩固和提升的效果。

8.5.1　显示与隐藏坐标轴

默认状态下，创建的图表会自动生成坐标轴，用户可以对其进行显示或隐藏设置。

Excel 2010 图表中的坐标轴按位置不同可分为主坐标轴和次坐标轴两类。要显示和隐藏坐标轴，都可以在“坐标轴”按钮的下拉列表中设置。

电脑小百科

绘图区下方的直线为 X 轴，上方的直线为次 X 轴。绘图区左侧的直线为 Y 轴，右侧的直线为次 Y 轴。

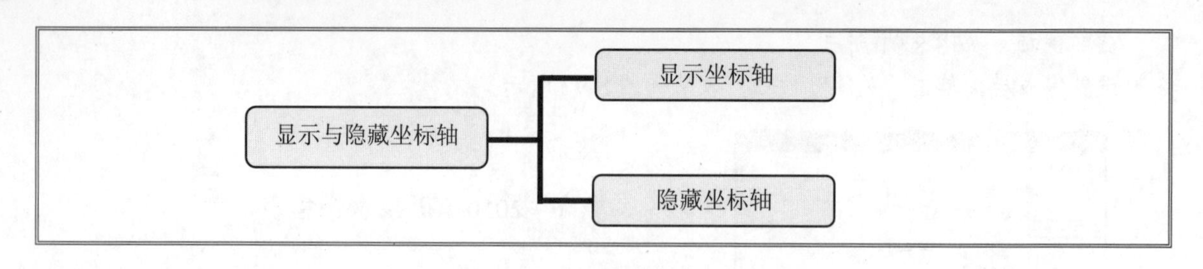

跟着做 1☛ 隐藏坐标轴

下面将“12 月员工加班费用统计表”中的主要横坐标轴和主要纵坐标轴进行隐藏，具体操作方法如下。

1. 打开原始文件 8.5.1.xlsx，在 Sheet 2 工作表中选中图表。
2. 单击“布局”选项卡，在“坐标轴”组中单击“坐标轴”按钮，从下拉列表中选择“主要横坐标轴”→“无”命令，如图 8-93 所示。
3. 此时，横坐标轴上的数据内容被隐藏了，如图 8-94 所示。

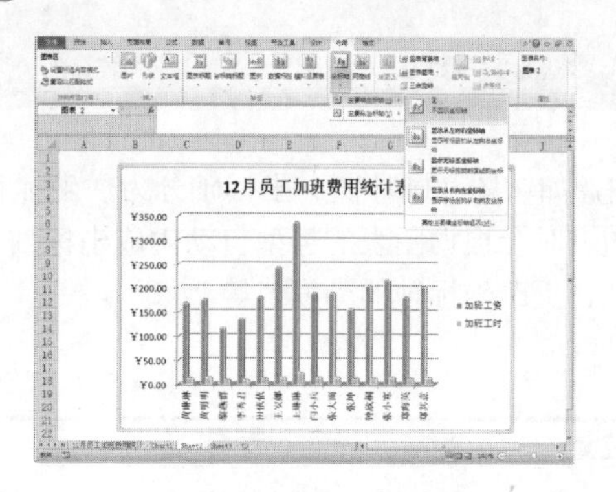

图 8-93 选择“无”命令

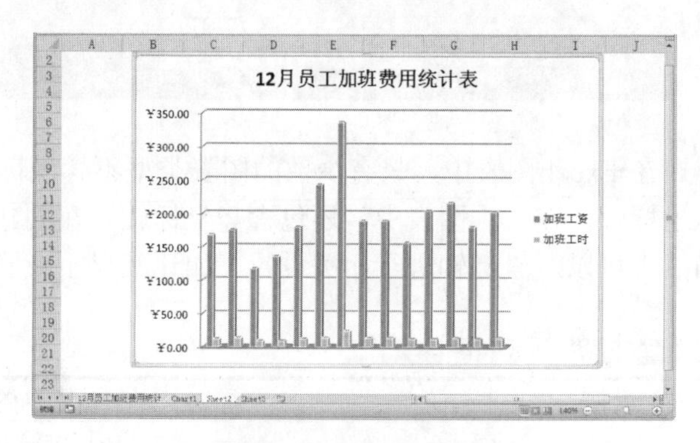

图 8-94 隐藏横坐标轴

4. 在“布局”选项卡下，单击“坐标轴”组中的“坐标轴”按钮，从下拉列表中选择“主要纵坐标轴”→“无”命令，如图 8-95 所示。
5. 此时，纵坐标轴也被隐藏了，效果如图 8-96 所示。

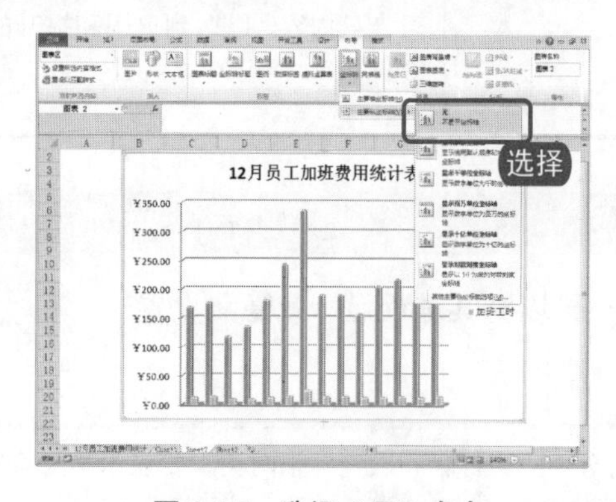

图 8-95 选择“无”命令

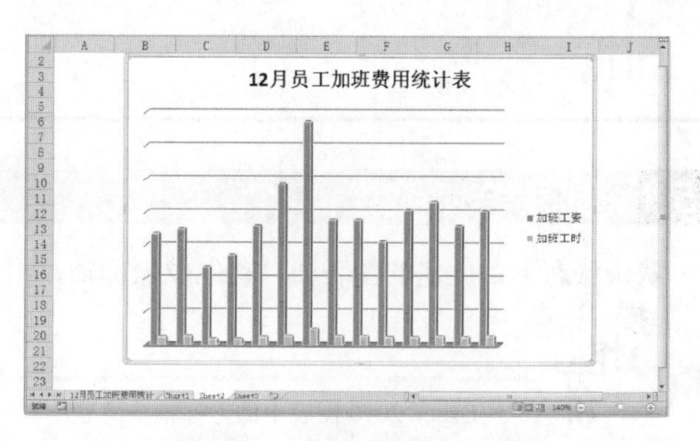

图 8-96 隐藏纵横坐标轴的图表

电脑小百科

用鼠标单击图表的绘图区，在绘图区四周将显示 8 个控制点，表示已经选中该绘图区。

跟着做 2☛ 显示坐标轴

在设置显示坐标轴时，可以设置横坐标轴的显示方向、纵坐标轴的显示单位等信息。将上面隐藏的坐标轴显示出来的具体操作步骤如下。

1. 选中图表，在“布局”选项卡下，单击“坐标轴”组中的“坐标轴”按钮，从下拉列表中选择“主要横坐标轴”→“显示从左向右坐标轴”命令，如图 8-97 所示。
2. 此时，横坐标轴显示出来了，如图 8-98 所示。

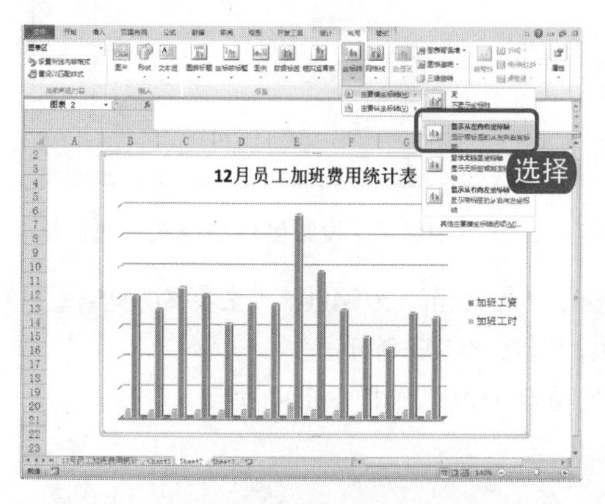

图 8-97　选择“显示从左向右坐标轴”命令

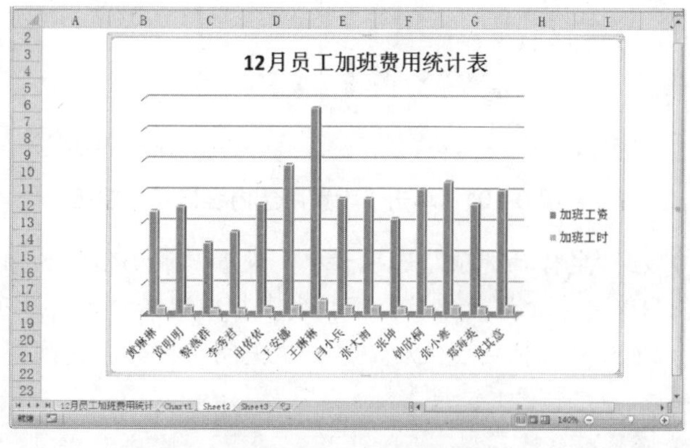

图 8-98　显示横坐标轴

3. 在“布局”选项卡下，单击“坐标轴”组中的“坐标轴”按钮，从下拉列表中选择“主要纵坐标轴”→“显示默认坐标轴”命令，如图 8-99 所示。
4. 如选择“主要纵坐标轴”→“显示对数刻度坐标轴”命令，则坐标轴的效果如图 8-100 所示。

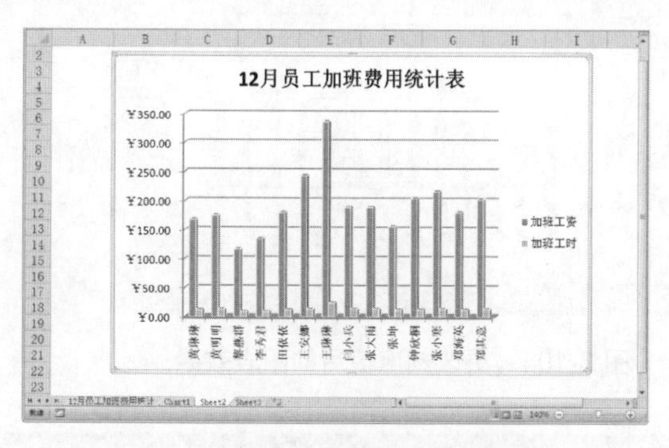

图 8-99　显示纵坐标轴

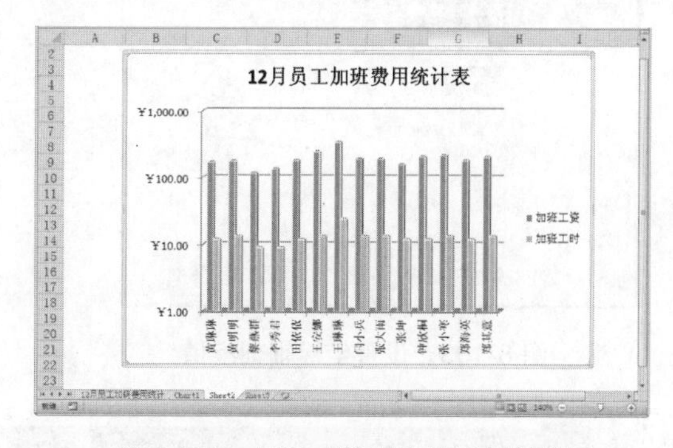

图 8-100　显示对数刻度的坐标轴效果

8.5.2 更改坐标轴刻度值

坐标轴的刻度设置包含最小值、最大值、主要刻度单位、次要刻度单位等。

下面更改“12 月员工加班费用统计表”的坐标轴刻度值，具体操作步骤如下。

1. 打开原始文件 8.5.2.xlsx，在“Sheet 2”工作表中选中图表。
2. 单击“布局”选项卡，在“当前所选内容”组中单击“图表元素”按钮，从弹出的下拉列表中选择“垂直(值)轴”命令，然后单击“设置所选内容格式”按钮，如图 8-101 所示。
3. 弹出“设置坐标轴格式”对话框，如图 8-102 所示。

电脑小百科

如果光标移动到控制点上，光标变为双向箭头，按住鼠标左键不放，可以在图表容器范围内调整绘图区的大小。

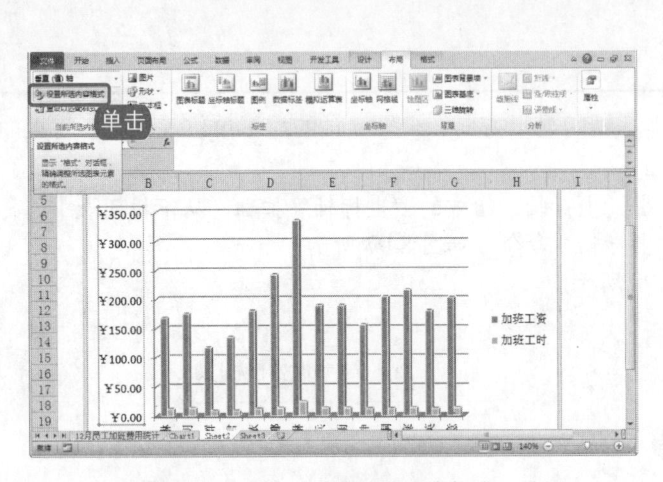

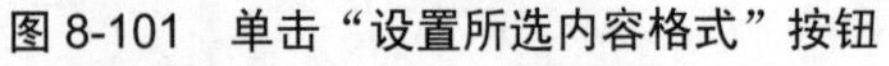
图 8-101 单击“设置所选内容格式”按钮

图 8-102 “设置坐标轴格式”对话框

4. 在“坐标轴选项”选项卡中，设置“最小值”为 100，“最大值”为 400，“主要刻度单位”为 100，在“显示单位”下拉列表框中选择“无”选项，如图 8-103 所示。
5. 更改坐标轴刻度值后，单击“关闭”按钮，更改刻度值后的效果如图 8-104 所示。

图 8-103 设置坐标轴刻度值

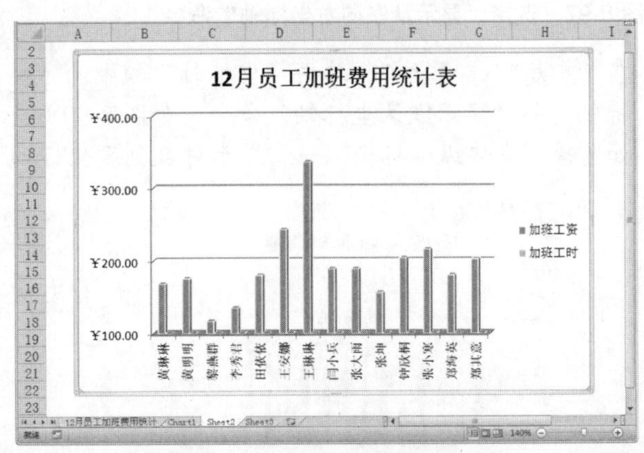

图 8-104 更改刻度值后的图表效果

8.6 制作公司手机销售统计图表

在 Excel 2010 中创建图表既快速又简单，最少只需要两步便可创建一个默认格式的图表，用户创建图表时可以选择使用 Excel 2010 提供的 73 种不同类型的图表。图表最大的特点就是直观形象，能使用户一目了然地看清数据的大小、差异和变化趋势。

电脑小百科

如果要选择不连续的数据区域，在选择数据时按住 Ctrl 键即可。

书盘互动指导

⊙ 在光盘中的位置	⊙ 书盘互动情况
8.6 制作公司手机销售统计图表	本节主要介绍公司手机销售统计图表的制作，在光盘 8.6 节中有相关操作的步骤视频文件，以及原始素材文件和处理后的效果文件。 读者可以选择在阅读本节内容后再学习光盘内容，以达到巩固和提升的效果，也可以对照光盘视频操作来学习，以便更直观地学习和理解。

原始文件	素材\第 8 章\无内容
最终文件	源文件\第 8 章\8.6.xlsx

跟着做 1☛ 制作公司手机销售表

❶ 启动 Excel 2010 程序，系统将自动新建一个工作簿。

❷ 在“文件”选项卡下单击“保存”命令，弹出“另存为”对话框，选择文件保存位置及文件名。

❸ 双击 Sheet1 工作表标签，将其命名为“手机销售表”。

❹ 在“手机销售表”工作表中录入如图 8-105 所示数据。

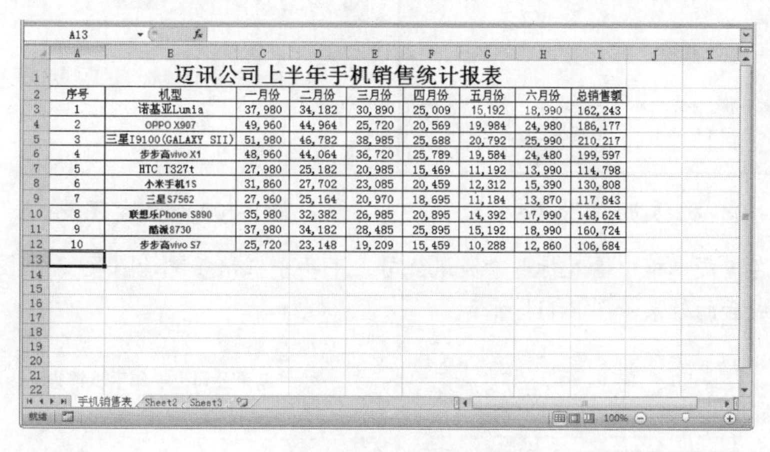

迈讯公司上半年手机销售统计报表

序号	机型	一月份	二月份	三月份	四月份	五月份	六月份	总销售额
1	诺基亚Lumia	37,980	34,182	30,890	25,009	15,192	18,990	162,243
2	OPPO X907	49,960	44,964	25,720	20,569	19,984	24,980	186,177
3	三星I9100(GALAXY SII)	51,980	46,782	38,985	25,688	20,792	25,990	210,217
4	步步高vivo X1	48,960	44,064	36,720	25,789	19,584	24,480	199,597
5	HTC T327t	27,980	25,182	20,985	15,469	11,192	13,990	114,798
6	小米手机1S	31,860	27,702	23,085	20,459	12,312	15,390	130,808
7	三星S7562	27,960	25,164	20,970	18,695	11,184	13,870	117,843
8	联想乐Phone S890	35,980	32,382	26,985	20,895	14,392	17,990	148,624
9	酷派8730	37,980	34,182	28,485	25,895	15,192	18,990	160,724
10	步步高vivo S7	25,720	23,148	19,209	15,459	10,288	12,860	106,684

图 8-105　录入数据

跟着做 2☛ 创建图表

❶ 选中单元格区域 A2:I12，在“插入”选项卡中，单击“图表”组中的“柱形图”按钮，在弹出的下拉列表中选择“簇状柱形图”命令，如图 8-106 所示。

❷ 在“设计”选项卡中，单击“位置”组中的“移动图表”按钮，如图 8-107 所示。

电脑小百科

在 Excel 2010 工作表中创建数据透视表的步骤大致可以分为两步：第一步是选择数据来源；第二步是设置数据透视表的布局。

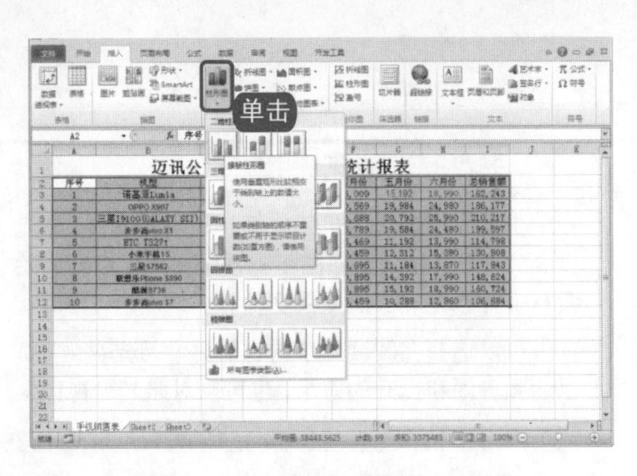

图 8-106　单击“柱形图”按钮

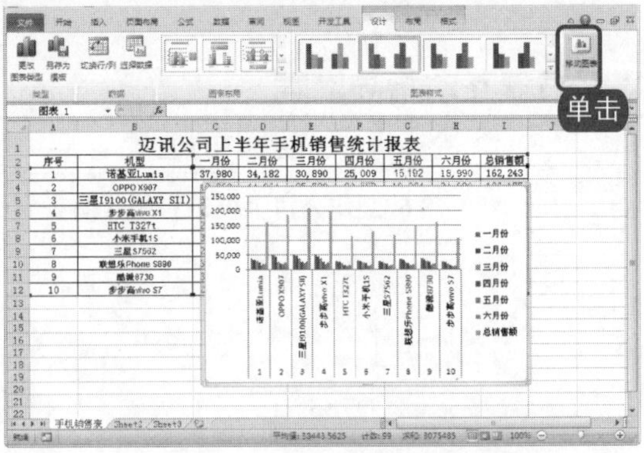

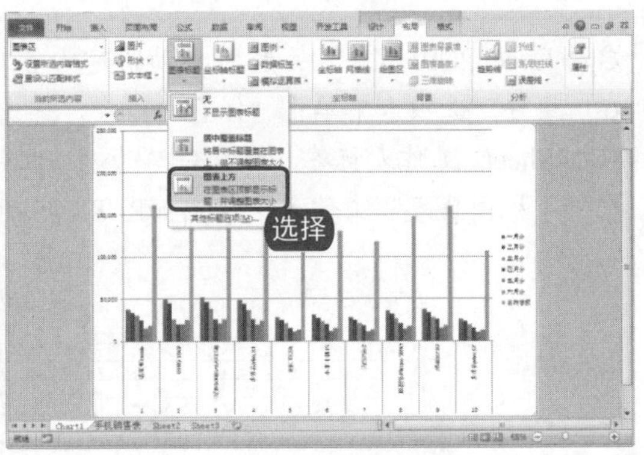

图 8-107　单击“移动图表”按钮

3 弹出“移动图表”对话框，在“选择放置图表的位置”区域中，选中“新工作表”单选按钮，新工作表的名字可自行设置，默认名为 Chart1，单击“确定”按钮，如图 8-108 所示。

4 移动图表位置后，在“布局”选项卡中，单击“标签”组中的“图表标题”按钮，在弹出的下拉列表中选择“图表上方”命令，如图 8-109 所示。

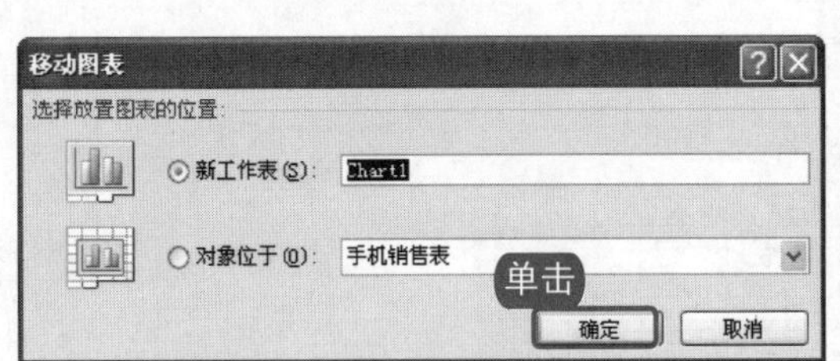

图 8-108　“移动图表”对话框

图 8-109　选择“图表上方”命令

5 在“图表标题”文本框中输入标题“迈讯公司上半年手机销售统计图表”，如图 8-110 所示。

6 图表制作完成后的效果如图 8-111 所示。

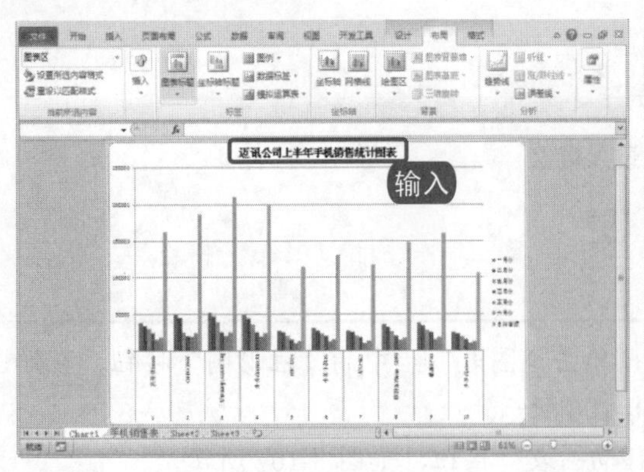

图 8-110　编辑图表标题

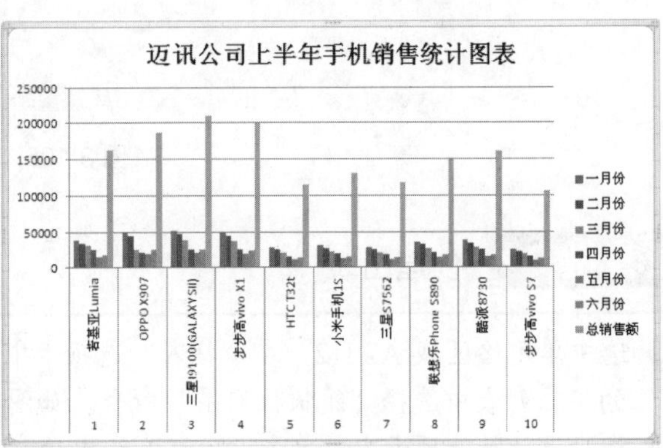

图 8-111　制作完成后的效果图

电脑小百科

设置数据透视表选项主要是对透视表的布局和格式、汇总和筛选、显示、打印和数据等方面进行设置。

学 习 小 结

本章主要对创建图表和编辑图表的操作进行介绍，如在工作表中创建图表时选择的图表类型、图表类型在 Excel 中的使用场合等，利用图表的直观、形象等特点实现数据与图表的紧密联系。下面对本章进行总结，具体内容如下。

(1) 在 Excel 2010 中创建图表的方法分为两种，一种是利用功能区面板的形式来创建图表，另一种是利用快捷键 F11 来创建图表。

(2) Excel 2010 图表由图标区、绘图区、标题、数据系列、图例和网格线等基本组成部分构成。

(3) 在 Excel 2010 中，常用的图表类型有 11 中，如柱形图、折线图、饼图、条形图、面积图、XY 散点图、股价图、曲面图、圆环图、气泡图和雷达图，每种图表类型还包括多个图表，总计 73 个图表。

(4) 在 Excel 2010 中创建了图表之后，用户可以设置图表布局，主要包括调整图表大小和位置、更改图表类型、设计图表布局和设计图表样式。

(5) 在 Excel 2010 中，为了使创建的图表看起来更加美观，用户可以对图表的图表标题、图标区、绘图区、图例以及数据系列等进行设置。

(6) Excel 2010 图表中的坐标轴按位置不同可分为主坐标轴和次坐标轴两类。Excel 默认显示了绘图区左边的主要纵坐标轴和下边的主要横坐标轴。

(7) 数据系列是绘图区中的一系列点、线、面的组合，一个数据系列引用工作表中的一行或一列数据。从层次结构上说，数据系列位于图表区和绘图区的上面。因图表类型不同，数据系列格式选项卡有所不同。

互 动 练 习

1. 选择题

(1) 在 Excel 2010 中，创建图表的快捷键是(　　)。

A. F1　　B. F10
C. F11　　D. F12

(2) 在 Excel 2010 中，常用图表类型不包括(　　)。

A. 柱形图　　B. 流程图
C. 圆环图　　D. 股价图

(3) 在 Excel 2010 默认图表类型是(　　)。

A. 柱形图　　B. 折线图
C. 条形图　　D. 面积图

(4) 在 Excel 2010 中，常用图表类型有(　　)种。

A. 9　　B. 10
C. 11　　D. 12

电脑小百科

数据透视表会自动将数据源中的数据按用户设置的布局进行分类，从而方便分析表中的数据，如可以通过选择字段来筛选透视表中的数据。

(5) 在 Excel 2010 中，当需要设置显示/隐藏横坐标轴时，需要执行下列(　　)命令。

A. “布局”→“坐标轴”→“主要横坐标轴”→“无/显示从左向右坐标轴”

B. “布局”→“坐标轴”→“主要横坐标轴”→“显示从左向右坐标轴”

C. “布局”→“坐标轴”→“主要纵坐标轴”→“无/显示从左向右坐标轴”

D. 以上三项都可以

2. 思考与上机题

(1) 新建一个名为“汽车销售表”的工作表，如下图所示。

2010年8月份中国汽车销量统计表			
车型	八月份销量	所属企业	排名
凯越	23700	上海通用	1
卡罗拉	20300	一起丰田	2
科鲁兹	19900	上海通用	3
悦动	19100	北京现代	4
宝来	18700	一气大众	5
帕萨特	18000	上海大众	6
朗逸	17300	上海大众	7
赛欧	15400	上海通用	8
凯美瑞	14700	广汽丰田	9
捷达	13800	一气大众	10

汽车销量表 Sheet2 Sheet3

制作要求：

a. 输入表中数据。

b. 利用“汽车销量表”插入一个簇状条形图表。

c. 将图表移动到名为 Chart 的工作表中。

(2) 将“汽车销量表”中的簇状条形图表更改为条形图，如下图所示。

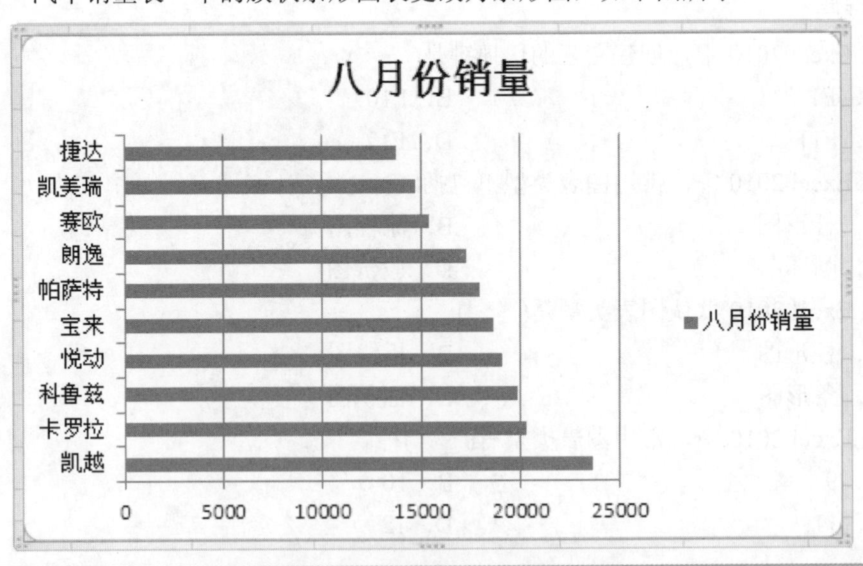

对于已经创建好的数据透视表，可以将其复制或移动到同一工作簿或不同工作簿中，复制和移动数据透视表的性质相同，都不改变数据透视表中的任何数据信息。

制作要求：

a. 设置图表标题。将标题更改为“2010 年 8 月份中国汽车销量”，设置填充方式为“渐变填充”，设置预设样式为“羊皮卷”。

b. 添加数据标签。为“汽车销量”图表添加数据标签。

c. 设置模拟运算表。添加模拟运算表，设置边框颜色为“实线，黑色，文字 1”，设置边框样式为“1 磅，短划线”。

电脑小百科

数据透视图可以看作是数据透视表和图表的结合，它以图形的形式表示数据透视表中的数据。

第 9 章

数据透视表和数据透视图快速入门

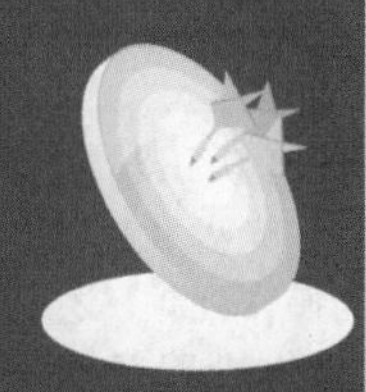

本章导读

在 Excel 2010 中，数据透视表是一种交互式报表，可用于快速合并和比较数据，适用于多项数据的汇总和分析。通过数据透视表，用户可以方便地查看工作表中的数据信息。而数据透视图是另一种数据的表现形式，与数据透视表不同的是它可以选择适当的图表和多种色彩来描述数据的特性，能够更加形象化地体现出数据情况。

本章主要介绍如何创建数据透视表、设置数据透视表的格式、对数据透视表中的数据进行的排序和筛选、更改数据透视表的布局，以及创建数据透视图等操作。

精彩看点

- 认识与创建数据透视表
- 编辑数据透视表
- 数据透视表的排序与筛选
- 数据透视表布局及样式的快速套用
- 数据透视表的切片器
- 数据透视图的建立

9.1 认识与创建数据透视表

数据透视表有机地综合了数据排序、筛选、分类汇总等数据分析的优点，可方便地调整分类汇总的方式，以多种方式灵活地展示数据的特征。只需要鼠标移动表中字段位置，一张数据透视表即可变换出各种类型的报表。同时，数据透视表也是解决函数公式速度瓶颈的手段之一。因此，数据透视表是 Excel 2010 中最常用的、功能最全的数据分析工具之一。

总之，合理运用数据透视表进行计算与分析，能使许多复杂的问题简单化并且极大地提高工作效率。

书盘互动指导

⊙ 示例	⊙ 在光盘中的位置	⊙ 书盘互动情况
	9.1 认识与创建数据透视表 9.1.2 创建数据透视表	本节主要带领读者认识与创建数据透视表，在光盘 9.1 节中有相关内容的操作视频，还特别针对本节内容设置了具体的实例分析。 读者可以在阅读本节内容后再学习光盘内容，以达到巩固和提升的效果。

9.1.1 数据透视表中的术语

数据透视表中的术语如表 9-1 所示。

表 9-1 数据透视表中的术语

数据源	创建数据透视表的数据列表或多维数据集
坐标轴	数据透视表中的一维，如行、列、页
列字段	信息的种类，等价于数据列表中列
行字段	数据透视表中具有行方向的字段
页字段	数据透视表中进行分页的字段
字段标题	描述字段内容的标题。在数据透视表中可以通过拖动字段标题对数据透视表进行透视
项目	组成字段的成员
组	多个项目的集合，可以自动或手动地将项目组合
透视	通过改变一个或多个字段的位置来重新设计数据透视表
汇总函数	计算表格中数据的值的函数。文本和数值的默认汇总函数为计数和求和
分类汇总	对一行或一列单元格的分类汇总
刷新	重新计算数据透视表，反映目前数据源的状态

电脑小百科

当创建数据透视表时，源数据的每列都将成为一个字段，并且可在报表中使用。字段概括了源数据中的多行信息。

9.1.2 创建数据透视表

数据透视表是一种对大量数据快速汇总和建立交叉列表的交互式动态表格，并可以随时选择其中页、行和列中的不同元素，从而快速查看源数据的不同统计结果，同时还可以显示和打印出用户感兴趣区域的明细数据。

下面为“员工工资表”创建数据透视表，具体操作步骤如下。

1. 打开原始文件 9.1.2.xlsx，在“员工工资表”工作表中，选中任一单元格如 A2，在“插入”选项卡的“表”组中，单击“数据透视表”按钮，从弹出的下拉列表中选择“数据透视表”命令，如图 9-1 所示。
2. 弹出“创建数据透视表”对话框，此时系统已经自动地选择了表格区域。选中“新工作表”单选按钮，如图 9-2 所示。

图 9-1　选择“数据透视表”命令

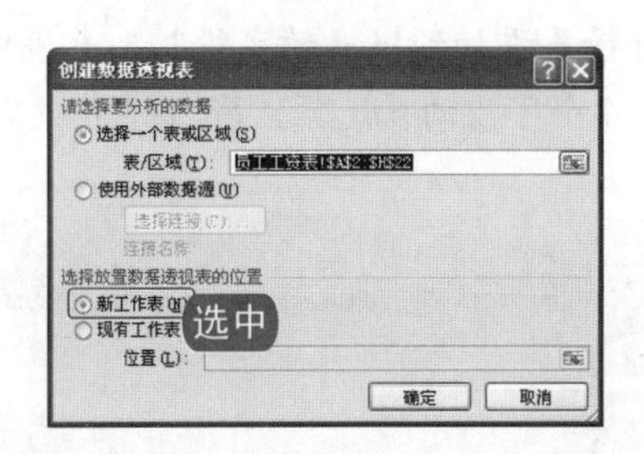

图 9-2　“创建数据透视表”对话框

知识补充

Excel 2010 可以利用外部数据源创建数据透视表，但本章主要介绍为工作表数据创建数据透视表，创建的数据透视表的位置即可以在当前工作表内也可以在新工作表内。

3. 单击“确定”按钮，此时系统会自动在新的工作表中创建一个数据透视表，并打开“数据透视表字段列表”任务窗格，选中新建工作表 Sheet4，右击，从弹出的快捷菜单中选择“重命名”命令，将其命名为“员工工资透视表”，按 Enter 键确认，如图 9-3 所示。
4. 在新打开的窗格中的“选择要添加到报表的字段”列表框中选择要添加的字段，这里将“部门”和“员工姓名”字段拖动到“行标签”列表框中，如图 9-4 所示。

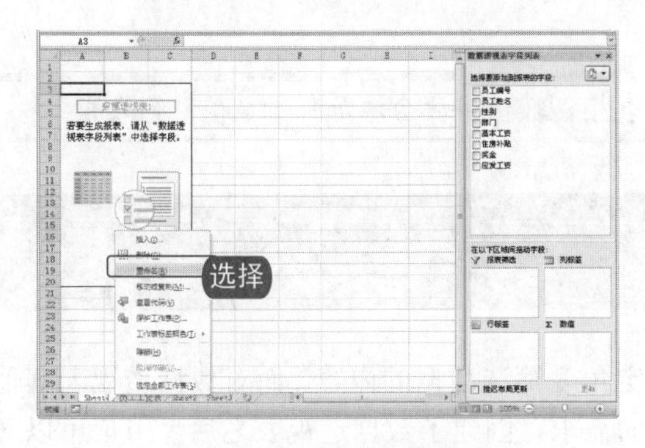

图 9-3　重命名工作表

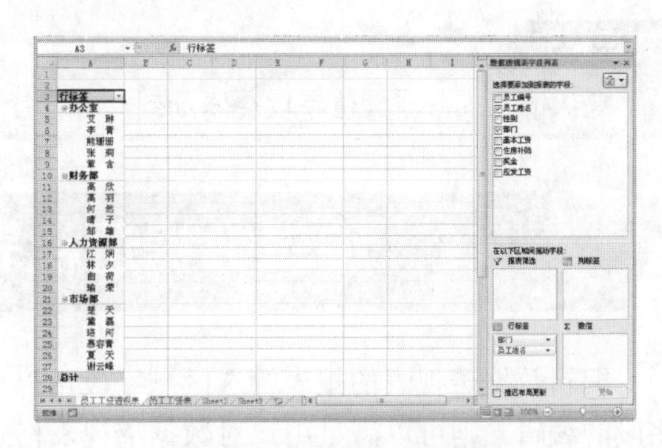

图 9-4　选择要添加的字段

电脑小百科

数据透视表是一种快捷，强大的数据分析方法，它允许用户使用简单、直接的操作分析数据库和表格中的数据。

5 在“选择要添加到报表的字段”列表框中，右击“性别”字段，从弹出的快捷菜单中选择“添加到列标签”命令，如图 9-5 所示。

6 将行字段和列字段都添加完成后的效果如图 9-6 所示。

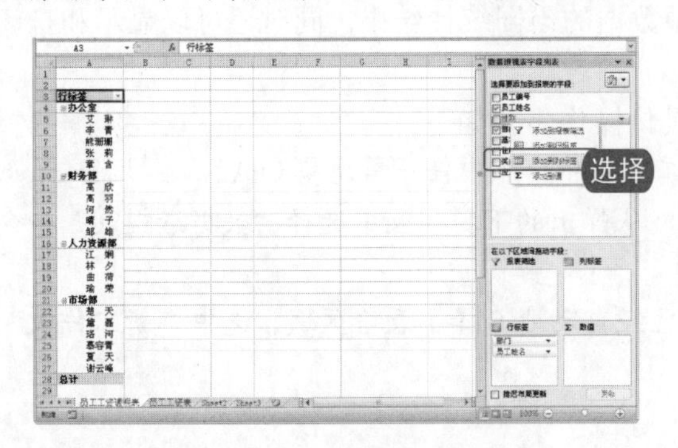

图 9-5　添加列字段

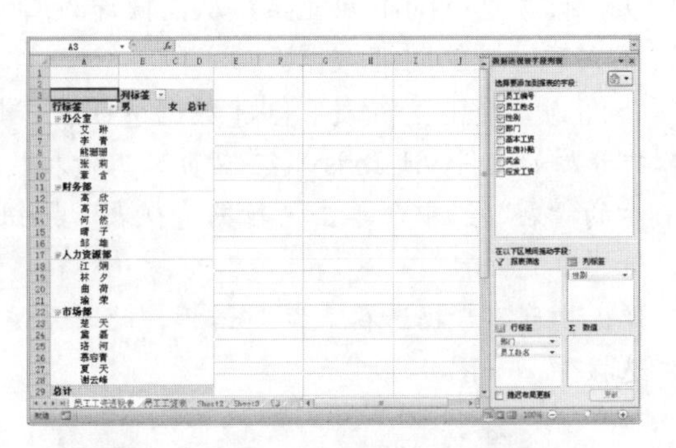

图 9-6　添加行、列字段后的效果图

7 在“选择要添加到报表的字段”列表框中，选中“基本工资”、“住房补贴”、“奖金”和“应发工资”4 个字段的复选框，即可完成数据透视表的创建，如图 9-7 所示。

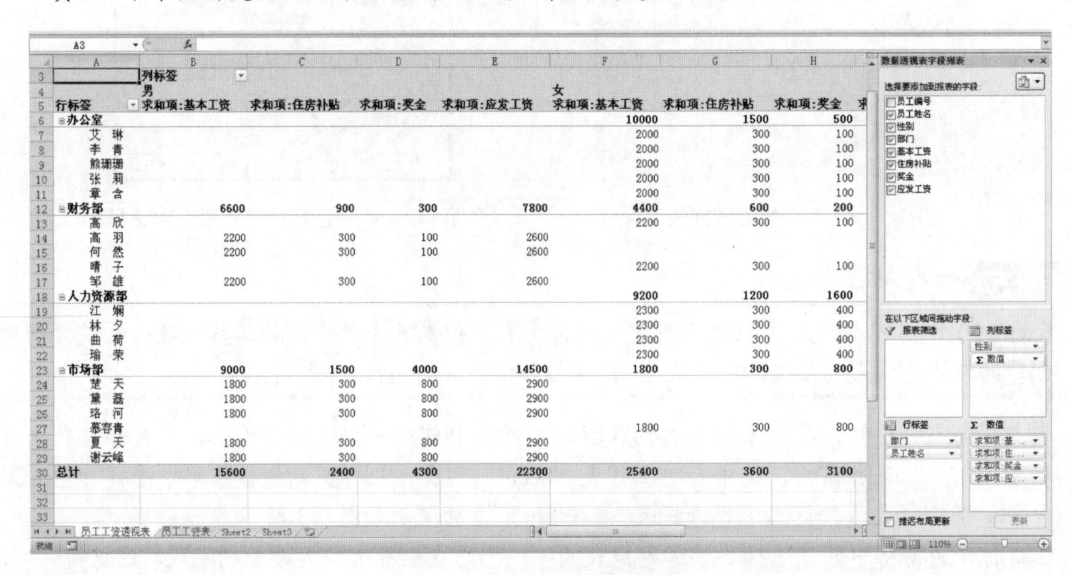

图 9-7　新创建的数据透视表

知识补充

默认情况下，非数值字段会添加到“行标签”列表框，数值字段会添加到“数值”列表框。

9.2　编辑数据透视表

编辑数据透视表的报表筛选区域字段可以从一定角度筛选数据的内容，而对数据透视表其他字段的编辑，则可以满足用户对数据透视表格式上的需求。创建了数据透视表之后，用户可以对其设置数据透视表字段、数据透视表布局和数据透视表样式。

电脑小百科

报表字段的名称来自源数据中的列标题。因此，请确保具有源数据中工作表第一行各列的名称。

书盘互动指导

示例	在光盘中的位置	书盘互动情况
	9.2　编辑数据透视表 9.2.1　编辑数据透视表字段 9.2.2　更改数据透视表的汇总方式 9.2.3　更改数据透视表的值显示方式 9.2.5　移动数据透视表 9.2.6　刷新数据透视表	本节主要带领读者学习编辑数据透视表，在光盘 9.2 节中有相关内容的操作视频，还特别针对本节内容设置了具体的实例分析。 读者可以在阅读本节内容后再学习光盘内容，以达到巩固和提升的效果。

9.2.1　编辑数据透视表字段

当数据透视表中的内容和字段比较多时，查看数据会比较麻烦，此时用户可以通过编辑数据透视表字段让数据透视表中的内容更加醒目、清晰，下面就简单介绍怎样编辑数据透视表字段。

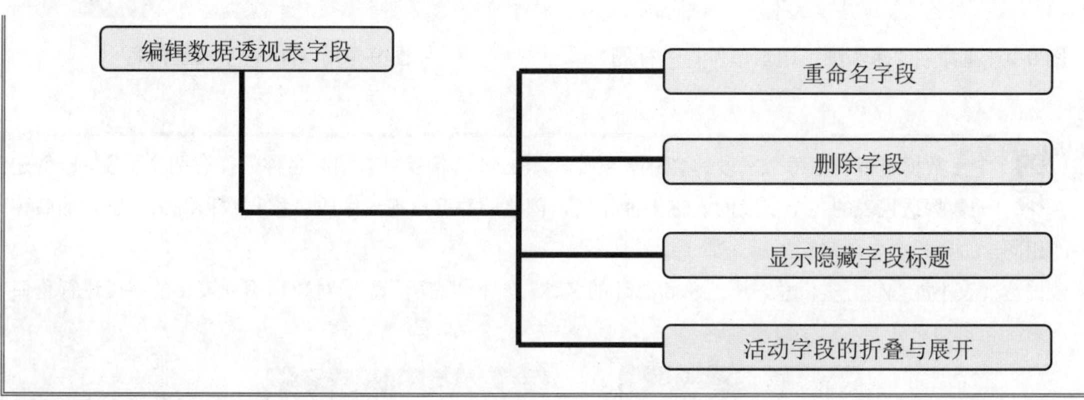

跟着做 1　重命名字段

当用户向数据区域添加字段后，Excel 都会对其重命名，例如，在原始文件 9.2.1.xlsx 中，字段“销售单价”变成了“求和项：销售单价”或“计数项：销售单价”，这样就会加大字段所在列的列宽，影响表格的美观，如图 9-8 所示。

如果要对字段重命名，让列标题更加简洁，那么可以直接修改数据透视表的字段名称。操作步骤如下。

1. 打开原始文件 9.2.1.xlsx，单击数据透视表中的“求和项：销售单价”列标题单元格，输入新标题“单价”，按 Enter 键确认，如图 9-9 所示。
2. 依次修改其他字段并设置字段格式，效果如图 9-10 所示。

电脑小百科

标题下的其余各行应该包含同一列中的类似项。例如，文本应该位于一列，数字在另一列，而日期又在另一列。换句话说，包含数字的列不应该包含文本，等等。

图 9-8　数据透视表自动生成的数据字段名

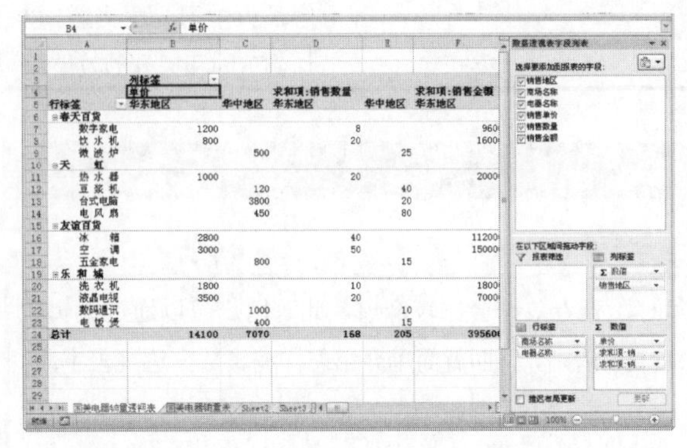

图 9-9　重命名"求和项：销售单价"列标题

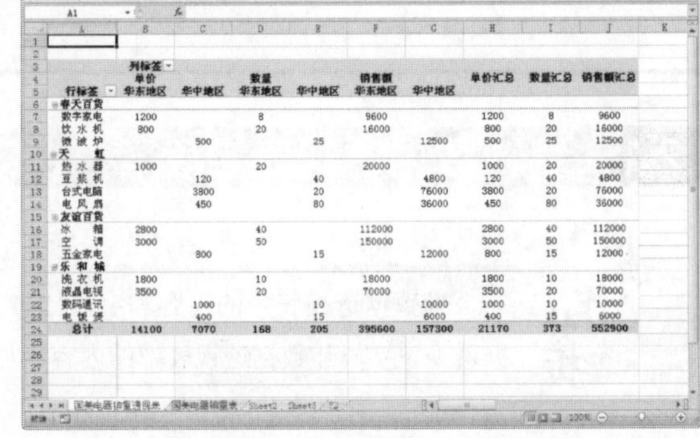

图 9-10　对所有字段重命名

老师的话

数据透视表中每个字段的名称必须唯一，Excel 不接受具有相同名称的任意两个字段，即创建的数据透视表的各个字段的名称不能相同，创建的数据透视表字段名称与数据源头标题行的名称也不能相同，否则将会出现错误提示，如下图左所示。

数据透视表不能编辑分类汇总，块汇总和总计的名称，如下图右所示。当对数据透视表中的字段进行重命名时，系统会自动对分类汇总字段重命名。

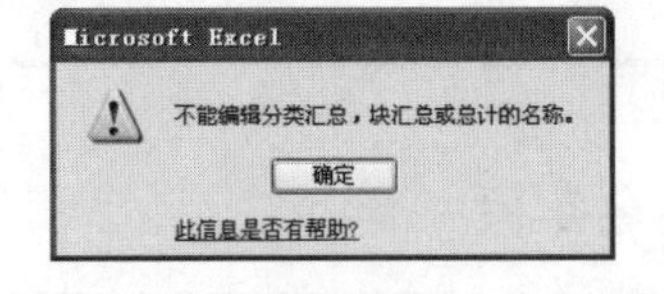

跟着做 2 删除字段

在数据透视表中还可以根据需要删除不必要的字段，使其看起来更加简洁有力。在进行数据分析时，对于数据透视表中不再需要分析显示的字段可以通过"数据透视表字段列表"任务窗格来删除。

1. 打开上一小节保存的文件，将光标定位到数据透视表中，如图 9-11 所示。
2. 在"数据透视表字段列表"任务窗格中的"Σ数值"区域中，单击需要删除的字段，从弹出的

电脑小百科

要用于数据透视表的数据应该不包含空行、空列。

快捷菜单中选择“删除字段”命令，如图 9-12 所示。

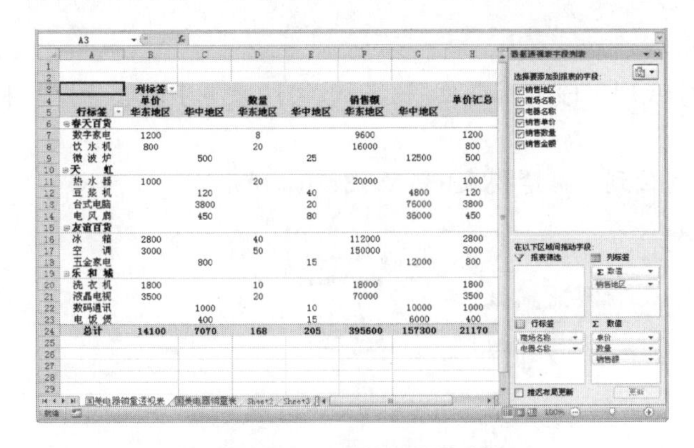

图 9-11　源数据透视表

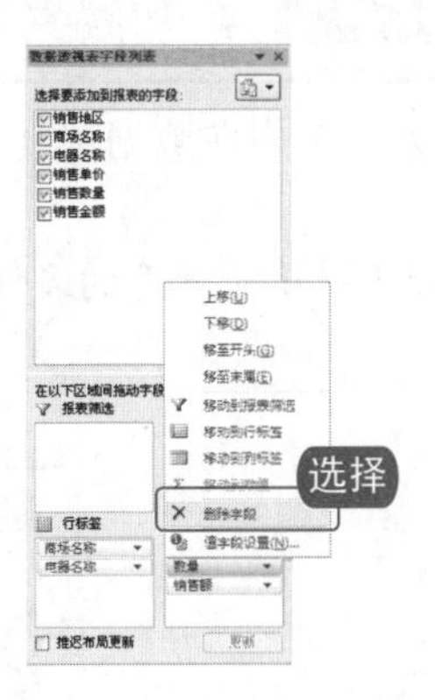

图 9-12　选择“删除字段”命令

> **提示**：如果“数据透视表字段列表”任务窗格没有显示，那么可以单击“选项”选项卡下的“显示”组中的“字段列表”按钮，即可弹出“数据透视表字段列表”任务窗格。

3. 删除数据透视表字段后的效果如图 9-13 所示。

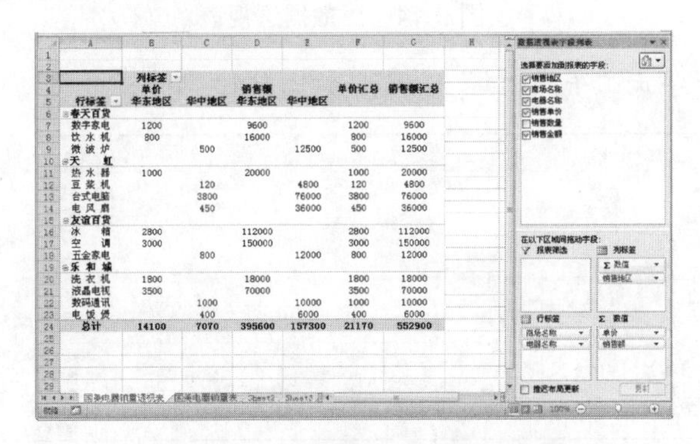

图 9-13　删除字段后的数据透视表

在数据透视表中，右击要删除的字段，在弹出的快捷菜单中选择删除某字段名的命令，同样可以实现删除字段的目的，如下图所示。

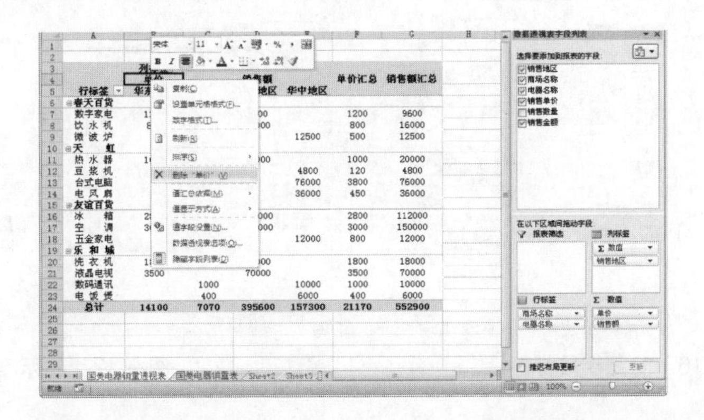

电脑小百科

避免在数据清单中出现合并单元格。

跟着做 3 显示/隐藏字段标题

如果不希望在数据透视表中显示行或列字段的标题，那么可以通过以下步骤实现字段标题的隐藏。

❶ 打开上一小节保存的文件，将光标定位到数据透视表中，如图 9-14 所示。

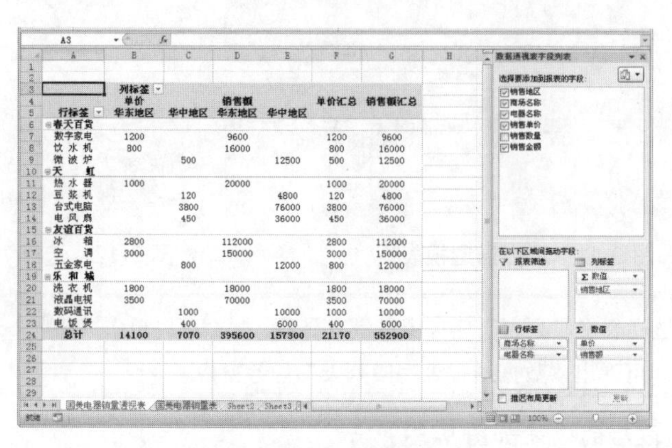

图 9-14　源数据透视表

❷ 在“选项”选项卡下单击“字段标题”按钮，如图 9-15 所示。

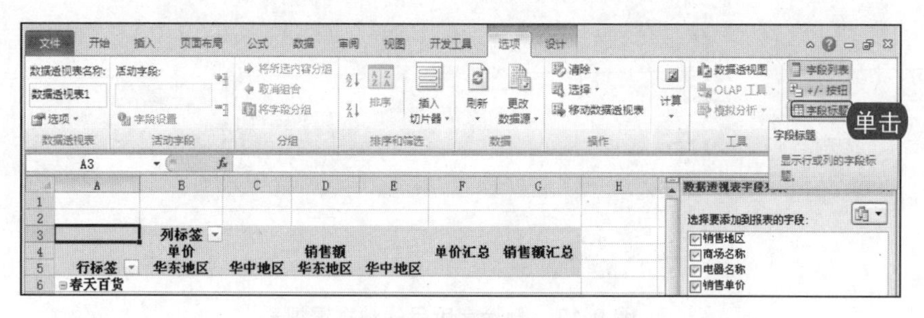

图 9-15　单击“字段标题”按钮

❸ 原有数据透视表中的行字段标题、列字段标题将被隐藏，如图 9-16 所示。

❹ 再次单击“字段标题”切换按钮，可以显示被隐藏的行列字段标题，如图 9-17 所示。

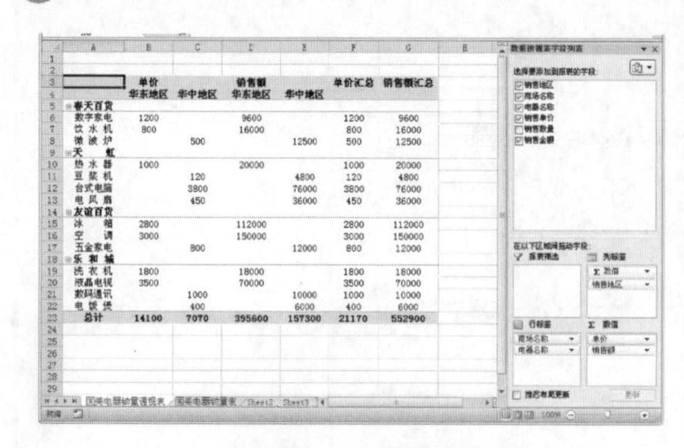

图 9-16　隐藏字段标题

图 9-17　显示字段标题

电脑小百科

单击“数据”功能组中的“刷新”按钮，可及时刷新数据透视表中的数据。

跟着做 4☛　活动字段的折叠与展开

数据透视表中的字段折叠与展开按钮可以使用户在不同的场合显示和隐藏明细数据。操作步骤如下。

1. 打开上一小节保存的文件，将光标定位到“商场名称”字段或该字段下的单元格，如 A6。
2. 在“选项”选项卡中单击“活动字段”组中的“折叠整个字段”按钮，将“电器名称”字段折叠隐藏，如图 9-18 所示。

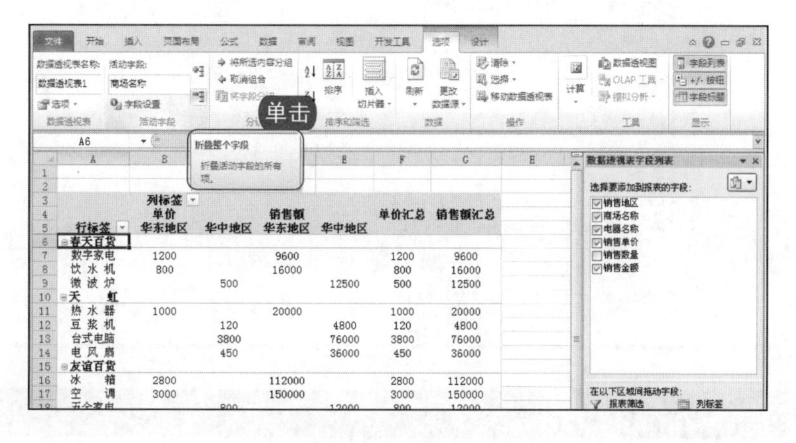

图 9-18　折叠整个字段

3. 分别单击数据透视表“商场名称”字段中的“春天百货”和“天虹”等单元格前的“+”按钮，可以将“项”分别展开，用以显示指定项的明细数据，如图 9-19 所示。

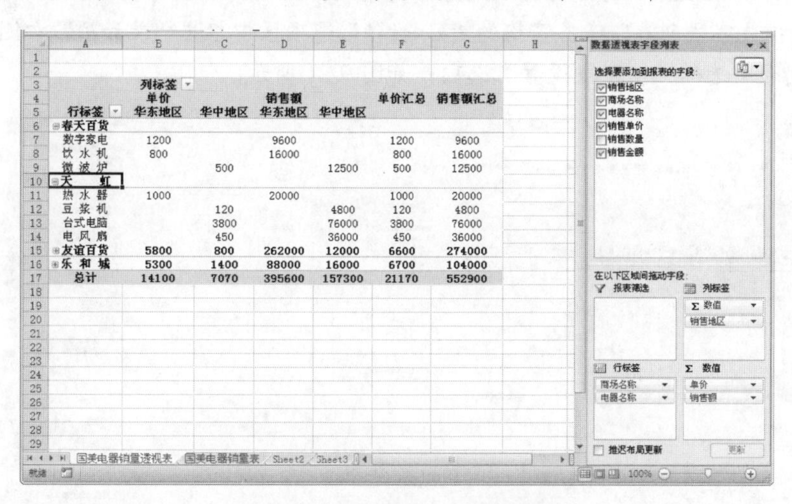

图 9-19　展开指定项的明细数据

- 在数据透视表中各项所在的单元格上双击鼠标也可以显示或隐藏该项的明细数据。
- 数据透视表中的字段被折叠后，在“选项”选项卡中单击“活动字段”组中的“展开整个字段”按钮即可展开所有字段。

电脑小百科

避免在单元格的开始和末尾输入空格。

老师的话

如果用户希望去掉数据透视表中各字段项前的“+”或“-”按钮，那么在“选项”选项卡下单击“显示”组中的“+/-按钮”切换按钮即可，如下图所示。

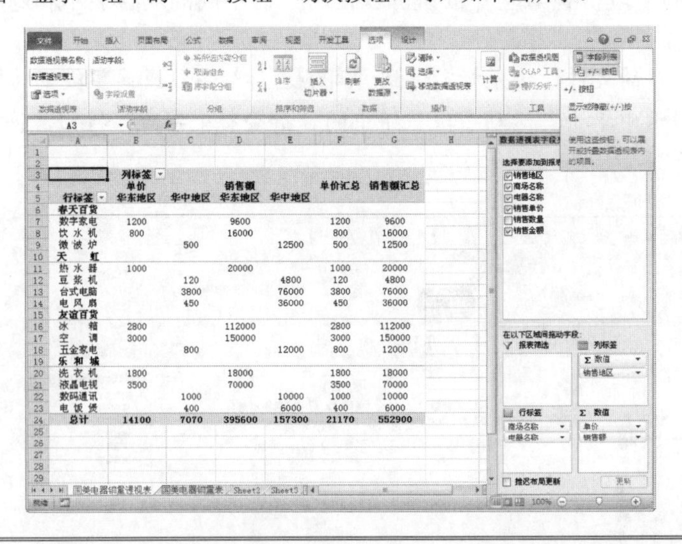

9.2.2 更改数据透视表的汇总方式

在 Excel 2010 默认情况下，数据透视表汇总的各种数据都是以求和的方式进行运算，用户可以根据实际需求对运算方式进行更改。具体操作步骤如下。

1. 打开原始文件 9.2.2.xlsx，将光标定位到数据透视表中，如图 9-20 所示。
2. 在“数据透视表字段列表”任务窗格的“Σ 数值”选项区中单击“求和项”右侧的下三角按钮，从弹出的列表中选择“值字段设置”选项，如图 9-21 所示。

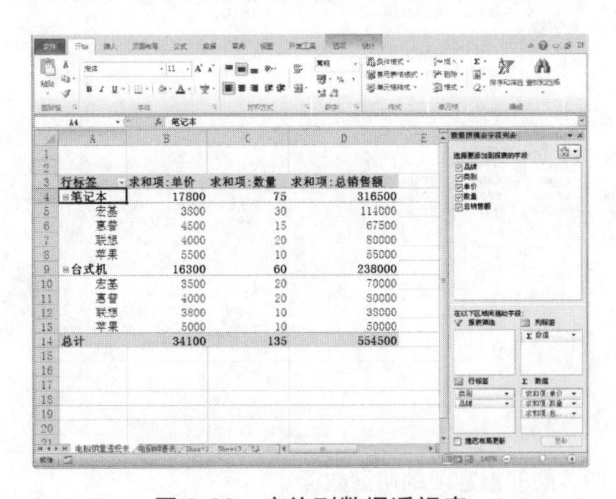

图 9-20　定位到数据透视表

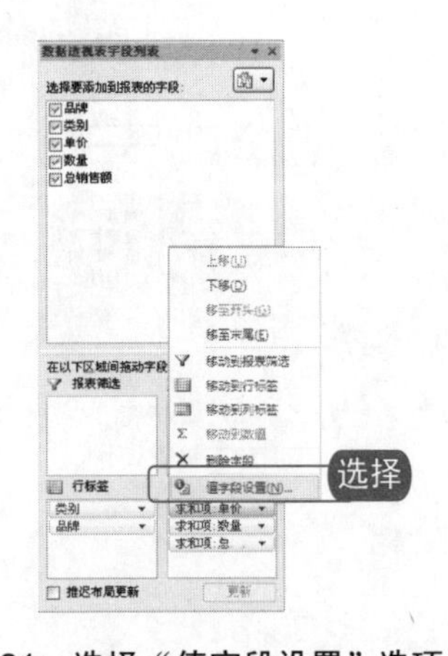

图 9-21　选择“值字段设置”选项

3. 弹出“值字段设置”对话框，在“值汇总方式”选项卡中选择“计算类型”列表框中的“计数”选项，如图 9-22 所示。
4. 单击“确定”按钮，即可更改数据透视表的汇总方式，更改后的效果如图 9-23 所示。

电脑小百科

尽量避免在一张工作表中建立多个数据清单，每张工作表最好仅使用一个数据清单。

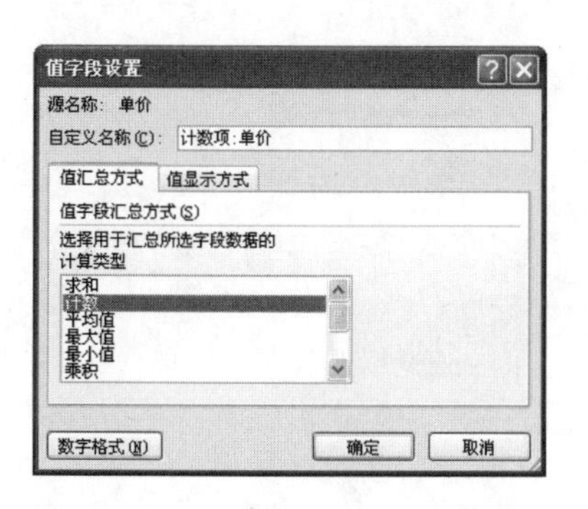

图 9-22　“值字段设置”对话框

行标签	计数项:单价	求和项:数量	求和项:总销售额
⊟笔记本	4	75	316500
宏基	1	30	114000
惠普	1	15	67500
联想	1	20	80000
苹果	1	10	55000
⊟台式机	4	60	238000
宏基	1	20	70000
惠普	1	20	80000
联想	1	10	38000
苹果	1	10	50000
总计	8	135	554500

图 9-23　更改数据透视表汇总方式后的效果

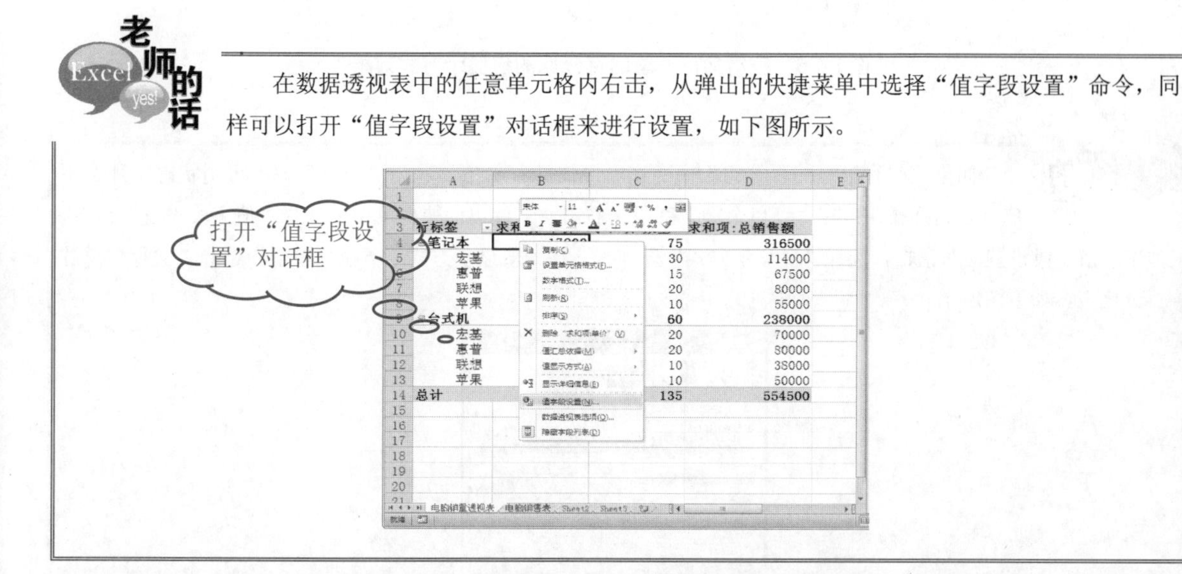

在数据透视表中的任意单元格内右击，从弹出的快捷菜单中选择“值字段设置”命令，同样可以打开“值字段设置”对话框来进行设置，如下图所示。

9.2.3 更改数据透视表的值显示方式

在 Excel 2010 的数据透视表中，更改值显示方式可以更加灵活地显示数据。具体操作步骤如下。

❶ 打开原始文件 9.2.3.xlsx，将光标定位到数据透视表中，如图 9-24 所示。

❷ 右击“求和项：订单金额”字段，从弹出的快捷菜单中选择“值显示方式”→“父行汇总的百分比”选项，如图 9-25 所示。

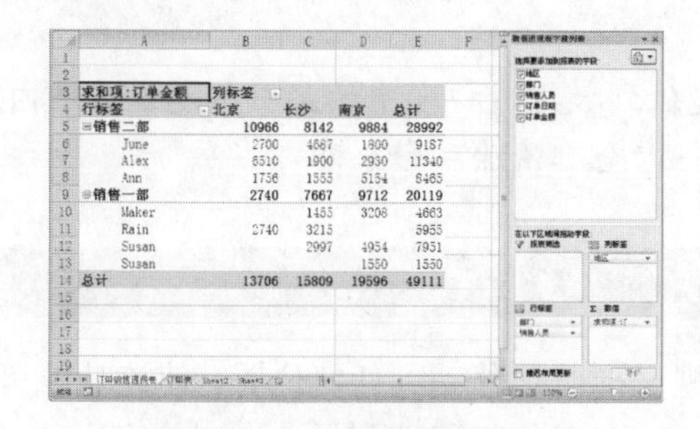

图 9-24　定位到数据透视表

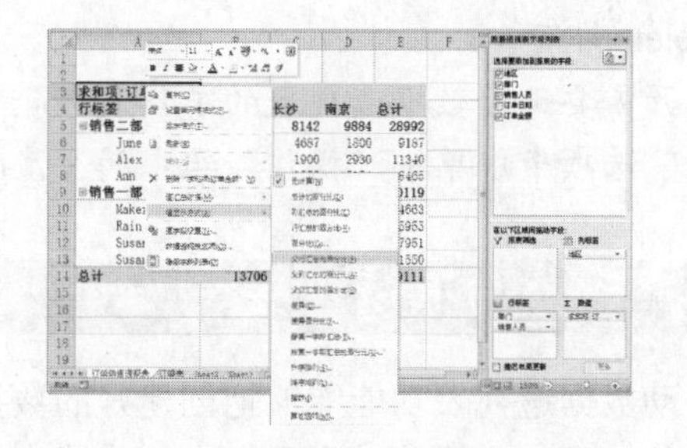

图 9-25　更改数据透视表的值显示方式

电脑小百科

数据透视表是一种对大量数据进行快速汇总和建立交叉列表的表格，用户可以在数据透视表中指定想显示的字段和数据项，以确定如何组织数据。

③ 设置数据透视表的值显示方式后的效果如图 9-26 所示。

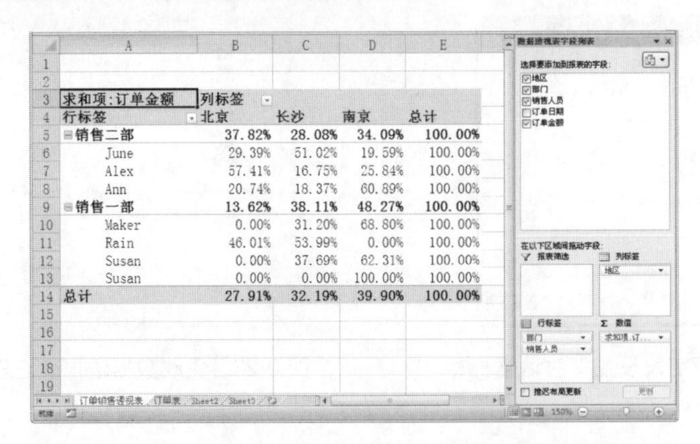

图 9-26　应用父行汇总的百分比的值显示方式效果

老师的话

如果“父行汇总的百分比”命令在右键快捷菜单中显示为“灰色”，不可用状态，那么用户可以这样操作：在“订单金额”字段上右击，从弹出的快捷菜单中选择“值字段设置”命令，弹出“值字段设置”对话框，选择“值显示方式”选项卡，在“值显示方式”下拉列表框中选择“父行汇总的百分比”，如下图所示。

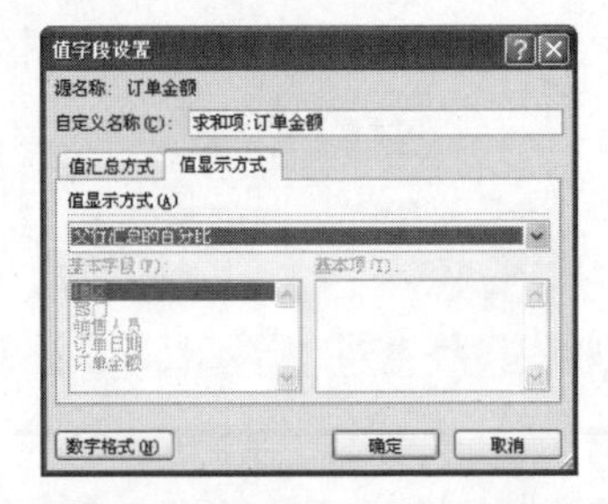

9.2.4 删除数据透视表

数据透视表中的数据是不能直接删除的，要想删除数据，只能删除整个数据透视表。当删除数据透视表后，与之相关的数据透视图会变成无法再更改的静态图表，但源数据不受影响。在工作表中删除数据透视表有以下几种方法。

- 打开需要删除数据透视表的工作表，单击行列标题交叉处按钮选中整个工作表，按快捷键 Delete 即可。
- 打开需要删除数据透视表的工作表，将鼠标定位到数据透视表中的某一单元格区域内，在“选项”选项卡中单击“操作”组中的“清除”→“全部清除”命令即可。

9.2.5 移动数据透视表

移动数据透视表功能能够把创建好的数据透视表准确地移动到任何位置。使该功能可将数据透视表从一个工作簿移动到另一个工作簿中，或从一个工作表移动到另一个工作表中。

电脑小百科

通过将“数据透视表字段列表”中显示的任何字段移动到布局区域，可创建数据透视表。

不仅能在当前工作表中移动数据透视表，而且可以跨工作表或跨工作簿进行移动。

- 移动数据透视表
  - 使用“移动数据透视表”对话框移动数据透视表
  - 使用“剪切”命令移动数据透视表

跟着做 1 使用“移动数据透视表”对话框移动

1. 打开原始文件 9.2.5.xlsx，将光标定位到数据透视表中，如图 9-27 所示。
2. 在“选项”选项卡下，单击“操作”组中的“移动数据透视表”按钮，如图 9-28 所示。

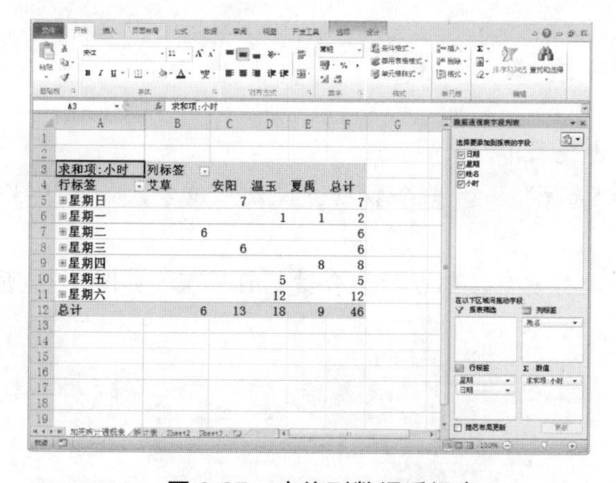

图 9-27　定位到数据透视表

图 9-28　单击“移动数据透视表”按钮

3. 弹出“移动数据透视表”对话框，如图 9-29 所示。
4. 在“选择放置数据透视表的位置”区域中选择“现有工作表”单选按钮，单击“位置”文本框后的折叠按钮，在工作表中选择单元格 A18，如图 9-30 所示。

图 9-29　“移动数据透视表”对话框

图 9-30　选择放置数据透视表的位置

5. 移动位置后的数据透视表如图 9-31 所示。

知识补充

除了可以在当前工作表中移动数据透视表，还可以在“移动数据透视表”对话框中选择“新建工作表”单选按钮，实现跨工作表移动数据透视表。

电脑小百科

数据透视表的 11 中汇总方式分别为：求和，计数，平均值，最大值，最小值，乘积，数值计数，标准偏差，总体标准偏差，方差，总体方差。

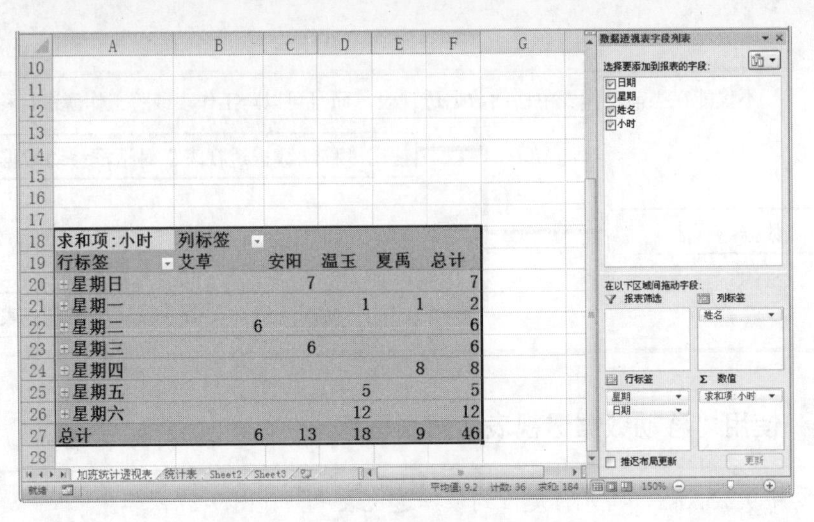

图 9-31　移动位置后的数据透视表

跟着做 2 使用“剪切”命令移动数据透视表

1. 打开原始文件 9.2.5.1.xlsx，将光标定位到数据透视表中。
2. 在“选项”选项卡中的“操作”组中，选择“选择”→“整个数据透视表”命令，如图 9-32 所示。
3. 在“开始”选项卡中的“剪贴板”组中，单击“剪切”按钮或按组合键 Ctrl + X，如图 9-33 所示，然后将其粘贴到其他位置。

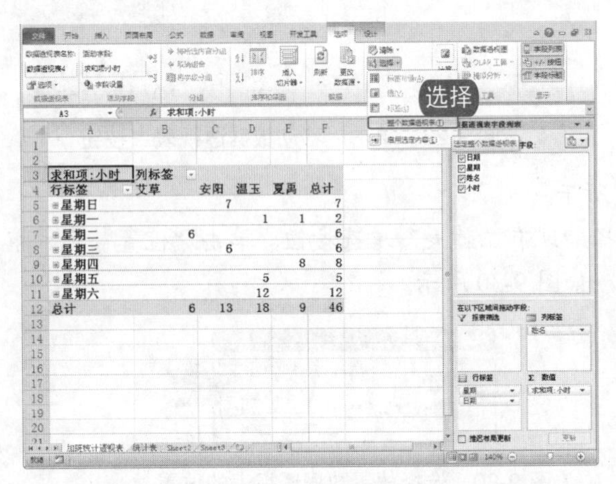

图 9-32　选择“整个数据透视表”命令

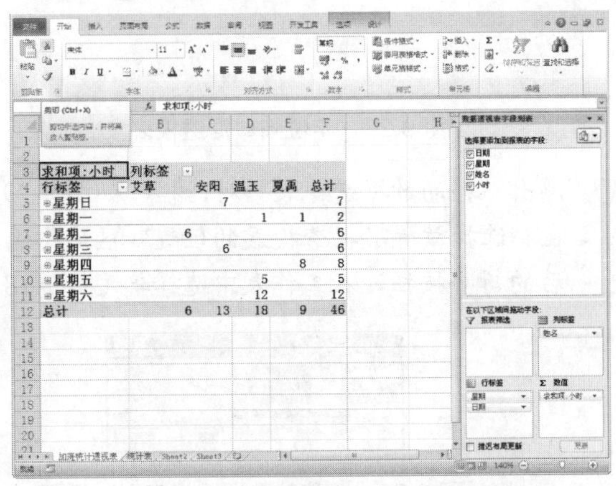

图 9-33　剪切数据透视表

9.2.6 刷新数据透视表

在 Excel 2010 中，当数据源中的数据更改后，数据透视表默认不会自动刷新。

操作分析

刷新数据透视表的方法有很多种，下面就简单介绍几种操作方法。

电脑小百科

数据透视表有 15 种自定义显示方式，包括无计算、总计的百分比、列汇总的百分比、行汇总的百分比、父行汇总的百分比、父列汇总的百分比、父级汇总的百分比、差异等。

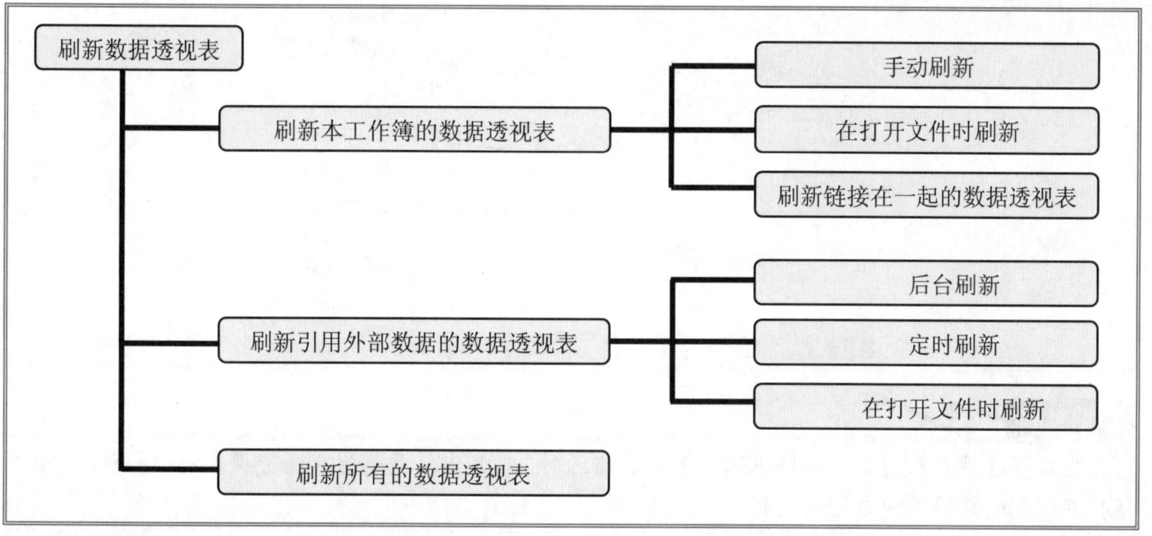

跟着做 1☛ 刷新本工作簿的数据透视表

用户可以设置数据透视表的自动更新，设置数据透视表在打开时自动刷新的方法如下。

1. 打开原始文件 9.2.6.xlsx，选中“销售业绩透视表”工作表标签。
2. 右击数据透视表中的任意单元格，从弹出的快捷菜单中选择“数据透视表选项”命令，如图 9-34 所示。
3. 弹出“数据透视表选项”对话框，在“数据”选项卡下，选中“打开文件时刷新数据”复选框，单击“确定”按钮完成设置，如图 9-35 所示。

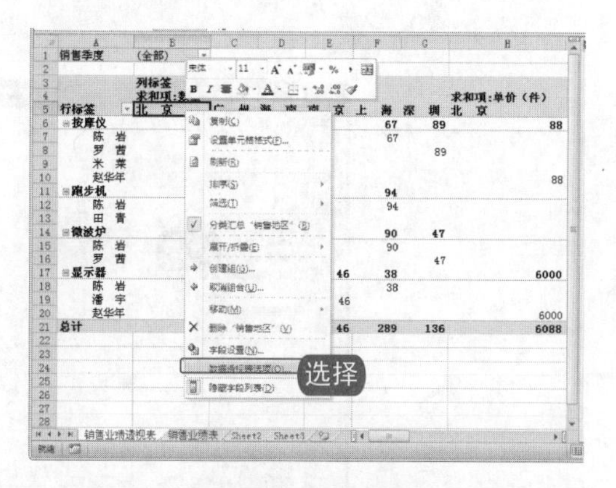

图 9-34　选择“数据透视表选项”命令

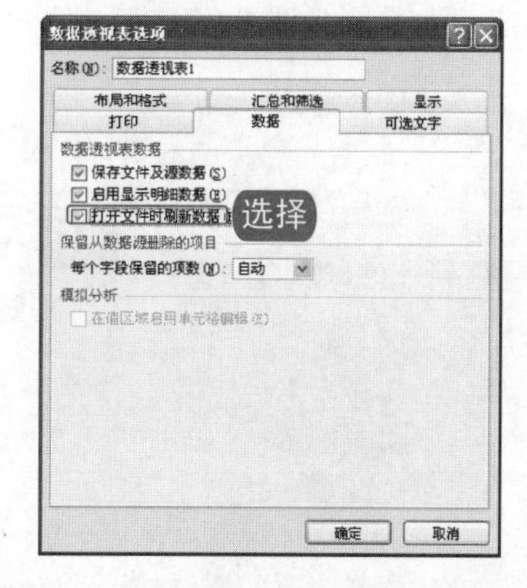

图 9-35　“数据透视表选项”对话框

如果数据透视表的源数据发生了变化，那么用户需要手动刷新数据透视表，使数据透视表中的数据得到及时更新。手动刷新的方法是：在数据透视表的任意单元格内右击，在弹出的快捷菜单中选择“刷新”命令，如下图所示。

电脑小百科

对于普通的 Excel 表格，是可以根据不同的数据类型进行升序和降序排序的。

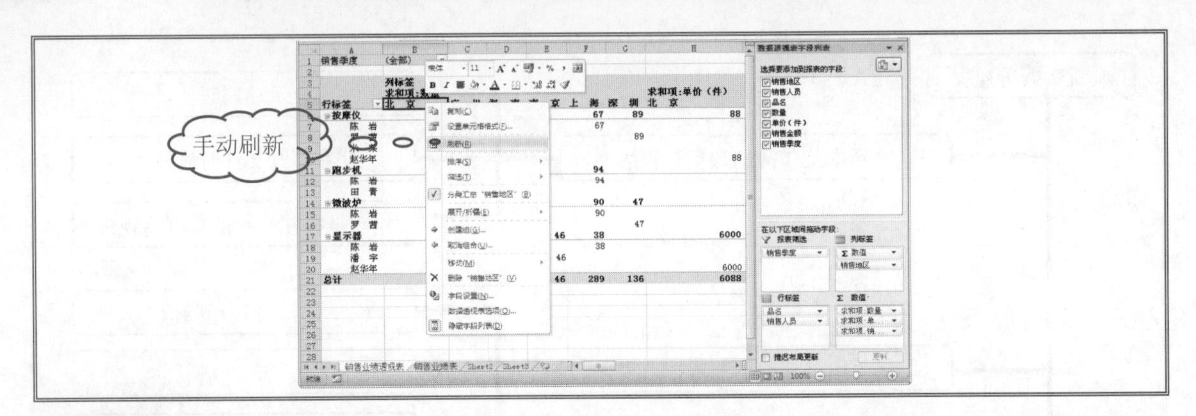

知识补充

当数据透视表被用作其他数据透视表的数据源时，对其中任意一张数据透视表进行刷新，都会对链接在一起的数据透视表进行刷新。

跟着做 2 刷新引用外部数据的数据透视表

如果数据透视表的数据源是基于对外部数据的查询，那么 Excel 2010 会在用户工作时在后台执行数据刷新。

1. 打开原始文件 9.2.6.1.xlsx，选中“引用外部数据透视表”工作表标签。
2. 单击数据透视表中的任意单元格，在“数据”选项卡下的“连接”组中，单击“刷新”按钮，从弹出的下拉列表中选择“连接属性”命令，如图 9-36 所示。
3. 弹出“连接属性”对话框，在“刷新控件”区域选中“允许后台刷新”复选框，单击“确定”按钮完成设置，如图 9-37 所示。

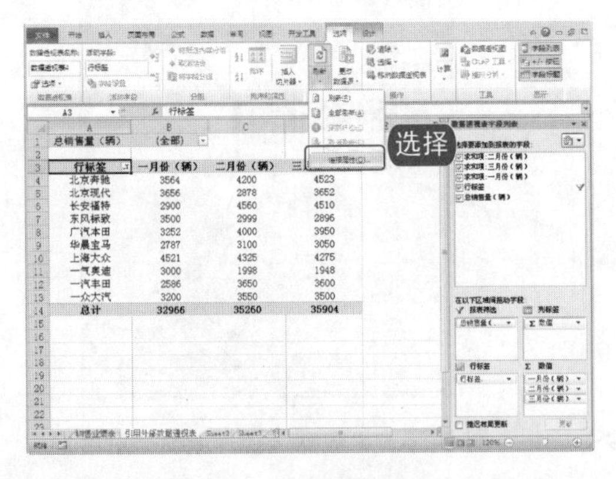

图 9-36 选择“连接属性”命令

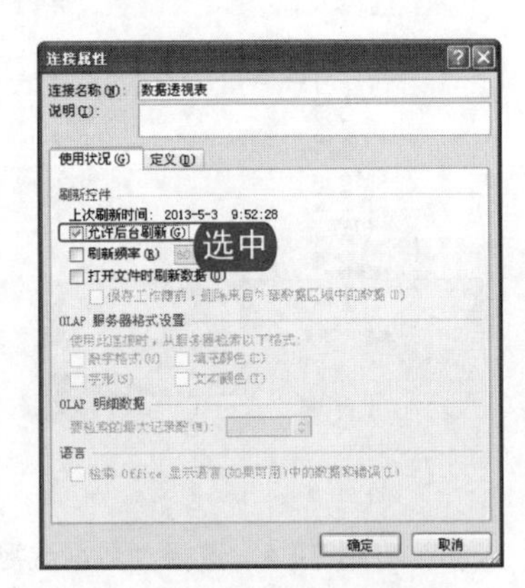

图 9-37 设置允许后台刷新

知识补充

“连接属性”对话框只对由外部数据源创建的数据透视表可用，否则“数据”选项卡中“连接”组中的“属性”按钮为灰色不可用。

电脑小百科

在卸载软件时，不要删除共享文件，因为某些共享文件可能被系统或者其他程序使用，一旦删除这些文件，会使应用软件无法启动而死机，或者出现系统运行死机。

老师的话

如果数据透视表的数据源来自外部数据，那么还可以设置固定时间间隔的自动刷新频率。操作方法是：在“连接属性”对话框的“刷新控件”区域中选中“刷新频率”复选框，并在右侧的微调框内输入 10，如下图左所示。

如果数据透视表的数据源来自外部数据，那么也可以设置数据透视表在打开时自动刷新，只要在“连接属性”对话框中选中“打开文件时刷新数据”复选框即可，如下图右所示。

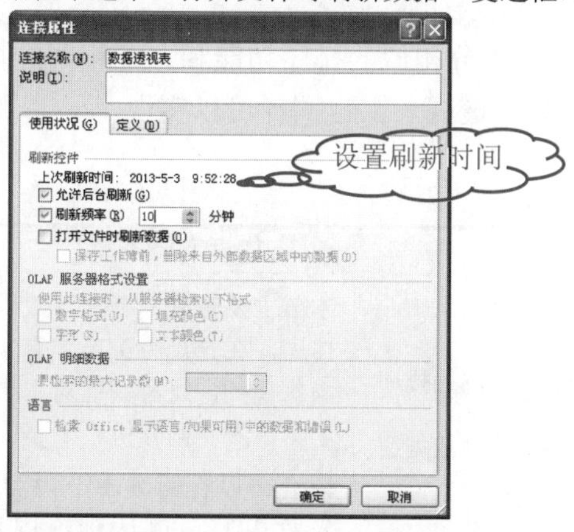

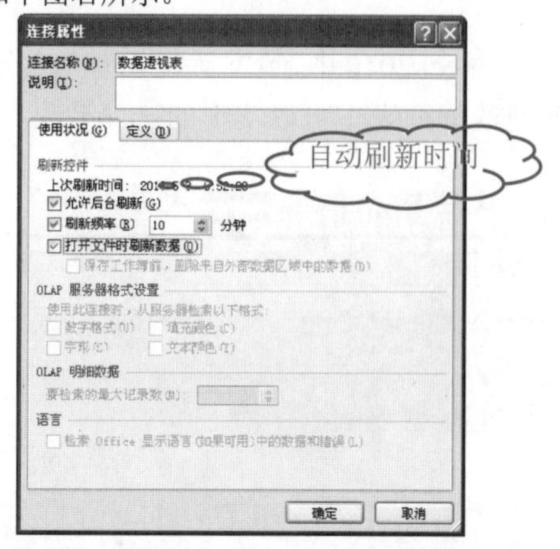

跟着做 3☛　刷新所有的数据透视表

要刷新工作簿中包含的多个数据透视表的具体操作方法如下。

1. 打开上一小节保存的文件，单击数据透视表中的任意单元格。
2. 在“选项”选项中，单击“数据”组中的“刷新”下拉按钮。
3. 从弹出的下拉列表中选择“全部刷新”命令，或按 Ctrl + Alt + F5 组合键，刷新所有的数据透视表，如图 9-38 所示。

图 9-38　刷新所有的数据透视表

升序排序的顺序：数字、文本、逻辑值、错误值、空白单元格。

知识补充

直接单击“刷新”按钮，也可以同时刷新一个工作簿中的多个数据透视表。

9.3 数据透视表的排序

在Excel 2010中，数据透视表有与普通数据列表十分相似的排序功能和完全相同的排序规则，在普通数据列表中可以实现的排序效果，大多在数据透视表上也同样可以实现。

书盘互动指导

⊙ 示例	⊙ 在光盘中的位置	⊙ 书盘互动情况
	9.3 数据透视表的排序 9.3.1 按数值字段进行排序 9.3.2 设置双标签时数据字段的排序	本节主要带领读者学习数据透视表的排序，在光盘9.3节中有相关内容的操作视频，还特别针对本节内容设置了具体的实例分析。 读者可以在阅读本节内容后再学习光盘内容，以达到巩固和提升的效果。

9.3.1 按数值字段进行排序

在数据透视表中进行排序有多种方法，而按数值字段排序可以同时设置其排序方式和排序方向。具体操作步骤如下。

1. 打开原始文件9.3.1.xlsx，将光标定位到数据透视表中的数值区域。
2. 在“选项”选项卡下单击“排序和筛选”组中的“排序”按钮，如图9-39所示。
3. 弹出“按值排序”对话框，如图9-40所示。

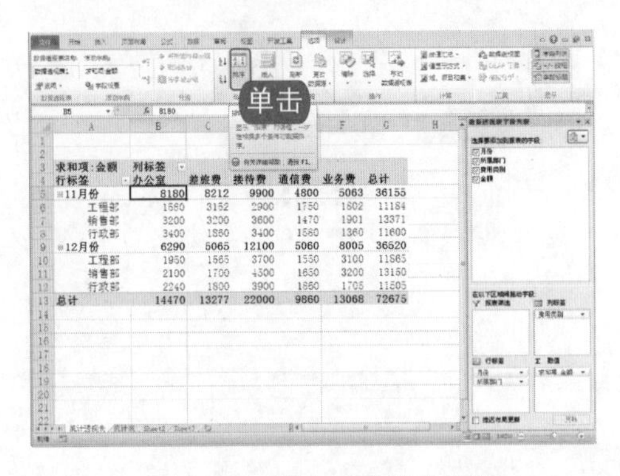

图9-39 单击“排序”按钮

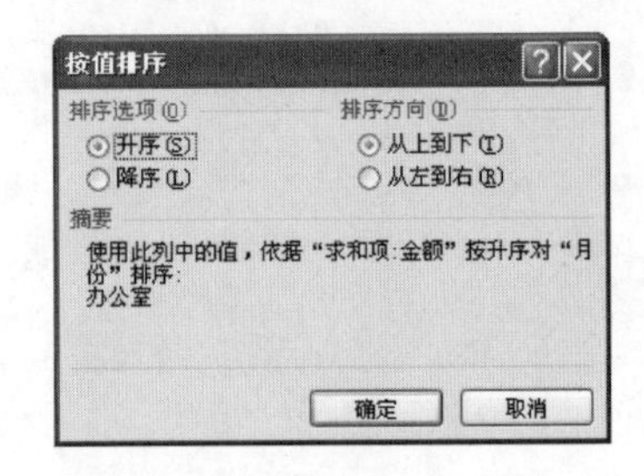

图9-40 “按值排序”对话框

4. 在“排序选项”区域中选中“降序”单选按钮，“排序方向”区域选中“从左到右”单选按钮，单击“确定”按钮，如图9-41所示。
5. 设置按数值字段排序后的效果如图9-42所示。

电脑小百科

降序排序的顺序：错误值、逻辑值、文本、数字、空白单元格。

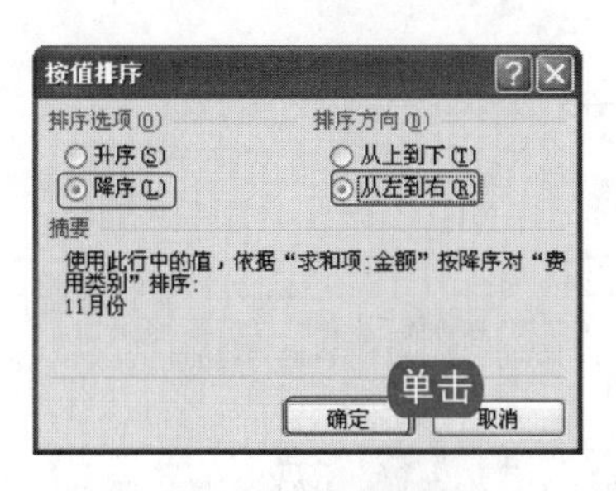

图 9-41　设置参数

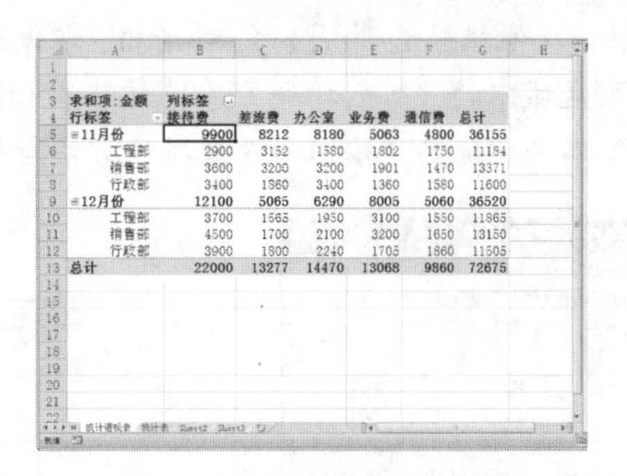

图 9-42　排序后的数据透视表

9.3.2 设置双标签时数据字段的排序

刚创建的数据透视表的行列标签内容都是按照升序顺序排列的，如果用户需要按降序或者其他顺序汇总数据，那么可按如下步骤进行操作。

1. 打开原始文件 9.3.2.xlsx，将光标定位到数据透视表中。
2. 单击数据透视表中"行标签"右侧的下拉按钮，从弹出的面板中选择"降序"选项，如图 9-43 所示。
3. 单击数据透视表中"列标签"右侧的下拉按钮，从弹出的面板中选择"降序"选项，如图 9-44 所示。

图 9-43　按行字段的降序排序

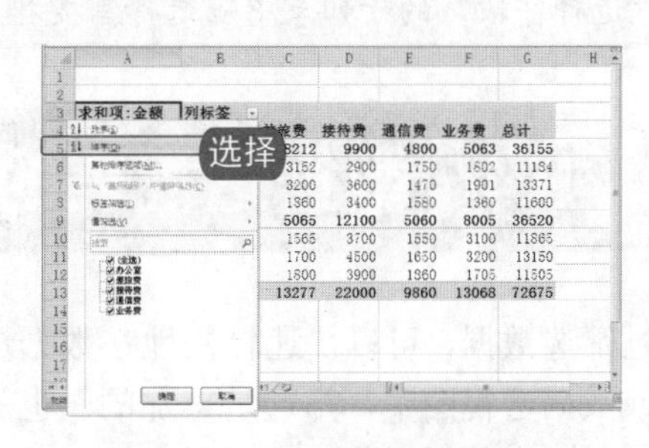

图 9-44　按列字段的降序排序

4. 若需要按照自定义方式进行排序，那么可在行或列标签上单击右侧的下拉按钮，从弹出的面板中选择"其他排序选项"选项，弹出"排序(月份)"对话框，如图 9-45 所示。
5. 在"排序选项"区域中选中"降序排序(Z 到 A)依据"单选按钮，单击"其他选项"按钮，如图 9-46 所示。

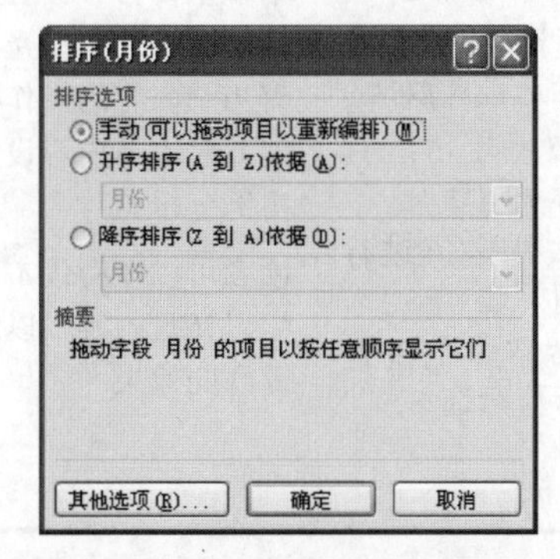

图 9-45　"排序(月份)"对话框

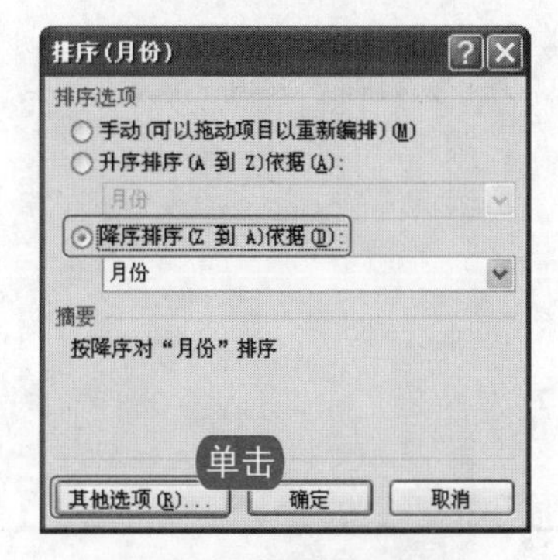

图 9-46　设置排序选项

电脑小百科

单独文本排序：符号、英文字母、中文排序顺序。

6 弹出“其他排序选项(月份)”对话框，取消选中“每次更新报表时自动排序”复选框，并选中“方法”区域中的“笔划排序”单选按钮，如图 9-47 所示。

7 依次单击“确定”按钮，设置排序方法后的效果如图 9-48 所示。

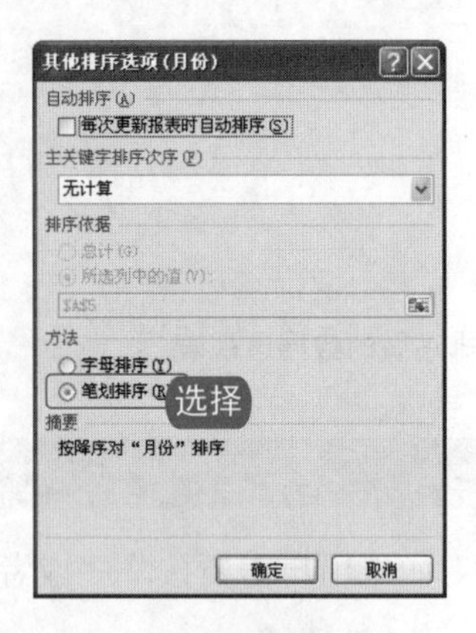

图 9-47　设置排序方法

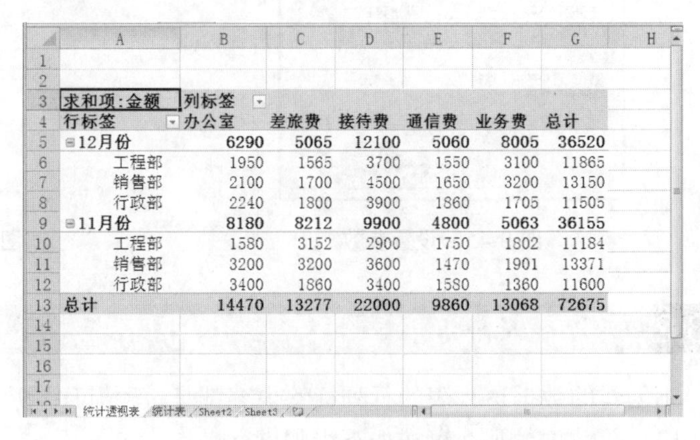

求和项:金额	列标签					
行标签	办公室	差旅费	接待费	通信费	业务费	总计
⊟12月份	6290	5065	12100	5060	8005	36520
工程部	1950	1565	3700	1550	3100	11865
销售部	2100	1700	4500	1650	3200	13150
行政部	2240	1800	3900	1860	1705	11505
⊟11月份	8180	8212	9900	4800	5063	36155
工程部	1580	3152	2900	1750	1802	11184
销售部	3200	3200	3600	1470	1901	13371
行政部	3400	1860	3400	1580	1360	11600
总计	14470	13277	22000	9860	13068	72675

图 9-48　排序后效果图

知识补充

当数据透视表中存在多个行标签进行排序时，单击“行标签”右侧的下拉按钮，从弹出的下拉列表中的“选择字段”的子列表中应选择需要排序的字段。

9.4　数据透视表的筛选

通过筛选数据，可以快速轻松地在数据透视表或数据透视图中查找和使用数据子集。在数据透视表或数据透视图中，筛选是累加的，也就是说，新增加的筛选都是以前面的筛选为基础，这样可进一步减小数据子集。可以通过选中或清除“数据透视表选项”对话框的“汇总和筛选”选项卡中的“每个字段允许多个筛选”复选框来控制此行为。

书盘互动指导

示例	在光盘中的位置	书盘互动情况
（示例图）	9.4 数据透视表的筛选 9.4.1 通过行(列)标签筛选查看数据 9.4.2 按特定值进行标签筛选 9.4.3 按特定值进行值筛选 9.4.4 按特定范围进行值筛选	本节主要带领读者学习数据透视表的筛选，在光盘 9.4 节中有相关内容的操作视频，还特别针对本节内容设置了具体的实例分析。 读者可以在阅读本节内容后再学习光盘内容，以达到巩固和提升的效果。

	列标签 女			
行标签	求和项:基本工资	求和项:住房补贴	求和项:奖金	求和项:应发工资
⊟人力资源部	9200	1200	1600	12000
江 娴	2300	300	400	3000
林 夕	2300	300	400	3000
曲 荷	2300	300	400	3000
瑜 荣	2300	300	400	3000
总计	9200	1200	1600	12000

电脑小百科

中文文本排序顺序则是按照拼音字母在英文字母顺序中的顺序进行排列。

9.4.1　通过行(列)标签筛选查看数据

在 Excel 2010 数据透视表中，可以通过设置不同的数据条件来筛选出不同的数据结果，供用户查看数据，其中最简单的方法就是通过行(列)标签筛选查看数据。具体操作方法如下。

1. 打开原始文件 9.4.1.xlsx，将光标定位到数据透视表中。
2. 单击“行标签”字段右侧的下拉按钮，弹出图 9-49 所示的面板。
3. 选中要筛选的字段对应的复选框，取消选中其他复选框，单击“确定”按钮，如图 9-50 所示。

图 9-49　通过行标签筛选

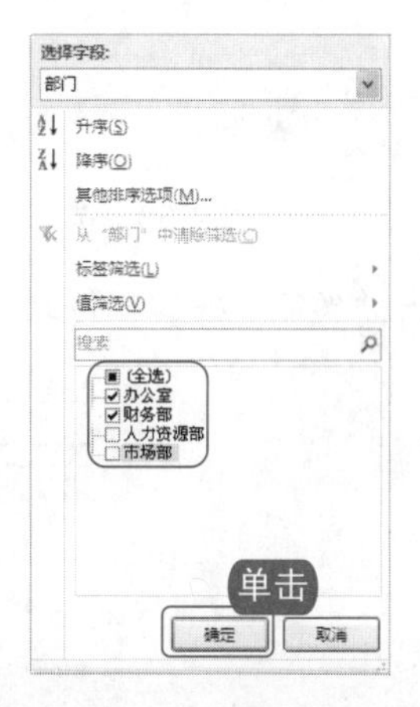

图 9-50　选择要筛选的内容

4. 得到的筛选结果如图 9-51 所示。
5. 用同样的方法，筛选列标签中要显示的数据，筛选结果如图 9-52 所示。

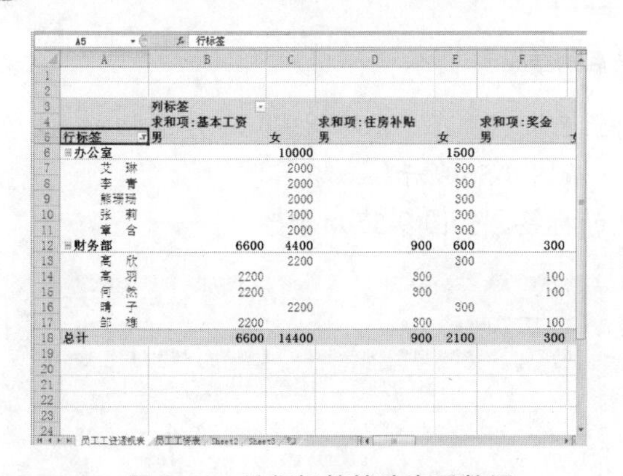

图 9-51　按行标签筛选查看数据

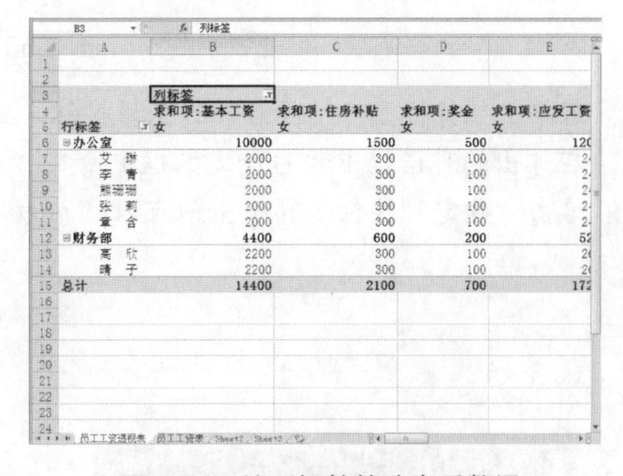

图 9-52　按列标签筛选查看数据

9.4.2　按特定值进行标签筛选

在数据透视表中按照特定值进行标签筛选的操作方法如下。

1. 打开原始文件 9.4.2.xlsx，将光标定位到数据透视表中。
2. 单击“行标签”字段右侧的下拉按钮，从弹出的面板中选择“标签筛选”→“等于”选项，如图 9-53 所示。
3. 弹出“标签筛选(部门)”对话框，在右侧的文本框中输入标签名称“市场部”，如图 9-54 所示。

电脑小百科

数据透视表与普通数据有十分相似的排序功能和完全相同的排序规则。

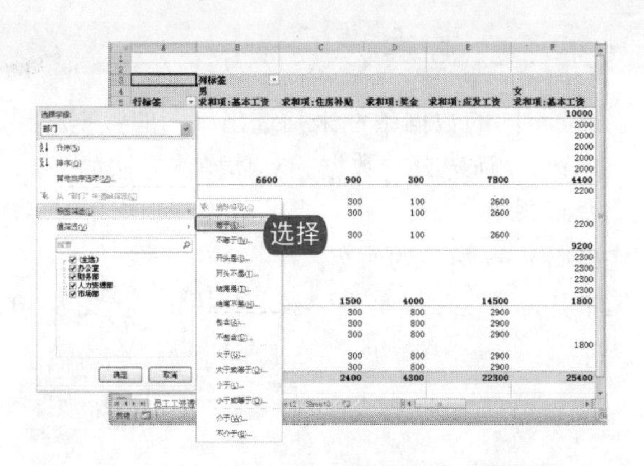

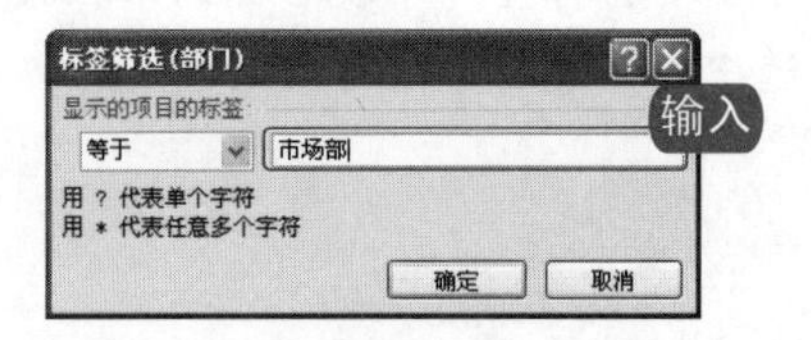

图 9-53　选择特定值进行行标签筛选　　图 9-54　设置显示的字段标签

4 单击“确定”按钮，得到筛选结果，如图 9-55 所示。

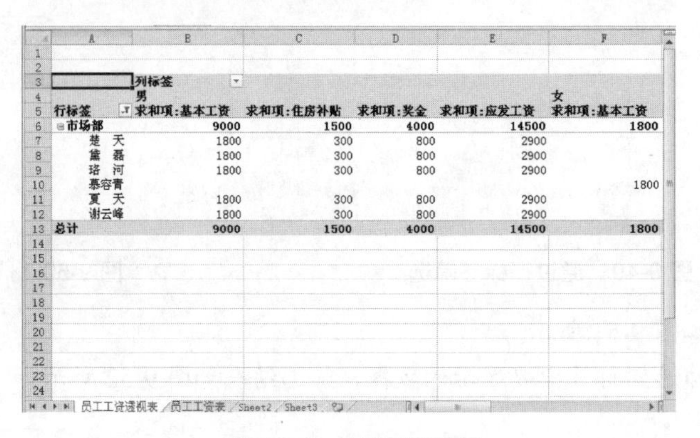

	列标签				
	男				女
行标签	求和项:基本工资	求和项:住房补贴	求和项:奖金	求和项:应发工资	求和项:基本工资
市场部	9000	1500	4000	14500	1800
楚　天	1800	300	800	2900	
篁　磊	1800	300	800	2900	
珞　河	1800	300	800	2900	
慕容青					1800
夏　天	1800	300	800	2900	
谢云峰	1800	300	800	2900	
总计	9000	1500	4000	14500	1800

图 9-55　筛选后的结果

5 若单击“行标签”字段右侧的下拉按钮，从弹出的面板中选择“标签筛选”→“开头是”选项，在弹出的对话框中的右侧文本框中输入“人力”，如图 9-56 所示。

6 单击“确定”按钮，筛选出所有以“人力”开头的标签，如图 9-57 所示。

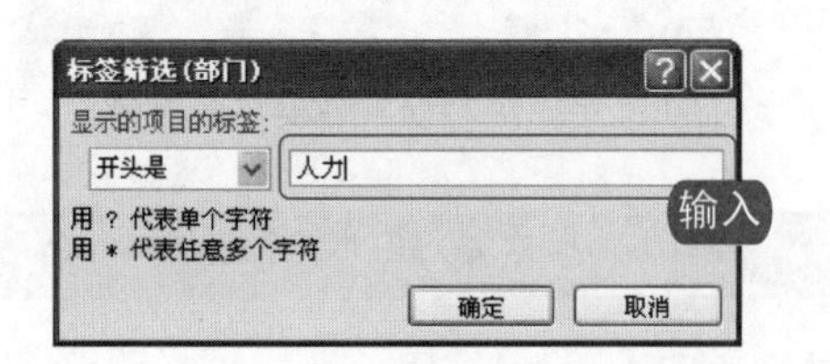

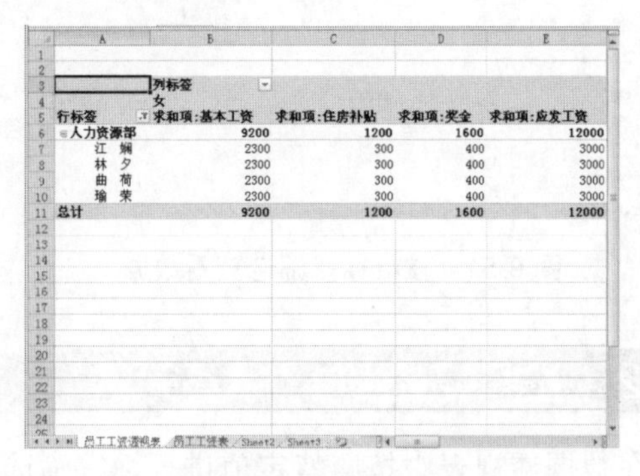

	列标签			
	女			
行标签	求和项:基本工资	求和项:住房补贴	求和项:奖金	求和项:应发工资
人力资源部	9200	1200	1600	12000
江　娴	2300	300	400	3000
林　夕	2300	300	400	3000
曲　荷	2300	300	400	3000
瑜　荣	2300	300	400	3000
总计	9200	1200	1600	12000

图 9-56　设置“开头是”　　图 9-57　筛选出的结果

7 若单击“行标签”字段右侧的下拉按钮，从弹出的面板中选择“标签筛选”→“不包含”选项，在弹出的对话框中的右侧文本框中输入“室”，如图 9-58 所示。

8 单击“确定”按钮，筛选出部门中除了带“室”的部门，如图 9-59 所示。

电脑小百科

在普通数据透视表中可以实现的排序效果大多都可以应用于数据透视表。

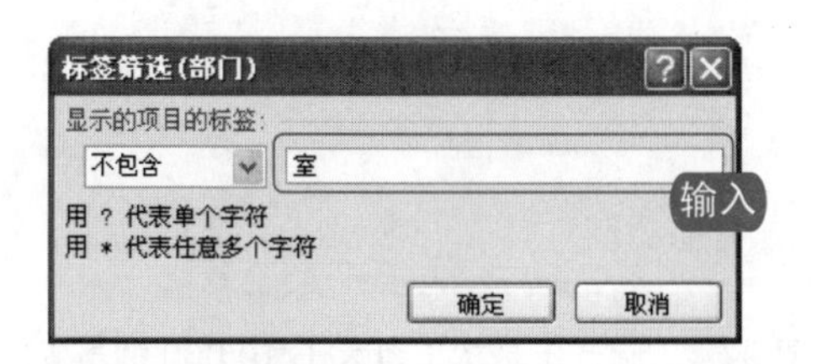

图 9-58　设置筛选记录中不包含“室”的部门

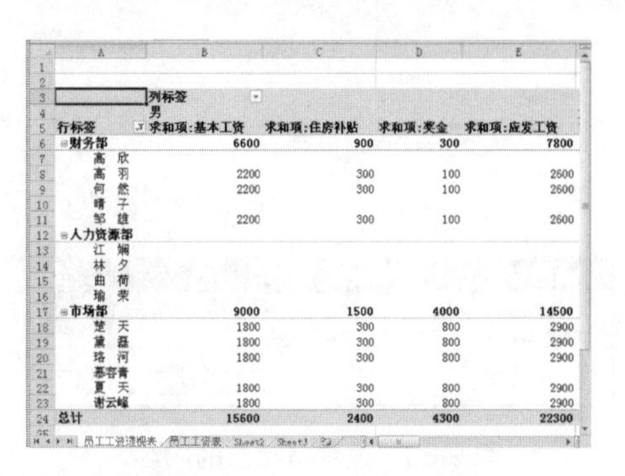

图 9-59　筛选出的结果

9.4.3　按特定值进行值筛选

在数据透视表中，按照特定值进行值筛选的操作方法如下。

❶ 打开原始文件 9.4.3.xlsx，将光标定位到数据透视表中。

❷ 单击“行标签”字段右侧的下拉按钮，从弹出的面板中选择“值筛选”→“等于”选项，如图 9-60 所示。

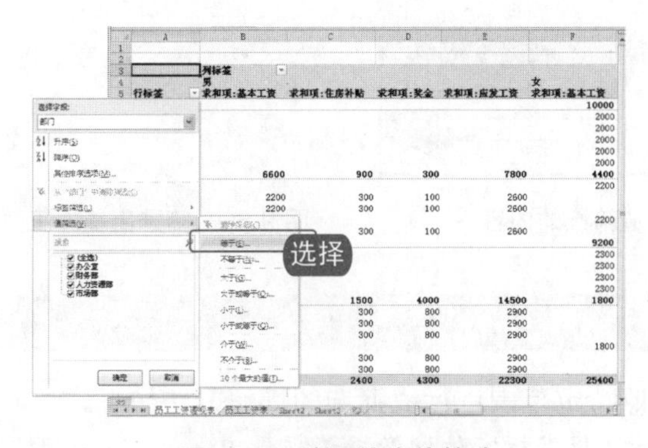

图 9-60　选择特定值筛选

❸ 弹出“值筛选(部门)”对话框，在右侧文本框中输入 10 000，如图 9-61 所示。

❹ 单击“确定”按钮，筛选出部门中基本工资等于 10 000 的员工，如图 9-62 所示。

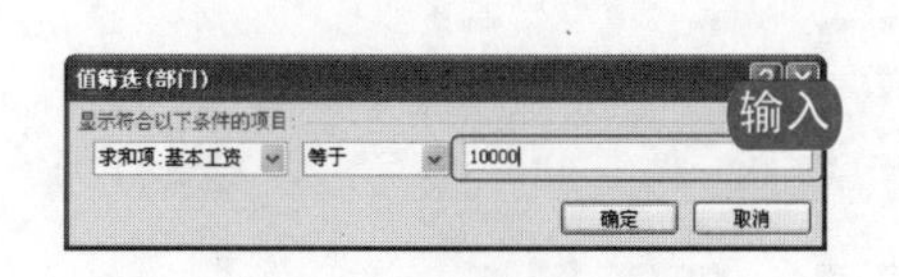

图 9-61　设置值筛选的内容

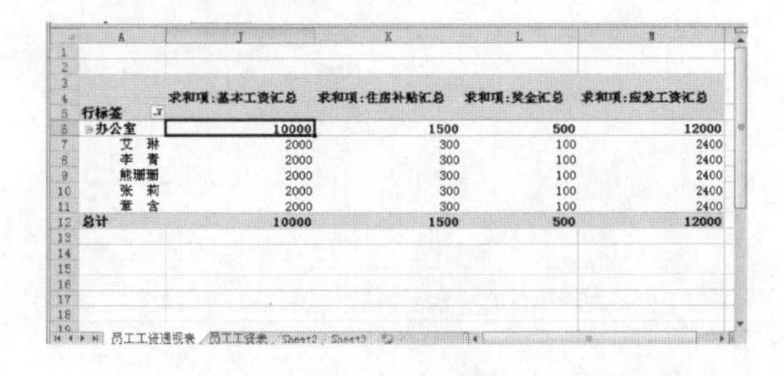

图 9-62　筛选出基本工资等于 10 000 的员工

❺ 若单击“行标签”字段右侧的下拉按钮，从弹出的面板中选择“值筛选”→“大于”选项，在弹出的对话框中的右侧文本框中输入 10 000，如图 9-63 所示。

❻ 单击“确定”按钮，筛选出部门中基本工资大于 10 000 的员工，如图 9-64 所示。

电脑小百科

如果通过手动排序的数据透视表的数据源发生变动或更新，刷新透视表后并不会对发生变动和更新的数据进行排序，需要重新对数据透视表进行手动排序。

图 9-63 设置值筛选的内容

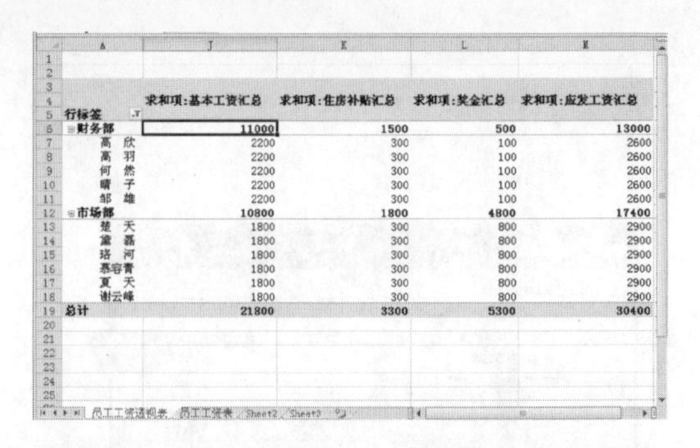

图 9-64 筛选出基本工资大于 10 000 的员工

7 若单击“行标签”字段右侧的下拉按钮，从弹出的面板中选择“值筛选”→“小于或等于”选项，在弹出的对话框的右侧文本框中输入 10 000，如图 9-65 所示。

8 单击“确定”按钮，筛选出部门中基本工资小于或等于 10 000 的员工，如图 9-66 所示。

图 9-65 设置值筛选的内容

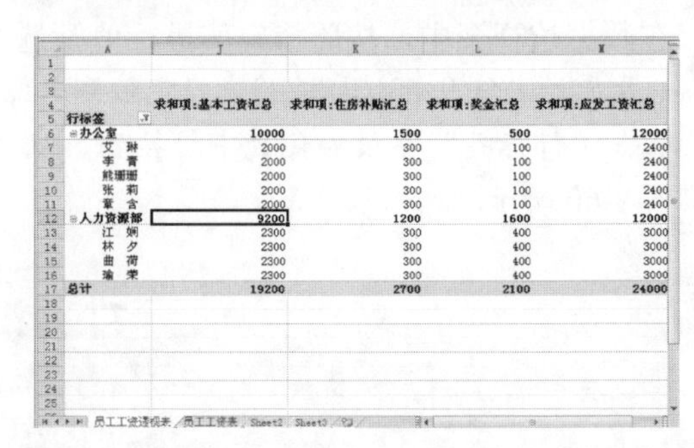

图 9-66 筛选出基本工资小于或等于 10 000 的员工

9.4.4 按特定范围进行值筛选

在数据透视表中，按照特定范围进行值筛选的操作方法如下。

1 打开原始文件 9.4.4.xlsx，将光标定位到数据透视表中。

2 单击“行标签”字段右侧的下拉按钮，从弹出的面板中选择“值筛选”→“介于”选项，如图 9-67 所示。

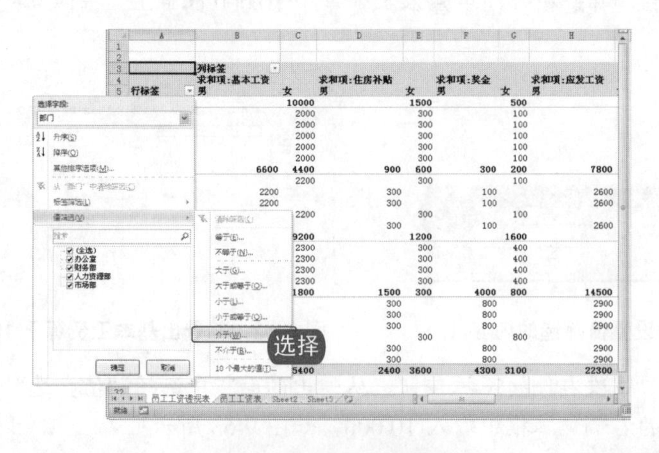

图 9-67 设置筛选方式

电脑小百科

如果将数据透视表和函数结合使用，更能创建出满足各种需求的报表。

3. 弹出“值筛选(部门)”对话框，在右侧的两个文本框中分别输入特定范围的下限值 9000 和上限值 10 000，如图 9-68 所示。
4. 单击“确定”按钮，筛选出部门中基本工资在 9000～10 000 范围内的员工，如图 9-69 所示。

图 9-68　设置范围值

行标签	求和项:基本工资汇总	求和项:住房补贴汇总	求和项:奖金汇总	求和项:应发工资汇总
办公室	10000	1500	500	12000
艾　琳	2000	300	100	2400
李　青	2000	300	100	2400
熊珊珊	2000	300	100	2400
张　莉	2000	300	100	2400
章　含	2000	300	100	2400
人力资源部	9200	1200	1600	12000
江　炯	2300	300	400	3000
林　夕	2300	300	400	3000
曲　荷	2300	300	400	3000
瑜　荣	2300	300	400	3000
总计	19200	2700	2100	24000

图 9-69　显示 9000～10 000 范围内的员工

5. 若单击“行标签”字段右侧的下拉按钮，从弹出的面板中选择“值筛选”→“不介于”选项，在弹出的对话框中的右侧的两个文本框中分别输入特定范围的下限值 9000 和上限值 10 000，如图 9-70 所示。

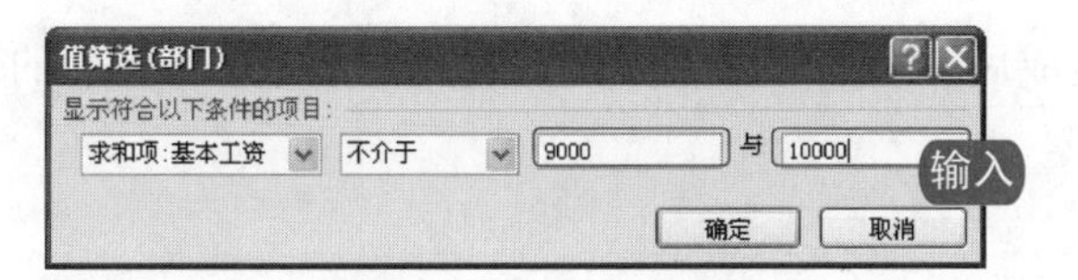

图 9-70　设置范围值

6. 单击“确定”按钮，筛选所有不在该范围内的记录，如图 9-71 所示。

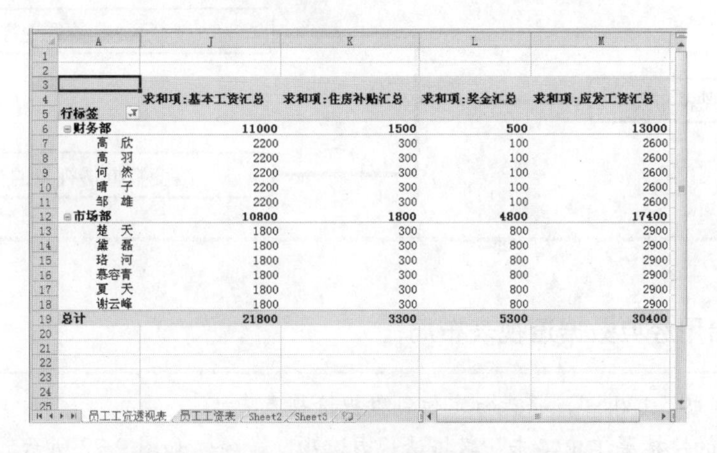

行标签	求和项:基本工资汇总	求和项:住房补贴汇总	求和项:奖金汇总	求和项:应发工资汇总
财务部	11000	1500	500	13000
高　欣	2200	300	100	2600
高　羽	2200	300	100	2600
何　然	2200	300	100	2600
晴　子	2200	300	100	2600
邹　雄	2200	300	100	2600
市场部	10800	1800	4800	17400
楚　天	1800	300	800	2900
黛　磊	1800	300	800	2900
珞　河	1800	300	800	2900
慕容青	1800	300	800	2900
夏　天	1800	300	800	2900
谢云峰	1800	300	800	2900
总计	21800	3300	5300	30400

图 9-71　显示不在 9000～10 000 范围内的员工

9.5　数据透视表布局及样式的快速套用

在添加字段、显示相应的明细级别、创建计算以及在数据透视表中按所需方式对数据进行排

电脑小百科

数据透视表是 Excel 中功能最大、使用最灵活、操作最简单的工具，使用数据透视表不必输入复杂的公式和函数。

序、筛选和分组后，可能还需要增强数据透视表的布局和格式，以提高可读性，并且使其更具吸引力。

书盘互动指导

⊙ 示例	⊙ 在光盘中的位置	⊙ 书盘互动情况
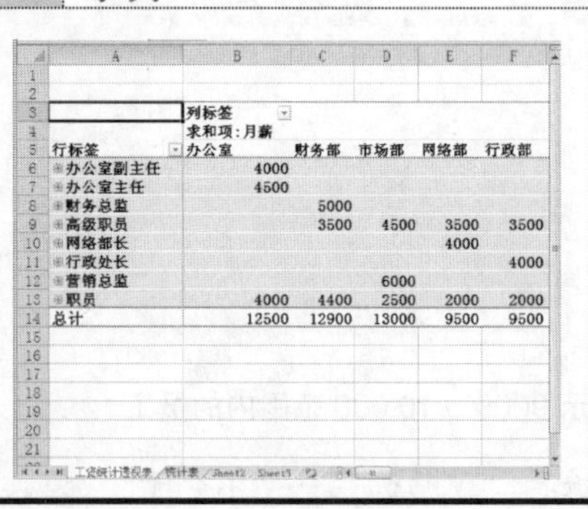	9.5 数据透视表布局及样式的快速套用 9.5.1 更改数据透视表布局 9.5.2 数据透视表自动套用格式	本节主要带领读者学习数据透视表的布局及样式的快捷应用，在光盘 9.5 节中有相关内容的操作视频，还特别针对本节内容设置了具体的实例分析。 读者可以在阅读本节内容后再学习光盘内容，以达到巩固和提升的效果。

求和项:月薪	列标签				
行标签	办公室	财务部	市场部	网络部	行政部
办公室副主任	4000				
办公室主任	4500				
财务总监		5000			
高级职员		3500	4500	3500	3500
网络部长				4000	
行政处长					4000
营销总监			6000		
职员	4000	4400	2500	2000	2000
总计	12500	12900	13000	9500	9500

9.5.1 更改数据透视表布局

数据透视表创建完成后，用户可以改变数据透视表布局来得到新的报表，从而满足不同角度的数据分析需求。

操作分析

更改数据透视表布局可以让工作表中的数据透视表更加生动、形象化，下面就简单介绍操作方法。

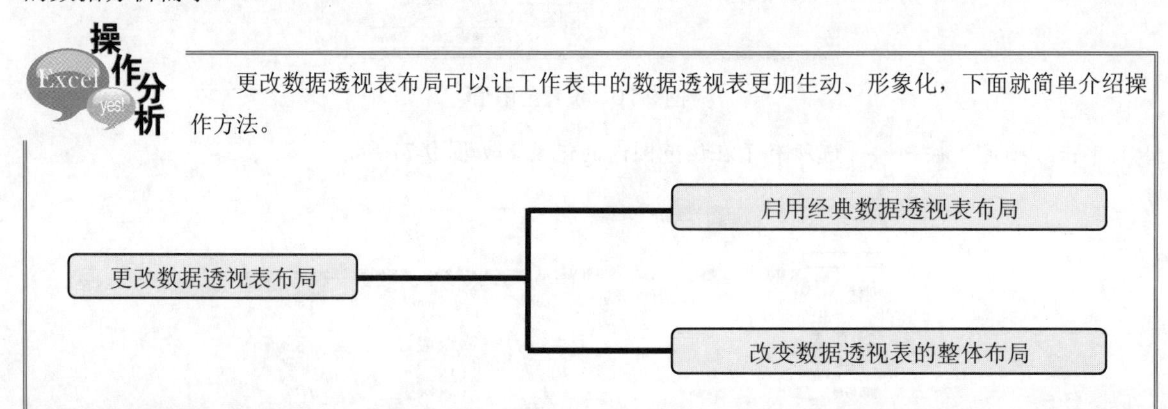

跟着做 1 启用经典数据透视表布局

1. 打开原始文件“9.5.1.xlsx”，将光标定位到数据透视表中。
2. 右击，从弹出的快捷菜单中单击“数据透视表选项”命令，如图 9-72 所示。
3. 弹出“数据透视表选项”对话框，单击“显示”选项卡，选中“经典数据透视表布局(启用网格中的字段拖放)”复选框，如图 9-73 所示。
4. 单击“确定”按钮，数据透视表的界面切换到经典界面，如图 9-74 所示。

电脑小百科

在创建数据透视表时仅仅通过拖动“数据透视表字段列表”任务窗格中的各字段就可以创建一个交互式表格，从而自动提取、组织和汇总数据。

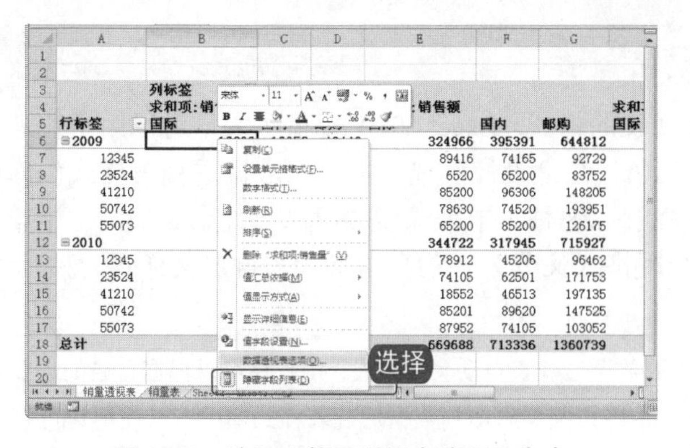

图 9-72　选择“数据透视表选项”命令

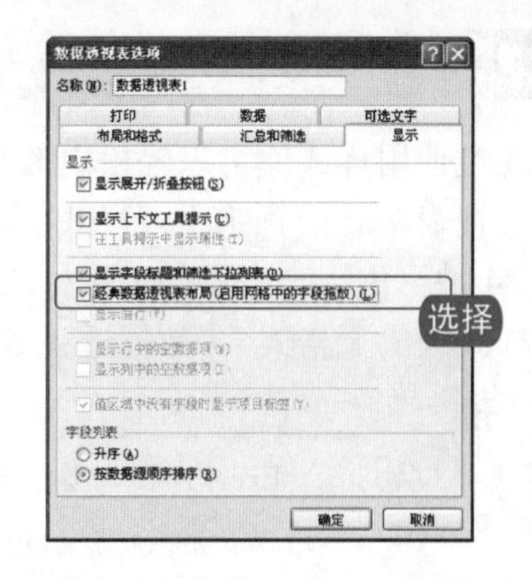

图 9-73　选中“经典数据透视表布局”复选框

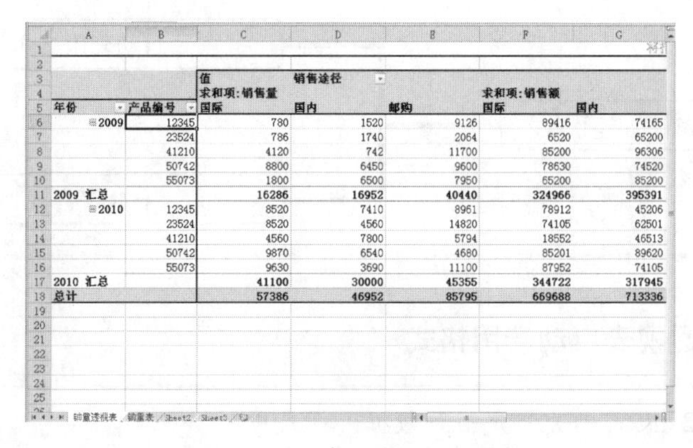

图 9-74　数据透视表的经典界面

跟着做 2☛　改变数据透视表的整体布局

任何时候只需要拖动 “数据透视表字段列表”中的字段按钮，就可以重新设计数据透视表的布局。具体操作步骤如下。

1. 打开上一小节保存的文件，将光标定位到数据透视表中。
2. 在“数据透视表字段列表”任务窗格中的“行标签”列表框中单击“产品编号”字段，从弹出的下拉列表中选择“上移”选项，如图 9-75 所示。
3. 设置完成后，即可改变数据透视表的整体布局，效果如图 9-76 所示。

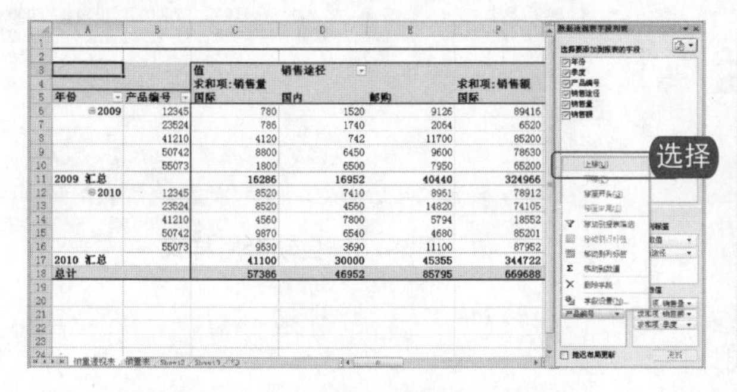

图 9-75　调整数据透视表的布局

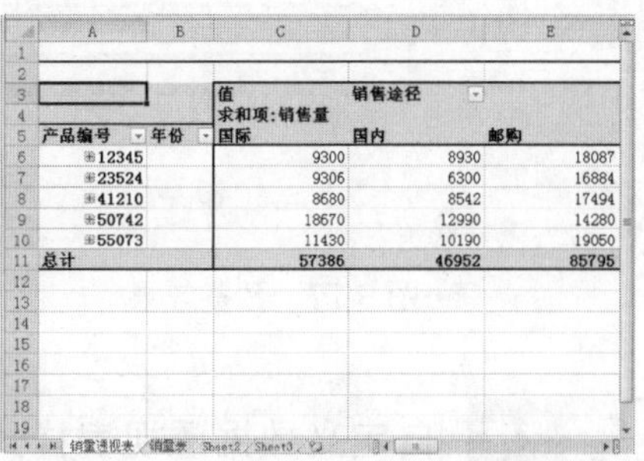

图 9-76　改变数据透视表的整体布局

电脑小百科

数据透视图报表提供数据透视表(这时的数据透视表称为相关联的数据透视表)中的数据的图形表示形式。

9.5.2 数据透视表自动套用格式

通过使用样式库可以轻松更改数据透视表的样式。Excel 2010 提供了大量可以用于快速设置数据透视表格式的预定义表样式(或快速样式)。在“设计”选项卡下“数据透视表样式”库中提供了 84 种可供用户套用的表格样式，其中浅色 28 种、中等深浅 28 种、深色 28 种，位于第一的表格样式为“无格式”。数据透视表自动套用格式又分为自动套用格式与自定义样式两种。

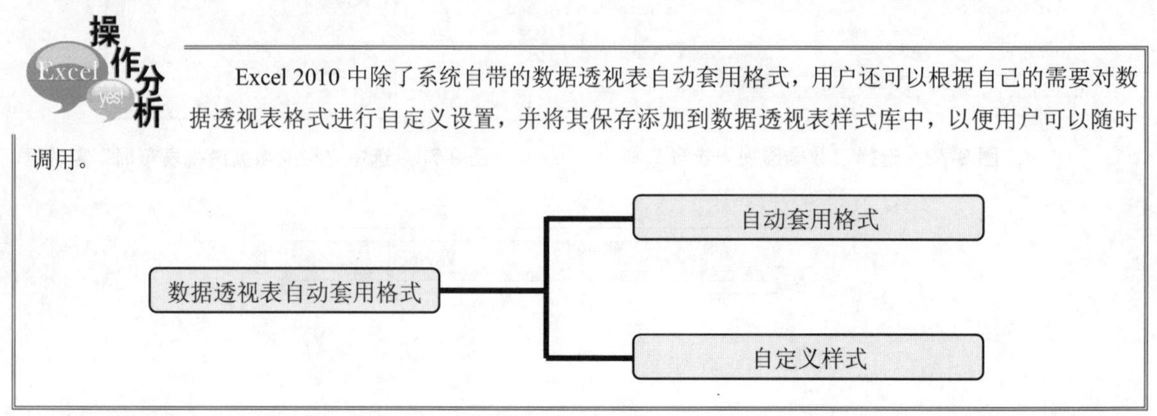

跟着做 1 数据透视表自动套用格式

1. 打开原始文件 9.5.2.xlsx，将光标定位到数据透视表中。
2. 在“设计”选项卡下单击“数据透视表样式”组中的下拉按钮。
3. 在弹出的“数据透视表样式”下拉列表中，可以看到各种数据透视表样式的缩略图。当鼠标停留在某个缩略图上时，即可在数据透视表中显示相应的预览效果，如图 9-77 所示。
4. 单击某种样式，数据透视表则会自动套用该样式，如图 9-78 所示。

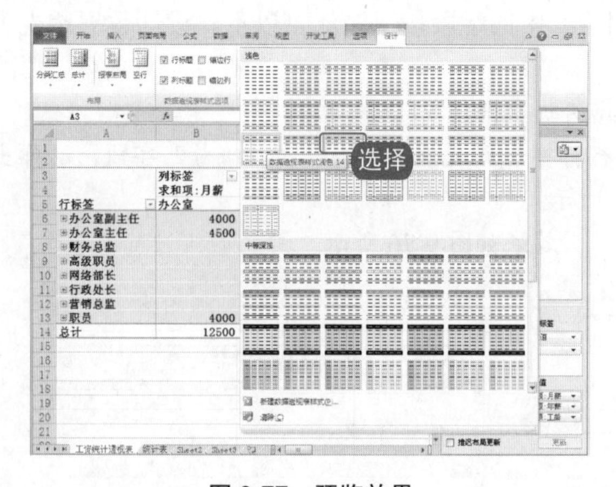

图 9-77 预览效果

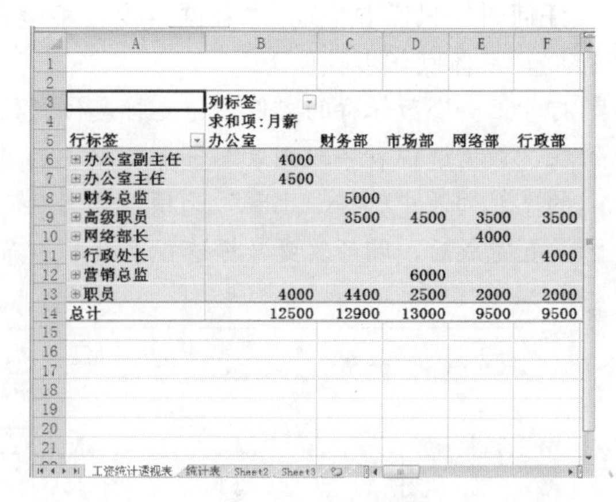

	列标签				
	求和项:月薪				
行标签	办公室	财务部	市场部	网络部	行政部
办公室副主任	4000				
办公室主任	4500				
财务总监		5000			
高级职员		3500	4500	3500	3500
网络部长				4000	
行政处长					4000
营销总监			6000		
职员	4000	4400	2500	2000	2000
总计	12500	12900	13000	9500	9500

图 9-78 自动套用样式

跟着做 2 自定义数据透视表样式

如果用户希望创建个性化的报表样式，那么可以通过“新建数据透视表快速样式”对话框

电脑小百科

与数据透视表一样，数据透视图报告也是交互式的。

对数据透视表样式进行自定义设置，设置完成后要存放于“数据透视表样式”库中，以便于可以随时调用。具体操作步骤如下。

1. 打开上一小节保存的文件，将光标定位到数据透视表中。
2. 在“设计”选项卡中单击“数据透视表样式”组中的下拉按钮。
3. 从弹出的下拉列表中选择“新建数据透视表样式”命令，如图 9-79 所示。
4. 弹出“新建数据透视表快速样式”对话框，在“名称”文本框内输入自定义数据透视表样式的名称，如“新建快速样式”，在“表元素”列表框中选择“整个表”选项，单击“格式”按钮，如图 9-80 所示。

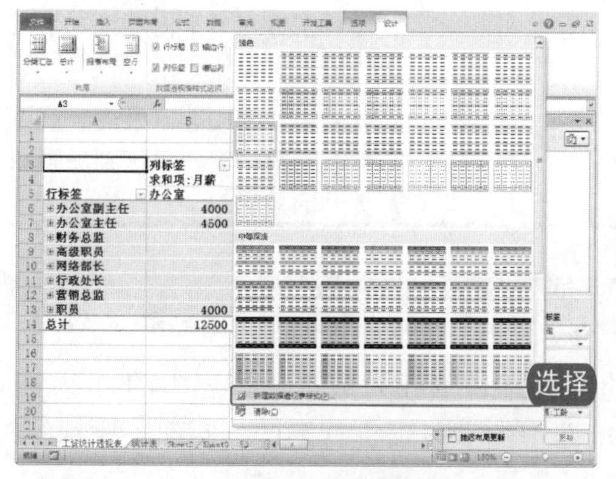

图 9-79　选择“新建数据透视表样式”命令

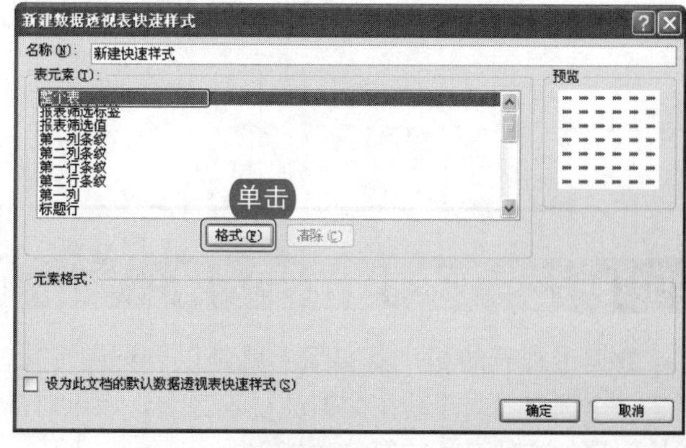

图 9-80　“新建数据透视表快速样式”对话框

5. 弹出“设置单元格格式”对话框，进行边框、填充色、和字体格式的设置，如图 9-81 所示，设置完成后依次单击“确定”按钮。
6. 自定义样式会自动添加到“数据透视表样式”下拉列表中，如图 9-82 所示。

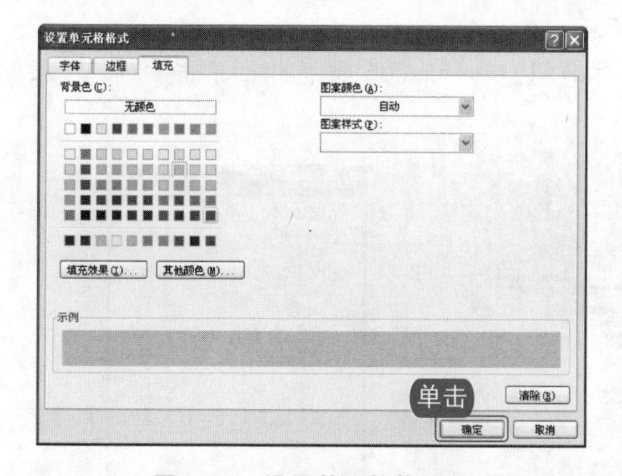

图 9-81　设置单元格格式

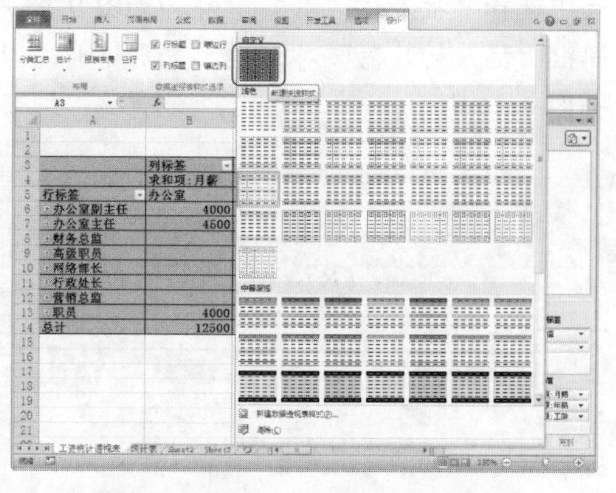

图 9-82　添加的“新建快速样式”

9.6　数据透视表的切片器

在 Excel 2010 之前的版本的数据透视表中，当对某个字段进行筛选后，数据透视表显示的只

电脑小百科

创建数据透视图报表时，数据透视图报表筛选将显示在图表区中，以便排序和筛选数据透视图报表的基本数据。

是筛选后的结果。此时如果需要查看对哪些数据项进行了筛选，那么只能到该字段的下拉列表中去查看，很不直观，但在 Excel 2010 版本中，数据透视表新增了切片器功能，这样不仅能够对数据透视表字段进行筛选操作，而且还可以非常直观地在切片器内查看该字段的所有数据项信息。

书盘互动指导

示例	在光盘中的位置	书盘互动情况
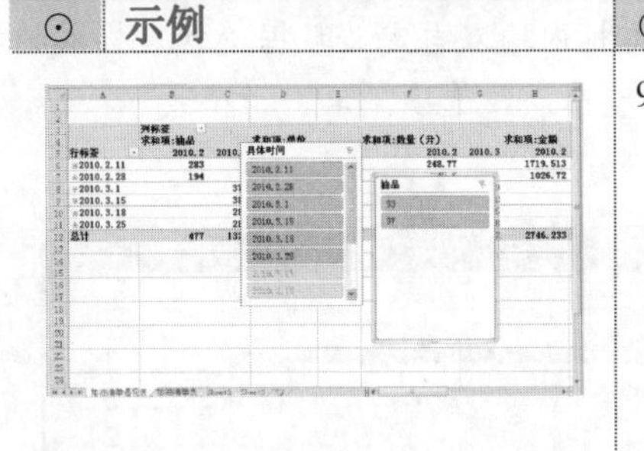	9.6 数据透视表的切片器 9.6.1 在透视表中插入切片器 9.6.4 删除切片器	本节主要带领读者怎样使用数据透视表的切片器，在光盘 9.6 节中有相关内容的操作视频，还特别针对本节内容设置了具体的实例分析。 读者可以在阅读本节内容后再学习光盘内容，以达到巩固和提升的效果。

9.6.1 在透视表中插入切片器

数据透视表的切片器实际上就是以一种图形化的筛选方式单独为数据透视表中的每个字段创建一个选取器，浮动在数据透视表之上。通过对选取器中的字段项进行筛选，实现了比标签筛选按钮更加方便灵活的筛选功能。

下面在“加油清单透视表”工作表中插入“具体时间”和“油品”字段的切片器，具体操作步骤如下。

1. 打开原始文件 9.6.1.xlsx，将光标定位到数据透视表中。
2. 在“选项”选项卡下的“排序和筛选”组中，单击“插入切片器”下拉按钮，从弹出的下拉列表中选择“插入切片器”命令，如图 9-83 所示。
3. 弹出“插入切片器”对话框，分别选中“具体时间”和“油品”复选框，单击“确定”按钮，如图 9-84 所示。

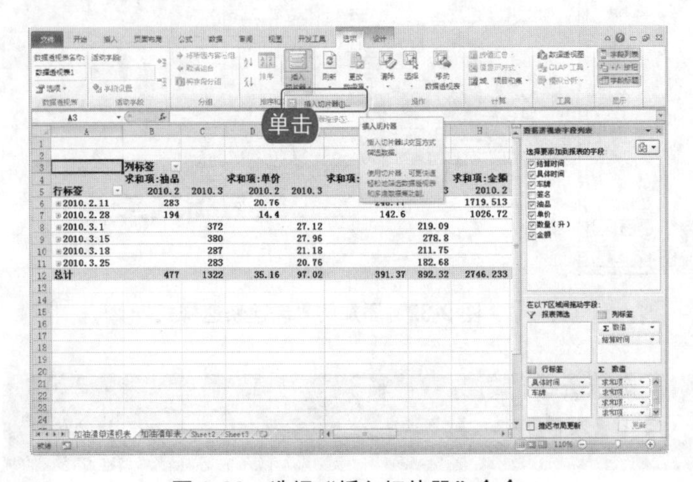

图 9-83 选择“插入切片器”命令

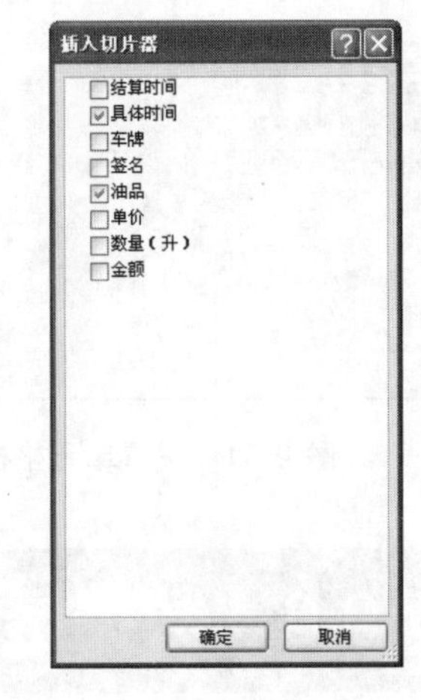

图 9-84 弹出“插入切片器”对话框

4. 完成设置后，即可为数据透视表插入切片器，如图 9-85 所示。

电脑小百科

在与之相关联的数据透视表中的任何字段布局更改和数据更改后，将立即在数据透视图报表中反映出来。

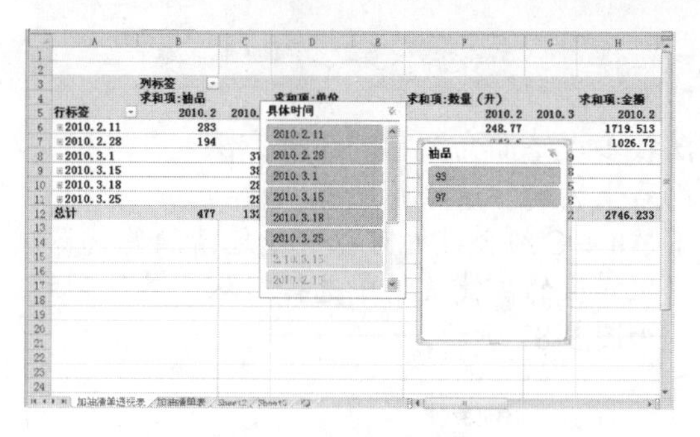

图 9-85　插入切片器

知识补充

在“插入”选项卡下单击“筛选器”组中的“切片器”按钮也可以调出“插入切片器”对话框。

老师的话

切片器是易于使用的筛选组件，它包含一组按钮，使用户能够快速地筛选出数据透视表中的数据，而无需打开下拉列表以查找要筛选的项目。当用户使用常规的数据透视表筛选器来筛选多个项目时，您必须打开一个下拉列表才能找到有关筛选的详细信息。然而，切片器可以清晰地标记已应用的筛选器，并提供详细信息，以便您能够轻松地了解显示在已筛选的数据透视表中的数据。

切片器通常显示以下元素。

① 切片器标题：指示切片器中的项目的类别。

② “清除筛选器”按钮：选中切片器中的所有项目，单击该按钮，从而删除筛选器。

③ 如果已选中筛选按钮，则表示该项目包括在筛选器中。

④ 滚动条：当切片器中的项目多于当前可见的项目时，可以使用滚动条滚动查看。

⑤ 如果未选中筛选按钮，则表示该项目没有包括在筛选器中。

⑥ 使边界移动和控件大小调整，从而可以更改切片器的大小和位置。

9.6.2 筛选多个字段

在切片筛选器内，按下 Ctrl 键的同时可以选中多个字段进行筛选，如图 9-86 所示。

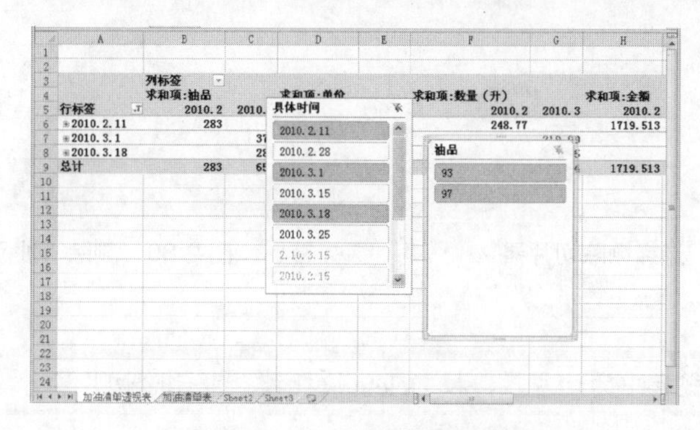

图 9-86　切片器的多字段筛选

电脑小百科

与标准图表一样，数据透视图报表显示数据系列、类别、数据标记和坐标轴。

9.6.3 清除切片筛选器

清除切片筛选器的方法较多，下面介绍它的 3 种方法。

- 直接单击切片器内右上方的“清除筛选器”按钮。
- 单击切片器，按下 Alt + C 组合键也可以快速地清除筛选器。
- 在切片器内右击，从弹出的快捷菜单中选择“从‘具体时间’中清除筛选器”命令，也可以清除筛选器，如图 9-87 所示。

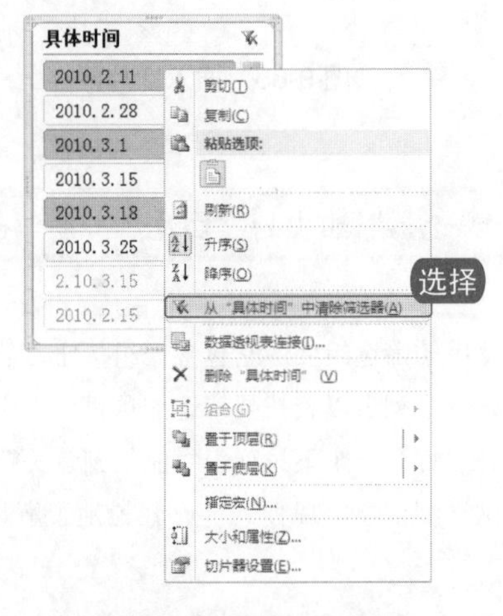

图 9-87 清除筛选器

9.6.4 删除切片器

如果不需要使用某个切片器时，那么用户可以将其删除，具体操作方法如下。

1. 打开原始文件 9.6.4.xlsx 右击某个不需要的切片器，如“油品”切片器，从弹出的快捷菜单中选择“删除‘油品’”命令，如图 9-88 所示。
2. 此时，选中的切片器已被删除，如图 9-89 所示。

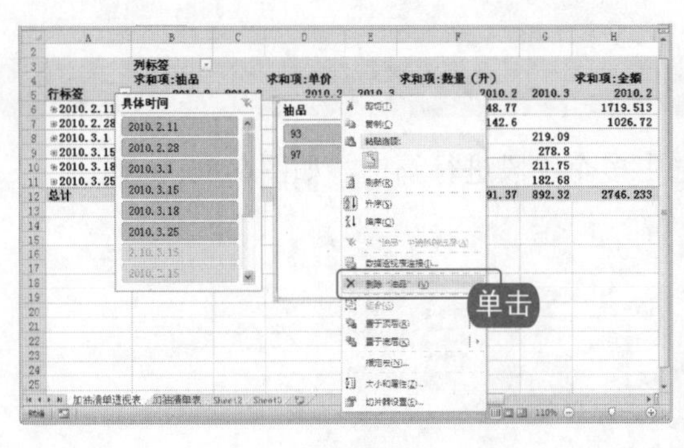

图 9-88 选择删除切片器

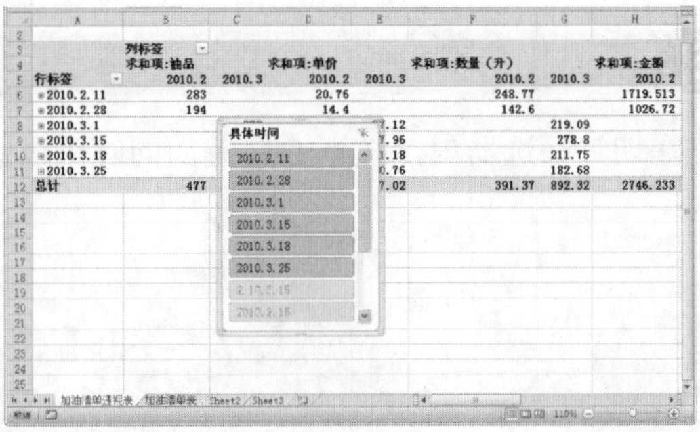

图 9-89 删除“油品”切片器

此外，选中数据透视表中的切片器，按 Delete 快捷键也可删除切片器。

电脑小百科

首次创建数据透视表时可以自动创建数据透视图报表，也可以基于现有的数据透视表创建数据透视图报表。

9.7　数据透视图的建立

Excel 2010 的数据透视图是数据透视表的更深层次的应用，它可以将数据以图形的形式表示出来。数据透视图建立在数据透视表基础之上，以图形方式展开数据，使数据透视表更加生动。从另一个角度说，数据透视图也是 Excel 创建动态图表的主要方法之一。

书盘互动指导

示例	在光盘中的位置	书盘互动情况
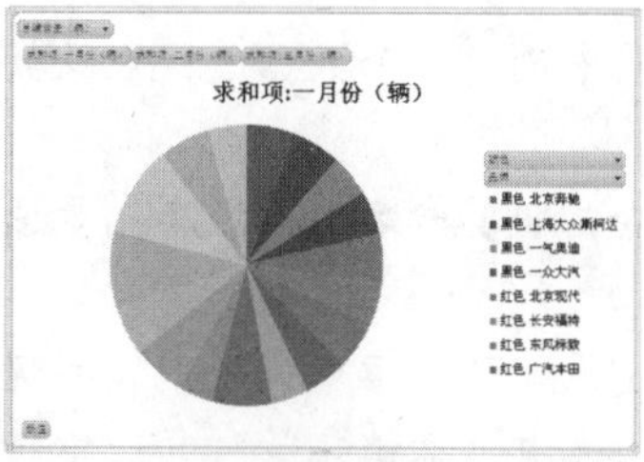	9.7　数据透视图的建立 9.7.1　建立数据透视图 9.7.2　编辑数据透视图 9.7.3　对数据透视图进行筛选 9.7.4　更改数据透视图的图表类型	本节主要带领读者学习数据透视图的建立，在光盘 9.7 节中有相关内容的操作视频，还特别针对本节内容设置了具体的实例分析。 读者可以在阅读本节内容后再学习光盘内容，以达到巩固和提升的效果。

9.7.1　建立数据透视图

当表格中存在大量的数据时，为了使数据看起来更加直观，用户可以创建数据透视图。在创建数据透视图的同时，系统也会自动创建与之相关联的数据透视表。

操作分析

数据透视图是另一种数据表现形式，与数据透视表不同的地方在于它可以选择适当的图形、色彩来描述数据的特性。创建数据透视图的方法有两种。

建立数据透视图
- 根据表格数据创建数据透视图
- 根据数据透视表创建数据透视图

跟着做 1　根据表格数据创建数据透视图

1. 打开原始文件 9.7.1.xlsx，选择“汽车销量统计表”工作表标签。
2. 将鼠标定位到工作表中的任意单元格内，在“插入”选项卡下，单击“表”组中的“数据透视表”下拉按钮。
3. 从弹出的下拉列表中选择“数据透视图”命令，如图 9-90 所示。
4. 弹出“创建数据透视表及数据透视图”对话框，此时系统已经自动地选择了表格区域，选中“新工作表”单选按钮，如图 9-91 所示。

电脑小百科

在基于数据透视表创建数据透视图报表时，数据透视图报表的布局(即数据透视图报表字段的位置)最初由数据透视表的布局决定。

图 9-90　选择“数据透视图”命令

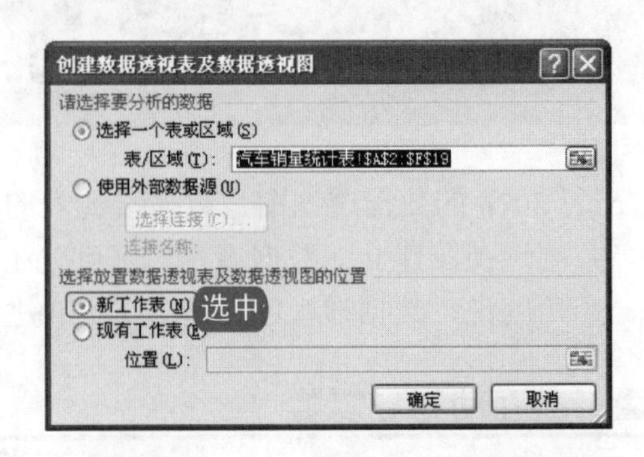

图 9-91　选中“新工作表”单选按钮

5 设置完成后单击“确定”按钮，此时系统会自动地在新的工作表中创建一个数据透视表及数据透视图，并打开“数据透视表字段列表”任务窗格。

6 在 Sheet5 标签上右击，从弹出的快捷菜单中选择“重命名”命令，将其命名为“汽车销量透视图”，按 Enter 键确认，如图 9-92 所示。

7 在“数据透视表字段列表”任务窗格的“选择要添加到报表的字段”列表框中，选中“品牌”和“颜色”复选框，并将其拖拽到“轴字段(分类)”列表框中，选中“总销售量”复选框，并将其拖拽到“报表筛选”列表框中，如图 9-93 所示。

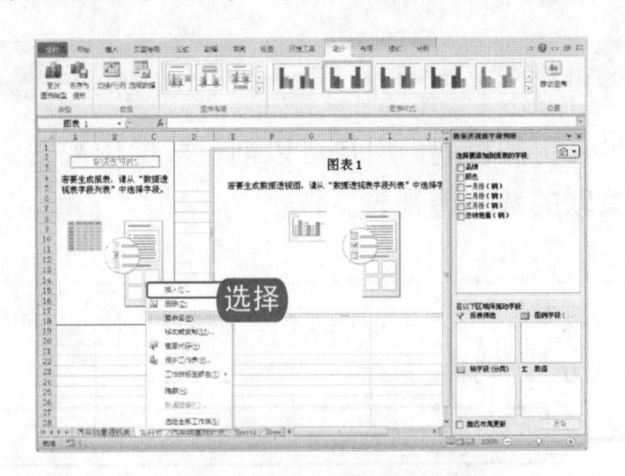

图 9-92　重命名标签

图 9-93　设置任务窗格

8 在“选择要添加到报表的字段”列表框中，选中“一月份(辆)”字段，“二月份(辆)”字段，“三月份(辆)”字段 3 个复选框，即可完成数据透视图的创建，如图 9-94 所示。

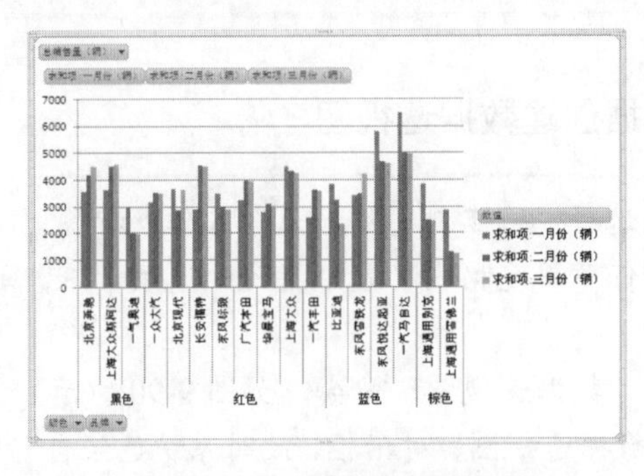

图 9-94　创建的数据透视图

电脑小百科

如果先创建了数据透视图报表，则通过将字段从“数据透视表字段列表”中拖动到图表工作表上的特定区域，即可确定图表的布局。

跟着做 2☛ 根据数据透视表创建数据透视图

❶ 打开上一小节保存的文件，选择“汽车销量透视表”工作表标签。

❷ 将光标定位到数据透视表中的任意单元格，在“选项”选项卡下，单击“数据透视图”按钮，如图 9-95 所示。

❸ 弹出“插入图表”对话框，从中选择图表类型，如“簇状柱形图”，如图 9-96 所示。

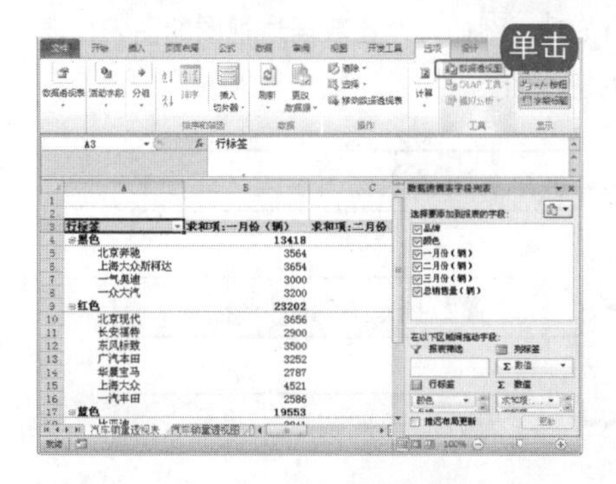

图 9-95　单击“数据透视图”按钮

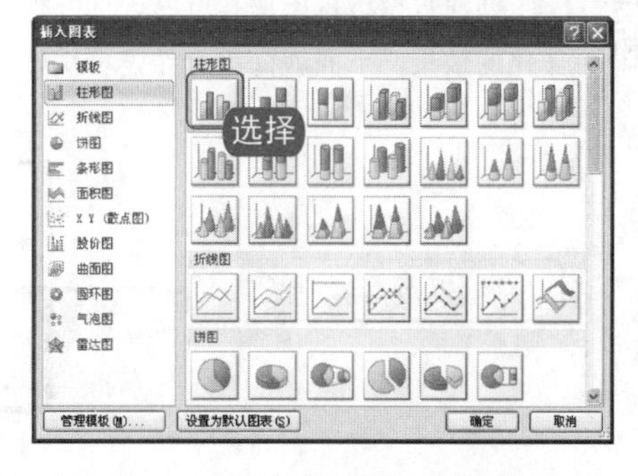

图 9-96　“插入图表”对话框

❹ 设置完成后，单击“确定”按钮，如图 9-97 所示。

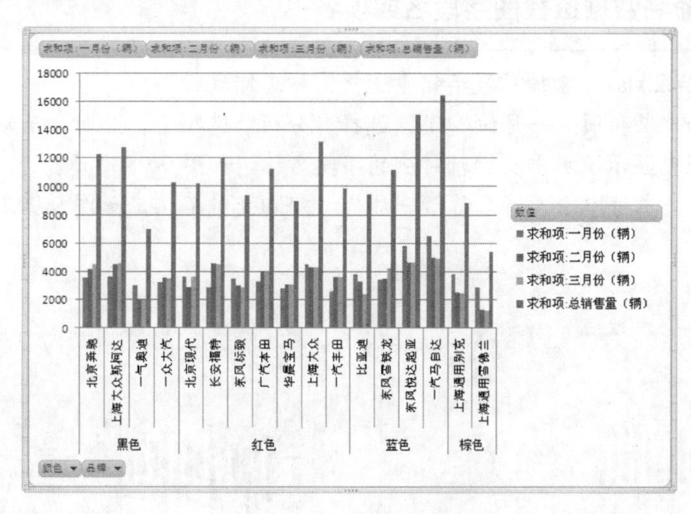

图 9-97　创建的数据透视图

知识补充

在“创建数据透视表及数据透视图”对话框的“选择放置数据透视表及数据透视图的位置”选项区中，选中“新工作表”单选按钮，则在创建数据透视表的同时创建新工作表；若选中“现有工作表”单选按钮，则在所选位置创建数据透视表。

知识补充

如果用户希望将数据透视图单独存放在一张工作表上，那么单击数据透视表中的任意单元格，按 F11 键即在创建一张数据透视图并将其存放在 Chart1 工作表中。

电脑小百科

通过使用数据透视表，可以汇总、分析、浏览和提供工作表数据或外部数据源的汇总数据。

9.7.2 编辑数据透视图

编辑数据透视图可以改变数据透视图的字段名或项名，同时可以添加背景和样式，让数据透视图在工作表中显示更加突出与形象。

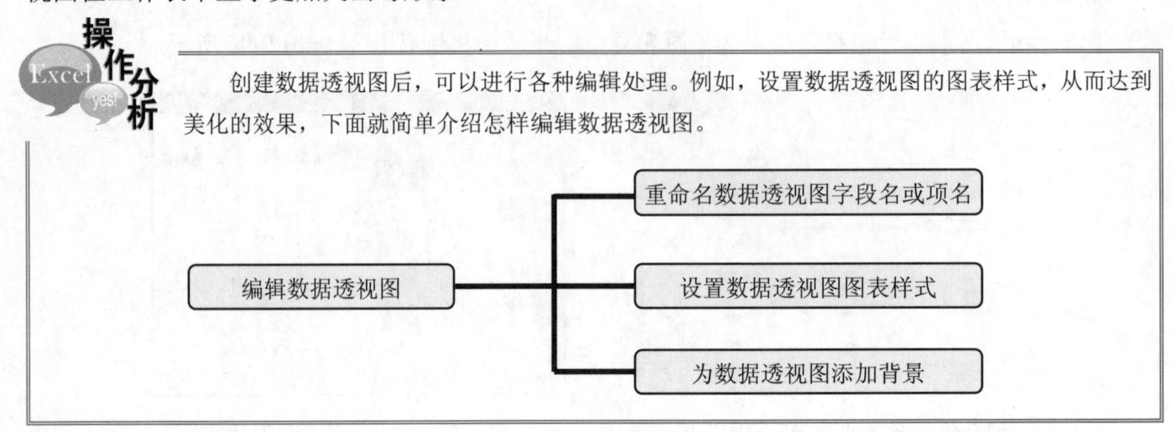

跟着做 1 重命名数据透视图字段名或项名

1. 打开原始文件 9.7.2.xlsx，选择“汽车销量透视图”工作表标签。
2. 选中水平坐标轴“求和项：一月份(辆)”，选择“分析”选项卡，此时“活动字段”组中的“活动字段”文本框中显示了水平坐标轴对应的字段名称，如图 9-98 所示。
3. 在“活动字段”文本框中输入新名称“一月”，按 Enter 键确认，如图 9-99 所示。

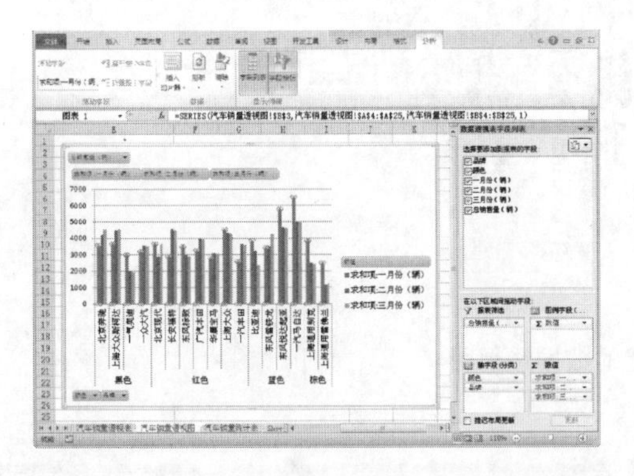

图 9-98 选中水平标轴“求和项：一月份(辆)”

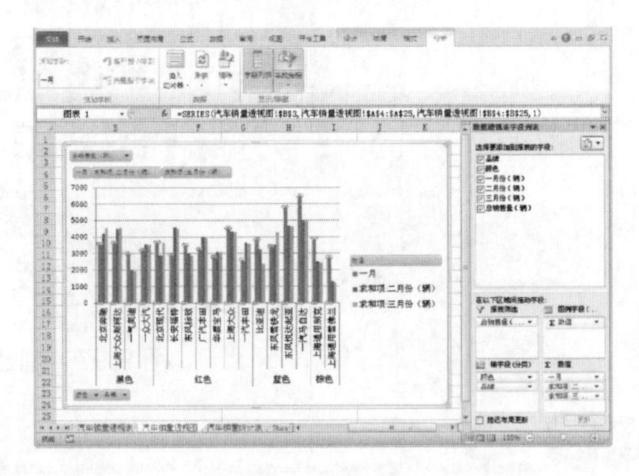

图 9-99 更改字段名称

4. 此时“数据透视表字段列表”任务窗格的“Σ数值”列表框中的名称已经更改，如图 9-100 所示。
5. 依次更改其他字段名，效果如图 9-101 所示。

知识补充

数据透视图中的字段名和项名是不能直接更改的。

电脑小百科

在您需要对一长列数字求和时，数据透视表非常有用，同时聚合数据或分类汇总可帮您从不同的角度查看数据，并且对相似的数字进行比较。

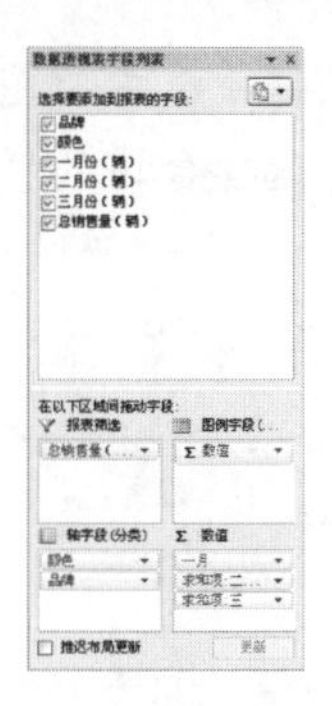

图 9-100　自动显示更改后的名称

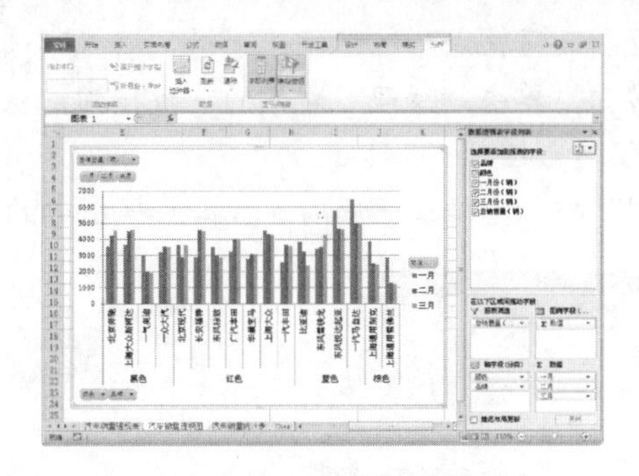

图 9-101　更改其他字段名

跟着做 2 设置数据透视图图表样式

1. 打开上一小节保存的文件，在“汽车销量透视图”工作表中选中数据透视图。
2. 在“设计”选项卡中，单击“图表样式”组中的下拉按钮，从弹出的“图表样式”下拉列表中选择图表样式，这里选择“样式 26”，如图 9-102 所示。
3. 设置完成后的数据透视图图表样式效果如图 9-103 所示。

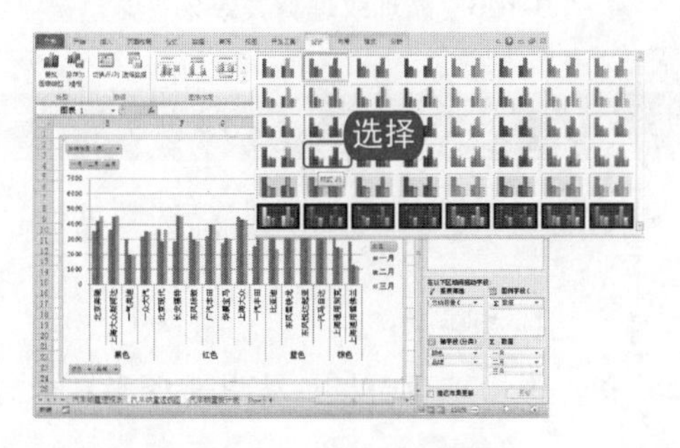

图 9-102　选择图表样式

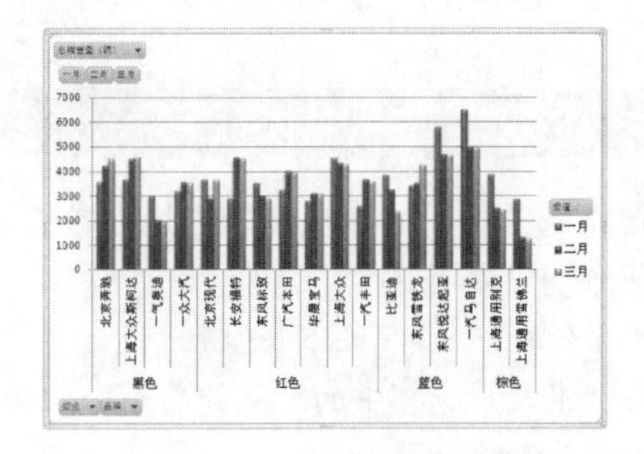

图 9-103　更改后的图表样式

跟着做 3 为数据透视图添加背景

用户可以为数据透视图添加漂亮的背景，如渐变颜色、底纹或图案等。具体操作步骤如下。

1. 打开上一小节保存的文件，选择“汽车销量透视图”工作表标签。
2. 右击数据透视图图表区，从弹出的快捷菜单中选择“设置图表区域格式”命令，如图 9-104 所示。

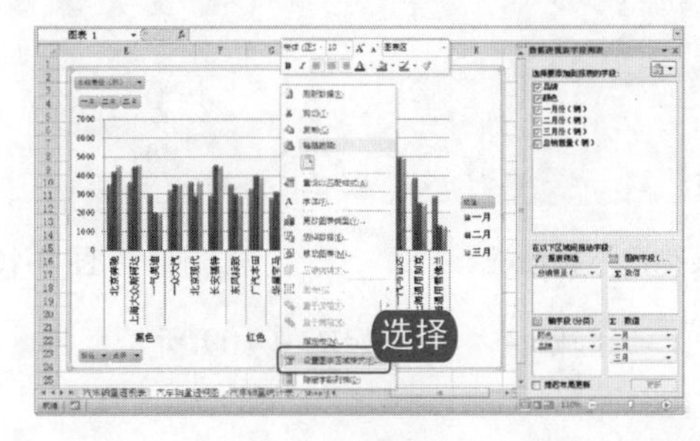

图 9-104　选择“设置图表区域格式”命令

电脑小百科

数据透视表的复制：将鼠标移至数据透视表上方呈向下箭头单击及全选，右键复制或按 Ctrl+C 组合键到任意空白单元格，右键选择粘贴或按 Ctrl+V 组合键。

3. 弹出“设置图表区格式”对话框，选择“填充”选项卡，在右侧选项区中选中“图片或纹理填充”单选按钮，单击“纹理”右侧的下拉按钮，从弹出的下拉列表中选择合适的背景，这里选择“羊皮纸”，如图 9-105 所示。
4. 单击“关闭”按钮，将纹理应用到数据透视图中的效果如图 9-106 所示。

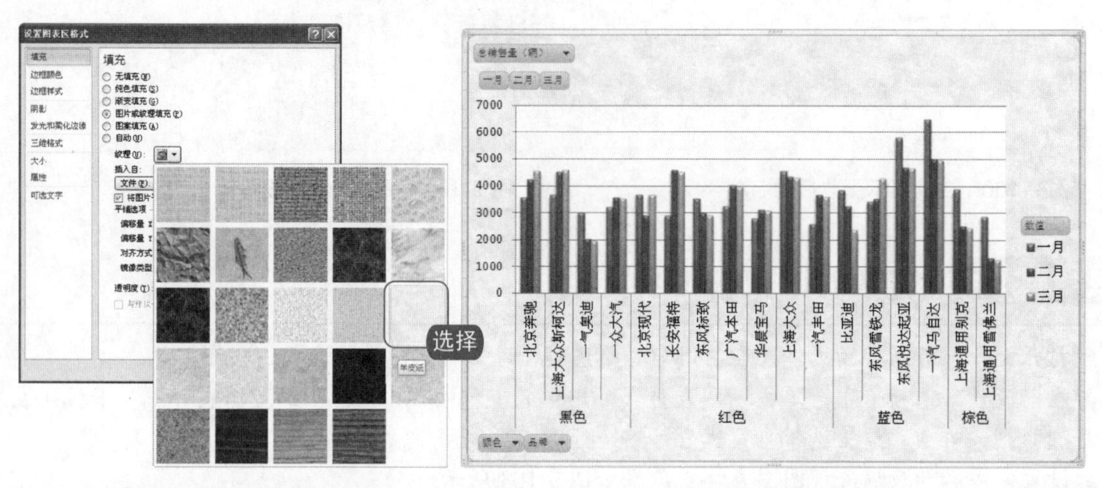

图 9-105　设置纹理背景　　图 9-106　添加纹理背景效果

9.7.3 对数据透视图进行筛选

通过筛选数据，可以快速轻松地在数据透视图中查找和使用数据子集，筛选数据透视图内容的具体操作方法如下。

1. 打开原始文件 9.7.3.xlsx，选择“汽车销量透视图”工作表标签。
2. 单击“报表筛选”中的“总销售量”右侧下拉按钮，弹出下拉面板，从中选择要显示的数据，如图 9-107 所示。
3. 单击“确定”按钮，筛选数据透视图结果如图 9-108 所示。

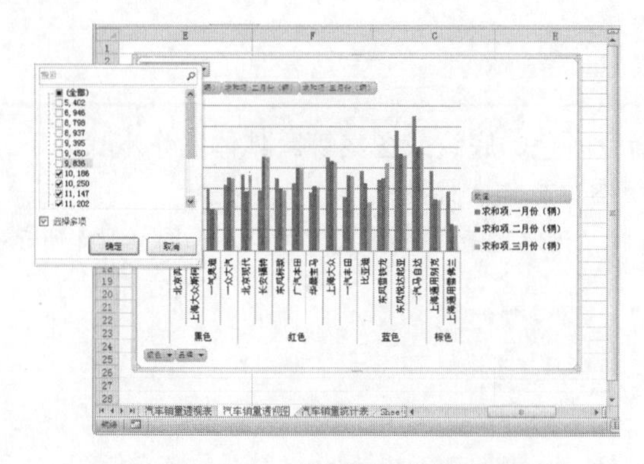

图 9-107　弹出报表筛选下拉面板

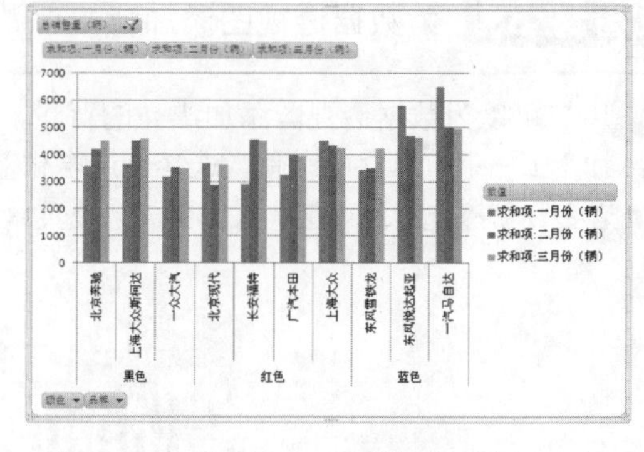

图 9-108　显示筛选结果

4. 用同样的方法，继续筛选“轴字段(分类)”，如图 9-109 所示。
5. 筛选完成后的效果如图 9-110 所示。

电脑小百科

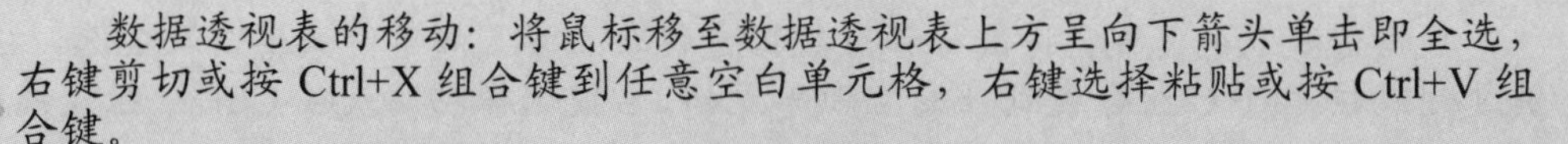
数据透视表的移动：将鼠标移至数据透视表上方呈向下箭头单击即全选，右键剪切或按 Ctrl+X 组合键到任意空白单元格，右键选择粘贴或按 Ctrl+V 组合键。

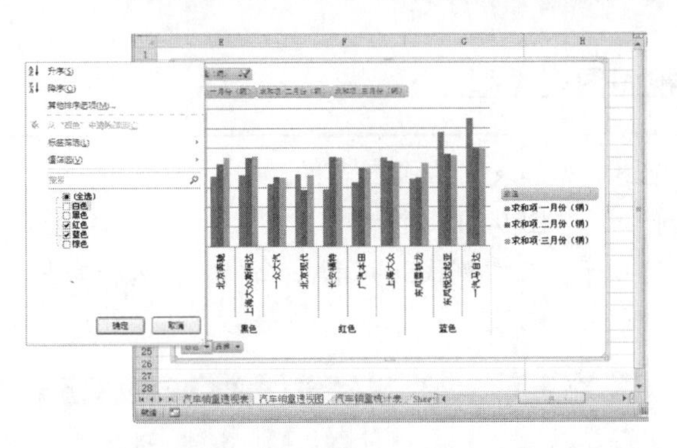

图 9-109　筛选“轴字段(分类)”

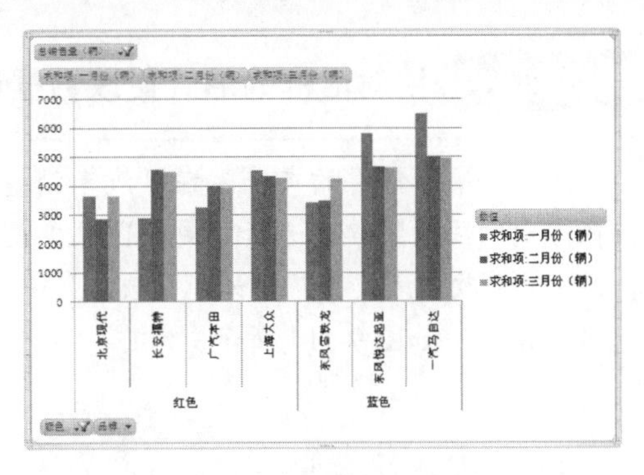

图 9-110　显示筛选结果

9.7.4 更改数据透视图的图表类型

当数据透视图制作完成后，发现当前的图表类型并不能更好地表示数据，那么就需要对图表的类型进行更改。

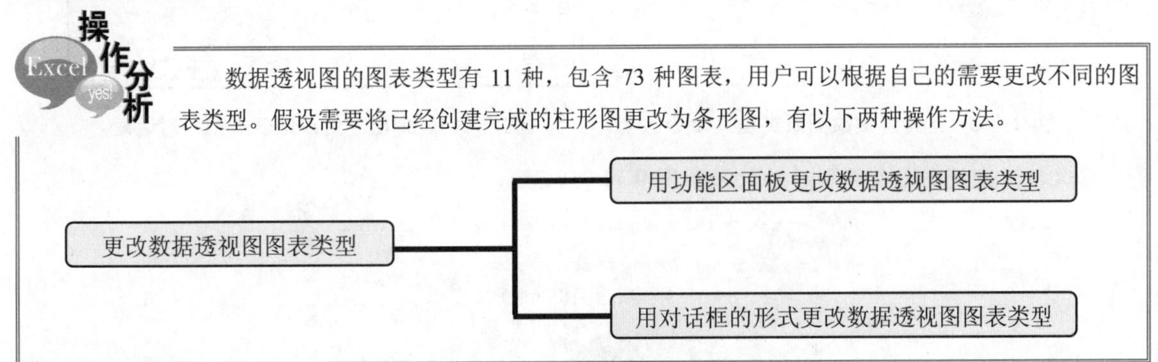

数据透视图的图表类型有 11 种，包含 73 种图表，用户可以根据自己的需要更改不同的图表类型。假设需要将已经创建完成的柱形图更改为条形图，有以下两种操作方法。

跟着做 1☛ 用功能区面板更改数据透视图图表类型

❶ 打开原始文件 9.7.4.xlsx，选择“汽车销售透视图”工作表标签。

❷ 选中数据透视图，选择“插入”选项卡中的“条形图”→“簇状条形图”图表，如图 9-111 所示。

❸ 更改图表类型后的效果如图 9-112 所示。

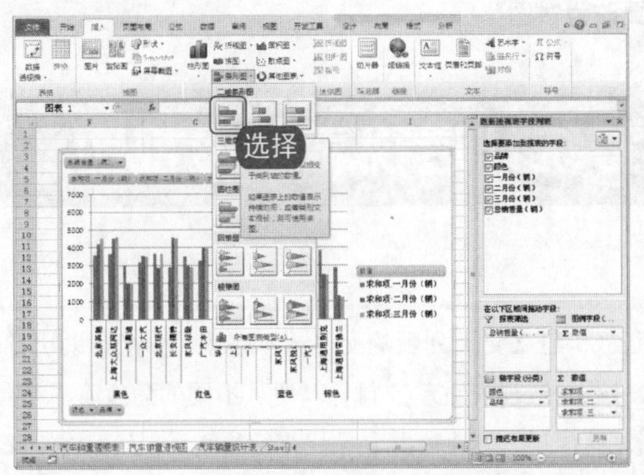

图 9-111　更改图表类型

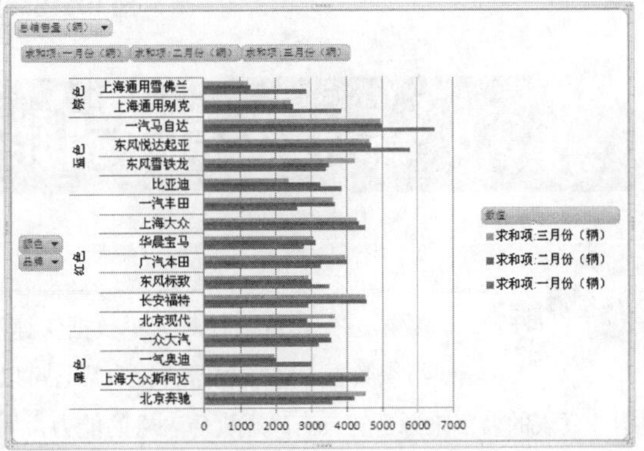

图 9-112　更改后的效果

创建数据透视表前要对数据源进行分析，才能根据不同的数据源结构创建出期望的数据透视表。

跟着做 2 用对话框的形式更改数据透视图图表类型

1. 打开上一小节保存的文件，在“汽车销量透视图”工作表中右击图表区。
2. 在弹出的快捷菜单中选择“更改图表类型”命令，如图 9-113 所示。
3. 弹出“更改图表类型”对话框，选择“饼图”选项卡，在右侧找到并单击“饼图”，然后单击“确定”按钮，如图 9-114 所示。

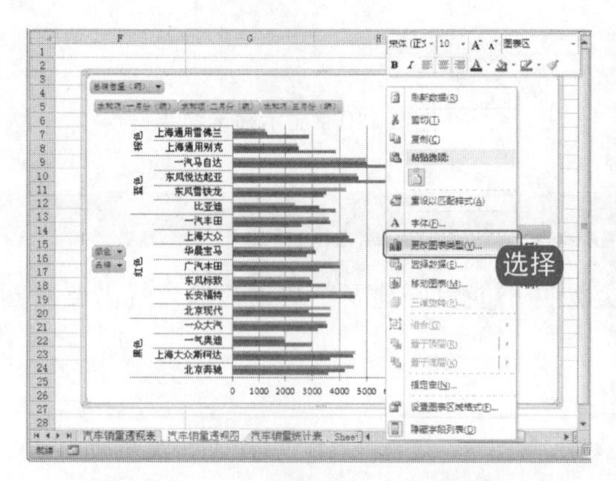

图 9-113　选择“更改图表类型”命令

图 9-114　弹出“更改图表类型”对话框

4. 更改数据透视图图表类型后的效果如图 9-115 所示。

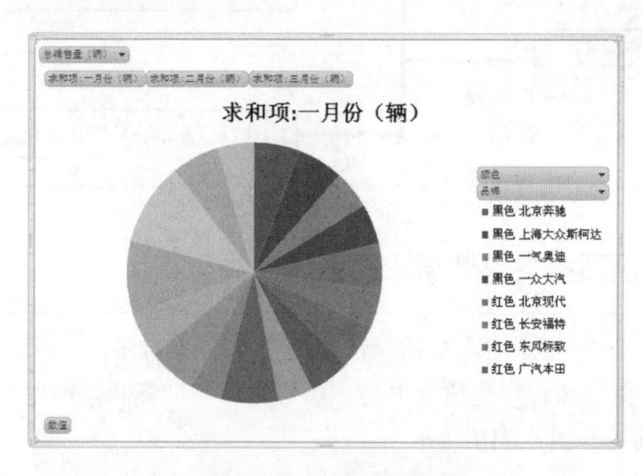

图 9-115　更改为饼图

9.8　制作公司手机销售统计透视表和透视图

实例解析

数据透视表是一种对大量数据快速汇总和建立交叉列表的交互式动态表格，能帮助用户分析、组织数据。建好数据透视表后，可以对数据透视表重新安排，以便从不同的角度查看数据。数据透视表的名字来源于它具有“透视”表格的能力，从大量看似无关的数据中寻找背后的联系，从而将纷繁的数据转化为有价值的信息，以供研究和决策所用。制作公司手机销售统计透视表和透视图充分体现了这种价值。

电脑小百科

如果您在字段列表中看不到子集要使用的字段，可以刷新数据透视表或数据透视图，以显示自上次操作以来您所添加的新的字段、计算字段、度量、计算度量或维数。

书盘互动指导

在光盘中的位置	书盘互动情况
9.8　制作公司手机销售统计透视表和透视图	本节主要介绍制作公司手机销售统计透视表和透视图，在光盘 9.8 节中有相关操作的步骤视频文件，以及原始素材文件和处理后的效果文件。 读者可以选择在阅读本节内容后再学习光盘内容，以达到巩固和提升的效果，也可以对照光盘视频操作来学习，以便更直观地学习和理解。

原始文件	素材\第 9 章\无
最终文件	源文件\第 9 章\9.8. xlsx

跟着做 1 制作公司手机销售表

1. 启动 Excel 2010 程序，系统将自动新建一个工作簿。
2. 将工作簿命名为 9.8.xlsx，将 Sheet1 工作表命名为“手机销售表”，在“手机销售表”工作表中录入如图 9-116 所示的数据。
3. 选中第一行单元格区域，在其上右击，从弹出的快捷菜单中单击“行高”命令，如图 9-117 所示。

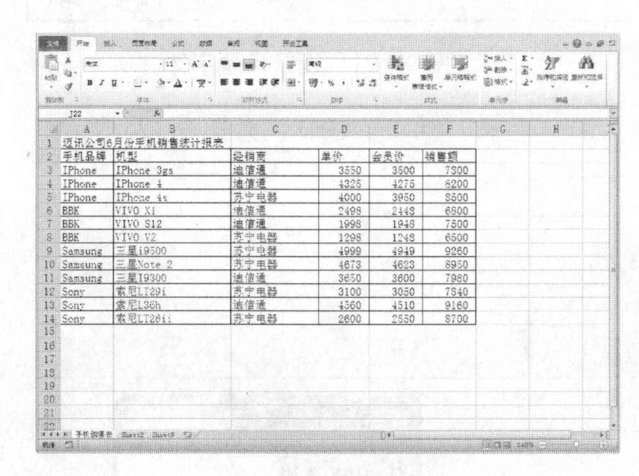

迈讯公司6月份手机销售统计报表

手机品牌	机型	经销商	单价	会员价	销售额
IPhone	IPhone 3gs	迪信通	3550	3500	7800
IPhone	IPhone 4	迪信通	4325	4275	8200
IPhone	IPhone 4s	苏宁电器	4000	3950	8500
BBK	VIVO X1	迪信通	2498	2448	6800
BBK	VIVO S12	迪信通	1998	1948	7500
BBK	VIVO V2	苏宁电器	1298	1248	6500
Samsung	三星i9500	苏宁电器	4999	4949	9260
Samsung	三星Note 2	苏宁电器	4673	4623	8950
Samsung	三星I9300	迪信通	3650	3600	7980
Sony	索尼LT29i	苏宁电器	3100	3050	7840
Sony	索尼L36h	迪信通	4560	4510	9160
Sony	索尼LT26ii	苏宁电器	2600	2550	8700

图 9-116　录入数据

图 9-117　选择“行高”命令

4. 弹出“行高”对话框，在“行高”文本框中输入 30，单击“确定”按钮，如图 9-118 所示。
5. 选中 A1:F1 单元格区域，在其上右击，从弹出的快捷菜单中选择“设置单元格格式”命令，如图 9-119 所示。
6. 弹出“设置单元格格式”对话框，在“对齐”选项卡中，将文本的“水平对齐”和“垂直对齐”方式均设为“居中”，并选中“合并单元格”复选框，如图 9-120 所示。
7. 在“字体”选项卡中，将“字形”设为“加粗”、“字号”设为 20，单击“确定”按钮，如图 9-121 所示。
8. 选中第 2 行～第 14 行单元格区域，在其上右击，从弹出的快捷菜单中选择“行高”命令，如图 9-122 所示。

电脑小百科

工作表中可以包含一个或多个数据透视表，这些数据透视表可以基于相同的数据，也可以基于不同的数据。

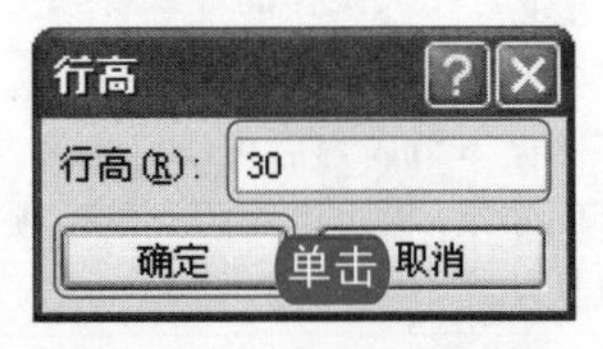

图 9-118 设置标题行高

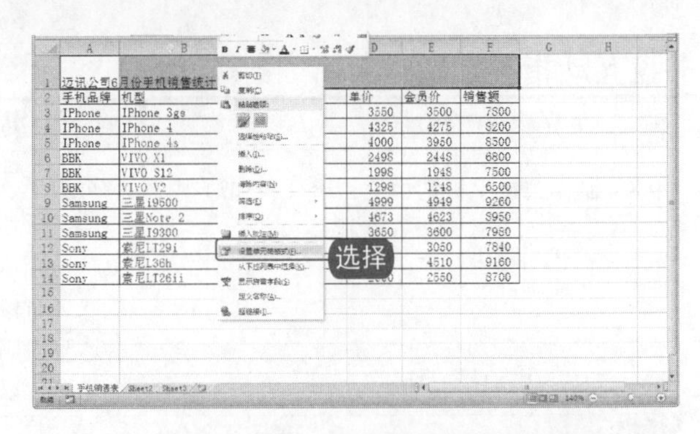

图 9-119 选择“设置单元格格式”命令

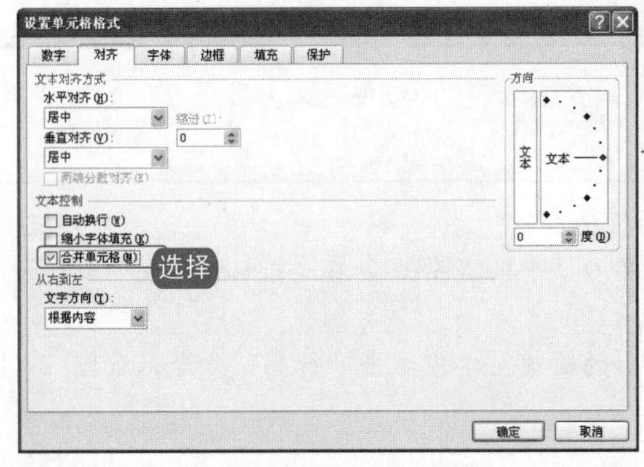

图 9-120 设置标题对齐方式

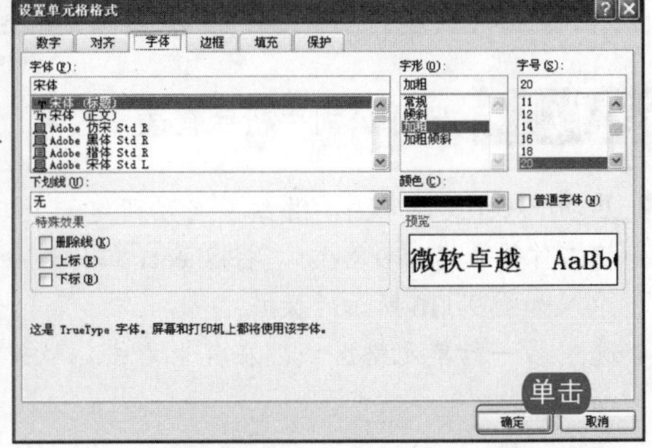

图 9-121 设置标题字体

9 弹出“行高”对话框，在“行高”文本框中输入 18，单击“确定”按钮，如图 9-123 所示。

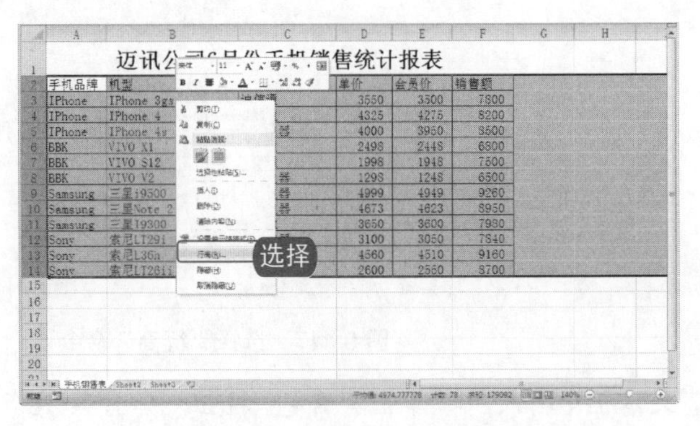

图 9-122 选择“行高”命令

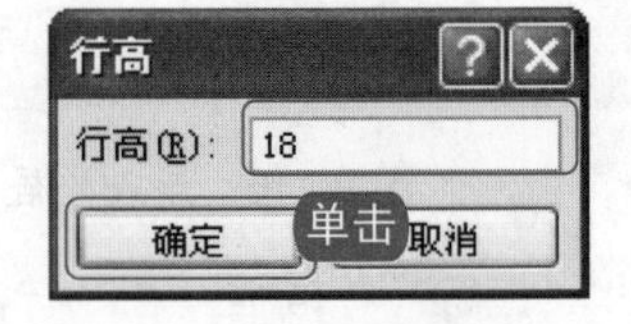

图 9-123 设置行高

10 选中 A2:F14 单元格区域，在其上右击，从弹出的快捷菜单中选择“设置单元格格式”命令，如图 9-124 所示。

11 弹出“设置单元格格式”对话框，在“数字”选项卡的“分类”列表框中选择“数值”选项，并选中“使用千位分隔符”复选框，如图 9-125 所示。

电脑小百科

切片器是通过一次单击进行筛选的控件，它可以减少在数据透视表和数据透视图中显示的数据。

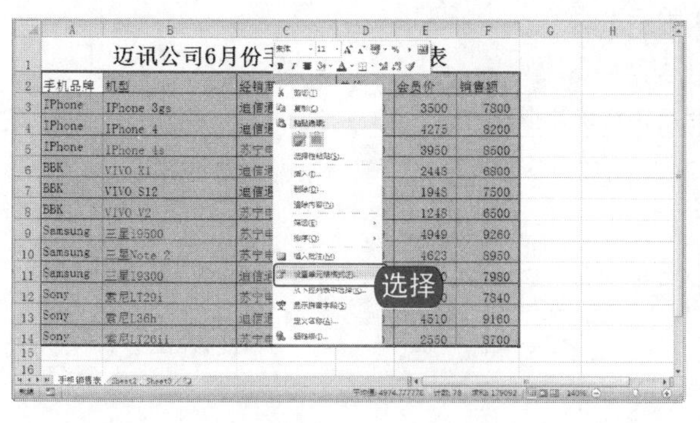

图 9-124　选择“设置单元格格式”命令

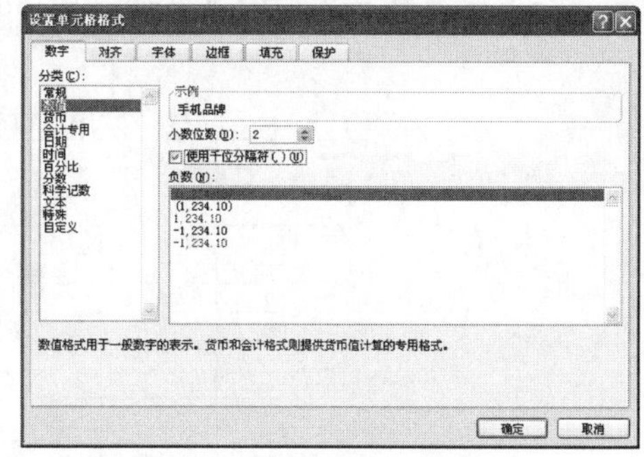

图 9-125　“数字”选项卡

12 在“对齐”选项卡中，将文本的对齐方式都设为“居中”，如图 9-126 所示。

13 在“边框”选项卡中，单击“外边框”和“内部”按钮，最后单击“确定”按钮，如图 9-127 所示。

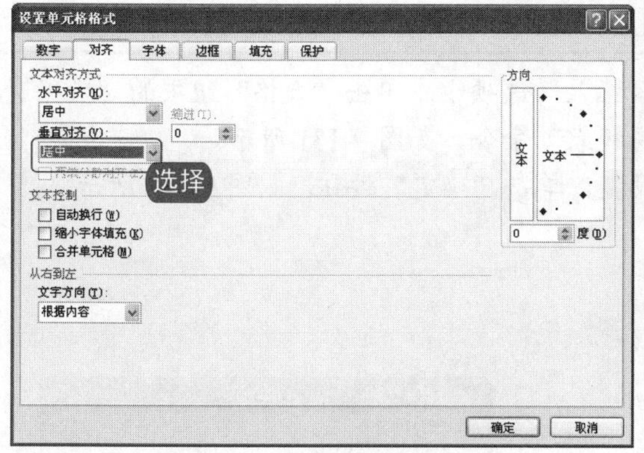

图 9-126　设置文本对齐方式

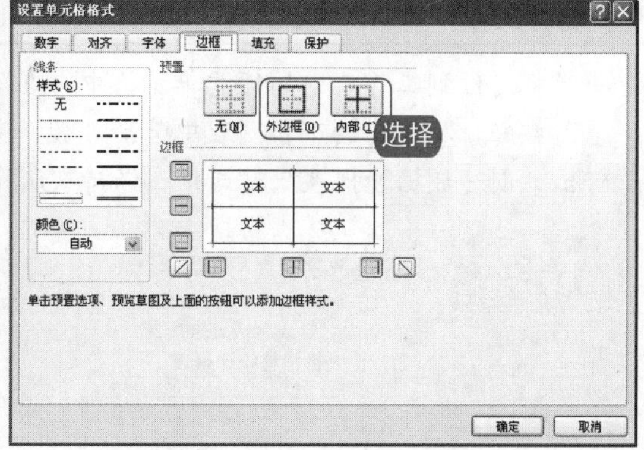

图 9-127　“边框”选项卡

14 选中 A～F 列单元格区域，在其上右击，从弹出的快捷菜单中选择“列宽”命令，如图 9-128 所示。

15 弹出“列宽”对话框，在“列宽”文本框中输入 12，单击“确定”按钮，如图 9-129 所示。

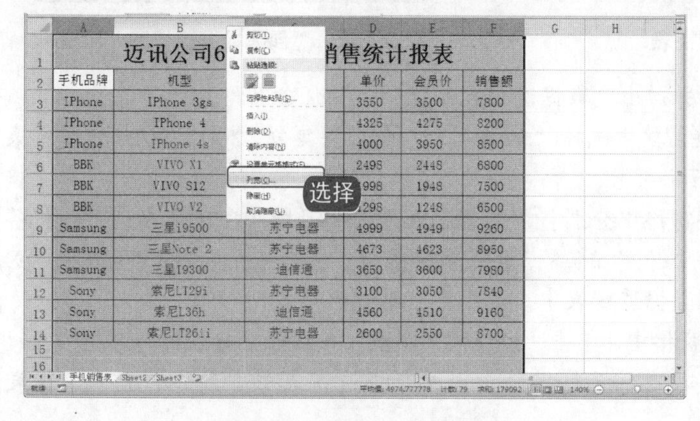

图 9-128　选择“列宽”命令

图 9-129　设置列宽

用户可以通过交互方式使用切片器，以便在应用筛选器时显示数据的更改。

⑯ 设置单元格格式后的效果如图 9-130 所示。

迈讯公司6月份手机销售统计报表					
手机品牌	机型	经销商	单价	会员价	销售额
IPhone	IPhone 3gs	迪信通	3550	3500	7800
IPhone	IPhone 4	迪信通	4325	4275	8200
IPhone	IPhone 4s	苏宁电器	4000	3950	8500
BBK	VIVO X1	迪信通	2498	2448	6800
BBK	VIVO S12	迪信通	1998	1948	7500
BBK	VIVO V2	苏宁电器	1298	1248	6500
Samsung	三星i9500	苏宁电器	4999	4949	9260
Samsung	三星Note 2	苏宁电器	4673	4623	8950
Samsung	三星I9300	迪信通	3650	3600	7980
Sony	索尼LT29i	苏宁电器	3100	3050	7840
Sony	索尼L36h	迪信通	4560	4510	9160
Sony	索尼LT26ii	苏宁电器	2600	2550	8700

图 9-130　设置单元格格式后的效果图

跟着做 2☛　创建数据透视表

① 将光标定位到工作表中的任意单元格中，在“插入”选项卡中单击“表格”组中的“数据透视表”按钮，从弹出的下拉列表中选择“数据透视表”命令，如图 9-131 所示。

② 弹出“创建数据透视表”对话框，保持默认设置，单击“确定”按钮，如图 9-132 所示。

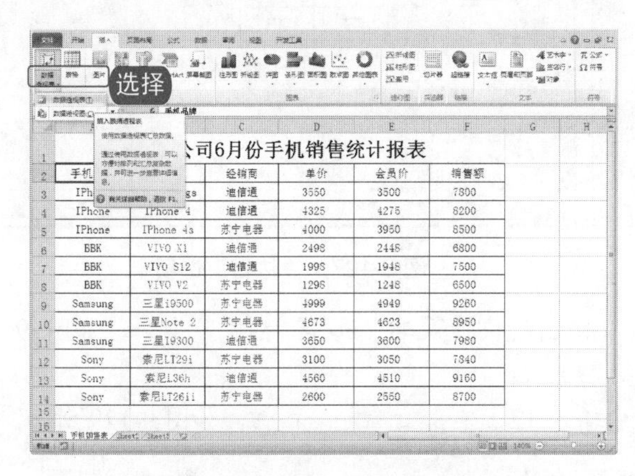

图 9-131　插入数据透视表

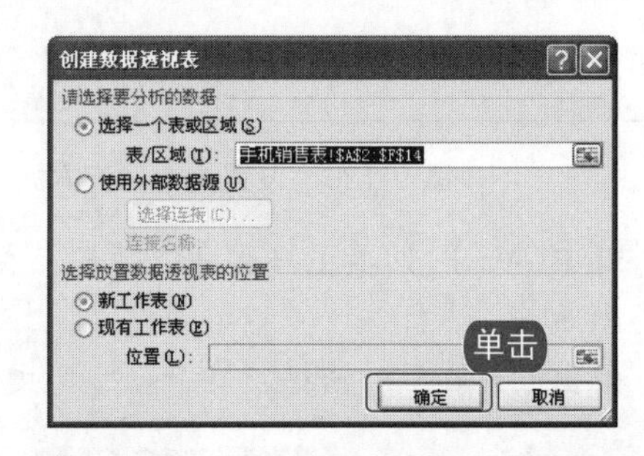

图 9-132　“创建数据透视表”对话框

③ 即可创建一张空的数据透视表，并弹出“数据透视表字段列表”任务窗格。

④ 在 Sheet4 上右击，从弹出的快捷菜单中选择“重命名”命令，将其命名为“手机销售透视表”，按 Enter 键确认，如图 9-133 所示。

⑤ 在“数据透视表字段列表”任务窗格中分别将“机型”和“手机品牌”字段拖曳到“行标签”列表框中，选中“单价”、“会员价”和“销售额”字段的复选框，它们将出现在任务窗格的“Σ数值”列表框中，同时也被添加到数据透视表中，如图 9-134 所示。

⑥ 在“数字透视表字段列表”任务窗格中，单击“经销商”字段，并按住鼠标左键将其拖曳至“列标签”列表框内，“经销商”字段也作为列字段出现在数据透视表中，最终的数据透视表如图 9-135 所示。

电脑小百科

由于创建每个切片器的目的是筛选特定的数据透视表字段，因此可以创建多个切片器来筛选数据透视表。

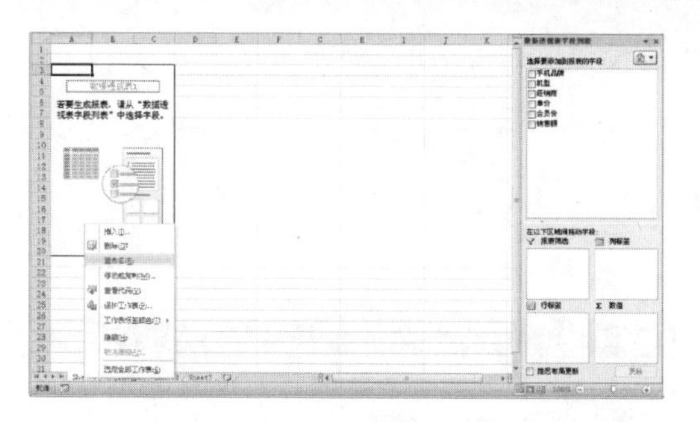

图 9-133　创建空的数据透视表

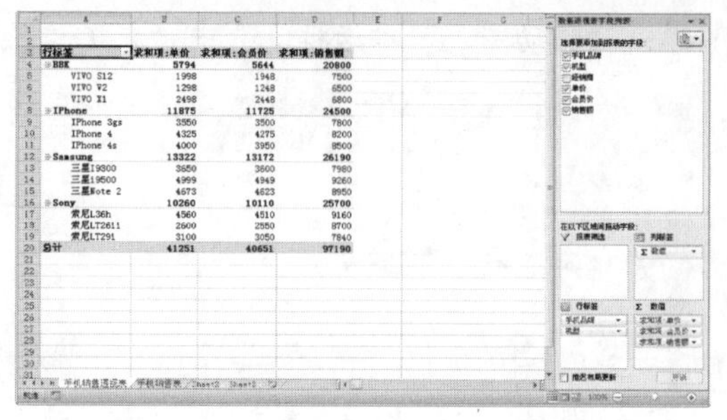

图 9-134　向数据透视表中添加字段

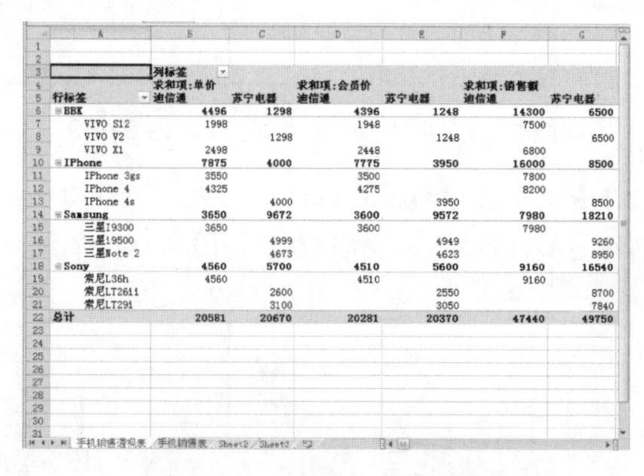

行标签	求和项:单价 迪信通	苏宁电器	求和项:会员价 迪信通	苏宁电器	求和项:销售额 迪信通	苏宁电器
BBK	4496	1298	4396	1248	14300	6500
VIVO S12	1998		1948		7500	
VIVO V2		1298		1248		6500
VIVO X1	2498		2448		6800	
IPhone	7875	4000	7775	3950	16000	8500
IPhone 3gs	3550		3500		7800	
IPhone 4	4325		4275		8200	
IPhone 4s		4000		3950		8500
Samsung	3650	9672	3600	9572	7980	18210
三星I9300	3650		3600		7980	
三星I9500		4999		4949		9260
三星Note 2		4673		4623		8950
Sony	4560	5700	4510	5600	9160	16540
索尼L36h	4560		4510		9160	
索尼LT2611		2600		2550		8700
索尼LT291		3100		3050		7840
总计	20581	20670	20281	20370	47440	49750

图 9-135　修改后的数据透视表

跟着做 3☛ 创建数据透视图

1. 在“手机销售透视表”工作表中，将光标定位到数据透视表中的任意单元格中。
2. 在“选项”选项卡的“工具”组中，单击“数据透视图”按钮，如图 9-136 所示。
3. 弹出“插入图表”对话框，保持“插入图表”对话框中默认的“簇状柱形图”图表类型不变，单击“确定”按钮，如图 9-137 所示。

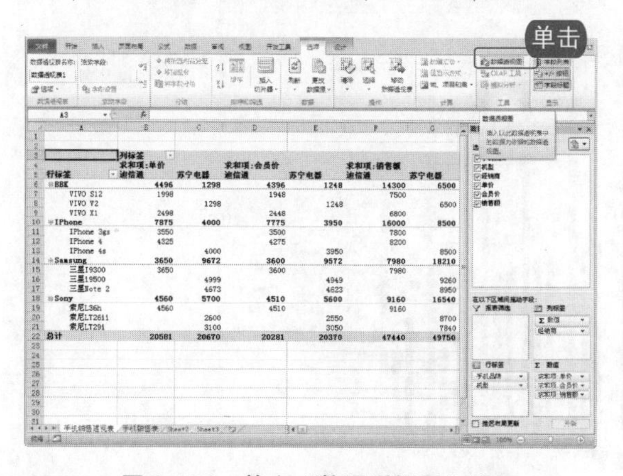

图 9-136　单击“数据透视图”按钮

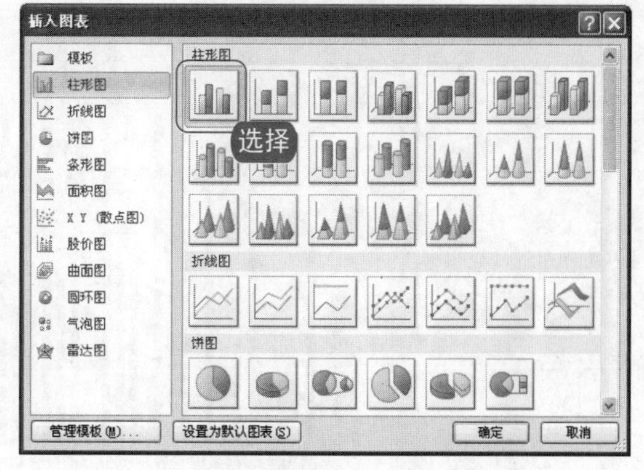

图 9-137　“插入图表”对话框

4. 选中数据透视图，选择“设计”选项卡，在“位置”组中单击“移动图表”按钮，如图 9-138 所示。

电脑小百科

创建切片器之后，切片器和数据透视表一起显示在工作表上，如果有多个切片器，则会分层显示。

5 弹出“移动图表”对话框，选中“新工作表”单选按钮，如图 9-139 所示。

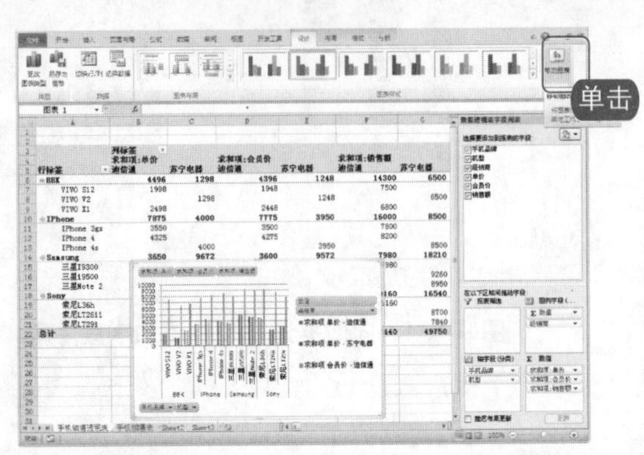

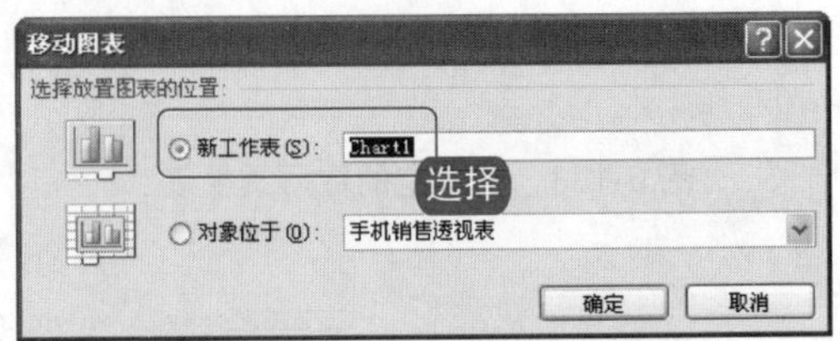

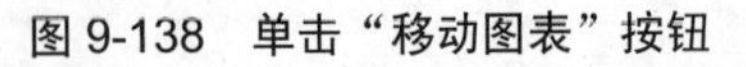
图 9-138　单击“移动图表”按钮

图 9-139　“移动图表”对话框

6 单击“确定”按钮，数据透视图已移动至 Chart1 工作表中，如图 9-140 所示。

7 单击“设计”选项卡中的“图标样式”下拉列表，如图 9-141 所示。

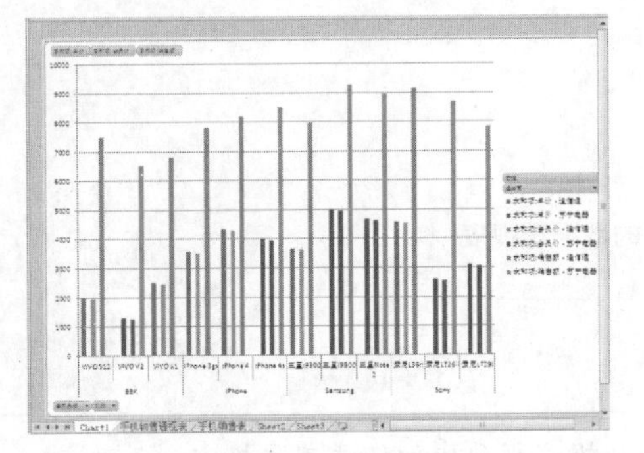

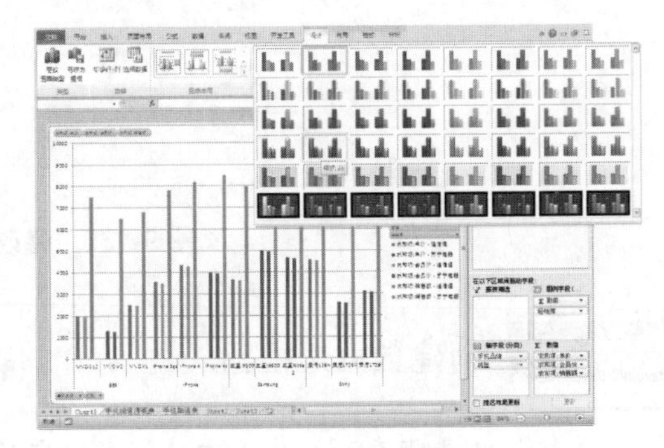

图 9-140　将数据透视图移动至 Chart1 工作表

图 9-141　设置图表样式

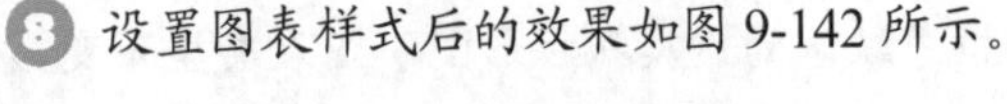
8 设置图表样式后的效果如图 9-142 所示。

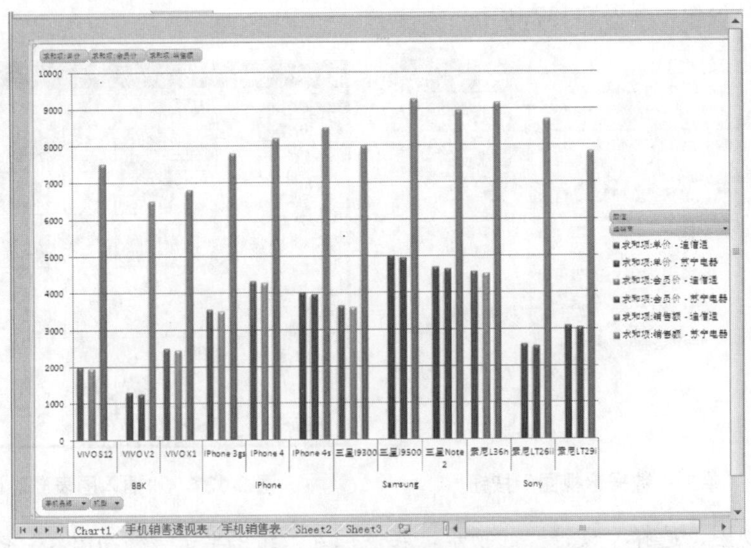

图 9-142　设置图表样式后的效果图

电脑小百科

利用 Excel 2010 的“切片器”功能，可以快捷查看数据透视表中的某项明细数据，而不用切换工作表或进行筛选操作。

学 习 小 结

本章主要对创建、编辑数据透视表和数据透视图的操作进行介绍，如在工作表中以多种友好方式查询大量数据；对数值数据进行分类汇总，按类对数据进行汇总，创建自定义计算和公式；展开或折叠要关注结果的数据级别，查看感兴趣区域摘要数据的明细；将行移动到列或将列移动到行，以查看源数据的不同汇总；对最有用和最关注的数据进行筛选、排序、分组和有条件地设置格式，并通过实战的应用分析巩固和强化理论操作，为后续进一步学习数据透视表和数据透视图的其他操作打下基础。下面对本章进行总结，具体内容如下。

(1) 在 Excel 2010 中创建数据透视图的方法分为两种，一种是根据表格数据创建数据透视图，另一种是根据数据透视表创建数据透视图。

(2) 数据透视表中每个字段的名称都必须唯一，Excel 不接受任意两个字段具有相同的名称，即创建的数据透视表的各个字段的名称不能相同，创建的数据透视表字段名称与数据源表头标题行的名称也不能相同，否则将会出现错误。

(3) 在 Excel 2010 数据透视表中，值显示方式较 Excel 2007 及以前版本增加了更多的计算功能，如父行汇总的百分比、父列汇总的百分比、父级汇总的百分比、按某一字段汇总的百分比、升序排列、降序排列。值显示方式功能更易于查找和使用，指定要作为计算依据的字段或项目也更加容易。

(4) 在 Excel 2007 之前的版本中，数据透视图存在很多限制，Excel 2010 已经有所改进，但仍然存在一些限制，了解这些限制将有助于用户更好地使用数据透视图。①不能使用某些特定图表类型：在数据透视图中不能使用散点图、股价图、气泡图。②在数据透视表中添加、删除计算字段或计算项后，添加的趋势线会丢失。③无法直接调整数据标签、图表标题、坐标轴标题的大小，但可以通过改变字体的大小间接地进行调整。

(5) 在默认状态下，Excel 数据透视表对数据区域中的数值字段使用求和方式汇总，对非数值字段则使用计数方式汇总。

(6) 在 Excel 2003 和 Excel 2007 的数据透视表中，当对多个项目进行筛选后，如果要查看对哪些字段进行了筛选，那么就需要打开筛选下拉列表来查看，很不直观。在 Excel 2010 中新增了切片器工具，不仅能轻松地对数据透视表进行筛选操作，还可以非常直观地查看筛选信息。

(7) “数据透视表字段列表”任务窗格清晰地反映了数据透视表的结构，利用它用户可以轻而易举地向数据透视表内添加、删除、移动字段，设置字段格式。

互 动 练 习

1. 选择题

(1) 将数据透视图单独存放在一张工作表上的快捷键是(　　)。

A. F1　　B. F10　　C. F11　　D. F12

(2) 在 Excel 2010 数据透视图中，能使用那些图表类型(　　)。

数据透视图是提供交互式数据分析的图表，与数据透视表类似。

A．柱形图　　B．散点图　　C．气泡图　　D．股价图

(3) 在“数据透视表字段列表”任务窗格中不可以进行的操作是(　　)。

A．添加字段　　B．移动数据透视表

C．移动字段　　D．设置字段格式

(4) 新创建的数据透视表显示方式都是系统默认的(　　)。

A．以压缩形式显示　　B．以大纲形式显示

C．以表格形式显示　　D．以页面设置形式显示

(5) 在当前工作簿中刷新数据透视表不可以进行(　　)。

A．手动刷新数据透视表　　B．在打开文件时刷新数据透视表

C．后台刷新数据透视表　　D．刷新链接在一起数据透视表

2. 思考与上机题

(1) 新建一个名为“销售表”的工作表，如下图所示。

诚信公司销售表

地区	销售人员	订单金额	订购日期	订货单
重庆	向　萍	126.19	2009-7-25	2009123
重庆	向　萍	1883.67	2009-7-29	2009124
重庆	向　萍	560.85	2009-7-30	2009125
武汉	张云云	731.11	2009-7-25	2009126
浙江	夏　天	2345.81	2009-7-31	2009127
长沙	王婷婷	870.85	2009-8-23	2009128
长沙	李　东	1472.23	2009-8-12	2009129
南京	王伟杰	433.86	2009-7-31	2009130
重庆	向　萍	4427.47	2009-8-6	2009131
武汉	张云云	1378.59	2009-8-2	2009132
武汉	梅　萍	803.37	2009-8-9	2009133
南京	孙晓娜	1722.61	2009-8-2	2009134
长沙	张国平	6648.19	2009-8-15	2009135

销售表 / Sheet2 / Sheet3

制作要求：

a. 输入表中数据。

b. 根据工作表中的“销售表”，创建数据透视表。

c. 在数据透视表的基础上创建数据透视图，并单独存放在另一张工作表上。

(2) 在“销售表”中的数据透视表上插入切片器，如下图所示。

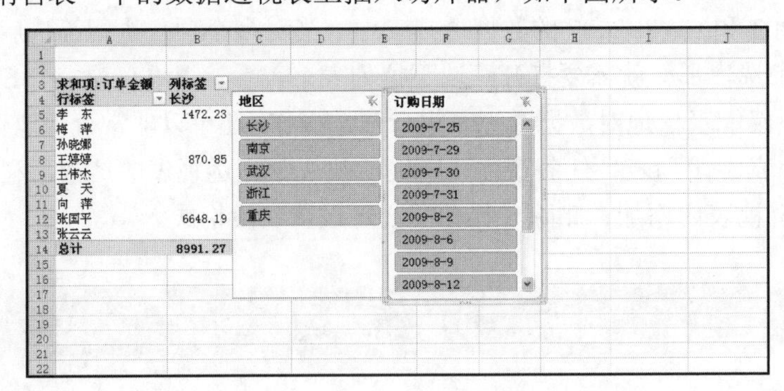

制作要求：

a. 插入字段为“地区”和“订购日期”的切片器。

b. 用“地区”切片器筛选出地区为“长沙”的字段。

c. 用“订购日期”切片器筛选出时间为 2009-8-15 的字段。

电脑小百科

可以通过更改数据的视图，查看不同级别的明细数据，或通过拖动字段和显示或隐藏字段中的项来重新组织图表的布局。

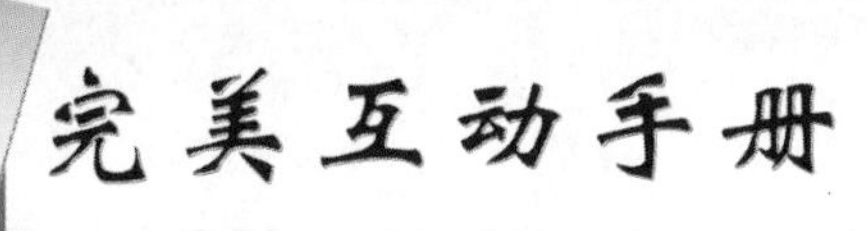

第10章

Excel常见函数的实际应用

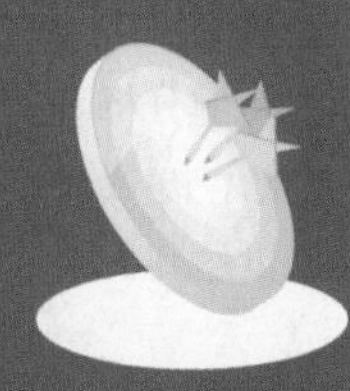

本章导读

本章以函数的类型为基础，通过62个应用实例向读者介绍Excel常用函数的使用技巧，并根据功能用途进行了不同的分类。主要内容包括公式的基本概念、单元格的引用类型、输入与编辑公式、在公式中使用名称、使用数组公式、使用外部公式、处理公式中的错误，以及公式使用技巧等内容。学习完本章内容后，用户将会了解并掌握公式与函数的用途和使用方法。

精彩看点

- 数学和三角函数
- 逻辑函数
- 文本函数
- 日期和时间函数
- 统计函数
- 财务函数
- 信息函数
- 查找与引用函数
- 数据库函数

10.1 数学和三角函数

使用数学和三角函数，可以处理简单的计算，例如，对数字取整、计算单元格区域中的数值总和等。利用该类型函数不仅可以提高运算的速度，而且还可以丰富运用方法。

书盘互动指导

示例	在光盘中的位置	书盘互动情况
	10.1 数学和三角函数 10.1.1 求 1 累加到 100 之和 10.1.2 求图书订购价格总和 10.1.3 计算仓库进库数量之和 10.1.4 汇总三年级二班人员迟到次数 10.1.5 计算两个地区的温差 10.1.6 计算个人所得税	本节主要带领读者学习数学和三角函数的基本操作，在光盘 10.1 节中有相关内容的操作视频，还特别针对本节所学内容设置了具体的实例分析。 读者可以在阅读本节内容后再学习光盘内容，以达到巩固和提升的效果。

10.1.1 求 1 累加到 100 之和(SUM)

在数学计算中，常常可以看到一些按规律进行计算的数值运算题，例如，1～100 的数值累加。本例利用 SUM 函数就可以实现 1～100 的数值累加，具体操作方法如下。

1. 打开原始文件 10.1.1.xlsx，在单元格 A2 中输入公式“=SUM(ROW(1:100))”。
2. 输入完成后，按 Ctrl + Shift + Enter 组合键，将产生 1 累加到 100 的和，结果如图 10-1 所示。

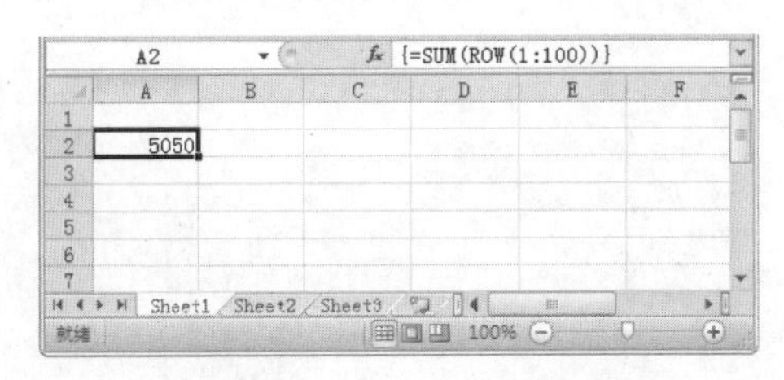

图 10-1　1 累加到 100 的和

老师的话

本例公式结合了 ROW 和 SUM 两个函数来完成操作，首先该公式利用 ROW 函数返回 1～100 的自然数序列，然后用 SUM 函数将这个序列汇总得到 1～100 的合计。

10.1.2 求图书订购价格总和(SUM)

在“参考价格”工作表中存放着各种图书的价格，在“订购表”工作表中存放着每个订购者的订购书目，需要计算所有订购人员的图书总价。具体操作方法如下。

电脑小百科

如果要修改计算的顺序，可以把公式中首先计算的部分放在圆括号内。括号的作用是改变公式的优先级。

❶ 打开原始文件 10.1.2.xlsx，在单元格 F2 中输入数组公式“=SUM((B2:E2=参考价格!A$2:A$7)*参考价格!B$2:B$7)”。

❷ 输入完成后，按 Ctrl + Shift + Enter 组合键，将返回第一个订购者的总价格，然后将公式向下填充，完成所有人员图书总价的计算，如图 10-3 所示。

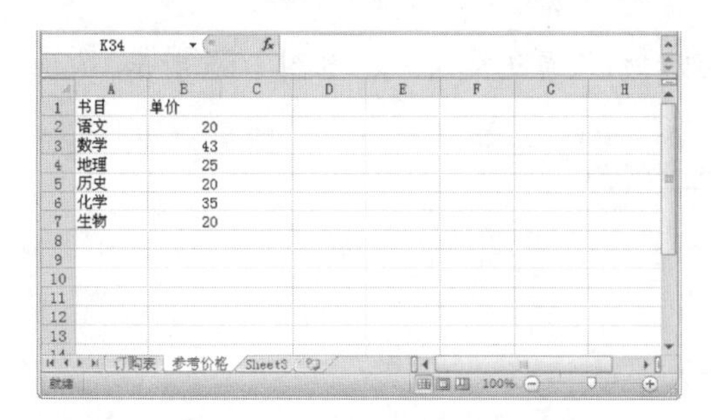

	A	B
1	书目	单价
2	语文	20
3	数学	43
4	地理	25
5	历史	20
6	化学	35
7	生物	20

图 10-2　“参考价格”工作表

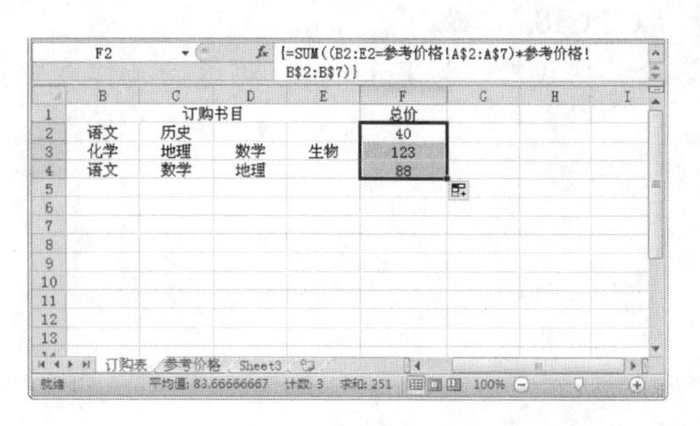

{=SUM((B2:E2=参考价格!A$2:A$7)*参考价格!B$2:B$7)}

	B	C	D	E	F
1		订购书目			总价
2	语文	历史			40
3	化学	地理	数学	生物	123
4	语文	数学	地理		88

图 10-3　填充公式

老师的话

本例公式中，利用“订购表”中的 B2:E2 与“参考价格”表中的 A2:A7 进行对比，组成一个包含逻辑值 TRUE 和 FALSE 的数组，然后用此数组与单价相乘，得到一个已订购图书的单价和 0 组成的新数组。将此数组汇总即得到最后的总价。

10.1.3　计算仓库进库数量之和(SUMIF)

在仓库的出入库单中，仓库管理员为了使公司货物进出统计方便，需要计算进库数量的和总。具体操作方法如下。

❶ 打开原始文件 10.1.3.xlsx，在单元格 E2 中输入公式“=SUMIF(B2:B10,“=进库”C2:C10)”。

❷ 输入完成后，按 Enter 键，将显示当日进库数量之和，如图 10-4 所示。

D2　=SUMIF(B2:B10,"=进库",C2:C10)

	A	B	C	D
1	时间	类别	数量	今日进库数
2	8:00	进库	100	429
3	8:50	进库	110	
4	9:40	出库	104	
5	10:00	进库	113	
6	12:30	出库	106	
7	14:10	出库	104	
8	15:00	进库	106	
9	15:10	出库	105	
10	15:50	出库	117	

图 10-4　输入公式

本例公式中，SUMIF 函数有 3 个参数，第一个参数为求和的条件区域；第二个参数表示限制条件，可以使用“>”、“<”、“=”等比较运算符；第三个参数是可选参数，表示实际求和的区域。本例公式表示对第一个参数的区域“B2:B10”指定显示条件为“进库”，然后对第三个参数“C2:C10”中对应的区域进行求和。

电脑小百科

对于 OR 函数，如果所有条件参数的逻辑值都为假，则返回 FALSE，只要一个参数的逻辑值为真，则返回结果 TRUE，在逻辑上称之为“或运算”。

10.1.4 汇总三年级二班人员迟到次数(SUMIFS)

学校考勤科利用该函数可以直接计算出各班人数迟到的次数。具体操作方法如下。

1. 打开原始文件 10.1.4.xlsx，在单元格 F2 中输入公式“=SUMIFS(D2:D10,”，B2:B10，"三年级",C2:C10, "二班")”。
2. 输入完成后，按 Enter 键，将返回工作表中三年级二班人员迟到次数，如图 10-5 所示。

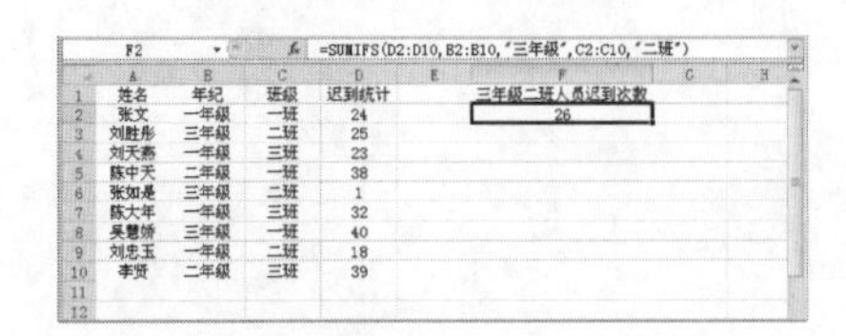

F2 =SUMIFS(D2:D10,B2:B10,"三年级",C2:C10,"二班")

	A	B	C	D	E	F
1	姓名	年纪	班级	迟到统计		三年级二班人员迟到次数
2	张文	一年级	一班	24		26
3	刘胜彤	三年级	二班	25		
4	刘天燕	一年级	三班	23		
5	陈中天	二年级	一班	38		
6	张如是	三年级	二班	1		
7	陈大年	一年级	三班	32		
8	吴慧娇	三年级	一班	40		
9	刘忠玉	一年级	二班	18		
10	李贤	二年级	三班	39		

图 10-5　输入公式

本例公式中实际求和区域是 D2:D10，而条件区域分别是 B2:B10 和 C2:C10。根据需要还可以添加更多的条件区域。SUMIFS 函数的优势是在多条件求和时可以使用普通公式完成，且运算效率较高。

10.1.5 计算两个地区的温差(ABS)

B 列为北京的实际温度，C 列为广东的实际温度，现需计算两个地区的温差。具体操作方法如下。

1. 打开原始文件 10.1.5.xlsx，在单元格 D2 中输入公式“=ABS(C2-B2)”。
2. 输入完成后，按 Enter 键，将显示两地的温差结果，如图 10-6 所示。
3. 将鼠标指针放到单元格 D2 右下角的填充柄上，当指针变为“+”形状时向下拖动，将公式复制到 D 列的其他单元格中，如图 10-7 所示。

D2 =ABS(C2-B2)

	A	B	C	D
1	日期	北京	广东	两地温差
2	2009-9-1	29	27	2
3	2009-9-2	26	33	
4	2009-9-3	27	33	
5	2009-9-4	22	29	
6	2009-9-5	26	29	
7	2009-9-6	27	32	
8	2009-9-7	28	25	
9	2009-9-8	27	34	
10	2009-9-9	26	32	

图 10-6　输入公式

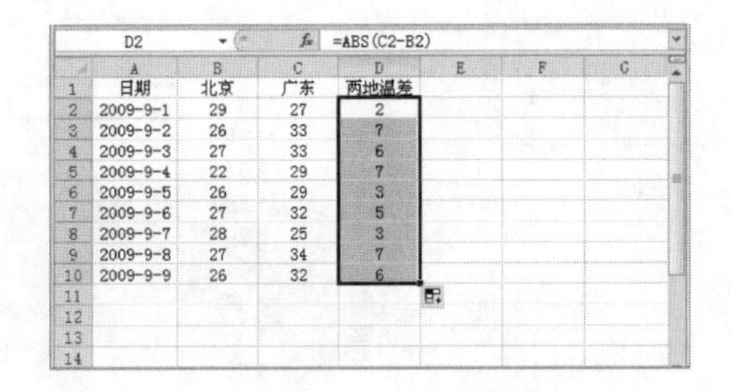

D2 =ABS(C2-B2)

	A	B	C	D
1	日期	北京	广东	两地温差
2	2009-9-1	29	27	2
3	2009-9-2	26	33	7
4	2009-9-3	27	33	6
5	2009-9-4	22	29	7
6	2009-9-5	26	29	3
7	2009-9-6	27	32	5
8	2009-9-7	28	25	3
9	2009-9-8	27	34	7
10	2009-9-9	26	32	6

图 10-7　填充公式

ABS 函数的参数必须为数值类型，即数字、文本格式的数字或逻辑值。如果是文本，则返回错误值“#VALUE!”。

10.1.6 计算个人所得税(ABS)

按照公司规定，每个职工的工资超过 1500 元的部分需要缴纳所得税。其超过 1500 元以外的

电脑小百科

在编辑公式时，若鼠标选择需要用于计算的单元格发生错误，在尚未做其他操作前再单击正确的单元格，即可加以改正。

部分中前 500 元按 5%计算，500～2000 元则按 10%计算，2000～5000 元按 15%计算，5000～20 000 元按 20%计算，依次规则计算表中每个人的所得税。具体操作方法如下。

1. 打开原始文件 10.1.6.xlsx，在单元格 H2 中输入公式“=ROUND(0.05*SUM (G2-1500-{0,500,2000,5000,20000}+ABS(G2-1500-{0,500,2000,5000,20 000}))/2,0)”。
2. 输入完成后，按 Enter 键，公式将返回第一个职员的所得税，如图 10-8 所示。
3. 将鼠标指针放到单元格 H2 右下角的填充柄上，当指针变成“+”形状时向下拖动，将公式复制到 H 列的其他单元格中，如图 10-9 所示。

H2　=ROUND(0.05*SUM(G2-1500-{0,500,2000,5000,20000}+ABS(G2-1500-{0,500,2000,5000,20000}))/2,0)

姓名	基本工资	职务津贴	加班工资	社保	食住扣费	应发工资	所得税
张文	1000	200	300	100	120	1800	15
刘胜彤	1000	250	300		120	1850	
刘天燕	1200	200	180	90	120	1900	
陈中天	900	250	180		120	200	
张如是	900	300	320	99	120	200	
陈大年	1000	250	180		120	2100	
吴慧娇	1100	200	320	90	120	2100	
刘忠玉	1000	300	180		120	2200	
李贤	1200	400	180	100	120	2200	

图 10-8　输入公式

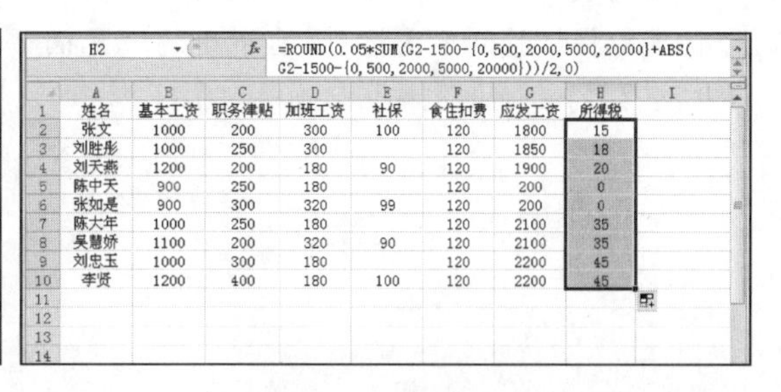
H2　=ROUND(0.05*SUM(G2-1500-{0,500,2000,5000,20000}+ABS(G2-1500-{0,500,2000,5000,20000}))/2,0)

姓名	基本工资	职务津贴	加班工资	社保	食住扣费	应发工资	所得税
张文	1000	200	300	100	120	1800	15
刘胜彤	1000	250	300		120	1850	18
刘天燕	1200	200	180	90	120	1900	20
陈中天	900	250	180		120	200	0
张如是	900	300	320	99	120	200	0
陈大年	1000	250	180		120	2100	35
吴慧娇	1100	200	320	90	120	2100	35
刘忠玉	1000	300	180		120	2200	45
李贤	1200	400	180	100	120	2200	45

图 10-9　填充公式

老师的话

本例公式首先利用员工的应发工资减去不扣税的 1500 元，然后再分别减去每个扣税金额的分界点，产生一个数组，接着再产生一个同样的数组，但用绝对值函数去掉正负符号，两个数组相加再除以 2，最后乘以扣税的递增额 0.05%，即可得到所得税总数。为了让扣税金额保留单位“元”，在计算所得税后套用 ROUND 函数对金额中的角位进行四舍五入。

10.2　逻辑函数

Excel 2010 提供了一些逻辑函数，通过这些函数既可以对单元格中的信息进行判断，也可以检查某些条件是否为真。如果条件为真，则可以用其他函数对相关单元格进行一些处理。

书盘互动指导

示例	在光盘中的位置	书盘互动情况
E2　{=AND(B2:D2="合格")}	10.2　逻辑函数 10.2.1　计算物品的快递费用 10.2.2　判定考评成绩是否合格 10.2.3　判断一年是否为闰年 10.2.4　判定面试人员是否被录取 10.2.5　判定身份证号码的长度是否正确	本节主要带领读者学习逻辑函数的基本操作，在光盘 10.2 节中有相关内容的操作视频，还特别针对本节内容设置了具体的实例分析。 读者可以在阅读本节内容后再学习光盘内容，以达到巩固和提升的效果。

电脑小百科

日期和时间数据是数值的一种特殊表现形式，在 Excel 的系统内部以数值形式存放，并且允许与数值相互转换。

10.2.1 计算物品的快递费用(IF)

下面以某快递公司的快递费用标准来计算物品的快递费用，快递费用的标准是：首重为每千克 10 元，每增加 0.5 千克，费用增加 4 元，1.2 千克按 1.5 千克计算，1.9 千克按 2 千克计算。具体操作方法如下。

1. 打开原始文件 10.2.1.xlsx，在单元格 E2 中输入公式 “=IF(B2<=1,C2, ROUNDUP(B2-1,0)*D2+C2)”。
2. 输入完成后，按 Enter 键，公式将返回第一个城市计算物品的快递费用，如图 10-10 所示。
3. 将鼠标指针放到单元格 E2 右下角的填充柄上，当指针变成“+”形状时向现拖动，将公式复制到 E 列的其他单元格中，如图 10-11 所示。

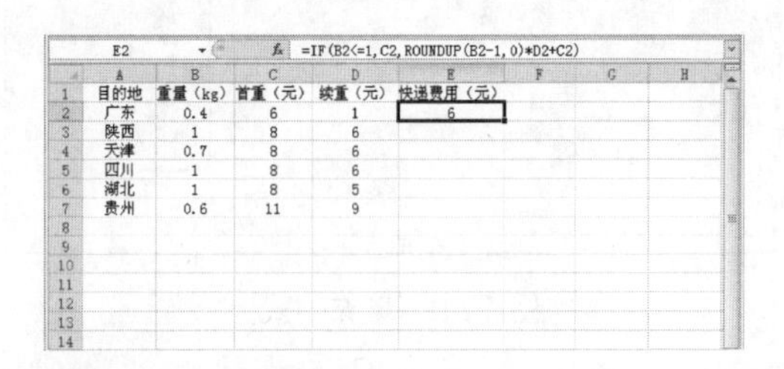

E2　=IF(B2<=1, C2, ROUNDUP(B2-1, 0)*D2+C2)

目的地	重量（kg）	首重（元）	续重（元）	快递费用（元）
广东	0.4	6	1	6
陕西	1	8	6	
天津	0.7	8	6	
四川	1	8	6	
湖北	1	8	5	
贵州	0.6	11	9	

图 10-10　输入公式

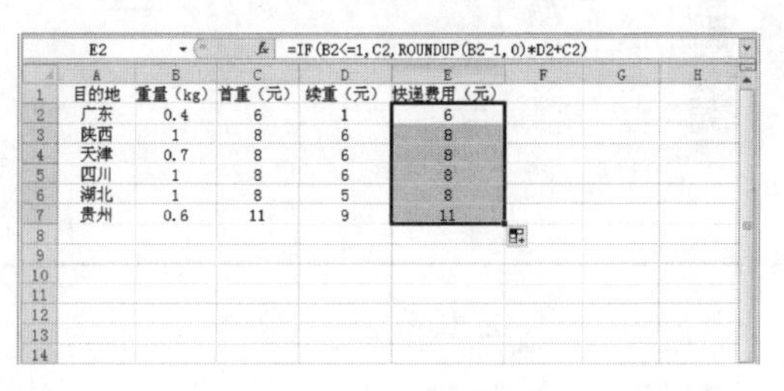

E2　=IF(B2<=1, C2, ROUNDUP(B2-1, 0)*D2+C2)

目的地	重量（kg）	首重（元）	续重（元）	快递费用（元）
广东	0.4	6	1	6
陕西	1	8	6	8
天津	0.7	8	6	8
四川	1	8	6	8
湖北	1	8	5	8
贵州	0.6	11	9	11

图 10-11　填充公式

本例公式使用 IF 函数来判断各物品快递费用，如果某物品的重量未超过规定的首重重量，那么将直接返回公式结果。如果超过的话，那么将该物品的首重费用与续重费用进行求和运算。

10.2.2 判定考评成绩是否合格(IF)

判断 A 列所有人员的考评成绩是否合格。具体操作方法如下。

1. 打开原始文件 10.2.2.xlsx，在单元格 F2 中输入公式 “=IF(E2>250,"合格","不合格")”。
2. 输入完成后，按 Enter 键，公式将判断该人员考评成绩是否合格，如图 10-12 所示。
3. 将鼠标指针放到单元格 F2 右下角的填充柄上，当指针变为“+”形状时向下拖动，将公式复制到 F 列的其他单元格中，如图 10-13 所示。

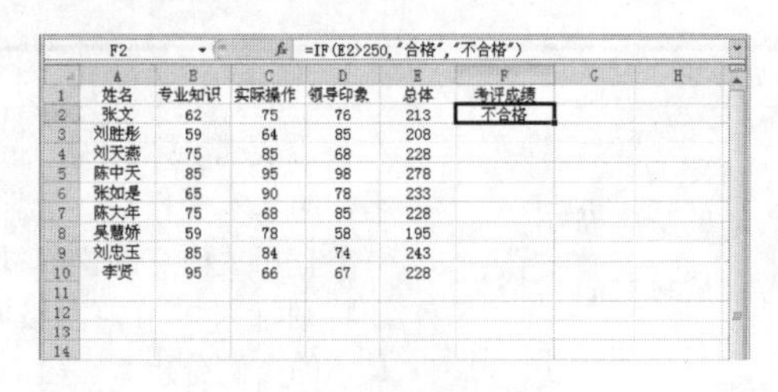

F2　=IF(E2>250,"合格","不合格")

姓名	专业知识	实际操作	领导印象	总体	考评成绩
张文	62	75	76	213	不合格
刘胜彤	59	64	85	208	
刘天燕	75	85	68	228	
陈中天	85	95	98	278	
张如是	65	90	78	233	
陈大年	75	68	85	228	
吴慧娇	59	78	58	195	
刘忠玉	85	84	74	243	
李贤	95	66	67	228	

图 10-12　输入公式

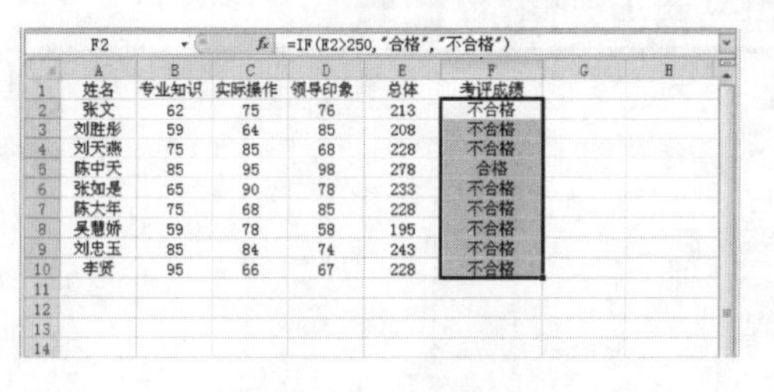

F2　=IF(E2>250,"合格","不合格")

姓名	专业知识	实际操作	领导印象	总体	考评成绩
张文	62	75	76	213	不合格
刘胜彤	59	64	85	208	不合格
刘天燕	75	85	68	228	不合格
陈中天	85	95	98	278	合格
张如是	65	90	78	233	不合格
陈大年	75	68	85	228	不合格
吴慧娇	59	78	58	195	不合格
刘忠玉	85	84	74	243	不合格
李贤	95	66	67	228	不合格

图 10-13　填充公式

本例公式是使用 IF 函数对 E2 单元格中的总分数进行判断，如果大于 250，则返回“合格”，否则返回“不合格”。

电脑小百科

时间数据是一种特殊的日期数据，从实质上来说就是小数形式的日期值。

10.2.3　判断一年是否为闰年

随机指定一个当前年份，判断是否是闰年。

❶ 打开原始文件 10.2.3.xlsx，在单元格 B2 中输入公式 “=IF(OR(AND(MOD (B1,4)=0,MOD(B1,100)<>0),MOD(B1,400)=0),"是闰年","不是闰年")”。

❷ 输入完成后，按 Enter 键，如图 10-14 所示。

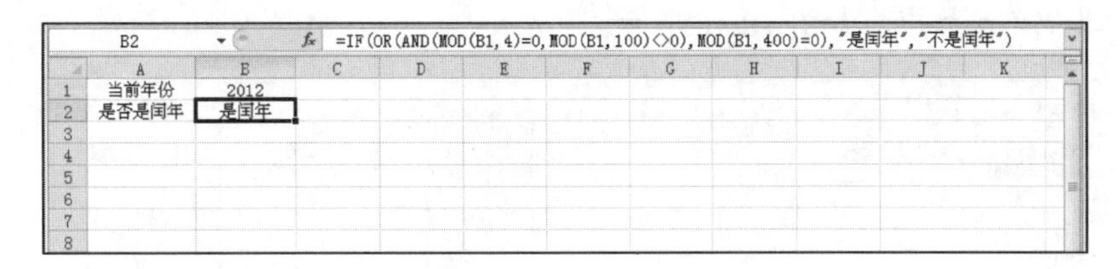

B2　=IF(OR(AND(MOD(B1,4)=0,MOD(B1,100)<>0),MOD(B1,400)=0),"是闰年","不是闰年")

	A	B
1	当前年份	2012
2	是否是闰年	是闰年

图 10-14　填充公式

老师的话

公式 OR(AND(MOD(B1,4)=0,MOD(B1,100)<>0),MOD(B1,400)=0)包括两部分，一部分使用了 AND 函数判断“年份能被 4 整除而不能被 100 整除”的条件是否同时成立，另一部分使用 OR 函数判断“年份能被 4 整除而不能被 100 整除”或“能被 400 整除”的条件是否有一个成立，然后 IF 函数根据判断结果返回“是闰年”或“不是闰年”。

10.2.4　判定面试人员是否被录取(AND)

判断 A 列所有面试人员是否被录取。具体操作方法如下。

❶ 打开原始文件 10.2.4.xlsx，在单元格 E2 中输入公式 “{=AND(B2:D2="合格")}”。

❷ 输入完成后，按 Ctrl + Shift + Enter 组合键，将显示出该人员是否被录取，如图 10-15 所示。

❸ 将鼠标指针放到单元格 E2 右下角的填充柄上，当指针变为“+”形状时向下拖动，将公式复制到 E 列的其他单元格中，如图 10-16 所示。

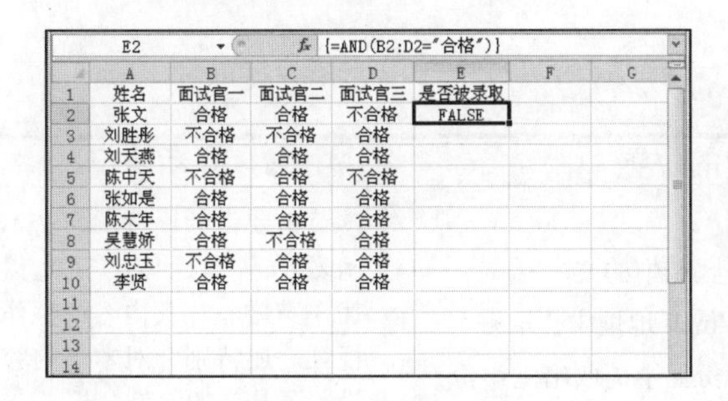

E2　{=AND(B2:D2="合格")}

	A	B	C	D	E
1	姓名	面试官一	面试官二	面试官三	是否被录取
2	张文	合格	合格	不合格	FALSE
3	刘胜彤	不合格	不合格	合格	
4	刘天燕	合格	合格	合格	
5	陈中天	不合格	合格	不合格	
6	张如是	合格	合格	合格	
7	陈大年	合格	合格	合格	
8	吴慧娇	合格	不合格	合格	
9	刘忠玉	不合格	合格	合格	
10	李贤	合格	合格	合格	

图 10-15　输入公式

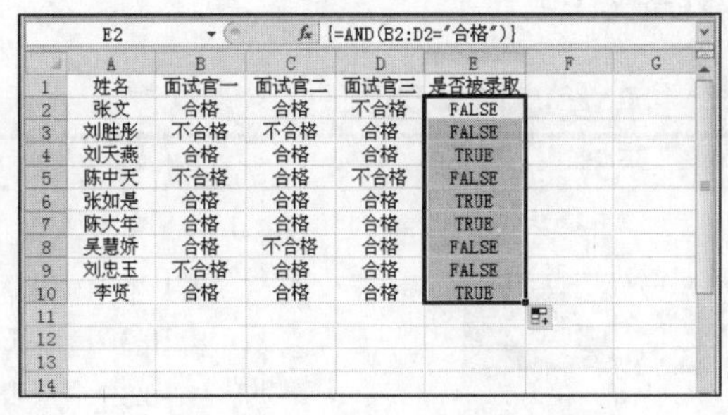

E2　{=AND(B2:D2="合格")}

	A	B	C	D	E
1	姓名	面试官一	面试官二	面试官三	是否被录取
2	张文	合格	合格	不合格	FALSE
3	刘胜彤	不合格	不合格	合格	FALSE
4	刘天燕	合格	合格	合格	TRUE
5	陈中天	不合格	合格	不合格	FALSE
6	张如是	合格	合格	合格	TRUE
7	陈大年	合格	合格	合格	TRUE
8	吴慧娇	合格	不合格	合格	FALSE
9	刘忠玉	不合格	合格	合格	FALSE
10	李贤	合格	合格	合格	TRUE

图 10-16　填充公式

老师的话

本例公式使用 AND 函数判断面试人员是否被录取，其中 TRUE 表示录取，FALSE 表示未录取。录取条件是：3 个面试官都认为合格。

电脑小百科

在输入超过 15 位数字(如 18 位身份证号码)时，需事先设置单元格为“文本”格式后再输入，或输入时先输入半角单引号“'”，强制以文本形式存储数字。否则后 3 位数转为 0 之后将无法逆转。

10.2.5 判断身份证号码的长度是否正确(OR)

B 列是所有人员的身份证号码，用 OR 函数判断长度是否正确，具体操作方法如下。

1. 打开原始文件 10.2.5.xlsx，在单元格 C2 中输入公式“=OR(LEN(B2:B10)={15,18})”。
2. 输入完成后，按 Enter 键，将显示该人员的身份证号码的长度是否正确，如图 10-17 所示。
3. 将鼠标指针放到单元格 C2 右下角的填充柄上，当指针变为“+”形状时向下拖动，将公式复制到 C 列的其他单元格中，如图 10-18 所示。

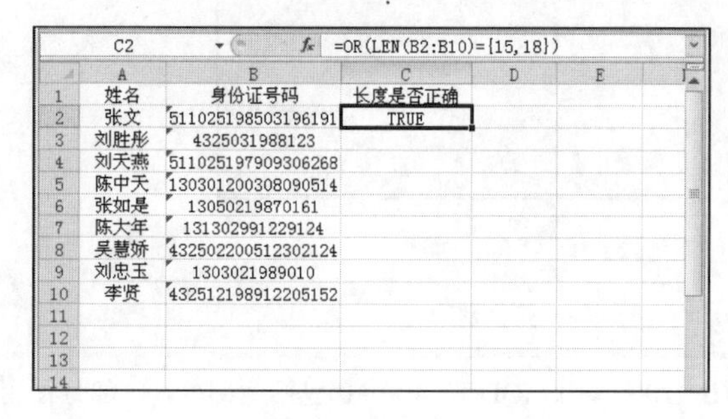

C2 =OR(LEN(B2:B10)={15,18})

	A	B	C	D	E
1	姓名	身份证号码	长度是否正确		
2	张文	511025198503196191	TRUE		
3	刘胜彤	4325031988123			
4	刘天燕	511025197909306268			
5	陈中天	130301200308090514			
6	张如是	13050219870161			
7	陈大年	131302991229124			
8	吴慧娇	432502200512302124			
9	刘忠玉	1303021989010			
10	李贤	432512198912205152			
11					
12					
13					
14					

图 10-17 输入公式

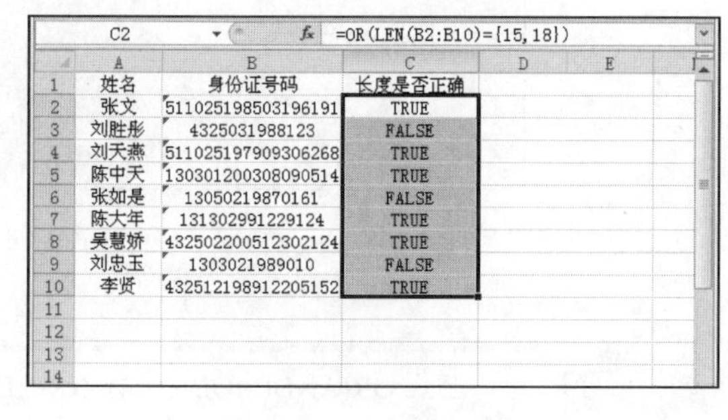

C2 =OR(LEN(B2:B10)={15,18})

	A	B	C	D	E
1	姓名	身份证号码	长度是否正确		
2	张文	511025198503196191	TRUE		
3	刘胜彤	4325031988123	FALSE		
4	刘天燕	511025197909306268	TRUE		
5	陈中天	130301200308090514	TRUE		
6	张如是	13050219870161	FALSE		
7	陈大年	131302991229124	TRUE		
8	吴慧娇	432502200512302124	TRUE		
9	刘忠玉	1303021989010	FALSE		
10	李贤	432512198912205152	TRUE		
11					
12					
13					
14					

图 10-18 填充公式

老师的话

通过 LEN(B2:B10)与常量数组{15,18}进行比较，返回包含逻辑值的数组然后用 OR 函数判断，只要身份证号码长度等于 15 或 18 中的任意一个，该身份证号码的长度就是正确的。

10.3 文本函数

文本函数是针对文本串进行一系列相关操作的一类函数，可以用于处理文本串、改写大小写以及连接文字串等。

书盘互动指导

示例	在光盘中的位置	书盘互动情况
	10.3 文本函数 10.3.1 串联区域中的文本 10.3.2 从 E-mail 地址中提取账号 10.3.3 从身份证中提取出生年份 10.3.4 从身份证号码中判断性别 10.3.5 去掉文本中的所有空格 10.3.6 将手机号码的 4 位替换成特定字符号 10.3.7 将数字金额显示为人民币大写 10.3.8 检查通讯地址是否详细 10.3.9 查找编号中重复出现的数字	本节主要带领读者学习文本函数的基本操作，在光盘 10.3 节中有相关内容的操作视频，还特别针对本节内容设置了具体的实例分析。 读者可以在阅读本节内容后再学习光盘内容，以达到巩固和提升的效果。

电脑小百科

常量数组的所有组成元素为常量数据，其中文本必须由半角双引号包括。

10.3.1 串联区域中的文本(CONCATENATE)

如果单元格中的数据是文本，那么就将其串联成一个字符串，否则忽略。具体步骤如下。

1. 打开原始文件 10.3.1.xlsx，在单元格 D1 中输入公式“=CONCATENATE(T (A1),T(B1),T(C1))”。
2. 输入完成后，按 Enter 键，公式将返回 A1:C1 区域的字符串连接，并忽略其中的数字单元格，如图 10-19 所示。
3. 将鼠标指针放到单元格 D2 右下角的填充柄上，当指针变为“+”形状时向下拖动，将公式复制到 D 列的其他单元格中，如图 10-20 所示。

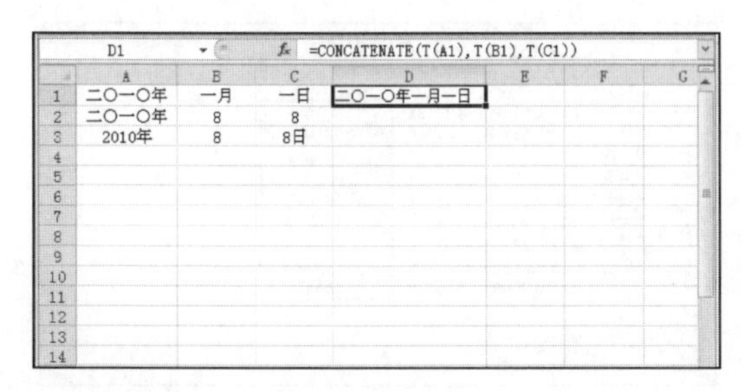

图 10-19　输入公式

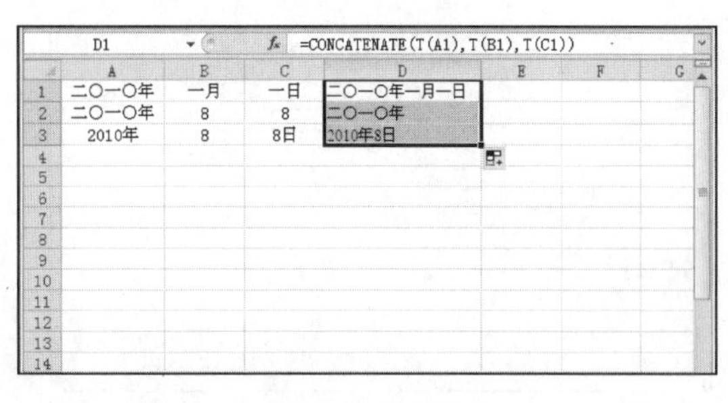

图 10-20　填充公式

T 函数用于剔除数字。它有一个参数，如果参数是文本则保存不变，如果参数是数字则返回空白。本例中利用 T 函数对每个单元格数据进行转换，然后作为 CONCATENATE 函数的参数串联起来。

10.3.2 从 E-mail 地址中提取账号(LEFT)

E-mail 地址长度为 16 位，提取@前面的账号，包括数值型和文本型。具体操作步骤如下。

1. 打开原始文件 10.3.2.xlsx，在单元格 B2 中输入公式“=LEFT(A2,9)”。
2. 输入完成后，按 Enter 键，公式将返回第一个 E-mail 地址中的账号，如图 10-21 所示。
3. 将鼠标指针放到单元格 B2 右下角的填充柄上，当指针变为“+”形状时向下拖动，将公式复制到 B 列的其他单元格中，如图 10-22 所示。

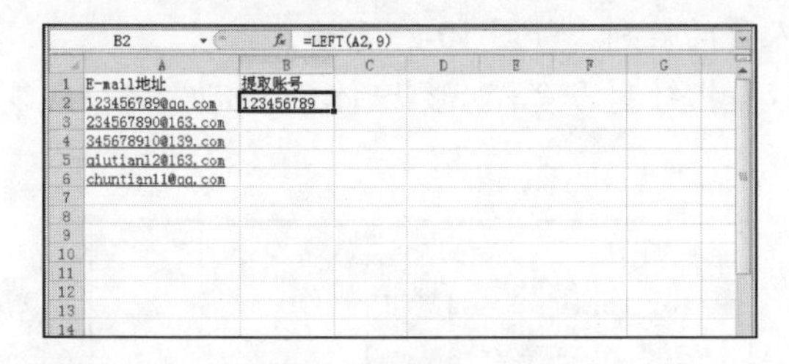

图 10-21　输入公式

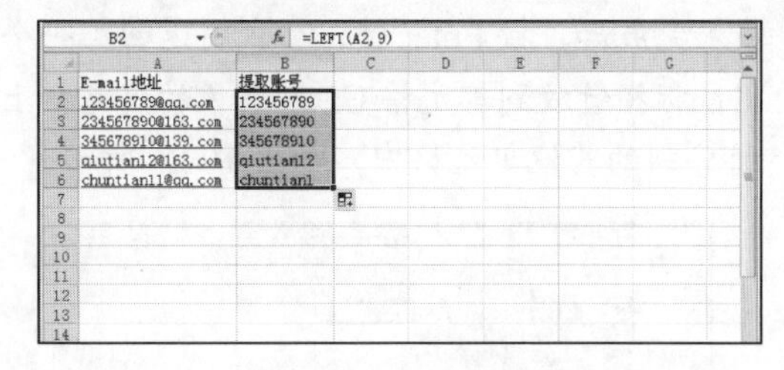

图 10-22　填充公式

本例公式利用 LEFT 函数将指定单元格中的指定位数的所有字符都提取出来。LEFT(A2,9)表示返回 A2 单元格中前 9 个字符的值。

数组公式可以执行多项计算并返回一个或多个结果。

10.3.3 从身份证号码中提取出生年份(CONCATENATE)

根据包含 15 位和 18 位的身份证号码，提取其出生年份。具体步骤如下。

1. 打开原始文件 10.3.3.xlsx，在单元格 C2 中输入公式“=CONCATENATE (MID(B2,7,4-2*(LEN(B2)=15)),"年")”。
2. 输入完成后，按 Enter 键，公式将计算出人的出生日期，如图 10-23 所示。
3. 将鼠标指针放到单元格 C2 右下角的填充柄上，当指针变为“+”形状时向下拖动，将公式复制到 C 列的其他单元格中，如图 10-24 所示。

C2 =CONCATENATE(MID(B2,7,4-2*(LEN(

	A	B	C
1	姓名	身份证号码	出生年份
2	张文	511025198503196191	1985年
3	刘胜彤	432503198812304352	
4	刘天燕	511025197909306268	
5	陈中天	130301200308090514	
6	张如是	130502198705293161	
7	陈大年	131302991229124	
8	吴慧娇	432502200512302124	
9	刘忠玉	13030219890101112x	
10	李贤	432512198912205152	

图 10-23　输入公式

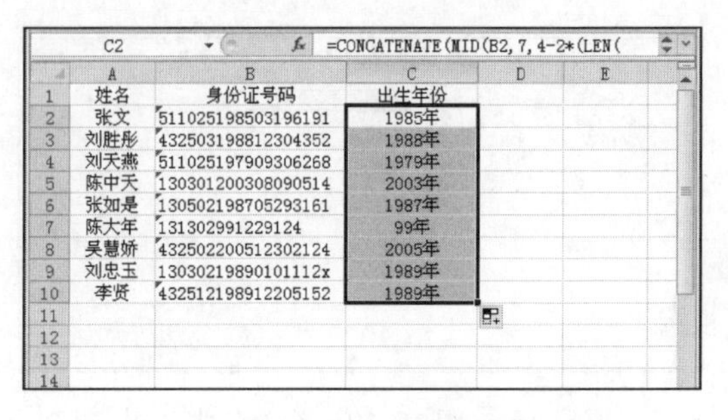

C2 =CONCATENATE(MID(B2,7,4-2*(LEN(

	A	B	C
1	姓名	身份证号码	出生年份
2	张文	511025198503196191	1985年
3	刘胜彤	432503198812304352	1988年
4	刘天燕	511025197909306268	1979年
5	陈中天	130301200308090514	2003年
6	张如是	130502198705293161	1987年
7	陈大年	131302991229124	99年
8	吴慧娇	432502200512302124	2005年
9	刘忠玉	13030219890101112x	1989年
10	李贤	432512198912205152	1989年

图 10-24　填充公式

老师的话

本例利用了 MID 函数从身份证号码中分别提取表示出生年份的字符串，然后利用 CONCATENATE 函数使其与“年”串联起来，形成一个新的字符串。因为身份证包含 15 位和 18 位，15 位身份证的第 7 位和第 8 位表示年份，18 位身份证则是第 7、8、9、10 位表示年份，所以公式中使用“-2*(LEN(B2)=15)”来调节公式，使公式通用于 15 位身份证和 18 位身份证。

10.3.4 从身份证号码中判断性别(TEXT)

根据身份证号码，计算该号码拥有者的性别。具体步骤如下。

1. 打开原始文件 10.3.4.xlsx，在单元格 C2 中输入公式“=TEXT(MOD (MID(B2,15,3),2),"[=1]男;[=0]女")”。
2. 输入完成后，按 Enter 键，公式将返回第一个人员的性别，如图 10-25 所示。
3. 将鼠标指针放到单元格 C2 右下角的填充柄上，当指针变为“+”形状时向下拖动，将公式复制到 C 列的其他单元格中，如图 10-26 所示。

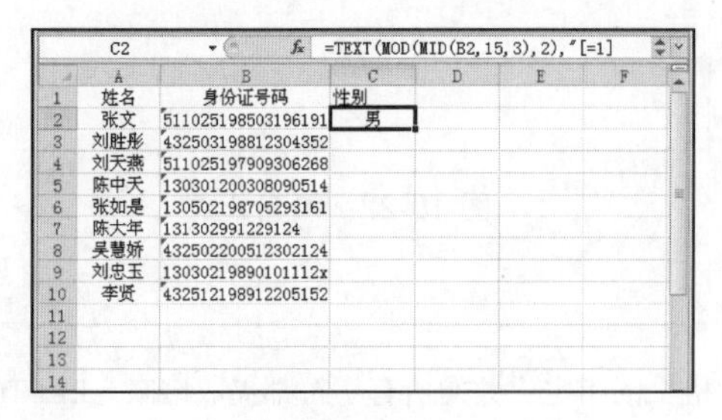

C2 =TEXT(MOD(MID(B2,15,3),2),"[=1]

	A	B	C
1	姓名	身份证号码	性别
2	张文	511025198503196191	男
3	刘胜彤	432503198812304352	
4	刘天燕	511025197909306268	
5	陈中天	130301200308090514	
6	张如是	130502198705293161	
7	陈大年	131302991229124	
8	吴慧娇	432502200512302124	
9	刘忠玉	13030219890101112x	
10	李贤	432512198912205152	

图 10-25　输入公式

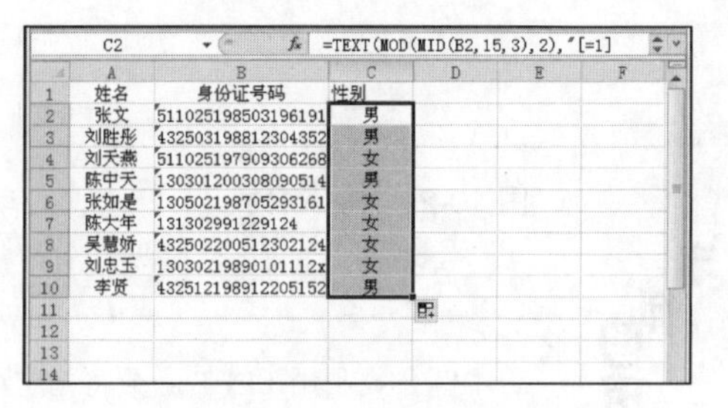

C2 =TEXT(MOD(MID(B2,15,3),2),"[=1]

	A	B	C
1	姓名	身份证号码	性别
2	张文	511025198503196191	男
3	刘胜彤	432503198812304352	男
4	刘天燕	511025197909306268	女
5	陈中天	130301200308090514	男
6	张如是	130502198705293161	女
7	陈大年	131302991229124	女
8	吴慧娇	432502200512302124	女
9	刘忠玉	13030219890101112x	女
10	李贤	432512198912205152	男

图 10-26　填充公式

老师的话

输入数组公式后，需按下组合键 Ctrl+Shift+Enter 结束。

本例首先利用 MID 函数从身份证号码中取出代表性别的数字，然后使用 MOD 函数将提取出的 3 位数除以 2 得到一个余数，最后通过 TEXT 函数根据余数值返回性别。如果余数为 1 则返回“男”，如果余数值为 0 则返回“女”。

10.3.5　去掉文本中的所有空格(SUBSTITUTE)

在录入数据时，很可能因不小心而输入多余不需要的空格，此时可以使用函数将其去除。具体操作步骤如下。

1. 打开原始文件 10.3.5.xlsx，在单元格 B2 中输入公式 “=SUBSTITUTE(A2," ","")”。
2. 输入完成后，按 Enter 键，公式将返回去除了 A2 单元格中的所有空格的句子，如图 10-27 所示。
3. 将鼠标指针放到单元格 B2 右下角的填充柄上，当指针变为“+”形状时向下拖动，将公式复制到 B 列的其他单元格中，如图 10-28 所示。

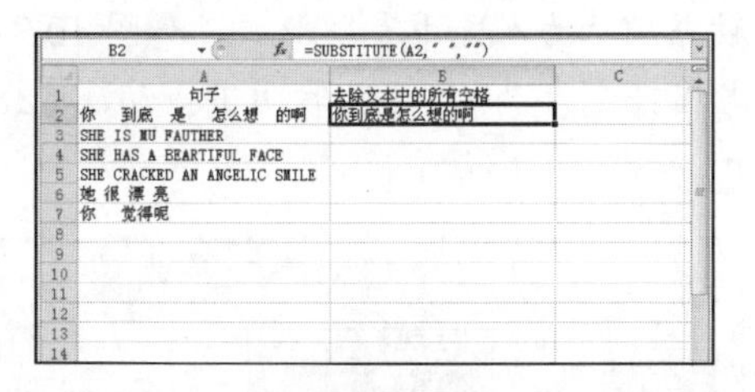

图 10-27　输入公式

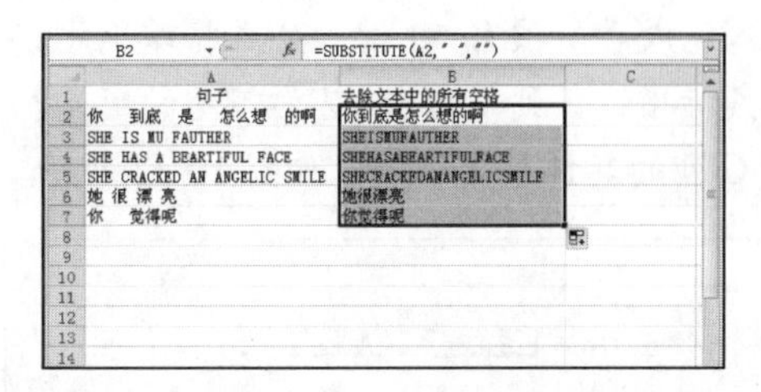

图 10-28　填充公式

本例公式利用 SUBSTITUTE 函数将字符串替换成新的字符串。它有 4 个参数，第一个参数为需要替换其中字符的文本，或对含有文本的单元格的引用；第二个参数是待替换的原字符串；第三个参数是替换后的新字符串；第四个参数表示替换第几次出现的字符串。

10.3.6　将手机号码的后 4 位替换为特定符号(REPLACE)

单位在举行年终抽奖活动时会屏蔽手机中奖号码的后 4 位，这时可以利用 REPLACE 函数来实现这种效果。具体步骤如下。

1. 打开原始文件 10.3.6.xlsx，在单元格 C2 中输入公式 “=REPLACE(B2,8,4, “****”)”。
2. 输入完成后，按 Enter 键，公式将返回替换后的效果，如图 10-29 所示。
3. 将鼠标指针放到单元格 C2 右下角的填充柄上，当指针变为“+”形状时向下拖动，将公式复制到 C 列的其他单元格中，如图 10-30 所示。

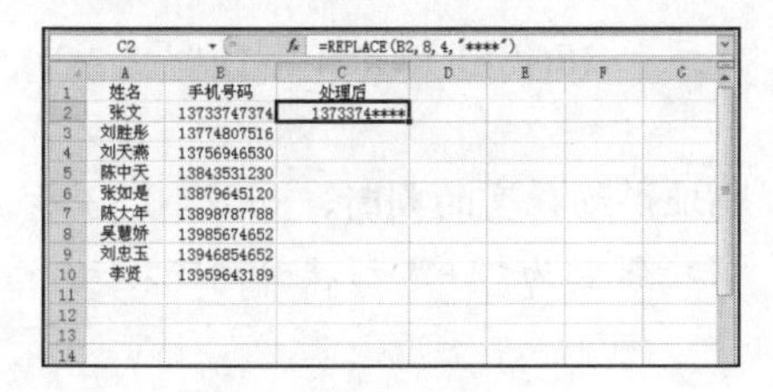

图 10-29　输入公式

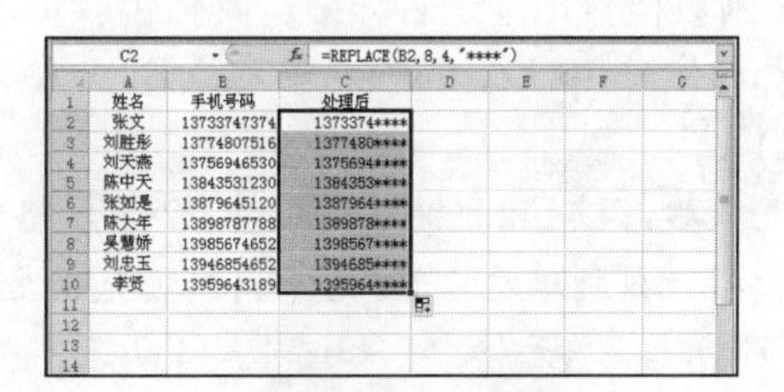

图 10-30　填充公式

电脑小百科

作为标识，Excel 会自动在编辑栏中给数组公式的首尾加上大括号“{}”。

老师的话

本例公式利用 REPLACE 函数，使用其他文本字符串替换从指定位置开始、指定长度的字符串。REPLACE 函数本身是替换函数，如果忽略第三个参数，则相当于插入新字符串。

10.3.7 将数字金额显示为人民币大写

财务工作表中常需要将小写数字转换成大写，可以防止别人随意修改数据。具体步骤如下。

1. 打开原始文件 10.3.7.xlsx，在单元格 C2 中输入公式"=IF(MOD(B2,1)=0,TEXT(INT(B2),"[dbnum2]G/通用格式元整;负[dbnum2]G/通用格式元整;零元整; "),IF(B2>0,, "负")&TEXT(INT(ABS(B2)), "[DBNUM2]G/通用格式元;; ")&SUBSTITUTE(SUBSTITUTE (TEXT(RIGHT(FIXED(B2,2), "[dbnum2]0 角 0 分;;"), "零角",IF(ABS(B2)<>0,, "零")),"零分",""))"。
2. 输入完成后，按 Enter 键，公式将该单元格数值数据显示为人民币大写形式，如图 10-31 所示。
3. 将鼠标指针放到单元格 C2 右下角的填充柄上，当指针变为"+"形状时向下拖动，将公式复制到 C 列的其他单元格中，如图 10-32 所示。

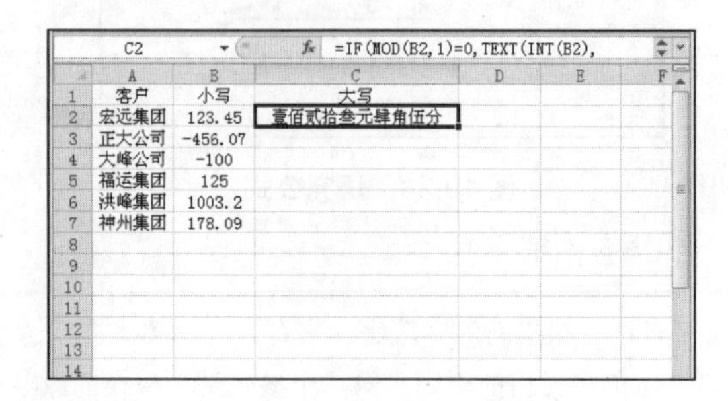

C2 =IF(MOD(B2,1)=0,TEXT(INT(B2),

	A	B	C	D	E	F
1	客户	小写	大写			
2	宏远集团	123.45	壹佰贰拾叁元肆角伍分			
3	正大公司	-456.07				
4	大峰公司	-100				
5	福运集团	125				
6	洪峰集团	1003.2				
7	神州集团	178.09				
8						
9						
10						
11						
12						
13						
14						

图 10-31 输入公式

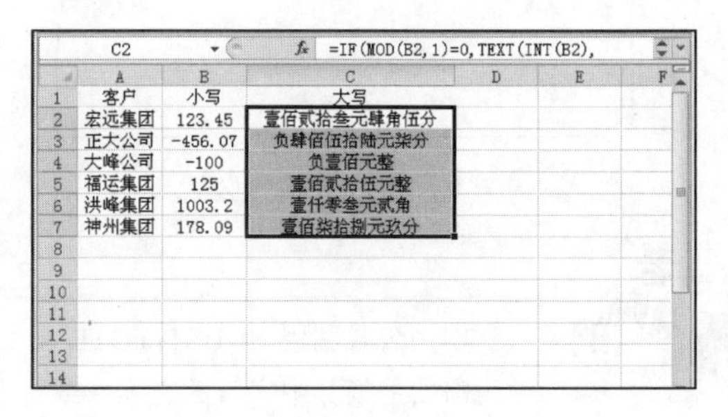

C2 =IF(MOD(B2,1)=0,TEXT(INT(B2),

	A	B	C	D	E	F
1	客户	小写	大写			
2	宏远集团	123.45	壹佰贰拾叁元肆角伍分			
3	正大公司	-456.07	负肆佰伍拾陆元柒分			
4	大峰公司	-100	负壹佰元整			
5	福运集团	125	壹佰贰拾伍元整			
6	洪峰集团	1003.2	壹仟零叁元贰角			
7	神州集团	178.09	壹佰柒拾捌元玖分			
8						
9						
10						
11						
12						
13						
14						

图 10-32 填充公式

老师的话

本公式将数字分为 3 步来转换。对整数，则直接转换为大写形式，并添加"元整"字样；对带有小数的数据先格式化整数部分，再格式化小数部分，并将不符合习惯用法的字样(如"零角"、"零分"等)替换掉，最后将两段计算结果组合即可。

10.3.8 检查通讯地址是否详细(ISERROR)

有一列通讯地址，有的地址比较详细，有的地址不够详细，即不包括具体的门牌号。可以用 ISERROR 函数检查地址是否详细。具体步骤如下。

1. 打开原始文件 10.3.8.xlsx，在单元格 B2 中输入公式"=IF(ISERROR(FIND("号",A2)), "不详细","详细")"。
2. 输入完成后，按 Enter 键，实现对 A2 单元格中地址详细程度的判断，如图 10-33 所示。
3. 将鼠标指针放到单元格 B2 右下角的填充柄上，当指针变为"+"形状时向下拖动，将公式复制到 B 列的其他单元格中，如图 10-34 所示。

电脑小百科

数组公式首尾的大括号"{}"是由 Ctrl +Shift+Enter 组合键自动生成，千万不要试图手工输入，否则 Excel 只能识别其为文本字符，而无法被当做公式正确地运算。

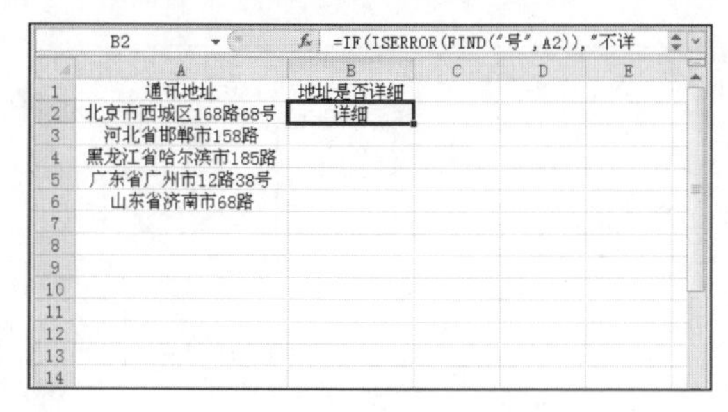

图 10-33　输入公式

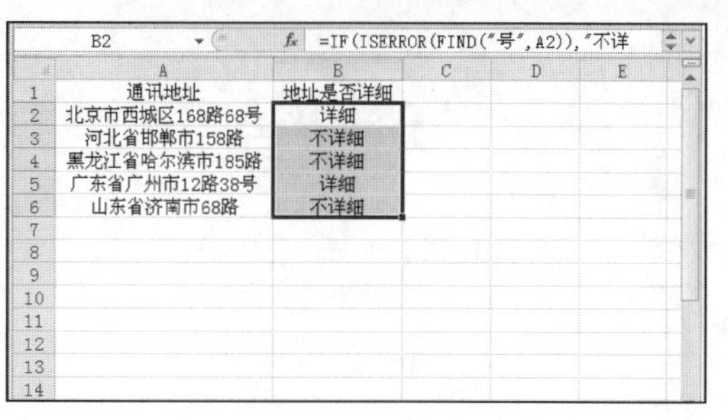

图 10-34　填充公式

老师的话

判断地址是否详细的条件是检测地址中是否包含有具体的门牌号，即使用 FIND 函数查找“号”。如果找不到，则返回错误值。因此 FIND 函数外套用 ISERROR 函数，如果 FIND 函数返回错误值，那么 ISERROR(FIND())则返回 TRUE，最外侧根据 ISERROR 函数的返回值来得到“不详细”或“详细”的不同结果。

10.3.9　查找编号中重复出现的数字(SEARCH)

计算 A 列的编号中有多少个数字重复出现，以及重复的是哪几个数字。具体操作步骤如下。

1. 打开原始文件 10.3.9.xlsx，在单元格 B2 中输入数组公式“=COUNT(SEARCH((ROW($1:$10)-1)&"* "&(ROW($1:$10)-1),A2))”。
2. 输入完成后，Ctrl + Shift + Enter 组合键，如图 10-35 所示。
3. 将鼠标指针放到单元格 B2 右下角的填充柄上，当指针变为“+”形状时向下拖动，将公式复制到 B 列的其他单元格中，如图 10-36 所示。

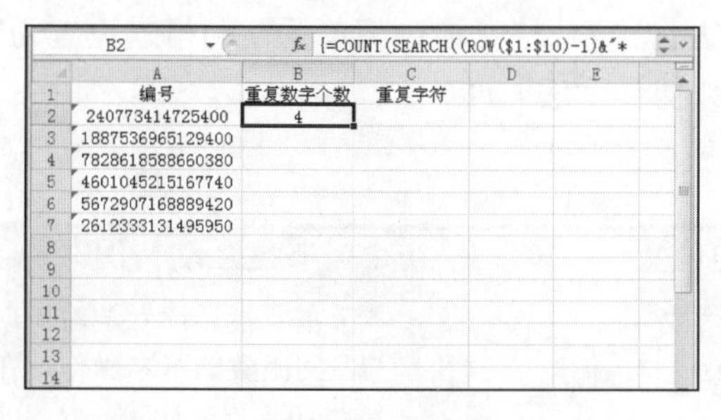

图 10-35　输入公式

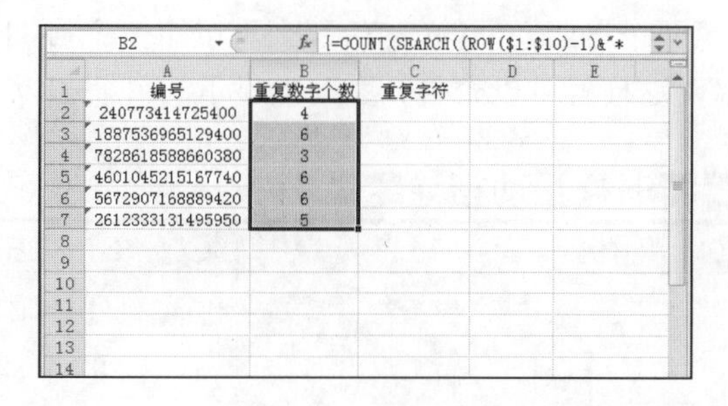

图 10-36　填充公式

4. 选中 C2 单元格，再在单元格 C2 中输入公式“=IF(COUNT(SEARCH("0*0",A2)),0, "")&SUBSTITUTE(SUMPRODUCT(ISNUMBER(SEARCH(ROW($1:$9)&"*"&ROW($1:$9),A2))*ROW($1:$9)*10^(9-ROW($1:$9))),0,)”。
5. 输入完成后，按 Ctrl + Shift + Enter 组合键，如图 10-37 所示。
6. 将鼠标指针放到单元格 C2 右下角的填充柄上，当指针变为“+”形状时向下拖动，将公式复制到 C 列的其他单元格中，如图 10-38 所示。

电脑小百科

由于具有不可局部更改的特性，因此多单元格数组公式不易因用户编辑公式后忘记按 Ctrl+Shift+Enter 组合键而被破坏。

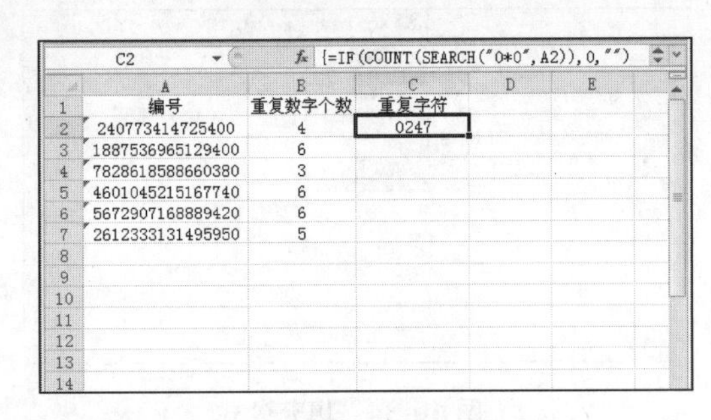

图 10-37 输入公式

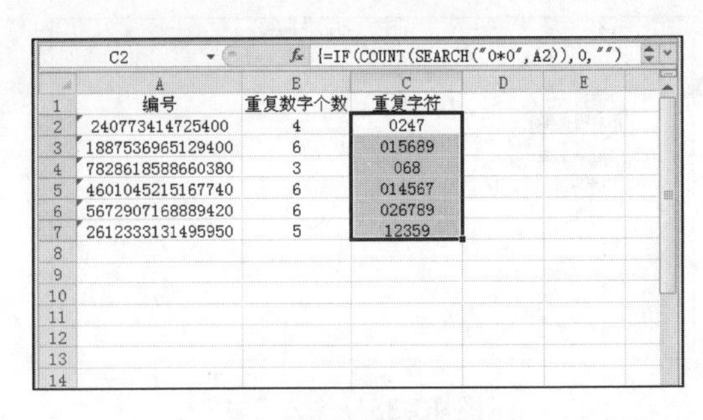

图 10-38 填充公式

老师的话

本例两个公式都利用了 SERARCH 函数支持通配符这一特点，在编号中分别查找“0*0”、“1*1”、“2*2”、….、“9*9”，若能查到就返回其位置，否则返回错误值。最后用 COUNT 函数统计数字个数，这样就得到了重复数字的个数。第一个公式只需要统计重复出现的值的个数，所以只负责查找 0～9 中每个数字是否重复。第二个公式需要将每个值提取出来，因此必须将 0 和其他 9 个数字分开查找，否则无法正确处理 0 值。另外，第二个公式的结果是从小到大排除重复值，也可以反向取值。

10.4 日期与时间函数

Excel 2010 将日期存储为一系列连续的序列数，将时间存储为小数，因为时间被看作天的一部分。日期和时间都是数值，因此它们也可以进行各种运算。如 38 780.73 表示 2006-3-4 17:36，小数点前面的数字 38 780 表示日期 2006-3-4，而小数点后面的数字 73 表示时间 17:36。如果需要计算两个日期之间的差值，那么可以用一个日期减去另一个日期。通过将单元格的格式设置为“常规”，这样就可以查看一系列值显示的日期和以小数值显示的时间。

书盘互动指导

示例	在光盘中的位置	书盘互动情况
	10.4 日期与时间函数 10.4.1 动态生日提醒 10.4.2 计算员工上月考勤天数 10.4.3 快速确定职工的退休日期 10.4.4 计算员工的工龄 10.4.5 计算加工食品的变质日期 10.4.6 返回目标是全年的第几天 10.4.7 计算本月的最后一天是第几周 10.4.8 计算两个日期相差的年月日数	本节主要带领读者学习日期与时间函数的基本操作，在光盘 10.4 节中有相关内容的操作视频，还特别针对本节内容设置了具体的实例分析。 读者可以在阅读本节内容后再学习光盘内容，以达到巩固和提升的效果。

电脑小百科

Excel 共有 8 种错误值：####、#VALUE!、#N/A、#REF!、#DIV/0!、#NUM!、#NAME?和#NULL!。

10.4.1　动态生日提醒(TODAY)

自动对生日的姓名进行标记。本例假设当前日期是 3 月 27 日。具体操作步骤如下。

1. 打开原始文件 10.4.1.xlsx，在单元格 E2 中输入公式“=IF(TODAY()=DATE (YEAR(TODAY()), MONTH(D4),DAY(D4)),"生日快乐","")”。
2. 输入完成后，按 Enter 键，然后将鼠标指针放到 E2 右下角的填充柄上，当指针变为“+”形状时向下拖动，将公式复制到 C 列的其他单元格中，公式将返回显示当前生日的人员，如图 10-39 所示。

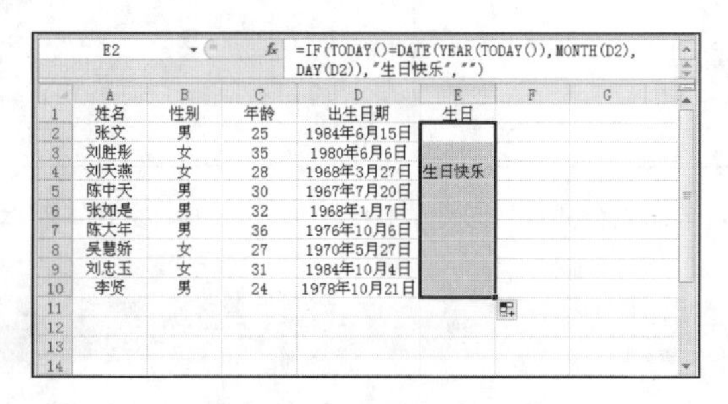

E2　=IF(TODAY()=DATE(YEAR(TODAY()),MONTH(D2),DAY(D2)),"生日快乐","")

姓名	性别	年龄	出生日期	生日
张文	男	25	1984年6月15日	
刘胜彤	女	35	1980年6月6日	
刘天燕	女	28	1968年3月27日	生日快乐
陈中天	男	30	1967年7月20日	
张如是	男	32	1968年1月7日	
陈大年	男	36	1976年10月6日	
吴慧娇	女	27	1970年5月27日	
刘忠玉	女	31	1984年10月4日	
李贤	男	24	1978年10月21日	

图 10-39　输入并填充公式

10.4.2　计算员工上月考勤天数(NETWORKDAYS)

实例解析：假设上月时间是 3 月，本公司员工休息时间只有 1 天，计算员工的考勤天数。具体操作步骤如下。

1. 打开原始文件 10.4.2.xlsx，在单元格 D2 中输入公式“=NETWORKDAYS(A2,B2,C2)”。
2. 输入完成后，按 Enter 键，公式将计算员工上月考勤天数，如图 10-40 所示。

D2　=NETWORKDAYS(A2,B2,C2)

月初	月末	法定节日	考勤天数
2010-3-1	2010-3-31	2010-3-14	23

图 10-40　输入公式

操作分析

本例公式利用 NETWORKDAYS 函数直接去除每月的休息日天数，然后再计算总体考勤天数。NETWORKDAYS(start_date,end_date,holidays)第一个参数表示时间段的起始日期，第二个参数表示时间段的终止日期，第三个参数表示不在工作日历中的一个或多个日期。

10.4.3　快速确定职工的退休日期(DATE)

人事科根据其工作年龄计算其职工的退休日期。具体操作步骤如下。

1. 打开原始文件 10.4.3.xlsx，在单元格 E3 中输入公式“=IF(B4="男",DATE(YEAR(C3)+60,MONTH

电脑小百科

产生这些错误值的原因有许多，一类原因是公式本身存在错误，另外一类情况则是公式本身不存在错误，返回的错误值表达了一种特定的信息。

(C3),DAY(C3)),DATE(YEAR(C3)+55,MONTH(C3),DAY(C3)))”。

❷ 输入完成后，按 Enter 键，公式将返回第一个职工的退休日期，如图 10-41 所示。

❸ 将鼠标指针放到单元格 C2 右下角的填充柄上，当指针变为“+”形状时向下拖动，将公式复制到 C 列的其他单元格中，如图 10-42 所示。

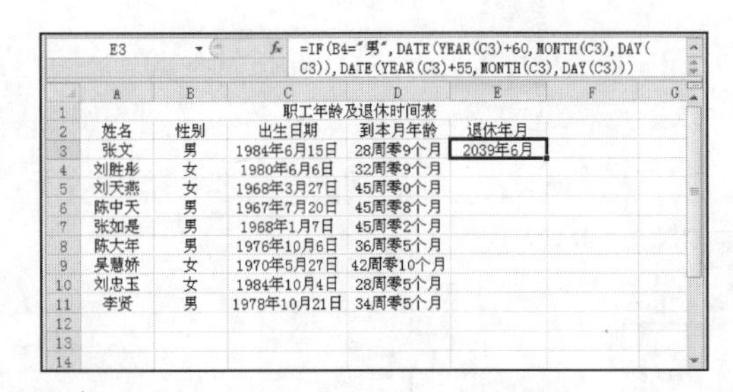

E3 =IF(B4="男",DATE(YEAR(C3)+60,MONTH(C3),DAY(C3)),DATE(YEAR(C3)+55,MONTH(C3),DAY(C3)))

职工年龄及退休时间表				
姓名	性别	出生日期	到本月年龄	退休年月
张文	男	1984年6月15日	28周零9个月	2039年6月
刘胜彤	女	1980年6月6日	32周零9个月	
刘天燕	女	1968年3月27日	45周零0个月	
陈中天	男	1967年7月20日	45周零8个月	
张如是	男	1968年1月7日	45周零2个月	
陈大年	男	1976年10月6日	36周零5个月	
吴慧娇	女	1970年5月27日	42周零10个月	
刘忠玉	女	1984年10月4日	28周零5个月	
李贤	男	1978年10月21日	34周零5个月	

图 10-41　输入公式

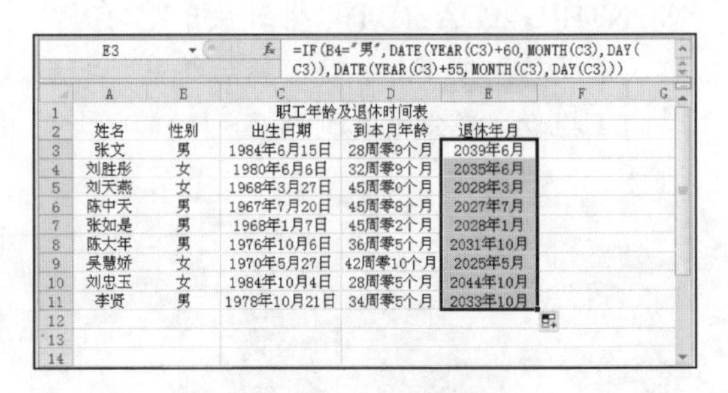

E3 =IF(B4="男",DATE(YEAR(C3)+60,MONTH(C3),DAY(C3)),DATE(YEAR(C3)+55,MONTH(C3),DAY(C3)))

职工年龄及退休时间表				
姓名	性别	出生日期	到本月年龄	退休年月
张文	男	1984年6月15日	28周零9个月	2039年6月
刘胜彤	女	1980年6月6日	32周零9个月	2035年6月
刘天燕	女	1968年3月27日	45周零0个月	2028年3月
陈中天	男	1967年7月20日	45周零8个月	2027年7月
张如是	男	1968年1月7日	45周零2个月	2028年1月
陈大年	男	1976年10月6日	36周零5个月	2031年10月
吴慧娇	女	1970年5月27日	42周零10个月	2025年5月
刘忠玉	女	1984年10月4日	28周零5个月	2044年10月
李贤	男	1978年10月21日	34周零5个月	2033年10月

图 10-42　填充公式

10.4.4　计算公司员工的工龄(DATEDIF)

使 DATEDIF 函数快速统计公司员工的工龄。具体操作步骤如下。

❶ 打开原始文件 10.4.4.xlsx，在单元格 C2 中输入公式“= =DATEDIF(B2,TODAY( ),"Y")”。

❷ 输入完成后，按 Enter 键，公式将返回第一个员工的工龄，如图 10-43 所示。

❸ 将鼠标指针放到单元格 C2 右下角的填充柄上，当指针变为“+”形状时向下拖动，将公式复制到 C 列的其他单元格中，如图 10-44 所示。

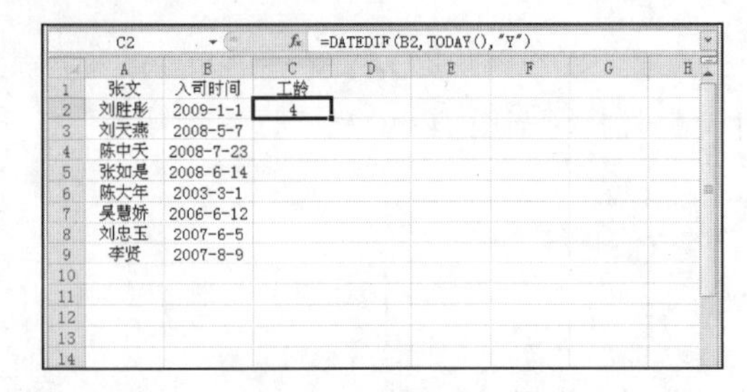

C2 =DATEDIF(B2,TODAY(),"Y")

张文	入司时间	工龄
刘胜彤	2009-1-1	4
刘天燕	2008-5-7	
陈中天	2008-7-23	
张如是	2008-6-14	
陈大年	2003-3-1	
吴慧娇	2006-6-12	
刘忠玉	2007-6-5	
李贤	2007-8-9	

图 10-43　输入公式

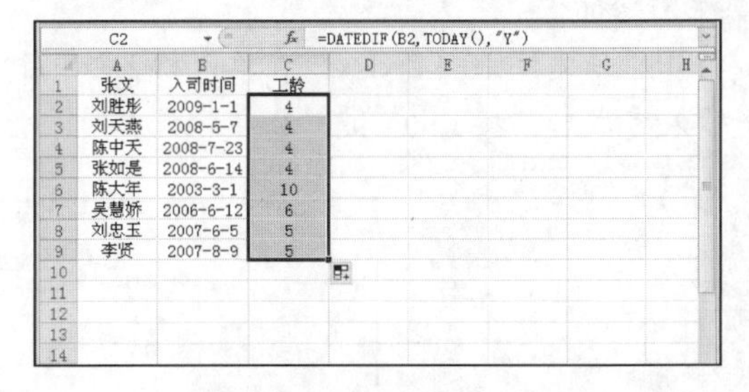

C2 =DATEDIF(B2,TODAY(),"Y")

张文	入司时间	工龄
刘胜彤	2009-1-1	4
刘天燕	2008-5-7	4
陈中天	2008-7-23	4
张如是	2008-6-14	4
陈大年	2003-3-1	10
吴慧娇	2006-6-12	6
刘忠玉	2007-6-5	5
李贤	2007-8-9	5

图 10-44　填充公式

老师的话

本例公式利用 DATEDIF 函数计算两个日期间隔的年、月和天数。DATEDIF(start_date,end_date,unit)，第一个参数表示开始日期，可以是输入表示日期的序列号、日期和文本或单元格引用，第二个参数表示结束日期，同样可以是日期的序列号、日期和文本或单元格引用，第三个参数表示计算的时间单位。

10.4.5　计算加工食品的变质日期(DATE)

生产日期是 2010 年 1 月 1 日，保质期分别是 3、4、6 个月，使用 DATE 函数算出变质日期。具体操作步骤如下。

❶ 打开原始文件 10.4.5.xlsx，在单元格 C2 中输入公式“=DATE(YEAR($A2),MONTH($A2)+

电脑小百科

SUM 函数的参数如果为数组或引用，只有其中的数字将被计算。数组或引用中的空白单元格、逻辑值、文本或错误值将被忽略。

$B2,DAY($A2))”。

2. 输入完成后，按 Enter 键，公式将返回该加工食品的变质日期，如图 10-45 所示。
3. 将鼠标指针放到单元格 C2 右下角的填充柄上，当指针变为“+”形状时向下拖动，将公式复制到 C 列的其他单元格中，如图 10-46 所示。

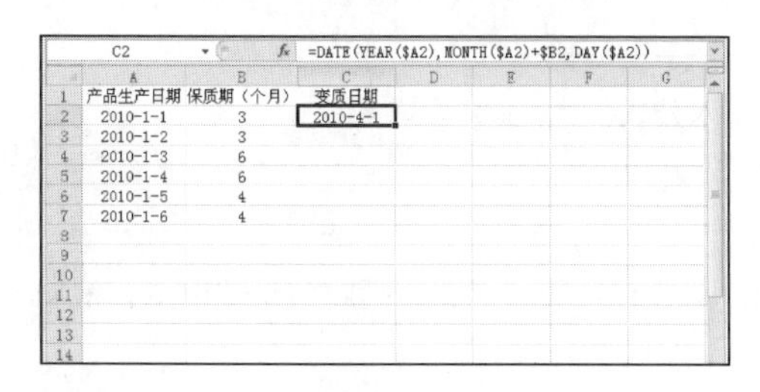

图 10-45　输入公式

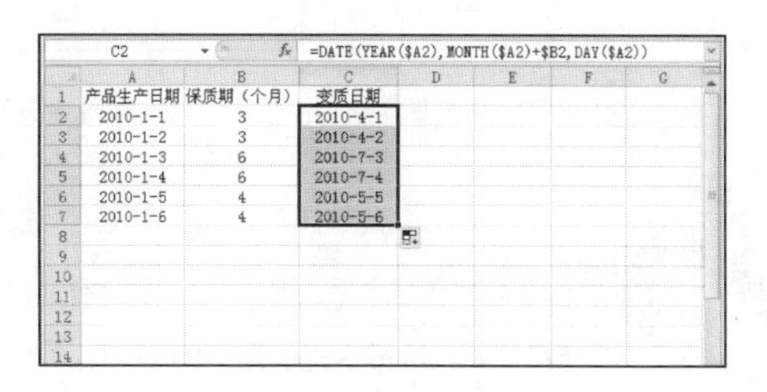

图 10-46　填充公式

本例公式使用了 DATA 函数，它共有 3 个参数，分别为 year()年、month()月、day()日。Data 函数还有一个最大的优点，就是具有自动识别能力。

10.4.6 返回目标日期是全年中的第几天(YEAR)

对于一个指定日期，用公式计算这是全年中的第几天。具体操作步骤如下。

1. 打开原始文件 10.4.6.xlsx，在单元格 B2 中输入“=A2-DATE(YEAR(A2),1,0)”。
2. 输入完成后，按 Enter 键，公式将返回目标日期是全年中的第几天，如图 10-47 所示。

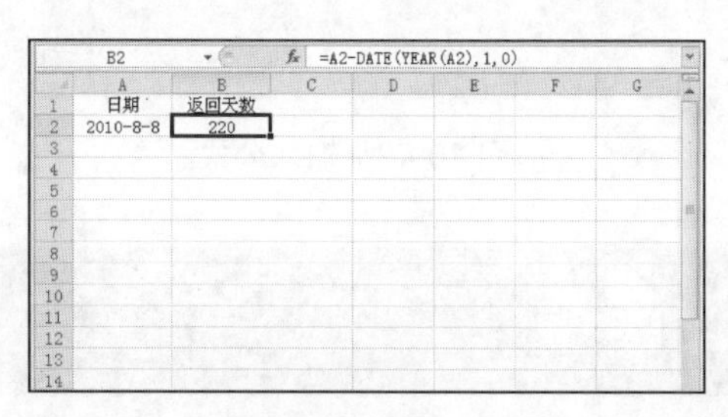

图 10-47　输入公式

在本例公式中，如果要将“返回天数”显示为数值 220，则需重新把 B2 单元格的格式设为“常规”即可。

10.4.7 计算本月的最后一天是第几周(WEENUM)

假设本月是 3 月，计算 3 月的最后一天是第几周。具体操作步骤如下。

1. 打开原始文件 10.4.7.xlsx，在单元格 A2 中输入公式“=WEEKNUM ((EOMONTH(NOW(),0),2))”。
2. 输入完成后，按 Enter 键，公式将返回最后一天是第几周，如图 10-48 所示。

电脑小百科

在使用 ABS 函数时，如果 number 参数不是数值，而是一些字符(如 A 等)，则 B2 中返回错误值“#VALUE!”。

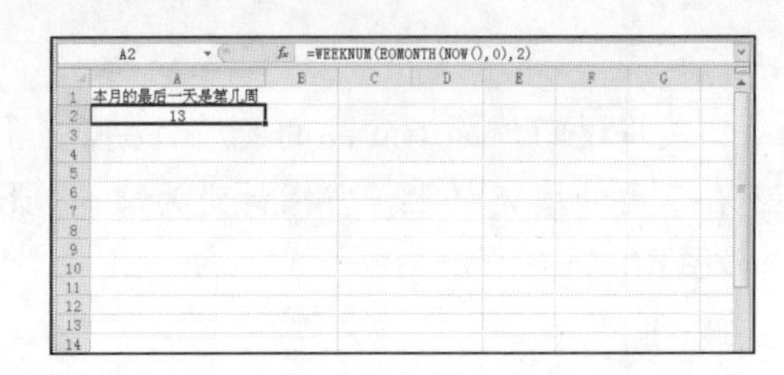

图 10-48　输入公式

本公式首先使用 EOMONTH 函数计算出本月最后一天的序列号，然后使用 WEEKNUM 函数计算本月最后一天的周数。

10.4.8　计算两个日期相差的年月日数(DATE)

用公式计算出两个不同时间的日期数据相差的年、月、日数。具体步骤如下。

1. 打开原始文件 10.4.8.xlsx，在单元格 E3 中输入公式“=IF(OR(B2="",C2="",D2="",B3="",C3="",D3=""),"",DATE(B3,C3,D3)-DATE(B2,C2,D2))”。
2. 输入完成后，按 Enter 键，公式将返回两个日期相差的年月日数，如图 10-49 所示。

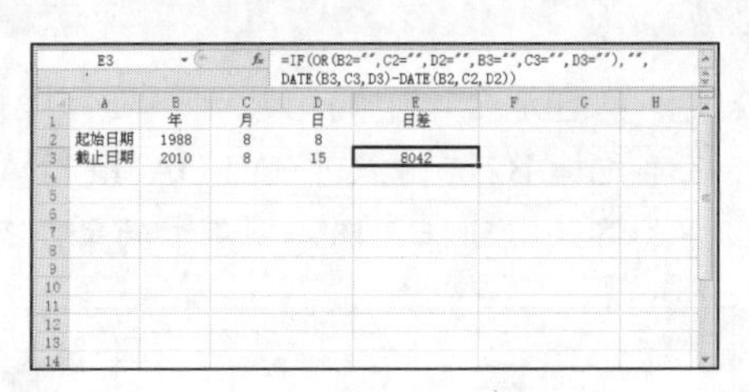

图 10-49　输入公式

10.5　统计函数

统计函数是用于对数据区域进行统计分析的函数。使用统计函数，用户可以计算所有的标准统计值，如最大位、最小值、平均值等。

书盘互动指导

示例	在光盘中的位置	书盘互动情况
	10.5　统计函数 10.5.1　计算平均工资 10.5.2　统计淘汰者人数 10.5.3　对名册进行混合编号 10.5.4　统计出勤异常人数 10.5.5　计算本月需要交货的数量	本节主要带领读者学习统计函数的基本操作，在光盘 10.5 节中有相关内容的操作视频，还特别针对本节内容设置了具体的实例分析。 读者可以在阅读本节内容后再学习光盘内容，以达到巩固和提升的效果。

电脑小百科

在创建图表时，可先选择需要创建图表的数据区域，再创建图表，这样就避免了再添加数据源的麻烦。

10.5.1　计算平均工资(AVERAGE)

将所有人的基本工资计算出平均值，结果保持两位小数。具体操作步骤如下。

❶ 打开原始文件 10.5.1.xlsx，在单元格 D2 中输入公式 “=ROUND(AVERAGE(B2:B10),2)”。

❷ 输入完成后，按 Enter 键，公式将返回 B 列的所有员工的平均工资，如图 10-50 所示。

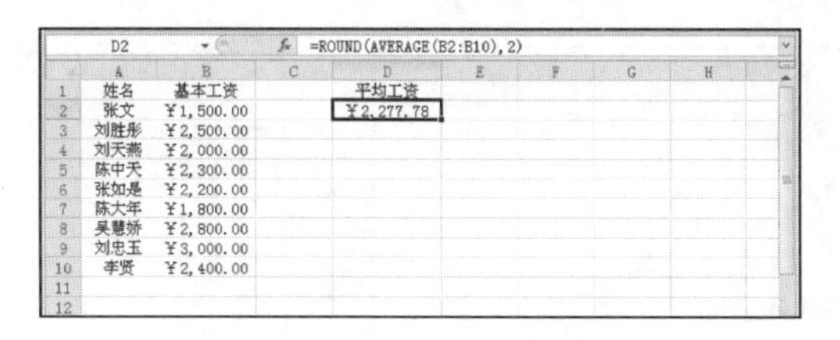

D2　=ROUND(AVERAGE(B2:B10),2)

	A	B	C	D
1	姓名	基本工资		平均工资
2	张文	￥1,500.00		￥2,277.78
3	刘胜彤	￥2,500.00		
4	刘天燕	￥2,000.00		
5	陈中天	￥2,300.00		
6	张如是	￥2,200.00		
7	陈大年	￥1,800.00		
8	吴慧娇	￥2,800.00		
9	刘忠玉	￥3,000.00		
10	李贤	￥2,400.00		
11				
12				

图 10-50　输入公式

本例公式通过 AVERAGE 函数计算所有人员的平均工资，结果保留两位小数。

10.5.2　统计淘汰者人数(COUNTIF)

有 20 个人申请加入共青团，现由 3 个组分别投票，申请人至少要获得两票才算通过。现需要统计淘汰人数。具体操作步骤如下。

❶ 打开原始文件 10.5.2.xlsx，在单元格 E2 中输入公式 “=SUM(COUNTIF (A2:C11,A2:C11)=1))”。

❷ 输入完成后，按 Ctrl + Shift + Enter 组合键，公式将返回淘汰人数，如图 10-51 所示。

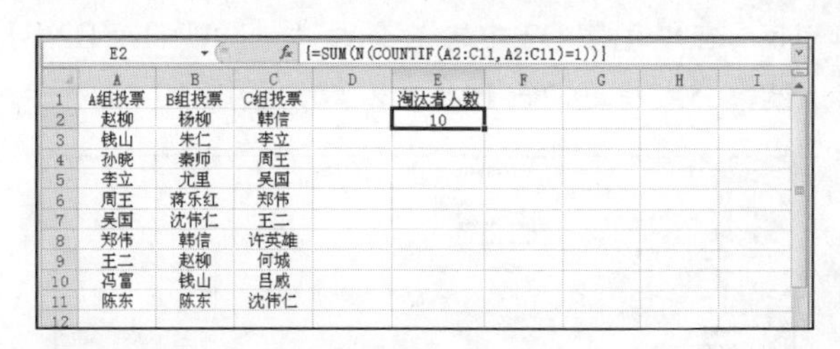

E2　{=SUM(N(COUNTIF(A2:C11,A2:C11)=1))}

	A	B	C	D	E
1	A组投票	B组投票	C组投票		淘汰者人数
2	赵柳	杨柳	韩信		10
3	钱山	朱仁	李立		
4	孙晓	秦师	周王		
5	李立	尤里	吴国		
6	周王	蒋乐红	郑伟		
7	吴国	沈伟仁	王二		
8	郑伟	韩信	许英雄		
9	王二	赵柳	何城		
10	冯富	钱山	吕威		
11	陈东	陈东	沈伟仁		
12					

图 10-51　输入公式

老师的话

本例统计淘汰人数，即姓名在 A1:C11 单元格区域仅仅出现于一次的人数。所以利用 COUNTIF 函数对单元格区域中每个单元格中的姓名出现的次数进行统计，然后将次数大于 1 的排除，将次数等于 1 的汇总。

10.5.3　对名册表进行混合编号(COUNTIF)

工作表中 B 列存放了班级名称和人员姓名，先需对班级进行编号，然后再对学生姓名编号。为了和姓名的编号加以区分，班级编号以大写状态显示，姓名编号以阿拉伯数字显示。具体操作步骤如下。

电脑小百科

OR 函数如果指定的逻辑条件参数中包含非逻辑值时，则函数返回错误值 “#VALUE!” 或 “#NAME”。

❶ 打开原始文件 10.5.3.xlsx，在单元格 A1 中输入公式“=IF(RIGHT(B1)<>"班",ROW()-COUNTIF($B$1:B1, "??班"),TEXT(COUNTIF($B$1:B1, "??班"),"[DBNum2]0"))”。

❷ 输入完成后，按 Enter 键，公式将返回大写的编号“壹”，如图 10-52 所示。

❸ 将鼠标指针放到单元格 A1 右下角的填充柄上，当指针变为“+”形状时向下拖动，将公式复制到 A 列的其他单元格中，如图 10-53 所示。

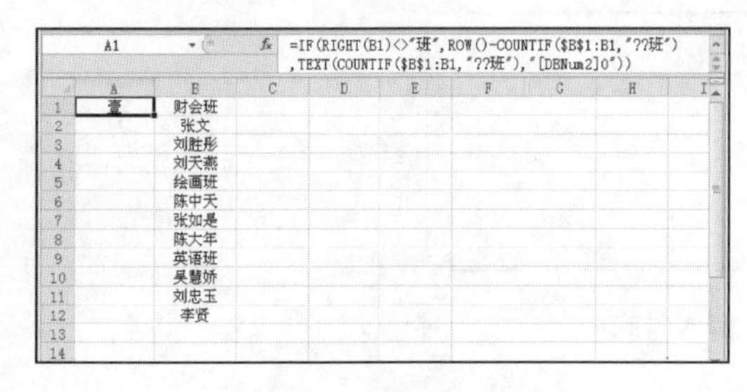

图 10-52 输入公式

图 10-53 填充公式

本例公式通过统计以最右边是“班”的单元格的个数来产生班级的编号，再用 TEXT 函数将编号转换成中文大写，然后用当前行号减去班级的个数产生学生编号。其中 COUNTIF 函数的第一个参数的绝对应用状态需要注意，冒号之前是绝对引用，冒号之后是相对引用，当公式向下填充时才能产生动态区域的计数结果。

10.5.4 统计出勤异常人数(COUNTA)

规定正常上下班时间，统计出勤异常的人数。具体操作步骤如下。

❶ 打开原始文件 10.5.4.xlsx，在单元格 D2 中输入公式“=COUNTA(B2:B11)”。

❷ 输入完成后，按 Enter 键，公式将返回出勤异常人数，如图 10-54 所示。

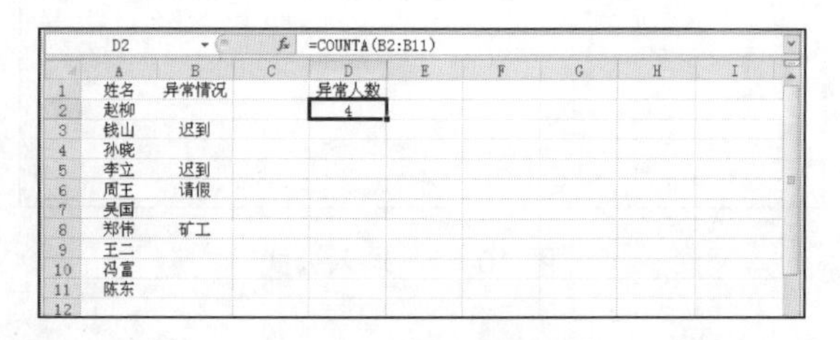

图 10-54 输入公式

10.5.5 计算本月需要交货的数量(MONTH)

根据公司规定统计每月需要交货的数量。具体操作步骤如下。

❶ 打开原始文件 10.5.5.xlsx，在单元格 D2 中输入数组公式“=SUM(MONTH (B2:B11)=MONTH (TODAY( ))*C2:C11)”。

❷ 输入完成后，按 Ctrl + Shift + Enter 组合键，公式将返回本月需要交货的数量，如图 10-55 所示。

电脑小百科

MOD 函数用于计算两数相除的余数，其结果的正负号与除数相同，全余数的绝对值必定小于除数的绝对值。

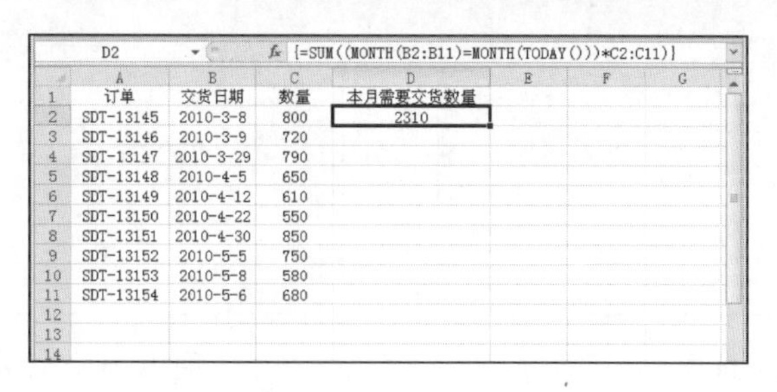

D2 fx {=SUM((MONTH(B2:B11)=MONTH(TODAY()))*C2:C11)}

	A	B	C	D	E	F	G
1	订单	交货日期	数量	本月需要交货数量			
2	SDT-13145	2010-3-8	800	2310			
3	SDT-13146	2010-3-9	720				
4	SDT-13147	2010-3-29	790				
5	SDT-13148	2010-4-5	650				
6	SDT-13149	2010-4-12	610				
7	SDT-13150	2010-4-22	550				
8	SDT-13151	2010-4-30	850				
9	SDT-13152	2010-5-5	750				
10	SDT-13153	2010-5-8	580				
11	SDT-13154	2010-5-6	680				
12							
13							
14							

图 10-55 输入公式

本例公式利用 MONTH 函数提取交货日期的月份，再与本月进行比较，如果相等则对其对应的数量求和。

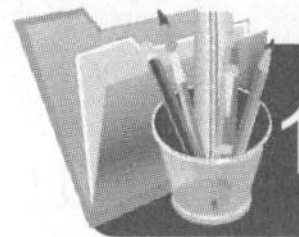

10.6 财务函数

在任何企业中，财务工作都是必不可少的，它包括了很多的财务计算和财务分析，处理起来相当复杂。Excel 2010 提供了大量的计算各分析数据的财务函数，通过这些函数可以提高处理财务数据的效率。

财务函数可以进行一般的财务计算，如确定贷款的支付额、投资的未来值或净现值，以及债券或股票的价值。

书盘互动指导

示例	在光盘中的位置	书盘互动情况
B5 fx =FV(B3/12,B2*12,-B4,-B1) 初期存款额 50000 存款期限（年） 5 年利率 3% 每月存款额 ¥2,000.00 5年后的金额 ¥187,374.26	10.6 财务函数 10.6.1 计算贷款的每期付款额 10.6.2 计算一笔投资的未来值 10.6.3 计算 7 个投资项目相同收益条件下谁投资更少 10.6.4 将名义年利率转换为实际年利率	本节主要带领读者学习财务函数的基本操作，在光盘 10.6 节中有相关内容的操作视频，还特别针对本节内容设置了具体的实例分析。 读者可以在阅读本节内容后再学习光盘内容，以达到巩固和提升的效果。

10.6.1 计算贷款的每期付款额(PMT)

计算年偿还额和月偿还额，其中，贷款额为 200 000 元，贷款期限为 15 年，年利率为 10%。具体操作步骤如下。

1. 打开原始文件 10.6.1.xlsx，在单元格 B4 中输入公式“=PMT(B3,B2,B1)”。
2. 输入完成后，按 Enter 键，公式将返回年偿还额，如图 10-56 所示。
3. 在单元格 B5 中输入公式“=PMT(B3/12,B2*12,B1)”。
4. 输入完成后，按 Enter 键，公式将返回月偿还额，如图 10-57 所示。

电脑小百科

使用 MOD 函数求余不单受 Excel 支持 15 位数字运算的限制，经测试，当被除数与除数的商达到或超过 2 的 27 次方时，MOD 公式返回#NUM!错误。

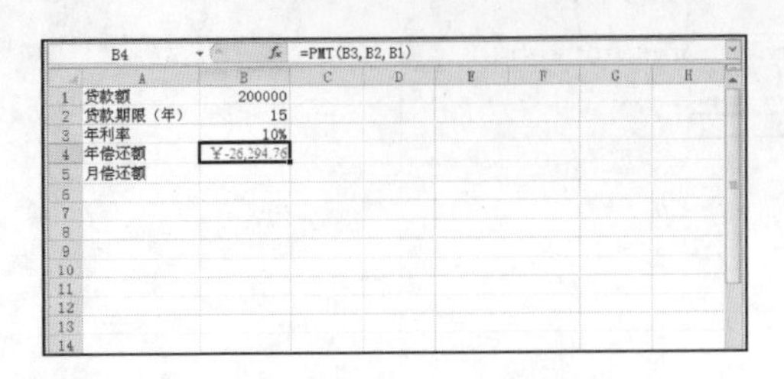

图 10-56　计算年偿还额

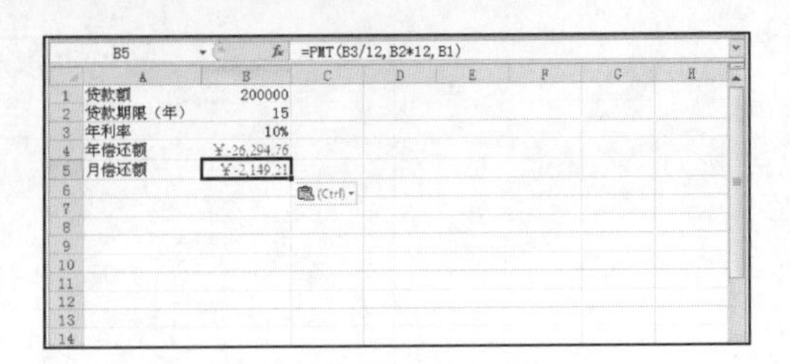

图 10-57　计算月偿还额

单元格 B4 中的公式是用于计算年偿还额，而单元格 B5 中的公式是用于计算月偿还额，因此需要将给定的贷款期限乘以 12，转换为以月为单位的贷款期限，然后再将年利率除以 12，转换为月利率，最后使用 PMT 函数进行计算即可。

10.6.2 计算一笔投资的未来值(FV)

计算一笔投资的未来值。初期存款额为 50 000 元，存款期限为 5 年，年利率为 3%，每月存款额为 2000 元。具体操作步骤如下。

1. 打开原始文件 10.6.2.xlsx，在单元格 B5 中输入公式“=FV(B3/12,B2*12,-B4,-B1)”。
2. 输入完成后，按 Enter 键，公式将返回投资的未来值，如图 10-58 所示。

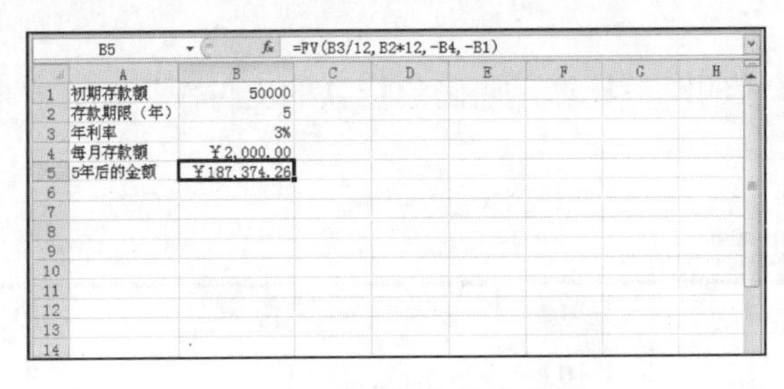

图 10-58　投资的未来值

由于按月计算，因此需要将存款期限和年利率都转换为以“月”为单位。另外，在公式中需要将初期存款额和每月存款额以负值输入，因此它们输入资金流出。

10.6.3 计算 7 个投资项目相同收益条件下谁投资更少(PV)

公司接到 7 个投资项目，在图 10-59 中列出了每个项目的投资年限和利润率。现需计算在收益金额为 10 万元的前提下，哪一个投资项目投入的资金最少，其投资金额是多少。具体操作步骤如下。

1. 打开原始文件 10.6.3.xlsx，在单元格 D2 和 E2 中分别输入公式“=INDEX(A2:A8,MATCH(MAX(PV(B2:B8,C2:C8,0,100 000)),PV(B2:B8,C2:C8,0,100 000),0))”和“=MAX(PV(B2:B8,C2: C8,0,100 000))”。
2. 输入完成后，按 Ctrl + Shift + Enter 组合键，公式将分别返回相同收益条件下投资最少的项目名称及其投资额，如图 10-60 所示。

电脑小百科

在使用 CONCATENATE 函数时，如果参数不是引用的单元格，且为文本格式的，请给参数加上英文状态下的双引号。

	A	B	C	D	E	F	G
1	项目	利率	投资年限	哪一个项目最合算	投资金额		
2	A	15.00%	5				
3	B	13.50%	6				
4	C	12.80%	8				
5	D	11.80%	5				
6	E	14.20%	7				
7	F	12.10%	6				
8	G	10.50%	5				

图 10-59　每个项目的投资年限和利润率

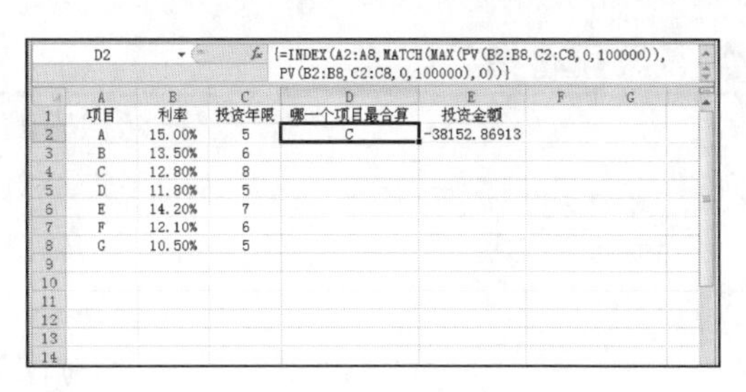

D2　{=INDEX(A2:A8,MATCH(MAX(PV(B2:B8,C2:C8,0,100000)),PV(B2:B8,C2:C8,0,100000),0))}

	A	B	C	D	E	F	G
1	项目	利率	投资年限	哪一个项目最合算	投资金额		
2	A	15.00%	5	C	-38152.86913		
3	B	13.50%	6				
4	C	12.80%	8				
5	D	11.80%	5				
6	E	14.20%	7				
7	F	12.10%	6				
8	G	10.50%	5				

图 10-60　填充公式

老师的话

第一个公式首先利用 PV 函数计算出所有项目在 10 万元收益金额的条件下，每个项目需要投入多少资金。以投资额是负数，那么计算最小投资额使用 MAX 函数。当计算出最小投资的金额后，用 MATCH 函数计算它在所有项目投资额中的排位。INDEX 函数根据该排位提取项目名称。

10.6.4 将名义年利率转换为实际年利率(EFFECT)

将名义年利率转换为实际年利率。其中，名义年利率为 8%，复利计算期数为 4，即每年复合 4 次，每季度复合 1 次。具体操作步骤如下。

1. 打开原始文件 10.6.4.xlsx，在单元格 B3 中输入公式“=EFFECT(B1,B2)”。
2. 输入完成后，按 Enter 键，公式将返回以名义年利率转换为实际年利率，如图 10-61 所示。

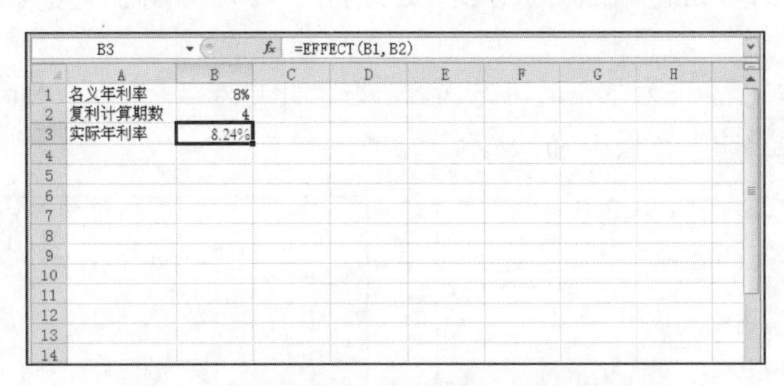

B3　=EFFECT(B1,B2)

	A	B
1	名义年利率	8%
2	复利计算期数	4
3	实际年利率	8.24%

图 10-61　将名义年利率转换为实际年利率

老师的话

本例公式中所使用的 EFFECT 函数，是用于计算在给定的名义年利率和每年的复利期数下的实际年利率。

10.7 信息函数

Excel 2010 提供了 17 个信息函数，它们用来返回与工作表或单元格相关的各种信息，其中也包括捕获各类出错信息。如果将信息函数配合逻辑函数一起使用，那么 Excel 工作表就可以具有强大的功能，从而使程序拥有错误检测机制，避免计算时发生意想不到的后果。

电脑小百科

LEFT 函数，此函数名的英文意思为“左”，即从左边截取，Excel 很多函数都取其英文的意思。

书盘互动指导

示例	在光盘中的位置	书盘互动情况
	10.7 信息函数 10.7.1 计算期末平均成绩 10.7.2 提取 A、B 列相同项与不同项 10.7.3 查询书籍在 7 年中的最高单价 10.7.4 累积每日得分 10.7.5 计算哪一个项目得票最多 10.7.6 计算数字、字母与汉字个数 10.7.7 提取当前工资表名、工作簿名以及存放目录	本节主要带领读者学习信息函数的基本操作，在光盘 10.7 节中有相关内容的操作视频，还特别针对本节内容设置了具体的实例分析。 读者可以在阅读本节内容后再学习光盘内容，以达到巩固和提升的效果。

10.7.1 计算期末平均成绩(ISEVEN)

工作表中包括每个学生 4 个科目的期中成绩和期末成绩，现需统计 4 个科目的期末平均成绩。具体操作步骤如下。

1. 打开原始文件 10.7.1.xlsx，在单元格 J3 中输入公式 “=AVERAGE(IF(ISEVEN(COLUMN(B:I)-1),B3:I3))”。
2. 输入完成后，按 Ctrl + Shift + Enter 组合键，公式将返回第一个学生的期末平均成绩，如图 10-62 所示。
3. 将鼠标指针放到单元格 J2 右下角的填充柄上，当指针变为 “+” 形状时向下拖动，将公式复制到 J 列的其他单元格中，如图 10-63 所示。

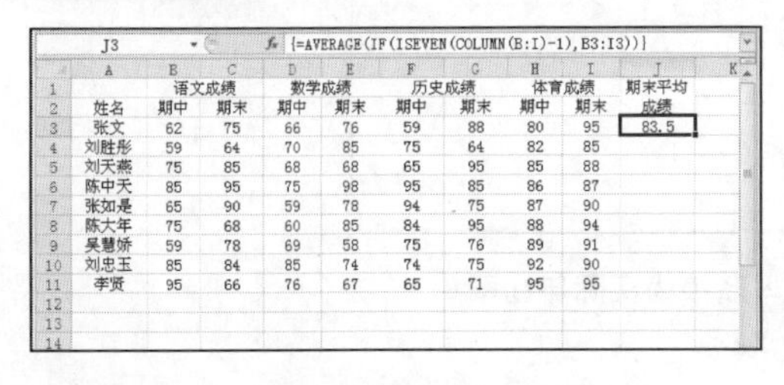

J3 {=AVERAGE(IF(ISEVEN(COLUMN(B:I)-1),B3:I3))}

	语文成绩		数学成绩		历史成绩		体育成绩		期末平均
姓名	期中	期末	期中	期末	期中	期末	期中	期末	成绩
张文	62	75	66	76	59	88	80	95	83.5
刘胜彤	59	64	70	85	75	64	82	85	
刘天燕	75	85	68	68	65	95	85	88	
陈中天	85	95	75	98	95	85	86	87	
张如是	65	90	59	78	94	75	87	90	
陈大年	75	68	60	85	84	95	88	94	
吴慧娇	59	78	69	58	75	76	89	91	
刘忠玉	85	84	85	74	74	75	92	90	
李贤	95	66	76	67	65	71	95	95	

图 10-62　输入公式

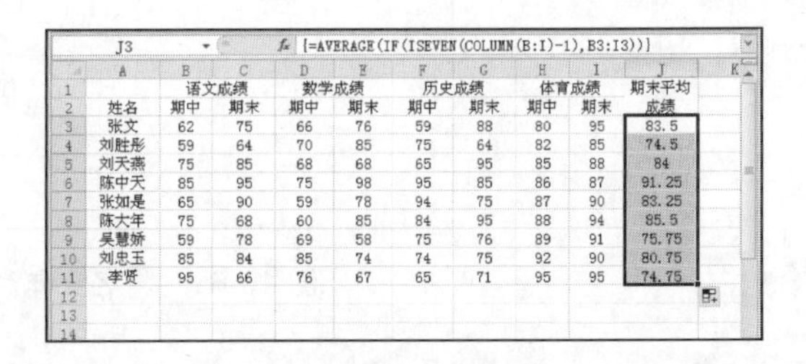

J3 {=AVERAGE(IF(ISEVEN(COLUMN(B:I)-1),B3:I3))}

	语文成绩		数学成绩		历史成绩		体育成绩		期末平均
姓名	期中	期末	期中	期末	期中	期末	期中	期末	成绩
张文	62	75	66	76	59	88	80	95	83.5
刘胜彤	59	64	70	85	75	64	82	85	74.5
刘天燕	75	85	68	68	65	95	85	88	84
陈中天	85	95	75	98	95	85	86	87	91.25
张如是	65	90	59	78	94	75	87	90	83.25
陈大年	75	68	60	85	84	95	88	94	85.5
吴慧娇	59	78	69	58	75	76	89	91	75.75
刘忠玉	85	84	85	74	74	75	92	90	80.75
李贤	95	66	76	67	65	71	95	95	74.75

图 10-63　填充公式

老师的话

本例公式生成 B 列～I 列的列号，减去 1 后再用 ISEVEN 函数判断其是否为奇数，然后利用 IF 函数将非奇数对应的成绩转换成 FALSE，奇数所对应的成绩保持不变，最后计算平均值。

10.7.2 提取 A、B 列相同项与不同项(ISERROR)

A 列和 B 列分别是两次运动会的参赛名单，其中部分人员参赛两次。现需提取两次都参赛的名单和仅参赛一次的名单。具体操作步骤如下。

电脑小百科

DATADIF 函数，这是 Excel 中的一个隐藏函数，在函数向导中是找不到的，可以直接输入使用，对于计算年龄、工龄等非常有效。

1. 打开原始文件 10.7.2.xlsx，在单元格 C2 和 D2 中分别输入数组公式“=T(INDEX(A:A,SMALL(IF(NOT(ISERROR(MATCH(A$2:A$11,B$2;B$11,0))),ROW($2:$11),1048576),ROW(A1))))” 和 “=IFERROR(INDIRECT(TEXT(SMALL(IF(COUNTIF(A$2:B$11,A$2:B$11)=1, ROW(A$2:B$11)*1000+COLUMN (A$2:B$11)),ROW(A1),"R#C000"),0),"")”。
2. 输入完成后，按 Ctrl + Shift + Enter 组合键。将第一个公式向下填充至第 11 行，因为相同项不可能会超过 10 个；再将第二个公式向下填充至第 11 行，结果如图 10-64 所示。

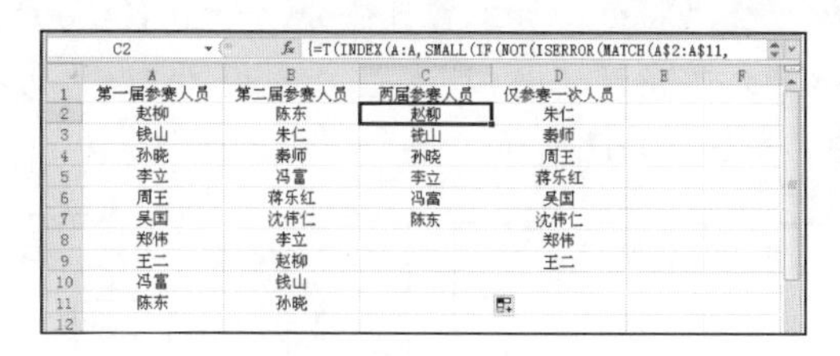

C2　{=T(INDEX(A:A,SMALL(IF(NOT(ISERROR(MATCH(A$2:A$11,

第一届参赛人员	第二届参赛人员	两届参赛人员	仅参赛一次人员
赵柳	陈东	赵柳	朱仁
钱山	朱仁	钱山	秦师
孙晓	秦师	孙晓	周王
李立	冯富	李立	蒋乐红
周王	蒋乐红	冯富	吴国
吴国	沈伟仁	陈东	沈伟仁
郑伟	李立		郑伟
王二	赵柳		王二
冯富	钱山		
陈东	孙晓		

图 10-64　输入公式

老师的话

本例第一个公式用 MATCH 函数在 B 列中查找 A 列中的每一个姓名，如果查找结果不是错误值则记录其行号，并用 SMALL 函数将其升序排列，然后 INDEX 函数根据行号在 A 列中提取姓名，当公式填充至超过 A、B 列相同人数的单元格时，将引用 A1 048 576 的值，并通过 T 函数转换成空文本。第二个公式首先将 A、B 列中仅出现一次的姓名提取行号并扩大到 1000 倍，再加上其列号，当 SMALL 函数将其升序排列后，用 TEXT 函数将每一个值转换成 INDIRECT 函数可以识别的 R1C1 格式的字符串，最后利用 INDIRECT 函数取出姓名，为了防止错误，使用 IFERROR 函数将公式可能产生的错误值转换成空文本。

10.7.3　查询书籍在 7 年中的最高单价(ISNA)

某店 7 类书籍有从 2004 年～2010 年的销售单价表，不同年份的单价是不同的。现需查询任意一类书籍在这 7 年中的最高单价。具体操作步骤如下。

1. 打开原始文件 10.7.3.xlsx，在单元格 B10 中输入公式 “=IF(ISNA(MATCH (A10,A2:A8,0)),"书名错误",MAX(VLOOKUP(A10,A1:H8,COLUMN(B:H),0)))”。
2. 输入完成后，按 Ctrl + Shift + Enter 组合键，公式将返回这类书籍在 7 年中的最高单价。如果书名输入错误则返回“书名错误”，如图 10-65 所示。

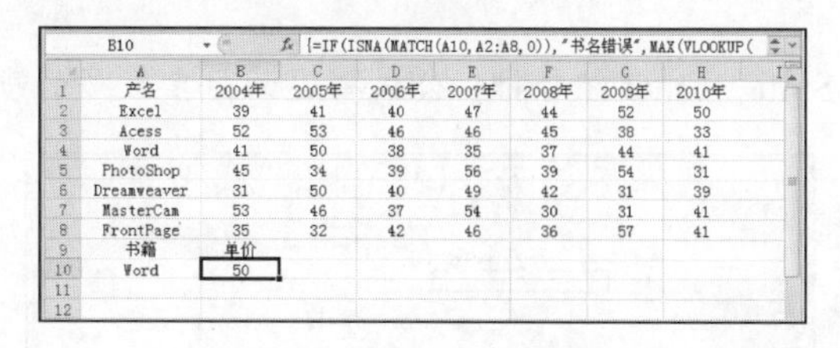

B10　{=IF(ISNA(MATCH(A10,A2:A8,0)),"书名错误",MAX(VLOOKUP(

产名	2004年	2005年	2006年	2007年	2008年	2009年	2010年
Excel	39	41	40	47	44	52	50
Acess	52	53	46	46	45	38	33
Word	41	50	38	35	37	44	41
PhotoShop	45	34	39	56	39	54	31
Dreamweaver	31	50	40	49	42	31	39
MasterCam	53	46	37	54	30	31	41
FrontPage	35	32	42	46	36	57	41
书籍	单价						
Word	50						

图 10-65　输入公式

本例公式利用 MATCH 函数在 A 列查找是否存在该书名，如果不存在则提示“书名错误”，然后利用 VLOOKUP 函数提取该书 7 年中的单价，并用 MAX 函数取最大值。

电脑小百科

在使用 DAY 函数时，如果是给定的日期，请包含在英文双引号中。

10.7.4 累积每日得分(N)

公司要对职工的产量计算得分，作为年终奖的依凭。每个员工底分为 5 分，然后逐日加上每天的得分。如果当日有扣分，则从底分中扣除该分，如果当日未扣分，则累加 0.1 分。现需计算某员工累积得分。具体操作步骤如下。

1. 打开原始文件 10.7.4.xlsx，在单元格 C2 中输入公式 “=(N(C1)=0)*5+N(C1)+IF(B2>0, -B2,0.1)”。
2. 输入完成后，按 Enter 键，公式将返回员工首日得分，如图 10-66 所示。
3. 将鼠标指针放到单元格 C2 右下角的填充柄上，当指针变为“+”形状时向下拖动，将公式复制到 C 列的其他单元格中，如图 10-67 所示。

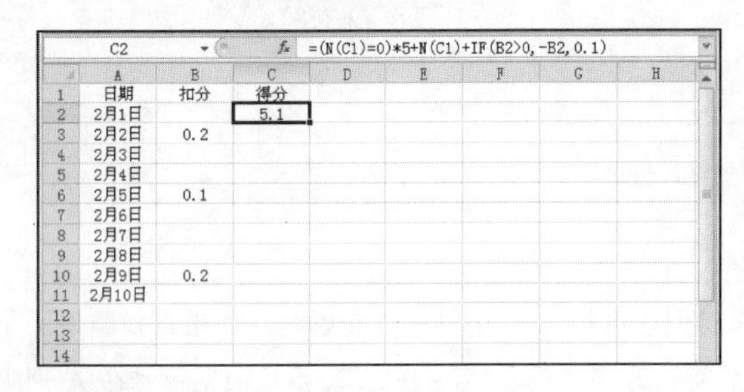

图 10-66 输入公式

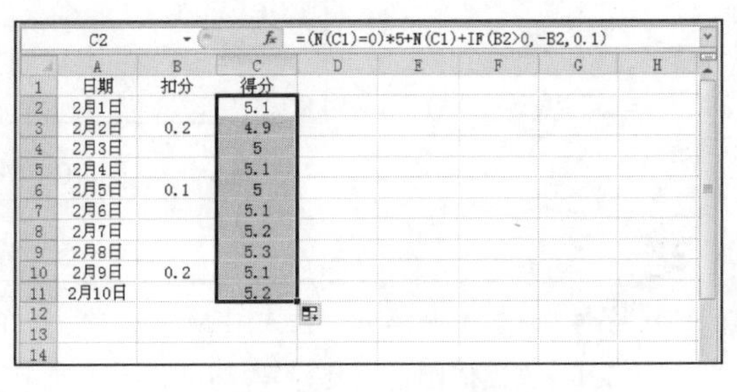

图 10-67 填充公式

该公式首先将公式所在单元格的上一个单元格利用 N 函数转换成数值，然后判断其是否等于 0。如果等于 0 则分配底分 5 分，否则返回 0，然后累加上一个单元格(即前一天)的值，如果该单元格是文本，将按 0 值处理，最后判断今天的扣分数是否大于 0，若大于 0 减去分数，否则加 0.1 分。

10.7.5 计算哪一个项目得票最多(ISBLANK)

公司最近有 3 个项目可以承包，但因人数问题仅能完成其中一个。现要求投票选举自己认为盈利可能性最大的项目，如果某人不投票，那么默认以 A 项目计算。具体操作步骤如下。

1. 打开原始文件 10.7.5.xlsx，在单元格 C2 中输入数组公式 “=INDEX({"A","B","C"}, RIGHT(MAX(MMULT(TRANSPOSE(ROW(2:11)^0),N(IF(ISBLANK(B2:B11),"A",B2:B11)={"A","B","C"}))*10+{1,2,3})))”。
2. 输入完成后，按 Ctrl + Shift + Enter 组合键，公式将返回得票最多的项目名称，如图 10-68 所示。

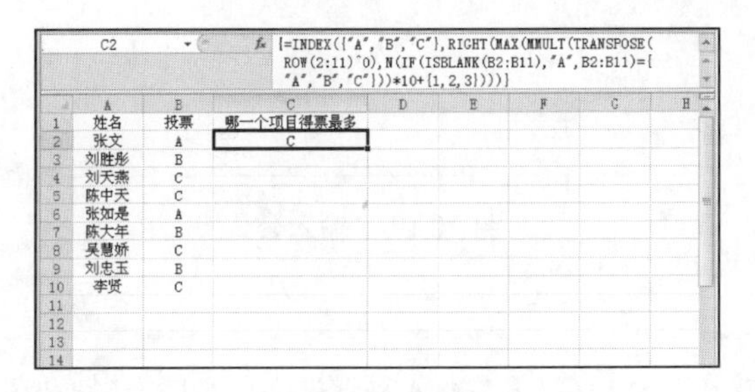

图 10-68 输入公式

如果是尚未保存过的新建文件，CELL("filename")的返回结果为空文本，整个公式 则返回错误值#VALUE!，需要保存文件后才能返回正确值。

老师的话

本例公式首先将空单元格转换成 A，然后利用 MMULT 函数分别统计 A、B、C 项目的个数，组成一个横向数组，接着再将数组中 3 个元素扩大 10 倍，并分别加上辅助数据 1、2、3。当 MAX 函数取出最大值后，用 RIGHT 函数还原辅助数据，最后 INDEX 函数根据该辅助数据从常量数组中提取对应的项目标号。

10.7.6　计算数字、字母与汉字个数(ERROR.TYPE)

分别统计数据源中数字个数、字母个数、数字加字母个数、非数字非字母个数。具体操作步骤如下。

1. 打开原始文件 10.7.6.xlsx，在单元格 B2 中输入数组公式“=SUM(--(ERROR.TYPE(INDIRECT("XFD"&MID(A2,ROW(INDIRECT("1: "&LEN(A2))),1)&1))=3))”。
2. 输入完成后，按 Ctrl + Shift + Enter 组合键，公式将返回显示数字个数，然后按住填充柄将公式向下填充，如图 10-69 所示。
3. 在单元格 C2 中输入数组公式“=SUM(--(ERROR.TYPE(INDIRECT(MID(A2,ROW(INDIRECT ("1:"&LEN(A2))),1)&1))=3))”。
4. 输入完成后，按 Ctrl + Shift + Enter 组合键，公式将返回显示字母个数，然后按住填充柄将公式向下填充，如图 10-70 所示。

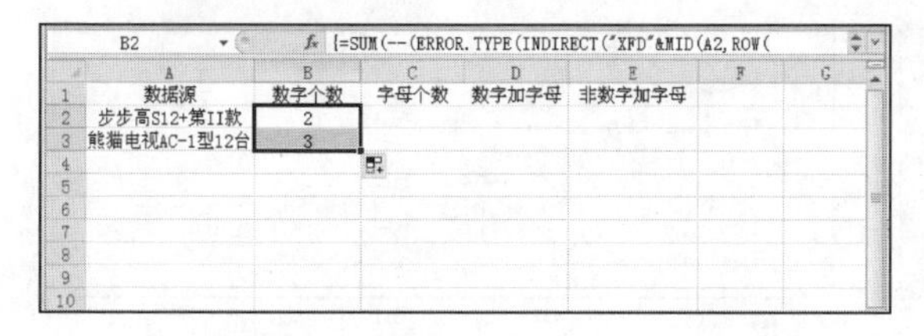

图 10-69　输入并填充公式

图 10-70　输入并填充公式

5. 在单元格 D2 中输入数组公式“=SUM(--(ERROR.TYPE(INDIRECT("A"&MID(A2,ROW(INDIRECT("1: "&LEN(A2))),1)&1))=3))”。
6. 输入完成后，按 Ctrl + Shift + Enter 组合键，公式将返回显示数字加字母个数，然后按住填充柄将公式向下填充，如图 10-71 所示。
7. 在单元格 E2 中输入数组公式“=SUM(--(ERROR.TYPE(INDIRECT("A"&MID(A2,ROW(INDIRECT("1:"&LEN(A2))),1)&1))<>3))”。
8. 输入完成后，按 Ctrl + Shift + Enter 组合键，公式键返回显示非数字非字母个数，然后按住填充柄将公式向下填充，如图 10-72 所示。

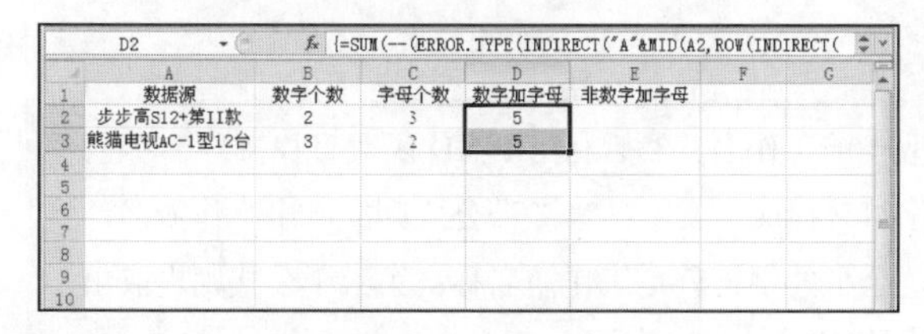

图 10-71　输入并填充公式

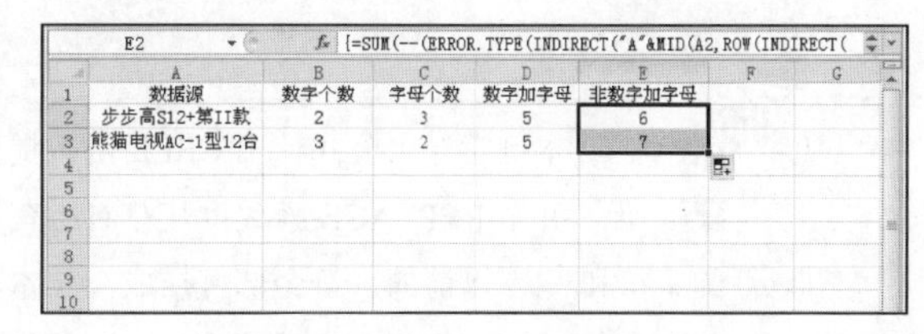

图 10-72　输入并填充公式

老师的话

本例的4个公式都是使用相同的思路判断字符类型。首先利用MID函数逐一提取每个字符，如果某字符是数字，那么将XFD与该字符链接，再连接1作为INDIRECT函数的参数后，其错误类型等于3；如果某字符是字母，那么该字符与数字1连接后作为INDIRECT函数的参数，其错误类型将等于3；如果既非数字也非字母，那么利用A与该字符和1连接后作为INDIRECT函数的参数，其错误类型不等于3。根据以上规则，判断错误值并汇总即可实现这4种需求的计算。

10.7.7 提取当前工资表名、工作簿名及存放目录(CELL)

为了更加快速、简单地统计工作表中的数据，需将工作表名、工作簿名及存放目录提取出来。具体操作步骤如下。

1. 打开原始文件10.7.7.xlsx，在单元格B1中输入公式“=REPLACE(CELL("filename"),1,FIND(")",CELL("filename")),"")”。
2. 输入完成后，按Enter键，公式将返回当前工作表名，如图10-73所示。
3. 在单元格B2中输入公式“=SUBSTITUTE(REPLACE(CELL("filename"),1,FIND("[",CELL("filename")],""),REPLACE(CELL("filename"),1,FIND(")",cell("filename"))-1, ""),"")”。
4. 输入完成后，按Enter键，公式将返回当前工作簿名，如图10-74所示。

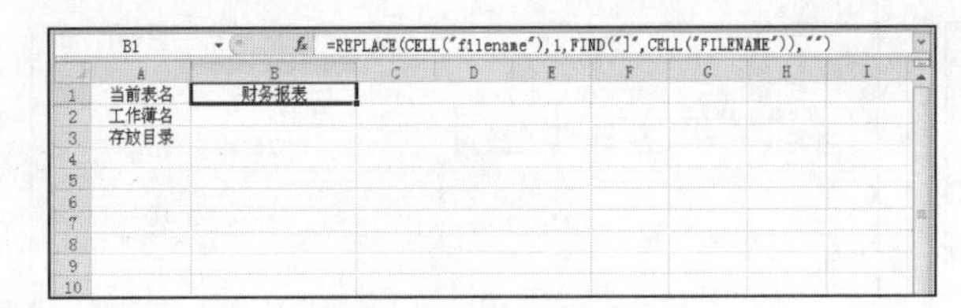

图10-73 输入公式

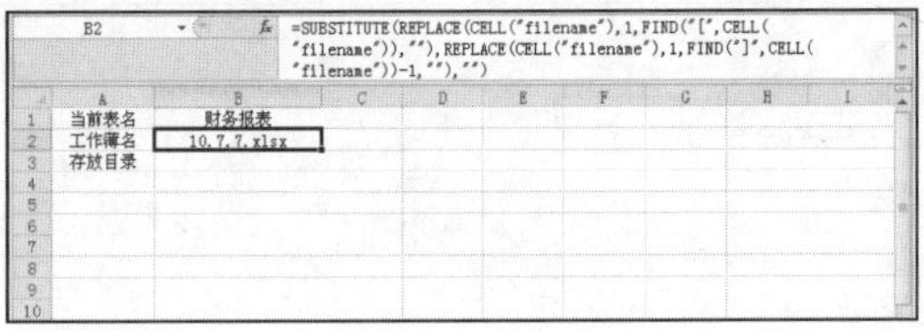

图10-74 输入公式

5. 在单元格B3中输入公式“=REPLACE(CELL("filename"),FIND("[",CELL("filename")], 100, "")”。
6. 输入完成后，按Enter键，公式将返回存放目录，如图10-75所示。

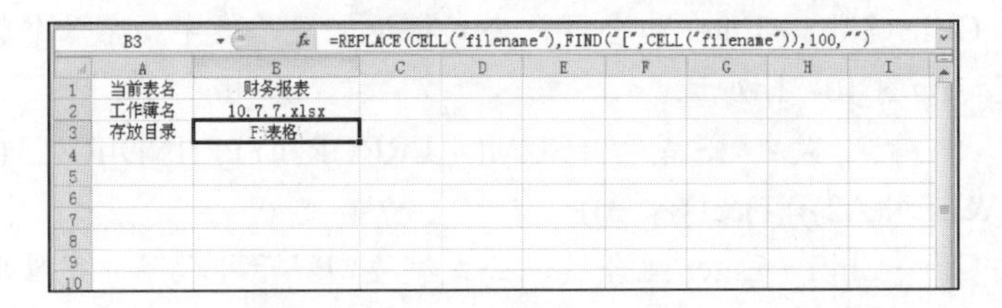

图10-75 输入公式

老师的话

本例第一个公式使用CELL函数提取当前工作名，然后利用FIND函数查找符号“]”的位置，并用REPLACE函数将其左右所有字符替换成空文本；第二个公式则提取出工作簿名，将“]”以后的字符和“[”以前的字符全部替换成空文本，余下的字符就是工作簿名称；第三个公式则提取出工作簿的存放路径，利用REPLACE函数将“[”右边的所有字符替换成空文本。

电脑小百科

在使用AVERAGE函数时，如果引用区域中包含“0”值单元格，则计算在内；如果引用区域中包含空白或字符单元格，则不计算在内。

10.8　查找与引用函数

在 Excel 2010 中，如果需要在同一工作簿的不同工作表之间进行数据传递和信息查询，那么一般有两种方法，第一种是利用名字进行数据和信息传递，因为在 Excel 2010 中的不同工作表之间，名字是共享的，在一个工作表中定义的名字可以在不同工作表之间直接引用。第二种方法是用查找函数将一个工作表中的数据查询出来并引用到另一个工作表中。

查找引用函数能通过地址、行、列对工作表中的单元格进行访问，还可以根据单元格的地址求出所在的行或列。当需要从一个工作表中查询特定的值、单元格内容、格式或选择单元格区域时，这类函数非常有用。

书盘互动指导

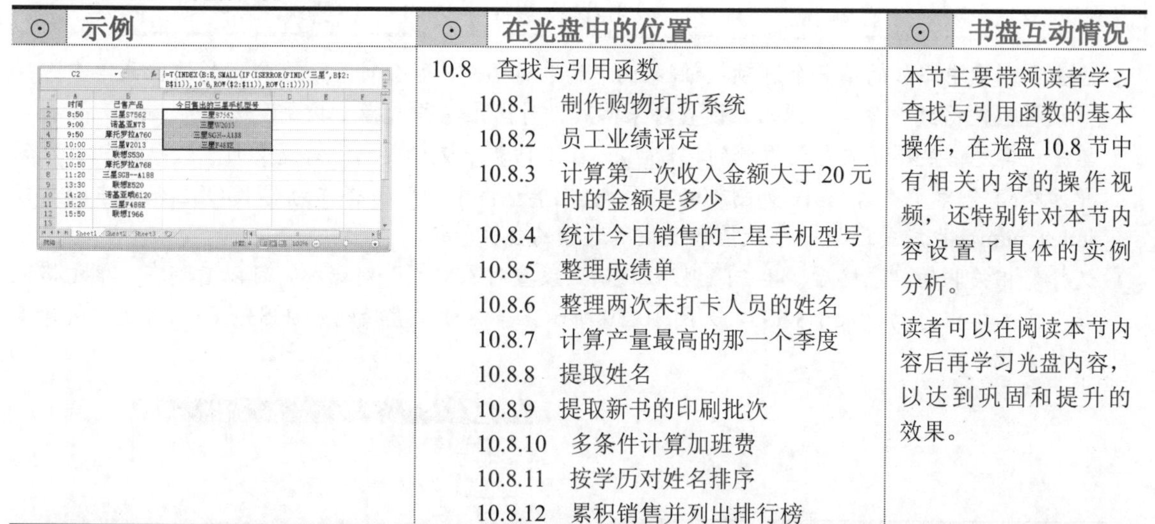

示例	在光盘中的位置	书盘互动情况
	10.8　查找与引用函数 10.8.1　制作购物打折系统 10.8.2　员工业绩评定 10.8.3　计算第一次收入金额大于 20 元时的金额是多少 10.8.4　统计今日销售的三星手机型号 10.8.5　整理成绩单 10.8.6　整理两次未打卡人员的姓名 10.8.7　计算产量最高的那一个季度 10.8.8　提取姓名 10.8.9　提取新书的印刷批次 10.8.10　多条件计算加班费 10.8.11　按学历对姓名排序 10.8.12　累积销售并列出排行榜	本节主要带领读者学习查找与引用函数的基本操作，在光盘 10.8 节中有相关内容的操作视频，还特别针对本节内容设置了具体的实例分析。 读者可以在阅读本节内容后再学习光盘内容，以达到巩固和提升的效果。

10.8.1　制作购物打折系统(CHOOSE)

购物打折系统主要用于商场、超市或书店中的收费系统，它根据顾客的会员等级获得不同的折扣率，计算出不同等级会员购买商品的实际支付金额。本例假设有 3 种会员等级(普通、高级、VIP)，使用 3 个选项按钮控件来分别代表这 3 种会员等级。根据添加选项按钮顺序的不同，当用户选中不同的选项按钮时，系统将会返回 1、2、3，并将此返回值用作 CHOOSE 函数的 index_num 参数值。根据选中的选项按钮，返回不同的值，从而得到商品打折后的实际支付金额。具体操作步骤如下。

1. 打开原始文件 10.8.1.xlsx，单击“开发工具”选项卡下“控件”组中的“插入”按钮，在弹出的下拉列表中选择“分组框”控件，如图 10-76 所示。
2. 在工作表中拖动鼠标，绘制出一个分组框(分组框用于将多个选项按钮编组，以便让用户只能选择其中的一个)。用同样的方法选择“选项按钮”控件，并在表中绘制 3 个“选项按钮”控件，根据需要修改每个控件中的名字。
3. 在工作表中的分组框右侧分别输入 3 行文字(主要是确定会员级别编号、购物价格以及最终付款

电脑小百科

在使用 COUNTIF 函数时，允许引用的单元格区域中有空白单元格出现。

金额的位置)，如图 10-77 所示。

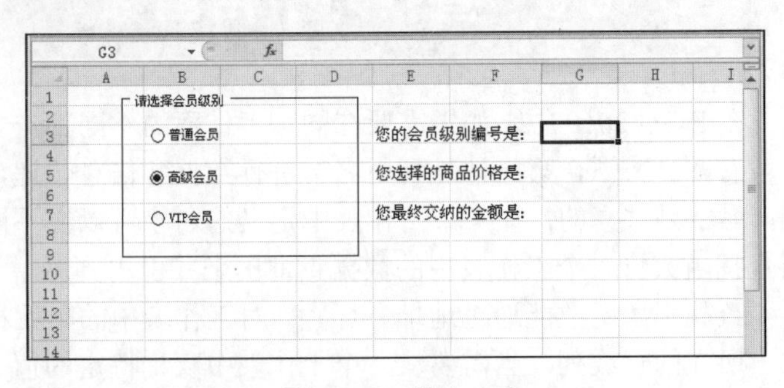

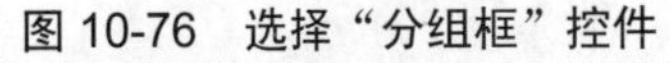

图 10-76　选择"分组框"控件　　　图 10-77　输入文字

提示：如果功能区没有显示"开发工具"选项卡，那么需要单击"文件"→"选项"命令，弹出"Excel 选项"对话框，单击"自定义功能区"选项卡，选中右侧列表框中"开发工具"选项，单击"确定"按钮即可。

4. 右击第一步中添加的第一个选项按钮(本例中的名称为"普通会员")，在弹出的快捷菜单中选择"设置控件格式"命令，弹出"设置对象格式"对话框，并选择"控制"选项卡。
5. 单击"单元格链接"文本框右侧的按钮，在工作表中选择要与"普通会员"选项按钮关联的单元格(本例单元格为 G3)，如图 10-78 所示。此单元格中的数值将作为 CHOOSE 函数中的参数 index_num，也就是通过一个数值来反映所选择的会员等级。
6. 选择好相关联的单元格后，单击按钮返回"设置对象格式"对话框，可以看到在"单元格链接"文本框中自动填入了$G$3，如图 10-79 所示。当然可以直接输入$G$3，而无需通过选择单元格来指定。

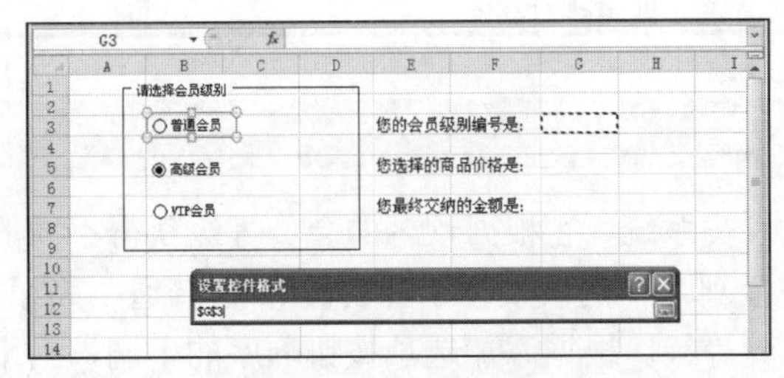

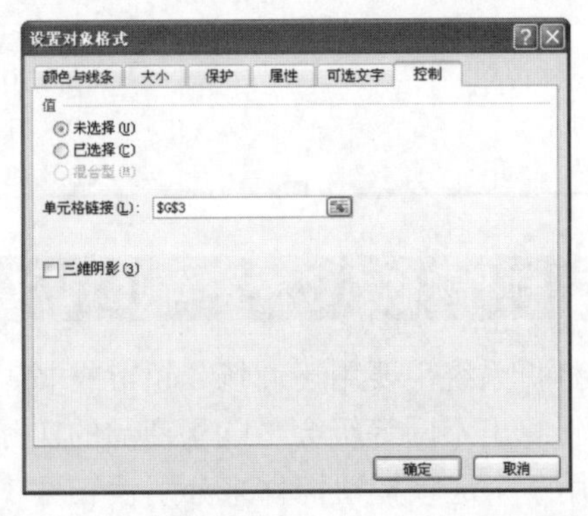

图 10-78　指定与选项按钮相关联的单元格　　　图 10-79　在"设置对象格式"对话框中确定关联的单元格

7. 使用同样的方法，为另外两个选项按钮指定相同的关联单元格(即单元格 G3)，也就是无论选择哪个会员级别，都在单元格 G3 中返回结果。
8. 完成后，在单元格 G7 中输入公式"=CHOOSE(G3,G5*0.9,G5*0.8,G5*0.7)"，其中单元格 G3 将返回选择的会员等级对应的数字，而单元格 G5 表示顾客购物的实际价格，也就是收款员根据顾客实际购物的价格而输入的内容。0.9、0.8 和 0.7 则为不同会员等级所拥有的不同折扣。
9. 输入公式后，只要在分组框中选择一个会员级别，即可在分组框右侧根据会员等级计算出商品打折后的实际应付金额，如图 10-80 所示。

电脑小百科

在 MIN 函数中，如果参数中有文本或逻辑值，则忽略。

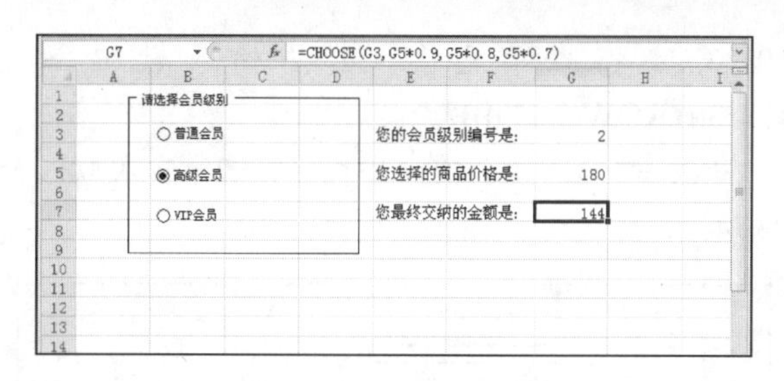

图 10-80　制作的购物打折收费系统

提示：在选择特定的选项按钮时，将改变与其关联的单元格中的值。添加到分组框中的第一个选项按钮的值为 1，第二个为 2，依次类推。正是由于此特点，才可以将选择选项按钮后所返回的数字用于 CHOOSE 函数的参数 index_num 中。

10.8.2　员工业绩评定(CHOOSE)

员工业绩评定主要用于评定公司员工的工作业绩。因此，可以将员工完成的销售额、产品的销售量或其他工作业绩作为评定标准。具体操作步骤如下。

1. 打开原始文件 10.8.2.xlsx，在单元格 D2 中输入公式“=CHOOSE(IF(C2<30 000,1,IF(C2>=40 000,3,2)),"一般","良好","优秀")”。
2. 输入完成后，按 Enter 键，公式将返回该员工的业绩评定，如图 10-81 所示。
3. 将鼠标指针放到单元格 D2 右下角的填充柄上，当指针变为“+”形状时向下拖动，将公式复制到 D 列的其他单元格中，如图 10-82 所示。

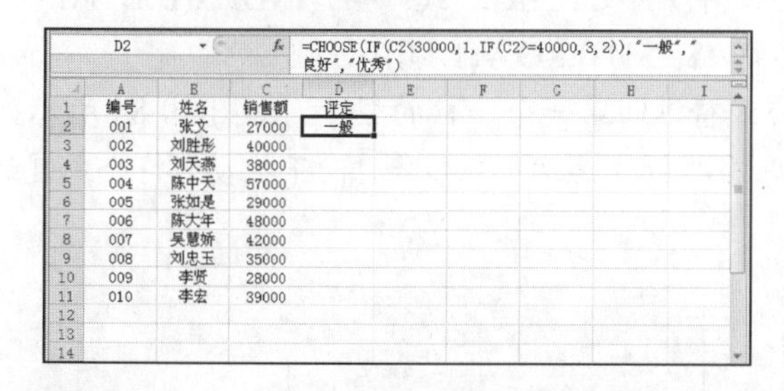

编号	姓名	销售额	评定
001	张文	27000	一般
002	刘胜彤	40000	
003	刘天燕	38000	
004	陈中天	57000	
005	张如是	29000	
006	陈大年	48000	
007	吴慧娇	42000	
008	刘忠玉	35000	
009	李贤	28000	
010	李宏	39000	

图 10-81　输入公式

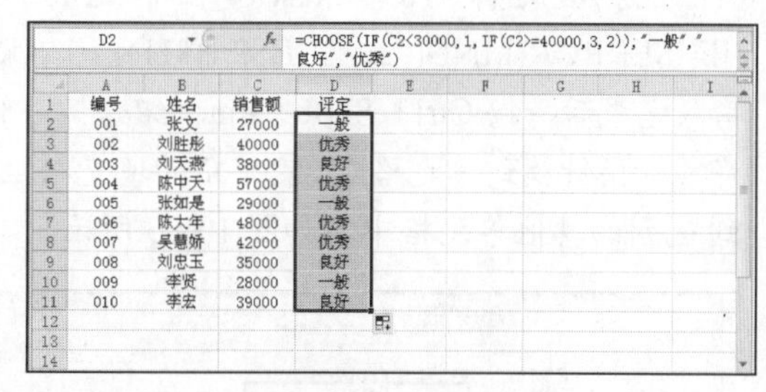

编号	姓名	销售额	评定
001	张文	27000	一般
002	刘胜彤	40000	优秀
003	刘天燕	38000	良好
004	陈中天	57000	优秀
005	张如是	29000	一般
006	陈大年	48000	优秀
007	吴慧娇	42000	优秀
008	刘忠玉	35000	良好
009	李贤	28000	一般
010	李宏	39000	良好

图 10-82　填充公式

本例公式主要是使用 IF 函数，根据单元格中的数值来判断业绩评定标准。评定标准是：销售额大于等于 40 000 元的评为“优秀”，小于 30 000 元的评为“一般”，其他则评为“良好”。

第一个 IF 函数用于以 30 000 为界限，如果单元格中的值小于 30 000，将返回 1，也就是得到 CHOOSE 函数的参数 index_num 的值为 1，那么将返回“一般”，如果单元格中的值大于等于 30 000，那么将执行第二个 IF 函数的判断，根据判断返回“良好”或“优秀”。

10.8.3　计算第一次收入金额大于 20 元时的金额是多少(ROW)

工作表中有收入金额和支出金额。现需计算收入金额中第一次超过 20 元的金额是多少。具体操作步骤如下。

通过 LEFT 函数、MID 函数、TEXT 函数等文本函数的运算结果是文本型，如果未进行转换而代入计算将可能导致不正确的结果。

❶ 打开原始文件 10.8.3.xlsx，在单元格 C2 中输入数组公式“=INDEX(B:B,MIN(IF((A1:A11=A2)*(B2:B11>30),ROW(2:11))))”。

❷ 输入完成后，按 Ctrl + Shift + Enter 组合键，公式将返回第一次收入金额大于 20 元时的金额是多少，结果如图 10-83 所示。

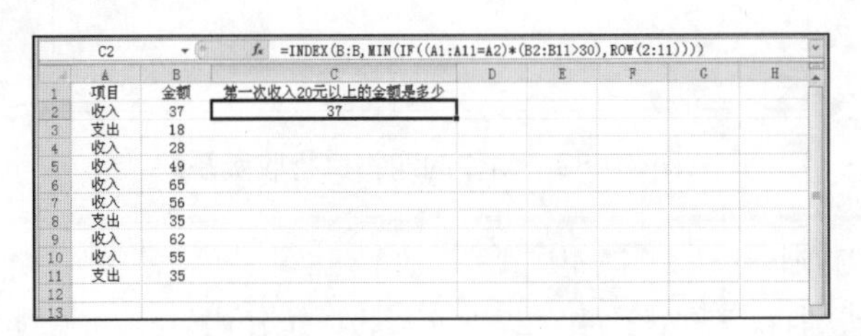

	A	B	C
1	项目	金额	第一次收入20元以上的金额是多少
2	收入	37	37
3	支出	18	
4	收入	28	
5	收入	49	
6	收入	65	
7	收入	56	
8	支出	35	
9	收入	62	
10	收入	55	
11	支出	35	

图 10-83 输入公式

老师的话 本公式利用“A2:A11=A2”和“B2:B11>30”两个表达式相乘，从而排除不符合条件的金额，对符合条件的金额返回对应的行号，然后用 MIN 函数取其中最小行号，最后利用 INDEX 函数对指定行取数。

10.8.4 统计今日销售的三星手机型号(ROW)

今日售出的手机包括 3 种品牌，每个品牌包括多种型号。现需统计其中三星手机的具体型号。具体操作步骤如下。

❶ 打开原始文件 10.8.4.xlsx，在单元格 C2 中输入数组公式“=T(INDEX(B:B,SMALL(IF(ISERROR(FIND("三星",B$2:B$11)),10^6,ROW($2:$11)),ROW(1:1))))”。

❷ 输入完成后，按 Ctrl + Shift + Enter 组合键，公式将返回第一个手机的型号，如图 10-84 所示。

❸ 将鼠标指针放到单元格 C2 右下角的填充柄上，当指针变为“+”形状时向下拖动，将公式复制到 C 列的其他单元格中，如图 10-85 所示。

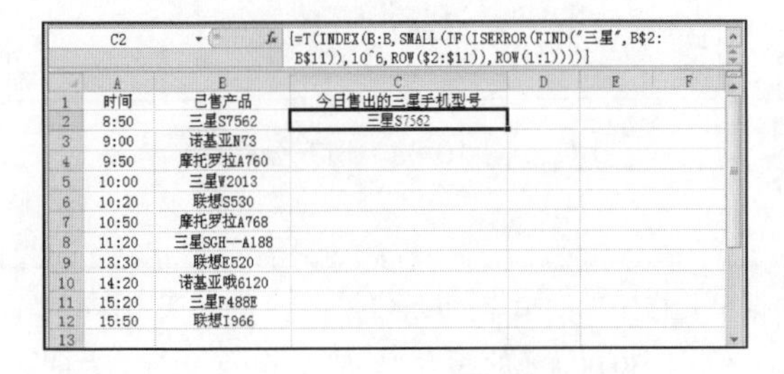

	A	B	C
1	时间	已售产品	今日售出的三星手机型号
2	8:50	三星S7562	三星S7562
3	9:00	诺基亚N73	
4	9:50	摩托罗拉A760	
5	10:00	三星W2013	
6	10:20	联想S530	
7	10:50	摩托罗拉A768	
8	11:20	三星SGH--A188	
9	13:30	联想E520	
10	14:20	诺基亚哦6120	
11	15:20	三星F488E	
12	15:50	联想I966	

图 10-84 输入公式

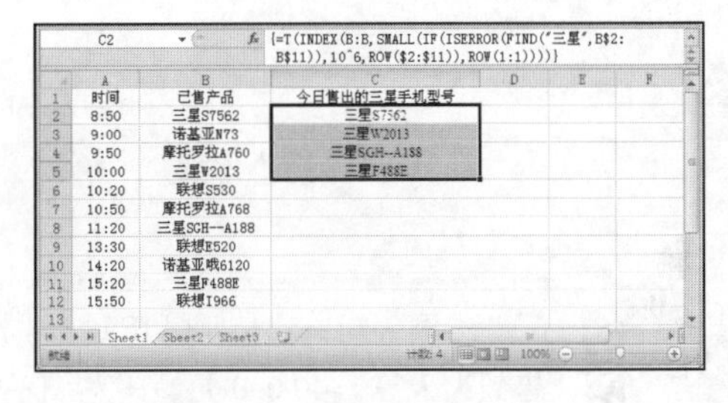

	A	B	C
1	时间	已售产品	今日售出的三星手机型号
2	8:50	三星S7562	三星S7562
3	9:00	诺基亚N73	三星W2013
4	9:50	摩托罗拉A760	三星SGH--A188
5	10:00	三星W2013	三星F488E
6	10:20	联想S530	
7	10:50	摩托罗拉A768	
8	11:20	三星SGH--A188	
9	13:30	联想E520	
10	14:20	诺基亚哦6120	
11	15:20	三星F488E	
12	15:50	联想I966	

图 10-85 填充公式

老师的话 本例公式首先从已售产品中查找“三星”，如果找到则返回该产品所在的行号，如果未找到则返回 10 的 6 次方，然后利用 SMALL 函数逐个取出行号，接着再用 INDEX 函数根据行号取值。当行号不超过数据区域时可以返回产品品名，若引用的行号为 10 的 6 次方时，则返回 0，最后用 T 函数将 0 转换成空白，产品品名保持不变。

电脑小百科

通过文本合并符(&)合并计算的结果，以及前置单引号形式输入的数字和单元格设置为文本后输入的数字都是文本型，如果未进行转换而代入计算将可能导致不正确的结果。

10.8.5　整理成绩单(INDIRECT)

打印工作表的第一行和第二行的信息并分发给学生，但这样的工作表信息不利于数据的后期统计、运算。因此需要将姓名和成绩分别统一在一列中。具体操作步骤如下。

1. 打开原始文件 10.8.5.xlsx，在单元格 A4 中输入公式“=INDIRECT(CHAR(ROWS($1:22)*3)&COLUMN( ))”。
2. 输入完成后，按 Enter 键，公式将返回第一个学生的姓名，将公式向右拖动到单元格 B4，B4 中将显示该学生的成绩，然后将 A4:B4 区域的公式向下填充至单元格 A11，这样就整理完所有学生的姓名与成绩，如图 10-86 所示。

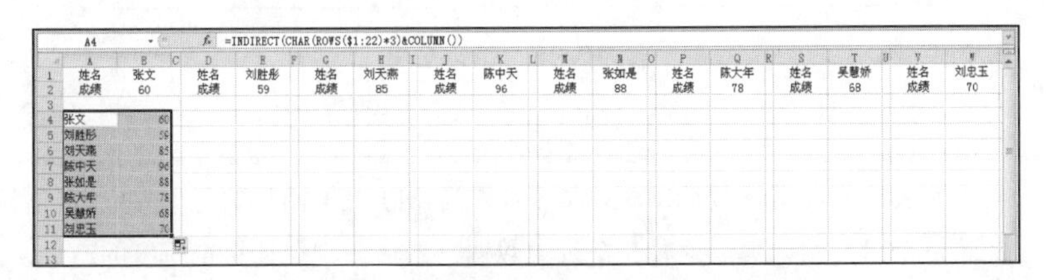

图 10-86　输入并填充公式

老师的话

本例公式利用 ROWS 函数产生一个动态的序列值，从 22 开始累加 1。当这个序列值乘以 3，将得到一个新序列，即 66、69、72…，然后用 CHAR 函数将此序列转换成字符后正好是目标数据的列标，接着再配合 COLUMN 函数的返回值，即为目标值的单元格地址，最后 INDIRECT 函数通过这个地址引用该地址所指向的单元格数据。

10.8.6　整理两次未打卡人员的姓名(OFFSET)

公司规定，每个员工每天 8:00、12:00 及下午 1:00、5:00 都需要打卡，如果两次以上未打卡，那么就扣奖金。现需统计表中两次以上未打卡的人员姓名。具体操作步骤如下。

1. 打开原始文件 10.8.6.xlsx，在单元格 F2 中输入数组公式“=IFERROR(OFFSET(A$1,LARGE((COUNTIF(OFFSET(A$1,ROW($2:$11)-1,1,,4),"×")>=2)*ROW($2:$11),ROW(A1))-1,),"")”。
2. 输入完成后，按 Ctrl + Shift + Enter 组合键，公式将返回一个两次以上未打卡的人员姓名。将公式向下填充至单元格 F10，结果如图 10-87 所示。

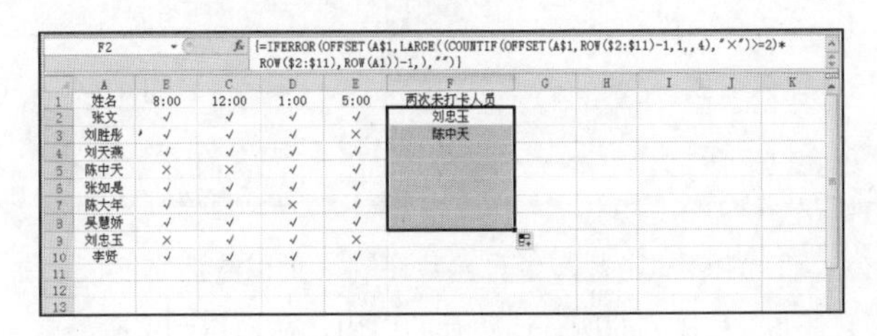

图 10-87　输入并填充公式

10.8.7　计算产量最高的那一个季度(OFFSET)

工作表中有 12 个月的产量明细，现需计算产量最高的季度。具体操作步骤如下。

电脑小百科

需要对某个文本字符串中的部分内容进行替换，除了使用 Excel 的“替换”功能以外，还可以使用文本替换函数。

1. 打开原始文件 10.8.7.xlsx，在单元格 C2 中输入公式“=TEXT(MATCH(MAX(SUBTOTAL(9,OFFSET(A1,{0,3,6,9},1,3)))),SUBTOTAL(9,OFFSET(A1,{0,3,6,9},1,3)),0),"[DBNum1]0 季度")”。
2. 输入完成后，按 Enter 键，公式将返回产量最高的季度名称，如图 10-88 所示。

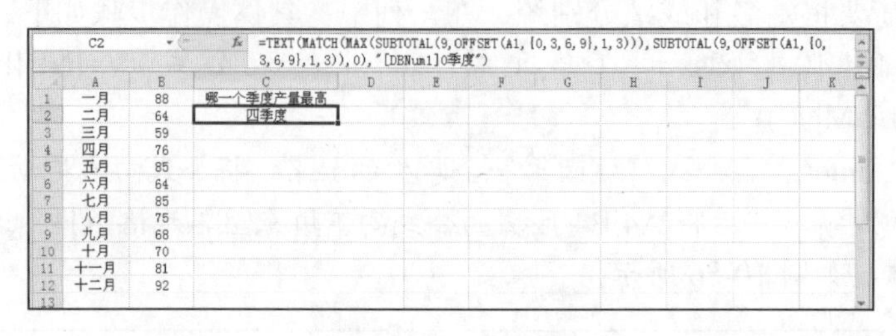

图 10-88 输入公式

老师的话

本例公式利用常量数组{0，3，6，9}作为 OFFSET 函数的行偏移参数，表示分别从每个季度的第一个月开始计数，共取 3 个月的数据，然后分别统计每个季度的产量，接着计算 4 个季度中的产量排位，最后将该排位格式化为季度名。

10.8.8 提取姓名(INDEX)

学生资料表中奇数行存放学号，偶数行存放姓名。现需单独提取学生姓名表。具体操作步骤如下。

1. 打开原始文件 10.8.8.xlsx，在单元格 C2 中输入公式“=INDEX(B:B,ROW()*2)&""”。
2. 输入完成后，按 Enter 键，公式将返回第一个学生的排名，如图 10-89 所示。
3. 将鼠标指针放到单元格 C2 右下角的填充柄上，当指针变为“+”形状时向下拖动，将公式复制到 C 列的其他单元格中，如图 10-90 所示。

图 10-89 输入公式

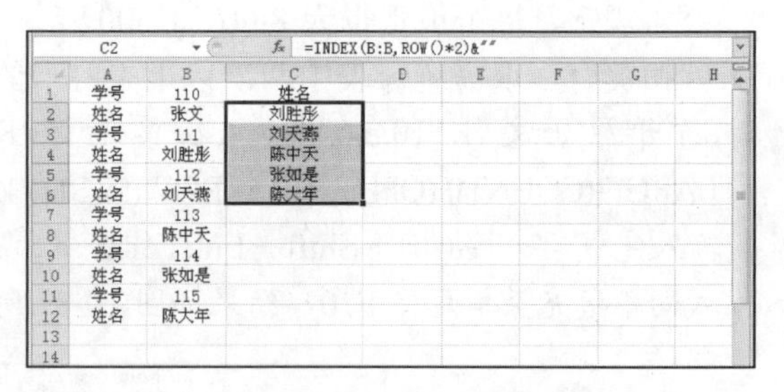

图 10-90 填充公式

老师的话

本例公式通过 ROW 函数产生自然数序列，乘以 2 后则变成以 2 开始的偶数序列。INDEX 函数通过该序列产生 B 列的所有偶数行的引用，从而得到所有姓名。

10.8.9 提取新书的印刷批次(LOOKUP)

上架新书的记录方式为“书名_印刷次数[页数]”，现需提取每个新书的印刷批次。具体操作

电脑小百科

SUMIFS 和 SUMIF 函数的参数顺序不同，在 SUMIFS 函数中将求和区域作为第 1 个参数，而在 SUMIF 函数中则是第 3 个参数。

步骤如下。

❶ 打开原始文件 10.8.9.xlsx，在单元格 B2 中输入公式“=LOOKUP(99,--LEFT(REPLACE (A2,1,FIND ("_",A2),""),ROW($1:$99)))”。

❷ 输入完成后，按 Ctrl + Shift + Enter 组合键，公式将返回第一本书的印刷批次，如图 10-91 所示。

❸ 将鼠标指针放到单元格 B2 右下角的填充柄上，当指针变为“+”形状时向下拖动，将公式复制到 B 列的其他单元格中，如图 10-92 所示。

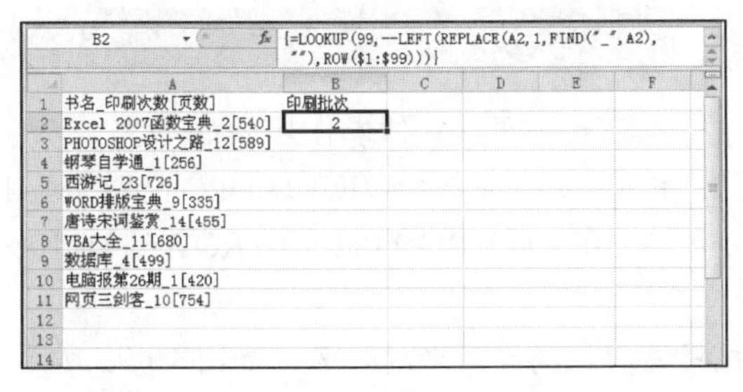

B2　{=LOOKUP(99,--LEFT(REPLACE(A2,1,FIND("_",A2),""),ROW($1:$99)))}

	A	B
1	书名_印刷次数[页数]	印刷批次
2	Excel 2007函数宝典_2[540]	2
3	PHOTOSHOP设计之路_12[589]	
4	钢琴自学通_1[256]	
5	西游记_23[726]	
6	WORD排版宝典_9[335]	
7	唐诗宋词鉴赏_14[455]	
8	VBA大全_11[680]	
9	数据库_4[499]	
10	电脑报第26期_1[420]	
11	网页三剑客_10[754]	

图 10-91　输入公式

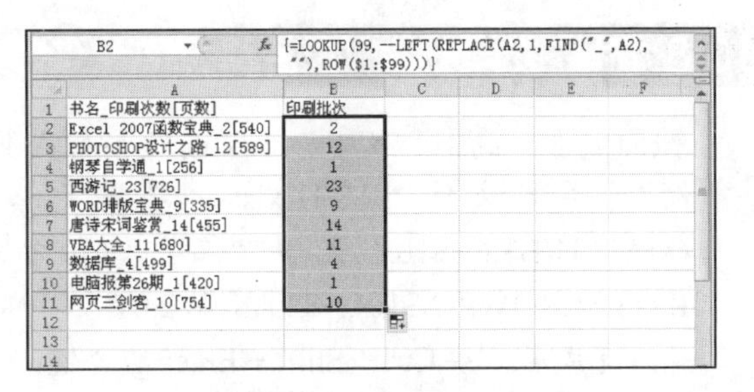

B2　{=LOOKUP(99,--LEFT(REPLACE(A2,1,FIND("_",A2),""),ROW($1:$99)))}

	A	B
1	书名_印刷次数[页数]	印刷批次
2	Excel 2007函数宝典_2[540]	2
3	PHOTOSHOP设计之路_12[589]	12
4	钢琴自学通_1[256]	1
5	西游记_23[726]	23
6	WORD排版宝典_9[335]	9
7	唐诗宋词鉴赏_14[455]	14
8	VBA大全_11[680]	11
9	数据库_4[499]	4
10	电脑报第26期_1[420]	1
11	网页三剑客_10[754]	10

图 10-92　填充公式

本例公式首先查找“_”在单元格 A2 的位置，然后根据该数值从 A2 字符串中提取“_”左边的字符，最后 LOOKUP 函数从该数组查找 99，如果查找不到则返回比其小的最大值，该值即为印刷批次。

10.8.10　多条件计算加班费(HLOOKUP)

某公司规定：加班时间不高于 20 分钟按 0 小时计算，21 分钟～50 分钟(包含 50 分钟)按 0.5 小时计算，51 分钟～60 分钟按 1 小时计算。加班费依据加班时间，不高于 2 小时按 5 元/小时计算，高于 2 小时按 6 元/小时计算。

❶ 打开原始文件 10.8.10.xlsx，在单元格 C2 中输入公式“=TEXT(HOUR(B2)+HLOOKUP (MINUTE(B2),{0,20.0001,50.0001;0,0.5,1},2),"[>2]6;5")*HOUR(B2)+HLOOKUP(MINUTE(B2),{0,20.0001,50.0001;0,0.5,1},2)”。

❷ 输入完成后，按 Enter 键，公式将返回第一个人员的加班时间，如图 10-93 所示。

❸ 将鼠标指针放到单元格 C2 右下角的填充柄上，当指针变为“+”形状时向下拖动，将公式复制到 C 列的其他单元格中，如图 10-94 所示。

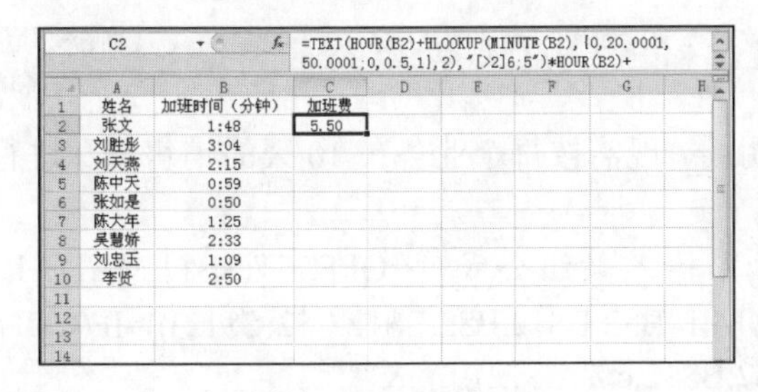

C2　=TEXT(HOUR(B2)+HLOOKUP(MINUTE(B2),{0,20.0001,50.0001;0,0.5,1},2),"[>2]6;5")*HOUR(B2)+

	A	B	C
1	姓名	加班时间（分钟）	加班费
2	张文	1:48	5.50
3	刘胜彤	3:04	
4	刘天燕	2:15	
5	陈中天	0:59	
6	张如是	0:50	
7	陈大年	1:25	
8	吴慧娇	2:33	
9	刘忠玉	1:09	
10	李贤	2:50	

图 10-93　输入公式

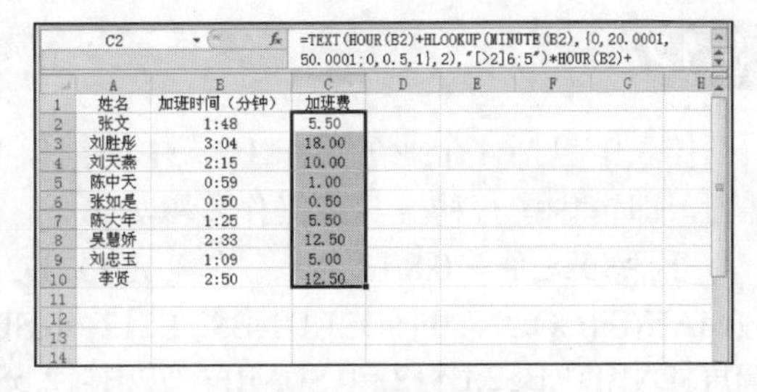

C2　=TEXT(HOUR(B2)+HLOOKUP(MINUTE(B2),{0,20.0001,50.0001;0,0.5,1},2),"[>2]6;5")*HOUR(B2)+

	A	B	C
1	姓名	加班时间（分钟）	加班费
2	张文	1:48	5.50
3	刘胜彤	3:04	18.00
4	刘天燕	2:15	10.00
5	陈中天	0:59	1.00
6	张如是	0:50	0.50
7	陈大年	1:25	5.50
8	吴慧娇	2:33	12.50
9	刘忠玉	1:09	5.00
10	李贤	2:50	12.50

图 10-94　填充公式

电脑小百科

SUMIFS 和 SUMIF 函数的参数顺序不同，如果要复制和编辑这些相似的函数，应确保按正确的顺序填写参数。

老师的话

本例公式首先利用 HLOOKUP 函数将加班时间中的分钟转换为小时，其中 20 分钟和 50 分钟分别加上 0.0001 是为了使职工加班时间刚好为 20 分钟或者 50 分钟时可以向下舍入，然后利用 TEXT 函数将计算出的小时数转换成加班费计算系数，即加班小时数大于 2 时返回 6，否则返回 5，最后再用每个人的加班费系数乘以加班小时数得到加班费。

10.8.11 按学历对姓名排序(VLOOKUP)

按照大学、高中、初中、小学的顺序对 A 列的姓名降序排列。具体操作步骤如下。

1. 打开原始文件 10.8.11.xlsx，在单元格 C2 中输入公式“=VLOOKUP(MOD(SMALL(MATCH(B$2:B$10,{"大学","高中","初中","小学"},0)*1000+ROW($2:$10),ROW(A1)),1000),IF({1,0},ROW($2:$10),A$2:A$10),2,0)”。
2. 输入完成后，按 Ctrl + Shift + Enter 组合键，公式将返回最高学历者的姓名，如图 10-95 所示。
3. 将鼠标指针放到单元格 C2 右下角的填充柄上，当指针变为“+”形状时向下拖动，将公式复制到 C 列的其他单元格中，如图 10-96 所示。

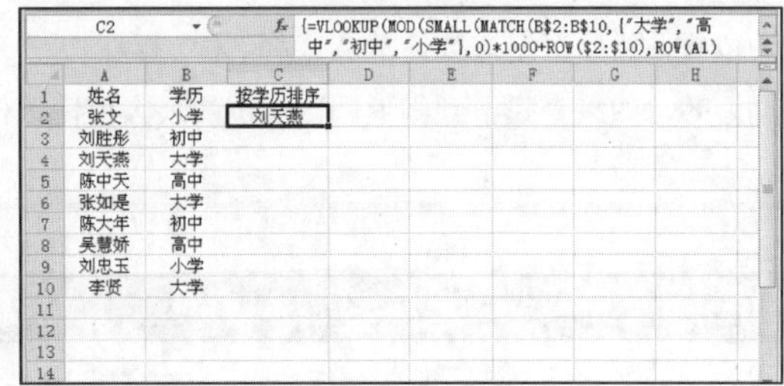

	A	B	C
1	姓名	学历	按学历排序
2	张文	小学	刘天燕
3	刘胜彤	初中	
4	刘天燕	大学	
5	陈中天	高中	
6	张如是	大学	
7	陈大年	初中	
8	吴慧娇	高中	
9	刘忠玉	小学	
10	李贤	大学	

图 10-95 输入公式

	A	B	C
1	姓名	学历	按学历排序
2	张文	小学	刘天燕
3	刘胜彤	初中	张如是
4	刘天燕	大学	李贤
5	陈中天	高中	陈中天
6	张如是	大学	吴慧娇
7	陈大年	初中	刘胜彤
8	吴慧娇	高中	陈大年
9	刘忠玉	小学	张文
10	李贤	大学	刘忠玉

图 10-96 填充公式

老师的话

本例公式首先计算每个人的学历在排序标准(“大学”、“高中”、“初中”、“小学”)中的排位，然后扩大 1000 倍并加上其行号，并用 SMALL 函数将其升序排列。升序排列的行号所对应的人的学历正好降序排序。接着用 MOD 函数逐一取出已经按学历降序排序的行号。VLOOKUP 函数的第二个参数是用 IF 函数将每个姓名的原始行号和姓名组成的一个二维数组，VLOOKUP 函数从该数组中查找降序排列的学历所对应的行号，最后返回降序排列的学历对应的姓名，从而实现按学历降序排列所有姓名。

10.8.12 累积销售并列出排行榜(MATCH)

工作表中包括 4 个业务员在 10 天中的销售明细。现需按每个业务员 10 天的销售总和进行降序排列，即销售排行榜。具体操作步骤如下。

1. 打开原始文件 10.8.12.xlsx，在单元格 D2 中输入数组公式“=OFFSET($B$1,MATCH(1,N(MAX(IF(COUNTIF($D$1:D1,B$2:B$12)=0,SUMIF(B$2:B$12,B$2:B$12,C$2:C$12)))=IF(COUNTIF($D$1:D1,B$2:B$12)=0,SUMIF(B$2:B$12,b$2:B$12,c$2:C$12))),),)&""”。
2. 输入完成后，按 Ctrl+ Shift + Enter 组合键，公式将返回销售冠军名字，如图 10-97 所示。
3. 将鼠标指针放到单元格 D2 右下角的填充柄上，当指针变为“+”形状时向下拖动，将公式复

电脑小百科

MATCH 函数用于返回在指定方式下数组中与数值匹配的元素的相应位置。

制到 D 列的其他单元格中，如图 10-98 所示。

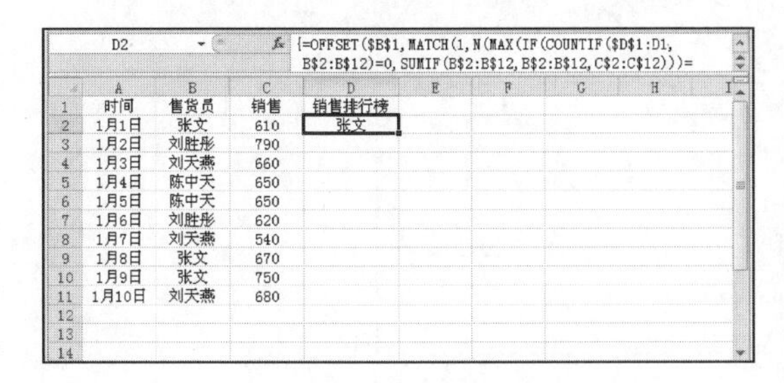

图 10-97　输入公式

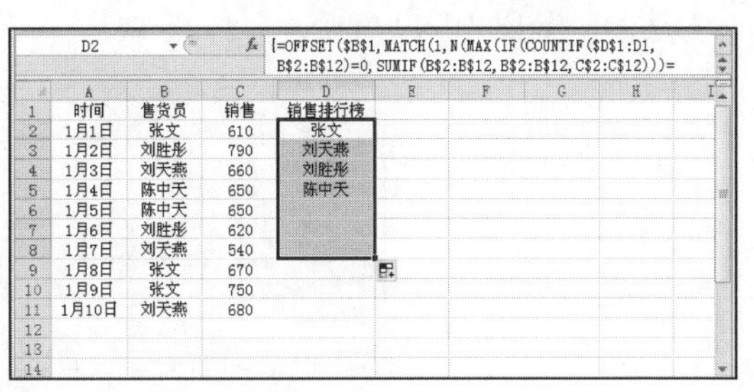

图 10-98　填充公式

本例公式首先对每个售货员的销售量进行分类汇总，然后用最高销售与所有销售量进行比较，如果相等则返回 TRUE，否则返回 FALSE。N 函数将其转换成数值后，MATCH 函数从中查找 1 并返回第一次出现 1 的位置，该位置即为销售量最高者在 B 列中的位置。

10.9　数据库函数

数据库管理系统通常使用一种或多种表来存储数据。数据库中表的构成样式和 Excel 工作表很相似，数据库表中的每一行称为一条记录，数据库表中的每一列则称为一个字段，字段是用来存储特定的信息项的。这些项常用数字、日期或文字表示，它们也可以是图片或声音文件等对象。

书盘互动指导

示例	在光盘中的位置	书盘互动情况
	10.9　数据库函数 10.9.1　计算满足双条件的员工工资和 10.9.2　查找满足条件的平均值 10.9.3　统计满足双条件的员工人数 10.9.4　从商品销售单种提取出指定商品的价格 10.9.5　统计各班成绩最高分 10.9.6　统计各班成绩最低分	本节主要带领读者学习数据库函数的基本操作，在光盘 10.9 节中有相关内容的操作视频，还特别针对本节内容设置了具体的实例分析。 读者可以在阅读本节内容后再学习光盘内容，以达到巩固和提升的效果。

10.9.1　计算满足双条件的员工工资和(DSUM)

计算满足部门为“市场部”，职位为“部长”且工龄大于等于 5，或者部门为“服务部”，职位为“普通员工”的所有员工的工资总和。

① 打开原始文件 10.9.1.xlsx，在单元格 J8 中输入公式“=DSUM(A1:F8,5,H2:J4)”。

电脑小百科

查找字符的主要函数为 FIND 函数(FINDB 函数)和 SEARCH 函数(SEARCHB 函数)，两者的语法完全相同。

❷ 输入完成后 Enter 键，公式将返回满足双条件区域中的部门、职位和工龄条件下的所有员工的工资总和，如图 10-99 所示。

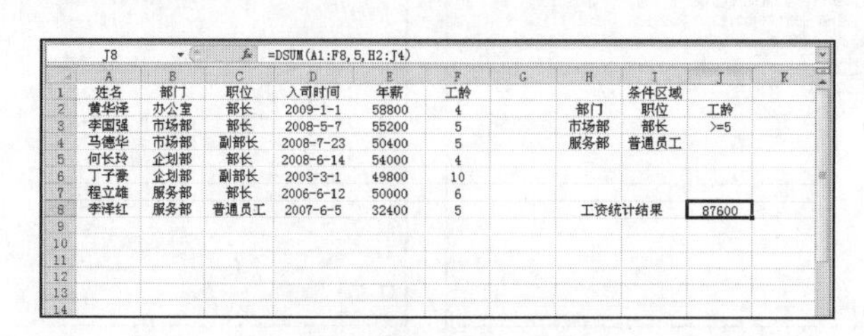

图 10-99　输入公式

老师的话

单元格区域 A1:F14 用于 DSUM 函数的参数 database，即原始数据库。在该数据库中，要计算的数据所在列的标题为“年薪”，即第 5 列。条件区域 H2:J4 中列出了要计算的条件，即部门为“市场部”，职位为“部长”且工龄大于等于 5，或者部门为“服务部”，职位为“普通员工”。

10.9.2　查找满足条件的平均值(DAVERAGE)

人员基本信息数据包括姓名、性别、学历和年龄，现用公式计算出满足条件的人员的平均年龄。具体操作步骤如下。

❶ 打开原始文件 10.9.2.xlsx，在单元格 F1 中输入公式“=DAVERAGE (A1:D8,D1,F3:G4)”。

❷ 输入完成后，按 Enter 键，公式将返回满足该条件的平均年龄，如图 10-100 所示。

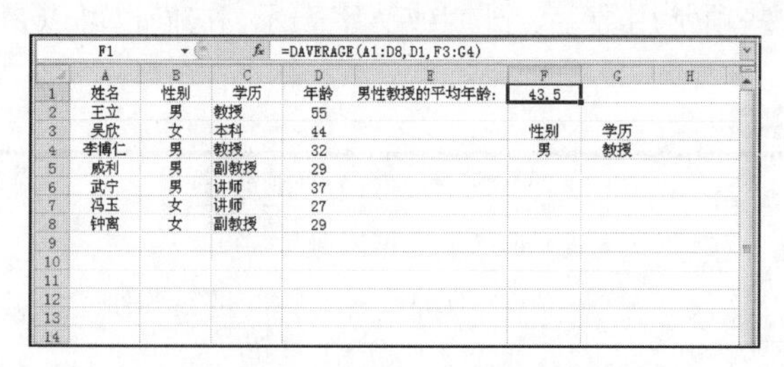

图 10-100　输入公式

老师的话

本例公式使用 DAVERAGE 函数来查找满足条件的数值的平均值，该函数有 3 个参数，DAVERAGE(database，field，criteria)，database 构成列表/数据库的单元格区域；field 指定函数所使用的数据列；criteria 为一组包含给定条件的单元格区域。

10.9.3　统计满足双条件的员工人数(DCOUNT)

计算满足部门为“办公室”，职位为“部长”、或者部门为“市场部”，职位为“部长”，或者部门为“企划部”，职位为“部长”的所有员工人数。具体操作步骤如下。

❶ 打开原始文件 10.9.3.xlsx”，在单元格 J8 输入公式“=DSUM(A1:F8,5,H2:J5)”。

❷ 输入完成后 Enter 键，公式将返回计算满足双条件区域中的部门、职位和工龄条件下的所有员工

电脑小百科

FIND 函数与 SEARCH 函数的主要区别在于：FIND 函数可以区分英文大小写但是不支持通配符，SEARCH 函数不能区分大小写但是支持通配符。

的工资总和，如图 10-101 所示。

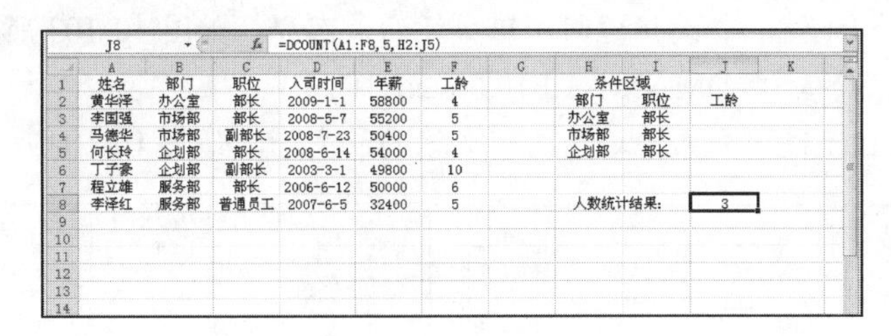

J8　=DCOUNT(A1:F8,5,H2:J5)

	A	B	C	D	E	F	G	H	I	J	K
1	姓名	部门	职位	入司时间	年薪	工龄		条件区域			
2	黄华泽	办公室	部长	2009-1-1	58800	4		部门	职位	工龄	
3	李国强	市场部	部长	2008-5-7	55200	5		办公室	部长		
4	马德华	市场部	副部长	2008-7-23	50400	5		市场部	部长		
5	何长玲	企划部	部长	2008-6-14	54000	4		企划部	部长		
6	丁子豪	企划部	副部长	2003-3-1	49800	10					
7	程立雄	服务部	部长	2006-6-12	50000	6					
8	李泽红	服务部	普通员工	2007-6-5	32400	5		人数统计结果:		3	

图 10-101　输入公式

老师的话

单元格区域 A1:F8 用于 DCOUNT 函数的参数 database，即原始数据库。由于 DCOUNT 函数统计包含数字的单元格个数，因此，用于参数 field 的数据列必须选择数据库中包含数字的列，本例选择的是第二列，即“部门”列用于参数 field，也可选择第三列。由于需要统计的职位有 3 个，因此，需要设计 3 个条件区域，在每个条件区域的列标题“职位”下输入职位名称，然后使用 DCOUNT 函数，分别在不同条件区域进行计算即可。

10.9.4 从商品销售单中提取出指定商品的价格(DGET)

给出的商品销售数据包括销售日期、商品、品牌、单价和销售员，提取指定商品的价格。具体操作步骤如下。

1. 打开原始文件 10.9.4.xlsx，在单元格 I13 中输入公式“=DGET(A1:E13,4,G2:I3)”。
2. 输入完成后，按 Enter 键，公式将返回提取指定销售员销售的特定商品的价格，如图 10-102 所示。

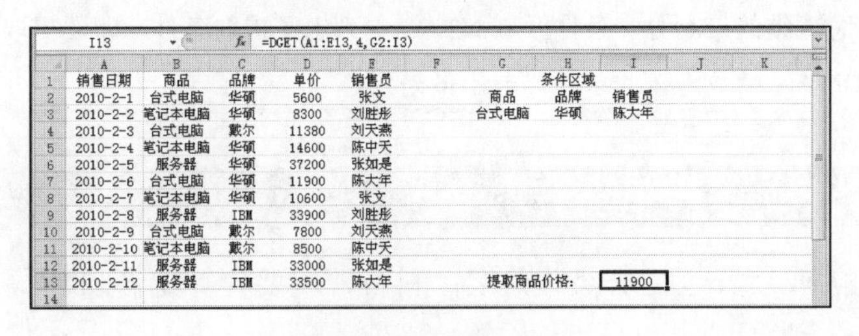

I13　=DGET(A1:E13,4,G2:I3)

	A	B	C	D	E	F	G	H	I	J	K
1	销售日期	商品	品牌	单价	销售员			条件区域			
2	2010-2-1	台式电脑	华硕	5600	张文		商品	品牌	销售员		
3	2010-2-2	笔记本电脑	华硕	8300	刘胜彤		台式电脑	华硕	陈大年		
4	2010-2-3	台式电脑	戴尔	11380	刘天燕						
5	2010-2-4	笔记本电脑	华硕	14600	陈中天						
6	2010-2-5	服务器	华硕	37200	张如是						
7	2010-2-6	台式电脑	华硕	11900	陈大年						
8	2010-2-7	笔记本电脑	华硕	10600	张文						
9	2010-2-8	服务器	IBM	33900	刘胜彤						
10	2010-2-9	台式电脑	戴尔	7800	刘天燕						
11	2010-2-10	笔记本电脑	戴尔	8500	陈中天						
12	2010-2-11	服务器	IBM	33000	张如是						
13	2010-2-12	服务器	IBM	33500	陈大年		提取商品价格:		11900		

图 10-102　输入公式

单元格区域 A1:E13 用于 DGET 函数的参数 database，即原始数据库。在该数据库中，要提取指定销售员所卖特定品牌的商品价格。条件区域 G2:I3 中列出了提取条件，即商品名称为“台式电脑”，品牌为“华硕”，销售员为“陈大年”，然后使用 DGET 函数，按此条件提取与之对应的价格。

10.9.5 统计各班成绩最高分(DMAX)

给出的班级人员的成绩表包括班级、姓名、科目，现要计算出各班的最高分成绩。具体操作步骤如下。

电脑小百科

常见的文本替换函数包括 SUBSTITUTE、REPLACE(REPLACEB)。

① 打开原始文件 10.9.5.xlsx，在单元格 I6 中输入公式 “=DMAX(A1:F10,6,H2:I3)”。

② 输入完成后，按 Enter 键，公式将返回一班成绩的最高分，如图 10-103 所示。

③ 在单元格 I7 中输入公式 “=DMAX(A1:F10,6,K2:L3)”。

④ 输入完成后，按 Enter 键，公式将返回二班成绩的最高分，如图 10-104 所示。

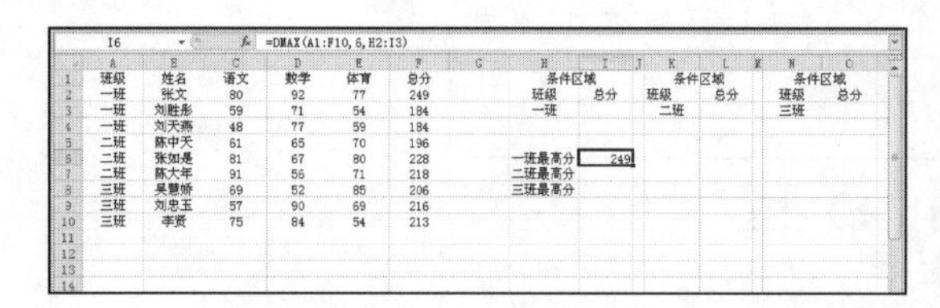

图 10-103　输入公式

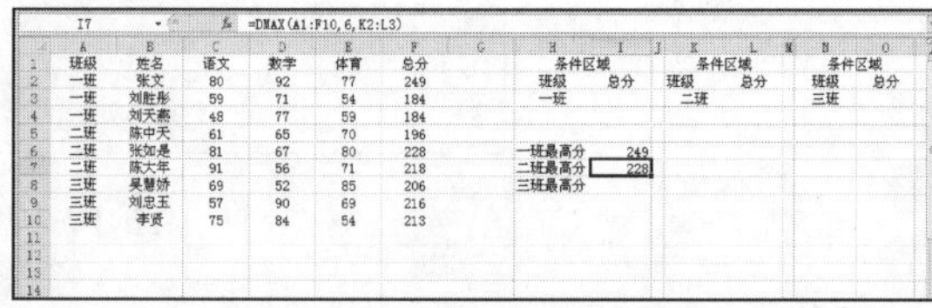

图 10-104　输入公式

⑤ 在单元格 I8 中输入公式 “=DMAX(A1:F10,6,N2:O3)”。

⑥ 输入完成后，按 Enter 键，公式将返回三班成绩的最高分，如图 10-105 所示。

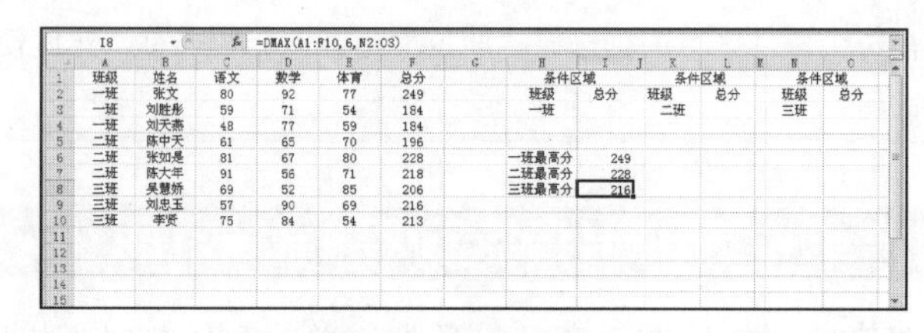

图 10-105　输入公式

老师的话

单元格区域 A1:F10 用于 DMAX 函数的参数 database，即原始数据库。在该数据库中，提取各班总成绩的最高分。条件区域 N2:O3 中列出了提取条件，即要提取一班、二班、三班成绩的最高分，然后使用 DMAX 函数，按此条件提取出最高分。

10.9.6　统计各班成绩最低分(DMIN)

给出的班级人员的成绩表包括班级、姓名、科目，现要计算出各班的最高分成绩。具体操作步骤如下。

① 打开原始文件 10.9.6.xlsx，在单元格 I6 中输入公式 “=DMIN(A1:F10,6,H2:I3)”。

② 输入完成后，按 Enter 键，公式将返回一班成绩的最低分，如图 10-106 所示。

③ 在单元格 I7 中输入公式 “=DMIX(A1:F10,6,K2:L3)”。

④ 输入完成后，按 Enter 键，公式将返回二班成绩的最低分，如图 10-107 所示。

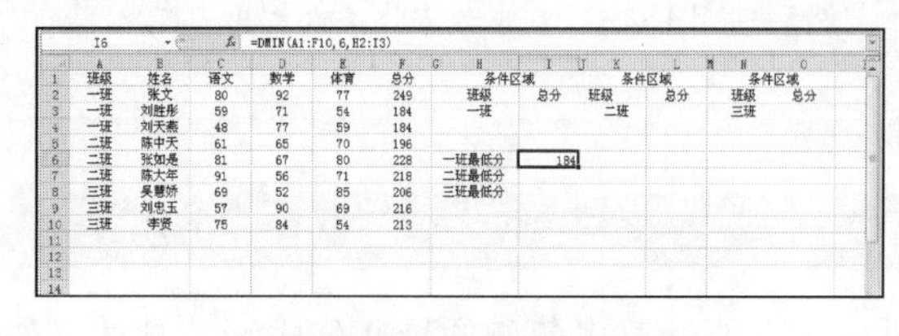

图 10-106　输入公式

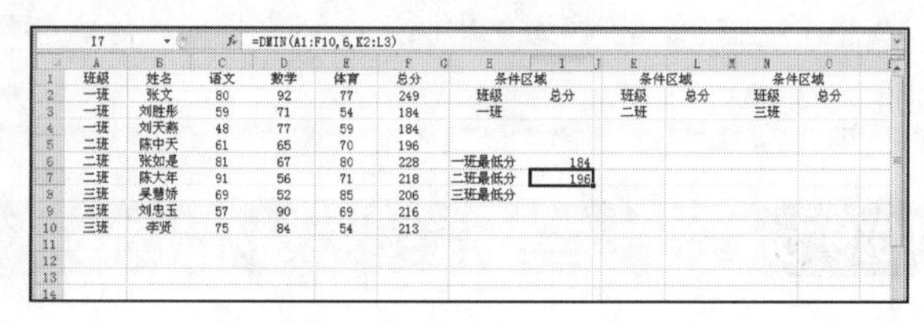

图 10-107　输入公式

⑤ 在单元格 I8 中输入公式 “=DMIX(A1:F10,6,N2:O3)”。

电脑小百科

由于 TEXT 函数的格式代码中包含了一些特定字符，会对 TEXT 函数的结果产生影响，因此在使用变量作为格式代码时具有一定的局限性，而需要根据具体的对象谨慎使用。

6 输入完成后，按 Enter 键，公式将返回三班成绩的最低分，如图 10-108 所示。

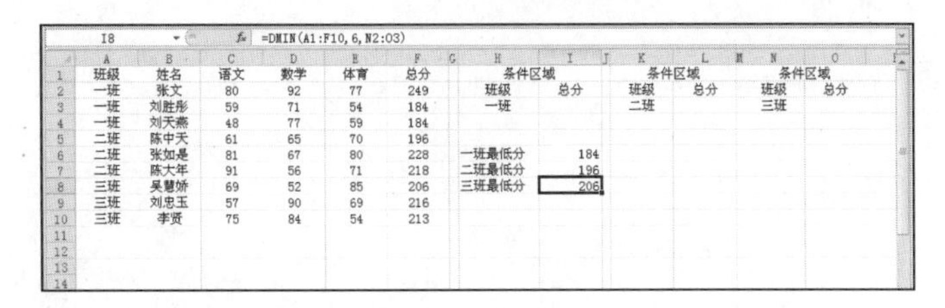

I8　=DMIN(A1:F10,6,N2:O3)

	A	B	C	D	E	F	G	H	I	J	K	L	M	N	O
1	班级	姓名	语文	数学	体育	总分		条件区域			条件区域			条件区域	
2	一班	张文	80	92	77	249		班级	总分		班级	总分		班级	总分
3	一班	刘胜彤	59	71	54	184		一班			二班			三班	
4	一班	刘天燕	48	77	59	184									
5	二班	陈中天	61	65	70	196									
6	二班	张如是	81	67	80	228		一班最低分	184						
7	二班	陈大年	91	56	71	218		二班最低分	196						
8	三班	吴慧娇	69	52	85	206		三班最低分	206						
9	三班	刘忠玉	57	90	69	216									
10	三班	李贤	75	84	54	213									
11															
12															
13															
14															

图 10-108　输入公式

单元格区域 A1:F10 用于 DMIN 函数的参数 database，即原始数据库。在该数据库中，提取各班总成绩的最低分。条件区域 H2:O3 中列出了提取条件，即要提取一班、二班、三班成绩的最低分，然后使用 DMIN 函数，按此条件提取出最低分。

10.10　制作万年历

本实例主要介绍用 Excel 2010 制作一份万年历。该万年历可以显示当月的日历，还可以随意查阅任何日期所属的月历，十分方便。

书盘互动指导

在光盘中的位置	书盘互动情况
10.10　制作万年历	本节主要带领读者制作电子日历，在光盘 10.10 节中有相关内容的操作视频，还特别针对本节内容设置了具体的实例分析。 读者可以选择在阅读本节内容后再学习光盘内容，以达到巩固和提升的效果，也可以对照光盘视频操作来学习图书内容，以便更直观地学习和理解本节内容。

原始文件	素材\第 10 章\无
最终文件	源文件\第 10 章\10.10. xlsx

跟着做 1　新建工作簿并输入公式

1 新建一个名为“电子日历.xlsx”的工作簿。

2 将 Sheet1 工作表命名“万年历”，在“万年历”工作表中录入数据，如图 10-109 所示。

3 在 C3 单元格中输入公式“=TODAY( )”，按 Enter 键，如图 10-110 所示。

4 在 F3 单元格中输入公式“=IF(WEEKDAY(C3,2)=7,"日",WEEKDAY(C3,2))”，按 Enter 键，如图 10-111 所示。

电脑小百科

OFFSET 函数的参数 ROWS、COLS、HEIGHT 和 WIDTH 除了可以使用常量外，也可以使用数组作为参数，并由此在不同程度上返回多个单元格区域的引用。

图 10-109　录入数据

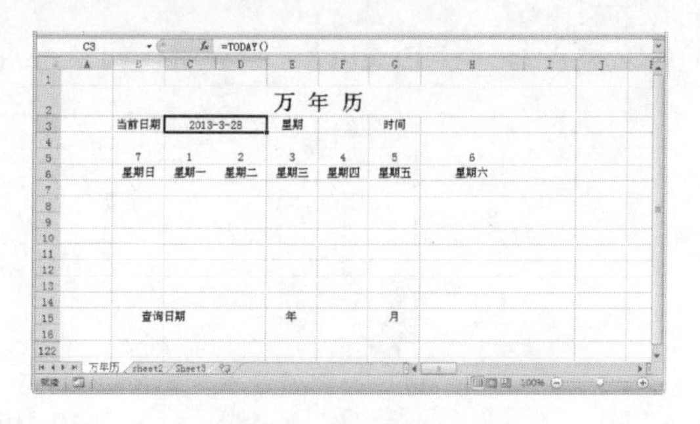

图 10-110　输入公式

5 在 H3 中输入公式“=NOW()”，按 Enter 键，如图 10-112 所示。

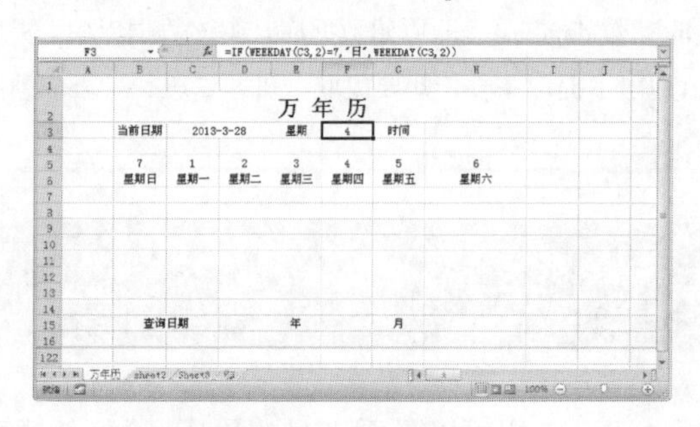

图 10-111　输入公式

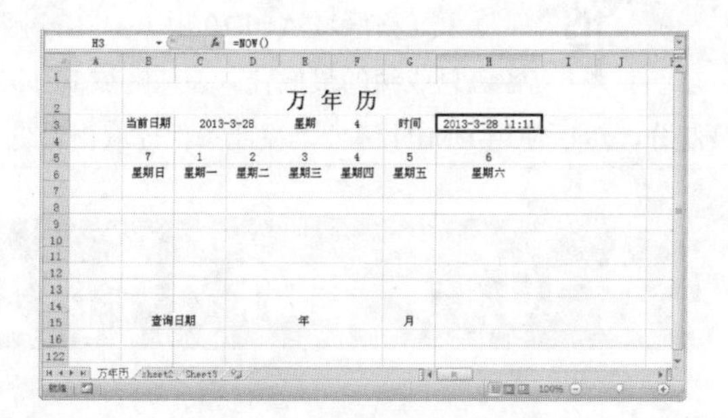

图 10-112　输入公式

知识补充

TODAY()函数用于提取当前系统日期，NOW()用于提取当前系统时间。

跟着做 2 制作查询日期下拉菜单

1 在 I5 单元格中输入年份 1900，在 I6 单元格中输入年份 1901，选中 I5 和 I6 单元格，拖动右下角的填充柄直至年份为 2020，即可松开鼠标，如图 10-113 所示。

2 在 J5 单元格中输入月份 1，在 J6 单元格中输入月份 2，选中 J5 和 J6 单元格，拖动右下角的填充柄直至月份为 12，即可松开鼠标，如图 10-114 所示。

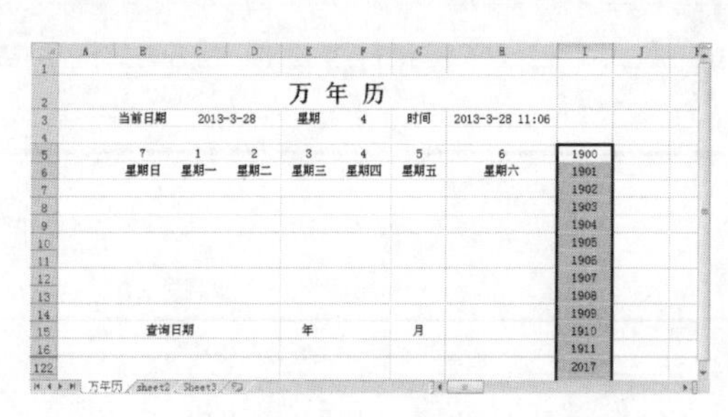

图 10-113　填充数据

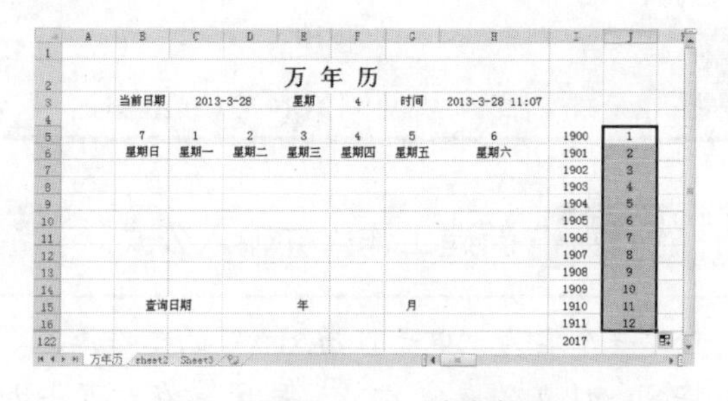

图 10-114　填充数据

3 选中 D15 单元格，在“数据”选项卡下“数据工具”组中单击“数据有效性”按钮右侧的下拉按钮，从弹出的下拉列表中选择“数据有效性”命令，如图 10-115 所示。

4 弹出“数据有效性”对话框，在“设置”选项卡中单击“允许”下方的下拉列表框，从弹出的

电脑小百科

VLOOKUP 函数用于在表格首列查找指定的值并返回表格中相应列的值。

下拉列表中选择“序列”选项，在“来源”文本域中单击“压缩对话框”按钮，返回工作表，选中 1990—2020 的年份单元格区域，选中“提供下拉箭头”复选框，单击“确定”按钮，如图 10-116 所示。

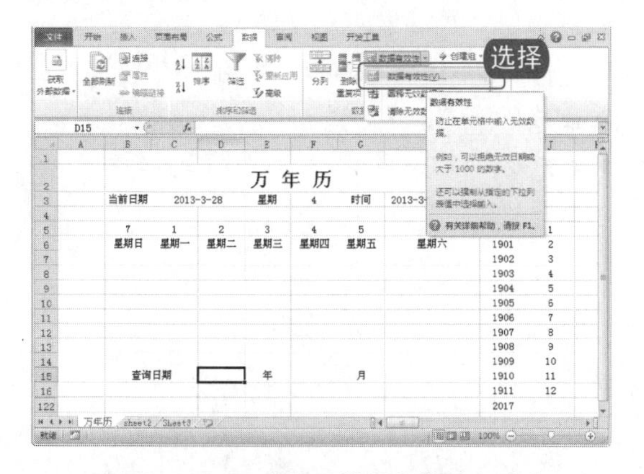

图 10-115　选择“数据有效性”命令

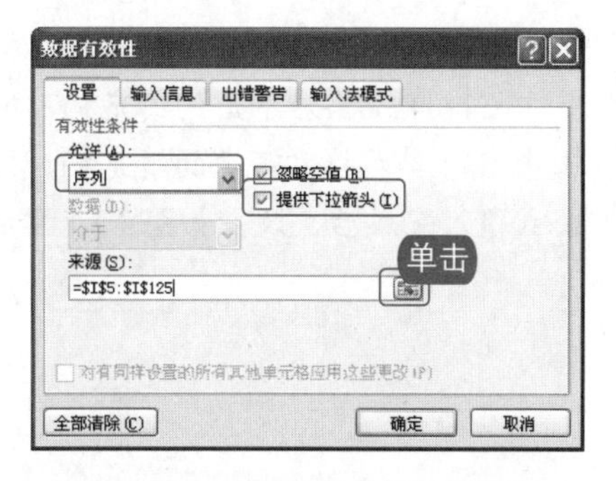

图 10-116　“数据有效性”对话框

5. 设置完成后，效果如图 10-117 所示。
6. 在 F15 单元格中设置下拉列表，操作方法同设置年份下拉列表相同，只需要在“数据有效性”对话框中的“来源”文本域中选择月份单元格区域为 1～12，设置后的效果如图 10-118 所示。

图 10-117　设置数据有效性后的效果

图 10-118　设置后的效果

跟着做 3　编辑日历公式

1. 在 A4 单元格中输入公式“=IF(F15=2,IF(OR(D15/400=INT(D15/400)),AND(D15/4=INT(D15/4),D15/100< >INT(D15/100))),29,28),IF(OR(F15=4,F15=6,F15=9,F15=11),30,31)”，按 Enter 键。
2. 在 B4 单元格中输入公式“=IF(WEEKDAY(DATE($D$15,$F$15,1),2)=B5,1,0)”，按 Enter 键，选中 B4 单元格右下角的填充柄拖动至 H4 单元格。
3. 在 B7 单元格中输入公式“=IF(B4=1,1,0)”，按 Enter 键。
4. 在 B8 单元格中输入公式“=H7+1”，按 Enter 键，选中 B8 单元格右下角的填充柄拖动至 B10 单元格。
5. 在 B11 单元格中输入公式“=IF(H10>=A4,0,H10+1)”，按 Enter 键。
6. 在 B12 单元格中输入公式“=IF(H11>A4,0,IF(H11>0,H11+1,0))”，按 Enter 键。
7. 在 C7 单元格中输入公式“=IF(B7>0,B7+1,IF(C4=1,1,0))”，按 Enter 键。
8. 在 C8 单元格中输入公式“=B8+1”，按 Enter 键，选中 C8 单元格右下角的填充柄拖动至 C10 单

电脑小百科

HLOOKUP 函数与 VLOOKUP 函数的语法相似，用法基本相同。区别在于 VLOOKUP 函数在纵向区域或数组中查询，而 HLOOKUP 函数则在横向区域或数组中查询。

元格。

9. 在 C11 单元格中输入公式“=IF(B11>=$A$4,0,IF(B11>0,B10+1,IF(C7=1,1,0)))”，按 Enter 键。
10. 选中 C7 单元格右下角的填充柄，拖动至 H7 单元格。
11. 选中 C8 单元格右下角的填充柄，拖动至 H8 单元格。
12. 选中 C9 单元格右下角的填充柄，拖动至 H9 单元格。
13. 选中 C10 单元格右下角的填充柄，拖动至 H10 单元格。
14. 选中 C11 单元格右下角的填充柄，拖动至 H11 单元格。
15. 选中 B12 单元格右下角的填充柄，拖动至 H12 单元格。
16. 公式输入完成后，效果如图 10-119 所示。

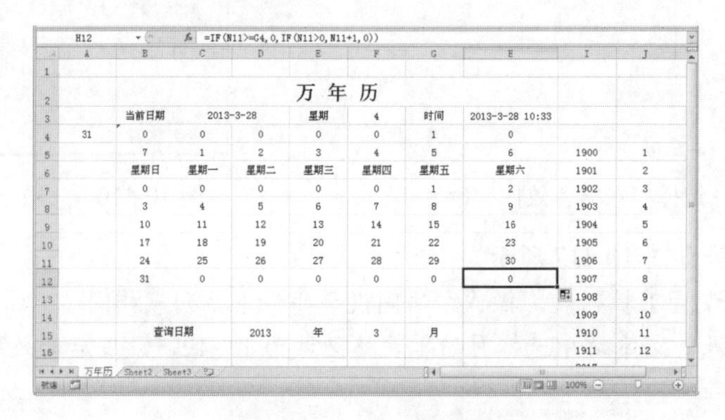

图 10-119　设置效果完成

跟着做 4 美化万年历

美化万年历的操作步骤如下。

1. 在工作表中隐藏 I 列和 J 列。
2. 选中 B2～H15 单元格，在选中区域单击鼠标右键，从弹出的快捷菜单中选择“设置单元格格式”命令，如图 10-120 所示。

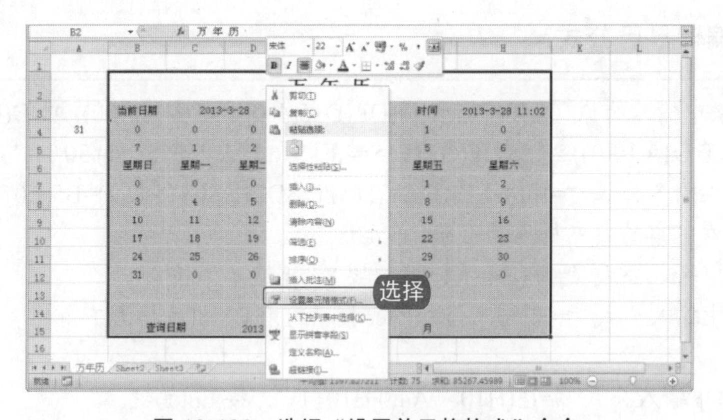

图 10-120　选择“设置单元格格式”命令

3. 弹出“设置单元格格式”对话框，在“背景色”区域选择合适的背景颜色，如淡紫，单击“确定”按钮，如图 10-121 所示。

电脑小百科

在存在多条满足条件的记录时，VLOOKUP 函数和 HLOOKUP 函数只能返回第一个满足条件的记录。

④ 表格背景设置完成后的效果如图 10-122 所示。

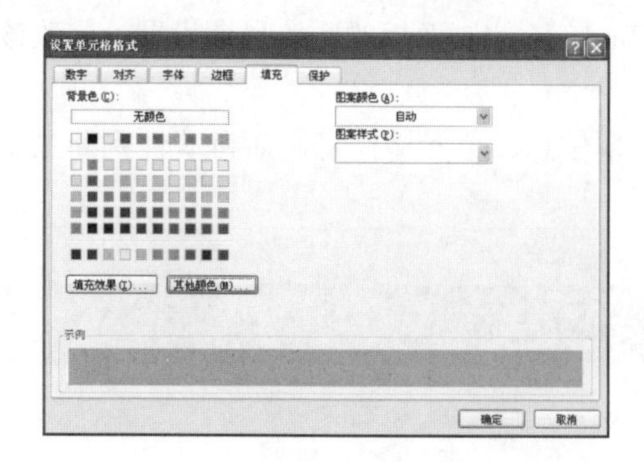

图 10-121　“设置单元格格式”对话框

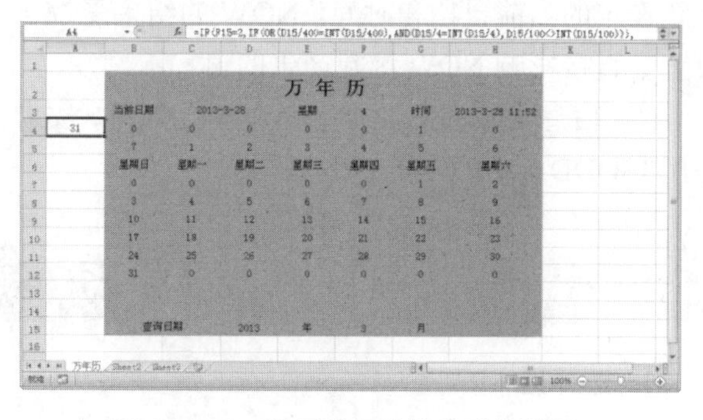

图 10-122　设置单元格格式后的效果

⑤ 选中 A4 单元格，将文字颜色设置为白色，选中 B4～H5 单元格，将文字颜色设置为和表格背景颜色相同的颜色(淡紫)，设置完成后的效果如图 10-123 所示。

万 年 历

当前日期	2013-3-28		星期	4	时间	2013-3-28 11:52
星期日	星期一	星期二	星期三	星期四	星期五	星期六
0	0	0	0	0	1	2
3	4	5	6	7	8	9
10	11	12	13	14	15	16
17	18	19	20	21	22	23
24	25	26	27	28	29	30
31	0	0	0	0	0	0
查询日期	2013	年	3	月		

图 10-123　设置完成后的效果

学 习 小 结

本章主要对公式、函数的基础知识进行全面的介绍，如各种不同类型的函数，包括数学和三角函数、逻辑函数、文本函数、日期和时间函数、统计函数、财务函数、信息函数、查找和引用函数、数据库函数等，并通过实际的应用分析巩固和强化理论操作，为后续进一步学习 Excel 的其他操作打下基础。下面对本章进行总结，具体内容如下。

(1) 在使用函数公式时，首先需要注意的是引用的类型，如果是直接引用单元格，那么单元格内的数据可以不改变其类型，如果输入的是文本、日期型数据，那么需要用英文状态下的双引号来改变数据的类型。

(2) 数学和三角函数主要包含有 SUM 函数、SUMIF 函数、SUMIFS 函数、ABS 函数、ROUND 函数等，最常用的是 SUM 函数。

(3) 逻辑函数主要有 IF 函数、TRUE 函数、FALSE 函数、AND 函数、OR 函数，其中，最常用的是 IF 函数。TRUE 和 FALSE 既是一个函数，也是一个值，当它们作为函数时，不需要参数，甚至不需要括号，如“=TRUE”。

(4) 两个单元格的字符是否相同，只需要用“=”进行判断即可。结果为 TRUE 则表示相同，结果为 FALSE 则表示两者不相同。

电脑小百科

COUNTA 函数用于返回单元格区域非空单元格个数，COUNTBLANK 函数用于计算指定单元格区域中空白单元格的个数。

(5) 在日期与时间函数中，NOW 函数严格来说，不是返回今天的日期和时间，而是计算机系统设定的当前日期和时间。NOW 的结果受控于 Windows 控制面板的系统日期设置，修改该设置会直接影响 NOW 函数产生的值。

(6) 信息函数的主要要点是奇偶性判断、数据类型信息、单元格信息。而奇偶性判断主要是用 ISODD 函数与 ISEVEN 函数。

互 动 练 习

1. 选择题

(1) 对班级人数进行统计时，应使用的 Excel 函数是(　　)。

A．RANK 函数　　B．SUMIF 函数

C．COUNTA 函数　　D．ROUND 函数

(2) 逻辑函数的类型中，不包括的有(　　)。

A．IF　　B．AND　　C．OR　　D．ABS

(3) 使用 Excel 函数时，如果单元格区域中的数据是文本类型，而且不是直接引用该单元格，那么应该使用(　　)改变文本的数据类型。

A．逗号　　B．空格

C．单引号　　D．双引号(英文状态下)

(4) (　　)函数的功能是直接将指定的字符串替换成新的字符串。

A．LEFT　　B．RIGHT

C．MID　　D．SUBSTITUTE

(5) (　　)函数是专门用来提取数据中的信息。

A．INDEX　　B．VLOOKUP　　C．HLOOKUP　　D．MATCH

2. 思考与上机题

(1) 制作员工业绩考核系统。

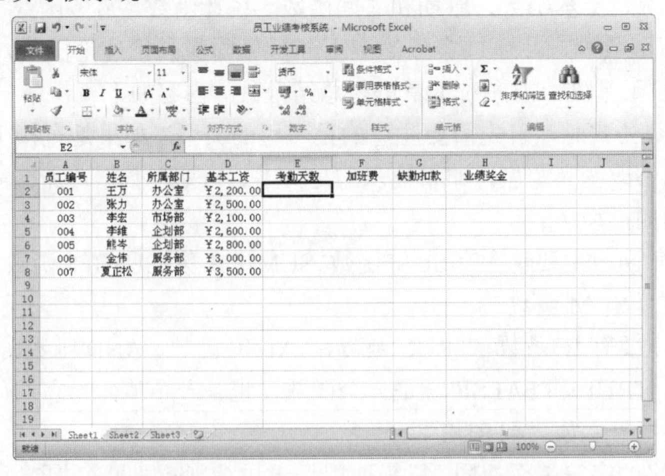

电脑小百科

COUNTA 函数返回包括文本、假空单元格、逻辑值或错误值的结果，只有真空单元格不被计数，其参数可以是单元格引用，也可以是内存数组。

制作要求：

a. 使用自动填充功能进行数据填充。

b. 计算员工本月的考勤天数。

c. 计算员工的缺勤扣款。

d. 计算员工的加班费。

e. 将业绩最高和最低的员工分别以红色和绿色显示。

f. 计算员工的业绩奖金。

(2) 制作员工的薪资管理表，如下图所示。

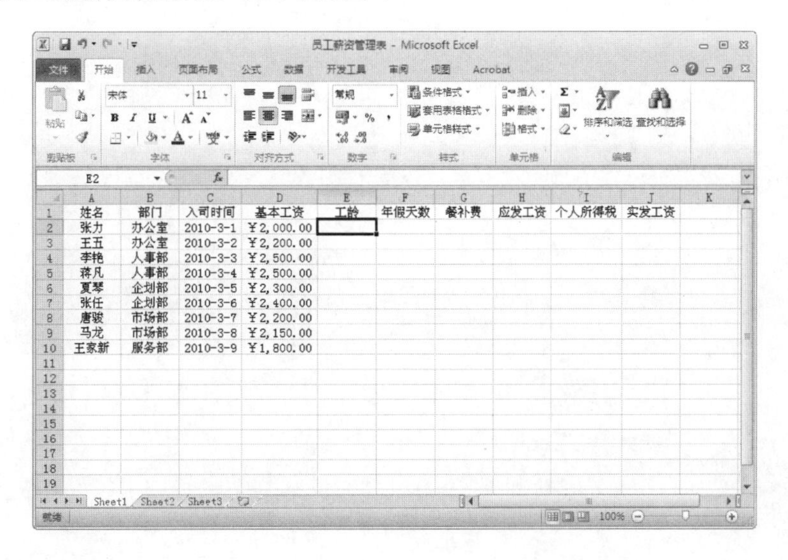

姓名	部门	入司时间	基本工资	工龄	年假天数	餐补费	应发工资	个人所得税	实发工资
张力	办公室	2010-3-1	￥2,000.00						
王五	办公室	2010-3-2	￥2,200.00						
李艳	人事部	2010-3-3	￥2,500.00						
蒋凡	人事部	2010-3-4	￥2,500.00						
夏琴	企划部	2010-3-5	￥2,300.00						
张任	企划部	2010-3-6	￥2,400.00						
唐骏	市场部	2010-3-7	￥2,200.00						
马龙	市场部	2010-3-8	￥2,150.00						
王家新	服务部	2010-3-9	￥1,800.00						

制作要求：

a. 计算员工的工龄。

b. 计算员工的年假天数。

c. 计算办公室职员的平均工资。

d. 计算员工的个人所得税。

e. 计算出员工的应发工资与实发工资。

电脑小百科

COUNTBLANK 函数则返回单元格区域中单元格为空单元格或公式计算结果为空文本的个数。其参数只能是单元格引用，不能是内存数组。

第11章

Excel 在人力资源管理中的应用

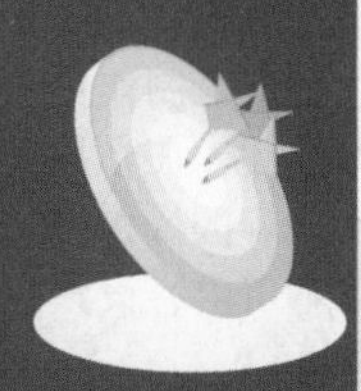

本章导读

在人力资源管理中，用户可能经常会用到表格的建立与设计、系统的建立和信息的筛选，利用 Excel 2010 可以让这些工作事半功倍。

本章以案例的形式详细介绍了人力资源管理工作中经常接触到的典型应用，每个案例拥有固定的结构。案例丰富实用，包括人力资源管理应用的多个方面，分为员工基本资料管理、员工考勤管理、员工缺勤管理、员工业绩管理、员工年度考核系统管理。

精彩看点

- 计算员工工龄及年假
- 计算年假天数
- 计算加班费用
- 计算个人所得税
- 计算应扣款项
- 自动更新基本工资
- 设置数据有效性
- 设置条件格式

11.1 制作员工年假表

在公司的所有假别中，年假是比较重要的一种假别，它根据员工在本公司的工龄计算应有的年假，而年假期间公司会支付全额薪水。年假是否正规，往往也反映了一家公司的正规制度，甚至从某种意义上来说，直接体现了公司的企业文化和发展前景，因此制作好年假的有关数据表格就显得至关重要。下面将详细讲解员工年假表的制作方法。

书盘互动指导

示例	在光盘中的位置	书盘互动情况
	11.1 制作员工年假表 11.1.1 创建员工基本资料表格 11.1.2 计算员工工龄 11.1.3 计算年假天数	本节主要带领读者学习制作员工年假表的基本操作，在光盘 11.1 节中有相关内容的操作视频，还特别针对本节内容设置了具体的实例分析。 读者可以在阅读本节内容后再学习光盘内容，以达到巩固和提升的效果。

11.1.1 创建员工基本资料表格

员工基本资料表是精简的档案资料，主要包括员工编号、姓名、所在部门、职位、性别、年龄、入司时间、参加公司年限、学历以及联系方式等内容。

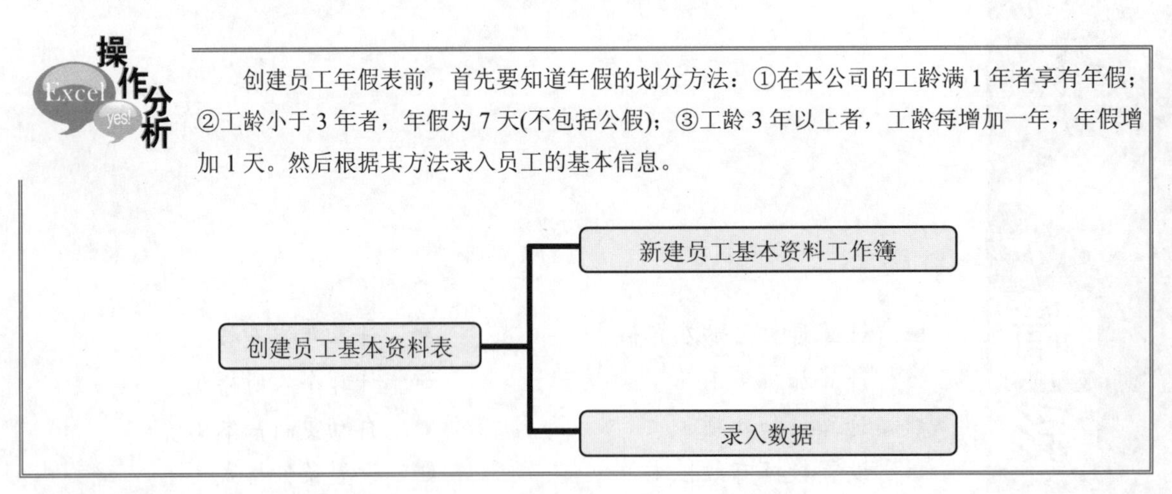

跟着做 1 新建员工基本资料工作簿

❶ 启动 Excel 2010 程序，程序自动新建一个工作簿。

电脑小百科

“表格”指的是一种特殊的数据编辑处理工具，英文称为“Table”，在 Excel 早期版本中也被称为“列表”，与一般意义上所指的 Excel 电子表格有所不同。

2. 双击工作表标签 Sheet1，然后将其重命名为“员工基本资料表”，如图 11-1 所示。
3. 在“文件”选项卡下单击“另存为”命令，弹出“另存为”对话框，为工作簿命名为“员工基本资料”，单击“确定”按钮，如图 11-2 所示。

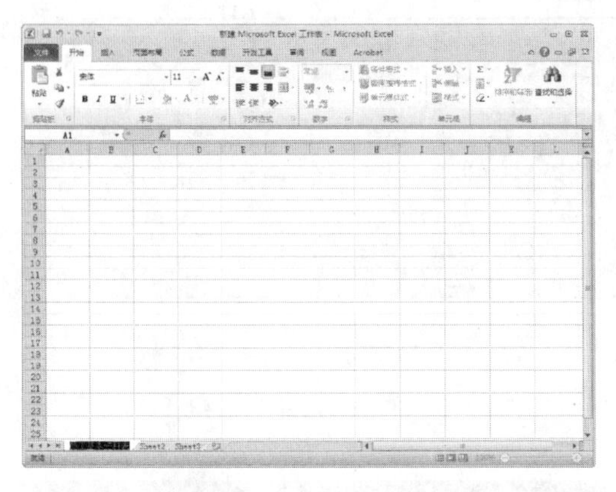

图 11-1　重命名工作表

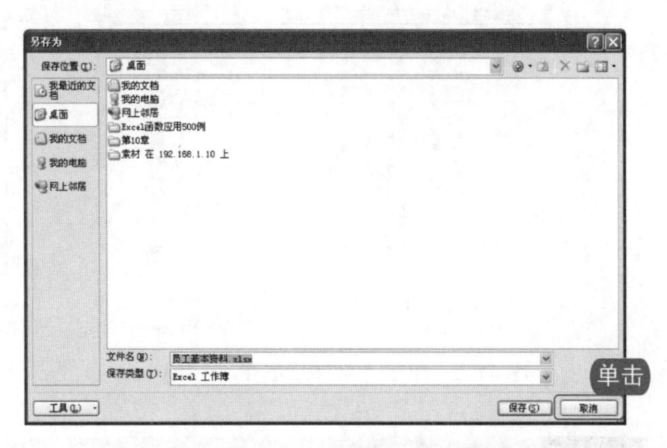

图 11-2　“另存为”对话框

跟着做 2☛　录入数据

1. 在“员工基本资料表”工作表中选中 A1 单元格，输入标题“员工基本资料表”，输入完毕按 Enter 键即可，如图 11-3 所示。
2. 按照同样的方法输入其他的表格中的数据，如图 11-4 所示。

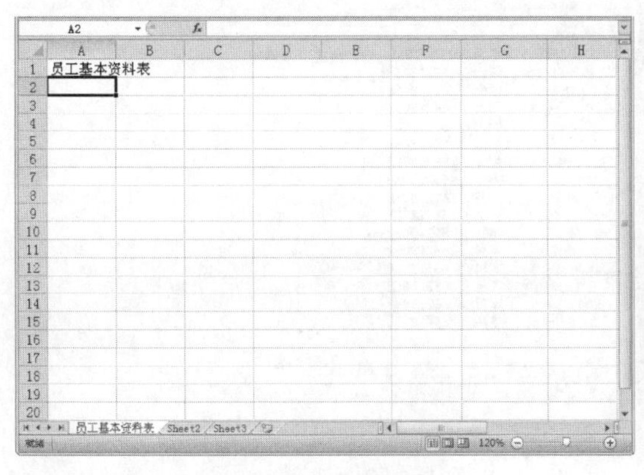

图 11-3　输入标题

	A	B	C	D	E	F	G	H
1	员工基本资料表							
2	员工编号	员工姓名	所属部门	职位	性别	年龄	入司时间	学历
3	1	王强	市场部	部长	男	35	2009-1-1	硕士
4	2	李菊	行政部	部长	女	30	2008-5-7	硕士
5	3	高飞	策划部	部长	男	31	2008-7-23	硕士
6	4	丁丽	办公室	部长	女	38	2008-6-14	硕士
7	5	苏瑞	技术部	部长	女	36	2003-3-1	硕士
8	6	吴凯	研发部	部长	男	34	2006-6-12	硕士
9	7	钟瑜	市场部	副部长	女	28	2007-6-5	本科
10	8	赵云	行政部	副部长	男	27	2008-9-10	本科
11	9	张园	客服部	部长	男	40	2009-3-20	硕士
12	10	王晓	市场部	普通员工	女	25	2008-8-26	本科
13	11	李辉	技术部	副部长	男	27	2009-7-4	本科
14	12	王皓	办公室	副部长	男	29	2006-8-15	本科
15	13	苏沪	运营部	部长	女	37	2010-9-4	本科
16	14	韩玉	研发部	副部长	女	30	2008-10-8	本科
17	15	李宏	技术部	普通员工	男	24	2007-7-18	本科

图 11-4　录入其他数据

3. 选中 A1:M1 单元格区域，单击“开始”选项卡下的“合并后居中”按钮，单元格内容将以居中对齐方式显示，设置字号大小为 11，如图 11-5 所示。
4. 选中单元格区域，在“开始”选项卡下的“对齐方式”选项组中，单击“居中”按钮即可，如图 11-6 所示。

电脑小百科

拆分按钮，也称组合按钮，是一种新型的控件形式，由按钮和下拉按钮组合而成。

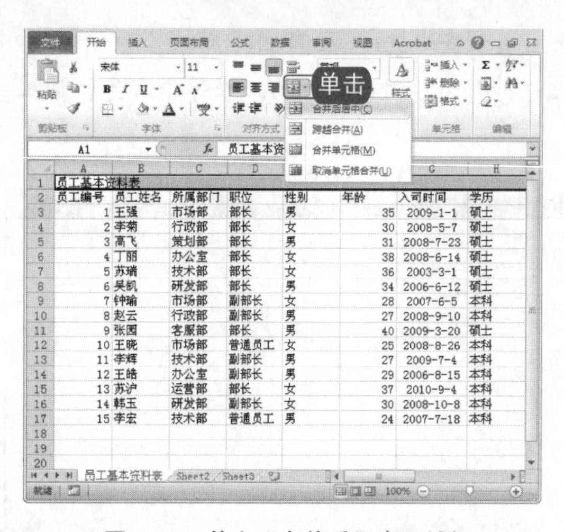

图 11-5　单击“合并后居中”按钮

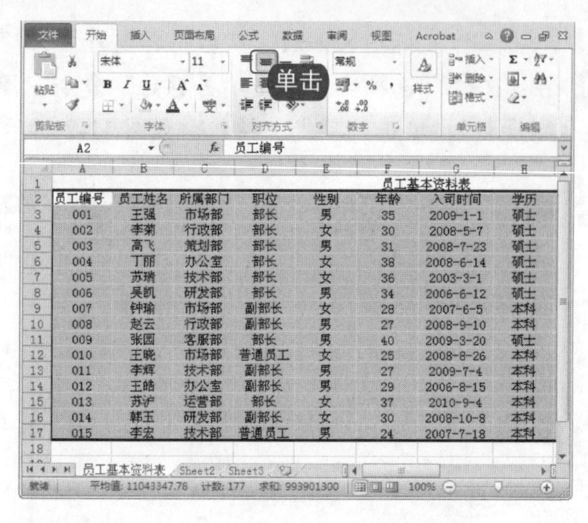

图 11-6　单击“居中”按钮

11.1.2　计算员工工龄

员工工龄等于目前时间减去员工加入公司的时间，并向下取整，例如，某员工工作了 1 年 8 个月，那么他的工龄为一年。

下面在前面创建的“员工基本资料表”中计算员工工龄，具体操作方法如下。

1. 打开原始文件 11.1.2.xlsx。
2. 选中单元格 J3，在其中输入公式“=DATEDIF(G3,TODAY(),"Y")”。
3. 按 Enter 键确认输入，单元格 J3 显示工龄为 4，如图 11-7 所示。

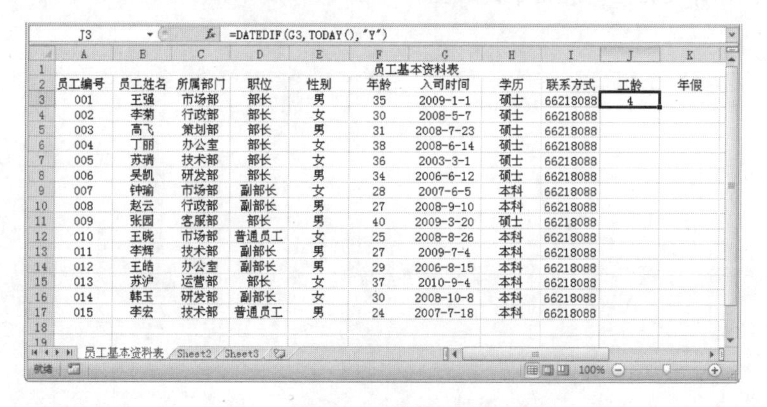

图 11-7　输入公式

4. 利用自动填充功能，将单元格 J3 中的公式填充到 J 列的其余单元格中，如图 11-8 所示。

知识补充

在本例的公式中，首先使用 TODAY 函数获取系统的当前日期，然后使用 DATEDIF 函数计算 G3 单元格中的日期与系统当前日期之间的年数，参数 Y 表示需要返回两个日期之间的年数。按 Enter 键后 J3 单元格中将显示第 1 位员工的工龄。

微调按钮包含一对方向相反的三角箭头按钮，通过单击这对按钮，可以对文本框中的数值大小进行调节。

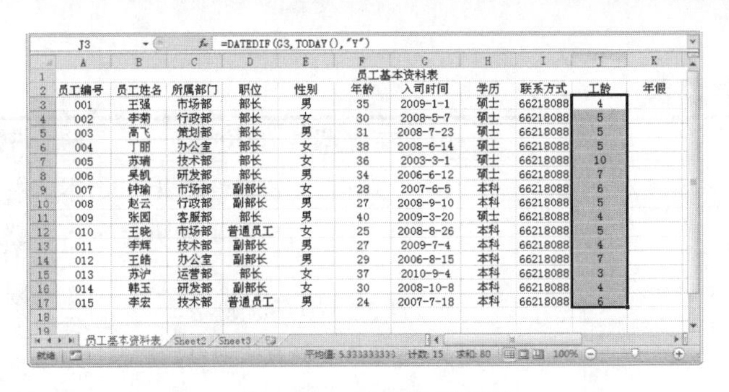

J3　=DATEDIF(G3,TODAY(),"Y")

员工基本资料表

员工编号	员工姓名	所属部门	职位	性别	年龄	入司时间	学历	联系方式	工龄	年假
001	王强	市场部	部长	男	35	2009-1-1	硕士	66218088	4	
002	李菊	行政部	部长	女	30	2008-5-7	硕士	66218088	5	
003	高飞	策划部	部长	男	31	2008-7-23	硕士	66218088	5	
004	丁丽	办公室	部长	女	38	2008-6-14	硕士	66218088	5	
005	苏瑞	技术部	部长	女	36	2003-3-1	硕士	66218088	10	
006	吴凯	研发部	部长	男	34	2006-6-12	硕士	66218088	7	
007	钟瑜	市场部	副部长	女	28	2007-6-5	本科	66218088	6	
008	赵云	行政部	副部长	男	27	2008-9-10	本科	66218088	5	
009	张园	客服部	部长	男	40	2009-3-20	硕士	66218088	4	
010	王晓	市场部	普通员工	女	25	2008-8-26	本科	66218088	5	
011	李辉	技术部	副部长	男	27	2009-7-4	本科	66218088	4	
012	王皓	办公室	副部长	男	29	2006-8-15	本科	66218088	7	
013	苏沪	运营部	部长	女	37	2010-9-4	本科	66218088	3	
014	韩玉	研发部	副部长	女	30	2008-10-8	本科	66218088	4	
015	李宏	技术部	普通员工	男	24	2007-7-18	本科	66218088	6	

员工基本资料表 / Sheet2 / Sheet3

就绪　平均值: 5.333333333　计数: 15　求和: 80　100%

图 11-8　填充数据结果

11.1.3 计算年假天数

员工年假基本表格包括员工编号、姓名、所属部门、性别、基本工资、入职时间、工龄、年假等，员工应有的年假是根据工龄字段来划分的。

下面就以上一小节中已经计算好的“工龄”字段来计算员工的年假天数，具体操作步骤如下.

1. 打开原始文件 11.1.3.xlsx。
2. 选中单元格 K3，输入公式“=IF(J3>=1,IF(J3<3,7,7+(J3-2)),0)”。
3. 按 Enter 键确认输入，此时单元格 K3 显示年假 9，如图 11-9 所示。
4. 利用自动填充功能，将单元格 K3 中的公式填充到 K 列的其余单元格中，如图 11-10 所示。

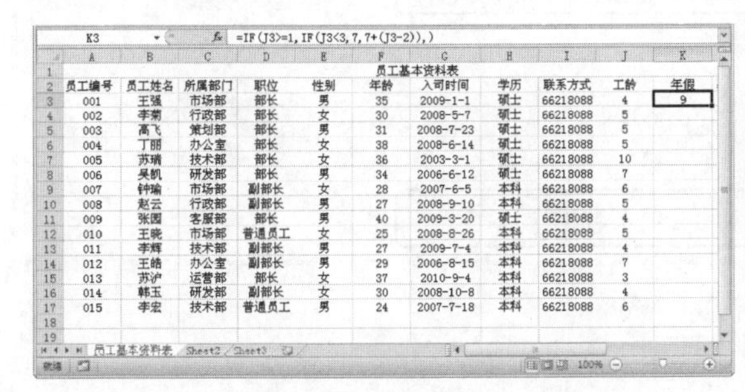

K3　=IF(J3>=1,IF(J3<3,7,7+(J3-2)),)

员工基本资料表

员工编号	员工姓名	所属部门	职位	性别	年龄	入司时间	学历	联系方式	工龄	年假
001	王强	市场部	部长	男	35	2009-1-1	硕士	66218088	4	9
002	李菊	行政部	部长	女	30	2008-5-7	硕士	66218088	5	
003	高飞	策划部	部长	男	31	2008-7-23	硕士	66218088	5	
004	丁丽	办公室	部长	女	38	2008-6-14	硕士	66218088	5	
005	苏瑞	技术部	部长	女	36	2003-3-1	硕士	66218088	10	
006	吴凯	研发部	部长	男	34	2006-6-12	硕士	66218088	7	
007	钟瑜	市场部	副部长	女	28	2007-6-5	本科	66218088	6	
008	赵云	行政部	副部长	男	27	2008-9-10	本科	66218088	5	
009	张园	客服部	部长	男	40	2009-3-20	硕士	66218088	4	
010	王晓	市场部	普通员工	女	25	2008-8-26	本科	66218088	5	
011	李辉	技术部	副部长	男	27	2009-7-4	本科	66218088	4	
012	王皓	办公室	副部长	男	29	2006-8-15	本科	66218088	7	
013	苏沪	运营部	部长	女	37	2010-9-4	本科	66218088	3	
014	韩玉	研发部	副部长	女	30	2008-10-8	本科	66218088	4	
015	李宏	技术部	普通员工	男	24	2007-7-18	本科	66218088	6	

员工基本资料表 / Sheet2 / Sheet3

就绪　100%

图 11-9　输入公式

K3　=IF(J3>=1,IF(J3<3,7,7+(J3-2)),)

员工基本资料表

员工编号	员工姓名	所属部门	职位	性别	年龄	入司时间	学历	联系方式	工龄	年假
001	王强	市场部	部长	男	35	2009-1-1	硕士	66218088	4	9
002	李菊	行政部	部长	女	30	2008-5-7	硕士	66218088	5	10
003	高飞	策划部	部长	男	31	2008-7-23	硕士	66218088	5	10
004	丁丽	办公室	部长	女	38	2008-6-14	硕士	66218088	5	10
005	苏瑞	技术部	部长	女	36	2003-3-1	硕士	66218088	10	15
006	吴凯	研发部	部长	男	34	2006-6-12	硕士	66218088	7	12
007	钟瑜	市场部	副部长	女	28	2007-6-5	本科	66218088	6	11
008	赵云	行政部	副部长	男	27	2008-9-10	本科	66218088	5	10
009	张园	客服部	部长	男	40	2009-3-20	硕士	66218088	4	9
010	王晓	市场部	普通员工	女	25	2008-8-26	本科	66218088	5	10
011	李辉	技术部	副部长	男	27	2009-7-4	本科	66218088	4	9
012	王皓	办公室	副部长	男	29	2006-8-15	本科	66218088	7	12
013	苏沪	运营部	部长	女	37	2010-9-4	本科	66218088	3	8
014	韩玉	研发部	副部长	女	30	2008-10-8	本科	66218088	4	9
015	李宏	技术部	普通员工	男	24	2007-7-18	本科	66218088	6	11

员工基本资料表 / Sheet2 / Sheet3

就绪　平均值: 10.33333333　计数: 15　求和: 155　100%

图 11-10　填充数据结果

知识补充

在本例公式中，如果工龄小于 1 年，则年假直接显示 0；如果工龄大于 1 年而小于 3 年，则年假显示 7；如果工龄大于 3 年，那么工龄每增加 1 年，年假增加 1 天。

11.2 制作员工考勤管理表

考勤管理表是统计企业劳动纪律管理的最基本工作，也是绩效管理工作的一部分，它的对象是公司全体员工。它通过约束的手段来统一公司全体员工的工作态度、规范公司全体员工的工作行为、提升公司全体员工的工作业绩。

电脑小百科

对话框启动器是一种比较特殊的按钮控件，它位于特定的命令组的右下角，并与此命令组相关联。

书盘互动指导

⊙ 示例	⊙ 在光盘中的位置	⊙ 书盘互动情况
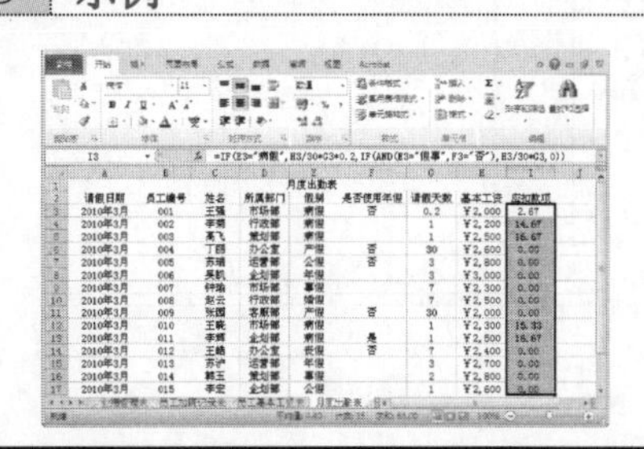	11.2 制作员工考勤管理表 11.2.1 创建员工加班记录表 11.2.2 计算加班费 11.2.3 创建员工缺勤记录表 11.2.4 计算应扣款项	本节主要带领读者学习制作员工考勤管理表的基本操作，在光盘 11.2 节中有相关内容的操作视频，还特别针对本节内容设置了具体的实例分析。 读者可以在阅读本节内容后再学习光盘内容，以达到巩固和提升的效果。

11.2.1 创建员工加班记录表

为了便于管理公司员工的出勤情况，可以建立加班记录表，用来记录加班的员工信息，从而对其作出一定的奖励。

操作分析

创建加班记录表，首先要建立工作簿，然后在工作表录入数据。下面就将介绍如何创建一个员工加班记录表。

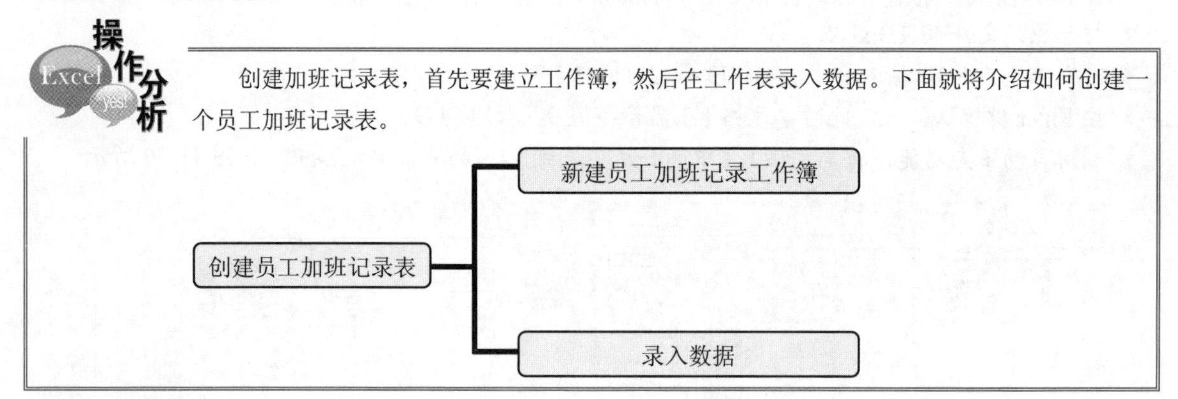

跟着做 1☛ 新建员工加班记录工作簿

1. 启动 Excel 2010 程序，程序会自动新建一个工作簿。
2. 双击工作表标签 Sheet1，然后将其重命名为“员工加班记录表”，如图 11-11 所示。
3. 在“文件”选项卡下单击“另存为”命令，弹出“另存为”对话框，将工作簿命名为“员工加班记录”，如图 11-12 所示。

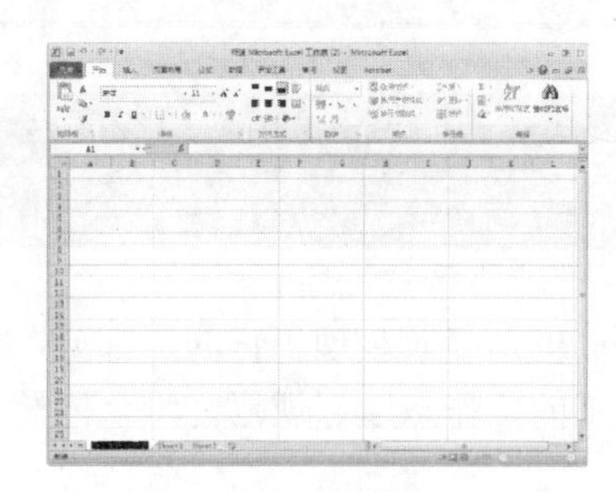

图 11-11 重命名工作表

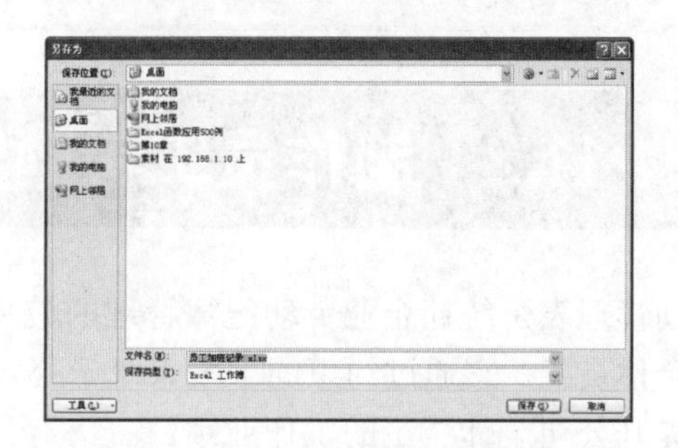

图 11-12 “另存为”对话框

电脑小百科

对话框启动器按钮显示为斜角箭头图标，单击此按钮可以打开与该命令组相关的对话框。

跟着做 2☛ 录入数据

❶ 在“员工加班记录表”工作表中选中 A1 单元格，输入标题“员工加班记录表”，输入完毕按 Enter 键即可，如图 11-13 所示。

❷ 按照同样的方法输入其他的表格中的数据，如图 11-14 所示。

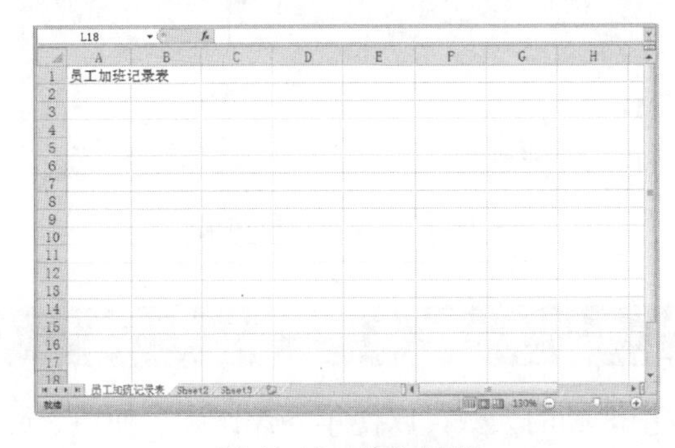

图 11-13　输入标题

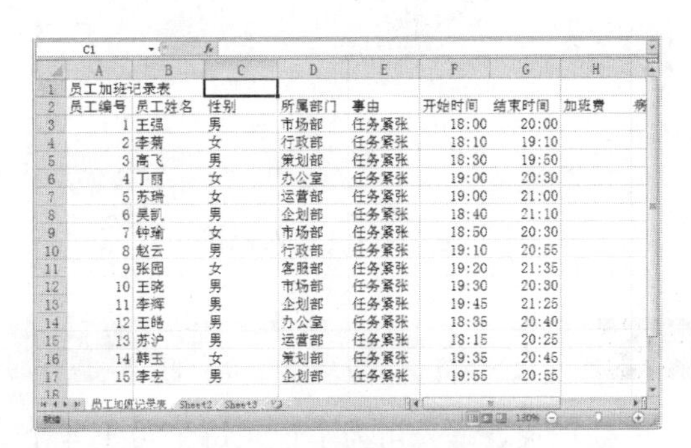

图 11-14　输入其他数据

❸ 选中 A1:L1 单元格区域，单击“开始”选项卡下的“合并后居中”按钮，单元格内容将以居中对齐方式显示，设置字号大小为 11，如图 11-15 所示。

❹ 选中单元格区域，在“开始”选项卡下的“对齐方式”选项组中，单击“居中”按钮即可，如图 11-16 所示。

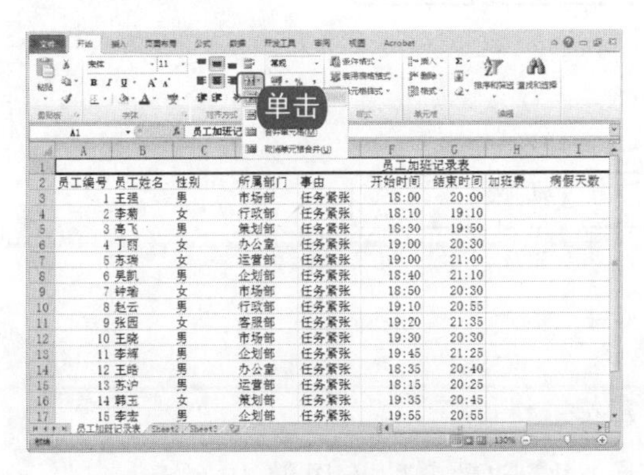

图 11-15　单击“合并后居中”按钮

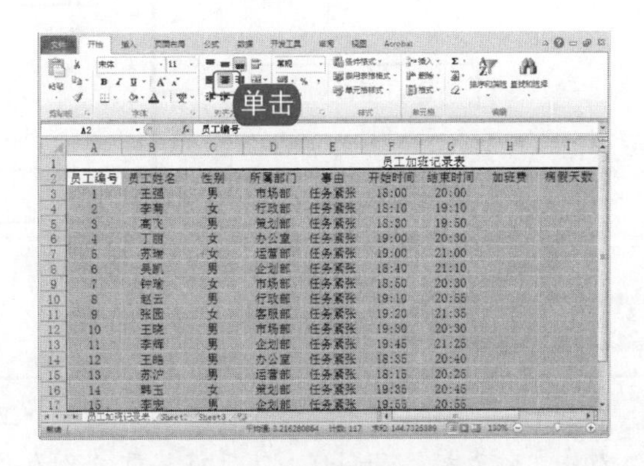

图 11-16　单击“居中”按钮

11.2.2　计算加班费

加班费是指员工按照用人单位生产和工作的需要在规定时间之外继续生产劳动或者工作所获得的劳动报酬。员工加班，延长了工作时间，增加了额外的劳动量，因此应当得到合理的报酬。

下面利用上一小节创建的“员工加班记录表”来进行分析，加班时间在两小时以内的加班费为 70 元，超过两个小时，加班费为 140 元，具体操作方法如下。

❶ 打开原始文件 11.2.2.xlsx。

❷ 选中单元格 H3，在单元格内输入公式“=IF(HOUR(G3-F3)<2,70,140)”

❸ 按 Enter 键确认输入，此时单元格 H3 将显示加班费 140，如图 11-17 所示。

电脑小百科

当屏幕的宽度小于 300 像素时，功能区不再显示。

4 利用自动填充功能，将单元格 H3 中的公式填充到 H 列的其余单元格中，如图 11-18 所示。

	A	B	C	D	E	F	G	H
1						员工加班记录表		
2	员工编号	员工姓名	性别	所属部门	事由	开始时间	结束时间	加班费
3	001	王强	男	市场部	任务紧张	18:00	20:00	140
4	002	李菊	女	行政部	任务紧张	18:10	19:10	
5	003	高飞	男	策划部	任务紧张	18:30	19:50	
6	004	丁丽	女	办公室	任务紧张	19:00	20:30	
7	005	苏琦	女	运营部	任务紧张	19:00	21:00	
8	006	吴凯	男	企划部	任务紧张	18:40	21:10	
9	007	钟瑜	女	市场部	任务紧张	18:50	20:30	
10	008	赵云	男	行政部	任务紧张	19:10	20:55	
11	009	张园	女	客服部	任务紧张	19:20	21:35	
12	010	王晓	男	市场部	任务紧张	19:30	20:30	
13	011	李辉	男	企划部	任务紧张	19:45	21:25	
14	012	王皓	男	办公室	任务紧张	18:35	20:40	
15	013	苏沪	男	运营部	任务紧张	18:15	20:25	
16	014	韩玉	女	策划部	任务紧张	19:35	20:45	
17	015	李宏	男	企划部	任务紧张	19:55	20:55	

图 11-17　输入公式

	A	B	C	D	E	F	G	H
1						员工加班记录表		
2	员工编号	员工姓名	性别	所属部门	事由	开始时间	结束时间	加班费
3	001	王强	男	市场部	任务紧张	18:00	20:00	140
4	002	李菊	女	行政部	任务紧张	18:10	19:10	70
5	003	高飞	男	策划部	任务紧张	18:30	19:50	70
6	004	丁丽	女	办公室	任务紧张	19:00	20:30	70
7	005	苏琦	女	运营部	任务紧张	19:00	21:00	140
8	006	吴凯	男	企划部	任务紧张	18:40	21:10	140
9	007	钟瑜	女	市场部	任务紧张	18:50	20:30	70
10	008	赵云	男	行政部	任务紧张	19:10	20:55	70
11	009	张园	女	客服部	任务紧张	19:20	21:35	140
12	010	王晓	男	市场部	任务紧张	19:30	20:30	70
13	011	李辉	男	企划部	任务紧张	19:45	21:25	70
14	012	王皓	男	办公室	任务紧张	18:35	20:40	140
15	013	苏沪	男	运营部	任务紧张	18:15	20:25	140
16	014	韩玉	女	策划部	任务紧张	19:35	20:45	70
17	015	李宏	男	企划部	任务紧张	19:55	20:55	70

图 11-18　填充数据结果

11.2.3 创建员工缺勤记录表

缺勤记录表是公司为了记录每个员工 4 个季度中缺勤的天数，以便年终评比参考使用。员工缺勤的原因可以分为矿工、病假、事假和年假 4 种情况。

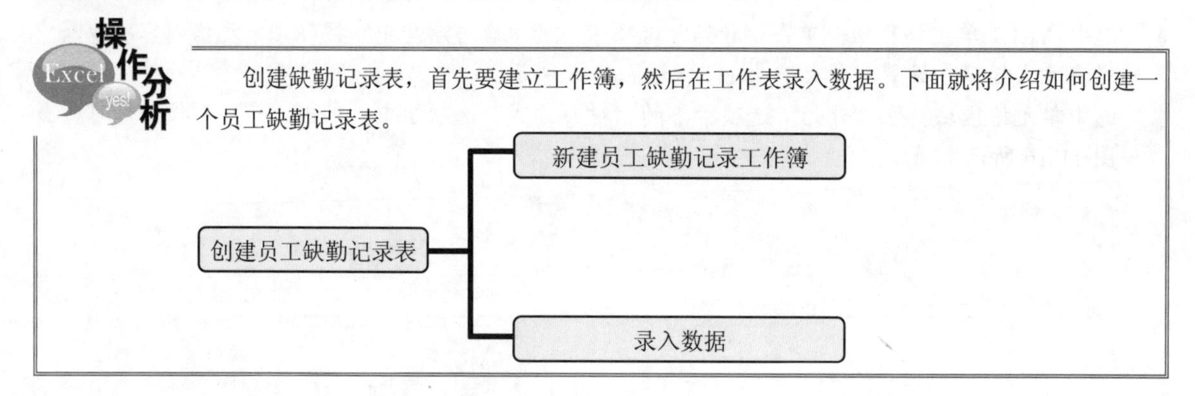

跟着做 1 新建员工缺勤记录工作簿

1 启动 Excel 2010 程序，程序会自动新建一个工作簿。

2 双击工作表标签 Sheet1，然后将其重命名为“员工缺勤记录表”，如图 11-19 所示。

3 在“文件”选项卡下单击“另存为”命令，弹出“另存为”对话框，将工作簿命名为“员工缺勤记录”，单击“保存”按钮，如图 11-20 所示。

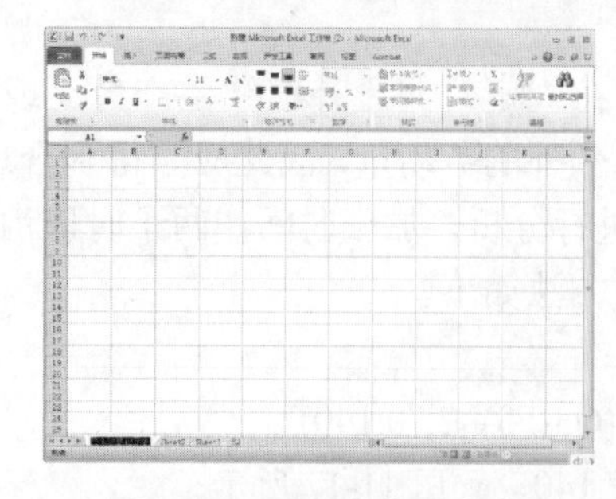

图 11-19　重命名工作表

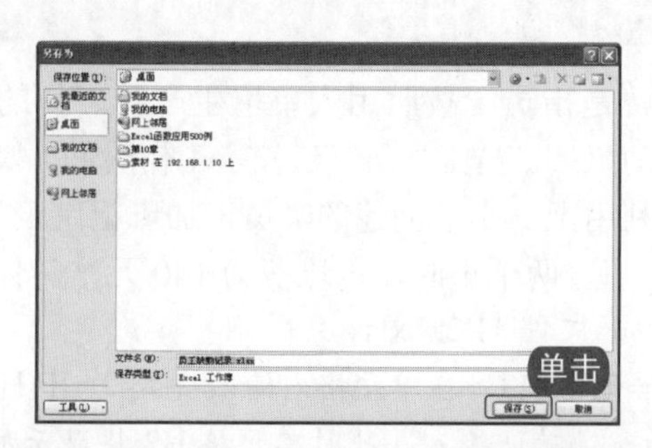

图 11-20　“另存为”对话框

电脑小百科

使用 Excel 2010 程序的“自动保存”功能可以减少因为误操作或断电等意外情况发生时所造成的损失。

跟着做 2☛ 录入数据

❶ 在“员工缺勤记录表”工作表中的 A1 单元格中输入“员工缺勤记录表”，输入完毕按 Enter 键即可，如图 11-21 所示。

❷ 按照同样的方法输入其他的表格中的数据，如图 11-22 所示。

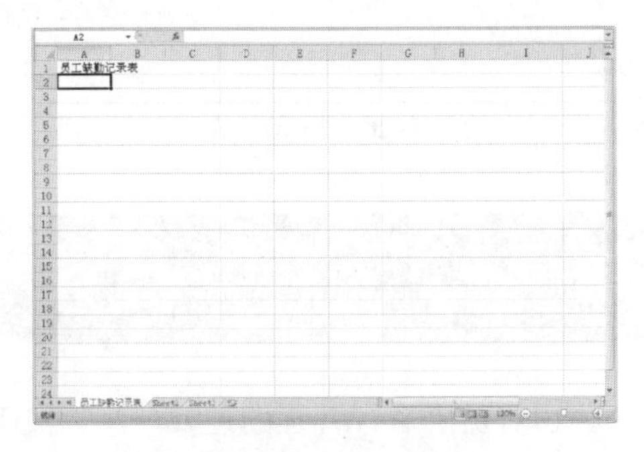

图 11-21　输入标题

图 11-22　输入其他数据

❸ 选中 A1:E1 单元格区域，单击“开始”选项卡下的“合并后居中”按钮，单元格内容将以居中对齐方式显示，设置字号大小为 11，如图 11-23 所示。

❹ 选中单元格区域，在“开始”选项卡下的“对齐方式”选项组中，单击“居中”按钮，如图 11-24 所示。

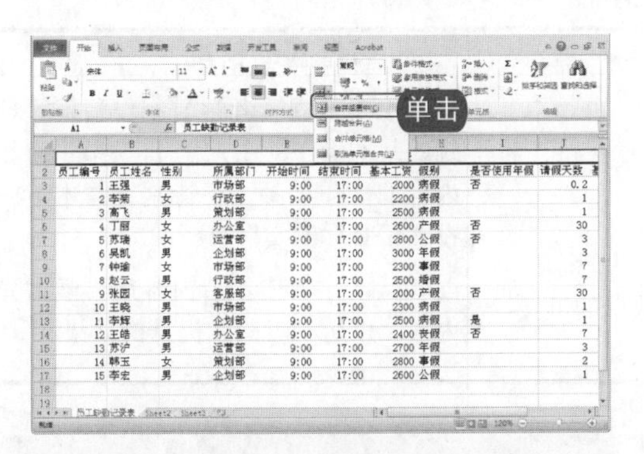

图 11-23　单击“合并后居中”按钮

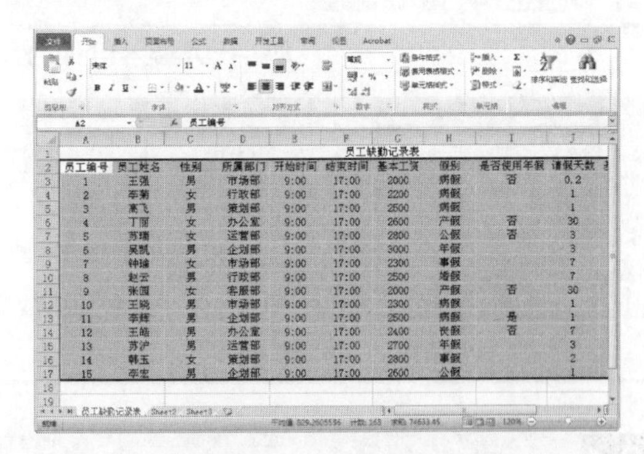

图 11-24　单击“居中”按钮

11.2.4 计算应扣款项

根据前面所介绍的请假天数计算方法，输入请假天数后，就需要处理应扣除的工资。这里假定每个人每天的工资等于月工资除以 30，此外，还要注意只有事假可以选择使用年假。

使用上一节创建的“员工缺勤记录”中的数据来计算员工的应扣工资，具体操作方法如下。

❶ 打开原始文件 11.2.4.xlsx。

❷ 单击单元格 L3，输入公式“=IF(H3="病假",K3/30*J3*0.2,IF(AND(H3="假事",I3="否"),K3/30*J3,0))”。

❸ 按 Enter 键确认，可以看到单元格 L3 中自动显示出该员工的应扣款项，如图 11-25 所示。

❹ 将鼠标指针放到单元格 L2 右下角的填充柄上，当指针变为“+”形状时向下拖动，将公式复制到 L 列的其他单元格中，如图 11-26 所示。

电脑小百科

只有工作簿发生新的修改时，计时器才开始启动计时，到达指定的间隔时间后发生保存动作。

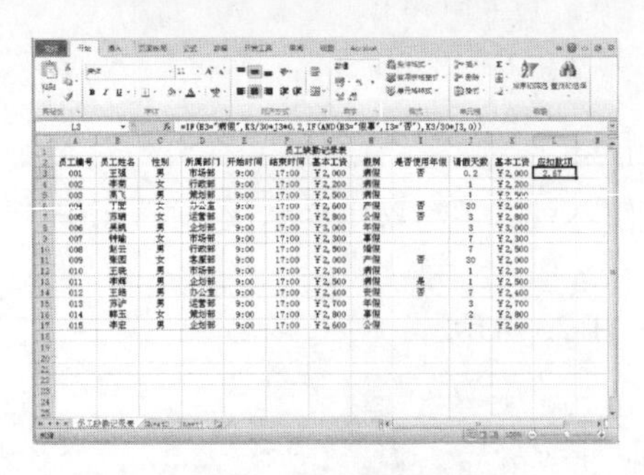

图 11-25　输入公式

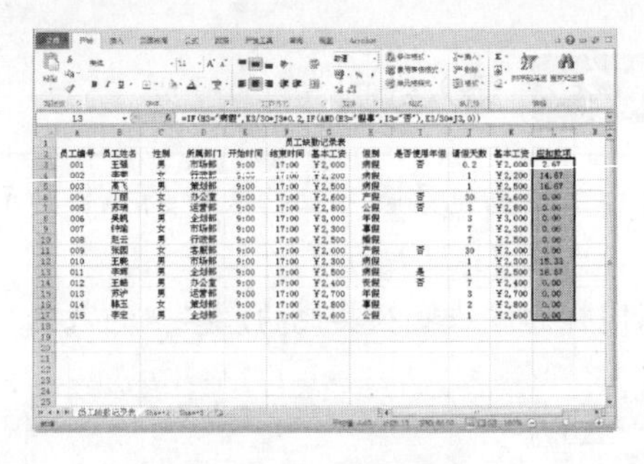

图 11-26　填充公式

11.3　制作薪资管理系统

员工的薪资管理是财务管理中的重要内容，也是公司对员工进行管理的重要一环。员工的薪资管理涉及员工的薪资记录、出勤统计、业绩统计、福利数据等内容。因此，薪资管理是这些记录与统计的汇总。由于数据量巨大，所以操作起来极易出错。如果使用 Excel 2010 进行自动化管理，则会在很大程度上避免错误，提高工作效率。

书盘互动指导

示例	在光盘中的位置	书盘互动情况
	11.3　制作薪资管理系统 11.3.1　制作薪资管理表和薪资汇总表 11.3.2　自动更新基本工资 11.3.3　奖金及扣款数据的链接 11.3.4　计算个人所得税	本节主要带领读者学习制作薪资管理系统的基本操作，在光盘 11.3 节中有相关内容的操作视频，还特别针对本节内容设置了具体的实例分析。 读者可以在阅读本节内容后再学习光盘内容，以达到巩固和提升的效果。

11.3.1　制作薪资管理表和薪资汇总表

薪资管理表和薪资汇总表是用来汇总员工所获得的工资总额和实际应付工资等信息。

操作分析

制作薪资管理系统，首先要创建工作簿，其中包含薪资管理表和薪资汇总表，下面介绍创建的方法。

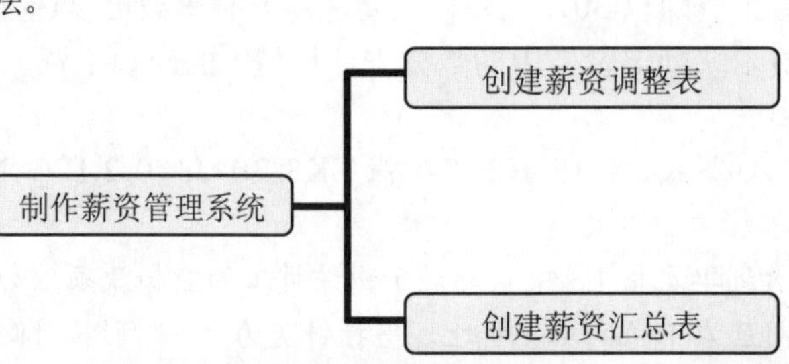

电脑小百科

在一个计时周期过程中，如果进行了手动保存工作，计时器立即清零，直到下一次工作簿发生修改时再次开始激活计时。

跟着做 1☛ 创建“薪资管理系统”工作簿

❶ 启动 Excel 2010 程序，程序会自动新建一个工作簿。

❷ 双击工作表标签 Sheet1，然后将其重命名为“薪资调整”，然后双击工作表标签 Sheet2，将其重命名为“薪资汇总”，如图 11-27 所示。

❸ 在“文件”选项卡下单击“另存为”命令，弹出“另存为”对话框，将工作簿命名为“薪资管理系统”，如图 11-28 所示。

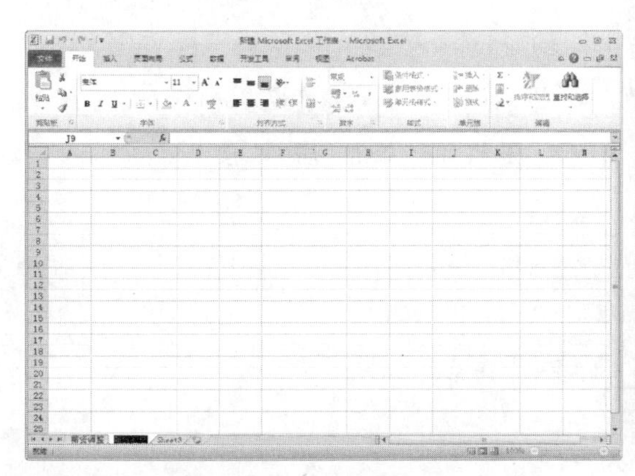

图 11-27　重命名工作表

图 11-28　“另存为”对话框

跟着做 2☛ 录入数据

❶ 在“薪资调整”工作表中选中 A1 单元格，输入标题“薪资调整表”，输入完毕按 Enter 键，如图 11-29 所示。

❷ 按照同样的方法输入其他单元格中的数据，如图 11-30 所示。

图 11-29　输入标题

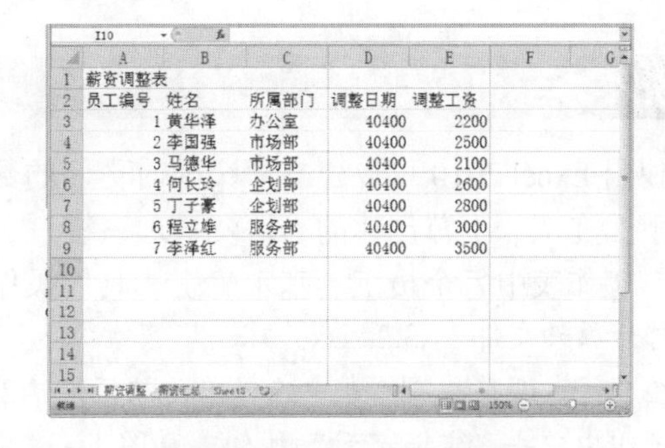

图 11-30　输入其他数据

❸ 选中 A1:E1 单元格区域，单击“开始”选项卡下的“合并后居中”按钮，单元格内容将以居中对齐方式显示，设置字号大小为 11，如图 11-31 所示。

❹ 选中单元格区域，在“开始”选项卡下的“对齐方式”选项组中，单击“居中”按钮，如图 11-32 所示。

❺ 按照同样的方法为“薪资汇总”工作表录入数据并设置单元格格式，如图 11-33 所示。

电脑小百科

保存工作区只是保存当前工作窗口中所有工作簿的名称及路径等信息，它无法代替工作簿的保存。

图 11-31　单击“合并后居中”按钮

图 11-32　单击“居中”按钮

图 11-33　为“薪资汇总”表录入数据

11.3.2　自动更新基本工资

使用 Excel 2010 可以建立一个随时更新的数据库，让每个员工的基本工资都自动更新。

下面在上一小节创建的“薪资管理系统”工作簿中的两个工作表的基础上，自动更新“薪资汇总”工作表中每个员工的基本工资，具体操作方法如下。

1. 打开原始文件 11.3.2.xlsx。
2. 在“薪资调整”工作表中选择单元格区域 A2～E8，单击“公式”选项卡，在“定义的名称”选项组中单击“定义名称”按钮，如图 11-34 所示。
3. 弹出“新建名称”对话框，在“名称”文本框中输入“薪资管理”，在“范围”下拉列表框中选择“工作簿”，在“引用位置”文本框中输入“=薪资调整！$A$2:$E$8”，如图 11-35 所示。
4. 单击“确定”按钮，名称框中将显示定义的范围名称“薪资管理”，如图 11-36 所示。
5. 单击“薪资汇总”工作表标签，选择单元格 D2，在编辑栏中直接输入公式“=VLOOKUP(A2,薪资调整,5)”，按 Enter 键确认，该单元格中将自动显示出员工的基本工资，如图 11-37 所示。

电脑小百科

工作区保存后，如果其中所包含的工作簿位置或者名称发生变化，再次打开工作区时，Excel 2010 将无法找到发生更改的文件。

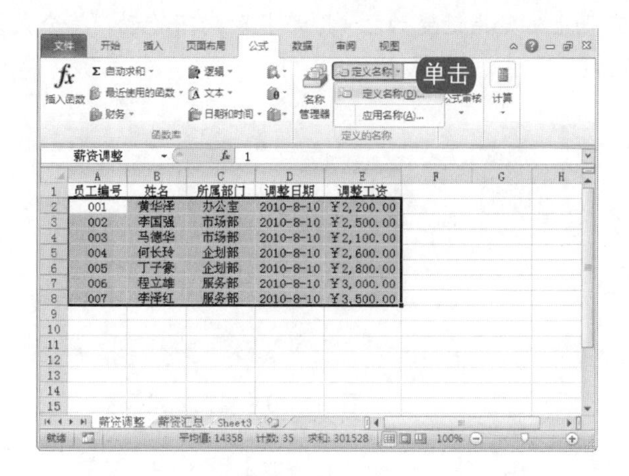

图 11-34 选择需定义名称的单元格区域

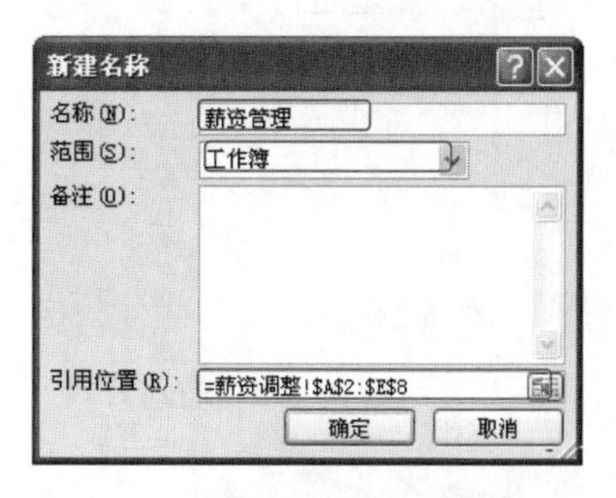

图 11-35 “新建名称”对话框

图 11-36 定义名称后的效果

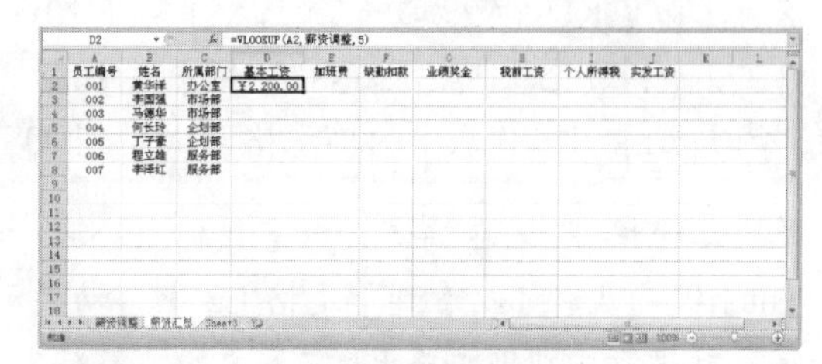

图 11-37 输入公式

❻ 将鼠标指针放到单元格 D2 右下角的填充柄上，当指针变为“+”形状时向下拖动，将公式复制到 D 列的其他单元格中，如图 11-38 所示。

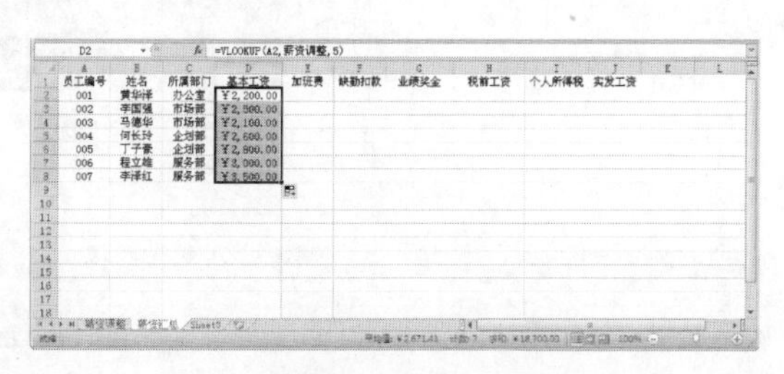

图 11-38 填充公式

11.3.3 奖金及扣款数据的链接

Excel 2010 中有一种非常好用的功能，即数据连接，该功能最大的优点就是结果会随着数据源的变化自动更新。

下面在上一小节创建的“薪资汇总”基础上，计算其中的“奖金”、“缺勤扣款”和“业绩资金”3 个字段的数据，介绍如何实现数据的链接。具体操作步骤如下。

❶ 打开原始文件 11.3.3.xlsx。

❷ 选择“薪资汇总”工作表中的单元格 E2，在编辑栏中直接输入公式“=VLOOKUP(A2,加班记录!$A$1:$J$8,10)”。

❸ 按 Enter 键确认，可以看到单元格 E2 中自动显示了员工“黄华泽”的加班费，如图 11-39 所示。

电脑小百科

建议尽量不要对工作表级和工作簿级名称全使用相同的命名，避免造成管理混乱。

4 将鼠标指针放到单元格E2右下角的填充柄上，当指针变为“+”形状时向下拖动，将公式复制到E列的其他单元格中，如图11-40所示。

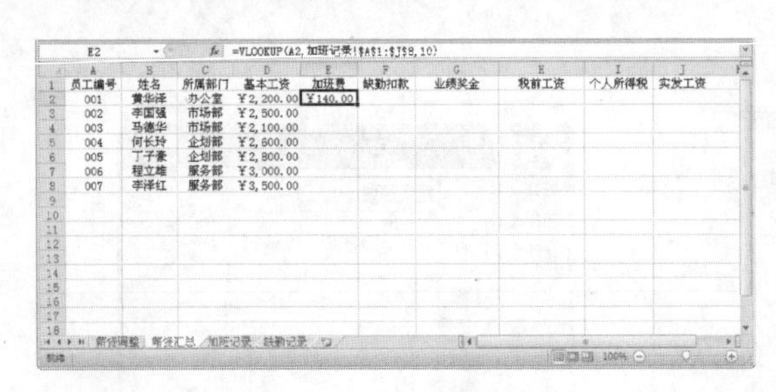

图 11-39 输入公式

图 11-40 填充公式

知识补充

公式VLOOKUP(A2,加班记录!$A$1:$J$8,10)中的第3个参数设置为10表示取满足条件的记录在“11.3.3.xlsx 加班记录!$A$1:$J$8”区域中第10列的值，“[加班记录!$A$1:$J$8”区域就是“11.3.3.xlsx”中的“加班记录”工作表中的单元格区域$A$1:$J$8。

5 单击单元格F2，在编辑栏中直接输入公式“=VLOOKUP(A2,缺勤记录表!$A$2:$M$8,13)”，按Enter键确认，可以看到单元格E2中自动显示了员工“黄华泽”的缺勤扣款，如图11-41所示。

6 将鼠标指针放到单元格F2右下角的填充柄上，当指针变为“+”形状时向下拖动，将公式复制到F列的其他单元格中，如图11-42所示。

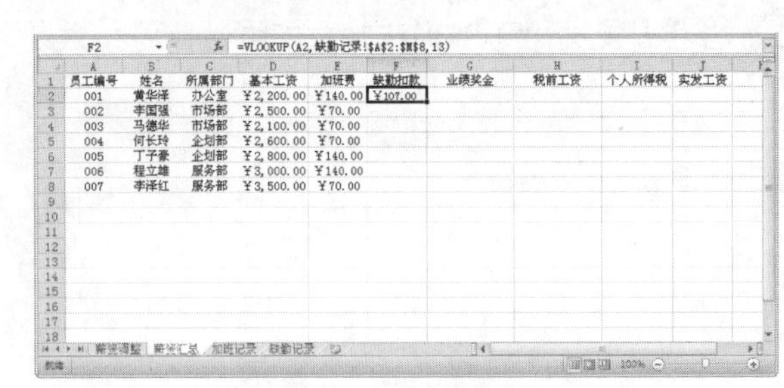

图 11-41 输入公式

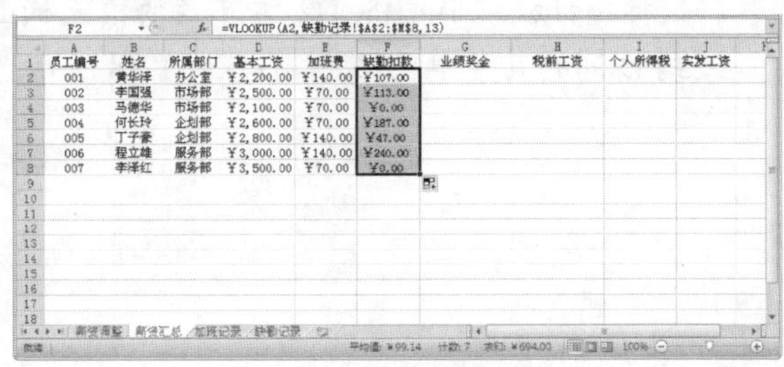

图 11-42 填充公式

7 单击单元格G2，在编辑栏中直接输入公式“=VLOOKUP(A2,业绩管理!$A$2:$G$8,7)”，按Enter键确认，在单元格G2中自动显示了员工“黄华泽”的业绩奖金，如图11-43所示。

8 将鼠标指针放到单元格G2右下角的填充柄上，当指针变为“+”形状时向下拖动，将公式复制到G列的其他单元格中，如图11-44所示。

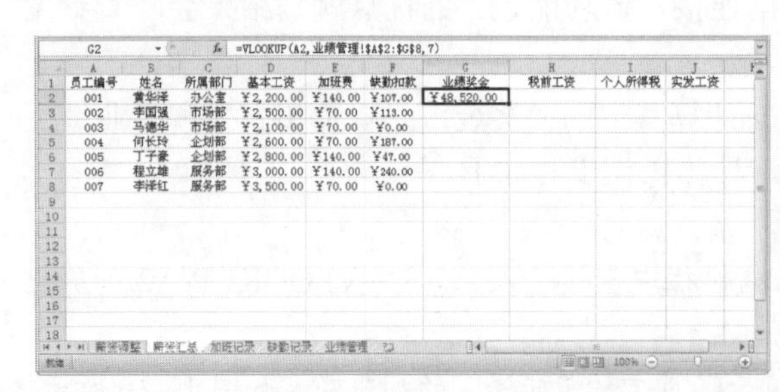

图 11-43 输入公式

图 11-44 填充公式

电脑小百科

一般情况下，名称的命名应该便于记忆且尽量简短，否则就违背了定义名称的初衷。

9. 在单元格 H2 中输入公式“=D2+E2-F2+G2”，按 Enter 键确认，计算出员工“黄华泽”的税前工资，如图 11-45 所示。

10. 将鼠标指针放到单元格 H2 右下角的填充柄上，当指针变为“+”形状时向下拖动，将公式复制到 H 列的其他单元格中，如图 11-46 所示。

图 11-45 输入公式

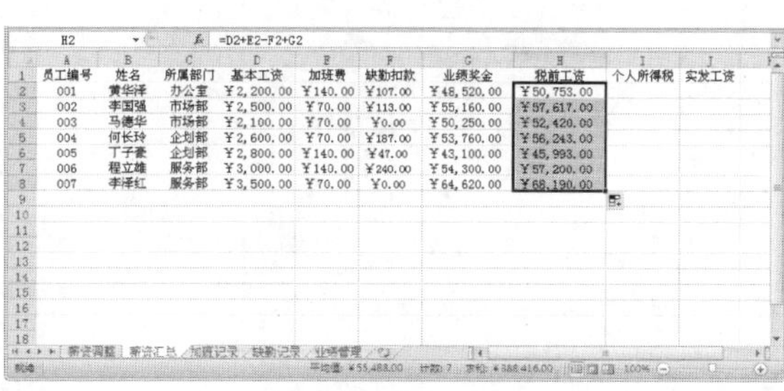

图 11-46 填充公式

11.3.4 计算个人所得税

依照我国税法规定，企业员工应缴纳个人所得税，而一般计应缴纳税额的是超额累进税率，计算起来比较麻烦和繁琐。这时如果用 Excel 2010 的速算扣除输入计算法功能，那么计算会变得简便。

假定个人所得税的计算方法为：工资总额超过 10 000 元才需要缴纳个人所得税；所得税等于工资总额的 10%。按照上述标准，即可计算出员工应扣个人所得税，具体操作方法如下。

1. 打开原始文件 11.3.4.xlsx，选择“薪资汇总”工作表。

2. 单击单元格 I2，然后输入公式“=IF(H2>10000,H2*10%,0)”，该公式表示只有当前工资总额超过 10 000 元时，才需交税所得税为工资总额的 10%，否则所得税为 0，然后按下 Enter 键确认公式输入，得到第一个员工的个人所得税，如图 11-47 所示。

3. 完成其他员工的个人所得税。将鼠标指针放到单元格 I2 右下角的填充柄上，当指针变为 + 形状时向下拖动，将公式复制到 I 列的其他单元格中，如图 11-48 所示。

图 11-47 输入公式

图 11-48 填充公式

11.4 制作员工年度考核系统

年度考核需要以季度考核的数据作为基础，因此需要先制作季度考核表。季度考核表的内容包括员工编号、员工姓名、缺勤记录、工作态度、工作能力以及季度考核成绩等。

电脑小百科

公式记忆键入列表中，内置函数全部使用大写字母，定义的名称或表名则将依据用户定义的方式显示。

书盘互动指导

示例	在光盘中的位置	书盘互动情况
	11.4 制作员工年度考核系统 11.4.1 设置数据有效性 11.4.2 设置条件格式 11.4.3 计算员工的年终奖金	本节主要带领读者学习制作员工年度考核，在光盘 11.4 节中有相关内容的操作视频，还特别针对本节内容设置了具体的实例分析。 读者可以选择在阅读本节内容后再学习光盘内容，以达到巩固和提升的效果，也可以对照光盘视频操作来学习，以便更直观地学习和理解。

11.4.1 设置数据有效性

Excel 2010 中的数据有效性功能既可以对一个单元格输入的数据作出限制，也可以自行设定数据有效性。下面在“员工年度考核表.xlsx”工作表中的出勤考核、工作态度、工作能力以及业绩考核单元格区域设置数据的有效性，当输入的出勤考核、工作态度、工作能力以及业绩考核成绩超出 7 时出现考核成绩错误提示，具体操作方法如下。

1. 打开原始文件“员工年度考核表.xlsx”。
2. 选中单元格区域 D3:G16，在“数据”选项卡中单击“数据有效性”下拉按钮，从弹出的下拉列表中选择“数据有效性”命令，如图 11-49 所示。

图 11-49 选中需设置数据有效性的单元格

3. 弹出“数据有效性”对话框，在“设置”选项卡下，单击“允许”下拉列表框，选择“整数”选项，在“数据”下拉列表框中选择“介于”选项，然后分别在“最小值”和“最大值”文本框中输入 1 和 6，将数字的有效性限定在 1～6 之间，并选中“忽略空值”复选框，如图 11-50 所示。
4. 单击“输入信息”选项卡，选中“选定单元格时显示输入信息”复选框，下方的两个文本框变为可用状态，并在“标题”文本框中输入“数值限制”，在“输入信息”文本框中输入“输入的

电脑小百科

条件格式和数据有效性中，不得使用其他工作表的“工作表级名称”。

数值是在 1 到 6 之间!”，如图 11-51 所示。

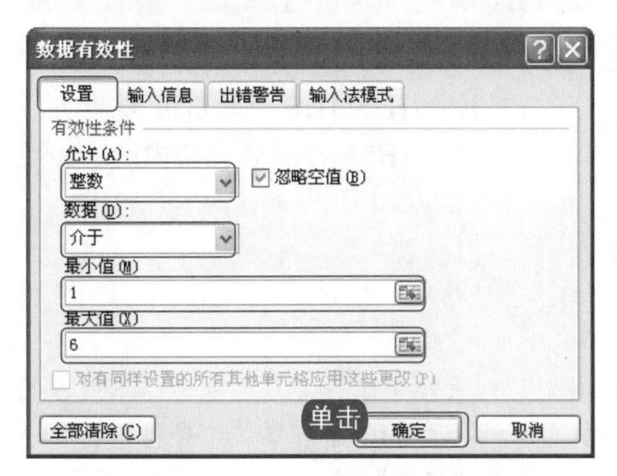

图 11-50　“数据有效性”对话框

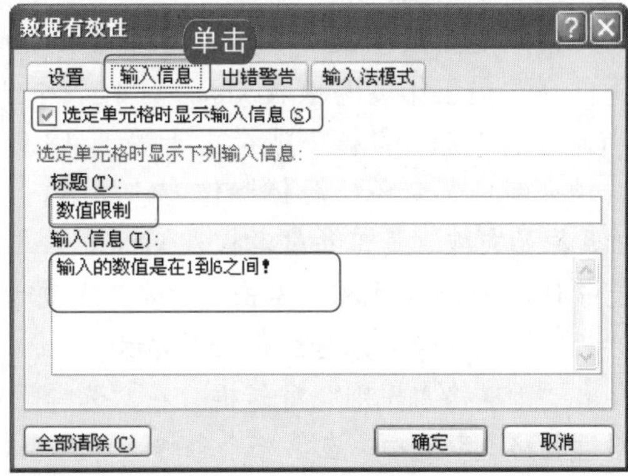

图 11-51　“输入信息”选项卡

5. 单击“出错警告”选项卡，选中“输入无效数据时显示出错警告”复选框，然后单击“样式”下拉列表框，选择“警告”选项，接着分别在其右侧的“标题”文本框和“错误信息”文本框中输入“输入错误”和“你输入的数值错误，应该在 1 到 6 之间!”如图 11-52 所示。
6. 单击“确定”按钮，返回到工作表中，选中 D3～G16 的任意单元格，会显示提示信息，如图 11-53 所示。

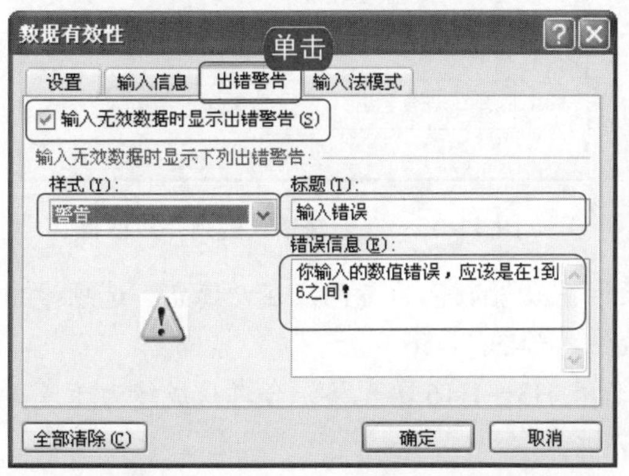

图 11-52　“出错警告”选项卡

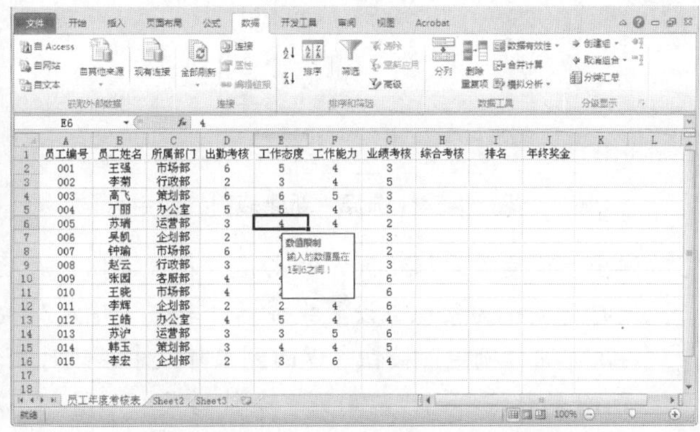

图 11-53　设置数据有效性后的效果

在“数据有效性”对话框中的“出错警告”选项卡，在“标题”和“错误信息”文本框中如果不输入任何内容，则提示的标题就被默认显示为 Microsoft Excel，错误信息默认显示为“输入值非法”，而且用户也对输入到该单元格的数值进行了限制。

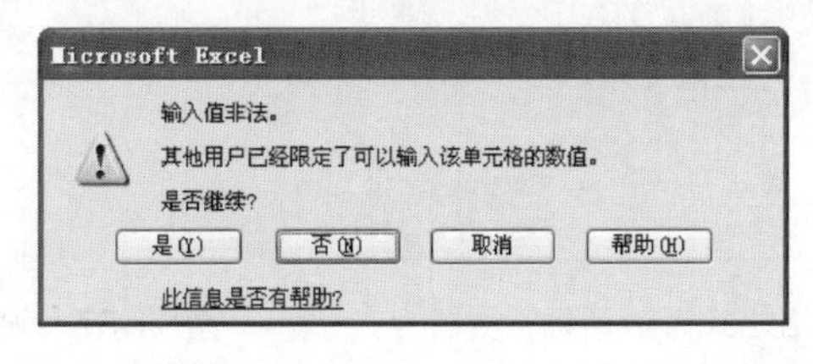

电脑小百科

区分一组迷你图和多个独立迷你图的方法是：选中一个迷你图时，整组迷你图会显示蓝色的外框线，而独立迷你图则没有相应的外框线。

11.4.2 设置条件格式

条件格式是将工作表中所有满足特定条件的单元格中的数据按照指定格式突出显示。

下面在“员工年度考核表.xlsx”工作表中的“综合考核”(H3～H16 单元格)区域设置条件格式，当输入的“综合考核”成绩大于等于 18 时，“综合考核”(H3～H16)单元格内的字体颜色为黄色，填充颜色为紫色，具体操作方法如下。

1. 打开原始文件“员工年度考核表.xlsx”。
2. 选中 H3～H16 单元格，单击“开始”选项卡中的“条件格式”按钮，从弹出的下拉列表中选择“新建规则”命令，如图 11-54 所示。
3. 弹出“新建格式规则”对话框，在“选择规则类型”列表框中选择“只为包含以下内容的单元格设置格式”选项，在第一个条件下拉列表框中选择“单元格值”，在第二个条件下拉列表框中选择“大于或等于”，在后面的文本域中输入 18，单击“格式”按钮，如图 11-55 所示。

图 11-54　选择“新建规则”命令

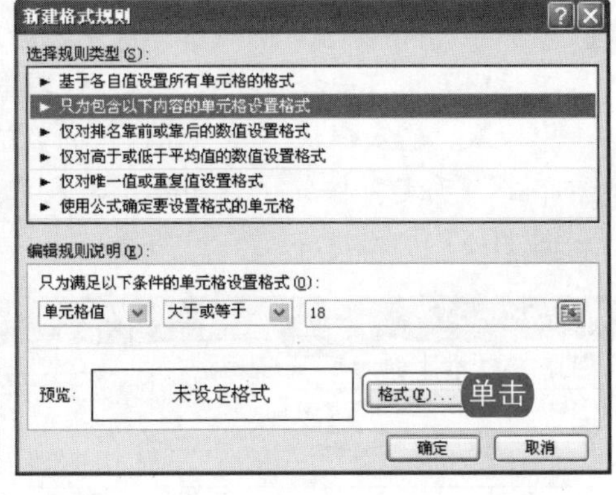

图 11-55　“新建格式规则”对话框

4. 弹出“设置单元格格式”对话框，在“字体”选项卡中设置颜色为黄色，在“填充”选项卡中选择背景色为紫色，设置完成后，单击“确定”按钮，如图 11-56 所示。
5. 再次单击“确定”按钮，返回到工作表中，此时工作表 H3～H16 单元格综合考核成绩大于或等于 18 的数据都已经应用到了条件格式，如图 11-57 所示。

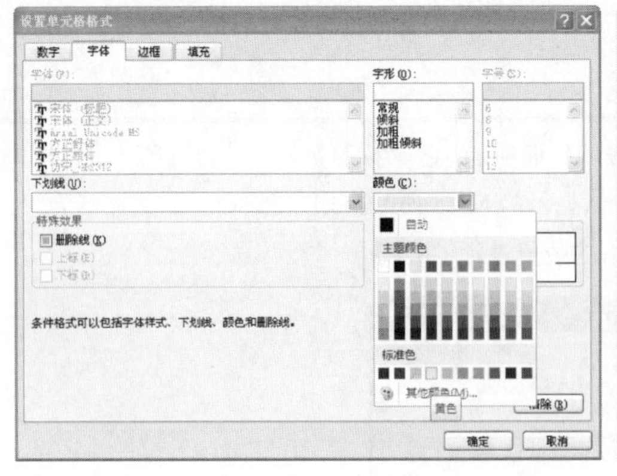

图 11-56　“设置单元格格式”对话框

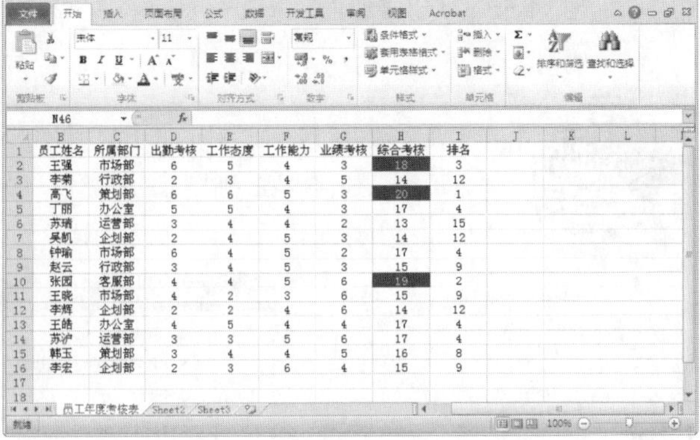

图 11-57　设置条件格式后的效果

电脑小百科

组合迷你图的图表类型由最后选中的单元格中的迷你图决定。如果是鼠标框选多个迷你图，组合迷你图的图表类型由区域内第一个迷你图决定。

11.4.3 计算员工的年终奖金

计算员工年终奖金需要制定一个年终奖金的评审标准。公司规定：凡是年度考核排名前 5 名的员工，每人年终奖金 40 000 元；排名 6～10 名的员工，每人年终奖金 30 000 元；排名 11～15 名的员工，每人年终奖金 20 000 元；其余的员工每人年终奖金 10 000 元。具体操作方法如下。

1. 分别打开原始文件“年终奖金评审标准表.xlsx”和“员工年度考核表.xlsx”，如图 11-58 和图 11-59 所示。

年终奖金评审标准

排名	年终奖金
1	￥40,000.00
6	￥30,000.00
11	￥20,000.00
16	￥10,000.00

图 11-58　年终奖金评审标准表

员工姓名	所属部门	出勤考核	工作态度	工作能力	业绩考核	综合考核	排名	年终奖金
王强	市场部	6	5	4	3	18	3	
李菊	行政部	2	3	4	5	14	12	
高飞	策划部	6	6	5	3	20	1	
丁丽	办公室	5	5	4	3	17	4	
苏瑞	运营部	3	4	4	2	13	15	
吴凯	企划部	2	4	5	3	14	12	
钟瑜	市场部	6	4	5	2	17	4	
赵云	行政部	3	4	5	3	15	9	
张园	客服部	4	4	5	6	19	2	
王晓	市场部	4	2	3	6	15	9	
李辉	企划部	2	2	4	6	14	12	
王皓	办公室	4	5	4	4	17	4	
苏沪	运营部	3	3	5	6	17	4	
韩玉	策划部	3	4	4	5	16	8	
李宏	企划部	2	3	6	4	15	9	

图 11-59　员工年度考核表

2. 在“员工年度考核”工作表中选中 J2 单元格，单击“公式”选项卡下的“函数库”组中的“插入函数”按钮，打开“插入函数”对话框，在“或选择类别”下拉列表框中选择“查找与引用”选项，在“选择函数”列表框中选择 LOOKUP 函数，如图 11-60 所示。
3. 单击“确定”按钮，打开“选定参数”对话框，单击“确定”按钮，如图 11-61 所示。

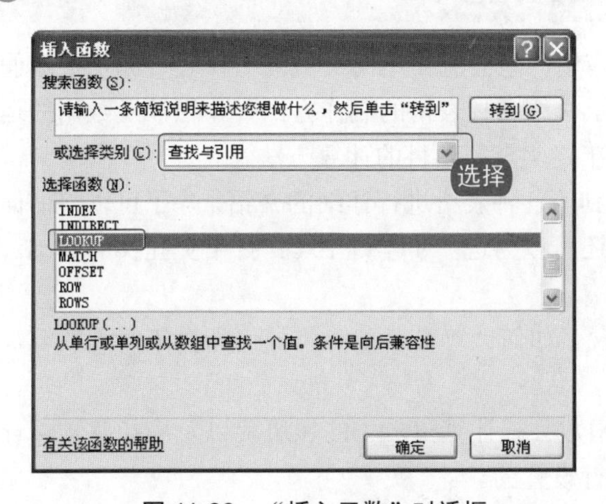

图 11-60　“插入函数”对话框

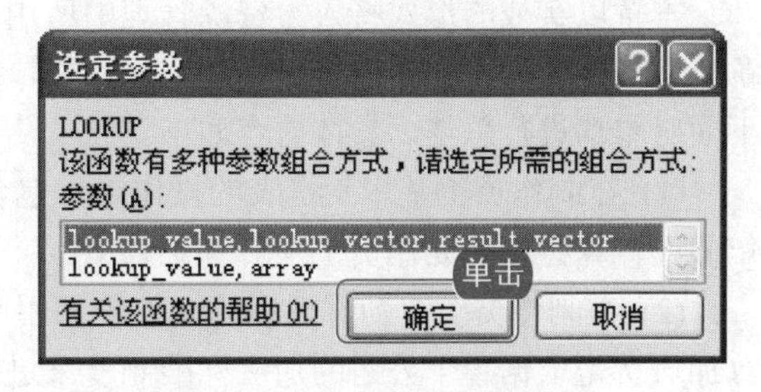

图 11-61　“选定参数”对话框

4. 打开“函数参数”对话框，输入函数参数的值，如图 11-62 所示。
5. 单击“确定”按钮，返回该员工的年终奖金，如图 11-63 所示。
6. 选中 J2 单元格，当鼠标指针变为 + 形状时，按住鼠标左键，向下拖动到 J16 单元格，计算其他员工的年终奖金，如图 11-64 所示。

电脑小百科

选中迷你图所在的单元格，右击鼠标，在弹出的快捷菜单中选择“删除”命令即可删除单元格和迷你图。

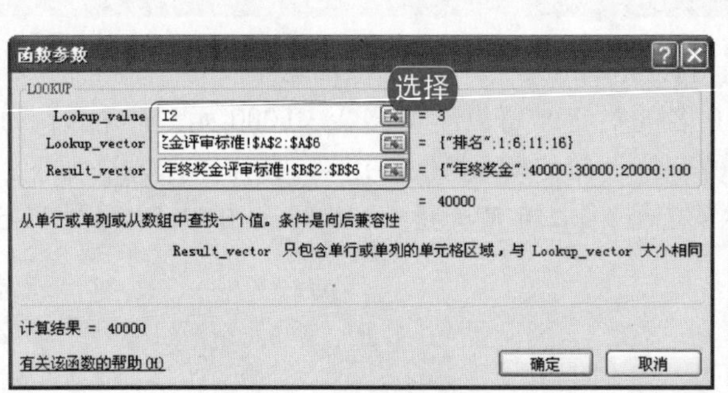

图 11-62 “函数参数”对话框

	B	C	D	E	F	G	H	I	J
1	员工姓名	所属部门	出勤考核	工作态度	工作能力	业绩考核	综合考核	排名	年终奖金
2	王强	市场部	6	5	4	3	18	3	40000
3	李菊	行政部	2	3	4	5	14	12	
4	高飞	策划部	6	6	5	3	20	1	
5	丁丽	办公室	5	5	4	3	17	4	
6	苏瑞	运营部	3	4	4	2	13	15	
7	吴凯	企划部	2	4	5	3	14	12	
8	钟瑜	市场部	6	4	5	2	17	4	
9	赵云	行政部	3	4	5	3	15	9	
10	张园	客服部	4	4	5	6	19	2	
11	王晓	市场部	4	2	3	6	15	9	
12	李辉	企划部	2	2	4	6	14	12	
13	王皓	办公室	4	5	4	4	17	4	
14	苏沪	运营部	3	3	5	6	17	4	
15	韩玉	策划部	3	4	4	5	16	8	
16	李宏	企划部	2	3	6	4	15	9	

图 11-63 该员工获得的年终奖金

=LOOKUP(I2,[信息管理.xlsx]年度考核奖金评审标准!$A$2:$A$6,年终奖金

	B	C	D	E	F	G	H	I	J
1	员工姓名	所属部门	出勤考核	工作态度	工作能力	业绩考核	综合考核	排名	年终奖金
2	王强	市场部	6	5	4	3	18	3	40000
3	李菊	行政部	2	3	4	5	14	12	20000
4	高飞	策划部	6	6	5	3	20	1	40000
5	丁丽	办公室	5	5	4	3	17	4	40000
6	苏瑞	运营部	3	4	4	2	13	15	20000
7	吴凯	企划部	2	4	5	3	14	12	20000
8	钟瑜	市场部	6	4	5	2	17	4	40000
9	赵云	行政部	3	4	5	3	15	9	30000
10	张园	客服部	4	4	5	6	19	2	40000
11	王晓	市场部	4	2	3	6	15	9	30000
12	李辉	企划部	2	2	4	6	14	12	20000
13	王皓	办公室	4	5	4	4	17	4	40000
14	苏沪	运营部	3	3	5	6	17	4	40000
15	韩玉	策划部	3	4	4	5	16	8	30000
16	李宏	企划部	2	3	6	4	15	9	30000

员工年度考核表 / 年终奖金评审标准 / Sheet3

平均值: 32000 计数: 15 求和: 480000

图 11-64 计算其他员工的年终奖金

学 习 小 结

本章主要学习 Excel 在人力资源管理中的应用，学会制作不同类型的工作表，如员工年假表、员工考勤管理表、员工年度考核表等。除了介绍各种表格的制作方法外，还涉及数据的运算，主要包含员工工龄、年假天数、加班费、年终奖金等项目的计算方法。

本章以实战的形式将人力资源管理中所用到的各种表格进行详细的介绍，除了可以将前面章节所提到的理论知识进行巩固和强化操作，还可以为进一步学好 Excel 打下更扎实的基础。下面对本章进行总结，具体内容如下。

(1) 在制作员工基本工资表的操作中，包含了如何计算员工工龄，如何计算年假天数等，年假的计算必须建立在员工工龄基础之上。

(2) 在制作员工考勤管理表的操作中，用函数公式计算出员工的加班费以及应扣款项。计算加班费是依据各个公司的加班标准制度来进行设置的。

(3) 在制作薪资管理系统时，首先需要建立的是“薪资调整”和“薪资汇总”两个表，然后依据其中的数据来计算奖金及个人所得税。

(4) 员工年度考核是以季度考核的数据作为基础，因此需要先制作员工季度考核表。

(5) 计算员工年终奖金首先要做的是制定一个年终奖金的评审标准，然后根据公司建立的评审标准来计算员工的年终奖金。

电脑小百科

在浮动窗口的标题栏上双击鼠标左键，可以浮动窗口重新变为最大化窗口。

互 动 练 习

1. 选择题

(1) 在 Excel 2010 中，能够计算员工工龄的函数是(　　)。

A．RANK　　B．ROUND

C．IF　　D．DATEDIF

(2) 合并单元格，除了单击(　　)选项卡中的“合并后居中”按钮，还可以在“设置单元格格式”对话框中设置。

A．开始　　B．插入　　C．数据　　D．公式

(3) 当鼠标移到自动填充柄上，鼠标指针将变成(　　)。

A．双箭头　　B．白十字

C．黑十字　　D．黑矩形

(4) 在默认条件下，每一个工作簿文件会打开(　　)个工作表文件，分别为 Sheet1、Sheet2…来命名。

A．5　　B．10　　C．3　　D．16

(5) 设置单元格数据的条件格式，需在(　　)对话框中进行。

A．“新建格式规则”对话框　　B．“新建格式”对话框

C．“设置单元格格式”对话框　　D．“条件格式”对话框

2. 思考与上机题

(1) 新建一个空白工作簿。

制作要求：

a. 保存在“我的电脑”→“D 盘”→“工作表”文件夹中，名为“公司人事档案”工作簿。

b. 在“公司人事档案”工作簿中建立 3 个工作表，分别命名为“员工档案资料表”、“员工缺勤记录”、“员工业绩表格”，并在这 3 个工作表内输入相应的文本字段。

c. 保存工作簿为兼容模式。

(2) 新建一个“公司管理”工作簿，如下图所示。

电脑小百科

在标题栏左端的 Excel 图标上双击鼠标左键，可以关闭工作簿窗口。

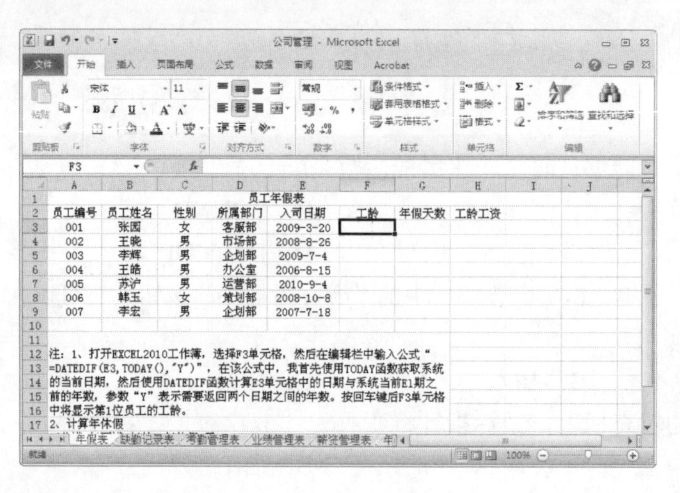

制作要求：

a. 使用 Office.com 模板创建工作簿。

b. 新建 6 张工作表，分别重命名为“年假表”、“缺勤记录表”“考勤管理表”、“业绩管理表”、“薪资管理表”、“年度考核表”。

c. 填入相应的字段和数据后，用公式计算出员工的工龄、年假天数、加班费、个人所得税以及年终奖金。

d. 在“年度考核表”中，设置“排名”字段的条件格式，排名前三的单元格数据呈紫色显示。

电脑小百科

当窗口显示为浮动状态时，关闭 Excel 程序，则会在下次启动 Excel 程序时依然以浮动窗口形式显示工作簿。

第 12 章

Excel 在行政文秘办公中的应用

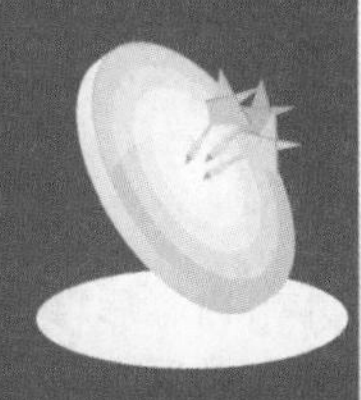

本章导读

如今不论是哪个企业，都设有行政文秘这个部门。日常行政文秘工作根据企业的性质不同而有所不同，但它们通常都具有事务烦杂的特点。本章列举了行政文秘工作中最常见的3个工作内容：制作员工基本信息表、制作公司车辆使用管理表、制作会议室管理表，通过这3个表来介绍如何使用 Excel 来辅助日常行政工作，从而减轻行政文秘部门工作人员的负担。

精彩看点

- 设置数据的有效性
- 套用表格样式
- 添加条件格式
- 自动套用格式
- 数据的排序和分类汇总
- 自定义数据格式
- 制作数据透视表
- 设置条件格式

12.1 制作员工基本信息表

员工基本信息登记是行政文秘部门最基本的工作之一。因为人员的流动性较大，使得员工基本信息登记工作变得更加的繁琐。但是，通过 Excel 2010 可以实现一些自动化管理功能，从而有效地提高员工基本信息管理的效率和质量。

书盘互动指导

示例	在光盘中的位置	书盘互动情况
	12.1 制作员工基本信息表 12.1.1 录入数据 12.1.2 设置数据的有效性 12.1.3 套用表格样式 12.1.4 数据排序和分类汇总	本节主要带领读者学习制作员工基本信息表，在光盘 12.1 节中有相关内容的操作视频，还特别针对本节内容设置了具体的实例分析。 读者可以在阅读本节内容后再学习光盘内容，以达到巩固和提升的效果。

12.1.1 录入数据

Excel 2010 中录入数据是一种最常见的操作，录入数据的方法很简单，用户只要将光标定位到要输入数据的单元格即可。录入的数据包括中文、数值、时间、日期等。具体操作步骤如下。

1. 启动 Excel 2010 程序，程序会自动新建一个工作簿。
2. 双击工作表标签 Sheet1，然后将其重命名为“员工信息表”。
3. 选中 A1 单元格，然后输入标题“员工信息表”，输入完毕按下 Enter 键即可，如图 12-1 所示。
4. 按照同样的方法输入其他的表格数据，如图 12-2 所示。

图 12-1 输入员工基本信息表表头

员工信息表

工号	姓名	性别	年龄	入职日期	身份证号码	岗位	部门	年薪	办公地点	移动电话
1	王致远	男	50	05-9-9	430121195607232125	董事长	办公室	50	慧佳D座10楼	13317348876
2	杨　丽	女	45	06-2-1	430903195810128953	主任	办公室	35	慧佳D座11楼	13017644573
3	周为远	男	34	04-10-10	430905197005128752	副总	办公室	30	慧佳D座12楼	15014348446
4	刘莎莎	女	23	10-10-15	430905197005128752	前台	办公室	3	慧佳D座13楼	15512563952
5	童小玲	女	30	11-1-25	430805199008054562	文员	办公室	3	慧佳D座14楼	18956984523
6	陈明明	男	40	07-4-23	430856198504057896	经理	财务部	20	慧佳D座15楼	15036987422
7	徐丽君	女	35	08-7-27	430150198912022563	出纳	财务部	5	慧佳D座16楼	15846322452
8	李丹青	女	40	10-5-8	430121198705068965	经理	财务部	25	慧佳D座17楼	13056987456
9	钱　璐	女	35	10-3-18	430121198012035689	副经理	财务部	23	慧佳D座18楼	13145687545
10	代　易	女	23	10-4-23	430121198808092365	工程师	工程部	12	慧佳D座19楼	13256884756
11	孙　谦	男	34	10-5-8	430121197805045632	工程师	工程部	12	电脑城5楼	13054896545
12	刘长荣	男	25	09-10-12	430121198605127852	技术员	技术部	10	电脑城5楼	15245689755
13	吕　伟	男	26	10-9-12	430121198012298956	技术员	技术部	10	电脑城6楼	15845260546
14	李勇风	男	35	09-9-8	430903199004257896	技术员	技术部	10	电脑城7楼	13205698523
15	张　倩	女	28	10-9-3	430903199008091236	技术员	技术部	10	电脑城8楼	15201455322

图 12-2 输入数据

5. 选中单元格区域 A1:K1，在“开始”选项卡下的“对齐方式”选项组中，单击“合并后居中”按钮，将 A1:K1 合并为一个单元格并将标题居中显示，然后设置字号大小为 20，字体为“华文

电脑小百科

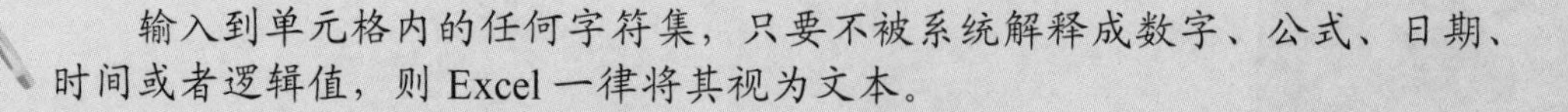

输入到单元格内的任何字符集，只要不被系统解释成数字、公式、日期、时间或者逻辑值，则 Excel 一律将其视为文本。

行楷”，如图 12-3 所示。

6. 选中 A2:K17，在“开始”选项卡下的“对齐方式”组中，单击“居中”按钮或按 Ctrl+E 组合键即可，设置字号大小为 12，字体为“华文细黑”并加粗，如图 12-4 所示。

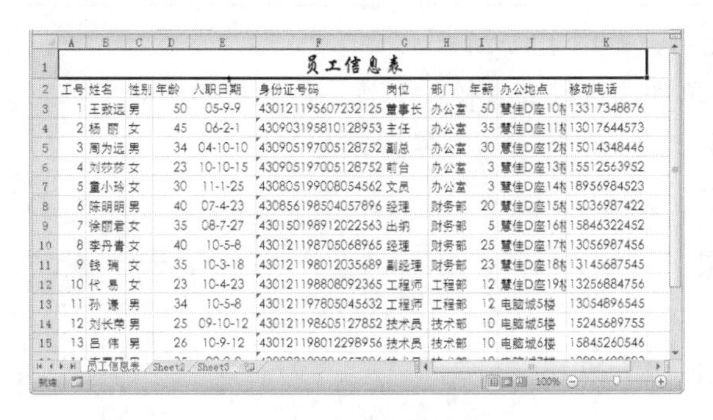

图 12-3　设置标题字符格式

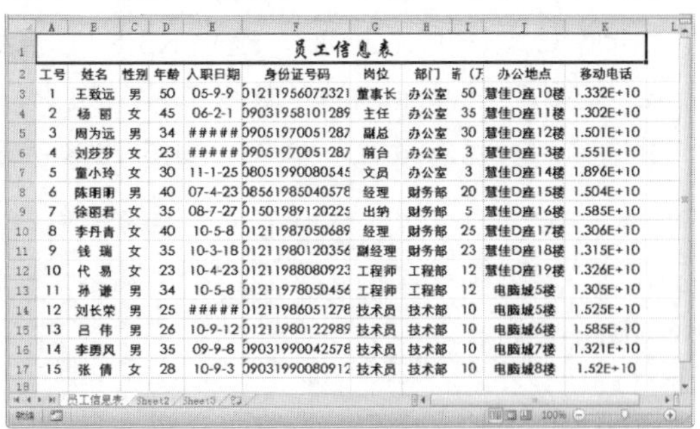

图 12-4　设置数据源字符格式

7. 把光标移动到列标之间的间隔处，当光标变成双向箭头时双击鼠标，如图 12-5 所示。
8. 即可根据工作表中数据的宽度快速调整最合适的列宽，如图 12-6 所示。

图 12-5　将光标置于列标之间

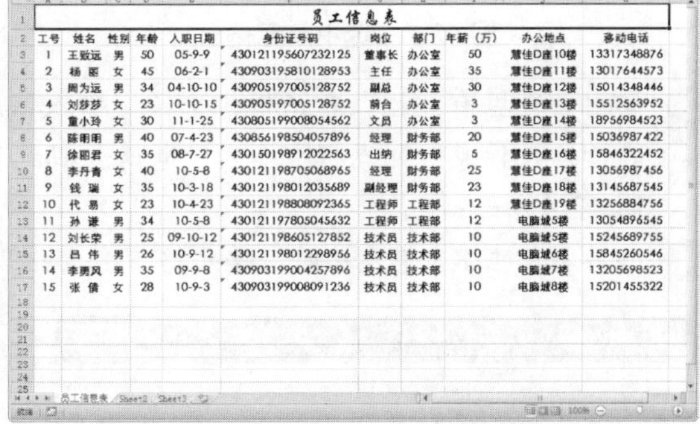

图 12-6　调整列宽后的结果

12.1.2　设置数据的有效性

数据有效性通常用来限制单元格的输入数据类型或范围，防止用户输入无效数据，此外，用户还可以使用数据有效性定义帮助信息。

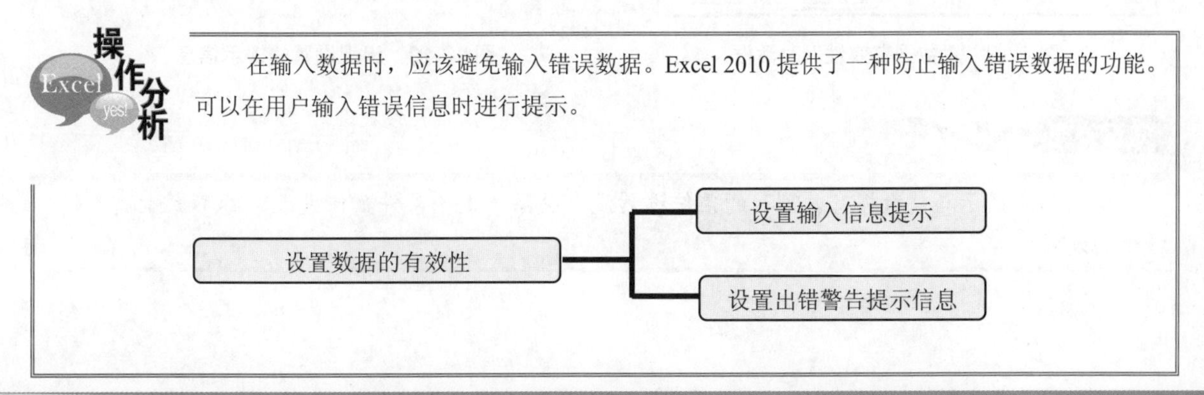

电脑小百科

通过设置或清除“数据透视表选项”对话框的“显示”选项卡中的“显示字段标题和筛选下拉列表”复选框，可以控制筛选按钮是否可用。

跟着做 1☛ 设置输入信息提示

1. 打开原始文件 12.1.2.xlsx，选中 K3:K17 单元格，如图 12-7 所示。
2. 在“数据”选项卡下的“数据工具”组中，单击“数据有效性”下拉按钮，从弹出的下拉列表中选择“数据有效性”命令，如图 12-8 所示。

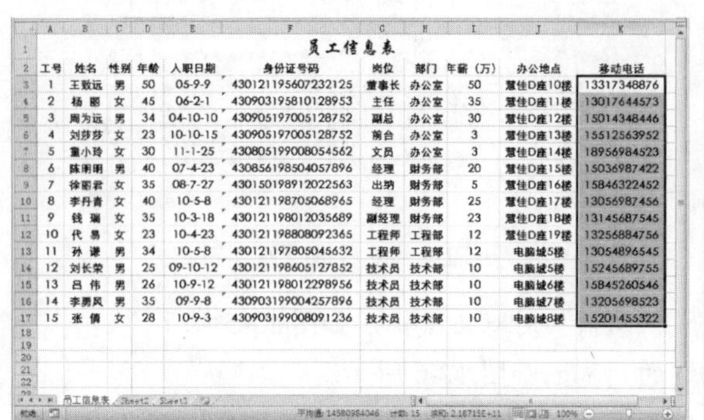

图 12-7 选中单元格

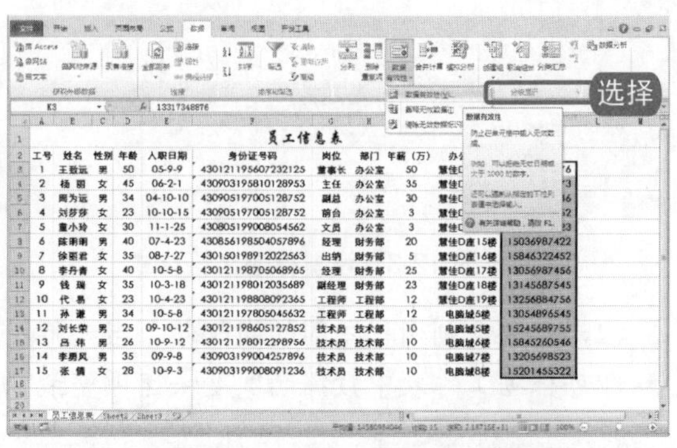

图 12-8 选择“数据有效性”命令

3. 弹出“数据有效性”对话框，选择“输入信息”选项卡，在“标题”文本框中输入“提示:”，在“输入信息”列表框中输入“电话号码的长度为 11 位。”，单击“确定”按钮，完成设置，如图 12-9 所示。
4. 当再次单击 K3 单元格时，单元格下方会出现设置的提示信息，如图 12-10 所示。

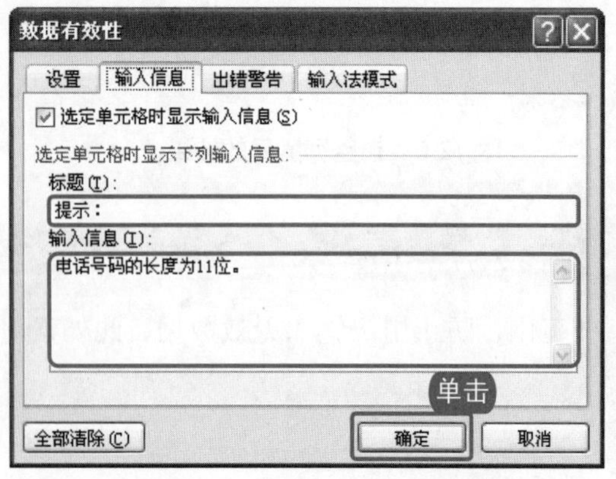

图 12-9 “数据有效性”对话框

图 12-10 出现设置的提示信息

知识补充

输入信息提示与“数据有效性”的条件设置没有关系。无论条件如何设置，都不影响输入信息提示的设置。

使用数据透视表展开或折叠分类数据以便查看摘要数据的明细信息。

跟着做 2☛　设置出错警告提示信息

❶ 打开上一节保存的文件，选中 D3 单元格。

❷ 在“数据”选项卡下的“数据工具”组中，单击“数据有效性”下拉按钮，从弹出的下拉列表中选择“数据有效性”命令，如图 12-11 所示。

❸ 弹出“数据有效性”对话框，在“设置”选项卡中设置条件为必须输入 18～55 之间的整数，如图 12-12 所示。

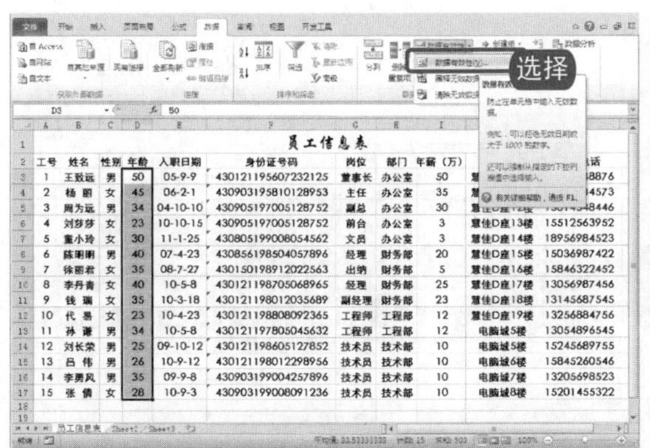

图 12-11　选择“数据有效性”命令

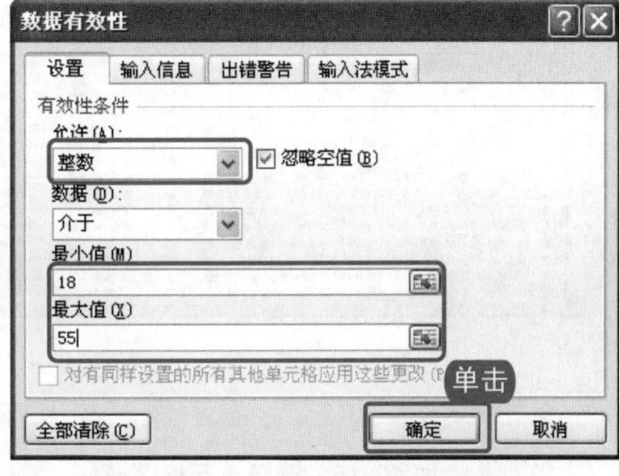

图 12-12　“数据有效性”对话框

❹ 选择“出错警告”选项卡，在“样式”下拉列表框中选择“警告”，在“标题”文本框中输入“提示:”，在“错误信息”列表框中输入“年龄必须在 18 到 55 岁之间”，如图 12-13 所示，然后单击“确定”按钮。

❺ 此时，在 D3 单元格中输入数字 15，会弹出“提示:”对话框，如图 12-14 所示，单击“是”按钮则可以重新输入规定范围的数。

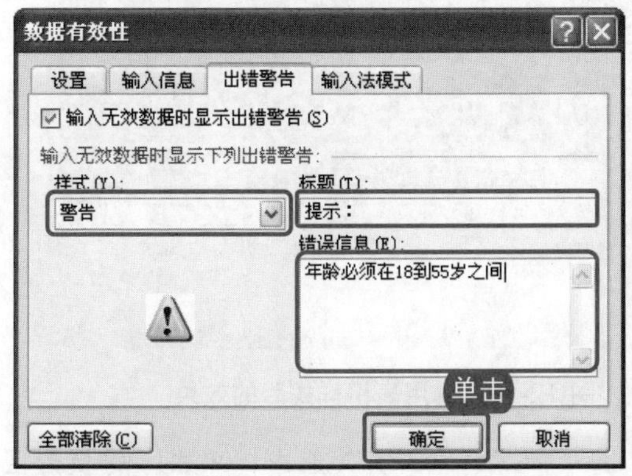

图 12-13　“出错警告”选项卡设置

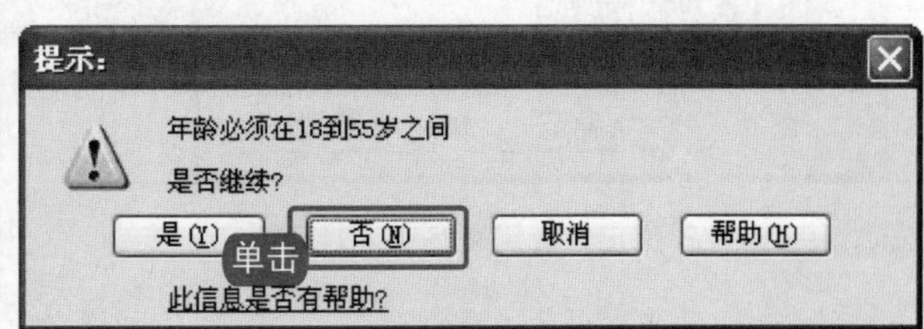

图 12-14　单击“是”按钮

知识补充

在“数据有效性”对话框中的“出错警告”选项卡下，将“样式”设置为“停止”选项表示禁止输入非法数据；将“样式”设置为“警告”选项表示允许选择是否输入非法数据；将“样式”设置为“信息”选项表示仅对输入非法样式数据进行提示。

电脑小百科

利用“数据透视表工具-选项”选项卡中的“刷新”按钮也可以实现对数据透视表的刷新。

12.1.3 套用表格样式

在使用 Excel 2010 的过程中，有时候为了工作，需要将工作表设置成统一的数据格式，或者采用统一的数据样式，这样可以统一标准，提高工作效率。

为“员工信息表”设置统一的表格样式，具体操作方法如下。

1. 打开原始文件 12.1.3.xlsx，选中需要设置的单元格区域 A2:K17，如图 12-15 所示。
2. 在“开始”选项卡下的“样式”组中，单击“套用表格格式”按钮。
3. 从弹出的下拉列表中选择“表样式中等深浅 2”，如图 12-16 所示。

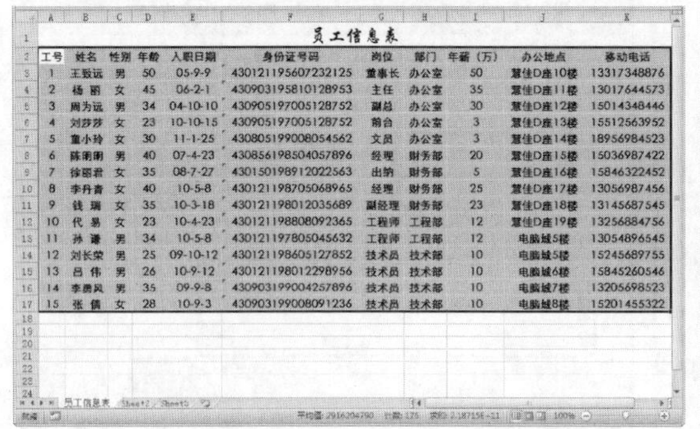

图 12-15　选择单元格区域

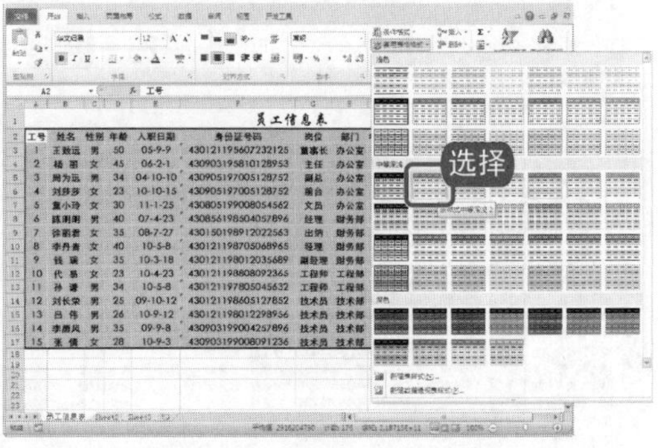

图 12-16　选择一种表格样式

4. 弹出“套用表格式”对话框，单击折叠按钮，在工作表区域选中 A2:K17 单元格，并选中“表包含标题”复选框，如图 12-17 所示。
5. 设置完成后，单击“确定”按钮。
6. 此时，选中区域套用了选中的表格样式，如图 12-18 所示。

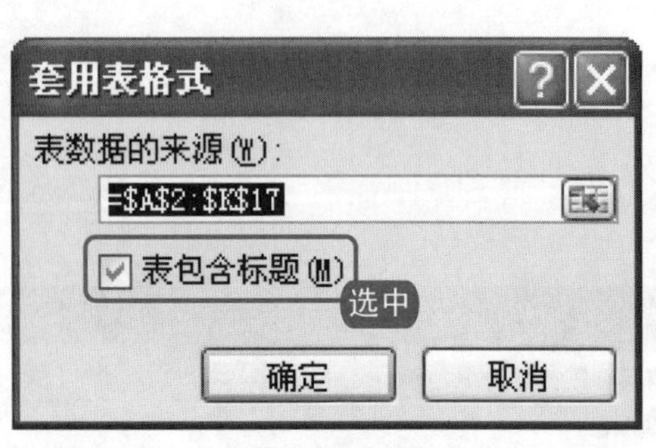

图 12-17　弹出“套用表格式”对话框

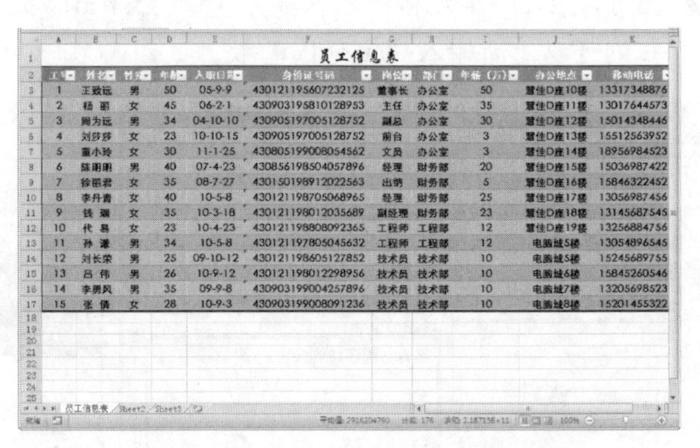

图 12-18　套用表格样式后的效果

7. 继续保持单元格区域的选中状态，然后在“设计”选项卡下的“工具”组中，单击“转换为区域”按钮，如图 12-19 所示。
8. 弹出 Microsoft Excel 对话框，如图 12-20 所示，单击“是”按钮。

电脑小百科

用户在创建数据透视表的同时还可以创建数据透视图，在“表”组中的“数据透视表”下拉列表中选择“数据透视图”选项即可。

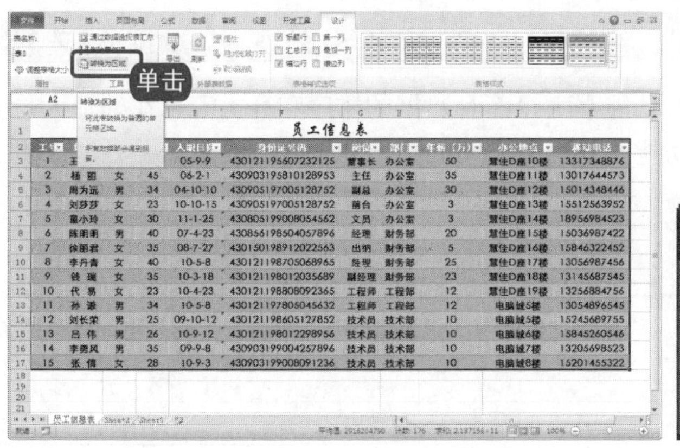

图 12-19 单击“转换为区域”按钮

图 12-20 弹出 Microsoft Excel 对话框

9 此时，表格变成了普通的单元格区域，如图 12-21 所示。

员工信息表

工号	姓名	性别	年龄	入职日期	身份证号码	岗位	部门	年薪（万）	办公地点	移动电话
1	王致远	男	50	05-9-9	430121195607232125	董事长	办公室	50	慧佳D座10楼	13317348876
2	杨 丽	女	45	06-2-1	430903195810128953	主任	办公室	35	慧佳D座11楼	13017644573
3	周为远	男	34	04-10-10	430905197005128752	副总	办公室	30	慧佳D座12楼	15014348446
4	刘莎莎	女	23	10-10-15	430905197005128752	前台	办公室	3	慧佳D座13楼	15512563952
5	童小玲	女	30	11-1-25	430805199008054562	文员	办公室	3	慧佳D座14楼	18956984523
6	陈明明	男	40	07-4-23	430856198504057896	经理	财务部	20	慧佳D座15楼	15036987422
7	徐丽君	女	35	08-7-	430150198912022563	出纳	财务部	5	慧佳D座16楼	15846322452
8	李丹青	女	40	10-5-8	430121198705068965	经理	财务部	25	慧佳D座17楼	13056987456
9	钱 瑞	女	35	10-3-18	430121198012035689	副经理	财务部	23	慧佳D座18楼	13145687545
10	代 易	女	23	10-4-23	430121198808092365	工程师	工程部	12	慧佳D座19楼	13256884756
11	孙 谦	男	34	10-5-8	430121197805045632	工程师	工程部	12	电脑城5楼	13054896545
12	刘长荣	男	25	09-10-12	430121198605127852	技术员	技术部	10	电脑城5楼	15245689755
13	吕 伟	男	26	10-9-12	430121198012298956	技术员	技术部	10	电脑城6楼	15845260546
14	李勇风	男	35	09-9-8	430903199004257896	技术员	技术部	10	电脑城7楼	13205698523
15	张 倩	女	28	10-9-3	430903199008091236	技术员	技术部	10	电脑城8楼	15201455322

图 12-21 转换为普通单元格区域

老师的话

在表格样式列表中，提供了 60 种流行的表格样式预览表，如果用户想使用自己设置的表格样式，那么可以在“套用表格格式”下拉列表中选择“新建表样式”命令，打开“新建表快速样式”对话框来自定义表格样式，如下图所示。

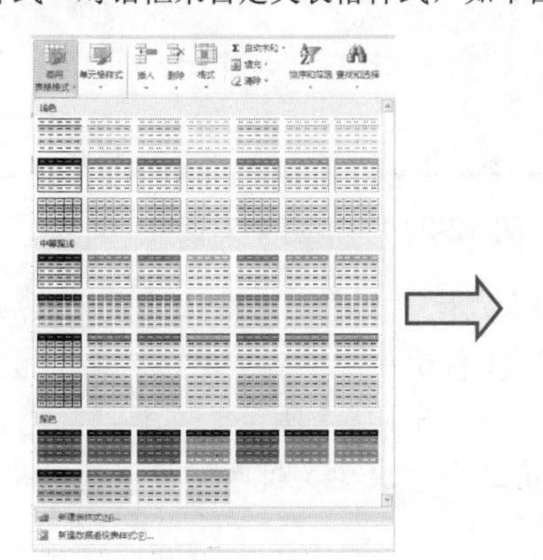

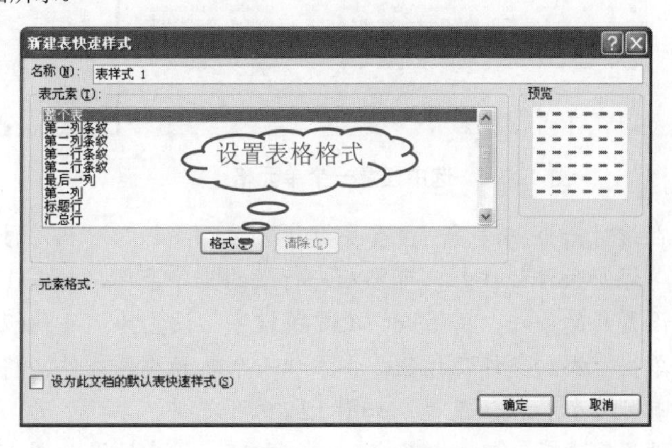

电脑小百科

HOUR 函数的功能：返回一个 VARINANT，其值为 0～23 之间的整数，表示一天之中的某一钟点。

12.1.4 数据排序和分类汇总

Excel 2010 的数据分析功能简单实用且功能强大，而且数据的排序和分类汇总在处理大量数据时是最常见的一种操作，Excel 的分析功能能够满足不同的数据处理分析需求，并且能够更加的得心应手。

在使用 Excel 表格处理数据时，常常要对表格中的记录进行排序和分类汇总，下面将介绍数据如何进行排序和分类汇总。

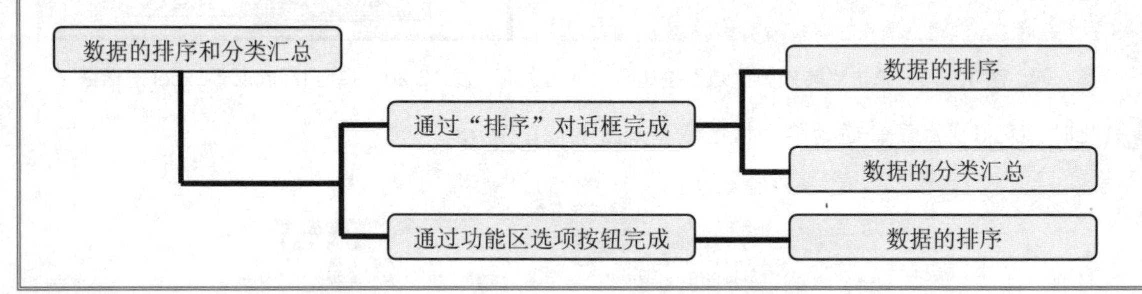

跟着做 1 数据的排序

在之前创建的“员工信息表”中，对“年龄”、“年薪(万)”和“岗位”3 个字段进行排序操作，具体操作方法如下。

1. 打开原始文件 12.1.4.xlsx，选中表格中的任意一个单元格，如图 12-22 所示。
2. 在“数据”选项卡中单击“排序”按钮，弹出“排序”对话框，如图 12-23 所示。

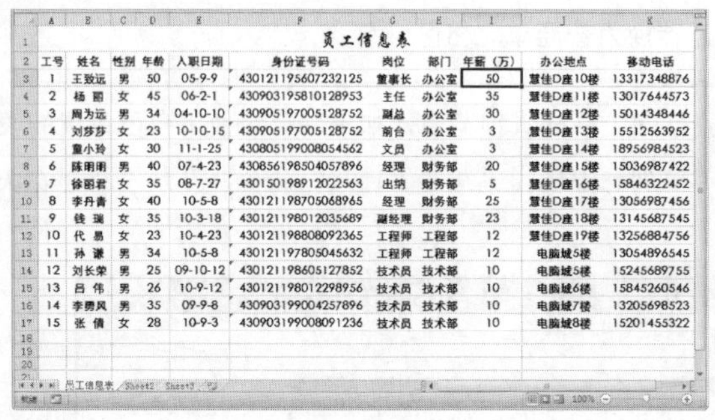

员工信息表

工号	姓名	性别	年龄	入职日期	身份证号码	岗位	部门	年薪（万）	办公地点	移动电话
1	王致远	男	50	05-9-9	430121195607232125	董事长	办公室	50	慧佳D座10楼	13317348876
2	杨丽	女	45	06-2-1	430903195810128953	主任	办公室	35	慧佳D座11楼	13017644573
3	周为远	男	34	04-10-10	430905197005128752	副总	办公室	30	慧佳D座12楼	15014348446
4	刘莎莎	女	23	10-10-15	430905197005128752	前台	办公室	3	慧佳D座13楼	15512563952
5	童小玲	女	30	11-1-25	430805199008054562	文员	办公室	3	慧佳D座14楼	18956984523
6	陈明明	男	40	07-4-23	430856198504057896	经理	财务部	20	慧佳D座15楼	15036987422
7	徐丽君	女	35	08-7-27	430150198912022563	出纳	财务部	5	慧佳D座16楼	15846322452
8	李丹青	女	40	10-5-8	430121198705068965	经理	财务部	25	慧佳D座17楼	13056987456
9	钱瑞	女	35	10-3-18	430121198012035689	副经理	财务部	23	慧佳D座18楼	13145687545
10	代易	女	23	10-4-23	430121198808092365	工程师	工程部	12	慧佳D座19楼	13256884756
11	孙谦	男	34	10-5-8	430121197805045632	工程师	工程部	12	电脑城5楼	13054896545
12	刘长荣	男	25	09-10-12	430121198605127852	技术员	技术部	10	电脑城5楼	15245689755
13	吕伟	男	26	10-9-12	430121198012298956	技术员	技术部	10	电脑城6楼	15845260546
14	李男风	男	35	09-9-8	430903199004257896	技术员	技术部	10	电脑城7楼	13205698523
15	张倩	女	28	10-9-3	430903199008091236	技术员	技术部	10	电脑城8楼	15201455322

图 12-22 选中任意一个单元格

图 12-23 “排序”对话框

3. 在该对话框中设置“主要关键字”为“年龄”，“排序依据”和“次序”为默认设置，然后单击“添加条件”按钮，可添加一行新的排序条件，如图 12-24 所示。
4. 设置新的条件，将第一“次要关键字”设置为“年薪(万)”如图 12-25 所示。
5. 单击“添加条件”按钮，再添加一个新的排序条件，将第二个“次要关键字”设置为“岗位”，其他参数为默认设置，如图 12-26 所示。
6. 设置完成后，单击“确定”按钮即可，排序结果如图 12-27 所示。

电脑小百科

数据透视表是交互式报表，可快速合并和比较大量数据，可随意使用数据的布局进行实验以便查看更多明细数据或计算不同的汇总额。

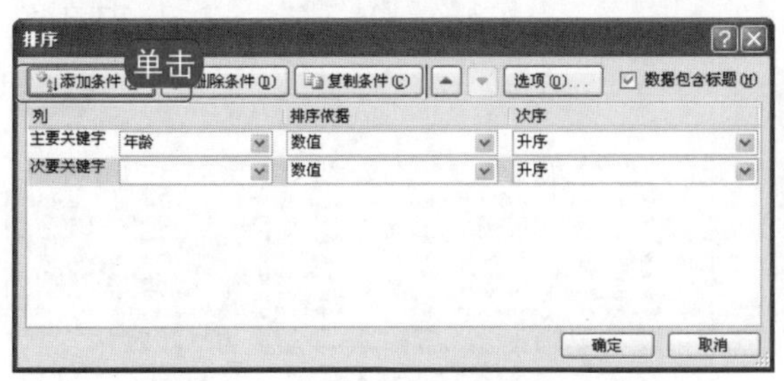

图 12-24　单击“添加条件”按钮

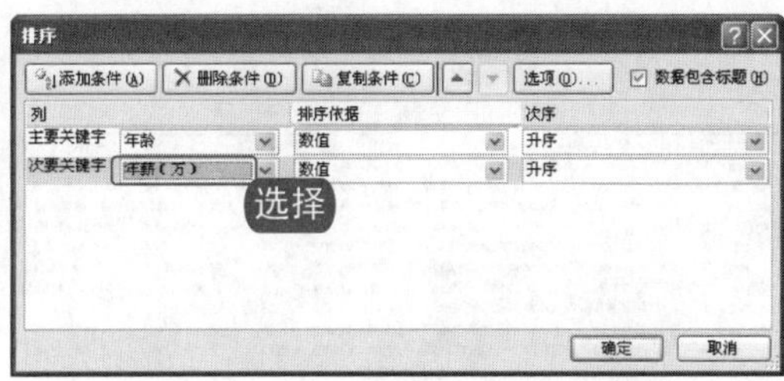

图 12-25　设置第一个次要关键字

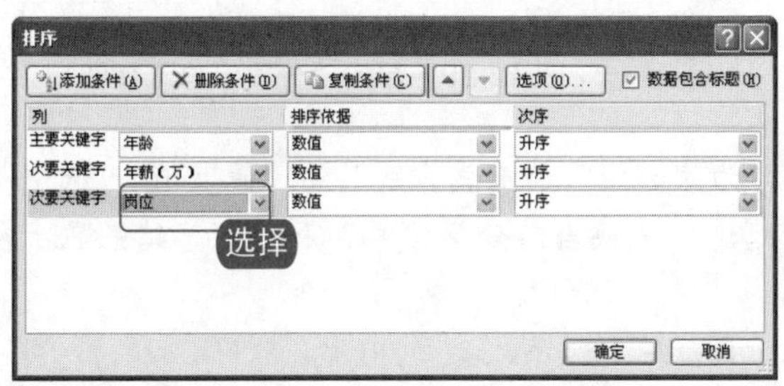

图 12-26　设置第二个次要关键字

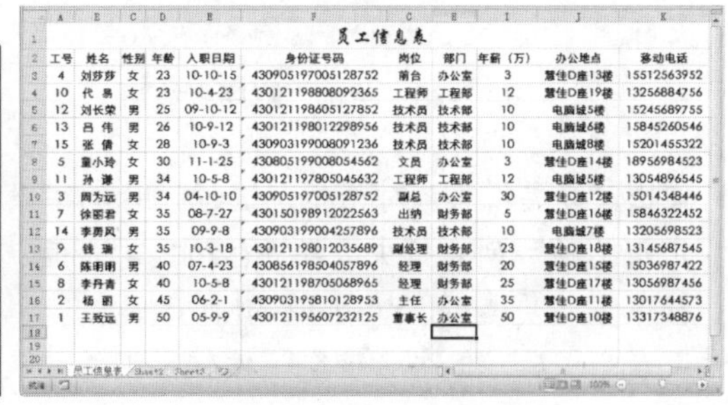

员工信息表

工号	姓名	性别	年龄	入职日期	身份证号码	岗位	部门	年薪（万）	办公地点	移动电话
4	刘莎莎	女	23	10-10-15	430905197005128752	前台	办公室	3	慧佳D座13楼	15512563952
10	代　易	女	23	10-4-23	430121198808092365	工程师	工程部	12	慧佳D座19楼	13256884756
12	刘长荣	男	25	09-10-12	430121198605127852	技术员	技术部	10	电脑城5楼	15245689755
13	吕　伟	男	26	10-9-12	430121198012298956	技术员	技术部	10	电脑城6楼	15845260546
15	张　倩	女	28	10-9-3	430903199008091236	技术员	技术部	10	电脑城8楼	15201455322
5	童小玲	女	30	11-1-25	430805199008054562	文员	办公室	3	慧佳D座14楼	18956984523
11	孙　谦	男	34	10-5-8	430121197805045632	工程师	工程部	12	电脑城5楼	13054896545
3	周为远	男	34	04-10-10	430905197005128752	副总	办公室	30	慧佳D座12楼	15014348446
7	徐丽君	女	35	08-7-27	430150198912022563	出纳	财务部	5	慧佳D座16楼	15846322452
14	李勇风	男	35	09-9-8	430903199004257896	技术员	技术部	10	电脑城7楼	13205698523
9	钱　瑞	女	35	10-3-18	430121198012035689	副经理	财务部	23	慧佳D座18楼	13145687545
6	陈明明	男	40	07-4-23	430856198504057896	经理	财务部	20	慧佳D座15楼	15036987422
8	李丹青	女	40	10-5-8	430121198705068965	经理	财务部	25	慧佳D座17楼	13056987456
2	杨　丽	女	45	06-2-1	430903195810128953	主任	办公室	35	慧佳D座11楼	13017644573
1	王致远	男	50	05-9-9	430121195607232125	董事长	办公室	50	慧佳D座10楼	13317348876

图 12-27　排序后结果

老师的话

许多用户都一直认为 Excel 只能按列进行排序，其实不然。Excel 不但能按列排序，也能够按行排序。操作方法是：在“排序”对话框中单击“选项”按钮，弹出“排序选项”对话框，如下图所示，选中“按行排序”单选按钮，单击“确定”按钮即可完成设置。

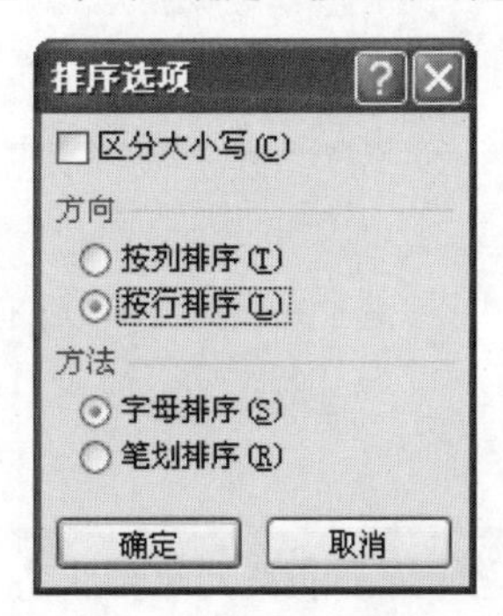

跟着做 2　数据的分类汇总

现在对“员工信息表”数据进行分类汇总，具体操作方法如下。

1. 打开原始文件“员工信息表.xlsx”，选中表格中 A3:K17 单元格区域。
2. 在“数据”选项卡下的“排序和筛选”组中，单击“降序”按钮，如图 12-28 所示。
3. 在“数据”选项卡下的“分级显示”组中，单击“分类汇总”按钮，如图 12-29 所示。

电脑小百科

在数据透视表中，源数据中的每列或每个字段都成为汇总多行信息的数据透视表字段。

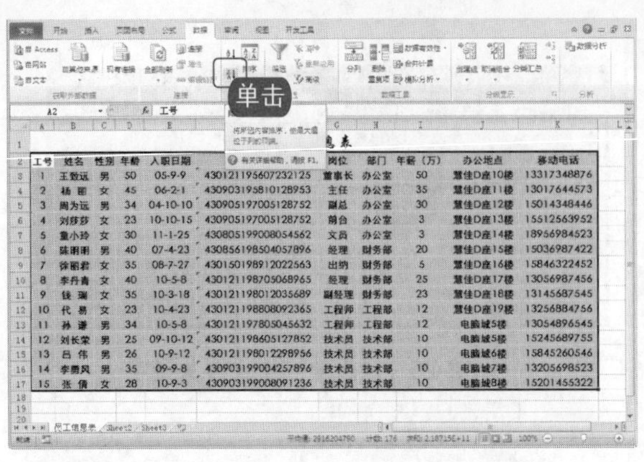

图 12-28　单击“降序”按钮

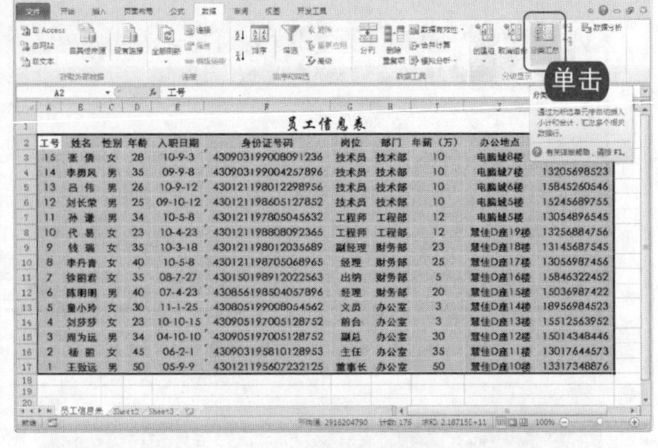

图 12-29　单击“分类汇总”按钮

❹ 弹出“分类汇总”对话框，选择“分类字段”为“部门”，“汇总方式”为“最大值”，选中“选定汇总项”列表框中“年薪(万)”复选框，选中“替换当前分类汇总”和“汇总结果显示在数据下方”复选框，如图 12-30 所示。

❺ 设置完成后，单击“确定”按钮，汇总结果如图 12-31 所示。

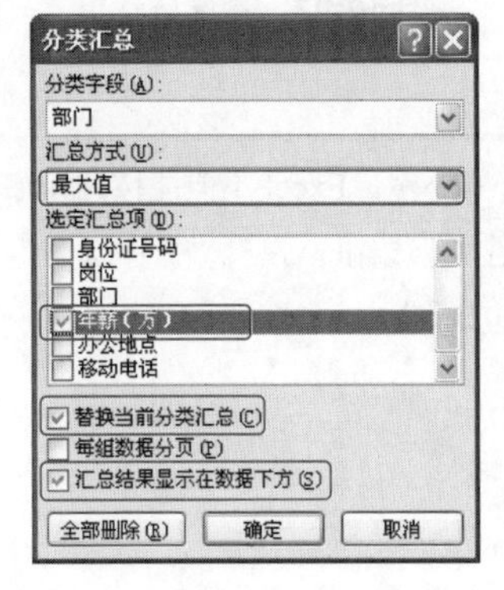

图 12-30　“分类汇总”对话框

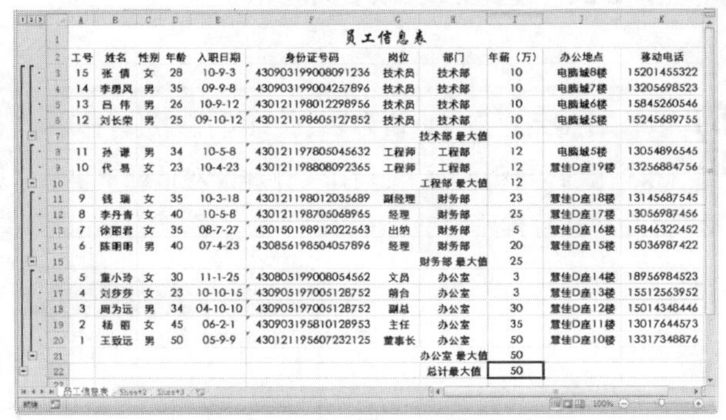

图 12-31　分类汇总结果

知识补充

在任何时候如果希望取消分类汇总，恢复表格到原始状态，那么只需要在弹出的“分类汇总”对话框中单击“全部删除”按钮即可。

12.2　制作公司车辆使用管理表

公司的车辆是为了方便企业员工外出办公，提供给企业内部的各个部门外出办公时使用。为了更加科学合理地管理公司的车辆，避免各部门发生公车私用的现象，企业需要将使用车辆产生的费用进行严格的核算，并规划到相应的使用部门。

电脑小百科

在一个透视表中一个行字段可以使用多个“分类汇总”函数。

书盘互动指导

示例

序号	车号	使用者	用车时间	交车时间	里程	用车小时数	租赁费	燃油费	车辆使用
001	鲁F 45672	尹 南	8:30 AM	3:01 PM	40	7	65	100	165
002	鲁F 45672	陈 露	2:00 PM	8:30 PM	50	7	65	125	190
003	鲁F 56789	陈 露	9:00 AM	6:50 PM	90	10	95	225	320
004	鲁F 67532	尹 南	12:30 PM	3:00 PM	15	3	25	37.5	63
005	鲁F 67532	尹 南	9:00 AM	9:20 PM	110	12	120	275	395
006	鲁F 81816	陈 露	8:02 AM	9:00 PM	100	13	125	250	375
007	鲁F 81816	陈 露	8:00 AM	6:02 PM	85	10	100	212.5	313
008	鲁F 36598	杨青青	12:00 PM	2:30 PM	15	3	25	37.5	63
009	鲁F 36598	杨青青	12:25 PM	2:00 PM	15	2	15	37.5	53
010	鲁F 36598	沈 沉	3:00 PM	6:00 PM	15	3	30	37.5	68
011	鲁F 36599	乔小麦	8:00 AM	12:40 PM	30	5	45	75	120
012	鲁F 67532	柳小琳	9:35 AM	2:00 PM	40	4	40	100	140
013	鲁F 67532	江雨薇	9:00 AM	12:10 PM	20	3	30	50	80
014	鲁F 67532	邱月青	1:20 PM	6:00 PM	30	5	45	75	120

在光盘中的位置

12.2　制作公司车辆使用管理表

- 12.2.1　录入数据
- 12.2.2　自定义数字格式
- 12.2.3　计算车辆使用费
- 12.2.4　计算报销费
- 12.2.5　计算驾驶员补助费
- 12.2.6　设置表格格式
- 12.2.7　制作数据透视表

书盘互动情况

本节主要带领读者学习制作公司车辆使用管理表，在光盘 12.2 节中有相关内容的操作视频，还特别针对本节内容设置了具体的实例分析。

读者可以在阅读本节内容后再学习光盘内容，以达到巩固和提升的效果。

12.2.1　录入数据

录入数据是一种最常用的操作，录入数据的方法很简单，用户只要将光标定位到要录入数据的单元格即可进行操作。输入的数据包括中文、数值、时间、日期等。具体操作步骤如下。

1. 启动 Excel 2010 程序，程序会自动新建一个工作簿。
2. 双击工作表标签 Sheet1，然后将其重命名为“企业车辆使用管理表”。
3. 选中 A1 单元格，输入标题“企业车辆使用管理表”，然后按下 Enter 键，如图 12-32 所示。
4. 按照同样的方法输入其他的表格数据，如图 12-33 所示。

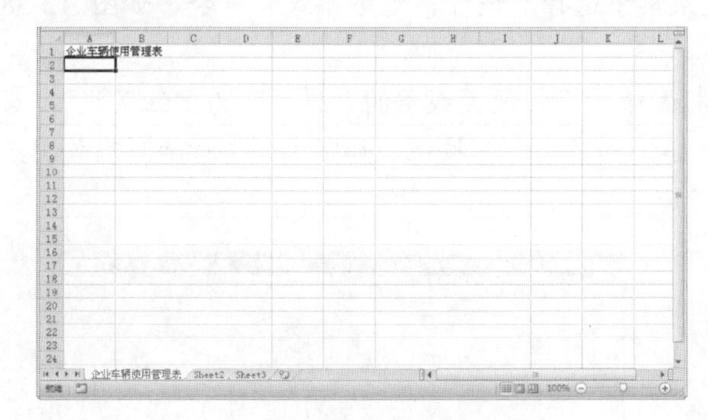

图 12-32　输入标题

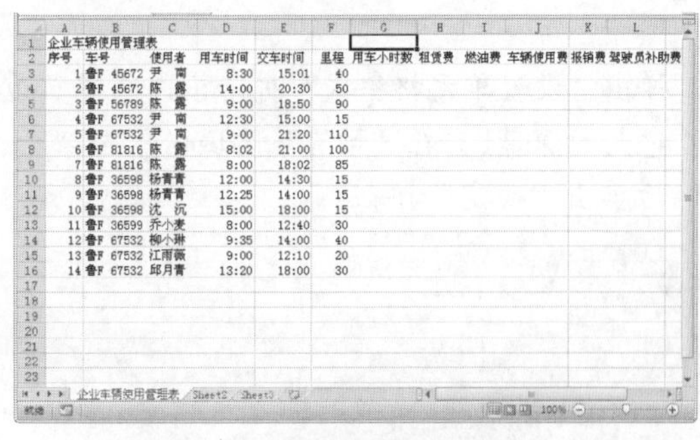

序号	车号	使用者	用车时间	交车时间	里程	用车小时数	租赁费	燃油费	车辆使用费	报销费	驾驶员补助费
1	鲁F 45672	尹 南	8:30	15:01	40						
2	鲁F 45672	陈 露	14:00	20:30	50						
3	鲁F 56789	陈 露	9:00	18:50	90						
4	鲁F 67532	尹 南	12:30	15:00	15						
5	鲁F 67532	尹 南	9:00	21:20	110						
6	鲁F 81816	陈 露	8:02	21:00	100						
7	鲁F 81816	陈 露	8:00	18:02	85						
8	鲁F 36598	杨青青	12:00	14:30	15						
9	鲁F 36598	杨青青	12:25	14:00	15						
10	鲁F 36598	沈 沉	15:00	18:00	15						
11	鲁F 36599	乔小麦	8:00	12:40	30						
12	鲁F 67532	柳小琳	9:35	14:00	40						
13	鲁F 67532	江雨薇	9:00	12:10	20						
14	鲁F 67532	邱月青	13:20	18:00	30						

图 12-33　输入其他数据

5. 选中单元格区域 A1:L1，在“开始”选项卡下的“对齐方式”组中，单击“合并后居中”按钮，将 A1:L1 合并为一个单元格并将标题居中显示，并设置字号大小为 20，字体为“黑体”，如图 12-34 所示。
6. 选中 A2:L16，在“开始”选项卡下的“对齐方式”组中，单击“居中”按钮或按 Ctrl + E 组合键，让这些单元格中的数据内容居中显示，并设置字号为 12，字体为“楷体-GB2312”，如图 12-35 所示。
7. 选中整个表格，在“开始”选项卡下的“单元格”组中，单击“格式”按钮，从弹出的下拉列表中选择“自动调整列宽”命令，如图 12-36 所示。
8. 自动调整列宽之后的效果如图 12-37 所示。

电脑小百科

高级筛选的条件区域标题行中内容的排列顺序与出现次数，都可以不必与目标表格中相同。

图 12-34　设置标题字符格式

企业车辆使用管理表

图 12-35　单击“居中”按钮

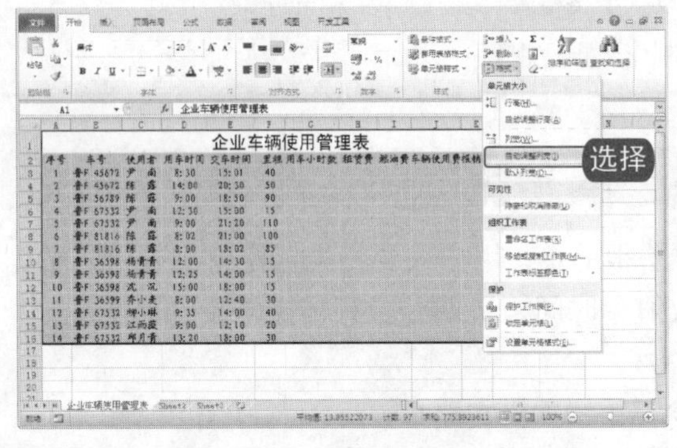

图 12-36　选择“自动调整列宽”命令

图 12-37　自动调整列宽之后的效果

9. 选中整个表格，右击数据源，在弹出的快捷菜单中选择“设置单元格格式”命令，如图 12-38 所示。

10. 弹出“设置单元格格式”对话框，选择“边框”选项卡，设置线条的“样式”为“细实线”，颜色为“深蓝”，在“预置”区域内单击“外边框”和“内部”按钮，如图 12-39 所示，完成设置后单击“确定”按钮。

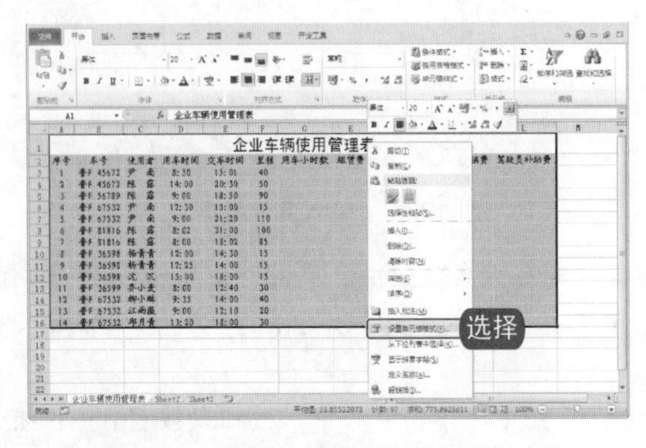

图 12-38　选择“设置单元格格式”命令

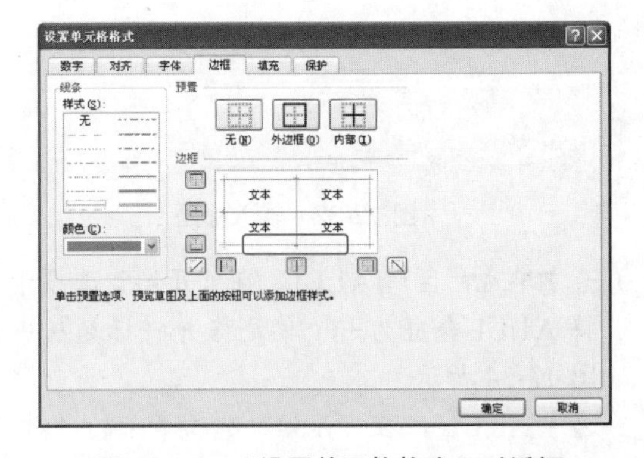

图 12-39　“设置单元格格式”对话框

11. 选中 A2:L2 单元格，在“开始”选项卡下的“字体”组中，单击“填充颜色”按钮，在弹出的下拉列表中选择“红色”，如图 12-40 所示。

电脑小百科

高级筛选的条件有一定的规则，条件区域的首行必须是标题行，其内容必须与目标表格中的列标题匹配。

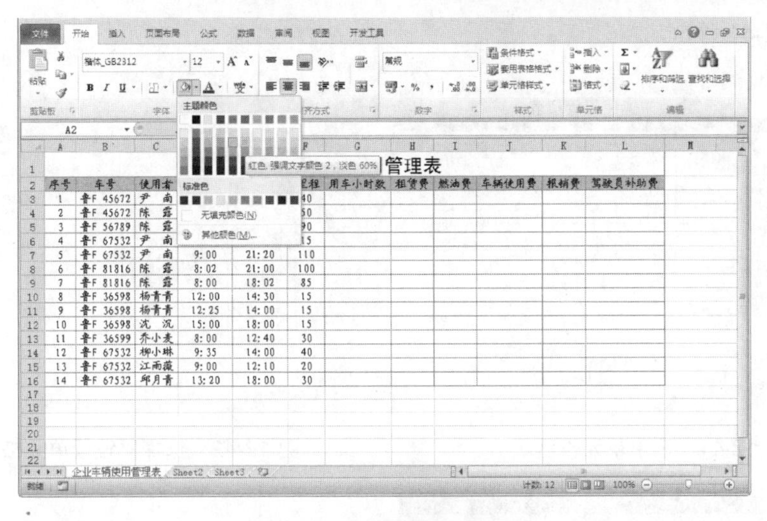

图 12-40　设置填充颜色

12.2.2　自定义数字格式

在 12 类数字格式之中，自定义类型包括了更多用于各种情况的数字格式，并且允许用户创建新的数字格式。

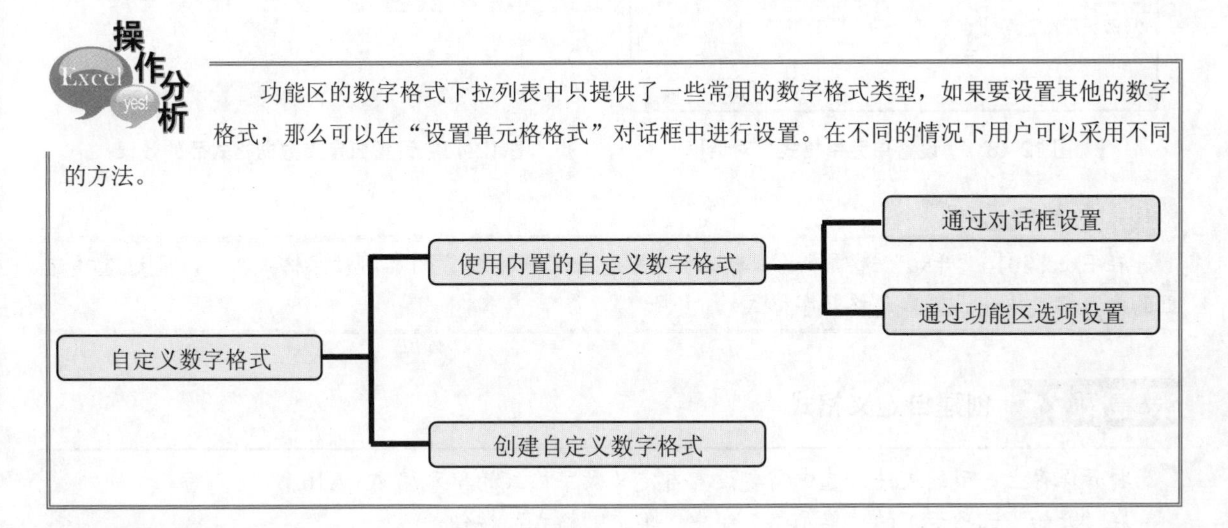

功能区的数字格式下拉列表中只提供了一些常用的数字格式类型，如果要设置其他的数字格式，那么可以在“设置单元格格式”对话框中进行设置。在不同的情况下用户可以采用不同的方法。

跟着做 1☛　使用内置的自定义数字格式

1. 打开原始文件 12.2.2.xlsx，选中需要设置自定义数字格式的单元格 D3:E16，如图 12-41 所示。
2. 在“开始”选项卡下的“单元格”组中，单击“格式”按钮。
3. 从弹出的下拉列表中选择“设置单元格格式”命令，如图 12-42 所示。
4. 弹出“设置单元格格式”对话框，在“数字”选项卡中的“分类”列表框中选择“自定义”选项，效果如图 12-43 所示。
5. 在“类型”文本框中选择一种数字格式，如“1:30 PM”，然后单击“确定”按钮即完成设置。

电脑小百科

Excel 2010 的筛选功能将时间仅视作数字来处理。

效果如图 12-44 所示。

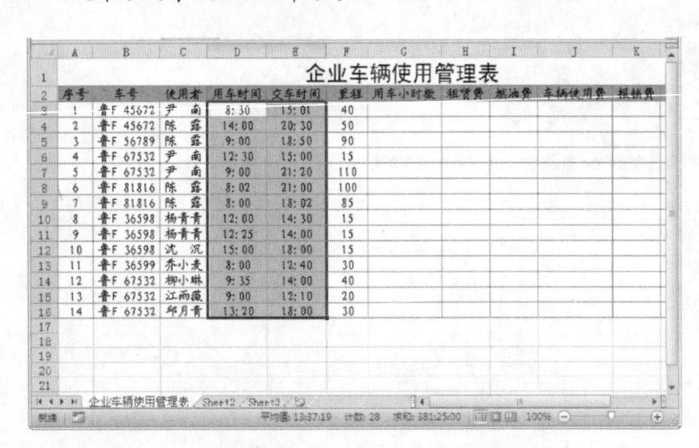

序号	车号	使用者	用车时间	交车时间	里程	用车小时数	租赁费	燃油费	车辆使用费	报销费
1	鲁F 45672	尹　南	8:30	15:01	40					
2	鲁F 45672	陈　露	14:00	20:30	50					
3	鲁F 56789	陈　露	9:00	18:50	90					
4	鲁F 67532	尹　南	12:30	15:00	15					
5	鲁F 67532	尹　南	9:00	21:20	110					
6	鲁F 81816	陈　露	8:02	21:00	100					
7	鲁F 81816	陈　露	8:00	18:02	85					
8	鲁F 36598	杨青青	12:00	14:30	15					
9	鲁F 36598	杨青青	12:25	14:00	15					
10	鲁F 36598	沈　沉	15:00	18:00	15					
11	鲁F 36599	乔小麦	8:00	12:40	30					
12	鲁F 67532	柳小琳	9:35	14:00	40					
13	鲁F 67532	江雨薇	9:00	12:10	20					
14	鲁F 67532	邱月青	13:20	18:00	30					

图 12-41　选中单元格区域

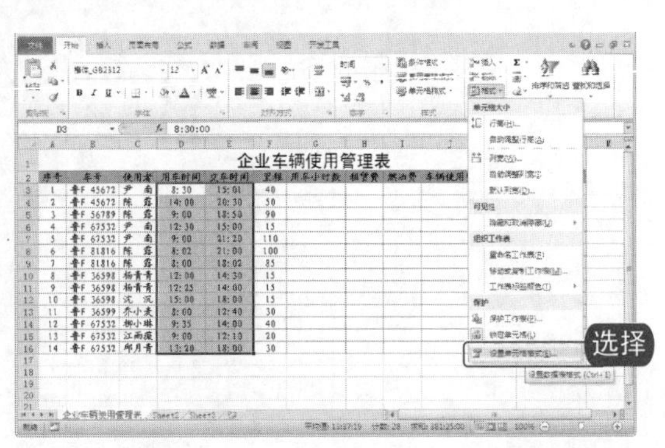

图 12-42　选择“设置单元格格式”命令

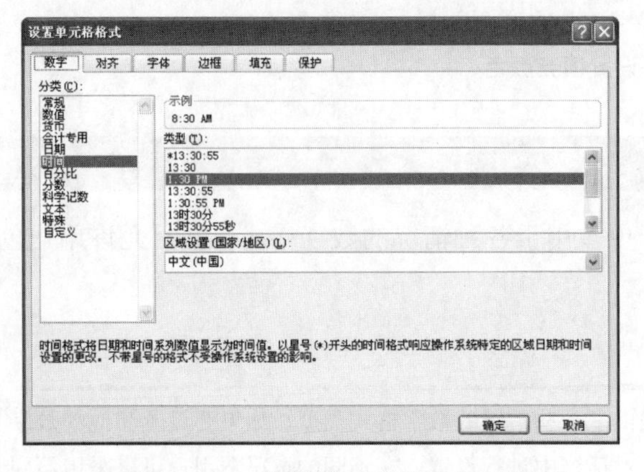

图 12-43　“设置单元格格式”对话框

序号	车号	使用者	用车时间	交车时间	里程	用车小时数	租赁费	燃油费	车辆使用费	报销费
1	鲁F 45672	尹　南	8:30 AM	3:01 PM	40					
2	鲁F 45672	陈　露	2:00 PM	8:30 PM	50					
3	鲁F 56789	陈　露	9:00 AM	6:50 PM	90					
4	鲁F 67532	尹　南	12:30 PM	3:00 PM	15					
5	鲁F 67532	尹　南	9:00 AM	9:20 PM	110					
6	鲁F 81816	陈　露	8:02 AM	9:00 PM	100					
7	鲁F 81816	陈　露	8:00 AM	6:02 PM	85					
8	鲁F 36598	杨青青	12:00 PM	2:30 PM	15					
9	鲁F 36598	杨青青	12:25 PM	2:00 PM	15					
10	鲁F 36598	沈　沉	3:00 PM	6:00 PM	15					
11	鲁F 36599	乔小麦	8:00 AM	12:40 PM	30					
12	鲁F 67532	柳小琳	9:35 AM	2:00 PM	40					
13	鲁F 67532	江雨薇	9:00 AM	12:10 PM	20					
14	鲁F 67532	邱月青	1:20 PM	6:00 PM	30					

图 12-44　设置自定义数据格式后的效果

知识补充

在 Excel 2010“开始”选项卡的“数字”组中包含了一些内置的常用数字格式，可以通过选择这里的内置格式快速设定单元格数字格式。

跟着做 2 创建自定义格式

1. 打开保存上一节的文件，选中需要设置自定义数字格式的单元格 A3:A16。
2. 在“开始”选项卡下的“单元格”组中，单击“格式”按钮。
3. 从弹出的下拉列表中选择“设置单元格格式”命令，如图 12-45 所示。
4. 弹出“设置单元格格式”对话框，在“数字”选项卡中的“分类”列表框中选择“自定义”选项，如图 12-46 所示。
5. 在对话框右侧的“类型”文本框中填入新的数据格式代码，也可以选择现有的格式代码，然后再在“类型”文本框中进行编辑修改，如图 12-47 所示。
6. 编辑完成之后，可以从“示例”区域观察此格式代码相对应的数据显示效果，单击“确定”按钮完成设置，效果如图 12-48 所示。

电脑小百科

避免排序时出错，可以遵循以下规则：一是单元格的公式引用了工作表之外的单元格数据，要使用绝对引用；二是对行排序时，避免使用引用其他行的单元格的公式；三是对列排序时，避免使用引用其他列的单元格的公式。

图 12-45　选择“设置单元格格式”命令

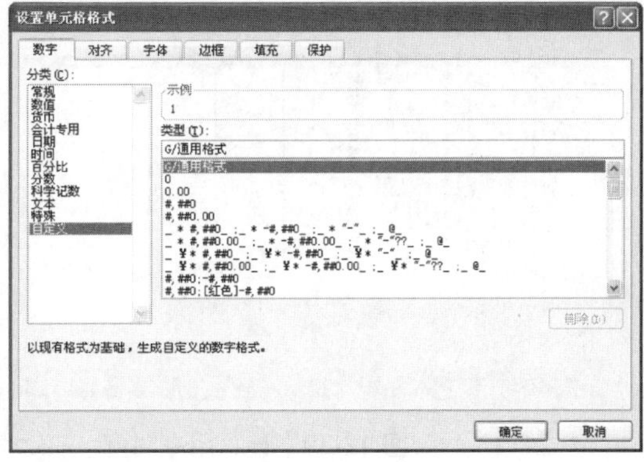

图 12-46　“设置单元格格式”对话框

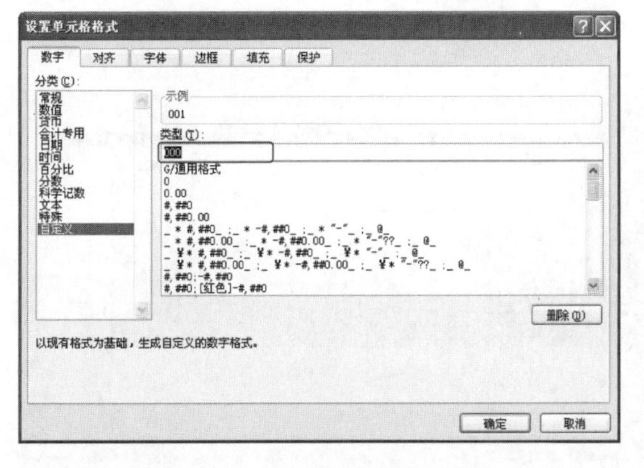

图 12-47　修改自定义数据格式

图 12-48　创建的自定义格式效果

知识补充

用户所创建的自定义格式仅保存在当前工作簿中。如果用户要将自定义的数字格式应用于其他工作簿，除了将格式代码复制到目标工作簿的自定义格式列表中以外，将包含此格式的单元格直接复制到目标工作簿也是一种非常方便的方式。

12.2.3　计算车辆使用费

假设企业规定，按照用车的时间，每小时收取租金 10 元，不足半小时忽略不计，超过半小时按 0.5 小时计算，同时每公里按 2.5 元收取燃油费。可以据此计算出每次使用公司的车所产生的费用。具体操作步骤如下。

1. 打开原始文件 12.2.3.xlsx。
2. 在 G3 单元格中输入公式“=HOUR(E3-D3)+IF(MINUTE(E3-D3)>=30,0.5,0)”，按下 Enter 键后，拖动填充柄向下复制公式，即可计算出该车每次使用的时间，如图 12-49 所示。
3. 在单元格 H3 中输入公式“=G3*10”，按下 Enter 键后，拖动填充柄向下复制公式，即可计算出该车每次使用时所产生的租赁费，如图 12-50 所示。
4. 在单元格 I3 中输入公式“=F3*2.5”，按下 Enter 键后，拖动填充柄向下复制公式，即可计算出每次使用时所产生的燃油费，如图 12-51 所示。

电脑小百科

如果数据表套用了表格样式或自定义了表格样式后，“数据包含标题”复选框变为不可用，因此无法完成对数据列表中的某一特定部分进行排序，解决的方法是，先取消数据表表格样式的套用后再进行排序。

G3 =HOUR(E3-D3)+IF(MINUTE(E3-D3)>=30,0.5,0)

企业车辆使用管理表											
序号	车号	使用者	用车时间	交车时间	里程	用车小时数	租赁费	燃油费	车辆使用费	报销费	驾驶
001	鲁F 45672	尹　南	8:30 AM	3:01 PM	40	7					
002	鲁F 45672	陈　露	2:00 PM	8:30 PM	50	7					
003	鲁F 56789	陈　露	9:00 AM	6:50 PM	90	10					
004	鲁F 67532	尹　南	12:30 PM	3:00 PM	15	3					
005	鲁F 67532	尹　南	9:00 AM	9:20 PM	110	12					
006	鲁F 81816	陈　露	8:02 AM	9:00 PM	100	13					
007	鲁F 81816	陈　露	8:00 AM	6:02 PM	85	10					
008	鲁F 36598	杨青青	12:00 PM	2:30 PM	15	3					
009	鲁F 36598	杨青青	12:25 PM	2:00 PM	15	2					
010	鲁F 36598	沈　沉	3:00 PM	6:00 PM	15	3					
011	鲁F 36599	乔小麦	8:00 AM	12:40 PM	30	5					
012	鲁F 67532	柳小琳	9:35 AM	2:00 PM	40	4					
013	鲁F 67532	江雨薇	9:00 AM	12:10 PM	20	3					
014	鲁F 67532	郭月青	1:20 PM	6:00 PM	30	5					

图 12-49　计算用车时间

H3 =G3*10

企业车辆使用管理表											
序号	车号	使用者	用车时间	交车时间	里程	用车小时数	租赁费	燃油费	车辆使用费	报销费	驾驶
001	鲁F 45672	尹　南	8:30 AM	3:01 PM	40	7	65				
002	鲁F 45672	陈　露	2:00 PM	8:30 PM	50	7	65				
003	鲁F 56789	陈　露	9:00 AM	6:50 PM	90	10	95				
004	鲁F 67532	尹　南	12:30 PM	3:00 PM	15	3	25				
005	鲁F 67532	尹　南	9:00 AM	9:20 PM	110	12	120				
006	鲁F 81816	陈　露	8:02 AM	9:00 PM	100	13	125				
007	鲁F 81816	陈　露	8:00 AM	6:02 PM	85	10	100				
008	鲁F 36598	杨青青	12:00 PM	2:30 PM	15	3	25				
009	鲁F 36598	杨青青	12:25 PM	2:00 PM	15	2	15				
010	鲁F 36598	沈　沉	3:00 PM	6:00 PM	15	3	30				
011	鲁F 36599	乔小麦	8:00 AM	12:40 PM	30	5	45				
012	鲁F 67532	柳小琳	9:35 AM	2:00 PM	40	4	40				
013	鲁F 67532	江雨薇	9:00 AM	12:10 PM	20	3	30				
014	鲁F 67532	郭月青	1:20 PM	6:00 PM	30	5	45				

图 12-50　计算租赁费

5. 在单元格 J3 中输入公式"=H3+I3"，按下 Enter 键后，拖动填充柄向下复制公式，即可计算出每次使用所产生的车辆使用费，如图 12-52 所示。

I3 =F3*2.5

企业车辆使用管理表											
序号	车号	使用者	用车时间	交车时间	里程	用车小时数	租赁费	燃油费	车辆使用费	报销费	驾驶
001	鲁F 45672	尹　南	8:30 AM	3:01 PM	40	7	65	100			
002	鲁F 45672	陈　露	2:00 PM	8:30 PM	50	7	65	125			
003	鲁F 56789	陈　露	9:00 AM	6:50 PM	90	10	95	225			
004	鲁F 67532	尹　南	12:30 PM	3:00 PM	15	3	25	37.5			
005	鲁F 67532	尹　南	9:00 AM	9:20 PM	110	12	120	275			
006	鲁F 81816	陈　露	8:02 AM	9:00 PM	100	13	125	250			
007	鲁F 81816	陈　露	8:00 AM	6:02 PM	85	10	100	212.5			
008	鲁F 36598	杨青青	12:00 PM	2:30 PM	15	3	25	37.5			
009	鲁F 36598	杨青青	12:25 PM	2:00 PM	15	2	15	37.5			
010	鲁F 36598	沈　沉	3:00 PM	6:00 PM	15	3	30	37.5			
011	鲁F 36599	乔小麦	8:00 AM	12:40 PM	30	5	45	75			
012	鲁F 67532	柳小琳	9:35 AM	2:00 PM	40	4	40	100			
013	鲁F 67532	江雨薇	9:00 AM	12:10 PM	20	3	30	50			
014	鲁F 67532	郭月青	1:20 PM	6:00 PM	30	5	45	75			

图 12-51　计算燃油费

J3 =H3+I3

企业车辆使用管理表											
序号	车号	使用者	用车时间	交车时间	里程	用车小时数	租赁费	燃油费	车辆使用费	报销费	驾驶
001	鲁F 45672	尹　南	8:30 AM	3:01 PM	40	7	65	100	165		
002	鲁F 45672	陈　露	2:00 PM	8:30 PM	50	7	65	125	190		
003	鲁F 56789	陈　露	9:00 AM	6:50 PM	90	10	95	225	320		
004	鲁F 67532	尹　南	12:30 PM	3:00 PM	15	3	25	37.5	63		
005	鲁F 67532	尹　南	9:00 AM	9:20 PM	110	12	120	275	395		
006	鲁F 81816	陈　露	8:02 AM	9:00 PM	100	13	125	250	375		
007	鲁F 81816	陈　露	8:00 AM	6:02 PM	85	10	100	212.5	313		
008	鲁F 36598	杨青青	12:00 PM	2:30 PM	15	3	25	37.5	63		
009	鲁F 36598	杨青青	12:25 PM	2:00 PM	15	2	15	37.5	53		
010	鲁F 36598	沈　沉	3:00 PM	6:00 PM	15	3	30	37.5	68		
011	鲁F 36599	乔小麦	8:00 AM	12:40 PM	30	5	45	75	120		
012	鲁F 67532	柳小琳	9:35 AM	2:00 PM	40	4	40	100	140		
013	鲁F 67532	江雨薇	9:00 AM	12:10 PM	20	3	30	50	80		
014	鲁F 67532	郭月青	1:20 PM	6:00 PM	30	5	45	75	120		

图 12-52　计算车辆使用费

12.2.4　计算报销费

假设公司规定，报销公事用车的车辆使用费的起报点为 100，超过的部分公司报销 80%。具体操作步骤如下。

1. 打开上一节保存的文件，根据上一小节计算出的车辆使用费，在单元格 K3 中输入公式"=IF((J3>100),(J3-100)*0.8,0)"。
2. 按下 Enter 键后，拖动填充柄向下复制公式，即可计算出车辆的报销费，如图 12-53 所示。

K3 =IF((J3>100),(J3-100)*0.8,0)

企业车辆使用管理表											
序号	车号	使用者	用车时间	交车时间	里程	用车小时数	租赁费	燃油费	车辆使用费	报销费	驾驶员补助费
001	鲁F 45672	尹　南	8:30 AM	3:01 PM	40	7	65	100	165	52	
002	鲁F 45672	陈　露	2:00 PM	8:30 PM	50	7	65	125	190	72	
003	鲁F 56789	陈　露	9:00 AM	6:50 PM	90	10	95	225	320	176	
004	鲁F 67532	尹　南	12:30 PM	3:00 PM	15	3	25	37.5	63	0	
005	鲁F 67532	尹　南	9:00 AM	9:20 PM	110	12	120	275	395	236	
006	鲁F 81816	陈　露	8:02 AM	9:00 PM	100	13	125	250	375	220	
007	鲁F 81816	陈　露	8:00 AM	6:02 PM	85	10	100	212.5	313	170	
008	鲁F 36598	杨青青	12:00 PM	2:30 PM	15	3	25	37.5	63	0	
009	鲁F 36598	杨青青	12:25 PM	2:00 PM	15	2	15	37.5	53	0	
010	鲁F 36598	沈　沉	3:00 PM	6:00 PM	15	3	30	37.5	68	0	
011	鲁F 36599	乔小麦	8:00 AM	12:40 PM	30	5	45	75	120	16	
012	鲁F 67532	柳小琳	9:35 AM	2:00 PM	40	4	40	100	140	32	
013	鲁F 67532	江雨薇	9:00 AM	12:10 PM	20	3	30	50	80	0	
014	鲁F 67532	郭月青	1:20 PM	6:00 PM	30	5	45	75	120	16	

图 12-53　计算车辆报销费

电脑小百科

当使用"%"作为单元格数字格式时，在单元格内新输入的数字会被自动缩小 100 倍以后以百分数表示。

12.2.5　计算驾驶员补助费

假设公司规定，按照一天 8 小时工作制，如果员工在外办公时间超过 8 小时，那么超过的部分按每小时 20 元计算。具体操作步骤如下。

1. 打开上一节保存的文件，根据上一小节计算出的驾驶员补助费，在单元格 N3 中输入公式“=IF((G3>8),(G3-8)*25,0)”。
2. 按下 Enter 键后，拖动填充柄向下复制公式，即可计算驾驶员补助费，如图 12-54 所示。

L3　=IF((G3>8),(G3-8)*25,0)

企业车辆使用管理表

序号	车号	使用者	用车时间	交车时间	里程	用车小时数	租赁费	燃油费	车辆使用费	报销费	驾驶员补助费
001	鲁F 45672	尹　南	8:30 AM	3:01 PM	40	7	65	100	165	52	0
002	鲁F 45672	陈　露	2:00 PM	8:30 PM	50	7	65	125	190	72	0
003	鲁F 56789	陈　露	9:00 AM	6:50 PM	90	10	95	225	320	176	37.5
004	鲁F 67532	尹　南	12:30 PM	3:00 PM	15	3	25	37.5	63	0	0
005	鲁F 67532	尹　南	9:00 AM	9:20 PM	110	12	120	275	395	236	100
006	鲁F 81816	陈　露	8:02 AM	9:00 PM	100	13	125	250	375	220	112.5
007	鲁F 81816	陈　露	8:00 AM	6:02 PM	85	10	100	212.5	313	170	50
008	鲁F 36598	杨青青	12:00 PM	2:30 PM	15	3	25	37.5	63	0	0
009	鲁F 36598	杨青青	12:25 PM	2:00 PM	15	2	15	37.5	53	0	0
010	鲁F 36598	沈　沉	3:00 PM	6:00 PM	15	3	30	37.5	68	0	0
011	鲁F 36599	乔小麦	8:00 AM	12:40 PM	30	5	45	75	120	16	0
012	鲁F 67532	柳小琳	9:35 AM	2:00 PM	40	4	40	100	140	32	0
013	鲁F 67532	江雨薇	9:00 AM	12:10 PM	20	3	30	50	80	0	0
014	鲁F 67532	邱月青	1:20 PM	6:00 PM	30	5	45	75	120	16	0

图 12-54　计算驾驶员补助费

12.2.6　设置表格格式

设置表格格式主要包括设置表格文本的字体格式和对齐方式、添加边框和底纹。

设置表格格式一般是通过“设置单元格格式”对话框来进行设置，表格格式包括设置字体格式、添加边框和底纹，下面将介绍如何设置这些表格格式。

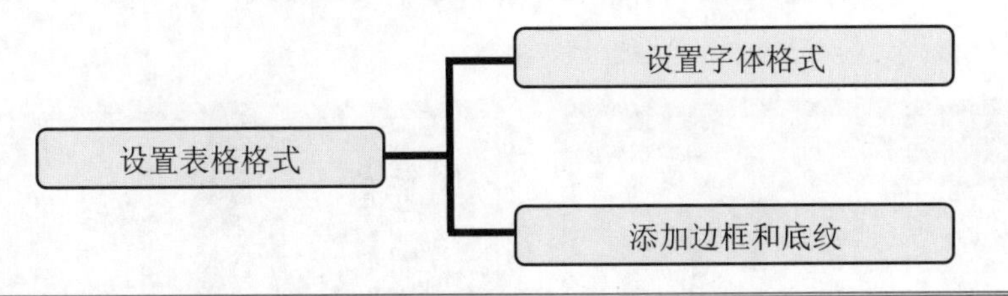

跟着做 1　设置字体格式

1. 打开原始文件 12.2.6.xlsx，选中需要设置的单元格 A1:L1，如图 12-55 所示。
2. 在“开始”选项卡下的“字体”组中，单击“对话框启动器”按钮，弹出“设置单元格格式”对话框，如图 12-56 所示。
3. 在“字体”选项卡下设置字体及字号参数，这里选择“华文仿宋”、“加粗”，然后从“颜色”下拉列表框中选择字体颜色。按照同样的方法设置其他单元格，如图 12-57 所示。
4. 设置完成后，单击“确定”按钮，效果如图 12-58 所示。

电脑小百科

TODAY 函数返回的是当前日期，但是它不会实时更新，除非工作表被重新计算。

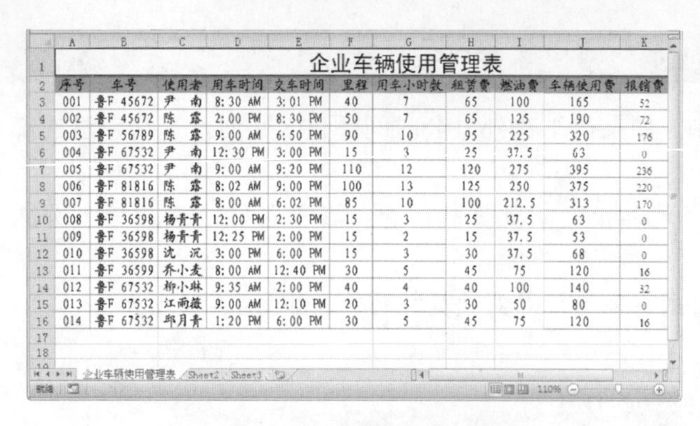

图 12-55　选择单元格区域

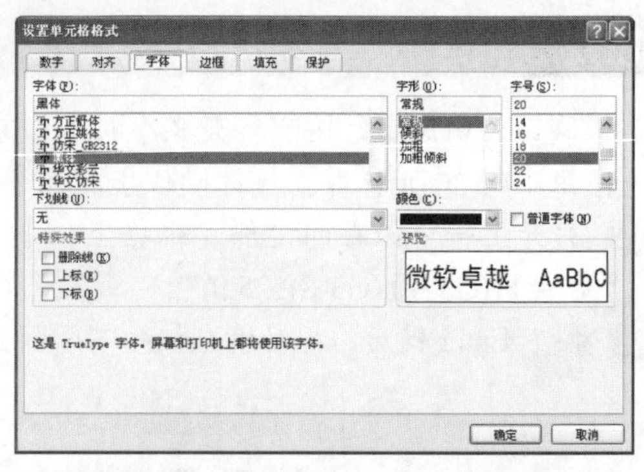

图 12-56　“设置单元格格式”对话框

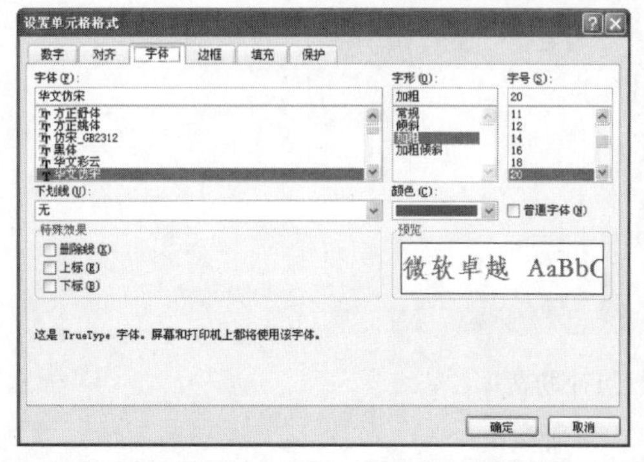

图 12-57　设置“字体”选项卡

图 12-58　设置字体格式效果图

跟着做 2☛ 添加底纹

1. 打开上一节保存的文件，选中单元格区域 A3:L16，如图 12-59 所示。
2. 在选中区域上右击，从弹出的快捷菜单中选择“设置单元格格式”命令，如图 12-60 所示。

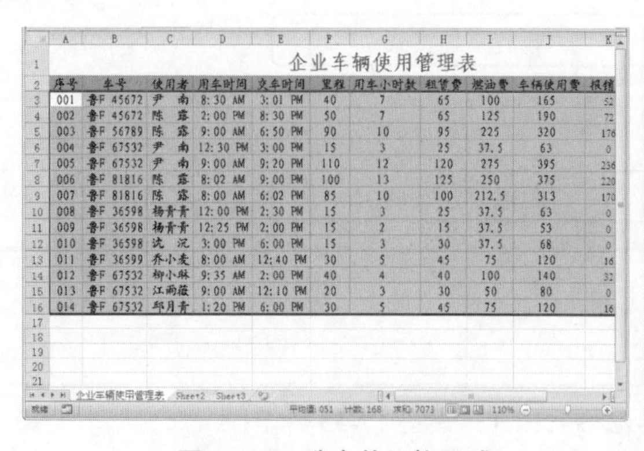

图 12-59　选中单元格区域

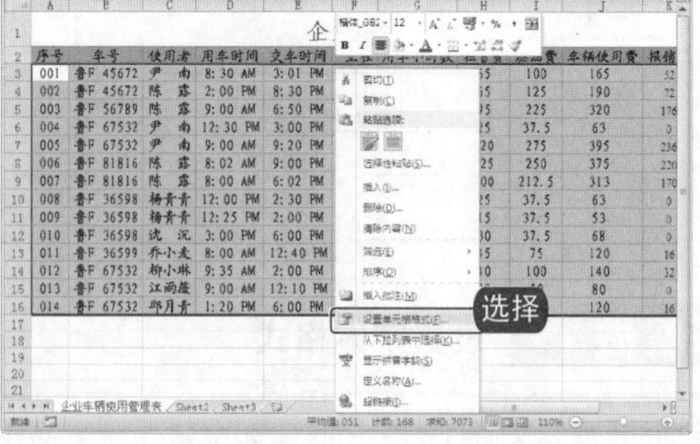

图 12-60　选择“设置单元格格式”命令

3. 弹出“设置单元格格式”对话框，选择“填充”选项卡，在“背景色”区域选择“深蓝”，“图案样式”下拉列表框中选择“细垂直条纹”，“图案颜色”下拉列表框中选择“蓝色”，如图 12-61 所示。
4. 设置完成后，单击“确定”按钮，效果如图 12-62 所示。

电脑小百科

在 Excel 中，用户还可以在“新建名称”对话框中的“范围”下拉列表中为定义的名称设置适用范围，通过适用范围的设置可限制定义名称在当前工作簿中的使用范围。

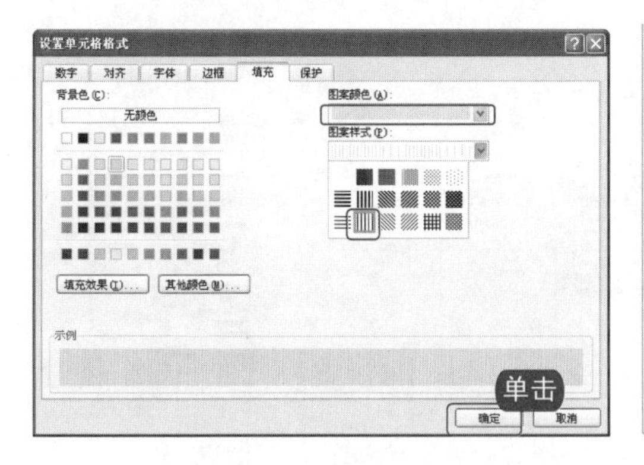

图 12-61　“填充”选项卡

企业车辆使用管理表										
序号	车号	使用者	用车时间	交车时间	里程	用车小时数	租赁费	燃油费	车辆使用费	报销
001	鲁F 45672	尹　南	8:30 AM	3:01 PM	40	7	65	100	165	52
002	鲁F 45672	陈　露	2:00 PM	8:30 PM	50	7	65	125	190	72
003	鲁F 56789	陈　露	9:00 AM	6:50 PM	90	10	95	225	320	176
004	鲁F 67532	尹　南	12:30 PM	3:00 PM	15	3	25	37.5	63	0
005	鲁F 67532	尹　南	9:00 AM	9:20 PM	110	12	120	275	395	236
006	鲁F 81816	陈　露	8:02 AM	9:00 PM	100	13	125	250	375	220
007	鲁F 81816	陈　露	8:00 AM	6:02 PM	85	10	100	212.5	313	170
008	鲁F 36598	杨青青	12:00 PM	2:30 PM	15	3	25	37.5	63	0
009	鲁F 36598	杨青青	12:25 PM	2:00 PM	15	2	15	37.5	53	0
010	鲁F 36598	沈　沉	3:00 PM	6:00 PM	15	3	30	37.5	68	0
011	鲁F 36599	乔小麦	8:00 AM	12:40 PM	30	5	45	75	120	16
012	鲁F 67532	柳小琳	9:35 AM	2:00 PM	40	4	40	100	140	32
013	鲁F 67532	江雨薇	9:00 AM	12:10 PM	20	3	30	50	80	0
014	鲁F 67532	邱月青	1:20 PM	6:00 PM	30	5	45	75	120	16

图 12-62　设置底纹后的效果图

12.2.7　制作数据透视表

数据透视表是一种对大量数据快速汇总和建立交叉列表的交互式动态表格，能帮助用户分析、组织数据。在建好数据透视表之后，可以对数据透视表重新安排，以便从不同的角度查看数据。总之，合理运用数据透视表进行计算与分析，能使许多复杂的问题简单化并且极大地提高工作效率。

为之前创建的“企业车辆使用管理”工作表创建数据透视表，具体操作方法如下。

1. 打开原始文件 12.2.7.xlsx，选中 I3 单元格，如图 12-63 所示。
2. 在“插入”选项下的“表格”组中，单击“数据透视表”下拉按钮。
3. 从弹出的下拉列表中选择“数据透视表”命令，如图 12-64 所示。

企业车辆使用管理表									
序号	车号	使用者	用车时间	交车时间	里程	用车小时数	租赁费	燃油费	车辆使用
001	鲁F 45672	尹　南	8:30 AM	3:01 PM	40	7	65	100	165
002	鲁F 45672	陈　露	2:00 PM	8:30 PM	50	7	65	125	190
003	鲁F 56789	陈　露	9:00 AM	6:50 PM	90	10	95	225	320
004	鲁F 67532	尹　南	12:30 PM	3:00 PM	15	3	25	37.5	63
005	鲁F 67532	尹　南	9:00 AM	9:20 PM	110	12	120	275	395
006	鲁F 81816	陈　露	8:02 AM	9:00 PM	100	13	125	250	375
007	鲁F 81816	陈　露	8:00 AM	6:02 PM	85	10	100	212.5	313
008	鲁F 36598	杨青青	12:00 PM	2:30 PM	15	3	25	37.5	63
009	鲁F 36598	杨青青	12:25 PM	2:00 PM	15	2	15	37.5	53
010	鲁F 36598	沈　沉	3:00 PM	6:00 PM	15	3	30	37.5	68
011	鲁F 36599	乔小麦	8:00 AM	12:40 PM	30	5	45	75	120
012	鲁F 67532	柳小琳	9:35 AM	2:00 PM	40	4	40	100	140
013	鲁F 67532	江雨薇	9:00 AM	12:10 PM	20	3	30	50	80
014	鲁F 67532	邱月青	1:20 PM	6:00 PM	30	5	45	75	120

图 12-63　选中 I3 单元格

图 12-64　选择“数据透视表”命令

4. 弹出“创建数据透视表”对话框，如图 12-65 所示。
5. 保持“创建数据透视表”对话框内默认设置不变，单击“确定”按钮后即可创建一张空的数据透视表，如图 12-66 所示。
6. 在“数据透视表字段列表”中，分别选中“选择要添加到报表的字段”列表框中的“使用者”和“车辆使用费”字段的复选框，它们将出现在对话框的“行标签”区域和“数值”区域，同时也被添加到数据透视表中，如图 12-67 所示。
7. 在“数据透视表字段列表”中，单击“选择要添加到报表的字段”列表框中的“车号”字段，并按住鼠标左键将其拖曳至“列标签”区域内，“车号”字段也作为列字段出现在数据透视表中，

电脑小百科

VLOOKUP 函数用于在区域或数组的首列查找指定的值，返回与指定值同行的该区域或数组中的其他列的值。

最终完成的数据透视表如图 12-68 所示。

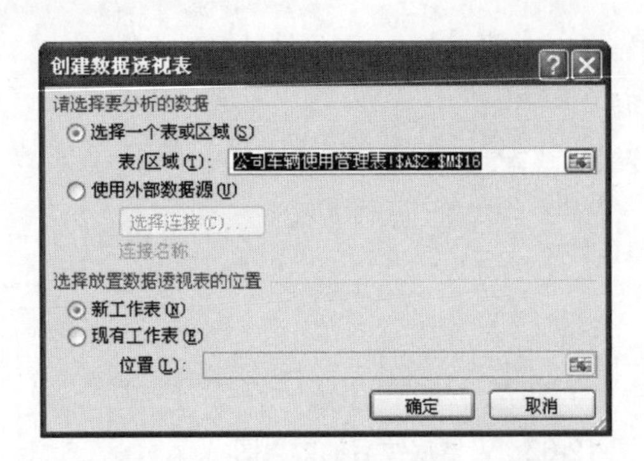

图 12-65 "创建数据透视表"对话框

图 12-66 创建的数据透视表

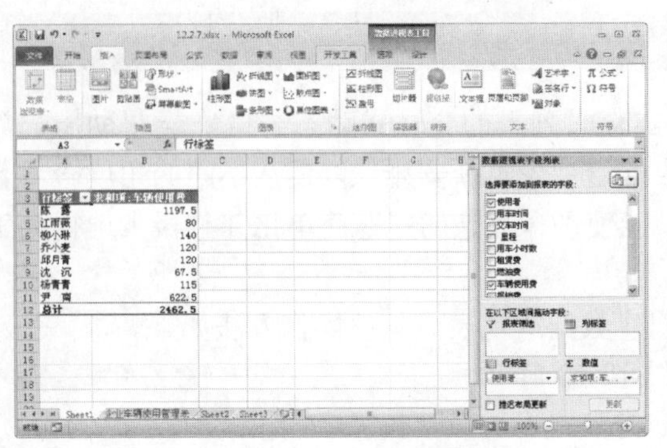

图 12-67 设置数据透视表

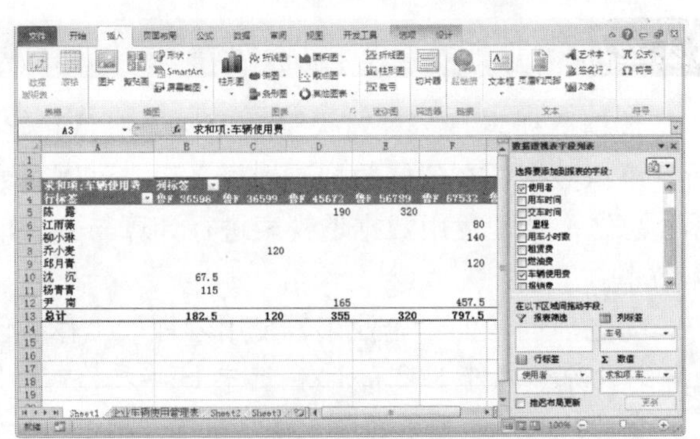

图 12-68 向数据透视表中添加字段

12.2.8 页面设置

为了使工作表打印出来更加美观、大方，在打印之前用户还需要对其进行页面设置。

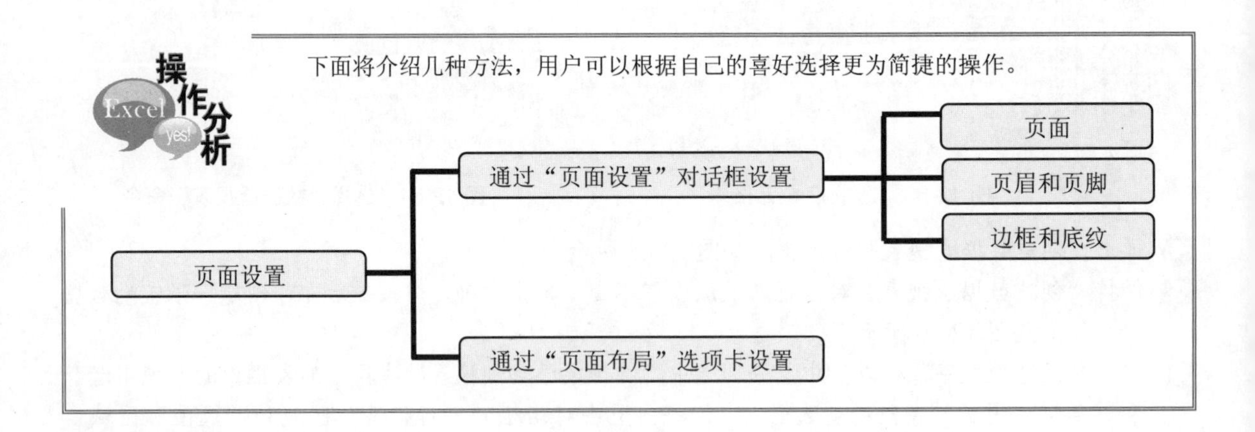

跟着做 1 设置页面方向、大小和页边距

1. 打开原始文件 12.2.8.xlsx，选中整个单元格区域，如图 12-69 所示。

电脑小百科

VLOOKUP 函数的第四个参数设置为 FALSE，因此为精确查找，如果找不到所需的值，则会返回错误值#N/A。

❷ 在“页面布局”选项卡下的“页面设置”组中，单击“对话框启动器”按钮，如图 12-70 所示。

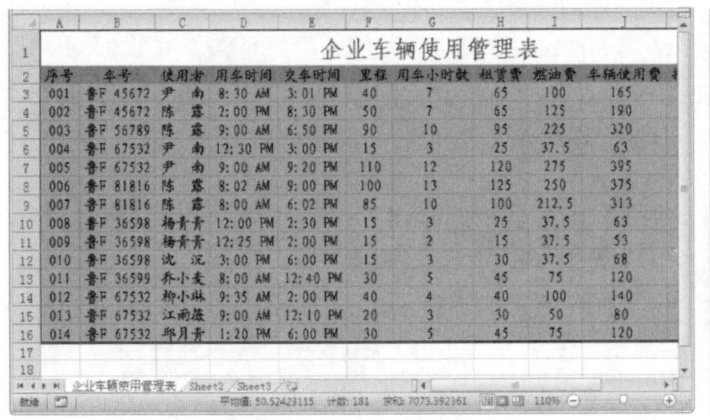

企业车辆使用管理表

序号	车号	使用者	用车时间	交车时间	里程	用车小时数	租赁费	燃油费	车辆使用费
001	鲁F 45672	尹　南	8:30 AM	3:01 PM	40	7	65	100	165
002	鲁F 45672	陈　露	2:00 PM	8:30 PM	50	7	65	125	190
003	鲁F 56789	陈　露	9:00 AM	6:50 PM	90	10	95	225	320
004	鲁F 67532	尹　南	12:30 PM	3:00 PM	15	3	25	37.5	63
005	鲁F 67532	尹　南	9:00 AM	9:20 PM	110	12	120	275	395
006	鲁F 81816	陈　露	8:02 AM	9:00 PM	100	13	125	250	375
007	鲁F 81816	陈　露	8:00 AM	6:02 PM	85	10	100	212.5	313
008	鲁F 36598	杨青青	12:00 PM	2:30 PM	15	3	25	37.5	63
009	鲁F 36598	杨青青	12:25 PM	2:00 PM	15	2	15	37.5	53
010	鲁F 36598	沈　沉	3:00 PM	6:00 PM	15	3	30	37.5	68
011	鲁F 36599	乔小麦	8:00 AM	12:40 PM	30	5	45	75	120
012	鲁F 67532	柳小琳	9:35 AM	2:00 PM	40	4	40	100	140
013	鲁F 67532	江雨薇	9:00 AM	12:10 PM	20	3	30	50	80
014	鲁F 67532	邱月青	1:20 PM	6:00 PM	30	5	45	75	120

图 12-69　选中整个表格

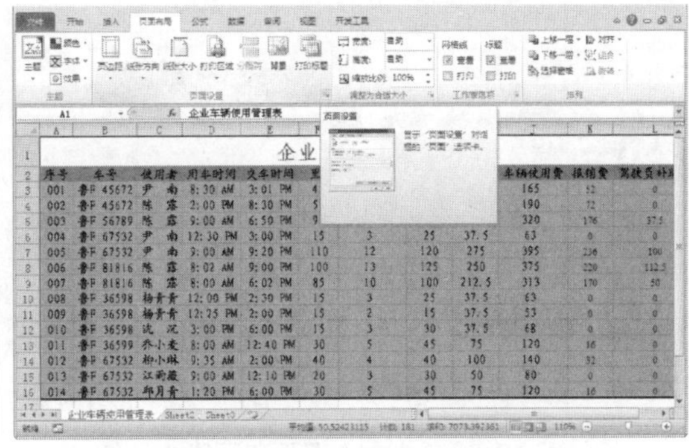

图 12-70　单击“对话框启动器”按钮

❸ 弹出“页面设置”对话框，选择“页面”选项卡，选中“纵向”单选按钮，从“纸张大小”下拉列表框中选择纸张大小，如图 12-71 所示。

❹ 在“页边距”选项卡中设置页边距，设置完毕后单击“确定”按钮，如图 12-72 所示。

图 12-71　设置页面方向

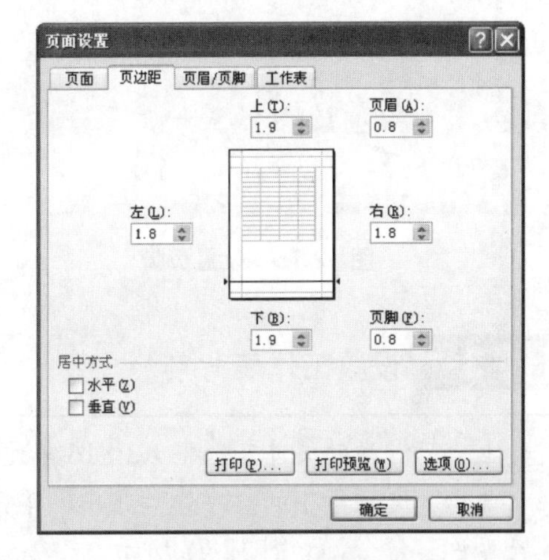

图 12-72　设置页边距

跟着做 2　添加页眉页脚

❶ 打开上一节保存的文件，将光标置于任意一个单元格。

❷ 在“插入”选项卡下的“文本”组中，单击“页面和页脚”按钮，如图 12-73 所示。

❸ 此时，在选项卡中增加一个“设计”选项卡，在添加页眉文本框中输入文本“控制佳信科技有限公司”，如图 12-74 所示。

❹ 把当前日期、当前时间插入到页眉和页脚当中，如图 12-75 所示。还可以设置“首页不同”、“奇偶页不同”、“随文档一起播放”和“与边距对齐”等。

❺ 设置页眉页脚后的效果如图 12-76 所示。

电脑小百科

名称的引用位置必须是固定的单元格区域，不能是常量或动态区域。

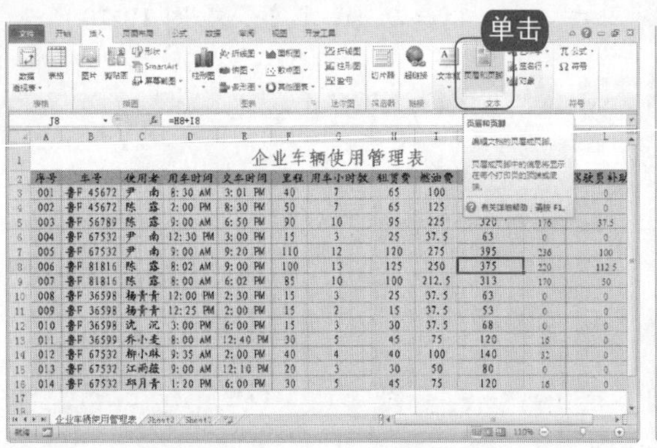

图 12-73　单击“页面和页脚”按钮

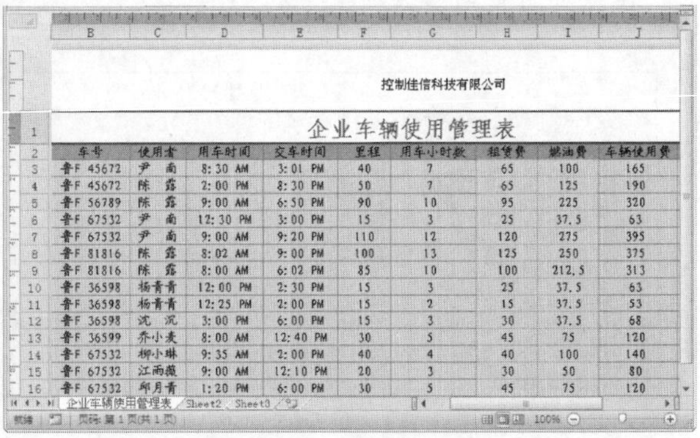

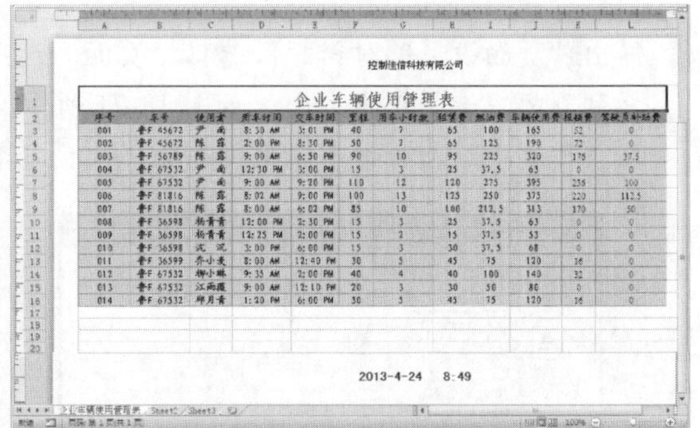

图 12-74　设置页眉

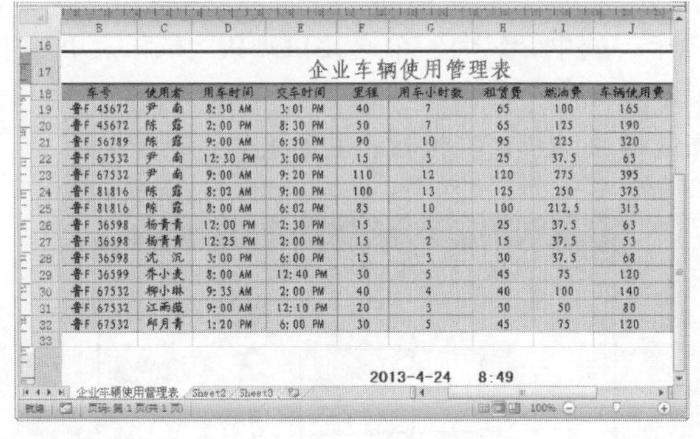

图 12-75　设置页脚

图 12-76　设置页眉页脚后的效果

跟着做 3　设置工作表背景

❶ 打开上一节保存的文件，选中 A3:L16 单元格，如图 12-77 所示。

❷ 在“开始”选项卡下的“字体”组中，单击“填充颜色”按钮，从弹出的下拉列表中选择“无填充颜色”命令，如图 12-78 所示。

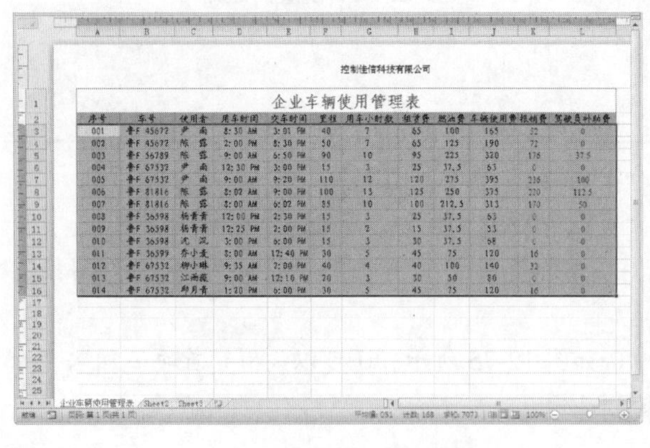

图 12-77　选中数据

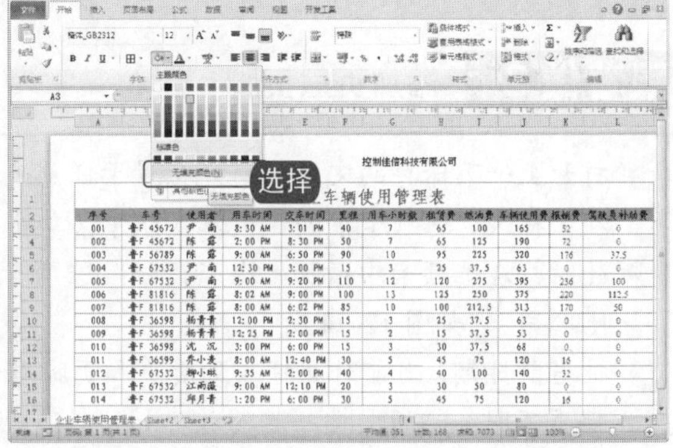

图 12-78　选择“无填充颜色”命令

❸ 在“页面布局”选项卡下的“页面设置”组中，单击“背景”按钮，弹出“工作表背景”对话

电脑小百科

MAX 函数用于返回一组数字中的最大值。

框，从中选择自己喜欢的图片作为工作表中的背景，如图 12-79 所示。

4 选择完毕后单击“插入”按钮即可，如图 12-80 所示。

图 12-79　“工作表背景”对话框

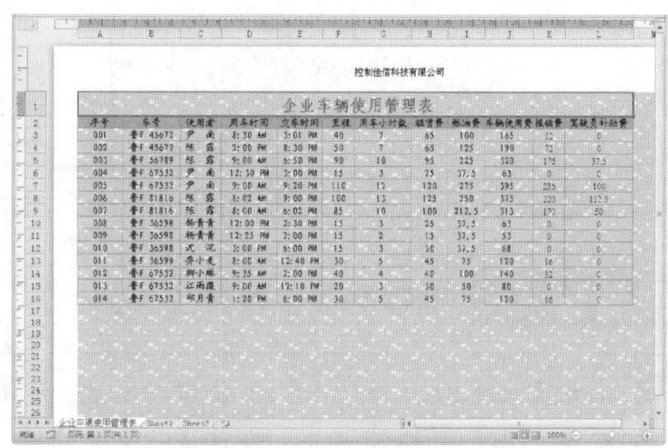

图 12-80　设置工作表背景

12.3　制作会议室管理表

会议室的管理也是企业日常办公中的常见的行政办公工作，为了提高行政管理水平，保障会议室的正常合理使用，发挥会议室的功能和作用，所以公司制定了多个会议室的使用时间和固定使用的部门。

书盘互动指导

示例	在光盘中的位置	书盘互动情况
	12.3　制作会议室管理表表 12.3.1　创建会议室管理表 12.3.2　设置单元格格式 12.3.3　设置行高和列宽 12.3.4　设置条件格式 12.3.5　取消网格线	本节主要带领读者学习制作会议室管理表，在光盘 12.3 节中有相关内容的操作视频，还特别针对本节内容内容设置了具体的实例分析。 读者可以在阅读本节内容后再学习光盘内容，以达到巩固和提升的效果。

12.3.1　创建会议室管理表

创建会议室管理表是为了使会议室得到合理的管理，发挥会议室的功能和作用。

首先创建工作表，然后在工作表中录入数据，下面就将介绍如何创建一个会议室管理表。

电脑小百科

如果使用单元格引用或数组作为 MAX 函数的参数，那么只有数字被计算在内，其他类型的值将被忽略。

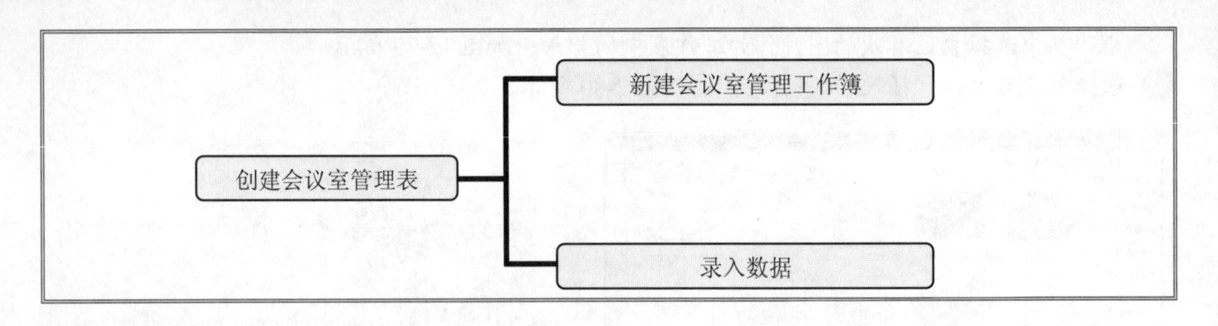

跟着做 1 新建会议室管理工作簿

1. 启动 Excel 2010 程序，程序会自动新建一个工作簿。
2. 双击工作表标签 Sheet1，然后将其重命名为“会议室管理表”，如图 12-81 所示。
3. 在“文件”选项卡下单击“另存为”命令，弹出“另存为”对话框，将其保存为“会议室管理”，如图 12-82 所示。

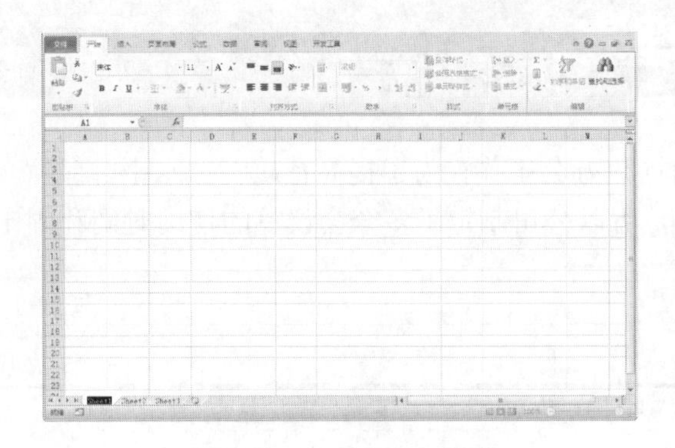

图 12-81　重命名工作表

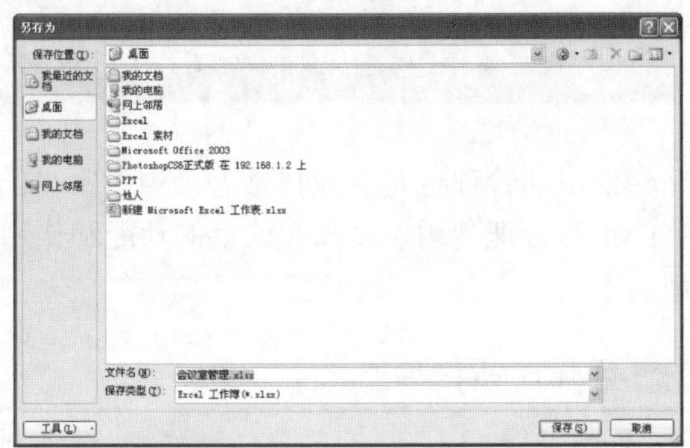

图 12-82　“另存为”对话框

跟着做 2 录入数据

1. 选中 A1 单元格，然后输入“会议室管理表”，输入完毕按下 Enter 键即可，如图 12-83 所示。
2. 在 A2:H2 输入列字段，按照同样的方法输入其他的表格中的数据，如图 12-84 所示。

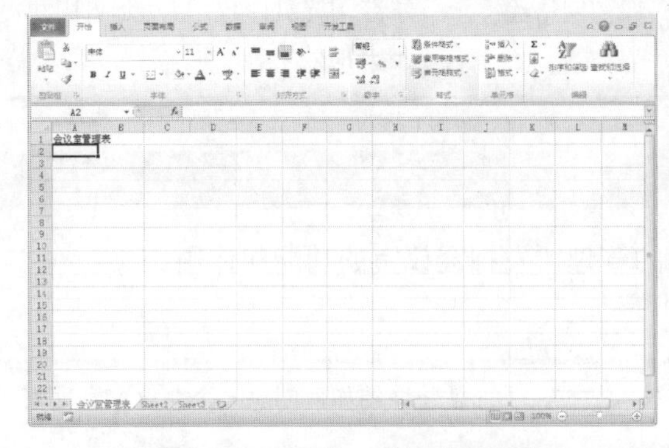

图 12-83　输入“会议室管理表”

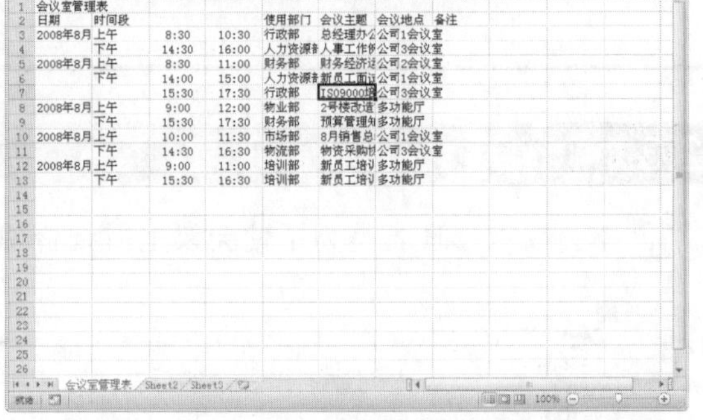

图 12-84　输入数据

MIN 函数用于返回一组数字中的最小值。

3 选中单元格区域 A1，设置字号大小为 24，字体为“方正舒体”，字体颜色为“水绿色”，如图 12-85 所示。

4 选中 A2:H2 单元格，右击，在弹出的快捷菜单中选择“设置单元格格式”命令，打开“设置单元格格式”对话框，选择“填充”选项卡，填充颜色为“橙色，强调填充颜色 6 淡色 40%”，单击“确定”按钮，填充后的效果如图 12-86 所示。

图 12-85　设置表头字符格式

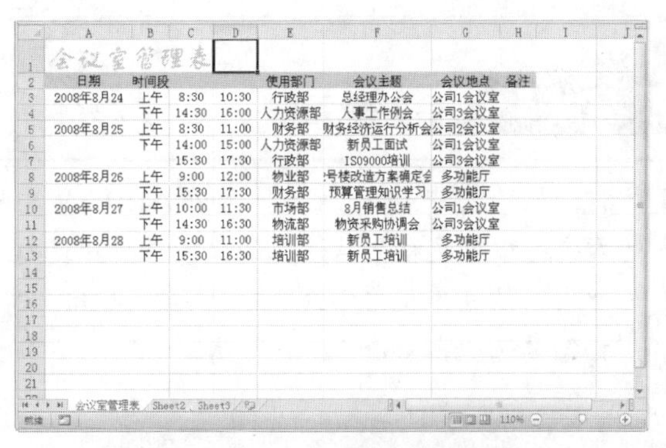

图 12-86　填充后的效果图

5 选中 A2:H13 单元格区域，设置字体为“华文细黑”，字号为 12 号，如图 12-87 所示。

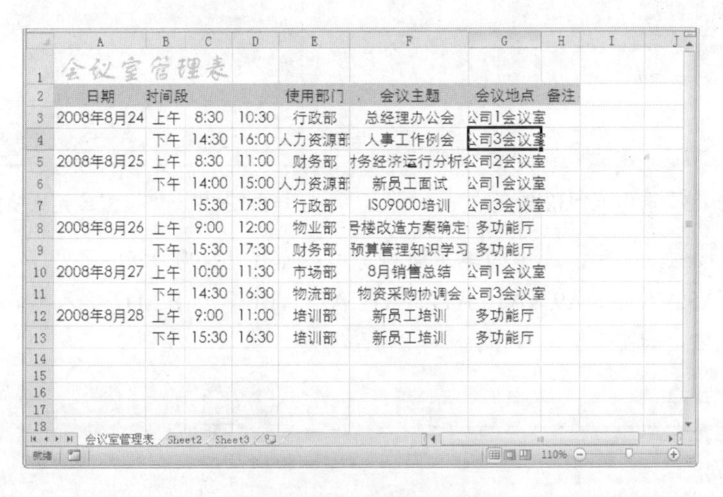

图 12-87　设置字体字号

12.3.2　设置单元格格式

工作表的整体外观由各单元格的样式构成，单元格的样式外观在 Excel 的可选设置中主要包括显示格式、字体样式、文本对齐方式、边框样式以及单元格颜色。

如果使用 Excel 处理数据，那么会经常进行单元格合并、单元格中的文本设置等操作，下面就将介绍如何设置单元格格式，使整个表格看起来更加美观。

MIN 函数的参数中只能包含数字，否则将返回 0。

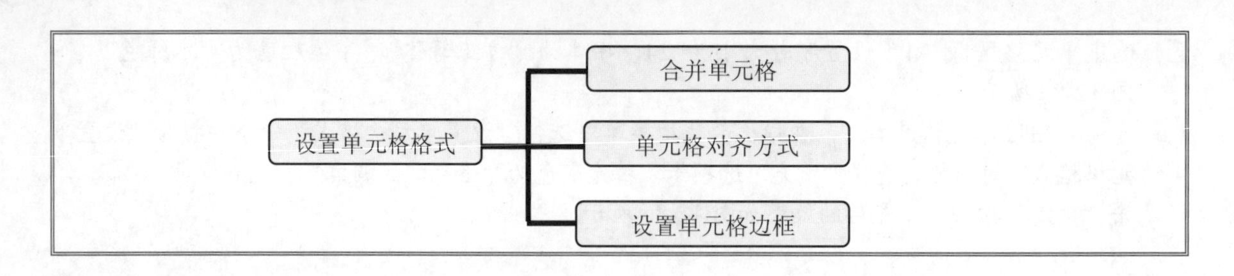

跟着做 1 合并单元格

1. 打开原始文件 12.3.2.xlsx，选中 A1:H2 单元格。
2. 右击选中单元格，从弹出的快捷菜单中选择“设置单元格格式”命令，如图 12-88 所示。
3. 弹出“设置单元格格式”对话框，选择“对齐”选项卡，在“文本控制”区域选中“合并单元格”复选框，如图 12-90 所示。

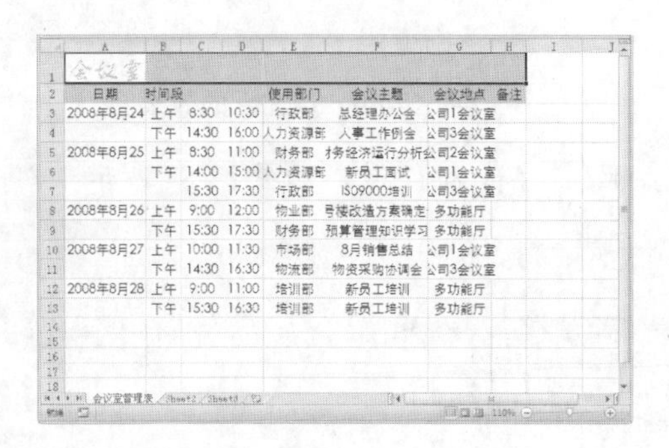
图 12-88　选中 A1:H2 单元格

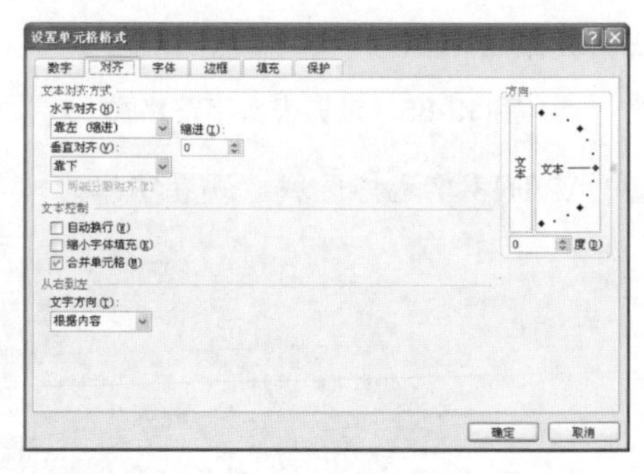
图 12-89　“设置单元格格式”对话框

4. 单击“确定”按钮，此时，选中的单元格被合并，如图 12-90 所示。
5. 选中 A2:A4、A5:A7、A8:A9、A10:A11、A12:A13、B6:B7、B2:D2 单元格，按照同样的方法合并以上的单元格，如图 12-91 所示。

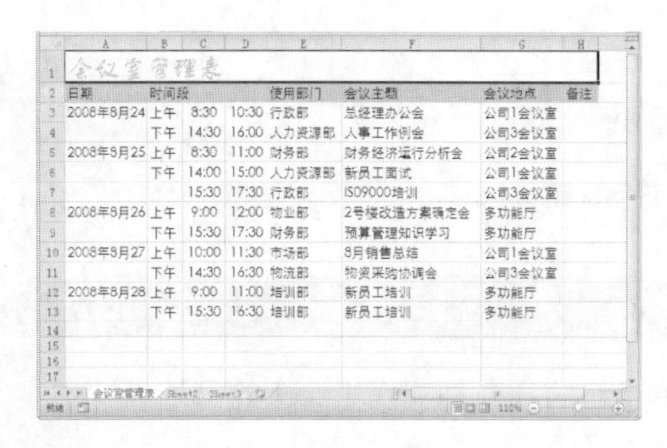
图 12-90　标题

图 12-91　合并后的效果

跟着做 2 单元格对齐方式

1. 打开上一节保存的文件，选中整个表格，如图 12-92 所示。
2. 在“开始”选项卡下的“对齐”组中，单击“居中”按钮，此时单元格中的内容都居中显示。

电脑小百科

图表布局是图表标题、坐标轴标题、图例、数据表、网格线和数据标签的组合应用。

但是 A 列中的单元格内容在垂直方向上不是居中显示，如图 12-93 所示。

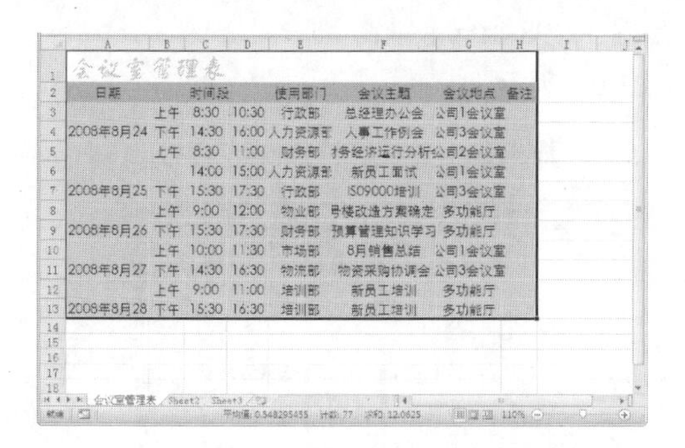

图 12-92 选中整个表格

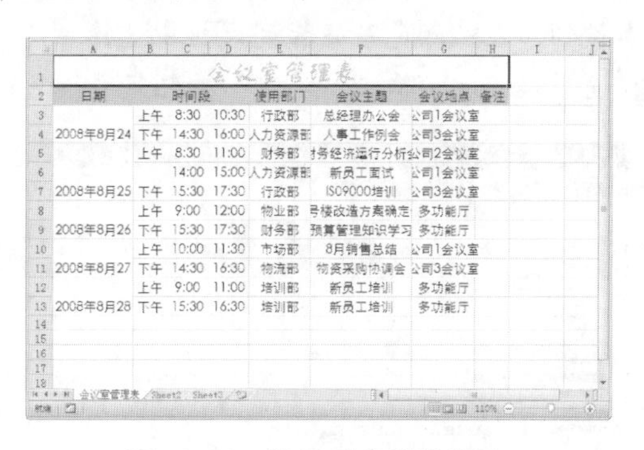

图 12-93 设置对齐后的效果

3. 选中 A3:A13 单元格，在“开始”选项卡下的“对齐”组中，单击“对话框启动器”按钮，弹出“设置单元格格式”对话框，如图 12-94 所示。
4. 选择“对齐”选项卡，在“垂直对齐”下拉列表框中选择“居中”，单击“确定”按钮完成设置，如图 12-95 所示。

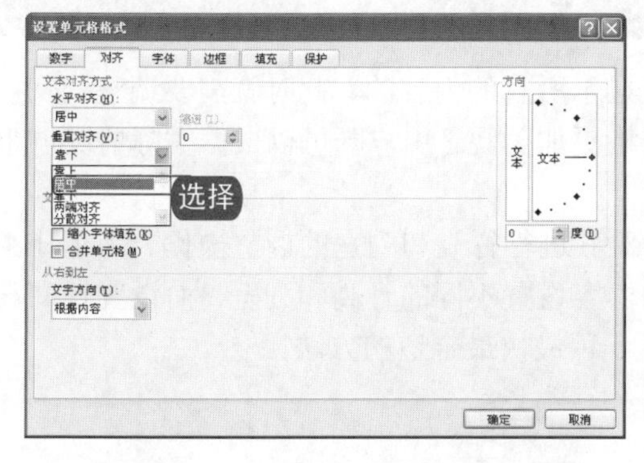

图 12-94 “设置单元格格式”对话框

图 12-95 设置后的效果

跟着做 3☛ 设置单元格边框

1. 打开上一节保存的文件，选中整个表格。
2. 右击选中区域，从弹出的快捷菜单中选择“设置单元格格式”命令，如图 12-96 所示。
3. 弹出“设置单元格格式”对话框，如图 12-97 所示。

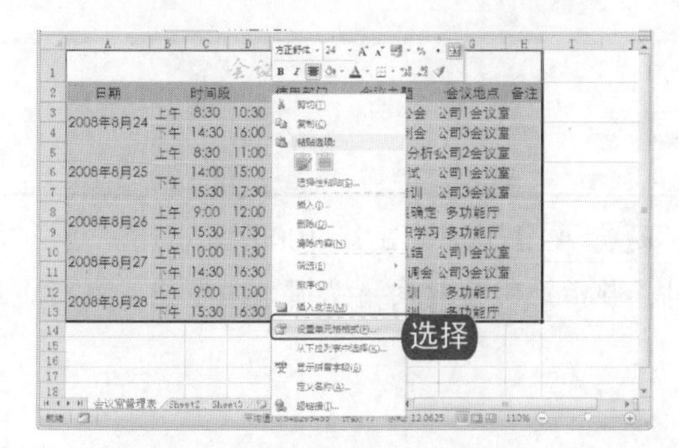

图 12-96 选择“设置单元格格式”命令

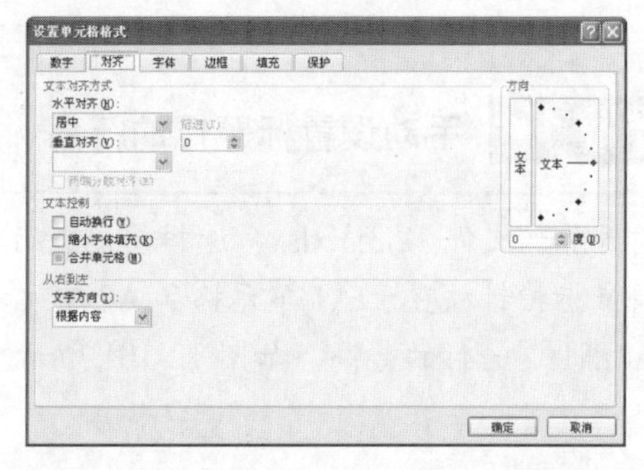

图 12-97 “设置单元格格式”对话框

电脑小百科

图表标题只有一个，而坐标轴标题最多允许 4 个。Excel 默认的标题是无边框的黑色文字。

④ 选择“边框”选项卡，在“样式”区域选择“实线”，“预置”区域单击“外边框”和“内部”按钮、在“颜色”下拉列表框中选择“深蓝”，如图 12-98 所示。

⑤ 设置完成后，单击“确定”按钮完成设置，如图 12-99 所示。

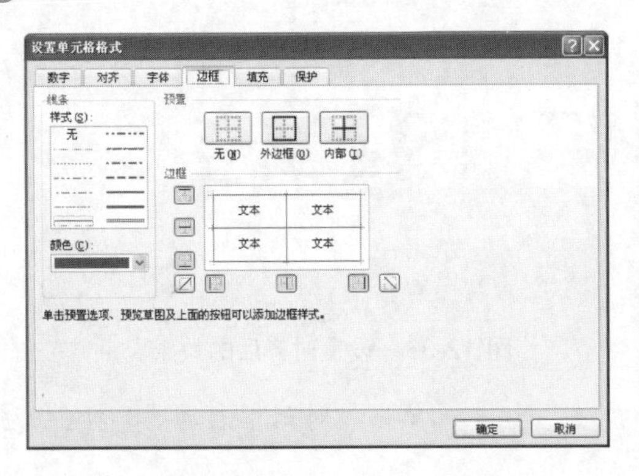

图 12-98 “边框”选项卡

	A	B	C	D	E	F	G	H
1	会议室管理表							
2	日期	时间段			使用部门	会议主题	会议地点	备注
3	2008年8月24	上午	8:30	10:30	行政部	总经理办公会	公司1会议室	
4		下午	14:30	16:00	人力资源部	人事工作例会	公司3会议室	
5	2008年8月25	上午	8:30	11:00	财务部	务经济运行分析	公司2会议室	
6		下午	14:00	15:00	人力资源部	新员工面试	公司1会议室	
7			15:30	17:30	行政部	ISO9000培训	公司3会议室	
8	2008年8月26	上午	9:00	12:00	物业部	号楼改造方案确定	多功能厅	
9		下午	15:30	17:30	财务部	预算管理知识学习	多功能厅	
10	2008年8月27	上午	10:00	11:30	市场部	8月销售总结	公司1会议室	
11		下午	14:30	16:30	物流部	物资采购协调会	公司3会议室	
12	2008年8月28	上午	9:00	11:00	培训部	新员工培训	多功能厅	
13		下午	15:30	16:30	培训部	新员工培训	多功能厅	

图 12-99 设置边框后的效果

12.3.3 设置行高和列宽

当单元格中的内容较多时，默认的列宽是不能显示所有的内容的，此时就需要调整列宽。为表格调整合适的行高和列宽可以增强可读性，使表格更加美观。用户既可以根据实际情况调整行高与列宽，也可以将行高或列宽设置为固定值。

为会议室管理表设置完单元格格式后，还需要对其进行行高和列宽的调整操作。为了让工作表看起来更加美观，通常会将标题行和数据区域的内容设置不同的行高和列宽，而设置行高和列宽的方法有多种，用户可以根据不同的内容，选择一种最快最合适的方法。

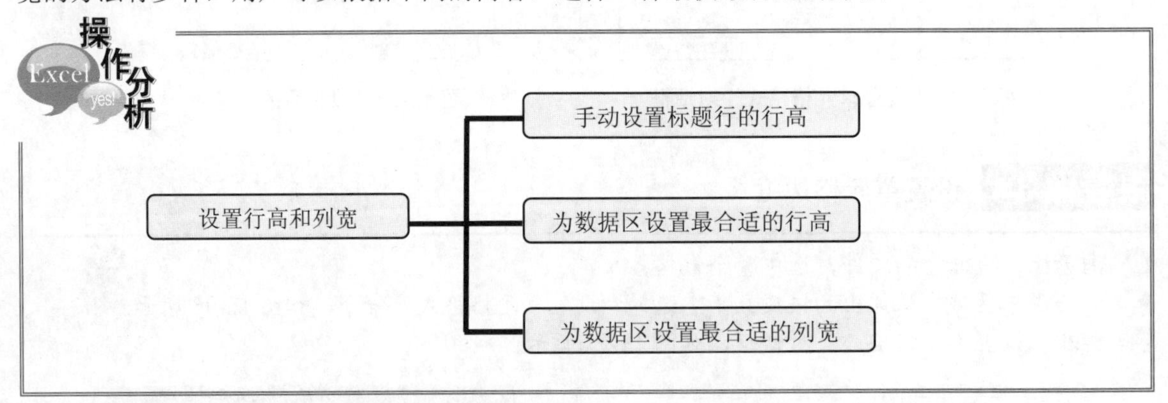

跟着做 1 手动设置标题行的行高

① 打开原始文件 12.3.3.xlsx，选择要调整行高的标题行 A1:H1，如图 12-100 所示。

② 将鼠标指针放置于 A1 单元格和 A2 单元格之间，当指针变为双向箭头时，向下拖动鼠标，增加 A1:H1 这一行的行高，如图 12-101 所示。

图例有 5 种常用的位置，即靠上、底部、靠左、靠右和右上 5 种。

图 12-100　选中单元格

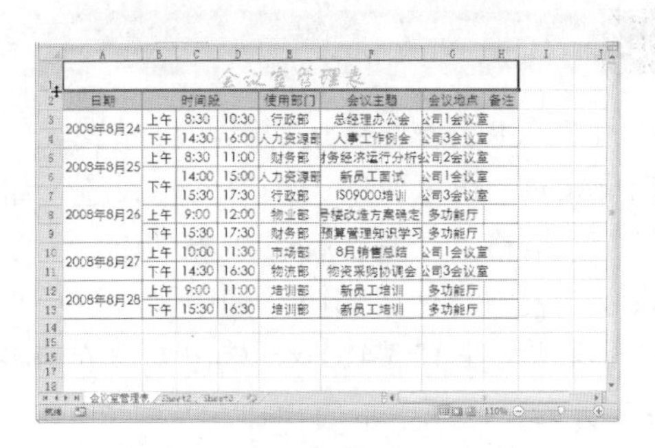

图 12-101　手动调整行高后的效果

跟着做 2☛　为数据区域设置最适合的行高

❶ 打开上一节保存的文件，选择要调整行高的单元格区域 A3:H13。

❷ 在“开始”选项卡下的“单元格”组中，单击“格式”按钮，在弹出的下拉列表中选择“自动调整行高”命令，如图 12-102 所示，此时 Excel 会根据单元格中的内容，自动调整该行的高度，如图 12-103 所示。

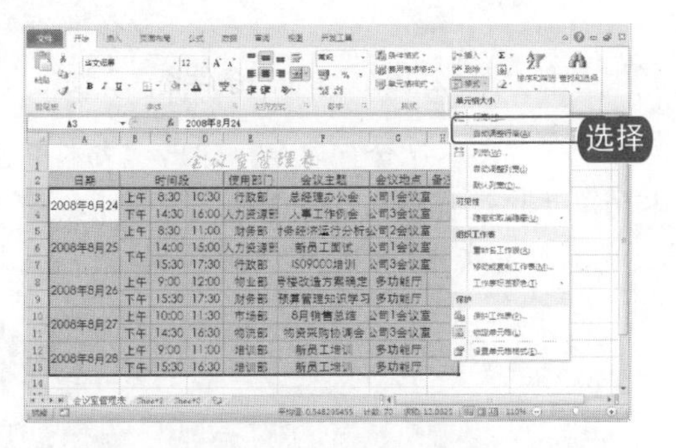

图 12-102　选择“自动调整行高”命令

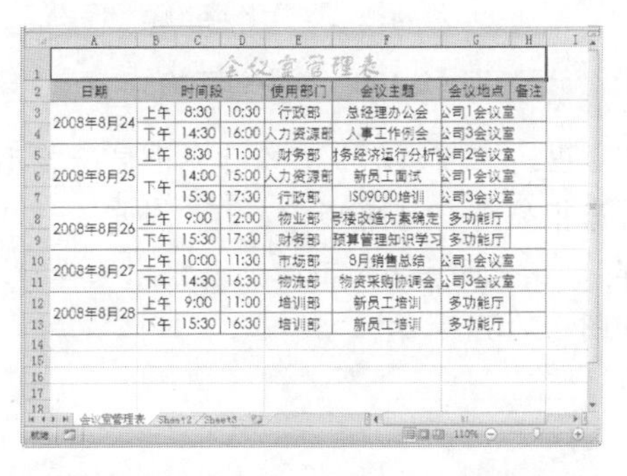

图 12-103　“自动调整行高”后的效果

跟着做 3☛　为数据区域设置最适合的列宽

❶ 打开上一节保存的文件，将鼠标指针放置于 F 列和 G 列之间，如图 12-104 所示。

❷ 当指针变为双向箭头时，可以直接双击，即可将 F 列单元格内容设置最合适的列宽，如图 12-105 所示。

图 12-104　放置指针鼠标

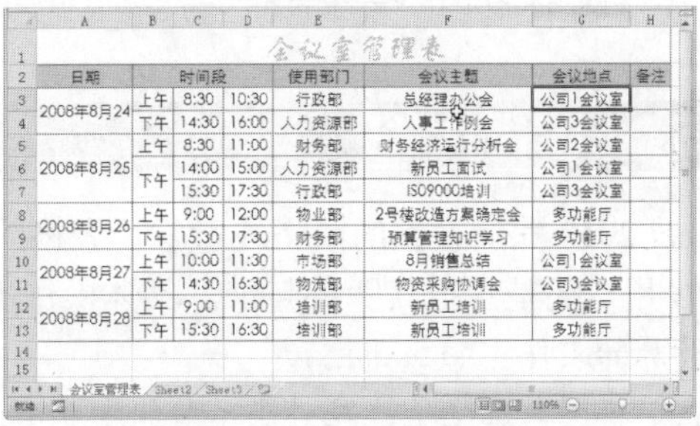

图 12-105　鼠标双击后的效果

电脑小百科

Excel 图表有图表区、绘图区、标题、数据系列、图例和网格线等基本组成部分构成。

12.3.4 设置条件格式

使用 Excel 的条件格式功能，可以设置一种单元格格式，当指定的某种条件满足时自动应用于目标单元格。可以对同一个单元格设置一组条件格式，根据单元格数据的改变而自动选择应用不同的单元格格式。具体操作步骤如下。

将工作表中“使用部门”列中为“财务部”的单元格突出显示。

1. 打开原始文件 12.3.4.xlsx，选中要设置的单元格，如 E3:E13，如图 12-106 所示。
2. 在“开始”选项卡下的“样式”组中，单击“条件格式”按钮，如图 12-107 所示。

会议室管理表

日期	时间段			使用部门	会议主题	会议地点
2008年8月24	上午	8:30	10:30	行政部	总经理办公会	公司1会议室
	下午	14:30	16:00	人力资源部	人事工作例会	公司3会议室
2008年8月25	上午	8:30	11:00	财务部	财务经济运行分析会	公司2会议室
	下午	14:00	15:00	人力资源部	新员工面试	公司1会议室
		15:30	17:30	行政部	ISO9000培训	公司3会议室
2008年8月26	上午	9:00	12:00	物业部	2号楼改造方案确定会	多功能厅
	下午	15:30	17:30	财务部	预算管理知识学习	多功能厅
2008年8月27	上午	10:00	11:30	市场部	8月销售总结	公司1会议室
	下午	14:30	16:30	物流部	物资采购协调会	公司3会议室
2008年8月28	上午	9:00	11:00	培训部	新员工培训	多功能厅
	下午	15:30	16:30	培训部	新员工培训	多功能厅

图 12-106　选中单元格

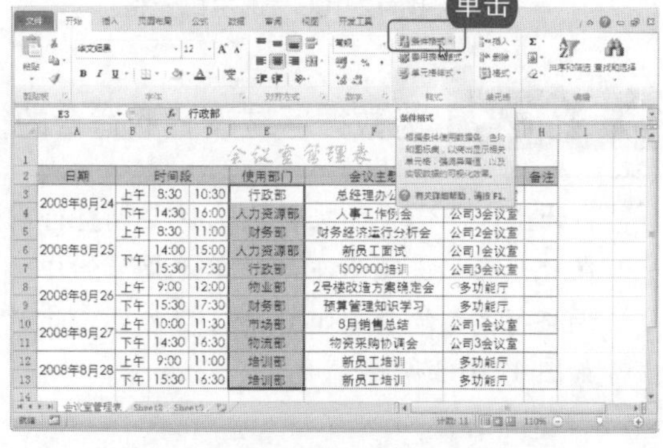

图 12-107　单击“条件格式”按钮

3. 从弹出的下拉列表中选择“突出显示单元格规则”→“文本包含”命令，弹出“文本中包含”对话框如图 12-108 所示。在“为包含以下文本的单元格设置格式”下方的文本框中输入“财务部”，在“设置为”下拉列表框中选择“绿填充色深绿色文本”，单击“确定”按钮完成设置，如图 12-109 所示。

图 12-108　“文本包含”命令

会议室管理表

日期	时间段			使用部门	会议主题	会议地点	备注
2008年8月24	上午	8:30	10:30	行政部	总经理办公会	公司1会议室	
	下午	14:30	16:00	人力资源部	人事工作例会	公司3会议室	
2008年8月25	上午	8:30	11:00	财务部	财务经济运行分析会	公司2会议室	
	下午	14:00	15:00	人力资源部	新员工面试	公司1会议室	
		15:30	17:30	行政部	ISO9000培训	公司3会议室	
2008年8月26	上午	9:00	12:00	物业部	2号楼改造方案确定会	多功能厅	
	下午	15:30	17:30	财务部	预算管理知识学习	多功能厅	
2008年8月27	上午	10:00	11:30	市场部	8月销售总结	公司1会议室	
	下午	14:30	16:30	物流部	物资采购协调会	公司3会议室	
2008年8月28	上午	9:00	11:00	培训部	新员工培训	多功能厅	
	下午	15:30	16:30	培训部	新员工培训	多功能厅	

图 12-109　设置“文本中包含”效果

12.3.5 取消网格线

Excel 2010 默认设置的网格线影响了表格的美观，虽然在打印的时候可以设置不打印出来，但是不少用户还是想把其隐藏起来。具体操作步骤如下。

1. 打开原始文件 12.3.5.xlsx。
2. 单击“视图”选项卡，在“显示”组中取消选中“网格线”前面的复选框，如图 12-110 所示。

电脑小百科

图表样式是指在图表中显示的数据点形状和颜色的组合。系统提供有 48 种图表样式。

3. 返回工作表，调整第一行的行高，此时会发现工作表中已没有了网格线，但是单元格依然存在，如图 12-111 所示。

图表标题是显示说明性文字的类文本框，包括图表标题和坐标轴标题。

图 12-110　取消选中“网格线”复选框　　　　图 12-111　取消网格线后的效果

学 习 小 结

行政部门是企业内部各个部门之间的桥梁，是保证企业生产和销售正常运转的基础。日常的行政部门根据企业性质的不同而有所不同，但是都具有事务繁杂的特点。

本章列举了 3 个行政工作中的实例：制作员工基本信息表、制作公司车辆使用管理表和制作会议室管理表，通过这些例子来介绍如何使用 Excel 辅助日常行政管理工作，使繁杂的工作变得简捷，减轻工作人员的负担。下面对本章进行总结，具体内容如下。

(1) 数据录入是 Excel 中不可缺一的操作，只要将鼠标定位到目标位置，输入数据即可。用户在输入数据时，难免会输入错误的数据，而数据有效性可以有效地避免一些错误的发生，但是这种功能不能完全避免输入错误，只能降低错误率。

(2) 数据排序是 Excel 处理大量数据时必须进行的一种操作，排序操作可以通过多种方式实现，比如通过“排序”对话框实现或是通过功能区中的相应命令实现等。

(3) 在制作公司车辆使用管理表的操作中，主要介绍使用公式计算公司车辆的使用费、报销费和驾驶员补助费等。

(4) 本小节中还学习了如何制作“数据透视表”，在“插入”选项卡下，单击“数据透视表”按钮，弹出“创建数据透视表”对话框，在该对话框中进行设置即可。

(5) 在制作会议室管理表的操作中，主要介绍了单元格格式的设置、调整行高与列宽，设置条件格式、隐藏网格线等。这些操作主要是通过对话框的形式进行设置，比如，设置单元格格式在“设置单元格格式”对话框实现，调整行高与列宽在“行高”对话框和“列宽”对话框中设置等。

互 动 练 习

1. 选择题

(1) 以下是几种调整列宽的操作，错误的是(　　)。

电脑小百科

MONTH 函数用于返回日期中的月份，返回值范围在 1～12 之间。参数 SERIAL_NUMBER 表示日期应该以标准的日期格式输入，或者用 DATE、NOW、TODAY 等函数输入。

A．拖动鼠标调整列宽　　　　B．双击调整列宽

C．自动调整列宽　　　　D．单击调整列宽

(2) 单元格格式设置不包括(　　)。

A．数据的对齐方式　　　　B．字体、字号、颜色

C．单元格的背景　　　　D．行高和列宽

(3) 在 Excel 2010 中，下列(　　)是输入正确的公式。

A．B2*D3+1　　　　B．C7+C1

C．SUM(D1:D12)　　　　D．=C3*10

(4) 下列关于 Excel 2010 的数据排序操作的说法中，错误的是(　　)。

A．可以按列排序，也可以按行排序

B．可以选择升序，也可以选择降序

C．可以按照字母排序，也可以按照文字笔画排序

D．只能对数值排序，不能对文本进行排序

(5) 某个单元格中的数值大于 0，但其显示是“#########”。使用(　　)操作，可以正常显示数据而又不影响该单元格的数据内容。

A．加大该单元格的行高　　　　B．使用复制命令复制数据

C．加大该单元格的列宽　　　　D．重新输入数据

2. 思考与上机题

(1) 制作“第一季度差旅费统计表”。

制作要求：

a. 依据下图表格格式，进行单元格的基本操作。

b. 计算每个部门第一季度的差旅费。

c. 根据部门进行分类汇总。

d. 计算各个部门一月、二月、三月的差旅费。

第一季度差旅费统计表

月份	一月	二月	三月	合计
销售部	8149.0	6300.0	4512.0	
客户部	2100.0	4560.0	4546.0	
技术部	8300.0	3561.0	1200.0	
行政部	1560.0	2130.0	3200.0	
企划部	2500.0	2345.0	4500.0	
合计				

第一季度差旅费统计表 / 员工生日表 / Sheet3

(2) 制作“员工生日表”。

制作要求：

a. 根据下图表格格式，进行单元格的基本操作。

电脑小百科

如果日期以非标准日期格式的文本形式输入，MONTH 函数将返回错误值#VALUE!

b. 计算出每个员工的年龄。

c. 利用条件格式，将年龄在 30～50 岁之间的数据突出显示。

d. 设置数据的有效性。

员工生日表

员工编号	姓名	性别	身份证号码	出生日期	年龄
01	张成	男	4301211956072322740	1956-7-23	
02	张小英	女	430903195810128953	1958-10-12	
03	何洁	女	430905197005128752	1970-5-12	
04	张小娴	女	430905197105128752	1971-5-12	
05	罗斯	男	430805199008054562	1990-8-5	
06	朱冰	女	430856198504057896	1985-4-5	
07	白雪	女	430150198912022563	1989-12-2	
08	牛丰	男	430121198705068965	1987-5-6	
09	夏雨	女	430121198012035689	1980-12-3	
10	赵鹏	男	430121198808092365	1988-8-9	
11	李欣洁	女	430121197805045632	1978-5-4	
12	范键	男	430121198605127852	1986-5-12	
13	林然	男	430121198012298956	1980-12-29	
14	罗红	女	430903199004257896	1990-4-25	
15	李冰	男	430903199008091236	1990-8-9	

第一季度差旅费统计表　员工生日表　Sheet3

电脑小百科

IF 函数最多可以嵌套 64 层，这样可以创建判断条件复杂的公式。但是在需要测试多个条件时，为了简化公式，一般使用 CHOOSE 或者 LOOKUP 函数来代替 IF 函数。

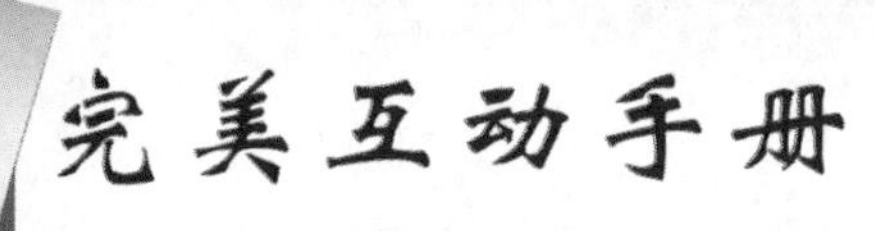

第 13 章

Excel 在财务管理中的应用

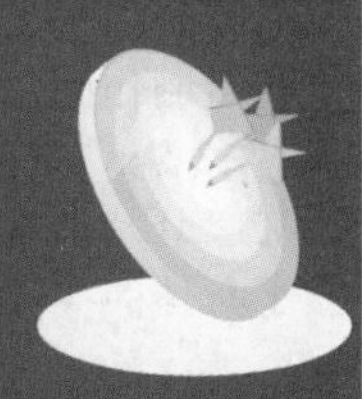

本章导读

随着经济的发展，财务工作发生了很大的变化，工作领域大为扩展，数据日益复杂，且从传统的满足企业外部管理需要逐渐向适应内部管理发展。与此相对应，在增加财务工作者的工作量的同时，还要求他们能够提供更为及时和具有一定预测性的财务数据。Excel 的强大的数据处理功能恰好适应了财务的发展要求，成为财务工作者处理日益复杂的财务工作的一个重要工具。

本章主要介绍使用 Excel 制作固定资产管理表、对多产品本量利分析和制作出差费用报销单。

精彩看点

- 建立固定资产清单
- 计算固定资产折旧
- 计算产品盈亏平衡点销售额和销售量
- 利用图表进行利润分析
- 新建出差费用报销表单
- 计算员工平均出差费用
- 汇总全年出差的总费用

13.1 制作固定资产管理表

固定资产是同时具有为生产商品提供劳务、出租或经营管理的有形资产。固定资产属于产品生产过程中用来改变或者影响劳动对象的劳动资料，一般来说是指企业使用年限超过 1 年的建筑物、机器、运输工具以及其他与生产、经营有关的设备、器具和工具等。不属于生产经营主要设备的物品，单位价值在 20 000 元以上，并且使用年限超过 2 年，也应当作为固定资产。固定资产是企业的劳动手段，也是企业赖以生产经营的主要资产。

书盘互动指导

示例

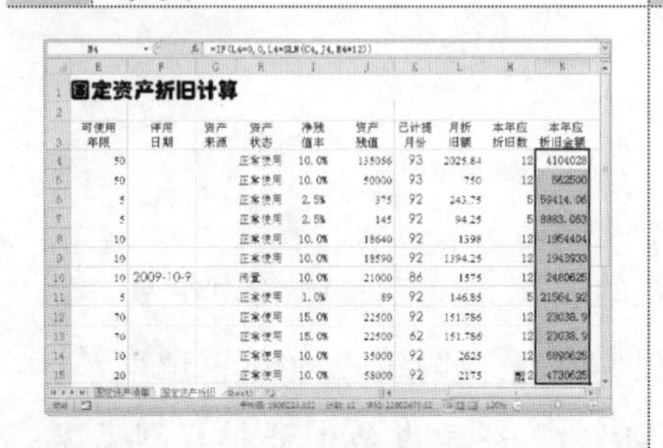

=IF(L4=0,0,L4*SLN(C4,J4,E4*12))

固定资产折旧计算

可使用年限	评用日期	资产来源	资产状态	净残值率	资产残值	已计提月份	月折旧额	本年应折旧数	本年应折旧金额
50			正常使用	10.0%	135056	93	2025.84	12	4104028
50			正常使用	10.0%	50000	93	750	12	862500
5			正常使用	2.5%	375	92	243.75	5	59414.06
5			正常使用	2.5%	145	92	94.25	5	8883.063
10			正常使用	10.0%	18640	92	1398	12	1954404
10			正常使用	10.0%	18590	92	1394.25	12	1943933
10	2009-10-9		闲置	10.0%	21000	86	1575	12	2480625
5			正常使用	1.0%	89	92	146.85	5	21564.92
70			正常使用	15.0%	22500	92	151.786	12	23038.9
70			正常使用	15.0%	22500	62	151.786	12	23038.9
10			正常使用	10.0%	35000	92	2625	12	5890625
20			正常使用	10.0%	58000	92	2175	2	4730625

在光盘中的位置

13.1 制作固定资产管理表

13.1.1 建立固定资产清单

13.1.2 计算固定资产折旧

书盘互动情况

本节主要带领读者学习制作固定资产管理表，在光盘 13.1 节中有相关内容的操作视频，还特别针对本节内容设置了具体的实例分析。

读者可以在阅读本节内容后再学习光盘内容，以达到巩固和提升的效果。

13.1.1 建立固定资产清单

固定资产清单包括固定资产编号、资产类别、资产名称、规格型号、资产原值、启用日期、可使用年限、资产来源、资产状态等。

每个 Excel 文件就是一个独立的工作簿，创建之后会自动生成 3 个工作表，下面就将介绍如何建立一个固定资产清单。

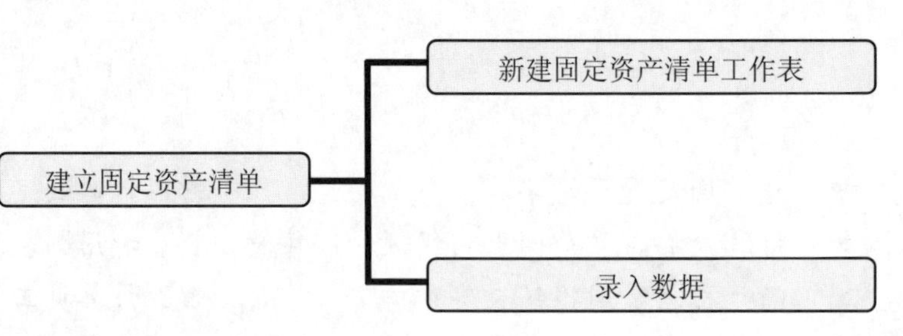

跟着做 1☛ 新建固定资产清单工作表

❶ 启动 Excel 2010 程序，程序会自动新建一个工作簿。

电脑小百科

折旧是指固定资产由于使用而逐渐磨损所减少的那部分价值。

2. 双击工作表标签 Sheet1，然后将其重命名为“固定资产清单”，如图 13-1 所示。
3. 在“文件”选项卡下，单击“另存为”命令，弹出“另存为”对话框，将工作簿命名为 13.1.1，单击“确定”按钮完成设置。如图 13-2 所示。

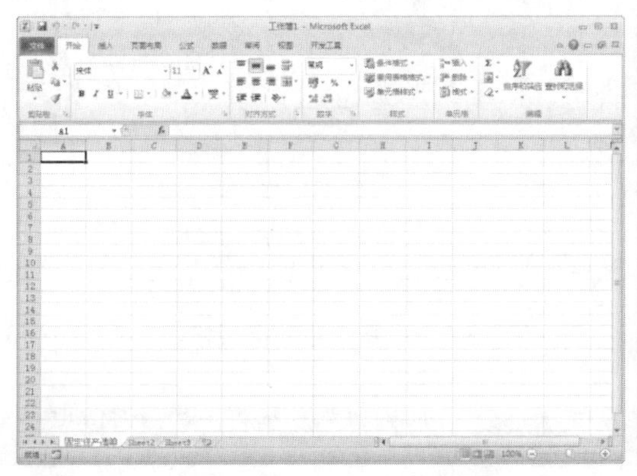

图 13-1　重命名工作表

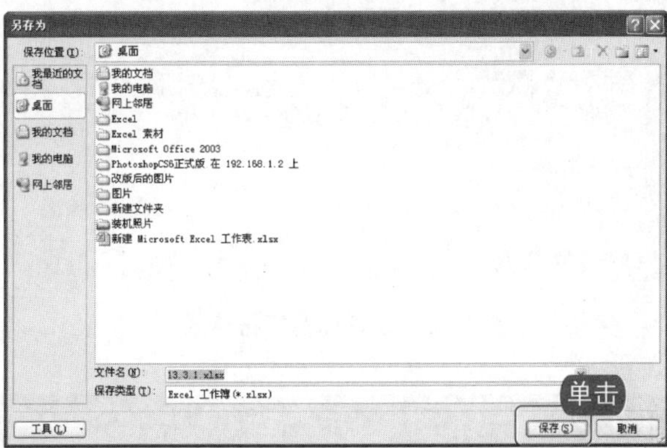

图 13-2　保存工作簿

跟着做 2☛　录入数据

1. 选中 A1 单元格，然后输入标题“固定资产清单”，输入完毕按下 Enter 键即可，如图 13-3 所示。
2. 按照同样的方法输入其他的表格中的数据，如图 13-4 所示。

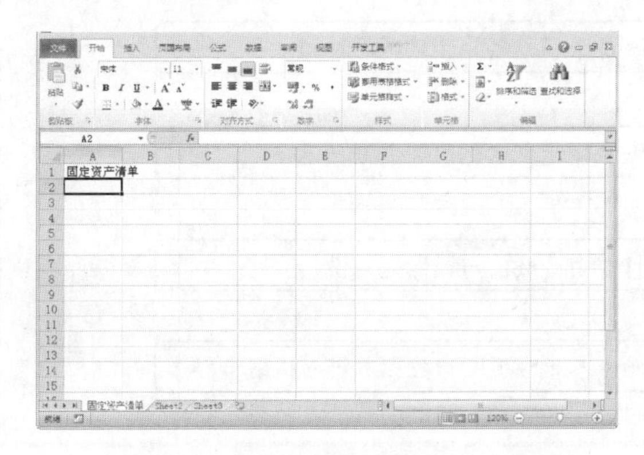

图 13-3　输入“固定资产清单”标题

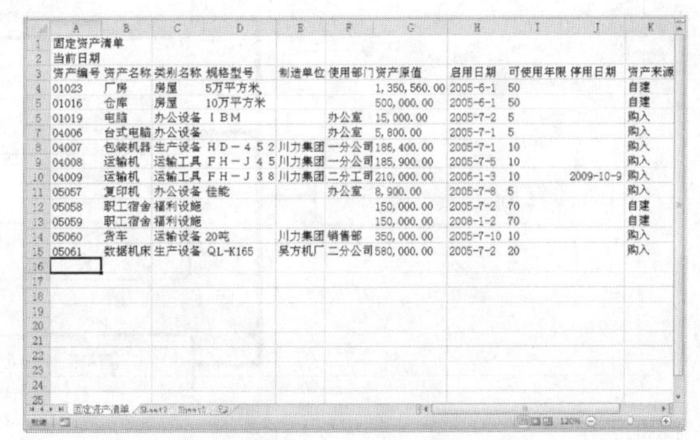

固定资产清单										
当前日期										
资产编号	资产名称	类别名称	规格型号	制造单位	使用部门	资产原值	启用日期	可使用年限	停用日期	资产来源
01023	厂房	房屋	5万平方米			1,350,560.00	2005-6-1	50		自建
01016	仓库	房屋	10万平方米			500,000.00	2005-6-1	50		自建
01019	电脑	办公设备	IBM		办公室	15,000.00	2005-7-2	5		购入
04006	台式电脑	办公设备			办公室	5,800.00	2005-7-1	5		购入
04007	包装机器	生产设备	HD－452	川力集团	一分公司	186,400.00	2005-7-1	10		购入
04008	运输机	运输工具	FH－J45	川力集团	一分公司	185,900.00	2005-7-5	10		购入
04009	运输机	运输工具	FH－J38	川力集团	二分工司	210,000.00	2006-1-3	10	2009-10-9	购入
05057	复印机	办公设备	佳能		办公室	8,900.00	2005-7-8	5		购入
05058	职工宿舍	福利设施				150,000.00	2005-7-2	70		自建
05059	职工宿舍	福利设施				150,000.00	2008-1-2	70		自建
05060	货车	运输设备	20吨	川力集团	销售部	350,000.00	2005-7-10	10		购入
05061	数据机床	生产设备	QL-K165	吴方机厂	二分公司	580,000.00	2005-7-2	20		购入

图 13-4　输入数据

3. 选中单元格区域 A1:L1，在“开始”选项卡下的“对齐方式”组中，单击“合并后居中”按钮。
4. A1:L1 将合并为一个单元格并将标题居中显示，然后设置字号大小为 20，字体为“方正姚体”，颜色设为“深蓝”，如图 13-5 所示。
5. 选中 A2:L15 单元格，在“开始”选项卡下的“对齐方式”组中，单击“居中”按钮或按 Ctrl+E 组合键，即可将选中区域中的数据居中对齐，设置字体为“华文细黑”，如图 13-6 所示。

电脑小百科

固定资产折旧方法，指将应提折旧总额在固定资产各使用期间进行分配时采用的具体计算方法。

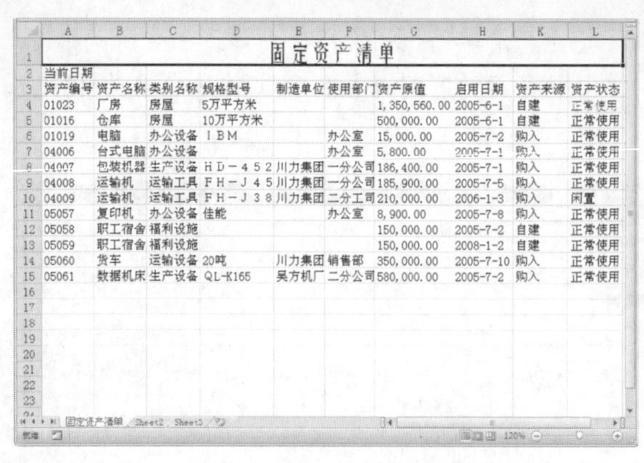

	A	B	C	D	E	F	G	H	K	L
1	固定资产清单									
2	当前日期									
3	资产编号	资产名称	类别名称	规格型号	制造单位	使用部门	资产原值	启用日期	资产来源	资产状态
4	01023	厂房	房屋	5万平方米			1, 350, 560. 00	2005-6-1	自建	正常使用
5	01016	仓库	房屋	10万平方米			500, 000. 00	2005-6-1	自建	正常使用
6	01019	电脑	办公设备	ＩＢＭ		办公室	15, 000. 00	2005-7-2	购入	正常使用
7	04006	台式电脑	办公设备			办公室	5, 800. 00	2005-7-1	购入	正常使用
8	04007	包装机器	生产设备	ＨＤ－４５２	川力集团	一分公司	186, 400. 00	2005-7-1	购入	正常使用
9	04008	运输机	运输工具	ＦＨ－Ｊ４５	川力集团	一分公司	185, 900. 00	2005-7-5	购入	正常使用
10	04009	运输机	运输工具	ＦＨ－Ｊ３８	川力集团	二分工司	210, 000. 00	2006-1-3	购入	闲置
11	05057	复印机	办公设备	佳能		办公室	8, 900. 00	2005-7-8	购入	正常使用
12	05058	职工宿舍	福利设施				150, 000. 00	2005-7-2	自建	正常使用
13	05059	职工宿舍	福利设施				150, 000. 00	2008-1-2	自建	正常使用
14	05060	货车	运输设备	20吨	川力集团	销售部	350, 000. 00	2005-7-10	购入	正常使用
15	05061	数据机床	生产设备	QL-K165	吴方机厂	二分公司	580, 000. 00	2005-7-2	购入	正常使用

图 13-5　设置标题字符格式

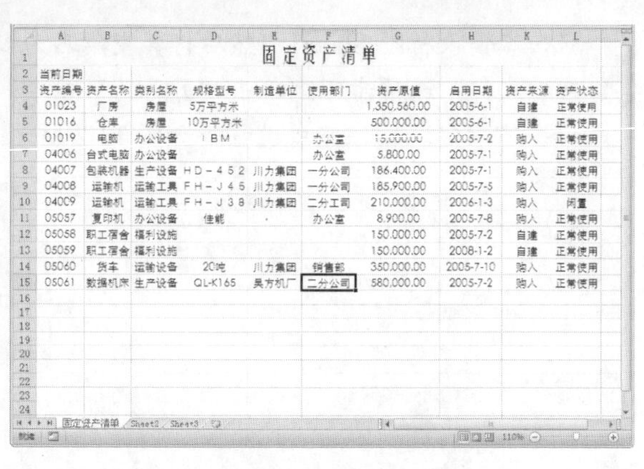

	A	B	C	D	E	F	G	H	K	L
1	固定资产清单									
2	当前日期									
3	资产编号	资产名称	类别名称	规格型号	制造单位	使用部门	资产原值	启用日期	资产来源	资产状态
4	01023	厂房	房屋	5万平方米			1,350,560.00	2005-6-1	自建	正常使用
5	01016	仓库	房屋	10万平方米			500,000.00	2005-6-1	自建	正常使用
6	01019	电脑	办公设备	ＩＢＭ		办公室	15,000.00	2005-7-2	购入	正常使用
7	04006	台式电脑	办公设备			办公室	5,800.00	2005-7-1	购入	正常使用
8	04007	包装机器	生产设备	ＨＤ－４５２	川力集团	一分公司	186,400.00	2005-7-1	购入	正常使用
9	04008	运输机	运输工具	ＦＨ－Ｊ４５	川力集团	一分公司	185,900.00	2005-7-5	购入	正常使用
10	04009	运输机	运输工具	ＦＨ－Ｊ３８	川力集团	二分工司	210,000.00	2006-1-3	购入	闲置
11	05057	复印机	办公设备	佳能		办公室	8,900.00	2005-7-8	购入	正常使用
12	05058	职工宿舍	福利设施				150,000.00	2005-7-2	自建	正常使用
13	05059	职工宿舍	福利设施				150,000.00	2008-1-2	自建	正常使用
14	05060	货车	运输设备	20吨	川力集团	销售部	350,000.00	2005-7-10	购入	正常使用
15	05061	数据机床	生产设备	QL-K165	吴方机厂	二分公司	580,000.00	2005-7-2	购入	正常使用

图 13-6　设置选中的区域格式

13.1.2　计算固定资产折旧

固定资产折旧计算是指将应计提折旧总额在固定资产使用期间进行分配时采用的计算方法。折旧是指固定资产由于使用而逐步磨损所减少的那部分价值。固定资产折旧常见的方法有平均年限法、固定余额递减法、年限总和法等。

操作分析

这里计算固定资产折旧采用的是平均年限法，即先计算当前时间，然后利用定义名称引用数据，最后计算本年应折旧金额，下面就将介绍怎样一步一步计算固定资产折旧。

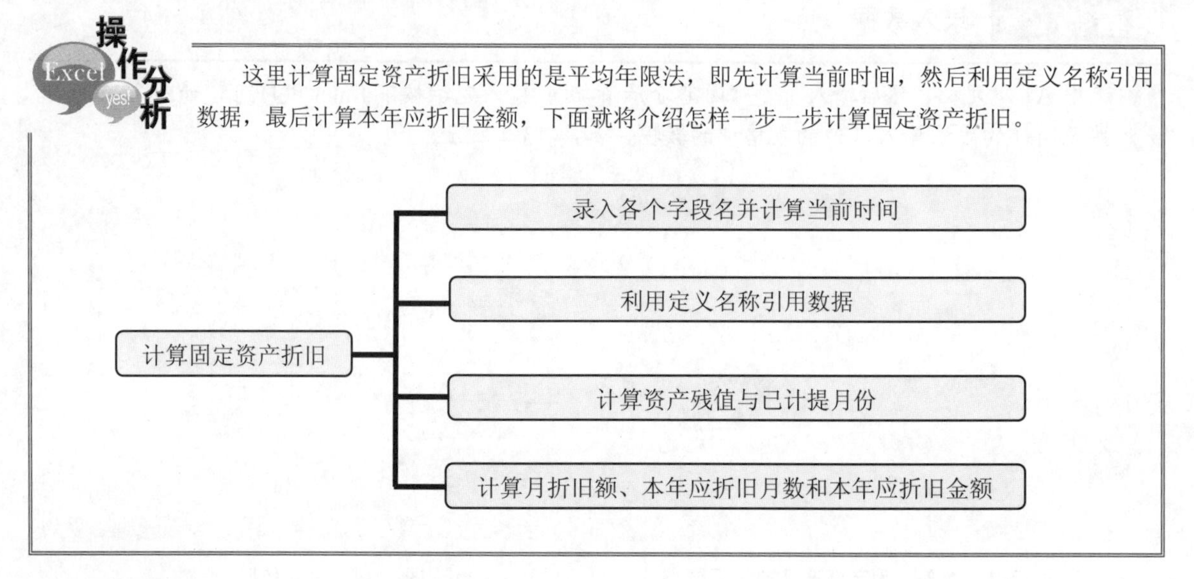

跟着做 1　录入各个字段名并计算当前日期

1. 打开原始文件 13.1.2.xlsx，将 Sheet2 重命名为“固定资产折旧”，如图 13-7 所示。
2. 在该工作表中输入标题“固定资产折旧计算”，选中 A1:L1，设置合并后居中，字号为 20，字体为“华文琥珀”，如图 13-8 所示。
3. 在单元格 A2 中输入“当前日期:”，然后在 B2 单元格输入公式“=TODAY()”，如图 13-9 所示。
4. 按下 Enter 键，获取系统当前日期，并在 A3:N3 单元格输入各个字段名，如图 13-10 所示。

电脑小百科

固定资产折旧方法包括年限平均法、工作量法、年数总和法和双倍余额递减法。

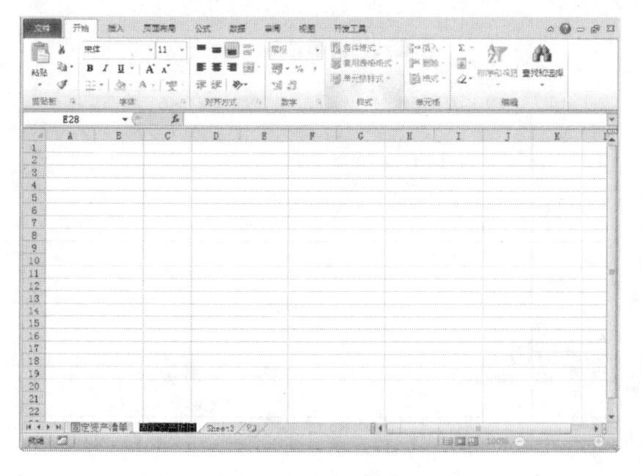

图 13-7 重命名 Sheet2

图 13-8 设置标题格式

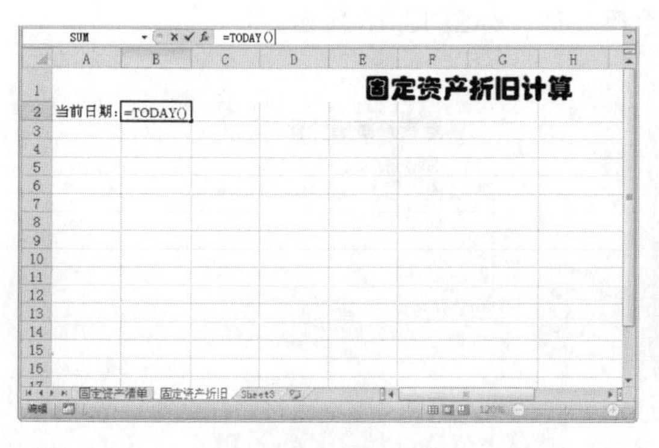

图 13-9 输入公式

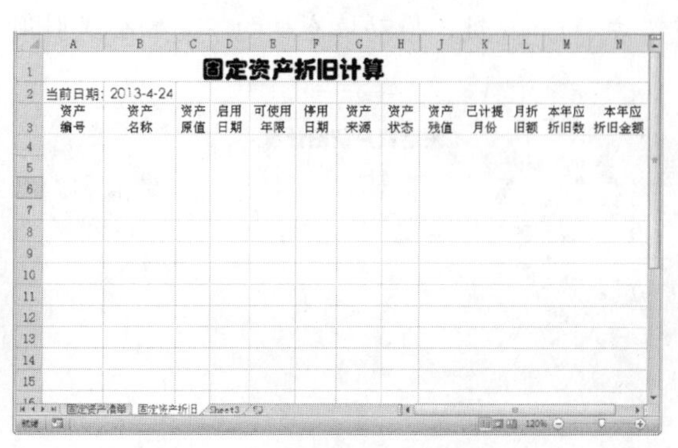

图 13-10 输入各个字段名

跟着做 2☛ 利用定义名称引用数据

1. 打开上一节保存的文件，单击“固定资产清单”工作表标签，选中 A2:L15，如图 13-11 所示。
2. 在上方的名称框中输入名称 data1，然后按下 Enter 键，如图 13-12 所示。

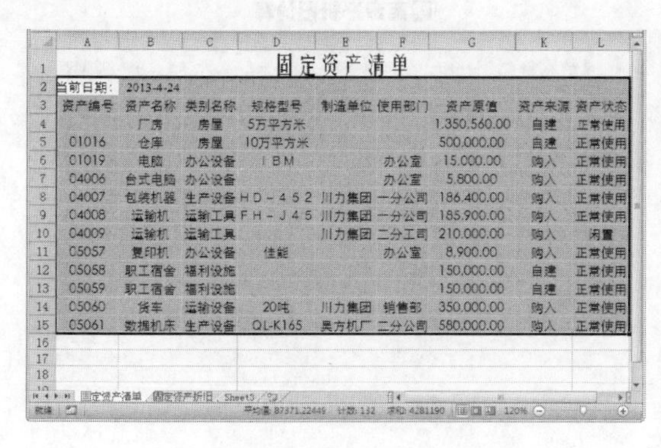

图 13-11 选中单元格

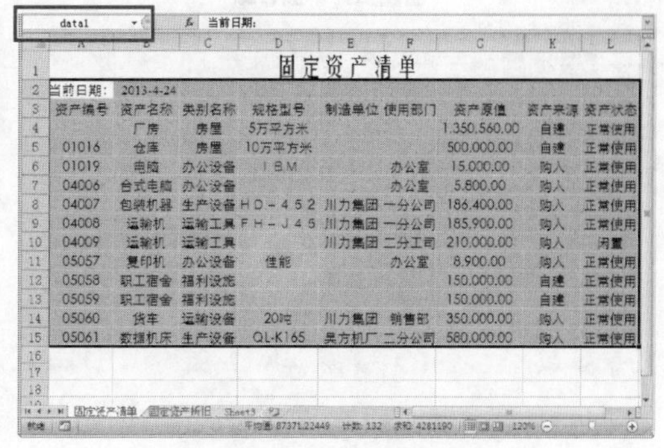

图 13-12 输入名称

3. 单击“固定资产折旧”工作表，在单元格 A4 中输入公式“=固定资产清单！A4”，如图 13-13 所示。
4. 按下 Enter 键，拖动填充柄向下复制公式提取资产编号，如图 13-14 所示。

电脑小百科

企业根据固定资产所包含的经济利益预期实现方法选择折旧方法，折旧方法一经选定，就不能随意变更。

图 13-13　输入公式

图 13-14　拖动填充柄

5 在单元格 B4 中输入公式 “=VLOOKUP(A4, data1, 2, FALSE)”，如图 13-15 所示。

6 按下 Enter 键，拖动填充柄向下复制公式引用资产名称，如图 13-16 所示。

图 13-15　输入公式

图 13-16　拖动填充柄

7 在单元格 C4 中输入公式 “=VLOOKUP($A4, data1, 7, FALSE)”，如图 13-17 所示。

8 按下 Enter 键，拖动填充柄向下复制公式引用资产原值，如图 13-18 所示。

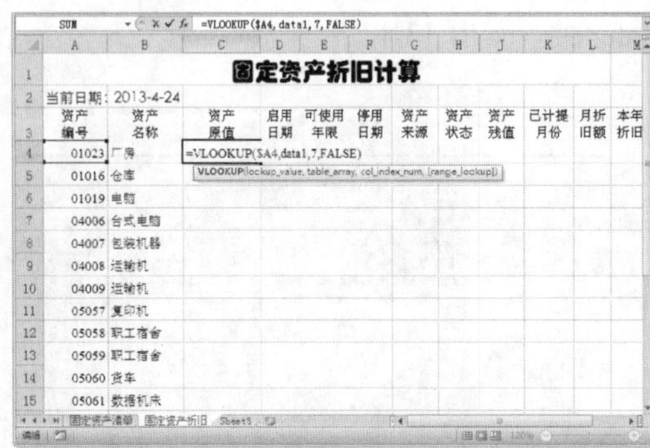

图 13-17　输入公式

图 13-18　拖动填充柄

9 在单元格 D4 中输入公式 “=VLOOKUP($A4, data1, 8，FALSE)”，如图 13-19 所示。

10 按下 Enter 键，拖动填充柄向下复制公式引用启动日期。如图 13-20 所示。

11 在单元格 F4 中输入公式 “=IF(VLOOKUP($A4, data1, 10，FALSE)=0, "", VLOOKUP($A4, data1, 10, FALSE))”，如图 13-21 所示。

电脑小百科

采用平均年限法就是固定资产折旧虽然简单，但也存在一些局限性。

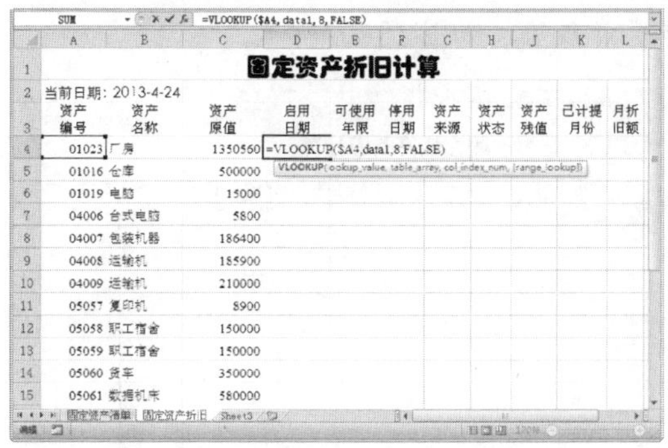

图 13-19　输入公式

图 13-20　拖动填充柄

⑫ 按下 Enter 键，即可获取停用日期值，如果公式计算结果为 0，则将显示为空值，拖动填充柄向下复制公式提取停用日期，如图 13-22 所示。

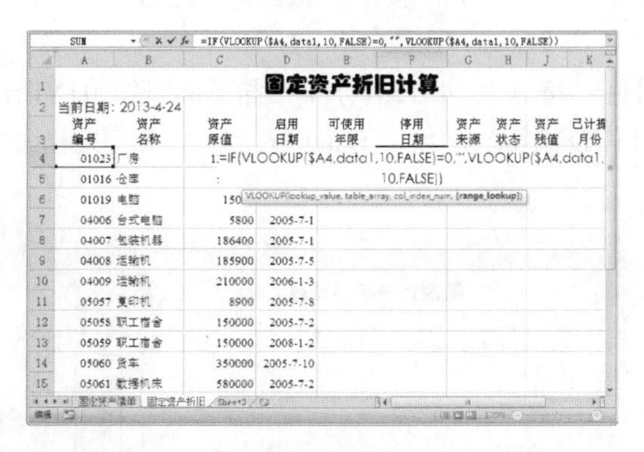

图 13-21　输入公式

图 13-22　拖动填充柄

⑬ 在单元格 H4 中输入公式 "=VLOOKUP($A4，data1，12，FALSE)"，如图 13-23 所示。

⑭ 按下 Enter 键，拖动填充柄向下复制公式引用资产状态，如图 13-24 所示。

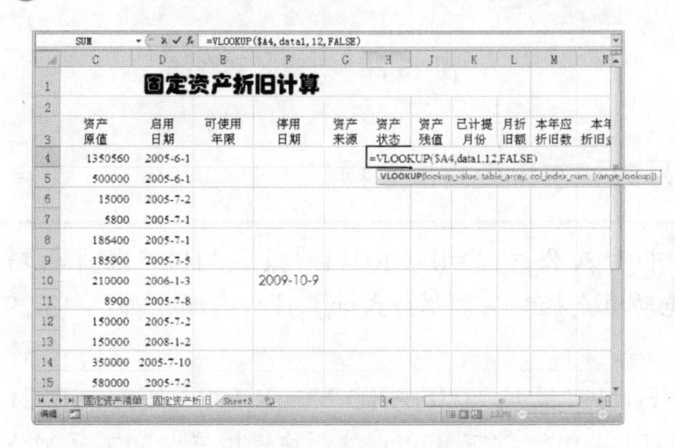

图 13-23　输入公式

图 13-24　拖动填充柄

跟着做 3　计算资产残值与计提月份

① 打开上一节保存的文件，在 I 列中的各个单元格中输入各项资产的净残值率，然后在单元格 J4 中输入公式 "=C4*I4"，如图 13-25 所示。

电脑小百科

本量利分析法是根据有关产品的产销数量、销售价格、变动成本和固定成本等因素同利润之间的相互关系，通过分析计量而确定企业目标利润的一种方法。

❷ 按下 Enter 键，拖动填充柄并向下复制公式计算资产残值，如图 13-26 所示。

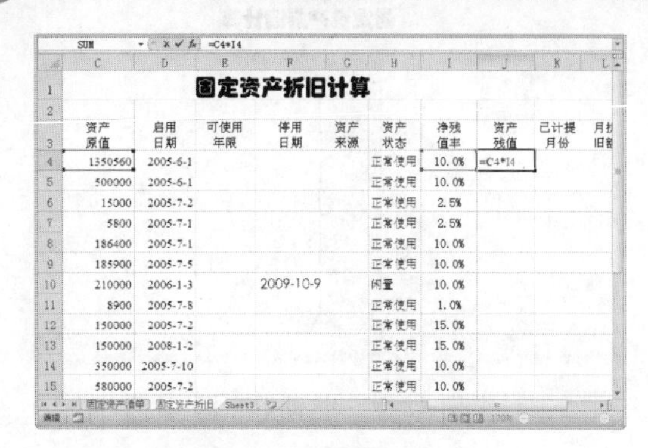

图 13-25　引用资产状态

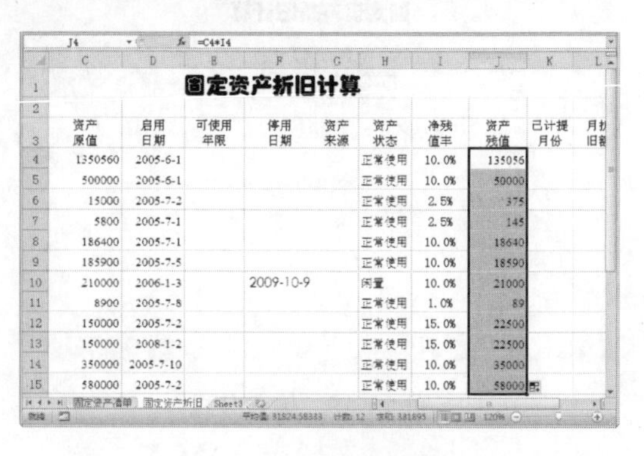

图 13-26　拖动填充柄

❸ 在单元格 E4 中输入公式 “=VLOOKUP($A4,data1,9,FALSE)”，按下 Enter 键，拖动填充柄向下复制公式引用可使用年限，如图 13-27 所示。

❹ 在单元格 K4 单元格中输入公式 “=IF(H4="报废",E4*12,IF(H4="当月新增",0,(YEAR($B$2)-YEAR(D4))*12+(MONTH($B$2)- MONTH(D4))-1))”，按下 Enter 键后，拖动填充柄向下复制公式计算已计提月份，如图 13-28 所示。

图 13-27　计算 E 列数据

图 13-28　计算 K 列数据

跟着做 4☛　计算月折旧额、本年应折旧月数和本年应折旧金额

❶ 打开上一节保存的文件，在单元格 L4 中输入公式 “=IF(OR(H4="报废",H4="当月新增"),0,SLN(C4,J4,E4*12))”，按下 Enter 键，拖动填充柄向下复制公式计算月折旧额，如图 13-29 所示。

❷ 在单元格 M4 单元格中输入公式 “=IF(H4="报废",0,IF(AND(YEAR(D4)<YEAR($B$2),(YEAR($B$2)<YEAR(D4)+E4)),12,12-MONTH(D4)))”，按下 Enter 键，拖动填充柄向下复制公式计算本年应折旧月数，如图 13-30 所示。

❸ 在单元格 N4 中输入公式 “=IF(L4=0,0L4*SLN(C4,I4,E4*12))”，按下 Enter 键，拖动填充柄向下复制公式计算本年应折旧金额，如图 13-31 所示。

多品种分析是采用本量利分析的加权平均法。

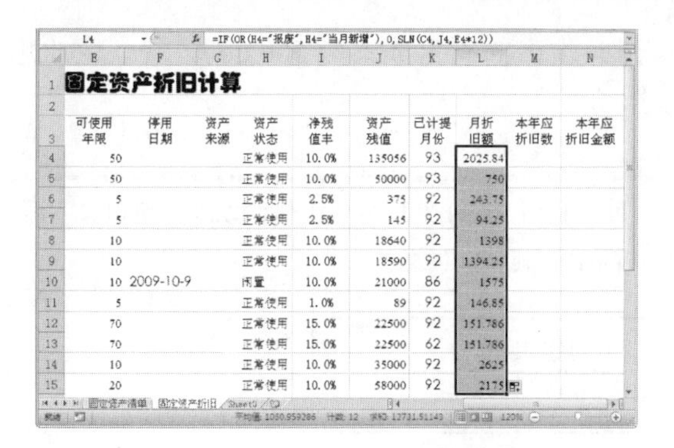

L4 =IF(OR(H4='报废',H4='当月新增'),0,SLN(C4,J4,E4*12))

固定资产折旧计算

	可使用年限	停用日期	资产来源	资产状态	净残值率	资产残值	已计提月份	月折旧额	本年应折旧数	本年应折旧金额
4	50			正常使用	10.0%	135056	93	2025.84		
5	50			正常使用	10.0%	50000	93	750		
6	5			正常使用	2.5%	375	92	243.75		
7	5			正常使用	2.5%	145	92	94.25		
8	10			正常使用	10.0%	18640	92	1398		
9	10			正常使用	10.0%	18590	92	1394.25		
10	10	2009-10-9		闲置	10.0%	21000	86	1575		
11	5			正常使用	1.0%	89	92	146.85		
12	70			正常使用	15.0%	22500	92	151.786		
13	70			正常使用	15.0%	22500	62	151.786		
14	10			正常使用	10.0%	35000	92	2625		
15	20			正常使用	10.0%	58000	92	2175		

图 13-29　计算 L 列数据

M4 =IF(H4='报废',0,IF(AND(YEAR(D4)<YEAR($B$2),(YEAR($B$2)<YEAR(D4)+E4)),

固定资产折旧计算

	可使用年限	停用日期	资产来源	资产状态	净残值率	资产残值	已计提月份	月折旧额	本年应折旧数	本年应折旧金额
4	50			正常使用	10.0%	135056	93	2025.84	12	
5	50			正常使用	10.0%	50000	93	750	12	
6	5			正常使用	2.5%	375	92	243.75	5	
7	5			正常使用	2.5%	145	92	94.25	5	
8	10			正常使用	10.0%	18640	92	1398	12	
9	10			正常使用	10.0%	18590	92	1394.25	12	
10	10	2009-10-9		闲置	10.0%	21000	86	1575	12	
11	5			正常使用	1.0%	89	92	146.85	5	
12	70			正常使用	15.0%	22500	92	151.786	12	
13	70			正常使用	15.0%	22500	62	151.786	12	
14	10			正常使用	10.0%	35000	92	2625	12	
15	20			正常使用	10.0%	58000	92	2175	12	

图 13-30　计算 K 列数据

N4 =IF(L4=0,0,L4*SLN(C4,J4,E4*12))

固定资产折旧计算

	可使用年限	停用日期	资产来源	资产状态	净残值率	资产残值	已计提月份	月折旧额	本年应折旧数	本年应折旧金额
4	50			正常使用	10.0%	135056	93	2025.84	12	4104028
5	50			正常使用	10.0%	50000	93	750	12	562500
6	5			正常使用	2.5%	375	92	243.75	5	59414.06
7	5			正常使用	2.5%	145	92	94.25	5	8683.063
8	10			正常使用	10.0%	18640	92	1398	12	1954404
9	10			正常使用	10.0%	18590	92	1394.25	12	1943933
10	10	2009-10-9		闲置	10.0%	21000	86	1575	12	2480625
11	5			正常使用	1.0%	89	92	146.85	5	21564.92
12	70			正常使用	15.0%	22500	92	151.786	12	23038.9
13	70			正常使用	15.0%	22500	62	151.786	12	23038.9
14	10			正常使用	10.0%	35000	92	2625	12	6890625
15	20			正常使用	10.0%	58000	92	2175	2	4730625

图 13-31　计算 N 列数据

13.2　多产品的本量利分析

本量利分析是成本、业务量和利润 3 者依存关系分析的简称，是指在成本习性分析的基础上，运用数学模型和图式，对成本、利润、业务量与单价等因素之间的依存关系进行具体的分析，研究其变动的规律性，以便为企业进行经营决策和目标控制提供有效信息的一种方法。

书盘互动指导

示例	在光盘中的位置	书盘互动情况
	13.2　多产品的本量利分析 13.2.1　计算产品盈亏平衡点销售额和销售量 13.2.2　利用图表进行利润分析	本节主要带领读者学习多品种本量利分析，在光盘 13.2 节中有相关内容的操作视频，还特别针对本节内容设置了具体的实例分析。 读者可以在阅读本节内容后再学习光盘内容，以达到巩固和提升的效果。

13.2.1　计算产品盈亏平衡点销售额和销售量

美丽制衣厂有牛仔衣、牛仔裤、风衣 3 种产品，公司预计这 3 种产品的售价分别为 200 元、

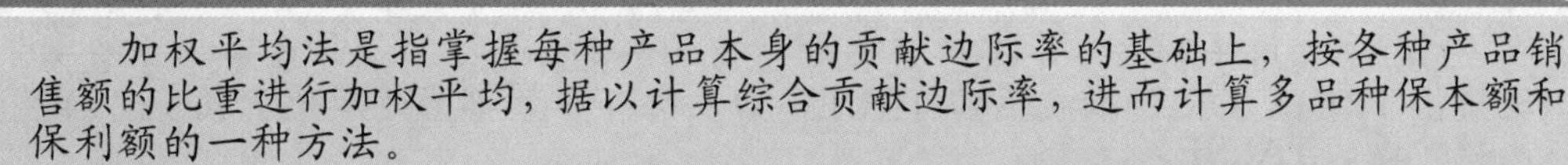

电脑小百科

加权平均法是指掌握每种产品本身的贡献边际率的基础上，按各种产品销售额的比重进行加权平均，据以计算综合贡献边际率，进而计算多品种保本额和保利额的一种方法。

300 元和 400 元，销量分别为 2000、2000 和 3000，总共生产的固定成本为 560 000，现在企业想要知道生产这批产品的保本额与保利额。

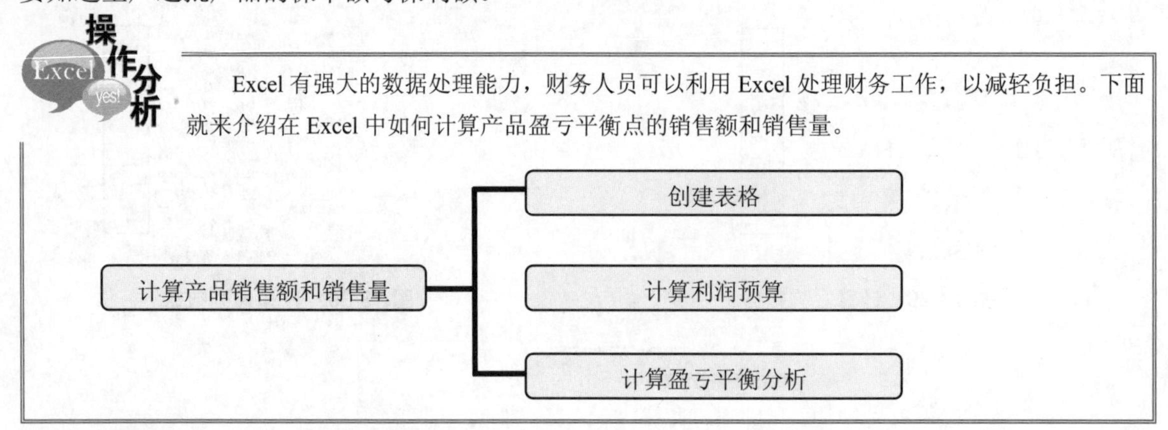

Excel 有强大的数据处理能力，财务人员可以利用 Excel 处理财务工作，以减轻负担。下面就来介绍在 Excel 中如何计算产品盈亏平衡点的销售额和销售量。

跟着做 1 创建表格

1. 在工作表中创建图 13-32 所示的表格，将工作簿命名为 13.2.1.xlsx，输入预计的价格和调整产品后的价格。
2. 创建一个图 13-33 所示的表格，在单元格 C11 中输入公式 “=E4”，从单元格区域 E4:E6 中引用价格。

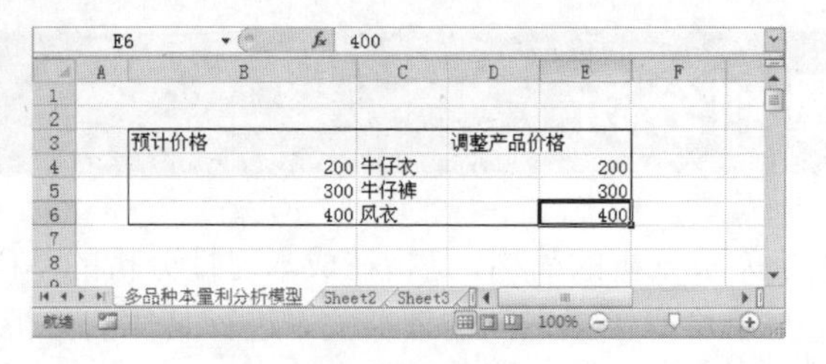

图 13-32　创建表格

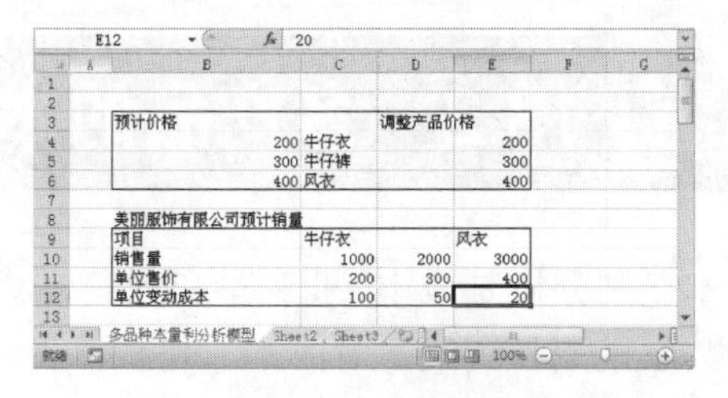

图 13-33　创建表格

3. 创建图 13-34 所示的表格。输入固定成本为 560 000。
4. 在单元格 C16 中输入公式 “=C10*C11”，按下 Enter 键后，拖动填充柄向右复制公式至 E16，即可计算各产品的销售收入，如图 13-35 所示。

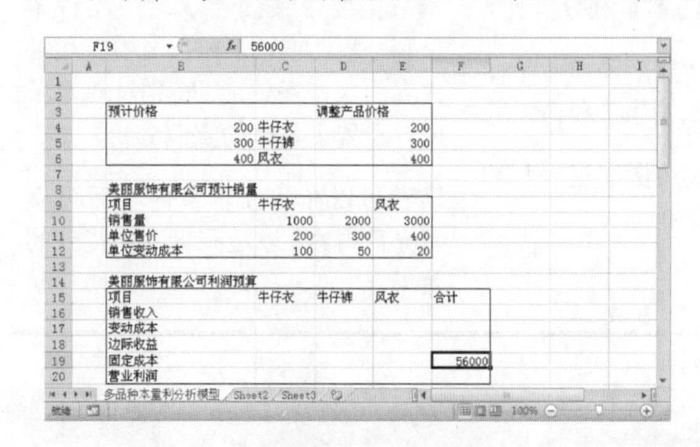

图 13-34　创建表格

图 13-35　计算销售收入

OR 函数用于判断多个条件是否有任意一个条件成立，只要有一个参数为逻辑值 TRUE，OR 函数就返回 TRUE，如果所有参数都为逻辑值 FALSE，OR 函数才返回 FALSE。

跟着做 2☛ 计算利润预算

1. 打开上一节保存的文件，在单元格 C17 中输入公式“=C10*C12”，按下 Enter 键后，拖动填充柄向右复制公式至 E17，即可计算出各产品的变动成本，如图 13-36 所示。
2. 在单元格 C18 中输入公式“=C16-C17”，按下 Enter 键后，拖动填充柄向右复制公式至 E18，即可计算各产品的边际收益，如图 13-37 所示。

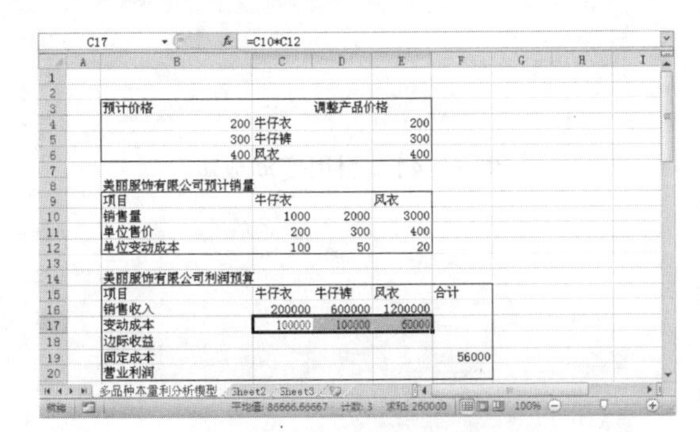

图 13-36　计算产品变动成本

图 13-37　计算边际收益

3. 在单元格 F16 中输入公式“=SUM(C16:E16)”，按下 Enter 键后，拖动填充柄向下复制公式至 F18，即可计算出销售收入、变动成本和边际收益的总额，如图 13-38 所示。
4. 在单元格 F20 中输入公式“=F16-F17-F19”，即可计算营业利润，如图 13-39 所示。

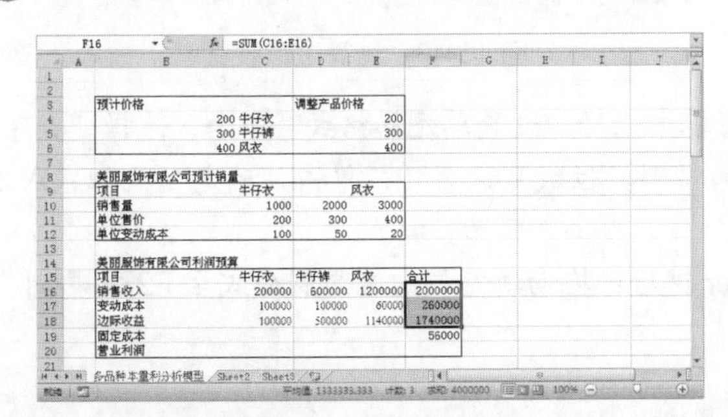

图 13-38　计算销售收入、变动成本、边际收益合计

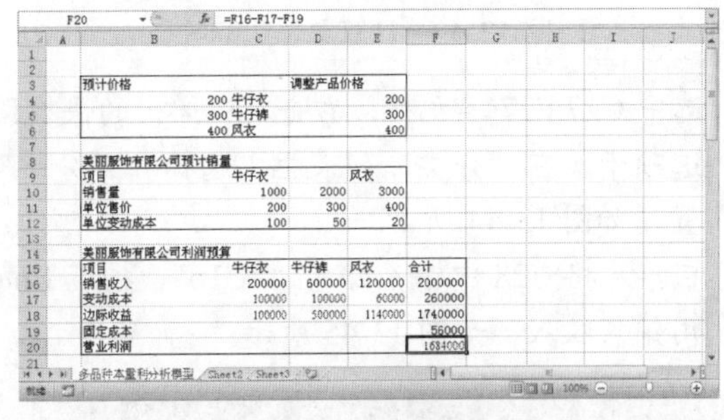

图 13-39　计算营业利润

跟着做 3☛ 计算盈亏平衡分析

1. 打开上一节保存的文件，然后创建图 13-40 所示的表格，输入销售价格和固定成本单元格内的数据。
2. 在单元格 C25 中输入公式“=C12”，按下 Enter 键后，拖动填充柄向右复制公式至 E25，即可引用单元格变动成本，如图 13-41 所示。
3. 在单元格 C26 中输入公式“=C11-C12”，按下 Enter 键后，拖动填充柄向右复制公式至 E26，计算单位边际收益，如图 13-42 所示。
4. 在单元格 C27 中输入公式“=C26/C11”，按下 Enter 键后，拖动填充柄向右复制公式至 E27，计算单位边际收益率，如图 13-43 所示。

电脑小百科

AND 函数用于判断多个条件是否同时成立，如果所有参数都为逻辑值 TRUE，AND 函数将返回 TRUE，只要其中一个参数为逻辑值 FALSE，AND 函数将返回 FALSE。

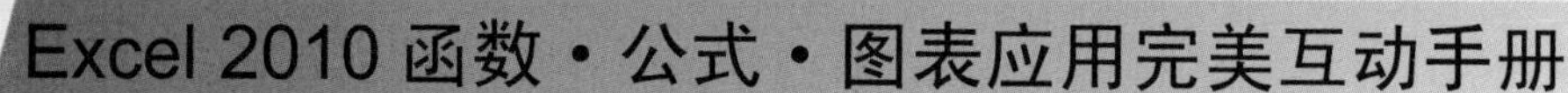

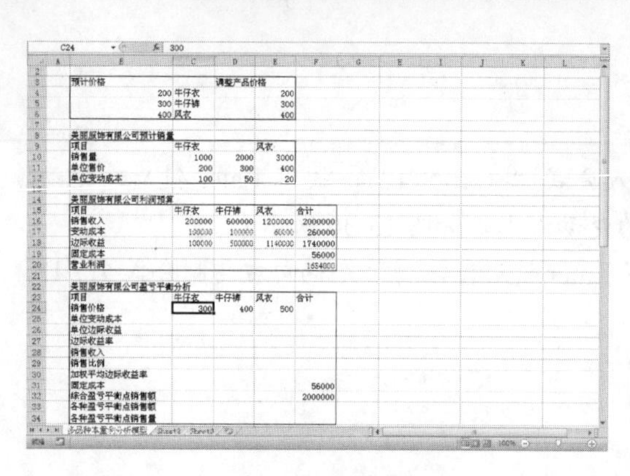

图 13-40　创建表格

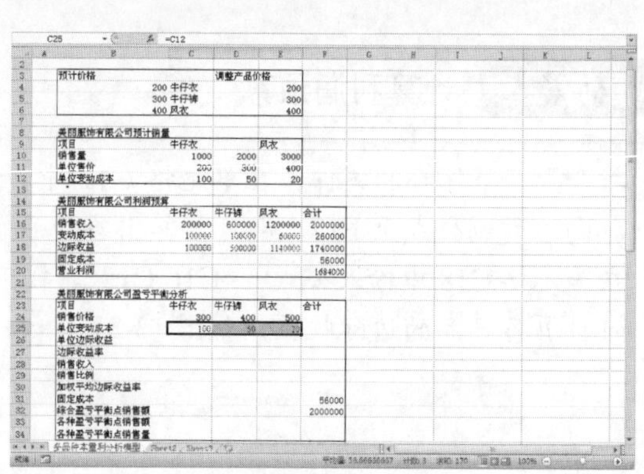

图 13-41　引用变动成本

图 13-42　计算单位边际收益

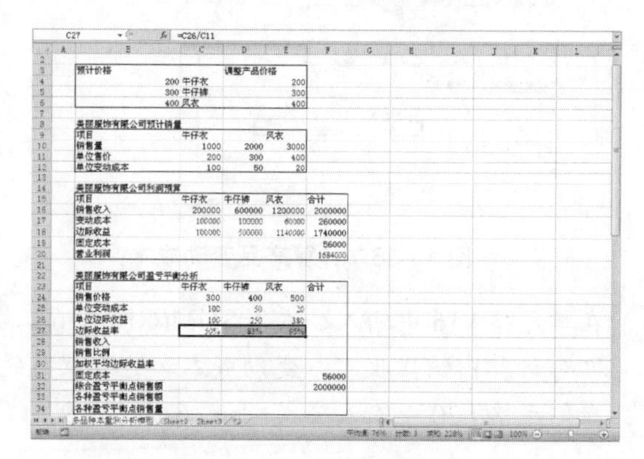

图 13-43　计算边际收益率

5 选中 C27:F27 单元格，右击，从弹出的快捷菜单中选择“设置单元格格式”命令，选择“数字”选项卡，在“分类”列表框中选择“百分比”，“小数位数”设为 0，单击“确定”按钮完成设置，如图 13-44 所示。

6 在单元格 C28 中输入公式“=C16”，按下 Enter 键后，拖动填充柄向右复制公式至 E28，即可引用销售收入，如图 13-45 所示。

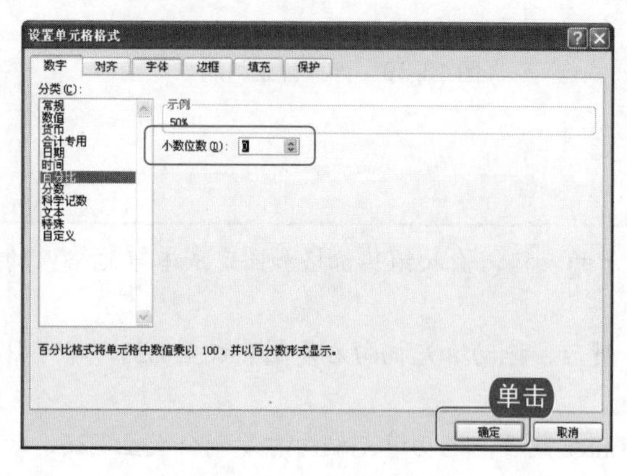

图 13-44　设置百分比

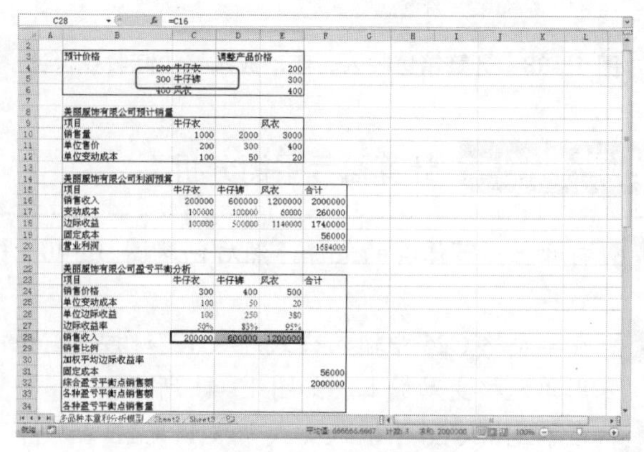

图 13-45　引用销售收入

7 在 F24 单元格中输入公式“=SUM(C24:E24)”，按下 Enter 键后，拖动填充柄向下复制公式至 F28，即可计算销售价格合计、单位变动成本合计、单位边际收益合计、销售收入合计，如图 13-46

电脑小百科

SLN 函数用于计算某项资产在一个时期中的线性折旧值。

所示。

8. 在单元格 C29 中输入公式“=C28/$F$28”，按下 Enter 键后，拖动填充柄向右复制公式至 E29，即可计算出销售比例，如图 13-47 所示。

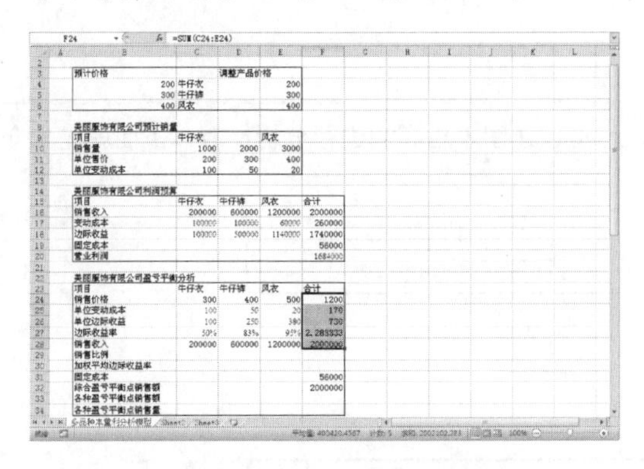

图 13-46　计算合计列

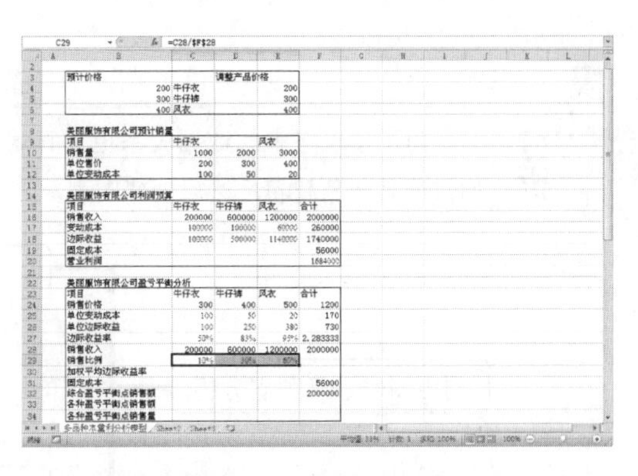

图 13-47　计算销售比例

9. 在单元格 C30 中输入公式“=C27*C29”，按下 Enter 键后，拖动填充柄向右复制公式至 E30，即可计算加权平均边际收益率，如图 13-48 所示。

10. 在单元 C33 中输入公式“=$F$32*C29”，按下 Enter 键后，拖动填充柄向右复制公式至 E33，即可计算盈亏平衡点销售额，如图 13-49 所示。

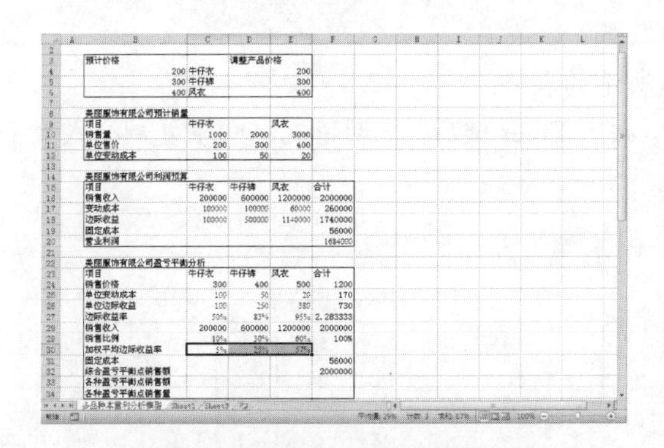

图 13-48　计算加权平均边际收益率

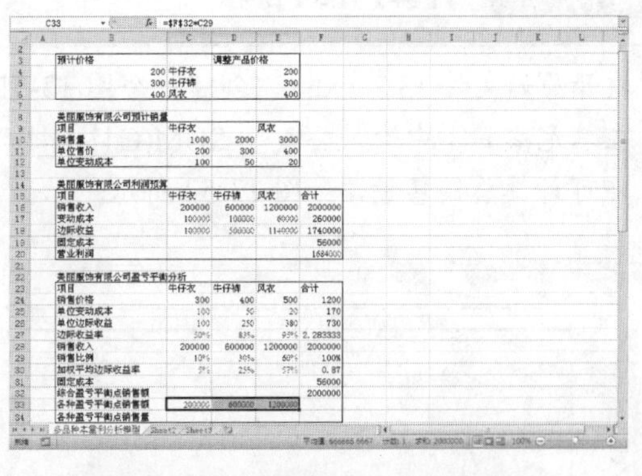

图 13-49　计算盈亏平衡点销售额

11. 在单元格 C34 中输入公式“=C33/C24”，按下 Enter 键后，拖动填充柄向右复制公式至 E34，即可计算盈亏平衡点销售量，如图 13-50 所示。

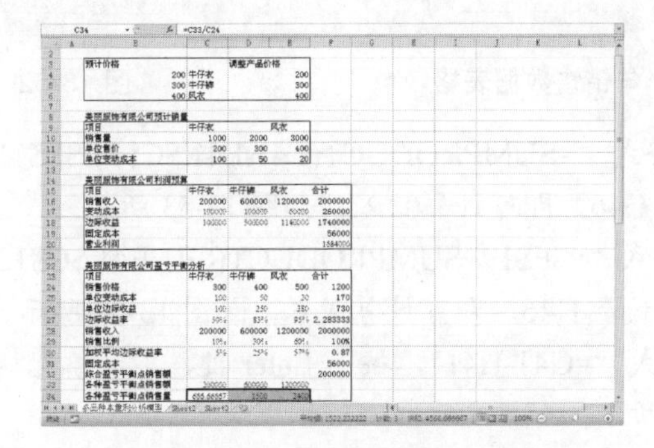

图 13-50　计算盈亏平衡点销售量

电脑小百科

变动成本是指总额随产量的增减而成正比例关系变化的成本；主要包括原材料和计件工资，就单件产品而言，变动成本部分是不变的。

13.2.2 利用图表进行利润分析

一般情况下，在计算出了盈亏平衡点的销售额和销售量之后，可以利用图表的形式更加直观地对产品进行盈亏分析。

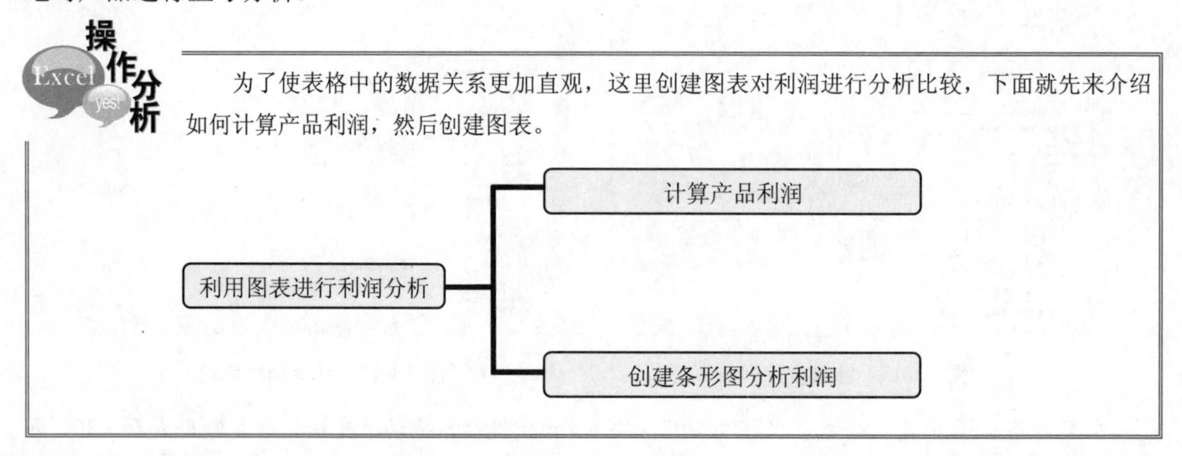

为了使表格中的数据关系更加直观，这里创建图表对利润进行分析比较，下面就先来介绍如何计算产品利润，然后创建图表。

下面以美丽服装有限公司上半年销售数据为例，对其利润进行分析，具体操作步骤如下。

跟着做 1 计算产品利润

1. 打开原始文件 13.2.2.xlsx，创建一个图 13-51 所示的表格。
2. 在单元格 F41 中输入公式 “=SUM(C41:E41)”，按下 Enter 键后，拖动填充柄向下复制公式至 F46 即可计算总销售量，如图 13-52 所示。

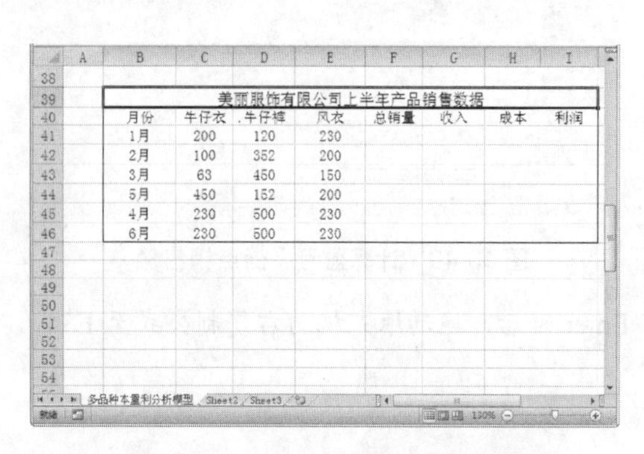

图 13-51 创建上半年销售数据表格

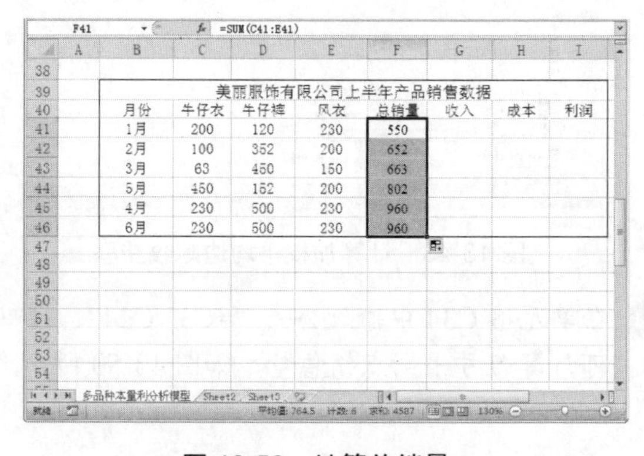

图 13-52 计算总销量

3. 在单元格 G41 中输入公式 “=SUMPRODUCT(C41:E41,$C$11:$E$11)”，按下 Enter 键后，拖动填充柄向下复制公式至 G46，即可计算收入，如图 13-53 所示。
4. 在单元格 H41 中输入公式 “=$F$19+SUMPRODUCT(C41:E41,$C$12:$E$12)”，按下 Enter 键后，拖动填充柄向下复制公式至 H46，即可计算成本，如图 13-54 所示。
5. 在单元格 I41 中输入公式 “=G41-H41”，按下 Enter 键，拖动填充柄向下复制公式至 I46，即可计算利润，如图 13-55 所示。

电脑小百科

固定成本是指总额在一定期间和一定业务量范围内不随产量的增减而变动的成本。主要是指固定资产折旧和管理费用。

图 13-53　计算收入

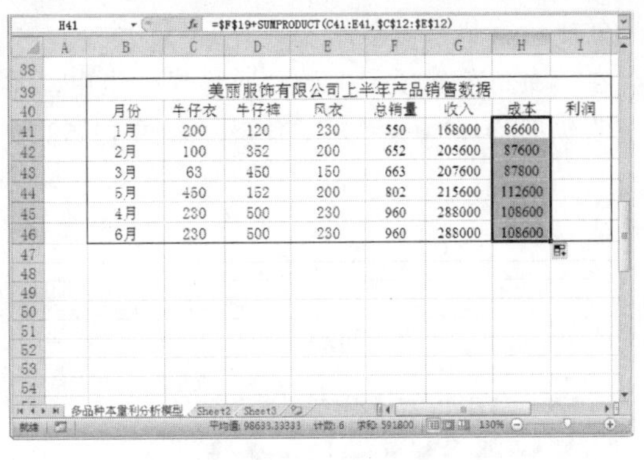

图 13-54　计算成本

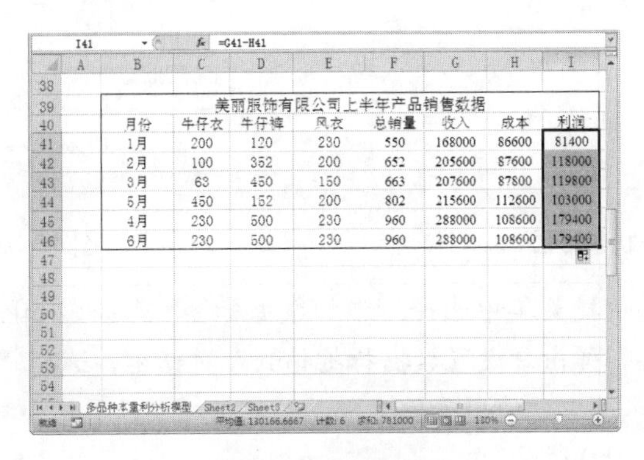

图 13-55　计算利润

跟着做 2☛　创建条形图分析利润

❶ 打开上一节保存的文件，选择单元格区域 B40:B46 和 F40:H46，在“插入”选项卡下的“图表”组中，单击“条形图”→“簇状条形图”图表类型，如图 13-56 所示。

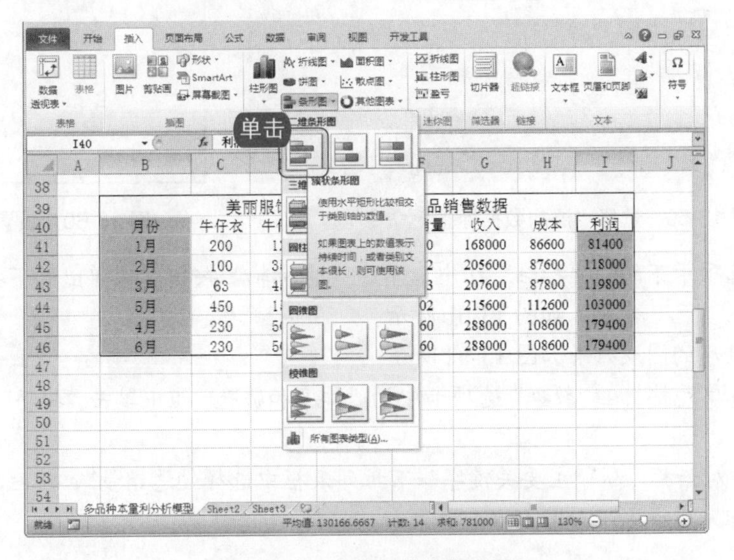

图 13-56　选择“簇状条形图”

固定资产残值是指固定资产报废时回收的残料价值。主要是在固定资产丧失使用价值以后，经过拆除清理残留的、可供出售或利用的零部件、废旧材料等的价值。

2. 创建的簇状条形图效果如图 13-57 所示。
3. 在“布局”选项卡下的“网格线”组中，单击“网格线”按钮，从弹出的下拉列表中选择“主要纵网格线”→“无”命令，如图 13-58 所示。

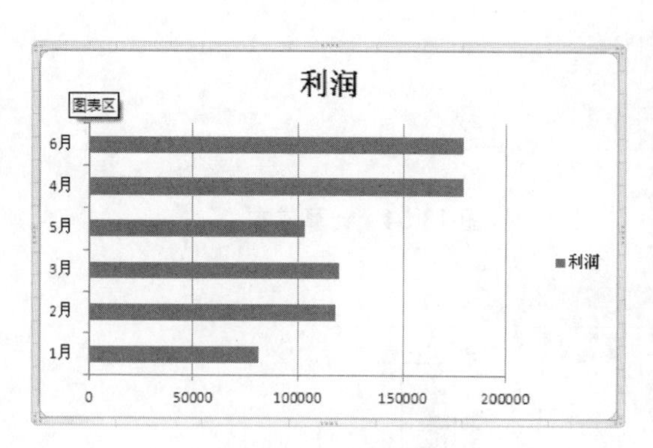

图 13-57　簇状条形图

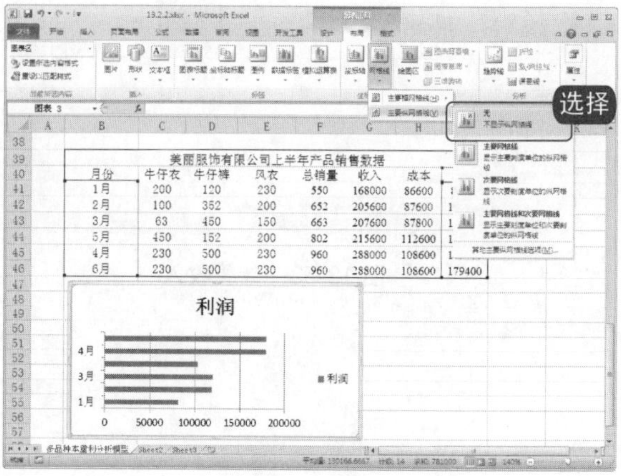

图 13-58　取消网格线

4. 右击条形图，从弹出的快捷菜单中选择“添加数据标签”命令，如图 13-59 所示。
5. 双击设置好的数据标签，弹出“设置数据标签格式”对话框，选择“数字”选项卡，在“类别”列表框中选择“数字”，选中“使用千位分隔符”复选框，设置“小数位数”为 2，单击“关闭”按钮完成设置，如图 13-60 所示。

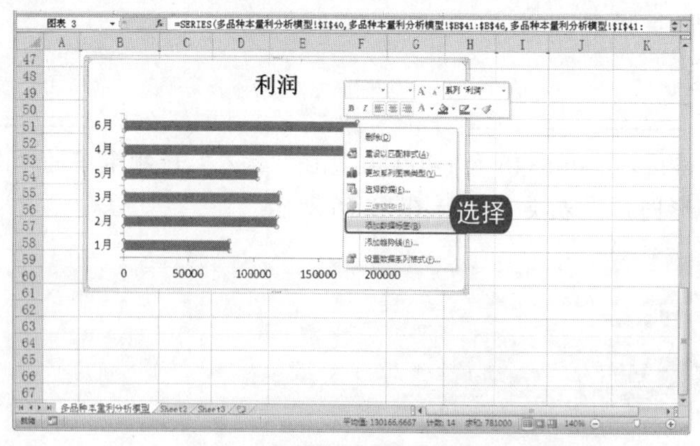

图 13-59　选择“添加数据标签”命令

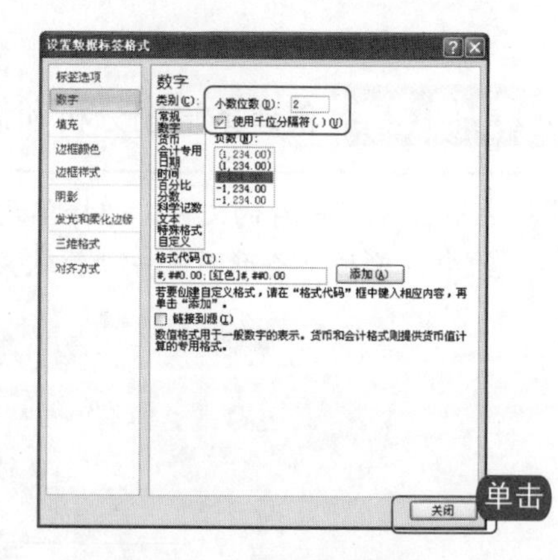

图 13-60　设置数据标签

6. 在“布局”选项卡下的“坐标轴”组中，单击“坐标轴”按钮，从弹出的下拉列表中选“主要横坐标轴”→“无”命令，如图 13-61 所示。
7. 隐藏横坐标轴后的图表效果如图 13-62 所示。
8. 选中 B40:F46 单元格，在“数据”选项卡中的“排序和筛选”组中单击“排序”按钮，如图 13-63 所示。
9. 弹出“排序”对话框，从“主要关键字”下拉列表框中选择“总销量”，其他为默认设置，单击“确定”按钮完成设置，如图 13-64 所示。

电脑小百科

选中目标数据区域后，按 F11 键，可以在新建的图表工作表中创建图表。

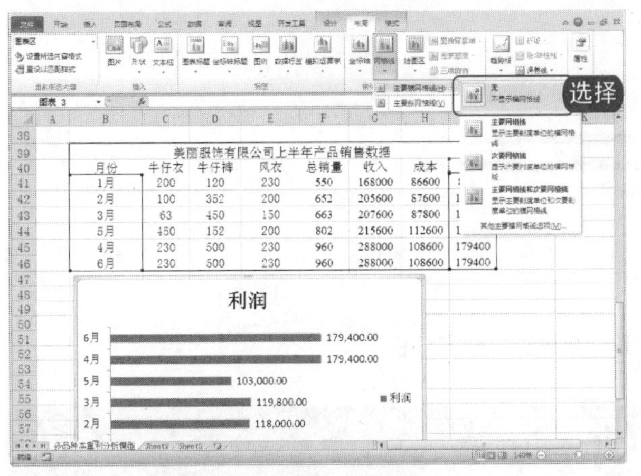

图 13-61 设置取消横坐标轴

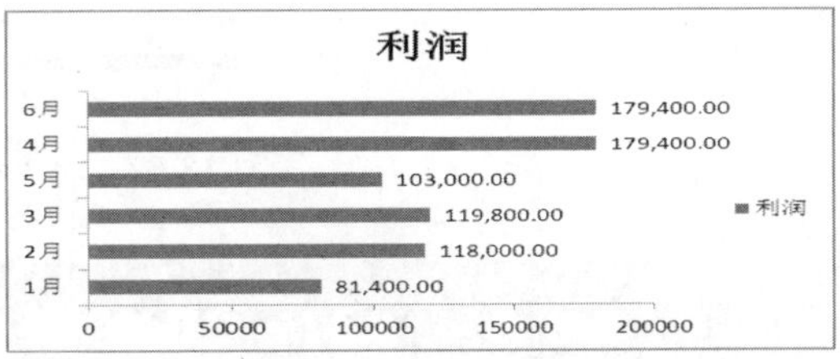

图 13-62 取消横坐标轴后的效果

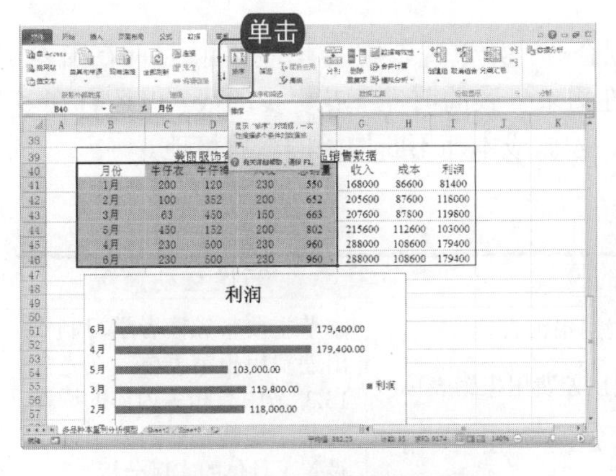

图 13-63 单击“排序”按钮

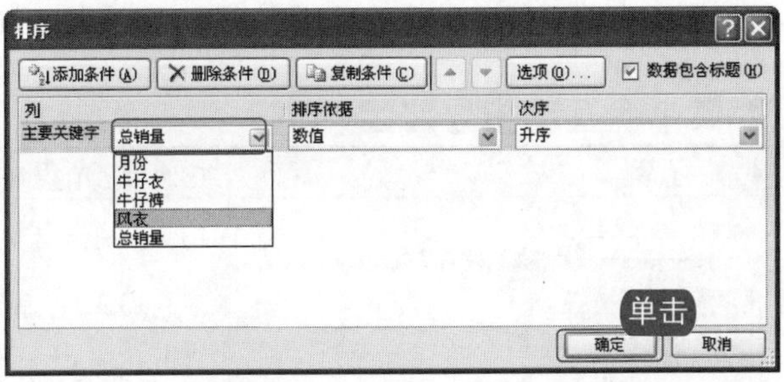

图 13-64 “排序”对话框

10 此时，图表中的条形将按照长短依次排序，如图 13-65 所示。

11 双击图表中的条形，弹出“设置数据点格式”对话框，如图 13-66 所示。

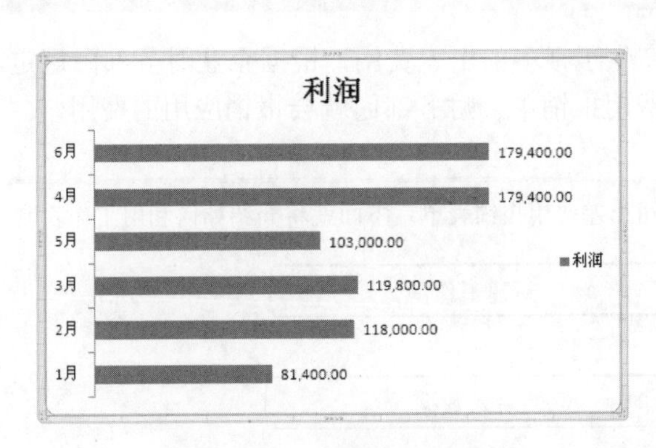

图 13-65 排序后的效果

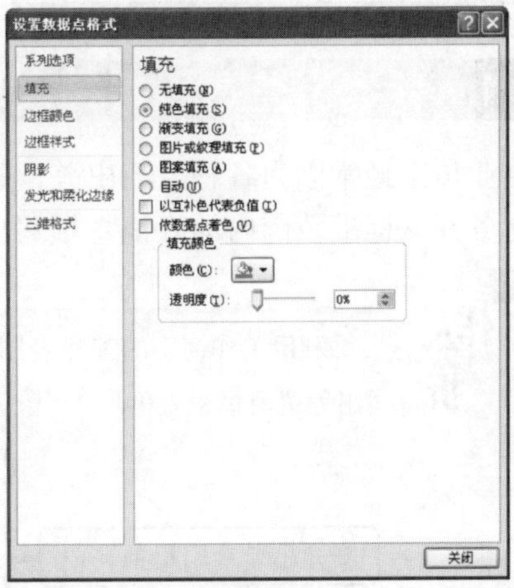

图 13-66 “设置数据点格式”对话框

12 在“填充”选项卡下为每个数据点设置不同颜色的填充色，然后将“利润”更改为“利润分析”，

选中图表后，用户可以通过图表四周出现的控制点来改变图表的大小。

如图 13-67 所示。

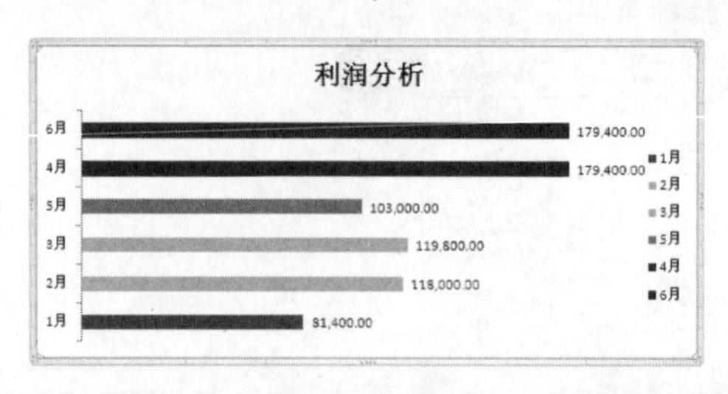

图 13-67　将“利润”更改为“利润分析”

13.3　制作出差费用报销表单

在差旅管理理念的潜移默化下，越来越多的中国企业开始重视差旅成本的控制。目前在国内，有很多大型公司或外企实行差旅管理制度，实现了在需求一致的前提下花更少的钱。但还有许多在数量上占绝对优势的中小企业依然处于需求一致、差旅成本却不断增长的尴尬境地。

书盘互动指导

示例	在光盘中的位置	书盘互动情况
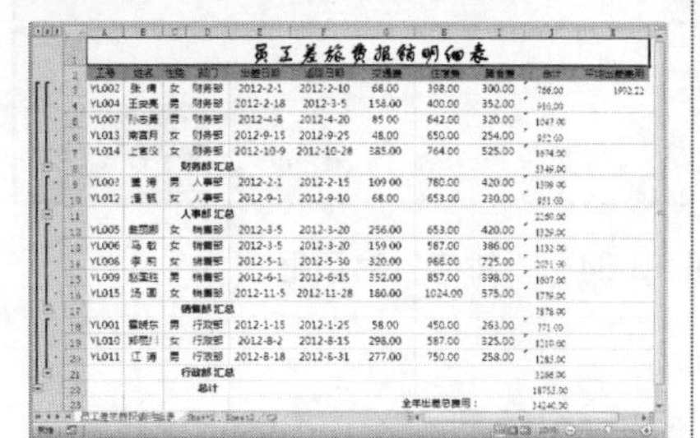	13.3　制作出差费用报销表单 13.3.1　新建出差费用报销表单 13.3.2　计算员工平均出差费用 13.3.3　汇总全年出差的总费用	本节主要带领读者学习制作出差费用报销表单，在光盘 13.3 节中有相关内容的操作视频，还特别针对本节内容设置了具体的实例分析。 读者可以在阅读本节内容后再学习光盘内容，以达到巩固和提升的效果。

13.3.1　新建出差费用报销表单

企业员工经常因为各种原因出差，这就产生了很多的出差费用，根据企业财务部门规定，在企业财务开支标准范围内的开销，填写出差费用报销单，财务部门就会报销应用的费用。

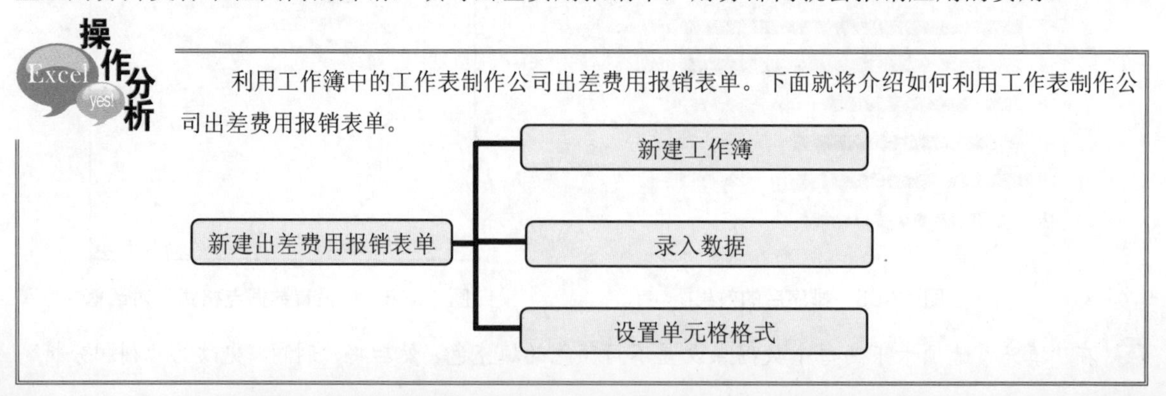

利用工作簿中的工作表制作公司出差费用报销表单。下面就将介绍如何利用工作表制作公司出差费用报销表单。

电脑小百科

若在创建图表时为图表设置了标题和坐标轴名称等，则标题与坐标轴名称也可以按照移动图表的方法进行移动。

跟着做 1☛　新建出差费用报销表单工作簿

❶ 启动 Excel 2010 程序，程序会自动新建一个工作簿。
❷ 双击工作表标签 Sheet1，然后将其重命名为“出差费报销单”，如图 13-68 所示。
❸ 在“文件”选项卡下单击“另存为”命令，弹出“另存为”对话框，将工作簿命名为 13.3.1.xlsx，单击“确定”按钮完成设置，如图 13-69 所示。

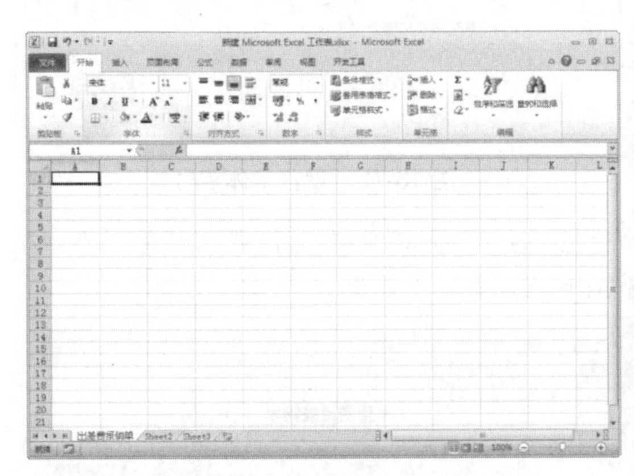

图 13-68　重命名工作表

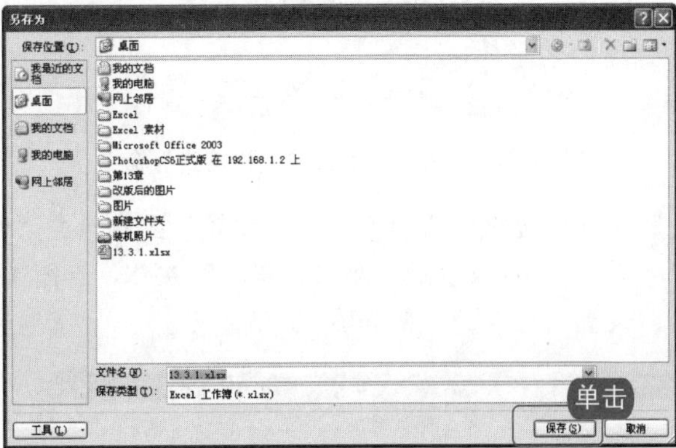

图 13-69　保存工作簿

跟着做 2☛　录入数据

❶ 打开上一节保存的文件，选中 A1 单元格，输入标题“出差费用报销单”。
❷ 选中 A1:L1 单元格区域，在“开始”选项卡下的“对齐方式”组中，单击“合并后居中”按钮，并设置字号为 20，字体为“华文琥珀”，如图 13-70 所示。
❸ 按照同样的方法输入其他的表格中的数据，如图 13-71 所示。

图 13-70　输入“出差费用报销单”标题

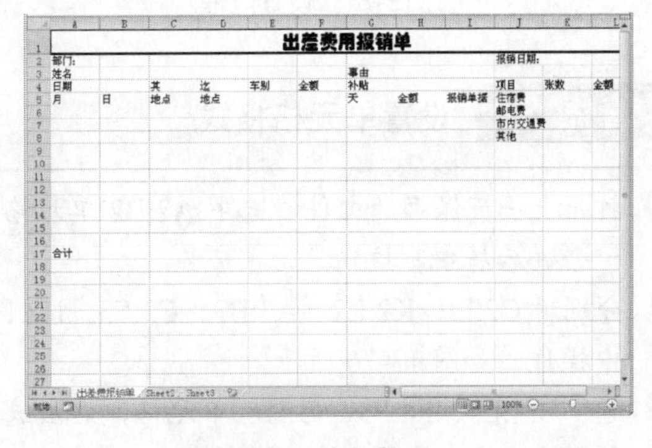

图 13-71　输入数据

❹ 选中 A2:L17 单元格区域，右击数据源，在弹出的快捷菜单中选择“设置单元格格式”命令，如图 13-72 所示。
❺ 弹出“设置单元格格式”对话框，选择“字体”选项卡，设置字体为“华文中宋”，“字号”为 12 号，如图 13-73 所示。

在图表中可以利用键盘的上、下、左、右方向键来选取图表上的元素。

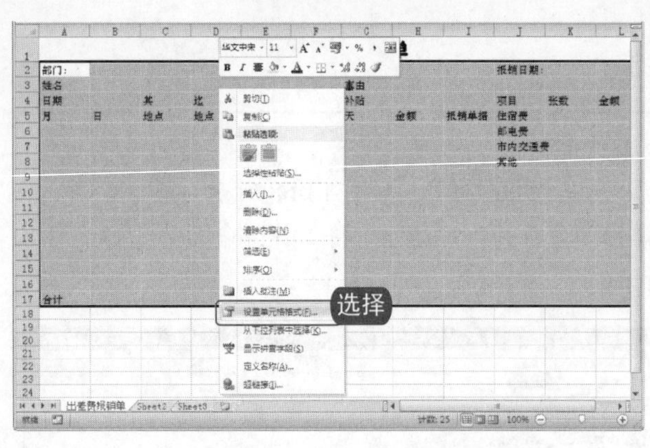

图 13-72　选择“设置单元格格式”命令

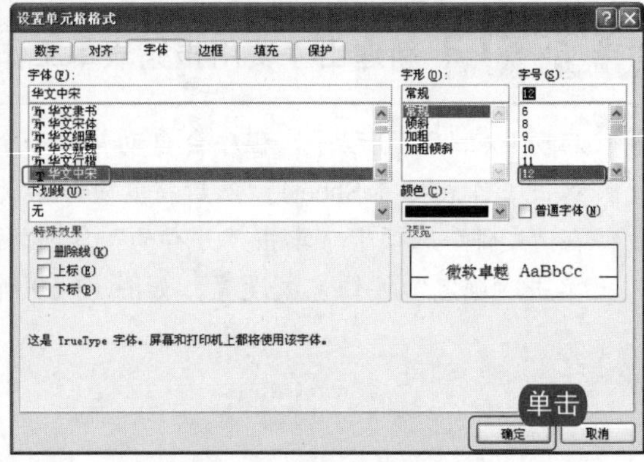

图 13-73　设置字体字号

6. 选择“边框”选项卡，在“预置”区域单击“外边框”和“内部”按钮，设置“颜色”为“深蓝”，完成设置后，单击“确定”按钮，如图 13-74 所示。
7. 设置边框后的效果如图 13-75 所示。

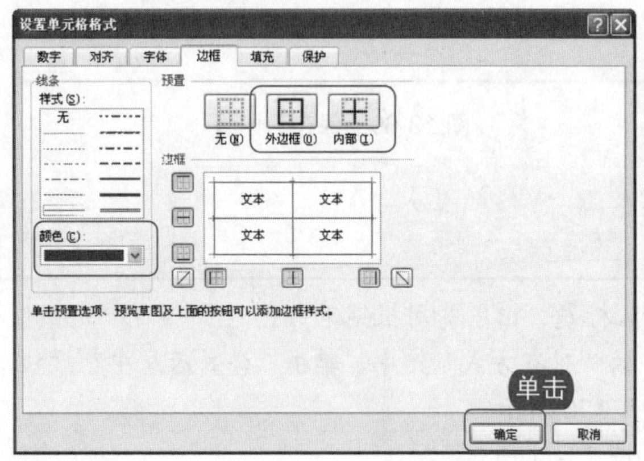

图 13-74　设置边框

图 13-75　设置后的效果

跟着做 3☛　设置单元格格式

1. 打开上一节保存的文件，选中 A2:B2 单元格，在“开始”选项卡下的“对齐方式”组中，单击“合并后居中”按钮。
2. 分别对 C2:I2、K2:L2、A3:B3、C3:F3、H2:L2、A4:B4、G4:H4、A17:D17 单元格进行合并及居中操作，如图 13-76 所示。
3. 选中 E4:E5、F4:F5、I5:I16 单元格，右击选中单元格，从弹出的快捷菜单中选择“设置单元格格式”命令，如图 13-77 所示。
4. 弹出“设置单元格格式”对话框，选择“对齐”选项卡，在“垂直对齐”下拉列表框中选“居中”，选中“合并单元格”复选框，单击“方向”区域的竖排方向选项，单击“确定”按钮完成设置，如图 13-78 所示。
5. 设置其他单元格的对齐方式，最后的效果如图 13-79 所示。

电脑小百科

选中图表后，按 Delete 键，可以删除工作表中的嵌入图表。

图 13-76　将单元格合并后居中

图 13-77　选择“设置单元格格式”命令

图 13-78　设置“对齐”选项卡

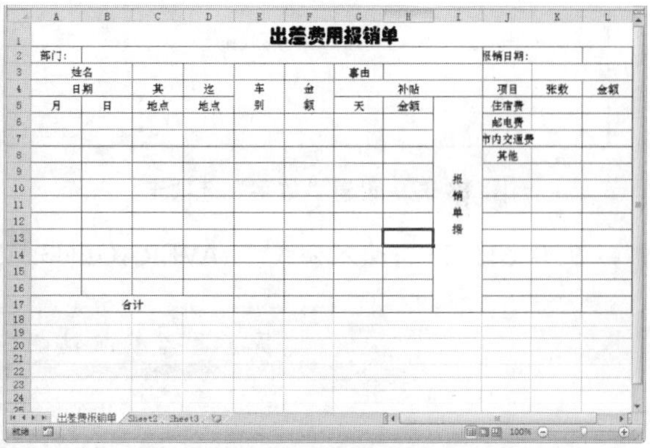

图 13-79　出差费报销单最后的制作效果

13.3.2 计算员工平均出差费用

为了了解公司出差费用及有关费用开支的控制与管理，财务部统计了各个部门人员出差的总费用，计算出平均每个人的出差费用。具体操作步骤如下。

1. 打开原始文件 13.3.2.xlsx，选中 J3:K17 单元格，如图 13-80 所示。
2. 在“开始”选项卡下的“数字”组中，单击“对话框启动器”按钮，如图 13-81 所示。

图 13-80　选中单元格区域

图 13-81　单击“对话框启动器”按钮

电脑小百科

在“格式”选项卡中单击“重设以匹配样式”按钮，可以将选中图表恢复到其初始状态。

③ 弹出“设置单元格格式”对话框，选择“数字”选项卡，在“分类”列表框中选择“数值”，设置数字的“小数位数”为 2，如图 13-82 所示。

④ 单击“确定”按钮。在单元格 J3 中输入公式“=SUM(G3:I3)”，按下 Enter 键，拖动填充柄向下复制公式至 J17，如图 13-83 所示。

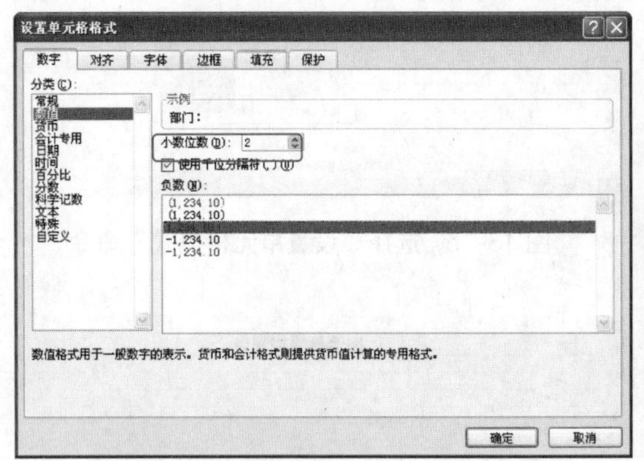

图 13-82　设置“数字”选项卡

员工差旅费报销明细表

工号	姓名	性别	部门	出差日期	返回日期	交通费	住宿费	膳食费	合计	平均出差
YL002	张 倩	女	财务部	2012-2-1	2012-2-10	68.00	398.00	300.00	766.00	
YL004	王安亮	男	财务部	2012-2-18	2012-3-5	158.00	400.00	352.00	910.00	
YL007	孙志勇	男	财务部	2012-4-8	2012-4-20	85.00	642.00	320.00	1047.00	
YL013	南宫月	女	财务部	2012-9-15	2012-9-25	48.00	650.00	254.00	952.00	
YL014	上官仪	女	财务部	2012-10-9	2012-10-28	385.00	764.00	525.00	1674.00	
YL003	董 涛	男	人事部	2012-2-1	2012-2-15	109.00	780.00	420.00	1309.00	
YL012	潘 毅	女	人事部	2012-9-1	2012-9-10	68.00	653.00	230.00	951.00	
YL005	曲丽娜	女	销售部	2012-3-5	2012-3-20	256.00	653.00	420.00	1329.00	
YL006	马 静	女	销售部	2012-3-5	2012-3-20	159.00	587.00	386.00	1132.00	
YL008	李 莉	女	销售部	2012-5-1	2012-5-30	320.00	986.00	725.00	2031.00	
YL009	赵国胜	男	销售部	2012-6-1	2012-6-15	352.00	857.00	398.00	1607.00	
YL015	汤 圆	女	销售部	2012-11-5	2012-11-28	180.00	1024.00	575.00	1779.00	
YL001	霍晓东	男	行政部	2012-1-15	2012-1-25	58.00	450.00	263.00	771.00	
YL010	郑丽川	女	行政部	2012-8-2	2012-8-15	298.00	587.00	325.00	1210.00	
YL011	江 涛	男	行政部	2012-8-18	2012-8-31	277.00	750.00	258.00	1285.00	
						全年出差总费用：				

图 13-83　计算“合计”列

⑤ 在单元格 K3 中输入公式“=AVERAGE(J3:J17)”，按下 Enter 键完成计算，如图 13-84 所示。

员工差旅费报销明细表

部门	出差日期	返回日期	交通费	住宿费	膳食费	合计	平均出差费用
财务部	2012-2-1	2012-2-10	68.00	398.00	300.00	766.00	1250.20
财务部	2012-2-18	2012-3-5	158.00	400.00	352.00	910.00	
财务部	2012-4-8	2012-4-20	85.00	642.00	320.00	1047.00	
财务部	2012-9-15	2012-9-25	48.00	650.00	254.00	952.00	
财务部	2012-10-9	2012-10-28	385.00	764.00	525.00	1674.00	
人事部	2012-2-1	2012-2-15	109.00	780.00	420.00	1309.00	
人事部	2012-9-1	2012-9-10	68.00	653.00	230.00	951.00	
销售部	2012-3-5	2012-3-20	256.00	653.00	420.00	1329.00	
销售部	2012-3-5	2012-3-20	159.00	587.00	386.00	1132.00	
销售部	2012-5-1	2012-5-30	320.00	986.00	725.00	2031.00	
销售部	2012-6-1	2012-6-15	352.00	857.00	398.00	1607.00	
销售部	2012-11-5	2012-11-28	180.00	1024.00	575.00	1779.00	
行政部	2012-1-15	2012-1-25	58.00	450.00	263.00	771.00	
行政部	2012-8-2	2012-8-15	298.00	587.00	325.00	1210.00	
行政部	2012-8-18	2012-8-31	277.00	750.00	258.00	1285.00	
			全年出差总费用：				

图 13-84　计算员工平均出差费用

13.3.3　汇总全年出差的总费用

根据公司规定，到年末财务部要统计一年以来公司所有出差人员产生的差旅费用，以便作为公司这一年来的支出。具体操作步骤如下。

① 打开原始文件 13.3.3.xlsx。在 J18 单元格中输入公式“=SUM(J3:J17)”，按下 Enter 键完成计算，如图 13-85 所示。

② 再选中 A2:J17 单元格，在“数据”选项卡下的“排序和筛选”组中，单击“排序”按钮，如图 13-86 所示。

电脑小百科

虽然图表与表格中的数据是动态联系的，但有些图表不能通过修改相应的图形达到修改表格数据的目的，比如饼图、面积图等。

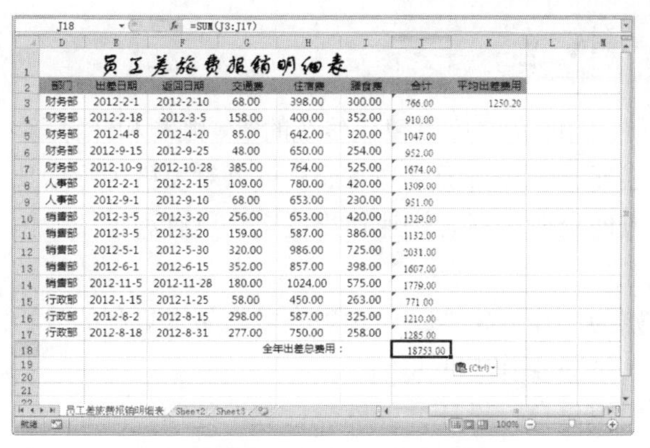

图 13-85　计算全年出差总费用

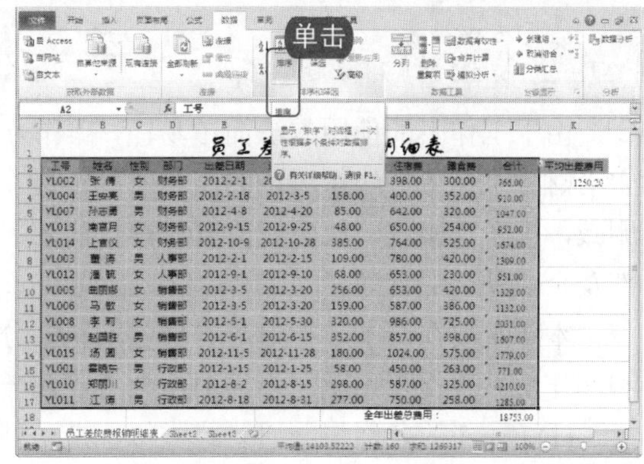

图 13-86　单击“排序”按钮

3 弹出“排序”对话框，在“主要关键字”下拉列表框中选择“部门”，“排序依据”下拉列表框中选择“数值”，“次序”下拉列表框中选择“升序”，如图 13-87 所示。

4 单击“确定”按钮完成设置，排序后的效果如图 13-88 所示。

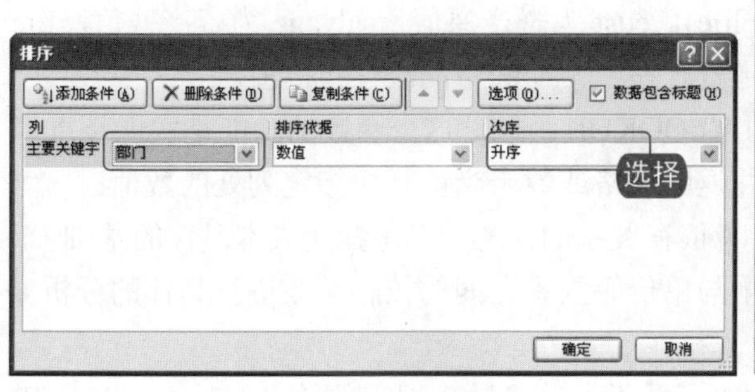

图 13-87　选中数据

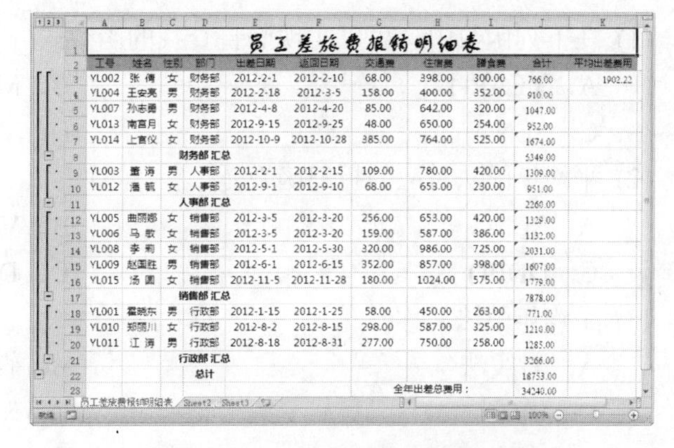

图 13-88　排序后的效果

5 在“数据”选项卡下的“分级显示”组中，单击“分类汇总”按钮，弹出“分类汇总”对话框，在“分类字段”下拉列表框中选择“部门”，“汇总方式”下拉列表框选择“求和”，“选定汇总项”列表框中选中“合计”复选框，单击“确定”按钮，如图 13-89 所示。

6 汇总全年出差的总费用，如图 13-90 所示。

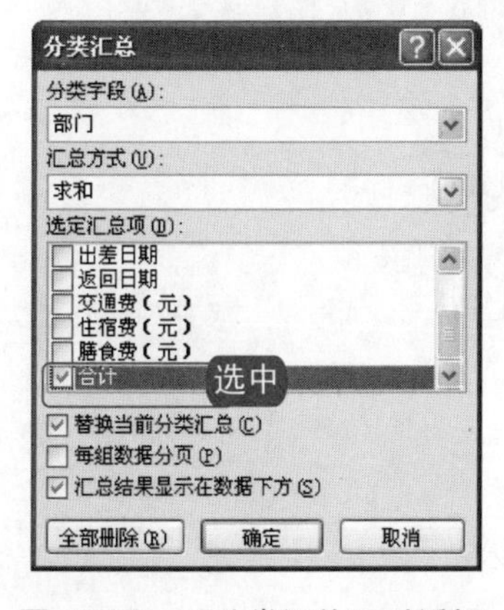

图 13-89　“分类汇总”对话框

图 13-90　汇总全年出差的总费用

电脑小百科

想要将图表另存为图片文件，只需要在“另存为”对话框的“保存类型”下拉列表框中选择“网页”选项，再单击“保存”按钮即可。

学 习 小 结

由于工作表的使用方法简单易懂，操作方便，因此完全可以替代传统的笔、账簿和计算器，它给财务工作者节约了大量的工作时间，减少了工作量，并且通过 Excel 可以对表格进行增加删减，排序等操作，从而使数据显得更清晰，方便企业决策者快速作出决定，也有利于企业内部及企业外部的管理。

本章主要介绍了 3 个财务方面的实例，分别为制作固定资产管理表、多产品本量利的分析和制作出差费用报销单。下面对学习本章时一些注重点作一下总结。

(1) Excel 的名称与普通公式类似，是一种由用户自行设计并能够进行数据处理。例如，在本章中使用到如何定义名称，选中要定义名称的单元格区域，在名称框中输入要定义的名称“data1”即可。

(2) 在本章中用到了日期和时间函数，即 YEAR()和 MONTH()，用于返回日期和时间的某些部分，在做固定资产管理表中方便计算资产折旧。

(3) 在计算固定资产折旧时，本章的例子中使用的方法是平均年限法，又称直线法，即将固定资产的应计折旧额均衡地分摊到谷底资产预计使用寿命内的一种方法。在 Excel 中，平均年限法相对应的折旧函数为 SLN(cost,salvage,life)，cost 为资产原值，salvage 为资产残值，life 为折旧期限，这个函数的功能是返回某个固定资产在一个期间中的线性折旧值。

(4) 本章还使用了一个最重要的函数，即 VLOOKUP 函数，这个函数的功能是实现竖直查找，在表格或数组中的首列查找指定的值，并返回表格或数组当前行中指定列处的数值。

(5) 本量利分析是成本、业务量和利润 3 者依存关系的简称，它是指在成本习性的基础上，运用数学模型和图表，对成本、利润、业务量与单价等因素之间的依存关系进行具体的分析。还利用散点图进行盈亏平衡分析。

(6) 在制作出差费用报销单的实例中还用到了数学运算函数，运用的较多的是 SUM(求和)和 AVERAGE(平均值)。

互 动 练 习

1. 选择题

(1) 在下列函数中，可以实现竖直查找的函数式(　　)。

A．YEAR()　　B．MONTH()
C．SLN()　　D．VLOOKUP()

(2) 平均年限法对应的折旧函数是(　　)。

A．SLN()　　B．VLOOKUP()
C．DDB()　　D．DB()

(3) 平均年限法又称(　　)。

A．斜线法　　B．直线法
C．横线法　　D．双倍直线法

电脑小百科

将图表保存为网页类型后，在保存的网页文件夹(后缀为.files)中便可以找到图表的对应图片，图片格式为 PNG。

(4) 计算平均值的函数式(　　)。

A．SUM()　　B．AVERAGE()

C．COUNT()　　D．RANK()

(5) 下列方法中，计算在折旧年限的最后一年计提的折旧额最大的方法是(　　)。

A．平均年限法　　B．双倍余额递减法

C．年数总和法　　D．工作量法

2. 思考与上机题

(1) 制作“固定资产折旧清单”工作簿。

制作要求：

a. 选中 B2 单元格，计算当前日期(TODAY()函数)。

b. 定义名称，选中 A3:N11 单元格区域，在名称框中输入名称为 data1。

固定资产折旧清单

当前日期:

资产编号	资产名称	资产原值	启用日期	可使用年限	停用日期	资产来源	资产状态
01	厂房	1,523,000.00	2009-5-2	50			正常使用
02	仓库	500,000.00	2009-5-3	50			正常使用
03	运输机	150,000.00	2009-5-2	50			正常使用
04	包装机	1,566,000.00	2009-5-2	10	2010-2-10		报废
05	机床	45,560,000.00	2009-5-2	50			正常使用
06	台式电脑	4,800.00	2009-6-1	5			正常使用
07	笔记本	4,500.00	2009-12-3	5			正常使用
08	打印机	5,600.00	2009-12-3	5			正常使用

Sheet1　Sheet2　Sheet3

(2) 计算固定资产折旧，如下图所示。

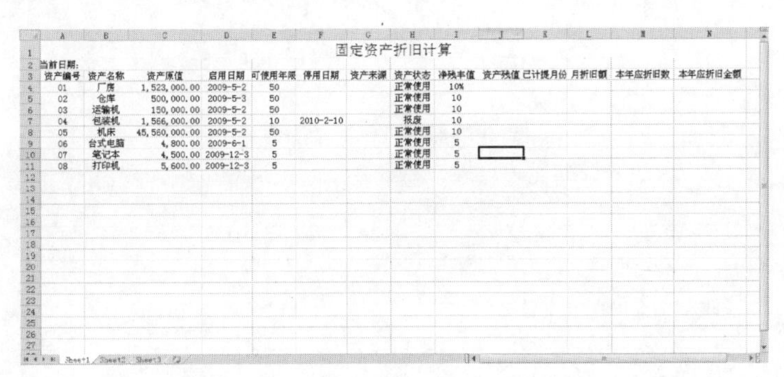

固定资产折旧计算

当前日期:

资产编号	资产名称	资产原值	启用日期	可使用年限	停用日期	资产来源	资产状态	净残率值	资产残值	已计提月份	月折旧额	本年应折旧数	本年应折旧金额
01	厂房	1,523,000.00	2009-5-2	50			正常使用	10%					
02	仓库	500,000.00	2009-5-3	50			正常使用	10					
03	运输机	150,000.00	2009-5-2	50			正常使用	10					
04	包装机	1,566,000.00	2009-5-2	10	2010-2-10		报废	10					
05	机床	45,560,000.00	2009-5-2	50			正常使用	10					
06	台式电脑	4,800.00	2009-6-1	5			正常使用	5					
07	笔记本	4,500.00	2009-12-3	5			正常使用	5					
08	打印机	5,600.00	2009-12-3	5			正常使用	5					

制作要求：

a. 利用 VLOOKUP 函数提取资产编号、资产名称、资产原值、启用日期、可使用年限、停用日期、资产状态。

b. 计算资产残值和计算已计提月份。

c. 计算月折旧额和本年应折旧数。

d. 利用 SLN 计算本年应折旧金额。

图表设置完成后，可以按需要打印图表。不过在打印前应先预览其效果，以例打印出来后有错误，避免不必要的纸张浪费。

第 14 章

Excel 在市场营销中的应用

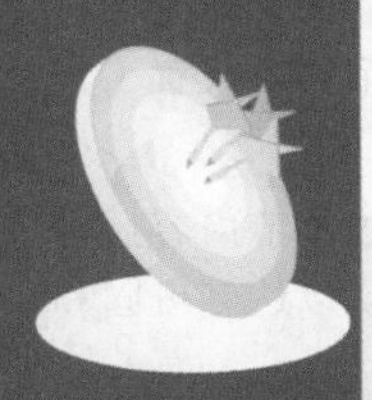

本章导读

在市场营销中，利用 Excel 可以很方便地对销售信息进行整理和分析。使用函数可以计算每个季度、每年的产品销售情况；使用数据筛选功能可以快捷地找到符合条件的数据，从而利于营销者掌握最核心的数据，并制订下一步营销计划；使用数据透视表功能可以实现数据的分析和查询；使用表单控件、文本框等控件则可以制作出美观实用的市场调查问卷，使企业更好地了解市场行情和消费者的消费意向，从而执行有效的营销政策。

精彩看点

- 制作客户满意度调查问卷
- 创建图表分析产品的满意度百分比
- 加载分析工具库
- 移动平均与指数平滑
- 计算销售量的最大值与最小值
- 创建最大值与最小值的折线图
- 计算产品在市场上的占有率
- 创建产品市场占有率分析图表
- 突出显示指定产品在市场上的占有率

14.1 制作客户满意度调查表

客户满意度调查是客户对企业售后服务的意见和建议。企业对每个产品都有一个服务的承诺，即客户服务的时间、期限、服务内容等。

书盘互动指导

示例	在光盘中的位置	书盘互动情况
	14.1 制作客户满意度调查表 14.1.1 制作客户满意度调查问卷 14.1.2 创建图表分析产品的满意度百分比	本节主要带领读者学习制作客户满意度调查表，在光盘 14.1 节中有相关内容的操作视频，还特别针对本节内容设置了具体的实例分析。 读者可以在阅读本节内容后再学习光盘内容，以达到巩固和提升的效果。

14.1.1 制作客户满意度调查问卷

调查问卷是结合实际情况设计出来的问卷，它反映了主题活动的意图、目标、内容，根据消费者的真实反映而作出正确的决策，改善产品的质量。

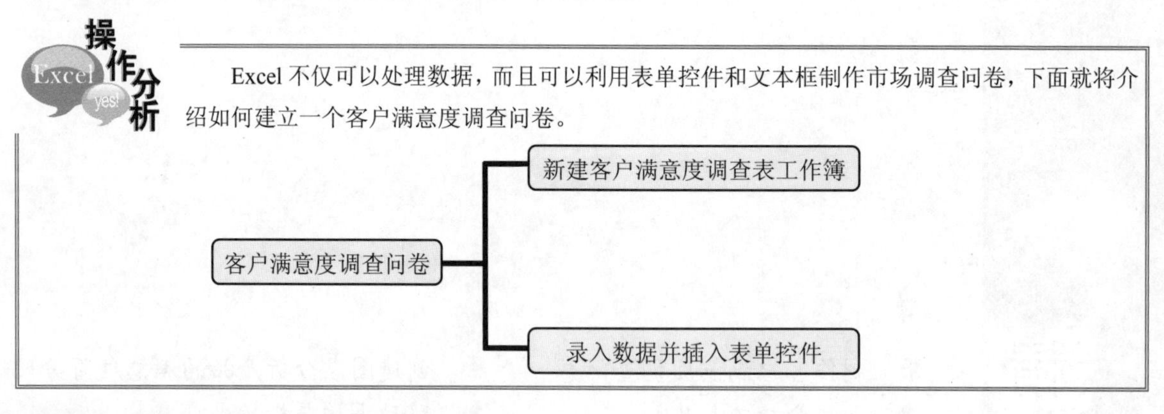

Excel 不仅可以处理数据，而且可以利用表单控件和文本框制作市场调查问卷，下面就将介绍如何建立一个客户满意度调查问卷。

跟着做 1 新建客户满意度调查表工作簿

1. 启动 Excel 2010 程序，程序会自动新建一个工作簿。
2. 双击工作表标签 Sheet1，然后将其重命名为“客户满意度调查问卷”，如图 14-1 所示。
3. 在“文件”选项卡下选择“另存为”选项，弹出“另存为”对话框，将工作簿命名为 14.1.1.xlsx，单击“保存”按钮完成设置，如图 14-2 所示。

电脑小百科

表单控件只能在 Excel 工作表中添加和使用，插入控件之后，右击选择控件，可以设置控件格式和指定宏。

图 14-1　重命名工作表

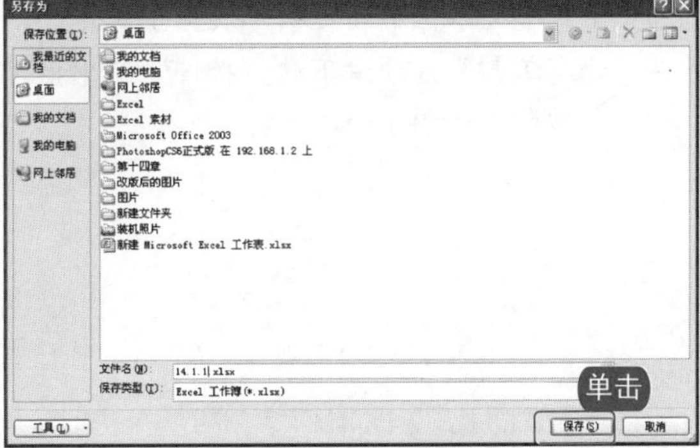

图 14-2　保存工作簿

跟着做 2　插入表单控件

1. 在“插入”选项卡下的“文本”组中，单击“文本框”按钮，从弹出的下拉列表中选择“横排文本框”命令，如图 14-3 所示。
2. 在工作表中拖动鼠标，绘制一个横排文本框，如图 14-4 所示。

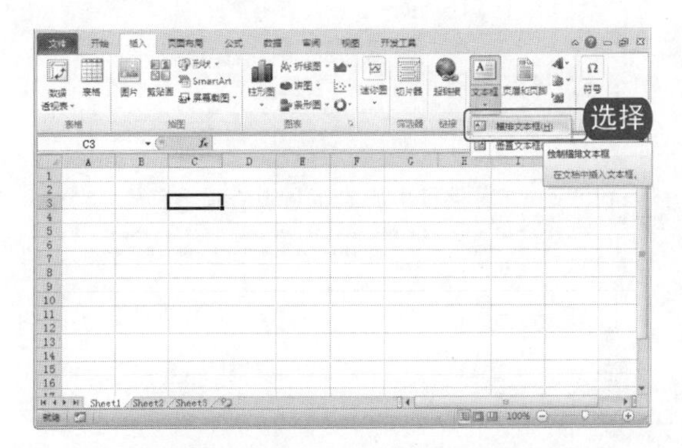

图 14-3　选择“横排文本框”命令

图 14-4　绘制横排文本框

3. 在文本框中输入“伊利牛奶的市场调查问卷”，然后设置字体为“方正姚体”，字号为 28，如图 14-5 所示。
4. 使用同样的方法绘制一个横排文本框，输入图 14-6 所示的文字。

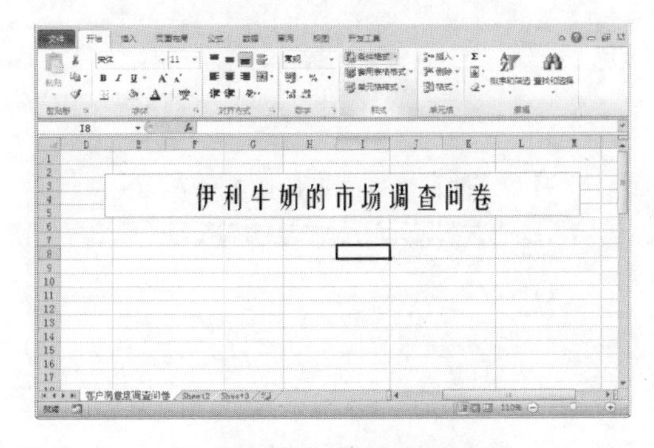

图 14-5　设置字符格式

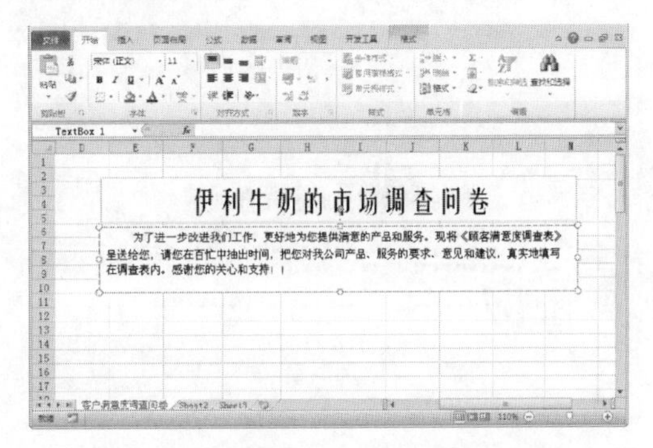

图 14-6　输入文字

电脑小百科

分组框用于将相关控件划分到具有可选标签的矩形中的一个可视单元中。通常情况下，选项按钮、复选框或紧密相关的内容会划分到一组。

5 选中第二个文本框中的文本，设置字体为“华文行楷”，字号为12，如图14-7所示。

6 在“开发工具”选项卡下的“控件”组中，单击“插入”按钮，从弹出的下拉列表中单击“分组框”按钮，如图14-8所示。

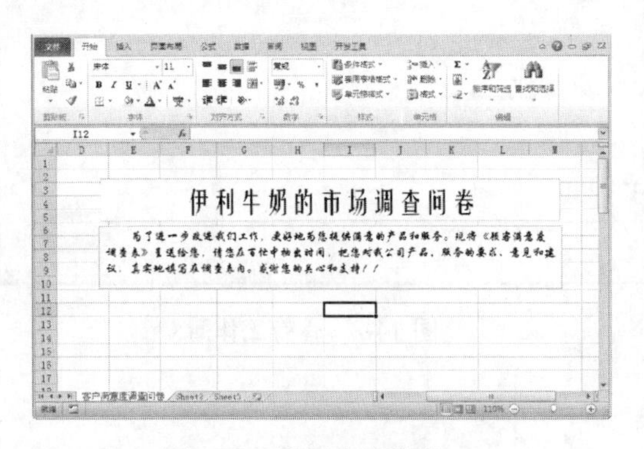

图14-7　设置字符格式

单击
伊利牛奶的市场调查问卷

图14-8　单击“分组框”按钮

7 在工作表中拖动鼠标，绘制一个分组框，用于将多个选项按钮编组，从而只能选择其中的一个，在分组框的左上角文本输入框中输入“第一题”，如图14-9所示。

8 在E13单元格中输入“您的性别？”，如图14-10所示。

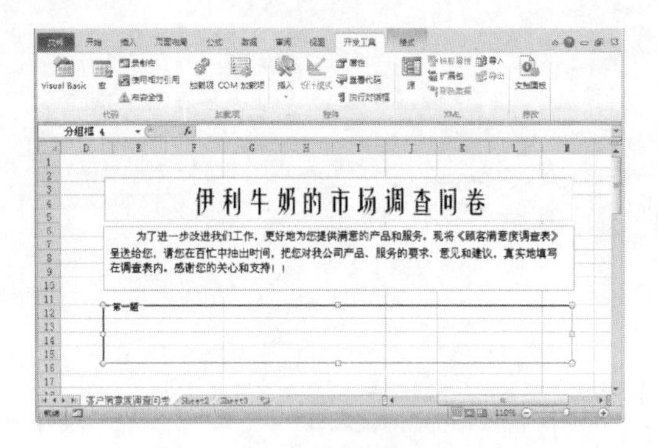

图14-9　绘制分组框并输入文本

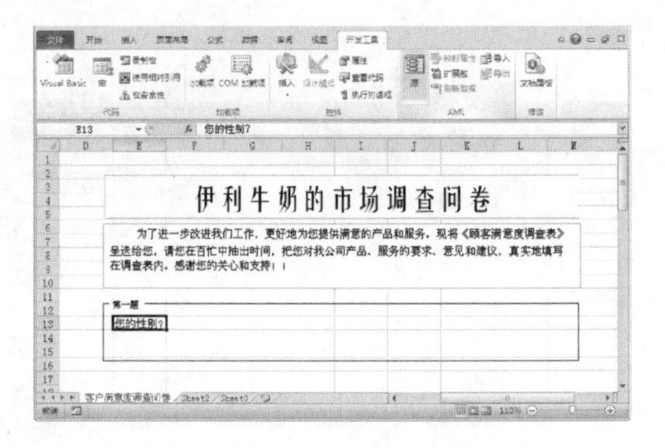

图14-10　输入文本

9 在“开发工具”选项卡下的“控件”组中，单击“插入”按钮，从弹出的下拉列表中单击“选项按钮”按钮，如图14-11所示。

10 在工作表中拖动鼠标，绘制一个选项按钮，如图14-12所示。

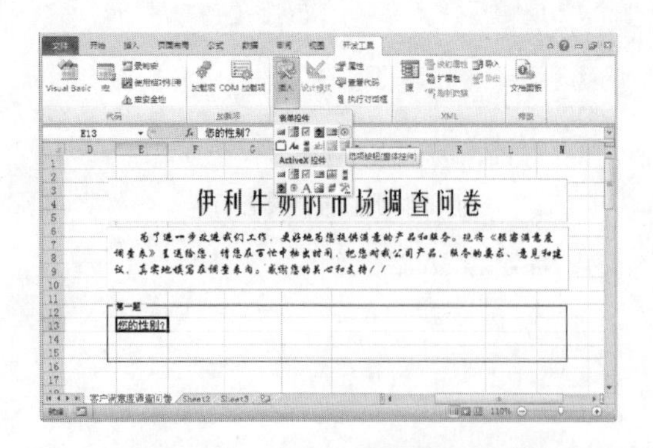

图14-11　单击“选项按钮”按钮

图14-12　绘制选项按钮

电脑小百科

选项按钮用于从一组有限的互斥选项中选择一个选项；选项按钮可以具有以下三种状态之一：选中(启用)、清除(禁用)或混合(即同时具有启用状态和禁用状态)。

⑪ 右击添加的选项按钮，在弹出的快捷菜单中选择“设置控件格式”命令，如图 14-13 所示。

⑫ 弹出“设置对象格式”对话框，选择“控制”选项卡，单击“单元格链接”文本框右侧的按钮，在工作表中选择要与之关联的单元格，如图 14-14 所示。

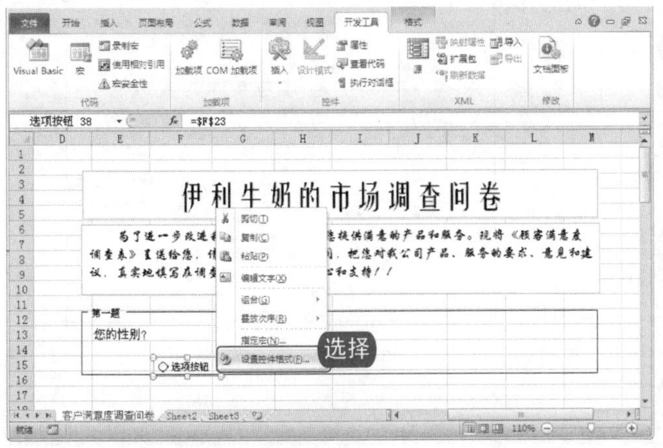

图 14-13　选择“设置控件格式”命令

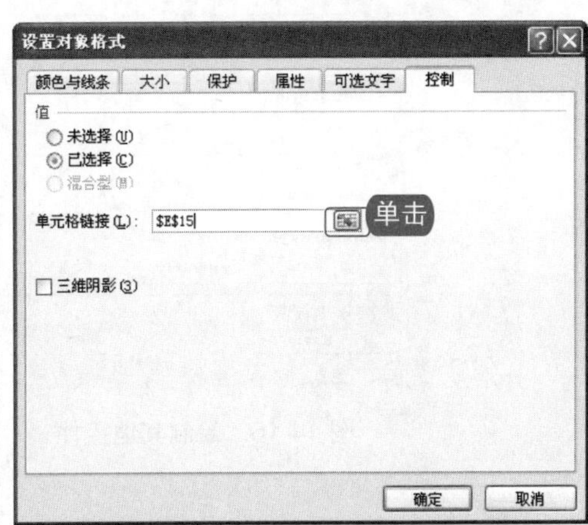

图 14-14　“设置对象格式”对话框

⑬ 选择好相关联的单元格后，可以看到在“单元格链接”文本框中自动填入了“$E$15”，当然也可以直接输入要链接的单元格，而无需通过选择单元格来指定。

⑭ 设置完毕之后，单击“确定”按钮。

⑮ 在选项按钮上右击，从弹出的快捷菜单中选择“选项按钮对象”→“编辑”命令，将按钮的名称改为“男”，如图 14-15 所示。

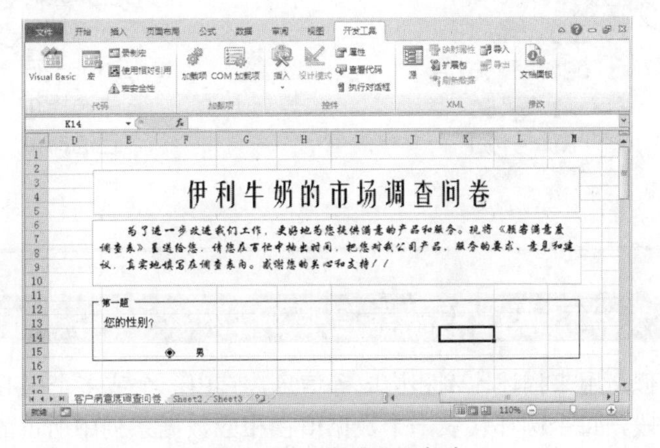

图 14-15　更改按钮名称

⑯ 用同样的方法绘制其他的控件，如图 14-16 所示。

⑰ 调查问卷最后的效果如图 14-17 所示。

知识补充

在选择特定的选项按钮时，将改变与其关联的单元格中的值。添加到分组框中的第一个选项按钮的值为 1，第二个为 2，依次类推。

电脑小百科

选项按钮控件用于进行二元选择，控件的返回值为 TRUE 或者 FALSE。在多个选项按钮成为一组时，选中其中某个选项按钮后，同组的其余选项按钮的值自动设置为 FALSE。

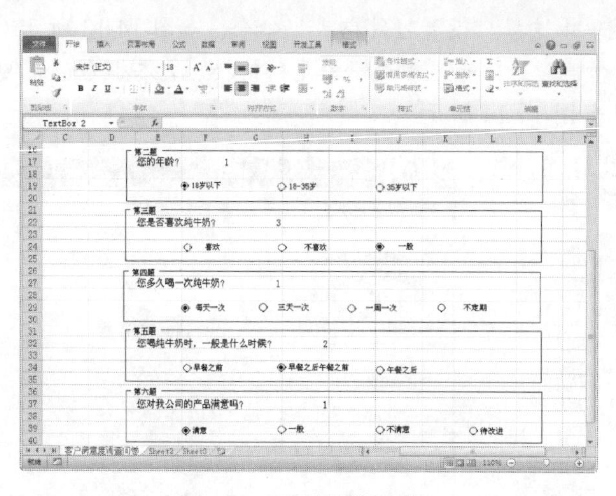
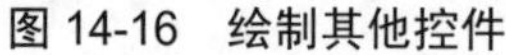

图 14-16　绘制其他控件

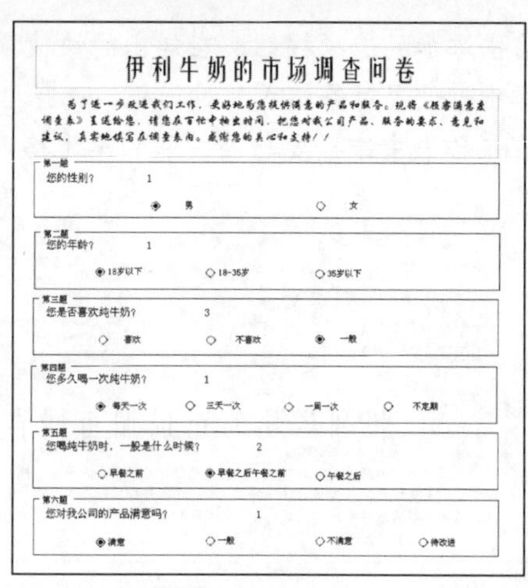

图 14-17　调查问卷

表单控件是与早期 Excel 版本(从 Excel 5.0 版开始)兼容的原始控件。表单控件中的“分组框”按钮，用于将相关控件划分到具有可选标签的矩形中的一个可视单元中。通常情况下，选项按钮也称为单选按钮，用于从一组有限的互斥选项中选择一个选项，选项按钮通常包含在分组框或结构中。选项按钮的值为以下 3 种状态之一：已选中(启用)、未选中(禁用)或混合(即同时具有启用状态和禁用状态，如多项选择)，如下图右所示。

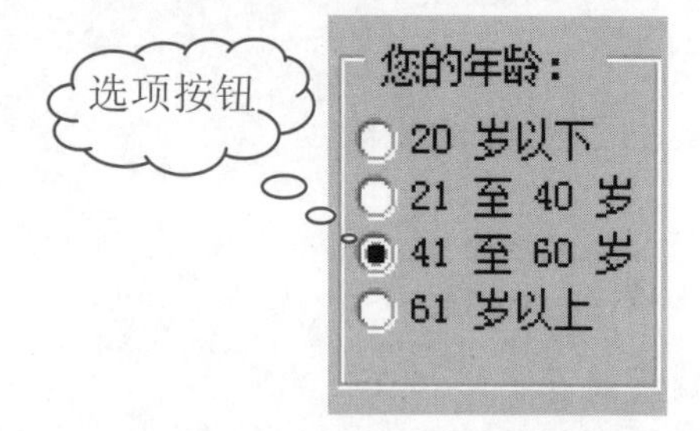

14.1.2 创建图表分析产品的满意度百分比

圆环图与饼图类似，用来描述比例和构成等信息，它由一个或多个同心的圆环组成，每个圆环划分为若干个圆环段，每个圆环代表一个数据值在相应数据系列中所占的比例。

下面以各产品调查问卷分析为例，根据满意度制作产品在市场上的满意度调查圆环图，具体操作步骤如下。

1. 打开原始文件 14.1.2.xlsx，选择数据区域 B3:C12。
2. 在“插入”选项卡下，单击“图表”组中的“其他图表”按钮，如图 14-18 所示。
3. 从下拉列表中选择“圆环图”→“分离型圆环图”，创建的圆环图效果如图 14-19 所示。
4. 在“布局”选项卡下的“标签”组中，单击“图表标题”按钮，在弹出的下拉列表中选择“图表上方”，即可在圆环图中显示图表标题，更改图表标题为“各产品满意度百分比”，如图 14-20 所示。

电脑小百科

数据系列是绘图区中的一系列点、线、面的组合，一个数据系列引用工作表中的一行或一列数据。一般是通过双击数据系列的图形打开“数据系列格式”对话框。

5 选中图表，在“设计”选项卡下的“图表布局”组中，单击“布局 2”，更改后的图表效果如图 14-21 所示。

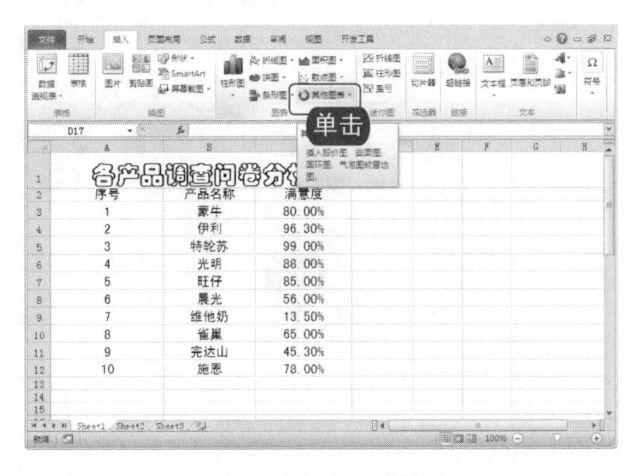

序号	产品名称	满意度
1	蒙牛	80.00%
2	伊利	96.30%
3	特轮苏	99.00%
4	光明	88.00%
5	旺仔	85.00%
6	晨光	56.00%
7	维他奶	13.50%
8	雀巢	65.00%
9	完达山	45.30%
10	施恩	78.00%

图 14-18　创建表格

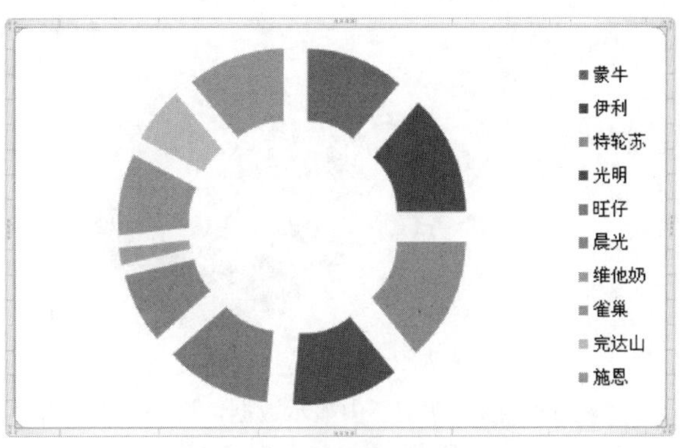

图 14-19　创建的圆环图效果

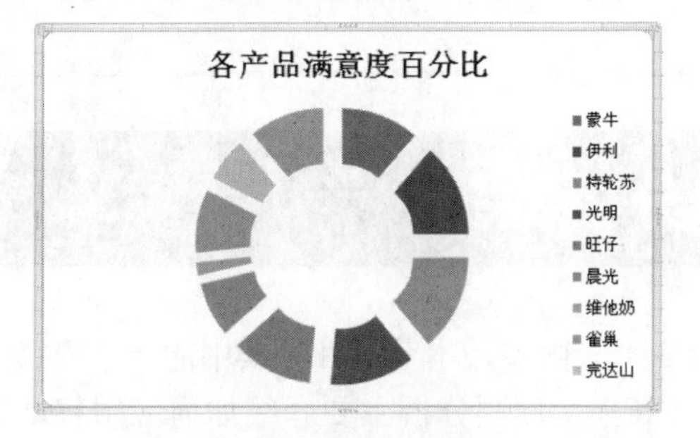

图 14-20　更改图表标题

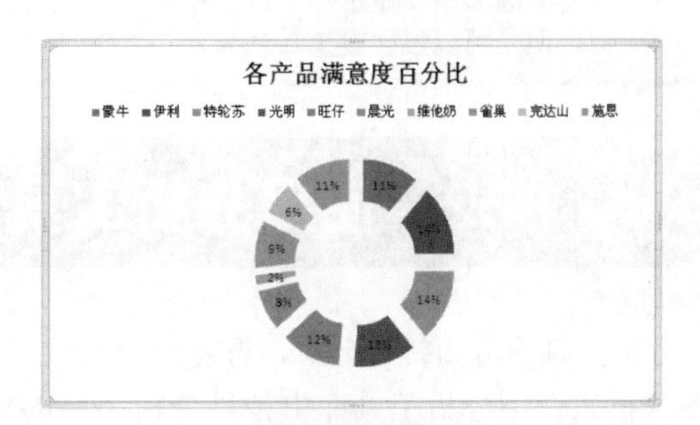

图 14-21　更改图表布局

6 双击图表，弹出“设置数据点格式”对话框，选择“系列选项”选项卡，在“系列选项”区域拖动“第一扇区起始角度”滑块至大约 130° 的位置。在“边框颜色”选项卡中选择“实线”，设置“颜色”为黄色，如图 14-22 所示。

7 设置完成后的效果如图 14-23 所示。

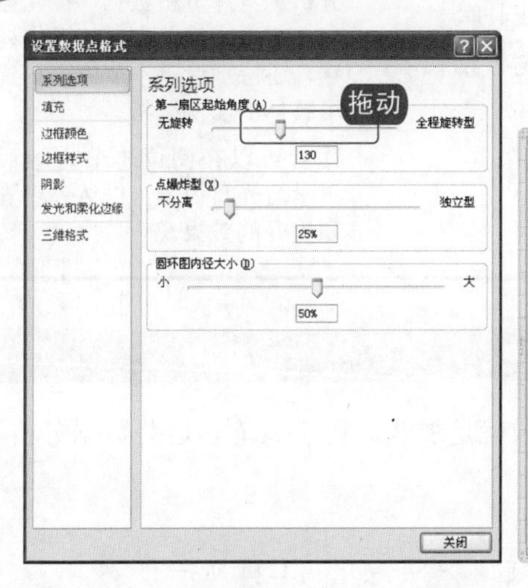

图 14-22　“设置数据点格式”对话框

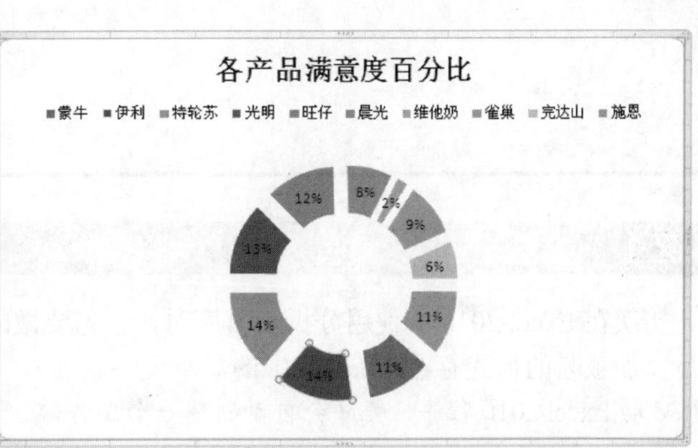

图 14-23　设置后的效果图

电脑小百科

在折线图中，一般水平轴用来表示时间的推移，并且间隔相同；而垂直轴代表不同时刻的数据大小。

圆环图包括两种图表类型，分别是圆环图和分离型圆环图，如下图所示。

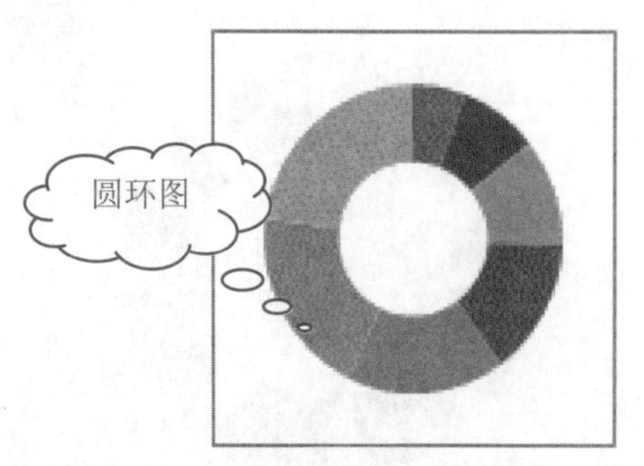

- 圆环图：在圆环中显示数据，圆环图的每个圆环分别代表一个数据系列。如果在数据标签中显示百分比，每个圆环总计为 100%。
- 分离型圆环图：显示每一数值相对于总数值的大小，同时强调每个单独的数值。它与分离型饼图很相似，但是可以包含多个数据系列。

14.2 使用分析工具库分析数据

分析工具库分为统计分析、方差分析和预测分析 3 部分内容，本节只针对其中的一个内容——预测分析来介绍分析工具库中各种分析工具的使用。其中，预测分析主要介绍如何应用移动平均和指数平滑等工具对数据进行分析和计算，它们都属于时间序列预测。

书盘互动指导

示例	在光盘中的位置	书盘互动情况
	14.2 使用分析工具库分析数据 14.2.1 加载分析工具库 14.2.2 移动平均与指数平滑	本节主要带领读者学习使用分析工具库分析数据，在光盘 14.2 节中有相关内容的操作视频，还特别针对本节内容设置了具体的实例分析。 读者可以在阅读本节内容后再学习光盘内容，以达到巩固和提升的效果。

14.2.1 加载分析工具库

初次在 Excel 2010 中使用分析工具库时，首先要做的就是加载分析工具库，这些数据分析工具是以加载宏的形式存在于 Excel 中的。

1. 启动 Excel 2010 程序，程序会自动新建一个工作簿。
2. 单击“文件”选项卡，从弹出的下拉列表中选择“选项”命令，如图 14-24 所示。
3. 弹出“Excel 选项”对话框，单击“加载项”选项卡，然后从“管理”下拉列表框中选择“Excel

电脑小百科

折线图意在描绘趋势，但是当分类轴的时间跨度较大时，图表很可能会带有一定的欺骗性，因此用户应该慎重选择。

加载项”选项，然后单击“转到”按钮，如图 14-25 所示。

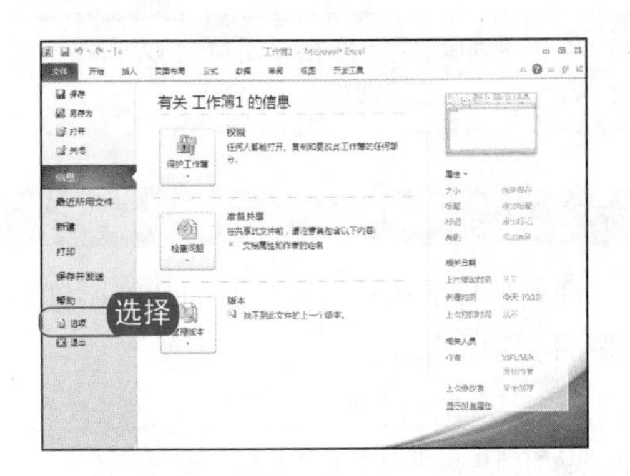

图 14-24　选择“选项”命令

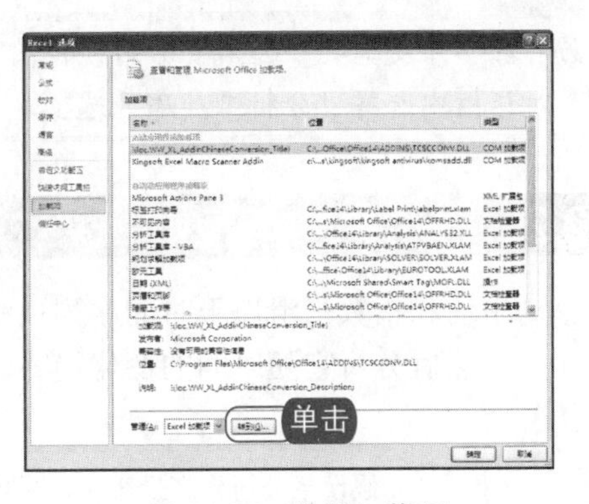

图 14-25　选择加载项

4 弹出“加载宏”对话框，在其对话框中选中“分析工具库”复选框，然后单击“确定”按钮完成设置，如图 14-26 所示。

5 当完成加载宏后，在“数据”选项卡中会显示一个“分析”组，并且将已加载的宏显示在该组中，如图 14-27 所示。

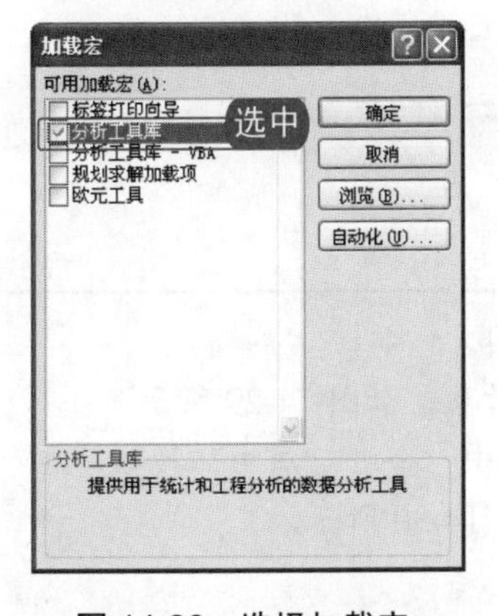

图 14-26　选择加载宏

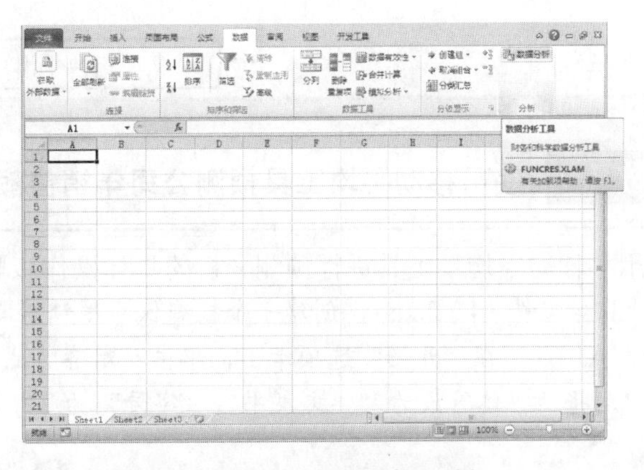

图 14-27　显示“数据分析”按钮

6 单击“文件”选项卡，从弹出的下拉列表中单击“另存为”按钮，弹出“另存为”对话框，将其命名为 14.2.2.xlsx，如图 14-28 所示。

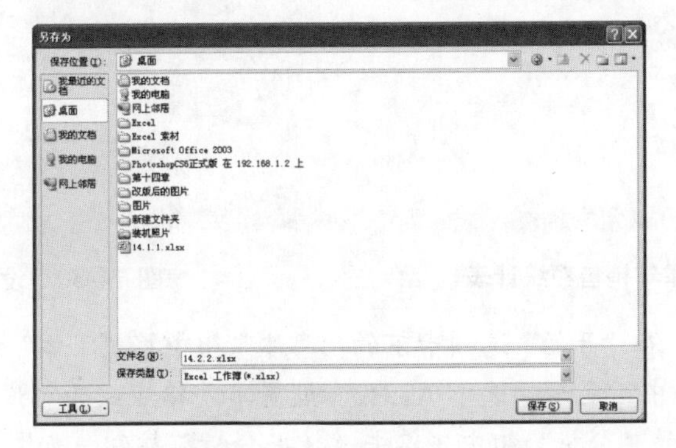

图 14-28　“另存为”对话框

电脑小百科

Excel 默认的图例位置都在绘图区的右侧，实际上这种默认的图例布局至少有两点局限：一是影响图表版面的整体美观性，二是读图时需要视线左右来回移动，降低了图表易读性。

知识补充

另外在“开发工具”选项卡下的“加载项”组中，单击“加载项”按钮，同样可以从弹出的“加载宏”对话框中选择“分析工具库”选项。

14.2.2 移动平均与指数平滑

移动平均和指数平滑属于时间序列预测，它是将预测目标的历史数据按时间的顺序排列成为时间序列，然后分析它随时间的变化趋势，外推预测目标的未来值。

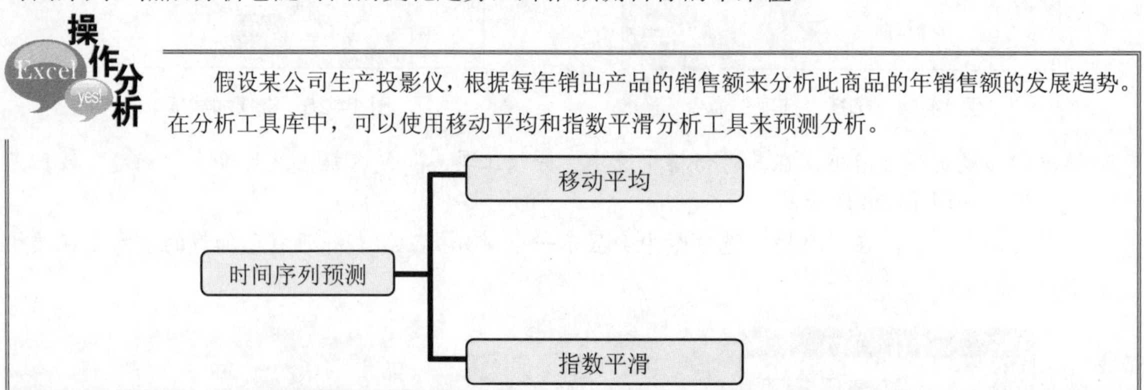

跟着做 1 使用移动平均工具预测公司年销售额

使用“移动平均”工具进行预测分析的具体操作步骤如下。

1. 打开原始文件 14.2.2.xlsx，创建一个投影仪年度销售额统计表，如图 14-29 所示。
2. 选中 A1:B1，在“开始”选项卡下，单击“对齐方式”组中“合并后居中”按钮，在“字体”组中，将“字体”设为“华文隶书”，“字号”为 24，如图 14-30 所示。

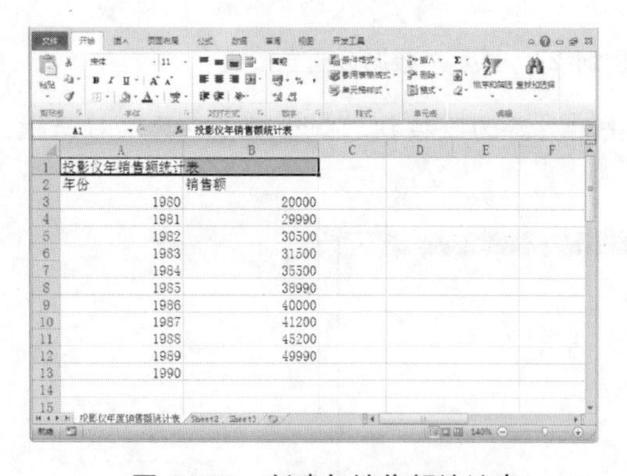

图 14-29 创建年销售额统计表

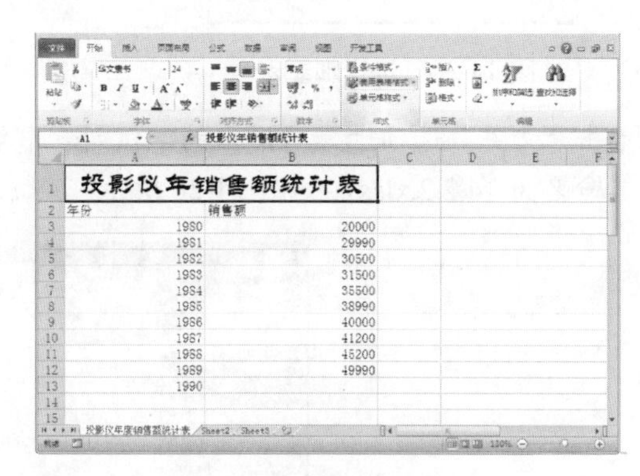

图 14-30 设置标题

3. 选中 A2:B13 单元格，在“开始”选项卡下的“字体”组中将“字体”设为“方正姚体”，“字号”设为 12，文本为“居中”显示。选中 A2:B2，设置单元格底纹为“浅绿”，如图 14-31 所示。
4. 在“数据”选项卡下的“分析”组中，单击“数据分析”按钮，如图 14-32 所示。

电脑小百科

如果要为分析工具库包含 Visual Basis for Application(VBA)函数，可以按照与加载分析工具库相同的方法加载分析数据库-VBA 函数加载宏。

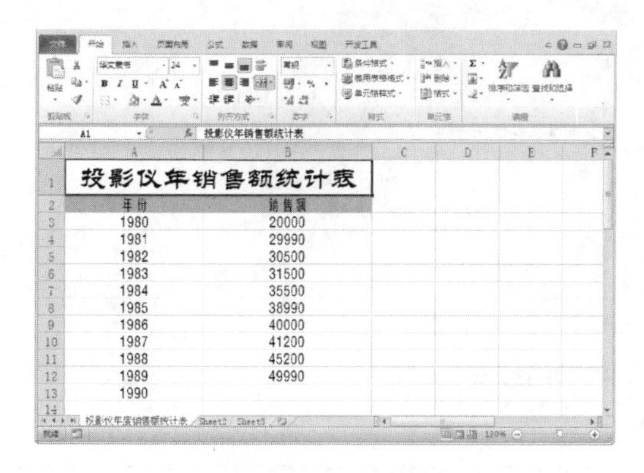

图 14-31　设置数据区

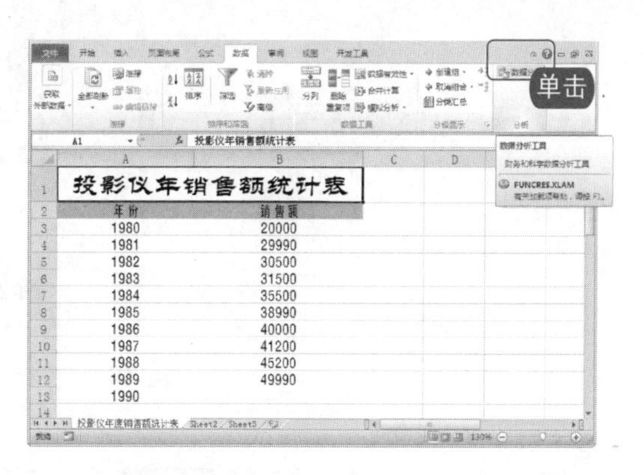

图 14-32　单击“数据分析”按钮

5 弹出“数据分析”对话框，在“分析工具”列表框中选择“移动平均”选项，单击“确定”按钮，如图 14-33 所示。

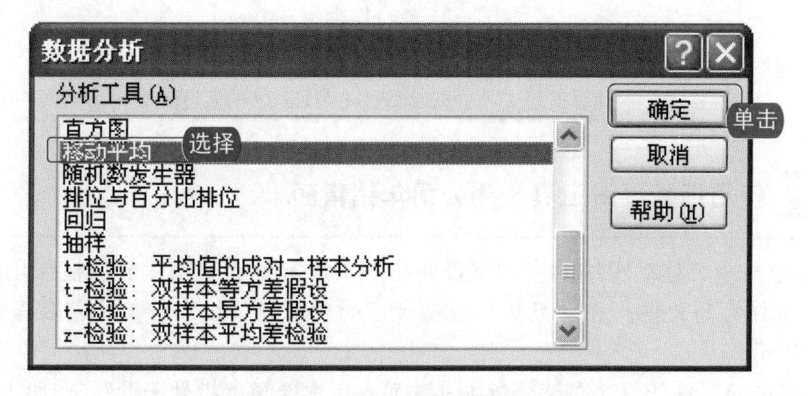

图 14-33　选择“移动平均”选项

6 弹出“移动平均”对话框，在“输入区域”选择 B2:B14 单元格，选中“标志位于第一行”复选框，将“间隔”设为 5，选择“输出区域”为 C2 单元格，并选中“图表输出”复选框，单击“确定”按钮完成设置，如图 14-34 所示。

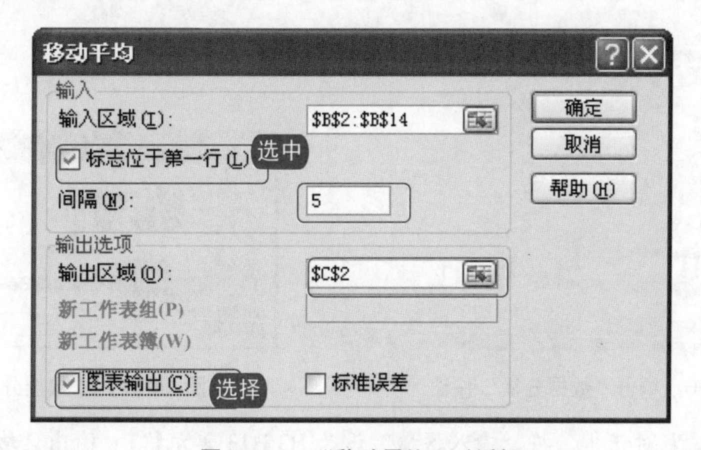

图 14-34　“移动平均”对话框

7 从分析移动平均的结果可以看出，该商品的年销售额具有明显的增长趋势，如图 14-35 所示。

电脑小百科

Excel 提供的移动平均工具只能作一次移动平均，如果要实现二次移动平均，可以在一次移动平均的基础上再次应用移动平均工具即可。

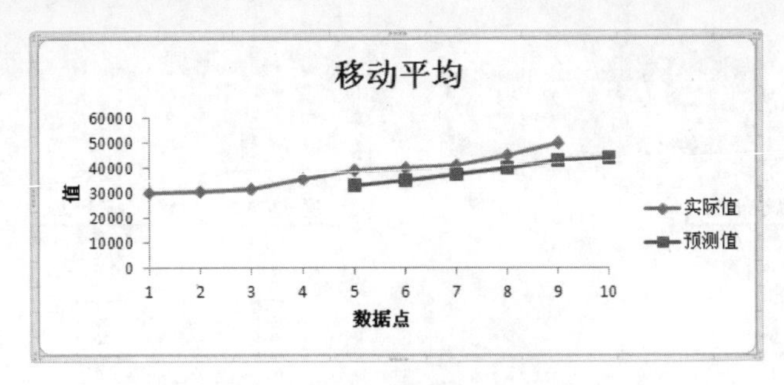

图 14-35 销售额增长趋势图

移动平均分析工具可以基于特定的过去某段时期中变量的平均值，对未来值进行预测。移动平均值提供了由所有历史数据的简单的平均值所代表的趋势信息。使用此工具可以预测销售量、库存或其他趋势。预测值的计算公式如下。

$$F_{(t+1)} = \frac{1}{N}\sum_{i=1}^{N} A_{t-i+1}$$

公式中：N 为进行移动平均计算的过去期间的个数；A_j 为期间 j 的实际值；F_j 为期间 j 的预测值。

跟着做 2 使用指数平滑工具预测公司年销售额

继续使用上一小节移动平均的实例来说明指数平滑工具的应用，具体操作步骤如下。

1. 打开上一节保存的文件，在“数据”选项卡下的“分析”组中，单击“数据分析”按钮，如图 14-36 所示。
2. 弹出“数据分析”对话框，在“分析工具”列表框中选择“指数平滑”，如图 14-37 所示，单击“确定”按钮。

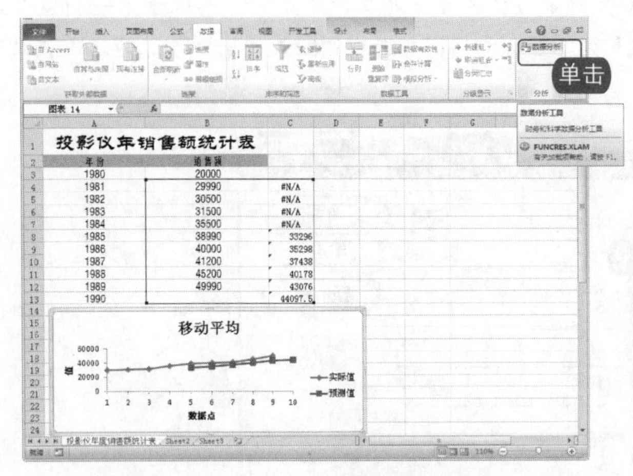

图 14-36 单击“数据分析”按钮

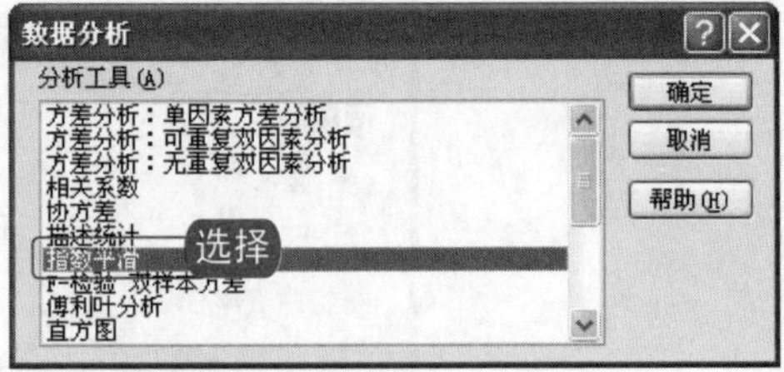

图 14-37 “数据分析”对话框

3. 弹出“指数平滑”对话框，将“输入区域”设为 B3:B13 单元格，“输出区域”设为 E3 单元格，“阻尼系数”设为 0.3，并选中“标志”复选框、“图表输出”复选框和“标准误差”复选框，单击“确定”按钮完成设置，如图 14-38 所示。

电脑小百科

Excel 数据分析中的指数平滑预测工具需要事先录入阻尼系数（阻尼系数=1−平滑系数），并未提供平滑系数预测的参数，因此要确定最优平滑系数，需要通过公式计算获得。

④ 从指数平滑计算的结果可以看出，销售额数据有明显的线性增长的趋势，如图 14-39 所示。

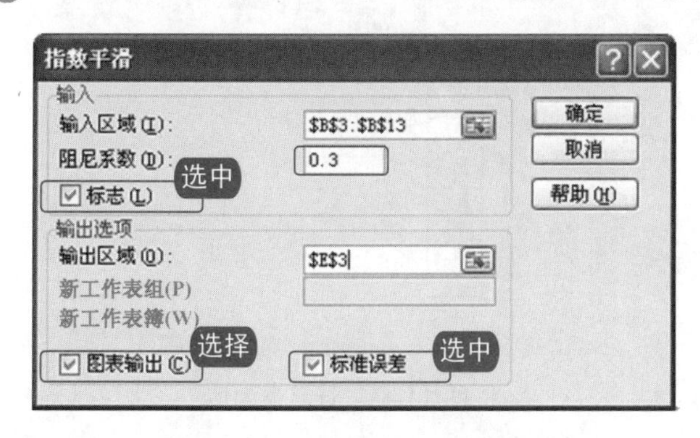

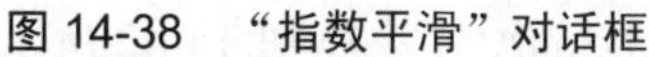

图 14-38 “指数平滑”对话框

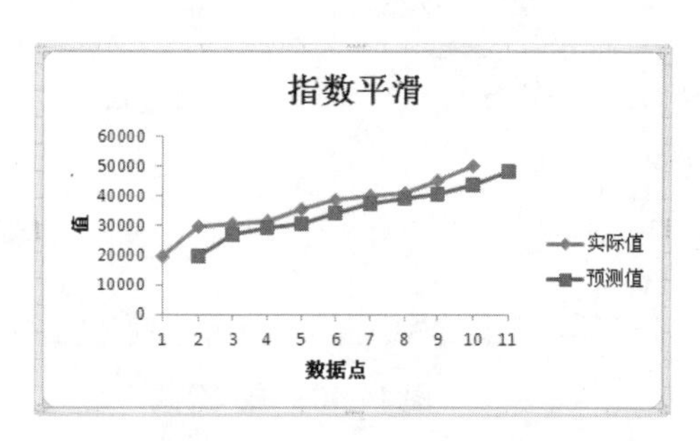

图 14-39 销售额增长趋势图

14.3 制作销售季节分析表

产品由于受到季节变化、消费周期、时间分配的影响，常常会集中在某一段时间内出现销售的明显下降或基本处于停滞的状态，又或者在某一段时间内某种产品或多种产品出现疯涨且销售速度快的现象。在实际生活中，许多产品都存在这种现象。

本小节使用最大值与最小值对某产品在 1～12 月中的销售量进行统计与分析，利用图表对最大值和最小值进行比较。

书盘互动指导

示例	在光盘中的位置	书盘互动情况
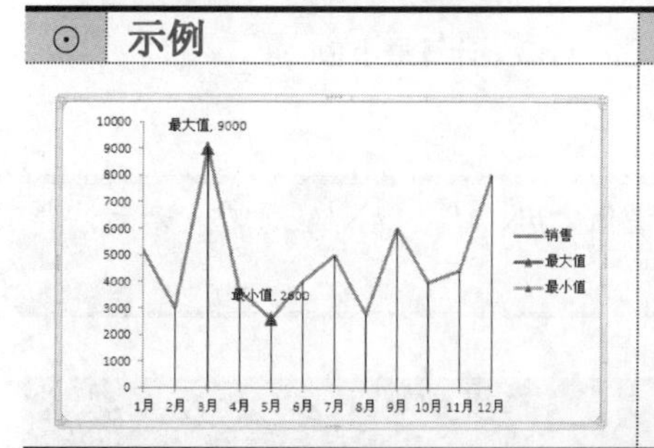	14.3 制作销售季节分析表 14.3.1 计算销售量的最大值与最小值 14.3.2 创建最大值与最小值的折线图	本节主要带领读者学习制作销售季节分析表，在光盘 14.3 节中有相关内容的操作视频，还特别针对本节内容设置了具体的实例分析。 读者可以在阅读本节内容后再学习光盘内容，以达到巩固和提升的效果。

14.3.1 计算销售量的最大值与最小值

假设已知某公司 1～12 月的产品销售记录，要分析该产品在这一年中的销售量，这里可以使用最大值(MAX 函数)和最小值(MIN 函数)来实现。具体操作步骤如下。

① 打开原始文件 14.3.1.xlsx，创建一个销售季节分析表。

② 在单元格 C3 中输入公式 “=IF(B3=MAX($B$3:$B$14),B3,NA())”，如图 14-40 所示。

③ 按下 Enter 键后，拖动填充柄向下复制公式至单元格 C14，即可计算 12 个月中销量最高的月份，如图 14-41 所示。

电脑小百科

在默认的情况下，Excel 并不自动加载分析工具库。

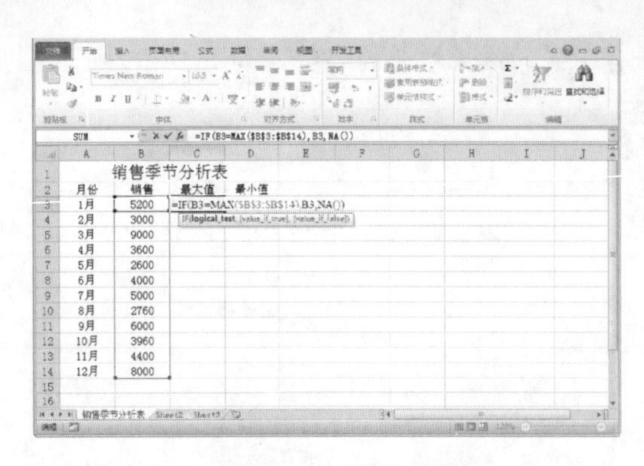

图 14-40 输入公式

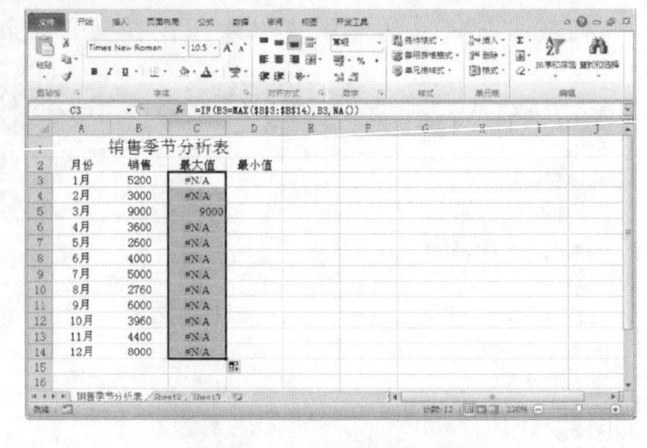

图 14-41 计算最大值

4 在单元格 D3 中输入公式“=IF(B3=MIN($B$3:$B$14),B3,NA())”，如图 14-42 所示。

5 按下 Enter 键后，拖动填充柄向下复制公式至单元格 C14，即可计算 12 个月中销量最低的月份，如图 14-43 所示。

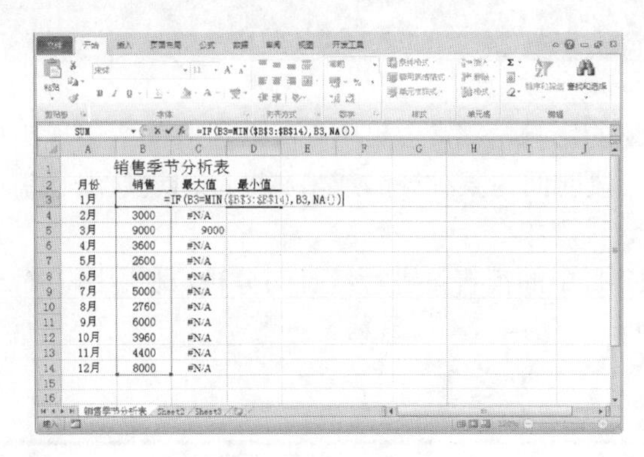

图 14-42 输入公式

图 14-43 计算最小值

知识补充

函数 NA 属于 Excel 中的信息类函数，它的作用是返回错误值“#N/A”，#N/A 通常表示无法得到的有效性，该函数没有参数。

14.3.2 创建最大值与最小值的折线图

接下来使用图表对销售季节进行分析，图表能直观地反映出销售量的高峰值和低谷值。这里选择折线图进行分析，也可以选择面积图等表示数据趋势变化的图表类型，操作步骤如下。

1 打开原始文件 14.3.2.xlsx，选中 A2:B14 单元格区域。

2 在“插入”选项卡下的“图表”组中，单击“折线图”按钮，从弹出的下拉列表中选择“折线图”，如图 14-44 所示。

3 根据选择的数据区域，Excel 创建的图表类型如图 14-45 所示。

4 在“设计”选项卡下的“数据”组中，单击“选择数据”按钮，如图 14-46 所示。

5 弹出“选择数据源”对话框，单击“添加”按钮，如图 14-47 所示。

电脑小百科

手动加载分析工具库之后，Excel 工作窗口的“数据”选项卡中将出现“数据分析”命令。此后每次启动 Excel 时，分析工具库都会自动加载，加载过程需要占用一定的系统时间。

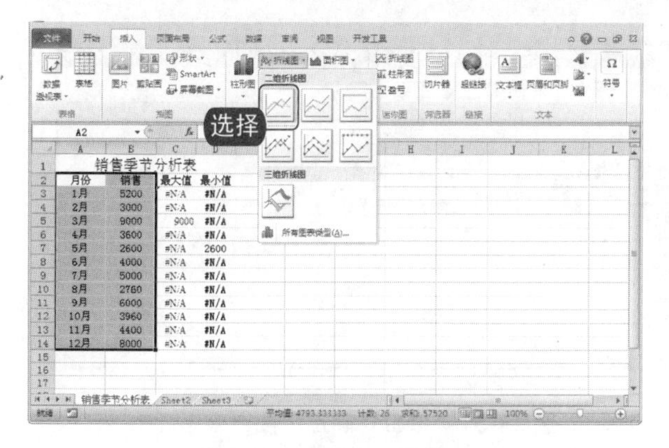

图 14-44　选择“折线图”

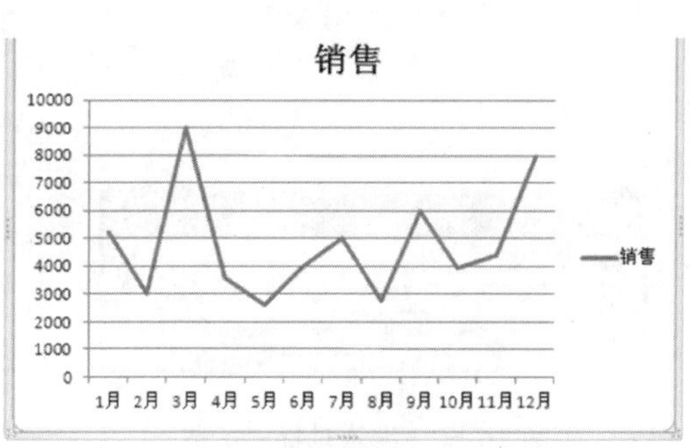

图 14-45　创建的图表类型图

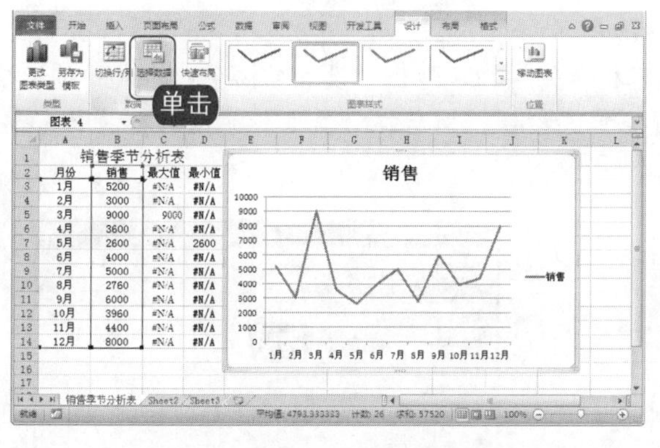

图 14-46　单击“选择数据”按钮

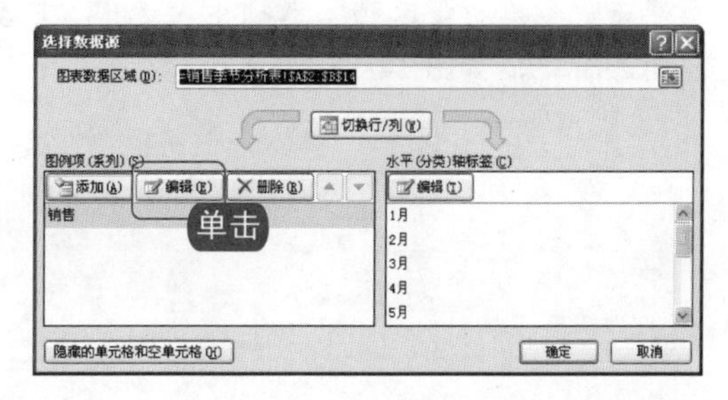

图 14-47　单击“添加”按钮

6 弹出“编辑数据系列”对话框，在表中选择 C3 单元格，则在“编辑数据系列”对话框中的“系列名称”显示“=销售季节分析表!$C$2”，“系列值”显示“=销售季节分析表!$C$3:$C$14”，然后单击“确定”按钮完成设置，如图 14-48 所示。

7 再次打开“编辑数据系列”对话框，在表中选择 D3 单元格，则在“编辑数据系列”对话框中的“系列名称”显示“=销售季节分析表!$D$2”，“系列值”显示“=销售季节分析表!$D$3:$D$14”，然后单击“确定”按钮完成设置，如图 14-49 所示。

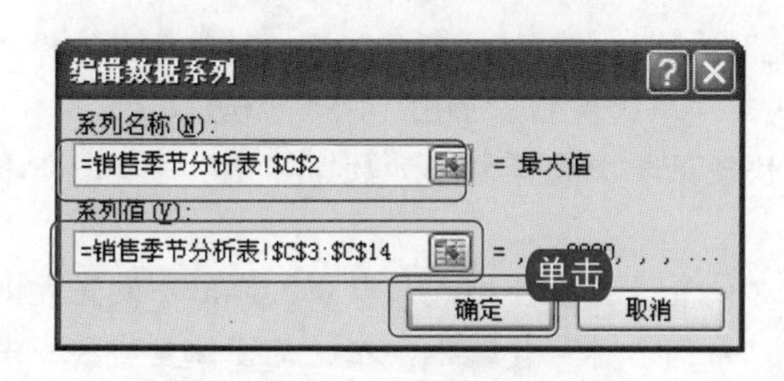

图 14-48　编辑最大值

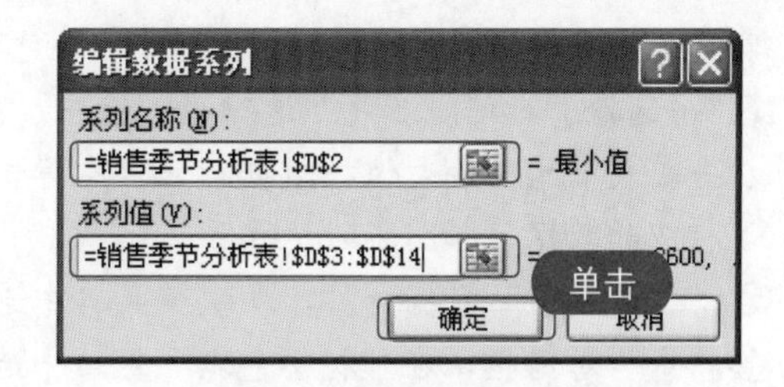

图 14-49　编辑最小值

8 返回“选择数据源”对话框，在“水平(分类)轴标签”下方单击“编辑”按钮，弹出“轴标签”对话框，选择单元格 A3:A14，然后单击“确定”完成设置，如图 14-50 所示。

9 返回“选择数据源”对话框，单击“确定”按钮完成设置，如图 14-51 所示。

电脑小百科

SUM 函数是 Excel 中最常用的函数之一，用于计算数字的总和。如果使用单元格引用或数组作为 SUM 函数的参数，那么参数必须为数字，其他类型事务值将被忽略。

图 14-50　编辑轴标签区域

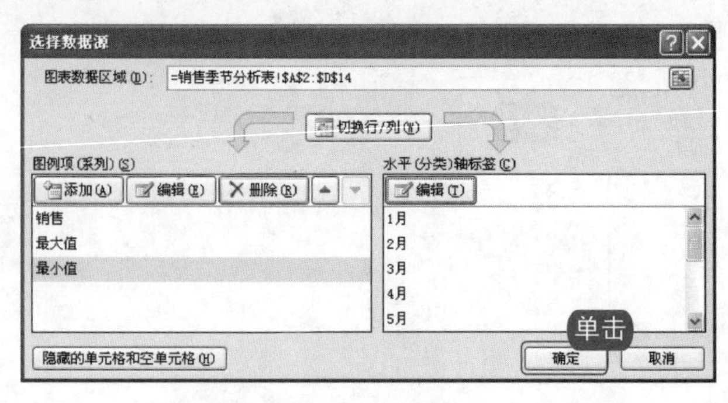

图 14-51　单击“确定”按钮

⑩ 在“布局”选项卡下的“当前所选内容”组中，单击“图表区”的下拉按钮，从弹出的下拉列表中选择“系列‘最大值’”选项，如图 14-52 所示。

⑪ 选择“最大值”系列后，单击“设置所选内容格式”按钮，弹出“设置数据系列格式”对话框，单击“数据标记选项”选项卡，选中“内置”单选按钮，然后在“类型”下拉列表框中选择三角形标记，如图 14-53 所示。

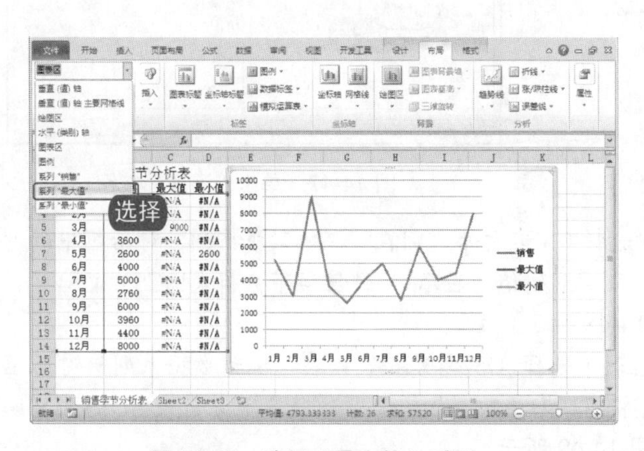

图 14-52　选择“最大值”系列

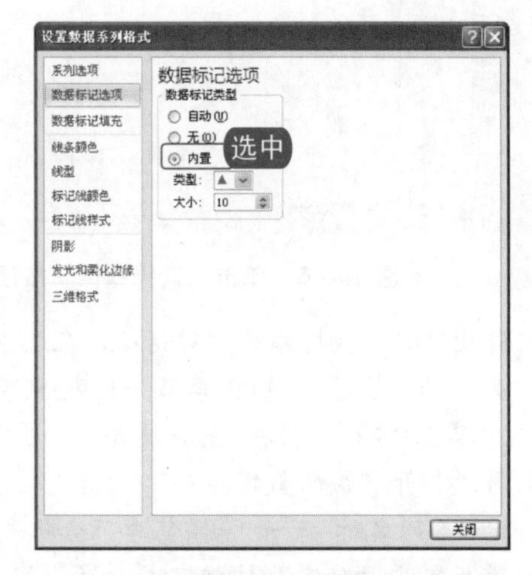

图 14-53　“设置数据系列格式”对话框

⑫ 单击“数据标记填充”选项卡，选中“纯色填充”单选按钮，从“颜色”下拉列表框中选择“紫色”。选择“标记线颜色”选项卡，选中“无线条”单选按钮，如图 14-54 所示。

⑬ 右击图表中的“最大值”数据标记，从弹出的快捷菜单中选择“添加数据标签”命令，即添加了相应的数据，如图 14-55 所示。

⑭ 右击“最大值”数据标签，从快捷菜单中选择“设置数据标签格式”命令，弹出“设置数据标签格式”对话框，在“标签包括”区域中选中“系列名称”复选框，在“标签位置”区域中选中“靠上”单选按钮，如图 14-56 所示。

⑮ 此时，在图表中显示“最大值”数据标记和对应的数值。使用类似的方式显示最小值数据标记。

⑯ 双击水平坐标轴，弹出“设置坐标轴格式”对话框，在“位置坐标轴”区域中选中“在刻度线上”单选按钮，如图 14-57 所示。

电脑小百科

SUMPRODUCT 函数用于计算给定的机组数组中对应元素的乘积之和。

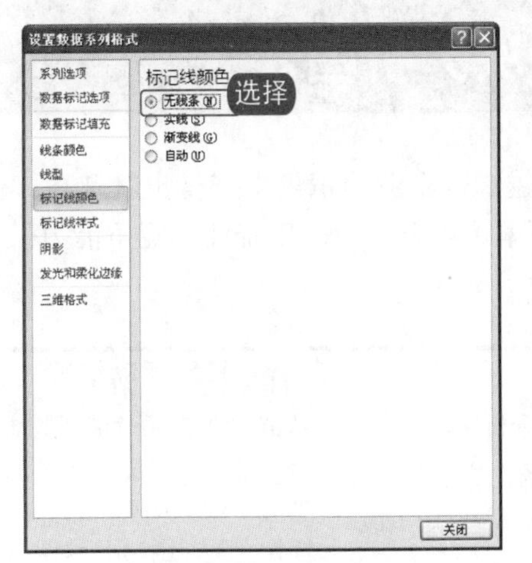

图 14-54　设置标记颜色

图 14-55　选择“添加数据标签”命令

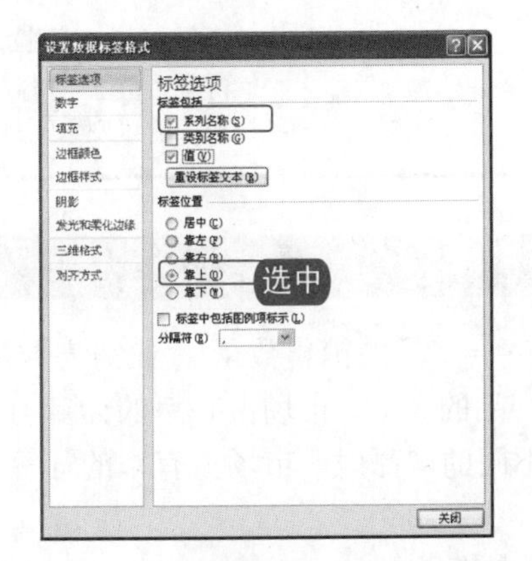

图 14-56　“设置数据标签格式”对话框

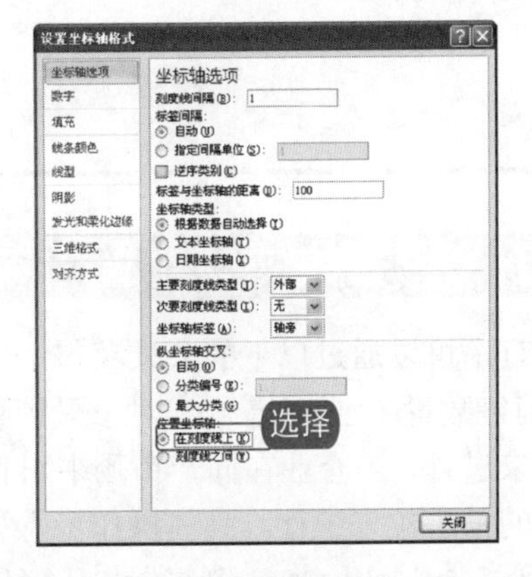

图 14-57　“设置坐标轴格式”对话框

⑰ 在“布局”选项卡下的“坐标轴”组中，单击“网格线”按钮，从弹出的下拉列表中选择“主要横网格线”→“无”命令。选中图表，在“布局”选项卡下的“分析”组中，单击“折线”按钮，从弹出的下拉列表中选择“垂直线”命令，最终效果如图 14-58 所示。

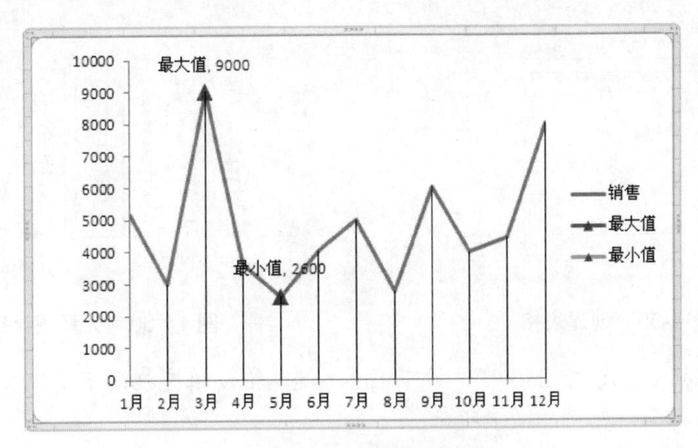

图 14-58　图表最终效果

电脑小百科

SUMPRODUCT 函数有多个数组参数，那么每个数组参数的维数必须相同。否则将返回错误值#VALUE!；如果参数中包含非数值类型的数据，则将按 0 来处理。

14.4 制作市场占有率情况分析图表

市场营销的重点就是“市场占有率”，市场占有率越高，企业的积累生产量也就越高；企业的单位制造成本越低，获取的利润也就越高，市场占有率可以直接反映出企业的竞争能力。

书盘互动指导

⊙ 示例

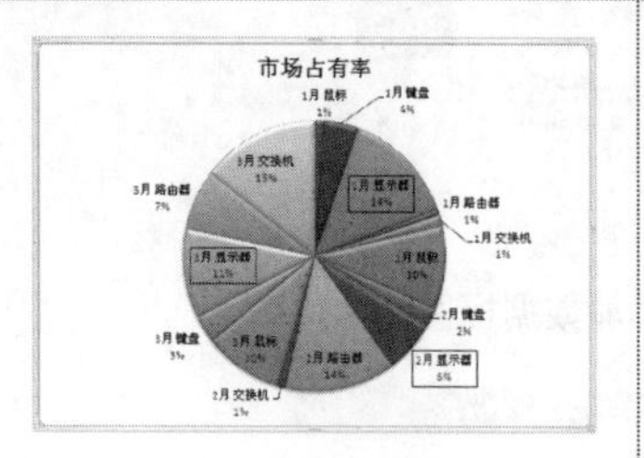

⊙ 在光盘中的位置

14.4 制作市场占有率情况分析图表
- 14.4.1 计算产品在市场上的占有率
- 14.4.2 创建产品市场占有率分析图表
- 14.4.3 突出显示指定产品在市场上的占有率

⊙ 书盘互动情况

本节主要带领读者学习制作市场占有率情况分析图表，在光盘 14.4 节中有相关内容的操作视频，还特别针对本节内容设置了具体的实例分析。

读者可以在阅读本节内容后再学习光盘内容，以达到巩固和提升的效果。

14.4.1 计算产品在市场上的占有率

市场占有率可以通过以下的公式获得：市场占有率=产品的销售数量/行业销售数量(市场占有率=产品的销售数量/行业销售额)。对于只销售一种产品的企业，市场占有率的计算可以通过品牌产品的销售来进行，当企业在同一市场中出售几种不同的产品时，市场占有率的计算可以通过销售品牌产品的销售额来进行。具体操作步骤如下。

1. 打开原始文件 14.4.1.xlsx，创建如图 14-59 所示的表格。
2. 在 E3 单元格中输入公式“=C3*D3”，按下 Enter 键，拖动填充柄向下复制公式至 E17 单元格，即可计算预计销售额，如图 14-60 所示。

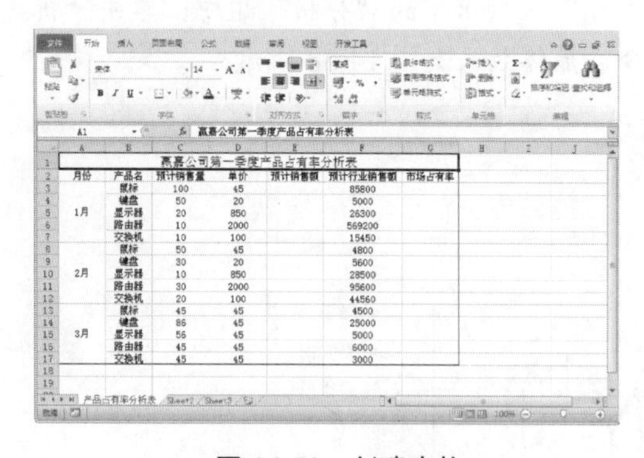

高嘉公司第一季度产品占有率分析表

月份	产品名	预计销售量	单价	预计销售额	预计行业销售额	市场占有率
1月	鼠标	100	45		85800	
	键盘	50	20		5000	
	显示器	20	850		26300	
	路由器	10	2000		569200	
	交换机	10	100		15450	
2月	鼠标	50	45		4800	
	键盘	30	20		5600	
	显示器	10	850		28500	
	路由器	30	2000		95600	
	交换机	20	100		44560	
3月	鼠标	45	45		4500	
	键盘	86	45		25000	
	显示器	56	45		5000	
	路由器	45	45		6000	
	交换机	45	45		3000	

图 14-59 创建表格

高嘉公司第一季度产品占有率分析表

月份	产品名	预计销售量	单价	预计销售额	预计行业销售额	市场占有率
1月	鼠标	100	45	4500	85800	
	键盘	50	20	1000	5000	
	显示器	20	850	17000	26300	
	路由器	10	2000	20000	569200	
	交换机	10	100	1000	15450	
2月	鼠标	50	45	2250	4800	
	键盘	30	20	600	5600	
	显示器	10	850	8500	28500	
	路由器	30	2000	60000	95600	
	交换机	20	100	2000	44560	
3月	鼠标	45	45	2025	4500	
	键盘	86	45	3870	25000	
	显示器	56	45	2520	5000	
	路由器	45	45	2025	6000	
	交换机	45	45	2025	3000	

图 14-60 计算预计销售额

3. 在 E3 单元格中输入公式“=E3/F3”，按下 Enter 键，拖动填充柄向下复制公式至 G17 单元格，即可计算市场占有率，如图 14-61 所示。
4. 选中 G3:G17 单元格，右击，从弹出的快捷菜单中选择“设置单元格格式”命令，如图 14-62 所示。

电脑小百科

Excel 允许在显示“查找与替换”对话框的同时，返回工作表进行其他操作。

图 14-61　计算市场占有率

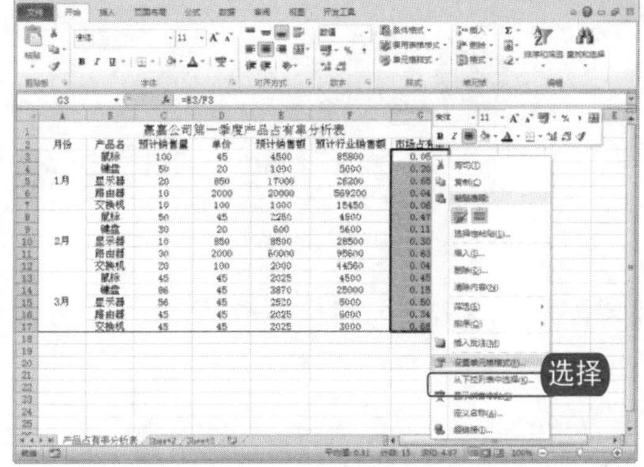

图 14-62　选择“设置单元格格式”命令

5 弹出“设置单元格格式”对话框，选择“数字”选项卡，在“分类”列表框中选择“百分比”，设置“小数位数”为 0，单击“确定”按钮完成设置，如图 14-63 所示。

6 最后效果如图 14-64 所示。

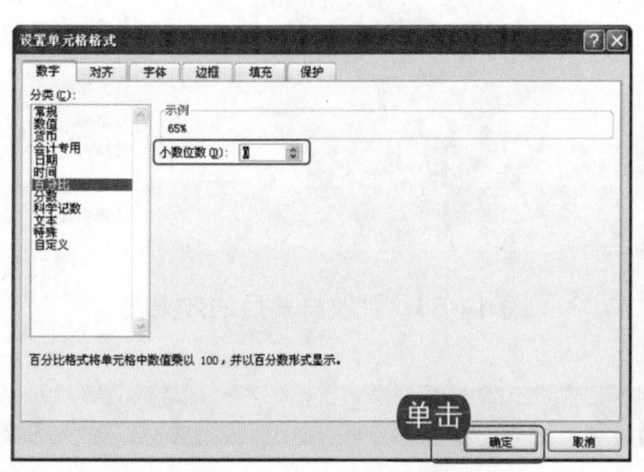

图 14-63　设置百分比

惠嘉公司第一季度产品占有率分析表

月份	产品名	预计销售量	单价	预计销售额	预计行业销售额	市场占有率
	鼠标	100	45	4500	85800	5%
	键盘	50	20	1000	5000	20%
1月	显示器	20	850	17000	26300	65%
	路由器	10	2000	20000	569200	4%
	交换机	10	100	1000	15450	6%
	鼠标	50	45	2250	4800	47%
	键盘	30	20	600	5600	11%
2月	显示器	10	850	8500	28500	30%
	路由器	30	2000	60000	95600	63%
	交换机	20	100	2000	44560	4%
	鼠标	45	45	2025	4500	45%
	键盘	86	45	3870	25000	15%
3月	显示器	56	45	2520	5000	50%
	路由器	45	45	2025	6000	34%
	交换机	45	45	2025	3000	68%

图 14-64　效果图

14.4.2　创建产品市场占有率分析图表

根据上一节计算出的产品市场占有率创建分析图表，使其更加直观地显示出来。具体的操作步骤如下。

1 打开原始文件 14.4.2.xlsx，选中 A2:B17 单元格，在“插入”选项卡下的“图表”组中，单击“饼图”按钮，从弹出的下拉列表中选择“饼图”，如图 14-65 所示。

2 创建的图表类型如图 14-66 所示。

3 在“设计”选项卡下的“图表样式”组中，选择“样式 26”，如图 14-67 所示。

4 更改图表样式后的效果如图 14-68 所示。

电脑小百科

如果进行了错误的替换操作，可以马上关闭“查找与替换”对话框并按 Ctrl+Z 组合键来撤销操作。

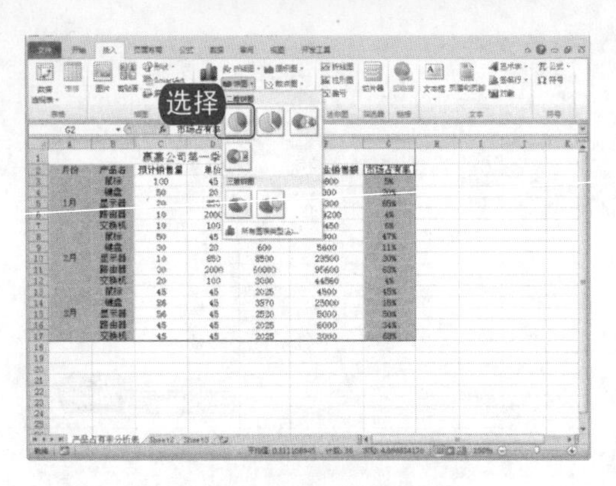

图 14-65　选择图表

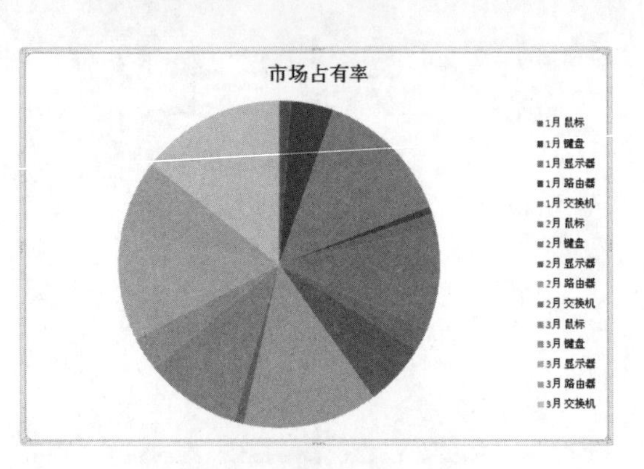

图 14-66　创建图表的效果图

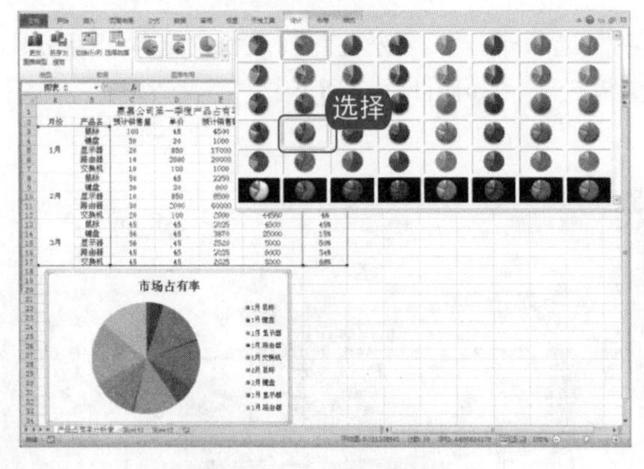

图 14-67　设置图表样式

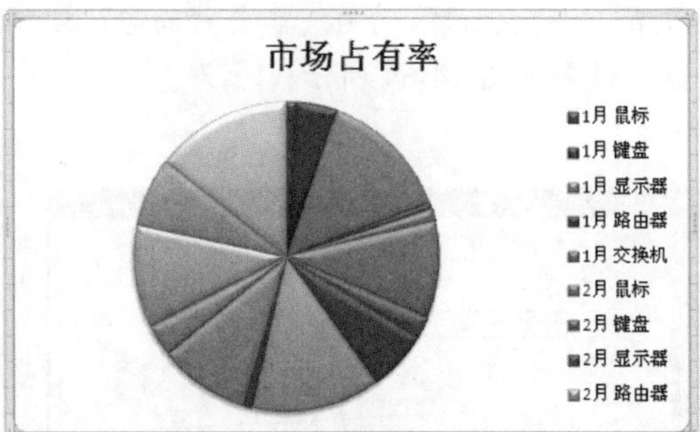

图 14-68　更改样式后的效果图

14.4.3 突出显示指定产品在市场上的占有率

在分析产品的占有率时，假设用户想要将 3 月份显示器的占有率突出显示，具体的操作步骤如下。

❶ 打开上一节保存的文件，在“设计”选项卡下的“图表布局”组中，单击“布局 1”，如图 14-69 所示。

❷ 更改图表布局后的效果如图 14-70 所示。

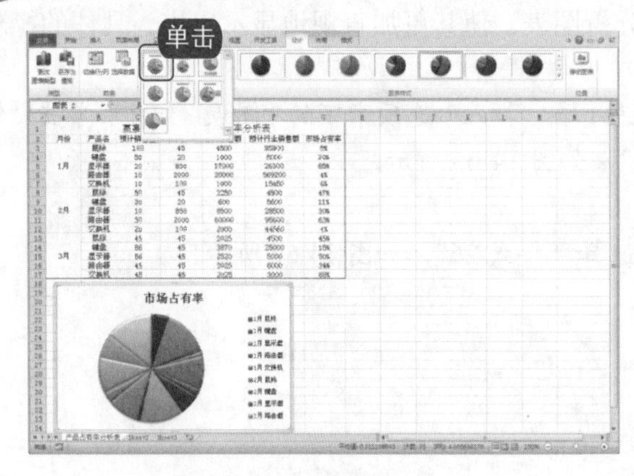

图 14-69　设置图表布局

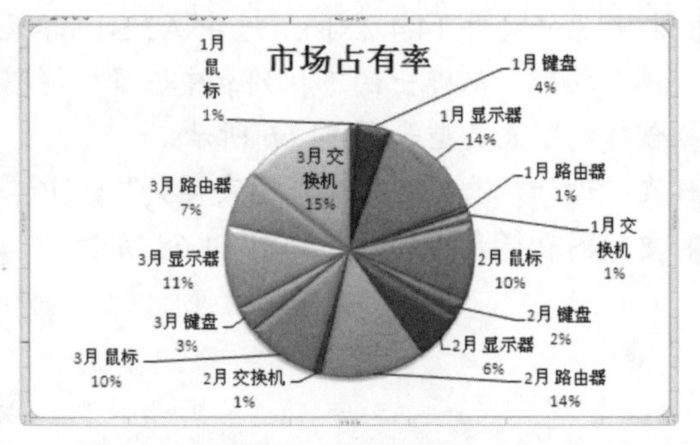

图 14-70　更改图表布局后的效果图

电脑小百科

对于应用了数字格式的数据，查找的内容以实际数值为准，而不是应用数字格式后的显示内容。

3. 分别双击“1 月 显示器”、“2 月 显示器”和“3 月 显示器”的数据标签，打开“设置数据标签格式”对话框。在该对话框中选择“边框颜色”选项卡，选中“实线”单选按钮，设置边框颜色为黑色，单击“确定”按钮完成设置，如图 14-71 所示。
4. 设置突出显示的效果如图 14-72 所示。

图 14-71　“设置数据标签格式”对话框

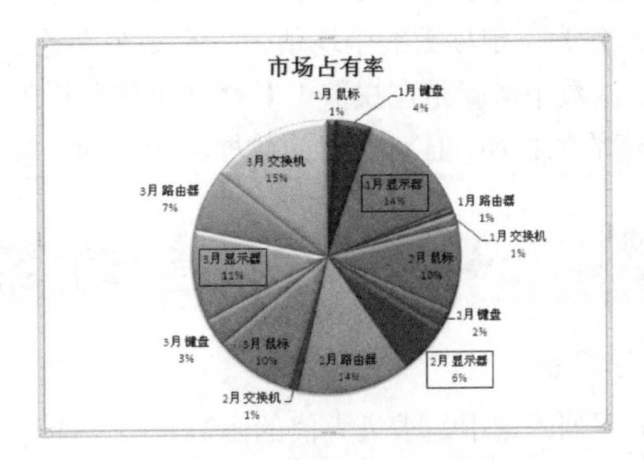

图 14-72　突出显示的效果图

学习小结

在商品的生产和流通环节中，市场营销起着决定性因素，如果没有市场营销的发生，一切的商务活动就失去了意义。如何才能够更好地将产品销售出去，是企业永远需要探寻的问题并且应该不断地为解决该问题而努力。要想取得好的销售成绩，做好影响销售的因素分析是非常有必要的。

本章主要举出 3 个例子进行介绍，如制作客户满意度调查表、制作销售季节分析表和制作市场占有率情况分析图表。下面对本章进行总结，具体内容如下。

(1) 在 Excel 2010 中提供了大量的表单控件和文本框。在“开发工具”选项卡下，单击“控件”组中的“插入”按钮，在下拉列表中选择所需的表单控件和 ActiveX 控件即可。

(2) 在实例中利用饼图比较市场占有率，能更清晰快速地判断出数据的占有量，可以省去查看繁多数据的时间。在“插入”选项卡下，单击“图表”组中的“饼图”，这其中有很多饼图的类型，可以任意选择。

(3) 本章使用了数据分析工具来对数据进行分析，而这些数据分析工具是以加载宏的形式存在于 Excel 中的。第一次使用时需要先加载，方法是：单击“文件”选项卡，在弹出的下拉列表中选择“选项”命令，在弹出的对话框中单击“加载项”选项卡，从“管理”下拉列表框中选择“Excel 加载项”，单击“转到”按钮，再在弹出的对话框中选中“分析工具库”复选框，即可加载分析工具。

(4) 在数据分析工具中可以使用很多的分析工具，比如方差分析、协方差、描述统计、指数平滑、直方图、移动平均、随机数发生器、相关系数等。本小节使用的是相关系数分析工具。在“数据”选项卡下，单击“分析”组中的“数据分析”按钮，在弹出的对话框中选择要分析的工具即可完成操作。

(5) 在分析淡季与旺季小节中，使用了求最大值与最小值函数，即 MAX()和 MIN()，还使

按 Ctrl+A 组合键可以在工作表中选中列表中的所有单元格。

用到 NA 函数，主要的目的是求出销售量的最值，同时不是最值的单元格返回错误值。

(6) 本章使用了折线图进行分析，折线图能够直观地反映出销售量的高峰与低谷，能够使销售人员一眼看出数据的特点。

(7) 移动平均是一种简单平滑预测技术，它的基本思想是，根据时间序列资料，逐项推移，一次计算包含一定项数的平均值，以反映长期趋势的方法。

(8) 指数平滑就是在权值上对移动平均分析工具进行了改进。其基本思想是，预测值是以前观测值的加权和，且对不同的数据给予不同的权，新数据给较大的权，旧数据交给较小的权。

互动练习

1. 选择题

(1) 下列函数中是求最大值的函数是(　　)。

A．MIN()　　B．MID()　　C．MAX()　　D．MIDB()

(2) 创建条形图要从(　　)选项卡下创建。

A．数据选项卡　　B．插入选项卡

C．开发工具选项卡　　D．公式选项卡

(3) 下列关于 NA 函数的说法错误的是(　　)。

A．该函数不需要参数　　B．该函数用于返回错误值#N/A

C．NA 函数属于信息类函数　　D．#N/A 表示可以得到的有效值

(4) 使用数据分析工具来对数据进行分析，应该在(　　)进行加载。

A．文件-选项-常规　　B．开发工具-加载项

C．插入-链接　　D．数据-连接

(5) 插入表单控件是在(　　)选项卡下。

A．插入　　B．数据　　C．公式　　D．开发工具

2. 思考与上机题

(1) 制作“产品定价分析”。

制作要求：

a. 使用 SUM 函数计算合计列。

b. 计算 D5 和 F5 的值，并向下复制公式。

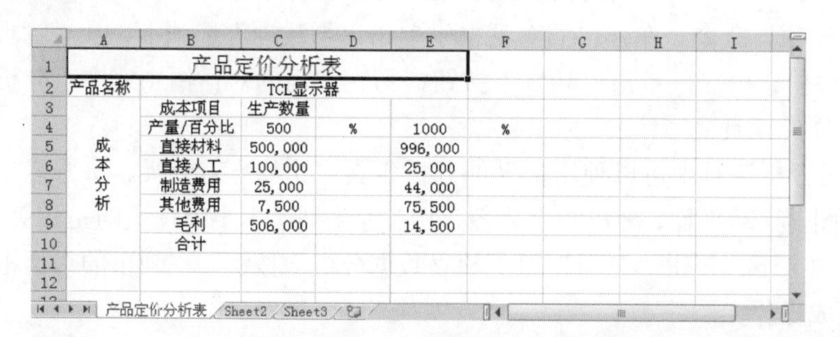

	A	B	C	D	E	F
1		产品定价分析表				
2	产品名称	TCL显示器				
3		成本项目	生产数量			
4		产量/百分比	500	%	1000	%
5	成	直接材料	500,000		996,000	
6	本	直接人工	100,000		25,000	
7	分	制造费用	25,000		44,000	
8	析	其他费用	7,500		75,500	
9		毛利	506,000		14,500	
10		合计				

按 Ctrl+F 组合键可以打开“查找和替换”对话框，并切换至“查找”选项卡。

(2) 创建年度销售完成比例图表，如下图所示。

	A	B	C	D
1	年度销售完成比例图表			
2	月份	目标销量	实际销量	完成比例
3	1月	2000	5000	
4	2月	2500	2500	
5	3月	3600	3652	
6	4月	2800	4150	
7	5月	1500	5566	
8	6月	6300	4520	
9	7月	4500	4600	
10	8月	5800	6500	
11	9月	6200	8000	
12	10月	5560	1255	
13	11月	1230	1255	
14	12月	4550	5000	
15	合计			

产品定价分析表　Sheet2　Sheet3

制作要求：

a. 计算完成目标销量合计、实际销量合计和完成比例。

b. 选中 D15 单元格，创建簇状条形图，并删除图例和网格线。

c. 隐藏主要横坐标轴和主要纵坐标轴。

d. 设置“分类间距”为 0 并填充渐变效果与添加数据标签。

按 Ctrl+H 组合键可以打开“查找和替换”对话框，并切换至“替换”选项卡。